モンテカルロ法
ハンドブック

Wiley Series in
Probability and Statistics
Handbook of
Monte Carlo Methods

by
Dirk P. Kroese
Thomas Taimre
Zdravko I. Botev

伏見正則
逆瀬川浩孝
[監訳]

朝倉書店

Handbook of Monte Carlo Methods
by Dirk P. Kroese, Thomas Taimre and Zdravko I. Botev

Copyright © 2011 by John Wiley & Sons, Inc., Hoboken, New Jersey
All Rights Reserved. This translation published under license.
Translation copyright © 2014 by Asakura Publishing Company, Ltd.
Japanese translation rights arranged
with John Wiley & Sons International Rights, Inc., New Jersey
through Tuttle-Mori Agency, Inc., Tokyo

監訳者序文

本書は，D. P. Kroese, T. Taimre, Z. I. Botev 著, *Handbook of Monte Carlo Methods* (John Wiley & Sons, 2011) の全訳である．

モンテカルロ法といえば，確率や統計の古典的・入門的教科書では，ビュッフォンの針の話や，正方形の中にランダムに点をばらまいて内接円の中に入る点の割合を数えることで円周率 π の近似値を計算する，いわゆる単純モンテカルロ法の話程度で終わっているものが多い．しかし，近年のコンピュータの計算速度や記憶容量の飛躍的向上，さらには長周期で性質の良い乱数生成法の発展などのおかげで，厳密な解を求めることが極めて困難な複雑・大規模な問題に対しても，モンテカルロ法に工夫を施すことによって，良い近似解を求めることが可能になってきた．こうしてモンテカルロ法の適用範囲が拡大し，それにつれてモンテカルロ法に関する方法論も急速に発展してきている．

モンテカルロ法に関する専門書としては，G. S. Fishman 著, *Monte Carlo : Concepts, Algorithms, and Applications* (Springer, 1996) が有名であるが，本書はその後に発展した方法論や応用分野の話題も数多く含み，750 ページを超える類を見ない大著となっている．朝倉書店からわれわれに日本語訳の相談があったのは，原著が出版された翌年の末のことであった．前記のとおり，原著は大部で，話題も極めて広範囲にわたっているため，われわれ二人ですべてを翻訳することはほとんど不可能であり，多くの専門家 (vi ページ) に分担をお願いすることにした．

原著は初版のためか，細かな誤りが少なからずあった．誤りと思われるところを約 100 か所も翻訳中に見つけ，原著者に連絡をとっては確認し，日本語版では修正した．したがって，日本語版は原著より格段に改良されているものと期待している．なお，これらの誤りは，原著のウェブサイト (URL は原著者の序文を参照) にも掲載されている．

翻訳にあたって苦心したことの 1 つは，訳語の統一である．日本語訳がずっと以前から定着していると思われる用語についても，調べてみると，分野や著者によって異なる訳語が使われていることもあった．また，最近の研究成果を扱う部分に出てくる英語には，既刊の邦訳には訳語が見当たらず，新たに日本語訳を考案するのも困難なものがあった．このようなものについては，採用した日本語訳の後に英語を添えたり，あえて訳さず英語表記にしたりするなどの方法で対処した．

翻訳出版の企画時の予定どおり，2年足らずで出版に漕ぎつけることができたが，これは翻訳分担者の並々ならぬ努力と，朝倉書店の関係者の迅速な編集作業によるところが極めて大きい．この場を借りて感謝申し上げたい．

　本書が，大学上級から大学院の学生諸君の学習・研究，諸分野の研究者や実務家の複雑な問題解決に役立つことを願っている．

　2014年9月

伏見正則
逆瀬川浩孝

序　　文

　科学，工学，金融工学，統計などの分野において数値的な答えを求める多くの問題は，モンテカルロ法，すなわちコンピュータによる乱数を使った数値実験によって解かれることが多い．適用分野が広がり，新しい技法が急速に開発されたため，関連する計算技法，考え方，概念，アルゴリズムなど，モンテカルロ法の全体像を描くことが困難になってきている．それに加えて，モンテカルロの技法を研究するには非常に多くの分野の幅広い知識が必要となる．ランダム実験を設計するための確率論，データを分析するための統計学，アルゴリズムを効率良く実装するためのコンピュータ科学，最適化問題を定式化して解くための数理計画法などである．これらの知識は，モンテカルロ法を実際の問題に適用しようとしている人や研究者にとって身近なものとは限らない．

　このハンドブックの目的は，モンテカルロ技法とそれに関連するトピックスに対する概括的な知識を提供することである．その中には，要約された理論，アルゴリズム（擬似コードも含む），その適用例が含まれる．この本は，意欲のある学部生，大学院生，研究者が，モンテカルロ法のアイデア，手順，公式，結果例などを素早く探し出せるモンテカルロ法のガイドブックを目指して構成されており，研究書あるいはテキストとは一線を画している．

　モンテカルロ法が目的に応じていろいろなやり方で適用されることを踏まえ，本書では，モンテカルロ法を適用する問題ごとに章を設けた．数学的な一貫性は考慮していない．使われている理論については，それぞれを扱う章において互いに参照し合う形をとった．本文中の手のアイコンによって関連するページを参照することができる．理論は実際の問題に適用する際の助けとして，例題と MATLAB のプログラムによって説明されている．この本に掲載したプログラムは，本書のウェブサイト www.montecarlohandbook.com からダウンロードできる．

　定理の証明を掲載した文献など，参照可能な文献は，文中や各章の章末に与えた．確率論，統計学，最適化理論についてのかなり詳しい説明を第 A～D 章に載せたので，読者はモンテカルロシミュレーションに関連するこれらの分野の知識を再確認できるだろう．巻末には参照しやすいように，詳しい索引を載せた．

　このハンドブックは，モンテカルロ法の基本要素である一様（擬似）乱数生成法についての議論から始まる．「良い」乱数生成法はどのような条件を満たさなければなら

ないかを議論し，そのような条件を満たすさまざまな生成法を示す．また，ランダムさに対する理論的・経験的検定法を紹介する．第 2 章では準乱数の生成法について議論する．準乱数は擬似乱数よりも規則性が強く，多次元定積分の推定に威力を発揮する数列である．第 3 章では一様分布以外の一般の確率分布に従う確率変数の標本（乱数）を生成する汎用的方法を議論し，第 4 章ではよく使われる 1 変数/多変数確率分布に従う乱数を生成する方法について議論する．第 5 章ではモンテカルロシミュレーションに登場する主要な確率過程について，性質を説明するとともに，その標本路を生成する方法を議論する．第 6 章ではマルコフ連鎖モンテカルロ法のさまざまな技法を議論する．これらは，複雑な確率分布に従う乱数を近似的に生成する方法として開発されたものである．第 7 章ではシミュレーションモデリングと離散事象シミュレーションについて論じる．ここでは，その構成要素として第 4 章および第 5 章で説明した確率変数や確率過程が用いられる．そのようなモデルのシミュレーションにより，興味のある評価指標を量的に推定することができるようになる．

　第 8 章ではシミュレーションデータの統計的扱いを論じる．それらには興味のある性能評価値に対する推定値や信頼区間の求め方，検定法などが含まれる．第 9 章ではモンテカルロシミュレーションに用いられる分散減少法の全体像を議論する．稀少事象確率の効果的な推定は，それに固有の分散減少技法の説明とともに第 10 章で議論される．第 11 章ではシミュレーションモデルに含まれるパラメータに関する微分係数の推定法についての詳細を述べる．

　モンテカルロ法は推定だけでなく，最適化問題にも使われる．第 12 章では確率的勾配法，シミュレーテッドアニーリング法，クロスエントロピー法などのランダム最適化技法を議論する．クロスエントロピー法は稀少事象シミュレーションをランダム最適化問題に適用したものであり，第 13 章で詳しく論じる．第 14 章は稀少事象シミュレーションと組合せ最適化問題を解く粒子分岐法に焦点を当てる．

　金融工学に対するモンテカルロ法の適用を第 15 章で，ネットワーク信頼性問題への適用を第 16 章で説明する．第 17 章では複雑な微分方程式系を近似的に解くためのモンテカルロ法に焦点を当てる．

　第 A 章は確率論と確率過程の基礎知識，第 B 章は数理統計学の基礎知識をまとめる．第 C 章は最適化問題の概念とそれを解くための主要な技法をまとめ，いくつかのよく出てくる最適化問題を説明する．最後に第 D 章は指数型分布族，分布の裾特性，微分，期待値最大化アルゴリズムについて，断片的な知識をまとめる．

DIRK KROESE, THOMAS TAIMRE, AND ZDRAVKO BOTEV

Brisbane and Montreal
September, 2010

謝　　辞

　この本は多くの人に支えられて完成した．草稿に対する Tim Brereton, Josh Chan, Nicolas Chopin, Georgina Davies, Adam Grace, Pierre L'Ecuyer, Ben Petschel, Ad Ridder, Virgil Stokes の有益なコメントに感謝する．そして誰よりも，私たちの家族に感謝したい．彼らの支援と愛と忍耐強さなしにこの本は完成しなかっただろう．
　この仕事は Australian Research Council (DP0985177) および Isaac Newton Institute for Mathematical Sciences (Cambridge, U.K.) の資金援助によって支えられた．

DPK, TT, ZIB

To Lesley
— *DPK*

To Aita and Ilmar
— *TT*

To my parents, Maya and Ivan
— *ZIB*

監訳者

伏見 正則 (ふしみ まさのり)	東京大学名誉教授	(1・3・4 章)
逆瀬川 浩孝 (さかせがわ ひろたか)	早稲田大学名誉教授	(8・9・B 章)

訳 者

青木 敏 (あおき さとし)	鹿児島大学大学院理工学研究科	(D 章)
小沢 利久 (おざわ としひさ)	駒澤大学経営学部	(A 章)
金森 敬文 (かなもり たかふみ)	名古屋大学大学院情報科学研究科	(12 章)
来嶋 秀治 (きじま しゅうじ)	九州大学大学院システム情報科学研究院	(6 章)
土谷 隆 (つちや たかし)	政策研究大学院大学政策研究科	(14 章)
豊泉 洋 (とよいずみ ひろし)	早稲田大学商学学術院	(16 章)
中川 健治 (なかがわ けんじ)	長岡技術科学大学電気系	(10 章)
中村 和幸 (なかむら かずゆき)	明治大学総合数理学部	(14 章)
二宮 祥一 (にのみや しょういち)	東京工業大学大学院イノベーションマネジメント研究科・理財工学研究センター	(5・17 章)
松井 知己 (まつい ともみ)	東京工業大学大学院社会理工学研究科	(C 章)
三好 直人 (みよし なおと)	東京工業大学大学院情報理工学研究科	(11 章)
森戸 晋 (もりと すすむ)	早稲田大学理工学術院	(7 章)
諸星 穂積 (もろほし ほづみ)	政策研究大学院大学政策研究科	(2・15 章)
柳浦 睦憲 (やぎうら むつのり)	名古屋大学大学院情報科学研究科	(12 章)
山下 英明 (やました ひであき)	首都大学東京大学院社会科学研究科	(13 章)

(五十音順)

目　　次

1. **一様乱数の生成** ……………………………………………………… 1
   1.1 乱　　数 …………………………………………………………… 1
       1.1.1 良い乱数生成法 ………………………………………… 2
       1.1.2 良い乱数生成法の選択 ………………………………… 3
   1.2 線形漸化式に基づく生成法 ……………………………………… 4
       1.2.1 線形合同法 ………………………………………………… 4
       1.2.2 高次漸化式法 ……………………………………………… 5
       1.2.3 行列合同法 ………………………………………………… 6
       1.2.4 2を法とする線形生成法 ………………………………… 6
   1.3 結合生成法 …………………………………………………………… 8
   1.4 その他の生成法 …………………………………………………… 11
   1.5 乱数生成法の検定 ………………………………………………… 12
       1.5.1 スペクトル検定 …………………………………………… 13
       1.5.2 経　験　検　定 …………………………………………… 16
   さらに学習するために …………………………………………………… 23
   文　　献 …………………………………………………………………… 24

2. **準乱数の生成** ………………………………………………………… 27
   2.1 多次元積分 ………………………………………………………… 27
   2.2 van der Corput 列とディジタル列 ……………………………… 29
   2.3 Halton 列 …………………………………………………………… 31
   2.4 Faure 列 …………………………………………………………… 33
   2.5 Sobol' 列 …………………………………………………………… 36
   2.6 格　子　点　法 …………………………………………………… 39
   2.7 ランダム化とスクランブル法 …………………………………… 41
   さらに学習するために …………………………………………………… 43
   文　　献 …………………………………………………………………… 43

3. 非一様乱数の生成 ... 46
3.1 共通の変換に基づく一般的なアルゴリズム ... 46
- 3.1.1 逆関数法 ... 47
- 3.1.2 その他の変換法 ... 50
- 3.1.3 表引き法 ... 59
- 3.1.4 別名法 ... 60
- 3.1.5 採択–棄却法 ... 63
- 3.1.6 一様乱数の比を用いる方法 ... 70

3.2 多変量乱数の生成法 ... 72
- 3.2.1 コピュラ ... 73

3.3 種々のランダム目標物の生成 ... 75
- 3.3.1 順序統計量の生成 ... 75
- 3.3.2 単体内に一様分布するベクトルの生成 ... 76
- 3.3.3 単位超球内あるいは超球面上に一様分布する乱数ベクトルの生成 ... 78
- 3.3.4 超楕円体内で一様に分布する乱数ベクトルの生成 ... 79
- 3.3.5 曲線上での一様サンプリング ... 80
- 3.3.6 曲面上での一様サンプリング ... 81
- 3.3.7 ランダムな順列の生成 ... 84
- 3.3.8 条件付きベルヌーイ分布からの正確なサンプリング ... 85

さらに学習するために ... 87
文　　献 ... 88

4. 確率分布 ... 90
4.1 離散分布 ... 90
- 4.1.1 ベルヌーイ分布 ... 90
- 4.1.2 2項分布 ... 91
- 4.1.3 幾何分布 ... 95
- 4.1.4 超幾何分布 ... 97
- 4.1.5 負の2項分布 ... 99
- 4.1.6 相型分布（離散の場合） ... 101
- 4.1.7 ポアソン分布 ... 102
- 4.1.8 一様分布（離散の場合） ... 105

4.2 連続分布 ... 106
- 4.2.1 ベータ分布 ... 106
- 4.2.2 コーシー分布 ... 110
- 4.2.3 指数分布 ... 111
- 4.2.4 F分布 ... 113

	4.2.5	フレッシェ分布	114
	4.2.6	ガンマ分布	115
	4.2.7	ガンベル分布	120
	4.2.8	ラプラス分布	121
	4.2.9	ロジスティック分布	123
	4.2.10	対数正規分布	124
	4.2.11	正規分布	125
	4.2.12	パレート分布	128
	4.2.13	相型分布（連続の場合）	130
	4.2.14	安定分布	132
	4.2.15	Student の t 分布	134
	4.2.16	一様分布（連続の場合）	137
	4.2.17	ワルド分布	138
	4.2.18	ワイブル分布	140
4.3	多変量分布		142
	4.3.1	ディリクレ分布	142
	4.3.2	多項分布	145
	4.3.3	多変量正規分布	146
	4.3.4	多変量 t 分布	150
	4.3.5	ウィシャート分布	151
さらに学習するために		153
文　　献		153

5. 確率過程の標本路の生成　　156

5.1　ガウス過程　　156
　　5.1.1　マルコフガウス過程　　162
　　5.1.2　定常ガウス過程と FFT　　163
5.2　マルコフ連鎖　　165
5.3　マルコフ跳躍過程　　169
5.4　ポアソン過程　　174
　　5.4.1　複合ポアソン過程　　178
5.5　ウィーナー過程とブラウン運動　　181
5.6　確率微分方程式と拡散過程　　188
　　5.6.1　Euler 法　　190
　　5.6.2　Milstein 法　　192
　　5.6.3　陰的 Euler 法　　193
　　5.6.4　厳密シミュレーション法　　195

| 5.6.5　誤差と精度 ………………………………………………… 196
| 5.7　ブラウン橋 ……………………………………………………………… 198
| 5.8　幾何ブラウン運動 ……………………………………………………… 202
| 5.9　Ornstein–Uhlenbeck 過程 …………………………………………… 204
| 5.10　反射壁ブラウン運動 ………………………………………………… 206
| 5.11　非整数ブラウン運動 ………………………………………………… 209
| 5.12　確　率　場 …………………………………………………………… 212
| 5.13　レヴィ過程 …………………………………………………………… 215
| 5.13.1　増加レヴィ過程 ………………………………………………… 218
| 5.13.2　レヴィ過程の生成 ……………………………………………… 221
| 5.14　時　系　列 …………………………………………………………… 226
| さらに学習するために ………………………………………………………… 229
| 文　　　献 ……………………………………………………………………… 230

6. マルコフ連鎖モンテカルロ法 …………………………………………… 232
| 6.1　Metropolis–Hastings アルゴリズム ………………………………… 233
| 6.1.1　独立サンプラー ………………………………………………… 234
| 6.1.2　ランダムウォークサンプラー ………………………………… 238
| 6.2　ギブスサンプラー ……………………………………………………… 241
| 6.3　さまざまなサンプリング技法 ………………………………………… 248
| 6.3.1　hit-and-run サンプラー ………………………………………… 249
| 6.3.2　shake-and-bake サンプラー …………………………………… 261
| 6.3.3　Metropolis–Gibbs 混成 ………………………………………… 265
| 6.3.4　多重試行 Metropolis–Hastings ………………………………… 266
| 6.3.5　補助変数法 ………………………………………………………… 269
| 6.3.6　リバーシブルジャンプサンプラー ……………………………… 279
| 6.4　実装上の問題 …………………………………………………………… 283
| 6.5　完璧サンプリング ……………………………………………………… 285
| さらに学習するために ………………………………………………………… 287
| 文　　　献 ……………………………………………………………………… 288

7. 離散事象シミュレーション ……………………………………………… 293
| 7.1　シミュレーションモデル ……………………………………………… 293
| 7.2　離散事象システム ……………………………………………………… 295
| 7.3　事象指向アプローチ …………………………………………………… 297
| 7.4　離散事象シミュレーションの別の例 ………………………………… 302
| 7.4.1　在庫システム ……………………………………………………… 302

  7.4.2 直列待ち行列 ·· 306
  7.4.3 機械修理工問題 ·· 309
 さらに学習するために ·· 313
 文　　　献 ·· 314

8. シミュレーションデータの統計的解析 ································ 315
 8.1 シミュレーションデータ ·· 315
  8.1.1 データの視覚化 ·· 315
  8.1.2 データの要約 ·· 317
 8.2 独立標本による性能尺度の推定 ·································· 319
  8.2.1 デルタ法 ·· 321
 8.3 定常状態における性能尺度の推定 ································ 322
  8.3.1 共分散法 ·· 323
  8.3.2 バッチ平均法 ·· 325
  8.3.3 再帰過程法 ·· 327
 8.4 経験分布関数 ·· 330
 8.5 カーネル密度推定 ·· 332
  8.5.1 最小 2 乗相互検証 ·· 335
  8.5.2 プラグイン帯域幅選択 ······································ 339
 8.6 再抽出とブートストラップ法 ···································· 344
 8.7 適　合　度 ·· 347
  8.7.1 グラフを使った手順 ·· 347
  8.7.2 Kolmogorov–Smirnov 検定 ··································· 350
  8.7.3 Anderson–Darling 検定 ····································· 353
  8.7.4 χ^2 検　定 ··· 355
 さらに学習するために ·· 357
 文　　　献 ·· 358

9. 分　散　減　少 ·· 361
 9.1 分散減少の例 ·· 361
 9.2 対　照　変　量 ·· 363
 9.3 制　御　変　量 ·· 365
 9.4 条件付きモンテカルロ ·· 368
 9.5 層　別　抽　出 ·· 370
 9.6 ラテン方格抽出 ·· 374
 9.7 重　点　抽　出 ·· 376
  9.7.1 最小分散密度 ·· 378

		9.7.2 分散最小化法 ································· 378
		9.7.3 クロスエントロピー法 ························· 380
		9.7.4 重み付き重点抽出 ····························· 382
		9.7.5 逐次重点抽出 ································· 384
		9.7.6 重点抽出法を介した応答曲面推定法 ············ 387
	9.8	準モンテカルロ ·· 391
	さらに学習するために ·· 394
	文 献 ·· 394

10. 稀少事象シミュレーション ································· 396
- 10.1 推定量の効率 ·· 396
- 10.2 軽い裾に対する重点抽出法 ································ 400
  - 10.2.1 停止時刻確率の推定 ································ 401
  - 10.2.2 あふれ確率の推定 ································ 404
  - 10.2.3 複合ポアソン和に対する推定 ····················· 406
- 10.3 重い裾に対する条件付け法 ································ 409
  - 10.3.1 複合和に対する推定 ································ 410
  - 10.3.2 同一分布でない確率変数の和 ····················· 412
- 10.4 状態依存の重点抽出 ·· 414
- 10.5 稀少事象シミュレーションのためのクロスエントロピー法 ······ 420
- 10.6 分 岐 法 ·· 426
- さらに学習するために ·· 433
- 文   献 ·· 434

11. 微分係数の推定 ··· 439
- 11.1 勾 配 推 定 ·· 439
- 11.2 有限差分法 ·· 441
- 11.3 無限小摂動解析 ·· 444
- 11.4 スコア関数法 ··· 446
  - 11.4.1 重点抽出を組み合わせたスコア関数法 ············ 449
- 11.5 弱 微 分 ·· 451
- 11.6 再帰過程に対する感度分析 ································ 453
- さらに学習するために ·· 457
- 文   献 ·· 457

12. ランダム最適化 459
   12.1 確率近似 459
   12.2 確率的同等法 465
   12.3 シミュレーテッドアニーリング 467
   12.4 進化的アルゴリズム 471
      12.4.1 遺伝アルゴリズム 471
      12.4.2 微分進化 473
      12.4.3 分布推定アルゴリズム 476
   12.5 最適化のためのクロスエントロピー法 477
   12.6 その他のランダム最適化手法 480
   さらに学習するために 481
   文　　献 481

13. クロスエントロピー法 484
   13.1 クロスエントロピー法 484
   13.2 推定のためのクロスエントロピー法 485
   13.3 最適化のためのクロスエントロピー法 489
      13.3.1 組合せ最適化 490
      13.3.2 連続最適化 492
      13.3.3 制約付き最大化 494
      13.3.4 雑音のある最適化 497
   さらに学習するために 499
   文　　献 499

14. 粒子法 504
   14.1 逐次モンテカルロ 504
   14.2 粒子分岐 508
   14.3 静的な稀少事象の確率推定での分岐法 509
   14.4 適応分岐アルゴリズム 517
   14.5 多次元積分の推定 519
   14.6 分岐法による組合せ最適化 529
      14.6.1 ナップサック問題 530
      14.6.2 巡回セールスマン問題 531
      14.6.3 2次割り当て問題 532
   14.7 分岐を組み込んだマルコフ連鎖モンテカルロ法 534
   さらに学習するために 542
   文　　献 543

15. 金融工学への応用 …… 546
15.1 標準モデル …… 546
15.2 モンテカルロシミュレーションによる価格計算 …… 552
15.3 感度分析 …… 563
15.3.1 標本路ごとの微分係数推定 …… 565
15.3.2 スコア関数法 …… 567
さらに学習するために …… 571
文献 …… 572

16. ネットワークの信頼性への応用 …… 574
16.1 ネットワークの信頼性 …… 574
16.2 ネットワークの時間変化モデル …… 575
16.3 条件付きモンテカルロ法 …… 580
16.3.1 leap–evolve アルゴリズム …… 585
16.4 ネットワークの信頼性推定における重点抽出法 …… 588
16.4.1 上下界を使う重点抽出法 …… 588
16.4.2 条件付きモンテカルロ法による重点抽出法 …… 591
16.5 分岐法 …… 593
16.5.1 上下界を使った改良 …… 599
さらに学習するために …… 600
文献 …… 601

17. 微分方程式への応用 …… 604
17.1 確率微分方程式と偏微分方程式の関係 …… 604
17.1.1 境界値問題 …… 606
17.1.2 最終値問題 …… 611
17.1.3 最終値–境界値問題 …… 613
17.2 輸送過程と輸送方程式 …… 615
17.2.1 輸送方程式への応用 …… 617
17.2.2 ボルツマン方程式 …… 621
17.3 スケール変換を通じた常微分方程式との繋がり …… 625
さらに学習するために …… 631
文献 …… 631

A. 確率と確率過程 …… 634
A.1 ランダム試行と確率空間 …… 634
A.1.1 確率測度の性質 …… 635

- A.2 確率変数と確率分布 ·· 636
  - A.2.1 確率密度 ·· 639
  - A.2.2 同時分布 ·· 641
- A.3 期待値と分散 ·· 641
  - A.3.1 期待値の性質 ·· 644
  - A.3.2 分散 ·· 645
- A.4 条件付きと独立 ·· 645
  - A.4.1 条件付き確率 ·· 645
  - A.4.2 独立性 ·· 646
  - A.4.3 共分散 ·· 647
  - A.4.4 条件付き密度と期待値 ·· 648
- A.5 L^p 空間 ·· 649
- A.6 確率変数の関数 ·· 650
  - A.6.1 線形変換 ·· 650
  - A.6.2 一般の変換 ·· 650
- A.7 母関数と積分変換 ·· 651
  - A.7.1 確率母関数 ·· 651
  - A.7.2 モーメント母関数とラプラス変換 ·································· 651
  - A.7.3 特性関数 ·· 652
- A.8 極限定理 ·· 653
  - A.8.1 収束概念 ·· 653
  - A.8.2 収束概念における相互の関係 ······································· 654
  - A.8.3 大数の法則と中心極限定理 ··· 655
- A.9 確率過程 ·· 656
  - A.9.1 ガウス性 ·· 658
  - A.9.2 マルコフ性 ·· 658
  - A.9.3 マルチンゲール性 ·· 660
  - A.9.4 再帰性 ·· 661
  - A.9.5 定常性と可逆性 ·· 663
- A.10 マルコフ連鎖 ··· 664
  - A.10.1 状態の分類 ·· 665
  - A.10.2 極限の振る舞い ··· 666
  - A.10.3 可逆性 ··· 667
- A.11 マルコフ跳躍過程 ·· 668
  - A.11.1 極限の振る舞い ··· 671
- A.12 伊藤積分と伊藤過程 ·· 672
- A.13 拡散過程 ··· 677

- A.13.1 Kolmogorov 方程式 680
- A.13.2 定常分布 682
- A.13.3 Feynman–Kac 公式 682
- A.13.4 脱出時刻 683
- さらに学習するために 684
- 文献 684

B. 数理統計学の基礎知識 687
- B.1 統計的推論 687
  - B.1.1 伝統的モデル 687
  - B.1.2 十分統計量 689
  - B.1.3 推定 691
  - B.1.4 仮説検定 694
- B.2 尤度 698
  - B.2.1 推定における尤度法 701
  - B.2.2 最尤推定の数値的方法 704
  - B.2.3 仮説検定における尤度を使った方法 705
- B.3 ベイズ統計学 707
  - B.3.1 共役分布 709
- さらに学習するために 710
- 文献 710

C. 最適化 712
- C.1 最適化理論 712
  - C.1.1 ラグランジュ法 718
  - C.1.2 双対性 719
- C.2 最適化の技法 720
  - C.2.1 制約付き問題の変形 720
  - C.2.2 最適化問題と根の計算における数値解法 723
- C.3 代表的な最適化問題 731
  - C.3.1 充足可能性問題 731
  - C.3.2 ナップサック問題 731
  - C.3.3 最大カット問題 732
  - C.3.4 巡回セールスマン問題 732
  - C.3.5 2次割り当て問題 732
  - C.3.6 クラスタリング問題 733

- C.4 連続最適化問題 733
    - C.4.1 無制約問題 733
    - C.4.2 制約付き問題 734
- さらに学習するために 736
- 文　献 736

D. その他の事項 738
- D.1 指数型分布族 738
- D.2 分布の特性 740
    - D.2.1 裾特性 740
    - D.2.2 安定特性 741
- D.3 コレスキー分解 743
- D.4 離散フーリエ変換，高速フーリエ変換，巡回行列 744
- D.5 離散余弦変換 745
- D.6 微　分 747
- D.7 期待値最大化アルゴリズム 749
- D.8 ポアソン総和公式 752
- D.9 特殊関数 753
    - D.9.1 ベータ関数 $B(\alpha, \beta)$ 753
    - D.9.2 不完全ベータ関数 $I_x(\alpha, \beta)$ 753
    - D.9.3 誤差関数 $\mathrm{erf}(x)$ 753
    - D.9.4 ディガンマ関数 $\psi(x)$ 754
    - D.9.5 ガンマ関数 $\Gamma(\alpha)$ 754
    - D.9.6 不完全ガンマ関数 $P(\alpha, x)$ 754
    - D.9.7 超幾何関数 $_2F_1(a, b; c; z)$ 755
    - D.9.8 合流型超幾何関数 $_1F_1(\alpha; \gamma; x)$ 755
    - D.9.9 第2種変形 Bessel 関数 $K_\nu(x)$ 755
- 文　献 755

略　語　表 757

記　号　表 759

分　布　表 761

索　　　引 763

1

一様乱数の生成

　本章では，一様乱数を生成するための主要な手法とアルゴリズムを概観する．この中には線形漸化式，2を法とする演算，およびそれらの組合せに基づく生成法が含まれる．一様乱数生成法の質を評価するための一連の理論的および経験的な検定も提示する．任意の分布に従う乱数の生成は，一様乱数の生成法をもとにして行うが，これらの方法については第3章を参照せよ．

1.1　乱　　　数

　すべてのモンテカルロ法の核心には，**乱数生成法** (random number generator) がある．これは，ある確率分布 Dist に従って独立に分布する (independent and identically distributed; iid) 確率変数の無限列

$$U_1, U_2, U_3, \ldots \overset{\text{iid}}{\sim} \text{Dist}$$

の標本を生成する手順である．この確率分布が区間 (0,1) 上の一様分布である場合（すなわち，Dist = U(0,1) の場合）には，この生成法は**一様乱数生成法** (uniform random number generator) と呼ばれる．多くのコンピュータのプログラム言語には，すでに一様乱数生成法が組み込まれている．利用者はたいてい初期値（**種** (seed) と呼ぶ）を入力するだけでよく，そのあとは生成法を呼び出すたびに区間 (0,1) 上の独立な一様乱数の系列が生成される．例えば MATLAB では，rand 関数を使えばよい．
　確率変数の無限 iid 列という概念は数学的な抽象概念であって，コンピュータ上で実現することは不可能である．実際問題としては，望みうる実現可能な最善の結果は，本当の iid 確率変数の列と区別がつかない統計的性質を持つ「ランダムな」数の列を作り出すことである．天然の放射線や量子力学を利用した物理的な生成法は，真のランダム性の安定的な供給源となりうると思われるが，現在使われている大多数の乱数生成法は，コンピュータ上で容易に実装できる簡単なアルゴリズムに基づいている．L'Ecuyer [10] の提案に従えば，これらのアルゴリズムは $(\mathcal{S}, f, \mu, \mathcal{U}, g)$ と表記できる．各記号の意味は次のとおりである．

- $\mathcal{S}$ は**状態** (state) の有限集合．

- f は $\mathcal{S}$ から $\mathcal{S}$ への関数（写像）．
- μ は $\mathcal{S}$ 上の確率分布．
- $\mathcal{U}$ は**出力空間**（output space）であり，一様乱数の場合には区間 $(0,1)$ である．今後，特に断らない限り，$\mathcal{U} = (0,1)$ とする．
- g は $\mathcal{S}$ から $\mathcal{U}$ への関数（写像）．

この表記法を使うと，乱数生成法の構造は次のように書ける．

アルゴリズム 1.1（乱数生成法の一般形）
1. **初期化**：$\mathcal{S}$ 上の分布 μ から種 S_0 を抽出する．$t = 1$ とする．
2. **推移**：$S_t = f(S_{t-1})$ とおく．
3. **出力**：$U_t = g(S_t)$ とおく．
4. **反復**：$t = t + 1$ として Step 2 に戻る．

このアルゴリズムは**擬似乱数**（pseudorandom number）の列 $U_1, U_2, U_3, \ldots$ を作り出すが，今後は擬似乱数のことを単に**乱数**（random number）と呼ぶことにする．状態空間が有限なので，どのような種から出発しても，状態の列（したがってまた乱数の列）は必ず周期的に繰り返すことになる．以前に実現したのと同じ状態に戻るまでの最小ステップ数のことを乱数生成法の**周期**（period length）という．

1.1.1　良い乱数生成法

ある乱数生成法が良いものであるかどうかは，多くの特性によって判断される．適用する問題によって乱数生成法に要求される特性が異なることがあるので，さまざまな乱数生成法を使えるように準備しておくことが望ましい．以下に，良い乱数生成法として望ましい，あるいは必須の特性をいくつか挙げる（[39] も参照）．

1) **統計的検定に合格すること**：究極的な目標は，生成法が真の一様 iid 系列と見分けがつかない一様乱数列を作り出すことである．理論的な観点からは，この判断基準は精密性を欠き，判断不能ですらある（注 1.1 を参照）が，実用的な観点からは，これは生成法が一様性と独立性からの乖離を検出するために設計された一連の簡単な統計的検定に合格すべきであることを意味する．このような検定については 1.5.2 項で述べる．

2) **理論的根拠**：良い生成法はしっかりした数学的原理に基づいているべきであり，これによって生成法の重要な諸性質を厳密に解析することが可能となる．この性質を持つ生成法の例として，1.2.1 項で述べる線形合同法と 1.2.2 項で述べる高次漸化式法がある．

3) **再現可能性**：重要な性質の 1 つとして，乱数列を全部コンピュータのメモリに記憶しておかなくても再現できることが挙げられる．これは，検定と分散減少法にとって必須である．物理的乱数生成法では，乱数列全部を記録しておかなければ再現できない．

4) **高速かつ効率的であること**：生成法は乱数を高速かつ効率的に生成でき，必要とするコンピュータのメモリが少ないことが望ましい．最適化や推定のためのモンテカルロ法では，何十億あるいはもっと多くの乱数が必要となる．現在の物理的乱数生成法は，単純なアルゴリズムによる乱数生成法にスピードの点でかなわない．

5) **長周期**：乱数生成法の周期は，同じ乱数を繰り返し使ったり，従属性による問題が生じたりすることを避けるために，極めて長く，10^{50} 程度のオーダーであることが必要とされる．N 個の乱数を使うためには，周期は少なくとも $10N^2$ でなければならないという証拠がある [36]．この点から見れば，昔の乱数生成法の多くは根本的に不適切である．

6) **複数乱数列**：多くの応用問題では，複数の独立な乱数列を並列に使う必要がある．良い乱数生成法は，複数の独立な乱数列を簡単に提供できるようになっている必要がある．

7) **安価で扱いが容易**：良い乱数生成法は安価であり，高価な外付けの装置を必要としてはならない．加えて，簡単に実装して使用できることが必要である．一般に，このような生成法は，異なるコンピュータの間で簡単に移植できる．

8) **0 および 1 を発生しないこと**：乱数生成法に望ましい性質の1つとして，乱数列に 0 および 1 が出現しないことが挙げられる．これは，0 による割り算やその他の数値的な問題点を回避するためである．

注 1.1（計算複雑度） 理論的な観点からすれば，状態数が有限の乱数生成法は，その周期より長い数列を観測すれば，"必ず" 真の iid 系列と見分けがつく．しかしながら，実用的な観点からすれば，これは「穏当な」時間内には実行不可能である．この考え方は，"計算複雑度" の概念を使って正式に記述することができる（例えば [33] を参照）．

1.1.2　良い乱数生成法の選択

Pierre L'Ecuyer [12] が言っているように，良い乱数生成法の選択は，新車の選択のようなものである．人によっては，あるいは適用する問題によっては速度が重要であるが，他の人や他の問題にとっては頑健性や信頼性のほうがより重要である．モンテカルロシミュレーションでは，生成される乱数列の分布の性質が最も重要であるが，符号化および暗号化の世界では，予測不能という性質が決定的に重要である．

しかし，車の場合と同様に，設計が良くない時代遅れのモデルがたくさんあるので，これらを選択することは避けるべきである．実際，よく使われているプログラム言語やソフトウェアパッケージに付いている標準的な生成法の中には，ひどいものも少なくない [13]．

全般的に良い性能を有する生成法のグループを2つ挙げる．

1) **混合型高次漸化式法**（combined multiple recursive generator）：このうちのいくつかは，すぐれた統計的性質を有し，簡単で，周期が長く，並列化機能が

あり，比較的速い．よく使われているのは，L'Ecuyer の MRG32k3a（1.3 節を参照）であり，MATLAB（バージョン 7 以降），VSL，SAS，およびシミュレーションパッケージの SSJ，Arena，Automod で中心的な生成法の 1 つとして装備されている．

2) **ひねった一般化フィードバックシフトレジスタ法**（twisted general feedback shift register generator）：このうちのいくつかは，高次元分布の一様性が優れていて，（本質的に 2 進法の演算で実装できるため）現存の生成法の中で最高速の仲間に入り，極めて長い周期を持つ．よく使われているのは Matsumoto–Nishimura のメルセンヌツイスター MT19937ar（1.2.4 項を参照）であり，現在 MATLAB では，標準の生成法となっている．

一般に，良い一様乱数生成法は，上記の判断基準に関して "総合的には" 良い性能を示すが，すべての基準に対して最良というわけではない．適切な生成法を選ぶにあたっては，以下のことを念頭に置くとよい．

- 速い生成法が必ずしも良いというわけではない（実は，逆のことが多い）．
- 周期が短いことは一般に良くないが，周期が長いほど良いというわけではない．
- 一様性が良いことは良い生成法であるための必要条件であるが，十分条件ではない．

1.2　線形漸化式に基づく生成法

擬似乱数列を生成するために最も普通に使われている方法は，単純な線形漸化式を利用するものである．

1.2.1　線 形 合 同 法

線形合同法（linear congruential generator; LCG）とは，アルゴリズム 1.1 で，状態を $S_t = X_t \in \{0, \ldots, m-1\}$（$m$ は正の整数で**法**（modulus）と呼ばれる）として，状態の推移規則を

$$X_t = (aX_{t-1} + c) \bmod m, \quad t = 1, 2, \ldots \tag{1.1}$$

として得られる乱数生成法のことである．ここで，**乗数**（multiplier）a および**加数**（increment）c は整数である．式 (1.1) で $\bmod m$ の演算を行うと，$aX_{t-1}+c$ を m で割った余りが X_t の値となる．乗数および加数は集合 $\{0, \ldots, m-1\}$ の中から選ばれる．加数 $c = 0$ の場合には，この生成法を**乗算型合同法**（multiplicative congruential generator）と呼ぶこともある．LCG の実装では，この形をとっているものが多い（一般に，加数は LCG の性質に大きな影響を及ぼさない）．LCG の出力関数は単純で，

$$U_t = \frac{X_t}{m}$$

である．

■ **例 1.1（最低基準の LCG）**

よく引用される LCG は，Lewis–Goodman–Miller [24] によるもので，$a = 7^5 = 16807$, $c = 0$, $m = 2^{31} - 1 = 2147483647$ という数値を選んでいる．この LCG は標準的な統計的検定の多くに合格し，多くの問題に適用されて良い結果が得られている．このような理由で，この LCG は "最低基準" の LCG と見なされ，これと比べて他の生成法の良さが判定されることがある．

この LCG は良い性質を有するが，その周期（$2^{31} - 2$）や統計的性質は，もはや現代のモンテカルロ法の応用で要求される基準には合格しない（例えば [20] を参照）．

古典的な LCG とそれらの特性の総合的なリストが，Karl Entacher のウェブページ

http://random.mat.sbg.ac.at/results/karl/server/

に掲載されている．

LCG に関する以下の留意点が [20] で報告されている．
- 法が 2^p（p は自然数）の形の LCG は，すべて振る舞いが良くないので，使用すべきでない．
- 法が $2^{61} \approx 2 \times 10^{18}$ 以下のすべての LCG は，いくつかの検定に不合格となるので，使用すべきでない．

1.2.2 高次漸化式法

次数（order）が k の**高次漸化式法**（multiple-recursive generator; MRG）とは，アルゴリズム 1.1 で，法を m として，状態が $S_t = \mathbf{X}_t = (X_{t-k+1}, \ldots, X_t)^\top \in \{0, \ldots, m-1\}^k$，状態推移規則が

$$X_t = (a_1 X_{t-1} + \cdots + a_k X_{t-k}) \bmod m, \quad t = k, k+1, \ldots \quad (1.2)$$

で定義されるものである．ここで，**乗数**（multiplier）$\{a_i, i = 1, \ldots, k\}$ は集合 $\{0, \ldots, m-1\}$ から選ばれる．出力関数は

$$U_t = \frac{X_t}{m}$$

とすることが多い．

この生成法の最大周期は $m^k - 1$ であり，これが達成されるのは，(a) m が素数で，かつ (b) 多項式 $p(z) = z^k - \sum_{i=1}^k a_i z^{k-i}$ が m を法とする演算に関して "原始的" である場合である．原始的かどうかを判定する方法は [8, p.30, p.439] にある．速いアルゴリズムを作るためには，$\{a_i\}$ を大部分が 0 になるように選ぶ必要がある．

周期が短い MRG をいくつか組み合わせることによって，周期が非常に長い MRG を効率的に実装することができる（1.3 節を参照）．

1.2.3 行列合同法

MRG は**行列乗算型の合同法** (matrix multiplicative congruential generator) として解釈および実装することができる．これは，アルゴリズム 1.1 で，状態が $S_t = \mathbf{X}_t \in \{0, \ldots, m-1\}^k$ (m は法)，状態推移規則が

$$\mathbf{X}_t = (A\mathbf{X}_{t-1}) \bmod m, \quad t = 1, 2, \ldots \tag{1.3}$$

として定義される乱数生成法である．ここで，A は逆行列が存在する $k \times k$ 行列，$\mathbf{X}_t$ は $k \times 1$ ベクトルである．出力関数は

$$U_t = \frac{\mathbf{X}_t}{m} \tag{1.4}$$

とすることが多く，区間 $(0,1)$ 上の一様乱数ベクトルが得られる．したがって，このアルゴリズムの出力空間 $\mathcal{U}$ は $(0,1)^k$ である．乱数生成が速くできるためには，行列 A が疎でなくてはならない．

MRG がこの一般形の特別な場合に当たることを見るために，

$$A = \begin{pmatrix} 0 & 1 & \cdots & 0 \\ \vdots & \vdots & \ddots & \vdots \\ 0 & 0 & \cdots & 1 \\ a_k & a_{k-1} & \cdots & a_1 \end{pmatrix}, \quad \mathbf{X}_t = \begin{pmatrix} X_t \\ X_{t+1} \\ \vdots \\ X_{t+k-1} \end{pmatrix} \tag{1.5}$$

とする．

明らかに，行列乗算型合同法は乗算型合同法を k 次元に一般化したものである．高次漸化式法も同様にして行列型に一般化できる．すなわち，乗数の集合 $\{a_i\}$ を行列の集合で置き換え，またスカラーの列 $\{X_t\}$ をベクトル列で置き換える．こうして得られるのが，**行列高次漸化式法** (matrix multiple recursive generator) である (例えば [34] を参照).

1.2.4　2を法とする線形生成法

良い乱数生成法の状態空間は，極めて大きくなくてはならない．そのためには，LCG においては法 m が大きな整数でなくてはならない．しかし，高次漸化式法および行列生成法においては，状態空間が最大で m^k と大きくなりうるので，必ずしも大きな法を選ばなくてもよい．2 進演算は一般に浮動小数点演算よりも速い (さらに整数演算よりも速い) ので，2 を法とする線形漸化式に基づく乱数生成法を考えることは有意義である．このような乱数生成法の一般的な枠組みが [18] に記述されていて，状態は k ビットのベクトル $\mathbf{X}_t = (X_{t,1}, \ldots, X_{t,k})^\top$ で表され，線形変換によって w ビットの出力ベクトル $\mathbf{Y}_t = (Y_{t,1}, \ldots, Y_{t,w})^\top$ に写され，これから乱数 $U_t \in (0,1)$ が得られる．より正確には，手順は以下のとおりである．

アルゴリズム 1.2（2 を法とする線形漸化式法の一般形）

1. **初期化**：状態空間 $\mathcal{S} = \{0,1\}^k$ 上の分布 μ から種 $\mathbf{X}_0$ を選ぶ．$t = 1$ とおく．
2. **推移**：$\mathbf{X}_t = A\mathbf{X}_{t-1}$ とする．
3. **出力**：$\mathbf{Y}_t = B\mathbf{X}_t$ とおいて

$$U_t = \sum_{\ell=1}^{w} Y_{t,\ell} 2^{-\ell}$$

を返す．

4. **反復**：$t = t+1$ として Step 2 に戻る．

ここで，A と B はそれぞれ $k \times k$ および $w \times k$ の 0-1 行列で，すべての演算は 2 を法として行う．代数学の用語を使えば，演算は有限体 $\mathbb{F}_2$ の上で行われるということであり，足し算はビットごとの XOR に対応する（特に，$1+1=0$ である）．整数 w はコンピュータの語長（すなわち，$w = 32$ または 64）と考えることができる．通常は k として w よりずっと大きな数を選ぶが，例外もある（[18] を参照）．

■ 例 1.2（線形フィードバックシフトレジスタ法）

Tausworthe 法あるいは**線形フィードバックシフトレジスタ** (linear feedback shift register; LFSR) 法とは，漸化式 (1.2) で $m = 2$ とおいた形の MRG であるが，出力関数は

$$U_t = \sum_{\ell=1}^{w} X_{ts+\ell-1} 2^{-\ell}$$

である．ここで，$w \leqslant k$, $s \geqslant 1$ である（$s = w$ と選ぶことが多い）．したがって，漸化式 (1.2) によって 2 進数の列 $X_0, X_1, \ldots$ が生成され，t 番目の「語」（ワード）$(X_{ts}, \ldots, X_{ts+w-1})^\top$, $t = 0, 1, \ldots$ が t 番目の乱数の 2 進表現と解釈される．

この生成法は，アルゴリズム 1.2 の枠組みの中に収めることができる．すなわち，t 回目の反復における状態はベクトル $\mathbf{X}_t = (X_{ts}, \ldots, X_{ts+k-1})^\top$ で表され，漸化式 (1.2) で s ステップ進めることによって状態が更新される．その結果として，アルゴリズム 1.2 の推移行列 A は，式 (1.5) の「1 ステップ」推移行列の s 乗に等しい．出力ベクトル $\mathbf{Y}_t$ は単に $\mathbf{X}_t$ の最初の w ビットを取り出すだけである．したがって，$B = [I_w \ O_{w \times (k-w)}]$ となる．ここで，I_w は w 次元の単位行列，$O_{w \times (k-w)}$ は $w \times (k-w)$ の零行列である．

生成速度を速めるために，乗数 $\{a_i\}$ の大部分を 0 とする．多くの場合，a_k 以外は 1 個 (a_r とする) を除いて 0 とする．その場合には

$$X_t = X_{t-r} \oplus X_{t-k} \tag{1.6}$$

となる．ここで，$\oplus$ は 2 を法とする足し算を表す．同じ漸化式が状態（ビットのベクトル）に対しても成立する．すなわち，

$$\mathbf{X}_t = \mathbf{X}_{t-r} \oplus \mathbf{X}_{t-k}$$

である．ここで，足し算は成分（ビット）ごとに行う．

LFSR 法という名前は，コンピュータ上で**フィードバックシフトレジスタ**（feedback shift register）（0 と 1 を記憶できるセルの並びで，ビットのシフトが高速にできる装置）によって極めて効率的に実現できることによる．例えば [18, Algorithm L] や [7, p.40] を参照せよ．

LFSR 法の一般化で，アルゴリズム 1.2 の枠組みに収まるものに，**一般化フィードバックシフトレジスタ**（generalized feedback shift register）法 [25]，およびそれを**ひねった**（twisted）もの [30] がある．その中で最もよく知られているのが，**メルセンヌツイスター**（Mersenne twister）[31] である．メルセンヌツイスターのうちでも特に MT19937 が広く普及していて，SPSS や MATLAB などのソフトウェアパッケージに採用されている．その周期は $2^{19937} - 1$ と巨大であり，極めて速く，（高次元の）一様分布性に優れ，多くの統計的検定に合格している．最新のプログラムは，例えば以下のサイトで見つけられる．

http://www.math.sci.hiroshima-u.ac.jp/~m-mat/MT/emt.html

欠点を 2 つ挙げるならば，初期化の手続きが複雑なことと，アルゴリズムの実装が簡単でないことである．他の潜在的な問題点は，零状態からの回復が遅すぎることである．もっと正確に言うと，1 が極めて少ない状態が生起した場合には，0 と 1 がほぼ半々くらいの状態になるまでに極めて長い時間（数十万ステップ）がかかる可能性がある．その他のいくつかの弱点が [20, p.23] で論じられている．

性能が良くて速い mod 2 生成法の発展は実用的にも理論的にも重要であり，この分野は今も活発な研究が行われている．これは，符号化や暗号化と密接な関係があるという理由からではない．最近の研究成果の中には，Panneton et al. [35] による WELL（well-equidistributed long-period linear）という（一様分布性が良く，周期が長い線形の）生成法があり，MT19937 のいくつかの弱点を克服している．また，SIMD コンピュータ向きの速いメルセンヌツイスター [38] は，標準的なメルセンヌツイスターに比べてかなり速く，一様分布性も改善されていて，0 が多い状態からの回復も速くなっている．

1.3 結合生成法

乱数生成法の発展において重要な飛躍をもたらしたのは，**結合生成法**（combined generator）の導入である．この方法では，個々には品質が良くないかもしれないいくつかの生成法の出力を，かき混ぜ，足し算，選択などの操作によって結合し，すぐれた品質の生成法を作る．

1.3 結合生成法

■ 例 1.3（Wichman–Hill）

最初に提案された結合生成法の 1 つである Wichman–Hill の生成法 [41] は，次の 3 つの LCG を結合する．

$$X_t = (171\, X_{t-1}) \bmod m_1 \qquad (m_1 = 30269)$$
$$Y_t = (172\, Y_{t-1}) \bmod m_2 \qquad (m_2 = 30307)$$
$$Z_t = (170\, Z_{t-1}) \bmod m_3 \qquad (m_3 = 30323)$$

これらが出力する整数乱数を結合して，1 個の乱数を作る．

$$U_t = \frac{X_t}{m_1} + \frac{Y_t}{m_2} + \frac{Z_t}{m_3} \bmod 1$$

3 つ組 (X_t, Y_t, Z_t) の系列の周期は $(m_1-1)(m_2-1)(m_3-1)/4 \approx 6.95 \times 10^{12}$ であることが示されており [42]，個々の生成法の周期よりずっと長い．Zeisel [43] は，この結合生成法の出力が，実は法が $m = 27817185604309$，乗数が $a = 16555425264690$ の乗算型合同法の出力とまったく同じであることを示した．

Wichman–Hill のアルゴリズムは単純な統計的検定では大変良い成績を示すが，周期が十分には長くないので，多くの複雑な検定には不合格となり，高精度を要するモンテカルロ法の応用には不適切である．

広範に研究されてきた結合生成法のクラスとして，少数の MRG を結合する**結合高次漸化式法**（combined multiple-recursive generator）がある．このクラスの生成法は，単一の MRG と同様に理論的に解析できる．すなわち，適当な初期設定のもとで，結合 MRG の乱数の出力系列は周期が長い単一の MRG の出力系列と完全に一致する [23]．そこで，結合生成法の品質を評価するためには，MRG の理論的解析法としてよくわかっている方法を使えばよい．その結果として，結合 MRG で使うべき乗数と法を秩序立って組織的に探すことができ，すぐれた統計的性質を有する生成法が得られる．それに加えて，このようなアルゴリズムは，並列化が容易にできるというメリットもある [21]．

L'Ecuyer [12] は良い結合 MRG を見つけるために，広範囲な数値探索と詳細な理論的解析を行った．こうして見つかった特に優れた結合 MRG の 1 つが MRG32k3a であり，次数が 3 の 2 つの MRG

$$X_t = (1403580\, X_{t-2} - 810728\, X_{t-3}) \bmod m_1$$
$$(m_1 = 2^{32} - 209 = 4294967087)$$
$$Y_t = (527612\, Y_{t-1} - 1370589\, Y_{t-3}) \bmod m_2$$
$$(m_2 = 2^{32} - 22853 = 4294944443)$$

を結合して，次のように出力する．

$$U_t = \begin{cases} \dfrac{X_t - Y_t + m_1}{m_1 + 1}, & X_t \leqslant Y_t \text{ のとき} \\ \dfrac{X_t - Y_t}{m_1 + 1}, & X_t > Y_t \text{ のとき} \end{cases}$$

この周期はおよそ 3×10^{57} である．この生成法 MRG32k3a は，現在最も包括的な検定集である TestU01 [20]（1.5 節も参照）のすべての検定に合格し，MATLAB, Mathematica, Intel の MKL ライブラリ，SAS, VSL, Arena, Automod といった多くのソフトウェアパッケージに採用されている．これは L'Ecuyer の SSJ シミュレーションパッケージにおける中核の乱数生成法にもなっていて，並列化も容易にできるようになっている．MATLAB における実装は次のようになる．

```
%MRG32k3a.m
m1=2^32-209; m2=2^32-22853;
ax2p=1403580; ax3n=810728;
ay1p=527612; ay3n=1370589;

X=[12345 12345 12345]; % X の初期値
Y=[12345 12345 12345]; % Y の初期値

N=100; % N 個の乱数を生成する
U=zeros(1,N);
for t=1:N
   Xt=mod(ax2p*X(2)-ax3n*X(3),m1);
   Yt=mod(ay1p*Y(1)-ay3n*Y(3),m2);
   if Xt <= Yt
      U(t)=(Xt - Yt + m1)/(m1+1);
   else
      U(t)=(Xt - Yt)/(m1+1);
   end
   X(2:3)=X(1:2); X(1)=Xt; Y(2:3)=Y(1:2); Y(1)=Yt;
end
```

"型" の違う生成法を結合することもできる．例えば Marsaglia の KISS99 (keep it simple stupid) 法 [26] は，2 つのシフトレジスタ法と 1 つの LCG を結合する．この生成法は，TestU01 [20] での成績も大変良い．以下の MATLAB プログラムは KISS99 法を実装したものである．

```
% KISS99.m
% 種：変数の型を正しく選ぶことが必須！
A=uint32(12345); B=uint32(65435); Y=12345; Z=uint32(34221);
N=100; % N 個の乱数を生成する
U=zeros(1,N);
```

```
for t=1:N
    % 2 つのキャリー付き乗算法（MWC）
    A=36969*bitand(A,uint32(65535))+bitshift(A,-16);
    B=18000*bitand(B,uint32(65535))+bitshift(B,-16);
    % MWC：A と B が下位および上位 16 ビットとなる
    X=bitshift(A,16)+B;
    % CONG：線形合同法
    Y = mod(69069*Y+1234567,4294967296);
    % SHR3：3 回シフトレジスタ法
    Z=bitxor(Z,bitshift(Z,17));
    Z=bitxor(Z,bitshift(Z,-13));
    Z=bitxor(Z,bitshift(Z,5));
    % X, Y, Z を結合して KISS99 法が得られる
    KISS=mod(double(bitxor(X,uint32(Y)))+double(Z),4294967296);
    U(t)=KISS/4294967296; % U[0,1] 出力
end
```

1.4 その他の生成法

線形合同法に対しては多くの変形版が提案されてきた．これまでの節で述べなかったもののうちで以下のものを紹介する．

- **キャリー付き乗算**（multiply with carry）：LCG で加数 c が反復ごとに変化するという変形版である．具体的には，漸化式は

$$X_t = (aX_{t-1} + c_{t-1}) \bmod m$$

で，**キャリー**（carry）c_t は，一定の**遅れ**（lag）を k として

$$c_t = \lfloor (aX_{t-k} + c_{t-1})/m \rfloor, \quad t \geqslant k$$

で計算する．

- **XOR シフト**（XOR shift）：LFSR 法の一般化であり，行列 MRG [34] の特別な場合に当たり，t 回目の反復における状態が 0-1 ベクトル $\mathbf{X}_t$ で表され，$\mathbf{X}_t$ は線形漸化式

$$\mathbf{X}_t = A_1 \mathbf{X}_{t-k_1} \oplus \cdots \oplus A_r \mathbf{X}_{t-k_r}$$

を満たす．ここで，$k_1, \ldots, k_r$ は正の整数で，$A_1, \ldots, A_r$ は単位行列かまたは XOR シフト行列の積である．

- **遅れありの Fibonacci 生成法**（lagged Fibonacci generator）：LFSR 法 (1.6) の一般化であり，その XOR 演算子 $\oplus$ を一般の 2 項演算，例えば乗算で置き換えたものである．

これらの生成法に関する詳細は，例えば [18], [29] に出ている．上記の生成法は，一般には TestU01 に含まれているランダム性に関するすべての統計的検定に合格するわけではない．しかし，例えば KISS99 法と同様に，これらを結合すると性質の良い生成法が得られる可能性がある．キャリー付き乗算法および遅れありの Fibonacci 生成法は，（単体では）理論的な性質が良くないことが知られている [11], [40].

非線形関数 g を使った "非線形" の漸化式

$$X_t = g(X_{t-1}, \ldots, X_{t-k}) \bmod m$$

に基づく合同法は，遅くて，理論的解析が困難で，一様性に関する統計的検定に合格しないことが多いので，現在モンテカルロシミュレーションで使われることはあまりない．しかし，非線形生成法は暗号化の分野では重要である．（これに反して）線形合同法の出力系列は容易に予測でき，特に線形合同法のパラメータは，すでに得られている出力系列から簡単に見破れる（例えば [29] を参照）．

暗号理論の分野で有名な非線形な方法に，Blum–Blum–Shub [2] のものがある．彼らの提案は 2 乗の漸化式

$$X_t = X_{t-1}^2 \bmod m$$

を使うもので，$m = pq$ であり，p と q は 4 で割った余りが 3 となる大きな素数である．これは，いわゆる **Blum の素数**（Blum prime）で，例えば

$$p = 1267650600228229401496703981519$$
$$q = 1267650600228229401496704318359$$

である．Blum–Blum–Shub の方法では，各回の反復で出力されるのは 1 ビット（X_t の最下位ビット）だけである．このような生成法の出力系列は，多項式時間では予測できないことが示されている [2]．この生成法は遅くて，モンテカルロシミュレーションには不向きである．

非線形生成法のもう 1 つの例は，**逆数合同法**（inverse congruential generator）である．漸化式は

$$X_t = (aX_{t-1}^- + c) \bmod m$$

という形をとり，X^- は m を法とする乗算に関する X の逆数である（すなわち，$XX^- = 1 \bmod m$ であり，これを満たす X^- が存在しないときは $X^- = 0$）．非線形生成法の総合報告が [4] にある．

1.5 乱数生成法の検定

乱数生成法の品質は 2 つの方法で評価できる．第一は，乱数生成法の理論的性質を調べることである．これには，周期や一様性・独立性に関する種々の尺度がある．こ

のタイプの検定は，実際の出力系列を必要とせず，アルゴリズムの構造とパラメータだけがあればよいので，**理論** (theoretical) 検定と呼ばれる．強力な理論検定は，生成法の構造が十分に簡単である場合にだけ実行可能である．例えば，線形合同法や高次漸化式法，あるいはこれらを結合したものなどがこれに当たる．

第二のタイプの評価法は，生成法の出力系列に対して一連の統計的検定を行うものである．その目的は，一様性と独立性からの乖離を検出することである．このような検定は**経験** (empirical) 検定と呼ばれる．

1.5.1 スペクトル検定

最も有効な理論検定の 1 つは，生成法の構造的性質を調べるものである．ある乱数生成法によって作り出される数の列を $U_0, U_1, \ldots$ としよう．生成法が LCG あるいは MRG ならば，連続する d 個の数からなるベクトルの列

$$\mathbf{U}_0 = (U_0, \ldots, U_{d-1})^\top, \quad \mathbf{U}_1 = (U_1, \ldots, U_d)^\top, \quad \ldots$$

は，次のような d 次元**格子** (lattice) $L \subset \mathbb{R}^d$ の上に乗ることがよく知られている [3], [5], [9], [27].

$$L = \left\{ \sum_{i=1}^d z_i \mathbf{b}_i, \ z_1, \ldots, z_d \in \mathbb{Z} \right\}$$

ここで，$\mathbf{b}_1, \ldots, \mathbf{b}_d$ は線形独立な**基底** (basis) ベクトルの集合である．言い換えると，L の要素は基底ベクトルの線形結合（係数は整数）である．格子 L は基底行列 $B = (\mathbf{b}_1, \ldots, \mathbf{b}_d)$ によって**張られる** (generated) という．

漸化式 (1.2) を満たす MRG に対しては，基底ベクトルは次のように選べる．

$$\mathbf{b}_1 = (1, 0, \ldots, 0, X_{1,k}, \ldots, X_{1,d-1})^\top / m$$
$$\vdots$$
$$\mathbf{b}_k = (0, 0, \ldots, 1, X_{k,k}, \ldots, X_{k,d-1})^\top / m$$
$$\mathbf{b}_{k+1} = (0, 0, \ldots, 0, 1, \ldots, 0)^\top$$
$$\vdots$$
$$\mathbf{b}_d = (0, 0, \ldots, 0, 0, \ldots, 1)^\top$$

ここで，$X_{i,0}, X_{i,1}, \ldots$ は，初期状態を $X_i = 1, X_t = 0, t \neq i, t \leqslant k$ としたときに，この生成法で作り出される状態の系列である．

良い生成法では，集合 $L \cap (0,1)^d$ が d 次元の超立方体 $(0,1)^d$ を一様にカバーすべきである．これを定量的に表す 1 つの方法は，格子 L 内の超平面間の距離を測ることである．超平面間の最大距離は**スペクトルギャップ** (spectral gap) と呼ばれ，ここでは g_d という記号で表す．スペクトルギャップを計算するための 1 つの便利な方法は，まず L の**双対格子** (dual lattice) L^* を考えることである．これは，行列 B の逆行列によって張られる格子である．L^* の各ベクトル $\mathbf{v}$ は L 上で等間隔に並ぶ超平

面族に対応し，その間隔は $1/\|\mathbf{v}\|$ である．それで，L^* の非零ベクトルの中で最短のものの長さが $1/g_d$ に対応する．

m 点からなる d 次元のいかなる格子についても，d 次元スペクトルギャップの下界 g_d^* が存在する．具体的には，8 次元以下では $g_d \geqslant g_d^* = \gamma_d^{-1/2} m^{-1/d}$ で $\gamma_1, \ldots, \gamma_8$ の値は

$$1, \quad (4/3)^{1/2}, \quad 2^{1/3}, \quad 2^{1/2}, \quad 2^{3/5}, \quad (64/3)^{1/6}, \quad 4^{3/7}, \quad 2$$

となることが示されている（例えば [8, Section 3.3.4] を参照）．

乱数生成法の品質を表す"メリット数"としてよく使われるのは，商

$$S_d = \frac{g_d^*}{g_d} = \frac{1}{g_d \, m^{1/d} \gamma_d^{1/2}}$$

あるいは，これらの商のうちの最初の K 個（$K \leqslant 8$）の最小値 $S = \min_{d \leqslant K} S_d$ である．S が大きい（1 に近い）と，生成法は良い構造を有することになる．

次の例が以上の議論の要点を示す（[8, Section 3.3.4] も参照）．

■ **例 1.4**（格子構造とスペクトルギャップ）

式 (1.1) の LCG で $a = 3$, $c = 0$, $m = 31$ としたものを考えよう．$d = 2$ では，対応する格子は基底行列

$$B = \begin{pmatrix} 1/m & 0 \\ a/m & 1 \end{pmatrix}$$

によって張られる．理由は，この LCG が $k = 1$ で $X_{1,1} = a/m$ の MRG だからである．双対格子を図 1.1 に示すが，これは基底行列

$$B^{-1} = \begin{pmatrix} m & 0 \\ -a & 1 \end{pmatrix}$$

によって張られる．

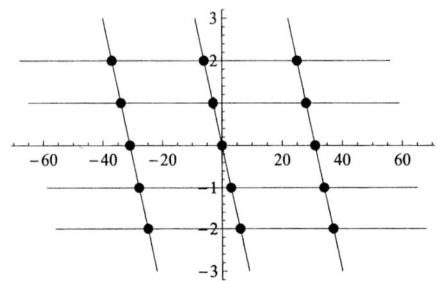

図 1.1 双対格子 L^*．

L^* における最短の非零ベクトルは $(-3, 1)^\top$ である．したがって，2次元のスペクトルギャップは $g_2 = 1/\sqrt{10} \approx 0.316$ である．図 1.2 は，L において g_2 の間隔で並んでいる平行線群に直交するベクトルを基準化した $g_2^2(-3,1)^\top$ を示す．メリット数 S_2 は，ここでは $3^{1/4}(5/31)^{1/2} \approx 0.53$ である．

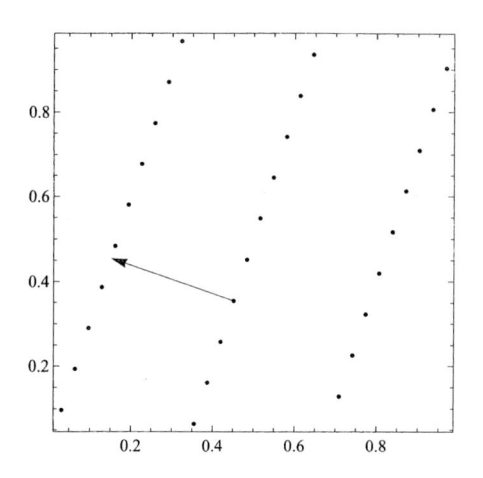

図 1.2 格子 L を単位正方形内に制限したもの．矢印の長さがスペクトルギャップに対応する．

良い生成法を選ぶためには，一連の次元 d にわたってスペクトルギャップを計算することが重要である．低次元では良い構造を示すが，高次元では悪くなる生成法もあるし，逆のものもある．古典的な例は IBM の LCG の RANDU で，$a = 2^{16}+3$, $c = 0$, $m = 2^{31}$ であったが，$d = 1$ および $d = 2$ ではまずまずの構造であるものの，$d = 3$ では構造が悪い．図 1.3 はこれを示している．

結合 MRG は，(適当な初期化条件のもとでは) 法の大きい単一の MRG に一致するので，上記と同じようにして構造を調べることができる．

スペクトルギャップを計算するのに必要な計算量は，次元 d の増大とともに急速に増大し，60次元以上では計算が極めて困難になる．LCG および MRG の構造を調べるための速いソフトウェアは，[17] に掲載されている LatMRG である．

2を法とする線形生成法は，ユークリッド空間では格子構造を持たないが，形式的べき級数の空間では格子構造が出現する．$\mathbb{R}^d$ における格子構造に対して展開された理論とアルゴリズムの多くは，2を法とする生成法にも適用できる [14]．

乱数生成法に対する他の理論検定には，差異検定 (discrepancy test) [32] や系列相関検定 [8, Section 3.3.3] などがある．[1] も参照せよ．

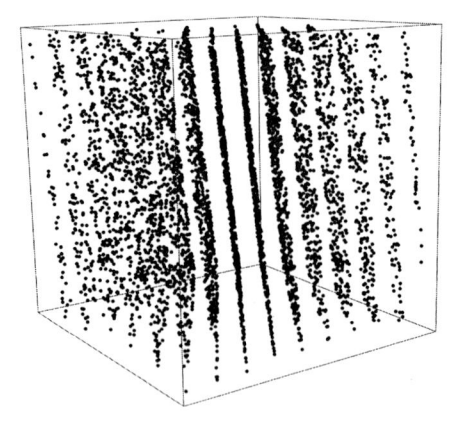

図 1.3 RANDU の構造的欠陥.

1.5.2 経 験 検 定

理論検定は，悪い生成法を排除し，良い可能性のある生成法を探すために重要であるが [6], [12]，最終目標は，一様乱数生成法で出力が iid 一様乱数の系列と（合理的な計算時間内に）統計的に区別できないものを見つけることである．したがって，候補とされる生成法は，一様性と独立性を調べる広範な統計的検定に合格しなければならない．これらの検定の一般的構造は，次のような形をとることが多い．

アルゴリズム 1.3（ランダム性を調べる 2 段階の経験検定）

一様乱数生成法の出力系列を $U = \{U_i\}$ で表そう．系列 $\{U_i\}$ が分布 $U(0,1)$ からの iid であるという仮説を H_0 とする．Z は U のある確定的な関数であるとする．

1. Z の N 個の独立なコピー $Z_1, \ldots, Z_N$ を発生させ，仮説 H_0 を対立仮説「H_0 の否定」に対して検定するための検定統計量 $T = T(Z_1, \ldots, Z_N)$ を計算する．仮説 H_0 のもとでは，検定統計量 T の分布（あるいは N が大きいときの漸近分布）が Dist_0 であるとする．
2. T の K 個の独立なコピー $T_1, \ldots, T_K$ を発生させ，$\{T_i\}$ は Dist_0 からの iid であるという仮説を検定するための適合度検定を実行する．

このような検定法を **2 段階**（two-stage）あるいは **2 次**（second-order）の統計的検定という．第 1 段階は通常の統計的検定（例えばカイ 2 乗適合度検定）に対応し，第 2 段階は，このような検定統計量 K 個をまとめて他の適合度検定（例えば, Kolmogorov–Smirnov 検定や Anderson–Darling 検定など）を行う（8.7.2 項も参照）．以下の例により手順を示す．

■ **例 1.5**（drand48 に対する 2 進ランク検定）

C 言語のライブラリにおける標準の乱数生成法は `drand48` であり，これは LCG で $a = 25214903917$, $m = 2^{48}$, $c = 11$ としたものである．この生成法の出力系列

が 1.5.2.11 項で説明する "2 進ランク検定" に合格するかどうかを調べたい．この検定のために，系列 $U_1, U_2, \ldots$ をまず 2 進数の系列 $B_1, B_2, \ldots$ に変換する．例えば，$B_i = I_{\{U_i \leqslant 1/2\}}$ とする．次に $\{B_i\}$ を並べて，例えば 32 行 32 列の 0-1 行列にする．この行列の第 1 行は $B_1, \ldots, B_{32}$，第 2 行は $B_{33}, \ldots, B_{64}$ などである．仮説 H_0 のもとでは，この行列の (2 を法とする計算での) ランク R の分布は式 (1.9) で与えられる．R を $N = 200$ 個生成して，$R \leqslant 30$，$R = 31$，$R = 32$ という 3 つのクラスに分ける．これらのクラスに入るランク R の期待個数は，式 (1.9) により $E_1 = 200 \times 0.1336357$，$E_2 = 200 \times 0.5775762$，$E_3 = 200 \times 0.2887881$ に等しい．これを実際に観測された個数 O_1, O_2, O_3 と比べて，カイ 2 乗適合度検定統計量を計算する．

$$T = \sum_{i=1}^{3} \frac{(O_i - E_i)^2}{E_i} \tag{1.7}$$

仮説 H_0 のもとでは，確率変数 T は近似的に自由度が 2 のカイ 2 乗分布に従う (自由度はクラスの数 3 から 1 を引いたものである) (☞ p.355)．これで経験検定の第 1 段階が終了する．

第 2 段階では，T を $K = 20$ 個生成する．カイ 2 乗検定のための検定統計量の値は 2.5556, 11.3314, 146.2747, 24.9729, 1.6850, 50.7449, 2.6507, 12.9015, 40.9470, 8.3449, 11.8191, 9.4470, 91.1219, 37.7246, 18.6256, 1.2965, 1.2267, 0.8346, 23.3909, 14.7596 となった．

仮に最初の統計量 2.5556 だけを使ったとしたら，帰無仮説は棄却されなかったことになる．すなわち，p 値は $\mathbb{P}_{H_0}(T \geqslant 2.5556) \approx 0.279$ でかなり大きく，観測値は帰無仮説のもとでは特に異常とは言えない．しかしながら，他の観測値，例えば 50.7449 などは極めて大きく，p 値はとても小さくなり，H_0 は棄却されることになる．第 2 段階は，これらの事実をまとめて，Kolmogorov–Smirnov 検定を使って単一の数値にし，T の分布が本当に自由度 2 のカイ 2 乗分布に従っているかどうかを判定するものである．20 個の T の経験分布関数と自由度 2 のカイ 2 乗分布の累積分布関数 (cumulative distribution function; cdf) を図 1.4 に示す．この図から，2 つの cdf の間には明らかな不一致があることがわかる．2 つの cdf 間の最大ギャップは 0.6846 で，Kolmogorov–Smirnov 検定統計量の値は $\sqrt{20} \times 0.6846 \approx 3.06$，$p$ 値は 3.7272×10^{-9} となり，`drand48` の出力系列は $U(0, 1)$ からの iid 列とはとても見なせないという決定的証拠が得られたことになる．

比較のために，MATLAB の標準の乱数生成法を使って同様の検定を行った．Kolmogorov–Smirnov 検定の結果を図 1.5 に示す．この場合には，経験分布関数と理論分布関数はよく一致していて，p 値は大きく，MATLAB の標準の乱数生成法は 2 進ランク検定をパスすることが示された．

乱数生成法の経験検定用ライブラリとして現在最も充実しているのは，L'Ecuyer-Simard [20] による TestU01 である．このライブラリは，あらかじめ決められた次の 3

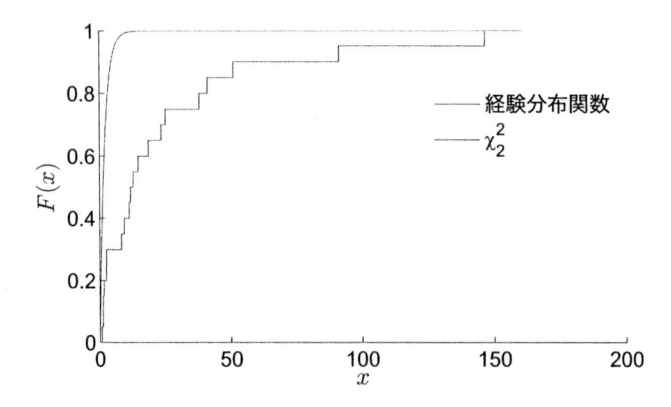

図 1.4 drand48 を使った 2 進ランク検定のための Kolmogorov–Smirnov 検定.

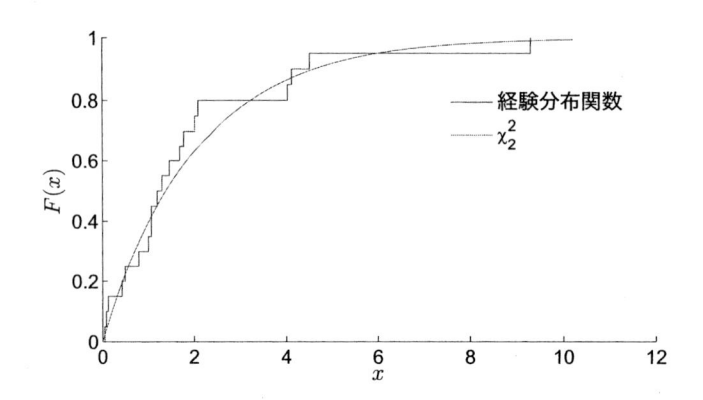

図 1.5 Matlab の標準の乱数生成法（この場合にはメルセンヌツイスター）を使った 2 進ランク検定のための Kolmogorov–Smirnov 検定.

種類の検定群から構成されている．すなわち，"Small Crush"，"Crush"，"Big Crush" であり，あとのものほど複雑である．TestU01 には，Knuth [8, Section 3.3.2] の "標準的検定"，Marsaglia [28] の "Diehard" 検定群の修正版（これは NIST (National Institute of Standards and Technology; アメリカ国立標準技術研究所) が実装したもの [37] である），および他の種々の検定が含まれる．

最後に，多くの経験検定のうちからいくつかを選んで紹介する．以下では，$U_0, U_1, \ldots$ は検定の対象とするもとの乱数列を表す．帰無仮説は $\{U_i\} \overset{\text{iid}}{\sim} \mathsf{U}(0,1)$ である．$\{U_i\}$ から導出される他の確率変数および過程として次のものを考える．

- 整数 $m \geqslant 1$ に対して，$Y_i = \lfloor mU_i \rfloor, i = 0, 1, \ldots$. 仮説 H_0 のもとでは，$\{Y_i\}$ は集合 $\{0, 1, \ldots, m-1\}$ 上の離散一様分布をする iid である．

- 次元を $d \geqslant 1$ として，$\mathbf{U}_i = (U_{id}, \ldots, U_{id+d-1})$, $i = 0, 1, \ldots$．仮説 H_0 のもとでは，$\{\mathbf{U}_i\}$ は独立なランダムベクトルで，それぞれ d 次元超立方体 $(0,1)^d$ 上で一様分布する．
- 次元を $d \geqslant 1$ として，$\mathbf{Y}_i = (Y_{id}, \ldots, Y_{id+d-1})$, $i = 0, 1, \ldots$．仮説 H_0 のもとでは，$\{\mathbf{Y}_i\}$ は独立なランダムベクトルで，それぞれ d 次元の集合 $\{0, 1, \ldots, m-1\}^d$ 上で離散一様分布をする．

1.5.2.1 一様性検定（度数検定）

これは，$\{U_i\}$ が $\mathrm{U}(0,1)$ 分布に従っているかどうかを検定するものである．次の 2 つの方法が考えられる．

1) Kolmogorov–Smirnov 検定を使って，$U_0, \ldots, U_{n-1}$ の経験分布関数が $\mathrm{U}(0,1)$ の理論分布関数 $F(x) = x$, $0 \leqslant x \leqslant 1$ に一致するかどうかを確かめる．
2) $Y_0, \ldots, Y_{n-1}$ に対してカイ 2 乗検定を行う．すなわち，各クラス $k = 0, \ldots, m-1$ に実際に含まれた度数 $O_k = \sum_{i=0}^{n-1} \mathrm{I}_{\{Y_i = k\}}$ を期待度数 $E_k = n/m$ と比較して，式 (1.7) と同様のカイ 2 乗検定統計量を計算する．仮説 H_0 のもとでは，この統計量は ($n \to \infty$ のとき) 漸近的に自由度 $m-1$ のカイ 2 乗分布に従う．

1.5.2.2 系列検定

これは乱数生成法によって作り出される数値の隣り合う数個が一様分布をしているかどうかを検定するものである．もっと正確に述べると，与えられた次元 d とサイズ m に対して，ベクトル列 $\mathbf{Y}_0, \ldots, \mathbf{Y}_{n-1}$ を発生させる．各 $\mathbf{y} \in \{0, \ldots, m-1\}^d$ について $\mathbf{Y} = \mathbf{y}$ となった回数を数え，期待度数 n/m^d と比較してカイ 2 乗適合度検定を行う．普通推奨される条件として，各クラスの期待度数が少なくとも 5 となるくらいのサンプル数をとるというものがあり，したがって $n \geqslant 5m^d$ とするのがよい．ただし，疎な系列検定については [22] を参照せよ．一般的には次元 d は小さく，2 あるいは 3 くらいである．

1.5.2.3 隣組検定

これは $\{\mathbf{U}_i\}$ ベクトルの空間的な群れ（あるいは疎）具合を検出するためのものである．d 次元の単位超立方体 $(0,1)^d$ 内に点（ベクトル）列 $\mathbf{U}_0, \ldots, \mathbf{U}_{n-1}$ を発生させる．点の対 $\mathbf{U}_i = (U_{i1}, \ldots, U_{id})^\top$ および $\mathbf{U}_j = (U_{j1}, \ldots, U_{jd})^\top$ に対して D_{ij} をその間の距離とする．

$$D_{ij} = \begin{cases} \left[\sum_{k=1}^d (\min\{|U_{ik} - U_{jk}|, 1 - |U_{ik} - U_{jk}|\})^p\right]^{1/p}, & 1 \leqslant p < \infty \text{ のとき} \\ \max_{k=1}^d \min\{|U_{ik} - U_{jk}|, 1 - |U_{ik} - U_{jk}|\}, & p = \infty \text{ のとき} \end{cases}$$

ここで p は $1 \leqslant p \leqslant \infty$ の範囲の整数である．これは "トーラス" $(0,1)^d$（単位超立方体の向かい合う端を同一視する）上の L^p ノルムに対応する．

$t \geqslant 0$ として，N_t で $D_{ij} \leqslant (t/\lambda)^{1/d}$ を満たす組 (i,j), $i < j$ の個数を表す．ここ

で，$\lambda = n(n-1)V_d/2$ であり，$V_d = [2\Gamma(1+1/p)]^d/\Gamma(1+d/p)$ は L^p ノルムによる d 次元単位球の体積に対応する．仮説 H_0 のもとでは，確率過程 $\{N_t, 0 \leqslant t \leqslant t_1\}$ は，任意に固定した t_1 に対して，($n \to \infty$ のとき) 生起率が 1 のポアソン過程に法則収束することが示される [16]．したがって，$\{N_t\}$ の跳躍時刻を $T_1, T_2, \ldots$ とすると，その間隔 $A_i = T_i - T_{i-1}$, $i = 1, 2, \ldots$ は近似的に $\mathsf{Exp}(1)$ に従う iid で，間隔を変換した $Z_i = 1 - \exp(-A_i)$, $i = 1, 2, \ldots$ は近似的に $\mathsf{U}(0,1)$ に従う iid となる．

q 隣組（q-nearest pair）検定は，間隔を変換した最初の q 個の Z_i, $i = 1, \ldots, q$ が $\mathsf{U}(0,1)$ に従う iid であるという仮説を Kolmogorov–Smirnov あるいは Anderson–Darling 検定統計量を使って検定する．検定統計量を N 個作ることによって，2 段階検定が可能となる．

一般的には，検定に使われるパラメータの範囲は，$1 \leqslant q \leqslant 8$, $1 \leqslant N \leqslant 30$, $2 \leqslant d \leqslant 8$, $10^3 \leqslant n \leqslant 10^5$ である．検定に要する時間という観点では，$p = \infty$ という選択が好都合であることが多い．[16] では，$n \geqslant 4q^2\sqrt{N}$ とすることが推奨されている．

1.5.2.4 ギャップ検定

区間 $(0,1)$ 内に任意に選んだ区間を (α, β) として，乱数生成法の出力 $U_0, U_1, \ldots$ がこの区間に入る時刻（U の添数）を $T_1, T_2, \ldots$，それらの間隔，すなわち**ギャップ** (gap) を $Z_i = T_i - T_{i-1} - 1$, $i = 1, 2, \ldots$（ただし，$T_0 = 0$）とする．仮説 H_0 のもとでは，$\{Z_i\}$ は幾何分布 $\mathsf{Geom}_0(p)$ ($p = \beta - \alpha$) に従う iid で

$$\mathbb{P}(Z = z) = p(1-p)^z, \quad z = 0, 1, 2, \ldots$$

となる．Z がとりうる値（非負整数）をいくつかのクラスに分けて，各クラスに入った Z の個数を数え，仮説 H_0 を評価するのが，ギャップ検定である．具体的には，クラスを $Z = 0, Z = 1, \ldots, Z = r-1, Z \geqslant r$ とすると，初めの r 個のクラスの確率は $p(1-p)^z$, $z = 0, \ldots, r-1$，最後のクラスの確率は $(1-p)^r$ である．カイ 2 乗検定を行うにあたっては，各クラスに入る Z の期待度数が 5 以上となるように，サンプル数と r を選ぶ必要がある．

この検定は，$\alpha = 0$ で $\beta = 1/2$ の場合には**平均値以上の連** (runs above the mean) の検定，また $\alpha = 1/2$ で $\beta = 1$ の場合には**平均値以下の連** (runs below the mean) の検定と呼ばれることもある．

1.5.2.5 ポーカー検定（分割検定）

d 次元ベクトルの列 $\mathbf{Y}_1, \ldots, \mathbf{Y}_n$ を考える．各ベクトルは $\{0, \ldots, m-1\}^d$ 内の値をとる．このようなベクトル $\mathbf{Y}$ に対して，異なる成分の個数を Z とする．例えば，$\mathbf{Y} = (4, 2, 6, 4, 2, 5, 1, 4)$ とすると $Z = 5$ である．仮説 H_0 のもとでは，Z の確率分布は次のようになる．

$$\mathbb{P}(Z=z) = \frac{m(m-1)\cdots(m-z+1)\begin{Bmatrix}d\\z\end{Bmatrix}}{m^d}, \quad z=1,\ldots,\min\{d,m\} \tag{1.8}$$

ここで $\begin{Bmatrix}d\\z\end{Bmatrix}$ は**第2種のスターリング数** (Stirling number of the second kind) であり，大きさが d の集合を z 個の空でない部分集合に分ける方法の個数を表す．例えば $\begin{Bmatrix}4\\2\end{Bmatrix}=7$ である．このスターリング数は，2項係数を使って次のように表すことができる．

$$\begin{Bmatrix}d\\z\end{Bmatrix} = \frac{1}{z!}\sum_{k=0}^{z}(-1)^{z-k}\binom{z}{k}k^d$$

式 (1.8) の確率を使って，仮説 H_0 の妥当性をカイ2乗検定で確かめることができる．

1.5.2.6　クーポン集め検定

系列 $Y_1, Y_2, \ldots$ を考える．各 Y_i は集合 $\{0,\ldots,m-1\}$ の中のいずれかの値をとる．この集合の「すべての」値が初めて揃ったときを T とする．$(Y_1,\ldots,Y_t)$ では，まだ全部が揃わない確率 $\mathbb{P}(T>t)$ は式 (1.8) により $\mathbb{P}(T>t) = 1 - m!\begin{Bmatrix}t\\m\end{Bmatrix}/m^t$ であり，したがって

$$\mathbb{P}(T=t) = \frac{m!}{m^t}\begin{Bmatrix}t-1\\m-1\end{Bmatrix}, \quad t=m,m+1,\ldots$$

となる．

クーポン集め検定は，$T_1,\ldots,T_n$ を順次観測し，T のとる値のクラスを $T=t$, $t=m,\ldots,r-1$ および $T>r-1$ とし，T が各クラスに入る確率を上記のものとしてカイ2乗適合度検定を行う．

1.5.2.7　順列検定

d 次元のランダムベクトル $\mathbf{U}=(U_1,\ldots,U_d)^\top$ を考える．その成分を昇順に見ていったときの成分の番号を並べたベクトルを $\mathbf{\Pi}$ とする．仮説 H_0 のもとでは，すべての順列 $\boldsymbol{\pi}$ に対して

$$\mathbb{P}(\mathbf{\Pi}=\boldsymbol{\pi}) = \frac{1}{d!}$$

である．順列検定は，これらの順列の出現度数の一様性を，カイ2乗適合度検定を使って調べる．クラスの個数は $d!$ で，$\mathbf{\Pi}$ が各クラスに入る確率はすべて $1/d!$ である．

1.5.2.8　連の検定

系列 $U_1, U_2, \ldots$ を考える．Z を**上昇連の長さ** (run-up length) $Z=\min\{k:U_{k+1}<U_k\}$ とする．仮説 H_0 のもとでは $\mathbb{P}(Z\geqslant z)=1/z!$ であり，したがって

$$\mathbb{P}(Z=z) = \frac{1}{z!} - \frac{1}{(z+1)!}, \quad z=1,2,\ldots$$

となる．連の検定では，このような連の長さとして $Z_1,\ldots,Z_n$ が得られ，これらに対して上記の確率を使ってカイ2乗検定を行う．重要なのは，各連が終わったら，新規

に連を観測し始めることである．実際問題としては，連が終わったあとの最初の数は捨ててしまえばよい．例えば，2番目の連は，U_{Z_1+1} からではなく U_{Z_1+2} から観測し始める．なぜなら，U_{Z_1+1} は定義により U_{Z_1} より小さく，それゆえ $U(0,1)$ 分布をしないからである．

1.5.2.9 d 個中の最大値検定

選んだ次元を d として，$\mathbf{U}_1,\ldots,\mathbf{U}_n$ を生成する．各 $\mathbf{U}=(U_1,\ldots,U_d)^\top$ に対して成分の最大値を Z，すなわち $Z=\max\{U_1,\ldots,U_d\}$ とする．仮説 H_0 のもとでは，Z の cdf は

$$F(z) = \mathbb{P}(Z \leqslant z) = z^d, \quad 0 \leqslant z \leqslant 1$$

となる．(理論) 分布関数を $F(z)$ として，$Z_1,\ldots,Z_n$ に対して Kolmogorov–Smirnov 検定を行う．もう1つのやり方として，$W_k = Z_k^d$ を定義して，$W_1,\ldots,W_n$ に対して一様性の検定を行う方法がある．

1.5.2.10 衝突検定

d 次元のベクトル列 $\mathbf{Y}_1,\ldots,\mathbf{Y}_b$ を考える．各ベクトルは $\{0,\ldots,m-1\}^d$ 内の値をとる．とりうる値の個数は $r = m^d$ である．一般には r は b よりずっと大きい．r 個の壺の中に b 個のボールを入れることを考える．壺のほうがボールよりずっと多いので，大多数のボールは空の壺に入ることになるが，たまには「衝突」が起きる．このような衝突が起きた回数を C で表す．仮説 H_0 のもとでは，c 回の衝突が起きる確率 (すなわち，ちょうど $b-c$ 個の壺にボールが入る確率) は，式 (1.8) と同様にして

$$\mathbb{P}(C=c) = \frac{r(r-1)\cdots(r-(b-c)+1)\begin{Bmatrix}b\\b-c\end{Bmatrix}}{r^b}, \quad c=0,\ldots,b-1$$

で与えられる．仮説 H_0 のもとで上記の確率分布に従う衝突回数の観測値を n 個 $(C_1,\ldots,C_n)$ 集めて，カイ2乗適合度検定を行う．その際，各クラスに入る観測値の個数が十分多くなるように，クラスをまとめる必要があるかもしれない．

1.5.2.11 2進行列のランク検定

列 $U_1, U_2, \ldots$ を2進数の列 $B_1, B_2, \ldots$ に変換し，これらを並べて $r \times c, r \leqslant c$ の行列を作る．仮説 H_0 のもとでは，この行列の (2を法とする演算に関する) ランク Z は，次式で与えられる．

$$\mathbb{P}(Z=z) = 2^{(c-z)(z-r)} \prod_{i=0}^{z-1} \frac{(1-2^{i-c})(1-2^{i-r})}{1-2^{i-z}}, \quad z=0,1,\ldots,r \tag{1.9}$$

これは，例えば次のように考えると理解できる．初期状態を 0 として，推移確率が $p_{i,i} = 2^{-c+i}$，$p_{i,i+1} = 1 - 2^{-c+i}$，$i = 0,\ldots,r$ であるマルコフ連鎖 (☞ p.664) $\{Z_t, t=0,1,2,\ldots\}$ を定義する．これを次のように解釈する．Z_t は，$(t-1) \times c$ 行列に $1 \times c$ の2進ランダム行列 (行ベクトル) を追加して作られる $t \times c$ 行列のラン

クである．追加した行は，その上の $t-1$ 行に従属する（ランクは増えない）か，しない（ランクが 1 増える）かのいずれかである．Z_r の分布が式 (1.9) に対応する．

$c = r = 32$ の場合には

$$\mathbb{P}(Z \leqslant 30) \approx 0.1336357$$
$$\mathbb{P}(Z = 31) \approx 0.5775762$$
$$\mathbb{P}(Z = 32) \approx 0.2887881$$

となる．これらの確率を観測された度数と比較して，カイ 2 乗適合度検定を行う．

1.5.2.12 誕生日の間隔検定

集合 $\{0, \ldots, m-1\}$ 内の値をとる変数の系列 $Y_1, \ldots, Y_n$ を考える．これを昇順に並べ替えたものを $Y_{(1)} \leqslant \cdots \leqslant Y_{(n)}$ として，その間隔を $S_1 = Y_{(2)} - Y_{(1)}, \ldots, S_{n-1} = Y_{(n)} - Y_{(n-1)}, S_n = Y_{(1)} + m - Y_{(n)}$ と定義する．これらの間隔を昇順に並べ替えたものを $S_{(1)} \leqslant \cdots \leqslant S_{(n)}$ とする．$j = 1, \ldots, n$ と見ていったときに，$S_{(j)} = S_{(j-1)}$ が成り立つ回数を R とする．R の分布は m と n に依存するが，例えば $m = 2^{25}$, $n = 512$ の場合には

$$\mathbb{P}(R = 0) \approx 0.368801577$$
$$\mathbb{P}(R = 1) \approx 0.369035243$$
$$\mathbb{P}(R = 2) \approx 0.183471182$$
$$\mathbb{P}(R \geqslant 3) \approx 0.078691997$$

となる（[8, p.71] を参照）．

このようにして R のとる値を調べる操作を例えば $N = 1000$ 回反復し，集まったデータに対してカイ 2 乗検定を行う．n の値が大きくなると，R は漸近的にポアソン分布 $\mathrm{Poi}(\lambda)$, $\lambda = n^3/(4m)$ に従う．λ は大きくはならない [8, p.570]．別のやり方として，$N = 1$ として，仮説 H_0 を棄却するかどうかの決定を，近似的な p 値 $\mathbb{P}(R \geqslant r) \approx 1 - \sum_{k=0}^{r-1} e^{-\lambda} \lambda^k / k!$ に基づいて行うこともある（p 値が小さいときに H_0 を棄却する）．大雑把な目安 [19] としては，このポアソン近似は $m \geqslant (4N\lambda)^4$, すなわち $Nn^3 \leqslant m^{5/4}$ のときに正しいと見てよい．

さらに学習するために

乱数列を作り出すという問題は，長年にわたって広範囲に研究されてきたが，フォン・ノイマンが言っているように「算術的方法によって乱数列を作り出そうとする者は，もちろん，神を欺こうとしている」のである．それにもかかわらず，現代行われているモンテカルロシミュレーションの多くにとって「十分にランダムな」乱数を発

生させることが可能である．乱数生成法に関する総合報告が [15] に掲載されている．ある種の線形合同法のお粗末な格子構造が [36] で指摘され，良い生成法が持つべき性質のリストに「良い格子構造」という概念が追加された．Afflerbach [1] は乱数生成法を評価するための理論的判断基準を論じている．[31] で提案された有名なメルセンヌツイスターは，長大な周期を持つ乱数生成法の発展への道を開き，乱数を渇望しているモンテカルロ法の世界における必須の道具となった．良い高次漸化式法の議論が [12] で行われている．Niederreiter [33] は乱数列の理論的側面について広範囲の議論をした．また，Knuth [33] は古典的な議論を展開し，乱数の生成法と，理論検定および経験検定を通じての品質評価を論じている．Tezuka の本 [39] はもっぱら乱数について議論しており，生成法と検定を実装する際の便利な手助けとなる．Fishman [5] および Gentle [7] の本は，モンテカルロ法の応用で使う乱数の生成法を論じている．この本で議論したスペクトル検定は [5] に基づいている．

文　献

1) L. Afflerbach. Criteria for the assessment of random number generators. *Journal of Computational and Applied Mathematics*, 31(1):3–10, 1990.
2) L. Blum, M. Blum, and M. Shub. A simple unpredictable pseudo-random number generator. *SIAM Journal on Computing*, 15(2):364–383, 1986.
3) R. R. Coveyou and R. D. MacPherson. Fourier analysis of uniform random number generators. *Journal of the ACM*, 14(1):100–119, 1967.
4) J. Eichenauer-Herrmann. Pseudorandom number generation by nonlinear methods. *International Statistics Review*, 63(2):247–255, 1985.
5) G. S. Fishman. *Monte Carlo: Concepts, Algorithms and Applications*. Springer-Verlag, New York, 1996.
6) G. S. Fishman and L. R. Moore III. An exhaustive analysis of multiplicative congruential random number generators with modulus $2^{31} - 1$. *SIAM Journal on Scientific and Statistical Computing*, 7(1):24–45, 1986.
7) J. E. Gentle. *Random Number Generation and Monte Carlo Methods*. Springer-Verlag, New York, second edition, 2003.
8) D. E. Knuth. *The Art of Computer Programming*, volume 2: Seminumerical Algorithms. Addison-Wesley, Reading, MA, third edition, 1997.
9) P. L'Ecuyer. Random numbers for simulation. *Communications of the ACM*, 33(10):85–97, 1990.
10) P. L'Ecuyer. Uniform random number generation. *Annals of Operations Research*, 53(1):77–120, 1994.
11) P. L'Ecuyer. Bad lattice structure for vectors of non-successive values produced by linear recurrences. *INFORMS Journal of computing*, 9(1):57–60, 1997.
12) P. L'Ecuyer. Good parameters and implementations for combined multiple recur-

sive random number generators. *Operations Research*, 47(1):159 – 164, 1999.
13) P. L'Ecuyer. Software for uniform random number generation: distinguishing the good and the bad. In B. A. Peters, J. S. Smith, D. J. Medeiros, and M. W. Rohrer, editors, *Proceedings of the 2001 Winter Simulation Conference*, pages 95–105, Arlington, VA, December 2001.
14) P. L'Ecuyer. Polynomial integration lattices. In H. Niederreiter, editor, *Monte Carlo and Quasi-Monte Carlo methods*, pages 73–98, Springer-Verlag, Berlin, 2002.
15) P. L'Ecuyer. *Handbooks in Operations Research and Management Science: Simulation*. S. G. Henderson and B. L. Nelson, eds., chapter 3: Random Number Generation. Elsevier, Amsterdam, 2006.
16) P. L'Ecuyer, J.-F. Cordeau, and R. Simard. Close-point spatial tests and their application to random number generators. *Operations Research*, 48(2):308–317, 2000.
17) P. L'Ecuyer and R. Couture. An implementation of the lattice and spectral tests for multiple recursive linear random number generators. *INFORMS Journal on Computing*, 9(2):206–217, 1997.
18) P. L'Ecuyer and F. Panneton. $\mathbb{F}_2$-linear random number generators. In C. Alexopoulos, D. Goldsman, and J. R. Wilson, editors, *Advancing the Frontiers of Simulation: A Festschrift in Honor of George Samuel Fishman*, pages 175–200, Springer-Verlag, New York, 2009.
19) P. L'Ecuyer and R. Simard. On the performance of birthday spacings tests with certain families of random number generators. *Mathematics and Computers in Simulation*, 55(1–3):131–137, 2001.
20) P. L'Ecuyer and R. Simard. TestU01: A C library for empirical testing of random number generators. *ACM Transactions on Mathematical Software*, 33(4), 2007. Article 22.
21) P. L'Ecuyer, R. Simard, E. J. Chen, and W. W. Kelton. An object-oriented random-number package with many long streams and substreams. *Operations Research*, 50(6):1073–1075, 2002.
22) P. L'Ecuyer, R. Simard, and S. Wegenkittl. Sparse serial tests of uniformity for random number generators. *SIAM Journal of Scientific Computing*, 24(2):652–668, 2002.
23) P. L'Ecuyer and S. Tezuka. Structural properties for two classes of combined random number generators. *Mathematics of Computation*, 57(196):735–746, 1991.
24) P. A. Lewis, A. S. Goodman, and J. M. Miller. A pseudo-random number generator for the system/360. *IBM Systems Journal*, 8(2):136–146, 1969.
25) T. G. Lewis and W. H. Payne. Generalized feedback shift register pseudorandom number algorithm. *Journal of the ACM*, 20(3):456–468, 1973.
26) G. Marsaglia. KISS99. http://groups.google.com/group/sci.stat.math/msg/b555f463a2959bb7/.
27) G. Marsaglia. Random numbers fall mainly in the planes. *Proceedings of the National Academy of Sciences of the United States of America*, 61(1):25–28, 1968.

28) G. Marsaglia. DIEHARD: A battery of tests of randomness, 1996. http://www.stat.fsu.edu/pub/diehard/.
29) G. Marsaglia. Random number generators. *Journal of Modern Applied Statistical Methods*, 2(1):2–13, 2003.
30) M. Matsumoto and Y. Kurita. Twisted GFSR generators. *ACM Transactions on Modeling and Computer Simulation*, 2(3):179–194, 1992.
31) M. Matsumoto and T. Nishimura. Mersenne twister: A 623-dimensionally equidistributed uniform pseudo-random number generator. *ACM Transactions on Modeling and Computer Simulation*, 8(1):3–30, 1998.
32) H. Niederreiter. Recent trends in random number and random vector generation. *Annals of Operations Research*, 31(1):323–345, 1991.
33) H. Niederreiter. *Random Number Generation and Quasi-Monte Carlo Methods*. SIAM, Philadelphia, 1992.
34) H. Niederreiter. New developments in uniform pseudorandom number and vector generation. In H. Niederreiter and P. J.-S. Shiue, editors, *Monte Carlo and Quasi-Monte Carlo Methods in Scientific Computing*, pages 87–120, Springer-Verlag, New York, 1995.
35) F. Panneton, P. L'Ecuyer, and M. Matsumoto. Improved long-period generators based on linear reccurences modulo 2. *ACM Transactions on Mathematical Software*, 32(1):1–16, 2006.
36) B. D. Ripley. The lattice structure of pseudo-random number generators. *Proceedings of the Royal Society, Series A*, 389(1796):197–204, 1983.
37) A. Rukhin, J. Soto, J. Nechvatal, M. Smid, E. Barker, S. Leigh, M. Levenson, M. Vangel, D. Banks, A. Heckert, J. Dray, and S. Vo. A statistical test suite for random and pseudorandom number generators for cryptographic applications. NIST special publication 800-22, National Institute of Standards and Technology, Gaithersburg, Maryland, USA, 2001. http://csrc.nist.gov/rng/.
38) M. Saito and M. Matsumoto. SIMD-oriented fast Mersenne twister: a 128-bit pseudorandom number generator. In *Monte Carlo and Quasi-Monte Carlo Methods 2006*, pages 607 – 622, Springer-Verlag, Berlin, 2008.
39) S. Tezuka. *Uniform Random Numbers: Theory and Practice*. Springer-Verlag, New York, 1995.
40) S. Tezuka, P. L'Ecuyer, and R. Couture. On the add-with-carry and subtract-with-borrow random number generators. *ACM Transactions on Modeling and Computer Simulation*, 3(4):315–331, 1994.
41) B. A. Wichmann and I. D. Hill. Algorithm AS 183: An efficient and portable pseudo-random number generator. *Applied Statistics*, 31(2):188–190, 1982.
42) B. A. Wichmann and I. D. Hill. Correction to algorithm 183. *Applied Statistics*, 33(123), 1984.
43) H. Zeisel. Remark ASR 61: A remark on algorithm AS 183. an efficient and portable pseudo-random number generator. *Applied Statistics*, 35(1):89, 1986.

2

準乱数の生成

　準乱数とは，乱数と似ているが（第1章を参照），もっと規則的に分布するものである．このため，準乱数は多次元積分の数値計算に向いている．本章では，Halton 列，Faure 列，Sobol' 列，Korobov 列など，代表的な準乱数列について述べる．

2.1 多次元積分

　一様乱数の生成法は，統計的に独立な $(0,1)$ 上で一様分布する確率変数の無限列 $U_1, U_2, \ldots$ の標本を作り出すことを目的としていた．そういう無限列があれば，$\mathbf{U}_1 = (U_1, \ldots, U_d)$, $\mathbf{U}_2 = (U_{d+1}, \ldots, U_{2d}), \ldots$ とすることで，独立で $(0,1)^d$ 上で一様分布する乱数"ベクトル"（点）の無限列も簡単に作ることができる．これらの乱数ベクトルを使って，単位立方体 $(0,1)^d$ 上で定義された任意の実数値関数 h の d 次元積分

$$\ell = \int_{(0,1)^d} h(\mathbf{u})\,\mathrm{d}\mathbf{u} \tag{2.1}$$

を，算術平均

$$\widehat{\ell} = \frac{1}{N}\sum_{i=1}^{N} h(\mathbf{U}_i) \tag{2.2}$$

で近似することができる．近似誤差の精密な評価は，簡単な統計処理で得られる．例えばアルゴリズム 8.2 を参照せよ．特に，標準誤差 $\{\mathbb{E}(\widehat{\ell} - \ell)^2\}^{1/2}$ は，$\mathcal{O}(N^{-1/2})$ の割合で減少するので，漸近的には，誤差を半分にするために 4 倍も標本点をとる必要がある．独立同分布乱数列よりはるかに規則的に単位立方体を充填する**準乱数列** (quasirandom) $\mathbf{u}_1, \mathbf{u}_2, \ldots, \mathbf{u}_N$ を使うことで，この収束率はしばしば改善される．一般にこれらの数列の座標成分は，値として 0 をとることがあるので，準乱数列は，$(0,1)^d$ ではなく $[0,1)^d$ 上に分布するとしておく．**準モンテカルロ** (quasi Monte Carlo) **法**は，モンテカルロ法における通常の一様乱数を，準乱数で置き換えたものである．準乱数列は独立ではないが，高度の一様性を持っていて，この一様性は差異

(discrepancy)*[1] によって表される（この概念は，Roth [27] により導入された）．具体的には，$\mathscr{C}$ を $[0,1)^d$ の部分集合の集まりとして，$\mathcal{P}_N = \{\mathbf{u}_1, \ldots, \mathbf{u}_N\}$ を $[0,1)^d$ 上の点集合としたとき，$\mathcal{P}_N$ の $\mathscr{C}$ についての**差異**を次式で定義する．

$$D_{\mathscr{C}}(\mathcal{P}_N) = \sup_{C \in \mathscr{C}} \left| \frac{1}{N} \sum_{i=1}^{N} \mathrm{I}_{\{\mathbf{u}_i \in C\}} - \int \mathrm{I}_{\{\mathbf{u} \in C\}} \, d\mathbf{u} \right| \tag{2.3}$$

特別な場合として，$\mathscr{C}$ を $[a_1, b_1) \times \cdots \times [a_d, b_d)$ という矩形集合の集まりとしたものを**一般的差異**（ordinary discrepancy）といい，$\mathscr{C}$ を $[0, b_1) \times \cdots \times [0, b_d)$ という原点を含んだ矩形集合の集まりとしたものを**スター差異**（star discrepancy）という[*2]．

式 (2.3) 中の総和の部分は C の中に入る点の数であり，積分は C の d 次元体積である．任意の指示関数 $\mathrm{I}_{\{\mathbf{u} \in C\}}, C \in \mathscr{C}$ について，その数値積分の誤差は，この式が示すように点集合の差異によって抑えられる．これと同様に，式 (2.1), (2.2) における関数 h が適当な関数のクラスに属するとき，**Koksma–Hlawka 不等式**は，積分誤差について $|\hat{\ell} - \ell| \leqslant D^* k_h$ という評価を与える．ここで，D^* はスター差異，k_h は関数 h に依存して決まる定数である（[24, p.19] を参照）．このように，差異は多次元積分の収束率を調べるための有用なツールとなる．なお，スター差異は，d 次元の Kolmogorov–Smirnov 統計量（☞ p.350）と見なせることを付言しておく．

■ **例 2.1**（等間隔グリッド）

d 次元の格子（☞ p.13）$\mathbb{Z}^d N^{-1/d}$ を考える．ここで，$N = m^d$ がある正整数 m について成り立っていると仮定しておく．この格子と超立方体 $[0, 1)^d$ との交わりをとると，$[0, 1)^d$ 上で N 点からなる等間隔グリッドを得る．この点集合の一般的差異とスター差異は，どちらも $1 - (1 - m^{-1})^d$ であり，オーダーは $\mathcal{O}(m^{-1}) = \mathcal{O}(N^{-1/d})$ になっている．

これを示すためには，式 (2.3) において，「最悪の場合」の矩形集合 $C = [0, 1 - m^{-1}]^d = [0, 1 - m^{-1} + \varepsilon)^d$ を，$\varepsilon > 0$ を任意に小さくしてとる．矩形 C の体積は $(1 - m^{-1})^d$ であり，含まれるグリッドの点は N 個である．すると，指示関数 $\mathrm{I}_{\{\mathbf{u} \in C\}}$ の積分誤差は $1 - (1 - m^{-1})^d$ となる．

上記の例は，次元が $d > 2$ の場合，等間隔グリッドによる積分が，通常のモンテカルロ積分より劣ることを示している．しかしながら，$[0, 1)^d$ 上の無限点列 $\mathbf{u}_1, \mathbf{u}_2, \ldots$ で，その最初 N 点 $\{\mathbf{u}_1, \mathbf{u}_2, \ldots, \mathbf{u}_N\}$ のスター差異が

$$D^*(\{\mathbf{u}_1, \ldots, \mathbf{u}_N\}) \approx c_d \frac{(\ln N)^d}{N} \tag{2.4}$$

となるものを構成することができる．この評価式は，d を固定したとき，$\mathcal{O}(N^{-1})$ に

[*1] 【訳注】discrepancy の日本語訳として「食い違い量」という用語を使用している文献もある．
[*2] 【訳注】この分野の基本的文献である Niederreiter [24] では，本書（原著）で ordinary discrepancy と呼んでいるものを extreme discrepancy と呼んでいる．

近いことに注目する．そのような性質を持つ**差異の小さい点列**（low-discrepancy sequence）を通常の乱数列の代わりに使えば，積分の精度を大幅に改善できる可能性がある．

差異の小さい点列には 2 通りの考え方がある．1 つは，"van der Corput 列"をもとにした列で，Halton 列，Faure 列，Sobol' 列などである．もう 1 つは，"格子点法"をもとにしたもので，Korobov 格子法などである．以下では，これらの列について論ずる．

2.2 van der Corput 列とディジタル列

整数 $b \geqslant 2$ をとる．任意の数 $k \in \mathbb{N}$ は，ある有限の値 r と**ディジット**（digit）（b 未満の整数）$a_1, \ldots, a_r \in \{0, \ldots, b-1\}$ を使って

$$k = \sum_{i=1}^{r} a_i b^{i-1} = a_1 + a_2 b + \cdots + a_r b^{r-1}$$

と **b 進展開**（b-ary expansion）することができる．この k に対応する b 進表現を $(a_r \cdots a_1)_b$ と書き，また**基底**（base）あるいは**基数**（radix）b を暗黙に仮定すれば $a_r \cdots a_1$ と書く．例えば，10 進表現（$b = 10$）で 12345 という数は，2 進表現では 11000000111001_2 となり，3 進表現では 121221020_3 となる．

多くの差異の小さい点列は，以下のような自然数の変換に基づいている．ある数 $k \in \mathbb{N}$ の b 進表現を $a_r \cdots a_2 a_1$ とする．この k の b **進基底逆数**（radical inverse）は，次のような（$[0, 1)$ に含まれる）数

$$\sum_{i=1}^{r} a_i b^{-i} = a_1 b^{-1} + a_2 b^{-2} + \cdots + a_r b^{-r}$$

であり，b 進表現では $0.a_1 a_2 \cdots a_r$ となる．基底逆変換は，このようにディジットの順序を引っくり返して，頭に小数点を付け，$[0, 1)$ 上の数を得る操作である．例えば $b = 2$ のとき，$880 = 1101110000_2$ の基底逆数は，$0.0000111011_2 = \frac{59}{2^{10}}$ である．

基底 b の van der Corput 列（base-b van der Corput sequence）は，$0, 1, 2, \ldots$ に b 進基底逆変換をして得られた数列である．準モンテカルロ法において，van der Corput 列は，どの基底 b でも 1 次元の差異の小さい点列を構成するという点で重要である．基底 b の van der Corput 列 $x_1, x_2, \ldots$ のもう 1 つの重要な性質は，長さ b の連続した部分列，つまり $x_1 < x_2 < \cdots < x_b$，$x_{b+1} < x_{b+2} < \cdots < x_{2b}, \ldots$ で，$1/b$ を増分とする線形な増加をすることである．

■ **例 2.2（van der Corput 列の生成）**

以下の MATLAB 関数 `vdc.m` は，基底 b の van der Corput 列の最初の N 項を算出する．毎回の反復で，関数 `nbe.m` が次の数の b 進表現を確定する．例えば，2 進

($b = 2$) の場合に 0 から始めて，関数 nbe.m を順次呼び出すと，2進数の列 0, 1, 10, 11, 100, 101, ... が生成される（行ベクトルに保存される）．これを逆順に並べ替え，b 進数に直したものを 10 進数に変換する．基底 2 の van der Corput 列の最初の 10 項は，0, 0.5, 0.25, 0.75, 0.125, 0.625, 0.375, 0.875, 0.0625, 0.5625 となる．この列を，長さ 2 の部分列に分割すると，その中では 1/2 を増分とする増加をしていることに注意せよ．

```
function out = vdc(b,N)
out = zeros(N,1);
numd = ceil(log(N)/log(b)); % 必要とされる最大桁数
bb = 1./b.^(1:numd);
a = [];
out(1)=0;
for i=2:N
    a = nbe(a,b); % b 進展開
    fa = fliplr(a); % ディジットの鏡映変換
    out(i) = sum(fa.*bb(1:numel(a)));
end
```

```
function na = nbe(a,b)
numd = numel(a);
na = a;
carry = true;
for i=numd:-1:1
    if carry
        if a(i) == b-1
            na(i) = 0;
        else
            na(i) = a(i) + 1;
            carry = false;
        end
    end
end
if carry
    na = [1,na];
end
```

基底 b の van der Corput 列は，次のように構成されると言ってもよい．
1) 数 0, 1, 2, ... を b 進展開して得られるディジットを逆順に並べたベクトル列を用意する．

$$\begin{pmatrix}0\\0\\0\\\vdots\end{pmatrix},\begin{pmatrix}1\\0\\0\\\vdots\end{pmatrix},\ldots,\begin{pmatrix}b-1\\0\\0\\\vdots\end{pmatrix},\begin{pmatrix}0\\1\\0\\\vdots\end{pmatrix},\begin{pmatrix}1\\1\\0\\\vdots\end{pmatrix},\ldots,\begin{pmatrix}b-1\\1\\0\\\vdots\end{pmatrix},\begin{pmatrix}0\\2\\0\\\vdots\end{pmatrix},\ldots \quad (2.5)$$

2) 各ベクトルに行ベクトル $(b^{-1}, b^{-2}, \ldots)$ を左からかけて，$[0,1)$ 上の数を得る．

ディジタル列（digital sequence）は，d 次元の差異の小さい点列で，各成分について基底 $b_1, \ldots, b_d$ を用いた van der Corput 列から構成される．その一般的な構成法は以下のとおりである．

アルゴリズム 2.1（ディジタル列）

点列の各成分 $k = 1, \ldots, d$ について，以下の手順を行う．
1. 数 0, 1, 2, ... を，式 (2.5) で示したように b_k 進展開して得られるディジットを逆順に並べたベクトル列を用意する．
2. 各ベクトルの左から**生成行列**（generator matrix）G_k をかける．
3. 得られたベクトルに，左から行ベクトル $(b_k^{-1}, b_k^{-2}, \ldots)$ をかけて，ディジタル列の第 k 座標成分値を得る．

生成行列は，通常は上三角行列で，任意の $r \times r$ 首座小行列が正則になるようにとる．なお，van der Corput 列は 1 次元のディジタル列で，その生成行列は単位行列としたものである．

2.3 Halton 列

d 次元の差異の小さい点列を構成する一番簡単な方法は，各成分ごとに異なる基底 $b_1, \ldots, b_d$ の van der Corput 列をとってくることである．基数は互いに素でなければならない．つまり，どの 2 つの基数も 1 以外の公約数を持ってはならない．通常は，基数 $b_1, \ldots, b_d$ を，2 以上の最初の d 個の素数にとる．アルゴリズム 2.1 の枠組みで言えば，Halton 列は，各成分の生成行列が単位行列であるようなディジタル列である．すなわち，互いに素な整数 $b_1, \ldots, b_d \geqslant 2$ をとる．各座標成分 $j = 1, \ldots, d$ について，基底 b_j の van der Corput 列を $u_{1j}, u_{2j}, \ldots$ とする．これらから作った，d 次元の点列 $\mathbf{u}_1 = (u_{11}, \ldots, u_{1d})$, $\mathbf{u}_2 = (u_{21}, \ldots, u_{2d})$, ... を $b_1, \ldots, b_d \geqslant 2$ に対応する **Halton 列**（Halton sequence）という．

Halton 列 $\mathbf{u}_1, \mathbf{u}_2, \ldots$ の最初の N 項をとってきた集合 $\{\mathbf{u}_1, \ldots, \mathbf{u}_N\}$ を **Halton 点集合**（Halton point set）という．Halton [10] は，この点集合のスター差異が，$\mathcal{O}((\ln N)^d/N)$ のオーダーであることを示した．Hammersley [11] は Halton 点集合を改良した点集合 $\mathbf{u}_1^* = (u_{11}^*, \ldots, u_{1d}^*)$, $\ldots$, $\mathbf{u}_N^* = (u_{N1}^*, \ldots, u_{Nd}^*)$ を $u_{i1}^* = (i-1)/N$, $u_{ij}^* = u_{i,(j-1)}$, $j = 2, \ldots, d$, $i = 1, \ldots, N$ として定義した．こ

のようにして得られた点集合は **Hammersley 点集合** (Hammersley point set) と呼ばれ，$O((\ln N)^{d-1}/N)$ の差異を持つ．

■ 例 2.3（Halton 点集合および Hammersley 点集合）

次の MATLAB プログラムは，与えられた基底のベクトル $\mathbf{b} = (b_1, \ldots, b_d)$ に対して，大きさ N の Halton 点集合および Hammersley 点集合を生成する．2 次元で $b_1 = 2$, $b_2 = 3$ とした場合の，両者の分布の一様性の違いを，図 2.1 に示す．

```
%halton.m
function out = halton(b,N);
dim = numel(b);
out = zeros(N,dim);
for i=1:dim
    out(:,i) = vdc(b(i),N);
end
```

```
function out = hammersley(b,N)
dim = numel(b);
out = zeros(N,dim);
out(2:N,2:dim) = halton(b(1:dim-1),N-1);
out(:,1) = [0:N-1]/N;
```

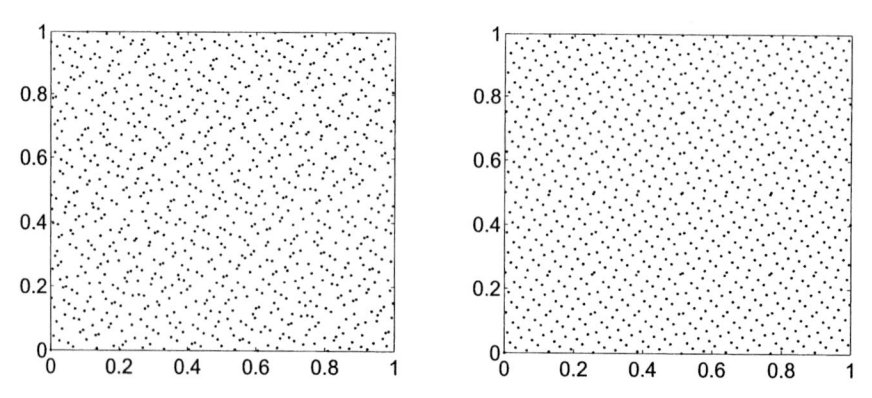

図 2.1 基底を 2 と 3 にとった，大きさ $N = 1000$ の Halton 点集合（左）と Hammersley 点集合（右）．

次元 d が比較的小さい場合，Halton 列は準モンテカルロ積分でとりわけ有効である．次元 d が大きいとき，例えば $d > 20$ になると，Halton 列はあまり有効でない．

2.4 Faure 列

これは，点列が単位超立方体の中を一様に埋めなくなるからである．その理由は，2.2 節で述べたように，基底の大きい van der Corput 列は線形に増加する長い部分列を持つためである．そのような状況を次の例で示す．

■ **例 2.4（Halton 列の粗い空間充填）**

次元 $d = 40$ の Halton 列を考える．van der Corput 列としての基底は，最初の 40 個の素数にとる．この van der Corput 列の最後の 2 成分（39 次元目と 40 次元目）をとってくると，基底が 167 と 173 の 2 次元の Halton 列 $(x_1, y_1), (x_2, y_2), \ldots$ になる．この列は，図 2.2 に最初の 1000 点と 6000 点を示しているが，単位正方形の中を一様に埋めてはいない．この van der Corput 列 $x_1, x_2, \ldots$ と $y_1, y_2, \ldots$ は，それぞれ 167 と 173 の長さの部分列の中で，漸化式 $x_n = x_{n-1} + 1/167$ と $y_n = y_{n-1} + 1/173$ に従う．このため，単位正方形の中で極めて直線的に点が埋まっていくことになってしまう．

図 2.2 基底を 167 と 173 にとった 2 次元の Halton 列．$N = 1000$ の集合（左），$N = 6000$ の集合（右）．

2.4 Faure 列

Faure [5] は，van der Corput 列をもとにして，Halton 列と似た差異の小さい点列を作った．ただし，Halton 列とは違い，Faure 列は "共通の" 基底を使う．この基底は，次元 d 以上の素数である必要がある．

d 次元の Faure 列は，基底 b の van der Corput 列に d 個の置換（各成分につき 1 つずつ）を施したものになっている．より詳しく言えば，Faure 列は，各成分 $k = 1, \ldots, d$ が生成行列 G^{k-1} で生成されるディジタル列である．ここで，G は基底 b の上三角な**パスカル行列**（Pascal matrix），つまり (i, j) 成分が

$$G_{ij} = \binom{j-1}{i-1} \mod b, \quad i = 1, \ldots, j, \ j = 1, 2, \ldots$$

となる行列である.

行列 G^{k-1}, $k = 1, \ldots, d$ の最初の r 行 r 列 ($r = 1, 2, \ldots$) をとってきた部分行列は, 正則である. したがって, アルゴリズム 2.1 の Step 2 で, 生成行列 G_k として G^{k-1} を左からかけているのは, Step 1 で得られた b^r 個のベクトルに置換を行うことに当たり, これは Step 3 における, もともとの van der Corput 列の最初の b^r 個の数の置換に帰着する. 長さ N の列を得るには, $r = \lfloor \ln N / \ln b \rfloor + 1$ より多い桁は必要ないので, 行列 G を r 行目 r 列目まで作ればよい. これにより, 次のアルゴリズムを得る.

アルゴリズム 2.2 (次元 d, 基底 b の Faure 列)

1. $r = \lfloor \ln N / \ln b \rfloor + 1$, $\mathbf{b} = (b^{-1}, b^{-2}, \ldots, b^{-r})$, $n = 0$ とする.
2. n の b 進表現 $(a_r \cdots a_1)_b$ を求め, ベクトル $\mathbf{a} = (a_1, a_2, \ldots, a_r)^\top$ を構成する.
3. 各 $k = 1, \ldots, d$ に対して, $\widetilde{\mathbf{a}}_k = G^{k-1} \mathbf{a}$ を計算する.
4. 各 $k = 1, \ldots, d$ に対して, $x_{nk} = \mathbf{b} \widetilde{\mathbf{a}}_k$ を計算し, $\mathbf{x}_n = (x_{n1}, \ldots, x_{nd})^\top$ を n 番目の Faure 列の点とする.
5. $n = N$ ならば終了する. それ以外のときは $n = n + 1$ として, Step 2 へ戻る.

Halton 列とは対照的に, Faure 列の差異は, d が大きくなっても悪化しない. どちらの列も式 (2.4) の差異の小さい点の条件を満たすが, 比例係数 c_d が Halton 列では d とともに急に増大するのに対し, Faure 列では 0 に収束する ([5] を参照). Faure 列は, 確かに差異と一様性で Halton 列より良い性質を示すが, 次元 d が大きく, 点の数 N が小さい場合には, 図 2.2 に描かれたような Halton 列の粗い空間充填と似た傾向を示してしまう.

Faure 列の一様性は, その部分列が $(0, m, d)$ ネットを構成することによっても, 定量的に示される. より詳しく言えば, $[0, 1)^d$ 上の b^m 個の点集合は, 体積 b^{t-m} のすべての基本区間がちょうど b^t 個の点を含むとき, 基底 b の **(t, m, d) ネット**と呼ばれる. ここで, **基本区間** (elementary rectangle) とは, d 次元の矩形で, $a_i \in \{0, \ldots, b^{k_i} - 1\}$ と $k_i \in \{1, 2, \ldots\}$, $i = 1, \ldots, n$ によって

$$\prod_{i=1}^{d} \left[\frac{a_i}{b^{k_i}}, \frac{a_i + 1}{b^{k_i}} \right)$$

と表されるものである. この基本区間の体積は $1/\prod_{i=1}^{d} b^{k_i}$ である. 式 (2.3) によれば, (t, m, d) ネットの体積 b^{t-m} の基本区間に関する差異は 0 である. また, (t, m, d) ネットは, 自動的に $(t+1, m, d)$ ネットになる.

d 次元の Faure 列の最初の b^m 点は, $(0, m, d)$ ネットになる. 図 2.3 は, $b = 3$,

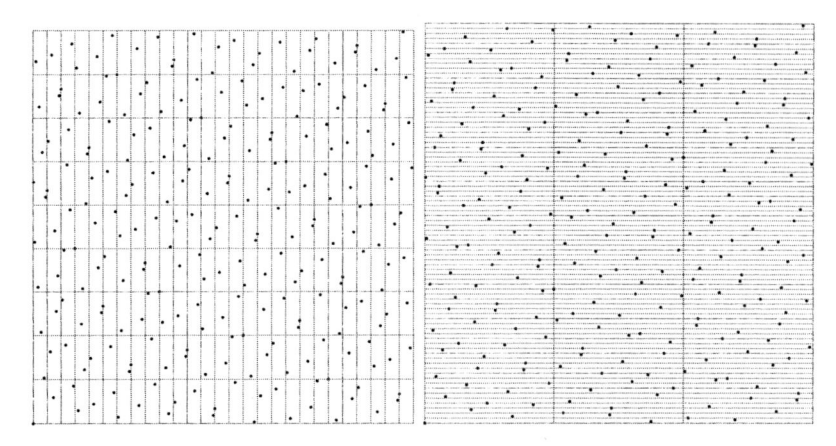

図 2.3 基底 $b=3$ とした 2 次元の Faure 列の最初の 3^5 点が単位正方形の中に描かれている.どちらの正方形も,体積 $1/b^5$ の基本区間に分割されている.どの基本区間もちょうど 1 個の点を含んでいる.これは,Faure 列が $(0,5,2)$ ネットになっているからである.

$m=5$, $d=2$ の場合について,体積 $1/b^m$ のさまざまな基本区間を示している.体積 $1/b^m$ のどの基本区間も,総数 $b^m = 243$ の点のうち,ちょうど 1 個の点を含んでいる.

■ 例 2.5 (Faure 列の生成)

次の MATLAB 関数は,基底 b の d 次元 Faure 列を N 個生成する.この b は,d 以上の素数に選ぶ必要がある.この関数では,便宜上,生成行列 G とベクトル a が転置されて計算されているので注意せよ.

```
function p = faure(b,d,N)
r = floor(log(N)/log(b))+1; % 必要とされる最大桁数
bb=repmat(1./b.^(1:r),N+1,1); % 行ベクトル (1/b, 1/b^2,...)
p = zeros(N+1,d);
G = zeros(r,r);
for j=1:r
    for i=1:j
        G(i,j) = mod(nchoosek(j-1,i-1),b);
    end
end
G=G';
a=repmat((0:N)',1,r);
for i=1:r-1
    a(:,i)=mod(a(:,i),b);
    a(:,(i+1):r)=floor(a(:,(i+1):r)/b);
    % a は 0:N の b 進展開になる
```

```
end
p(:,1)=sum(bb.*a,2);
for k=2:d
    a=mod(a*G,b);  % 0:N の b 進展開に置換が施される
    p(:,k)=sum(bb.*a,2);
end
```

2.5　Sobol' 列

　d 次元の Sobol' 列 [29] は，各成分が "同じ" 基底 2 を持つディジタル列であり（アルゴリズム 2.1 を参照），r をディジットの必要桁数とすれば（総数 N の点を発生させる場合，$r = \lfloor \ln N / \ln b \rfloor + 1$），$r \times r$ の生成行列は以下のように選ばれる．各成分ごとに異なる生成行列 G は，r 個の**方向数** (direction number) $g_1, \ldots, g_r$ により定義される．生成行列の各列はこれらの数の 2 進表現から作られる．j 番目の方向数は，

$$g_j = \frac{m_j}{2^j}, \quad j = 1, \ldots, r$$

という形をしていて，$m_1, m_2, \ldots, m_r$ は次の再帰式を満たす（$\oplus$ は，ビットごとの XOR 演算を表す）．

$$m_i = \left(\bigoplus_{j=1}^{q} 2^j \, c_j \, m_{i-j} \right) \oplus m_{i-q} \tag{2.6}$$

ここで，$\{c_i\}$ は 2 進法での原始多項式

$$x^q + c_1 \, x^{q-1} + \cdots + c_{q-1} \, x + 1$$

からとられた 0-1 の係数で，q はその次数である．これらの多項式は，**多項式数** (polynomial number) で表現され，その 2 進表現が係数に対応する．例えば，多項式数 $37 = 100101_2$ は，原始多項式 $x^5 + x^2 + 1$ に対応する．各成分の生成行列は，以下の 2 つで完全に規定される．

1) 原始多項式，あるいは，対応する多項式数
2) 再帰式 (2.6) の初期値 $m_1, \ldots, m_q$

　原始多項式（数）と初期値の一覧は，[15] にある．また，以下の例 2.6 にある MATLAB プログラムも参照せよ．通常は，d 次元の問題には，小さいほうから d 個の多項式数を使う．すると，最初に 0 次の多項式 1 になり，第 1 成分は基底 2 の van der Corput 列になる．Sobol' 列は 2 進演算を利用するので，コンピュータに大変効率的に実装できる．実装のベンチマークとして [1] がある．また [16] も参照せよ．

　Faure 列と同じで，d 次元の Sobol' 列の最初の 2^m 点は，基底 2 の (t, m, d) ネットになる．ただし，t の値は，$t \leqslant 1 - d + \sum_{i=1}^{d} q_i$ を満たす整数で，$\{q_i\}$ は最初の d 成

分に対応する原始多項式の次数である [29]．例えば，2 次元の Sobol' 列では，$q_1 = 0$，$q_2 = 1$ となるので，$t = 0$ である．図 2.4 は Sobol' 列の最初の $N = 2^{10} = 1024$ 個を描いており，これは $(0, 10, 2)$ ネットになっている．

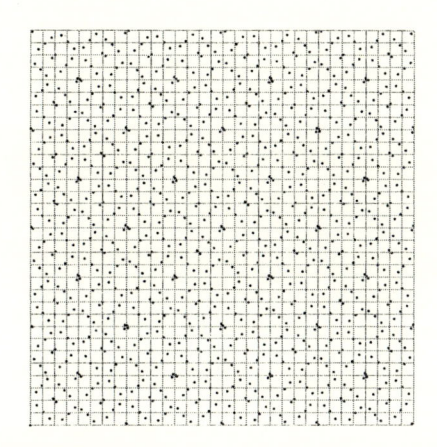

図 2.4 2 次元 Sobol' 列の最初の 2^{10} 点は $(0, 10, 2)$ ネットを構成している．面積 $1/2^{10}$ の基本区間がちょうど 1 つの点を含んでいる．

■ 例 2.6（Sobol' 列の生成法）

以下の MATLAB 関数 sobol.m は，d 次元の Sobol' 列 N 点を生成する．生成行列は，関数 sobmat.m で計算される．この関数は，数の b 進表現を求める関数 cbe.m を使っている．

```
function p = sobol(d,N)
b=2; % 基底は常に 2 である
r =  floor(log(N)/log(b))+1;
bb = 1./b.^(1:r);
bbb = repmat(bb,N+1,1);
p = zeros(N+1,d);
G=zeros(r,r);
GG=sobmat(d,r);
a=repmat((0:N)',1,r);
for i=1:r
    a(:,i) = mod(a(:,i),b);
    a(:,(i+1):r) = floor(a(:,(i+1):end)./b);
    % a は 0:N の b 進展開になる
end
for i=1:d
    G(:,:)=GG(:,:,i);
```

```
    p(:,i) = sum(bbb.*mod(a*G',b),2);
end
```

```
function G = sobmat(d,r)
polys=[1,3,7,11,13,19,25,37,59,47,61,55,41,67,97,91,109,103,...
      115,131,193,137,145,143,241,157,185,167,229,171,213,191,...
      253,203,211,239,247,285,369,299,425,301,361,333,357,351,...
      501,355,397,391,451,463,487];
ivals=[1 1 1 1 1 1 1 1;         %1
       1 3 5 15 17 51 85 255;    %2
       1 1 7 11 13 61 67 79;     %3
       1 3 7 5 7 43 49 147;      %4
       1 1 5 3 15 51 125 141;    %5
       1 3 1 1 9 59 25 89;       %6
       1 1 3 7 31 47 109 173;    %7
       1 3 3 9 9 57 43 43;       %8
       1 3 7 13 3 35 89 9;       %9
       1 1 5 11 27 53 69 25;     %10
       1 3 5 1 15 19 113 115;    %11
       1 1 7 3 29 51 47 97;      %12
       1 3 7 7 21 61 55 19;      %13
       1 1 1 9 23 39 97 97;      %14
       1 3 3 5 19 33 3 197;      %15
       1 1 3 13 11 7 37 101;     %16
       1 1 7 13 25 5 83 255;     %17
       1 3 5 11 7 11 103 29;     %18
       1 1 1 3 13 39 27 203;     %19
       1 3 1 15 17 63 13 65];    %20

m = zeros(1,r);
G = zeros(r,r,d);
G(:,:,1) = eye(r);

for k=2:d
    ppn=polys(k); % 多項式数
    m=ivals(k,:); % 初期値
    c= cbe(ppn,2);
    c = c(2:end); % 原始多項式の係数
    deg = numel(c); % 多項式の次数
    for i=9:r % 初めの8個の値は所与
        s = 0;
        for j = 1:deg
            s = bitxor(s,2^j*c(j)*m(i-j));
        end
```

```
    m(i)= bitxor(s,m(i-deg));
    end
    for j=1:r
        h = cbe(m(j),2); % 2 進表現
        numdigs = numel(h);
        G(j- numdigs+1:j,j,k)= h';
    end
end
```

```
function a = cbe(k,b) % k の b 進展開の係数
numd = max(0,floor(log(k)/log(b))) + 1; % 桁数
a = zeros(1,numd);
q = b^(numd-1);
for i = 1:numd
    a(i) = floor(k/q);
    k = k - q*a(i);
    q = q/b;
end
```

2.6 格 子 点 法

van der Corput 列に基づかない準乱数の構成法も存在する．重要な他の方法は格子の理論によっていて，Korobov の**優良格子点法** (method of good lattice points) [17] が最も一般的に使われる構成法である．この方法は，ある整数 a を決めておいて，$[0,1)^d$ 上の N 個の点集合を以下のように決める．

$$\left\{\frac{i}{N}(1,a,a^2,\ldots,a^{d-1}) \mod 1, \quad i=0,\ldots,N-1\right\} \tag{2.7}$$

この点集合は，N を法として乗数が a で加数を $c=0$ とした"線形合同法"（☞ p.4）に関係している．

$$x_t = a\,x_{t-1} \mod N, \quad t=1,2,\ldots,N-1 \tag{2.8}$$

すなわち，$\mathcal{P}_{x_0} = \{(x_t, x_{t+1},\ldots,x_{t+d-1})/N,\ t=0,1,\ldots\}$ を x_0 を初期値とする線形合同法列の連続する d 個の値を集めてきた点集合（を N で割ったもの）とする．すると，それらの合併集合 $\cup_{x_0 \in \{0,1,\ldots,N-1\}} \mathcal{P}_{x_0}$ は Korobov の点集合 (2.7) と一致する．このように解釈すると，Korobov の点集合の各座標値は「必要に応じて即座に」生成でき，次元をあらかじめ指定しておく必要がなくなる（[22, p.205] を参照）．

式 (2.7) に現れる最初のベクトル $(1,a,\ldots,a^{d-1})$ を，1 つの一般的な整数ベクトル

v で置き換えると**階数 1 の格子法**（rank-1 lattice rule）を，r 個の整数ベクトルの線形和で置き換えると**階数 r の格子法**（rank-r lattice rule）を，それぞれ得る [28]．また，多項式環や形式的 Laurent 級数を使って，より代数的に定義される格子法もある．そういった**多項式格子法**（polynomial lattice）についての詳細は [3], [22] を参照せよ．

乗数と生成ベクトルをうまく選択する方法は，[4], [12], [20] などで扱われている．Korobov 法で，任意の乗数 a に対して各座標値が最長周期 $N-1$ を実現するためには，N は素数でなければならない．もしも N が 2 の "べき" であれば，最長周期を実現するためには a は少なくとも奇数でなければならない．

標準的な Korobov 法の欠点は，点集合が固定されてしまっていて拡張性がないことである．**拡張可能**（extensible）格子法 [13] は，この点を改善する．このアイデアは，Korobov 法の式 (2.7) を無限集合

$$\{\psi_b(i)(1, a, a^2, \ldots, a^{d-1}) \mod 1, \quad i = 0, 1, 2, \ldots\} \tag{2.9}$$

で置き換えることである．ここで，$\{\psi_b(k)\}$ は基底 b の van der Corput 列である．Hickernell et al. [13] は，$b = 2$ と，$a = 17797$ または $a = 1267$ を推奨している（[8] も参照）．

■ 例 2.7（**Korobov 格子の生成**）

以下の Matlab 関数は，Korobov 格子法および拡張 Korobov 格子法の実装である．再帰式 (2.8) ではなく式 (2.7) を用いている．2 つ目の Matlab 関数では，例 2.2 の van der Corput 関数 vdc を用いた．なお，基底は $b = 2$ をデフォルトで想定している．図 2.5 は，点の数 $N = 2^{10}$ で，$a = 17797$ とした，30 次元の Korobov 格子点集合の 10 次元目と 21 次元目の座標値を示している．

図 2.5　30 次元の Korobov 格子の 10 次元目と 21 次元目への射影．

```
function P = korobov(a,d,N)
z(1) = 1;
for i=2:d
    z(i) = mod(z(i-1)*a,N);
end
Z = repmat(z,N,1);
B = repmat((1:N)',1,d);
P = mod(B.*Z/N, 1);
```

```
function P = extkorobov(a,d,N)
b = 2;
z(1) = 1;
for i=2:d
    z(i) = mod(z(i-1)*a,N);
end
Z = repmat(z,N,1);
v = vdc(b,N);
B = repmat(v,1,d);
P = mod(B.*Z, 1);
```

2.7　ランダム化とスクランブル法

　通常のモンテカルロ積分の魅力的な点は，積分 (2.1) を標本平均近似 (2.2) するときの誤差が，標準誤差と信頼区間の形で簡単に評価できることである（第 8 章を参照）．準モンテカルロの場合，点列 $\{\mathbf{u}_i\}$ が確定的で $\mathsf{U}[0,1)^d$ の乱数ではないので，そうはいかない．

　ただ，ランダムなベクトル $\mathbf{Z} \sim \mathsf{U}[0,1)^d$ を 1 つとって全部の点に足し，その小数部分をとって新しい点列を作ると，状況は改善できる．このとき，各点 $\widetilde{\mathbf{U}}_i = (\mathbf{u}_i + \mathbf{Z})$ mod 1 が $\mathsf{U}[0,1)^d$ 分布することは簡単にわかる．この方法は，**ランダムシフト法** (random shifting) と呼ばれ，Cranley and Patterson [2] によって最初に提案された．ランダムシフトを使うと，準モンテカルロ法による近似

$$\widetilde{\ell} = \frac{1}{N} \sum_{i=1}^{N} h(\widetilde{\mathbf{U}}_i) \tag{2.10}$$

は確率変数となり，その期待値は式 (2.1) の ℓ となる．独立に K 個のシフトベクトルをとり，この準モンテカルロ法を繰り返し計算すると，K 個の独立な $\widetilde{\ell}$ を得ることができるので，アルゴリズム 8.2 にあるような標準的な統計手法を使って信頼区間や標

準誤差を求めることができる．詳細はアルゴリズム 9.11 を参照せよ．

ディジタル列の場合は，各ディジットに直接ランダムシフトを行うこともできる．詳しく述べると，まず，$\mathbf{a}_k = (a_{k1}, a_{k2}, \ldots)^\top$ を点 $\mathbf{u}$ の k 番目の座標値を b 進展開した無限次元ベクトルとする．つまり，$\mathbf{u}$ の k 番目の座標値が

$$u_k = \sum_{i=1}^{\infty} a_{ki} b^{-i}$$

と表されるとする．次に，$\{W_i\}$ が独立に $\{0, 1, \ldots, b-1\}$ 上で一様に分布する無限次元ベクトルを $\mathbf{W} = (W_1, W_2, \ldots)^\top$ とする．言い換えれば，ベクトル $\mathbf{W}$ は $\mathsf{U}[0, 1)$ 分布する乱数を b 進無限展開したものである．このようなベクトル $\mathbf{W}$ を独立に d 個作って，$\mathbf{W}_1, \ldots, \mathbf{W}_d$ とする．各 $k = 1, \ldots, d$ について，$\mathbf{W}_k$ を $\mathbf{a}_k$ に法 b で足し合わせて $\tilde{\mathbf{a}}_1, \ldots, \tilde{\mathbf{a}}_d$ を作ると，これはベクトル $(\mathbf{u} + \mathbf{Z}) \bmod 1$ (ここで $\mathbf{Z} \sim \mathsf{U}[0, 1)^d$ である) の b 進展開になっている．この**ディジタルシフト** (digital shift) 法は，ベクトルの組 $\{\mathbf{W}_k\}$ を 1 つ決めて，すべての準モンテカルロ法の点 (のベクトル) に足し合わせることで，もともとのランダムシフト法と同じ分布の点集合を作り出すことができる．

Halton 列，Faure 列，Sobol' 列などのディジタル列は，一様性や収束性能を向上させるために，「かき混ぜ」をすることがある．Owen によって導入された**ネストスクランブル法** (nested permutation scrambling) という一般的な手法 (例えば [25]，[26] を参照) では，アルゴリズム 2.1 の Step 2 と 3 の間で，各座標 $k = 1, \ldots, d$ についてその b_k 進展開のディジットへの置換を行う．置換は確定的な場合と確率的な場合がある．ネストスクランブル法の簡略法として，座標 $k = 1, \ldots, d$ ごとに，アルゴリズム 2.1 の Step 2 で得られたベクトルに対して，$\{0, 1, \ldots, b_k\}$ からランダムに要素をとった下三角行列 L_k を，左からかける方法がある．この簡略法の中にもいくつかの違うやり方があるが ([23] や [22, p.207] を参照)，最もよく利用されるのは，L_k の要素のうち下三角の非対角要素を $\{0, 1, \ldots, b_k\}$ から一様かつ独立に選び，対角要素は $\{1, \ldots, b_k\}$ から一様かつ独立に選ぶ方法である．こうして，アルゴリズム 2.1 の改良版を以下に得る．ここで，簡便のため，すべての d 個の成分は同一の基底 b を持つとする．すべての行列計算は法 b で行われる．

アルゴリズム 2.3 (一様線形スクランブル法)

必要なディジット数 $r = \lfloor \ln N / \ln b \rfloor + 1$ を計算しておく．各成分 $k = 1, \ldots, d$ について，以下を実行する．

1. 以下の手順で $r \times r$ の行列 L_k を作成する．
   a) 行列 L_k の (i, j) 要素 $(i = 1, \ldots, r, \ j = 1, \ldots, i-1)$ を，$\{0, 1, \ldots, b\}$ から一様かつ独立に選ぶ．
   b) L_k の対角要素は，$\{1, \ldots, b\}$ から一様かつ独立に選ぶ．
   c) 残りの要素を 0 にする．

2. 数 $0, 1, \ldots, N$ を b_k 進展開して得られるディジットを逆順に並べた式 (2.5) のようなベクトルを作る.
3. 各ベクトルに**生成行列**（generator matrix）G_k を左からかける.
4. 得られたベクトルに L_k を左からかける.
5. 得られたベクトルに，行ベクトル $(b^{-1}, b^{-2}, \ldots)$ を左からかけ，ディジタル列 $\mathbf{u}_1, \ldots, \mathbf{u}_N$ の第 k 座標の成分を得る.

最後に $\mathbf{Z} \sim \mathsf{U}[0,1)^d$ を生成し，$\{(\mathbf{u}_i + \mathbf{Z}) \bmod 1, \ i = 1, \ldots, N\}$ をスクランブル列として返す.

さらに学習するために

準モンテカルロ法の簡潔な入門が Glasserman [9, Chapter 5] にある．また，より包括的な議論は Niederreiter [24] や Lemieux [22] に見られる．準モンテカルロ法およびランダム化準モンテカルロ法の広範にわたる最新の状況は [18] を参照せよ．Fox [7] は，準モンテカルロ法の実際の応用に焦点を当てている．Jäckel [15] は，ファイナンスにおける応用について有用な情報を供給している．ランダム化準モンテカルロ法は [21] で概説されており，いくつもの有用なスクランブル法が [6], [14], [20], [23] で議論されている．ディジタル列をスクランブルする効率的な方法は，Hong and Hickernell [14] で議論されている．スクランブル法に関連する話題は，[6], [21], [23] にある．準モンテカルロ法に関する論文集 [19] も参照せよ．

文　　献

1) P. Bratley and B. L. Fox. Algorithm 659: Implementing Sobol's quasirandom sequence generator. *ACM Transactions on Mathematical Software*, 14(1):88–100, 1988.
2) R. Cranley and T. N. L. Patterson. Randomisation of number theoretic methods for multiple integration. *SIAM Journal on Numerical Analalysis*, 13(6):904–914, 1976.
3) J. Dick, F. Y. Kuo, F. Pillichshammer, and I. H. Sloan. Construction algorithms for polynomial lattice rules for multivariate integration. *Mathematics of Computation*, 74(252):1895–1921, 2005.
4) K.-T. Fang and Y. Wang. *Number-Theoretic Methods in Statistics*. Chapman & Hall, London, 1994.
5) H. Faure. Discrépance de suites associées à un système de numération. *Comptes Rendus Mathematique*, 286-A:293–296, 1978.
6) H. Faure and S. Tezuka. Another random scrambling of digital (t, s)-sequences.

In K. T. Fang, F. J. Hickernell, and H. Niederreiter, editors, *Monte Carlo and Quasi-Monte Carlo Methods 2000*, pages 242–256. Springer-Verlag, Berlin, 2002.

7) B. L. Fox. *Strategies for Quasi-Monte Carlo*. Kluwer Academic Publishers, Norwell, MA, 1999.

8) H. S. Gill and C. Lemieux. Searching for extensible Korobov rules. *Journal of Complexity*, 23(4-6):603–613, 2007.

9) P. Glasserman. *Monte Carlo Methods in Financial Engineering*. Springer-Verlag, New York, 2004.

10) J. H. Halton. On the efficiency of certain quasi-random sequences of points in evaluating multi-dimensional integral. *Numerische Mathematik*, 2(1):84–90, 1960.

11) J. M. Hammersley. Monte Carlo methods for solving multivariable problems. *Annals of the New York Academy of Sciences*, 86(3):844–874, 1960.

12) P. Hellekalek. On the assessment of random and quasi-random point sets. In *Random and Quasi-Random Point Sets*, volume 138 of *Lecture Notes in Statistics*, pages 49–108. Springer-Verlag, New York, 1998.

13) F. J. Hickernell, H. S. Hong, P. L'Ecuyer, and C. Lemieux. Extensible lattice sequences for quasi-Monte Carlo quadrature. *SIAM Journal on Scientific Computing*, 22(3):1117–1138, 2000.

14) H. S. Hong and F. J. Hickernell. Algorithm 823: Implementing scrambled digital sequences. *ACM Transactions on Mathematical Software*, 29(2):95–109, 2003.

15) P. Jäckel. *Monte Carlo Methods in Finance*. John Wiley & Sons, New York, 2002.

16) S. Joe and F. Y. Kuo. Remark on algorithm 659: Implementing Sobol's quasirandom sequence generator. *ACM Transactions on Mathematical Software*, 29(1):49–57, 2003.

17) N. M. Korobov. The approximate calculation of multiple integrals using number theoretic methods. *Doklady Academii Nauk SSSR*, 115:1062–1065, 1957.

18) P. L'Ecuyer. Quasi-Monte Carlo methods with applications in finance. *Finance and Stochastics*, 13(3):307–349, 2009.

19) P. L'Ecuyer and A. B. Owen (editors). *Monte Carlo and Quasi-Monte Carlo Methods*. Springer-Verlag, New York, 2010.

20) P. L'Ecuyer and C. Lemieux. Variance reduction via lattice rules. *Management Science*, 46(9):1214–1235, 2000.

21) P. L'Ecuyer and C. Lemieux. *Recent Advances in Randomized Quasi-Monte Carlo Methods*, pages 419–474. Kluwer Academic Publishers, Boston, 2002.

22) C. Lemieux. *Monte Carlo and Quasi-Monte Carlo Sampling*. Springer-Verlag, New York, 2009.

23) J. Matoušek. On the $\mathcal{L}_2$-discrepancy for anchored boxes. *Journal of Complexity*, 14(4):527–556, 1998.

24) H. Niederreiter. *Random Number Generation and Quasi-Monte Carlo Methods*. SIAM, Philadelphia, PA, 1992.

25) A. B. Owen. Randomly permuted (t,m,s)-nets and (t,s)-sequences. In H. Niederreiter and J.-S. Shiue, editors, *Monte Carlo and Quasi-Monte Carlo Methods in*

Scientific Computing, pages 299–317. Springer-Verlag, New York, 1995.
26) A. B. Owen. Scrambled net variance for integrals of smooth functions. *Annals of Statistics*, 25(4):1541–1562, 1997.
27) K. F. Roth. On irregularities of distribution. *Mathematika*, 1(2):73–79, 1954.
28) I. H. Sloan and S. Joe. *Lattice Methods for Multiple Integration*. Clarendon Press, Oxford, 1994.
29) I. M. Sobol'. On the distribution of points in a cube and the approximate evaluation of integrals. *USSR Computational Mathematics and Mathematical Physics*, 7(4):86–112, 1967.

3

非一様乱数の生成

ユークリッド空間 $\mathbb{R}^d$ 内の任意の分布に従うランダムベクトル $\mathbf{X}$ を生成するためには，必ず次の 2 つのステップが必要になる．
1) 任意の整数 $k \geqslant 1$ に対して，一様乱数 $U_1, \ldots, U_k$ を生成する．
2) g を $(0,1)^k$ から $\mathbb{R}^d$ へのある関数として，$\mathbf{X} = g(U_1, \ldots, U_k)$ を返す．

最初のステップにおける一様乱数の生成法については，第 1 章で論じた．本章では，第 2 ステップの実現法について考える．3.1 節では，1 次元の乱数を生成するための種々の方法を考え，3.2 節では多次元の乱数を生成する方法を考える．3.3 節では，種々のランダム目標物，例えば超球，楕円体，あるいは単体上で一様分布するランダムベクトルなどを生成する方法を論じる．よく使われる離散および連続分布に対する特有の生成アルゴリズムについては，第 4 章で述べる．

本章に出てくるすべての生成法は正確であり，一様乱数の生成とコンピュータ内の計算がともに正確であると仮定すれば，生成される各乱数は必要とされる分布に正確に従うものとなる．モンテカルロ法の応用分野では，正確な乱数生成が困難あるいは不可能な問題が増えてきていて，"近似的な" 生成法が必要とされている．最も有名なのはマルコフ連鎖モンテカルロ法である（第 6 章を参照）．

3.1 共通の変換に基づく一般的なアルゴリズム

よく出てくる分布あるいは分布族の多くは，簡単な変換で相互に関係付けられる．このような関係から，乱数を生成するための一般的な原理が導き出せる．例えば，任意の位置–尺度分布族からの乱数生成は，その族の基本の分布から乱数を生成し，それにアフィン変換を施すことによって実現できる．共通の変換については 3.1.2 項で議論する．乱数を生成するための普遍的な方法としては，逆関数法（3.1.1 項），別名法（3.1.4 項），合成法（3.1.2.6 項），採択–棄却法（3.1.5 項）などがある．

注 3.1（有限精度での計算）本書で述べる乱数生成アルゴリズムでは，一様分布 $\mathsf{U}(0,1)$ に従う完全な iid 乱数が供給され，また，計算装置（コンピュータ）が実数を無限の

精度で扱えると仮定する．しかし，有限精度の計算という制約のために，実際にはこれらのいずれの仮定も満たされないのが普通である．

アルゴリズムをコンピュータで実現する際には，浮動小数点演算を使うのが普通である．浮動小数点数は（IEEE 754-2008 規格では）長さが d の 2 進ベクトルで表現され，$d = 32$ なら**単精度**（single precision），$d = 64$ なら**倍精度**（double precision），$d = 128$ なら **4 倍精度**（quadruple precision）と呼ばれる．これらの 2 進ベクトルは

$$(s, e_1, \ldots, e_p, m_1, \ldots, m_q)$$

という順番に並んでいて，s は**符号**（sign），$(e_1, \ldots, e_p)$ は**バイアス付き指数**（biased exponent），$(m_1, \ldots, m_q)$ は**仮数**（mantissa）で，次の数を表す．

$$\begin{cases} (-1)^s \times \infty, & e_1 = \cdots = e_p = 1,\ m_1 = \cdots = m_q = 0 \\ \text{qNaN}, & e_1 = \cdots = e_p = 1,\ m_1 = 1 \\ \text{sNaN}, & e_1 = \cdots = e_p = 1,\ m_1 = 0,\ m_k = 1\ (\exists k) \\ (-1)^s\, 2^{-b}\left(\sum_{j=1}^q 2^{1-j} m_j\right), & e_1 = \cdots = e_p = 0\ (\text{準正規数}) \\ (-1)^s\, 2^{-b+\sum_{i=1}^p 2^{p-i} e_i}\left(1 + \sum_{j=1}^q 2^{-j} m_j\right), & \text{その他の場合（正規数）} \end{cases}$$

ここで，$b = 2^{p-1} - 1$ は**バイアス**（bias）と呼ばれる．sNaN と qNaN は $\pm\infty$ とは別の仮想の「数」を表す．各精度における p と q の値を次表に示す．

d	32	64	128
p	8	11	15
q	23	52	112

このように任意の精度での表現ができないという事実の実用上の帰結として，絶対連続な分布を使っているのに，一様乱数の少なからぬ部分が，思いがけず 1 か所の質量に写像されてしまう可能性がある．一例 [11] として，逆関数法によって $X \sim \text{Beta}(1, 0.01)$ を生成することを考えよう（3.1.1 項）．この場合，$X = 1 - (1-U)^{100}$ となる．実際の計算では，IEEE 754 規格の倍精度浮動小数点を使い，計算結果は最も近い浮動小数点数に丸めるものとする．この場合には，区間 $(1 - 2^{-52}, 1]$ に含まれるすべての数 X は，浮動小数点数の 1 に写像される．したがって，すべての $U \in (1 - 2^{-13/25}, 1]$ が 1 に写像される．それゆえ，すべての一様乱数のうちの $2^{-13/25} \approx 0.69737$ の割合（約 7 割）のものが，この逆関数法によってただ 1 つの浮動小数点数の 1 に写されることになる．しかしながら，ベータ分布の（確率の）質量は，本来どこにも集中しない．このように，使う計算システムで採用されている数値の表現法では表せない範囲にかなりの（確率の）質量がある分布を扱う際には，注意が必要である．

3.1.1 逆関数法

確率変数 X の累積分布関数（cumulative distribution function; cdf）を F とす

る．F は非減少関数なので，その逆関数 F^{-1} は次式で定義できる．

$$F^{-1}(y) = \inf\{x : F(x) \geqslant y\}, \quad 0 \leqslant y \leqslant 1 \tag{3.1}$$

$U \sim \mathsf{U}(0,1)$ とする．逆変換 $F^{-1}(U)$ の cdf は次のようになる．

$$\mathbb{P}(F^{-1}(U) \leqslant x) = \mathbb{P}(U \leqslant F(x)) = F(x) \tag{3.2}$$

したがって，cdf が F の確率変数 X を生成するためには，$U \sim \mathsf{U}(0,1)$ を生成して，$X = F^{-1}(U)$ とおけばよい．こうして，任意の cdf F からの乱数を生成する一般的な方法が，次のように得られる．図 3.1 に図解を示す．

図 3.1 逆関数法．

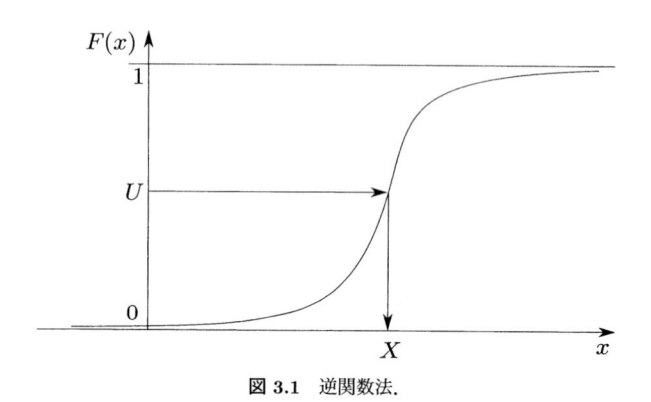

アルゴリズム 3.1（逆関数法）

1. $U \sim \mathsf{U}(0,1)$ を生成する．
2. $X = F^{-1}(U)$ を返す．

■ 例 3.1（逆関数法の実例）

次の確率密度関数（probability density function; pdf）を持つ分布からの乱数を生成する．

$$f(x) = \begin{cases} 2x, & 0 \leqslant x \leqslant 1 \\ 0, & \text{その他} \end{cases} \tag{3.3}$$

この分布の cdf は $F(x) = \int_0^x 2y\,dy = x^2$, $0 \leqslant x \leqslant 1$ であり，その逆関数は $F^{-1}(u) = \sqrt{u}$, $0 \leqslant u \leqslant 1$ となる．そこで，式 (3.3) の pdf から乱数 X を生成するためには，まず $\mathsf{U}(0,1)$ に従う一様乱数 U を生成し，次にその平方根をとる．

一般に，逆関数法では，累積分布関数 F の逆関数 F^{-1} が解析的あるいはアルゴリズムによって求められる必要がある．そのような分布の例としては，指数分布，一様分布，ワイブル分布，ロジスティック分布，コーシー分布などがある．残念ながら，そ

の他の多くの分布では，逆関数を求めること，すなわち次の方程式を x について解くことが不可能だったり困難だったりする．

$$F(x) = \int_{-\infty}^{x} f(t)\,dt = u$$

また，逆関数 F^{-1} が陽な形で存在する場合でも，逆関数法が必ずしも一番効率的な生成法とは限らない ([5] を参照)．

逆関数法は，絶対連続分布にも離散分布にも適用できる．離散確率変数 X が値 $x_1 < x_2 < \cdots$ を確率 $p_1, p_2, \ldots$ (ただし $\sum_i p_i = 1$) でとる場合には，その cdf は図 3.2 に示すように階段関数となる．

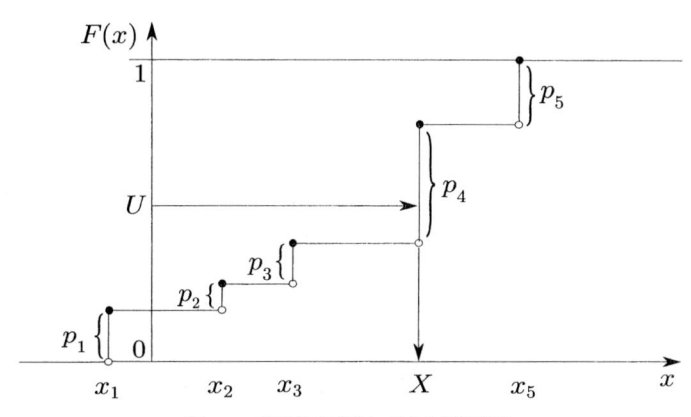

図 3.2 離散確率変数に対する逆関数法．

離散分布の場合の逆関数法は，次のように書ける．

アルゴリズム 3.2 (離散逆関数法)

1. $U \sim \mathsf{U}(0,1)$ を生成する．
2. $F(x_k) \geqslant U$ を満たす最小の正整数 k を見つけ，$X = x_k$ を返す．

■ 例 3.2 (離散逆関数法の実装)

値 $1, \ldots, 5$ をそれぞれ確率 $0.2, 0.3, 0.1, 0.05, 0.35$ でとる離散確率分布に従う独立な乱数を $N = 10^5$ 個発生させたい．次の MATLAB プログラムは，これを実現する逆関数法を実装して，$1, \ldots, 5$ が出現した (相対) 度数を記録する．

```
%discIT.m
p = [0.2,0.3,0.1,0.05,0.35];
```

```
N = 10^5;
x = zeros(N,1);
for i=1:N
    x(i) = min(find(rand<cumsum(p)));  % 確率分布 p に従う抽出
end
freq = hist(x,1:5)/N
```

上記の cumsum(p) は cdf の値のベクトル $(F(1),\ldots,F(5))$ に対応する．最初に関数 find を適用し，次に min を適用することによって，$F(k) \geqslant$ rand を満たす最小の添数 k が見つかる（rand は一様乱数）．より高速な生成プログラムを次に示す．これは，関数 histc(x,e) を使って，ベクトル x の成分のうちでベクトル e の隣接する成分ペアの間に入るものの個数を効率的に数えている．

```
%discinvtrans.m
p = [0.2,0.3,0.1,0.05,0.35];
N = 10^5;
[dummy,x]=histc(rand(1,N),[0,cumsum(p)]);
freq = hist(x,1:5)/N
```

3.1.2 その他の変換法

モンテカルロ法で使われる多くの分布は，確率変数に簡単な操作を行った結果として得られるものである．ここでは，主要な例をいくつか挙げる．

3.1.2.1 アフィン変換

$\mathbf{X} = (X_1,\ldots,X_n)^\top$ をランダムベクトル，A を $m \times n$ 行列，$\mathbf{b}$ を $m \times 1$ ベクトルとする．次式で定義される $m \times 1$ ランダムベクトル $\mathbf{Z}$ は，$\mathbf{X}$ の**アフィン変換** (affine transformation) と呼ばれる．

$$\mathbf{Z} = A\mathbf{X} + \mathbf{b}$$

$\mathbf{X}$ の期待値ベクトルが $\mu_\mathbf{X}$ ならば，$\mathbf{Z}$ の期待値ベクトルは $\mu_\mathbf{Z} = A\mu_\mathbf{X} + \mathbf{b}$ となる．$\mathbf{X}$ の共分散行列が $\Sigma_\mathbf{X}$ ならば，$\mathbf{Z}$ の共分散行列は $\Sigma_\mathbf{Z} = A\Sigma_\mathbf{X}A^\top$ となる．最後に，A が逆転可能な $n \times n$ 行列で，$\mathbf{X}$ の pdf が $f_\mathbf{X}$ であるとすると，$\mathbf{Z}$ の pdf は次のようになる．

$$f_\mathbf{Z}(\mathbf{z}) = \frac{f_\mathbf{X}(A^{-1}(\mathbf{z}-\mathbf{b}))}{|\det(A)|}, \quad \mathbf{z} \in \mathbb{R}^n$$

ここで，$|\det(A)|$ は A の行列式の絶対値を表す（A.6.1 項を参照）．

3.1.2.2 位置–尺度分布族

連続分布の族で，それらの各分布の確率密度関数 $\{f(x;\mu,\sigma), \mu \in \mathbb{R}, \sigma > 0\}$ が次

の形になっているものを，**基本 (base) pdf** (あるいは標準 pdf) が $\mathring{f}(x)$ の**位置–尺度分布族** (location-scale family) と呼ぶ．

$$f(x;\mu,\sigma) = \frac{1}{\sigma}\mathring{f}\left(\frac{x-\mu}{\sigma}\right), \quad x \in \mathbb{R} \tag{3.4}$$

パラメータ μ は**位置** (location)，σ は**尺度** (scale) と呼ばれる．式 (3.4) が $\mu = 0$ で成り立つ場合には**尺度分布族** (scale family)，$\sigma = 1$ で成り立つ場合には**位置分布族** (location family) という．

図 3.3 に示すように，位置–尺度分布族の pdf $f(\cdot;\mu,\sigma)$ のグラフは，$\mathring{f}(\cdot)$ のグラフと同じ形であるが，距離 μ だけ (横方向に) ずれていて，高さが $1/\sigma$ になっている．

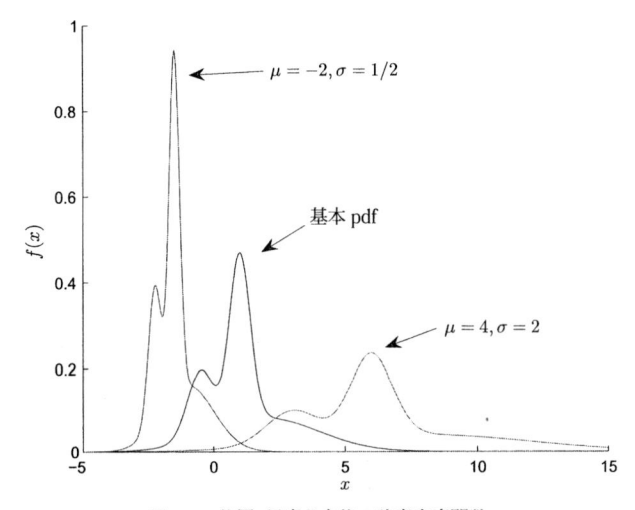

図 3.3 位置–尺度分布族の確率密度関数．

位置–尺度分布族としては，次のようなものがある (正規分布，Student の t 分布，一様分布については (分布名の頭文字だけの) 変則的な表記をしていることに注意) (第 4 章を参照)．

| Cauchy(μ,σ) | Fréchet(α,μ,σ) | Gumbel(μ,σ) | Laplace(μ,σ) |
| Logistic(μ,σ) | N(μ,σ^2) | U(a,b) | t$_\nu(\mu,\sigma^2)$ |

尺度分布族ではパラメータを $\lambda = 1/\sigma$ にすることも多く，λ もやはり尺度パラメータと呼ばれる．例を次に示す．

| Exp(λ) | Gamma(α,λ) | Pareto(α,λ) | Weib(α,λ) |

確率変数 X が基本 pdf に従って分布するとき，アフィン変換

$$Z = \mu + \sigma X$$

によって位置–尺度分布族ができる．具体的には，もし $X \sim \mathring{f} \equiv f(\cdot; 0, 1)$ ならば，

$$\mu + \sigma X \sim f(\cdot; \mu, \sigma)$$

である．したがって，位置–尺度分布族の pdf からの乱数を生成するためには，最初に基本分布の pdf からの乱数を生成し，次にその乱数に対してアフィン変換を行えばよい．

■ 例 3.3（正規分布と位置–尺度分布族）

位置–尺度分布族の典型的な例は，正規分布族 $\{N(\mu, \sigma^2)\}$ で，位置パラメータは μ，尺度パラメータは σ である（☞ p.125）．ここで，

$$f(x; \mu, \sigma) = \frac{1}{\sigma} \mathring{f}\left(\frac{x-\mu}{\sigma}\right) = \frac{1}{\sqrt{2\pi\sigma^2}} e^{-\frac{1}{2}\frac{(x-\mu)^2}{\sigma^2}}$$

であり，$\mathring{f}(x) = (2\pi)^{-1/2} e^{-x^2/2}$ が基本 pdf である．したがって，$Z \sim N(\mu, \sigma^2)$ を生成するためには，まず $X \sim N(0,1)$ を生成し，次に $Z = \mu + \sigma X$ を返す．MATLAB では，標準正規分布からの乱数生成は，関数 randn を使って実現できる．例えば以下の MATLAB プログラムは，$N(4,9)$ から 10^5 個のサンプルを抽出して，そのヒストグラムをプロットする．

```
X = randn(1,10^5);   Z = 4 + 3*X;    hist(Z,100)
```

3.1.2.3 逆数（逆転）

よく使われるもう 1 つの変換は，逆数をとることである．具体的には，X を 1 次元確率変数とすると，X の逆数（inverse; reciprocal）は

$$Z = \frac{1}{X}$$

である．もし X の pdf が f_X なら，Z の pdf は

$$f_Z(z) = \frac{f_X(z^{-1})}{z^2}, \quad z \in \mathbb{R} \tag{3.5}$$

となる（A.6.2 項を参照）．このようにして得られた分布は**逆数分布**（inverse distribution）と呼ばれる．

■ 例 3.4（逆転による逆ガンマ分布）

逆ガンマ（inverse-gamma）分布は，InvGamma(α, λ) と書くが，その pdf は

$$f_Z(z; \alpha, \lambda) = \frac{\lambda^\alpha z^{-\alpha-1} e^{-\lambda z^{-1}}}{\Gamma(\alpha)}, \quad z > 0$$

で与えられ，式 (3.5) の形をしていて，f_X に相当するのは Gamma(α, λ) 分布（☞ p.115）

の pdf である．乱数 $Z \sim \mathsf{InvGamma}(\alpha, \lambda)$ を生成するためには，$X \sim \mathsf{Gamma}(\alpha, \lambda)$ を生成し，$Z = 1/X$ を返す．

同様にして，$\mathbf{X}$ が $n \times n$ の逆転可能なランダム行列で pdf が $f_\mathbf{X}$ ならば，逆行列 $\mathbf{Z} = \mathbf{X}^{-1}$ の pdf は

$$f_\mathbf{Z}(\mathbf{z}) = \frac{f_\mathbf{X}(\mathbf{z}^{-1})}{|\det(J(\mathbf{z}))|}, \quad \mathbf{z} \in \mathbb{R}^{n \times n}$$

となる．ここで，$|\det(J(\mathbf{z}))|$ は変換 $\mathbf{x} \mapsto \mathbf{z} = \mathbf{x}^{-1}$ に対応するヤコビの行列式の絶対値である．例えば，$\mathbf{x}$ が一般の逆転可能な $n \times n$ 行列ならば，$|\det(J(\mathbf{z}))| = |\det(\mathbf{z})|^{2n}$ であり，また，$\mathbf{x}$ が $n \times n$ 正定値ランダム行列ならば，$|\det(J(\mathbf{z}))| = |\det(\mathbf{z})|^{n+1}$ となる．一例は，$\mathbf{X} \sim \mathsf{Wishart}(\nu, \Sigma)$（☞ p.151）の場合の $\mathbf{Z} = \mathbf{X}^{-1}$ の分布である．この場合には，$\mathbf{X}$ は正定値ランダム行列で，$\mathbf{Z}$ は**逆ウィシャート**（inverse Wishart）分布をするという．

3.1.2.4 打ち切り

$\mathsf{Dist}_\mathscr{A}$ と $\mathsf{Dist}_\mathscr{B}$ をそれぞれ集合 $\mathscr{A}$ と $\mathscr{B}$（$\mathscr{B} \subset \mathscr{A}$）の上の分布としよう．また，$\mathbf{X} \sim \mathsf{Dist}_\mathscr{A}$，$\mathbf{Z} \sim \mathsf{Dist}_\mathscr{B}$ としよう．もし $\mathbf{X} \in \mathscr{B}$ という条件のもとでの $\mathbf{X}$ の分布が $\mathbf{Z}$ の分布（すなわち $\mathsf{Dist}_\mathscr{B}$）に一致するならば，後者の分布は $\mathsf{Dist}_\mathscr{A}$ の $\mathscr{B}$ への**打ち切り**（truncation）であるという．具体的には，$f_\mathbf{X}$ を $\mathbf{X}$ の pdf とすると，$\mathbf{Z}$ の pdf は（連続分布の場合）次のようになる．

$$f_\mathbf{Z}(\mathbf{z}) = \frac{f_\mathbf{X}(\mathbf{z})}{\int_\mathscr{B} f_\mathbf{X}(\mathbf{x}) \, \mathrm{d}\mathbf{x}}, \quad \mathbf{z} \in \mathscr{B}$$

1 次元の連続分布の場合，pdf $f(x)$ の区間 $[a, b]$ への打ち切りの pdf は

$$f_Z(z) = \frac{f(z)}{\int_a^b f(x) \, \mathrm{d}x}, \quad a \leqslant z \leqslant b$$

となり，離散分布の場合には，積分を総和で置き換えればよい．cdf について言えば

$$F_Z(z) = \frac{F(z) - F(a-)}{F(b) - F(a-)}, \quad a \leqslant z \leqslant b \tag{3.6}$$

となる．ここで，$F(a-) = \lim_{x \uparrow a} F(x)$ である．区間 $[a, b]$ へ打ち切られた分布からの乱数を生成するには，単に採択–棄却法（3.1.5 項を参照）を使って，F からの乱数 X の生成を $X \in [a, b]$ が成り立つまで続ければよい．X 自体の生成に逆関数法が簡単に使えるなら，もっと直接的な方法が使える．具体的には，式 (3.6) の逆関数を使って次の逆関数法が得られる．

アルゴリズム 3.3（逆関数法による打ち切り）

1. $U \sim \mathsf{U}(0, 1)$ を生成する．
2. $Z = F^{-1}(F(a-) + U(F(b) - F(a-)))$ を返す．

逆関数法との唯一の違いは，Step 2 で F^{-1} の引数が区間 $(0,1)$ 上ではなく $(F(a-), F(b))$ 上で一様分布をすることである．

■ 例 3.5（打ち切り指数乱数生成法）

指数分布 Exp(1)（☞ p.111）を区間 $[0,2]$ に打ち切った分布の pdf を考えよう．

$$f_Z(z) = \frac{e^{-z}}{1-e^{-2}}, \quad 0 \leqslant z \leqslant 2 \qquad (3.7)$$

Exp(1) 分布の cdf の逆関数は $F^{-1} = -\ln(1-U)$ だから

$$Z = -\ln(1 + U(e^{-2}-1)) \sim f_Z$$

となる．次の Matlab のプログラムは，この打ち切り分布から 10^5 個の乱数を生成して，そのヒストグラムをプロットする．

```
%truncexp.m
U= rand(1,10^5); Z = -log(1 + U *(exp(-2) - 1)); hist(Z,100)
```

■ 例 3.6（打ち切り正規乱数生成法）

正規分布 $\mathsf{N}(\mu, \sigma^2)$ を区間 $[a,b]$ に打ち切った分布の pdf

$$f_Z(z) = \frac{1}{\sigma C}\, \varphi\left(\frac{z-\mu}{\sigma}\right), \quad a \leqslant z \leqslant b$$

を考えよう．ここで，$C = \Phi\left(\frac{b-\mu}{\sigma}\right) - \Phi\left(\frac{a-\mu}{\sigma}\right)$ であり，φ と Φ はそれぞれ $\mathsf{N}(0,1)$ の pdf と cdf である．次の Matlab 関数は，逆関数法を実現したものである．

```
function out=normt(mu,sig,a,b)
pb=normcdf((b-mu)./sig);
pa=normcdf((a-mu)./sig);
C=pb-pa;
out=mu+sig.*norminv(C.*rand(size(mu))+pa);
```

■ 例 3.7（正規分布の裾からのサンプリング）

正規分布 $\mathsf{N}(\mu, \sigma^2)$ を区間 $[a,\infty)$ に打ち切った pdf

$$f_Z(z) = \frac{\varphi(z)\, \mathrm{I}_{\{z \geqslant a\}}}{\Phi(-a)}$$

からの標本抽出を考えよう．ただし，打ち切り点 $a > 0$ は大きく，例えば $a > 10$ としよう．逆変換法を素直に実現すると，次のようになる．

$$Z = \Phi^{-1}(\Phi(a) + U\,(1-\Phi(a))), \quad U \sim \mathsf{U}(0,1)$$

しかしながら，このやり方は数値的には不安定で，多くの計算システムでは，$a > 6.4$ のとき Z の値が ∞ になったりエラーメッセージが出たりする．理論的に同等で，もっと数値的に安定な生成法は

$$Z = -\Phi^{-1}(U\,\Phi(-a)), \quad U \sim \mathsf{U}(0,1)$$

である．この生成法は，$a = 37$ までの a の値に対してうまくいく．しかしながら，この生成法でも MATLAB では $a > 37$ で破綻する．数値的な信頼性が向上したのは，右の裾より左の裾のほうが比較的容易に Φ^{-1} を近似できるからである．この例が示すように，アルゴリズム 3.3 は注意して使うべきであり，あらゆる問題に対してそのまま使えるわけではない[*1]．

3.1.2.5 巻き付け

連続な確率変数 Y と X の間に

$$Y = X \bmod p$$

という関係があるとき，Y は X を区間 $[0, p)$ に**巻き付け**（wrapped）たものであるという．すなわち，Y は X を $p > 0$ で割った余りである．1 次元で X の分布範囲が実数軸全体にわたる場合には，次の結果が得られる．

命題 3.1（巻き付けられた確率変数） X を $\mathbb{R}$ 上で pdf f_X を持つ連続確率変数とする．ここで，$\sum_{k=-\infty}^{\infty} f_X(x + kp) < \infty$ が $x \in [0, p]$ について一様収束すると仮定する．このとき，$Y = (X \bmod p)$ の pdf は次のようになる．

$$f_Y(y) = \sum_{k=-\infty}^{\infty} f_X(y + kp), \quad y \in [0, p) \tag{3.8}$$

式 (3.8) の pdf からの確率変数 Y を生成する方法は次のとおりである．

アルゴリズム 3.4（巻き付けられた分布からの乱数生成法）
1. $X \sim f_X$ を生成する．
2. $Y = X \bmod p$ を出力する．

■ 例 3.8（巻き付けられたコーシー分布）

X がコーシー分布 $\mathsf{Cauchy}(\mu, \sigma)$ に従うとしよう．式 (3.8) と "ポアソン総和公式" (☞ p.752) を使うと，$Y = (X \bmod p)$ の pdf は次式で与えられる．

[*1] 【訳注】数学的には正確なアルゴリズムであっても，実際に数値計算する段階になれば，有限桁計算に基づく誤差が混入するので，この例が示すように予想外の計算結果が得られる可能性がある．アルゴリズムの実装にあたっては，このことに留意することが大切である．

$$f_Y(y) = \sum_{k=-\infty}^{\infty} \frac{\sigma/\pi}{\sigma^2 + (y-\mu+kp)^2}$$
$$= \frac{(1-r^2)/p}{1 - 2r\cos(2\pi(y-\mu)/p) + r^2}, \quad y \in [0, p)$$

ここで, $r = e^{-2\pi\sigma/p}$ である. この分布は**巻き付けられたコーシー** (wrapped Cauchy) 分布と呼ばれる.

■ **例 3.9**（巻き付けられた正規分布）

確率変数 X が正規分布 $\mathsf{N}(\mu, \sigma^2)$ に従うとする. このとき, $Y = (X \bmod p)$ の pdf は次式で与えられる.

$$f_Y(y) = \sum_{k=-\infty}^{\infty} \frac{1}{\sqrt{2\pi\sigma^2}} e^{-\frac{(y-\mu+kp)^2}{2\sigma^2}}$$
$$= \frac{1}{p} \sum_{k=-\infty}^{\infty} e^{-2k^2\pi^2\sigma^2/p^2} \cos(2\pi k(y-\mu)/p), \quad y \in [0, p)$$

ここで, 2番目の等式はポアソン総和公式から導かれる. この Y の分布は, **巻き付けられた正規** (wrapped normal) **分布**として知られている.

3.1.2.6 合成法

実用上極めて重要な分布として, いくつかの分布の確率的混合によって得られる分布がある. $\mathscr{T}$ を添数集合とし, $\{H_t, t \in \mathscr{T}\}$ を cdf（多次元もありうる）の集合とする. $\mathscr{T}$ 上の1つの分布の cdf を G とする. すると

$$F(\mathbf{x}) = \int_{\mathscr{T}} H_t(\mathbf{x}) \, dG(t)$$

もやはり cdf で, これに対応する分布は, $\{H_t, t \in \mathscr{T}\}$ を**混合成分** (mixing components) とする**混合分布** (mixture distribution) あるいは単に**混合** (mixture) と呼ばれる. G を確率変数 T の cdf, H_t を $T = t$ という条件のもとでの確率変数 $\mathbf{X}_t$ の条件付き cdf と考えることは有効である. そうすると, F は確率変数 $\mathbf{X}_T$ の cdf となる. 言い換えると, もし $T \sim G$ で $X_t \sim H_t$ ならば, $X = X_T$ の cdf が F となる. このことから, 次の生成法が得られる.

アルゴリズム 3.5（合成法による乱数生成）

1. cdf G に従って乱数 T を生成する.
2. $T = t$ が与えられたとして, cdf H_t に従って X を生成する.

多くの応用では, G は $\{1, \ldots, n\}$（n は正整数）上の分布で, その場合には混合分布の cdf は $F(X) = \sum_{t=1}^{n} p_t F_t(x)$ という形になる. ただし, $\{F_t\}$ は cdf の集合であり, $\{p_t\}$ は確率の集合で, 和が1である. 対応する pdf の集合を $\{f_t\}$ と表すと,

有限個の混合の pdf f は次のようになる．

$$f(x) = \sum_{t=1}^{n} p_t\, f_t(x) \tag{3.9}$$

■ 例 3.10（正規分布の混合）

正規分布の pdf の混合分布から標本抽出を行いたい．具体的には，抽出を行いたい分布の pdf を，式 (3.9) で $n = 3$, $(p_1, p_2, p_3) = (0.2, 0.4, 0.4)$ とおいたものとし，混合すべき正規分布の平均値は $\boldsymbol{\mu} = (-0.5, 1, 2)$，標準偏差は $\boldsymbol{\sigma} = (0.5, 0.4, 2)$ とする．この混合分布は，次のように略記すると便利である．

$$0.2\,\mathsf{N}(-0.5, 0.5^2) + 0.4\,\mathsf{N}(1, 0.4^2) + 0.4\,\mathsf{N}(2, 2^2) \tag{3.10}$$

この混合分布の pdf のグラフは，図 3.3 において基本 pdf として描かれている．次の MATLAB のコードは，合成法を実現し，得られたデータのヒストグラムをプロットする．

```
%mixturefin.m
p = [0.2, 0.4, 0.4];
mu = [-0.5, 1, 2];
sigma = [0.5, 0.4, 2];
N = 10^5;
[dummy,t]=histc(rand(1,N),[0,cumsum(p)]); % 確率分布 p からの標本抽出
x = randn(1,N).*sigma(t) + mu(t);         % 正規分布からの標本抽出
hist(x,200)                               % データのヒストグラムを作る
```

■ 例 3.11（ベイズ推論における合成法）

合成法はベイズ統計においてよく登場する（☞ p.707）．一例として，硬貨投げ（コイントス）の実験に対する次のベイズモデルを考えよう．θ（ランダム）で成功（表が出ること）の確率を表し，X を n 回のトス結果の成功回数としよう．X と θ の同時分布を次の階層的モデルで定義しよう．

$$\theta \sim \mathsf{Beta}(\alpha, \beta) \qquad 事前分布$$
$$(X|\theta) \sim \mathsf{Bin}(n, \theta) \qquad 尤度分布$$

ここで，$\alpha > 0$, $\beta > 0$ である．ベイズ統計における記法を使って，X の pdf は次のように書ける．

$$f(x) = \int f(x|\theta)\, f(\theta)\, \mathrm{d}\theta, \quad x = 0, \ldots, n$$

ここで，$f(\theta)$ は $\mathsf{Beta}(\alpha, \beta)$ 分布の pdf で，$f(x|\theta)$ は $\mathsf{Bin}(n, \theta)$ 分布の pdf である．X の分布は連続的な混合であることに注目しよう．この分布からの標本抽出を合成法を使ってシミュレートするメカニズムは，ベイズ階層モデルの枠組みで正確に記述することができる．すなわち，最初に $\mathsf{Beta}(\alpha, \beta)$ から θ を抽出し，次に与えられた θ を使って $\mathsf{Bin}(n, \theta)$ から X を抽出する．

3.1.2.7 極座標変換

極座標法 (polar method) は，極座標変換 $X = R\cos\Theta$, $Y = R\sin\Theta$ に基づくものであり，$\Theta \sim \mathsf{U}(0, 2\pi)$ と $R \sim f_R$ は独立である．変換公式 (A.33) により，X と Y の同時分布の pdf は

$$f_{X,Y}(x,y) = \frac{f_R(r)}{2\pi r}$$

で，$r = \sqrt{x^2 + y^2}$ なので，結局

$$f_X(x) = \int_0^\infty \frac{f_R(\sqrt{x^2+y^2})}{\pi\sqrt{x^2+y^2}}\,dy$$

となる．例えば，もし $f_R(r) = r\,e^{-r^2/2}$ ならば，$f_X(x) = e^{-x^2/2}/\sqrt{2\pi}$ である．この場合には，R の pdf は $\sqrt{2E}$ ($E \sim \mathsf{Exp}(1)$) の pdf と同じである．あるいは，R の分布は $\sqrt{-2\ln U}$ の分布と同じ ($U \sim \mathsf{U}(0,1)$) であるということもできる．このようにして，標準正規分布に従う乱数を生成するための "Box–Muller" 法 (☞ p.127) が導き出せる．

極座標法を少し修正することによって，分布間の興味ある関係が得られる．具体的には，$R \in [0, \infty)$ で，Z_1 と Z_2 は $\mathsf{N}(0,1)$ に従う独立な確率変数としよう．このとき，$(X_1, X_2) = R(Z_1, Z_2) = (RZ_1, RZ_2)$ と定義すると，この分布の pdf は放射対称であり，半径の分布は $R\sqrt{Z_1^2 + Z_2^2}$ の分布と同じで，それはまた $R\sqrt{2E}$ の分布と同じであり，$E \sim \mathsf{Exp}(1)$ は R とは独立である．R の選び方によって $R\sqrt{2E}$ の pdf は簡単になり，その結果として X_1 を生成する簡単なアルゴリズムが得られる (例えば [6] を参照)．

3.1.2.8 順序統計量

$X_1, \ldots, X_n$ は独立同分布に従い，その分布の密度関数は f，累積分布関数は F であるとする．多くの応用では，**順序統計量** (order statistics) $X_{(1)}, X_{(2)}, \ldots, X_{(n)}$ に興味がある．ここで，$X_{(1)}$ は $\{X_i\}$ の最小値，$X_{(2)}$ は 2 番目に小さい値，$\cdots$ である．確率変数 $R = X_{(n)} - X_{(1)}$ はデータの**範囲** (range) あるいは**標本範囲** (sample range) と呼ばれ，データの広がりを表す尺度である．順序統計量についてよく知られている事実をいくつか次に列挙する (例えば [2] を参照)．順序統計量の生成については 3.3.1 項で議論する．

1) **最大値の cdf**：$\mathbb{P}(X_{(n)} \leqslant x) = (F(x))^n$．
2) **最小値の cdf**：$\mathbb{P}(X_{(1)} \leqslant x) = 1 - (1 - F(x))^n$．
3) **同時 pdf**：順序統計量の同時 pdf は次式で与えられる．

$$f_{X_{(1)},\ldots,X_{(n)}}(x_1,\ldots,x_n) = n!\prod_{i=1}^n f(x_i), \quad x_1 \leqslant x_2 \leqslant \cdots \leqslant x_n \tag{3.11}$$

4) **周辺 pdf**：$f_{X_{(i)}}(x) = n!\,f(x)\,\dfrac{F(x)^{i-1}(1-F(x))^{n-i}}{(i-1)!\,(n-i)!}$．

5) **部分ベクトル**：$X_{(i)}$ と $X_{(j)}$ $(i < j)$ の同時 pdf は次式で与えられる．

$$f_{X_{(i)}, X_{(j)}}(x,y) = \frac{n!}{(i-1)!\,(j-1-i)!\,(n-j)!} f(x) f(y)$$
$$\times F(x)^{i-1} \left(F(y) - F(x)\right)^{j-1-i} \left(1 - F(y)\right)^{n-j}, \quad x < y$$

3.1.2.9 積

独立な確率変数の積を作るという操作によって，さまざまな分布に従う乱数を生成するための便利な手段が得られる．2つの独立な確率変数の積の分布は，**尺度混合**（scale mixture）と呼ばれることもある [6]．

■ **例 3.12**（正規尺度混合）

確率変数 $Z = XY$ を考えよう．ただし，$X \sim \mathsf{N}(0,1)$，$Y = \sqrt{2V}$ で，$V \geqslant 0$ は X とは独立とする．V の特性関数を ϕ_V とすると，Z の特性関数は次のようになる．

$$\phi_Z(t) = \mathbb{E} \mathrm{e}^{\mathrm{i}tZ} = \mathbb{E}\,\mathbb{E}[\mathrm{e}^{\mathrm{i}(t\sqrt{2V})X}|V] = \mathbb{E}\mathrm{e}^{-t^2 V} = \phi_V(\mathrm{i}\,t^2)$$

特に，$V \sim \mathsf{Exp}(1)$ なら $\phi_V(t) = 1/(1-\mathrm{i}t)$ であり，したがって $\phi_Z(t) = 1/(1+t^2)$ となり，これは $\mathsf{Laplace}(0,1)$ 分布（☞ p.121）の特性関数である．

3.1.3 表 引 き 法

離散確率分布からの乱数を生成するための最も単純で高速な一般的方法の1つが，Marsaglia の**表引き法**（table lookup method）[15] である．

アルゴリズム 3.6（表引き法）

1. $U \sim \mathsf{U}(0,1)$ を生成する．
2. $I = \lceil Un \rceil$ とおく．
3. $\mathbf{X} = a_I$ を返す．

ここで，$(a_1, \ldots, a_n)$ はあらかじめ作ってある数値テーブル，あるいはもっと一般的には，ベクトルや木などのようなオブジェクトの表である．$\{a_i\}$ の中に同じものが含まれるのは構わない．もし"異なる"ものだけを取り出して集めた集合が $\{b_i\}$ であるとすると，このアルゴリズムによって生成される確率変数 $\mathbf{X}$ は，次式を満たす．

$$\mathbb{P}(\mathbf{X} = b_i) = \frac{\sum_{j=1}^{n} \mathrm{I}_{\{a_j = b_i\}}}{n} = \frac{\#\{j : a_j = b_i\}}{n}, \quad i = 1, \ldots, k$$

■ **例 3.13**（表引きによる乱数生成）

以下の離散 pdf から乱数を生成するとしよう．

$$f(x) = \frac{x}{55}, \quad x = 1, \ldots, 10$$

これは，大きさ $n = 55$ で，1, 2, 2, 3, 3, 3, ..., 10, ..., 10 が記入されている表を

用意して，表引きによって実現できる．次の MATLAB のプログラムは，表を作成して，f からの乱数 10^5 個を表引きによって生成し，得られたデータのヒストグラムをプロットする．

```
%tablook.m
r = 10;
a = zeros(1,(r+1)*r/2);
n=0;
for i=1:r
    for j=1:i
        n = n+1;
        a(n) = i;
    end
end
I = ceil(rand(1,10^5)*n);
X = a(I);
hist(X,1:r)
```

表引きは "リサンプリング" 手法の1つである．すなわち，データ $\{a_i\}$ が与えられているとして，毎回独立にそのうちの1つを等確率で選ぶという形でリサンプリングを行う．言い換えると，アルゴリズム 3.6 はデータ $\{a_i\}$ の経験分布からの標本を生成する．この方法は "ブートストラップ" で特に重要である（8.6 節を参照）．

3.1.4 別 名 法

別名法（alias method）[22] は，離散乱数を生成するための逆関数法に代わる方法で，アルゴリズム 3.2 の Step 2 のような時間のかかる探索を必要としない．その根拠になっているのは，「任意の n 点分布は，n 個の2点分布の等加重混合として表現できる」という事実である．この方法の要点は，図 3.4 に示すように，確率の質量を n 個の箱に等しく $1/n$ ずつ再配分することである．

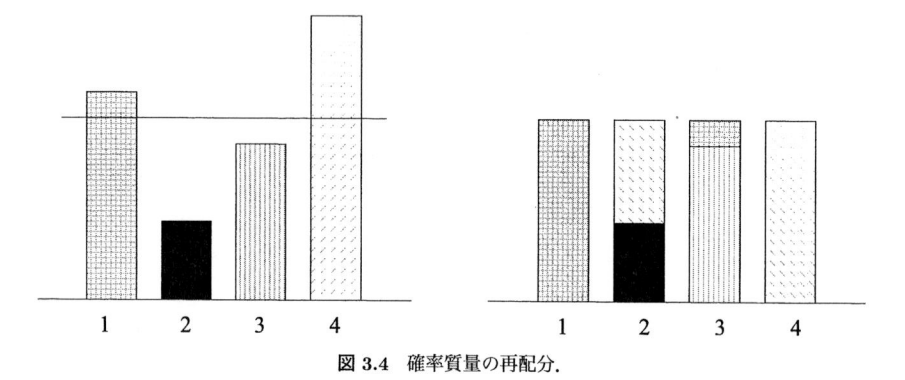

図 3.4 確率質量の再配分．

この図では，$\{1, 2, 3, 4\}$ 上の確率分布が左側に描かれていて，確率質量は 8/28, 3/28, 6/28, 11/28 となっている．これらの質量が次の 3 条件を満たすように 4 つの箱に再配分される．(1) 各箱の容積は 1/4 である．(2) 各箱には高々 2 つの（左側にある）箱に入っていた質量が含まれる．(3) i 番の箱には，左側の i 番の箱に入っていた質量が含まれる（$i = 1, 2, 3, 4$）．

このような再配分が一般にできることを確かめるために，$\{1, \ldots, n\}$ 上の確率分布 $(p_1, \ldots, p_n)$ を考えよう（各確率質量 p_i は正とする）．もし $p_1 = \cdots = p_n$ なら，もとの分布が 1 点分布（したがって 2 点分布でもある）の等加重混合であることは自明である．$\{p_k\}$ がすべて等しいわけではないときには，$p_i < 1/n$ と $p_j \geqslant 1/n$ が成り立つような添数の組 (i, j) が存在する．さて，i 番の箱にまず質量 p_i を入れ，次に p_j から $1/n - p_i$ だけの質量を移す．この結果，（i 番の箱は一杯になり）$n - 1$ 個の箱が再配分の対象として残り，確率質量も $n - 1$ 個が残って，その和は $(n - 1)/n$ となる．これに対して，上記とまったく同様にして $p_{i'} < 1/n$ と $p_{j'} \geqslant 1/n$ が成り立つ添数の組 (i', j') を見つけて確率質量の再配分を行う．このような再配分の操作を繰り返していくと，最後に，各箱 $k = 1, \ldots, n$ には，点 k と他の 1 つの点 a_k からなる 2 点分布が対応することになる．その 2 点の確率を q_k と $1 - q_k$ とする．図 3.4 の例では，$a_2 = 4$，$q_2 = 3/28 \times 4 = 3/7$ である．$\{a_k\}$ は**別名** (alias)，$\{q_k\}$ は**切断** (cut-off) 値と呼ばれる．これらの値は，上記の箱詰めの手続きを明確にして得られる次のアルゴリズムによって決められる．

アルゴリズム 3.7（別名法の初期設定）

$\{p_k, k = 1, \ldots, n\}$ を $\{1, \ldots, n\}$ 上の確率分布とする．
1. $q_k = np_k$, $k = 1, \ldots, n$ とする．$\mathscr{S} = \{k : q_k < 1\}$, $\mathscr{G} = \{k : q_k \geqslant 1\}$ と定義する．
2. $\mathscr{S}$ と $\mathscr{G}$ が空でない限り，以下の操作を繰り返す．
   a) $i \in \mathscr{S}$ と $j \in \mathscr{G}$ を任意に選ぶ．
   b) $a_i = j$, $q_j = q_j - (1 - q_i)$ とおく．
   c) もし $q_j < 1$ なら，j を $\mathscr{G}$ から $\mathscr{S}$ に移す．
   d) i を $\mathscr{S}$ から削除する．

この初期設定のアルゴリズムは，$\mathcal{O}(n)$ の時間で終わるように実装することができる [5], [19]．こうして別名と切断値が計算できると，分布 $\{p_k\}$ からの乱数 X の生成は簡単で，次のように書ける．

アルゴリズム 3.8（別名法）

1. $U \sim \mathsf{U}(0, 1)$ を生成して，$K = \lceil nU \rceil$ とおく．
2. $V \sim \mathsf{U}(0, 1)$ を生成する．もし $V \leqslant q_K$ ならば $X = K$ を返す．そうでなければ $X = a_K$ を返す．

■ 例 3.14 (別名法)

次の MATLAB のプログラムは，別名法が実際にどのように機能するかを示す．目的は，ランダムに作った 400 点分布の pdf を 1 つ固定し，そこから 10^6 個の標本を抽出することである．プログラムの初めの部分では，別名と切断値を計算する．その次の部分では，もとの分布が忠実に再構成されていることをチェックする．最後の部分でデータを生成する．

```
%aliasfin.m
p =rand(1,400);p = p/sum(p); % 標本を抽出する分布
n = size(p,2);
a = 1:n; % 別名
q = zeros(1,n); % 切断値
q = n*p;
greater = find(q >= 1);
smaller = find(q < 1);
while (~isempty(smaller) && ~isempty(greater))
    i = smaller(1);
    j = greater(1);
    a(i) = j;
    q(j) = q(j) -(1- q(i));
    if (q(j) < 1)
        greater = setdiff(greater,j);
        smaller = union(smaller,j);
    end
    smaller = setdiff(smaller,i);
end
pp = q/n;
for i = 1:n
    ind = find(a == i);
    pp(i) = pp(i) + sum((1 - q(ind)))/n;
end
max(abs(pp - p))
N = 10^6; % 標本のサイズ N
X = zeros(1,N);
for i = 1:N
    K = ceil(rand*n);
    if (rand > q(K));
        X(i) = a(K);
    else
        X(i) = K;
    end
end
```

3.1.5 採択–棄却法

採択–棄却法（acceptance–rejection method）は，一般的な分布から乱数を生成するために最も有効な汎用手法の 1 つである．これは離散分布および連続分布の双方に使える上，多次元分布にも使える．ただし，次元数が増すとともに効率は急速に低下する（3.3.3 項を参照）．この手法は次の事実に基づいている．

定理 3.1（採択–棄却法） $f(\mathbf{x})$ と $g(\mathbf{x})$ を 2 つの pdf として，ある定数 $C \geqslant 1$ について，すべての $\mathbf{x}$ に対して $Cg(\mathbf{x}) \geqslant f(\mathbf{x})$ が成り立つものとする．$\mathbf{X} \sim g(\mathbf{x})$ と $U \sim \mathsf{U}(0,1)$ は独立とする．このとき，$U \leqslant f(\mathbf{X})/(Cg(\mathbf{X}))$ という条件のもとでの $\mathbf{X}$ の条件付き pdf は $f(\mathbf{x})$ である．

証明： $\mathbf{X}$ と U の同時分布の密度関数は次のようになる．

$$f_{\mathbf{X},U}(\mathbf{x},u) = \frac{g(\mathbf{x})\,\mathrm{I}_{\left\{u \leqslant \frac{f(\mathbf{x})}{Cg(\mathbf{x})}\right\}}}{\int \int_0^1 g(\mathbf{x})\,\mathrm{I}_{\left\{u \leqslant \frac{f(\mathbf{x})}{Cg(\mathbf{x})}\right\}}\,\mathrm{d}u\,\mathrm{d}\mathbf{x}} = \frac{g(\mathbf{x})\,\mathrm{I}_{\left\{u \leqslant \frac{f(\mathbf{x})}{Cg(\mathbf{x})}\right\}}}{\int g(\mathbf{x})\left(\int_0^{\frac{f(\mathbf{x})}{Cg(\mathbf{x})}} 1\,\mathrm{d}u\right)\mathrm{d}\mathbf{x}}$$

$$= C\,g(\mathbf{x})\,\mathrm{I}_{\left\{u \leqslant \frac{f(\mathbf{x})}{Cg(\mathbf{x})}\right\}}$$

したがって，$\mathbf{X}$ の周辺分布は

$$f_{\mathbf{X}}(\mathbf{x}) = \int_0^1 f_{\mathbf{X},U}(\mathbf{x},u)\,\mathrm{d}u = C\,g(\mathbf{x})\frac{f(\mathbf{x})}{Cg(\mathbf{x})} = f(\mathbf{x})$$

となり，証明ができた．

$g(x)$ を**提案**（proposal）密度関数と呼ぶが，そこからの乱数生成は容易であるものと仮定する．採択–棄却法は次のように定式化できる（例えば [21, p.55] を参照）．

アルゴリズム 3.9（採択–棄却法）

1. $g(\mathbf{x})$ からの乱数 $\mathbf{X}$ を生成する．
2. $\mathbf{X}$ とは独立に $U \sim \mathsf{U}(0,1)$ を生成する．
3. もし $U \leqslant f(\mathbf{X})/(Cg(\mathbf{X}))$ が成り立てば $\mathbf{X}$ を出力する．そうでなければ，Step 1 に戻る．

言い換えると，$\mathbf{X} \sim g$ を生成して，それを確率 $f(\mathbf{X})/(Cg(\mathbf{X}))$ で採択する．採択できなかったときは，その $\mathbf{X}$ は捨てて（棄却して），再度試みる．

採択–棄却法の**効率**（efficiency）は，（1 回の試行における）採択の確率と定義される．それは

$$\mathbb{P}\left(U \leqslant \frac{f(\mathbf{X})}{Cg(\mathbf{X})}\right) = \int g(\mathbf{x})\int_0^1 \mathrm{I}_{\left\{u \leqslant \frac{f(\mathbf{x})}{Cg(\mathbf{x})}\right\}}\,\mathrm{d}u\,\mathrm{d}\mathbf{x} = \int \frac{f(\mathbf{x})}{C}\,\mathrm{d}\mathbf{x} = \frac{1}{C}$$

に等しい．各回の試行は独立なので，採択となる組 $(\mathbf{X},U)$ が得られるまでの試行回数は幾何分布 $\mathsf{Geom}(1/C)$ に従い，試行の期待回数は C である．

■ 例 3.15 (正の正規分布からの乱数生成)

正の正規 (positive normal) 分布の密度関数

$$f(x) = \sqrt{\frac{2}{\pi}}\, e^{-x^2/2}, \quad x \geqslant 0 \tag{3.12}$$

からの乱数生成を，採択–棄却法を使って行うことにしよう．$f(x)$ を，指数分布 $\mathsf{Exp}(1)$ の pdf である $g(x) = e^{-x}$ を使って，$Cg(x)$ で上から抑えることができる．不等式 $f(x) \leqslant Cg(x)$ がすべての $x \geqslant 0$ に対して成り立つ最小の定数 C は $\sqrt{2e/\pi}$ である．密度関数 $f(x)$ と被覆関数 $Cg(x)$ を図 3.5 に示す．この方法の効率は $\sqrt{\pi/(2e)} \approx 0.76$ である．

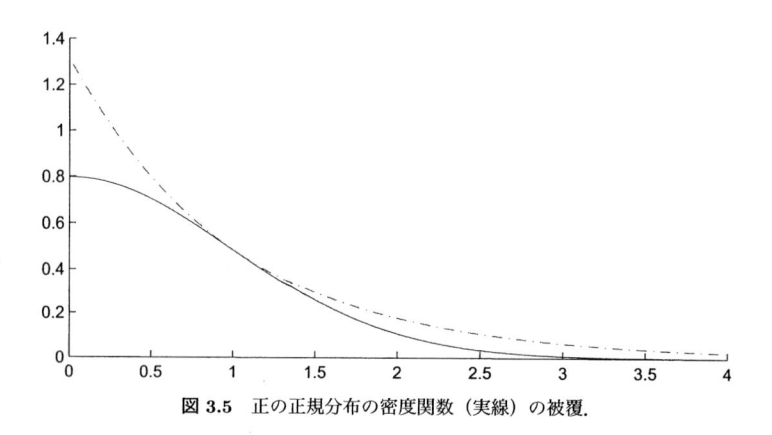

図 3.5 正の正規分布の密度関数 (実線) の被覆.

$f(x)$ は標準正規分布をする確率変数の絶対値の pdf であるから，(普通の標準正規乱数) $Z \sim \mathsf{N}(0,1)$ を生成するために，まず上記の採択–棄却法で $X \sim f$ を生成して，次にランダムに符号 S を付けて $Z = SX$ を返すこともできる．符号 S は例えば $S = 1 - 2\mathrm{I}_{\{U \leqslant 1/2\}}$，$U \sim \mathsf{U}(0,1)$ とすればよい．$\mathsf{N}(0,1)$ 乱数を生成するためのこの方法は，アルゴリズム 4.50 に要約してある．

採択–棄却法は，いわゆる**えぐり出し** (squeeze) を使うことによって，もっと効率的で速いものにできることが多い．考え方の要点は，目標とする密度関数 $f(\mathbf{x})$ を被覆関数 $Cg(\mathbf{x})$ と単純な (例えば区分的に線形な) 関数 $s(\mathbf{x})$ の間に次のように "絞り込む" ことである.

$$\text{すべての } \mathbf{x} \text{ に対して} \quad s(\mathbf{x}) \leqslant f(\mathbf{x}) \leqslant Cg(\mathbf{x})$$

図 3.6 に 1 次元の場合の例を示す．

えぐり出し関数を使う利点は，採択–棄却の条件の判定 (アルゴリズム 3.9 の Step 3) の効率性が増すことである．すなわち，$U \leqslant f(\mathbf{X})/(Cg(\mathbf{X}))$ が成立するかどうかを

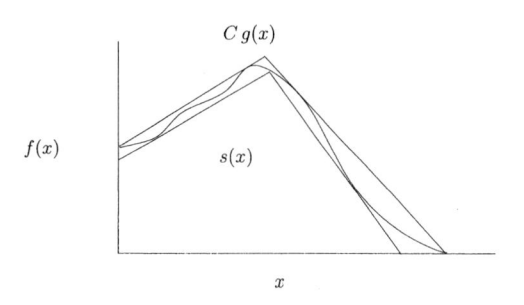

3.1 共通の変換に基づく一般的なアルゴリズム

図 3.6 えぐり出し関数.

チェックする前に，まず $U \leqslant s(\mathbf{X})/(Cg(\mathbf{X}))$ が成り立つかどうかをチェックする．この判定のほうが，普通はずっと速く行える．

■ **例 3.16（線形に近い密度関数）**

えぐり出しの原理を示すために，1次元の "線形に近い" 密度関数 $f(x)$ からの乱数生成を考えよう．この pdf は，図 3.7 の左側に示すように，

$$a - bx/h \leqslant f(x) \leqslant b - bx/h, \quad 0 \leqslant x \leqslant h$$

を満たし，上と下から直線で挟み込める．ここで，a は b より小さいが，b に近いものとする．この pdf を d だけ横にずらすと，$[0,h]$ の代わりに $[d, d+h]$ 上の線形に近い密度が得られる．標準正規分布などのような複雑な pdf も，線形に近い密度の混合の形に分解できることが多い．例えば，[14, p.124] を参照せよ．

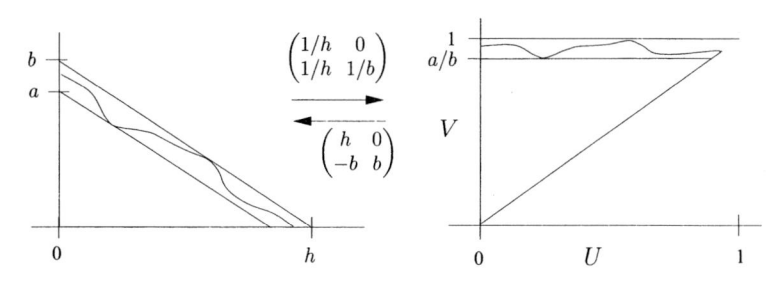

図 3.7 線形に近い密度.

上記の線形に近い密度関数から採択–棄却法によって標本を抽出するためには，まず (x, y) を線形変換によって $(u, v) = (x/h, x/h + y/b)$ に写すのが便利である．この変換によって，三角形 $(0,0)$ - $(h,0)$ - $(0,b)$ が三角形 $(0,0)$ - $(1,1)$ - $(0,1)$ に写され，また，点 $(x, f(x))$ が $(x/h, x/h + f(x)/b)$ に写される（図 3.7 を参照）．もとの pdf 上の採択–棄却法の手続きは，いまや次のアルゴリズムと同等になる．このアルゴリズ

ムでは，定数 a/b がえぐり出しの境界値として使われている．

アルゴリズム 3.10（線形に近い密度関数からのサンプリング）

1. $U \sim \mathsf{U}(0,1)$ と $V \sim \mathsf{U}(0,1)$ を独立に生成する．もし $U > V$ なら，U と V を交換する．
2. もし $V \leqslant a/b$ なら，Step 4 に進む．
3. もし $V > U + f(hU)/b$ なら，Step 1 に戻る．そうでなければ，Step 4 に進む．
4. $X = hU$ を返す．

3.1.5.1 変換採択–棄却法

変換採択–棄却（transformed acceptance–rejection）法 [23] は，採択–棄却法の考え方と逆関数法の考え方を結び付けたものである．この方法では，採択–棄却法の採択–棄却の判定段階での採択確率を増やすために変換を行い，全体の効率を向上させる．変換は単純であり，しかも cdf の逆関数の良い近似になっている必要がある．

定理 3.2（確率変数の変換） f を絶対連続な分布の pdf とする．G を非減少でほとんど至るところ微分可能な関数として，導関数を G'，逆関数を G^{-1} とする．もし $U \sim h(u) = f(G(u))G'(u)$ ならば，$X = G(U) \sim f$ である．

証明： これは変換公式 (A.33) から直ちに導かれる．すなわち，$x = G(u)$ とすると，

$$f_X(x) = \frac{f_U(u)}{G'(u)} = \frac{f(G(G^{-1}(x)))\,G'(u)}{G'(u)} = f(x)$$

となり，証明できた．

典型的には，h は区間 $(0,1)$ あるいは $(-1/2, 1/2)$ 上の pdf である．$h(u) = (F(G(u)))'$ であることに注意しよう．ただし，F は f の cdf である．したがって，$G = F^{-1}$ と選ぶと，単に $X \sim f$ を生成するための逆関数法に戻るだけである．しかし，$G = F^{-1}$ と選ぶのが計算効率の点でよいとは限らない．別の方法として，G を，簡単な関数で，かつ h が一様分布の pdf にできるだけ近くなるように選び，この一様分布の pdf を採択–棄却の手続きにおける提案密度関数として利用することも可能である．h が区間 $(-1/2, 1/2)$ 上の一様分布の pdf であると仮定すると，一般的なアルゴリズムは次のようになる．

アルゴリズム 3.11（変換採択–棄却法）

$C \geqslant \max_u h(u)$ とする．

1. $U \sim \mathsf{U}(-1/2, 1/2)$ と $V \sim \mathsf{U}(0,1)$ を独立に生成する．
2. もし $V \leqslant h(U)/C$ なら，$G(U)$ を出力する．そうでなければ Step 1 に戻る．

■ 例 3.17（正規分布）

Hörmann–Derflinger [10] は，$\mathsf{N}(0,1)$ に対して，単純な関数

$$G(u) = \frac{2\,a\,u}{1/2 - |u|} + b\,u, \quad -1/2 < u < 1/2$$

を使った変換採択–棄却法を提案している．したがって

$$G'(u) = \frac{a}{(1/2 - |u|)^2} + b$$

となる．数値的な探索によって，最適なパラメータが次のように求められた．

$$a = 0.062794, \quad b = 2.530885$$

このとき，採択確率は $1/C \approx 0.8904302215$ となる．図 3.8 は，関数 $h(u)/C$ とえぐり出し関数 $s(u) = v_r \mathrm{I}_{\{-u_r \leqslant u \leqslant u_r\}}$（$u_r = 0.4359971734$, $v_r = 0.9296123611$）のプロットである．

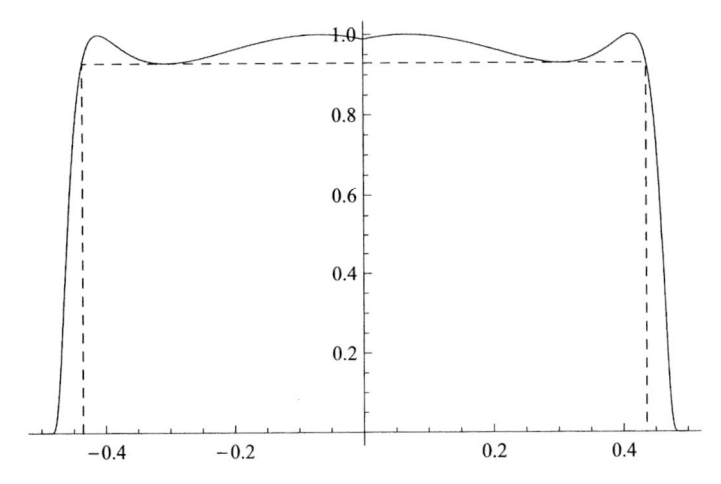

図 3.8 正規分布 $\mathsf{N}(0,1)$ に対する変換採択–棄却法．えぐり出し関数は破線で示している．

3.1.5.2 対数凹密度からの生成

$\mathscr{X} \subset \mathbb{R}$ 上で定義された密度 f の対数が "凹" 関数ならば，f は**対数凹** (log-concave) であるという．具体的には，もし f が微分可能ならば，対数凹とは

$$\text{すべての } x \in \mathscr{X} \text{ に対して} \quad \frac{\mathrm{d}^2}{\mathrm{d}x^2} \ln f(x) \leqslant 0$$

が成り立つことを意味し，f が離散ならば，

すべての $a \leqslant b \leqslant c$ に対して $\quad \dfrac{\ln f(a) + \ln f(c)}{2} \leqslant \ln f(b)$

が成り立つことを意味する.

対数凹分布の例には次のようなものがある.

$N(\mu, \sigma^2)$	$\mathrm{Exp}(\lambda)$	$\mathrm{Logistic}(\mu, \sigma)$	$\chi_n^2,\ n \geqslant 2$
$\mathrm{Beta}(\alpha, \beta),\ \alpha, \beta \geqslant 1$	$\mathrm{Weib}(\alpha, \lambda),\ \alpha \geqslant 1$	$\mathrm{Gamma}(\alpha, \lambda),\ \alpha \geqslant 1$	

適応的棄却サンプリング(adaptive rejection sampling)は Gilks et al. [8] が提案したもので,対数凹密度に対する採択–棄却法であり,提案密度関数と(基準化した)えぐり出し関数のいずれも,打ち切り指数分布の有限混合を使っている.注目すべきなのは,打ち切り指数分布からの乱数生成は簡単で高速にでき,また指数分布の pdf は採択–棄却法における提案関数として適切であることが多いという事実である(例 3.15 を参照).考え方の要点は次のとおりである.

既知の関数 $p(x)$ と既知あるいは未知の定数 $\mathcal{Z}$ を使って $\mathcal{X}$ 上で定義した密度関数 $f(x) = p(x)/\mathcal{Z}$ が対数凹であるとする.$\mathcal{X}_n$ を $\mathcal{X}$ 上の点 $x_1 < \cdots < x_{n+1}$ の集合とする.$i = 1, \ldots, n$ について,$\ell_i(x) = \alpha_i x + \beta_i$ は $(x_i, \ln p(x_i))$ と $(x_{i+1}, \ln p(x_{i+1}))$ を通る直線を表すとする(図 3.9 の上図を参照).言い換えると,直線 ℓ_i の傾きと切片は次式で与えられる.

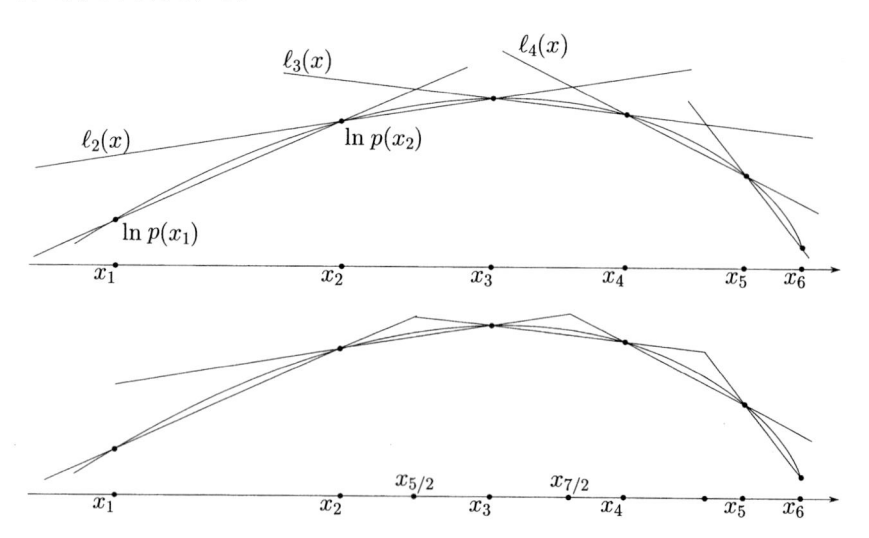

図 3.9 対数凹密度 $f(x)$ に対する被覆関数とえぐり出し関数の作成.上段は,凹な曲線 $\ln f(x)$ 上の点を使って直線群 $\{\ell_i\}$ を作る方法を示している.下段は,直線群 $\{\ell_i\}$ から上界(点線)と下界(実線)をどのようにして作るかを示している.

3.1 共通の変換に基づく一般的なアルゴリズム

$$\alpha_i = \frac{\ln p(x_{i+1}) - \ln p(x_i)}{x_{i+1} - x_i}, \quad \beta_i = \frac{x_{i+1} \ln p(x_i) - x_i \ln p(x_{i+1})}{x_{i+1} - x_i}$$

$\ln p(x)$ が凹であることから，$i = 1, \ldots, n$ について

$$\ell_i(x) \leqslant \ln p(x) \leqslant \min\{\ell_{i-1}(x), \ell_{i+1}(x)\}, \quad x \in [x_i, x_{i+1}]$$

が成り立つ．ただし，$\ell_0(x) = \ell_{n+1}(x) = \infty$ と定義する．

ここで，区分的な指数関数を次のように定義する．

$$\overline{p}_n(x) = \begin{cases} e^{\ell_1(x)}, & x \leqslant x_1 \\ e^{\min\{\ell_{i-1}(x), \ell_{i+1}(x)\}}, & x \in [x_i, x_{i+1}], \ i = 1, \ldots, n \\ e^{\ell_n(x)}, & x \geqslant x_{n+1} \end{cases}$$

$$\underline{p}_n(x) = \begin{cases} 0, & x \leqslant x_1 \\ e^{\ell_i(x)}, & x \in [x_i, x_{i+1}], \ i = 1, \ldots, n \\ 0, & x \geqslant x_{n+1} \end{cases}$$

すると，すべての x について挟み込みの関係 $\underline{p}_n(x) \leqslant p(x) \leqslant \overline{p}_n(x)$ が成り立つ．$\overline{\mathcal{Z}}_n$ を $\overline{p}_n(x)$ の基準化定数とする．したがって，$\overline{f}_n(x) = \overline{p}_n(x)/\overline{\mathcal{Z}}_n$ が pdf となる．適応的棄却サンプリングの考え方は，採択–棄却法のアルゴリズムにおいて $\overline{f}_n(x)$ を提案関数として使い，下界関数 $\underline{p}_n(x)/\mathcal{Z}$ をえぐり出し関数として使おうというものである（図 3.6 を参照）．そして，点集合 $\mathcal{X}_n$ の大きさを徐々に大きくしていって，よりぴったりと挟み込む関数 $\underline{p}_n$ と $\overline{p}_n$ を求める．もっと詳細に述べると，密度関数 f から N 個の iid 乱数を生成する次のアルゴリズムとなる．

アルゴリズム 3.12（適応的棄却サンプリング）

$t = 1, 2, \ldots, N$ について，以下の手順を繰り返す．

1. 点集合 $\mathcal{X}_n$ が与えられたとして，挟み込み関数 $\underline{p}_n(x)$ および $\overline{p}_n(x)$ を作る．
2. $Y \sim \overline{f}_n(y)$ と $U \sim \mathsf{U}(0, 1)$ を独立に生成する．
3. もし $U \leqslant \underline{p}_n(Y)/\overline{p}_n(Y)$ ならば，Step 5 に進む．そうでなければ，Step 4 に進む．
4. もし $U \leqslant p(Y)/\overline{p}_n(Y)$ ならば，Step 5 に進む．そうでなければ，Step 2 に戻って繰り返す．
5. f からの乱数として $X_t = Y$ を返す．点集合 $\mathcal{X}_n$ に点 Y を追加して昇順にソートしたものを $\mathcal{X}_{n+1}$ とする．$n = n + 1$ とする．

ここで，$\overline{f}_n(x)$ からの乱数生成を効率的に行う方法について説明する．2 直線 ℓ_{i-1}, ℓ_{i+1} の交点の x 座標を $x_{i+1/2}$ とする（図 3.9 の下図を参照）．言い換えると，

$$x_{i+1/2} \stackrel{\text{def}}{=} -\frac{\beta_{i+1} - \beta_{i-1}}{\alpha_{i+1} - \alpha_{i-1}}, \quad i = 2, \ldots, n-1$$

である．すると，すべての $i = 1, \dots, n$ に対して

$$\overline{p}_n(x) = \mathrm{e}^{\alpha_i x + \beta_i}, \quad x \in [x_{i-1/2}, x_i] \cup [x_{i+1}, x_{i+3/2}]$$

となる．ここで，$x_{3/2} \stackrel{\text{def}}{=} x_1$, $x_{n+1/2} \stackrel{\text{def}}{=} x_{n+1}$ であり，$x_{1/2}$ は $\mathscr{X}$ の下界（$-\infty$ の可能性もある），$x_{n+3/2}$ は $\mathscr{X}$ の上界（∞ の可能性もある）である．こうして，$\overline{f}_n(x)$ は打ち切られた指数分布の pdf の混合として，以下のように表現できる．

$$\overline{f}_n(x) = \frac{1}{\overline{\mathcal{Z}}_n} \sum_{i=1}^n \mathrm{e}^{\alpha_i x + \beta_i} \left(\mathrm{I}_{\{x_{i-1/2} \leqslant x \leqslant x_i\}} + \mathrm{I}_{\{x_{i+1} \leqslant x \leqslant x_{i+3/2}\}} \right)$$

したがって，$\overline{f}_n$ からの乱数生成を効率的に行うために合成法（3.1.2.6 項を参照）を使うことができる．

ここで，アルゴリズムの初期設定で使われる点集合 $\mathcal{X}_n$ の選び方を述べよう．このアルゴリズムは，次の条件のいずれかが成り立つと破綻する：(1) ℓ_1 の傾きが負で，$\mathscr{X}$ が下に有界でない，(2) ℓ_n の傾きが正で，$\mathscr{X}$ が上に有界でない．このことから，点列 $x_1 < x_2 < \cdots < x_{n+1}$ は，区間 $[x_1, x_{n+1}]$ が f の密度の大部分を含み，f のモードがこの区間に入るように選ぶ必要がある．より具体的に言うと，もし $\mathscr{X}$ が有界でなければ，x_1 と x_{n+1} は f の両裾の遠く離れたほうにとるべきであり，もし $\mathscr{X}$ が有界ならば，x_1 と x_{n+1} は $\mathscr{X}$ の両端に近いところにとるべきである．内側の点 $x_2, \dots, x_n$ のとり方はそれほど重要ではない．それは，新しい点が次々と集合 $\mathcal{X}_n$ に追加されていくからである．大雑把な目安としては，$n = 6$ 点くらいから出発するとよい．

適応的棄却サンプリングで f の 1 階導関数も使うものについては，[9] を参照せよ．ここで使った線形補間以外を利用して挟み込み関数を作成する方法については，[16] を参照せよ．

3.1.6　一様乱数の比を用いる方法

Kinderman–Monahan [12] が最初に提案した**一様乱数の比を用いる方法**（ratio of uniforms method）は，採択-棄却法に密接に関連している．この方法の長所は，密度関数の形さえわかれば，基準化定数は未知でも構わないところにある．すなわち，標本を抽出すべき密度関数が $f(z) = c h(z)$ という形で，$h(z)$ は既知であるが，定数 $c > 0$ は未知でも，計算が困難でもよい．この方法は次のように要約できる．

アルゴリズム 3.13（一様乱数の比を用いる方法）

1. 集合
$$\mathscr{R} = \{(x, y) : 0 \leqslant x \leqslant \sqrt{h(y/x)}\}$$
上で一様に分布する点 (X, Y) を生成する．
2. $Z = Y/X$ を返す．

こうして得られる Z が確かに $f(z)$ に従って分布することを確かめるために，座標

変換 $x = w$, $y = wz$ を考えよう．これに対応するヤコビ行列の行列式の値は w であり，W と Z の同時 pdf は変換公式 (A.33) によって次のようになる．

$$f_{W,Z}(w, z) = \tilde{c}w, \quad 0 \leqslant w \leqslant \sqrt{h(z)}$$

ここで，$\tilde{c}$ はある定数である．したがって，Z の（周辺）pdf は

$$f_Z(z) = \int_0^{\sqrt{h(z)}} \tilde{c}w \, dw = \frac{\tilde{c}h(z)}{2} = f(z)$$

となる．最後の等式は，f_Z が f に比例する pdf ならば，それは f に一致しなければならないという事実から得られる．

■ **例 3.18（正の正規分布からのサンプリング）**

例 3.15 のときと同様に，正の正規分布からサンプリングをしたいとしよう．ただし，今回は一様乱数の比を用いる．アルゴリズム 3.13 の Step 1 で一様に分布する点を生成すべき領域 $\mathscr{R}$ は，図 3.10 で曲線 $x = \sqrt{f(y/x)}$ で囲まれている．

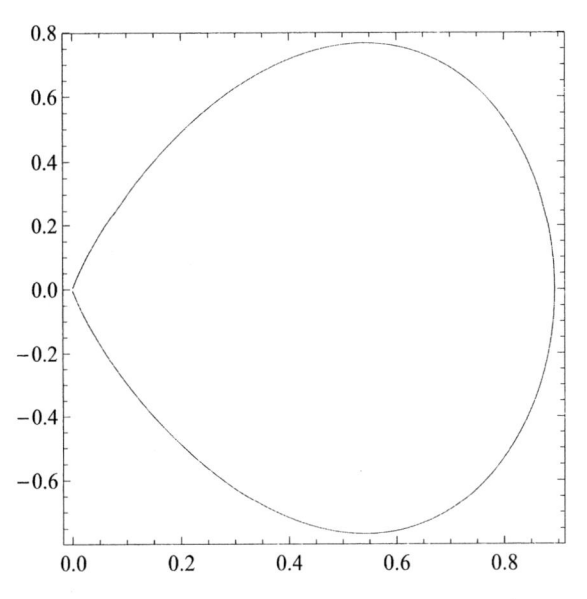

図 3.10 一様乱数の比を用いる方法におけるサンプリング領域 $\mathscr{R}$ は曲線で囲まれている．

直接の計算によって，領域 $\mathscr{R}$ が長方形 $[a, b] \times [c, d]$ によって囲まれ，

$$a = 0, \quad b = \sqrt[4]{\frac{2}{\pi}} \approx 0.893, \quad c = -\frac{2^{3/4}}{\sqrt{e}\sqrt[4]{\pi}} \approx -0.766, \quad d = -c$$

ととることができることが確かめられる．領域 $\mathscr{R}$ の面積は（定義により）1 で，それ

を囲む長方形の面積は $2bd = 4/\sqrt{e\pi}$ である．したがって，$\mathscr{R}$ 内で一様に分布する点を生成するために採択–棄却法を使うと，その効率は $\sqrt{e\pi}/4 \approx 0.73$ となり，例 3.15 の採択–棄却法に匹敵するものとなる．

3.2 多変量乱数の生成法

本節では，pdf が $f(\mathbf{x})$ である n 次元の多変量分布から乱数ベクトル $\mathbf{X} = (X_1, \ldots, X_n)^\top$ を生成するための一般的手順をいくつか述べる．個別の多変量分布に従う乱数の生成アルゴリズムについては，4.3 節で述べる．

乱数ベクトルの成分 $X_1, \ldots, X_n$ が "独立" の場合は簡単である．各成分の pdf を f_i, $i = 1, \ldots, n$ とすると，$f(\mathbf{x}) = f_1(x) \cdots f_n(x)$ となる．ベクトル X を生成するためには，単に各成分 $X_i \sim f_i$ を独立に（例えば逆関数法や採択–棄却法を使って）生成すればよい．

アルゴリズム 3.14（独立成分を持つ乱数ベクトルの生成法）
1. $X_i \sim f_i$, $i = 1, \ldots, n$ を独立に生成する．
2. $\mathbf{X} = (X_1, \ldots, X_n)^\top$ を返す．

成分 $X_1, \ldots, X_n$ が "従属" の場合には，乗法公式 (A.21) を使って，同時分布の pdf を次のように表現することができる．

$$f(\mathbf{x}) = f(x_1, \ldots, x_n) = f_1(x_1) f_2(x_2|x_1) \cdots f_n(x_n|x_1, \ldots, x_{n-1}) \tag{3.13}$$

ここで，$f_1(x_1)$ は X_1 の周辺分布であり，$f_k(x_k|x_1, \ldots, x_{k-1})$ は $X_1 = x_1$, $X_2 = x_2$, $\ldots$, $X_{k-1} = x_{k-1}$ が与えられたときの X_k の条件付き pdf である．このことから，次のアルゴリズムが得られる．

アルゴリズム 3.15（従属成分を持つ乱数ベクトルの生成）
1. $X_1 \sim f_1$ を生成する．$t = 1$ とおく．
2. $t < n$ が成り立つ限り，以下を繰り返す．
   $X_1 = x_1, \ldots, X_t = x_t$ を利用して，$X_{t+1} \sim f_{t+1}(x_{t+1}|x_1, \ldots, x_t)$
   を生成し，$t = t + 1$ とおく．
3. $\mathbf{X} = (X_1, \ldots, X_n)^\top$ を返す．

もちろん，この方法が使えるかどうかは，条件付き分布に関する情報の有無に依存する (☞ p.165)．例えばマルコフ連鎖のようなモデルでは，この情報は容易に得られる．

乱数ベクトルの生成方法で通常もっと簡単なのは，多次元の採択–棄却法を使ってベクトル $\mathbf{X}$ を生成するものである．例えば，n 次元の領域において一様分布する乱数ベクトルを生成するときなどに使える．例 3.18 では，このような方法を採用している．

高次元の分布の場合，"正確な"乱数の効率の良い生成は困難であることが多いので，その代わりに"近似的な"生成法が使われる．そのような生成法については第6章で取り上げる．

次項で述べるコピュラは，乱数ベクトルを生成するための別の枠組みである．

3.2.1 コピュラ

ここでは，"従属な"成分 $X_i \sim f_i(x_i)$, $i = 1, \ldots, n$ を持つ乱数ベクトル $\mathbf{X} = (X_1, \ldots, X_n)^\top$ を生成することを目指す．ただし，$\{f_i\}$ は"既知の"1次元分布の pdf で，対応する cdf を $\{F_i\}$ とする．**コピュラ**（copula）は，周辺分布は固定したまま，X の成分間に従属性を導入するための便利な方法を提供する．コピュラは，n 個の "従属な" 一様乱数 $U_1, \ldots, U_n \sim \mathsf{U}(0,1)$ の組の cdf $C : [0,1]^n \to [0,1]$ である．

$$C(u_1, \ldots, u_n) = \mathbb{P}(U_1 \leqslant u_1, \ldots, U_n \leqslant u_n)$$

与えられたコピュラ C と周辺 cdf の集合 $\{F_i\}$ に対して

$$F(x_1, \ldots, x_n) = C(F_1(x_1), \ldots, F_n(x_n))$$

と定義する．$\mathbf{U} = (U_1, \ldots, U_n)^\top$ の cdf が $C(u_1, \ldots, u_n)$ なら，乱数ベクトル

$$\mathbf{X} = (X_1, \ldots, X_n)^\top = (F_1^{-1}(U_1), \ldots, F_n^{-1}(U_n))^\top$$

の同時 cdf は F であり，周辺分布の cdf は $F_1(x_1), \ldots, F_n(x_n)$ である．したがって，コピュラ C と周辺分布の cdf $\{F_i\}$ が与えられれば，cdf として F を持つ乱数ベクトル X を次のようにシミュレートできる．

アルゴリズム 3.16（コピュラを使った従属成分を持つ乱数ベクトルの生成）
1. $\mathbf{U} \sim C(u_1, \ldots, u_n)$ を生成する．
2. $\mathbf{X} = (X_1, \ldots, X_n)^\top = (F_1^{-1}(U_1), \ldots, F_n^{-1}(U_n))^\top$ を出力する．

よく使われるコピュラは **Student の t コピュラ**（Student's t copula）である．

$$C(u_1, \ldots, u_n) = T_{\nu, \Sigma}(T_\nu^{-1}(u_1), \ldots, T_\nu^{-1}(u_n))$$

ここで，$T_{\nu, \Sigma}$ は自由度が ν，平均値ベクトルが $\mathbf{0}$，"相関行列" が Σ の多変量 $t_\nu(\mathbf{0}, \Sigma)$ 分布（☞ p.150）の cdf である．また，T_ν^{-1} は 1次元 t_ν 分布（☞ p.134）の cdf の逆関数である．このコピュラには，特別な場合（$\nu = \infty$）として**正規コピュラ**（Gaussian copula）モデルが含まれる．この設定では，ベクトル $\mathbf{X}$ の従属構造は相関行列 Σ によって決定される．従属構造を決める別の方法としては，"順位相関" の尺度（例えば "Spearman の順位相関" あるいは "Kendall の順位相関"）を用いるものがある．詳細は [18] を参照せよ．

■例 3.19（Student の t コピュラ）

$X_1 \sim \text{Gamma}(2,1)$ および $X_2 \sim \text{N}(0,1)$ を成分とする乱数ベクトル $\mathbf{X} = (X_1, X_2)^\top$ を $N = 10^4$ 個生成したいとしよう．ここでは，$\nu = 10$, 相関係数が 0.7（すなわち Σ の非対角成分が 0.7 で対角成分が 1）の t コピュラモデルを使う．

多変量 $\mathbf{t}_\nu(\mathbf{0}, \Sigma)$ 分布の cdf $T_{\nu,\Sigma}$ は明示的には得られないが，cdf として $C(u_1, u_2)$ を持つ乱数 $\mathbf{U} = (U_1, U_2)^\top$ の生成は簡単である．すなわち，まずアルゴリズム 4.72 を使って $\mathbf{Y} \sim \mathbf{t}_\nu(\mathbf{0}, \Sigma)$ を生成し，次に $\mathbf{U} = (T_\nu(Y_1), T_\nu(Y_2))^\top$ を計算する．最後に，アルゴリズム 3.16 の Step 2 を実行して目的とする従属ベクトル $\mathbf{X}$ を得る．図 3.11 にこの実験の結果を示す．得られた標本点に加えて，X_1 および X_2 に対するカーネル関数推定（標本点から作成したもの）も示している．このカーネル関数推定から，$\mathbf{X}$ の周辺分布が目標とする分布になっていることが推定される．データを生成するのに使ったコードを示す．

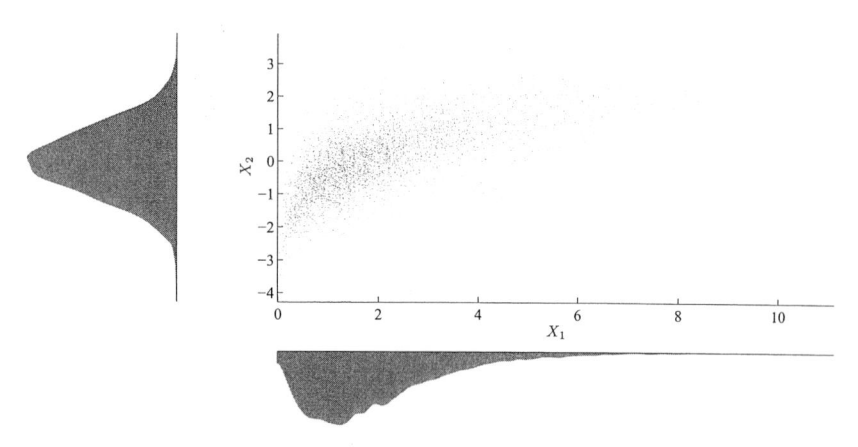

図 3.11 t コピュラモデルの出力．座標軸に沿ってプロットしてあるのは周辺分布のカーネル関数推定である．

```
% copula.m
clear all, N = 10^4; nu=10;
Sig=[1,.7;.7,1]; % 相関行列
A=chol(Sig);
% 多変量 t 分布に従う乱数生成．
Y=repmat(sqrt(nu./gamrnd(nu/2,2,[N,1])),1,2).*randn(N,2);
Y=Y*A;
U = tcdf(Y,nu); % C(u_1,...,u_n) からの標本
X=[gaminv(U(:,1),2,1), norminv(U(:,2))];
plot(X(:,1),X(:,2),'r.','MarkerSize',1)
```

コピュラモデルを使う別の例については16.5節を参照せよ．このほかにも多数のコピュラモデルが提案されて，ファイナンスやリスク評価の分野で使われてきた．興味ある読者は [7], [13] を参照せよ．

3.3 種々のランダム目標物の生成

3.3.1 順序統計量の生成

独立同分布に従う確率変数の集合 $X_1, \ldots, X_n \overset{\text{iid}}{\sim} \text{Dist}$ からの順序統計量（☞ p.58） $X_{(1)} \leqslant \cdots \leqslant X_{(n)}$ を生成する最も簡単な方法は，並べ替え（ソーティング）を行うことである．

アルゴリズム 3.17（順序統計量の生成）

1. $X_1, \ldots, X_n \sim \text{Dist}$ を独立に生成する．
2. $\{X_i\}$ を昇順に並べ替え，$\min_i X_i = X_{(1)} \leqslant \cdots \leqslant X_{(n)} = \max_i X_i$ を返す．

一様分布に対しては，別のアルゴリズムがある．それは順序統計量の間隔 $Y_1 = X_{(1)}$, $Y_2 = X_{(2)} - X_{(1)}, \ldots, Y_n = X_{(n)} - X_{(n-1)}$ が単位単体 $\{\mathbf{y} : y_i \geqslant 0, i = 1, \ldots, n, \sum_{i=1}^n y_i \leqslant 1\}$ 上で一様分布をするという事実に基づいている．さらに，p.143 の性質 5 により，$\mathbf{Y} = (Y_1, \ldots, Y_n) \sim \text{Dirichlet}(1, \ldots, 1)$ である．ディリクレ分布の性質 1（☞ p.142）により，次のアルゴリズムが得られる．

アルゴリズム 3.18（$\mathsf{U}(0,1)$ 分布からの順序統計量の生成法(I)）

1. $U_1, \ldots, U_{n+1} \sim \mathsf{U}(0,1)$ を独立に生成する．
2. $E_i = -\ln U_i, i = 1, \ldots, n+1$, $S = \sum_{i=1}^{n+1} E_i$, $U_{(0)} = 0$, $t = 1$ とおく．
3. $t \leqslant n$ が成り立つ限り次の操作を繰り返す．
   $U_{(t)} = U_{(t-1)} + E_t/S$ として，$t = t+1$ とおく．
4. $U_{(1)}, \ldots, U_{(n)}$ を返す．

一様分布 $\mathsf{U}(0,1)$ からの順序統計量を生成する別のアルゴリズムは，任意の $k = 1, \ldots, n$ について成り立つ次の 2 つの事実に基づいている．

- $\max\{U_1, \ldots, U_k\}$ の分布は $U^{1/k}$, $U \sim \mathsf{U}(0,1)$ の分布と同じである．
- $\max\{U_1, \ldots, U_k\} = u_{(k)}$ という条件のもとで，確率変数 $U_1, \ldots, U_{k-1}$ は独立で一様分布 $\mathsf{U}(0, u_{(k)})$ に従う．

アルゴリズム 3.19（$\mathsf{U}(0,1)$ 分布からの順序統計量の生成法(II)）

1. $U_{(n+1)} = 1$, $t = n$ とおく．
2. $t \geqslant 1$ が成り立っている限り，次の操作を続ける．
   $U \sim U(0,1)$ を生成し，$U_{(t)} = U^{1/t} U_{(t+1)}$, $t = t-1$ とおく．
3. $U_{(1)}, \ldots, U_{(n)}$ を返す．

n 個の指数分布からの順序統計量を生成する方法として，アルゴリズム 3.17 に加えて次のアルゴリズムがある．これは，この場合の順序統計量は，$\{0, 1, \ldots, n\}$ 上の純出生過程（☞ p.670）で出生率 $\lambda_i = n - i, i = 0, \ldots, n$ の場合の跳躍時刻と見なせるという事実に基づいている．

アルゴリズム 3.20（指数分布 **Exp(1)** からの順序統計量の生成法）
1. $X_{(0)} = 0$, $t = 1$ とおく．
2. $t \leqslant n$ が成り立つ限り，次の操作を繰り返す．
   $U \sim \mathsf{U}(0, 1)$ を生成し，$X_{(t)} = X_{(t-1)} - \ln U/(n-t+1)$, $t = t + 1$ とおく．
3. $X_{(1)}, \ldots, X_{(n)}$ を返す．

3.3.2 単体内に一様分布するベクトルの生成

単体とは，三角形を多次元に拡張したようなものである．もっと正確に言うと，**単体**（simplex）というのは，$\mathbb{R}^n$ において $\mathbf{z}_0 + C\mathbf{y}$ という形をとるベクトルの集合であって，$\mathbf{y} = (y_1, \ldots, y_n)^\top$ は成分が非負でその和が 1 以下，C は逆転可能な行列で，その列成分が $\mathbf{z}_1 - \mathbf{z}_0, \ldots, \mathbf{z}_n - \mathbf{z}_0$ となっているものである．つまり，単体とは，ベクトルの集合 $\mathbf{z}_0, \ldots, \mathbf{z}_n$ によって張られる凸結合内の点の集合である．

一例として，n 次元の集合

$$\mathscr{X} = \{x \in \mathbb{R}^n : x_i \geqslant 0,\ i = 1, \ldots, n,\ x_1 \leqslant x_2 \leqslant \cdots \leqslant x_n \leqslant 1\}$$

を考えよう．$\mathscr{X}$ は点集合 $\mathbf{0}, \mathbf{e}_n, \mathbf{e}_n + \mathbf{e}_{n-1}, \ldots, \mathbf{1}$ 上の単体である．ここで，$\mathbf{e}_i$,

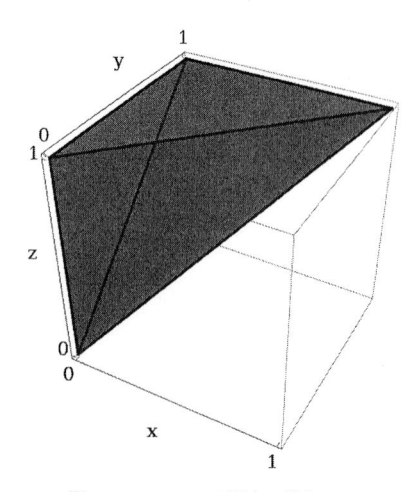

図 3.12 $n = 3$ の場合の単体 $\mathscr{X}$．

$i = 1, \ldots, n$ は $\mathbb{R}^n$ の第 i 単位ベクトルであり，$\mathbf{0}, \mathbf{1}$ はそれぞれ成分がすべて $0, 1$ のベクトルである．図 3.12 は 3 次元の例を示している．

「楔型」$\mathscr{X}$ の中に一様に乱数ベクトル X を生成するのは簡単で，$\mathbf{X}$ の成分が $(0,1)$ 上の一様分布から生成した iid 標本の順序統計量と同じ分布をするという事実を使えばよい．

アルゴリズム 3.21（単体 $\mathscr{X}$ 内に一様分布する点の生成法）
1. $U_1, \ldots, U_n \sim \mathsf{U}(0,1)$ を独立に生成する．
2. $\{U_i\}$ を並べ替えて順序統計量 $U_{(1)}, \ldots, U_{(n)}$ を求める．
3. $\mathbf{X} = (U_{(1)}, \ldots, U_{(n)})^\top$ を返す．

行列
$$A = \begin{pmatrix} 1 & 0 & \cdots & 0 \\ -1 & 1 & \cdots & 0 \\ \vdots & \ddots & \ddots & \vdots \\ 0 & \cdots & -1 & 1 \end{pmatrix}$$

を用いて線形変換 $\mathbf{y} = A\mathbf{x}$ を行うと，単体 $\mathscr{X}$ は n 次元**単位単体**（unit simplex）（図 3.13 を参照），すなわち，点集合 $\mathbf{0}, \mathbf{e}_1, \ldots, \mathbf{e}_n$ 上の単体

$$\mathscr{Y} = \left\{ \mathbf{y} : y_i \geqslant 0,\ i = 1, \ldots, n,\ \sum_{i=1}^n y_i \leqslant 1 \right\} \tag{3.14}$$

に写像される．

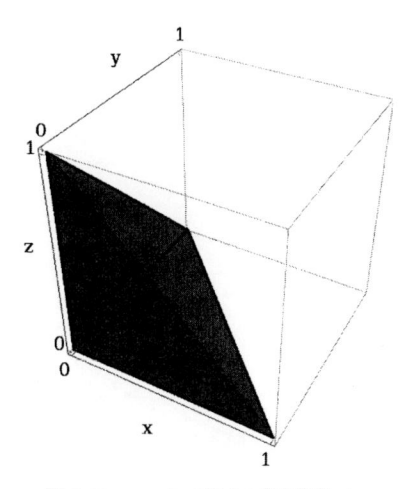

図 3.13 $n = 3$ の場合の単位単体 $\mathscr{Y}$．

この結果として，次のアルゴリズムが得られる．

アルゴリズム 3.22（単位単体 $\mathscr{Y}$ 内に一様分布する点の生成）

1. $U_1, \ldots, U_n \sim \mathsf{U}(0,1)$ を独立に生成する．
2. $U_1, \ldots, U_n$ を並べ替えて，順序統計量 $U_{(1)}, \ldots, U_{(n)}$ を得る．
3. 次のように定義する．

$$
\begin{aligned}
Y_1 &= U_{(1)} \\
Y_2 &= U_{(2)} - U_{(1)} \\
&\vdots \\
Y_n &= U_{(n)} - U_{(n-1)}
\end{aligned}
\tag{3.15}
$$

4. ベクトル $\mathbf{Y} = (Y_1, \ldots, Y_n)^\top$ を返す．

別の方法として，$\mathbf{Y} \sim \mathsf{Dirichlet}(\underbrace{1, \ldots, 1}_{n+1})$ という事実（p.143 の性質 5 を参照）に基づくものがある．

アルゴリズム 3.23（単位単体 $\mathscr{Y}$ に対するディリクレサンプリング）

1. $X_1, \ldots, X_{n+1} \sim \mathsf{Exp}(1)$ を独立に生成する．
2. $\mathbf{Y} = (Y_1, \ldots, Y_n)^\top$ を出力する．ただし，

$$Y_i = \frac{X_i}{\sum_{k=1}^{n+1} X_k}, \quad i = 1, \ldots, n$$

である．

最後に，任意の端点 $\mathbf{z}_0, \mathbf{z}_1, \ldots, \mathbf{z}_n$ によって定義される n 次元単体内に一様に分布するベクトルを生成するためには，$\mathscr{Y}$ 内に一様に分布する点 $\mathbf{Y}$ を生成してからアフィン変換を施せばよい．

アルゴリズム 3.24（一般の単体内に一様分布する点の生成）

1. アルゴリズム 3.22 あるいは 3.23 と同様に，$\mathbf{Y} \in \mathscr{Y}$ を生成する．
2. $\mathbf{Z} = C\mathbf{Y} + \mathbf{z}_0$ を返す．ただし，C は列ベクトルが $\mathbf{z}_1 - \mathbf{z}_0, \ldots, \mathbf{z}_n - \mathbf{z}_0$ の行列である．

3.3.3 単位超球内あるいは超球面上に一様分布する乱数ベクトルの生成

n 次元の単位超球 $\mathscr{B}_n = \{x \in \mathbb{R}^n : \|x\| \leqslant 1\}$ を考えよう．$\mathscr{B}_n$ 内に一様分布する乱数ベクトルは，採択–棄却法を使って簡単に生成することができる．

3.3 種々のランダム目標物の生成

アルゴリズム 3.25（単位超球 $\mathscr{B}_n$ 内に一様に分布する点の生成法 (I)）
1. $U_1, \ldots, U_n \sim \mathsf{U}(0,1)$ を独立に生成する．
2. $X_1 = 1 - 2U_1, \ldots, X_n = 1 - 2U_n$ とおき，$R = \sum_{i=1}^n X_i^2$ とする．
3. もし $R \leqslant 1$ ならば，$\mathbf{X} = (X_1, \ldots, X_n)^\top$ を採択する．そうでなければ，Step 1 に戻る．

この n 次元採択–棄却法の効率は，次の比に等しい．

$$\frac{1}{C} = \frac{超球の体積}{超立方体の体積} = \frac{\frac{\pi^{n/2}}{(n/2)\Gamma(n/2)}}{2^n} = \frac{1}{n\,2^{n-1}} \frac{\pi^{n/2}}{\Gamma(n/2)}$$

これは $n \to \infty$ のとき急速に減少して 0 に近づく．例えば，$n = 8$ のときの効率は約 0.016 である．次のアルゴリズムは，高次元ではもっと効率的であり，以下の事実を利用している．

- $X_1, \ldots, X_n \sim \mathsf{N}(0,1)$ が独立とすると，基準化したベクトル

$$\mathbf{Y} = \left(\frac{X_1}{\|\mathbf{X}\|}, \ldots, \frac{X_n}{\|\mathbf{X}\|} \right) \tag{3.16}$$

は n 次元超球面 $\mathscr{S}_n = \{\mathbf{y} : \|\mathbf{y}\| = 1\}$ 上で一様分布する．ただし，$\|\mathbf{X}\| = (\sum_{i=1}^n X_i^2)^{1/2}$ である．
- 単位超球 $\mathscr{B}_n$ 内の一様分布に従って分布する点までの中心からの距離 R の cdf は，$F_R(r) = r^n, 0 \leqslant r \leqslant 1$ である．

アルゴリズム 3.26（単位超球 $\mathscr{B}_n$ 内に一様に分布する点の生成法 (II)）
1. iid $\mathsf{N}(0,1)$ 乱数を成分とするベクトル $\mathbf{X} = (X_1, \ldots, X_n)^\top$ を生成する．
2. $U \sim \mathsf{U}(0,1)$ を生成し，$R = U^{1/n}$ とおく．
3. $\mathbf{Z} = R\mathbf{X}/\|\mathbf{X}\|$ を返す．

n 次元単位超球の表面上に一様分布する（言い換えると，単位超球面 $\mathscr{S}_n$ 上に一様分布する）乱数ベクトルを生成するためには，上記のアルゴリズムを単純化すればよく，次のアルゴリズムに到達する．

アルゴリズム 3.27（単位超球面 $\mathscr{S}_n$ 上に一様分布する乱数ベクトルの生成法）
1. iid $\mathsf{N}(0,1)$ 乱数を成分とするベクトル $\mathbf{X} = (X_1, \ldots, X_n)^\top$ を生成する．
2. $\mathbf{Y} = \mathbf{X}/\|\mathbf{X}\|$ を返す．

3.3.4 超楕円体内で一様に分布する乱数ベクトルの生成

原点を中心とする n 次元超楕円体

$$\mathscr{X} = \{\mathbf{x} \in \mathbb{R}^n : \mathbf{x}^\top \Sigma \mathbf{x} \leqslant r^2\} \tag{3.17}$$

を考える．ここで，Σ は正定値 $n \times n$ 行列で，$\mathbf{x}$ は列ベクトルと解釈する．Σ は正定値

なので，コレスキー分解 $\Sigma = BB^\top$ ができる．したがって，集合 $\mathscr{X}$ を n 次元単位超球 $\mathscr{Y} = \{\mathbf{y} : \mathbf{y}^\top \mathbf{y} \leqslant r^2\}$ の線形変換 $\mathbf{y} = B^\top \mathbf{x}$ と見なすことができる．線形変換では一様性が保たれるので，ベクトル $\mathbf{Y}$ が $\mathscr{Y}$ 内で一様分布するなら，$\mathbf{X} = (B^\top)^{-1}\mathbf{Y}$ は $\mathscr{X}$ 内で一様分布する．これに対応するアルゴリズムを次に示す．

アルゴリズム 3.28（超楕円体内の乱数ベクトルの生成）

1. Σ のコレスキー分解行列 B を計算する．
2. 単位超球 $\mathscr{B}_n$ 内に一様分布するベクトル $\mathbf{Z} = (Z_1, \ldots, Z_n)^\top$ を生成する．$\mathbf{Y} = r\mathbf{Z}$ とおく．
3. 行列方程式 $B^\top \mathbf{X} = \mathbf{Y}$ から後退代入によって求めた $\mathbf{X}$ を返す．

3.3.5 曲線上での一様サンプリング

$\mathbb{R}^n$ の任意の曲線 $\mathcal{C}$ の直交座標 $\mathbf{x} = (x_1, \ldots, x_n)^\top$ は，パラメータ表現 $\mathbf{x}(t) = (x_1(t), \ldots, x_n(t))$ をすることができる．パラメータ $t \in [t_0, t_1]$ がこの区間内を動くとき，$\mathbf{x}(t)$ は曲線 $\mathcal{C}$ 上のすべての点を一度だけ通過する．この曲線は "長さが有限" であると仮定すると，ある $t < t_1$ までに通過した部分の曲線の長さは $s(t) = \int_{t_0}^{t} \|\dot{\mathbf{x}}(u)\| \mathrm{d}u$, $\dot{\mathbf{x}}(t) = (\frac{\mathrm{d}x_1}{\mathrm{d}t}, \ldots, \frac{\mathrm{d}x_n}{\mathrm{d}t})$, $\|\mathbf{x}\| = \sqrt{x_1^2 + \cdots + x_n^2}$ となる．このことから，曲線 $\mathcal{C}$ 上で一様に分布する点を生成する次のアルゴリズムが得られる．

アルゴリズム 3.29（曲線 $\mathcal{C}$ 上の一様サンプリング）

1. 累積分布関数 $s(t)/(s(t_1) - s(t_0))$ あるいは密度関数

$$d(t) = \frac{\|\dot{\mathbf{x}}(t)\|}{s(t_1) - s(t_0)}, \quad t_0 \leqslant t \leqslant t_1$$

から点 T を生成する．
2. 曲線上の点 $\mathbf{X} = (x_1(T), \ldots, x_n(T))^\top$ を出力する．

■ 例 3.20（楕円上の一様サンプリング）

楕円上で一様分布する点の生成法としてときどき提案される間違った方法は，円周上で一様分布する点を生成してから線形変換をするというものである．この方法とアルゴリズム 3.29 との違いを示すために，楕円

$$\frac{x^2}{9} + y^2 = 1$$

を考えよう．これは，次のようなパラメータ表示が可能である．

$$x(t) = 3\sin t, \quad y(t) = \cos t, \quad t \in [0, 2\pi]$$

直接の計算によって，密度関数 $d(t)$ が

$$d(t) = \sqrt{4\cos(2t) + 5}/c$$

となることが確かめられる．ただし c は楕円の周長である．この密度関数からのサンプリングには採択-棄却法を使えばよい．図 3.14 はアルゴリズム 3.29 によって生成された 150 点（左図）と，線形変換によって生成された 150 点（右図）の微妙な違いを示している．右図のほうが，楕円の左端と右端近くで，点がより密集していることがうかがえる．

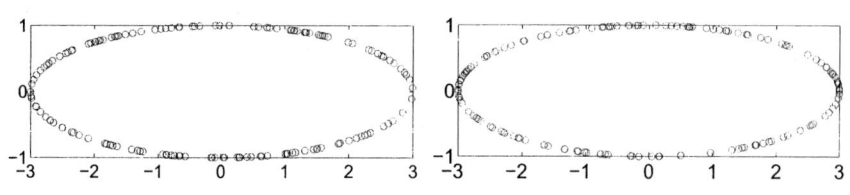

図 3.14 左図の楕円上では点が一様に分布しているが，右図はそうではない．

3.3.6 曲面上での一様サンプリング

曲線上にランダムに点を生成する方法は，曲面にも拡張できる．一般的な方法を示すために，ここでは 2 次元曲面だけを考える．任意の 2 次元曲面 $\mathcal{S}$ 上のすべての点 $(x_1, x_2, x_3) \in \mathbb{R}^3$ の集合は，パラメータ表示による方程式の組によって表せる．

$$x_1 = x_1(v_1, v_2), \quad x_2 = x_2(v_1, v_2), \quad x_3 = x_3(v_1, v_2), \quad (v_1, v_2) \in \mathcal{V} \quad (3.18)$$

ここで，パラメータ (v_1, v_2) が領域 $\mathcal{V}$ 内をくまなく動くとき，曲面 $\mathcal{S}$ 上のすべての点が一度だけトレースされる．このとき，$\mathcal{V}$ 内で点 (v_1, v_2) を囲む面積が $dv_1 dv_2$ の微小な長方形領域は，曲面 $\mathcal{S}$ 上の微小な断片に写像され，その面積はおよそ $\|\mathbf{r}_1 \times \mathbf{r}_2\| dv_1 dv_2$ である．ここで，$\mathbf{r}_1 = \left(\frac{\partial x_1}{\partial v_1}, \frac{\partial x_2}{\partial v_1}, \frac{\partial x_3}{\partial v_1}\right)^\top$，$\mathbf{r}_2 = \left(\frac{\partial x_1}{\partial v_2}, \frac{\partial x_2}{\partial v_2}, \frac{\partial x_3}{\partial v_2}\right)^\top$ であり，$\mathbf{r}_1 \times \mathbf{r}_2$ はベクトルの外積を表す．この結果，$\mathcal{S}$ の面積は $\iint_\mathcal{V} \|\mathbf{r}_1 \times \mathbf{r}_2\| dv_1 dv_2$ で与えられる．このことから，次のアルゴリズムが得られる．

アルゴリズム 3.30（曲面 $\mathcal{S}$ 上での一様サンプリング）

1. 式 (3.18) でパラメータ表示された曲面が与えられたとして，

$$\|\mathbf{r}_1 \times \mathbf{r}_2\|, \quad (v_1, v_2) \in \mathcal{V}$$

に比例する密度関数に従って乱数の組 (V_1, V_2) を生成する．
2. $(X_1, X_2, X_3) = (x_1(V_1, V_2), x_2(V_1, V_2), x_3(V_1, V_2))$ を出力する．

■ **例 3.21**（楕円体の表面上での一様サンプリング）
球面座標を使ってパラメータ表示された楕円体

$$x_1 = a\sin(v_2)\cos(v_1), \quad x_2 = b\sin(v_2)\sin(v_1), \quad x_3 = c\cos(v_2) \quad (3.19)$$

を考えよう．ここで，$0 \leqslant v_1 \leqslant 2\pi$，$0 \leqslant v_2 \leqslant \pi$ である．このとき

$$\mathbf{r}_1 \times \mathbf{r}_2 = -\begin{pmatrix} b\,c\,\sin^2(v_2)\cos(v_1) \\ a\,c\,\sin^2(v_2)\sin(v_1) \\ a\,b\,\sin(v_2)\cos(v_2) \end{pmatrix}$$

となる．したがって，$\|\mathbf{r}_1 \times \mathbf{r}_2\|$ は次のようになる．

$$|\sin(v_2)|\sqrt{(bc)^2\sin^2(v_2)\cos^2(v_1) + (ac)^2\sin^2(v_2)\sin^2(v_1) + (ab)^2\cos^2(v_2)} \tag{3.20}$$

$S(a,b,c)$ を楕円体の表面積として，表面上の密度 $\|\mathbf{r}_1 \times \mathbf{r}_2\|/S(a,b,c)$ に従ってサンプルをとるために，不等式 $\|\mathbf{r}_1 \times \mathbf{r}_2\| \leqslant r^2\sin(v_2)$, $r=\max\{a,b,c\}$ に注目しよう．すると，提案密度関数を $g(v_1,v_2) = \sin(v_2)/(4\pi)$ として採択–棄却法を使うことができる．したがって，採択–棄却法のアルゴリズムでの採択の確率は，$S(a,b,c)/(4\pi r^2)$ となる．楕円体の表面積については $S(a,b,c) \geqslant 4\pi(ab+ac+bc)/3$ という下界があるので，この採択–棄却法の効率は $(ab+ac+bc)/(3r^2)$ で下から抑えられることがわかる．

具体的な例として，$a=2$, $b=4$, $c=1$ としよう．図 3.15 に（基準化していない）表面密度を示す．図 3.16 に，一様分布に従うサンプルを示す．

```
%ellipsoid_sample.m
clear all,clf
global a b c
a=4;b=2;c=1;h=2*pi/100;
[v1,v2]=meshgrid([0:h:2*pi],[0:h:pi]);
X1=@(v1,v2)(a*sin(v2).*cos(v1));
X2=@(v1,v2)(b*sin(v2).*sin(v1));
X3=@(v1,v2)(c*cos(v2));
for i=1:10^3
    [V1,V2]=rand_ellipsoid;
    data(i,:)=[V1,V2];
end
hold on
surf(X1(v1,v2),X2(v1,v2),X3(v1,v2),'LineStyle','none'), axis equal,
colormap(gray)
plot3(X1(data(:,1),data(:,2)),...
X2(data(:,1),data(:,2)),X3(data(:,1),data(:,2)),...
'.','MarkerSize',10), axis equal
alpha(0.8)
```

```
function L=ellipsoid(v1,v2)
global a b c
A1=b*c*sin(v2).^2.*cos(v1);
```

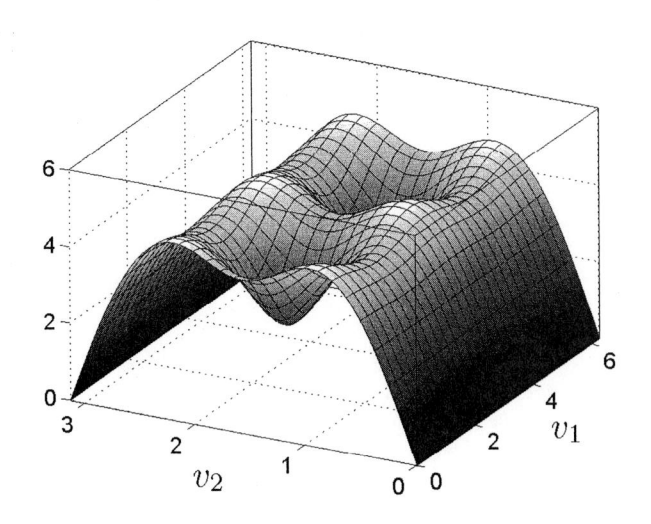

3.3 種々のランダム目標物の生成

図 3.15 楕円体上の（基準化してない）表面密度をパラメータ空間で示したもの．

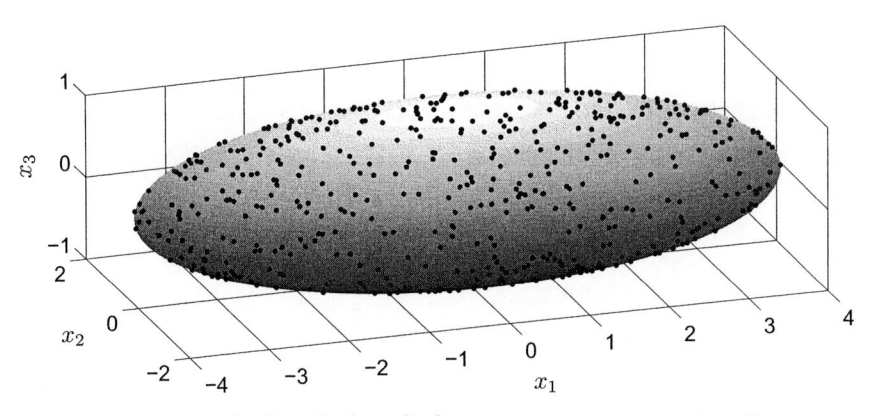

図 3.16 楕円体 $x_1^2/a^2 + x_2^2/b^2 + x_3^2/c^2 = 1$, $(a,b,c) = (2,4,1)$ 上の一様サンプル．

```
B1=a*c*sin(v2).^2.*sin(v1);
C1=a*b*cos(v2).*sin(v2);
L=sqrt(A1.^2+B1.^2+C1.^2);
```

```
function [V1,V2]=rand_ellipsoid
global a b c
```

```
V1=rand*2*pi;
V2=acos(1-2*rand);
C=4*pi*max([a,b,c])^2;
while rand>ellipsoid(V1,V2)/(C*sin(V2)/4*pi)
    V1=rand*2*pi;
    V2=acos(1-2*rand);
end
```

3.3.7 ランダムな順列の生成

$1, 2, \ldots, n$ という番号を付した n 個の対象物があり，これらの番号のランダムな順列を作りたいとする．その際，$n!$ 個の順列のいずれが実現する確率も等しくなるようにしたい．そのような一様順列を生成する単純なアルゴリズムは，一様乱数の並べ替え（ソーティング）に基づく．

アルゴリズム 3.31（並べ替えによるランダム順列の生成）

1. $U_1, \ldots, U_n \sim \mathsf{U}(0,1)$ を独立に生成する．
2. これらを昇順に並べ替える：$U_{X_1} \leqslant U_{X_2} \leqslant \cdots \leqslant U_{X_n}$．
3. $\mathbf{X} = (X_1, \ldots, X_n)^\top$ を出力する．

■ **例 3.22（非復元抽出によるサンプリング）**

100 個の数値の中から非復元抽出によって 30 個をランダムに選びたいとする．この目標を達成するには，$\{1, \ldots, 100\}$ の一様ランダム順列を生成し，最初の 30 個の数値を選べばよい．次の MATLAB のプログラムは，アルゴリズム 3.31 を実装してこの目標を達成する．この手続きは，抽出数 k が n に近い場合に効率的である．$k \ll n$ の場合はより効率的な非復元抽出法があり，関数 resample.m として後述する（☞ p.507）．

```
%unifperm.m
n = 100;
k = 30;
[s,ix] = sort(rand(1,n));
x = ix(1:k)
```

一様ランダム順列を生成するための次のアルゴリズムは，アルゴリズム 3.31 より速い．このアルゴリズムは順列を成分ごとに作成し，必要とするのは n 個の一様乱数だけで，並べ替えは不要である（[20] を参照）．

アルゴリズム 3.32（一様ランダム順列の生成）
1. $\mathbf{a} = (1, \ldots, n)$, $i = 1$ とおく．
2. 集合 $\{1, \ldots, n-i+1\}$ 上の一様分布に従って添数 I を選ぶ．
3. $X_i = a_I$, $a_I = a_{n-i+1}$ とおく．
4. $i = i + 1$ とおく．$i \leqslant n$ ならば Step 2 に戻る．
5. $\mathbf{X} = (X_1, \ldots, X_n)$ を返す．

3.3.8 条件付きベルヌーイ分布からの正確なサンプリング

ベクトル $\mathbf{X} = (X_1, \ldots, X_n)$ の成分は独立で，$X_i \sim \text{Ber}(p_i)$, $i = 1, \ldots, n$ としよう．$\sum_i X_i = k$ という条件のもとでの $\mathbf{X}$ の条件付き分布は，次式で与えられる．

$$\mathbb{P}\left(X_1 = x_1, \ldots, X_n = x_n \,\middle|\, \sum_{i=1}^n X_i = k\right) = \frac{\prod_{i=1}^n w_i^{x_i}}{R_k} \quad (3.21)$$

ここで，

$$R_k = \mathbb{P}\left(\sum_{i=1}^n X_i = k\right) \prod_{i=1}^n (1 + w_i)$$

は基準化定数で，$w_i = p_i/(1-p_i)$, $i = 1, \ldots, n$ である．同様にして，$\sum_{i \neq j} X_i = k-1$ という条件のもとでの $\{X_i, i \neq j\}$ の条件付き分布の基準化定数を $R_{k-1,j}$ で表す．

$$R_{k-1,j} = \mathbb{P}\left(\sum_{i \neq j} X_i = k - 1\right) \prod_{i \neq j} (1 + w_i)$$

基準化定数は，次の定理によって効率的に計算することができる（[4, Theorem 3] を参照）．

定理 3.3（基準化定数の計算） $T_i = \sum_{j=1}^n w_j^i$, $i = 1, \ldots, k$, $T_{i,j} = T_i - w_j^i$, $i = 1, \ldots, k$, $j = 1, \ldots, n$ と定義し，$R_0 = 1$, $R_{0,j} = 1$, $j = 1, \ldots, n$ とおく．すると，次の等式が成り立つ．

$$R_k = \frac{1}{k} \sum_{i=1}^k (-1)^{i+1} T_i R_{k-i} \quad (3.22)$$

$$R_{k-1,j} = \frac{1}{k-1} \sum_{i=1}^{k-1} (-1)^{i+1} T_{i,j} R_{k-1-i,j}, \quad j = 1, \ldots, n \quad (3.23)$$

上記の基準化定数は，**選抜**（drafting; **ドラフト**）と呼ばれる以下のサンプリング手続きにおいて重要な役割を演じる．要点は，1 の位置 $J_1, \ldots, J_k$ を 1 つずつ順番に決めることである（その結果，$X_{J_i} = 1$, $i = 1, \ldots, k$ となる）．最初の位置 J_1 は，条件付き確率 $\mathbb{P}(X_j = 1 | \sum_i X_i = k)$, $j = 1, \ldots, n$ に比例する確率で選抜される．この場合の基準化定数が k であることは容易にわかる．もっと詳しく言うと，**選抜ベクトル**

(drafting vector) $\mathbf{a} = (a_1,\ldots,a_n)$, $a_j = \mathbb{P}(X_j = 1|\sum_i X_i = k)/k$, $j = 1,\ldots,n$ が確率分布のベクトルとなり，$J_1 \sim \mathbf{a}$ である．確率 $\{a_j\}$，基準化定数 R_k，そして $\{R_{k,j}\}$ の間には次の関係が成り立つ．

$$a_j = \frac{\mathbb{P}(X_j = 1, \sum_{i\neq j} X_i = k-1)}{k\,\mathbb{P}(\sum_{i=1}^n X_i = k)} = \frac{p_j\,R_{k-1,j}\prod_{i\neq j}(1+w_i)^{-1}}{k\,R_k \prod_{i=1}^n (1+w_i)^{-1}}$$

$$= \frac{w_j\,R_{k-1,j}}{k\,R_k},\ j = 1,\ldots,n$$

こうして J_1 を選んだら $\{w_i, i \neq J_1\}$ で定義される条件付きベルヌーイ分布に対して R_{k-1} と $\{R_{k-2,j}\}$ を計算し，同様にして J_2 を選ぶ．以下同様に進める．これを整理すると，次の手続きとなる (他のいくつかの生成アルゴリズムが [3] にある)．

アルゴリズム 3.33 (条件付きベルヌーイ分布からのサンプリング)

1. $\mathscr{C} = \{1,\ldots,n\}$ (現在残っている添数の集合) と $\mathscr{S} = \emptyset$ (すでに選ばれた添数の集合) を定義する．$r = 1$ とおく．
2. $r \leq k$ が成り立っている限り，次の操作を続ける．
    a) $\{w_i, i \in \mathscr{C}\}$ に基づいて R_{k-r+1} および $R_{k-r,j}, j \in \mathscr{C}$ を計算する．
    b) 対応する選抜ベクトル $\mathbf{a}$ を求め，$J \sim \mathbf{a}$ を選抜する．
    c) $\mathscr{S} = \mathscr{S} \cup \{J\}$, $\mathscr{C} = \mathscr{C} \setminus \{J\}$, $r = r+1$ とする．
3. $X_i = 1, i \in \mathscr{S}$，および $X_i = 0, i \in \mathscr{C}$ とする．$\mathbf{X} = (X_1,\ldots,X_n)$ を出力する．

■ 例 3.23 (正確な条件付きベルヌーイサンプリング)

$\mathbf{p} = (1/2, 1/3, 1/4, 1/5)$ とおき，$k = 2$ とする．すると，$\mathbf{w} = (w_1, w_2, w_3, w_4) = (1, 1/2, 1/3, 1/4)$，$R_2 = 35/24 \approx 1.45833$ となる．したがって，例えば

$$\mathbb{P}\left(X_1 = 0, X_2 = 1, X_3 = 0, X_4 = 1\,\bigg|\,\sum_{i=1}^4 X_i = 2\right) = \frac{w_2\,w_4}{35/24} = \frac{3}{35} \approx 0.08571$$

となる．
次の MATLAB プログラムは基準化定数を計算する．Rvals の第 1 成分は R_k に対応し，第 j+1 成分は $R_{k,j}$ に対応することに注意する．

```
function Rvals = Rgens(k,W)
N=length(W);
T=zeros(k,N+1);
R=zeros(k+1,N+1);
for i=1:k
    for j=1:N, T(i,1)=T(i,1)+W(j)^i; end
    for j=1:N, T(i,j+1)=T(i,1)-W(j)^i; end
end
```

```
R(1,:)=ones(1,N+1);
for j=1:k
    for l=1:N+1
        for i=1:j
            R(j+1,l)=R(j+1,l)+(-1)^(i+1)*T(i,l)*R(j-i+1,l);
        end
    end
    R(j+1,:)=R(j+1,:)/j;
end
Rvals=[R(k+1,1),R(k,2:N+1)];
```

この条件付きベルヌーイ分布に従って乱数ベクトルを生成するためには，次の MATLAB 関数 condbern(k,p) を呼ぶ．ここで，k は 1 の個数（ここでは 2）で，p は確率 p のベクトルである．この関数は，1 の位置，例えば (1,2) あるいは (2,4) などを返す．

```
function sample = condbern(k,p)
w=zeros(1,length(p));
sample=zeros(1,k);
ind1=find(p==1);
sample(1:length(ind1))=ind1;
k=k-length(ind1);
ind=find(p<1 & p>0);
w(ind)=p(ind)./(1-p(ind));
for i=1:k
    a=zeros(1,length(ind));
    Rvals=Rgens(k-i+1,w(ind));
    for j=1:length(ind)
        a(j)=w(ind(j))*Rvals(j+1)/((k-i+1)*Rvals(1));
    end
    a=cumsum(a);
    entry=ind(min(find(a>rand)));
    ind=ind(find(ind~=entry));
    sample(length(ind1)+i)=entry;
end
sample=sort(sample);
```

さらに学習するために

乱数生成法に対する種々の接近方法の概観については，Devroye [5] の古典的書物を参照せよ（http://luc.devroye.org/rnbookindex.html に正誤表や電子コピーがある）．

Hörmann et al. [11] は，生成アルゴリズムを自動的に構築するという問題を調べている．彼らは UNU.RAN ライブラリを公開しており，これにより，乱数を自動生成する C 言語ソフトウェアを実装することができる (http://statmath.wu.ac.at/unuran/ から入手可能)．

効率的なソフトウェアの実装に重点を置いた乱数生成法の概観については，[17] を参照せよ．

楕円体の表面上で一様に分布する乱数の生成法として通常使われている方法の誤りが，[1] により指摘されている．

文　献

1) K. A. Borovkov. On simulation of random vectors with given densities in regions and on their boundaries. *Journal of Applied Probability*, 31(1):205–220, 1994.
2) G. Casella and R. L. Berger. *Statistical Inference*. Duxbury Press, Pacific Grove, CA, second edition, 2001.
3) S. X. Chen and J. S. Liu. Statistical applications of the Poisson-binomial and conditional Bernoulli distributions. *Statistica Sinica*, 7:875–892, 1997.
4) Y. Chen, A. P. Dempster, and J. S. Liu. Weighted finite population sampling to maximize entropy. *Biometrika*, 81(3):457–469, 1997.
5) L. Devroye. *Non-Uniform Random Variate Generation*. Springer-Verlag, New York, 1986.
6) L. Devroye. Random variate generation in one line of code. In J. M. Charnes, D. J. Morrice, D. T. Brunner, and J. J. Swain, editors, *Proceedings of the 1996 Winter Simulation Conference*, pages 265–272, Coronado, CA, December 1996.
7) G. Fusai and A. Roncoroni. *Implementing Models in Quantitative Finance: Methods and Cases*. Springer-Verlag, Berlin, second edition, 2008.
8) W. R. Gilks, N. G. Best, and K. K. C. Tan. Adaptive rejection Metropolis sampling within Gibbs sampling. *Journal of the Royal Statistical Society, Series C*, 44(4):455–472, 1995.
9) W. R. Gilks and P. Wild. Adaptive rejection sampling for Gibbs sampling. *Journal of the Royal Statistical Society, Series C*, 41(2):337–348, 1992.
10) W. Hörmann and G. Derflinger. The transformed rejection method for generation random variables, an alternative to the ratio of uniforms method. *Communications in Statistics: Simulation and Computation*, 23(3):847–860, 1994.
11) W. Hörmann, J. Leydold, and G. Derflinger. *Automatic Nonuniform Random Variate Generation*. Springer-Verlag, Berlin, 2004.
12) A. J. Kinderman and J. F. Monahan. Computer generation of random variables using the ratio of uniform deviates. *ACM Transactions on Mathematical Software*, 3(3):257–260, 1977.
13) C. Klüppelberg and S. I. Resnick. The Pareto copula, aggregation of risks, and

the emperor's socks. *Journal of Applied Probability*, 45(1):67–84, 2008.
14) D. E. Knuth. *The Art of Computer Programming*, volume 2: *Seminumerical Algorithms*. Addison-Wesley, Reading, MA, third edition, 1997.
15) R. A. Kronmal and A. V. Peterson. *Marsaglia's Table Method*, volume 5 of *Encyclopedia of Statistical Sciences*, pages 275–276. John Wiley & Sons, New York, 1985.
16) R. Meyer, B. Cai, and F. Perron. Adaptive rejection Metropolis sampling using Lagrange interpolation polynomials of degree 2. *Computational Statistics and Data Analysis*, 52(7):3408–3423, 2008.
17) J. F. Monahan. *Numerical Methods of Statistics*. Cambridge Series in Statistical and Probabilistic Mathematics. Cambridge University Press, London, 2010.
18) R. B. Nelsen. *An Introduction to Copulas*. Springer-Verlag, New York, second edition, 2006.
19) A. V. Peterson Jr. and R. A. Kronmal. A representation for discrete distributions by equiprobable mixture. *Journal of Applied Probability*, 17(1):102–111, 1980.
20) S. M. Ross. *Simulation*. Academic Press, New York, third edition, 2002.
21) R. Y. Rubinstein and D. P. Kroese. *Simulation and the Monte Carlo Method*. John Wiley & Sons, New York, second edition, 2007.
22) A. J. Walker. An efficient method for generating discrete random variables with general distributions. *ACM Transactions on Mathematical Software*, 3(3):253–256, 1977.
23) C. S. Wallace. Transformed rejection generators for gamma and normal pseudo-random variables. *Australian Computer Journal*, 8(1):103–105, 1976.

4

確 率 分 布

本章では，モンテカルロシミュレーションで使われる主な離散および連続確率分布を列挙し，それらの主な性質と，それらの分布に従う乱数を生成するための具体的なアルゴリズムを述べる．乱数を生成する一般的な手続きについては第3章を参照せよ．分布族に関する追加の情報およびそれらの分布族の性質については，D.1節（指数型分布族），D.2節（裾の性質および安定性），および3.1.2項（変換および位置–尺度分布族）にまとめてある．

4.1 離 散 分 布

ここでは，さまざまな離散分布を（英語表記の）アルファベット順に列挙する．離散分布（☞ p.639）はその離散pdf（確率質量関数）によって完全に記述できることを思い出そう．

4.1.1 ベルヌーイ分布
ベルヌーイ（Bernoulli）分布のpdfは次式で与えられる．

$$f(x;p) = p^x(1-p)^{1-x}, \quad x \in \{0,1\}$$

ここで，$p \in [0,1]$ は**成功率パラメータ**（success parameter）である．本書では，この分布を $\mathrm{Ber}(p)$ と表記する．

ベルヌーイ分布は実験結果が2通り，すなわち1（成功）と0（失敗）だけの実験を記述するのに使われる．このような実験は**ベルヌーイ試行**（Bernoulli trial）と呼ばれる．ベルヌーイ分布に従うiid確率変数の列 $X_1, X_2, \ldots \overset{\mathrm{iid}}{\sim} \mathrm{Ber}(p)$ は**ベルヌーイ**

表 4.1　ベルヌーイ分布 $\mathrm{Ber}(p)$ のモーメントの性質．

性 質		条件
期待値	p	
分散	$p(1-p)$	
確率母関数	$1-p+zp$	$\|z\| \leqslant 1$

過程（Bernoulli process）と呼ばれる．このような過程は，偏りのある硬貨を繰り返しトスする実験のモデルとなる．例 A.5 も参照せよ．

逆関数法を使うと次の乱数生成アルゴリズムが得られる．

アルゴリズム 4.1（Ber(p) 生成法）
1. $U \sim \mathsf{U}(0,1)$ を生成する．
2. $U \leqslant p$ なら $X = 1$ を返し，そうでなければ $X = 0$ を返す．

■ **例 4.1（ベルヌーイ乱数生成）**

次の MATLAB コードは Ber(0.25) に従う乱数を 100 個生成し，その結果得られる 2 値データを棒グラフとしてプロットする．

```
X = (rand(1,100) <= 0.25);   bar(X)
```

4.1.2　2 項 分 布

2 項（binomial）分布の pdf は次式で与えられる（$0 \leqslant p \leqslant 1$）．

$$f(x;n,p) = \mathbb{P}(X = x) = \binom{n}{x} p^x (1-p)^{n-x}, \quad x = 0, 1, \ldots, n$$

この分布を Bin(n, p) と表記する．2 項分布は，n 回の独立なベルヌーイ試行における成功の回数を記述するのに使われる．すなわち，Bin(n, p) に従う確率変数 X は，Ber(p) に従う独立な確率変数 $\{B_i\}$ の和 $X = B_1 + \cdots + B_n$ として書くことができる．この pdf のグラフ例を図 4.1 に示す．

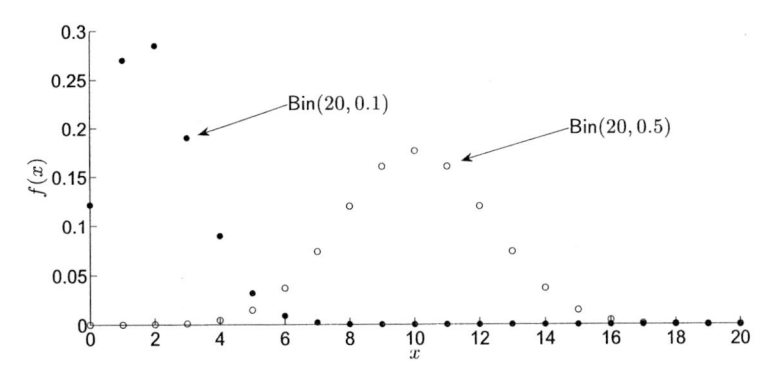

図 4.1　2 項分布 Bin(20, 0.1)（黒丸）と Bin(20, 0.5)（白丸）の pdf．

表 4.2 で，$I_x(\alpha, \beta)$ は "不完全ベータ関数"（☞ p.753）を表す．その他の性質と関係を以下に示す．

表 4.2 2項分布 Bin(n, p) のモーメントと裾の性質.

性 質		条件
期待値	np	
分散	$np(1-p)$	
確率母関数	$(1-p+zp)^n$	$|z| \leq 1$
裾の確率 $\mathbb{P}(X > x)$	$I_p(x+1, n-x)$	$x = 0, 1, \ldots$

1) **順序統計量**：$U_1, \ldots, U_n \overset{\text{iid}}{\sim} \mathsf{U}(0,1)$ として，その順序統計量を $U_{(1)} < \cdots < U_{(n)}$ で表す．$X = \max\{i : U_{(i)} < p\}$ とすると，$X \sim \mathsf{Bin}(n,p)$ である．
2) **失敗の回数**：n 回のベルヌーイ試行における成功の回数を $X \sim \mathsf{Bin}(n,p)$，$Y = n - X$ を失敗の回数とすると，$Y \sim \mathsf{Bin}(n, 1-p)$ である．
3) **2項確率変数の和**：$X_k \sim \mathsf{Bin}(n_k, p), k = 1, \ldots, K$ は互いに独立とすると，次が成り立つ．
$$\sum_{k=1}^{K} X_k \sim \mathsf{Bin}\left(\sum_{k=1}^{K} n_k, p\right)$$
4) **正規分布への収束**：$X_n \sim \mathsf{Bin}(n,p)$ とする．中心極限定理から次の結果が直ちに導かれる．
$$n \to \infty \text{ のとき} \quad \frac{X_n - np}{\sqrt{np(1-p)}} \xrightarrow{\text{d}} Y \sim \mathsf{N}(0,1)$$
よく使われる大まかな目安では，有限の n について，np および $n(1-p)$ がともに 5 より大きければ，近似はほぼ正確であるとされる．p が $1/2$ に近い場合には，$\mathsf{N}(np - 1/2, np(1-p))$ の cdf が X_n の cdf のさらに良い近似となる．これを**連続補正**（continuity correction）という．
5) **ポアソン分布への収束**：$X_n \sim \mathsf{Bin}(n, \lambda/n)$ とすると，次が成り立つ．
$$n \to \infty \text{ のとき} \quad X_n \xrightarrow{\text{d}} Y \sim \mathsf{Poi}(\lambda)$$
6) **幾何分布**：$Y_0, Y_1, \ldots \overset{\text{iid}}{\sim} \mathsf{Geom}(p)$ とすると，次が成り立つ．
$$X = \min\left\{k : \sum_{i=0}^{k} Y_i > n\right\} \sim \mathsf{Bin}(n, p)$$
7) **指数分布**：$Y_0, Y_1, \ldots \overset{\text{iid}}{\sim} \mathsf{Exp}(1)$ とすると，次が成り立つ．
$$X = \min\left\{k : \sum_{i=0}^{k} \frac{Y_i}{n-i} > -\ln(1-P)\right\} \sim \mathsf{Bin}(n, p)$$

2項確率変数はベルヌーイ確率変数の和と見なせるという事実から，次の乱数生成法が得られる．

アルゴリズム 4.2（Bin(n, p) 生成法）

1. $X_1, \ldots, X_n \stackrel{\text{iid}}{\sim} \text{Ber}(p)$ を生成する.
2. $X = \sum_{i=1}^{n} X_i$ を返す.

　このアルゴリズムの実行時間は n に比例するので，n が大きい場合には別の方法を使いたくなる．n が大きく，かつ p が小さくて，例えば $np \leqslant 10$ くらいなら，上記の6番目の性質に基づく次の方法によって，高速に乱数を生成することができる．このアルゴリズムは，p が 1 に近い場合にも，$Y = n - X$ を生成するという形で利用できる．

アルゴリズム 4.3（幾何分布を利用する Bin(n, p) 生成法）

1. $X = 0$, $c = \ln(1-p)$ とおく．$U \sim \text{U}(0,1)$ を生成して $S = \lceil \ln(U)/c \rceil$ とおく．
2. $S < n+1$ である限り，次を繰り返す.
   $U \sim \text{U}(0,1)$ を生成し，$X = X + 1$，$S = S + \lceil \ln(U)/c \rceil$ とする．
3. X を返す．

■ 例 4.2（2 項乱数の生成）

　アルゴリズム 4.3 を MATLAB で記述したものを次に挙げる．コードの最後の部分では，得られた度数分布を理論分布と比較している．

```
%bingen.m
n = 100; p = 0.1; mu = n*p; N = 10^5;
x = zeros(1,N); c = log(1-p);
for i=1:N
    s = ceil(log(rand)/c);
    while s < n + 1
       x(i) = x(i)+ 1;
       s = s + ceil(log(rand)/c);
    end
end

xx = [floor(mu - 4*sqrt(mu)):1:ceil(mu + 4*sqrt(mu))];
count = hist(x,xx);
ex = binopdf(xx,n,p)*N;
hold on
plot(xx,count,'or')
plot(xx,ex,'.b')
hold off
```

　最後に，2 項分布に対する中心極限定理（上記の性質 4）により，Bin(n, p) に従う

確率変数 X の分布は，n が大きくなると $Y \sim \mathsf{N}(np - 1/2, np(1-p))$ の分布に近づく．この性質を使うと，次の"近似"生成アルゴリズムが得られる．

アルゴリズム 4.4（正規近似に基づく **Bin**(n, p) **生成法**）

1. $Y \sim \mathsf{N}(0,1)$ を生成する．
2. $X = \max\left\{0, \left\lfloor np + \frac{1}{2} + Z\sqrt{np(1-p)} \right\rfloor\right\}$ を返す．

n と p の選び方によっては近似が極めて悪くなるので，$n > 10$ ならば，代わりに次の 2 つの正確な再帰法を推奨する．

最初の方法は，アルゴリズム 4.11 の速い NegBin(r, p) 生成法と p.100 の性質 2 に基づいている．

アルゴリズム 4.5（再帰による **Bin**(n, p) **生成法**(I)）

1. $n \leqslant 10$ ならば，アルゴリズム 4.2 を使って $X \sim \mathsf{Bin}(n, p)$ を返す．そうでなければ，Step 2 に進む．
2. $k = \lceil np \rceil$ とおく．アルゴリズム 4.11 を使って $Y \sim \mathsf{NegBin}(k, p)$ を生成し，$T = Y + k$ とおく．
3. $T \leqslant n$ ならば，$Z \sim \mathsf{Bin}(n - T, p)$ を生成し，$X = k + Z$ を出力する．そうでなければ（すなわち，$T > n$ ならば），$Z \sim \mathsf{Bin}(T - n, p)$ を生成し，$X = k - Z$ を出力する．

次の MATLAB のコードは，このアルゴリズムを実装したものである．$n = 10^{10}$ で $p = 1/2$ の場合，関数 binomialrnd.m の再帰呼び出しの回数は 4, 5 回程度であることが多い．

```
function x=binomialrnd(n,p)
% 再帰による 2 項乱数生成法
if n<=10
    x=sum(rand(1,n)<p);
else
    k=ceil(n*p);Y=nbinrnd(k,p);% 負の 2 項分布 NegBin(k,p) 乱数を生成する
    T=k+Y;
    if T<=n
        x=k+binomialrnd(n-T,p);
    else
        x=k-binomialrnd(T-n,p);
    end
end
```

2 番目の再帰的方法は，速い Beta(α, β) 乱数生成法（例えばアルゴリズム 4.25）を使うもので，p.92 の性質 1 および p.108 の性質 6 に基づいている．

アルゴリズム 4.6（再帰による Bin(n,p) 生成法（II））

1. $n \leqslant 10$ ならば，アルゴリズム 4.2 を使って $X \sim \text{Bin}(n,p)$ を出力する．そうでなければ，次の手順に進む．
2. $k = \lceil np \rceil$ とおく．アルゴリズム 4.25 を使って $U_{(k)} \sim \text{Beta}(k, n+1-k)$ を生成する．
3. もし $U_{(k)} \leqslant p$ ならば，$Z \sim \text{Bin}\left(n-k, \frac{p-U_{(k)}}{1-U_{(k)}}\right)$ を生成し，$X = k+Z$ を出力する．そうでなければ（すなわち，$U_{(k)} > p$ ならば），$Z \sim \text{Bin}\left(k-1, \frac{U_{(k)}-p}{U_{(k)}}\right)$ を生成し，$X = k-Z$ を出力する．

次の MATLAB のコードは，このアルゴリズムを実装したものである．$n = 10^{10}$，$p = 1/2$ の場合，関数 binomrnd_beta.m の再帰呼び出しの回数は 6，7 回程度であることが多いが，それにもかかわらず，Beta(α, β) に基づくこの生成法のほうが，NegBin(r, p) に基づく方法よりも速い．

```
function x=binomrnd_beta(n,p)
% ベータ分布を利用した再帰的 2 項乱数生成法
if n<=10
     x=sum(rand(1,n)<p);
else
    k=ceil(n*p);Uk=betarnd(k,n+1-k);% ベータ乱数の生成
    if Uk<p
        x=k+binomrnd_beta(n-k,(p-Uk)/(1-Uk));
    else
        x=k-binomrnd_beta(k-1,(Uk-p)/Uk);
    end
end
```

4.1.3 幾何分布

幾何（geometric）分布の pdf は次式で与えられる．

$$f(x;p) = (1-p)^{x-1}p, \quad x = 1, 2, 3, \ldots \tag{4.1}$$

ここで $0 \leqslant p \leqslant 1$ である．この分布を Geom(p) と表す．幾何分布は，成功の確率が p のベルヌーイ試行を独立に際限なく繰り返すときに，最初に成功する時刻（試行回数）を表すのに使われる．この pdf の例を図 4.2 に示す．

注 4.1（別の定義） 幾何分布にはこれとは異なる定義もあり，その場合，pdf は

$$f(x;p) = (1-p)^x p, \quad x = 0, 1, 2, \ldots$$

である．これは，式 (4.1) をずらしたものである．この定義では，独立なベルヌーイ

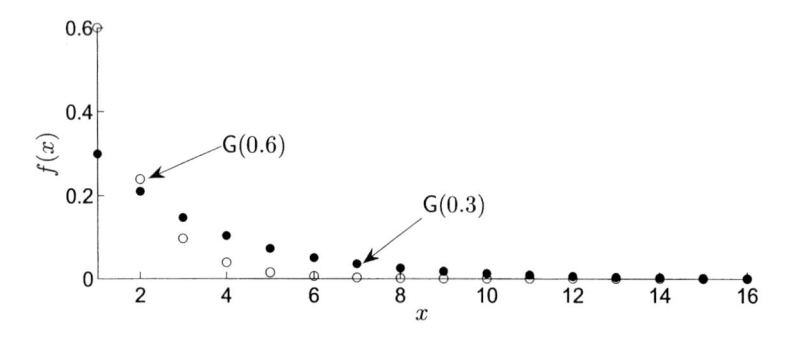

図 4.2 幾何分布の pdf の例. Geom(0.3)（黒丸），Geom(0.6)（白丸）.

試行を無限に繰り返すときに，最初に成功する "前まで" に起きる失敗の回数を表すことになる．本書では，特に断らない限り，式 (4.1) の定義を使うことにする．2 つの定義を明確に区別するために，0 から始まる幾何分布は $\mathrm{Geom}_0(p)$ と書くことにする．もし $X \sim \mathrm{Geom}(p)$ ならば，$(X-1) \sim \mathrm{Geom}_0(p)$ である．

表 4.3 幾何分布 $\mathrm{Geom}(p)$ のモーメントと裾の性質．

性質		条件
期待値	$\dfrac{1}{p}$	
分散	$\dfrac{1-p}{p^2}$	
確率母関数	$\dfrac{zp}{1-z(1-p)}$	$|z| \leqslant 1$
裾の確率 $\mathbb{P}(X>x)$	$(1-p)^x$	$x=1,2,\ldots$

その他の性質と関係式を以下に示す．

1) **無記憶性**：$\mathbb{P}(X > x+y | X > x) = \mathbb{P}(X > y)$, $x, y = 1, 2, \ldots$.
2) **和**：$X_1, \ldots, X_n \stackrel{\mathrm{iid}}{\sim} \mathrm{Geom}_0(p)$ ならば，以下が成り立つ．

$$\sum_{k=1}^n X_k \sim \mathrm{NegBin}(n, p)$$

3) **指数分布**：$Y \sim \mathrm{Exp}(\lambda)$, $\lambda = -\ln(1-p)$ とすると，$\lceil Y \rceil \sim \mathrm{Geom}(p)$ となる．
4) **指数分布への収束**：$X_n \sim \mathrm{Geom}(p_n)$ で，$n \to \infty$ のとき $p_n \to 0$ とすると，以下が成り立つ．

$$n \to \infty \text{ のとき } p_n X_n \xrightarrow{\mathrm{d}} Y \sim \mathrm{Exp}(1)$$

性質 3 の指数分布と幾何分布の関係を使うと，次の生成法が得られる．

アルゴリズム 4.7（Geom(p) 生成法（I））
1. $Y \sim \mathsf{Exp}(-\ln(1-p))$ を生成する．
2. $X = \lceil Y \rceil$ を出力する．

一様乱数を直接使ってアルゴリズム 4.7 を書くと，次のようになる．

アルゴリズム 4.8（Geom(p) 生成法（II））
1. $U \sim \mathsf{U}(0,1)$ を生成する．
2. $X = \left\lceil \frac{\ln(U)}{\ln(1-p)} \right\rceil$ を出力する．

4.1.4 超幾何分布

超幾何（hypergeometric）分布の pdf は，次のとおりである．

$$f(x; n, r, N) = \frac{\binom{r}{x}\binom{N-r}{n-x}}{\binom{N}{n}}, \quad \max\{0, r+n-N\} \leqslant x \leqslant \min\{n, r\}$$

ここでパラメータ n, r, N はすべて正の整数で，$n \leqslant N$, $r \leqslant N$ である．この分布を Hyp(n, r, N) と書く．超幾何分布は以下のような状況で使われる．壺の中に N 個のボールが入っていて，そのうちの r 個が赤であるとする．壺から n 個のボールをランダムに，もとに戻すこと "なく" 取り出す．このとき，取り出された n 個のボールのうちの赤いボールの個数の分布が Hyp(n, r, N) である．したがって，$X_N \sim$ Hyp(n, pN, N)（p は最初に壺の中に入っている赤いボールの割合）とすると，$X_1, X_2, \ldots$ は $N \to \infty$ のとき Bin(n, p) に分布収束する．

この分布の pdf のグラフの例を図 4.3 に示す．p の値は図 4.1 と同じく $p = 0.1$（黒丸）および $p = 0.5$（白丸）を使っている．

表 4.4 で，$_2F_1$ は "超幾何関数" である（D.9.7 項を参照）．壺を使った Hyp(n, r, N) の説明から，次の生成アルゴリズムが得られる．

表 4.4　超幾何分布 Hyp(n, r, N) のモーメントの性質．

性質		条件
期待値	$n\dfrac{r}{N}$	
分散	$n\dfrac{r}{N}\left(1 - \dfrac{r}{N}\right)\dfrac{N-n}{N-1}$	
確率母関数	$\dfrac{(N-n)!\,(N-r)!}{N!\,(N-n-r)!}\,_2F_1(-n, -r; N-n-r+1; z)$	$\|z\| \leqslant 1$

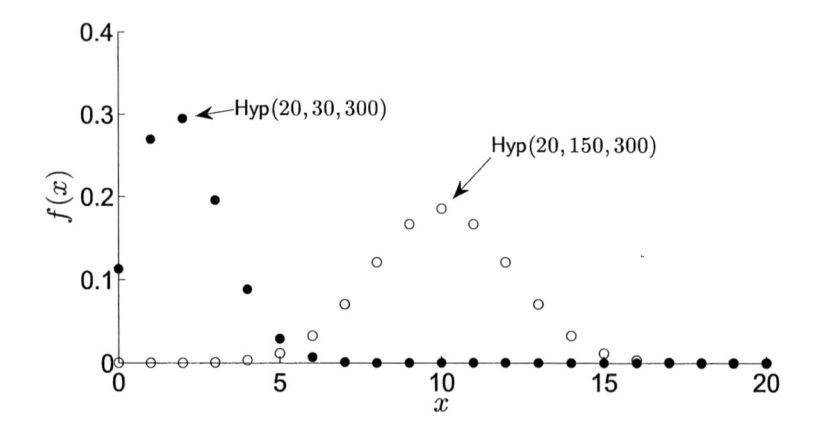

図 4.3 超幾何分布の pdf の例. Hyp(20, 30, 300) (黒丸), Hyp(20, 150, 300) (白丸).

アルゴリズム 4.9 (Hyp(n, r, N) 生成法)

壺の中に N 個のボールが入っていて，ボールには 1 番から N 番までの番号が振ってある．このうちの最初の r 個が赤であるとする．

1. N 個のボールの中から n 個のボールを，もとに戻すことなく，等確率で抜き出す．
2. 抜き出された赤いボールの個数を X とする．

■ 例 4.3 (超幾何分布の生成)

次の MATLAB のコードは，上記のアルゴリズムを実装したものである．

```
%hyperg.m
N = 100; % ボールの総数
n = 20; % n 個のボールを抜き出す
r = 30; % 赤いボールの個数
w = zeros(1,N);
w(1:r) = 1;
K = 10^5; % 標本の大きさ
x = zeros(1,K);
for i=1:K
    [s,ix] = sort(rand(1,N));
    x(i) = sum(w(ix(1:n)));
end
```

アルゴリズム 4.9 は，N が大きい場合には効率的でない．どのような N に対しても効率的な，しかしずっと複雑な生成法が [8, p.545] に記載されている．

4.1.5 負の 2 項分布

負の 2 項分布（negative binomial distribution）の pdf は次式で定義される．

$$f(x; r, p) = \frac{\Gamma(r+x)}{\Gamma(r)\, x!}\, p^r (1-p)^x, \quad x = 0, 1, 2, \ldots$$

ここで，$r \geqslant 0$, $0 \leqslant p \leqslant 1$ である．この分布を NegBin(r, p) と書く．多くの応用では，r は正の整数である（$r = n$ とする）．この場合には，分布は**パスカル分布**（Pascal distribution）とも呼ばれ，pdf は次のように書ける．

$$f(x; n, p) = \binom{n+x-1}{n-1} p^n (1-p)^x, \quad x = 0, 1, 2, \ldots$$

パスカル分布は，ベルヌーイ試行において n 回目の成功が起きるまでの失敗の回数を表す．平均値が一定である場合に分布が r によってどのように変化するかを表す例を，図 4.4 に示す．

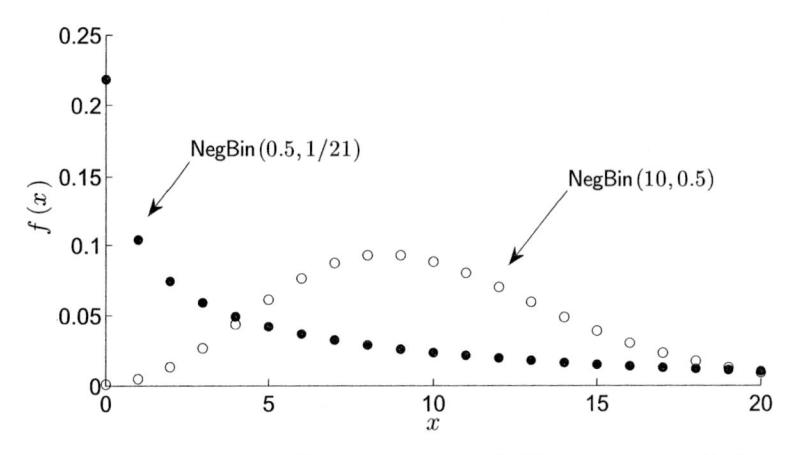

図 4.4 負の 2 項分布の pdf の例．NegBin$(0.5, 1/21)$ (黒丸), NegBin$(10, 0.5)$ (白丸).

負の 2 項分布の基本的な性質を表 4.5 に示す．ここで，$I_x(\alpha, \beta)$ は "不完全ベータ関数" (☞ p.753) を表す．その他の性質と関係を次に示す．

1) **ベルヌーイ過程**：成功の確率が p のベルヌーイ試行を，独立かつ無限に繰り返すことを考えよう．Y_n で n 回目の成功までの失敗の回数を表し，N_t で最初の t 回の試行の結果の成功の回数を表そう．すると，以下が成り立つ．

$$\{Y_n \leqslant x\} \Leftrightarrow \{N_{x+n} \geqslant n\}, \quad \forall\, n, x \in \{0, 1, \ldots\}$$

さらに，$N_{x+n} \sim \text{Bin}(x+n, p)$, $Y_n \sim \text{NegBin}(n, p)$ となる．

表 4.5 負の 2 項分布 NegBin(r, p) のモーメントと裾の性質.

性　質		条件
期待値	$\dfrac{r(1-p)}{p}$	
分散	$\dfrac{r(1-p)}{p^2}$	
確率母関数	$\left(\dfrac{p}{1-z(1-p)}\right)^r$	$\|z\| \leqslant 1$
裾の確率 $\mathbb{P}(X > x)$	$I_{1-p}(x+1, r)$	$x = 0, 1, 2, \ldots$

2) **幾何分布**：$X_1, \ldots, X_n \overset{\text{iid}}{\sim} \text{Geom}_0(p)$ とすると，以下が成り立つ．

$$\sum_{k=1}^{n} X_k \sim \text{NegBin}(n, p)$$

3) **負の 2 項分布**：$X_k \sim \text{NegBin}(r_k, p)$, $k = 1, \ldots, n$ で，これらは独立とすると，以下が成り立つ．

$$\sum_{k=1}^{n} X_k \sim \text{NegBin}\left(\sum_{k=1}^{n} r_k, p\right)$$

4) **ポアソン分布への収束**：$X_n \sim \text{NegBin}(n, 1 - \lambda/n)$ とすると，以下が成り立つ．

$$n \to \infty \text{ のとき } X_n \xrightarrow{\text{d}} Y \sim \text{Poi}(\lambda)$$

5) **ガンマ・ポアソン混合**：$\Lambda \sim \text{Gamma}(n, p/(1-p))$, $(X|\Lambda = \lambda) \sim \text{Poi}(\lambda)$ とすると，$X \sim \text{NegBin}(n, p)$ となる．

小さい整数の r ($r = n$) に対しては，$\text{Geom}_0(p)$ に従う n 個の乱数の和によって NegBin(n, p) 乱数を生成することができる（上記の性質 2 を参照）．したがって，次のアルゴリズムが得られる．

アルゴリズム 4.10（幾何分布に基づく NegBin(n, p) 生成法）

1. $U_1, \ldots, U_n \overset{\text{iid}}{\sim} U(0, 1)$ を生成する．
2. $c = \ln(1 - p)$, $Y_i = \lfloor \ln(U_i)/c \rfloor$, $i = 1, \ldots, n$ とおく．
3. $X = \sum_{i=1}^{n} Y_i$ を返す．

この直接的なアプローチは，r が大きいと非効率的であり，また r が整数でないと使えない．そこで，上記の性質 5 に基づく，すべての r および p に対して使えて，いつでも速い次の生成法を推奨する．

アルゴリズム 4.11（常に速い NegBin(r, p) 生成法）

1. $\Lambda \sim \text{Gamma}(r, p/(1-p))$ を生成する．
2. 上で得られた Λ に基づいて，$X \sim \text{Poi}(\Lambda)$ を生成する．

4.1.6 相型分布（離散の場合）

離散相型（discrete phase-type）分布の pdf は

$$f(x; \boldsymbol{\alpha}, A) = \boldsymbol{\alpha} A^{x-1}(I - A)\mathbf{1}, \quad x = 1, 2, \ldots$$

で与えられる．ここで，$\boldsymbol{\alpha}$ は $1 \times m$ 確率ベクトル，$\mathbf{1}$ は成分がすべて 1 の $m \times 1$ ベクトル，A は $m \times m$ 行列で $I - A$ の逆行列が存在し，$\mathbf{A}_0 = (I - A)\mathbf{1}$ として

$$P = \begin{pmatrix} A & \mathbf{A}_0 \\ \mathbf{0}^\top & 1 \end{pmatrix}$$

はマルコフ連鎖（☞p.664）の推移行列であるとする．この分布を DPH$(\boldsymbol{\alpha}, A)$ と書く．確率変数 $X \sim$ DPH$(\boldsymbol{\alpha}, A)$ は，状態集合が $\{1, \ldots, m, m+1\}$，推移確率行列が P の離散マルコフ連鎖において，初期分布を $(\boldsymbol{\alpha}, 0)$ としたときに，状態 $m+1$ への吸収時刻を表すものと考えることができる．

表 4.6 離散相型分布 DPH$(\boldsymbol{\alpha}, A)$ のモーメントと裾の性質．

性質		条件
期待値 (μ)	$\boldsymbol{\alpha}(I - A)^{-1}\mathbf{1}$	
分散	$\boldsymbol{\alpha}A(I - A)^2\mathbf{1} + \mu - \mu^2$	
確率母関数	$z\boldsymbol{\alpha}(I - zA)^{-1}\mathbf{A}_0$	$|z| \leqslant 1$
裾の確率 $\mathbb{P}(X > x)$	$\boldsymbol{\alpha}A^x\mathbf{1}$	$x = 1, 2, \ldots$

その他の性質と関係を以下に示す（例えば [26] を参照）．

1) **幾何分布**：幾何分布 Geom(p) は，$m = 1$，$A = 1 - p$，$\alpha = 1$ とおいた最も単純な離散相型分布である．

2) **負の 2 項分布**：$X \sim$ NegBin(n, p) とすると，$X + n \sim$ DPH$(\boldsymbol{\alpha}, A)$ であり，$\boldsymbol{\alpha}$ は $1 \times n$ ベクトル $(1, 0, \ldots, 0)$ で，A は次の $n \times n$ 行列である．

$$A = \begin{pmatrix} 1-p & p & 0 & \cdots & 0 \\ 0 & 1-p & p & \cdots & 0 \\ \vdots & \vdots & \ddots & \ddots & \vdots \\ 0 & \cdots & 0 & 1-p & p \\ 0 & \cdots & 0 & 0 & 1-p \end{pmatrix}$$

3) **和**：相型分布に従う独立な有限個の確率変数の和は，また相型分布に従う．

4) **混合**：相型分布を有限個混合したものは，また相型分布となる．

$X \sim$ DPH$(\boldsymbol{\alpha}, A)$ はマルコフ連鎖における吸収時刻と見なせるという事実から，次のアルゴリズムが得られる．ここで，$P(y, \cdot)$ は推移確率行列 P の第 y 行を表し，$\boldsymbol{\alpha}$ は初期分布を表す．

アルゴリズム 4.12（DPH(α, A) 生成法）

1. 初期分布 α に従って出発状態 Y_0 を選ぶ. $t = 0$ とおく.
2. $Y_t \neq m+1$ である限り, $Y_{t+1} \sim P(Y_t, \cdot)$ を生成し $t = t+1$ とおく.
3. $X = t$ を返す.

■ 例 4.4（離散相型分布としての負の 2 項分布）

負の 2 項分布は相型分布の 1 つと見なせる（上記の性質 2）．次の MATLAB プログラムはアルゴリズム 4.12 を $m = 4$, $p = 0.2$ として実装したもので，生成された標本（から m を引いたもの）を真の分布 NegBin(m, p) と比較している．

```
%negbin.m
alpha = [1 0 0 0];
p = 0.2;
m = 4;
A = [1-p, p, 0, 0; 0, 1-p ,p ,0 ; 0 ,0, 1-p, p; 0, 0, 0 ,1-p] ;
A0 = abs((eye(m) - A)*ones(m,1));
P = [A A0; zeros(1,m) 1]
N = 10^5;
x = zeros(N,1);
for i=1:N;
    X = 0;
    Y = min(find(cumsum(alpha)> rand));
    while Y ~= m+1
        Y = min(find(cumsum(P(Y,:))> rand));
        X = X+1;
    end
    x(i) = X;
end
x = x - m; % 標本値から m を引いたものは NegBin(m,p) 分布からの標本値

xx = [0: 2*m/p];
count = hist(x,xx);
ex = nbinpdf(xx,m,p)*N;
hold on
plot(xx,count,'.r')
plot(xx,ex,'ob')
hold off
```

4.1.7 ポアソン分布

ポアソン（Poisson）分布の pdf は

$$f(x; \lambda) = \frac{\lambda^x}{x!} \mathrm{e}^{-\lambda}, \quad x = 0, 1, 2, \ldots$$

で与えられ，$\lambda > 0$ は**生起率**（rate）パラメータである．この分布を $\mathsf{Poi}(\lambda)$ と書く．この pdf のグラフの例を図 4.5 に示す．

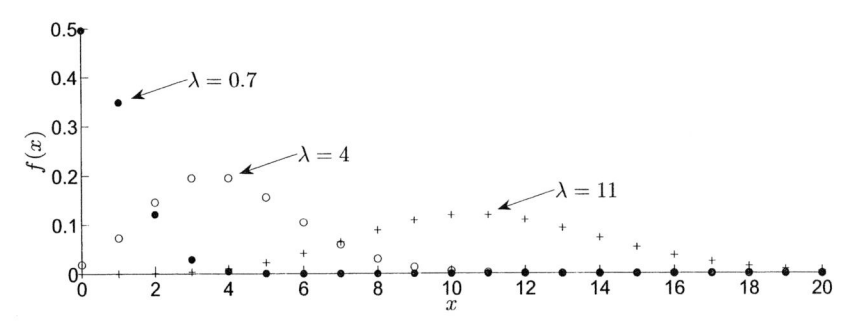

図 4.5 ポアソン分布の pdf の例．$\mathsf{Poi}(0.7)$（黒丸），$\mathsf{Poi}(4)$（白丸），$\mathsf{Poi}(11)$（+）．

ポアソン分布は，注目している種類のものが一定期間の間に到着する数をモデル化するためによく使われる．ポアソン分布は，**ポアソン過程**（Poisson process）を通じて指数分布と密接な関係がある（5.4 節を参照）．

表 4.7 で，$P(\alpha, x)$ は "不完全ガンマ関数"（☞ p.754）である．その他の性質と関係を以下に示す．

1) **2 項分布の極限**：$X_n \sim \mathsf{Bin}(n, \lambda/n)$ とすると，以下が成り立つ．

$$n \to \infty \text{ のとき } X_n \xrightarrow{\mathrm{d}} Y \sim \mathsf{Poi}(\lambda)$$

2) **ポアソン分布に従う確率変数の和**：$X \sim \mathsf{Poi}(\lambda)$ と $Y \sim \mathsf{Poi}(\lambda)$ は独立とすると，$Z = X + Y \sim \mathsf{Poi}(\lambda + \nu)$ となる．

3) **多項分布**：$0 \leqslant p_i \leqslant 1, i = 1, \ldots, m$, $\mathbf{p} = (p_1, \ldots, p_m)$ とする．$N \sim \mathsf{Poi}(\lambda)$ で $((X_1, \ldots, X_m) | N) \sim \mathsf{Mnom}(N, \mathbf{p})$ ならば，

$$X_i \sim \mathsf{Poi}(\lambda p_i), \quad i = 1, \ldots, m$$

であり，これらは独立である．

4) **正規近似**：λ が大きいとき，近似的に以下が成り立つ．

$$X \sim \mathsf{N}(\lambda, \lambda)$$

表 4.7 ポアソン分布 $\mathsf{Poi}(\lambda)$ のモーメントと裾の性質．

性　質		条件
期待値	λ	
分散	λ	
確率母関数	$\mathrm{e}^{-\lambda(1-z)}$	$|z| \leqslant 1$
裾の確率 $\mathbb{P}(X > x)$	$P(\lfloor x+1 \rfloor, \lambda)$	$x = 0, 1, 2, \ldots$

5) **条件付き2項分布**：$X \sim \mathsf{Poi}(\lambda)$ と $Y \sim \mathsf{Poi}(\mu)$ は独立とし，$Z = X + Y$ とすると，以下が成り立つ．
$$(X|Z = z) \sim \mathsf{Bin}\left(z, \frac{\lambda}{\lambda + \mu}\right)$$

6) **指数分布**：$\{Y_i\} \overset{\text{iid}}{\sim} \mathsf{Exp}(\lambda)$ とすると，以下が成り立つ．
$$X = \max\left\{n : \sum_{j=1}^{n} Y_j \leqslant 1\right\} \sim \mathsf{Poi}(\lambda) \tag{4.2}$$

すなわち，ポアソン確率変数 X は，iid の指数確率変数の，和が 1 を超えないものの最大個数と解釈できる．

$\{U_i\} \overset{\text{iid}}{\sim} \mathsf{U}(0,1)$ とする．式 (4.2) を書き直すと
$$\begin{aligned}
X &= \max\left\{n : \sum_{j=1}^{n} -\ln U_j \leqslant \lambda\right\} \\
&= \max\left\{n : \ln\left(\prod_{j=1}^{n} U_j\right) \geqslant -\lambda\right\} \\
&= \max\left\{n : \prod_{j=1}^{n} U_j \geqslant \mathrm{e}^{-\lambda}\right\}
\end{aligned} \tag{4.3}$$

となるので，X が $\mathsf{Poi}(\lambda)$ 分布をすることがわかる．これにより次のアルゴリズムが得られる．

アルゴリズム 4.13（Poi(λ) 生成法）

1. $n = 1$，$a = 1$ とおく．
2. $U_n \sim \mathsf{U}(0,1)$ を生成し，$a = aU_n$ とおく．
3. $a \geqslant \mathrm{e}^{-\lambda}$ ならば，$n = n + 1$ として Step 2 に戻る．
4. そうでなければ，$X = n - 1$ を $\mathsf{Poi}(\lambda)$ に従う乱数として返す．

λ が大きい場合には $\mathrm{e}^{-\lambda}$ が小さいので，このアルゴリズムは遅くなり，不等式 $\prod_{j=1}^{n} U_j < \mathrm{e}^{-\lambda}$ を満たすのに必要な乱数 U_j の個数が多くなる．しかし，n が大きい場合には，ガンマ分布 $\mathsf{Gamma}(m, 1)$ から直接に $\sum_{j=1}^{m} -\ln U_j$ をサンプリングすることで，アルゴリズム 4.13 においてかなりの回数（例えば，1 より小さいが 1 に近いある数を α として $m = \alpha n$ 回）の繰り返しを避けることができる．この事実から，λ が大きい（例えば $\lambda > 100$）場合に対する次の Ahrens–Dieter [2] の再帰的アルゴリズムが得られる．

アルゴリズム 4.14（λ が大きい場合の Poi(λ) 生成法）

1. $m = \lfloor (7/8)\lambda \rfloor$ とおく．
2. $Y \sim \mathsf{Gamma}(m, 1)$ を生成する．
3. もし $Y \leqslant \lambda$ ならば，$Z \sim \mathsf{Poi}(\lambda - Y)$ を生成して $X = m + Z$ とする．そうでなければ，$X \sim \mathsf{Bin}(m - 1, \lambda/Y)$ を生成する．

アルゴリズム 4.14 は，n が大きくて p が 1 に近い場合の $\text{Gamma}(n, 1)$ 乱数および $\text{Bin}(n, p)$ 乱数の高速生成に依存している．Atkinson [3] は，ロジスティック分布 $\text{Logistic}(\mu, \sigma)$, $\sigma = \pi/\sqrt{3\lambda}$, $\mu = \lambda\sigma$ を提案関数とする採択–棄却法に基づくポアソン乱数生成法を提案している．ロジスティック分布は連続分布であるが，フロア関数 $\lfloor \cdot \rfloor$ を使って離散分布と関係付けることができる．アルゴリズムの詳細は次のとおりである．

アルゴリズム 4.15（$\text{Logistic}(\mu, \sigma)$ を使った $\text{Poi}(\lambda)$ 乱数生成法）

1. $\sigma = \pi/\sqrt{3\lambda}$, $\mu = \lambda\sigma$, $c = 0.767 - 3.36/\lambda$, $k = \ln c - \lambda - \ln \sigma$ とおく．
2. $X > -0.5$ が成り立つまで，以下の生成を続ける．
$$X = \frac{\mu - \ln\left(\frac{1-U}{U}\right)}{\sigma}, \quad U \sim \text{U}(0, 1)$$
3. $N = \lfloor X + 0.5 \rfloor$ とおき，$V \sim \text{U}(0, 1)$ を生成する．もし
$$\mu - \sigma X + \ln\left(\frac{V}{(1 + e^{\mu - \sigma X})^2}\right) \leqslant k + N \ln \lambda - \ln(N!)$$
が成り立てば，N を $\text{Poi}(\lambda)$ からの乱数として採用する．さもなければ，Step 2 に戻って繰り返す．

多数の独立なポアソン乱数が必要な場合には，前記の性質 3（p.103）に基づいて，次のようにしてバッチで生成することができる．

アルゴリズム 4.16（ポアソン乱数のバッチ生成法）

1. $N \sim \text{Poi}(\lambda)$ を生成する．
2. この N を使い，$\mathbf{X} = (X_1, \ldots, X_m) \sim \text{Mnom}(N, \mathbf{p})$ を生成して出力する．このとき，$X_i \sim \text{Poi}(\lambda p_i)$, $i = 1, \ldots, m$ で，これらは独立である．

4.1.8 一様分布（離散の場合）

離散一様（discrete uniform）分布の pdf は
$$f(x; a, b) = \frac{1}{b - a + 1}, \quad x \in \{a, \ldots, b\}$$
であり，ここで $a, b \in \mathbb{Z}$, $b \geqslant a$ はパラメータである．離散一様分布は，集合 $\{a, \ldots, b\}$ の中からどれか 1 個の要素を等確率で選び出すモデルとして使われる．この分布を $\text{DU}(a, b)$ と書く．一様分布はどのような有限集合 $\mathscr{X}$ の上でも定義することができ，その場合には，記号 $|\mathscr{X}|$ で集合 $\mathscr{X}$ に含まれる要素の個数を表すことにすれば，
$$f(x; \mathscr{X}) = \frac{1}{|\mathscr{X}|}, \quad x \in \mathscr{X}$$
となる．この分布を $\text{DU}(\mathscr{X})$ あるいは単に $\text{U}(\mathscr{X})$ と書くことにする．

連続一様分布の場合と同様に，離散一様分布からの抽出サンプルを生成することは，

モンテカルロシミュレーションにおける中心的な操作である．集合 $\mathscr{X}$ が単純でない場合に，これを実現する特別なアルゴリズムが数多く提案されている．そのような単純でない集合として，整数 $\{1, 2, \ldots, n\}$ のあらゆる順列や，すべての木の集合，m 個の頂点の集合と n 個の頂点の集合を結ぶ 2 部グラフで k 正則（各頂点に接続する枝の本数が k 本）のものの集合などがある．3.3 節も参照せよ．

表 4.8 離散一様分布 $\mathsf{DU}(a, b)$ のモーメントの性質．

性質		条件
期待値	$\dfrac{a+b}{2}$	
分散	$\dfrac{(b-a)(b-a+2)}{12}$	
確率母関数	$\dfrac{z^a - z^{b+1}}{(b-a+1)(1-z)}$	$\|z\| \leqslant 1$

集合 $\{a, \ldots, b\}$ 上の離散一様分布（a と b は整数）からの標本抽出は，単純な表引きによって実現される．

アルゴリズム 4.17（$\mathsf{DU}(a, b)$ 乱数生成法）

$U \sim \mathsf{U}(0, 1)$ を生成し，$X = \lfloor a + (b+1-a)U \rfloor$ を出力する．

4.2 連続分布

本節では，種々の連続分布を（英語表記の）アルファベット順に列挙する．絶対連続分布（☞ p.639）は，その確率密度関数（pdf）によって完全に規定できることを思い起こそう．

4.2.1 ベータ分布

ベータ (beta) 分布の pdf は

$$f(x; \alpha, \beta) = \frac{x^{\alpha-1}(1-x)^{\beta-1}}{B(\alpha, \beta)}, \quad x \in [0, 1]$$

で表され，ここで $\alpha > 0$，$\beta > 0$ は**形状** (shape) パラメータと呼ばれ，B は "ベータ関数"（☞ p.753）である．

$$B(\alpha, \beta) = \frac{\Gamma(\alpha)\,\Gamma(\beta)}{\Gamma(\alpha + \beta)}$$

この分布を $\mathsf{Beta}(\alpha, \beta)$ と書く．図 4.6 は，ベータ分布が形状パラメータの値によってどのように影響されるかを示している．

4.2 連続分布

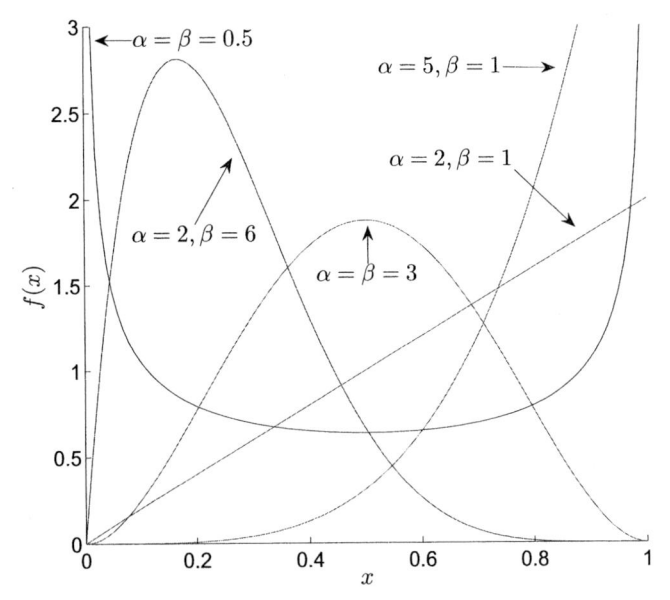

図 4.6 ベータ分布のさまざまな密度関数.

Beta$(1/2, 1/2)$ 分布は**逆正弦**（arcsine; **アークサイン**）分布として知られている．これを Arcsine と書く．ベータ分布に関連する他の分布として，**ベータ・プライム**（beta-prime）分布あるいは**逆ベータ**（inverted beta）分布と呼ばれるものがあり，標準のベータ分布 X から $Y = X/(1-X)$ として得られる．

ベータ分布の多変量への一般化については，4.3.1 項のディリクレ分布を参照せよ．

表 4.9 で，$I_x(\alpha, \beta)$ は "不完全ベータ関数"（☞ p.753）であり，${}_1F_1(\alpha; \gamma; x)$ は "合流型超幾何関数" である．その他の性質と関係を以下に列挙する．

1) **一様分布**：Beta$(1, 1) \equiv \mathsf{U}(0, 1)$.
2) **逆正弦分布**：$U \sim \mathsf{U}(0, 1)$ ならば，以下が成り立つ．

表 4.9 ベータ分布 Beta(α, β) のモーメントと裾の性質.

性質		条件
期待値	$\dfrac{\alpha}{\alpha + \beta}$	
分散	$\dfrac{\alpha\beta}{(\alpha+\beta)^2(\alpha+\beta+1)}$	
モーメント $\mathbb{E}X^k$	$\dfrac{B(\alpha+k, \beta)}{B(\alpha, \beta)}$	
特性関数	${}_1F_1(\alpha; \alpha+\beta; it)$	
裾の確率 $\mathbb{P}(X > x)$	$I_{1-x}(\beta, \alpha)$	$x \in [0, 1]$

$$X = 1/2 + \cos(\pi U)/2 = \cos^2(\pi U/2) \sim \mathsf{Beta}(1/2, 1/2) \equiv \mathsf{Arcsine}$$

3) **Student の t 分布**：$X \sim \mathsf{Beta}(\alpha, \alpha)$ ならば，以下が成り立つ．

$$T = \frac{(X - \frac{1}{2})\sqrt{2\alpha}}{\sqrt{X(1-X)}} \sim \mathsf{t}_{2\alpha}$$

さらに $X \sim \mathsf{Beta}(1/2, \alpha/2)$ と $B \sim \mathsf{Ber}(1/2)$ が独立ならば，以下が成り立つ．

$$(2B - 1)\sqrt{\frac{\nu X}{1 - X}} \sim \mathsf{t}_\nu$$

4) **ガンマ分布**：$X \sim \mathsf{Gamma}(\alpha, \theta)$ と $Y \sim \mathsf{Gamma}(\beta, \theta)$ が独立とすると，以下が成り立つ．

$$\frac{X}{X+Y} \sim \mathsf{Beta}(\alpha, \beta)$$

もっと一般的に，$X_k \sim \mathsf{Gamma}(\alpha_k, 1)$, $k = 1, \ldots, n$ が独立とすると，確率変数

$$Y_k = \frac{X_1 + \cdots + X_k}{X_1 + \cdots + X_{k+1}}, \quad k = 1, \ldots, n-1$$

と $S_n = X_1 + \cdots + X_n$ は独立である．さらに，

$$Y_k \sim \mathsf{Beta}(\alpha_1 + \cdots + \alpha_k, \alpha_{k+1})$$
$$S_n \sim \mathsf{Gamma}(\alpha_1 + \cdots + \alpha_n, 1)$$

が成り立つ．

5) **一様分布**：$U, V \stackrel{\mathrm{iid}}{\sim} \mathsf{U}(0,1)$ とすると，$U^{1/\alpha} + V^{1/\beta} \leqslant 1$ という条件のもとで以下が成り立つ．

$$\frac{U^{1/\alpha}}{U^{1/\alpha} + V^{1/\beta}} \sim \mathsf{Beta}(\alpha, \beta), \quad U^{1/\alpha} \sim \mathsf{Beta}(\alpha, \beta + 1)$$

6) **順序統計量**：$X_1, \ldots, X_n \stackrel{\mathrm{iid}}{\sim} \mathsf{U}(0,1)$ とし，その順序統計量を $X_{(1)} \leqslant X_{(2)} \leqslant \cdots \leqslant X_{(n)}$ とする．順序統計量は，次のようにベータ分布に従う．

$$X_{(i)} \sim \mathsf{Beta}(i, n+1-i)$$

7) **モーメント**：$X_1, \ldots, X_n \stackrel{\mathrm{iid}}{\sim} \mathsf{Beta}(\alpha, \beta)$ とする．もし $\gamma > \min\left\{\frac{1}{n}, \frac{\alpha}{n-1}, \frac{\beta}{n-1}\right\}$ ならば，次が成り立つ ([10] を参照)．

$$\mathbb{E} \prod_{1 \leqslant i < j \leqslant n} |X_i - X_j|^{2\gamma} = \prod_{j=0}^{n-1} \frac{\Gamma(\alpha + j\gamma)\,\Gamma(\beta + j\gamma)\,\Gamma(1 + (j+1)\gamma)}{\Gamma(\alpha + \beta + (n+j-1)\gamma)\,\Gamma(1 + \gamma)}$$

ベータ分布のパラメータの値に応じて，以下の種々のアルゴリズムがある．最後のものが最も一般的に使用できる．

もし α または β が1に等しければ，逆関数法によって次のアルゴリズムが得られる．

アルゴリズム 4.18（Beta($\alpha, 1$) 乱数生成法）

$U \sim \mathsf{U}(0,1)$ を生成し，$X = U^{1/\alpha}$ を出力する．

アルゴリズム 4.19（Beta($1, \beta$) 乱数生成法）

$U \sim \mathsf{U}(0,1)$ を生成し，$X = 1 - U^{1/\beta}$ を出力する．

上記の性質 2 から次の生成法が得られる．

アルゴリズム 4.20（Beta($1/2, 1/2$) $\equiv$ Arcsine 乱数生成法）

$U \sim \mathsf{U}(0,1)$ を生成し，$X = \cos^2(\pi U/2)$ を出力する．

左右対称なベータ分布 Beta(α, α), $\alpha > 1/2$ からの乱数生成には，"極座標法"（3.1.2.7 項を参照）が使える．具体的には，$f_R(r) = 2cr(1-r^2)^{c-1}$, $c = \alpha - 1/2$ を使うと，$X = R\cos\Theta$ の pdf は $2B-1$ の pdf と一致することがわかる．ただし $B \sim$ Beta(α, α) である．R は $\sqrt{1 - U^{1/c}}$, $U \sim \mathsf{U}(0,1)$ と書けるので，結局次のアルゴリズムが得られる．

アルゴリズム 4.21（Beta(α, α) 乱数生成法(I)，$\alpha > 1/2$）

$U_1, U_2 \overset{\text{iid}}{\sim} \mathsf{U}(0,1)$ を生成し，$B = \frac{1}{2}\left(1 + \sqrt{1 - U_1^{\frac{2}{2\alpha-1}}} \cos(2\pi U_2)\right)$ を出力する．

余弦関数（cos）の計算は，次のアルゴリズムの棄却のステップのようにして避けることができる．

アルゴリズム 4.22（Beta(α, α) 乱数生成法(II)，$\alpha > 1/2$）

1. $U \sim \mathsf{U}(0,1)$ および $V \sim \mathsf{U}(-1,1)$ を独立に生成し，$S = U^2 + V^2$ とおく．
2. もし $S > 1$ ならば，Step 1 に戻って繰り返す．そうでなければ，次の出力を返す．

$$B = \frac{1}{2} + \frac{UV}{S}\sqrt{1 - S^{\frac{2}{2\alpha-1}}}$$

対称なベータ分布（$\alpha > 0$）に対する別の生成法が，上記の性質 3 から得られる．

アルゴリズム 4.23（Beta(α, α) 乱数生成法）

$T \sim \mathsf{t}_{2\alpha}$ を生成し，$X = \frac{1}{2}\left(1 + \frac{T}{\sqrt{2\alpha + T^2}}\right)$ を返す．

対称なベータ分布 Beta(α, α) からのもう 1 つの生成法で，近似的な逆関数を使うものが [22] で示されている．アルゴリズム 4.21 や 4.22 と違って，これは $\alpha \leqslant 1/2$ で使うことができ，小さい α に対してより効率的である．

パラメータがともに整数で，$\alpha = m$, $\beta = n$ の場合には，性質 6 から次のアルゴ

アルゴリズム 4.24（整数パラメータ $\alpha = m$, $\beta = n$ の Beta(α, β) 乱数生成法）
1. $U_1, \ldots, U_{m+n-1} \stackrel{\text{iid}}{\sim} \mathsf{U}(0,1)$ を生成する．
2. Beta(m, n) 分布からの乱数として m 番目の順序統計量 $U_{(m)}$ を返す．

順序統計量 $U_{(m)}$ を見つけるのに必要な比較の回数は $(m/2)(m+2n-1)$ であり，したがって，このアルゴリズムは m, n が大きい場合には効率が低下する．

しかしながら，性質 4 により，最も広範囲に使用できる次のアルゴリズムが得られる．

アルゴリズム 4.25（Beta(α, β) 乱数生成法）
1. $Y_1 \sim \mathsf{Gamma}(\alpha, 1)$ および $Y_2 \sim \mathsf{Gamma}(\beta, 1)$ を独立に生成する．
2. Beta(α, β) からの乱数として $X = Y_1/(Y_1 + Y_2)$ を返す．

4.2.2 コーシー分布

コーシー（Cauchy）分布の pdf は次のとおりである．

$$f(x) = \frac{1}{\pi} \frac{1}{1+x^2}, \quad x \in \mathbb{R}$$

位置と尺度のパラメータを含む分布の pdf は，$f(x; \mu, \sigma) = f((x-\mu)/\sigma)/\sigma$ で与えられる．この分布を Cauchy(μ, σ) と書く．コーシー分布 Cauchy(0, 1) の pdf のグラフを図 4.7 に示す．

その他の性質と関係を以下に示す．
1) **Student の t 分布**：Cauchy(0, 1) $\equiv$ t_1.
2) **正規分布**：$Y_1, Y_2 \stackrel{\text{iid}}{\sim} \mathsf{N}(0,1)$ とすると，

$$\frac{Y_1}{Y_2} \sim \mathsf{Cauchy}(0,1)$$

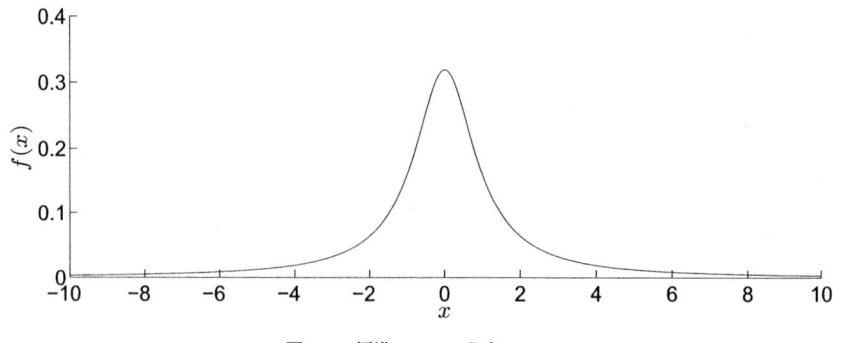

図 4.7 標準コーシー分布の pdf．

表 4.10　コーシー分布 Cauchy(0, 1) のモーメントと裾の性質.

性　質		条件
期待値	定義できない ($\infty - \infty$)	
特性関数	$e^{-|t|}$	
裾の確率 $\mathbb{P}(X > x)$	$\frac{1}{2} - \frac{1}{\pi}\arctan(x)$	

さらに,
$$\frac{Y_1 - Y_2}{2\sqrt{Y_1 Y_2}} \sim \mathsf{Cauchy}(0, 1)$$
が成り立つ.

3) **逆数**：$X \sim \mathsf{Cauchy}(\mu, \sigma)$ ならば，$\frac{1}{X} \sim \mathsf{Cauchy}\left(\frac{\mu}{\mu^2+\sigma^2}, \frac{\sigma}{\mu^2+\sigma^2}\right)$ が成り立つ.
4) **和**：$X_i \sim \mathsf{Cauchy}(\mu_i, \sigma_i)$, $i = 1, 2, \ldots, n$ は独立とする. このとき，以下が成り立つ.
$$\sum_{i=1}^{n} X_i \sim \mathsf{Cauchy}\left(\sum_{i=1}^{n} \mu_i, \sum_{i=1}^{n} \sigma_i\right)$$

コーシー分布 $\mathsf{Cauchy}(\mu, \sigma)$ は位置–尺度分布族なので，ここでは $\mathsf{Cauchy}(0, 1)$ からの生成だけを考える. 次のアルゴリズムは，$\cot(\pi x) = \tan(\pi x - \pi/2)$ という事実に注意すれば，逆関数法から直ちに導き出せる.

アルゴリズム 4.26 (Cauchy(0, 1) 乱数生成法)

一様乱数 $U \sim \mathsf{U}(0, 1)$ を生成し，$X = \cot(\pi U)$（または $X = \tan(\pi U - \pi/2)$）を出力する.

"一様乱数の比" を用いる方法（☞ p.70）によれば，次のアルゴリズムが得られる.

アルゴリズム 4.27 (一様乱数の比を用いて Cauchy(0, 1) 乱数を生成する方法)

1. 一様乱数 $U, V \overset{\mathrm{iid}}{\sim} \mathsf{U}(0, 1)$ を生成し，$V = V - 1/2$ とおく.
2. もし $U^2 + V^2 \leqslant 1$ ならば，$X = V/U$ とおいて X を返す. そうでなければ，Step 1 に戻って繰り返す.

最後に，上記の性質 2 から次のアルゴリズムが得られる.

アルゴリズム 4.28 (正規乱数の比を用いる Cauchy(0, 1) 乱数生成法)

1. $Y_1, Y_2 \overset{\mathrm{iid}}{\sim} \mathsf{N}(0, 1)$ を生成する.
2. $X = Y_1/Y_2$ を返す.

4.2.3　指　数　分　布

指数 (exponential) 分布の pdf は
$$f(x; \lambda) = \lambda e^{-\lambda x}, \quad x \geqslant 0$$
で与えられ，$\lambda > 0$ は**生起率** (rate) パラメータである. この分布を $\mathsf{Exp}(\lambda)$ と書く. 指

数分布は幾何分布の連続版と見なせる．この分布は**無記憶性**（memoryless property）という性質（以下の性質1を参照）を有し，それゆえマルコフ跳躍過程（☞ p.169）の理論および応用，さらに一般的な確率的モデリングにおいて，中心的な役割を果たす．種々の λ の値に対する pdf のグラフを図 4.8 に示す．

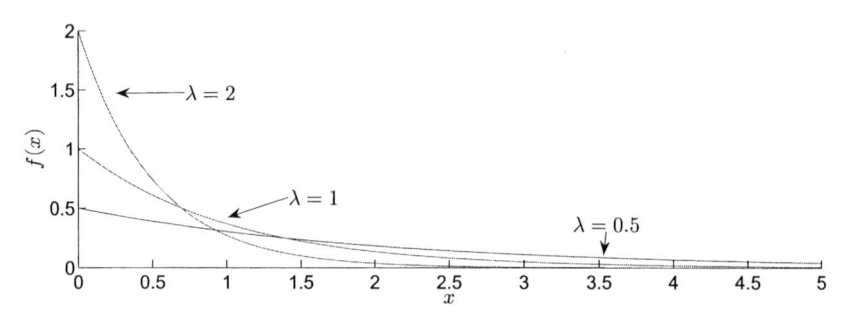

図 4.8 種々の λ の値に対する $\mathsf{Exp}(\lambda)$ の pdf のグラフ．

表 4.11 指数分布 $\mathsf{Exp}(\lambda)$ のモーメントと裾の性質．

性　質		条件
期待値	$\dfrac{1}{\lambda}$	
分散	$\dfrac{1}{\lambda^2}$	
モーメント母関数	$\dfrac{\lambda}{\lambda - t}$	$t < \lambda$
裾の確率 $\mathbb{P}(X > x)$	$\mathrm{e}^{-\lambda x}$	$x \geqslant 0$

その他の性質と関係を以下に示す．

1) **無記憶性**：$X \sim \mathsf{Exp}(\lambda)$ とすると，以下が成り立つ．
$$\mathbb{P}(X > s+t \mid X > s) = \mathbb{P}(X > t), \quad s, t \geqslant 0$$

2) **和**：$X_1, \ldots, X_n \overset{\text{iid}}{\sim} \mathsf{Exp}(\lambda)$ とすると，$\sum_{k=1}^{n} X_k \sim \mathsf{Gamma}(n, \lambda)$ となる．

3) **最小値**：$X_i \sim \mathsf{Exp}(\lambda_i)$，$i = 1, \ldots, n$ が独立として，$M \overset{\text{def}}{=} \min\{X_1, \ldots, X_n\}$ と定義する．すると，$M \sim \mathsf{Exp}(\lambda_1 + \cdots + \lambda_n)$ および $\mathbb{P}(M = X_i) = \lambda_i / (\lambda_1 + \cdots + \lambda_n)$ が成り立つ．

4) **ポアソン分布および幾何分布**：$\mu > 0$ を任意の定数として，$Z \geqslant 1$ を打ち切りポアソン $\mathsf{Poi}(\mu)$ 分布に従う確率変数とする：$\mathbb{P}(Z = z) = \frac{\mu^z}{z!\,(\mathrm{e}^{\mu}-1)}$．$G \sim \mathsf{Geom}_0(1 - \mathrm{e}^{-\mu})$，$U_1, U_2, \ldots \overset{\text{iid}}{\sim} \mathsf{U}(0,1)$ とすると，以下が成り立つ．
$$X = \mu(G + \min\{U_1, \ldots, U_Z\}) \sim \mathsf{Exp}(1)$$

$U \sim \mathsf{U}(0,1)$ ならば $1-U \sim \mathsf{U}(0,1)$ であることに注目すれば，次の逆変換アルゴリズムが得られる．

アルゴリズム 4.29（Exp(λ) 乱数生成法）

$U \sim \mathsf{U}(0,1)$ を生成し，$X = -(1/\lambda)\ln U$ を出力する．

指数分布に従う乱数を生成する方法は，ほかにも多数存在する．興味がある読者は [8] を参照せよ．Exp(λ) は尺度分布族であることに注意しよう（☞ p.50）．したがって，$Y \sim \mathsf{Exp}(1)$ を生成する方法が規定されていれば十分で，Exp(λ) に従う乱数が必要ならば Y/λ を返せばよい．

4.2.4 F 分 布

F 分布または Fisher–Snedecor 分布の pdf は

$$f(x;m,n) = \frac{\Gamma(\frac{m+n}{2})(m/n)^{m/2}x^{(m-2)/2}}{\Gamma(\frac{m}{2})\Gamma(\frac{n}{2})[1+(m/n)x]^{(m+n)/2}}, \quad x \geqslant 0$$

で表され，ここで m と n は正の整数であり，**自由度** (degrees of freedom) と呼ばれるパラメータである．この分布を $\mathsf{F}(m,n)$ と書く．パラメータの種々の値に対する pdf のグラフを図 4.9 に示す．F 分布は，統計学で仮説検定および分散分析の分野で頻繁に登場する．B.1.4 項も参照せよ．

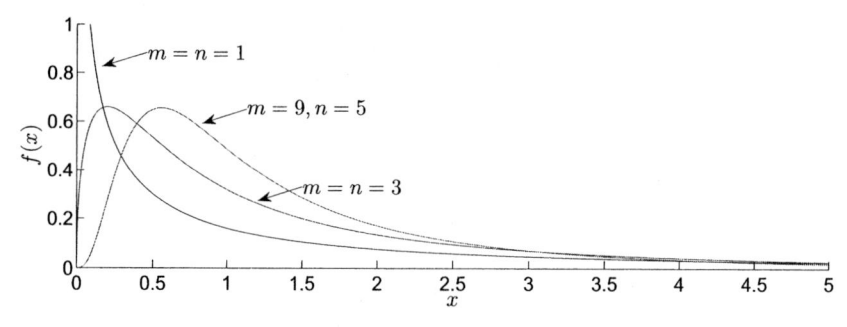

図 4.9 パラメータの種々の値に対する F 分布の pdf.

表 4.12 で，$I_x(\alpha,\beta)$ は "不完全ベータ関数"（☞ p.753）を表す．その他の性質と関係を次に示す．

1) **期待値と分散**：表に示した以外では，$n=1,2$ に対しては期待値は ∞ で，分散は存在しない．$n=3,4$ に対しては分散が ∞ である．
2) **逆数**：$X \sim \mathsf{F}(m,n)$ ならば $\frac{1}{X} \sim \mathsf{F}(n,m)$ となる．

表 4.12 F 分布 $\mathsf{F}(m,n)$ のモーメントと裾の性質.

性質		条件
期待値	$\dfrac{n}{n-2}$	$n>2$
分散	$\dfrac{2n^2(m+n-2)}{m(n-2)^2(n-4)}$	$n>5$
裾の確率	$\mathbb{P}(X>x)\quad I_{n/(n+mx)}\left(\dfrac{n}{2},\dfrac{m}{2}\right)$	$x\geqslant 0$

3) **カイ 2 乗分布**：$X\sim\chi_m^2$ と $Y\sim\chi_n^2$ が独立とすると，以下が成り立つ．
$$\frac{X/m}{Y/n}\sim\mathsf{F}(m,n)$$

4) **指数分布**：$X_1, X_2 \stackrel{\text{iid}}{\sim} \mathsf{Exp}(1)$ ならば，$Z=X/Y\sim\mathsf{F}(2,2)$ となる．すなわち，$f_Z(z)=1/(1+z)^2,\ z\geqslant 0$ である．

上記の性質 3 により簡単な生成法が得られる．

アルゴリズム 4.30（**F**(m,n) **乱数生成法**）

1. $X\sim\chi_m^2$ と $Y\sim\chi_n^2$ を独立に生成する．
2. 以下を出力する．
$$Z=\frac{X/m}{Y/n}$$

X と Y をアルゴリズム 4.30 と同様に生成する．$\chi_d^2\equiv\mathsf{Gamma}(d/2,1/2)$ という事実とベータ分布の性質 4（☞p.108）を使えば，$B=X/(X+Y)\sim\mathsf{Beta}(m/2,n/2)$ であることがわかり，これにより次のアルゴリズムが得られる．

アルゴリズム 4.31（ベータ分布を使った **F**(m,n) **乱数生成法**）

1. $B\sim\mathsf{Beta}(m/2,n/2)$ を生成する．
2. 以下を出力する．
$$X=\frac{nB}{m(1-B)}$$

4.2.5　フレッシェ分布

フレッシェ（Fréchet）**分布**あるいは**タイプ II の極値**（type II extreme value）分布の pdf は
$$f(x;\alpha)=\alpha\,x^{-\alpha-1}\mathrm{e}^{-x^{-\alpha}},\quad x>0$$
で与えられ，$\alpha>0$ は**形状**（shape）パラメータである．種々の α の値に対する pdf のグラフを図 4.10 に示す．この分布の位置–尺度族は，pdf が $f(x;\alpha,\mu,\sigma)=f((x-\mu)/\sigma;\alpha)/\sigma,\ x\geqslant\mu$ で与えられる．この分布を $\mathsf{Fréchet}(\alpha,\mu,\sigma)$ と書く．

フレッシェ分布は，独立同分布に従う確率変数の"最大値"に対する 3 つの極限分布

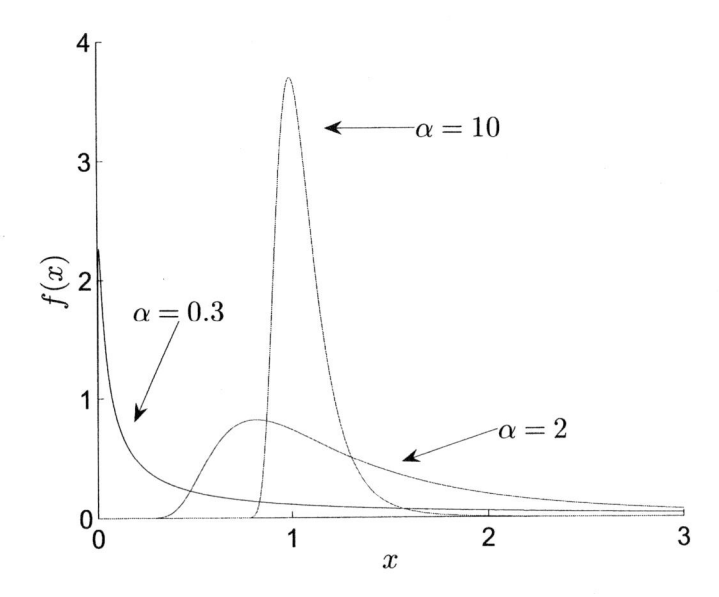

図 4.10 形状パラメータ α の種々の値に対する標準フレッシェ分布の pdf.

表 4.13 フレッシェ分布 Fréchet$(\alpha, 0, 1)$ のモーメントと裾の性質.

性　質		条件
期待値	$\Gamma(1 - \alpha^{-1})$	$\alpha > 1$
分散	$\Gamma(1 - 2\alpha^{-1}) - \Gamma(1 - \alpha^{-1})^2$	$\alpha > 2$
裾の確率 $\mathbb{P}(X > x)$	$1 - \exp(-x^{-\alpha})$	$x > 0$

のうちの1つである (☞ p.742). 同様にして, 密度関数が $f(-x)$, $x < 0$ の「鏡映」分布は, 独立同分布に従う確率変数の "最小値" の3つの極限分布のうちの1つである.

Fréchet(α, μ, σ) 分布は位置–尺度分布族であるから, 標準のフレッシェ分布からの乱数生成法が記述されていれば十分である. これは逆関数法から直接に得られる.

アルゴリズム 4.32（Fréchet$(\alpha, 0, 1)$ 乱数生成法）

$U \sim \mathsf{U}(0,1)$ を生成し, $X = (-\ln U)^{-1/\alpha}$ を出力する.

4.2.6 ガンマ分布

ガンマ (gamma) 分布の pdf は

$$f(x; \alpha, \lambda) = \frac{\lambda^\alpha x^{\alpha-1} e^{-\lambda x}}{\Gamma(\alpha)}, \quad x \geqslant 0 \tag{4.4}$$

で表され, ここで $\alpha > 0$ は**形状** (shape) パラメータ, $\lambda > 0$ は**尺度** (scale) パラメー

タと呼ばれる．この pdf の式で，Γ は "ガンマ関数"（D.9.5 項を参照）である．この分布を Gamma(α, λ) と書く．

特に重要な特殊ケースは Gamma$(n/2, 1/2)$, $n \in \{1, 2, \ldots\}$ であり，**カイ 2 乗**（chi-square）分布と呼ばれる．このときパラメータ n のことを**自由度**（number of degrees of freedom）と呼ぶ．この分布を χ_n^2 と書く．種々の n の値に対する χ_n^2 分布の pdf のグラフを図 4.11 に示す．

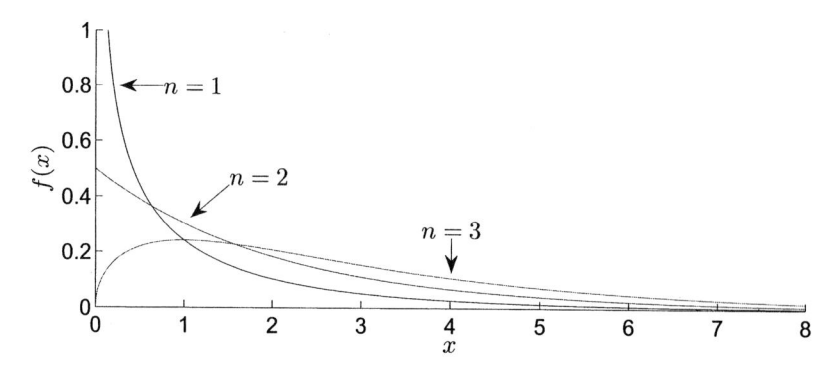

図 4.11 種々の自由度 n に対する χ_n^2 分布の pdf.

もう 1 つのよく知られている特殊ケースは Gamma(n, λ) 分布であり，ここで n は正整数である．この場合には，分布は形状パラメータが n, 尺度パラメータが λ の**アーラン**（Erlang）**分布**として知られている．この分布を Erl(n, λ) と書く．

表 4.14 で，$P(\alpha, x)$ は "不完全ガンマ関数"（☞ p.754）である．その他の性質と関係を次に列挙する．

1) **指数分布**：Gamma$(1, \lambda) \equiv$ Exp(1).
2) **和**：もし $X_1, \ldots, X_n \overset{\text{iid}}{\sim}$ Gamma(α, λ) ならば，以下が成り立つ．
$$\sum_{k=1}^{n} X_k \sim \text{Gamma}(n\alpha, \lambda)$$

表 4.14 ガンマ分布 Gamma(α, λ) のモーメントと裾の性質．

性　質		条件
期待値	$\dfrac{\alpha}{\lambda}$	
分散	$\dfrac{\alpha}{\lambda^2}$	
モーメント母関数	$\left(\dfrac{\lambda}{\lambda - t}\right)^{\alpha}$	$t < \lambda$
裾の確率 $\mathbb{P}(X > x)$	$1 - P(\alpha, \lambda x)$	

3) **ベータ分布(I)**：$Z \sim \mathsf{Exp}(1)$ と $Y \sim \mathsf{Beta}(\alpha, 1-\alpha)$, $0 < \alpha < 1$ が独立とすると，以下が成り立つ．
$$YZ \sim \mathsf{Gamma}(\alpha, 1)$$

4) **ベータ分布(II)**：$Y_k \sim \mathsf{Beta}(\alpha_1 + \cdots + \alpha_k, \alpha_{k+1})$, $\alpha_k > 0$, $k = 1, \ldots, n-1$ は独立とする．また $Y_n \sim \mathsf{Gamma}(\alpha_1 + \cdots + \alpha_n, 1)$ は Y_k と独立とする．$Y_0 = 0$ とすると，確率変数
$$X_k = (1 - Y_{k-1}) \prod_{j=k}^{n} Y_j, \ k = 1, \ldots, n$$
は独立で，$X_k \sim \mathsf{Gamma}(\alpha_k, 1)$, $k = 1, \ldots, n$ である．

5) **F 分布**：$U \sim \chi_m^2$ と $V \sim \chi_n^2$ は独立とする．すると，以下が成り立つ．
$$\frac{U/m}{V/n} \sim \mathsf{F}(m, n)$$

6) **ディリクレ分布**：$X_1, \ldots, X_{n+1}$ は独立な確率変数で，$X_k \sim \mathsf{Gamma}(\alpha_k, \lambda)$, $k = 1, \ldots, n+1$ とする．$\boldsymbol{\alpha} = (\alpha_1, \ldots, \alpha_{n+1})$, $\mathbf{X} = (X_1, \ldots, X_n)^\top$ と定義すると，以下が成り立つ．
$$\frac{X}{\sum_{k=1}^{n+1} X_k} \sim \mathsf{Dirichlet}(\boldsymbol{\alpha})$$

$\mathsf{Gamma}(\alpha, \lambda)$ は尺度分布族なので，乱数 $X \sim \mathsf{Gamma}(\alpha, 1)$ を生成するアルゴリズムさえあれば十分で，$\mathsf{Gamma}(\alpha, \lambda)$ に従う乱数は X/λ として作ればよい．ガンマ分布の累積分布関数は陽には表せないのが普通なので，この分布に従う乱数を逆関数法で作ることは一般にはできない．したがって，他の方法が必要となる．Marsaglia–Tsang [25] による次のアルゴリズムは，$\alpha \geqslant 1$ の場合の $\mathsf{Gamma}(\alpha, 1)$ 乱数を生成する大変効率的な採択–棄却法である．詳しい説明については，[28, pp.60–61] も参照せよ．

アルゴリズム 4.33（$\alpha \geqslant 1$ の場合の $\mathsf{Gamma}(\alpha, 1)$ 乱数生成法）

1. $d = \alpha - 1/3$, $c = 1/\sqrt{9d}$ とおく．
2. $Z \sim \mathsf{N}(0, 1)$ および $U \sim \mathsf{U}(0, 1)$ を独立に生成し，$V = (1 + cZ)^3$ とおく．
3. もし $Z > -1/c$ かつ $\ln U < (1/2)Z^2 + d - dV + d\ln V$ ならば，$X = dV$ を返す．そうでなければ，Step 2 に戻る．

Ahrens–Dieter [1] は，$\alpha > 1$ の場合について正規乱数生成法を使わない以下の採択–棄却法を提案している．

アルゴリズム 4.34（$\alpha > 1$ の場合の $\mathsf{Gamma}(\alpha, 1)$ 乱数生成法）

1. $b = \alpha - 1$, $c = \alpha + b$ とおく．
2. $U \sim \mathsf{U}(0, 1)$ を生成する．$Y = \sqrt{c} \tan(\pi(U - 1/2))$, $X = b + Y$ とおく．
3. もし $X < 0$ ならば，Step 2 に戻って繰り返す．そうでなければ次のステップに進む．

4. $V \sim \mathsf{U}(0,1)$ を生成する．もし
$$V > \exp\left(b\ln\left(\frac{X}{b}\right) - Y + \ln\left(1 + \frac{Y^2}{c}\right)\right)$$
ならば，Step 2 に戻って繰り返す．そうでなければ，X を出力する．

Ahrens–Dieter [1] は $\mathsf{Gamma}(\alpha,1)$ からの乱数が 1 個生成されるまでの試行回数の期待値は，π（α が 1 に近いとき）から $\sqrt{\pi}$（$\alpha \to \infty$ のとき）まで減少することを示している．

Cheng–Feast [7] は，採択–棄却法に基づくもう少し長いアルゴリズムを提案している．これは，pdf が次式で与えられる **Burr 分布**（Burr distribution）を提案分布として採用している．
$$f(x;\mu,\lambda) = \lambda\mu\frac{x^{\lambda-1}}{(\mu+x^\lambda)^2}, \quad x>0,\ \mu>0,\ \lambda>0$$
このアルゴリズムは，$\tan(\cdot)$ 関数の計算を必要としない．

アルゴリズム 4.35（$\alpha > 1$ の場合の $\mathsf{Gamma}(\alpha,1)$ 乱数生成法）

1. $c_1 = \alpha - 1$，$c_2 = \frac{\alpha - 1/(6\alpha)}{c_1}$，$c_3 = 2/c_1$，$c_4 = 1 + c_3$，$c_5 = \alpha^{-1/2}$ とおく．
2. $U, U_2 \sim \mathsf{U}(0,1)$ を独立に生成する．もし $\alpha > 2.5$ ならば $U_1 = U_2 + c_5(1 - 1.86U)$ とおき，そうでなければ $U_1 = U$ とおく．
3. もし $0 < U_1 < 1$ ならば，$W = c_2 U_2/U_1$ とおいて Step 4 に進む．そうでなければ，Step 2 に戻って繰り返す．
4. もし
$$c_3 U_1 + W + W^{-1} < c_4 \quad \text{または} \quad c_3 \ln U_1 - \ln W + W < 1$$
が成り立てば，$X = c_1 W$ を出力する．そうでなければ，Step 2 に戻って繰り返す．

$\alpha < 1$ ならば，次の事実を使うことができる．すなわち，$X \sim \mathsf{Gamma}(1+\alpha,1)$ と $U \sim \mathsf{U}(0,1)$ が独立ならば $XU^{1/\alpha} \sim \mathsf{Gamma}(\alpha,1)$ である．あるいは，上記の性質 3 (p.117) に基づく次のアルゴリズムを使うこともできる．

アルゴリズム 4.36（$\alpha < 1$ の場合の $\mathsf{Gamma}(\alpha,1)$ 乱数生成法）

1. $Y \sim \mathsf{Beta}(\alpha, 1-\alpha)$ と $Z \sim \mathsf{Exp}(1)$ を独立に生成する．
2. $\mathsf{Gamma}(\alpha,1)$ 乱数として $X = YZ$ を出力する．

ベータ乱数の高速生成法が使えない場合には，[1] に基づいて Best [5] が提案した次の採択–棄却法を使うこともできる．

アルゴリズム 4.37 ($\alpha < 1$ の場合の Gamma$(\alpha, 1)$ 乱数生成法)

1. $d = 0.07 + 0.75\sqrt{1-\alpha}$, $b = 1 + \mathrm{e}^{-d}\alpha/d$ とおく．
2. $U_1, U_2 \stackrel{\mathrm{iid}}{\sim} \mathsf{U}(0,1)$ を生成し，$V = bU_1$ とおく．
3. もし $V \leqslant 1$ なら，$X = dV^{1/\alpha}$ とおく．$U_2 \leqslant (2-X)/(2+X)$ が成り立つかチェックし，成り立っていれば X を返す．成り立っていなければ，$U_2 \leqslant \mathrm{e}^{-X}$ が成り立つかチェックする．成り立っていれば X を返す．成り立っていなければ Step 2 に戻る．

   $V > 1$ なら，$X = -\ln(d(b-V)/\alpha), Y = X/d$ とおく．$U_2(\alpha+y(1-\alpha)) \leqslant 1$ が成り立つかチェックし，成り立っていれば X を返す．成り立っていなければ，$U_2 < Y^{\alpha-1}$ が成り立つかチェックする．成り立っていれば X を返す．成り立っていなければ Step 2 に戻る．

■ 例 4.5（Best による $\alpha < 1$ の場合の Gamma$(\alpha, 1)$ 乱数生成法）

次の MATLAB コードは，アルゴリズム 4.37 を実装したものである．

```
%gamma_best.m
N = 10^5; alpha = 0.3;
d= 0.07 + 0.75*sqrt(1-alpha); b = 1 + exp(-d)*alpha/d;
x = zeros(N,1);
for i = 1:N
    cont = true;
    while cont
        U1 = rand;
        U2 = rand;
        V = b*U1;
        if V <= 1
            X = d*V^(1/alpha);
            if U2 <= (2-X)/(2+X)
                cont = false; break;
            else
                if U2 <= exp(-X)
                    cont = false; break;
                end
            end
        else
            X = -log(d*(b-V)/alpha);
            y = X/d;
            if U2*(alpha + y*(1-alpha)) < 1
                cont= false; break;
            else
                if U2 <= y^(alpha - 1)
                    cont= false;break;
```

```
            end
          end
        end
      end
    x(i) = X;
end
```

パラメータ n が整数の $\mathsf{Gamma}(n,1)$ 分布に従う確率変数 X は，n 個の独立な指数分布に従う確率変数の和と見なすことができる (p.116 の性質 2 を参照). これにより次のアルゴリズムが得られる.

アルゴリズム 4.38 (n が整数の $\mathsf{Gamma}(n,1)$ 乱数生成法)

1. $U_1, \ldots, U_n \overset{\mathrm{iid}}{\sim} \mathsf{U}(0,1)$ を生成する.
2. $X = -\ln \prod_{k=1}^{n} U_k$ を返す.

乱数 $X \sim \chi_1^2 \equiv \mathsf{Gamma}(1/2, 1/2)$ は標準正規乱数の 2 乗として簡単に生成できる (p.126 の性質 3).

アルゴリズム 4.39 ($\mathsf{Gamma}(1/2, 1/2)$ 乱数生成法)

$Z \sim \mathsf{N}(0,1)$ を生成し，$X = Z^2$ を出力する.

4.2.7 ガンベル分布

ガンベル分布 (Gumbel distribution) あるいは **I 型の極値** (type I extreme value) 分布の pdf は

$$f(x) = \mathrm{e}^{-x - \mathrm{e}^{-x}}, \quad x \in \mathbb{R}$$

である. この分布の位置–尺度族の pdf は $f(x; \mu, \alpha) = f((x-\mu)/\sigma)/\sigma$ で与えられる. この分布を $\mathsf{Gumbel}(\mu, \sigma)$ と書く. 標準ガンベル分布の pdf のグラフを図 4.12 に示す.

ガンベル分布は iid 確率変数の "最大値" の極限分布として登場する 3 つの分布のうちの 1 つである (☞ p.742). 例えば，標準正規分布に従う iid 確率変数の最大値は，適当に尺度変換をすると，ガンベル分布に分布収束する ([16, p.275] を参照). 同様にして，ガンベル分布を原点に関して反転したもの，すなわち $f(-x)$ は，iid 確率変数の "最小値" の極限分布 3 つのうちの 1 つである. $X \sim \mathsf{Exp}(1)$ ならば，$-\ln X \sim \mathsf{Gumbel}(0,1)$ となることにも注目しよう.

$\mathsf{Gumbel}(\mu, \sigma)$ 分布のクラスは位置–尺度族なので，$\mathsf{Gumbel}(0,1)$ 分布からの乱数生成だけを考えれば十分である. $\mathsf{Gumbel}(0,1)$ 分布の累積分布関数は $F(x) = \exp(-\exp(-x))$ だから，逆関数法の直接の結果として次のアルゴリズムが得られる.

アルゴリズム 4.40 ($\mathsf{Gumbel}(0,1)$ 乱数生成法)

$U \sim \mathsf{U}(0,1)$ を生成し，$X = -\ln(-\ln U)$ を出力する.

4.2 連続分布

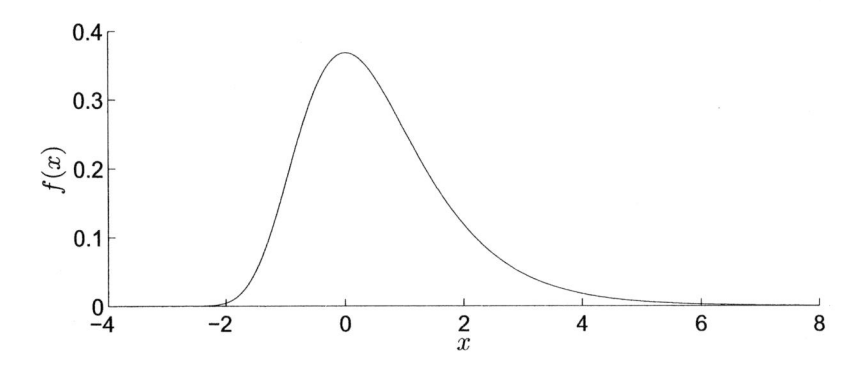

図 4.12 標準ガンベル分布の pdf.

表 4.15 ガンベル分布 Gumbel$(0,1)$ のモーメントと裾の性質.

	性 質	条件
期待値	$-\Gamma'(1) = 0.577216\cdots$	
分散	$\dfrac{\pi^2}{6}$	
モーメント母関数	$\Gamma(1-t)$	$t < 1$
裾の確率 $\mathbb{P}(X > x)$	$1 - \mathrm{e}^{-\mathrm{e}^{-x}}$	

4.2.8 ラプラス分布

ラプラス (Laplace) 分布は**両側指数** (double-exponential) 分布とも呼ばれ，確率密度関数は次式で与えられる．

$$f(x) = \frac{1}{2}\mathrm{e}^{-|x|}, \quad x \in \mathbb{R}$$

この分布の位置–尺度族の pdf は $f(x;\mu,\sigma) = f((x-\mu)/\sigma)/\sigma$ で与えられる．この分布を Laplace(μ,σ) と書く．標準ラプラス分布の pdf を図 4.13 に示す．

Laplace(μ,σ) は位置–尺度分布族なので，Laplace$(0,1)$ からの乱数生成だけを考える．後者の乱数は，Exp(1) 乱数にランダムに（正負の）符号を付ければ作ることができる．こうして次のアルゴリズムが得られる．

表 4.16 ラプラス分布 Laplace$(0,1)$ のモーメントと裾の性質.

	性 質	条件
期待値	0	
分散	2	
モーメント母関数	$\dfrac{1}{1-t^2}$	$|t| < 1$
裾の確率 $\mathbb{P}(X > x)$	$\dfrac{\mathrm{sgn}(x)(\mathrm{e}^{-|x|}-1)+1}{2}$	

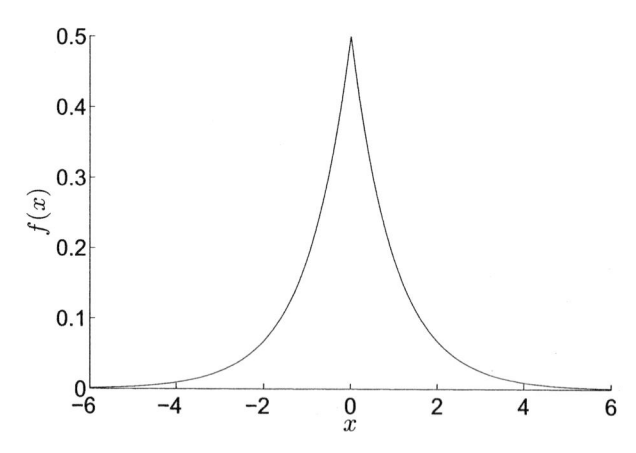

図 4.13 標準ラプラス分布の pdf.

アルゴリズム 4.41 (**Laplace(0, 1) 乱数生成法(I)**)

1. $Y \sim \mathsf{Exp}(1)$ と $B \sim \mathsf{Ber}(1/2)$ を独立に生成する.
2. $X = (2B - 1)Y$ を出力する.

上記の方法は，2 つの独立な乱数（指数乱数とベルヌーイ乱数）の生成を必要とする．しかし，次のアルゴリズムが示すとおり，実際には乱数は 1 つで十分である．

アルゴリズム 4.42 (**Laplace(0, 1) 乱数生成法(II)**)

1. $U \sim \mathsf{U}(-1/2, 1/2)$ を生成する.
2. $X = \mathrm{sgn}(U) \ln(1 - 2|U|)$ を出力する.

もう 1 つの生成法は，V と W が独立に $\mathsf{Exp}(1)$ に従うと $V - W \sim \mathsf{Laplace}(0, 1)$ となるという事実に基づく．

アルゴリズム 4.43 (**Laplace(0,1) 乱数生成法(III)**)

1. $V, W \overset{\mathrm{iid}}{\sim} \mathsf{Exp}(1)$ を生成する.
2. $X = V - W$ を出力する.

例 3.12 から，もう 1 つ別の生成法が得られる．

アルゴリズム 4.44 (**Laplace(0, 1) 乱数生成法(IV)**)

1. $E \sim \mathsf{Exp}(1)$ と $Y \sim \mathsf{N}(0, 1)$ を独立に生成する.
2. $X = Y\sqrt{2E}$ を出力する.

4.2.9 ロジスティック分布

ロジスティック (logistic) 分布の pdf は次式で与えられる．
$$f(x) = \frac{e^{-x}}{(1+e^{-x})^2}, \qquad x \in \mathbb{R}$$

この分布の位置–尺度族の pdf は $f(x; \mu, \sigma) = f((x-\mu)/\sigma)/\sigma$ で与えられる．この分布を $\mathsf{Logistic}(\mu, \sigma)$ と書く．この分布の名前の由来は，累積分布関数 $F(x) = 1/(1+e^{-x})$ がロジスティック微分方程式 $f(x) = F'(x) = F(x)(1-F(x))$ を満たし，したがって $x = \ln[F(x)/(1-F(x))]$ となるという事実にある．標準ロジスティック分布の pdf のグラフを図 4.14 に示す．pdf は 0 に関して対称であることに注目しよう．

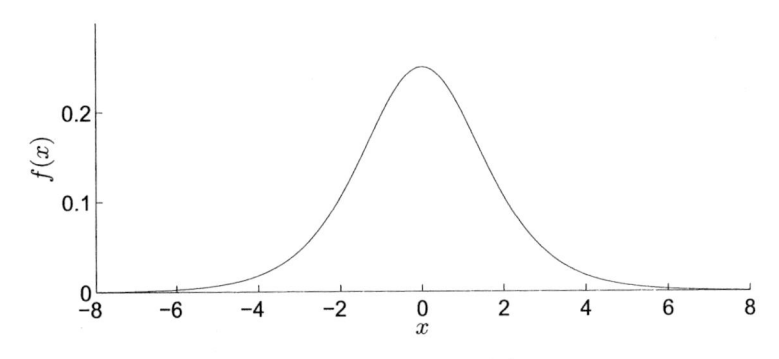

図 4.14 標準ロジスティック分布の pdf．

表 4.17 ロジスティック分布 $\mathsf{Logistic}(0,1)$ のモーメントと裾の性質．

	性　質	条件
期待値	0	
分散	$\pi^2/3$	
モーメント母関数	$\Gamma(1-t)\,\Gamma(1+t) = \dfrac{\pi t}{\sin(\pi t)}$	$\lvert t \rvert < 1$
裾の確率 $\mathbb{P}(X > x)$	$1/(1+e^x)$	

その他の性質と関係を示す．

1) **一様分布**：$U \overset{\text{iid}}{\sim} \mathsf{U}(0,1)$ ならば，以下が成り立つ．
$$\ln\left(\frac{U}{1-U}\right) \sim \mathsf{Logistic}(0,1)$$

2) **指数分布の比**：$X, Y \sim \mathsf{Exp}(1)$ が独立とすると，以下が成り立つ．
$$\ln\left(\frac{X}{Y}\right) \sim \mathsf{Logistic}(0,1)$$

Logistic(μ, σ) は位置–尺度族なので，Logistic(0, 1) 分布に従う乱数生成法だけを考える．次のアルゴリズムは，逆関数法から直接に導き出せる．

アルゴリズム 4.45（Logistic(0, 1) 乱数生成法）

$U \sim \mathsf{U}(0, 1)$ を生成し，$X = \ln\left(\frac{U}{1-U}\right)$ を出力する．

4.2.10 対数正規分布

尺度パラメータが $\sigma > 0$，位置パラメータが $\mu \in \mathbb{R}$ の**対数正規** (log-normal) 分布の pdf は次式で与えられる．

$$f(x; \mu, \sigma) = \frac{1}{x\sigma\sqrt{2\pi}} \exp\left(-\frac{(\ln(x) - \mu)^2}{2\sigma^2}\right), \quad x > 0$$

この分布を $\mathsf{LogN}(\mu, \sigma^2)$ と書く．この分布の特徴的な性質は，$X \sim \mathsf{LogN}(\mu, \sigma^2)$ ならば $\ln X \sim \mathsf{N}(\mu, \sigma^2)$ となることである．その結果として，iid 確率変数の積を尺度変換した極限としてこの分布が登場するが，これは中心極限定理によって iid 確率変数の和の極限として正規分布が登場するのと同様である．対数正規分布は，モーメントからは一意的に決まらないことに注目しよう [13]．図 4.15 は，$\mu = 0$ のとき，対数正規分布が尺度パラメータにどのように依存するかを示している．

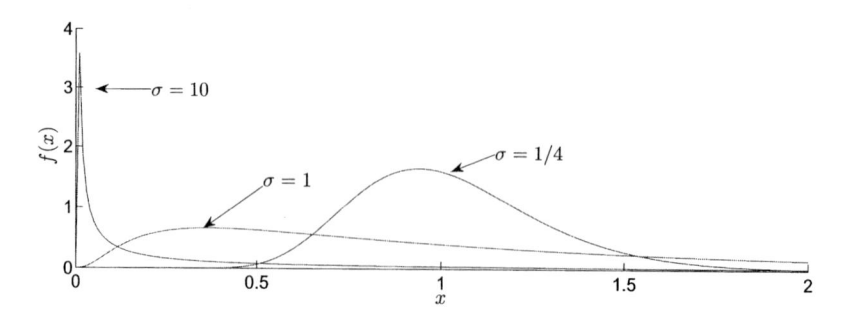

図 4.15 $\mu = 0$ の対数正規分布で尺度パラメータ σ の値をいくつか変えた場合の pdf．

その他の特性と関係を示す．
1) **正規分布**：$X \sim \mathsf{N}(\mu, \sigma^2)$ ならば，$e^X \sim \mathsf{LogN}(\mu, \sigma^2)$ となる．
2) **べき変換**：$Y \sim \mathsf{LogN}(\mu, \sigma^2)$ ならば $e^a Y^b \sim \mathsf{LogN}(a + b\mu, (b\sigma)^2)$ となる．
3) **積**：$X_i \sim \mathsf{LogN}(\mu_i, \sigma_i^2)$, $i = 1, \ldots, n$ が独立ならば，以下が成り立つ．

$$\prod_{i=1}^{n} X_i \sim \mathsf{LogN}\left(\sum_{i=1}^{n} \mu_i, \sum_{i=1}^{n} \sigma_i^2\right)$$

表 4.18 対数正規分布 $\mathsf{LogN}(\mu, \sigma^2)$ のモーメントと位置の性質.

性質		条件
期待値	$e^{\mu+\sigma^2/2}$	
分散	$e^{2\mu+\sigma^2}(e^{\sigma^2}-1)$	
モーメント $\mathbb{E}X^k$	$e^{k\mu+k^2\sigma^2/2}$	
モード	$e^{\mu-\sigma^2}$	
メディアン	e^{μ}	

4) **逆数**: $X \sim \mathsf{LogN}(\mu, \sigma^2)$ ならば, $1/X \sim \mathsf{LogN}(-\mu, \sigma^2)$ となる.

$\mathsf{LogN}(\mu, \sigma^2)$ 分布に従う乱数の生成法は, 上記の性質 1 に述べた正規分布との関係を使えば, すぐに得られる.

アルゴリズム 4.46 ($\mathsf{LogN}(\mu, \sigma^2)$ 乱数生成法)

1. $Y \sim \mathsf{N}(\mu, \sigma^2)$ を生成する.
2. $X = e^Y$ を出力する.

4.2.11 正規分布

標準正規 (normal) あるいは**標準ガウス** (Gaussian) 分布の pdf は次式で与えられる.
$$f(x) = \frac{1}{\sqrt{2\pi}} e^{-x^2/2}, \quad x \in \mathbb{R}$$
したがって, 対応する位置–尺度分布族の pdf は次のようになる.
$$f(x; \mu, \sigma^2) = \frac{1}{\sigma\sqrt{2\pi}} e^{-\frac{1}{2}\left(\frac{x-\mu}{\sigma}\right)^2}, \quad x \in \mathbb{R} \tag{4.5}$$
この分布を $\mathsf{N}(\mu, \sigma^2)$ と書く. $\mathsf{N}(0,1)$ 分布の pdf と cdf をそれぞれ φ, Φ と表記する. ここで $\Phi(x) = \int_{-\infty}^{x} \varphi(t)\,dt = \frac{1}{2} + \frac{1}{2}\mathrm{erf}\left(\frac{x}{\sqrt{2}}\right)$ であり, $\mathrm{erf}(x)$ は "誤差関数" (☞ p.753) である.

正規分布は統計学において中心的な役割を演じ, 中心極限定理により iid 確率変数の和の極限として自然に登場する (A.8.3 項を参照). 正規分布の非常に重要な特徴は, 独立な正規確率変数のいかなるアフィン結合もまた正規分布をすることである. 図 4.16 に, 3 つの異なる正規分布の確率密度関数を示す. ガウス分布に関する追加の性質, 特に多次元に関する性質については, 4.3.3 項で述べる.

その他の性質と関係を示す.

1) **アフィン結合**: $X_i \sim \mathsf{N}(\mu_i, \sigma_i^2)$, $i = 1, \ldots, n$ が独立とすると, 以下が成り立つ.
$$a + \sum_{i=1}^{n} b_i X_i \sim \mathsf{N}\left(a + \sum_{i=1}^{n} b_i \mu_i, \sum_{i=1}^{n} b_i^2 \sigma_i^2\right)$$

2) **中心極限定理**: 確率変数 $X_1, \ldots, X_n$ が, 平均値が μ で分散が $\sigma^2 < \infty$ の同一分布に従って独立に分布するものとする. $S_n = X_1 + \cdots + X_n$ とおくと, 以

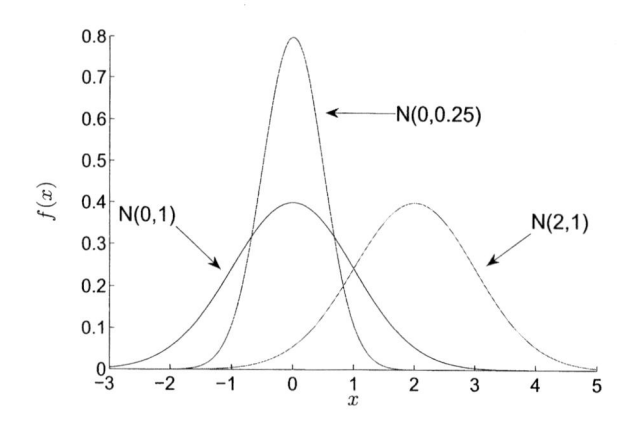

図 4.16 正規分布の種々のパラメータ値に対する pdf.

表 4.19 正規分布 $N(\mu, \sigma^2)$ のモーメントと裾の性質.

性質		条件
期待値	μ	
分散	σ^2	
モーメント母関数	$e^{t\mu + t^2\sigma^2/2}$	
裾の確率 $\mathbb{P}(X > x)$	$\dfrac{1}{2} - \dfrac{1}{2}\mathrm{erf}\left(\dfrac{x-\mu}{\sigma\sqrt{2}}\right)$	

下が成り立つ.
$$n \to \infty \text{ のとき } \quad \frac{S_n - n\mu}{\sigma\sqrt{n}} \xrightarrow{d} Z \sim N(0,1)$$

3) **2乗**: $X \sim N(0,1)$ とすると, $X^2 \sim \mathsf{Gamma}(1/2, 1/2)$ となる.
4) **商**: $X_1, X_2 \stackrel{\text{iid}}{\sim} N(0,1)$ とすると, $\frac{X_1}{X_2} \sim \mathsf{Cauchy}(0,1)$ となる.
5) **指数**: $X \sim N(\mu, \sigma^2)$ とすると, $e^X \sim \mathsf{LogN}(\mu, \sigma^2)$ となる.
6) **安定分布** (☞ p.132): $N(0,2) \equiv \mathsf{Stable}(2,0)$. また, $X \sim N(0,1)$ とすると, $X^{-2} \sim \mathsf{Stable}(1/2, 1) \equiv \mathsf{Lévy}$ となる.
7) **分数モーメント**: $X \sim N(0,1)$ とすると, 以下が成り立つ.
$$\mathbb{E}|X|^\alpha = \frac{\Gamma\left(\frac{\alpha+1}{2}\right) 2^{\alpha/2}}{\sqrt{\pi}}, \quad \alpha \geqslant 0$$

また, $X_1, \ldots, X_n \stackrel{\text{iid}}{\sim} N(0,1)$ とすると ([10] を参照),
$$\mathbb{E} \prod_{1 \leqslant i < j \leqslant n} |X_i - X_j|^{2\alpha} = \prod_{j=1}^{n} \frac{\Gamma(1+j\alpha)}{\Gamma(1+\alpha)}$$

であり, また $c \geqslant 0$ に対して以下が成り立つ.

$$\mathbb{E} \prod_{i=1}^{n}(2X_i^2)^c \prod_{1 \leqslant i<j \leqslant n} |X_i^2 - X_j^2|^{2\alpha}$$
$$= \prod_{j=0}^{n-1} \frac{\Gamma(1+2c+2j\alpha)\,\Gamma(1+(j+1)\alpha)}{\Gamma(1+c+j\alpha)\,\Gamma(1+\alpha)}$$

正規分布 $\mathsf{N}(\mu, \sigma^2)$ は位置–尺度族なので，$\mathsf{N}(0,1)$ からの乱数生成法だけを考えれば十分である．極座標法 (3.1.2.7 項を参照) の最も著名な適用は標準正規乱数の生成法であり，有名な Box–Muller 法が得られる．

アルゴリズム 4.47（$\mathsf{N}(0,1)$ 乱数生成法，Box–Muller 法）

1. $U_1, U_2 \stackrel{\text{iid}}{\sim} \mathsf{U}(0,1)$ を生成する．
2. 次の計算によって得られる X と Y を，独立な 2 つの標準正規乱数として返す．

$$\begin{aligned} X &= \sqrt{-2\ln U_1}\cos(2\pi U_2) \\ Y &= \sqrt{-2\ln U_1}\sin(2\pi U_2) \end{aligned} \tag{4.6}$$

Marsaglia [23]（[24] も参照）も，極座標法に基づく別の $\mathsf{N}(0,1)$ 乱数生成法を提案しているが，比較的時間のかかる cos 関数および sin 関数の計算を避けている．彼の方法では，単位円内に分布するランダムベクトルを生成するのに，単純な採択–棄却法を使っている．すなわち $V_1, V_2 \stackrel{\text{iid}}{\sim} \mathsf{U}(-1,1)$ を生成し，もし $S = V_1^2 + V_2^2 \leqslant 1$ が成り立てば，$(V_1, V_2)/\sqrt{S}$ を採用する．このようにして生成された点の（直交）座標に半径 $R = \sqrt{-2\ln U}$，$U \sim \mathsf{U}(0,1)$ をかければ，Box–Muller 法と同様に，$\mathsf{N}(0,1)$ に従う 2 個の独立な乱数が得られる．こうして次のアルゴリズムが得られる．

アルゴリズム 4.48（$\mathsf{N}(0,1)$ 乱数生成法，極座標・採択–棄却法）

1. $U_1, U_2 \stackrel{\text{iid}}{\sim} \mathsf{U}(0,1)$ を生成し，$V_i = 2U_i - 1$，$i=1,2$，$S = V_1^2 + V_2^2$ とおく．
2. $S \leqslant 1$ ならば，$U \sim \mathsf{U}(0,1)$ を生成し，次の X と Y を返す．

$$\begin{aligned} X &= V_1\sqrt{-2\ln U/S} \\ Y &= V_2\sqrt{-2\ln U/S} \end{aligned}$$

そうでなければ，Step 1 に戻る．

次の方法 [8, pp.197–199] は，例 3.18 で示した一様乱数の比を用いる方法に基づくものであり，計算をさらに速くするために，えぐり出し関数を使っている．

アルゴリズム 4.49（$\mathsf{N}(0,1)$ 乱数生成法，一様乱数の比 & えぐり出し法）

1. $a_+ = \sqrt{2/e}$，$a_- = -\sqrt{2/e}$ とおく．
2. $U \sim \mathsf{U}(0,1)$ と $V \sim U(a_-, a_+)$ を独立に生成し，$X = V/U$ とおく．
3. もし $X^2 \leqslant 6 - 8U + 2U^2$ ならば，X を返す．

4. そうではなく $X^2 \geqslant 2/U - 2U$ ならば，Step 2 に戻って繰り返す．
5. そうではなく $X^2 \leqslant -4\ln U$ ならば，X を返す．それ以外ならば，Step 2 に戻って繰り返す．

最後に，次のアルゴリズムは，提案関数として指数分布を採用した採択–棄却法を使っている．このアルゴリズムにおける採択確率は $\sqrt{\pi/(2e)} \approx 0.76$ である．背景にある理論は例 3.15 で与えられている．

アルゴリズム 4.50（N(0,1) 乱数生成法，Exp(1) を使う採択–棄却法）
1. $X \sim \mathsf{Exp}(1)$ と $U' \sim \mathsf{U}(0,1)$ を独立に生成する．
2. $U' \leqslant e^{-(X-1)^2/2}$ ならば，$U \sim \mathsf{U}(0,1)$ を生成し，$Z = (1 - 2\mathrm{I}_{\{U \leqslant 1/2\}})X$ を出力する．そうでなければ，Step 1 に戻って繰り返す．

4.2.12 パレート分布

パレート（II 型）（Pareto（type II））分布は，**Lomax** 分布 [20] としても知られているが，**尺度**（scale）パラメータを $\lambda > 0$，**形状**（shape）パラメータを $\alpha > 0$ として，次式で pdf が定義される．

$$f(x; \alpha, \lambda) = \alpha\lambda(1 + \lambda x)^{-(\alpha+1)}, \quad x \geqslant 0$$

この分布を $\mathsf{Pareto}(\alpha, \lambda)$ と書く．パラメータ α が分布の形状に与える影響を図 4.17 に示す．

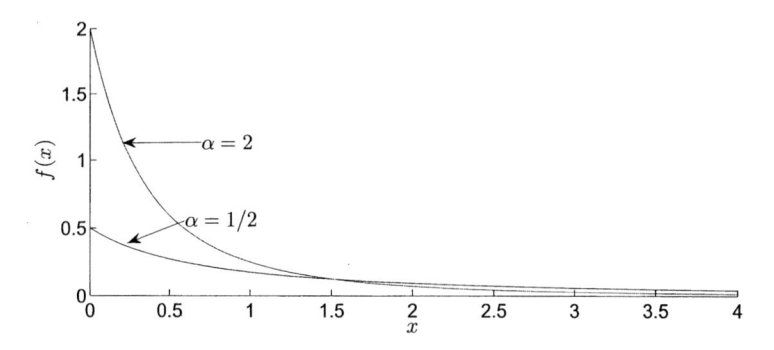

図 4.17 パレート分布で尺度パラメータの値を $\lambda = 1$ に固定した場合の，形状パラメータ α の 2 つの値に対する pdf の形．

注 4.2（別の定義） 上記以外で同様によく使われるものに，密度関数が次式で与えられるパレート（I 型）分布がある．

$$f(x; \alpha, x_0) = \frac{\alpha}{x_0}\left(\frac{x}{x_0}\right)^{-(\alpha+1)}, \quad x \geqslant x_0$$

表 4.20 パレート分布 Pareto(α, λ) のモーメントと裾の性質.

性質		条件
期待値	$\dfrac{1}{\lambda(\alpha-1)}$	$\alpha > 1$
分散	$\dfrac{\alpha}{\lambda^2(\alpha-1)^2(\alpha-2)}$	$\alpha > 2$
モーメント $\mathbb{E}X^k$	$\dfrac{k!}{\lambda^k}\dfrac{\Gamma(\alpha-k)}{\Gamma(\alpha)}$	$\alpha > k$
裾の確率 $\mathbb{P}(X>x)$	$(1+\lambda x)^{-\alpha}$	$x \geqslant 0$

ここで，形状パラメータ $\alpha > 0$ は II 型の場合と同様であり，$x_0 > 0$ は尺度パラメータである．この分布を Paretol(α, x_0) と書く．この分布は，II 型分布と $X \sim$ Pareto$(\alpha, \lambda) \Leftrightarrow (X+\lambda^{-1}) \sim$ Paretol(α, λ^{-1}) のような関係にある（λ は任意の正数）．

その他の性質と関係を示す．
1) **期待値と分散**：表に挙げた場合のほかでは，$0 < \alpha \leqslant 1$ なら期待値は ∞ であり，分散は存在しない．$1 < \alpha \leqslant 2$ なら分散は ∞ である．
2) **指数分布**：$Y \sim$ Exp(1) なら，以下が成り立つ．
$$\mathrm{e}^{Y/\alpha} - 1 \sim \mathrm{Pareto}(\alpha, 1)$$
3) **ガンマ分布混合**：$Y \sim$ Gamma$(\alpha, 1)$ で，$(X|Y) \sim$ Exp(Y) ならば，$X \sim$ Pareto$(\alpha, 1)$ となる．

Pareto(α, λ) は尺度分布族である．その結果，$X \sim$ Pareto$(\alpha, 1)$ ならば，$X/\lambda \sim$ Pareto(α, λ) となる．Pareto$(\alpha, 1)$ に従う乱数の生成は，cdf が $F(x) = 1 - (1+x)^{-\alpha}$, $x \geqslant 0$ であるという事実に注目して逆関数法を使えば簡単である．

アルゴリズム 4.51（逆関数法による Pareto($\alpha, 1$) 乱数生成法）

$U \sim$ U$(0,1)$ を生成し，$X = U^{-1/\alpha} - 1$ を返す．

次のアルゴリズムは，これと同等である（上記の性質 2 も参照）．

アルゴリズム 4.52（Pareto($\alpha, 1$) 乱数生成法）

$Y \sim$ Exp(1) を生成し，$X = \mathrm{e}^{Y/\alpha} - 1$ を返す．

性質 3 により，次のアルゴリズムが得られる．

アルゴリズム 4.53（Pareto($\alpha, 1$) 乱数生成法）

1. $Y \sim$ Gamma$(\alpha, 1)$ を生成する．
2. 得られた Y を使って $X \sim$ Exp(Y) を生成して返す．

4.2.13 相型分布（連続の場合）

連続相型（continuous phase-type）分布の pdf は
$$f(x;\boldsymbol{\alpha},A) = -\boldsymbol{\alpha}\mathrm{e}^{Ax}A\mathbf{1}, \quad x \geqslant 0$$
で表され，$\boldsymbol{\alpha}$ は $1 \times m$ 確率ベクトル，A は $m \times m$ 正則行列で，
$$Q = \begin{pmatrix} A & -A\mathbf{1} \\ \mathbf{0}^\top & 0 \end{pmatrix} \tag{4.7}$$
はマルコフ跳躍過程（☞ p.169）の Q 行列（無限小生成作用素）である．上記の $\mathbf{0}$ と $\mathbf{1}$ は，すべての成分がそれぞれ 0 と 1 からなる $m \times 1$ ベクトルである．また，e^{Ax} は行列指数であり，次式で定義される．
$$\mathrm{e}^{Ax} = \sum_{n=0}^{\infty} \frac{A^n x^n}{n!}$$
この分布を PH($\boldsymbol{\alpha}, A$) と書く．表 4.21 では，$\varrho(A) < 0$ は行列 A の最大固有値を表す．

表 4.21 相型分布 PH($\boldsymbol{\alpha}, A$) のモーメントと裾の性質．

性質		条件
期待値	$-\boldsymbol{\alpha}A^{-1}\mathbf{1}$	
分散	$2\boldsymbol{\alpha}A^{-2}\mathbf{1} - (\boldsymbol{\alpha}A^{-1}\mathbf{1})^2$	
モーメント $\mathbb{E}X^k$	$(-1)^k k!\,\boldsymbol{\alpha}A^{-k}\mathbf{1}$	
モーメント母関数	$\boldsymbol{\alpha}(tI+A)^{-1}A\mathbf{1}$	$t \leqslant -\varrho(A)$
裾の確率 $\mathbb{P}(X > x)$	$\boldsymbol{\alpha}\mathrm{e}^{Ax}\mathbf{1}$	

その他の性質と関係を示す（例えば [26] を参照）．

1) **吸収時刻**：確率変数 $X \sim$ PH($\boldsymbol{\alpha}, A$) は，集合 $\{1, \ldots, m, m+1\}$ 内の値をとるマルコフ跳躍過程（☞ p.668）$\{Y_t, t \geqslant 0\}$ が状態 $m+1$ に吸収される時刻を表すものと考えることができる．マルコフ跳躍過程の Q 行列は上記の Q で，初期状態分布は $(\boldsymbol{\alpha}, 0)$ である．

2) **指数分布**：指数分布 Exp(λ) は，最も簡単な連続相型分布であり，$m = 1$, $A = -\lambda$, $\boldsymbol{\alpha} = 1$ に相当する．

3) **一般化アーラン分布**：一般化アーラン（generalized Erlang）分布に従う確率変数は，生起率が $\lambda_1, \ldots, \lambda_n$ の n 個の独立な指数分布に従う確率変数の和と考えることができる．後者の分布は相型分布で，$m = n$, $\boldsymbol{\alpha} = (1, 0, \ldots, 0)$,
$$A = \begin{pmatrix} -\lambda_1 & \lambda_1 & 0 & \cdots & 0 \\ 0 & -\lambda_2 & \lambda_2 & \cdots & 0 \\ \vdots & \vdots & \ddots & \ddots & \vdots \\ 0 & \cdots & 0 & -\lambda_{n-1} & \lambda_{n-1} \\ 0 & \cdots & 0 & 0 & -\lambda_n \end{pmatrix}$$

である. すべての i について $\lambda_i = \lambda$ ならば，普通のアーラン分布になる：
Erl(n, λ) = Gamma(n, λ).

アルゴリズム 16.2 は，一般化アーラン分布の cdf の計算法を，λ_k がすべて異なり，降順 $\lambda_1 > \lambda_2 > \cdots > \lambda_n$ にソートされている場合について記述している.

4) **超指数分布**：超指数 (hyperexponential) 分布は，n 個の指数分布の混合として得られる．各指数分布のパラメータを $\lambda_i > 0$，混合確率を $\alpha_i, i = 1, 2, \ldots, n$ とすると，$\boldsymbol{\alpha} = (\alpha_1, \ldots, \alpha_n)$, $A = \mathrm{diag}(-\lambda_1, \ldots, -\lambda_n)$ の相型分布として表現できる.

5) **Cox 分布**：Cox 分布は，$\boldsymbol{\alpha} = (1, 0, \ldots, 0)$ で，A が次式で与えられる相型分布である.

$$A = \begin{pmatrix} -\lambda_1 & p_1\lambda_1 & 0 & \cdots & 0 \\ 0 & -\lambda_2 & p_2\lambda_2 & \cdots & 0 \\ \vdots & \vdots & \ddots & \ddots & \vdots \\ 0 & \cdots & 0 & -\lambda_{n-1} & p_{n-1}\lambda_{n-1} \\ 0 & \cdots & 0 & 0 & -\lambda_n \end{pmatrix}$$

6) **和**：独立に相型分布に従う有限個の確率変数の和は，また相型分布をする.

7) **混合**：有限個の相型分布の混合は，また相型分布をする.

Q を式 (4.7) のような Q 行列としよう (☞ p.668)．対応するマルコフ跳躍過程（性質 1 を参照）の推移行列を K，指数持続時間のパラメータを $\{q_i, i = 1, \ldots, m\}$ で表す．$K(y, \cdot)$ で行列 K の第 y 行を表し，$\boldsymbol{\alpha}$ で初期状態分布を表す.

アルゴリズム 4.54 (PH$(\boldsymbol{\alpha}, A)$ 乱数生成法)

1. $Y \sim \boldsymbol{\alpha}$ を生成し，$T = 0$ とおく.
2. $S \sim \mathrm{Exp}(q_Y)$ を生成し，$T = T + S$ とおく.
3. $Y \sim K(Y, \cdot)$ を生成する.
4. $Y = m + 1$ なら $X = T$ を返す．そうでなければ，Step 2 に戻る.

■ 例 4.6 (Cox 分布からの乱数生成法)

上記の性質 5 に挙げた Cox 分布からの乱数生成を考えよう．次の MATLAB プログラムは，$m = 4$, $\lambda_i = 3$, $p_i = 0.9$, $i = 1, \ldots, m$, $\boldsymbol{\alpha} = (1, 0, 0, 0)$ として，アルゴリズム 4.54 を実装したものである．標本の平均および分散を，真の平均値 1.1463 および真の分散 0.4961（丸めた値）と比較している.

```
%coxian_ex.m
alpha = [1 0 0 0];
p = 0.9;
m = 4;
```

```
lam = 3;
A = [-lam , lam*p, 0, 0; 0, -lam, lam*p ,0 ; ...
    0 ,0, -lam, lam*p; 0, 0, 0 ,-lam] ;
A1 = - A*ones(m,1);
q = - diag(A);
Q = [A A1; zeros(1,m) 0];
K = diag([1./q; 1])*(Q + diag([q;0]));
K(m+1,m+1) = 1;
N = 10^5;
x = zeros(N,1);
for i=1:N;
    T = 0;
    Y = min(find(cumsum(alpha)> rand));
    while Y ~= m+1
        T= T -log(rand)/q(Y);
        Y = min(find(cumsum(K(Y,:))> rand));
    end
    x(i) = T;
end

truemean = -alpha*inv(A)*ones(m,1)
mx = mean(x)
truevar = alpha*inv(A)*(2*eye(m,m)-ones(m,1)*alpha)*inv(A)*ones(m,1)
vx = var(x)
hist(x,100)
```

4.2.14 安定分布

安定 (stable) 分布は **α 安定** (α-stable), **レヴィ α 安定** (Lévy α-stable), **レヴィ歪 α 安定** (Lévy skew α-stable) などとも呼ばれ, この pdf は一般に明示的には表せない. その代わり, 次のように特性関数で定義される [12], [27], [32].

$$\phi(t) = \mathbb{E}\,\mathrm{e}^{\mathrm{i}\,tX} = \begin{cases} \exp\left(-|t|^\alpha \left(1 - \mathrm{i}\,\beta\,\mathrm{sgn}(t)\tan\left(\tfrac{\pi}{2}\alpha\right)\right)\right), & \alpha \neq 1 \\ \exp\left(-|t|\left(1 + \mathrm{i}\tfrac{2}{\pi}\beta\,\mathrm{sgn}(t)\ln|t|\right)\right), & \alpha = 1 \end{cases} \quad (4.8)$$

ここで, $0 < \alpha \leqslant 2$ は**特性指数** (characteristic exponent), $-1 \leqslant \beta \leqslant 1$ は**歪パラメータ** (skewness parameter) である. また, $\mathrm{sgn}(t)$ は t の符号を表し, $t < 0$, $t = 0$, $t > 0$ に応じて, $\mathrm{sgn}(t) = -1, 0, 1$ である. 安定分布は, 当然のことながら "レヴィ過程" の研究分野で登場する (5.13 節を参照).

pdf は, 数値的なフーリエ逆変換の手法を使って得ることができる. 具体的には,

$$f(x) = \frac{1}{\pi} \int_0^\infty \mathrm{e}^{-\mathrm{i}\,tx}\,\phi(t)\,\mathrm{d}t \quad (4.9)$$

である ($\Re[\phi(-t)] = \Re[\phi(t)]$, $\Im[\phi(-t)] = -\Im[\phi(t)]$ であることに注意する).

この分布の台は一般に $\mathbb{R}$ である．例外は，$\beta = 1$, $\alpha < 1$ の場合（台は $[0,\infty)$）と $\beta = -1$, $\alpha < 1$ の場合（台は $(-\infty, 0]$）である（例えば [32] を参照）．$|\beta| = 1$ の場合には，安定分布は**極値的** (extremal) であるという．$\beta = 0$ の場合には，分布は 0 に関して対称である．

この分布の位置–尺度族は 1 次変換 $Y = \mu + \sigma X$（X の特性関数は上記）で与えられる．安定分布の特徴は，独立に安定分布に従う確率変数の任意のアフィン結合は，再び安定分布に従う確率変数となることである．この分布を Stable$(\alpha, \beta, \mu, \sigma)$ と書く．標準の安定分布 Stable$(\alpha, \beta, 0, 1)$ を Stable(α, β) と書く．いくつかのパラメータの値に対する標準の安定分布の pdf のグラフを，図 4.18 に示す．

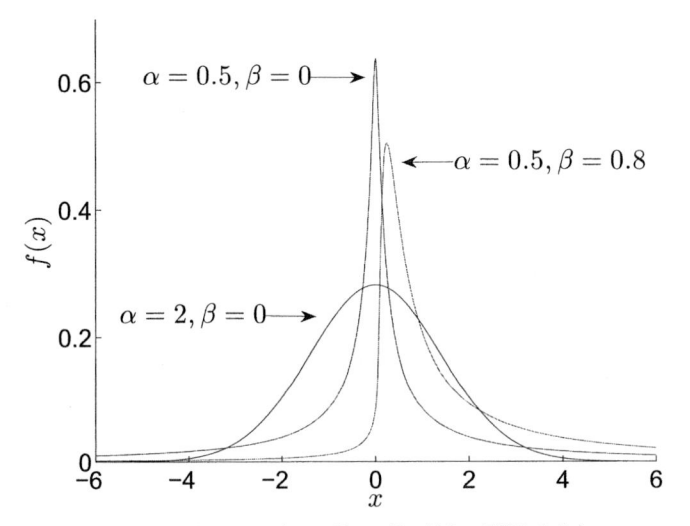

図 4.18 パラメータ α および β の種々の値に対する標準安定分布の pdf.

安定分布で pdf が単純な形に表せる 3 つの特殊ケースは，(1) Stable$(2, 0) \equiv \mathsf{N}(0, 2)$，(2) Stable$(1, 0) \equiv$ Cauchy$(0, 1)$，(3) Stable$(1/2, 1) \equiv$ Lévy（レヴィ分布）である．**レヴィ** (Lévy) 分布の pdf は，次式で与えられる．

$$f(x) = \frac{1}{\sqrt{2\pi}} x^{-3/2} \mathrm{e}^{-\frac{1}{2x}}, \quad x > 0$$

その他の性質と関係を示す．
1) **期待値と分散**：Stable(α, β) の期待値は，$1 < \alpha \leqslant 2$ なら 0 で，それ以外の場合は ∞ である．2 次モーメントは，$\alpha = 2$ の場合に 2 となる以外は ∞ である．
2) **和**：$X_i \sim$ Stable(α, β_i), $i = 1, 2$ が独立なら，以下が成り立つ．

$$\frac{X_1 + X_2}{2^{1/\alpha}} \sim \mathsf{Stable}\left(\alpha, \frac{\beta_1 + \beta_2}{2}\right)$$

3) 極値:$X_1 \sim \mathsf{Stable}(\alpha, 1)$ と $X_2 \sim \mathsf{Stable}(\alpha, -1)$ が独立ならば,以下が成り立つ.
$$\left(\frac{1+\beta}{2}\right)^{\frac{1}{\alpha}} X_1 + \left(\frac{1-\beta}{2}\right)^{\frac{1}{\alpha}} X_2 \sim \mathsf{Stable}(\alpha, \beta)$$
4) 正規分布:$X \sim \mathsf{N}(0, 1)$ ならば,$(1/X^2) \sim \mathsf{Lévy}$ となる.
5) 鏡映:$X \sim \mathsf{Stable}(\alpha, \beta)$ ならば,$(-X) \sim \mathsf{Stable}(\alpha, -\beta)$ となる.

Zolotarev [32, p.78] は,式 (4.9) から $\mathsf{Stable}(\alpha, \beta)$ 分布の pdf と cdf の積分表現で実数値の三角関数だけを含むものを導き出している.これに基づいて,Chambers et al. [6] は一般の $\mathsf{Stable}(\alpha, \beta)$ 分布に従う乱数生成法(下記)を考案した.その詳細と証明については,[32] および [31] を参照せよ(後者には若干の訂正が含まれている).

アルゴリズム 4.55($\mathsf{Stable}(\alpha, \beta)$ 乱数生成法,$\alpha \neq 1$)

1. $B = \arctan(\beta \tan(\pi\alpha/2))/\alpha$ とおく.
2. $V \sim \mathsf{U}(-\pi/2, \pi/2)$ と $W \sim \mathsf{Exp}(1)$ を独立に生成する.
3. 次の X を出力する.
$$X = \frac{\sin(\alpha(V+B))}{[\cos(\alpha B)\cos(V)]^{1/\alpha}} \left(\frac{\cos[V - \alpha(V+B)]}{W}\right)^{(1-\alpha)/\alpha}$$

$\alpha = 1$ の場合には,次のアルゴリズムを使う.

アルゴリズム 4.56($\mathsf{Stable}(1, \beta)$ 乱数生成法)

1. $V \sim \mathsf{U}(-\pi/2, \pi/2)$ と $W \sim \mathsf{Exp}(1)$ を独立に生成する.
2. 次の X を出力する.
$$X = \frac{2}{\pi}\left[\left(\frac{\pi}{2} + \beta V\right)\tan(V) - \beta \ln\left(\frac{W\cos(V)}{1 + 2\beta V/\pi}\right)\right]$$

$\mathsf{Stable}(2, 0) \equiv \mathsf{N}(0, 2)$ および $\mathsf{Stable}(0, 1) \equiv \mathsf{Cauchy}(0, 1)$ については,それぞれの乱数生成法の項を参照せよ.レヴィ分布については,上記の性質 4 から次のアルゴリズムが得られる.

アルゴリズム 4.57($\mathsf{Stable}(1/2, 1) \equiv \mathsf{Lévy}$ 乱数生成法)

$Y \sim \mathsf{N}(0, 1)$ を生成し,$X = 1/Y^2$ を出力する.

4.2.15 Student の t 分布

Student の t (Student's t) 分布は,単に t 分布ともいい,その pdf は
$$f(x; \nu) = \frac{\Gamma\left(\frac{\nu+1}{2}\right)}{\sqrt{\nu\pi}\,\Gamma\left(\frac{\nu}{2}\right)}\left(1 + \frac{x^2}{\nu}\right)^{-(\nu+1)/2}, \quad x \in \mathbb{R} \qquad (4.10)$$

で表され，ここで $\nu > 0$ である．この分布を t_ν と書く．パラメータ ν が整数値をとる場合には，それは t 分布の**自由度** (degrees of freedom) と呼ばれる．この分布の位置-尺度族の pdf は $f(x; \mu, \sigma) = f((x-\mu)/\sigma)/\sigma$ で与えられる．この分布を $\mathsf{t}_\nu(\mu, \sigma^2)$ と書く．

この分布は，統計学において，正規母集団の分散が不明で推定する必要があり，標本数が小さい場合に，母集団の平均値を推定する問題で登場する．具体的には，$X_1, \ldots, X_n \overset{\text{iid}}{\sim} \mathsf{N}(\mu, \sigma^2)$ で，標本平均を $\bar{X}_n = (X_1 + \cdots + X_n)/n$，標本分散を $S_n^2 = \sum_{i=1}^n (X_i - \bar{X}_n)^2/(n-1)$ とする (☞ p.693)．すると，

$$T = \frac{\bar{X}_n - \mu}{S_n/\sqrt{n}} \sim \mathsf{t}_{n-1}$$

となる．

パラメータ ν が分布の形状に及ぼす影響を図 4.19 に示す．

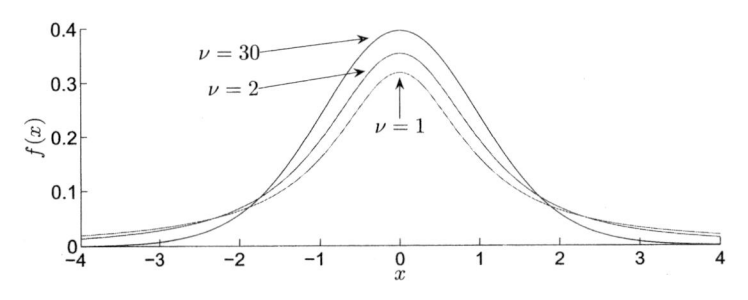

図 4.19 ν の種々の値に対する t_ν 分布の pdf.

表 4.22 で，$K_\nu(x)$ は "第 3 種の変形 Bessel 関数" を表し，$I_x(\alpha, \beta)$ は "不完全ベータ関数" を表す．

その他の性質と関係を示す．

1) **コーシー分布**：$t_1 \equiv \mathsf{Cauchy}(0, 1)$.

表 4.22 Student の t 分布 t_ν のモーメントの性質.

	性　質	条件
期待値	0	$\nu > 1$
分散	$\dfrac{\nu}{\nu - 2}$	$\nu > 2$
特性関数	$\dfrac{2^{1-\frac{\nu}{2}} \|\sqrt{\nu} t\|^{\nu/2} K_{\frac{\nu}{2}}(\sqrt{\nu}\|t\|)}{\Gamma(\frac{\nu}{2})}$	$\nu > 0$
裾の確率 $\mathbb{P}(X > x)$	$\dfrac{1}{2} I_{\nu/(\nu+x^2)}\left(\dfrac{\nu}{2}, \dfrac{1}{2}\right)$	

2) **正規分布**：$X_\nu \sim \mathsf{t}_\nu$ ならば，$\nu \to \infty$ のとき $X_\nu \xrightarrow{\mathrm{d}} Z \sim \mathsf{N}(0,1)$ となる．

3) **正規分布とガンマ分布の混合**：$X \sim \mathsf{N}(0,1)$ と $Y \sim \chi_\nu^2 \equiv \mathsf{Gamma}(\nu/2, 1/2)$ が独立ならば，以下が成り立つ．
$$\frac{X}{\sqrt{Y/\nu}} \sim \mathsf{t}_\nu$$

4) **ベータ分布**：$T \sim \mathsf{t}_{2\alpha}$ ならば，次が成り立つ（p.108 のベータ分布の性質 3 と同等）．
$$B = \frac{1}{2}\left(1 + \frac{T}{\sqrt{2\alpha + T^2}}\right) \sim \mathsf{Beta}(\alpha, \alpha)$$

5) **ガンマ分布**：$X \sim \mathsf{Gamma}(1/2, 1)$ と $Y \sim \mathsf{Gamma}(\nu/2, 1)$ は独立とする．もし $B \sim \mathsf{Ber}(1/2)$ が X および Y と独立ならば，以下が成り立つ．
$$(2B-1)\sqrt{\frac{X}{Y/\nu}} \sim \mathsf{t}_\nu$$

さらに，$Z \sim \mathsf{Gamma}(\nu/2, 1)$ が Y と独立とすると，以下が成り立つ．
$$\frac{\sqrt{\nu}}{2} \frac{Y - Z}{\sqrt{YZ}} \sim \mathsf{t}_\nu$$

6) **2 乗**：$X \sim \mathsf{t}_n$ ならば，$X^2 \sim \mathsf{F}(1, n)$ となる．

7) **F 分布**：$X \sim \mathsf{F}(n, n)$ ならば，$\frac{\sqrt{n}}{2}\left(\sqrt{X} - 1/\sqrt{X}\right) \sim \mathsf{t}_n$ となる．

$\mathsf{t}_\nu(\mu, \sigma^2)$ は位置–尺度族なので，t_ν からの乱数生成だけを考える．t 分布については，簡単で効率的な発生アルゴリズムが数多く存在する．上記の性質 3 は数理統計学で基本的なものであり，これにより次のアルゴリズムが得られる．

アルゴリズム 4.58（ガンマ分布による t_ν 乱数生成法）

1. $Z \sim \mathsf{N}(0,1)$ と $Y \sim \mathsf{Gamma}(\nu/2, 1/2)$ を独立に生成する．
2. $X = Z/\sqrt{Y/\nu}$ を出力する．

別の方法として，例えば上記の性質 4 の t 分布とベータ分布の関係を使う方法がある．

アルゴリズム 4.59（ベータ分布による t_ν 乱数生成法）

1. $Y \sim \mathsf{Beta}(\nu/2, \nu/2)$ を生成する．
2. 次の X を出力する．
$$X = \sqrt{\nu}\frac{Y - \frac{1}{2}}{\sqrt{Y(1-Y)}}$$

次の単純なアルゴリズム [14] は，一様乱数の比を用いる方法（☞ p.70）に基づいている．

アルゴリズム 4.60（一様乱数の比による t_ν 乱数生成法）

1. $U \sim \mathsf{U}(-\sqrt{\nu}, \sqrt{\nu})$ と $V \sim \mathsf{U}(0,1)$ を生成する．
2. $W = V^{1/\nu}$ とおく．
3. $W^2 + U^2/\nu \leqslant 1$ ならば，$X = U/W$ を返す．そうでなければ，Step 1 に戻って繰り返す．

極座標法（3.1.2.7 項を参照）では，半径方向の pdf を
$$f_R(r) = r\left(1 + r^2/\nu\right)^{-1-\nu/2}, \quad r \geqslant 0$$
として，次のアルゴリズムが得られる．

アルゴリズム 4.61（極座標法による t_ν 乱数生成法（I））

1. $U, V \overset{\text{iid}}{\sim} \mathsf{U}(0,1)$ を生成する．
2. $\Theta = 2\pi U$, $R = \sqrt{\nu\left(V^{-2/\nu} - 1\right)}$ とおく．
3. $X = R\cos(\Theta)$ と $Y = R\sin(\Theta)$ を返す．X も Y も t_ν 乱数であるが，独立ではない．

次のアルゴリズム [4] も極座標法によるものであるが，三角関数の計算を（より速い）採択–棄却法で置き換えている．

アルゴリズム 4.62（極座標法による t_ν 乱数生成法（II））

1. $U, V \overset{\text{iid}}{\sim} \mathsf{U}(-1,1)$ を生成する．
2. $W = U^2 + V^2$ とおく．$W > 1$ なら Step 1 に戻る．
3. $C = U^2/W$, $R = \nu(W^{-2/\nu} - 1)$ とおく．
4. $X = \text{sgn}(U)\sqrt{RC}$ を返す．

最後に，Kinderman et al. [19] が提案した採択–棄却法を紹介する．

アルゴリズム 4.63（採択–棄却法による t_ν 乱数生成法）

1. $U_1, U_2 \overset{\text{iid}}{\sim} \mathsf{U}(0,1)$ を生成する．
2. $U_1 < 0.5$ なら，$X = \frac{1}{4U_1 - 1}$, $V = \frac{U_2}{X^2}$ とおく．そうでなければ，$X = 4U_1 - 3$, $V = U_2$ とおく．
3. $V < 1 - |X|/2$ または $V < \left(1 + \frac{X^2}{\nu}\right)^{-\frac{\nu+1}{2}}$ ならば，X を t_ν 乱数として採用する．そうでなければ Step 1 に戻って繰り返す．

4.2.16 一様分布（連続の場合）

区間 (a,b) 上の**一様**（uniform）分布の pdf は次式で与えられる．
$$f(x;a,b) = \frac{1}{b-a}, \quad a \leqslant x \leqslant b$$
この分布を $\mathsf{U}(a,b)$ と書く．pdf のグラフを図 4.20 に示す．

図 4.20 区間 (a, b) 上の一様分布の pdf.

一様分布は，区間 (a, b) 上の1つの点を等確率でランダムに選ぶためのモデルとして使われる．$\mathbb{R}^n$ 上の任意のボレル集合 B でルベーグ測度（例えば面積，体積など）$|B|$ が零でないものの上の一様分布も同様にして定義され，pdf は B 上では一定値 $1/|B|$ をとり，それ以外では 0 である．この分布を $\mathsf{U}(B)$ あるいは単に $\mathsf{U}B$ と書く．$\mathsf{U}(a, b)$ は位置–尺度族で，$Z \sim \mathsf{U}(a, b)$ の分布は $a + (b-a)X$，$X \sim \mathsf{U}(0, 1)$ の分布と同じである．

表 4.23 一様分布 $\mathsf{U}(a, b)$ のモーメントと裾の性質．

性 質		条件
期待値	$\dfrac{a+b}{2}$	
分散	$\dfrac{(a-b)^2}{12}$	
モーメント母関数	$\dfrac{e^{bt} - e^{at}}{(b-a)t}$	
裾の確率 $\mathbb{P}(X > x)$	$\dfrac{b-x}{b-a}$	$x \in (a, b)$

$\mathsf{U}(0, 1)$ 乱数の生成は，どのようなモンテカルロ法にとっても決定的に重要であり，第1章で詳細に論じている．$\mathsf{U}(a, b)$ 乱数の生成法は，逆関数法によって直ちに導くことができる．

アルゴリズム 4.64（$\mathsf{U}(a, b)$ 乱数生成法）

$U \sim \mathsf{U}(0, 1)$ を生成し，$X = a + (b-a)U$ を返す．

4.2.17 ワルド分布

ワルド（Wald）分布，あるいは逆ガウス（inverse Gaussian）分布の pdf は

$$f(x; \mu, \lambda) = \sqrt{\frac{\lambda}{2\pi x^3}}\, e^{-\frac{\lambda(x-\mu)^2}{2\mu^2 x}}, \quad x > 0$$

で表され，ここで $\mu > 0$ は**位置**（location）パラメータ，$\lambda > 0$ は**尺度**（scale）パ

ラメータである．この分布を Wald(μ, λ) と書く．ワルド分布は，ドリフトが正のブラウン運動（☞ p.186）がある正の水準に初めて到達する時刻の分布として登場する．具体的には，$\{B_t, t \geqslant 0\}$ がブラウン運動で，ドリフトが $\mu > 0$，拡散係数が σ^2，$\tau_a = \inf\{t \geqslant 0 : B_t \geqslant a\}$ とすると，$\tau_a \sim \text{Wald}(a/\mu, a^2/\sigma^2)$ となる．種々のパラメータの値に対する pdf のグラフを図 4.21 に示す．

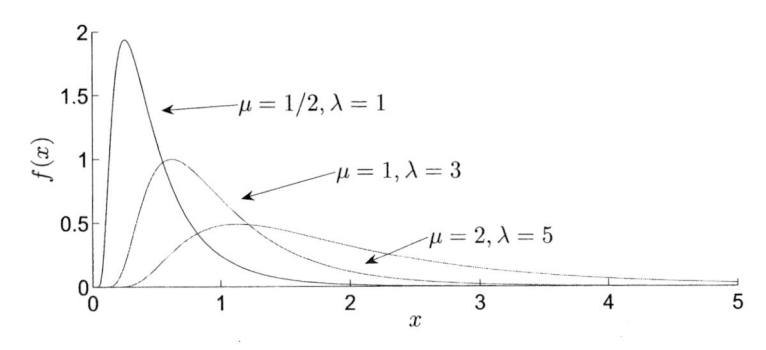

図 4.21 種々のパラメータ値に対するワルド分布の pdf.

表 4.24 で，$\Phi(x)$ は標準正規分布の累積分布関数である．その他の性質と関係を次に示す．

1) **カイ 2 乗分布**：$X \sim \text{Wald}(\mu, \lambda)$ ならば，以下が成り立つ．
$$\lambda \frac{(X-\mu)^2}{\mu^2 X} \sim \chi_1^2$$

2) **逆ガンマ分布**（☞ p.53）：$X_\mu \sim \text{Wald}(\mu, \lambda)$ ならば，以下が成り立つ．
$$\mu \to \infty \text{ のとき} \quad X_\mu \xrightarrow{d} Y \sim \text{InvGamma}(1/2, \lambda/2)$$

3) **和**：$X_i \sim \text{Wald}(\mu, \lambda_i)$, $i = 1, \ldots, n$ が独立ならば，以下が成り立つ．
$$\sum_{i=1}^n X_i \sim \text{Wald}(\mu\, a, \, \lambda\, a^2), \quad a = \sum_{i=1}^n a_i$$

表 4.24 ワルド分布 Wald(μ, λ) のモーメントと裾の性質．

性質		条件
期待値	μ	
分散	$\dfrac{\mu^3}{\lambda}$	
モーメント母関数	$e^{\frac{\lambda}{\mu}\left(1 - \sqrt{1 - \frac{2\mu^2 t}{\lambda}}\right)}$	$t \leqslant \dfrac{\lambda}{2\mu^2}$
裾の確率 $\mathbb{P}(X > x)$	$\Phi\left(\sqrt{\frac{\lambda}{x}}\left(1 - \frac{x}{\mu}\right)\right) - \Phi\left(-\sqrt{\frac{\lambda}{x}}\left(1 + \frac{x}{\mu}\right)\right) e^{\frac{2\lambda}{\mu}}$	$x > 0$

次の変換によって，簡単な乱数生成アルゴリズムが得られる．$X \sim \mathsf{Wald}(\mu, \lambda)$, $g(x) = \frac{\lambda(x-\mu)^2}{\mu^2 x}$ とする．任意の $y > 0$ に対して，方程式 $g(x) = y$ には 2 つの解 x_1 と x_2 がある．容易に確かめられるように，$x_1 \geqslant \mu$ と $x_2 \leqslant \mu$ は 2 次方程式の解であり，それらの積は μ^2 である．そこで，方程式 $g(x) = y$ を満たす $x \geqslant \mu$ を使って，$x_1 = x$, $x_2 = \mu^2/x$ とおくことができる．標準的な変換公式 (A.33) を少し修正することで，Y の pdf が次式を満たすことがわかる．

$$f_Y(y) = \frac{f_X(\mu^2/x)}{-g'(\mu^2/x)} + \frac{f_X(x)}{g'(x)}$$

ここで，f_X は X の pdf であり，$g'(x) = \lambda(\mu^{-2} - x^{-2})$, また $x = \mu + \frac{\mu^2 y}{2\lambda} + \frac{\mu}{2\lambda}\sqrt{4\mu\lambda y + \mu^2 y^2}$ である．上記の式を評価すると，任意の $y > 0$ に対して $f_Y(y) = \mathrm{e}^{-y/2}(2\pi y)^{-1/2}$ となり，これは χ_1^2 分布の pdf であるから，上記の性質 1 が導き出せたことになる．

与えられた Y の値に対して適切な X の値を生成するためには，(2 次方程式の) 2 つの解 (μ^2/X と X) のどちらかを，次の確率配分で選ぶ必要がある．

$$\frac{f_X(\mu^2/x)}{f_X(x)} \times \frac{g'(x)}{-g'(\mu^2/x)} = x^3/\mu^3 \times \mu^2/x^2 = x/\mu : 1$$

この考え方から，次のアルゴリズムが得られる．

アルゴリズム 4.65 (Wald(μ, λ) 乱数生成法)

1. $W \sim \mathsf{N}(0, 1)$ を生成し，$Y = W^2$ とおく．
2. 次式で Z を計算する．

$$Z = \mu + \frac{\mu^2 Y}{2\lambda} + \frac{\mu}{2\lambda}\sqrt{4\mu\lambda Y + \mu^2 Y^2}$$

3. $B \sim \mathsf{Ber}(\frac{\mu}{\mu + Z})$ を生成する．もし $B = 1$ ならば $X = Z$ を出力する．そうでなければ，$X = \mu^2/Z$ を出力する．

4.2.18 ワイブル分布

ワイブル (Weibull) 分布の pdf は

$$f(x; \alpha, \lambda) = \alpha\lambda(\lambda x)^{\alpha-1}\mathrm{e}^{-(\lambda x)^\alpha}, \quad x \geqslant 0$$

で表され，ここで $\lambda > 0$ は**尺度パラメータ** (scale parameter), $\alpha > 0$ は**形状パラメータ** (shape parameter) と呼ばれる．この分布を Weib(α, λ) と書く．この分布の位置–尺度族の pdf は $f(x; \alpha, \mu, \sigma) = f((x - \mu)/\sigma; \alpha, 1)$, $x \geqslant \mu$ となる．この分布を Weib(α, μ, σ) と書く．Weib(α, λ) $\equiv$ Weib($\alpha, 0, \lambda^{-1}$) であることに注意する．

信頼性理論では，ワイブル分布は部品の寿命分布としてよく使われる．この分布を折り返した（鏡映変換）ものは，pdf が $f(-x; \alpha, \mu, \sigma)$ で，**逆ワイブル** (reversed

Weibull) 分布と呼ばれ，$-\text{Weib}(\alpha, \mu, \sigma)$ と書く．これは3つの極値分布のうちの1つであるIII型である．

特別なケースである $\text{Weib}(2, 1/(\sigma\sqrt{2}))$ は，**レイリー**（Rayleigh）分布として知られており，ここでは $\text{Rayleigh}(\sigma)$ と書く．ワイブル分布がパラメータの値によってどのように変わるかを，図4.22に示す．

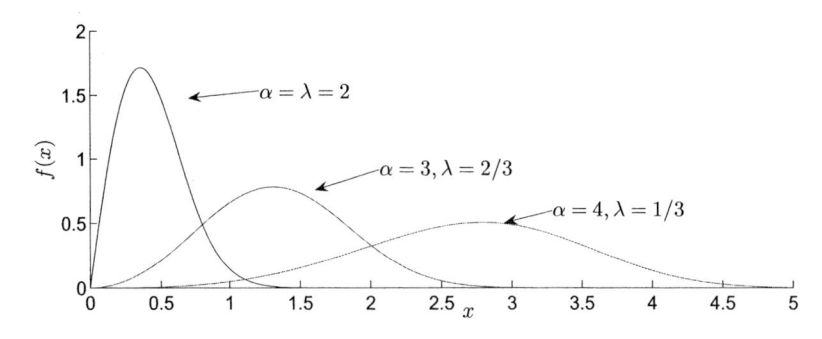

図 4.22　種々のパラメータ値に対するワイブル分布 $\text{Weib}(\alpha, \lambda)$ の pdf.

表 4.25　ワイブル分布 $\text{Weib}(\alpha, \lambda)$ のモーメントと裾の性質.

性質		条件
期待値	$\lambda^{-1}\Gamma(1+\alpha^{-1})$	
分散	$\lambda^{-2}(\Gamma(1+2\alpha^{-1}) - \Gamma(1+\alpha^{-1})^2)$	
モーメント $\mathbb{E}X^k$	$\lambda^{-k}\Gamma(1+k\alpha^{-1})$	
裾の確率 $\mathbb{P}(X>x)$	$e^{-(\lambda x)^\alpha}$	$x \geqslant 0$

その他の性質と関係を示す．
1) **指数分布**：$Y \sim \text{Exp}(1)$ で $\beta > 0$ ならば，$Y^\beta \sim \text{Weib}(\beta^{-1}, \lambda^\beta)$ となる．
2) **正規分布**：$X, Y \stackrel{\text{iid}}{\sim} \text{N}(0, \sigma^2)$ ならば，$\sqrt{X^2+Y^2} \sim \text{Rayleigh}(\sigma)$ となる．
3) **ガンベル分布**：$X \sim \text{Weib}(\alpha, \lambda)$ ならば，$-\ln X \sim \text{Gumbel}(\ln \lambda, 1/\alpha)$ となる．

$\text{Weib}(\alpha, \mu, \sigma)$ は位置–尺度族なので，$\text{Weib}(\alpha, \lambda)$ に従う乱数の生成法だけを考えればよい．後者の cdf は $F(x) = 1 - \exp(-(\lambda x)^\alpha)$, $x \geqslant 0$ なので，逆関数法により容易に次の生成法が得られる．

アルゴリズム 4.66（$\text{Weib}(\alpha, \lambda)$ 乱数生成法）

▎ $U \sim \text{U}(0, 1)$ を生成し，$X = \frac{1}{\lambda}(-\ln U)^{\frac{1}{\alpha}}$ を出力する．

4.3 多変量分布

ここでは，種々の多変量分布を（英語表記の）アルファベット順に列挙する．絶対連続分布（☞ p.639）あるいは離散分布は，確率密度関数（pdf）によって完全に記述できることを思い起こそう．

注 4.3（特異な連続分布） 実用上出くわす多くの多変量特異分布には，絶対連続なランダムベクトルで，低次元の多様体へ写像されるものが含まれる．例えば円周上の一様分布は，$\mathbb{R}^2$ 上のルベーグ測度に関しては特異で，その 2 次元 pdf は 0 である．しかし，それは 1 次元の一様分布を円周に沿って分布させたものとすぐに考えることができる．

4.3.1 ディリクレ分布

標準ディリクレ（standard Dirichlet）分布，あるいは **I 型のディリクレ**（type I Dirichlet）分布の確率密度関数は次式で与えられる．

$$f(\mathbf{x};\boldsymbol{\alpha}) = \frac{\Gamma\left(\sum_{i=1}^{n+1}\alpha_i\right)}{\prod_{i=1}^{n+1}\Gamma(\alpha_i)}\prod_{i=1}^{n}x_i^{\alpha_i-1}\left(1-\sum_{i=1}^{n}x_i\right)^{\alpha_{n+1}-1}$$

$$x_i \geqslant 0,\ i=1,\ldots,n,\ \sum_{i=1}^{n}x_i \leqslant 1$$

ここで，$\alpha_i > 0,\ i=1,\ldots,n+1$ は**形状**（shape）パラメータである．この分布を Dirichlet$(\alpha_1,\ldots,\alpha_{n+1})$ あるいは Dirichlet$(\boldsymbol{\alpha})$, $\boldsymbol{\alpha}=(\alpha_1,\ldots,\alpha_{n+1})^\top$ と書く．ディリクレ分布は，ベータ分布（4.2.1 項を参照）の多次元への一般化と見なせる．すなわち，各 X_k の周辺分布がベータ分布である（より一般的な説明を次の性質 6 でする）．

ベイズ統計学では，ディリクレ分布は多項分布の成功確率に対する共役分布（☞ p.709）である（4.3.2 項を参照）．2 次元分布の pdf のグラフを図 4.23 に示す．

表 4.26 で，$\widetilde{\boldsymbol{\alpha}}=(\alpha_1,\ldots,\alpha_n)^\top$, $c=\sum_{i=1}^{n+1}\alpha_i$ である．その他の性質と関係を次に列挙する．

1) **ガンマ分布からディリクレ分布へ**：確率変数 $Y_1,\ldots,Y_{n+1}$ は独立で，$Y_k \sim$

表 4.26　ディリクレ分布 Dirichlet$(\boldsymbol{\alpha})$ のモーメント．

性質		条件
期待値ベクトル	$\dfrac{\widetilde{\boldsymbol{\alpha}}}{c}$	
共分散行列	$\dfrac{c\,\mathrm{diag}(\widetilde{\boldsymbol{\alpha}}) - \widetilde{\boldsymbol{\alpha}}\widetilde{\boldsymbol{\alpha}}^\top}{c^2(c+1)}$	

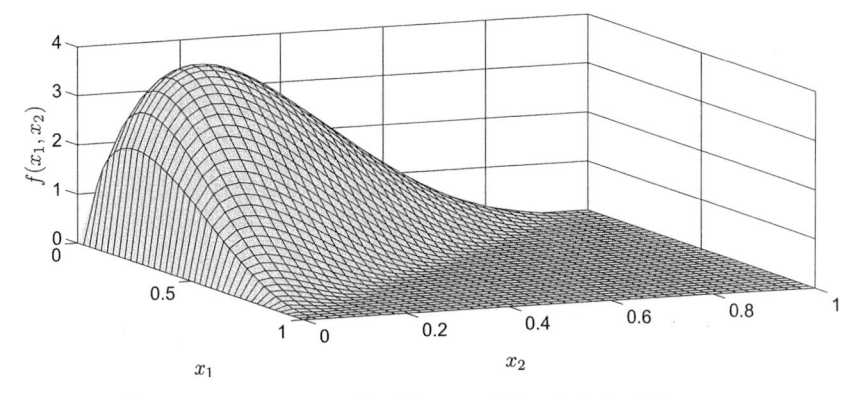

図 4.23 $\boldsymbol{\alpha} = (1.5, 1.5, 3)^\top$ のときの，2 次元のディリクレ分布の pdf.

Gamma$(\alpha_k, 1)$, $k = 1, \ldots, n+1$ として，
$$X_k = \frac{Y_k}{\sum_{i=1}^{n+1} Y_i}, \quad k = 1, \ldots, n$$
と定義する．すると，$\mathbf{X} = (X_1, \ldots, X_n) \sim$ Dirichlet$(\boldsymbol{\alpha})$ が成り立つ．

2) **ディリクレ分布からガンマ分布へ**：$Y \sim$ Gamma$(\sum_{i=1}^{n+1} \alpha_i, 1)$ と $\mathbf{X} = (X_1, \ldots, X_n) \sim$ Dirichlet$(\boldsymbol{\alpha})$ は独立とする．次の定義をする．
$$Y_i = Y X_i, \ i = 1, \ldots, n, \ Y_{n+1} = Y\left(1 - \sum_{i=1}^{n} X_i\right)$$
すると，$Y_1, \ldots, Y_{n+1}$ は独立で，$Y_i \sim$ Gamma$(\alpha_i, 1)$, $i = 1, \ldots, n+1$ となる．

3) **ベータ分布からディリクレ分布へ**：$Y_1, \ldots, Y_n$ は独立で，$Y_i \sim$ Beta$(\alpha_i, \sum_{j=i+1}^{n+1} \alpha_j)$, $i = 1, \ldots, n$ とする．次の定義をする．
$$X_i = Y_i \prod_{j=1}^{i-1}(1 - Y_j), \quad i = 1, \ldots, n$$
すると，$\mathbf{X} = (X_1, \ldots, X_n) \sim$ Dirichlet$(\boldsymbol{\alpha})$ となる．

4) **ディリクレ分布からベータ分布へ**：もし $\mathbf{X} = (X_1, \ldots, X_n) \sim$ Dirichlet$(\boldsymbol{\alpha})$ で，
$$Y_i = \frac{X_i}{1 - X_1 - \cdots - X_{i-1}}, \quad i = 1, \ldots, n$$
ならば，$Y_1, \ldots, Y_n$ は独立で，$Y_i \sim$ Beta$(\alpha_i, \sum_{j=i+1}^{n+1} \alpha_j)$, $i = 1, \ldots, n$ となる．

5) **一様分布**：n 次元 Dirichlet$(1, \ldots, 1)$ 分布は，単位単体（☞ p.76）$\{x \in \mathbb{R}^n : x_i \geqslant 0, i = 1, \ldots, n, \sum_{i=1}^n x_i \leqslant 1\}$ 上で確率密度が一定となり，この集合上の一様分布である．

6) **周辺分布はベータ分布**：性質 4 の帰結として，$X_1 \sim$ Beta$(\alpha_1, \sum_{i \neq 1} \alpha_i)$ であり，一般に $X_k \sim$ Beta$(\alpha_k, \sum_{i \neq k} \alpha_i)$ となる．

7) **部分ベクトル**：性質 1 から直ちに次のことが導かれる．添数集合 $\{1,\ldots,n\}$ から任意の相異なる添数 $\{i_1,\ldots,i_k\}$ を選ぶと，

$$(X_{i_1},\ldots,X_{i_k}) \sim \mathsf{Dirichlet}(\alpha_{i_1},\ldots,\alpha_{i_k},\beta)$$

となる．ここで，$\beta = \sum_{i=1}^{n+1}\alpha_i - \sum_{j=1}^{k}\alpha_{i_j}$ である．

8) **モーメント**：$\mathbf{X} \sim \mathsf{Dirichlet}(\boldsymbol{\alpha})$，$\boldsymbol{\alpha} = (\alpha,\alpha,\ldots,\alpha,\beta)^\top$ とする．このとき，$\gamma \geqslant 0$ に対して次が成り立つ（[10] を参照）．

$$\mathbb{E}\prod_{1\leqslant i<j\leqslant n}|X_i - X_j|^{2\gamma}$$
$$= \frac{\Gamma(\alpha n + \beta)}{\Gamma^n(\alpha)\,\Gamma(\alpha n + \beta + n(n-1)\gamma)}\prod_{j=0}^{n-1}\frac{\Gamma(\alpha + j\gamma)\,\Gamma(1 + (j+1)\gamma)}{\Gamma(1+\gamma)}$$

性質 1 で述べたディリクレ分布とガンマ分布の基本的な関係から，次の生成法が得られる．

アルゴリズム 4.67（$\mathsf{Dirichlet}(\boldsymbol{\alpha})$ 乱数生成法）

1. $Y_k \sim \mathsf{Gamma}(\alpha_k, 1)$, $k = 1,\ldots,n+1$ を独立に生成する．
2. $\mathbf{X} = (X_1,\ldots,X_n)$ を出力する．各成分は次式で計算する．

$$X_k = \frac{Y_k}{\sum_{i=1}^{n+1}Y_i},\ k=1,\ldots,n$$

もう 1 つの生成法は，ディリクレ分布とベータ分布の関係に基づくものである（上記の性質 3 を参照）．一般に，ベータ乱数生成にはガンマ乱数の生成が必要であるが，パラメータが整数の場合は例外で，順序統計量を利用することができる（アルゴリズム 4.24 を参照）．次のアルゴリズムは，パラメータが小さい整数値をとる場合に便利である．

アルゴリズム 4.68（ベータ乱数を利用した $\mathsf{Dirichlet}(\boldsymbol{\alpha})$ 乱数生成法）

1. ベータ乱数を生成する．

$$Y_i \sim \mathsf{Beta}\left(\alpha_i, \sum_{j=i+1}^{n+1}\alpha_j\right),\ i=1,\ldots,n$$

2. $\mathbf{X} = (X_1,\ldots,X_n)$ を出力する．ここで

$$X_i = Y_i\prod_{j=1}^{i-1}(1 - Y_j),\ i=1,\ldots,n$$

である．

4.3.2 多項分布

多項 (multinomial) 分布の結合 pdf は，次式で与えられる．

$$f(\mathbf{x}; n, \mathbf{p}) = n! \prod_{i=1}^{k} \frac{p_i^{x_i}}{x_i!}$$

ここで，k と n は正の整数であり，各 p_i は正で，$\sum_{i=1}^{k} p_i = 1$ である．また，$\mathbf{x} = (x_1, \ldots, x_k)$ は，条件 $\sum_{i=1}^{k} x_i = n$ を満たすすべての $\mathbf{x} \in \{0, \ldots, n\}^k$ にわたる．$\{p_i\}$ を k 次元の列ベクトル $\mathbf{p}$ で表すことにして，この分布を $\mathsf{Mnom}(n, \mathbf{p})$ と書く．

多項分布は，n 個のボールを k 個の壺に放り込む実験において登場する．1 個のボールが i 番の壺に入る確率が p_i である．これと類似の状況は，例えば，ある分布から大きさ n の iid 標本を抽出して，そのヒストグラムを作成する際に起きる．多項分布は 2 項分布の一般化と見ることができる．ベイズ統計学では，多項分布はディリクレ分布の形状パラメータに対する共役事前分布（☞ p.709）として登場する．3 次元の場合の pdf のグラフを図 4.24 に示す．

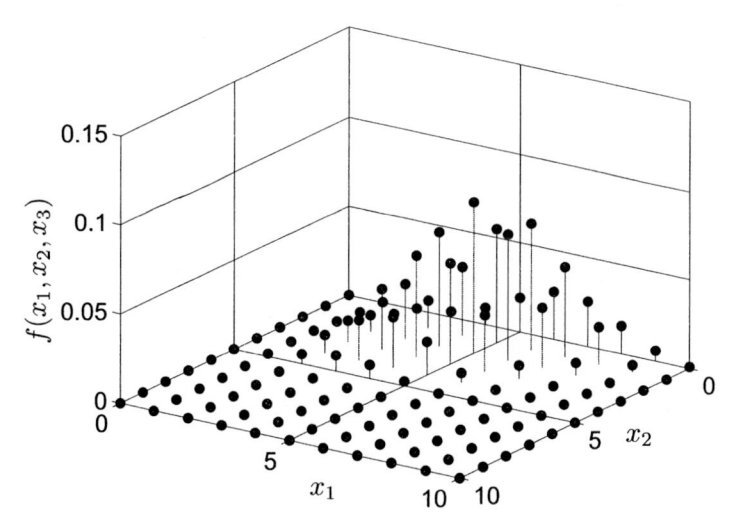

図 4.24 多項分布で，パラメータが $n = 10$, $\mathbf{p} = (0.2, 0.5, 0.3)^\top$ の場合の pdf. $x_3 = n - x_1 - x_2$ は示されていないことに注意．

その他の性質を示す．

1) **2 項分布**：$(X_1, \ldots, X_k) \sim \mathsf{Mnom}(n, \mathbf{p})$ とすると，$X_i \sim \mathsf{Bin}(n, p_i)$, $i = 1, \ldots, k$ となる．

2) **条件付き分布**：$(X_{t+1} | X_1, \ldots, X_n) \sim \mathsf{Bin}\left(n - \sum_{i=1}^{t} X_i, \dfrac{p_{t+1}}{\sum_{i=t+1}^{k} p_i}\right)$.

表 4.27 多項分布 Mnom($n, \mathbf{p}$) のモーメントの性質.

性質	条件
期待値ベクトル $n\mathbf{p}$	
共分散行列 $n(\operatorname{diag}(\mathbf{p}) - \mathbf{p}\mathbf{p}^\top)$	
確率母関数 $\mathbb{E} z_1^{X_1} \cdots z_k^{X_k} = \left(\sum_{i=1}^k p_i z_i\right)^n$	$\lvert z_i \rvert \leqslant 1, i = 1, \ldots, k$

3) **部分ベクトル**：添数集合 $\{1, \ldots, k\}$ から任意の相異なる添数 $\{i_1, \ldots, i_m\}$ を選ぶと，

$$\left(X_{i_1}, \ldots, X_{i_m}, n - \sum_{j=1}^m X_{i_j}\right) \sim \mathsf{Mnom}(n, \widetilde{\mathbf{p}})$$

となる．ここで，$\widetilde{\mathbf{p}} = (p_{i_1}, \ldots, p_{i_m}, 1 - \sum_{j=1}^m p_{i_j})^\top$ である．

多項分布のベクトルを生成するための次のアルゴリズムは，n 個のボールを確率 $p_1, \ldots, p_k$ で k 個の壺に放り込む動作を真似たものである．

アルゴリズム 4.69 (直接的な Mnom($n, \mathbf{p}$) 乱数生成法)

1. $\mathbf{X} = (X_1, \ldots, X_k) = (0, \ldots, 0)$ とおく．
2. $i = 1, \ldots, n$ について次のことを実行する．
   $Z_i \sim \mathbf{p}$ を生成し，$X_{Z_i} = X_{Z_i} + 1$ とする．
3. X を返す．

性質 2 から，多項分布するベクトルの条件付き分布は 2 項分布となる．これにより，ランダムベクトル $\mathbf{X} = (X_1, \ldots, X_k) \sim \mathsf{Mnom}(n, \mathbf{p})$ を生成するのに，次のアルゴリズムが使えることになる．

アルゴリズム 4.70 (Mnom($n, \mathbf{p}$) 乱数生成法)

1. $s = 0$, $q = 1$, $t = 1$ とおく．
2. $t \leqslant k$ が成り立つ限り，次のことを実行する．
   $X_t \sim \mathsf{Bin}(n - s, p_t/q)$ を生成し，$s = s + X_t$, $q = q - p_t$, $t = t + 1$ とする．
3. $\mathbf{X} = (X_1, \ldots, X_k)$ を出力する．

4.3.3 多変量正規分布

標準多変量正規 (standard multivariate normal) **分布** あるいは **標準多変量ガウス** (standard multivariate Gaussian) **分布** は，次元を n とすると，pdf は次のとおりである．

$$f(\mathbf{x}) = \frac{1}{\sqrt{(2\pi)^n}} e^{-\frac{1}{2} \mathbf{x}^\top \mathbf{x}}, \quad \mathbf{x} \in \mathbb{R}^n \tag{4.11}$$

$\mathbf{X} = (X_1, \ldots, X_n)^\top$ のすべての周辺分布は，iid 標準正規分布となる．

$\mathbf{Z}$ が m 次元標準正規分布をするものとする．A を $n \times m$ 行列，$\boldsymbol{\mu}$ を $n \times 1$ ベクト

ルとすると，アフィン変換

$$\mathbf{X} = \boldsymbol{\mu} + A\mathbf{Z}$$

は，**平均値ベクトル** (mean vector) が $\boldsymbol{\mu}$，**共分散行列** (covariance matrix) が $\Sigma = AA^\top$ の**多変量正規** (multivariate normal) 分布あるいは**多変量ガウス** (multivariate Gaussian) 分布に従う．この分布を $\mathsf{N}(\boldsymbol{\mu}, \Sigma)$ と書く．

共分散行列 Σ は常に対称で非負定値である．行列 Σ が特異（すなわち，$\det(\Sigma) = 0$）ならば，$\mathbf{X}$ の分布は，$\mathbb{R}^n$ 上のルベーグ測度に関して特異である．行列 A がフルランク（すなわち，$\mathrm{rank}(A) = \min\{m, n\}$）ならば，共分散行列は正定値である．この場合には，Σ は逆行列を持ち，$\mathbf{X}$ の分布の pdf は次のようになる．

$$f(\mathbf{x}; \boldsymbol{\mu}, \Sigma) = \frac{1}{\sqrt{(2\pi)^n \det(\Sigma)}} e^{-\frac{1}{2}(\mathbf{x}-\boldsymbol{\mu})^\top \Sigma^{-1}(\mathbf{x}-\boldsymbol{\mu})}, \quad \mathbf{x} \in \mathbb{R}^n \tag{4.12}$$

行列 $\Lambda = \Sigma^{-1}$ は**精度行列** (precision matrix) と呼ばれる．ランダムベクトル $\mathbf{X}$ が精度行列 Λ，平均値ベクトル $\boldsymbol{\mu}$ の多変量正規分布をするための必要十分条件は，その pdf $\widetilde{f}(\mathbf{x}; \boldsymbol{\mu}, \Lambda) = f(\mathbf{x}; \boldsymbol{\mu}, \Sigma)$ の対数が次式を満たすことである．

$$\ln \widetilde{f}(\mathbf{x}; \boldsymbol{\mu}, \Lambda) = -\frac{1}{2}\left(\mathbf{x}^\top \Lambda \mathbf{x} - 2\mathbf{x}^\top \Lambda \boldsymbol{\mu}\right) + 定数, \quad \mathbf{x} \in \mathbb{R}^n \tag{4.13}$$

多変量正規分布は，正規分布（4.2.11 項を参照）の自然な拡張であり，多変量統計学において同様に重要な役割を果たしている．（1 次元の正規分布と同様に）多変量正規分布に従う独立な確率変数の任意のアフィン結合は，やはり多変量正規分布をする．2 次元標準正規分布の pdf のグラフを図 4.25 に示す．

その他の性質と関係を示す．

1) **アフィン結合**：$\mathbf{X}_1, \mathbf{X}_2, \ldots, \mathbf{X}_r$ は，独立に m_i 次元の正規分布 $\mathsf{N}(\boldsymbol{\mu}_i, \Sigma_i)$，$i = 1, \ldots, r$ をする確率変数であるとする．また，$\mathbf{a}$ は $n \times 1$ ベクトルで，各 $A_i, i = 1, \ldots, r$ は $n \times m_i$ 行列とすると，以下が成り立つ．

$$\mathbf{a} + \sum_{i=1}^{r} A_i \mathbf{X}_i \sim \mathsf{N}\left(\mathbf{a} + \sum_{i=1}^{r} A_i \boldsymbol{\mu}_i, \sum_{i=1}^{r} A_i \Sigma_i A_i^\top\right)$$

すなわち，多変量正規分布に従う独立な確率変数の任意のアフィン結合はまた多変量正規分布に従う．

2) **基準化**（**白色化**）：アフィン結合の性質の特別ケースは次のとおりである．$\mathbf{X} \sim \mathsf{N}(\boldsymbol{\mu}, \Sigma)$ は n 次元正規分布をする確率変数で，$\det(\Sigma) > 0$ とする．

表 4.28 多変量正規分布 $\mathsf{N}(\boldsymbol{\mu}, \Sigma)$ のモーメントの性質．

性質		条件
期待値ベクトル	$\boldsymbol{\mu}$	
共分散行列	Σ	
モーメント母関数	$\mathbb{E} e^{\mathbf{t}^\top \mathbf{X}} = \exp\left(\mathbf{t}^\top \boldsymbol{\mu} + \frac{1}{2}\mathbf{t}^\top \Sigma \mathbf{t}\right)$	$\mathbf{t} \in \mathbb{R}^n$

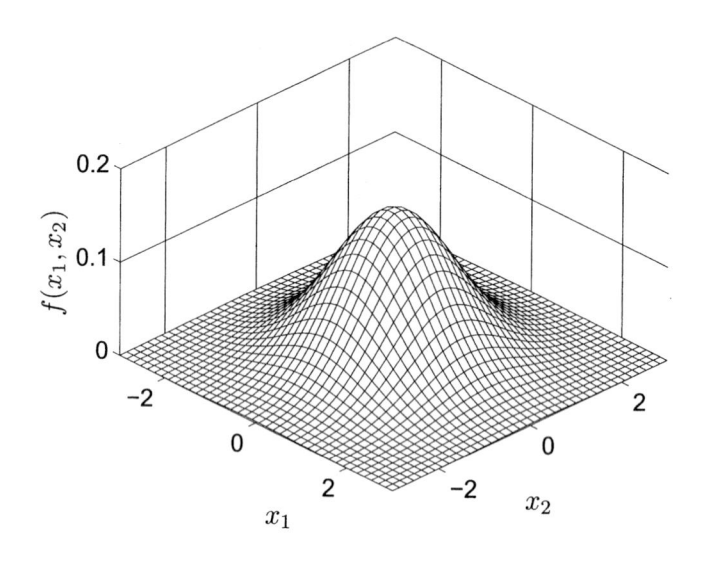

図 4.25 2次元標準正規分布の pdf.

A を行列 Σ のコレスキー分解 $\Sigma = AA^\top$ で得られる下三角行列とする．

$$A = \begin{pmatrix} a_{11} & 0 & \cdots & 0 \\ a_{21} & a_{22} & \cdots & 0 \\ \vdots & \vdots & & \vdots \\ a_{n1} & a_{n2} & \cdots & a_{nn} \end{pmatrix} \tag{4.14}$$

このとき，以下が成り立つ．

$$A^{-1}(\mathbf{X} - \boldsymbol{\mu}) \sim \mathsf{N}(\mathbf{0}, I)$$

コレスキー分解は，"コレスキーの平方根法"（D.3 節を参照）を使って効率的に実行できることに注意する．

3) **周辺分布**：$\mathbf{X}$ は n 次元正規確率変数で，$\mathbf{X} \sim \mathsf{N}(\boldsymbol{\mu}, \Sigma)$ とする．ベクトル $\mathbf{X}$ を大きさが p の部分 $\mathbf{X}_p$ と $q = n - p$ の部分 $\mathbf{X}_q$ に分割し，平均値ベクトルと共分散行列も同様に分割する．

$$\mathbf{X} = \begin{pmatrix} \mathbf{X}_p \\ \mathbf{X}_q \end{pmatrix}, \quad \boldsymbol{\mu} = \begin{pmatrix} \boldsymbol{\mu}_p \\ \boldsymbol{\mu}_q \end{pmatrix}, \quad \Sigma = \begin{pmatrix} \Sigma_p & \Sigma_r \\ \Sigma_r^\top & \Sigma_q \end{pmatrix} \tag{4.15}$$

ここで，Σ_p は Σ の左上の $p \times p$ 部分行列，Σ_q は Σ の右下の $q \times q$ 部分行列，Σ_r は右上の $p \times q$ のブロックである．このとき，$\mathbf{X}_p$ および $\mathbf{X}_q$ の分布はやはり多変量正規分布であり，$\mathbf{X}_p \sim \mathsf{N}(\boldsymbol{\mu}_p, \Sigma_p)$, $\mathbf{X}_q \sim \mathsf{N}(\boldsymbol{\mu}_q, \Sigma_q)$ となる．最初

にサイズ $n \times n$ の "置換行列" A を適当に選んで線形変換 $\mathbf{Z} = A\mathbf{X}$ を行えば，任意の p 個の成分と q 個の成分を選び出せることに注意しよう．

4) **条件付き分布**：n 次元ベクトル $\mathbf{X} \sim \mathsf{N}(\boldsymbol{\mu}, \Sigma)$ が，上記の周辺分布の場合と同様に分割されているとしよう．ただし，$\det(\Sigma) > 0$ とする．すると，次の条件付き分布が得られる．

$$(\mathbf{X}_p | \mathbf{X}_q = \mathbf{x}_q) \sim \mathsf{N}(\boldsymbol{\mu}_p + \Sigma_r \Sigma_q^{-1}(\mathbf{x}_q - \boldsymbol{\mu}_q), \Sigma_p - \Sigma_r \Sigma_q^{-1} \Sigma_r^\top)$$

$$(\mathbf{X}_q | \mathbf{X}_p = \mathbf{x}_p) \sim \mathsf{N}(\boldsymbol{\mu}_q + \Sigma_r^\top \Sigma_p^{-1}(\mathbf{x}_p - \boldsymbol{\mu}_p), \Sigma_q - \Sigma_r^\top \Sigma_p^{-1} \Sigma_r)$$

周辺分布の場合と同じく，置換行列を使った線形変換をまず行って，$\mathbf{X}$ の成分を並べ替えれば，任意の条件付けができる．条件付き分布は，精度行列を使っても記述できる．具体的には，精度行列の分割が

$$\Lambda = \begin{pmatrix} \Lambda_p & \Lambda_r \\ \Lambda_r^\top & \Lambda_q \end{pmatrix} \tag{4.16}$$

であるとすると，$\mathbf{X}_q = \mathbf{x}_q$ が与えられたという条件のもとでの $\mathbf{X}_p$ の条件付き pdf の対数は，$\boldsymbol{\mu}_{p|q}$ を適当な p 次元ベクトルとして，次式で与えられる．

$$-\frac{1}{2}\left[(\mathbf{x}_p^\top \mathbf{x}_q^\top)\begin{pmatrix} \Lambda_p & \Lambda_r \\ \Lambda_r^\top & \Lambda_q \end{pmatrix}\begin{pmatrix} \mathbf{x}_p - 2\boldsymbol{\mu}_p \\ \mathbf{x}_q - 2\boldsymbol{\mu}_q \end{pmatrix}\right] + 定数$$

$$= -\frac{1}{2}\left[\mathbf{x}_p^\top \Lambda_p \mathbf{x}_p - 2\mathbf{x}_p^\top(\Lambda_p \boldsymbol{\mu}_p + \Lambda_r \boldsymbol{\mu}_q - \Lambda_r \mathbf{x}_q)\right] + 定数$$

$$= -\frac{1}{2}\left[\mathbf{x}_p^\top \Lambda_p \mathbf{x}_p - 2\mathbf{x}_p^\top \Lambda_p \boldsymbol{\mu}_{p|q}\right] + 定数$$

これは，$\mathbf{X}_q = \mathbf{x}_q$ という条件のもとで，ランダムベクトル $\mathbf{X}_p$ は多変量ガウス分布をし，その精度行列は Λ_p，平均値ベクトルは $\boldsymbol{\mu}_{p|q}$ であることを示している．さらに，この平均値ベクトルは，線形方程式

$$\Lambda_p(\boldsymbol{\mu}_{p|q} - \boldsymbol{\mu}_p) = \Lambda_r(\boldsymbol{\mu}_q - \mathbf{x}_q) \tag{4.17}$$

を解いて求められる．

5) **2乗**：$\mathbf{X} = (X_1, \ldots, X_n)^\top \sim \mathsf{N}(\mathbf{0}, I)$ ならば，$\mathbf{X}^\top \mathbf{X} \sim \mathrm{Gamma}(n/2, 1/2) \equiv \chi_n^2$ となる．より一般には，基準化の性質と結び付けると，$\mathbf{X} \sim \mathsf{N}(\boldsymbol{\mu}, \Sigma)$ が n 次元正規分布をして $\det(\Sigma) > 0$ ならば，$(\mathbf{X} - \boldsymbol{\mu})^\top \Sigma^{-1}(\mathbf{X} - \boldsymbol{\mu}) \sim \chi_n^2$ となる．

性質 2 は，多変量正規分布 $\mathsf{N}(\boldsymbol{\mu}, \Sigma)$ に従う乱数ベクトル $\mathbf{X}$ を生成するための鍵となり，これにより，次のアルゴリズムを導き出すことができる．

アルゴリズム 4.71（$\mathsf{N}(\boldsymbol{\mu}, \Sigma)$ 乱数生成法）

1. コレスキー分解 $\Sigma = AA^\top$ を行う．
2. $Z_1, \ldots, Z_n \stackrel{\mathrm{iid}}{\sim} \mathsf{N}(0, 1)$ を生成し，$\mathbf{Z} = (Z_1, \ldots, Z_n)^\top$ とおく．
3. $\mathbf{X} = \boldsymbol{\mu} + A\mathbf{Z}$ を出力する．

4.3.4 多変量 t 分布

n 次元の**多変量 t** (multivariate Student's t) 分布の pdf は次式で与えられる.

$$f(\mathbf{x};\nu) = \frac{\Gamma\left(\frac{\nu+n}{2}\right)}{(\pi\nu)^{n/2}\Gamma\left(\frac{\nu}{2}\right)}\left(1+\frac{1}{\nu}\mathbf{x}^\top\mathbf{x}\right)^{-\frac{\nu+n}{2}}, \quad \mathbf{x} \in \mathbb{R}^n \tag{4.18}$$

ここで, $\nu > 0$ は**自由度** (degrees of freedom) で, **形状** (shape) パラメータである. この分布を $\mathbf{t}_\nu$ と書く. $\mathbf{Y} = (Y_1,\ldots,Y_m)^\top$ は m 次元の $\mathbf{t}_\nu$ 分布をするとしよう. A が $n\times m$ 行列で μ が $n\times 1$ ベクトルならば, アフィン変換

$$\mathbf{X} = \boldsymbol{\mu} + A\mathbf{Y}$$

は, **平均値ベクトル** (mean vector) が $\boldsymbol{\mu}$ で**尺度行列** (scale matrix) が $\Sigma = AA^\top$ の**多変量 t** (multivariate Student's t) 分布に従う. この分布を $\mathbf{t}_\nu(\boldsymbol{\mu},\Sigma)$ と書く. Σ が正定値 (4.3.3 項を参照) ならば, $\mathbf{X}$ の pdf は次のようになる.

$$f(\mathbf{x};\nu,\boldsymbol{\mu},\Sigma) = \frac{\Gamma\left(\frac{\nu+n}{2}\right)}{(\pi\nu)^{n/2}\Gamma\left(\frac{\nu}{2}\right)\sqrt{\det(\Sigma)}}\left(1+\frac{1}{\nu}(\mathbf{x}-\boldsymbol{\mu})^\top\Sigma^{-1}(\mathbf{x}-\boldsymbol{\mu})\right)^{-\frac{\nu+n}{2}} \tag{4.19}$$

多変量 t 分布は 1 次元 t 分布の "放射対称" な拡張であり, マルコフ連鎖モンテカルロ法における提案分布や, ベイズ統計のモデリングにおいて, 重要な役割を果たす (例 6.2 を参照). 具体例を挙げれば, この分布は, 多変量正規分布の平均値の事後分布として登場する [21]. 1 つ注意すべきなのは, 多変量 t 分布としては, 1 次元 t 分布の "積形式" での拡張という別のものも使われることである. 例えば, カーネル密度関数推定 [30, p.103] で使われている. この拡張では, n 次元の多変量 t 分布の pdf は, 1 次元の pdf の n 個の積 $\prod_{i=1}^n f(x_i;\nu)$ として定義される. ただし, $f(x_i;\nu)$ は Student の t 分布の pdf (4.10) である.

表 4.29 で, $K_\nu(x)$ は "第 2 種の変形 Bessel 関数" (☞ p.755) を表す. その他の性質と関係を次に示す.

1) **特別な場合**: $\mathbf{X} \sim \mathbf{t}_\nu(\boldsymbol{\mu},\Sigma)$ ならば, 以下が成り立つ.

$$\nu \to \infty \text{ のとき } \mathbf{X} \xrightarrow{\text{d}} \mathbf{Z} \sim \mathsf{N}(\boldsymbol{\mu},\Sigma)$$

$\nu = 1$ の場合, 式 (4.18) は多変量**放射対称コーシー** (radially symmetric Cauchy) 分布の pdf となる.

表 4.29 多変量 t 分布 $\mathbf{t}_\nu(\boldsymbol{\mu},\Sigma)$ のモーメントの性質.

性質		条件
期待値ベクトル	$\boldsymbol{\mu}$	
共分散行列	$\dfrac{\nu}{\nu-2}\Sigma$	$\nu > 2$
特性関数	$e^{i\mathbf{t}^\top\boldsymbol{\mu}}\dfrac{\|\sqrt{\nu}\,\Sigma^{1/2}\mathbf{t}\|^{\nu/2}}{2^{\nu/2-1}\Gamma(\nu/2)}K_{\nu/2}(\|\sqrt{\nu}\,\Sigma^{1/2}\mathbf{t}\|)$	$\mathbf{t}\in\mathbb{R}^n$

2) **正規分布**：$\mathbf{Z} \sim \mathsf{N}(\mathbf{0}, I)$ と $S \sim \mathsf{Gamma}(\nu/2, 1/2)$ が独立であるとすると，以下が成り立つ．
$$X = \sqrt{\frac{\nu}{S}}\,\mathbf{Z} \sim \mathbf{t}_\nu$$

3) **ウィシャート分布**：V を $n \times n$ ランダム行列でウィシャート分布 Wishart$(\nu + n - 1, I)$ に従うものとする．もし $\mathbf{Y} \sim \mathsf{N}(\mathbf{0}, I)$ ならば，
$$\mathbf{X} = \sqrt{\nu}\left(V^{1/2}\right)^{-1}\mathbf{Y} \sim \mathbf{t}_\nu$$
であり，ここで，$V^{1/2}$ は対称行列で $V^{1/2}V^{1/2} = V$ を満たす．

4) **周辺分布**：$\mathbf{X} \sim \mathbf{t}_\nu(\boldsymbol{\mu}, \Sigma)$ で，ベクトル $\mathbf{X}$ を式 (4.15) と同じように分割すると，以下が成り立つ．
$$\mathbf{X}_p \sim \mathbf{t}_\nu(\boldsymbol{\mu}_p, \Sigma_p), \quad \mathbf{X}_q \sim \mathbf{t}_\nu(\boldsymbol{\mu}_q, \Sigma_q)$$

5) **積モーメント**：$\mathbf{X} \sim \mathbf{t}_\nu$ とすると，次が成り立つ [21, p.11]．
$$\mathbb{E}\prod_{i=1}^{n}|X_i|^{r_i} = \frac{\nu^{\frac{r}{2}}\Gamma\left(\frac{\nu-r}{2}\right)\prod_{i=1}^{n}\Gamma\left(\frac{r_i+1}{2}\right)}{\pi^{\frac{n}{2}}\Gamma\left(\frac{\nu}{2}\right)}, \quad r = \sum_{j=1}^{n}r_j < \nu,\; r_j \geqslant 0$$

多変量 t 分布からの乱数生成法は，上記の性質 2 に述べた多変量正規分布との関係を使って，次のように得られる．

アルゴリズム 4.72 ($\mathbf{t}_\nu(\boldsymbol{\mu}, \Sigma)$ 乱数生成法)

1. ランダムな列ベクトル $\mathbf{Z} \sim \mathsf{N}(\mathbf{0}, I)$ を生成する．
2. $S \sim \mathsf{Gamma}(\nu/2, 1/2) \equiv \chi_\nu^2$ を生成する．
3. $\mathbf{Y} = \sqrt{\nu/S}\,\mathbf{Z}$ を計算する．
4. $\mathbf{X} = \boldsymbol{\mu} + A\mathbf{Y}$ を返す．ただし，A は Σ のコレスキー分解 (☞ p.743) $\Sigma = AA^\top$ によって得られる行列である．

4.3.5 ウィシャート分布

$\mathbf{x}$ を $n \times n$ 正定値行列とする．正定値という性質を $\mathbf{x} \succ 0$ と書くことにする．$\mathbf{x}$ は対称であることに注意する．このような行列の空間上における**ウィシャート** (Wishart) 分布の pdf は
$$f(\mathbf{x}) = c^{-1}\det(\mathbf{x})^{(\nu-n-1)/2}\exp\left(-\frac{1}{2}\mathrm{tr}\left(\Sigma^{-1}\mathbf{x}\right)\right), \quad \mathbf{x} \succ 0$$
で表され，ここで $\nu \geqslant n$ は**自由度** (number of degrees of freedom)，$\Sigma \succ 0$ は共分散行列であり，基準化定数 c は次式で与えられる．
$$c = \det(\Sigma)^{\nu/2}\,2^{\nu n/2}\pi^{n(n-1)/4}\prod_{j=1}^{n}\Gamma\left(\frac{\nu-j+1}{2}\right)$$

この分布を Wishart(ν, Σ) と書く.

ウィシャート分布は多変量正規分布と密接に関係している.具体的に言えば,$\mathbf{Y}_1, \ldots, \mathbf{Y}_r \overset{\text{iid}}{\sim} \mathsf{N}(\mathbf{0}, \Sigma)$ がそれぞれ n 次元正規分布に従うベクトルであり,$\det(\Sigma) > 0$ とすると,

$$\sum_{k=1}^{r} \mathbf{Y}_k \mathbf{Y}_k^\top \sim \text{Wishart}(r, \Sigma)$$

となる.ベイズ統計学では,ウィシャート分布は $\mathsf{N}(\boldsymbol{\mu}, \Sigma)$ 確率変数において $\boldsymbol{\mu}$ が既知の場合の Σ^{-1} に対する共役事前分布(☞ p.709)として用いられる.

表 4.30 ウィシャート分布 Wishart(ν, Σ) のモーメントの性質.

性質		条件
期待値行列	$\nu \Sigma$	
モーメント母関数	$\mathbb{E} e^{\text{tr}(T\mathbf{X})} = \det(I - 2\Sigma T)^{-\nu/2}$	$(\Sigma^{-1} - 2T) \succ 0$

その他の性質と関係を示す.
1) **和**:$\mathbf{X}_1 \sim \text{Wishart}(\nu_1, \Sigma)$ と $\mathbf{X}_2 \sim \text{Wishart}(\nu_2, \Sigma)$ が独立ならば,以下が成り立つ.

$$\mathbf{X}_1 + \mathbf{X}_2 \sim \text{Wishart}(\nu_1 + \nu_2, \Sigma)$$

2) **χ_r^2 分布**:r が正整数ならば,$\text{Wishart}(r, 1) \equiv \chi_r^2$ となる.したがって,ウィシャート分布は χ_r^2 分布の多次元版である.

3) **スケーリング**:$\mathbf{X} \sim \text{Wishart}(\nu, \Sigma)$ が $n \times n$ ランダム行列で,A が $n \times m$ の定数行列ならば,$A^\top \mathbf{X} A$ は $m \times m$ ランダム行列で,

$$A^\top \mathbf{X} A \sim \text{Wishart}(\nu, A^\top \Sigma A)$$

となる.特別な場合で,$A = \mathbf{a}$ が $n \times 1$ ベクトル ($m = 1$) で,$\nu = r$ が正整数ならば,

$$\frac{\mathbf{a}^\top \mathbf{X} \mathbf{a}}{\mathbf{a}^\top \Sigma \mathbf{a}} \sim \chi_r^2$$

となる.

4) **Bartlett の分割**:$n \times n$ 行列 Σ のコレスキー分解を $\Sigma = CC^\top$ とする.また,A を式 (4.14) に示すような下三角行列とし,すべての $j < i$ について $a_{ij} \overset{\text{iid}}{\sim} \mathsf{N}(0, 1)$,$a_{ii} = \sqrt{Y_i}$ であり,$Y_i \sim \chi_{r-i+1}^2$,$i = 1, \ldots, n$ は独立とする.このとき,次が成り立つ.

$$\mathbf{X} = CAA^\top C^\top \sim \text{Wishart}(r, \Sigma)$$

Wishart(r, Σ) 分布で $r \geqslant n$ が小さい整数ならば,これに従う乱数の生成法は,分布の定義から直ちに得られる.

アルゴリズム 4.73 (Wishart(r, Σ) 乱数生成法)

1. ランダムな列ベクトル $\mathbf{Y}_1, \ldots, \mathbf{Y}_r \overset{\text{iid}}{\sim} \mathsf{N}(\mathbf{0}, \Sigma)$ を生成する．
2. 行列 $\mathbf{X} = \sum_{k=1}^{r} \mathbf{Y}_k \mathbf{Y}_k^\top$ を返す．

上記のアルゴリズムは，r が大きくなると効率的でなくなる．より効率的なアルゴリズムが，Bartlett の分割に基づいて得られる（性質 4 と [29] を参照）．

アルゴリズム 4.74 (Bartlett の分割に基づく Wishart(r, Σ) 乱数生成法)

1. $n \times n$ 行列 Σ のコレスキー分解 (☞ p.743) $\Sigma = CC^\top$ を行って，行列 C を計算する．
2. 式 (4.14) の下三角行列 A を次のようにして作る．すなわち，すべての $j < i$ について $a_{ij} \overset{\text{iid}}{\sim} \mathsf{N}(0, 1)$ とし，また $Y_i \sim \chi^2_{r-i+1}$, $i = 1, \ldots, n$ を独立として，$a_{ii} = \sqrt{Y_i}$ とする．
3. 行列 $\mathbf{X} = CAA^\top C^\top$ を出力する．

さらに学習するために

追加の情報は，離散分布については [9], [15]，連続分布については [9], [16], [17], [18], [20] を参照すれば得られる．相型分布とその応用に関する事項が [26] で論じられている．安定分布に関する詳細は [11], [12], [27], [32] に記載されている．乱数生成法に関する包括的な参考書としては，[8] を参照せよ．

文　　献

1) J. H. Ahrens and U. Dieter. Computer methods for sampling from gamma, beta, Poisson, and binomial distributions. *Computing*, 12(3):223–246, 1974.
2) J. H. Ahrens and U. Dieter. Sampling from binomial and Poisson distributions: A method with bounded computation times. *Computing*, 25(3):193–208, 1980.
3) A. C. Atkinson. The computer generation of Poisson random variables. *Journal of the Royal Statistical Society, Series C*, 28(1):29–35, 1979.
4) R. W. Bailey. Polar generation of random variates with the t-distribution. *Mathematics of Computation*, 62(206):779–781, 1994.
5) D. J. Best. A note on gamma variate generators with shape parameters less than unity. *Computing*, 30(2):185–188, 1983.
6) J. M. Chambers, C. L. Mallows, and B. W. Stuck. A method for simulating stable random variables. *Journal of the American Statistics Association*, 71(354):340–344, 1976.

7) R. C. H. Cheng and G. M. Feast. Some simple gamma variate generators. *Computing*, 28(3):290–295, 1979.
8) L. Devroye. *Non-Uniform Random Variate Generation*. Springer-Verlag, New York, 1986.
9) M. Evans, N. Hastings, and B. Peacock. *Statistical Distributions*. John Wiley & Sons, New York, second edition, 1993.
10) P. J. Forrester and S. O. Warnaar. The importance of the Selberg integral. *Bulletin of the American Mathematical Society*, 45(4):489–534, 2008.
11) B. V. Gnedenko and A. N. Kolmogorov. *Limit Distributions for Sums of Independent Random Variables*. Addison-Wesley, Reading, Massachusetts, 1954.
12) P. Hall. A comedy of errors: The canonical form for a stable characteristic function. *The Bulletin of the London Mathematical Society*, 13(1):23–27, 1981.
13) C. C. Heyde. On a property of the lognormal distribution. *Journal of the Royal Statistical Society, Series B*, 25(2):392–393, 1963.
14) W. Hörmann. A simple generator for the t distribution. *Computing*, 81(4):317–322, 2007.
15) N. L. Johnson and S. Kotz. *Distributions in Statistics: Discrete Distributions*. Houghton Mifflin Company, New York, 1969.
16) N. L. Johnson and S. Kotz. *Distributions in Statistics: Continuous Univariate Distributions, Volume 1*. Houghton Mifflin Company, New York, 1970.
17) N. L. Johnson and S. Kotz. *Distributions in Statistics: Continuous Univariate Distributions, Volume 2*. Houghton Mifflin Company, New York, 1970.
18) N. L. Johnson and S. Kotz. *Distributions in Statistics: Continuous Multivariate Distributions*. John Wiley & Sons, New York, 1972.
19) A. J. Kinderman, J. F. Monahan, and J. G. Ramage. Computer methods for sampling from Student's t distribution. *Mathematics of Computation*, 31(140):1009–1018, 1977.
20) C. Kleiber and S. Kotz. *Statistical Size Distributions in Economics and Actuarial Sciences*. John Wiley & Sons, New York, 2003.
21) S. Kotz and S. Nadarajah. *Multivariate t Distributions and Their Applications*. Cambridge University Press, Cambridge, 2004.
22) P. L'Ecuyer and R. Simard. Inverting the symmetrical beta distribution. *ACM Transactions on Mathematical Software*, 32(4):509–520, 2006.
23) G. Marsaglia. Improving the polar method for generating a pair of normal random variables. Technical Report D1-82-0203, Boeing Scientific Research Laboratories, September 1962.
24) G. Marsaglia and T. A. Bray. A convenient method for generating normal variables. *SIAM Review*, 6(3):260–264, 1964.
25) G. Marsaglia and W. Tsang. A simple method for generating gamma variables. *ACM Transactions on Mathematical Software*, 26(3):363–372, 2000.
26) M. F. Neuts. *Matrix-Geometric Solutions in Stochastic Models: An Algorithmic Approach*. Dover Publications, New York, 1981. Unabridged and corrected edition from 1994.

27) J. P. Nolan. *Stable Distributions - Models for Heavy Tailed Data*. Birkhäuser, Boston, 2009. In progress, Chapter 1 online at http://academic2.american.edu/~jpnolan.
28) R. Y. Rubinstein and D. P. Kroese. *Simulation and the Monte Carlo Method*. John Wiley & Sons, New York, second edition, 2007.
29) W. B. Smith and R. R. Hocking. Algorithm AS 53: Wishart variate generator. *Journal of the Royal Statistical Society, Series C*, 21(3):341–345, 1972.
30) M. P. Wand and M. C. Jones. *Kernel Smoothing*. Chapman & Hall, London, 1995.
31) R. Weron. On the Chambers–Mallows–Stuck method for simulating skewed stable random variables. *Statistics and Probability Letters*, 28(2):165–171, 1996.
32) V. M. Zolotarev. *One-Dimensional Stable Distributions*. American Mathematical Society, Providence, Rhode Island, 1986.

5

確率過程の標本路の生成

本章ではモンテカルロ法でよく用いられる確率過程を取り上げて，それらの主要な性質と標本路の生成方法について述べる．これらの確率過程に関するより基本的な事項は A.9〜A.13 節に記載する．取り上げるのは，以下の確率過程である．

- ガウス過程 156
- マルコフ連鎖 165
- マルコフ跳躍過程 169
- ポアソン過程 174
- ウィーナー過程（ブラウン運動） 181
- 確率微分方程式（SDE）と拡散過程 188
- ブラウン橋 198
- 幾何ブラウン運動 202
- Ornstein–Uhlenbeck 過程 204
- 反射壁ブラウン運動 206
- 非整数ブラウン運動 209
- 確率場 212
- レヴィ過程 215
- 時系列 226

5.1 ガウス過程

実数値確率過程 $\{\widetilde{X}_t, t \in \mathscr{T}\}$ のすべての有限次元分布がガウス分布（正規分布）に従う，すなわち任意正整数 n と $t_1,\ldots,t_n \in \mathscr{T}$ に対し $\mathbf{X} = (X_1,\ldots,X_n)^\top = (\widetilde{X}_{t_1},\ldots,\widetilde{X}_{t_n})^\top$ が多次元ガウス分布（多変量正規分布）（☞ p.146）に従う（言い換えると，任意の線形和 $\sum_{i=1}^n b_i \widetilde{X}_{t_i}$ が正規分布に従う）とき，これを**ガウス過程** (Gaussian process) という．

ガウス過程の確率分布は，その**期待値関数** (expectation function)

$$\widetilde{\mu}_t = \mathbb{E}\widetilde{X}_t, \quad t \in \mathscr{T}$$

おより**共分散関数** (covariance function)

$$\widetilde{\Sigma}_{s,t} = \mathrm{Cov}(\widetilde{X}_s, \widetilde{X}_t), \quad s, t \in \mathcal{T}$$

によって完全に決定される．

ガウス過程ですべての t について $\widetilde{\mu}_t = 0$ となるものを，**ゼロ平均** (zero-mean) ガウス過程という．

ガウス過程はガウス型確率ベクトルの一般化と考えることができる．期待値関数 ($\widetilde{\mu}_t$) および共分散関数 ($\widetilde{\Sigma}_{x,t}$) のガウス過程の時刻 $t_1, \ldots, t_n$ における値を生成することは容易であり，単に多変量正規確率変数 $\mathbf{X} = (X_1, \ldots, X_n)^\top = (\widetilde{X}_{t_1}, \ldots, \widetilde{X}_{t_n})^\top$ を1つ生成すればよい．つまり，基本的な標本生成方法はアルゴリズム 4.71 と同じである．

アルゴリズム 5.1（ガウス過程生成法）

1. $\mu_i = \widetilde{\mu}_{t_i}, i = 1, \ldots, n$ および $\Sigma_{ij} = \widetilde{\Sigma}_{t_i,t_j}, i, j = 1, \ldots, n$ によって平均値ベクトル $\boldsymbol{\mu} = (\mu_1, \ldots, \mu_n)^\top$ と共分散行列 $\Sigma = (\Sigma_{ij})$ を作成する．
2. コレスキー分解 $\Sigma = AA^\top$ を行う（☞ p.743）．
3. $Z_1, \ldots, Z_n \overset{\mathrm{iid}}{\sim} \mathsf{N}(0, 1)$ を生成し，$\mathbf{Z} = (Z_1, \ldots, Z_n)^\top$ とする．
4. $\mathbf{X} = \boldsymbol{\mu} + A\mathbf{Z}$ を出力する．

このアルゴリズムの "随時生成" 版はある局面，特にあらかじめ発生させなくてはならないガウス型確率ベクトルの次元が不明な場合（例えばそれが停止時刻であるときなど）に有用である．ここで，時刻の列 $t_1, t_2, \ldots$ に対し $\mathbf{X}_n = (X_1, \ldots, X_n)^\top = (\widetilde{X}_{t_1}, \ldots, \widetilde{X}_{t_n})^\top$ と記すことにする．$n = 1, 2, \ldots$ に対して $\Sigma_n = \mathrm{Cov}(\mathbf{X}_n, \mathbf{X}_n)$ と定め，これのコレスキー分解によって得られる下三角行列を A_n とする．列ベクトル $\mathbf{b}_n, \mathbf{a}_n$ および定数 b_{n+1}, a_{n+1} を用いて Σ_{n+1} と A_{n+1} をそれぞれ

$$\Sigma_{n+1} = \begin{pmatrix} \Sigma_n & \mathbf{b}_n \\ \mathbf{b}_n^\top & b_{n+1} \end{pmatrix} \quad \text{および} \quad A_{n+1} = \begin{pmatrix} A_n & \mathbf{0} \\ \mathbf{a}_n^\top & a_{n+1} \end{pmatrix}$$

のように小行列に分解することができる．この表示により，コレスキー行列は前進代入法によって行ごとに n の小さいものから順番に求められることがわかる．すなわち，$(n+1)$ 番目の行は次の線形関係式

$$A_n \mathbf{a}_n = \mathbf{b}_n \tag{5.1}$$

および

$$a_{n+1} = \sqrt{b_{n+1} - \mathbf{a}_n^\top \mathbf{a}_n} \tag{5.2}$$

によって定まる．

ガウス型確率ベクトルは，その共分散行列 Σ の代わりに "精度行列"（☞ p.147）$\Lambda = \Sigma^{-1}$ を用いることによっても生成することが可能である．いま，Λ のコレスキー分解が $DD^\top$ で与えられ，$\mathsf{N}(0, 1)$ に従う iid 確率変数よりなるベクトル $\mathbf{Z}$ に対して

$\mathbf{Y}$ は $\mathbf{Z} = D^\top \mathbf{Y}$ を満たすものであるとするならば，$\mathbf{Y}$ はゼロ平均多次元正規確率ベクトルで共分散行列が

$$\mathbb{E} \mathbf{Y} \mathbf{Y}^\top = (D^{-1})^\top \mathbb{E} \mathbf{Z} \mathbf{Z}^\top D^{-1} = (DD^\top)^{-1} = \Lambda^{-1} = \Sigma$$

となるものである．以上の議論により，次のアルゴリズムが得られる．

アルゴリズム 5.2（精度行列によるガウス過程生成法）

1. 精度行列のコレスキー分解 $\Lambda = DD^\top$ を求める．
2. $Z_1, \ldots, Z_n \overset{\text{iid}}{\sim} \mathsf{N}(0, 1)$ を生成し，$\mathbf{Z} = (Z_1, \ldots, Z_n)^\top$ と定める．
3. 方程式 $\mathbf{Z} = D^\top \mathbf{Y}$ を前進代入法によって小さい行から順番に行ごとに解いて，$\mathbf{Y}$ を求める．
4. $\mathbf{X} = \boldsymbol{\mu} + \mathbf{Y}$ を出力する．

一般に，n 次元正定値行列のコレスキー分解には，$\mathcal{O}(n^3)$ の浮動小数点計算を要する．よって，共分散行列または精度行列が容易に平方根を計算できるような特別な形をしていない場合には，n が大きい，すなわち次元が大きい場合のガウス型確率ベクトルの生成は困難となる．共分散行列または精度行列が"疎"行列の場合はまさにそれが可能な場合であり，それらのコレスキー行列を効率的に求めることが可能である．例えば帯行列コレスキー分解法を用いればよい（アルゴリズム 5.33 を参照）．

■ 例 5.1（ガウス型マルコフランダム場の生成）

ガウス型マルコフランダム場（Gaussian Markov random field）とは，頂点集合 V の各元 $i \in \{1, \ldots, n\}$ が確率変数 X_i を表し，辺集合 E がそれらの確率変数の間の依存関係を表すような無向グラフ $\mathcal{G} = (V, E)$ によって定義されるガウス型確率ベクトル $\mathbf{X} = (X_1, \ldots, X_n)$ と考えることができるもののことをいう．特に精度行列 $\Lambda = (\Lambda_{ij})$ の (i, j) 成分は，$(i, j) \notin E$ のとき，またそのときに限って 0 となる（ほかにも p.214 が参考になる）．この構成方法から次のことがわかる．すなわち，すべての X_i について他のすべての確率変数の値が与えられたときの条件付き分布は，X_i と隣接する確率変数のみの値が与えられた場合の条件付き分布と等しい．これをより正確に述べるならば

$$(X_i \mid X_1, \ldots, X_n) \sim (X_i \mid X_j, j \in \mathcal{N}_i)$$

となる．ここで $\mathcal{N}_i = \{j : (i, j) \in E\}$ は i に隣接する頂点の添数集合である．各頂点 i が少数の隣接点しか持たない場合には，精度行列は一般に疎行列となる．よってこのとき，今の議論よりガウス型確率ベクトルを効率良く生成することができる．

画像解析に本例の重要な応用がある．図 5.1 にあるように，$n = m^2$ 個の点からなる画素 $\{1, \ldots, m\} \times \{1, \ldots, m\}$ を頂点集合であるとする．この場合，内部の点はすべて 4 個の点と，画像の辺上の点は 3 個の点と，そして画像の角の点は 2 個の点と隣接する．

5.1 ガウス過程

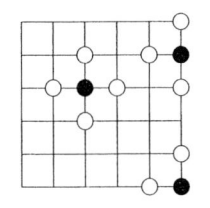

図 5.1 ガウス型マルコフランダム場の隣接グラフ.

図 5.2 は，200 × 200 の点よりなるゼロ平均ガウス型マルコフランダム場を表している．これに対応する精度行列は，200^2 個のすべての行に高々 5 個の非零要素しか持たない非常に疎な行列である．すべての行/頂点 i に対して精度行列の対角成分は $\Lambda_{ii} = 1$，i の隣接点 j については $\Lambda_{ij} = -0.25$ とした．

図 5.2 ガウス型マルコフランダム場の生成例.

これは以下の MATLAB のプログラムによって生成した．

```
%gp_sparsechol.m
m = 200; d1 = 1; d2 = -0.25; % 絶対値で d1/4 以下
nels = m*(5*m-4);
% 疎な精度行列を記憶させるための領域を確保
a = zeros(1, nels); b = zeros(1,nels); c = zeros(1,nels);
% 精度行列のリンクと重みを計算
k=0;
for i=1:m
    for j=1:m
```

```
            A = findneigh(i,j,m);
            nnb = size(A,1);
            for h=1:nnb
                a(k+h)= ij2k(i,j,m);
                b(k+h)= ij2k(A(h,1),A(h,2),m);
                if h==1
                    c(k+h) = d1;
                else
                    c(k+h) = d2;
                end
            end
            k = k+nnb;
    end
end
Lambda = sparse(a,b,c,m^2,m^2); % 精度行列の作成
D = chol(Lambda,'lower'); % コレスキー行列の計算
Z = randn(m^2,1);
x = D'\Z;   % ガウス過程の標本生成
colormap gray, brighten(-0.2)
imagesc(reshape(x,m,m)) % 結果のプロット
```

関数 findneigh.m は $m \times m$ 格子の (i,j) 成分に隣接する点の集合を返す.

```
%findneigh.m
function A = findneigh(i,j,m)
% m × m 格子の (i,j) 成分に隣接する点を見つける
if i==1
    if j==1
        A = [1,1;1,2;2,1];
    elseif j==m
        A = [1,m;1,m-1;2,m];
    else
        A = [1,j;1,j-1;1,j+1;2,j];
    end
elseif i==m
    if j==1
        A = [m,1;m,2;m-1,1];
    elseif j==m
        A = [m,m;m,m-1;m-1,m];
    else
        A = [m,j;m,j-1;m,j+1;m-1,j];
    end
else
   if j==1
        A = [i,1;i,2;i-1,1;i+1,1];
```

```
    elseif j==m
        A = [i,m;i,m-1;i+1,m;i-1,m];
    else
        A = [i,j;i,j-1;i,j+1;i+1,j;i-1,j];
    end
end
```

```
%ij2k.m
function k = ij2k(i,j,m)
k = (i-1)*m + j;
```

ガウス型確率ベクトルの"条件付き分布"の性質（性質 4）（☞ p.149）から，あらかじめいくつかの値が決められている場合のガウス型マルコフランダム場の生成は容易になる．例えば $\mathbf{X}$ が

$$\mathbf{X} = \begin{pmatrix} \mathbf{X}_p \\ \mathbf{X}_q \end{pmatrix}$$

の形をしているとき，その精度行列は式 (4.16) のように分解され，条件 $\mathbf{X}_q = \mathbf{x}_q$ のもとでベクトル $\mathbf{X}_p$ は再びガウス型となる．その精度行列は Λ_p（これは疎行列になる），平均ベクトルは $\boldsymbol{\mu}_{p|q}$ であり，これらは式 (4.17) を解いて得られる．この線形方程式の係数行列は疎行列であるので，効率的に解くことができる．図 5.3 の左側は図 5.2 と同じガウス型マルコフランダム場を表しているが，今回は $(1, i)$, $i = 1, \ldots, m$ の値がすべて 20 であるという条件付きである．右側は平均ベクトル $\boldsymbol{\mu}_{p|q}$ を図示している．これを計算する MATLAB のプログラム gp_sparsechol_cond.m は，本書のウェブサイトにある．

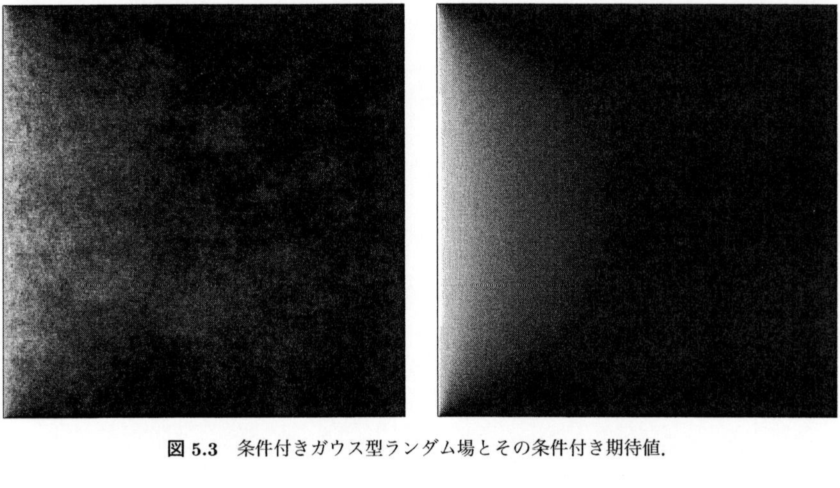

図 5.3 条件付きガウス型ランダム場とその条件付き期待値．

5.1.1 マルコフガウス過程

$\{\widetilde{X}_t, t \geqslant 0\}$ を実数値 "マルコフ" ガウス過程とする．よって，この確率過程はガウス過程であることに加えて，マルコフ性（☞ p.659）

$$(\widetilde{X}_{t+s} \mid \widetilde{X}_u, u \leqslant t) \sim (\widetilde{X}_{t+s} \mid \widetilde{X}_t), \quad \forall s, t \geqslant 0$$

を有する．

平均 $(\widetilde{\mu}_t)$ と共分散関数 $(\widetilde{\Sigma}_{s,t})$ が既知である場合は，多変量正規分布の "条件付き分布" の性質（p.149 の性質 4 を参照）を用いることにより，任意の時刻の集合 $0 \leqslant t_1 < \cdots < t_n$ に対して，この過程のこれらの時刻における値 $(X_1, \ldots, X_n) = (\widetilde{X}_{t_1}, \ldots, \widetilde{X}_{t_n})$ を直接生成することができる．$X_i = \widetilde{X}_{t_i}$ の平均と分散をそれぞれ μ_i, $\sigma_{i,i}$ によって表し，$\sigma_{i,i+1} = \mathrm{Cov}(X_i, X_{i+1})$, $i = 1, \ldots, n-1$ と定める．すると，周辺分布の性質（p.148 の性質 3）により

$$\begin{pmatrix} X_i \\ X_{i+1} \end{pmatrix} \sim \mathsf{N}\left(\begin{pmatrix} \mu_i \\ \mu_{i+1} \end{pmatrix}, \begin{pmatrix} \sigma_{i,i} & \sigma_{i,i+1} \\ \sigma_{i,i+1} & \sigma_{i+1,i+1} \end{pmatrix} \right)$$

が成立する．こうして，条件付き分布の性質より

$$(X_{i+1} \mid X_i = x) \sim \mathsf{N}\left(\mu_{i+1} + \frac{\sigma_{i,i+1}}{\sigma_{i,i}}(x - \mu_i),\ \sigma_{i+1,i+1} - \frac{\sigma_{i,i+1}^2}{\sigma_{i,i}} \right)$$

である．以上の議論により，次のアルゴリズムを得る．

アルゴリズム 5.3（マルコフガウス過程の生成）

1. $Z \sim \mathsf{N}(0,1)$ を生成し，$X_1 = \mu_1 + \sqrt{\sigma_{1,1}}\,Z$ と定める．
2. $i = 1, \ldots, n-1$ のおのおのに対して，それぞれ $Z \sim \mathsf{N}(0,1)$ を生成し

$$X_{i+1} = \mu_{i+1} + \frac{\sigma_{i+1,i}}{\sigma_{i,i}}(X_i - \mu_i) + \sqrt{\sigma_{i+1,i+1} - \frac{\sigma_{i,i+1}^2}{\sigma_{i,i}}}\,Z$$

と定める．

このアルゴリズムは，容易に多次元マルコフガウス過程の場合に拡張することができる．特に $\{\widetilde{\mathbf{X}}_t, t \geqslant 0\}$ を平均値関数が $\widetilde{\boldsymbol{\mu}}_t = \mathbb{E}\widetilde{\mathbf{X}}_t$, $t \geqslant 0$, 共分散関数が $\widetilde{\Sigma}_{s,t} = \mathrm{Cov}(\widetilde{\mathbf{X}}_s, \widetilde{\mathbf{X}}_t)$, $s, t \geqslant 0$ であるような d 次元マルコフガウス過程であるとすると，次のアルゴリズムによって時刻 $0 \leqslant t_1 < \cdots < t_n$ におけるこの確率過程の値を生成することができる．

アルゴリズム 5.4（多次元マルコフガウス過程の生成）

1. $\mathbf{Z} \sim \mathsf{N}(\mathbf{0}, I)$ を生成し，$\widetilde{\mathbf{X}}_{t_1} = \widetilde{\boldsymbol{\mu}}_{t_1} + B\mathbf{Z}$ とする．ここで，B はコレスキー分解により得られる $\widetilde{\Sigma}_{t_1, t_1}$ の（下三角）平方根行列である．
2. $k = 1, \ldots, n-1$ のおのおのに対して順番に
    a) コレスキー分解によって

の平方根行列を求め，それを C とする．
b) $\mathbf{Z} \sim \mathsf{N}(\mathbf{0}, I)$ を生成し

$$\widetilde{\mathbf{X}}_{t_{k+1}} = \widetilde{\boldsymbol{\mu}}_{t_{k+1}} + \widetilde{\Sigma}_{t_{k+1}, t_k} \widetilde{\Sigma}_{t_k, t_k}^{-1} (\mathbf{X}_{t_k} - \widetilde{\boldsymbol{\mu}}_{t_k}) + C\mathbf{Z}$$

とする．

5.1.2 定常ガウス過程とFFT

$\{\widetilde{X}_t, t \in \mathbb{R}\}$ を実数値 "定常" ガウス過程とする (☞ p.663)．すなわち，ガウス過程の性質に加え，さらに期待値 $\mathbb{E}\widetilde{X}_t$ と共分散 $\mathrm{Cov}(\widetilde{X}_t, \widetilde{X}_{t+s})$ は t によらず一定である．すべての t について $\mathbb{E}\widetilde{X}_t = 0$ と仮定するが，こうしても一般性は失われない．ある $\delta > 0$ を定めて等間隔に区切られた時刻 $\delta k, k = 0, \ldots, n$ におけるこの確率過程の値を生成したい．$\{X_k\}$ を離散時間ゼロ平均定常ガウス過程とする．その共分散行列 Σ は，以下のような "対称テプリッツ行列" の形になる．

$$\Sigma = \begin{pmatrix} \sigma_0 & \sigma_1 & \sigma_2 & \cdots & \sigma_{n-2} & \sigma_{n-1} & \sigma_n \\ \sigma_1 & \sigma_0 & \sigma_1 & \cdots & \sigma_{n-3} & \sigma_{n-2} & \sigma_{n-1} \\ \sigma_2 & \sigma_1 & \sigma_0 & \ddots & \sigma_{n-4} & \sigma_{n-3} & \sigma_{n-2} \\ \vdots & \vdots & \ddots & \ddots & \ddots & \vdots & \vdots \\ \sigma_{n-2} & \sigma_{n-3} & \sigma_{n-4} & \ddots & \sigma_0 & \sigma_1 & \sigma_2 \\ \sigma_{n-1} & \sigma_{n-2} & \sigma_{n-3} & \cdots & \sigma_1 & \sigma_0 & \sigma_1 \\ \sigma_n & \sigma_{n-1} & \sigma_{n-2} & \cdots & \sigma_2 & \sigma_1 & \sigma_0 \end{pmatrix}$$

この行列は，以下のようにして $2n \times 2n$ の "対称巡回行列" C に埋め込むことができる．

$$C = \left(\begin{array}{ccccc|ccccc} \sigma_0 & \sigma_1 & \cdots & \sigma_{n-1} & \sigma_n & \sigma_{n-1} & \sigma_{n-2} & \cdots & \sigma_2 & \sigma_1 \\ \sigma_1 & \sigma_0 & \cdots & \sigma_{n-2} & \sigma_{n-1} & \sigma_n & \sigma_{n-1} & \cdots & \sigma_3 & \sigma_2 \\ \vdots & \ddots & & & & & & & & \vdots \\ \sigma_{n-1} & \sigma_{n-2} & \cdots & \sigma_0 & \sigma_1 & \sigma_2 & \sigma_3 & \cdots & \sigma_{n-1} & \sigma_n \\ \sigma_n & \sigma_{n-1} & \cdots & \sigma_1 & \sigma_0 & \sigma_1 & \sigma_2 & \cdots & \sigma_{n-2} & \sigma_{n-1} \\ \hline \sigma_{n-1} & \sigma_n & \cdots & \sigma_2 & \sigma_1 & \sigma_0 & \sigma_1 & \cdots & \sigma_{n-3} & \sigma_{n-2} \\ \sigma_{n-2} & \sigma_{n-1} & \cdots & \sigma_3 & \sigma_2 & \sigma_1 & \sigma_0 & \cdots & \sigma_{n-4} & \sigma_{n-3} \\ \vdots & & \ddots & & & & & \ddots & & \vdots \\ \sigma_2 & \sigma_3 & \cdots & \sigma_{n-1} & \sigma_{n-2} & \sigma_{n-3} & \sigma_{n-4} & \cdots & \sigma_0 & \sigma_1 \\ \sigma_1 & \sigma_2 & \cdots & \sigma_n & \sigma_{n-1} & \sigma_{n-2} & \sigma_{n-3} & \cdots & \sigma_1 & \sigma_0 \end{array} \right)$$

このような埋め込み方はただ1通りである．ここで，この行列の左上の $(n+1)\times(n+1)$ の部分が Σ になっていることに注意せよ．

巡回行列と離散フーリエ変換の間に成立する基本的な関係（D.4節を参照）より確率過程 $\{X_k\}$ を生成するために，高速フーリエ変換（FFT）を利用できる場合がある．そのためにまず成立していなくてはならない条件は，行列 C の固有値が非負でなくてはならないことである（そうでなければ，そもそも C は共分散行列にならない）．以下にそのための十分条件を1つ挙げる [11]．

- $\sigma_0 \geqslant \sigma_1 \geqslant \cdots \geqslant \sigma_n \geqslant 0$
- $k=1,2,\ldots,n-1$ に対して，$2\sigma_k \leqslant \sigma_{k-1}+\sigma_{k+1}$

これの意味するところは，すべての変数の間に非負の相関があるということである．もう1つ別の十分条件を [10] から紹介しておく：$\sigma_k \leqslant 0, \forall k \neq 0$．

$\mathbf{c}$ を C の第1行ベクトル，F を $2n \times 2n$ の離散フーリエ変換行列とする．ここで，F の各要素は $F_{pq} = \exp(-2\pi i pq/(2n))$, $p,q=0,1,\ldots,2n-1$ である．D.4節で説明されるように，C の固有値ベクトル $\boldsymbol{\lambda}$ は $\boldsymbol{\lambda} = \overline{F}\mathbf{c} \,(= F\mathbf{c}$ である．一般に対称行列の固有値は実数であるため）であり，行列 $D = F\sqrt{\mathrm{diag}(\boldsymbol{\lambda}/2n)}$ は $D\overline{D}^\top = C$ が成立するという意味で，C の複素平方根行列となる．さらに，$\mathbf{Z}$ を複素数値正規確率ベクトルとするとき，確率ベクトル $\mathbf{X} = D\mathbf{Z}$ の実部と虚部は共分散行列を C とするような相関がある，$2n$ 次元ガウス型確率ベクトルとなる．よって，このベクトルの最初の n 個の成分は，共分散行列 Σ のガウス型確率ベクトルとなる．以上の議論により，次のアルゴリズムを得る．このアルゴリズムでは，FFT を用いることによって $\mathcal{O}(n\ln n)$ のオーダーで高速に線形変換 $\mathbf{b} = F\mathbf{a}$ を行っている．

アルゴリズム 5.5（ゼロ平均定常ガウス過程の生成）

1. FFT を用いてベクトル $\boldsymbol{\lambda} = F\mathbf{c}$ を求める．
2. 各要素が $\eta_k = \sqrt{\lambda_k/(2n)}$ であるようなベクトル $\boldsymbol{\eta}$ を求める．
3. $\mathbf{Z} = \mathbf{Y}_1 + i\mathbf{Y}_2$ によって複素ベクトル $\mathbf{Z}$ を生成する．ここで，$\mathbf{Y}_1, \mathbf{Y}_2 \overset{\text{iid}}{\sim} N(\mathbf{0}, I)$ であり，I は $2n$ 次元の単位行列である．
4. 各要素が $\zeta_k = Z_k \eta_k$ であるようなベクトル $\boldsymbol{\zeta}$ を求める．
5. FFT を用いて $\mathbf{V} = F\boldsymbol{\zeta}$ を求める．
6. $\mathbf{A}$ を $\mathbf{V}$ の最初の $n+1$ 個の要素からなるベクトルとする．
7. $\mathbf{X} = \Re(\mathbf{A})$ を出力する．

■ 例 5.2（巡回埋め込みによる定常シミュレーション）

以下の MATLAB プログラムは，$[a,b]=[0,5]$ を $n+1=10^4+1$ となるように等間隔に離散化したメッシュ上における $\sigma_k = \exp(-(b-a)k/n)$, $k=0,1,\ldots,n$ なる定常ゼロ平均ガウス過程のシミュレーションの実装である．図5.4はこれによるシミュレーションの結果の例である．

```
%statgaus.m
n=10^4; a=0; b=5;
t=linspace(a,b,n+1); sigma=exp(-(t-t(1)));
c=[sigma sigma((end-1):-1:2)]';
lambda=fft(c); % 固有値
eta=sqrt(lambda./(2*n));
Z=randn(2*n,1)+sqrt(-1).*randn(2*n,1); % 複素正規ベクトル
Zeta= Z.*eta;
X2n=fft(Zeta);
A=X2n(1:(n+1));
X=real(A);
plot(t,X)
```

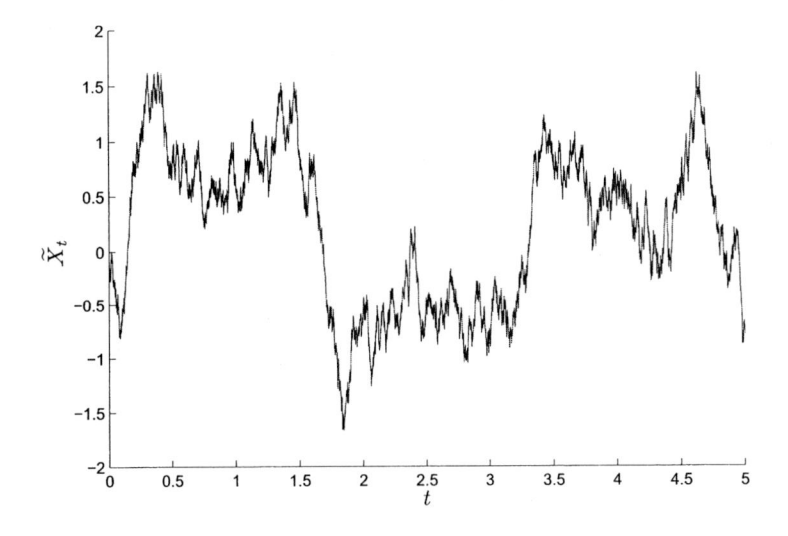

図 5.4 定常ガウス過程の標本路.

5.2 マルコフ連鎖

マルコフ連鎖（Markov chain）とは，時間を表す添数集合 $\mathscr{T} \subset \mathbb{R}$ が可算であるような確率過程 $\{X_t, t \in \mathscr{T}\}$ であって，**マルコフ性**（Markov property）

$$(X_{t+s} \mid X_u, u \leqslant t) \sim (X_{t+s} \mid X_t)$$

を満たすものをいう．マルコフ連鎖については，A.9.2 項および A.10 節において詳

しく説明する．ここでは，マルコフ連鎖のシミュレーションに関連する重要な点に限って述べる．本節では添数集合は $\mathscr{T} = \{0, 1, 2, \ldots\}$ とする．

マルコフ性からマルコフ連鎖は "逐次的" に $X_0, X_1, \ldots$ の順に，以下のような一般的なアルゴリズムで生成することができる．

アルゴリズム 5.6（マルコフ連鎖の生成）
1. 初期分布に従い X_0 の標本を生成する．$t = 0$ とする．
2. 与えられた X_t の値を使って，X_{t+1} の X_t に関する条件付き分布に従って X_{t+1} を生成する．
3. $t + 1$ を新しい t として，Step 2 を繰り返す．

与えられた X_t のもとでの X_{t+1} の条件付き分布は，以下の2つのよく用いられる方法で指定できる．

- $\{X_t, t = 0, 1, 2, \ldots\}$ が漸化式

$$X_{t+1} = g(t, X_t, U_t), \quad t = 0, 1, 2 \ldots \tag{5.3}$$

を満たしていて，g は容易に計算できる関数であり，U_t はその分布が X_t と t に依存するがそれらの値から容易に計算できる確率変数である場合．
- 与えられた X_t のもとでの X_{t+1} の条件付き分布が既知で，そこからのサンプリングが容易である場合．

2つ目が成立する場合の重要な例は，求めたいマルコフ連鎖 $\{X_0, X_1, \ldots\}$ が斉時的で，状態空間 E が離散的である場合である．このとき，その分布は X_0 の分布（初期分布）と，

$$p_{ij} = \mathbb{P}(X_{t+1} = j \mid X_t = i), \quad i, j \in E$$

によって定められる1ステップの推移確率行列 $P = (p_{ij})$ とによって，完全に決定される．こうして，$X_t = i$ という条件のもとでの X_{t+1} の分布は，P の第 i 行で与えられる離散分布となる．

以上より，アルゴリズム 5.6 の特別な場合を得る．

アルゴリズム 5.7（状態空間が離散の斉時マルコフ連鎖の生成）
1. 初期分布に従い X_0 を抽出する．$t = 0$ とする．
2. P の第 X_t 行ベクトルで定まる離散分布に従って，X_{t+1} を生成する．
3. $t + 1$ を新しい t として Step 2 を繰り返す．

■ 例 5.3（マルコフ連鎖迷路）
あるロボットが，時刻 $t = 0$ に図 5.5 のような迷路の部屋 3 にいるとする．$t = 1, 2, \ldots$ の各時刻において，このロボットは自分のいる部屋に隣接している部屋の1つを等確率で選び移動する．このロボットが時刻 t にいる部屋を X_t とすると，$\{X_t\}$ は斉時マ

5.2 マルコフ連鎖

$$P = \begin{pmatrix} 0 & 1 & 0 & 0 & 0 & 0 & 0 & 0 \\ \frac{1}{2} & 0 & \frac{1}{2} & 0 & 0 & 0 & 0 & 0 \\ 0 & \frac{1}{3} & 0 & \frac{1}{3} & 0 & 0 & \frac{1}{3} & 0 \\ 0 & 0 & \frac{1}{2} & 0 & \frac{1}{2} & 0 & 0 & 0 \\ 0 & 0 & 0 & \frac{1}{3} & 0 & \frac{1}{3} & \frac{1}{3} & 0 \\ 0 & 0 & 0 & 0 & 1 & 0 & 0 & 0 \\ 0 & 0 & \frac{1}{3} & 0 & \frac{1}{3} & 0 & 0 & \frac{1}{3} \\ 0 & 0 & 0 & 0 & 0 & 0 & 1 & 0 \end{pmatrix}$$

図 5.5 迷路と対応する推移行列.

ルコフ連鎖となり，その推移行列 P は以下のように与えられる．

次の MATLAB プログラムは，この問題に対してアルゴリズム 5.7 を実装したものである．図 5.6 はこれによって生成された，この確率過程の最初の 100 個の値を示している．

```
%maze.m
n = 101
a = 0.5; b = 1/3;
P = [0, 1, 0, 0, 0, 0, 0, 0; a, 0, a, 0, 0, 0, 0, 0;
     0, b, 0, b, 0, 0, b, 0; 0, 0, a, 0, a, 0, 0, 0;
     0, 0, 0, b, 0, b, b, 0; 0, 0, 0, 0, 1, 0, 0, 0;
     0, 0, b, 0, b, 0, 0, b; 0, 0, 0, 0, 0, 0, 1, 0 ]
x = zeros(1,n);
x(1)= 3;
for t=1:n-1
    x(t+1) = min(find(cumsum(P(x(t),:))> rand));
```

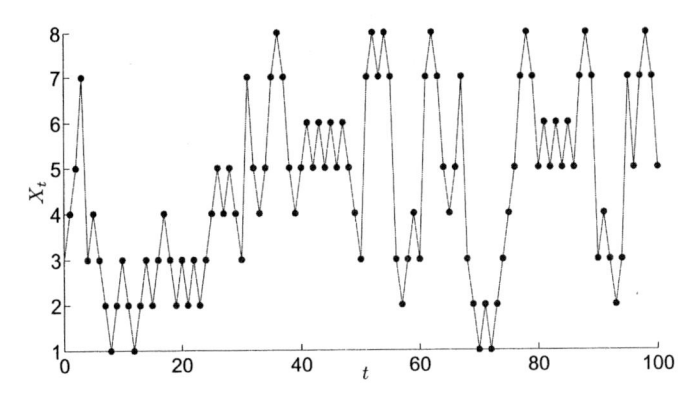

図 5.6 迷路過程の標本路.

```
end
hold on
plot(0:n-1,x,'.')
plot(0:n-1,x)
hold off
```

■ 例 5.4 (n 次元超立方体上のランダムウォーク)

式 (5.3) のような漸化式によって与えられるマルコフ連鎖の典型的な例の 1 つに，**ランダムウォーク** (random walk) がある．このとき，漸化式は単に

$$X_{t+1} = X_t + U_t, \quad t = 1, 2, \ldots$$

で与えられる．ここで，$U_1, U_2, \ldots$ はある離散もしくは連続な分布の iid 確率変数列である．

同様の漸化式を用いて，n 次元単位超立方体の頂点 (すなわち，長さ n の 2 進ベクトルのなす集合) の上のランダムウォークを生成することができる．

$\mathbf{e}_1, \ldots, \mathbf{e}_n$ は $\mathbb{R}^n$ の単位ベクトルであるとする．この超立方体上のいずれかの頂点 $\mathbf{X}_0$ を出発点として

$$\mathbf{X}_{t+1} = \mathbf{X}_t + \mathbf{e}_{I_t} \mod 2$$

と定める．ここで，$I_1, I_2, \ldots \stackrel{\text{iid}}{\sim} \mathrm{DU}(1, \ldots, n)$ である．$\mathbf{e}_I$ は単に等確率で選ばれた単位ベクトルであることに注意せよ．以上より，この確率過程は単位超立方体の上のランダムウォークとなる．各ステップにおいて，現在の頂点から隣接する n 個の頂点の 1 つを等確率で選び，そこにジャンプするわけである．$\mathbf{X}_{t+1}$ と $\mathbf{X}_t$ は I_t 番目のビットが異なるだけなので，各状態の間の推移は，$\mathbf{X}_t$ の座標をランダムに選んでビットを反転させるだけで実現できる．次の MATLAB プログラムは，20 次元超立方体の場合に上のアルゴリズムを実装したものである．図 5.7 はこのマルコフ連鎖が進行する様子を示しており，$\mathbf{X}_t = (X_{t1}, \ldots, X_{tn})^\top$, $t = 0, 1, 2, \ldots, 200$ を，$Y_t = \sum_{i=1}^n 2^{-i} X_{ti}$, $t = 0, 1, 2, \ldots, 200$ と定めて区間 $[0, 1]$ の上に表している．

```
%hypercube.m
N = 200; % 標本数
n = 20; % 次元
x = zeros(N,n);
for t=1:N
    I = ceil(rand*n); % ランダムに位置を選ぶ
    x(t+1,:) = x(t,:); % 複製
    x(t+1,I) = ~x(t+1,I); % I で与えられた位置のビットを反転
end
b = 0.5.^[1:n];
y = x*b';
```

図 5.7 $\{Y_t\}$ の標本路.

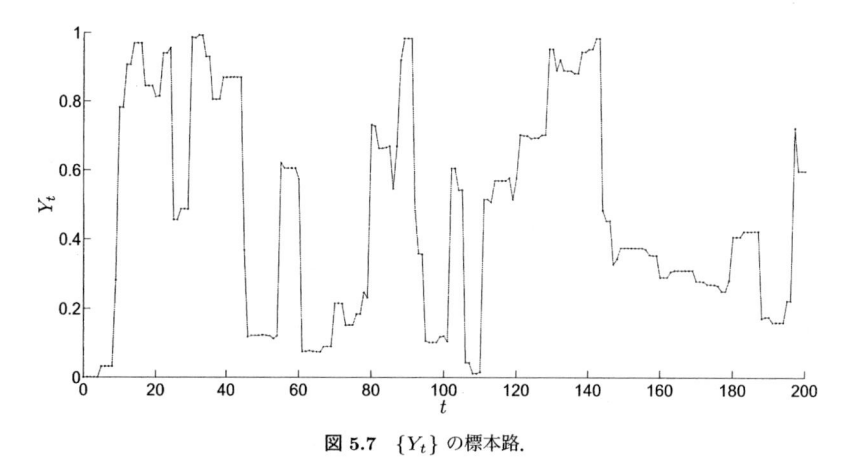

```
hold on
plot(0:N,y,'.'), plot(0:N,y)
hold off
```

5.3 マルコフ跳躍過程

マルコフ跳躍過程（Markov jump process）とは，連続集合 $\mathscr{T} \subseteq \mathbb{R}$ を添数集合とする（すなわち連続時間の）確率過程であって，離散の状態空間を持ち，**マルコフ性**（Markov property）

$$(X_{t+s} \,|\, X_u, u \leqslant t) \sim (X_{t+s} \,|\, X_t)$$

を満たすものをいう．マルコフ跳躍過程については A.11 節で詳しく説明する．ここでは，この確率過程のシミュレーションに関連する重要な点に限って述べる．本節では，添数集合は $\mathscr{T} = [0, \infty)$，状態空間は $E = \{1, 2, \ldots\}$ とする．

斉時マルコフ跳躍過程は，以下のような Q 行列によって定義されることがよくある．

$$Q = \begin{pmatrix} -q_1 & q_{12} & q_{13} & \cdots \\ q_{21} & -q_2 & q_{23} & \cdots \\ q_{31} & q_{32} & -q_3 & \cdots \\ \vdots & \vdots & \vdots & \ddots \end{pmatrix}$$

ここで，q_{ij} は状態 i から状態 j への**推移率**（transition rate）

$$q_{ij} = \lim_{h \downarrow 0} \frac{\mathbb{P}(X_{t+h} = j \,|\, X_t = i)}{h}, \quad i \neq j, \ i, j \in E \tag{5.4}$$

であり，q_i は状態 i の**保持率**（holding rate）

$$q_i = \lim_{h \downarrow 0} \frac{1 - \mathbb{P}(X_{t+h} = i \mid X_t = i)}{h}, \quad i \in E$$

である．通常 $0 \leqslant q_{ij} < \infty$ かつ $q_i = \sum_{j \neq i} q_{ij}$ であると仮定される．このとき，Q の各行の和は 0 になる．定理 A.11 は，このようなマルコフ跳躍過程の挙動を特徴付けるものである．すなわち，この過程が時刻 t において状態 i にあるならば，それがさらにそこに留まる時間の分布は $\mathsf{Exp}(q_i)$ となる．この過程が状態 i を去るとき，それは状態 j に確率 $K_{ij} = q_{ij}/q_i$ で跳躍する．このとき，この跳躍はこの過程の過去の挙動とは無関係に決まる．特に跳躍した後の状態 $Y_0, Y_1, \ldots$ は，推移行列 $K = (K_{ij})$ のマルコフ連鎖になる．保持時間を $A_1, A_2, \ldots$，跳躍時刻を $T_1, T_2, \ldots$ と定めると，このマルコフ跳躍過程の生成アルゴリズムは以下のように与えられる．

アルゴリズム 5.8（斉時マルコフ跳躍過程の生成）

1. $T_0 = 0$ とする．Y_0 を与えられた分布に従って生成し，$X_0 = Y_0$ とする．$n = 0$ とする．
2. $A_{n+1} \sim \mathsf{Exp}(q_{Y_n})$ を生成する．
3. $T_{n+1} = T_n + A_{n+1}$ とする．
4. $T_n \leqslant t < T_{n+1}$ なる t について $X_t = Y_n$ と定める．
5. K の第 Y_n 行によって定まる分布に従って，Y_{n+1} を生成する．$n+1$ を新しい n の値として Step 2 に戻る．

■ 例 5.5（修理可能システム）

故障する可能性のある 2 台の機械と 1 人の修理工からなる信頼性システムを考える．両機械の稼働および修理時間はともに指数分布に従い，機械 1, 2 の故障率と修理率は，それぞれ λ_1, μ_1 および λ_2, μ_2 で与えられているとする．修理工は一度に 1 台の機械しか修理できず，両方の機械が故障した場合は最初に故障した機械の修理を続け，その間もう 1 台の機械は放置される．2 台の稼働および修理時間はすべて互いに独立である．

稼働と修理時間に関する指数分布の仮定および独立性の仮定より，このシステムは 5 個の状態，すなわち 1（両機械とも稼働している），2（機械 2 は稼働していて機械 1 は故障している），3（機械 1 は稼働していて機械 2 は故障している），4（両機械とも故障している．機械 1 が先に故障した），5（両機械とも故障している．機械 2 が先に故障した）を持つマルコフ跳躍過程によって表すことができる．このシステムの推移率グラフと Q 行列は，図 5.8 のようになる．

以下の Matlab プログラムは，$\lambda_1 = 1$，$\lambda_2 = 2$，$\mu_1 = 3$，$\mu_2 = 4$ の場合にアルゴリズム 5.8 を実装したものである．図 5.9 は状態 1 から出発したこのプロセスの期間 $[0, 5]$ の間の推移の一例を表している．

5.3 マルコフ跳躍過程　　　　　　　　　　　　　　　　　　　171

$$Q = \begin{pmatrix} -(\lambda_1+\lambda_2) & \lambda_1 & \lambda_2 & 0 & 0 \\ \mu_1 & -(\mu_1+\lambda_2) & 0 & \lambda_2 & 0 \\ \mu_2 & 0 & -(\mu_2+\lambda_1) & 0 & \lambda_1 \\ 0 & 0 & \mu_1 & -\mu_1 & 0 \\ 0 & \mu_2 & 0 & 0 & -\mu_2 \end{pmatrix}$$

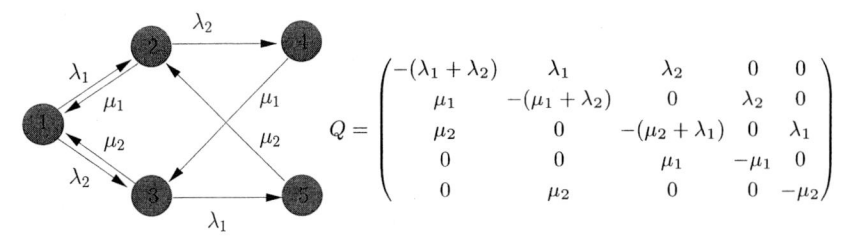

図 5.8　この修理可能システムの推移率グラフと Q 行列.

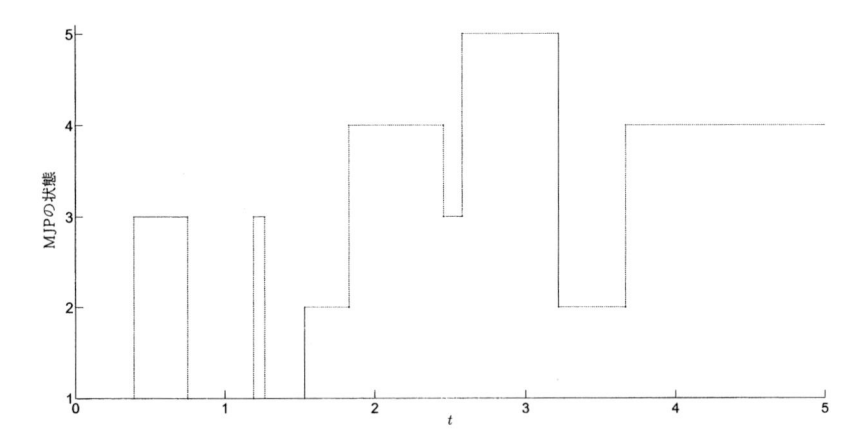

図 5.9　信頼性マルコフ跳躍過程の標本路.

```
%mjprep.m
clear all, clf
lam1= 1; lam2 = 2; mu1= 3; mu2 = 4;
Q = [-(lam1 + lam2), lam1, lam2, 0, 0;
    mu1, -(mu1+ lam2), 0, lam2, 0;
    mu2, 0, -(mu2 + lam1), 0, lam1;
    0, 0, mu1, -mu1, 0;
    0, mu2, 0, 0, -mu2];

q = -diag(Q);
K = diag(1./q)*Q + eye(5);
T = 5;
n=0;
t = 0; y = 1;
yy = [y]; tt = [t];
while t < T
```

```
    A = -log(rand)/q(y);
    y =   min(find(cumsum(K(y,:))> rand));
    t = t + A;
    tt = [tt,t];
    yy= [yy,y];
    n= n+1;
end
for i=1:n
    line([tt(i),tt(i+1)],[yy(i),yy(i)],'Linewidth',3);
    line([tt(i+1),tt(i+1)],[yy(i),yy(i+1)],'LineStyle',':');
end
axis([0,T,1,5.1])
```

　上のアルゴリズムを非斉時的な場合，すなわち式 (5.4) で定められる推移率が t に依存する場合に拡張することは容易である．式 (5.4) の右辺を $0 \leqslant q_{ij}(t) < \infty$ と記し，$q_i(t) = \sum_{j \neq i} q_{ij}(t)$ と定めることにする．この確率過程は非斉時マルコフ連鎖に従って状態推移し，各状態をある時間保持する．この過程は時刻 T_n において状態 $Y_n = i$ に跳躍するものとする．A_{n+1} を状態 i の保持時間であるとすると

$$q_i(t) = \lim_{h \downarrow 0} \frac{\mathbb{P}(t - T_n < A_{n+1} < t + h - T_n \mid A_{n+1} > t - T_n)}{h}$$
$$= \lim_{h \downarrow 0} \frac{F(t + h - T_n) - F(t - T_n)}{(1 - F(t - T_n))h} = \frac{f(t - T_n)}{1 - F(t - T_n)}$$
$$= -\frac{\mathrm{d}}{\mathrm{d}t} \ln(1 - F(t - T_n))$$

となる．ここで，$F(t)$ は A_{n+1} の累積分布関数であり，$f(t)$ は確率密度関数である．

$$F(t) = \mathbb{P}(A_{n+1} \leqslant t) = 1 - e^{-\int_{T_n}^{T_n+t} q_i(s)\,\mathrm{d}s}, \quad t \geqslant 0 \tag{5.5}$$

が成立する．時刻 $T_{n+1} = T_n + A_{n+1}$ において，この過程は状態 j に確率 $q_{ij}(T_{n+1})/q_i(T_{n+1}), j \in E$ で跳躍する．こうして次のアルゴリズムを得る．

アルゴリズム 5.9（非斉時マルコフ跳躍過程の生成）

1. $T_0 = 0$ とする．Y_0 をその分布に従って生成し，$X_0 = Y_0$ とする．$n = 0$ とする．
2. A_{n+1} を式 (5.5) で与えられた累積分布関数に従って生成する．
3. $T_{n+1} = T_n + A_{n+1}$ とする．
4. $T_n \leqslant t < T_{n+1}$ なる t について，$X_t = Y_n$ と定める．
5. $\{q_{Y_n,y}(T_{n+1})/q_{Y_n}(T_{n+1}), y \in E\}$ によって定まる分布に従って，Y_{n+1} を生成する．$n + 1$ を新しい n の値として，Step 2 に戻る．

■ 例 5.6 （非斉時マルコフ跳躍過程）

状態 1, 2, 3 からなる 3 状態非斉時マルコフ跳躍過程で，推移率が $q_{12}(t) = \sin^2(t)$, $q_{21}(t) = 1 + \sin(t)$, $q_{23}(t) = 1 - \cos(t)$, $t \geqslant 0$, その他は 0 で与えられているようなものを考える．状態 3 は吸収的であることに注意する．式 (5.5) より状態 1 の保持時間の累積分布関数は

$$F_1(t) = 1 - e^{\frac{1}{4}(-2t-\sin(2T_n)+\sin(2(t+T_n)))}, \quad t \geqslant 0$$

で与えられ，確率密度関数は

$$\begin{aligned}f_1(t) &= e^{\frac{1}{4}(-2t-\sin(2T_n)+\sin(2(t+T_n)))} \sin^2(t+T_n) \\ &\leqslant \frac{1}{2}e^{-t/2} 2e^{1/2}, \quad t \geqslant 0 \end{aligned} \quad (5.6)$$

となる．同様に，状態 2 の保持時間の累積分布関数は

$$F_2(t) = 1 - e^{-2t-\cos(T_n)+\cos(t+T_n)-\sin(T_n)+\sin(t+T_n)}, \quad t \geqslant 0$$

で与えられ，確率密度関数は

$$\begin{aligned}f_2(t) &= e^{-2t-\cos(T_n)+\cos(t+T_n)-\sin(T_n)+\sin(t+T_n)}\bigl(-\cos(t+T_n) \\ &\quad + \sin(t+T_n) + 2\bigr) \leqslant 2e^{-2t}e^{2\sqrt{2}}(1+\sqrt{2}/2), \quad t \geqslant 0\end{aligned}$$

となる．よって，状態 1, 2 の保持時間は，指数分布を提案関数とする採択–棄却法（☞ p.63）によって生成することができる．以下の MATLAB プログラムはアルゴリズム 5.9 を実装したものであり，非斉時マルコフ跳躍過程を吸収状態に至るまでシミュレートする．例 5.8 も参照せよ．そこでは別の方法で保持時間を生成している．

```
%nonhommjp.m
q12 = @(t) sin(t)^2;
q21 = @(t) 1 + sin(t);
q23 = @(t) 1 - cos(t);
q2 = @(t) q21(t) + q23(t);
f1 = @(t,Tn) exp(-t/2 + (-sin(2*Tn) + sin(2*(t+Tn)))/4)*sin(t+Tn)^2;
f2 = @(t,Tn) exp(-2*t-cos(Tn)+cos(t+Tn)-sin(Tn)+sin(t+Tn))*...
    (2-cos(t+Tn)+sin(t+Tn));
y=1; tn=0; n=0; yy=[y]; tt=[tn];
while y ~= 3
    if y==1
        accept=false;
        while ~accept
            A = -log(rand)*2;
            accept = rand < f1(A,tn)/exp(-(A-1)/2);
        end
        tn = tn + A; y = 2;
    else %y==2
```

```
        accept =false;
        while ~accept
            A = -log(rand)/2;
            accept=rand<f2(A,tn)/(exp(-2*(A-sqrt(2)))*(2+sqrt(2)));
        end
        tn = tn + A;
        if rand < q21(tn)/q2(tn)
            y =1;
        else
            y=3;
        end
    end
    yy = [yy,y]; tt = [tt,tn]; n = n+1;
end
% シミュレーション結果のプロット
for i=1:n
    line([tt(i),tt(i+1)],[yy(i),yy(i)],'Linewidth',3);
    line([tt(i+1),tt(i+1)],[yy(i),yy(i+1)],'LineStyle',':');
end
```

5.4 ポアソン過程

ポアソン過程は，いくつかの点が空間的時間的にランダムに配置される様子をモデル化するのに使われる．特に E を $\mathbb{R}^d$ の部分集合，$\mathcal{E}$ を E 上のボレル集合族とするとき，E に値をとる確率変数の集合 $\{T_n\}$ は，次のように定義される**ランダム計数測度** (random counting measure) N に対応する．

$$N(A) = \sum_k \mathrm{I}_{\{T_k \in A\}}, \quad A \in \mathcal{E}$$

これは A 内に入る点の個数を数えるものである．このようなランダム計数測度が次の性質を満たすとき，これを**平均測度** (mean measure) μ の**ポアソンランダム測度** (Poisson random measure) という．

1) 任意の $A \in \mathcal{E}$ に対して $N(A) \sim \mathsf{Poi}(\mu(A))$ である．ただし，$\mu(A)$ は A の平均測度である．
2) 任意の $A_1, \ldots, A_n \in \mathcal{E}$ が互いに交わらないならば，確率変数 $N(A_1), \ldots, N(A_n)$ は独立である．

応用に現れるほとんどの場合において，平均測度は**強度** (intensity) あるいは**生起率** (rate) 関数と呼ばれる密度関数 $\lambda(\mathbf{x})$ を持ち，よって

$$\mu(A) = \int_A \lambda(\mathbf{x}) \, d\mathbf{x}$$

である．以後，このような強度関数の存在を仮定する．

厳密な言い方ではないが，集合 $\{T_k\}$ とランダム測度 N の両方を E 上の**ポアソン過程** (Poisson process) と呼ぶことがある．強度関数が定数のとき，ポアソン過程は**斉次的** (homogeneous) であるという．上の性質 1 と 2 の重要な系として

3) $N(A) = n$ という条件のもとで，A 内の n 点は互いに独立で，それらの確率密度関数は $f(\mathbf{x}) = \lambda(\mathbf{x})/\mu(A)$ となる．

以上より，直ちに $\mu(E) = \int_E \lambda(\mathbf{x}) \, d\mathbf{x} < \infty$ なる E 上のポアソン過程を生成する次のアルゴリズムを得る．

アルゴリズム 5.10（一般的なポアソンランダム測度の生成）

1. ポアソン確率変数 $N \sim \mathsf{Poi}(\mu(E))$ を生成する．
2. Step 1 で生成した N の値が n であったとする．$\mathbf{X}_1, \ldots, \mathbf{X}_n \stackrel{\text{iid}}{\sim} f$ を生成する．ここで $f(\mathbf{x})$ は平均密度 $\lambda(\mathbf{x})/\mu(E)$ である．この生成された n 個の点をポアソン過程の点として出力する．

■ 例 5.7（ポアソン過程の凸包）

図 5.10 は，単位正方形上の強度 20 の斉次ポアソン過程から生成された点集合と，その "凸包" の 6 つの生成例を示している．

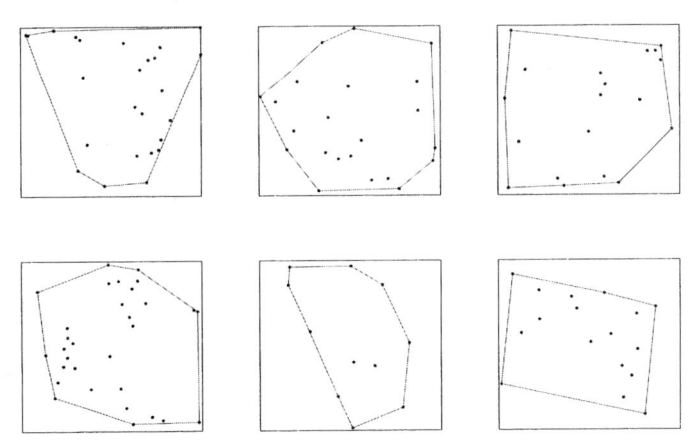

図 5.10 強度 20 の斉次ポアソン過程の生成例．それぞれの凸包もプロットしてある．

この例の MATLAB プログラムを以下に示す．このようにして生成される凸包の面積の定める確率変数が，ここでの興味の対象である．

```
%hompoich.m
for i=1:6
```

```
    N = poissrnd(20);
    x = rand(N,2);
    k = convhull(x(:,1),x(:,2));
    %[K,v] =  convhulln(x); % v は面積
    subplot(2,3,i);
    plot(x(k,1),x(k,2),'r-',x(:,1),x(:,2),'.')
end
```

1次元ポアソン過程の場合には，この確率過程の持つ他の性質を利用した，より直接的な生成アルゴリズムを考えることができる．最初に，強度 λ の $\mathbb{R}_+$ 上の斉時ポアソン過程を考える．この過程の点を $0 < T_1 < T_2 < \cdots$ と記す．これは "到着" 時刻のようなものと解釈できて，$A_i = T_i - T_{i-1}$, $i = 1, 2, \ldots$ と定めると，i 番目の "到着間隔" 時間となる．ここで $T_0 = 0$ とした．到着間隔時間 $\{A_i\}$ は iid であり，その分布は $\mathsf{Exp}(\lambda)$ に従う．この事実については [8, pp.79–80] などを参照せよ．こうして，このポアソン過程の期間 $[0, T]$ の間の点集合を，以下のように生成することができる．

アルゴリズム 5.11（1次元斉時ポアソン過程）

1. $T_0 = 0$, $n = 1$ とする．
2. $U \sim \mathsf{U}(0, 1)$ を生成する．
3. $T_n = T_{n-1} - \frac{1}{\lambda} \ln U$ とする．
4. $T_n > T$ ならば停止する．そうでない場合は，$n + 1$ を新しい n の値として Step 2 に戻る．

これに対応する**ポアソン計数過程**（Poisson counting process）$\{N_t, t \geqslant 0\}$ が $N_t = N([0, t])$ によって定義されるが，これは，$\{0, 1, 2, \ldots\}$ 上のマルコフ跳躍過程であって，$N_0 = 0$, 推移率が $i = 0, 1, 2, \ldots$ について $q_{i,i+1} = \lambda$, $j \neq i+1$ に対して $q_{i,j} = 0$ であるようなものである．この過程は時刻 $T_1, T_2, \ldots$ において状態 $1, 2, \ldots$ に跳躍し，各状態（状態 0 を含む）での滞在時間の分布は $\mathsf{Exp}(\lambda)$ に従う．同様の考察により，強度関数 $\lambda(t)$, $t \geqslant 0$ の $\mathbb{R}_+$ 上の "非斉時" 1次元ポアソン過程に対応する計数過程は，推移率 $q_{i,i+1}(t) = \lambda(t)$ の非斉時マルコフ跳躍過程となることがわかる．式 (5.5) と同様に，到着間隔時間の裾確率は

$$\mathbb{P}(A_{n+1} > t) = \exp\left(-\int_{T_n}^{T_n + t} \lambda(s)\,\mathrm{d}s\right), \quad t \geqslant 0$$

で与えられる．このように，到着間隔はさまざまな方法によって直接生成することが可能であるが，図 5.11 に示すような間接的に点を生成するやり方のほうが簡単である場合も多い．このやり方では，まず $\lambda \geqslant \sup_{t \leqslant s} \lambda(t)$ であるような定数 λ を 1 つ選ぶ．ここではこのような定数の存在は仮定する．次に，$[0, s] \times [0, \lambda]$ 上に強度 1 の 2 次元斉次ポアソン過程の点集合 M を生成する．最後に，M の点で $\lambda(t)$, $t \leqslant s$ のグ

5.4 ポアソン過程

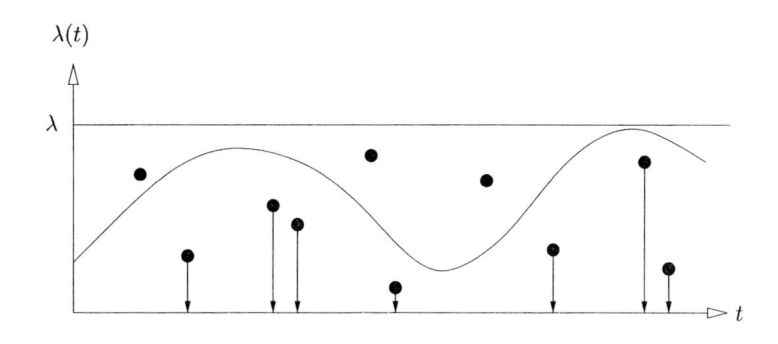

図 5.11 非斉時ポアソン過程の生成．

ラフの下側にあるものをすべて t 軸上に射影する．

$\mathscr{R}_t = \{(s,y), 0 \leqslant s \leqslant t, y \leqslant \lambda(s)\}$ とすると，任意の $t \geqslant 0$ に対して

$$\mathbb{P}(N_t = 0) = \mathbb{P}(M(\mathscr{R}_t) = 0) = \exp\left(-\int_0^t \lambda(s)\,\mathrm{d}s\right)$$

が成立する．これは，この方法によって生成された確率過程 $\{N_t, t \geqslant 0\}$ が，強度関数を $\lambda(t), t \geqslant 0$ とする非斉時ポアソン計数過程であることを意味する．いま，グラフの下側の点だけではなく M に属する "すべて" の点を t 軸上に射影すると，強度 λ の斉時ポアソン計数過程を得ることになる．この確率過程から非斉時ポアソン過程を得るためには，すべての点 τ についてその点を採用するかどうかを確率 $\lambda(\tau)/\lambda$ で決めればよい．以上の議論より，次のアルゴリズムを得る．

アルゴリズム 5.12（1 次元非斉時ポアソン過程）

1. $t = 0$, $n = 0$ とする．
2. $U \sim \mathsf{U}(0,1)$ を生成する．
3. $t = t - \frac{1}{\lambda}\ln U$ とする．
4. $t > T$ ならば停止し，そうでない場合は次の手順へ進む．
5. $V \sim \mathsf{U}(0,1)$ を生成する．
6. $V \leqslant \lambda(t)/\lambda$ ならば，n の値を 1 増やす．$T_n = t$ として Step 2 に戻る．

■ 例 5.8（非斉時ポアソン計数過程）

図 5.12 は強度関数 $\lambda(t) = \sin^2(t)$ の非斉時ポアソン計数過程 $\{N_t, t \geqslant 0\}$ を区間 $[0, 50]$ の上に生成した例である．この例は，以下の MATLAB プログラムによって生成された．これはアルゴリズム 5.12 を実装したものである．もう 1 つのやり方は，例 5.6 で見たように，提案分布を $\mathsf{Exp}(1/2)$，目標分布を式 (5.6) の f_1 とする採択–棄却法によって到着間隔時間を生成するものである．

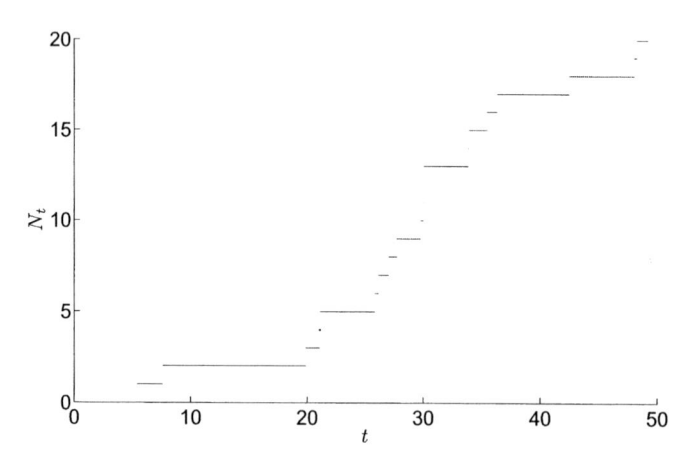

図 5.12 強度関数 $\lambda(t) = \sin^2(t)$ の非斉時ポアソン計数過程の標本路.

```
%pois.m
T = 50;
t = 0; n = 0;
tt = [t];
while t < T
    t = t - log(rand);
        if (rand < sin(t)^2)
            tt = [tt,t];
            n = n+1;
        end
end
nn = 0:n;
for i =1:n
    line([tt(i),tt(i+1)],[nn(i),nn(i)],'Linewidth',2);
end
```

5.4.1 複合ポアソン過程

N を $\mathbb{R}_+ \times \mathbb{R}^d$ 上の平均測度 $dt\,\nu(dy)$ のポアソンランダム測度とする. ここで $\lambda = \nu(\mathbb{R}^d) < \infty$ と仮定する. $K_t = N([0,t] \times \mathbb{R}^d)$ で定まる確率過程 $\{K_t\}$ は, 強度 λ の斉時ポアソン過程である. このとき

$$\mathbf{X}_t = \int_0^t \int_{\mathbb{R}^d} \mathbf{y}\, N(du, dy), \quad t \geqslant 0$$

によって定義される確率過程 $\{\mathbf{X}_t, t \geqslant 0\}$ を, 測度 ν に対応する**複合ポアソン過程**

(compound Poisson process) と呼ぶ. 強度 λ のポアソン過程に従って到着するたびに, 大きさ $\mathbf{Y} \sim \nu(\mathrm{d}\mathbf{y})/\lambda$ の塊が累積される. よって, 以下のように書くことも可能である.

$$\mathbf{X}_t = \sum_{i=1}^{K_t} \mathbf{Y}_i$$

ここで, $\mathbf{Y}_1, \mathbf{Y}_2, \ldots \stackrel{\text{iid}}{\sim} \nu(\mathrm{d}\mathbf{y})/\lambda$ は K_t とは独立である. 複合ポアソン過程は**レヴィ過程** (Lévy process), すなわち独立定常増分を有する確率過程 (5.13 節を参照) の重要な例の 1 つである. 上のような場合に, 測度 ν を**レヴィ測度** (Lévy measure) という.

$\mathbf{X}_t$ の特性関数は, 以下のように K_t による条件付き確率を考えることで計算できる.

$$\begin{aligned}
\mathbb{E}\, \mathrm{e}^{\mathrm{i}\mathbf{s}^\top \mathbf{X}_t} &= \mathbb{E}\, \mathbb{E}\left[\mathrm{e}^{\mathrm{i}\mathbf{s}^\top \sum_{i=1}^{K_t} \mathbf{Y}_i} \,\bigg|\, K_t \right] = \mathbb{E}\left(\mathbb{E}\, \mathrm{e}^{\mathrm{i}\mathbf{s}^\top \mathbf{Y}} \right)^{K_t} \\
&= \exp(-\lambda t\, (1 - \mathbb{E}\, \mathrm{e}^{\mathrm{i}\mathbf{s}^\top \mathbf{Y}})) \\
&= \exp\left(t \int (\mathrm{e}^{\mathrm{i}\mathbf{s}^\top \mathbf{y}} - 1)\, \nu(\mathrm{d}\mathbf{y}) \right) \qquad (5.7)
\end{aligned}$$

跳躍時刻 $\{T_k\}$, 跳躍の大きさ $\{\mathbf{Y}_k\}$ の複合ポアソン過程の生成アルゴリズムは, 以下のようになる.

アルゴリズム 5.13 (複合ポアソン過程の生成 (I))

1. $k = 0$, $T_k = 0$, $\mathbf{X}_{T_k} = 0$ とする.
2. $A_k \sim \mathsf{Exp}(\lambda)$ を生成する.
3. $\mathbf{Y}_k \sim \nu(\mathrm{d}\mathbf{y})/\lambda$ を生成する.
4. $T_{k+1} = T_k + A_k$ とし, $\mathbf{X}_{T_{k+1}} = \mathbf{X}_{T_k} + \mathbf{Y}_k$ によって $\mathbf{X}_{T_{k+1}}$ を定める.
5. k の値を 1 増やして, Step 2 から繰り返す.

■ 例 5.9 (複合ポアソン過程)

レヴィ測度が

$$\nu(\mathrm{d}y) = |y|^{-3/2}\, \mathrm{I}_{\{\delta < |y| < \varepsilon\}}\, \mathrm{d}y, \quad y \in \mathbb{R} \qquad (5.8)$$

であるような複合ポアソン過程を考える. ここで, δ, ε は $0 < \delta < \varepsilon \leqslant \infty$ なる実数である. $\lambda = 4(\delta^{-1/2} - \varepsilon^{-1/2})$ とする. 独立な 2 つの確率変数 $U \sim \mathsf{U}(0,1)$ と $R \sim \mathsf{Ber}(1/2)$ に対し, 確率変数

$$\frac{(2R - 1)\delta}{(1 - U + U\sqrt{\delta/\varepsilon})^2}$$

の分布が ν/λ であることは容易にわかるので, この分布に従う確率変数の生成は容易である. 次の MATLAB プログラムは, アルゴリズム 5.13 を実装したものである. 図 5.13 の左図は, $\delta = 10^{-6}$, $\varepsilon = \infty$ の場合の 1 つの実行例である. この過程は, 互い

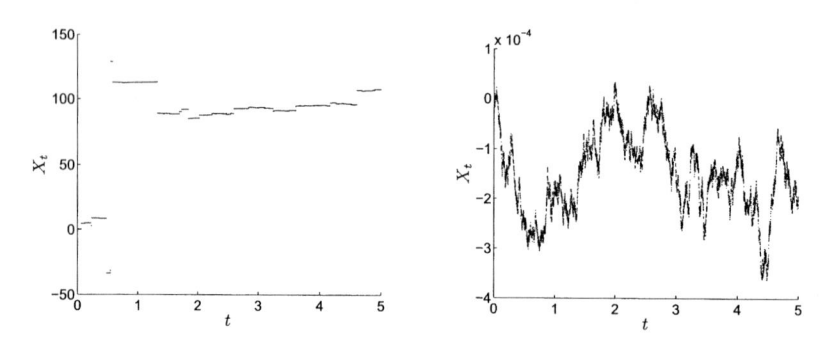

図 5.13 レヴィ測度 (5.8) の複合ポアソン過程の標本路. 左図は $\delta = 10^{-6}$, $\varepsilon = \infty$ の場合. 右図は $\delta = 10^{-6}$, $\varepsilon = 10^{-5}$ の場合.

に素な区間 $(\delta, \delta_1), (\delta_1, \delta_2), \ldots, (\delta_n, \varepsilon)$ の上に制限された跳躍幅 $|y|$ を持つ独立な複数の複合ポアソン過程の重ね合わせと見なせることに注意せよ. また, 図 5.13 の右図に示されているように, (δ, ε) が小さくなると, この確率過程の標本路はブラウン運動のそれに似てくることにも注意せよ. 図の左側の標本路も実は見かけのように滑らかなわけではない.

```
%compp.m
T = 5; delta = 10^-6; epsilon = inf;
lambda = 4*(1/sqrt(delta) - 1/sqrt(epsilon));
X = []; tt  = []; t=0; x= 0;
while t < T
    a = -log(rand)/lambda;
    t = t + a;
    R = (rand < 0.5);
    U = rand;
    y = (2*R-1)*delta/(1-U + sqrt(delta/epsilon)*U)^2;
    x = x + y;
    X = [X,x];
    tt = [tt,t];
end
N = numel(tt);
hold on
for i=1:N-1
    line([tt(i),tt(i+1)],[X(i),X(i)],'Linewidth',1);
end
```

複合ポアソン過程を生成するもう1つの方法は, アルゴリズム 5.10 を用いるものである. これは, あらかじめ定められたある区間 $[0, T]$ 上の複合ポアソン過程を生成する.

アルゴリズム 5.14（複合ポアソン過程の生成 (II)）

1. $N \sim \mathrm{Poi}(\lambda T)$ を生成する．
2. $U_1, \ldots, U_N \overset{\mathrm{iid}}{\sim} \mathsf{U}(0, T)$ を生成する．
3. $Y_1, \ldots, Y_N \overset{\mathrm{iid}}{\sim} \nu(\mathrm{d}y)/\lambda$ を生成する．
4. $X_t = \sum_{i: U_i \leqslant t} Y_i,\ t \in [0, T]$ を出力する．

5.5　ウィーナー過程とブラウン運動

次の性質を満たす確率過程 $W = \{W_t, t \geqslant 0\}$ を**ウィーナー過程**（Wiener process）という．

1) **独立増分性**（independent increments）：W は独立増分性を持つ．すなわち，任意の $t_1 < t_2 \leqslant t_3 < t_4$ について，2 つの確率変数

$$W_{t_4} - W_{t_3}, \quad W_{t_2} - W_{t_1}$$

は独立となる．言い換えると，$W_t - W_s,\ t > s$ は過去の履歴 $\{W_u,\ 0 \leqslant u \leqslant s\}$ によらない．

2) **正規増分性**（Gaussian stationarity）：任意の $t \geqslant s \geqslant 0$ について

$$W_t - W_s \sim \mathsf{N}(0, t-s)$$

が成立する．

3) **路の連続性**（continuity of paths）：$\{W_t\}$ の標本路は $W_0 = 0$ で，t に関して連続である．

ウィーナー過程は他のさまざまな確率過程の基礎をなし，確率論において中心的な役割を果たす．ウィーナー過程はまた，ランダムウォークの連続化と見なすこともできる．図 5.14 にウィーナー過程の標本路を 2 本生成したものを示す．

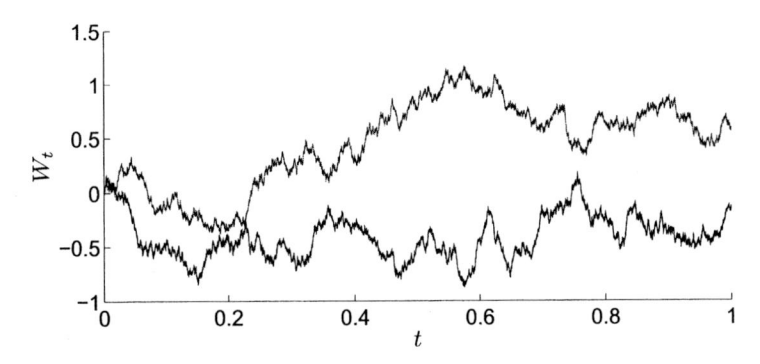

図 5.14　区間 $[0,1]$ における 2 本のウィーナー過程の生成例．

注 5.1（出発点） ウィーナー過程は，定義では 0 から出発するように定められているが，任意の点 x に対し，その下ではウィーナー過程が x から出発することとなるような確率測度 $\mathbb{P}^x$ を考えると便利なことがある．

以下に，ウィーナー過程 $W = \{W_t, t \geqslant 0\}$ の数ある性質のうちの一部を列挙する．より詳しくは [19], [25] を参照せよ．

1) **ガウス過程** (Gaussian process)：W は $\mathbb{E}W_t = 0$, $\mathrm{Cov}(W_s, W_t) = \min\{s, t\}$ であるようなガウス過程である．このような性質を持ち，標本路が連続であるガウス過程は，W に限られる．

2) **標本路の非有界変動性** (infinite variation sample path)：W の区間 $[0, T]$ における標本路は有界変動を持たない．すなわち，以下が成立する．
$$\lim_{n \to \infty} \sum_{i=1}^{n} |W_{t_i} - W_{t_{i-1}}| = \infty \quad \text{a.s.}$$
ここで，極限は $0 = t_0 < t_1 < \cdots < t_n = t$ かつ $\lim_{n \to \infty} \max_i \{t_{i+1} - t_i\} = 0$ ととったものである．特に，ほとんどすべての標本路は無限の「長さ」を持ち，微分不可能である．

3) **2 次変動** (quadratic variation)：区間 $[0, t]$ 上での W の 2 次変動は
$$\lim_{n \to \infty} \sum_{i=1}^{n} (W_{t_{i+1}} - W_{t_i})^2 = t \quad \text{a.s.}$$
で与えられる．ただし $0 = t_0 < t_1 < \cdots < t_n = t$, $\lim_{n \to \infty} \max_i \{t_{i+1} - t_i\} = 0$ である．実際，ウィーナー過程は $W_0 = 0$ で 2 次変動過程が t となるような唯一の連続マルチンゲールである．

4) **マルチンゲール性** (Martingales)：2 つの確率過程 $\{W_t, t \geqslant 0\}$, $\{W_t^2 - t, t \geqslant 0\}$ は，ともに自身の生成するフィルトレーションに関してマルチンゲールである．実際この性質を持つような実数値確率過程は，ウィーナー過程に限られる．さらに，任意の θ に対して確率過程 $\{e^{\theta W_t - \theta^2 t/2}, t \geqslant 0\}$ はマルチンゲールである．

5) **Donsker の不変原理** (Donsker's invariance principle)：$X_1, X_2, \ldots$ を平均 0, 分散 1 の iid 列とする．$X_0 = 0$,
$$S_t = \sum_{i=0}^{\lfloor t \rfloor} X_i + (t - \lfloor t \rfloor) X_{\lfloor t \rfloor + 1}, \quad t \geqslant 0$$
と定める．ここで，$\lfloor t \rfloor$ は t を超えない最大の整数である．$S^{(n)}$ は確率過程の大きさを調整したもの，すなわち
$$S_t^{(n)} = \frac{S_{tn}}{\sqrt{n}}, \quad t \in [0, 1]$$
とする．このとき，$n \to \infty$ とすると

$$S^{(n)} \xrightarrow{\mathrm{d}} W = \{W_t,\ t \in [0,1]\}$$

である．ここで収束は，$[0,1]$ 上の連続関数全体の集合に最大値ノルム $\|s\| = \sup_{0 \leqslant t \leqslant 1} s(t)$ によって位相を定めた空間 $C[0,1]$ における分布収束である．特に，$C[0,1]$ 上の任意の連続汎関数 h に対して

$$\lim_{n \to \infty} \mathbb{E} h(S^{(n)}) = \mathbb{E} h(W)$$

が成立する．

6) **直交級数展開**（orthogonal series expansion）：E を $\mathbb{R}_+$ あるいは b をある正の実数として $[0,b]$ とする．このとき，$\{W_t, t \in E\}$ を $L^2(E)$（☞ p.649）の元と見なして，次のように級数展開することができる．

$$W_t = \sum_{n=0}^{\infty} Z_n \int_0^t h_n(x)\,\mathrm{d}x$$

ここで，$Z_0, Z_1, \ldots \overset{\text{iid}}{\sim} \mathsf{N}(0,1)$ であり，$\{h_n(x)\}_{n=0}^{\infty}$ は上の確率変数の級数が L^2 収束するような $L^2(E)$ の任意の完全正規直交基底である．$E = [0,1]$ の場合の典型的な例としては，Haar 関数系 [13]，あるいは余弦関数の族 $h_0(x) \equiv 1$，$h_n(x) = \sqrt{2}\cos(n\pi x)$, $n = 1, 2, \ldots$ を挙げることができる．後者を用いると，次の**正弦級数展開**（sine series expansion）が得られる．

$$W_t = Z_0\,t + \frac{\sqrt{2}}{\pi} \sum_{n=1}^{\infty} Z_n \frac{\sin(n\pi t)}{n}, \quad t \in [0,1]$$

同様に，直交基底 $\sqrt{2/b}\cos((1+2n)\pi x/(2b))$, $x \in [0,b]$, $n = 0, 1, 2, \ldots$ を用いれば，**Karhunen–Loève** 展開

$$W_t = \sum_{n=0}^{\infty} Z_n \frac{2\sqrt{2b}}{(2n+1)\pi} \sin\left(\frac{(2n+1)\pi t}{2b}\right), \quad t \in [0,b] \tag{5.9}$$

を得る．

7) **マルコフ性**（Markov property）：W は斉時強マルコフ過程である．特に，任意の有界な停止時刻 τ に対し

$$(W_{\tau+t}\,|\,W_u, u \leqslant \tau) \sim (W_{\tau+t}\,|\,W_\tau)$$

が，すべての $t \geqslant 0$ について成立する．W の推移密度 $p_t(x,y)$ は，ガウス核

$$p_t(x,y) = \frac{1}{\sqrt{2\pi t}}\,\mathrm{e}^{-\frac{1}{2}\frac{(y-x)^2}{t}}, \quad t \geqslant 0,\ x, y \in \mathbb{R}$$

にほかならない．

8) **時間反転**（time-reversal）：$[0,t]$ 上のウィーナー過程 W の時間反転 $\widehat{W}_s = W_{t-s} - W_t$ によって得られる確率過程 $\{\widehat{W}_s, s \in [0,t]\}$ は，再び $[0,t]$ 上のウィーナー過程になる．

9) **鏡像原理** (reflection principle)：$\{W_t\}$ が x に最初に到達する時刻を τ_x とするとき
$$\widetilde{W}_t = W_t\, \mathrm{I}_{\{t \leqslant \tau_x\}} + (2x - W_t)\, \mathrm{I}_{\{t > \tau_x\}}, \quad t \geqslant 0$$
によって定義される確率過程 $\{\widetilde{W}_t, t \geqslant 0\}$ は，ウィーナー過程になる．

10) **逆数時間** (reciprocal time)：W_t がウィーナー過程であるならば，$X_t = t\, W_{1/t}$, $t > 0$, $X_0 = 0$ によって定められる確率過程 X_t もまたウィーナー過程である．

11) **スケール不変性** (invariance under scaling)：W_t がウィーナー過程であるならば，任意の $a > 0$ について $X_t = W_{at}/\sqrt{a}$, $t \geqslant 0$ によって定められる確率過程 X_t もまたウィーナー過程である．

12) **最大値と到達時刻** (maximum and hitting time)：ウィーナー過程の最大値過程を $M_t = \max_{0 \leqslant s \leqslant t} W_s$ とし，x への到達時刻を $\tau_x = \inf\{t \geqslant 0 : W_t = x\}$ とする．$x \geqslant 0$ に対して，この両者は次の式で表される関係にある．
$$\{M_t \geqslant x\} = \{\tau_x \leqslant t\} \tag{5.10}$$
これより
$$\mathbb{P}(M_t \geqslant x) = \mathbb{P}(\tau_x \leqslant t) = \mathbb{P}(\tau_x \leqslant t, W_t < x) + \mathbb{P}(\tau_x \leqslant t, W_t > x)$$
$$= 2\, \mathbb{P}(\tau_x \leqslant t, W_t > x) = 2\, \mathbb{P}(W_t > x) \tag{5.11}$$
$$= 2 - 2\, \Phi\left(\frac{x}{\sqrt{t}}\right), \quad x \geqslant 0 \tag{5.12}$$
が成立する．式 (5.11) の 2 番目の等式は鏡像原理の帰結である．つまり，鏡像原理より τ_x から先に進行するウィーナー過程と，それを x を基準にして空間方向に反転させた過程が同じ分布を持つことがわかるので，この等式が導かれている．式 (5.12) を x に関して微分することにより
$$f_{M_t}(x) = \sqrt{\frac{2}{\pi t}}\, \mathrm{e}^{-\frac{1}{2}\frac{x^2}{t}}, \quad x \geqslant 0$$
の成立がわかる．つまり，M_t の分布は $\mathsf{N}(0, t)$ の $[0, \infty)$ の部分を切り出したものになっている．同じように，式 (5.12) を t について微分すれば
$$f_{\tau_x}(t) = \frac{1}{\sqrt{2\pi}}\, x\, t^{-3/2}\, \mathrm{e}^{-\frac{x^2}{2t}}, \quad t, x \geqslant 0$$
を得る．こうして，$\tau_x \sim \mathsf{Stable}(1/2, 1, 0, x^2) \equiv \mathsf{InvGamma}(1/2, x^2/2)$ がわかる．最後に，M_t と W_t が同時累積密度関数
$$\mathbb{P}(M_t \leqslant x, W_t \leqslant y) = \Phi\left(\frac{2x - y}{\sqrt{t}}\right) - \Phi\left(\frac{-y}{\sqrt{t}}\right), \quad x \geqslant 0,\ x \geqslant y \tag{5.13}$$
を持つことを述べておく．これは再び鏡像原理より，
$$\mathbb{P}(M_t \geqslant x, W_t \leqslant y) = \mathbb{P}(M_t \geqslant x, W_t \geqslant 2x - y)$$

$$= \mathbb{P}(W_t \geqslant 2x - y) = 1 - \Phi\left(\frac{2x - y}{\sqrt{t}}\right)$$

のようにして導かれる．

13) **脱出時間** (exit time)：W が $x \in (a, b)$ から出発したとき，区間 $[a, b]$ を脱出するまでに要する時間の期待値は $(x - a)(b - x)$ である．さらに，脱出の際に b から脱出する確率は $(x - a)/(b - a)$ である．

14) **逆正弦則** (arcsine law of zero)：$\{W_t\}$ が区間 (t_1, t_2) において 0 にならない確率は

$$\mathbb{P}(W_t \neq 0,\ \forall t \in (t_1, t_2)) = \frac{2}{\pi} \arcsin \sqrt{\frac{t_1}{t_2}}$$

で与えられる．

15) **重複対数の法則** (law of iterated logarithm)：確率 1 で以下の 2 式が成立する．

$$\limsup_{t \to \infty} \frac{W_t}{\sqrt{2t \ln \ln t}} = 1$$

$$\liminf_{t \to \infty} \frac{W_t}{\sqrt{2t \ln \ln t}} = -1$$

以下に挙げる基本的な生成アルゴリズムは，ウィーナー過程のマルコフ性とガウス性に基づいている．

アルゴリズム 5.15 （ウィーナー過程の生成）

1. $0 = t_0 < t_1 < t_2 < \cdots < t_n$ を時刻の集合とする．これらの時刻におけるウィーナー過程の値を生成する．
2. $Z_1, \ldots, Z_n \overset{\text{iid}}{\sim} \mathsf{N}(0, 1)$ を生成して

$$W_{t_k} = \sum_{i=1}^{k} \sqrt{t_k - t_{k-1}}\, Z_i, \quad k = 1, \ldots, n$$

とする．

このアルゴリズムは "厳密" である．すなわち，$\{W_{t_k}\}$ の生成は，厳密にその理論的な分布に従って行われる．それにもかかわらず，このアルゴリズムが返すのは，この連続な確率過程の標本路の上の離散的な点の値だけなのである．ウィーナー過程の連続な標本路を近似するためには，$W_{t_1}, \ldots, W_{t_n}$ の線形補間を用いる．すなわち，各区間 $[t_{k-1}, t_k]$, $k = 1, \ldots, n$ の上で連続過程 $\{W_s, s \in [t_{k-1}, t_k]\}$ は

$$\widehat{W}_s = \frac{W_{t_k}(s - t_{k-1}) + W_{t_{k-1}}(t_k - s)}{(t_k - t_{k-1})}, \quad s \in [t_{k-1}, t_k]$$

によって近似される．ブラウン橋過程を用いれば，この標本路を必要に応じて十分に細かく近似することができる．5.7 節を参照せよ．補間に代わる方法としては，Karhunen–Loève 展開を用いて $[0, b)$ 上のウィーナー過程の近似を生成するものがある．

アルゴリズム 5.16（Karhunen–Loève 展開によるウィーナー過程の生成）

1. 十分に大きい n を決めて，$Z_1, \ldots, Z_n \overset{\text{iid}}{\sim} \mathsf{N}(0,1)$ を生成する．
2. 時刻 t におけるウィーナー過程の値として
$$\widetilde{W}(t) = \sum_{k=1}^{n} Z_k \frac{2\sqrt{2b}}{(2k-1)\pi} \sin\left(\frac{(2k-1)\pi t}{2b}\right)$$
を出力する．

ウィーナー過程 $\{W_t\}$ によって
$$B_t = \mu t + \sigma W_t, \quad t \geqslant 0$$
のように定められる確率過程 $\{B_t, t \geqslant 0\}$ を**ドリフト** (drift) μ，**拡散係数** (diffusion coefficient) σ^2 の**ブラウン運動** (Brownian motion) という．特に $\mu = 0$ かつ $\sigma^2 = 1$ の場合（すなわちウィーナー過程）を**標準ブラウン運動** (standard Brownian motion) という．ブラウン運動の多くの性質はウィーナー過程の性質から直ちに導かれるが，さらに以下に述べるようないくつかの性質がある．

1) **確率微分方程式** (stochastic differential equation)：ドリフト μ，拡散係数 σ^2 のブラウン運動は，確率微分方程式（5.6 節を参照）
$$dB_t = \mu\, dt + \sigma\, dW_t, \quad t \geqslant 0, \ B_0 = 0$$
の解である．$B_t - B_0 \sim \mathsf{N}(\mu t, \sigma^2 t)$ であることから，推移密度 $p_t(x,y)$ はガウス核によって与えられ，
$$p_t(x,y) = \frac{1}{\sqrt{2\pi\sigma^2 t}}\, e^{-\frac{1}{2}\frac{(y-x-\mu t)^2}{\sigma^2 t}}, \quad t \geqslant 0, \ x, y \in \mathbb{R}$$
Kolmogorov の後退方程式 (A.81)
$$\frac{\partial}{\partial t} p_t(x,y) = \mu \frac{\partial}{\partial x} p_t(x,y) + \frac{\sigma^2}{2} \frac{\partial^2}{\partial x^2} p_t(x,y)$$
および Kolmogorov の前進方程式 (A.82)
$$\frac{\partial}{\partial t} p_t(x,y) = -\mu \frac{\partial}{\partial y} p_t(x,y) + \frac{\sigma^2}{2} \frac{\partial^2}{\partial y^2} p_t(x,y)$$
を満たす．標準ブラウン運動（ウィーナー過程）の場合には，これらの方程式はラプラスの**熱方程式** (heat equation) になることに注意せよ．

2) **到達時刻の分布** (distribution of hitting time)：$\mu > 0, \sigma > 0$ のとき，$\{B_t\}$ が最初に $x \geqslant 0$ に到達する時刻を τ_x とすると，$\tau_x \sim \mathsf{Wald}(x/\mu, x^2/\sigma^2)$ (☞ p.138) である．

3) **脱出確率** (exit probability)：定理 A.20 により次のことがわかる．すなわち，ある区間 (a,b) が与えられたとき，$x \in (a,b)$ を出発したドリフト μ，拡散係数

σ^2 のブラウン運動が区間 (a,b) から b を通って脱出する確率は，

$$\mathbb{P}^x(\tau_b < \tau_a) = \begin{cases} \dfrac{e^{-\frac{2\mu a}{\sigma^2}} - e^{-\frac{2\mu x}{\sigma^2}}}{e^{-\frac{2\mu a}{\sigma^2}} - e^{-\frac{2\mu b}{\sigma^2}}}, & \mu \neq 0 \\[1em] \dfrac{x-a}{b-a}, & \mu = 0 \end{cases} \qquad (5.14)$$

で与えられる．また，この区間からの脱出時刻 $\tau = \min\{\tau_a, \tau_b\}$ の期待値は

$$\mathbb{E}^x \tau = \begin{cases} \dfrac{b-a}{\mu} \dfrac{e^{-\frac{2\mu a}{\sigma^2}} - e^{-\frac{2\mu x}{\sigma^2}}}{e^{-\frac{2\mu a}{\sigma^2}} - e^{-\frac{2\mu b}{\sigma^2}}} - \dfrac{x-a}{\mu}, & \mu \neq 0 \\[1em] \dfrac{(b-x)(x-a)}{\sigma^2}, & \mu = 0 \end{cases}$$

となる．

4) **最大値**（maximum）： $\mu < 0, x \geqslant 0$ のとき，式 (5.14) より直ちに

$$\mathbb{P}^0\left(\max_t B_t > x\right) = \mathbb{P}^0(\tau_x < \infty) = e^{2\mu x/\sigma^2}$$

であることがわかる．これは，0 から出発した負のドリフト μ を持つブラウン運動の最大値の分布が $\mathsf{Exp}(-2\mu/\sigma^2)$ であることを意味する．

定義より，時刻 $t_1, \ldots, t_n$ におけるブラウン運動の値は以下のようにして生成できることが直ちにわかる．

アルゴリズム 5.17（ブラウン運動の生成）
1. 時刻 $t_1, \ldots, t_n$ におけるウィーナー過程の値 $W_{t_1}, \ldots, W_{t_n}$ を生成する．
2. $B_{t_i} = \mu t_i + \sigma W_{t_i}$, $i = 1, \ldots, n$ を時刻 $t_1, \ldots, t_n$ におけるブラウン運動の値とする．

$\{W_{t,i}, t \geqslant 0\}$, $i = 1, \ldots, n$ を n 個の独立なウィーナー過程とし，$\mathbf{W}_t = (W_{t,1}, \ldots, W_{t,n})$ と定める．この確率過程 $\{\mathbf{W}_t, t \geqslant 0\}$ を **n 次元ウィーナー過程**という．

■ 例 5.10（3 次元ウィーナー過程）

以下の MATLAB プログラムは，$N = 10^4$ のときの時刻 $0, 1/N, 2/N, \ldots, 1$ における 3 次元ウィーナー過程の値を生成する．図 5.15 はその 1 つの実行例である．

```
%wp3d.m
N=10^4; T=1; dt=T/N; % ステップ幅
X=cumsum([0,0,0;randn(N,3)*sqrt(dt)],1);
plot3(X(:,1),X(:,2),X(:,3))
```

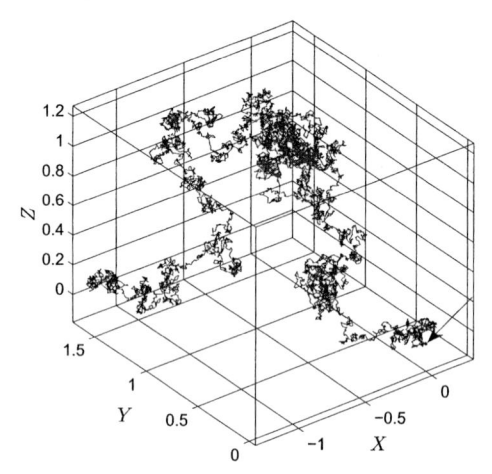

図 5.15 3次元ウィーナー過程 $\{\mathbf{W}_t, 0 \leqslant t \leqslant 1\}$. 矢印は原点を指している.

5.6 確率微分方程式と拡散過程

確率過程 $\{X_t, t \geqslant 0\}$ に関する**確率微分方程式** (stochastic differential equation; SDE) とは

$$dX_t = a(X_t, t)\,dt + b(X_t, t)\,dW_t \tag{5.15}$$

のように表されるものである.ここで $\{W_t, t \geqslant 0\}$ はウィーナー過程であり,$a(x,t)$ と $b(x,t)$ は確定的な関数である.係数関数 a は**ドリフト** (drift),b^2 は**拡散** (diffusion) 係数と呼ばれる.b を拡散係数と呼ぶ場合もある.この方程式より導かれる確率過程 $\{X_t, t \geqslant 0\}$ は,**伊藤拡散** (Itô diffusion) 過程と呼ばれる.

確率微分方程式の原理は,常微分方程式のそれ(未知関数とその微分を関係付ける)に,未知関数がランダム性に影響されるという性質がさらに付加されたものである.直感的に言うと,式 (5.15) は時刻 t における dX_t の無限小変化は,無限小変位 $a(X_t, t)\,dt$ と無限小ノイズ項 $b(X_t, t)\,dW_t$ との和になっている.式 (5.15) が数学的に厳密に意味することは,確率過程 $\{X_t, t \geqslant 0\}$ が積分方程式

$$X_t = X_0 + \int_0^t a(X_s, s)\,ds + \int_0^t b(X_s, s)\,dW_s \tag{5.16}$$

を満たしているということである.ここで,最後の積分は**伊藤積分** (Itô integral) である.伊藤積分については A.12 節で解説する.また,確率微分方程式とその背後にある理論については,A.13 節においてより詳しく説明する.本節では,確率微分方程式の主要な性質を述べた後に,コンピュータによる生成方法に焦点を合わせる.

1) **マルコフ過程**（Markov process）：式 (5.15) を満たす拡散過程 $\{X_t\}$ は，連続な標本路を持つマルコフ過程となる．

2) **斉時性**（time-homogeneous）：a, b が t に陽によらないとき，すなわち $a(x,t) = \tilde{a}(x)$ かつ $b(x,t) = \tilde{b}(x)$ であるとき，この拡散過程は斉時マルコフ過程となる．このとき，これに対応する確率微分方程式は，**斉時的**（homogeneous）あるいは**自律的**（autonomous）であるという．

3) **解の存在と一意性**（existence and uniqueness）：式 (5.16) の区間 $[0, T]$ 上における強解が一意的に存在するための関数 a, b に関する条件は，定理 A.16 によって与えられる．この解 X_t は，この方程式の背後にあるウィーナー過程 $\{W_s, s \leqslant t\}$ と t の汎関数として表される．

4) **線形確率微分方程式**（linear SDE）：a と b が x について線形の関数であるとき，この確率微分方程式は**線形**（linear）であるという．線形確率微分方程式の強解 X_t は明示的に書くことができる．例 A.12 を参照．

5) **Kolmogorov の方程式**（Kolmogorov equation）：斉時確率微分方程式
$$dX_t = a(X_t)\,dt + b(X_t)\,dW_t$$
を満たす拡散過程の推移密度関数が $(p_t(x,y))$ であるとき，あるあまり強くない条件（A.13.1 項を参照）のもとで，この推移密度関数は **Kolmogorov の後退方程式**（Kolmogorov backward equation）
$$\frac{\partial}{\partial t} p_t(x,y) = a(x)\frac{\partial}{\partial x} p_t(x,y) + \frac{1}{2}b^2(x)\frac{\partial^2}{\partial x^2} p_t(x,y) \tag{5.17}$$
および **Kolmogorov の前進方程式**（Kolmogorov forward equation）（あるいは Fokker–Planck 方程式）
$$\frac{\partial}{\partial t} p_t(x,y) = -\frac{\partial}{\partial y}\left(a(y)\,p_t(x,y)\right) + \frac{1}{2}\frac{\partial^2}{\partial y^2}\left(b^2(y)\,p_t(x,y)\right) \tag{5.18}$$
を満たす．

多次元の確率微分方程式も，式 (5.15) と同じようにして定義することができる．$\mathbb{R}^m$ における確率微分方程式は，以下の形で表される．
$$d\mathbf{X}_t = \mathbf{a}(\mathbf{X}_t, t)\,dt + B(\mathbf{X}_t, t)\,d\mathbf{W}_t \tag{5.19}$$
ここで，$\{\mathbf{W}_t\}$ は n 次元ウィーナー過程，$\mathbf{x} \in \mathbb{R}^m$ および $t \geqslant 0$ に対して $\mathbf{a}(\mathbf{x}, t)$ は m 次元ベクトル（ドリフト），そして $B(\mathbf{x}, t)$ は $m \times n$ 行列である．$C = BB^\top$ によって定まる $m \times m$ 行列を**拡散行列**（diffusion matrix）と呼ぶ．この方程式によって定まる拡散過程はマルコフ的である．さらに，$\mathbf{a}$ と B が t に陽によらないならば，斉時的になる．解の存在と一意性は，定理 A.17 とまったく同じ条件のもとで成立する．

以下に，拡散過程を近似的にシミュレートする 3 つの汎用的な方法と，ある特定の拡散過程を厳密にシミュレートする方法について述べる．ここで紹介する近似的な方法は "直接 Euler" 法，"Milstein" 法，そして "陰的 Euler" 法であり，厳密なシミュレーションを与える方法は Beskos and Roberts [6] による．

5.6.1 Euler 法

$\{X_t, t \geqslant 0\}$ は確率微分方程式

$$dX_t = a(X_t, t)\,dt + b(X_t, t)\,dW_t, \quad t \geqslant 0 \tag{5.20}$$

によって定まる拡散過程とする．ここで，X_0 の分布は与えられているとする．

確率微分方程式の解法である **Euler** 法あるいは **Euler–Maruyama** 法は，常微分方程式の解法である Euler 法をそのまま確率微分方程式の場合に一般化したものであり，基本的な考え方は確率微分方程式を確率差分方程式

$$Y_{k+1} = Y_k + a(Y_k, kh)\,h + b(Y_k, kh)\sqrt{h}\,Z_k \tag{5.21}$$

で置き換えるというものである．ここで，$Z_1, Z_2, \ldots \overset{\text{iid}}{\sim} \mathsf{N}(0,1)$ である．微小時間幅 h を定めると，それに応じて $\{X_t, t \geqslant 0\}$ を近似する時系列 $\{Y_k, k = 0, 1, 2, \ldots\}$ が定まる．すなわち，$Y_k \approx X_{kh}, k = 0, 1, 2, \ldots$ となる．

アルゴリズム 5.18（Euler 法）

1. X_0 の分布に従い，Y_0 を生成する．$k = 0$ とする．
2. $Z_k \sim \mathsf{N}(0,1)$ を生成する．
3. 式 (5.21) を用いて Y_{k+1} を求める．これは X_{kh} の近似である．
4. k の値を 1 増やして Step 2 に戻る．

注 5.2（補間） Euler 法でわかるのは，$\{X_t\}$ の微小時間幅 h の整数倍の時刻における値だけである．$s \neq kh$ なる時刻 s における値を近似するためには，$t \in [kh, (k+1)h)$ に対して X_t を Y_k によって近似するか，あるいは線形補間

$$\left(k + 1 - \frac{t}{h}\right)Y_k + \left(\frac{t}{h} - k\right)Y_{k+1}, \quad t \in [kh, (k+1)h]$$

を用いて近似することができるであろう．

注 5.3（非ガウス型ノイズ） Euler 法においては，ガウス型ノイズ項 $\xi = \sqrt{h}\,Z \sim \mathsf{N}(0, h)$ の代わりに，条件

$$\mathbb{E}\xi = 0, \quad \mathbb{E}\xi^2 = h, \quad \mathbb{E}\xi^3 = \mathcal{O}(h^2), \quad \mathbb{E}\xi^4 = \mathcal{O}(h^2)$$

を満たす任意の確率変数 ξ を用いてもよい．実際の計算においては，$\xi = (2B-1)\sqrt{h}$ ただし $B \sim \mathsf{Ber}(1/2)$，すなわち $\mathbb{P}(\xi = \sqrt{h}) = \mathbb{P}(\xi = -\sqrt{h}) = \frac{1}{2}$ とするのが楽である．この方法の実装については，[2, p.296] および [18, p.464] を参照せよ．

多次元の確率微分方程式 (5.19) の場合の Euler 法は，以下のような 1 次元の場合の単純な拡張として得られる．

アルゴリズム 5.19 (多次元の場合の Euler 法)

1. $\mathbf{X}_0$ の分布に従って $\mathbf{Y}_0$ を生成する．$k=0$ とする．
2. $\mathbf{Z}_k \sim \mathsf{N}(\mathbf{0}, I)$ を生成する．
3. 次式を計算する．

$$\mathbf{Y}_{k+1} = \mathbf{Y}_k + \mathbf{a}(\mathbf{Y}_k, kh)\, h + B(\mathbf{Y}_k, kh)\, \sqrt{h}\, \mathbf{Z}_k$$

これが $\mathbf{X}_{kh}$ の近似となる．

4. k の値を 1 増やして，Step 2 に戻る．

■ 例 5.11 (単純化した Duffing–Van der Pol 振動子)

以下の 2 次元確率微分方程式を考える [18, p.427]．

$$\mathrm{d}X_t = Y_t\, \mathrm{d}t$$
$$\mathrm{d}Y_t = \left(X_t\left(\alpha - X_t^2\right) - Y_t\right)\mathrm{d}t + \sigma X_t\, \mathrm{d}W_t$$

次の MATLAB プログラムは，$\alpha = 1$，$\sigma = 1/2$ のときにこの方程式で記述され，点 $(-2, 0)$ から出発する確率過程を時間刻み $h = 10^{-3}$ として $t \in [0, 1000]$ に対して発生させる．図 5.16 を参照せよ．この振動子過程は 2 つのモードを持つことに注意せよ．

```
%vdpol.m
alpha = 1; sigma = 0.5;
a1 = @(x1,x2,t) x2;
a2 = @(x1,x2,t) x1*(alpha-x1^2)-x2;
b1 = @(x1,x2,t) 0 ;
b2 = @(x1,x2,t) sigma*x1;
n=10^6; h=10^(-3); t=h.*(0:1:n); x1=zeros(1,n+1); x2=x1;
x1(1)=-2;
x2(1)=0;
```

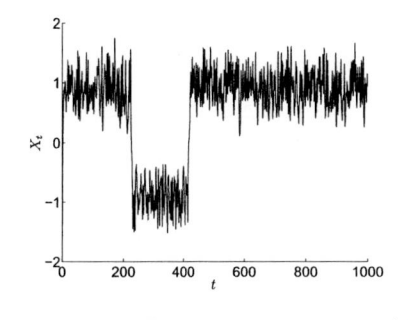

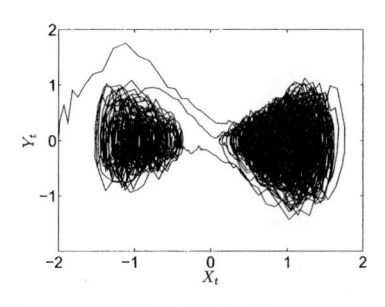

図 5.16　$\alpha = 1$，$\sigma = 1/2$，出発点 $(-2, 0)$ の場合の標本路の例．

```
for k=1:n
    x1(k+1)=x1(k)+a1(x1(k),x2(k),t(k))*h+ ...
            b1(x1(k),x2(k),t(k))*sqrt(h)*randn;
    x2(k+1)=x2(k)+a2(x1(k),x2(k),t(k))*h+ ...
            b2(x1(k),x2(k),t(k))*sqrt(h)*randn;
end
step = 100; % 100 ステップごとにプロットする
figure(1),plot(t(1:step:n),x1(1:step:n),'k-')
figure(2), plot(x1(1:step:n),x2(1:step:n),'k-');
```

5.6.2 Milstein 法

$\mathbb{R}^m$ における伊藤の補題 (☞ p.675) より

$$\mathrm{d}b(X_s,s) = b_x(X_s,s)\,\mathrm{d}X_s + b_s(X_s,s)\,\mathrm{d}s + \frac{1}{2}b_{xx}(X_s,s)\,\mathrm{d}[X_s,X_s]$$

$$= b_x(X_s,s)\{a(X_s,s)\mathrm{d}s + b(X_s,s)\,\mathrm{d}W_s\}$$

$$+ b_s(X_s,s)\mathrm{d}s + \frac{1}{2}b_{xx}(X_s,s)\,b(X_s,s)^2\,\mathrm{d}s$$

が成立する．ここで b_x, b_t, b_{xx} はそれぞれ $b(x,t)$ の各変数に関する偏微分である．これより直ちに

$$X_{t+h} = X_t + \int_t^{t+h} a(X_u,u)\,\mathrm{d}u + \int_t^{t+h} b(X_u,u)\,\mathrm{d}W_u$$

$$= X_t + h\,a(X_t,t) + b(X_t,t)(W_{t+h} - W_t) + \mathcal{O}(h\sqrt{h}) +$$

$$+ \int_t^{t+h}\int_t^u b_x(X_s,s)\,b(X_s,s)\,\mathrm{d}W_s\,\mathrm{d}W_u$$

が導かれる．ここで，最後の項を

$$b_x(X_t,t)\,b(X_t,t)\frac{1}{2}((W_{t+h} - W_t)^2 - h) + \mathcal{O}(h^2)$$

と書くことができる．これは，確率微分方程式 (5.20) を，差分方程式

$$Y_{k+1} = Y_k + a(Y_k,kh)\,h + b(Y_k,kh)\sqrt{h}\,Z_k + \underbrace{b_x(Y_k,kh)\,b(Y_k,kh)(Z_k^2 - 1)\frac{h}{2}}_{\text{追加項}}$$

(5.22)

で置き換えることができる可能性を示唆する．ここで，$Z_1, Z_2, \ldots \overset{\text{iid}}{\sim} \mathsf{N}(0,1)$ である．これが **Milstein** 法である．Euler 法との唯一の違いは，$b(x,t)$ の x による偏微分を含む項が新たに付け加えられたことである．この近似アルゴリズムは，以下のようになる．

アルゴリズム 5.20（Milstein 法）
1. X_0 の分布に従い，Y_0 を生成する．$k = 0$ とする．
2. $Z_k \sim \mathsf{N}(0, 1)$ を生成する．
3. 式 (5.22) に従って Y_{k+1} の値を求める．これが X_{kh} の近似となる．
4. k の値を 1 増やして Step 2 に戻る．

5.6.3 陰的 Euler 法

差分方程式 (5.21) を以下の差分方程式

$$Y_{k+1} = Y_k + a(\underbrace{Y_{k+1}}_{\text{ここが Euler 法と異なる}}, kh)\, h + b(Y_k, kh)\sqrt{h}\, Z_k \tag{5.23}$$

に置き換えたものが，**陰的 Euler**（implicit Euler）法である．この場合，式 (5.23) を解くことによって Y_{k+1} が得られることに注意せよ．

■ **例 5.12（幾何ブラウン運動）**
以上の近似手法を X_0 を初期値とする幾何ブラウン運動（5.8 節を参照）

$$\mathrm{d}X_t = \mu X_t\, \mathrm{d}t + \sigma X_t\, \mathrm{d}W_t, \quad t \in [0, T]$$

の場合に適用することによって，これらの異なる確率微分方程式の解法がどのようになるのかを見てみよう．
　この方程式の（強）解は

$$X_t = X_0 \exp\left(\left(\mu - \frac{\sigma^2}{2}\right)t + \sigma W_t\right)$$

で与えられる．ここで，$t \in [0, T]$ であり，$\{W_t, t \geqslant 0\}$ はウィーナー過程である．
　与えられた刻み幅を h とする．Euler 法と Milstein 法の両方を上記の厳密解と比較するために，"共通の" 確率変数 $V_1, V_2, \ldots \overset{\text{iid}}{\sim} \mathsf{N}(0, h)$ を用いることにする．
　時刻 nh における厳密解の値は

$$X_{nh} = X_0 \exp\left(\left(\mu - \frac{\sigma^2}{2}\right)nh + \sigma \sum_{k=1}^{n} V_k\right)$$

と書ける．Euler 法による近似は

$$Y_n^{(e)} = Y_{n-1}^{(e)}\left(1 + \mu h + \sigma V_n\right), \quad n = 1, 2, \ldots$$

となる．Milstein 法による近似は

$$Y_n^{(m)} = Y_{n-1}^{(m)}\left(1 + \mu h + \sigma V_n + \frac{\sigma^2}{2}\left(V_n^2 - h\right)\right), \quad n = 1, 2, \ldots$$

となる．これらの近似が与えられる時刻以外の時刻における値については，線形補間を行う．

異なる近似解法同士の比較のため,時間刻み幅を $h, 2h, 4h, \ldots$ のように変化させることにする.このとき,乱数は対応する共通のものを使用し続けるように配慮する.例えば,$\tilde{h} = mh$ なる刻み幅を用いる場合には,$k = 1, 2, \ldots$ に対し

$$\tilde{V}_k = \sum_{j=1}^{m} V_{(k-1)m+j}$$

とする.刻み幅 $\tilde{h}$ を採用した場合,時刻 $n\tilde{h}$ における厳密解は

$$X_{n\tilde{h}} = X_0 \exp\left(\left(\mu - \frac{\sigma^2}{2}\right)n\tilde{h} + \sigma \sum_{k=1}^{n} \tilde{V}_k\right)$$
$$= X_0 \exp\left(\left(\mu - \frac{\sigma^2}{2}\right)n\tilde{h} + \sigma \sum_{j=1}^{mn} V_j\right)$$

となる.このとき,この刻み幅で実行された Euler 法による計算の結果は

$$\tilde{Y}_n^{(e)} = \tilde{Y}_{n-1}^{(e)}\left(1 + \mu\tilde{h} + \sigma\tilde{V}_n\right) = \tilde{Y}_{n-1}^{(e)}\left(1 + \mu\tilde{h} + \sigma \sum_{j=1}^{m} V_{(n-1)m+j}\right)$$

となる.Milstein 法の場合も同様である.

図 5.17 は,$\mu = 2$,$\sigma = 1$,$X_0 = 1$ の場合に厳密解,Euler 法,Milstein 法がとる値を表している.時間刻み幅は $2^{-2}, 2^{-4}, 2^{-6}, 2^{-8}$ を用いた.この計算を行う MATLAB のプログラム gbm_comp.m は,本書のウェブサイトにある.

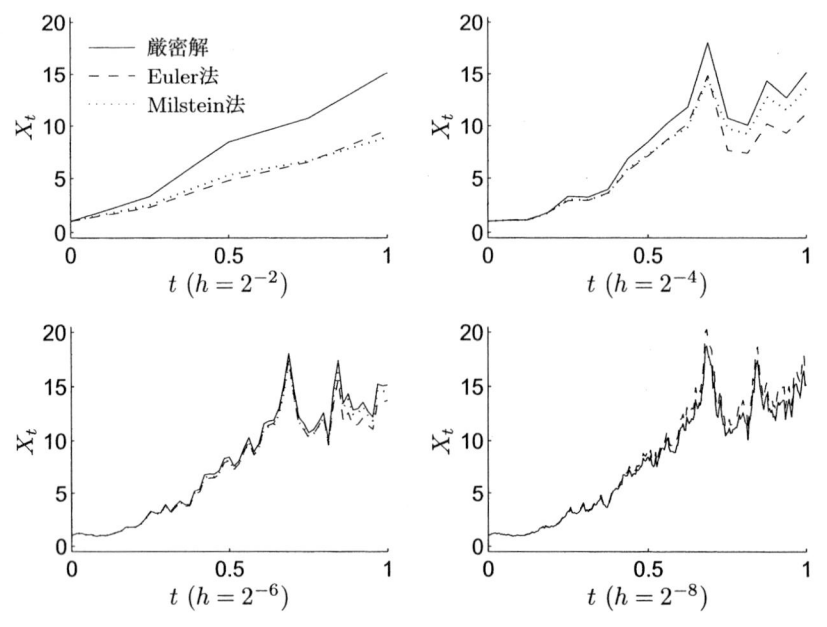

図 5.17 幾何ブラウン運動の軌跡の厳密解と各種近似手法の結果.

5.6.4 厳密シミュレーション法

上で見たシミュレーションによる近似法とは対照的に，ある種の確率微分方程式に対してはそれを"厳密に"シミュレートするアルゴリズムが知られている [6]．1次元斉時確率微分方程式

$$\mathrm{d}Y_t = a(Y_t)\,\mathrm{d}t + b(Y_t)\,\mathrm{d}W_t, \quad 0 \leqslant t \leqslant T, \; Y_0 = y_0$$

を考える．この確率微分方程式は，**Lamperti 変換** (Lamperti transform) ([15, p.40] などを参照)

$$X_t = F(Y_t) - F(y_0)$$
$$\text{ただし } F(y) = \int_z^y \frac{1}{b(u)}\,\mathrm{d}u, \; z \text{ は } \{Y_t\} \text{ の状態空間の任意の点}$$

によって，拡散係数1の同様の確率微分方程式に変形することができる．この変換によって得られた確率過程 $\{X_t\}$ は，次のような拡散係数1の斉時確率微分方程式

$$\mathrm{d}X_t = \alpha(X_t)\,\mathrm{d}t + \mathrm{d}W_t, \quad 0 \leqslant t \leqslant T, \; X_0 = 0 \tag{5.24}$$

を満たす．ここで

$$\alpha(x) = \frac{a(F^{-1}(x + F[y_0]))}{b(F^{-1}(x + F[y_0]))} - \frac{1}{2}\,b'(F^{-1}(x + F[y_0]))$$

である．確率微分方程式 (5.24) とそのドリフト係数 α が以下の条件を満たすとき，厳密なシミュレーションが可能になる [6]．

仮定 5.1（厳密なシミュレーション）

1) 式 (5.24) の弱解（A.13 節を参照）が存在し，それは一意的である．
2) ドリフト係数 α はほとんど至るところで微分可能である．その微分を α' とする．
3) 定数 $k_1, k_2 \in \mathbb{R}$ が存在し，任意の $u \in \mathbb{R}$ に対して $k_1 \leqslant \frac{1}{2}\left(\alpha^2(u) + \alpha'(u)\right) \leqslant k_2$ が成立する．
4) 任意の $u \in \mathbb{R}$ に対し $A(u) = \int_0^u \alpha(y)\,\mathrm{d}y$ と定義すると，

$$c = \int_{-\infty}^{\infty} \exp\left(A(u) - \frac{u^2}{2T}\right)\,\mathrm{d}u < \infty$$

が成立する．

特に，ある定数 k_1', k_2' が存在し，任意の $u \in \mathbb{R}$ に対して $k_1' \leqslant \alpha(u)$ および $\alpha'(u) \leqslant k_2'$ となるならば，仮定 5.1 の 3 と 4 は成立する．

厳密シミュレーションのアルゴリズムを述べる前に，手短に直観的な説明をしておく．このアルゴリズムは採択-棄却法の一種である．$[0,T]$ 上の標本路の候補は，厳密な分布に従って抽出された標本路の末端点に至るような"ブラウン運動"（すなわち"ブラウン橋"過程．5.7 節を参照）から抽出する．通常の採択-棄却法と異なり，採択か棄却かを判断する前に候補となる標本路を完全に生成する必要はない．逆に候補

となる標本路の計算途中で得られた骨組みの段階で採択か棄却かを判断したら，その先の積分路をさらに細かくする計算は，その判断を覆すことはないのである．つまり，一度採択が決まった標本路の骨組みは，その後それをもとにしてブラウン橋過程を用い，時間の刻み幅をいくらでも細かくしてやることができる．このような標本路の骨組みを返す厳密シミュレーションのアルゴリズムは，以下のようになる [6]．

アルゴリズム 5.21（採択–棄却法による確率微分方程式の厳密解法）

$0 < T < 1/(k_2 - k_1)$ を満たす終端時間 T に対して，以下の手順に従う．

1. $h(y) = \exp\left(A(y) - \frac{y^2}{2T}\right)/c$ とするとき，$Z \sim h$ を生成して候補となるブラウン橋過程 $\{Y_t, 0 \leqslant t \leqslant T\}$ の両端点を $Y_0 = 0$，$Y_T = Z$ と定める．
2. $U \sim \mathsf{U}(0,1)$ を生成し，$k = 0$ とする．
3. $V \sim \mathsf{U}(0, T)$ と $W \sim \mathsf{U}(0, 1/T)$ を独立に生成する．k の値を 1 増やす．
4. 現在の骨組みから定まるブラウン橋から Y_V を抽出する（アルゴリズム 5.23 を参照）．
5. $\phi(u) = \frac{1}{2}(\alpha^2(u) + \alpha'(u)) - k_1$ とし，
    a) $\phi(Y_V) < W$ または $U > 1/k!$ の場合は
        i. k が偶数なら，現在計算中の骨組みを棄却し Step 1 に戻る．
        ii. k が奇数なら，現在計算中の骨組みを採択し Step 6 に進む．
    b) その他の場合は Step 3 に戻る．
6. 現在計算中の骨組みを式 (5.24) の標本路の標本として出力する．

ある時刻 s におけるより精密な結果が得たい場合（例えば，与えられた時間メッシュの上でシミュレートしたい場合）には，Step 4 にあるように，出力された骨組みから定まるブラウン橋から Y_s を抽出するだけでよい．1 変量分布 h からの乱数生成には，第 3 章で述べた方法を用いる．

5.6.5 誤差と精度

Euler 法や Milstein 法のような確率微分方程式の解法のほとんどは，厳密ではない（アルゴリズム 5.21 は例外である）．例えば式 (5.21) の Y_k の分布は，X_{kh} の分布と完全に一致しているわけではない．さらに，たとえ確率過程 $\{X_t\}$ が離散時間集合 $t_1, \ldots, t_n$ の上で厳密にシミュレートされていたとしても，なおこれらの時刻の間については，さらに何がしかの近似（例えば線形補間によって）をしなくてはならない．

m 次元の確率過程 $\{\mathbf{X}_t, t \geqslant 0\}$ をそのシミュレーションによって得られる確率過程 $\{\widetilde{\mathbf{X}}_t, t \geqslant 0\}$ によって近似する場合の近似精度を測る基準には，さまざまなものがある．

$\mathbf{X}_T$ の分布の近似だけに興味がある場合には

$$\sup_{g \in \mathscr{C}} \left| \mathbb{E} g(\mathbf{X}_T) - \mathbb{E} g(\widetilde{\mathbf{X}}_T) \right| \tag{5.25}$$

を基準にとることが考えられる．ここで，$\mathscr{C}$ は何か適当な滑らかな関数 $g: \mathbb{R}^m \to \mathbb{R}$ のクラスである．そうではなく，標本路全体がどれほど正確に近似されているかに興味があり，$\mathbf{X}$ と $\widetilde{\mathbf{X}}$ を同じ確率空間の上で生成することができる場合には

$$\mathbb{E}\sup_{t\in[0,T]}\left\|\mathbf{X}_t - \widetilde{\mathbf{X}}_t\right\| \quad \text{および} \quad \mathbb{E}\int_0^T\left\|\mathbf{X}_t - \widetilde{\mathbf{X}}_t\right\|^2 dt \tag{5.26}$$

のような誤差の基準を考えるのが自然である．

以後，$\{\mathbf{X}_t, t \geqslant 0\}$ を近似の対象となる確率過程とし，これを離散時間確率過程 $\mathbf{X}^h = \{\mathbf{X}_t^h, t = 0, h, 2h, \ldots\}$ によって近似しているとする．この典型的な例は，確率微分方程式を近似する場合である．r 回連続微分可能な $g: \mathbb{R}^m \to \mathbb{R}$ で，その高々 r 階までのすべての偏微分とそれ自身が多項式増大度を持つようなもの全体のなす空間を，$\mathscr{C}_P^r$ で表す．上述の基準 (5.25) および式 (5.26) を動機として，以下のように定義する．

$h \downarrow 0$ によって確率過程 $\mathbf{X}^h$ は確率過程 $\mathbf{X}$ に時刻 T において $\boldsymbol{\beta} > \mathbf{0}$ 次弱収束 (converge weakly with order $\beta > 0$) するとは，次の条件が成立することをいう．任意の $g \in \mathscr{C}_P^{2(\beta+1)}$ に対して正定数 C と $h_0 > 0$ が存在し，すべての $h \in (0, h_0)$ について以下が成り立つ．

$$|\mathbb{E}g(\mathbf{X}_T) - \mathbb{E}g(\mathbf{X}_T^h)| \leqslant Ch^\beta$$

時刻 T において確率過程 $\mathbf{X}^h$ が確率過程 $\mathbf{X}$ に $\boldsymbol{\gamma} > \mathbf{0}$ 次強収束 (converge strongly with order $\gamma > 0$) するとは，次の条件が成立することをいう．正定数 C と $h_0 > 0$ が存在し，すべての $h \in (0, h_0)$ について以下が成り立つ．

$$\mathbb{E}\left\|\mathbf{X}_T - \mathbf{X}_T^h\right\| \leqslant Ch^\gamma$$

Euler 法と Milstein 法の収束の次数について考えよう．Kloeden and Platen [18] は，定理 A.17 よりやや強い仮定のもとで Euler 法が $\gamma = 1/2$ 次強収束することを示している．特に以下の結果が成立する [18, p.342]．

定理 5.1（Euler 法の強収束の次数） 確率微分方程式 (5.19) の係数が定理 A.17 の条件を満たしていて，さらに，ある正定数 C が存在し

$$\mathbb{E}\|\mathbf{X}_0 - \mathbf{X}_0^h\| \leqslant Ch^{1/2}$$

および，すべての $\mathbf{x} \in \mathbb{R}^m$ と $s, t \in [0, T]$ について

$$\|\mathbf{a}(\mathbf{x}, s) - \mathbf{a}(\mathbf{x}, t)\| + \|B(\mathbf{x}, s) - B(\mathbf{x}, t)\| \leqslant C(1 + \|\mathbf{x}\|)|s - t|^{1/2} \tag{5.27}$$

が成立しているとする．このとき，Euler 法は $\gamma = 1/2$ 次強収束する．

Kloeden and Platen [18, p.473] は，$\mathbf{a}$ と B とがすべての（時間および空間）変数について 4 階連続微分可能であり，それらの微分が線形増大条件 (A.73) を満たすならば，Euler 法は $\beta = 1$ 次弱収束することを示している．また，それらの係数がリプ

シッツ条件 (A.74) だけしか満たさない場合には，Euler 法は弱収束はするが，その次数は $\beta < 1$ になると注意している．

また，Kloeden and Platen [18, p.350] は，$\mathbf{a}$ と B およびその微分が線形成長条件 (A.73)，リプシッツ連続性 (A.74)，そして式 (5.27) を満たすならば，Milstein 法は $\gamma = 1$ 次強収束するが，しかしその弱収束の次数は $\beta = 1$ で Euler 法のときと変わらないことを示している．

最後に，近似点の間を補間した場合にどうなるかを述べておく．このとき，ある技術的な仮定 [18, pp.361–362] が満たされているならば，時刻 T において γ 次強収束する近似法は，以下の意味で区間全体の上で一様に強収束する．

$$\mathbb{E} \sup_{0 \leqslant t \leqslant T} \|\mathbf{X}_t - \mathbf{X}_t^h\| \leqslant Ch^\gamma$$

5.7　ブラウン橋

標準ブラウン橋 (standard Brownian bridge) 過程 $\{X_t, t \in [0,1]\}$ とは，$[0,1]$ 上のウィーナー過程で $X_1 = 0$ という"条件を満たす"確率過程をいう．言い換えるならば，時刻 0 と 1 の両方において 0 に「固定された」ウィーナー過程のことである．この確率過程は Kolmogorov–Smirnov 検定 (☞ p.350) において中心的な役割を果たしている．標準ブラウン橋過程は，線形確率微分方程式

$$dX_t = -\frac{X_t}{1-t}\,dt + dW_t, \quad 0 \leqslant t < 1, \quad X_0 = 0$$

によって定義される非斉時拡散過程と見なすことも可能である．例 A.12 の線形確率微分方程式の一般解法と $X_1 = 0$ という事実より，この方程式の強解は

$$X_t = \int_0^t \frac{1-t}{1-s}\,dW_s, \quad 0 \leqslant t \leqslant 1$$

によって与えられる．この確率過程の標本路を図 5.18 に示す．

標準ブラウン橋の性質には，以下のものがある．
1) $\{W_t\}$ をウィーナー過程とすると

$$X_t = (1-t)\,W_{\frac{t}{1-t}}, \quad 0 \leqslant t \leqslant 1$$

は標準ブラウン橋を定める (時間変更の性質，p.676 の性質 8 を参照)．ここで，$X_1 = \lim_{t \uparrow 1}(1-t)\,W_{\frac{t}{1-t}} = 0$ が確率 1 で成立する．

2) $\{W_t\}$ をウィーナー過程とすると

$$X_t = W_t - tW_1, \quad 0 \leqslant t \leqslant 1$$

は標準ブラウン橋を定める．

3) 標準ブラウン橋は，平均 0 で共分散が $\mathrm{Cov}(X_s, X_t) = \min\{s,t\} - st$ であるようなガウス過程である．

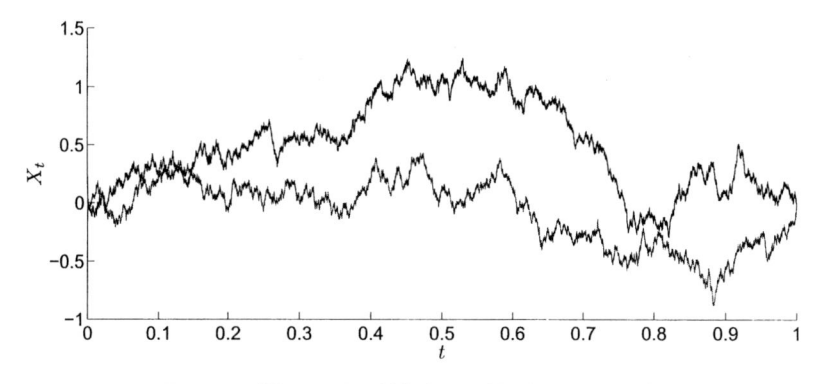

図 5.18 区間 $[0,1]$ 上の標準ブラウン橋過程の 2 つの標本路.

4) $\{X_t\}$ を標準ブラウン橋過程とするとき,確率変数 $K = \sup_{t\in[0,1]} |X_t|$ は,"Kolmogorov 分布"

$$\mathbb{P}(K \leqslant x) = 1 - 2\sum_{n=1}^{\infty}(-1)^{n-1}e^{-2n^2x^2} = \frac{\sqrt{2\pi}}{x}\sum_{n=1}^{\infty}e^{-(2n-1)^2\pi^2/(8x^2)}$$

に従う.

標準ブラウン橋の標本路を生成するにあたって最も簡単なのは,上記の性質 2 を用いる方法である.

アルゴリズム 5.22 (標準ブラウン橋の生成)

1. 互いに異なる時刻の集合 $0 = t_0 < t_1 < t_2 < \cdots < t_{n+1} = 1$ を考える.これらの時刻における値を生成したい.
2. $t_1, \ldots, t_n$ におけるウィーナー過程を生成する.例えばアルゴリズム 5.15 などを用いる.
3. $X_0 = 0$, $X_1 = 0$ として,各 $k = 1, \ldots, n$ に対し

$$X_{t_k} = W_{t_k} - t_k W_{t_n}$$

と定め,これを出力する.

一般の(必ずしも標準ではない)**ブラウン橋** (Brownian bridge) とは,確率過程 $\{X_t, t \in [t_0, t_{n+1}]\}$ であって,その分布が $[t_0, t_{n+1}]$ 上のウィーナー過程で $X_{t_0} = a$, $X_{t_{n+1}} = b$ という条件を満たすものの分布と等しいものをいう.上述の性質 3 を一般化し,このブラウン橋について以下のようにいうことができる.このブラウン橋は,平均が

$$\mu_t = a + \frac{(b-a)(t-t_0)}{(t_{n+1}-t_0)}$$

で,分散が

$$\mathrm{Cov}(X_s, X_t) = \min\{s - t_0,\, t - t_0\} - \frac{(s - t_0)(t - t_0)}{(t_{n+1} - t_0)}$$

のガウス過程である.

　ブラウン橋がよく用いられる場合として，ウィーナー過程を離散近似した場合の細密化がある．あるいくつかの時点におけるウィーナー過程の値がすでに生成されている場合を考える．そこに新たにいくつかの時点を付け加えて，それらの時点におけるこの過程の値を生成したいとしよう．例えば $W_{t_0} = a$, $W_{t_{n+1}} = b$ であるとき，区間 $[t_0, t_{n+1}]$ 内に新たに付け加えられた点 $t_1, \ldots, t_n$ の上にこの過程の値を生成したいとする．

　この確率過程は $W_{t_0} = a$, $W_{t_{n+1}} = b$ という条件が付いたブラウン橋過程である．図 5.19 を参照せよ．特に $t \in [t_0, t_{n+1}]$ における W_t の分布は，平均 $a + (b - a)(t - t_0)/(t_{n+1} - t_0)$, 分散 $(t_{n+1} - t)(t - t_0)/(t_{n+1} - t_0)$ の正規分布となる．

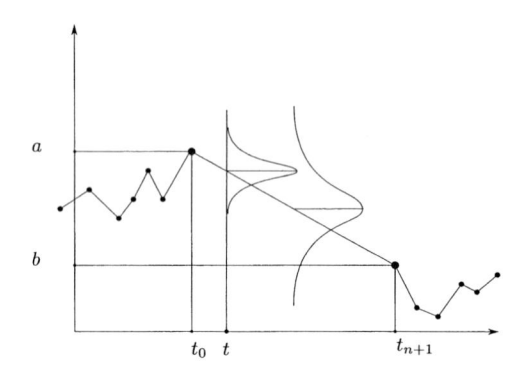

図 5.19 $W_{t_0} = a$ かつ $W_{t_{n+1}} = b$ という条件のもと，$W_t, t \in [t_0, t_{n+1}]$ は正規分布する．

　このようにして区間 $[t_0, t_{n+1}]$ 内に追加された $t_1 < \cdots < t_n$ に対して，以下のアルゴリズムによって，それらの点におけるこの過程の値を生成することができる．

アルゴリズム 5.23（$W_{t_0}, W_{t_{n+1}}$ 間のブラウン橋の生成）

1. $Z_1, \ldots, Z_n \stackrel{\mathrm{iid}}{\sim} \mathsf{N}(0, 1)$ を生成する.
2. $k = 1, \ldots, n$ に対して

$$W_{t_k} = W_{t_{k-1}} + (b - W_{t_{k-1}})\frac{t_k - t_{k-1}}{t_{n+1} - t_{k-1}} + \sqrt{\frac{(t_{n+1} - t_k)(t_k - t_{k-1})}{t_{n+1} - t_{k-1}}}\, Z_k$$

を出力する.

原理的には，$W_{t_1}, \ldots, W_{t_n}$ の間の点の生成は，その生成したい点に最も近いすでに計算された点の値を使う限り，どのような順番で生成しても構わない．以下のプログラムは，上のアルゴリズムを実装したものである．

```
function X=brownian_bridge(t,x_r,x_s,Z)
n=length(t)-2;X=nan(1,n+2);
X(1)=x_r; X(n+2)=x_s;s=t(n+2);
for k=2:n+1
    mu=X(k-1)+(x_s-X(k-1))*(t(k)-t(k-1))/(s-t(k-1));
    sig2=(s-t(k))*(t(k)-t(k-1))/(s-t(k-1));
    X(k)=mu+sqrt(sig2)*Z(k-1);
end
```

ブラウン橋は"層別"サンプリングの際に有用である．例えば，シミュレーションによるオプションの価格付け（第15章を参照）のときには，原資産価格過程の最終時点における値によって定まる利得の期待値を大量に計算する必要があるが，資産価格過程の最終時点での値によって層別化することで，この推定値の分散を減らすことができる．以下の例では，最終時点における値によって層別化されたブラウン運動を発生させている．幾何ブラウン運動（資産価格のモデルとして最も広く使われている）の層別化も，本質的には変わらない．なぜならば，幾何ブラウン運動はブラウン運動の単調な関数による変換によって表せるからである．

■ **例 5.13（層別ブラウン運動）**

図 5.20 にあるように，0 から出発し，$t=1$ において K 個の異なった層に分かれる

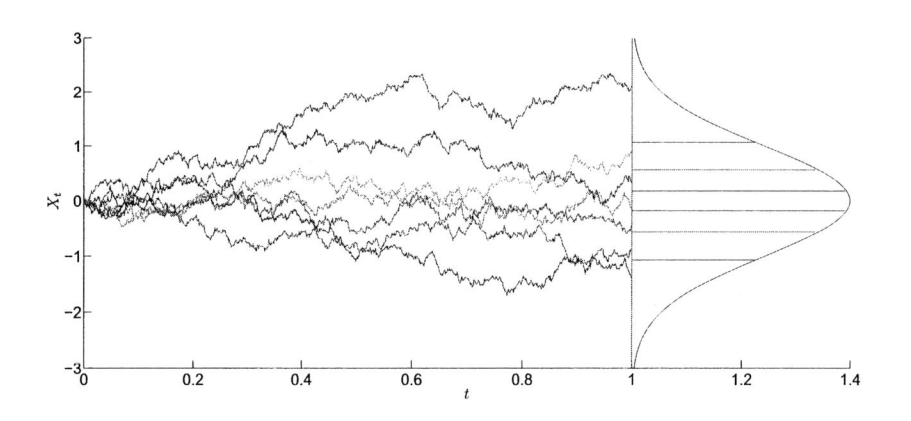

図 5.20 最終時点 $t=1$ における値によるウィーナー過程の層別化．$t=1$ において $K=7$ 個の層のそれぞれに辿り着く 7 本の標本路が描かれている．

ブラウン運動を構成することを考える．以下，単純化のために $\mu = 0$, $\sigma = 1$ として，このブラウン運動がウィーナー過程となっている場合を考える．以下のプログラムは，$t = 1$ における K 個の異なる層の値を生成し，それらの値で条件付けされた $[0, 1]$ 上のブラウン運動の標本路をアルゴリズム 5.23 を用いて生成する．図 5.20 は，$K = 7$ つの層の場合の出力例である．

```
%brownian_bridge_stratification.m
K=7;    % 層の個数
n=10^3; % 路に含まれる点の個数
T=1;    % 層別に用いる値をとる時刻（最終時点）
t=[0:T/(n+1):T];
for i=1:K
   U=(i-1+rand)/K;   % 層別化された一様分布
   x_s=sqrt(T)*norminv(U); % 層別化された最終時点での値
   X=brownian_bridge(t,0,x_s,randn(n,1));
   plot(t,X), hold all
end
```

5.8 幾何ブラウン運動

幾何ブラウン運動（geometric Brownian motion）は，斉時線形確率微分方程式
$$dX_t = \mu X_t \, dt + \sigma X_t \, dW_t$$
を満たす．この方程式の強解は
$$X_t = X_0 \, e^{(\mu - \frac{\sigma^2}{2})t + \sigma W_t}, \quad t \geqslant 0$$
である．$\mu = 0$, $\sigma = 1$ という特別な場合，これをウィーナー過程 $\{W_t\}$ の **確率指数**（stochastic exponential）過程と呼ぶ．

幾何ブラウン運動の重要な応用として，Black–Scholes の株価モデルがある（例 15.1）．ここで X_t は時刻 t における株価であり，t における金利は確定的な利率 μ と不確実な利率 $\sigma \eta_t$ の和となる．$\eta_t = dW_t/dt$ はガウス型「ホワイトノイズ」であり，σ はボラティリティである．

$X_0 = 1$ とすることが多い．このとき X_t の期待値と分散は
$$\mathbb{E} X_t = e^{\mu t}, \quad \text{Var}(X_t) = e^{2\mu t} \left(e^{\sigma^2 t} - 1 \right)$$
で与えられる．幾何ブラウン運動の強解の形により，以下のアルゴリズムによる厳密なシミュレーションが可能になることがわかる．

アルゴリズム 5.24（幾何ブラウン運動）

$0 = t_0 < t_1 < t_2 < \cdots < t_n$ を互いに異なる時刻の集合とする．幾何ブラウン運動のこれらの時刻における値を生成したい．

1. $Z_1, \ldots, Z_n \overset{\text{iid}}{\sim} \mathsf{N}(0,1)$ を生成する．
2. 以下を出力する．

$$X_{t_k} = X_0 \exp\left(\left(\mu - \frac{\sigma^2}{2}\right)t_k + \sigma \sum_{i=1}^{k} \sqrt{t_i - t_{i-1}}\, Z_i\right), \quad k = 1, \ldots, n$$

以下はこのアルゴリズムを実装したものである．

```
%geometricbm.m
T=1; % 最終時刻
n=10000; h=T/(n-1); t= 0:h:T;
mu = 1; sigma = 0.2; xo=1; % パラメータ
W = sqrt(h)*[0, cumsum(randn(1,n-1))];
x = xo*exp((mu - sigma^2/2)*t + sigma*W);
plot(t,x)
hold on
plot(t, exp(mu*t),'r'); % 平均値の厳密解をプロット
```

図 5.21 は $\mu = 1$, $\sigma = 0.2$ の幾何ブラウン運動を区間 $[0,1]$ 上に 2 本生成したものである．

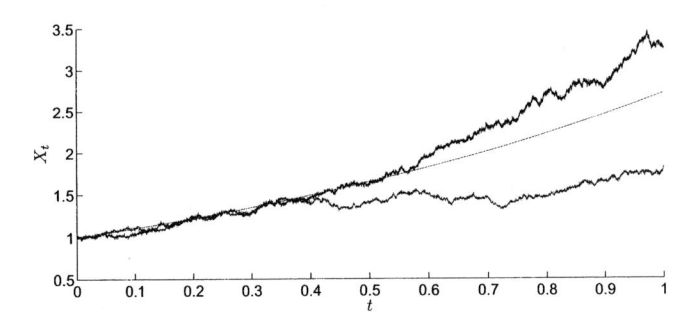

図 5.21　$\mu = 1$, $\sigma = 0.2$ の幾何ブラウン運動を $[0,1]$ 上で 2 本発生させたもの．滑らかな曲線は期待値関数を表す．

5.9 Ornstein–Uhlenbeck 過程

Ornstein–Uhlenbeck 過程は，確率微分方程式

$$\mathrm{d}X_t = \theta(\nu - X_t)\,\mathrm{d}t + \sigma\,\mathrm{d}W_t \tag{5.28}$$

を満たす．ここで $\sigma > 0$, $\theta > 0$, $\nu \in \mathbb{R}$ である．この線形確率微分方程式の（強）解は

$$X_t = \mathrm{e}^{-\theta t} X_0 + \nu(1 - \mathrm{e}^{-\theta t}) + \sigma \mathrm{e}^{-\theta t} \int_0^t \mathrm{e}^{\theta s}\,\mathrm{d}W_s$$

によって与えられる．これより X_0 が正規分布に従うならば，$\{X_t\}$ は平均が

$$\mathbb{E}X_t = \mathrm{e}^{-\theta t}\mathbb{E}X_0 + \nu(1 - \mathrm{e}^{-\theta t})$$

で，共分散が

$$\mathrm{Cov}(X_s, X_t) = \frac{\sigma^2}{2\theta} \mathrm{e}^{-\theta(s+t)} \left(\mathrm{e}^{2\theta \min\{s,t\}} - 1 \right)$$

のガウス過程になることがわかる．特に

$$\mathrm{Var}(X_t) = \sigma^2 \frac{1 - \mathrm{e}^{-2\theta t}}{2\theta}$$

である．これは，$t \to \infty$ とすると X_t が $\mathsf{N}(\nu, \sigma^2/(2\theta))$ に分布収束することを意味する．さらに，X_0 の分布がこの収束極限の分布に等しい場合には，マルコフ過程 $\{X_t\}$ は定常過程（☞ p.663）であり，かつ時間可逆的である．この性質は次のようにしてもわかる．Ornstein–Uhlenbeck 過程の場合の前進方程式を考える．この前進方程式より，定常分布が満たす常微分方程式 ($\theta > 0$)

$$\frac{\sigma^2}{2}\frac{\mathrm{d}^2}{\mathrm{d}y^2}\left(\pi(y)\right) - \frac{\mathrm{d}}{\mathrm{d}y}\left(\theta(\nu - y)\pi(y)\right) = 0$$

が得られる．この解は

$$\pi(x) = \frac{c}{\sigma^2} \exp\left(\int_{x_0}^x \frac{2\theta(\nu - y)\,\mathrm{d}y}{\sigma^2} \right) \propto \exp\left(-\frac{(x-\nu)^2}{2\,\sigma^2/(2\theta)} \right)$$

となる（A.13.2 項を参照）．これは $\mathsf{N}(\nu, \sigma^2/(2\theta))$ 分布の密度であった．同様に，時間変更の性質（p.676 の性質 8）より

$$X_t = \mathrm{e}^{-\theta t} X_0 + \nu(1 - \mathrm{e}^{-\theta t}) + \sigma \mathrm{e}^{-\theta t} W\left(\frac{\mathrm{e}^{2t\theta} - 1}{2\theta}\right), \quad t \geqslant 0$$

は，Ornstein–Uhlenbeck 過程を定める．ここで，$\{W(t) = W_t\}$ はウィーナー過程である．特に，$Y_t = X_t - \nu(1 - \mathrm{e}^{-\theta t})$, $t \geqslant 0$ ならば $\{Y_t\}$ は $\nu = 0$, $Y_0 = X_0$ の Ornstein–Uhlenbeck 過程になり，その解は

5.9 Ornstein–Uhlenbeck 過程

$$Y_t = e^{-\theta t} Y_0 + \sigma W\left(\frac{1 - e^{-2t\theta}}{2\theta}\right), \quad t \geqslant 0 \tag{5.29}$$

である．これより，$\nu = 0$ の Ornstein–Uhlenbeck 過程 $\{Y_t\}$ を生成することができれば $\nu \neq 0$ の Ornstein–Uhlenbeck 過程 $\{X_t\}$ も生成できることがわかる．次に挙げるアルゴリズムは，$\{Y_t\}$ を厳密に生成し，そこから関係式 $X_t = Y_t + \nu(1 - e^{-\theta t})$ によって $\{X_t\}$ の標本路を構成する．このアルゴリズムは，任意の時間離散化に対して $\{X_t\}$ を厳密に生成する．

アルゴリズム 5.25 (Ornstein–Uhlenbeck 過程の生成)

$0 = t_0 < t_1 < t_2 < \cdots < t_n$ を互いに異なる時刻の集合とする．これらの時刻における値を生成したい．

1. X_0 が確率変数である場合，X_0 をその分布に従って生成する．$Y_0 = X_0$ とする．
2. $k = 1, 2, \ldots, n$ に対して

$$Y_k = e^{-\theta(t_k - t_{k-1})} Y_{k-1} + \sigma \sqrt{\frac{1 - e^{-2\theta(t_k - t_{k-1})}}{2\theta}} Z_k$$

を計算する．ここで $Z_1, \ldots, Z_n \overset{\text{iid}}{\sim} \mathsf{N}(0, 1)$ である．

3. 次式を計算し，$(X_0, X_{t_1}, \ldots, X_{t_n})$ を出力する．

$$X_{t_k} = Y_k + \nu(1 - e^{-\theta t_k}), \quad k = 1, \ldots, n$$

この確率過程の出発点を変えた 3 つの生成例を図 5.22 に示す．以下のプログラムは，このアルゴリズムを実装したものである．

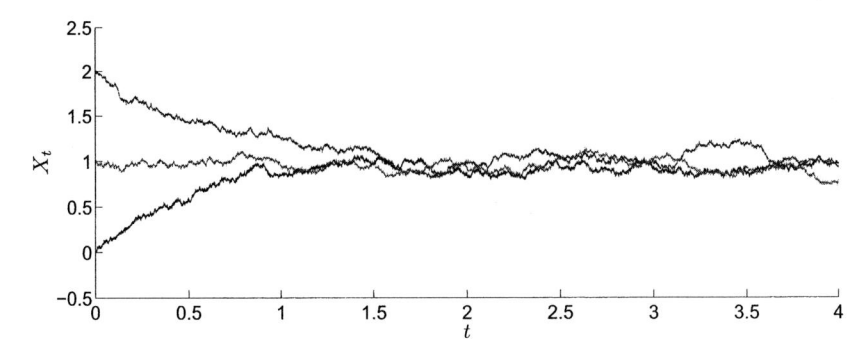

図 5.22　$\nu = 1$，$\theta = 2$，$\sigma = 0.2$ の Ornstein–Uhlenbeck 過程の標本路の例．出発点を $0, 1, 2$ と変えて 3 本発生させている．ほぼ 2 単位時間の後にすべての例が "定常状態" になって，長期平均 ν の周りで変動している．

```
%ou_timechange_ex.m
T=4; % 最終時刻
N=10^4; % ステップ数
theta=2;nu=1;sig=0.2; % パラメータ
x=nan(N,1); x(1)=0;      % 出発点
h=T/(N-1); % ステップ幅
t=0:h:T;      % 時刻
% 更新式の右辺の計算
f=@(z,x)(exp(-theta*h)*x+sig*sqrt((1-exp(-2*h*theta))/(2*theta))*z);
for i=2:N
    x(i)=f(randn,x(i-1));
end
x=x+nu*(1-exp(-theta*t'));
plot(t,x)
```

Ornstein–Uhlenbeck 過程は，物理学とファイナンスにおいて用いられている．例えば，X_t はブラウン粒子の "速度" を記述するのに用いられる．そのとき，ν は 0 とするのが普通であり，得られる確率微分方程式は "Langevin" 方程式と呼ばれる．ファイナンスにおいては，この確率過程は平均価格 ν に「平均回帰する」——すなわち，$X_t > \nu$ の場合にはドリフトが負となり，$X_t < \nu$ の場合にはドリフトが正となり，結果としてこの過程は常に ν に向かうドリフトを持つことになる——，つまり価格が平均価格 ν の周りで変動する価格過程を記述するのに用いられる．

5.10 反射壁ブラウン運動

$b_0 \geqslant 0$ から出発するドリフト $\mu \leqslant 0$，拡散係数 σ^2 のブラウン運動 $\{B_t, t \geqslant 0\}$ を考える．つまり，$\{W_t, t \geqslant 0\}$ を 0 から出発するウィーナー過程として

$$B_t = b_0 + \mu t + \sigma W_t$$

である．このとき

$$X_t = B_t + \max\left\{0, -\inf_{s \leqslant t} B_s\right\}$$

によって定義される確率過程 $X = \{X_t, t \geqslant 0\}$ を，**0 を反射壁とするブラウン運動** (Brownian motion reflected at 0) といい，$X \sim \mathsf{RBM}(b_0, \mu, \sigma^2)$ と書く．

以下にその性質のいくつかを列挙する．

1) **スケーリング則** (scaling)：$X \sim \mathsf{RBM}(b_0, \mu, \sigma^2)$ ならば，$X = \sigma \widetilde{X}$ とすると $\widetilde{X} \sim \mathsf{RBM}(b_0/\sigma, \mu/\sigma, 1)$ である．
2) **マルコフ過程** (Markov process)：X は斉時強マルコフ過程で，その標本路は確率 1 で連続である．

3) **周辺分布** (marginal distribution)：$b_0 = 0$ のとき，確率変数 $X_t = B_t - \inf_{s \leqslant t} B_s = \sup_{s \leqslant t}(B_t - B_s)$ の分布は，$\sup_{s \leqslant t} B_s$ の分布に等しい．
4) **定常性** (stationarity)：$\mu < 0$ ならば，$t \to \infty$ とすると X_t は $\mathsf{Exp}(-2\mu/\sigma^2)$ に分布収束する．さらに，b_0 をこの分布に従って選べば，これは定常過程になる．
5) **絶対値過程** (absolute value)：反射壁ウィーナー過程 $W = \mathsf{RBM}(0,0,1)$ は，ウィーナー過程の絶対値過程 $\{|W_t|, t \geqslant 0\}$ と同じ分布を持つ．

反射壁ブラウン運動を生成するにあたって，性質 1 により $\sigma = 1$ としても一般性を失わないので，以下そのように仮定する．

$\{X_t, t \geqslant 0\}$ はマルコフ過程なので，$X_0 = b_0$ から出発して $t_1 < t_2 < \cdots$ の順に生成することができるであろう．特に，与えられた $X_0 = b_0$ から X_h を生成するには

$$X_h = B_h + \max\left\{-\inf_{s \leqslant h} B_s, 0\right\} = \max\{T_1 + T_2, T_1\}$$

とすればよい．ここで，$T_1 = b_0 + \mu h - (-W_h)$, $T_2 = -b_0 - \mu h - \inf_{s \leqslant h} W_s$ である．$Y_t = -W_t$, $M_t = \sup_{s \leqslant t} W_s$ とするとき，確率過程 $\{(-W_t, -\inf_{s \leqslant t} W_s), t \geqslant 0\}$ は $\{(Y_t, M_t), t \geqslant 0\}$ と同じ分布を持つ．(Y_h, M_h) の同時分布は，式 (5.13) に与えられている．特に $Y_h \sim \mathsf{N}(0, h)$ であり，$Y_h = y$ という条件のもとでの M_h の累積分布関数は

$$F(m \mid y) = \mathbb{P}(M_h \leqslant m \mid W_h = y) = 1 - e^{\frac{-2m(m-y)}{h}}, \quad m \geqslant y$$

となる．その逆関数は

$$F^{-1}(u \mid y) = \frac{1}{2}\left(y + \sqrt{y^2 - 2h \ln(1-u)}\right)$$

で与えられる．以上より，確率変数 X_h は以下の 3 つの手順によって生成することができる．

1) $Y \sim \mathsf{N}(0, h)$ を生成する．
2) $U \sim \mathsf{U}(0, 1)$ を生成し，$M_h = \frac{1}{2}\left(Y + \sqrt{Y^2 - 2h \ln U}\right)$ とする．
3) $X_h = \max\{M_h - Y, x + \mu h - Y\}$ を出力する．

時刻 $2h$ における値を生成するときには，X_h から出発して $X_{2h} = \widetilde{X}_h$ として同じ手順を踏めばよい．以上より，次のアルゴリズムが得られる．

アルゴリズム 5.26（反射壁ブラウン運動の生成）

1. $k = 0$ とする．X_0 を生成する．
2. $Z \sim \mathsf{N}(0, 1)$ を生成し，$Y = Z\sqrt{h}$ とする．
3. $U \sim \mathsf{U}(0, 1)$ を生成し

$$M = \frac{Y + \sqrt{Y^2 - 2h \ln U}}{2}$$

とする．
4. $X_{(k+1)h} = \max\{M - Y, X_{kh} + \mu h - Y\}$ を出力した後，k の値を 1 増加させて Step 2 に戻る．

$\mu = 0$ のとき,このアルゴリズムの Step 4 における確率変数 $\max\{M-Y, x-Y\}$ は $|x+Y|$ と同じ分布を持つことに注意すると,面白いことがわかる.これはすなわち,任意の $a > 0$ に対し

$$\mathbb{P}(\max\{M-Y, x-Y\} > a) = \mathbb{P}(M-Y > a, x-Y < a) + \mathbb{P}(x-Y > a)$$

ということである.この最初の項は

$$\begin{aligned}\mathbb{P}(M-Y > a, \ x-Y < a) &= \mathbb{P}(M-Y > a, \ x-Y < a) \\ &= \mathbb{P}(\sup_{s \leqslant t}(W_s - W_t) > a, \ x - W_t < a) \\ &= \mathbb{P}(\sup_{s \leqslant t}\widehat{W}_s > a, \ x + \widehat{W}_t < a) \\ &= \mathbb{P}(\widehat{W}_t > a + x) = \mathbb{P}(Y + x < -a) \quad (5.30)\end{aligned}$$

を満たす.ここで,$\widehat{W}_u = W_{t-u} - W_t$ であり,また 4 番目の等式は鏡像原理より成立する.式 (5.30) と $\mathbb{P}(x - Y > a) = \mathbb{P}(Y + x > a)$ を合わせれば,求めたかった $\mathbb{P}(|Y+x| > a)$ が得られる.

以上より,$\{W_t, t \geqslant 0\}$ をウィーナー過程とするとき,その反射壁過程 $\{W_t - \inf_{s \leqslant t} W_s, t \geqslant 0\}$ は,その絶対値過程 $\{|W_s|, s \geqslant t\}$ と "同じ" 分布を持つことがわかる.これは上述の性質 5 である.また,これにより,次に述べるより簡単な 2 つのアルゴリズムによって時刻 $0, h, 2h, \ldots$ における反射壁ブラウン運動が生成されることがわかる.

アルゴリズム 5.27(反射壁ウィーナー過程の生成(I))

1. $k = 0, \ X_0 = 0$ とする.
2. $Z \sim \mathsf{N}(0,1)$ を生成し,$Y = Z\sqrt{h}$ とする.
3. $X_{(k+1)h} = |X_{kh} + Y|$ を出力して,k の値を 1 増やし,Step 2 に戻る.

アルゴリズム 5.28(反射壁ウィーナー過程の生成(II))

1. $k = 0, \ X_0 = 0, \ W_0 = 0$ とする.
2. $Z \sim \mathsf{N}(0,1)$ を生成し,$Y = Z\sqrt{h}$ とする.
3. $W_{(k+1)h} = W_{kh} + Y$ とする.
4. $X_{(k+1)h} = |W_{(k+1)h}|$ を出力して,k の値を 1 増やし,Step 2 に戻る.

■ 例 5.14(反射壁ブラウン運動のシミュレーション)

以下の MATLAB プログラムは,$X_0 = 3$ から出発するドリフト $\mu = -1$ の反射壁ブラウン運動 $\{X_t, t \geqslant 0\}$ を,等間隔に区切られた時間 $t_1 = 0, \ t_2 = h, \ t_3 = 2h, \ldots$ の上に生成するものである.図 5.23 に標本路の例を示す.さらに,この図にはブラウン運動 $\{B_t, t \geqslant 0\}$ から決まる確率過程 $\{X_t - B_t, t \geqslant 0\}$ の標本路も描かれている.

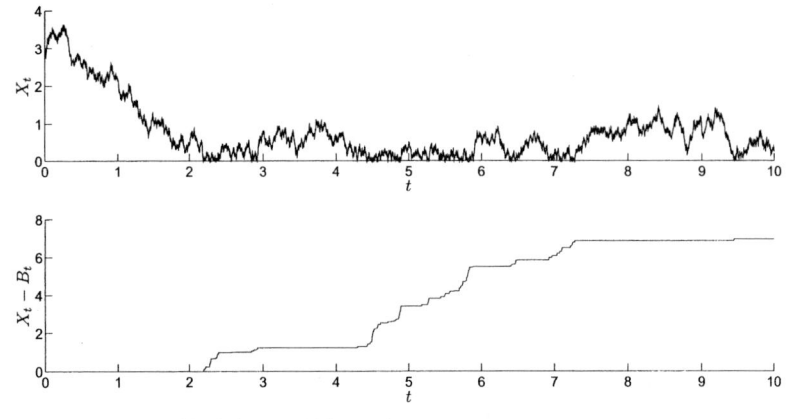

図 5.23 反射壁ブラウン運動および $X_t - B_t = \max\{0, -\inf_{s \leqslant t} B_s\}$.

この標本路の様子，すなわち，連続で非減少であり（反射壁過程が 0 に衝突するときだけ増大する）その微分係数はほとんど至るところで 0 である様子が，Cantor 関数（☞ p.638）によく似ていることに注意しよう．

```
%rbm.m
n=10^4; h=10^(-3); t=h.*(0:n); mu=-1;
X=zeros(1,n+1); M= X; B=X;
B(1) =3; X(1) = 3;
for k= 2:n+1
  Y= sqrt(h)*randn; U=rand(1);
  B(k) = B(k-1) + mu*h - Y;
  M=(Y + sqrt(Y^2-2*h*log(U)))/2;
  X(k)=max(M-Y, X(k-1)+h*mu-Y);
end
subplot(2,1,1)
plot(t,X,'k-');
subplot(2,1,2)
plot(t,X-B,'k-');
```

5.11 非整数ブラウン運動

ウィーナー過程(標準ブラウン運動)の重要な性質に，スケール不変性がある (☞ p.184)．すなわち，$\{W_t, t \geqslant 0\}$ はそのスケール変換 $\{W_{ct}/\sqrt{c}, t \geqslant 0\}$ と同じ分布を持つ．より一般的には，ある $H > 0$ が存在して確率過程 $Z = \{Z_t, t \geqslant 0\}$ が任意の $c > 0$ についてそのスケールを取り替えて得られた確率過程 $\{c^{-H} Z_{ct}, t \geqslant 0\}$ と同じ分布を持つ

とき，Z は**自己相似性指数** H の，あるいは **Hurst 指数** H の，自己相似性を持つという．

定常増分性 (stationary increment) を有する（すなわち任意の $t > s$ に対して $Z_t - Z_s$ の分布が $t - s$ のみによる）自己相似確率過程で $Z_0 = 0$ であるものは，特別な共分散構造を持つ．まず，任意の t について $\mathbb{E}Z_t = 0$ であることに注意する．これは，$\mathbb{E}Z_m = m\mathbb{E}Z_1$ および自己相似性により $\mathbb{E}m^{-H}Z_m = \mathbb{E}Z_1$ もまた成立するからである．次に $\sigma^2 = \mathbb{E}Z_1^2$ と定めると

$$\mathbb{E}(Z_s - Z_t)^2 = \mathbb{E}(Z_{s-t} - Z_0)^2 = \sigma^2(s-t)^{2H}$$

である．一方

$$\mathbb{E}(Z_s - Z_t)^2 = \mathbb{E}Z_s^2 + \mathbb{E}Z_t^2 - 2\mathbb{E}Z_s Z_t = \sigma^2 s^{2H} + \sigma^2 t^{2H} - 2\mathrm{Cov}(Z_s, Z_t)$$

であるので，以下の結果を得る．

定理 5.2（自己相似過程） $\{Z_t, t \geqslant 0\}$ は定常増分性を有する自己相似過程で，$Z_0 = 0$，その Hurst 指数を $H \in (0,1)$ とする．$\sigma^2 = \mathbb{E}Z_1^2$ と定める．すると，すべての t について $\mathbb{E}Z_t = 0$ であり

$$\mathrm{Cov}(Z_s, Z_t) = \frac{1}{2}\sigma^2 \left(s^{2H} - (t-s)^{2H} + t^{2H}\right), \quad 0 \leqslant s \leqslant t \tag{5.31}$$

が成立する．

連続な平均 0 のガウス過程 $\{Z_t\}$ で $Z_0 = 0$ かつ共分散関数が式 (5.31) であるもの（すなわち Hurst 指数 $H \in (0,1)$ の自己相似過程）を，**非整数ブラウン運動** (fractional Brownian motion) という．このとき，この $\{Z_t\}$ の増分 $X_i = Z_i - Z_{i-1}$，$i = 1, 2, \ldots$ によって定まる時系列 $\{X_i\}$ を，**非整数ガウス雑音** (fractional Gaussian noise) という．

非整数ガウス雑音のなす時系列過程は，平均が 0，分散が $\mathrm{Var}(X_i) = \sigma^2$，$i = 1, 2, \ldots$，共分散関数が

$$\mathrm{Cov}(X_i, X_{i+k}) = \frac{1}{2}\sigma^2 \left((k+1)^{2H} - 2k^{2H} + (k-1)^{2H}\right), \quad k = 1, 2, \ldots$$

であるような離散時間のガウス過程であり，よって弱定常（☞ p.663）である．

したがって，k を大きくしたとき，自己相関係数 $\varrho_k = \mathrm{Cov}(X_i, X_{i+k})/\sigma^2$ は，漸近的に

$$\varrho_k \approx \frac{H(2H-1)}{k^{2(1-H)}} \tag{5.32}$$

のように振る舞う．特に $H \in (1/2, 1)$ のときには自己相関係数は正となり，H を 1 に近づけることによって，その減衰速度をいくらでも遅くすることができる．このような確率過程は，**長期依存性** (long-range dependent) を持つという．

$H = 1/2$ のとき，自己相関係数は 0 となる．実際，$\{X_i\}$ は独立となり，確率過程 $\{Z_t\}$ はウィーナー過程となる．$H \in (0, 1/2)$ の場合，自己相関係数は負となり，

$1/k$ よりも速いオーダーで 0 に近づく．図 5.24 は，$H = 0.9$ と $H = 0.3$ の場合の非整数ブラウン運動を発生させた様子を描いたものである．$H = 0.9$ の場合の標本路はウィーナー過程の場合よりも滑らかである一方，$H = 0.3$ の場合はウィーナー過程の場合よりもより粗くなっていることに注意せよ．

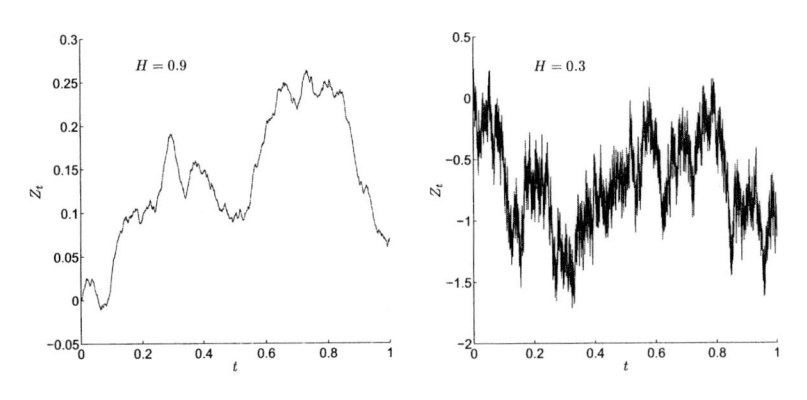

図 5.24 非整数ブラウン運動の生成例．

非整数ガウス雑音は情報通信の分野で用いられる．例えば連続した複数の時間の区間のそれぞれに到着するバイト列の数のモデル化などである．特に，$\{X_1, X_2, \ldots\}$ を分散 σ^2 で，Hurst 指数が $H \in (0, 1)$ の非整数ガウス雑音とする．定数 μ によって $Y_i = X_i + \mu$ と定めるとき，確率過程 $\{Y_1, Y_2, \ldots\}$ はトラフィックの到着過程に対する 3 つのパラメータを持つモデルとなる．この確率過程の累積過程は，近似的に非整数ブラウン運動と線形のドリフト項 (μt) との和になる．

$\sigma = 1$ の非整数ブラウン運動をウィーナー過程に関する (確率積分ではない) 積分で表す方法がいくつか存在する．例えば，Norros et al. [22] は次のような表現を与えている．

$$Z_t = \int_0^t z(t, s)\, \mathrm{d}W_s$$

ここで

$$z(t, s) = c_H \left[\left(\frac{t(t-s)}{s} \right)^\alpha - \alpha s^\alpha \int_s^t u^{\alpha-1}(u-s)^\alpha \mathrm{d}u \right]$$

および

$$\alpha = H - \frac{1}{2}, \quad c_H^2 = \frac{2H\,\Gamma(\frac{3}{2} - H)}{\Gamma(H + \frac{1}{2})\,\Gamma(2 - 2H)}$$

である．$H \in (1/2, 1)$ (あるいは $\alpha > 0$) の場合には，この $z(t, s)$ は以下のように別の表現を持つ．

$$z(t, s) = c_H\, \alpha\, s^\alpha \int_s^t u^\alpha (u-s)^{\alpha-1} \mathrm{d}u$$

$$= c_H (t-s)^\alpha \, {}_2F_1\Big(-\alpha, \alpha;\, \alpha+1;\, 1-\frac{t}{s}\Big)$$

ここで，${}_2F_1$ は "超幾何関数"（☞ p.755）である．その他の性質と参考文献については [20] に見ることができるであろう．

非整数ガウス雑音過程は定常ガウス過程であるので，その標本路の生成にはアルゴリズム 5.5 を用いることができる．

■ 例 5.15（非整数ガウス雑音の生成）

以下の MATLAB プログラムはアルゴリズム 5.5 を実装しており，まず Hurst 指数 0.9 の非整数ガウス雑音過程を生成する．非整数ガウス雑音過程はまずスケール変換された後に足し合わされて，$[0,1]$ 上の非整数ブラウン運動を $k/N,\, k=0,\ldots,N$ 上に生成する．これの出力例は図 5.24 にある．

```
%fbm.m
N=2^15;
sig = 1;
t= 0:N;
H = 0.9; % Hurst 指数
sigma(1) = sig;
for k=1:N
   sigma(k+1) = 0.5*sig*((k+1)^(2*H) - 2*k^(2*H) + (k-1)^(2*H));
end
c=[sigma sigma((end-1):-1:2)]';
lambda=fft(c); % 固有値
eta=sqrt(lambda./(2*N));
Z=randn(2*N,1)+sqrt(-1).*randn(2*N,1); % 複素正規乱数ベクトル
Zeta= Z.*eta;
X2n=fft(Zeta);
A=X2n(1:(N+1));
X=real(A);
c = 1/N;
X1 = c^H*cumsum(X); % スケール変換された過程
plot(t*c,X1);
```

5.12 確 率 場

確率場 (random field) とは，添数集合として離散あるいは連続集合 $\mathscr{T} \subseteq \mathbb{R}^n,\, n \geqslant 2$（普通は $\mathbb{R}^2$ か $\mathbb{R}^3$）をとる実数値確率過程 $\mathbf{Z} = \{Z_\mathbf{t}, \mathbf{t} \in \mathscr{T}\}$ をいう．確率場がガウス過程（☞ p.658）になるとき，**ガウス的**（Gaussian）であるという．

確率場が近傍系 $\mathcal{N} = \{\mathcal{N}_\mathbf{t}\}$ に関して**マルコフ的**（Markovian）であるとは

$$(Z_\mathbf{t} \mid Z_\mathbf{s}, \mathbf{s} \in \mathscr{T} \setminus \{\mathbf{t}\}) \quad \sim \quad (Z_\mathbf{t} \mid Z_\mathbf{s}, \mathbf{s} \in \mathcal{N}_\mathbf{t}) \tag{5.33}$$

が成立することをいう．ここで，$\mathcal{N}_\mathbf{t}$ は $\mathbf{t}$ の近傍からなる集合である．確率場 $\mathbf{Z}$ が**ギブス的**（Gibbs）であるとは，その確率密度関数が

$$f(\mathbf{z}) = \frac{\mathrm{e}^{-E(\mathbf{z})}}{\mathcal{Z}}$$

という形をしていることをいう．このとき，これに対応して定まる分布を**エネルギー関数**（energy function）E を持つ**ギブス**（Gibbs）分布あるいは**ボルツマン**（Boltzmann）分布と呼ぶ．定数 $\mathcal{Z} = \sum_\mathbf{z} \mathrm{e}^{-E(\mathbf{z})}$ を**分配関数**（partition function）という．

■ **例 5.16（ブラウン膜）**

単位正方形上の**ブラウン膜**（Brownian sheet）過程あるいは**ウィーナー膜**（Wiener sheet）過程とは，平均値 0 の連続なガウス確率場 $\{W_{x,y}, (x,y) \in [0,1]^2\}$ であって，共分散関数が

$$\mathrm{Cov}(W_{x_1,y_1}, W_{x_2,y_2}) = \min\{x_1, x_2\} \min\{y_1, y_2\}$$

で与えられるものをいう．これは，ウィーナー過程を時間から空間に広げて考えたものとも考えられるし，また $\mathsf{N}(0, 1/n^2)$ に従う独立な $\{Z_{k,l}\}_{i,j \in \{1,\ldots,n\}}$ および $W_{0,j}^{(n)} = W_{i,0}^{(n)} = 0$ によって，以下のような部分和

$$W_{i,j}^{(n)} = \sum_{k=1}^{i} \sum_{l=1}^{j} Z_{k,l}$$

として定義される格子過程 $\{W_{i,j}^{(n)}, i = 0, 1, \ldots, n, j = 0, 1, \ldots, n\}$ の $n \to \infty$ としたときの極限と考えることもできる．確率過程 $\{W_{i,j}^{(n)}\}$ は格子の自然な近傍系に関するガウス型マルコフ確率場となる．ブラウン膜に関するその他の性質には，以下のものがある．

1) **自己相似性**（self-similarity）：$W_{ax,by} \sim \sqrt{ab}\, W_{x,y}$．
2) **周辺過程**（marginal process）：任意の y に対して y をある値に固定すると，$\{W_{x,y}/\sqrt{y}, x \geqslant 0\}$ はウィーナー過程となる．
3) **対称性**（symmetry）：$W_{x,y}$ は $W_{y,x}$ と同じ分布を持つ．
4) **定常ガウス増分性**（stationary Gaussian increments）：任意の長方形 $\mathbf{a} \times \mathbf{b} = [a_1, a_2] \times [b_1, b_2]$ に関する増分 $W_{b_1,b_2} - W_{a_1,a_2}$ の分布は，$\mathsf{N}(0, (b_2-b_1)(a_2-a_1))$ に従う．
5) **独立増分性**（independent increments）：2 つの長方形 $\mathbf{a} \times \mathbf{b}$, $\mathbf{c} \times \mathbf{d}$ が互いに重ならないのであれば，$W_{b_1,b_2} - W_{a_1,a_2}$ と $W_{d_1,d_2} - W_{c_1,c_2}$ は独立である．

この確率過程の出力例を図 5.25 に示す．

マルコフ確率場は，グラフ $\mathcal{G} = (V, E)$ の上に定義されるのが普通である．V が頂点集合で E が辺集合を表す．マルコフ性 (5.33) は通常のマルコフ連鎖 (A.34) を拡張

図 5.25 ブラウン膜.

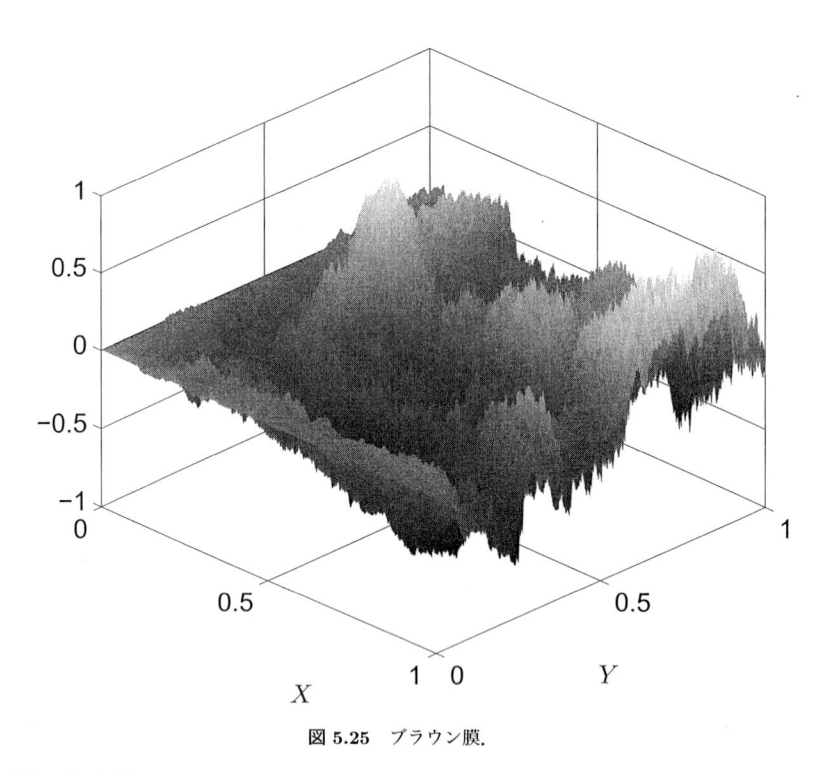

したものになる.

Hammersley–Clifford の定理 [5]（☞ p.242）は，マルコフ確率場の「局所的」な振る舞いとギブス確率場の「大局的」な振る舞いとを結び付けるものである.

定理 5.3（Hammersley–Clifford） 任意の x について正値条件 $f(\mathbf{x}) > 0$ を満たすマルコフ確率場はギブス確率場であり，任意のギブス確率場はマルコフ確率場である.

$|V| = n$ 個の頂点 $1, \ldots, n$ を持つグラフ $\mathcal{G}$ 上のガウス型マルコフ確率場のギブス分布は，ガウス型確率密度関数

$$f(\mathbf{z}) = (2\pi)^{-n/2}\sqrt{\det(\Lambda)}\,e^{-\frac{1}{2}(\mathbf{z}-\boldsymbol{\mu})^\top \Lambda(\mathbf{z}-\boldsymbol{\mu})}$$

になる．ここで，$\Lambda = (\lambda_{ij}, i, j \in \{1, \ldots, n\})$ は "精度行列"（共分散行列の逆行列）であり，$\boldsymbol{\mu}$ は平均ベクトルである.

Λ は以下のように解釈することができる（例えば [23, p.22] を参照）.

1) $\mathbb{E}[Z_i \mid Z_k, k \neq i] = \mu_i - \dfrac{1}{\lambda_{ii}} \sum_{k \in \mathcal{N}_i} \lambda_{ik}(x_k - \mu_k)$

2) $\mathrm{Var}(Z_i \mid Z_k, k \neq i) = \dfrac{1}{\lambda_{ii}}$

3) $\mathrm{Corr}(Z_i, Z_j \mid Z_k, j \neq i, j) = -\dfrac{\lambda_{ij}}{\sqrt{\lambda_{ii}\lambda_{jj}}}$

ガウス型マルコフ確率場は，画像解析において広く用いられている．このとき，実際には行列 Λ は疎行列であり，このときガウス型マルコフ確率場のシミュレーションと解析は，非常に高速に実行できる．ガウス型マルコフ確率場のシミュレーション例は，例 5.1 に示されている．

5.13 レヴィ過程

d 次元**レヴィ過程** (Lévy process) は，$\mathbb{R}^d$ に値をとる確率過程 $\{\mathbf{X}_t, t \geqslant 0\}$ であって，以下の性質を持つ．

1) **独立増分性** (independent increments)：任意の $t_1 < t_2 \leqslant t_3 < t_4$ について $\mathbf{X}_{t_4} - \mathbf{X}_{t_3}$ と $\mathbf{X}_{t_2} - \mathbf{X}_{t_1}$ は独立である．
2) **定常性** (stationarity)：$\mathbf{X}_{t+h} - \mathbf{X}_t$ の分布は t によらない．
3) **確率連続性** (stochastic continuity)：すべての $\varepsilon > 0$ について，以下が成り立つ．
$$\lim_{h \to 0} \mathbb{P}(\|\mathbf{X}_{t+h} - \mathbf{X}_t\| \geqslant \varepsilon) = 0$$
4) **初期値 0** (zero initial value)：確率 1 で $\mathbf{X}_0 = \mathbf{0}$ となる．

レヴィ過程は，ランダムウォーク過程を連続時間にしたものと見なせる．実際，この確率過程の時刻 $0 = t_0 < t_1 < t_2 < \cdots$ における観測値は，独立な増分 $\{\mathbf{X}_{t_i} - \mathbf{X}_{t_{i-1}}\}$ を持つランダムウォーク

$$\mathbf{X}_{t_n} = \sum_{i=1}^{n} (\mathbf{X}_{t_i} - \mathbf{X}_{t_{i-1}}) \tag{5.34}$$

となる．さらに，時刻が $t_i - t_{i-1} = h$ と等間隔に選ばれているとき，増分は iid となり，このレヴィ過程は間隔 $h > 0$ の任意の区間の増分の分布，例えば $\mathbf{X}_1$ の分布だけで完全に決まる．さらに，この増分の分布は "無限分解可能" である（☞ p.742）．

$\{\mathbf{X}_t, t \geqslant 0\}$ を $\mathbb{R}^d$ 上のレヴィ過程，$N([0, t] \times A)$ を $\mathbf{X}$ が区間 $[0, t]$ においてサイズが $A \in \mathcal{B}^d \setminus \{\mathbf{0}\}$ に入るような跳躍をする回数とする．$\Delta \mathbf{X}_t$ は時刻 t における $\{\mathbf{X}_t\}$ の跳躍のサイズを表す．また，

$$\begin{aligned} \nu(A) &= \mathbb{E} N([0, 1] \times A) \\ &= \mathbb{E}\left[\#\{t \in [0, 1] : \Delta \mathbf{X}_t \neq \mathbf{0}, \Delta \mathbf{X}_t \in A\}\right], \quad A \in \mathcal{B}^d \end{aligned}$$

のように定義される測度 ν を $\mathbf{X}$ の**レヴィ測度** (Lévy measure) という．ランダム測

度 $N(\mathrm{d}t, \mathrm{d}\mathbf{x})$ は**跳躍測度** (jump measure) と呼ばれる.

レヴィ過程は拡散過程と跳躍過程の組合せと考えることができる. ブラウン運動 (純粋な拡散過程) とポアソン過程 (純粋な跳躍過程) は, 両方ともレヴィ過程である. レヴィ過程は, ブラウン運動の持つ扱いやすさを保ちながら, より豊富な分布に基づく確率過程に拡張したものを表している. ガンマ分布, コーシー分布, 安定分布を含むすべての無限分解可能分布をもとに, レヴィ過程を考えることができる. これらに加えてさらに, レヴィ過程は (ファイナンスの問題などのように, 現実に観察される現象を良く説明する) 不連続な標本路を含むモデル化を可能にする.

レヴィ過程に関する最も重要な定理は, 以下のものである. マルチンゲールに基づくアプローチによるこの定理の完全な証明が [1, pp.96–111] にある.

定理 5.4 (Lévy–Itô 分解)　$\{\mathbf{X}_t, t \geqslant 0\}$ はレヴィ測度 ν を持つレヴィ過程とする. このとき以下が成立する.

1) $\int_{\mathbb{R}^d} \min\{\|\mathbf{x}\|^2, 1\} \nu(\mathrm{d}\mathbf{x}) < \infty$.
2) 跳躍測度 $N(\mathrm{d}t, \mathrm{d}\mathbf{x})$ は, $\mathbb{R}_+ \times \mathbb{R}^d$ 上のポアソンランダム測度 (☞ p.174) であり, その期待値は $\mathbb{E} N(\mathrm{d}t, \mathrm{d}\mathbf{x}) = \mathrm{d}t\, \nu(\mathrm{d}\mathbf{x})$ である.
3) $\mathbf{X}_t$ は $\mathbf{X}_t = \mathbf{B}_t + \mathbf{Y}_t + \mathbf{Z}_t$ と分解される. ここで, $\{\mathbf{B}_t, t \geqslant 0\}$ は, ブラウン運動であり, $\{\mathbf{Y}_t, t \geqslant 0\}$ は複合ポアソン過程 (☞ p.178)

$$\mathbf{Y}_t = \int_0^t \int_{\|\mathbf{x}\|>1} \mathbf{x}\, N(\mathrm{d}s, \mathrm{d}\mathbf{x}), \quad t \geqslant 0$$

である. また, $\{\mathbf{Z}_t, t \geqslant 0\}$ は補償付き複合ポアソン過程の極限

$$\mathbf{Z}_t = \lim_{\delta \downarrow 0} \mathbf{Z}_t^\delta \quad \text{ただし} \quad \mathbf{Z}_t^\delta = \int_0^t \int_{\delta \leqslant \|\mathbf{x}\| \leqslant 1} \mathbf{x}\, [N(\mathrm{d}s, \mathrm{d}\mathbf{x}) - \mathrm{d}s\, \nu(\mathrm{d}\mathbf{x})] \tag{5.35}$$

とする.

4) $\{\mathbf{B}_t\}$, $\{\mathbf{Y}_t\}$, $\{\mathbf{Z}_t^\delta\}$ は互いに独立である. よって $\{\mathbf{B}_t\}$, $\{\mathbf{Y}_t\}$, $\{\mathbf{Z}_t\}$ も独立である.
5) 任意の区間 $[0, T]$ 上で $\mathbf{Z}_t^\delta$ は $\mathbf{Z}_t$ に t について一様に確率 1 で収束する.

注 5.4 (打ち切り水準)　上の定理では打ち切り水準を 1 としているが, これは任意でよい. 実際どのような正数にしても構わない. しかし, この変更は $\{\mathbf{B}_t\}$ のドリフトの変化を伴う.

レヴィ過程に関する 2 つ目の主要な結果が, Lévy–Itô 分解および複合ポアソン確率ベクトル (5.7) の特性関数, そして正規確率ベクトルのモーメント母関数 (表 4.28 を参照) より直ちに成立する.

定理 5.5 (Lévy–Khinchin 表現)　$\mathbf{X}_t$ の特性関数は $\mathbb{E}\, \mathrm{e}^{\mathrm{i}\mathbf{s}^\top \mathbf{X}_t} = \mathrm{e}^{t\psi(\mathbf{s})}$ となる. ここで, **特性指数** (characteristic exponent) $\psi(\mathbf{s})$ は, あるベクトル $\boldsymbol{\gamma}$ と共分散行列

Σ を用いて

$$\underbrace{-\frac{1}{2}\mathbf{s}^\top\Sigma\mathbf{s}+\mathrm{i}\mathbf{s}^\top\boldsymbol{\gamma}}_{\mathbf{B}_t \text{ から来る部分}}+\underbrace{\int_{\|\mathbf{x}\|>1}\left(e^{\mathrm{i}\mathbf{s}^\top\mathbf{x}}-1\right)\nu(\mathrm{d}\mathbf{x})}_{\mathbf{Y}_t \text{ から来る部分}}+\underbrace{\int_{\|\mathbf{x}\|\leqslant 1}\left(e^{\mathrm{i}\mathbf{s}^\top\mathbf{x}}-1-\mathrm{i}\mathbf{s}^\top\mathbf{x}\right)\nu(\mathrm{d}\mathbf{x})}_{\mathbf{Z}_t \text{ から来る部分}}$$

$$=-\frac{1}{2}\mathbf{s}^\top\Sigma\mathbf{s}+\mathrm{i}\mathbf{s}^\top\boldsymbol{\gamma}+\int\left(e^{\mathrm{i}\mathbf{s}^\top\mathbf{x}}-1-\mathrm{i}\mathbf{s}^\top\mathbf{x}\,\mathrm{I}_{\{\|\mathbf{x}\|\leqslant 1\}}\right)\nu(\mathrm{d}\mathbf{x})\tag{5.36}$$

と表される.したがって,あらゆるレヴィ過程は**特性 3 つ組** (characteristic triplet) $(\boldsymbol{\gamma},\Sigma,\nu)$ によって特徴付けられる.

$\{\mathbf{X}_t,t\geqslant 0\}$ を特性 3 つ組 $(\boldsymbol{\gamma},\Sigma,\nu)$ を持つレヴィ過程とする.この過程の性質として以下のものがある.

1) **無限分解可能性** (infinite divisibility):任意の t に関して確率変数 $\mathbf{X}_t$ は定理 5.5 で与えられる特性関数の無限分解可能分布 (☞ p.742) を持つ.逆に任意の無限分解可能分布 Dist に対して $X_1\sim$ Dist となるレヴィ過程 $\{X_t,t\geqslant 0\}$ が存在する.

2) **有限頻度と無限頻度** (finite versus infinite activity):レヴィ測度が $\nu(\mathbb{R}^d)<\infty$ を満たすならば,$\{\mathbf{X}_t,t\geqslant 0\}$ のほとんどすべての路は,任意のコンパクト区間上で有限回の跳躍を持つ.このようなレヴィ過程を**有限頻度** (finite activity) 過程という.$\nu(\mathbb{R}^d)=\infty$ の場合,ほとんどすべての路は任意のコンパクト区間の上で無限回の跳躍を持つ.このような過程を**無限頻度** (infinite activity) レヴィ過程という.

3) **期待値と分散** (expectation and variance):特性 3 つ組 (γ,σ^2,ν) を持つ $\mathbb{R}$ 上のレヴィ過程が $\int_{|x|>1}|x|^2\nu(\mathrm{d}x)<\infty$ を満たす (特に跳躍の大きさが有界である) ならば

$$\mathbb{E}X_t=t\left(\gamma+\int_{|x|>1}x\,\nu(\mathrm{d}x)\right)$$

および

$$\mathrm{Var}(X_t)=t\left(\sigma^2+\int x^2\nu(\mathrm{d}x)\right)$$

が成立する.

4) **有界変動** (finite variation):レヴィ過程は特性 3 つ組 $(\boldsymbol{\gamma},\Sigma,\nu)$ が

$$\Sigma=0\quad\text{かつ}\quad\int_{\|\mathbf{x}\|\leqslant 1}\|\mathbf{x}\|\,\nu(\mathrm{d}\mathbf{x})<\infty$$

を満たすとき,またそのときに限り有界変動過程となる.有界変動過程の Lévy-Itô 分解は以下の形になる.

$$\mathbf{X}_t=\mathbf{b}\,t+\int_0^t\int_{\mathbb{R}^d}\mathbf{x}\,N(\mathrm{d}s,\mathrm{d}\mathbf{x})$$

ただし,$\mathbf{b}=\boldsymbol{\gamma}-\int_{\|\mathbf{x}\|\leqslant 1}\mathbf{x}\,\nu(\mathrm{d}\mathbf{x})$ である.

5) **線形変換** (linear transformation)：$\{\mathbf{X}_t\}$ は $\mathbb{R}^n$ 上のレヴィ過程で，その特性 3 つ組が $(\boldsymbol{\gamma}, \Sigma, \nu)$ であるとする．A を $m \times n$ 行列とすると $\mathbf{Y}_t = A\mathbf{X}_t$ は $\mathbb{R}^m$ 上のレヴィ過程となり，その特性 3 つ組は

$$\widetilde{\boldsymbol{\gamma}} = A\boldsymbol{\gamma} + \int_{\mathbb{R}^m} \mathbf{y} \left(\mathrm{I}_{\{\|\mathbf{y}\| \leqslant 1\}} - \mathrm{I}_{\{\mathbf{y} \in S_1\}} \right) \widetilde{\nu}(\mathrm{d}\mathbf{y}), \ S_1 = \{A\mathbf{x} : \|\mathbf{x}\| \leqslant 1\}$$

$$\widetilde{\Sigma} = A \Sigma A^\top$$

$$\widetilde{\nu}(B) = \nu(\{\mathbf{x} \in \mathbb{R}^n : A\mathbf{x} \in B\}), \ \forall B \in \mathcal{B}^m$$

の $(\widetilde{\boldsymbol{\gamma}}, \widetilde{\Sigma}, \widetilde{\nu})$ で与えられる（[9] を参照）．

6) **マルコフ性** (Markov property)：レヴィ過程は強マルコフ過程である．すなわち，任意の停止時刻 τ と任意の $t \geqslant 0$ に対し

$$(\mathbf{X}_{\tau+t} \mid \mathbf{X}_u, u \leqslant \tau) \sim (\mathbf{X}_{\tau+t} \mid \mathbf{X}_\tau)$$

が成立する．さらに，特性 3 つ組 $(\boldsymbol{\gamma}, \Sigma, \nu)$ を持つ m 次元レヴィ過程は無限小生成作用素（☞ p.680）

$$Lf(\mathbf{x}) = \sum_{i=1}^{m} \gamma_i \frac{\partial}{\partial x_i} f(\mathbf{x}) + \frac{1}{2} \sum_{i=1}^{m} \sum_{j=1}^{m} \Sigma_{ij} \frac{\partial^2}{\partial x_i \partial x_j} f(\mathbf{x})$$
$$+ \int_{\mathbb{R}^m} \left(f(\mathbf{x}+\mathbf{y}) - f(\mathbf{x}) - \sum_{i=1}^{m} y_i \frac{\partial}{\partial x_i} f(\mathbf{x}) \mathrm{I}_{\{\|\mathbf{y}\| \leqslant 1\}} \right) \nu(\mathrm{d}\mathbf{y})$$

を持つ．1 次元で 3 つ組が (γ, σ^2, ν) の場合，これは次のようになる．

$$Lf(x) = \gamma f'(x) + \frac{1}{2} \sigma^2 f''(x)$$
$$+ \int_{\mathbb{R}} \left(f(x+y) - f(x) - yf'(x) \mathrm{I}_{\{|y| \leqslant 1\}} \right) \nu(\mathrm{d}y)$$

5.13.1 増加レヴィ過程

1 次元レヴィ過程の特別なクラスに "増加" レヴィ過程がある．このクラスに属する確率過程は，現実の問題に応用する際に重要である．ブラウン運動のようなより単純なレヴィ過程の時間変更に使うことができるからである．特に $\mathbb{R}$ 上の確率 1 で増加するレヴィ過程 $\{X_t, t \geqslant 0\}$ を**レヴィ従属化過程**（Lévy subordinator）と呼ぶ．レヴィ従属化過程に関する以下の命題は同値である（[9, p.88] を参照）．

1) $X_t \geqslant 0$ となる $t \geqslant 0$ が存在する．
2) すべて $t \geqslant 0$ に対して $X_t \geqslant 0$ となる．
3) すべての $t \geqslant s$ に対して $X_t \geqslant X_s$ となる．
4) $\{X_t, t \geqslant 0\}$ の特性 3 つ組 (γ, σ^2, ν) は，次の条件を満たす．
    a) 正の跳躍：$\nu((-\infty, 0]) = 0$．
    b) 正のドリフト：$\gamma - \int_0^1 x \nu(\mathrm{d}x) \geqslant 0$．

c) 有界変動：$\sigma^2 = 0$ かつ $\int_0^1 x\nu(\mathrm{d}x) < \infty$.

■ 例 5.17（ガンマ過程）

N は $\mathbb{R}_+ \times \mathbb{R}_+$ 上のポアソンランダム測度であり，平均測度は $\mathrm{d}t\,\nu(\mathrm{d}x) = \mathrm{d}t\,g(x)\mathrm{d}x$ で与えられているとする．ただし

$$g(x) = \frac{\alpha \mathrm{e}^{-\lambda x}}{x}, \quad x > 0$$

である．ここで

$$X_t = \int_0^t \int_0^\infty x N(\mathrm{d}s, \mathrm{d}x), \quad t \geqslant 0$$

と定めると，$\{X_t, t \geqslant 0\}$ はこの構成法より増加レヴィ過程となる．その特性指数は

$$\psi(s) = \int (\mathrm{e}^{\mathrm{i}sx} - 1)\,g(x)\,\mathrm{d}x = \alpha(\ln\lambda - \ln(\lambda - \mathrm{i}s))$$

で与えられることがわかり，これより $X_1 \sim \mathsf{Gamma}(\alpha, \lambda)$ (☞ p.116) がわかる．これが，この確率過程が**ガンマ過程** (gamma process) と呼ばれる理由である．以上より，このとき特性3つ組は $\gamma = \int_0^1 g(x)\,\mathrm{d}x = \frac{\alpha}{\lambda}(1 - \mathrm{e}^{-\lambda})$ である $(\gamma, 0, \nu)$ となる．これは無限頻度レヴィ従属化過程の例である．増分 $X_{t+w} - X_t$ が $\mathsf{Gamma}(\alpha s, \lambda)$ 分布に従っていることに注意せよ．図 5.26 は，$\alpha = 10$，$\lambda = 1$ の場合にこの過程を $[0, 1]$ 上に発生させた例である．

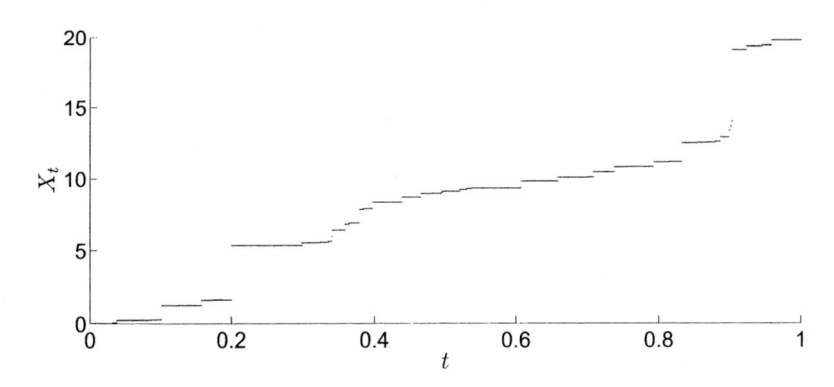

図 5.26 $\alpha = 10$，$\lambda = 1$ の場合のガンマ過程の標本路.

$\{S_t, t \geqslant 0\}$ は

$$S_t = \beta t + \int_0^t \int_0^\infty x N(\mathrm{d}s, \mathrm{d}x)$$

と定義されるレヴィ従属化過程とする．ただし，$\beta \geqslant 0$ であり，N は $\mathbb{R}_+ \times \mathbb{R}_+$ 上のポアソンランダム測度で $\mathbb{E}N(\mathrm{d}t, \mathrm{d}x) = \mathrm{d}t\varrho(\mathrm{d}x)$ である（よって $\varrho(\mathrm{d}x)$ はレヴィ測度

となる) とする. さらに, $\{\mathbf{X}_t, t \geqslant 0\}$ は $\mathbb{R}^d$ 上のレヴィ過程であり, その特性 3 つ組は $(\boldsymbol{\gamma}, \Sigma, \nu)$ で与えられ, $\{S_t, t \geqslant 0\}$ と独立であるとする. このとき

$$\mathbf{Y}_t = \mathbf{X}_{S_t}, \quad t \geqslant 0$$

によって定義される確率過程 $\{\mathbf{Y}_t, t \geqslant 0\}$ は, 確率過程 $\{\mathbf{X}_t, t \geqslant 0\}$ に**従属** (subordinate) するという. 次の定理は, 従属する過程に関する主要な結果をまとめたものである.

定理 5.6 (レヴィ過程の従属操作)
1) 従属する確率過程 $\{\mathbf{Y}_t, t \geqslant 0\}$ は, 再びレヴィ過程となる.
2) ζ と ψ をそれぞれ $\{S_t\}$ と $\{\mathbf{X}_t\}$ の特性指数とする. このとき, $\{\mathbf{Y}_t, t \geqslant 0\}$ の特性関数は

$$\mathbb{E}\,\mathrm{e}^{\mathrm{i}\mathbf{r}^\top \mathbf{Y}_t} = \mathbb{E}\,\mathbb{E}\left[\mathrm{e}^{\mathrm{i}\mathbf{r}^\top \mathbf{X}_{S_t}} \mid S_t\right] = \mathbb{E}\,\mathrm{e}^{S_t \psi(\mathbf{r})} = \mathrm{e}^{t\zeta(-\mathrm{i}\,\psi(\mathbf{r}))}$$

で与えられる.
3) $\{\mathbf{Y}_t\}$ の特性 3 つ組を $(\widetilde{\boldsymbol{\gamma}}, \widetilde{\Sigma}, \widetilde{\nu})$ とすると

$$\widetilde{\boldsymbol{\gamma}} = \beta\,\boldsymbol{\gamma} + \int_0^\infty \left(\int_{\|\mathbf{x}\|\leqslant 1} \mathbf{x}\,p_s(\mathrm{d}\mathbf{x})\right) \varrho(\mathrm{d}s)$$

$$\widetilde{\Sigma} = \beta\,\Sigma$$

$$\widetilde{\nu}(B) = \beta\,\nu(B) + \int_0^\infty p_s(B)\varrho(\mathrm{d}s), \quad \forall\,B \in \mathcal{B}^d$$

となる. ここで p_s は $\mathbf{X}_s$ の確率分布である.

■ **例 5.18 (バリアンスガンマ過程)**

$\{B_t\}$ をドリフト μ, 拡散係数 σ^2 の 1 次元ブラウン運動とする. $\{S_t\}$ は $\alpha = \lambda$ で $\{B_t\}$ と独立なガンマ過程とする. このとき, $Y_t = B_{S_t}$ なる従属する過程 $\{Y_t, t \geqslant 0\}$ を考える. 定理 5.6 より, $\{Y_t, t \geqslant 0\}$ はレヴィ測度

$$\begin{aligned}
\widetilde{\nu}(\mathrm{d}x) &= \mathrm{d}x \int_0^\infty \frac{1}{\sqrt{2\pi\sigma^2 s}} \exp\left(-\frac{1}{2}\frac{(x-\mu s)^2}{\sigma^2 s}\right) \frac{\alpha\,\mathrm{e}^{-\alpha s}}{s}\,\mathrm{d}s \\
&= \mathrm{d}x\,\alpha\,\exp\left(\frac{x(\mu - \sqrt{\mu^2 + 2\alpha\sigma^2}\,\mathrm{sgn}(x))}{\sigma^2}\right)\bigg/|x| \\
&= \mathrm{d}x\,\frac{\alpha\,\mathrm{e}^{-\lambda_1 x}}{x}\,\mathrm{I}_{\{x>0\}} - \mathrm{d}x\,\frac{\alpha\,\mathrm{e}^{\lambda_2 x}}{x}\,\mathrm{I}_{\{x<0\}}
\end{aligned} \tag{5.37}$$

を持つ. ここで

$$\lambda_1 = \frac{\sqrt{\mu^2 + 2\alpha\sigma^2} - \mu}{\sigma^2} \quad \text{および} \quad \lambda_2 = \frac{\sqrt{\mu^2 + 2\alpha\sigma^2} + \mu}{\sigma^2}$$

である. 式 (5.37) は (α, λ_i), $i = 1, 2$ で定まる 2 つのガンマ過程の差に関するレヴィ測

度と考えることができる．$\{Y_t, t \geqslant 0\}$ の線形ドリフト項と拡散係数はともに 0 であるので，この過程はそのレヴィ測度だけで完全に決定される．以上より，$(\alpha, \lambda_i), i = 1, 2$ によって定まる 2 つのガンマ過程 $\{X_t^{(i)}, t \geqslant 0\}, i = 1, 2$ を用いて

$$Y_t = X_t^{(1)} - X_t^{(2)}, \quad t \geqslant 0$$

と表せることがわかる．これにより，従属する過程 $\{Y_t, t \geqslant 0\}$ は**バリアンスガンマ過程**（variance gamma process），すなわち 2 つの独立なガンマ過程の差であるようなレヴィ過程であることがわかる．

5.13.2　レヴィ過程の生成

1 次元レヴィ過程 $\{X_t, t \geqslant 0\}$ のシミュレーションを行うためのさまざまなアプローチについて述べる．

5.13.2.1　ランダムウォーク

ある種のレヴィ過程を生成する最も単純な方法は，ランダムウォーク性 (5.34) に基づく．このアプローチがうまくいくためには，すべての t について X_t の分布がわかっている必要がある．

アルゴリズム 5.29（周辺分布が既知）

X_t の分布 $\mathsf{Dist}(t)$ が，すべての $t \geqslant 0$ についてわかっているとする．以下の手順は，時刻 $0 = t_0 < t_1 < \cdots < t_n$ におけるこのレヴィ過程の値を生成する．

1. $X_0 = 0, k = 1$ とする．
2. $A \sim \mathsf{Dist}(t_k - t_{k-1})$ を生成する．
3. $X_{t_k} = X_{t_{k-1}} + A$ とする．
4. $k = n$ ならば停止する．そうでなければ，k の値を 1 増やして Step 2 に戻る．

増分の分布がわかっているレヴィ過程の重要なクラスに，**安定過程**（stable process）がある．この過程の場合には，増分の分布は "安定" 分布となる．特に $X_1 \sim \mathsf{Stable}(\alpha, \beta, \mu, \sigma)$ のとき，式 (4.8) と定理 5.5 (Lévy–Khinchin) より $X_t \sim \mathsf{Stable}(\alpha, \beta, \mu t, t^{1/\alpha}\sigma)$ がわかる．以上より

$$X_t = \mu t + t^{1/\alpha} \sigma Z, \quad \text{ただし } Z \sim \mathsf{Stable}(\alpha, \beta, 0, 1) \equiv \mathsf{Stable}(\alpha, \beta)$$

が成立する．$\mathsf{Stable}(\alpha, \beta)$ に従う確率変数の生成については，4.2.14 項で述べられている．

■ **例 5.19**（コーシー過程）

$\{X_t\}$ は，$X_1 \sim \mathsf{Stable}(1, 0) \equiv \mathsf{Cauchy}(0, 1) \equiv \mathsf{t}_1$ であるようなレヴィ過程とする．アルゴリズム 5.29 および正規分布の比を用いてコーシー確率変数を生成すること (4.2.2 項を参照) によって，このレヴィ過程の時刻 $t_k = k\Delta, \Delta = 10^{-5}, k = 0, 1, \ldots$

における値をシミュレートした．この計算を行う MATLAB のプログラムを以下に示す．図 5.27 は，[0, 1] 区間上での生成例である．この確率過程は，時折非常に大きな跳躍をする純粋跳躍過程であることに注意せよ．

```
%rpcauchy.m
Delta=10^(-5); N=10^5; times=(0:1:N).*Delta;
Z=randn(1,N+1)./randn(1,N+1);
Z=Delta.*Z; Z(1)=0;
X=cumsum(Z);
plot(times,X)
```

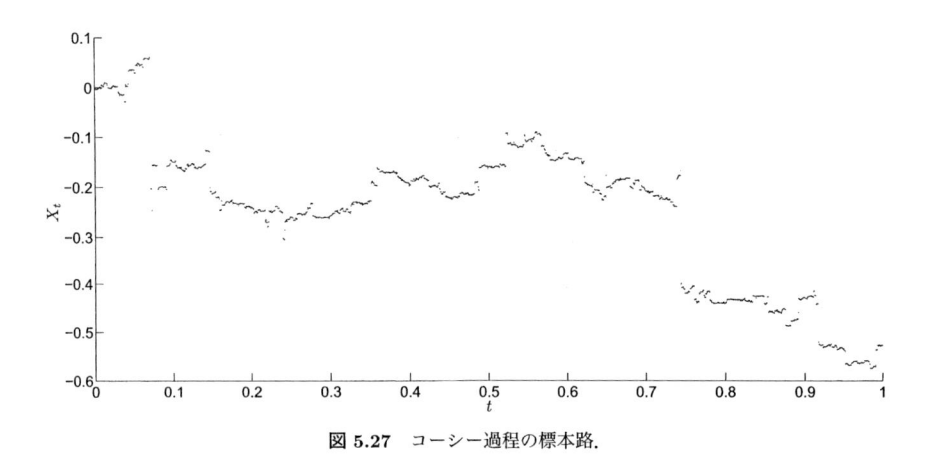

図 **5.27** コーシー過程の標本路．

増分の分布がわかっているレヴィ過程のもう 1 つの例は，例 5.17 で紹介したガンマ過程である．この場合は，$X_t \sim \mathrm{Gamma}(\alpha t, \lambda), t \geqslant 0$ である．$\mathrm{Gamma}(\alpha, \lambda)$ に従う確率変数の生成については，4.2.6 項で述べられている．"NIG 過程" (normal inverse Gaussian process; 正規逆ガウス過程) は，もう 1 つの例である (例 5.22 を参照)．

5.13.2.2　複合ポアソン過程とブラウン運動

一般的に，レヴィ過程を生成する 2 つ目の方法は，定理 5.4 の Lévy–Itô 分解に基づくものである．特性 3 つ組 (γ, σ^2, ν) が既知であるとする．

シミュレーションの目的に即して考えたとき，大きく 2 つの場合に分けられる．すなわち，有限頻度 ($\nu(\mathbb{R}) < \infty$) の場合と，無限頻度 ($\nu(\mathbb{R}) = \infty$) の場合である．"有限頻度" の場合には，

$$X_t = \gamma t + \sigma W_t + Y_t \tag{5.38}$$

という分解が成立する．ここで，$\{W_t\}$ はウィーナー過程，$\{Y_t\}$ はレヴィ測度 ν (す

なわち，強度 $\lambda = \nu(\mathbb{R})$ で跳躍の大きさの分布が ν/λ) の複合ポアソン過程である．この確率過程は，**跳躍拡散**（jump diffusion）過程と呼ばれる．これは Merton [21] によって株価のモデルとして導入された．$\{W_t\}$ と $\{Y_t\}$ とは互いに独立であるので，この場合のシミュレーションは，ウィーナー過程と複合ポアソン過程のそれぞれをシミュレートするアルゴリズム，例えばアルゴリズム 5.15 とアルゴリズム 5.14 を適当に混ぜ合わせたアルゴリズムで可能となる．

■ 例 5.20（跳躍拡散過程）

以下の MATLAB プログラムは，区間 $[0,1]$ 上に跳躍拡散過程 (5.38) を生成するものである．跳躍の大きさの分布は $\mathsf{N}(a, b^2)$ であり，各パラメータは $\gamma = 5$, $\sigma = 2$, $\lambda = 7$, $a = 0$, $b = 1$ である．図 5.28 に生成例を示す．

```
%jumpdiff.m
T = 1; nsteps = 10^3; h = T/nsteps;
lambda = 7; a = 0; b = 1; % 跳躍パラメータ
gamma = 5;   sigma = 2; % ブラウン運動パラメータ
% ブラウン運動による増大分の生成
dX = gamma*h + sigma*sqrt(h)*randn(nsteps,1);
dX(1) = 0;
% 跳躍過程部分の生成
N = poissrnd(lambda);
jumpidx = zeros(N,1); jumpsize = zeros(N,1);
for i = 1:N
    jumpidx(i) = ceil(rand*T*nsteps);
    jumpsize(i) = a + b*randn;
    dX(jumpidx(i)) = dX(jumpidx(i)) + jumpsize(i);
end
t = h:h:T;
```

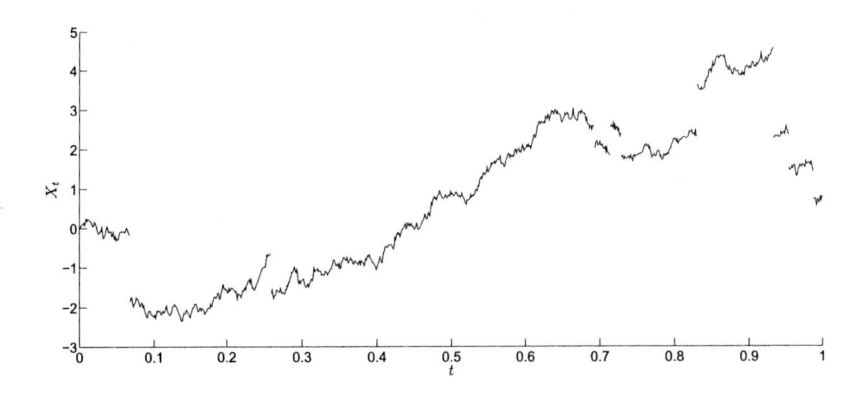

図 5.28　跳躍拡散過程．

```
X = cumsum(dX);
if N==0
    plot(t,X,'k-')
else
    jidx=sort(jumpidx);
    plot(t(1:jidx(1)-1),X(1:jidx(1)-1),'k-'),hold on
    for k=2:N
        plot(t(jidx(k-1):jidx(k)-1),X(jidx(k-1):jidx(k)-1),'k-')
    end
    plot(t(jidx(N):nsteps),X(jidx(N):nsteps),'k-'),hold off
end
```

次に "無限" 頻度レヴィ過程 $\{X_t\}$ を考える．これの特性 3 つ組は (γ, σ^2, ν) であるとする．$\{X_t\}$ を

$$X_t = \gamma t + \sigma W_t + Y_t + Z_t$$

のように Lévy–Itô 分解する．ここで $\{Y_t\}$ はレヴィ測度 $\nu(\mathrm{d}x)\,\mathrm{I}_{\{|x|>1\}}$ の複合ポアソン過程であり，$\{W_t\}$ はウィーナー過程，$\{Z_t\}$ は式 (5.35) と同様に補償付き複合ポアソン過程の極限である．

これより，$\{X_t\}$ の近似

$$X_t^\delta = \gamma t + \sigma W_t + Y_t + Z_t^\delta \tag{5.39}$$

$$= t\left(\gamma - \int_{\delta \leqslant |x| \leqslant 1} x\,\nu(\mathrm{d}x)\right) + \sigma W_t + Y_t^\delta \tag{5.40}$$

が示唆される．ここで，$\{Y_t\}$ はレヴィ測度 $\nu(\mathrm{d}x)\,\mathrm{I}_{\{|x|>\delta\}}$ の複合ポアソン過程である．こうして，$\{X_t^\delta\}$ はウィーナー過程の部分と複合ポアソン過程の部分とに分けて生成することができる．次式

$$R_t = X_t - X_t^\delta = \lim_{\varepsilon \downarrow 0} Z_t^\varepsilon - Z_t^\delta = \lim_{\varepsilon \downarrow 0}(Z_t^\varepsilon - Z_t^\delta)$$

によって定められる確率過程 $\{R_t, t \geqslant 0\}$ は時刻 t における近似誤差となっているが，これもまたレヴィ過程であり，その特性 3 つ組は $(0, 0, \nu(\mathrm{d}x)\,\mathrm{I}_{\{|x|\leqslant\delta\}})$ となる．跳躍が有界なので，期待値と分散はそれぞれ $\mathbb{E}R_t = 0$ および

$$\mathrm{Var}(R_t) = t\int_{|x|<\delta} x^2\,\nu(\mathrm{d}x) \stackrel{\mathrm{def}}{=} t\sigma_\delta^2$$

となることがわかる (p.217 の性質 3 を参照)．この結果は，誤差過程 $\{\mathbb{R}_t\}$ を平均 0，拡散係数 σ_δ^2 のブラウン運動によって近似できることを示唆する．次の定理 ([2, p.334] および [3] を参照) は，上記のような近似が可能であるための実用的な条件を与える．1 つの十分条件は $\delta \to 0$ のとき $\delta/\sigma_\delta \to 0$ となることである．

定理 5.7（誤差過程の収束） ν は十分に小さい x に対して密度が $L(x)/|x|^{\alpha+1}$ とな

5.13 レヴィ過程

るレヴィ測度（☞ p.741）とする．ここで，L はすべての $t > 0$ と $0 < \alpha < 2$ に対して

$$\lim_{x \to 0} \frac{L(tx)}{L(x)} = 1$$

を満たすものである．このとき，$\{R_t/\sigma_\delta, t \geqslant 0\}$ はウィーナー過程 $\{W_t, t \geqslant 0\}$ に $\delta \to 0$ で分布収束する．

5.13.2.3 従属操作

レヴィ過程のシミュレーションへの 3 番目のアプローチは，従属操作（5.13.1 項を参照）を用いるものである．特に，$\{S_t\}$ を従属化過程として，$Y_t = X_{S_t}$ によってレヴィ過程 $\{X_t\}$ に従属するレヴィ過程 $\{Y_t\}$ を生成したいとする．$\{X_t\}$ と $\{S_t\}$ の両方の時刻 $t_1, t_2, \ldots, t_n$ における値を生成する（例えばアルゴリズム 5.29 によって）のが容易な場合には，$\{Y_t\}$ のこれらの時刻における値の生成は，そのまま直接行うことができる．

アルゴリズム 5.30（従属操作による生成）

$\{X_t\}$ と $\{S_t\}$ の任意の時刻における値が容易に生成できるとする．このとき，時刻 $t_1 < \cdots < t_n$ における $\{Y_t = X_{S_t}\}$ は，以下のようにして生成する．
1. $S_{t_i}, i = 1, \ldots, n$ を生成する．
2. $Y_{t_i} = X_{S_{t_i}}, i = 1, \ldots, n$ を生成する．

■ 例 5.21（バリアンスガンマ過程の生成）

$\{Y_t\}$ は例 5.18 のバリアンスガンマ過程とする．これはブラウン運動 $\{B_t\}$（ドリフトを μ，拡散係数を σ^2 とする）をガンマ過程 $\{S_t\}$（パラメータは α および $\lambda = \alpha$）によって従属させて得られるものであった．

$S_t \sim \mathsf{Gamma}(\alpha t, \alpha)$，$B_t = \mu t + \sigma \sqrt{t} Z$，$Z \sim \mathsf{N}(0,1)$ という事実を用いれば，この確率過程の時刻 $t_1, t_2, \ldots, t_n$（以下，$t_0 = 0$，$X_0 = 0$ とする）における値は容易にシミュレートすることができる．このアルゴリズムは以下のようになる．

アルゴリズム 5.31（バリアンスガンマ過程のシミュレーション）

1. $k = 1$ とする．
2. $S \sim \mathsf{Gamma}(\alpha(t_k - t_{k-1}), \alpha)$ を生成する．
3. $Z \sim \mathsf{N}(0,1)$ を生成する．
4. $X_{t_k} = X_{t_{k-1}} + \sigma Z \sqrt{S} + \mu S$ とする．
5. k の値を 1 増やして Step 2 に戻る．

■ 例 5.22（正規逆ガウス過程）

ドリフト $\gamma > 0$，拡散係数 κ^2 のブラウン運動が最初に $t \geqslant 0$ に到達する時間を S_t とする．この過程 $\{S_t, t \geqslant 0\}$ は独立定常増分を持つ増加過程であるので，従属化過

程である．さらに，S_t の分布は Wald$(t/\gamma, t^2/\kappa^2)$（逆ガウス分布）となる（4.2.17 項を参照）．この確率過程を**逆ガウス過程**（inverse Gaussian process）と呼ぶ．

$\{B_t\}$ はドリフト μ，拡散係数 σ^2 のブラウン運動で，$\{S_t, t \geqslant 0\}$ と独立なものとする．このとき，従属する確率過程 $\{B_{S_t}, t \geqslant 0\}$ を**正規逆ガウス過程**（normal inverse Gaussian process）と呼ぶ（「正規」という修飾語はブラウン運動への従属操作であることに由来する）．この確率過程の生成は，アルゴリズム 5.31 の Step 2 を以下と置き換えたものとまったく同じになる．

2′. $S \sim$ Wald$((t_k - t_{k-1})/\gamma, (t_k - t_{k-1})^2/\kappa^2)$ を生成する．

ワルド分布に従う確率変数の簡単な生成方法は，アルゴリズム 4.65 にある．

5.14　時　系　列

時系列（time series）とは，一連の時刻 $t_1 < t_2 < \cdots$ において計測された確率変数列 $X_{t_1}, X_{t_2}, \ldots$ をいう．言い換えれば，出来事に対応する時刻をそれが生じた順番に並べた離散集合を添数集合とする確率過程である．多くの場合，添数集合は $\mathbb{N}$ か $\mathbb{Z}$ である．例えば $\widetilde{X}_i = X_{t_i}$ などとするわけである．さらに，多くの応用の場面では（弱）"定常"（A.9.5 項を参照）であることが仮定されているが，この場合には添数集合を $\mathbb{Z}$ ととるのが便利である．このとき，自己共分散関数 $R(s) = \text{Cov}(X_t, X_{t-s})$ は $R(s) = R(-s)$ を満たす（対称である）．

以後，本節では特に断らない限り時系列 $\{X_t, t \in \mathbb{Z}\}$ を考えることにする．また，$\{\varepsilon_t\}$ は**白色雑音**（white noise）過程とする．すなわち

1) **平均 0**：$\mathbb{E}\,\varepsilon_t = 0$
2) **定分散**：$\text{Var}(\varepsilon_t) = \sigma^2$
3) **無相関**：$\text{Cov}(\varepsilon_t, \varepsilon_{t-k}) = 0,\ k \neq 0$

を満たしている．これらに加えて，すべての t に対して $\varepsilon_t \sim \mathsf{N}(0, \sigma^2)$ であるとき，$\{\varepsilon_t\}$ は**ガウス白色雑音**（Gaussian white noise）と呼ばれる．この場合，$\{\varepsilon_t\}$ が無相関であることは，それらが"独立"であることと同値である．

$a_1, \ldots, a_p$ が定数で，任意の t について

$$X_t = \sum_{k=1}^{p} a_k X_{t-k} + \varepsilon_t \tag{5.41}$$

が成立するとき，時系列 $\{X_t, t \in \mathbb{Z}\}$ は **p 次自己回帰**（p-th order autoregressive）過程であるといい，AR(p) と書く．この時系列の観測時点での値は，その p 個前までの値の線形和を平均 0 の定分散の誤差項によって摂動させたものである．さらに，この誤差項は，この時系列の過去の誤差および過去の値とは独立である．

さらに弱定常的である場合には，任意の t について $\mathbb{E} X_t = 0$ であり，自己相関関数 $R(s) = \text{Cov}(X_t, X_{t-s})$ は **Yule–Walker** 方程式

$$R(s) = \sum_{k=1}^{p} a_k R(s-k), \quad \forall s = 1, 2, \ldots$$

を満たす．この方程式は，式 (5.41) の両辺に X_{t-s} を乗じて期待値をとれば得られる．同様に，両辺に X_t を乗じて期待値をとれば

$$R(0) = \sum_{k=1}^{p} a_k R(k) + \sigma^2$$

が成立することがわかるが，これと Yule–Walker 方程式を合わせると，$R(s)$ を得ることができる．

このような定常な時系列が存在するための必要十分条件は，方程式 $q(z) = 1 - \sum_{k=1}^{p} a_k z^k$ の根が単位円の外側に存在することである [17, p.63]．特に AR(1) 過程の場合

$$R(s) = \frac{\sigma^2}{1 - a_1^2} a_1^{|s|}$$

となり，定常であるための必要十分条件は $|a_1| < 1$ と同値になる．

白色雑音過程 $\{\varepsilon_t\}$ の生成が可能であり，かつ最初の p 個の初期値 $X_{-p+1}, \ldots, X_0$ が与えられているならば，次のように定義に沿ったアルゴリズムによって，このような時系列の生成ができる．

アルゴリズム 5.32（自己回帰過程の生成）

1. $t = 1$ とする．
2. ε_t を生成する．
3. $X_t = \varepsilon_t + \sum_{k=1}^{p} a_k X_{t-k}$ とする．
4. t を 1 増やして Step 2 に戻る．

$\{\varepsilon_t\}$ が $\mathrm{Var}(\varepsilon_t) = \sigma^2$ なるガウス白色雑音過程であるときには，4.3.3 項で紹介した多変量正規抽出アルゴリズムの帯コレスキー版を用いることで，長さ n の自己回帰時系列を生成することができる．$\Sigma = \mathrm{Cov}(\mathbf{X}, \mathbf{X})$，$\mathbf{X} = (X_1, X_2, \ldots, X_n)^\top$ とする．いま，このアルゴリズムを実行するにあたり，主要な作業は精度行列 $\Lambda = \Sigma^{-1} = DD^\top$ のコレスキー分解である．

p を行列 Λ の帯の幅とする．すなわち $p = \max_{i,j} \{|i-j| : \lambda_{ij} \neq 0\}$ である．このとき，帯の幅はこの自己回帰過程の次数 p になっている．

アルゴリズム 5.33（帯コレスキー分解）

1 から n までの j に対して以下の手順を行う．
1. $r = \min\{j+p, n\}$ とする．
2. j から r までの l に対して $v_l = \lambda_{l,j}$ とする．
3. $\max\{1, j-p\}$ から $j-1$ までの k に対して
    a) $i = \min\{k+p, n\}$ とする．

b) j から i までの l に対して $v_l = v_l - D_{l,k} D_{j,k}$ とする．

4. j から r までの l に対して $D_{l,j} = v_l / \sqrt{v_j}$ とする．

このアルゴリズムは任意の正定値行列 Λ のコレスキー分解を返す．計算時間は $n(p^2 + 3p)$ flops である．つまり，$p \ll n$ のとき $\mathcal{O}(n)$ である．行列 D が決まれば，$\mathbf{X}$ の生成は通常の多変量正規乱数の生成アルゴリズム（4.3.3 項を参照）によって生成することができる．

時系列 $\{X_t, t \in \mathbb{Z}\}$ が定数係数 $b_1, \ldots, b_q$ によって

$$X_t = \sum_{k=1}^{q} b_k \varepsilon_{t-k} + \varepsilon_t \tag{5.42}$$

と書けているとき，これは **q 次の移動平均**（q-th order moving average）過程であるといい，MA(q) と書く．MA(q) 過程は弱定常過程であり，$\mathbb{E}X_t = 0$ で自己相関関数 $R(s) = \mathrm{Cov}(X_t, X_{t-s})$ は

$$R(s) = \sigma^2 \sum_{k=1}^{q} b_k \, b_{t-s}$$

$s = 1, 2, \ldots, q$, $R(0) = \mathrm{Var}(X_t) = \sigma^2 (1 + \sum_{k=1}^{q} b_k^2)$ によって与えられる．$|s| > q$ に対しては，自己相関 $R(s)$ は 0 になる．$X_0, X_1, \ldots$ の生成アルゴリズムは，定義をそのまま追ったものである．

アルゴリズム 5.34（移動平均時系列の生成）

1. $\mathbf{b} = (b_q, b_{q-1}, \ldots, b_1, 1)^\top$ と定める．$t = 0$ として，$\varepsilon_{-1}, \ldots, \varepsilon_{-q}$ を生成する．
2. ε_t を生成し $\boldsymbol{\varepsilon}_t = (\varepsilon_{t-q}, \ldots, \varepsilon_t)^\top$ と定める．
3. $X_t = \mathbf{b}^\top \boldsymbol{\varepsilon}_t$ とする．
4. t を 1 増やして Step 2 に戻る．

■ **例 5.23**（移動平均時系列の生成）

以下の Matlab プログラムは，$q = 20$, $b_i = i, i = 1, \ldots, 20$ で $\{\varepsilon_t\}$ が標準正規分布に従う iid の移動平均時系列を生成するものである．図 5.29 に生成例を示す．

```
%movav.m
pars = [1:20]';
b = [pars;1];
q = numel(pars);
N = 10^3;
eps = randn(q+1,1);
for i=1:N
    X(i) = b'*eps;
```

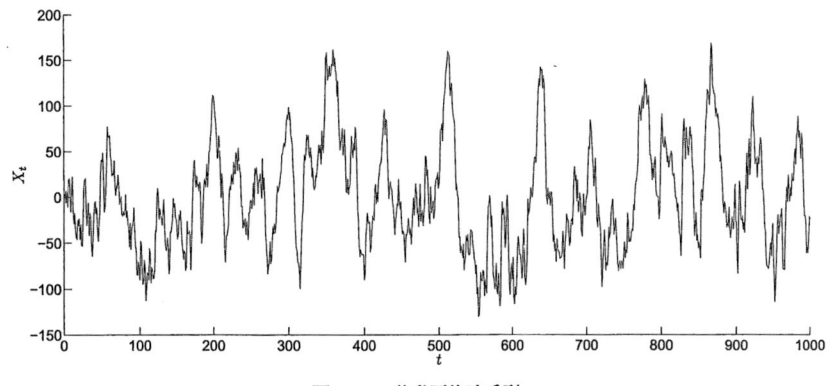

図 5.29 移動平均時系列.

```
      eps = [eps(2:q+1);randn];
end
plot(X)
```

定数係数 $a_1, \ldots, a_p$ および $b_1, \ldots, b_q$ によって

$$X_t = \sum_{i=1}^{p} a_i X_{t-i} - \sum_{k=1}^{q} b_k \varepsilon_{t-k} + \varepsilon_t$$

と表される時系列 $\{X_t, t \in \mathbb{Z}\}$ を **(p, q) 次自己回帰移動平均過程**（autoregressive moving average process of order (p, q)）といい，ARMA(p, q) と書く．時系列 $\{X_t, t \in \mathbb{Z}\}$ の d 階後退差分過程 $\{Y_t\}$

$$Y_t = \nabla^d X_t = \sum_{k=0}^{d} (-1)^k \binom{d}{k} X_{t-k}$$

が ARMA(p, q) であるとき，$\{X_t\}$ は **(p, q, d) 次自己回帰和分移動平均過程**（autoregressive integrated moving-average process of order (p, q, d)）といい，これを ARIMA(p, q, d) と書く．

例えば，1 階後退差分は $\nabla X_t = X_t - X_{t-1}$，2 階後退差分は $\nabla^2 X_t = \nabla(\nabla X_t) = \nabla(X_t - X_{t-1}) = X_t - 2X_{t-1} + X_{t-2}$ などである．

さらに学習するために

一般的な確率過程の生成に関する書籍として，Asmussenn and Glynn [2] がある．Kloeden and Platen [18] は，確率微分方程式の数値的手法に関する標準的な参考文献である．各近似手法の収束に関する性質が，教育的な練習問題とともに与えられて

いる．Burrage et al. [7] は数値解法の離散化幅に関する安定性の問題を扱っている．Cont and Tankov [9] は，シミュレーションをすることとファイナンスに応用するこ とという特別な観点から，レヴィ過程を具体的にどのように扱うかについて述べている．バリアンスガンマ過程を生成するさまざまな抽出手法は，[4] に見ることができる．Karatzas and Shreve [16] はブラウン運動に関する詳しい説明を，Sato [24] および Applebaum [1] はレヴィ過程に関する網羅的で深い内容を取り扱っている．Çinlar [8] は，マルコフ連鎖と跳躍過程に関する良い情報源である．Rue and Held [23] は，ガウス確率場とその生成に関するモノグラフである．[17] は時系列解析，[14] は時系列モデルに関する良い参考文献である．

文　　献

1) D. Applebaum. *Lévy Processes and Stochastic Calculus*. Cambridge University Press, Cambridge, 2004.
2) S. Asmussen and P. W. Glynn. *Stochastic Simulation: Algorithms and Analysis*. Springer-Verlag, New York, 2007.
3) S. Asmussen and J. Rosiński. Approximations of small jumps of Lévy processes with a view towards simulation. *Journal of Applied Probability*, 38(2):482–493, 2001.
4) T. Avramidis and P. L'Ecuyer. Efficient Monte Carlo and quasi-Monte Carlo option pricing under the variance-gamma model. *Management Science*, 52(12):1930–1944, 2006.
5) J. Besag. Spatial interaction and the statistical analysis of lattice systems. *Journal of the Royal Statistical Society, Series B*, 36(2):192–236, 1974.
6) A. Beskos and G. O. Roberts. Exact simulation of diffusions. *The Annals of Applied Probability*, 15(4):2422–2444, 2005.
7) K. Burrage, P. Burrage, and T. Mitsui. Numerical solutions of stochastic differential equations implementation and stability issues. *Journal of Computational and Applied Mathematics*, 125(1&2):171–182, 2005.
8) E. Çinlar. *Introduction to Stochastic Processes*. Prentice Hall, Englewood Cliffs, 1975.
9) R. Cont and P. Tankov. *Financial Modelling with Jump Processes*. Chapman & Hall/CRC, Boca Raton, FL, 2004.
10) P. F. Craigmile. Simulating a class of stationary Gaussian processes using the Davies-Harte algorithm, with application to long memory processes. *Journal of Time Series Analysis*, 24(5):505–511, 2003.
11) C. R. Dietrich and G. N. Newsam. Fast and exact simulation of stationary Gaussian processes through circulant embedding of the covariance matrix. *SIAM Journal on Scientific Computing*, 18(4):1088–1107, 1997.
12) D. T. Gillespie. Exact numerical simulation of the Ornstein-Uhlenbeck process

and its integral. *Physical Review E*, 54(2):2084–2091, 1996.
13) A. Haar. Zur Theorie der orthogonalen Funktionensysteme. *Mathematische Annalen*, 69(3):331–371, 1910.
14) A. C. Harvey. *Time Series Models*. Harvester Wheatsheaf, New York, second edition, 1993.
15) S. M. Iacus. *Simulation and Inference for Stochastic Differential Equations: With R Examples*. Springer-Verlag, New York, 2008.
16) I. Karatzas and S. E. Shreve. *Brownian Motion and Stochastic Calculus*. Springer-Verlag, Berlin, second edition, 2000.
17) M. Kendall and J. K. Ord. *Time Series*. Oxford University Press, Oxford, third edition, 1990.
18) P. E. Kloeden and E. Platen. *Numerical Solution of Stochastic Differential Equations*. Springer-Verlag, Berlin, 1999.
19) N. V. Krylov. *Introduction to the Theory of Random Processes*, volume 43 of *Graduate Studies in Mathematics*. American Mathematical Society, Providence, RI, 2002.
20) B. B. Mandelbrot and J. W. van Ness. Fractional Brownian motions, fractional noises and applications. *SIAM Review*, 10(4):422–437, 1968.
21) R. C. Merton. Option pricing when underlying stock returns are discontinuous. *Journal of Financial Economics*, 3(1–2):125–144, 1976.
22) I. Norros, E. Valkeila, and J. Virtamo. An elementary approach to a Girsanov formula and other analytical results on fractional brownian motions. *Bernoulli*, 5(4):571–587, 1999.
23) H. Rue and L. Held. *Gaussian Markov Random Fields: Theory and Applications*. Chapman & Hall, London, 2005.
24) K. Sato. *Lévy Processes and Infinitely Divisible Distributions*. Cambridge University Press, Cambridge, 1999.
25) D. W. Stroock and S. R. S. Varadhan. *Multidimensional Diffusion Processes*. Springer-Verlag, New York, 2005.

6

マルコフ連鎖モンテカルロ法

マルコフ連鎖モンテカルロ法（Markov chain Monte Carlo; MCMC）は，任意の分布からの"近似"サンプリングのための汎用手法である．その主たるアイデアは，所望の分布に一致する極限分布を持つマルコフ連鎖を生成することにある．本章では，MCMC法の主だったアルゴリズムについて述べる．

1) "Metropolis–Hastings" アルゴリズム．特に "独立サンプラー"（independence sampler）と "ランダムウォークサンプラー"（random walk sampler）.
2) "ギブスサンプラー"（Gibbs sampler）．これはベイズ分析に特に有効である．
3) "hit-and-run サンプラー"．高度に制約されたパラメータ空間を持つベイズ法や，一般の稀少事象シミュレーション問題によく用いられる．
4) "shake-and-bake" アルゴリズム．多面体表面に一様に分布する点を生成するための実践的手法．
5) "Metropolis–Gibbs 混成"（Metropolis–Gibbs hybrids）および "多重試行 Metropolis–Hastings"（multiple-try Metropolis–Hastings）法．これらには複数のMCMCアルゴリズムの考え方が組み合わされている．
6) "補助変数"（auxiliary variable）サンプラー．特に "スライスサンプラー"（slice sampler）や "Swendsen–Wang" アルゴリズム．
7) "リバーシブルジャンプサンプラー"（reversible-jump sampler）．これはベイズモデル選択に応用を持つ．

一般によく用いられる分布に従う乱数を生成する"厳密"手法については，第3章を参照せよ．MCMC法の最適化法への応用は，第12章にある．特に12.3節（☞ p.467）では，"シミュレーテッドアニーリング"（simulated annealing）について議論する．マルコフ連鎖の詳細については，A.10節を参照せよ．MCMCアルゴリズムは，統計データ解析の，特にベイズ統計に頻繁に用いられる．数理統計およびベイズ統計の基礎については，B章で議論する．MCMCアルゴリズムで生成された統計データの解析例については，第8章で議論する．

6.1 Metropolis–Hastings アルゴリズム

MCMC 法を最初に与えたのは Metropolis et al. [54] であり，以下の状況に適用される．いま，ある多変量確率密度関数

$$f(\mathbf{x}) = \frac{p(\mathbf{x})}{\mathcal{Z}}, \quad \mathbf{x} \in \mathscr{X}$$

から標本抽出したいとしよう．ただし，$p(\mathbf{x})$ は既知の正関数とし，$\mathcal{Z}$ は既知あるいは未知の正規化定数とする．さて，$q(\mathbf{y}\,|\,\mathbf{x})$ を**提案** (proposal) 密度としよう．これは，いかにして状態 $\mathbf{x}$ から状態 $\mathbf{y}$ へ動くかを記述するマルコフ推移密度である．Metropolis–Hastings アルゴリズムは，採択–棄却法 (☞ p.63) と同様の要領で，以下の「試行錯誤」戦略に基づく．

アルゴリズム 6.1 (Metropolis–Hastings アルゴリズム)

正規化定数を除いて既知の密度関数 $f(\mathbf{x})$ からの標本抽出を行うために，$f(\mathbf{X}_0) > 0$ を満たす $\mathbf{X}_0$ を初期状態に設定する．各 $t = 0, 1, 2, \ldots, T-1$ に対して，以下のステップを実行する．

1. 与えられた現在の状態 $\mathbf{X}_t$ に対して，$\mathbf{Y} \sim q(\mathbf{y}\,|\,\mathbf{X}_t)$ を生成する．
2. $U \sim \mathsf{U}(0,1)$ を生成し，

$$\alpha(\mathbf{x}, \mathbf{y}) = \min\left\{\frac{f(\mathbf{y})\,q(\mathbf{x}\,|\,\mathbf{y})}{f(\mathbf{x})\,q(\mathbf{y}\,|\,\mathbf{x})}, 1\right\} \tag{6.1}$$

に対して

$$\mathbf{X}_{t+1} = \begin{cases} \mathbf{Y}, & U \leqslant \alpha(\mathbf{X}_t, \mathbf{Y}) \text{ の場合} \\ \mathbf{X}_t, & \text{その他の場合} \end{cases} \tag{6.2}$$

と更新する．

確率 $\alpha(\mathbf{x}, \mathbf{y})$ は**採択確率** (acceptance probability) と呼ばれる．特に，式 (6.1) において f を p に置き換えることができることに留意せよ．

こうしていわゆる **Metropolis–Hastings マルコフ連鎖** (Metropolis–Hastings Markov chain) $\mathbf{X}_0, \mathbf{X}_1, \ldots, \mathbf{X}_T$ が得られ，T が大きければ $\mathbf{X}_T$ の分布は近似的に $f(\mathbf{x})$ に従う．Metropolis–Hastings の 1 反復は，推移密度 $\kappa(\mathbf{x}_{t+1}\,|\,\mathbf{x}_t)$ からの標本生成に等しく，このとき

$$\kappa(\mathbf{y}\,|\,\mathbf{x}) = \alpha(\mathbf{x}, \mathbf{y})\,q(\mathbf{y}\,|\,\mathbf{x}) + (1 - \alpha^*(\mathbf{x}))\,\delta_{\mathbf{x}}(\mathbf{y}) \tag{6.3}$$

と書ける．ただし，$\alpha^*(\mathbf{x}) = \int \alpha(\mathbf{x}, \mathbf{y})\,q(\mathbf{y}\,|\,\mathbf{x})\,\mathrm{d}\mathbf{y}$ とし，$\delta_{\mathbf{x}}(\mathbf{y})$ は Dirac のデルタ関数とする．いま，

$$f(\mathbf{x})\,\alpha(\mathbf{x},\mathbf{y})\,q(\mathbf{y}\,|\,\mathbf{x}) = f(\mathbf{y})\,\alpha(\mathbf{y},\mathbf{x})\,q(\mathbf{x}\,|\,\mathbf{y})$$

および

$$(1-\alpha^*(\mathbf{x}))\,\delta_{\mathbf{x}}(\mathbf{y})\,f(\mathbf{x}) = (1-\alpha^*(\mathbf{y}))\,\delta_{\mathbf{y}}(\mathbf{x})\,f(\mathbf{y})$$

が成り立つことから，推移密度は"詳細釣り合い方程式"(detailed balance equation) (A.48)

$$f(\mathbf{x})\,\kappa(\mathbf{y}\,|\,\mathbf{x}) = f(\mathbf{y})\,\kappa(\mathbf{x}\,|\,\mathbf{y})$$

を満たし，このことから f はマルコフ連鎖の定常確率密度関数である．さらに，もし推移密度 q が条件

$$\mathbb{P}(\alpha(\mathbf{X}_t,\mathbf{Y}) < 1\,|\,\mathbf{X}_t) > 0$$

を満たし（つまり，事象 $\{\mathbf{X}_{t+1}=\mathbf{X}_t\}$ が正の確率を持つ），同時に

$$\text{任意の } \mathbf{x},\mathbf{y}\in\mathscr{X} \text{ に対して} \quad q(\mathbf{y}\,|\,\mathbf{x}) > 0$$

の条件も満たすならば，f はマルコフ連鎖の極限確率密度関数となる．したがって，$\mathbf{X}\sim f$ のもとでの期待値 $\mathbb{E}H(\mathbf{X})$ の推定に，**エルゴード**（ergodic）推定量

$$\frac{1}{T+1}\sum_{t=0}^{T}H(\mathbf{X}_t) \tag{6.4}$$

を用いることができる（8.3 節も参照）．

オリジナルの Metropolis アルゴリズム [54] は対称な提案関数 $q(\mathbf{y}\,|\,\mathbf{x})=q(\mathbf{x}\,|\,\mathbf{y})$ を仮定している．Hastings [37] はオリジナルの MCMC アルゴリズムを改造し，非対称な提案関数を許した．これが Metropolis–Hastings アルゴリズムと呼ばれるゆえんである．

6.1.1 独立サンプラー

提案関数 $q(\mathbf{y}\,|\,\mathbf{x})$ が $\mathbf{x}$ に依存しない場合，つまり，ある確率密度関数 $g(\mathbf{y})$ を用いて $q(\mathbf{y}\,|\,\mathbf{x})=g(\mathbf{y})$ と記述される場合，採択確率は

$$\alpha(\mathbf{x},\mathbf{y}) = \min\left\{\frac{f(\mathbf{y})\,g(\mathbf{x})}{f(\mathbf{x})\,g(\mathbf{y})},\,1\right\}$$

となり，アルゴリズム 6.1 は**独立サンプラー**（independence sampler）と呼ばれる．独立サンプラーは第 3 章で述べた採択–棄却法ととてもよく似ており，提案密度 g が所望の f に近いことが，採択–棄却法の場合と同様に重要である．一方で，採択–棄却法とは対照的に，独立サンプラーは"従属した"標本を生成する．また，定数 C が存在して，すべての $\mathbf{x}$ に対して

$$f(\mathbf{x}) = \frac{p(\mathbf{x})}{\int p(\mathbf{x})\,\mathrm{d}\mathbf{x}} \leqslant Cg(\mathbf{x})$$

が成り立つならば，マルコフ連鎖が定常状態にある限り，式 (6.2) の採択率は $1/C$ 以

上となる．もう少し正確には

$$\mathbb{P}(U \leqslant \alpha(\mathbf{X}, \mathbf{Y})) = \iint \min\left\{\frac{f(\mathbf{y})\,g(\mathbf{x})}{f(\mathbf{x})\,g(\mathbf{y})}, 1\right\} f(\mathbf{x})\,g(\mathbf{y})\,\mathrm{d}\mathbf{x}\,\mathrm{d}\mathbf{y}$$

$$= 2\iint \mathrm{I}\left\{\frac{f(\mathbf{y})\,g(\mathbf{x})}{f(\mathbf{x})\,g(\mathbf{y})} \geqslant 1\right\} f(\mathbf{x})\,g(\mathbf{y})\,\mathrm{d}\mathbf{x}\,\mathrm{d}\mathbf{y}$$

$$\geqslant \frac{2}{C}\iint \mathrm{I}\left\{\frac{f(\mathbf{y})\,g(\mathbf{x})}{f(\mathbf{x})\,g(\mathbf{y})} \geqslant 1\right\} f(\mathbf{x})\,f(\mathbf{y})\,\mathrm{d}\mathbf{x}\,\mathrm{d}\mathbf{y}$$

$$\geqslant \frac{2}{C}\,\mathbb{P}\left(\frac{f(\mathbf{Y})}{g(\mathbf{Y})} \geqslant \frac{f(\mathbf{X})}{g(\mathbf{X})}\right) = \frac{1}{C}$$

が成り立つ．これは，提案分布に g を用いたアルゴリズム 3.9 (採択–棄却法) の採択率が常にちょうど $1/C$ であることと対照的である．

■ 例 6.1 （楕円体表面上のサンプリング）

媒介変数方程式 (3.19) で定められる楕円体の表面から一様にサンプリングする問題を考えよう（例 3.21 を参照）．つまり，$S(a,b,c)$ で楕円体の表面積を表し，$\|\mathbf{r}_1 \times \mathbf{r}_2\|$ を式 (3.20) で定めると，密度 $\|\mathbf{r}_1 \times \mathbf{r}_2\|/S(a,b,c)$ で楕円体の表面から標本抽出することが問題である．例 3.21 において，採択–棄却法の効率 (採択確率) は $S(a,b,c)/(4\pi r^2)$ で与えられることを示した．ただし $r = \max\{a,b,c\}$ とする．このとき，

$$\frac{ab+ac+bc}{3r^2} \leqslant \frac{S(a,b,c)}{4\pi r^2} \leqslant \frac{\sqrt{a^2 b^2 + a^2 c^2 + b^2 c^2}}{r^2 \sqrt{3}}$$

が成り立つことから [61]，パラメータ a, b, c のいずれか 1 つが他の 2 つより著しく大きいとき，例 3.21 の採択–棄却法は非効率であることがわかる．例えば，$(a,b,c) = (400, 2, 1)$ に対しては，採択確率の値は $[0.0050, 0.0065]$ の範囲にある．代わりに，$\mathbf{x} = (v_1, v_2)^\top$ として提案密度関数を $q(\mathbf{y}\,|\,\mathbf{x}) = g(\mathbf{y}) = g(v_1, v_2) = \sin(v_2)/(4\pi)$ とした独立サンプラーを考えよう．以下の MATLAB 実装では，パラメータ $(a,b,c) = (400, 2, 1)$ に対応する（近似）表面密度に従って配列 data を出力する．この独立サンプラーの採択確率 $\mathbb{P}(U \leqslant \alpha(\mathbf{X}, \mathbf{Y}))$ はおよそ 0.88 となり，採択–棄却法アルゴリズム 3.9 の採択確率よりはるかに大きい．

```
%independence_sampler.m
clear all, a=400; b=2; c=1;
p=@(x)sqrt((b*c)^2*sin(x(2)).^2.*cos(x(1)).^2+...
    (a*c)^2*sin(x(2)).^2.*sin(x(1)).^2+...
    (a*b)^2*cos(x(2)).^2);
% Metropolis 法の alpha(x,y) を定義
alpha=@(x,y)min(1,sqrt ( p(y) ./ p(x) ) );
X=ones(2,1)*pi/2; % 初期点
T=10^4; data=nan(T,2); % メモリの事前割り当て
accept_prob=0;
```

```
for t=1:T
    Y=[rand*2*pi;acos(1-2*rand)]; % 提案を行う
    if rand<alpha(X,Y) % Metropolis 尺度
        X=Y; accept_prob=accept_prob+1;
    end
    data(t,:)=X';
end
accept_prob=accept_prob/T
K=20; x=data(:,1); ell=mean(x);
for k=0:K
    R(k+1)= (x(1:end-k)-ell)'*(x(k+1:end)-ell);
    R(k+1)=R(k+1)/(length(x)-k-1);
end
plot([0:K],R)
```

図 6.1 は,上のコードを実行して得られた値 $\{X_{t,1}\} = \{V_{t,1}\}$ に基づいて推定した自己共分散関数 ($k = 0,\ldots,K$, $K < T$) (☞ p.323)

$$\widehat{R}(k) = \frac{1}{T-k-1} \sum_{t=1}^{T-k}(X_{t,1} - \bar{X}_{\bullet,1})(X_{t+k,1} - \bar{X}_{\bullet,1}), \quad \bar{X}_{\bullet,1} = \frac{1}{T}\sum_{t=1}^{T} X_{t,1}$$

を示している.共分散関数は急速に減衰し,10 ステップ以上のラグでは無視できるほどに小さくなる.このような急速な減衰が見られない場合には,独立サンプラーはゆっくりと定常分布に収束することが示唆されるだろう(つまりあまり混合しない.6.4 節を参照).実用においては,独立サンプラーの出力 $\mathbf{X}_0, \mathbf{X}_1, \mathbf{X}_2, \ldots$ から**間引き**した(thinned)マルコフ連鎖 $\mathbf{X}_0, \mathbf{X}_{t^*}, \mathbf{X}_{2t^*}, \ldots$ を考え,$\mathbf{X}_0, \mathbf{X}_{t^*}, \mathbf{X}_{2t^*}, \ldots$ を近似的に独立同分布に従う確率変数とする.$\widehat{R}(k)$ が $k \geqslant 10$ で無視できることから,t^* を 10 とするのが 1 つの選択肢である.

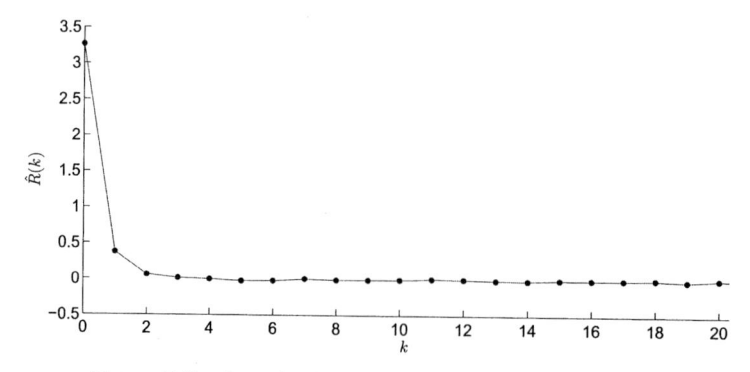

図 6.1 ラグ k を 20 までとしたときの $\{X_{t,1}\}$ の推定自己共分散関数.

6.1 Metropolis–Hastings アルゴリズム

このサンプリング法の性能に対する別の評価として，図 6.2 にこのサンプリング法によって楕円体表面上に生成された最初の 10^4 個の点を示す．この図から，表面全体が一様に点で覆われていることが見てとれる．

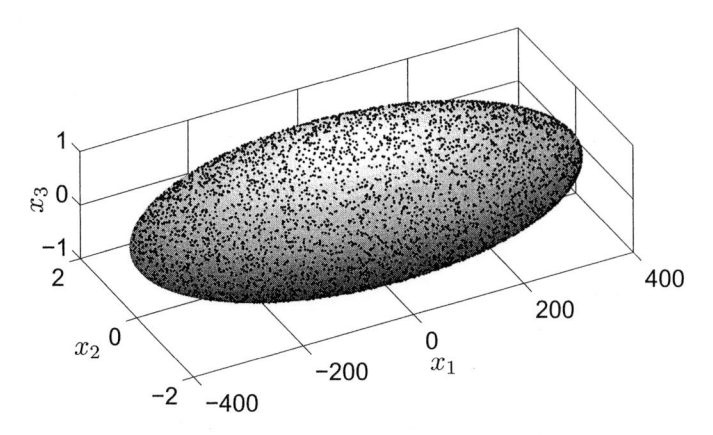

図 6.2 楕円体表面上の（独立サンプラーが生成した）最初の 10^4 個の点．独立サンプラーの推定採択確率は 0.88 である．

任意の MCMC サンプラーで得られる近似精度の評価は一般に難しい（6.4 節および 14.7 節を参照）．独立サンプラーの場合には，実際のサンプリングの確率密度関数と目標分布の確率密度関数の総変動距離の上界を計算することができる．確率測度 μ と ν の**総変動距離** (total variation distance) は，対応する σ 集合族のすべての集合 A に対する

$$\sup_A |\mu(A) - \nu(A)|$$

で定められる．Mengersen and Tweedie [52] は，独立サンプラーの収束が幾何的であることを示している．より正確には，任意の $\mathbf{x}$ に対して $f(\mathbf{x}) = \mathcal{Z}^{-1} p(\mathbf{x}) \leqslant C\, g(\mathbf{x})$ が成り立つような被覆定数 C が存在するとき

$$\sup_A \left| \int_A (\kappa_t(\mathbf{y}\,|\,\mathbf{x}) - f(\mathbf{y}))\, \mathrm{d}\mathbf{y} \right| \leqslant 2\left(1 - \frac{1}{C}\right)^t$$

が成り立つ．ただし，κ_t は独立サンプラーの t ステップの推移密度を表す．

この上界は独立サンプラーに対する厳密な定量評価を与えるものの，たいてい緩く，マルコフ連鎖の収束評価として使うにはそぐわない．例えば，例 6.1 の楕円体の表面密度に対しては

$$\frac{\|\mathbf{r}_1 \times \mathbf{r}_2\|}{S(a,b,c)} \leqslant \frac{r^2 \sin(v_2)}{S(a,b,c)} = \frac{4\pi r^2}{S(a,b,c)}\, g(v_1, v_2), \quad r = \max\{a,b,c\}$$

となるので，定数を $C = \frac{3r^2}{ab+ac+bc} \geqslant \frac{4\pi r^2}{S(a,b,c)}$ とすると，独立サンプラーの推移密度と目標密度関数の総変動距離は $2(1 - 1/C)^t$ より小さいことを得る．したがって，10% 以下の誤差を保証するには，$t \geqslant \lceil -\ln(10)/\ln(1 - 1/C) \rceil$ ステップの反復を行えばよいことになるのだが，これでは採択–棄却法の成功までに必要な試行回数の期待値よりも大きくなってしまう．しかし，図 6.2 および自己共分散の推定値をプロットした図 6.1 は，望ましい状況を得るのにそれほど長いマルコフ連鎖の推移は必要ないことを示唆している．

6.1.2 ランダムウォークサンプラー

提案密度が対称，つまり $q(\mathbf{y}|\mathbf{x}) = q(\mathbf{x}|\mathbf{y})$ のとき，採択確率 (6.1) は

$$\alpha(\mathbf{x}, \mathbf{y}) = \min\left\{\frac{f(\mathbf{y})}{f(\mathbf{x})}, 1\right\} \tag{6.5}$$

となり，アルゴリズム 6.1 は**ランダムウォークサンプラー**（random walk sampler）と呼ばれる．ランダムウォークサンプラーの例は，アルゴリズム 6.1 の Step 1 を $\mathbf{Y} = \mathbf{X}_t + \sigma\mathbf{Z}$ とする場合であり，このとき $\mathbf{Z}$ は例えば $\mathsf{N}(\mathbf{0}, I)$ のような球対称な分布（連続分布の場合）から生成する．

確率微分方程式（A.13 節を参照）

$$d\mathbf{X}_t = \frac{1}{2}\nabla \ln f(\mathbf{X}_t)\,dt + d\mathbf{W}_t$$

で定義される **Langevin 拡散**（Langevin diffusion）を考えよう．ただし，$\nabla \ln f(\mathbf{X}_t)$ は $\ln f(\mathbf{x})$ の $\mathbf{X}_t$ における勾配を表す．この Langevin 拡散は定常確率密度関数 f を持ち，非爆発的かつ可逆（reversible）である．アルゴリズム 6.1 の Step 1 における提案状態 $\mathbf{Y}$ が，Langevin 確率微分方程式に対するステップ幅 h の Euler 法（Euler discretization）(☞ p.190) に相当する場合にあたる

$$\mathbf{Y} = \mathbf{X}_t + \frac{h}{2}\nabla \ln f(\mathbf{X}_t) + \sqrt{h}\,\mathbf{Z}, \quad \mathbf{Z} \sim \mathsf{N}(\mathbf{0}, I)$$

を考えよう．これにより，「ドリフト」項 $\nabla \ln f(\mathbf{x}_t)$ のある，より高度なランダムウォークサンプラーが得られる．このようなランダムウォークサンプラーはまとめて **Langevin Metropolis–Hastings** アルゴリズムとして知られている [70]．この勾配は差分法 (☞ p.441) で数値的に近似でき，$f(\mathbf{x})$ の正規化定数を知ることなく計算できる．Langevin Metropolis–Hastings アルゴリズムは，場面によっては素朴なランダムウォークアルゴリズムよりも効率が良い [66], [70]．Langevin Metropolis–Hastings アルゴリズムの最適なパラメータ選択の議論については [58] を参照せよ．

■ **例 6.2**（ロジットモデルのベイズ分析）

ロジスティック回帰モデル，または**ロジットモデル**（logit model）のベイズ分析を考えよう．これはよく用いられる一般化線形モデル [25] の 1 つであり，2 進データ

$y_1, \ldots, y_n$（応答変数）は与えられた $p_1, \ldots, p_n$ に対する $\mathsf{Ber}(p_i)$ からの条件付き独立な実現値（すなわち $y_i \mid p_i \sim \mathsf{Ber}(p_i)$, $i = 1, \ldots, n$ は独立）であると想定し，

$$p_i = \frac{1}{1 + e^{-\mathbf{x}_i^\top \boldsymbol{\beta}}}, \quad i = 1, \ldots, n$$

とする．ここで，$\mathbf{x}_i = (x_{i1}, x_{i2}, \ldots, x_{ik})^\top$ は説明変数ないしは i 番目の応答変数の共変量とし，$\boldsymbol{\beta} = (\beta_1, \ldots, \beta_k)^\top$ は多変量正規事前分布 $\mathsf{N}(\boldsymbol{\beta}_0, V_0)$ のパラメータとする．したがって，ベイズロジットモデルは次のようにまとめられる．

- 事前分布：$f(\boldsymbol{\beta}) \propto \exp\left(-\frac{1}{2}(\boldsymbol{\beta} - \boldsymbol{\beta}_0)^\top V_0^{-1} (\boldsymbol{\beta} - \boldsymbol{\beta}_0)\right)$, $\boldsymbol{\beta} \in \mathbb{R}^k$.
- 尤度関数：$f(\mathbf{y} \mid \boldsymbol{\beta}) = \prod_{i=1}^n p_i^{y_i}(1 - p_i)^{1 - y_i}$, $p_i^{-1} = 1 + \exp(-\mathbf{x}_i^\top \boldsymbol{\beta})$.

事後分布の確率密度関数 $f(\boldsymbol{\beta} \mid \mathbf{y}) \propto f(\boldsymbol{\beta}, \mathbf{y}) = f(\boldsymbol{\beta})f(\mathbf{y} \mid \boldsymbol{\beta})$ は単純な解析形式では記述できないので，$\mathbb{E}[\boldsymbol{\beta} \mid \mathbf{y}]$ や $\mathrm{Cov}(\boldsymbol{\beta} \mid \mathbf{y})$ といった興味のあるさまざまな量の推定値を得るのに，ベイズ分析では事後分布 $f(\boldsymbol{\beta} \mid \mathbf{y})$ からの（近似的な）標本抽出を行う．また，シミュレーションは各モデルパラメータの周辺事後密度を調べる便利な方法でもある．

事後分布からの近似的な標本抽出を行うために，事後分布の最頻値付近の概形に適した多変量 t 分布 $\mathbf{t}_\nu(\boldsymbol{\mu}, \Sigma)$（☞ p.150）を提案分布に用いて，ランダムウォークサンプラーを使う．このとき，ベクトル $\boldsymbol{\mu}$ は事後分布の最頻値，すなわち $\mathrm{argmax}_{\boldsymbol{\beta}} \ln f(\boldsymbol{\beta} \mid \mathbf{y})$ とする．事後分布の最頻値は Newton–Raphson 法（C.2.2.1 項を参照）を用いて近似的に求めることができ，その際の勾配は

$$\nabla \ln f(\boldsymbol{\beta} \mid \mathbf{y}) = \sum_{i=1}^n \left(y_i - \frac{1}{1 + e^{-\mathbf{x}_i^\top \boldsymbol{\beta}}}\right) \mathbf{x}_i - V_0^{-1}(\boldsymbol{\beta} - \boldsymbol{\beta}_0)$$

とし，ヘッセ行列は

$$H = -\sum_{i=1}^n \frac{e^{-\mathbf{x}_i^\top \boldsymbol{\beta}}}{(1 + e^{-\mathbf{x}_i^\top \boldsymbol{\beta}})^2} \mathbf{x}_i \mathbf{x}_i^\top - V_0^{-1}$$

とする．これは，（定数項を無視した）事後分布の対数が

$$-\frac{1}{2}(\boldsymbol{\beta} - \boldsymbol{\beta}_0)^\top V_0^{-1}(\boldsymbol{\beta} - \boldsymbol{\beta}_0) - \sum_{i=1}^n y_i \ln\left(1 + e^{-\mathbf{x}_i^\top \boldsymbol{\beta}}\right)$$
$$+ (1 - y_i)\left(\mathbf{x}_i^\top \boldsymbol{\beta} + \ln\left(1 + e^{-\mathbf{x}_i^\top \boldsymbol{\beta}}\right)\right)$$

と書けることを用いている．提案分布 $\mathbf{t}_\nu(\boldsymbol{\mu}, \Sigma)$（☞ p.150）の尺度行列 Σ には，観測されたフィッシャー情報行列の逆行列を選び，$\Sigma = -H^{-1}$ とする．最後に，形状パラメータ ν（自由度）は適当に 10 としよう．ランダムウォークサンプラーの初期状態には，事後分布の最頻値 $\boldsymbol{\mu}$ を設定する．$\boldsymbol{\beta}^*$ が新たな提案で，$\boldsymbol{\beta}$ が現在の値の場合には，Metropolis–Hastings アルゴリズムの採択基準 (6.1) は

$$\alpha(\boldsymbol{\beta}, \boldsymbol{\beta}^*) = \min\left\{\frac{f(\boldsymbol{\beta}^*, \mathbf{y})}{f(\boldsymbol{\beta}, \mathbf{y})}, 1\right\}$$

と記述される．以下の MATLAB コードは，人工データを使ったロジットモデルに対する以上の手続きを実装したものである．

```
%logit_model.m
clear all,clc
n=5000; % データ点 (y_1,...,y_n) の個数
k=3;    % 説明変数の個数
% 人工データの生成
randn('seed', 12345);   rand('seed', 67890);
truebeta = [1 -5.5 1]';
X = [ ones(n,1) randn(n,k-1)*0.1 ];  % デザイン行列
Y = binornd(1,1./(1+exp(-X*truebeta)));
bo=zeros(k,1); % Vo=100*eye(k) とする
% Newton-Raphson 法を用いて最頻値を特定
err=inf; b=bo; % 初期推定
while norm(err)>10^(-3)
    p=1./(1+exp(-X*b));
    g=X'*(Y-p)-(b-bo)/100;
    H=-X'*diag(p.^2.*(1./p-1))*X-eye(k)/100;
    err=H\g; % Newton-Raphson 補正を計算
    b=b-err; % Newton 推定の更新
end
% 提案分布の尺度パラメータ
Sigma=-H\eye(k); B=chol(Sigma);
% 結合密度の対数 (定数項を除く)
logf=@(b)(-.5*(b-bo)'*(b-bo)/100-Y'*log(1+exp(-X*b))...
    -(1-Y)'*(X*b+log(1+exp(-X*b))));
alpha=@(x,y)min(1,exp(logf(y)-logf(x)));
df=10; T=10^4; data=nan(T,k); % メモリ割り当て
for t=1:T
    % 多変量 t 分布から提案の生成
    b_star= b + B'*(sqrt(df/gamrnd(df/2,2))*randn(k,1));
    if rand<alpha(b,b_star)
        b=b_star;
    end
    data(t,:)=b';
end
b_hat=mean(data)
Cov_hat=cov(data)
```

事後平均 $\mathbb{E}[\boldsymbol{\beta}|\mathbf{y}]$ と共分散 $\mathrm{Cov}(\boldsymbol{\beta}|\mathbf{y})$ の推定値の 1 つの例は

$$\widehat{\mathbb{E}[\boldsymbol{\beta}|\mathbf{y}]} = \begin{pmatrix} 0.980 \\ -5.313 \\ 1.136 \end{pmatrix} \quad \text{および} \quad \widehat{\mathrm{Cov}(\boldsymbol{\beta}|\mathbf{y})} = \begin{pmatrix} 0.0011 & -0.0025 & 0.0005 \\ -0.0025 & 0.1116 & -0.0095 \\ 0.0005 & -0.0095 & 0.1061 \end{pmatrix}$$

となる．ここで採用した事前分布はほとんど無情報と見なせるので，推定された事後平均が最尤推定量 $\hat{\boldsymbol{\beta}} = (0.978, -5.346, 1.142)^\top$ にかなり近い値になることに不思議はない．このロジットモデルに対する "周辺尤度" の計算については，例 14.3 で議論する．

6.2 ギブスサンプラー

ギブスサンプラー（Gibbs sampler）は，n 次元のランダムベクトルを生成するための Metropolis–Hastings アルゴリズムの一例と見ることもできる [31]．しかし，とても重要な手法であるため，ここでは独立に紹介する．ギブスサンプラーの顕著な特徴は，用いられるマルコフ連鎖が条件付き分布の列から構成されている点であり，この列は確定的な場合も確率的な場合もある．

いま，確率変数ベクトル $\mathbf{X} = (X_1, \ldots, X_n)$ を目標の確率密度関数 $f(\mathbf{x})$ に従って標本抽出したいとする．$f(x_i \mid x_1, \ldots, x_{i-1}, x_{i+1}, \ldots, x_n)$ は，第 i 座標以外の $x_1, \ldots, x_{i-1}, x_{i+1}, \ldots, x_n$ が与えられたもとでの第 i 座標 X_i の条件付き確率密度関数を表す．ここでは，B.3 節で導入しているベイズ流記法を使う．

アルゴリズム 6.2（ギブスサンプラー）

初期状態 $\mathbf{X}_0$ が与えられたとして，各 $t = 0, 1, \ldots$ について以下のステップを実行する．

1. 与えられた $\mathbf{X}_t$ に対し，$\mathbf{Y} = (Y_1, \ldots, Y_n)$ を次のように生成する．
   a) Y_1 を条件付き確率密度関数 $f(x_1 \mid X_{t,2}, \ldots, X_{t,n})$ に従って選ぶ．
   b) Y_i, $i = 2, \ldots, n-1$ を $f(x_i \mid Y_1, \ldots, Y_{i-1}, X_{t,i+1}, \ldots, X_{t,n})$ に従って選ぶ．
   c) Y_n を $f(x_n \mid Y_1, \ldots, Y_{n-1})$ に従って選ぶ．
2. $\mathbf{X}_{t+1} = \mathbf{Y}$ とする．

推移確率密度関数は

$$\kappa_{1 \to n}(\mathbf{y} \mid \mathbf{x}) = \prod_{i=1}^{n} f(y_i \mid y_1, \ldots, y_{i-1}, x_{i+1}, \ldots, x_n) \tag{6.6}$$

で与えられる．ただし，下添え字の $1 \to n$ は，$\mathbf{x}$ の各成分が $1 \to 2 \to 3 \to \cdots \to n$ の順に更新されることを表す．ギブスサンプラーでは，「提案」$\mathbf{y}$ は "必ず" 採択されることに注意しよう．逆向きの推移 $\mathbf{y} \to \mathbf{x}$ を，$\mathbf{y}$ が $n \to n-1 \to n-2 \to \cdots \to 1$ の順に更新されるものとすると，その推移確率密度は

$$\kappa_{n \to 1}(\mathbf{x} \mid \mathbf{y}) = \prod_{i=1}^{n} f(x_i \mid y_1, \ldots, y_{i-1}, x_{i+1}, \ldots, x_n)$$

となる．Hammersley and Clifford [36]（☞ p.214）は，次の結果を示している．

定理 6.1（Hammersley–Clifford） 確率密度関数 $f(\mathbf{x})$ の i 番目の周辺密度を $f(x_i)$ で表す．いま，密度 $f(\mathbf{x})$ は**正値条件**（positivity condition）を満たす，つまり任意の $\mathbf{y} \in \{\mathbf{x} : f(x_i) > 0,\ i = 1, \ldots, n\}$ に対して $f(\mathbf{y}) > 0$ とする．このとき，

$$f(\mathbf{y})\,\kappa_{n \to 1}(\mathbf{x}\,|\,\mathbf{y}) = f(\mathbf{x})\,\kappa_{1 \to n}(\mathbf{y}\,|\,\mathbf{x})$$

が成り立つ．

証明（概略）： 以下の式変形が成立する．

$$\begin{aligned}
\frac{\kappa_{1 \to n}(\mathbf{y}\,|\,\mathbf{x})}{\kappa_{n \to 1}(\mathbf{x}\,|\,\mathbf{y})} &= \prod_{i=1}^{n} \frac{f(y_i\,|\,y_1, \ldots, y_{i-1}, x_{i+1}, \ldots, x_n)}{f(x_i\,|\,y_1, \ldots, y_{i-1}, x_{i+1}, \ldots, x_n)} \\
&= \prod_{i=1}^{n} \frac{f(y_1, \ldots, y_i, x_{i+1}, \ldots, x_n)}{f(y_1, \ldots, y_{i-1}, x_i, \ldots, x_n)} \\
&= \frac{f(\mathbf{y}) \prod_{i=1}^{n-1} f(y_1, \ldots, y_i, x_{i+1}, \ldots, x_n)}{f(\mathbf{x}) \prod_{j=2}^{n} f(y_1, \ldots, y_{j-1}, x_j, \ldots, x_n)} \\
&= \frac{f(\mathbf{y}) \prod_{i=1}^{n-1} f(y_1, \ldots, y_i, x_{i+1}, \ldots, x_n)}{f(\mathbf{x}) \prod_{j=1}^{n-1} f(y_1, \ldots, y_j, x_{j+1}, \ldots, x_n)} = \frac{f(\mathbf{y})}{f(\mathbf{x})}
\end{aligned}$$

最後の等式から，題意を得る．

Hammersley–Clifford の条件は，Metropolis–Hastings サンプラーの詳細釣り合い方程式に似ている．両辺を $\mathbf{x}$ について積分すると，大域釣り合い方程式（☞ p.666）

$$\int f(\mathbf{x})\,\kappa_{1 \to n}(\mathbf{y}\,|\,\mathbf{x})\,d\mathbf{x} = f(\mathbf{y})$$

が成り立ち，f は $\kappa_{1 \to n}(\mathbf{y}\,|\,\mathbf{x})$ を推移密度とするマルコフ連鎖の定常確率密度関数であることがわかる．さらに，f の正値性の仮定より，ギブスマルコフ連鎖は既約で，f が極限確率密度関数であることも示される [65]．しかし，実用上は，密度関数の正値性の検証は容易でない．ギブスサンプラーで生成される過程 $\{\mathbf{X}_t, t = 1, 2, \ldots\}$ の極限密度関数が f となることを保証し，さらに f への収束も幾何的に速くするような，より弱い技巧的条件も多数知られている（[43], [65] を参照）．

アルゴリズム 6.2 が与えているのは，（座標成分ごとの）**系統的**（systematic）ギブスサンプラーである．つまり，ベクトル $\mathbf{X}$ の各成分は $1 \to 2 \to \cdots \to n$ の順に更新される．指定された順に条件付きサンプリングを一通り完了することを，**一巡**（cycle）と呼ぶ．別の順番でベクトル $\mathbf{X}$ の各成分を更新することも可能である．例えば，**可逆ギブスサンプラー**（reversible Gibbs sampler）の一巡は

$$1 \to 2 \to \cdots \to n-1 \to n \to n-1 \to \cdots \to 2 \to 1$$

の順の更新である．**ランダム走査ギブスサンプラー**（random sweep/scan Gibbs sampler）では，一巡で $1, \ldots, n$ の座標を一様ランダムに 1 つないし複数選んで更新する場合や，あるいは全座標のランダム順列 $\pi_1 \to \pi_2 \to \cdots \to \pi_n$ の順番に従って更

新する場合がある．組織的ギブスサンプラー以外のいずれにおいても，マルコフ連鎖 $\{\mathbf{X}_t, t = 1, 2, \ldots\}$ は "可逆" (reversible) (☞ p.667) である．一巡で座標を 1 つだけ選択するランダムギブスサンプラーは，形式的に Metropolis–Hastings サンプラーと見ることができ，その推移確率は

$$q(\mathbf{y} \mid \mathbf{x}) = \frac{1}{n} f(y_i \mid x_1, \ldots, x_{i-1}, x_{i+1}, \ldots, x_n) = \frac{1}{n} \frac{f(\mathbf{y})}{\sum_{y_i} f(\mathbf{y})}$$

である．ただし，$\mathbf{y} = (x_1, \ldots, x_{i-1}, y_i, x_{i+1}, \ldots, x_n)$ とする．このとき，$\sum_{y_i} f(\mathbf{y})$ は $\sum_{x_i} f(\mathbf{x})$ とも書けることに注意すると，

$$\frac{f(\mathbf{y}) \, q(\mathbf{x} \mid \mathbf{y})}{f(\mathbf{x}) \, q(\mathbf{y} \mid \mathbf{x})} = \frac{f(\mathbf{y}) \, f(\mathbf{x})}{f(\mathbf{x}) \, f(\mathbf{y})} = 1$$

が成り立ち，この場合の採択確率 $\alpha(\mathbf{x}, \mathbf{y})$ は 1 となる．

■ 例 6.3（ゼロ過剰ポアソンモデル）

ギブスサンプリングは，ベイズ分析の主要な計算技法の 1 つである．**ゼロ過剰ポアソン**（zero-inflated Poisson）モデルでは，確率的データ $X_1, \ldots, X_n$ は $X_i = R_i Y_i$ と記述されると仮定し，$Y_1, \ldots, Y_n \stackrel{\text{iid}}{\sim} \text{Poi}(\lambda)$ と $R_1, \ldots, R_n \stackrel{\text{iid}}{\sim} \text{Ber}(p)$ は独立とする．与えられる標本 $\mathbf{x} = (x_1, \ldots, x_n)$ に対し，目的は λ と p の両方を推定することである．典型的なベイズデータ分析に沿うと，次の階層モデル（☞ p.708）を得る．

- $p \sim \text{U}(0, 1)$ 　　　（p の事前分布）
- $(\lambda \mid p) \sim \text{Gamma}(a, b)$ 　　　（λ の事前分布）
- $(r_i \mid p, \lambda) \sim \text{Ber}(p)$ それぞれは独立とする 　　（上述のモデルより）
- $(x_i \mid \mathbf{r}, \lambda, p) \sim \text{Poi}(\lambda r_i)$ それぞれは独立とする 　　（上述のモデルより）

ただし，a と b は既知パラメータとする．したがって，すべてのパラメータと $\mathbf{x}$ の結合確率密度関数は

$$\begin{aligned}
f(\mathbf{x}, \mathbf{r}, \lambda, p) &= \frac{b^a \lambda^{a-1} \mathrm{e}^{-b\lambda}}{\Gamma(a)} \prod_{i=1}^{n} \frac{\mathrm{e}^{-\lambda r_i} (\lambda r_i)^{x_i}}{x_i!} p^{r_i} (1-p)^{1-r_i} \\
&= \frac{b^a \lambda^{a-1} \mathrm{e}^{-b\lambda}}{\Gamma(a)} \mathrm{e}^{-\lambda \sum_i r_i} p^{\sum_i r_i} (1-p)^{n - \sum_i r_i} \lambda^{\sum_i x_i} \prod_{i=1}^{n} \frac{r_i^{x_i}}{(x_i)!}
\end{aligned}$$

と書ける．この事後確率密度関数 $f(\lambda, p, \mathbf{r} \mid \mathbf{x}) \propto f(\mathbf{x}, \mathbf{r}, \lambda, p)$ の次元は大きくなってしまうので，ベイズ公式を使った解析的な計算は手に負えなくなる．そこで，ギブスサンプラー（アルゴリズム 6.2）が近似サンプリングと事後分布の調査の便利な道具となる．事後分布の条件付き分布は

- $f(\lambda \mid p, \mathbf{r}, \mathbf{x}) \propto \lambda^{a-1+\sum_i r_i} \mathrm{e}^{-\lambda(b+\sum_i r_i)}$
- $f(p \mid \lambda, \mathbf{r}, \mathbf{x}) \propto p^{\sum_i r_i} (1-p)^{n-\sum_i r_i}$
- $f(r_k \mid \lambda, p, \mathbf{x}) \propto \left(\dfrac{p \, \mathrm{e}^{-\lambda}}{1-p} \right)^{r_k} r_k^{x_k}$

となる．すなわち，

- $(\lambda \,|\, p, \mathbf{r}, \mathbf{x}) \sim \mathsf{Gamma}\left(a + \sum_i x_i,\ b + \sum_i r_i\right)$
- $(p \,|\, \lambda, \mathbf{r}, \mathbf{x}) \sim \mathsf{Beta}\left(1 + \sum_i r_i,\ n + 1 - \sum_i r_i\right)$
- $(r_k \,|\, \lambda, p, \mathbf{x}) \sim \mathsf{Ber}\left(\dfrac{p\,\mathrm{e}^{-\lambda}}{p\,\mathrm{e}^{-\lambda} + (1-p)\mathrm{I}_{\{x_k=0\}}}\right)$

を得る.

ギブスサンプラー(アルゴリズム 6.2)の精度を評価するために,パラメータを $p=0.3$, $\lambda=2$ として,ゼロ過剰ポアソンモデルのランダムデータを $n=100$ 個生成した.得られたデータからパラメータ推定を行うために,λ の事前分布のパラメータを $a=1$,$b=1$ とし,ギブスサンプラーを使って事後分布から 10^5 個の(従属な)標本を生成した.95%ベイズ信頼区間(confidence interval; 信用区間(credible interval)ともいう)(☞ p.707)は以下のスクリプトを使って求められる.MATLAB の "statistics toolbox" にある関数 gamrnd(a,b) は,$\mathsf{Gamma}(a, 1/b)$ 分布からの標本抽出用であることに注意しよう.得られたベイズ信頼区間は λ が $(1.33, 2.58)$ で,p が $(0.185, 0.391)$ であった.得られた区間に真の値が含まれていることがわかる.

```
%zip.m
n=100; p=.3; lambda=2;
% ゼロ過剰ポアソンの確率変数を生成する
data=poissrnd(lambda,n,1).*(rand(n,1)<p);
% データからゼロ過剰ポアソンのパラメータを再生する
P=rand; % p の初期推定
lam=gamrnd(1,1); % λ の初期推定
r=(rand(n,1)<P); % r の初期推定
Sum_data=sum(data);
gibbs_sample=zeros(10^5,2);
% ギブスサンプラー適用
for k=1:10^5
   Sum_r=sum(r);
   lam=gamrnd(1+Sum_data,1/(1+Sum_r));
   P=betarnd(1+Sum_r,n+1-Sum_r);
   prob=exp(-lam)*P./(exp(-lam)*P+(1-P)*(data==0));
   r=(rand(n,1)<prob);
   gibbs_sample(k,:)=[P,lam];
end
% λ の 95%信用区間
prctile(gibbs_sample(:,2),[2.5,97.5])
% p の 95%信用区間
prctile(gibbs_sample(:,1),[2.5,97.5])
```

ギブスサンプラーは，結合密度の条件付き分布からのサンプリングが簡単な場合にはいつでも有効である．また，必ずしもランダムベクトル $\mathbf{X}$ の各要素を個別に更新する必要はなく，代わりにいくつかの変数のまとまりを同時に更新することもできる．例えば，結合確率密度関数 $f(x_1, x_2, x_3)$ からのサンプリングには，以下の形式のギブスサンプラーが考えられる．

アルゴリズム 6.3 （集団ギブスサンプラー）

$f(x_1, x_2, x_3)$ から標本抽出するために，与えられた初期状態 $\mathbf{X}_0$ に対して，各 $t = 0, 1, 2, \ldots$ について以下のステップを繰り返す．

1. 与えられた $\mathbf{X}_t = (X_{t,1}, X_{t,2}, X_{t,3})$ に対し，$\mathbf{Y} = (Y_1, Y_2, Y_3)$ を以下のように生成する．
    a) 条件付き確率密度関数 $f(y_1, y_2 \,|\, X_{t,3})$ から (Y_1, Y_2) を選ぶ．
    b) 条件付き確率密度関数 $f(y_3 \,|\, Y_1, Y_2)$ から Y_3 を選ぶ．
2. $\mathbf{X}_{t+1} = \mathbf{Y}$ とする．

アルゴリズム 6.3 では変数 x_1, x_2 がまとめられている．高い相関のある変数がひとまとめにされたとき，マルコフ連鎖の収束の著しい高速化が達成できることがある [69]．集団ギブスサンプラーは，Potts モデルからの標本生成で用いられる "Swendsen–Wang" アルゴリズムの本質的なアイデアの 1 つである（例 6.12 を参照）．

ランダムベクトルのいくつかの成分だけを更新し，他の成分はそのままにしておくというギブスサンプラーの本質的なアイデアは，状態変数のとる値が $\mathbb{R}^n$ に限らず一般の空間にある場合でも役に立つ（[41] を参照）．次の例では，複雑な多変量密度の正規化定数の計算にこのアイデアを使う方法を説明する．

■ 例 6.4 （Chib 法）

いま，既知の $p(\mathbf{x})$ に対し，
$$f(\mathbf{x}) = \frac{p(\mathbf{x})}{\mathcal{Z}}, \quad \mathbf{x} = (x_1, \ldots, x_n)$$
の正規化定数 $\mathcal{Z}$ を推定したいとする．この式を変形すると，恒等式
$$\mathcal{Z} = \frac{p(\mathbf{x})}{f(\mathbf{x})}, \quad \forall \mathbf{x} \in \{\mathbf{x} : f(\mathbf{x}) > 0\}$$
を得る．特に，この恒等式は 1 点 $\mathbf{x} = \mathbf{x}^*$ でも成り立つ．したがって，$\mathcal{Z}$ を求めるために，ある点 $\mathbf{x}^*$ における $f(\mathbf{x})$ を評価する必要がある．数値的精度を確保するため，$\mathbf{x}^*$ は通常 f が大きい点をとる．以下の方法で $f(\mathbf{x}^*)$ の推定を行う．

確率の "乗法公式" （product rule）を使って，$f(\mathbf{x}^*)$ は
$$f(\mathbf{x}^*) = f(x_1^*) f(x_2^* \,|\, x_1^*) f(x_3^* \,|\, x_1^*, x_2^*) \cdots f(x_n^* \,|\, x_1^*, \ldots, x_{n-1}^*) \tag{6.7}$$
と書ける（☞ p.646）．条件付き密度

$$f(x_i\,|\,x_1,\ldots,x_{i-1},x_{i+1},\ldots,x_n), \quad i=1,\ldots,n$$

はそれぞれ既知と仮定する．つまり，式 (6.7) の $f(x_n^*\,|\,x_1^*,\ldots,x_{n-1}^*)$ は既知である．しかし，$f(\mathbf{x}^*)$ の因数分解のその他の条件付き密度は一般に未知であり，推定しなければならない．式 (6.7) の右辺第 1 項の $f(x_1^*)$ は

$$\widehat{f_1} = \frac{1}{N}\sum_{i=1}^{N} f(x_1^*\,|\,X_2^{(i)},\ldots,X_n^{(i)}) \tag{6.8}$$

と推定できる．ただし，$(X_1^{(i)},\ldots,X_n^{(i)}) \sim f(\mathbf{x})$, $i = 1,\ldots,N$ はギブスサンプラーを実行して得たもので，第 1 成分 x_1 の値は無視する．同様に，第 k 項の $f(x_k^*\,|\,x_1^*,\ldots,x_{k-1}^*)$ は

$$\widehat{f_k} = \frac{1}{N}\sum_{i=1}^{N} f(x_k^*\,|\,x_1^*,\ldots,x_{k-1}^*,X_{k+1}^{(i)},\ldots,X_n^{(i)}), \quad k \leqslant n-1 \tag{6.9}$$

と推定できる．ここで，$(X_k^{(i)}, X_{k+1}^{(i)},\ldots,X_n^{(i)}) \sim f(x_k,\ldots,x_n\,|\,x_1^*,\ldots,x_{k-1}^*)$, $i = 1,\ldots,N$ は，$(x_1,\ldots,x_{k-1})$ を $(x_1^*,\ldots,x_{k-1}^*)$ に固定して $(x_k,\ldots,x_n)$ 上の一巡を使う"別の"ギブスサンプラーを実行し，x_k を捨てることで得る．最後の項 $f_n = f(x_n^*\,|\,x_1^*,\ldots,x_{n-1}^*)$ は仮定より得られるため，推定の必要はないことに注意する．こうして，$\mathcal{Z}$ の推定量は

$$\widehat{\mathcal{Z}} = \frac{p(\mathbf{x}^*)}{f_n \prod_{k=1}^{n-1} \widehat{f_k}} \tag{6.10}$$

として得られる．この手法は [18] で提案されたもので，以下のようにまとめられる．

アルゴリズム 6.4（Chib 法）

$f(\mathbf{x})$ の値の大きい領域の点 $\mathbf{x}^* = (x_1^*,\ldots,x_n^*)$ が与えられたとして，以下のステップを実行する．

1. ギブスサンプラーを実行して $(X_1^{(i)}, X_2^{(i)},\ldots,X_n^{(i)}) \sim f(\mathbf{x})$, $i = 1,\ldots,N$ を生成し，式 (6.8) の $\widehat{f_1}$ を計算する．
2. $k = 2,\ldots,n-1$ については，$(x_1,\ldots,x_{k-1})$ を $(x_1^*,\ldots,x_{k-1}^*)$ に固定して，$(x_k,\ldots,x_n)$ 上を一巡するギブスサンプラーを用いる．このギブスサンプラーを使って $(X_{k+1}^{(i)},\ldots,X_n^{(i)})$, $i = 1,\ldots,N$ を生成し，式 (6.9) の $\widehat{f_k}$ を推定する．
3. $f_n = f(x_n^*\,|\,x_1^*,\ldots,x_{n-1}^*)$ を計算し，式 (6.10) の推定値を求める．

数値例として，

$$p(\mathbf{x}) = e^{-(x_1+\cdots+x_5)}\,\mathrm{I}_{\{S(\mathbf{x})>8\}}, \quad \mathbf{x} = (x_1,\ldots,x_5), \quad \mathbf{x} \in \mathbb{R}_+^5$$

とし，

$$S(\mathbf{x}) = \min\{x_1+x_4,\ x_1+x_3+x_5,\ x_2+x_3+x_4,\ x_2+x_5\}$$

とした場合を考えよう．このとき，$S(\mathbf{x})$ は図 9.1 にあるブリッジ回路の A から B への最短路を表し，$\mathcal{Z}$ は各リンクの長さを $X_1, \ldots, X_5 \overset{\text{iid}}{\sim} \text{Exp}(1)$ としたときに最短路長が 8 を上回る確率を表す．このとき，

$$f(x_i \,|\, \mathbf{x}_{-i}) = \mathrm{e}^{-x_i + \beta_i}, \quad x_i > \beta_i, \quad i = 1, \ldots, 5$$

が得られる．ただし，$\mathbf{x}_{-i}$ はベクトル $\mathbf{x}$ の第 i 成分を取り除いたものを表し，($x^+ \overset{\text{def}}{=} \max\{0, x\}$ として)

$$\beta_1 = (8 - \min\{x_4, x_3 + x_5\})^+$$
$$\beta_2 = (8 - \min\{x_5, x_3 + x_4\})^+$$
$$\beta_3 = (8 - \min\{x_1 + x_5, x_2 + x_4\})^+$$
$$\beta_4 = (8 - \min\{x_1, x_2 + x_3\})^+$$
$$\beta_5 = (8 - \min\{x_2, x_1 + x_3\})^+$$

とする．

このような打ち切り指数密度からの標本抽出は簡単である（☞ p.54）．まず，$U_i \sim \mathsf{U}(0, 1)$ を生成して $X_i = \beta_i - \ln U_i$ とすれば，$X_i \sim f(x_i \,|\, \mathbf{x}_{-i})$ が得られる．下の MATLAB コードは，$N = 10^4$ として Chib の技法を実行する．定数 $\{\beta_i\}$ は関数 bet.m に記述する．以上の設定に対し，1 つの推定値として $\widehat{\mathcal{Z}} = 3.55 \times 10^{-6}$ が得られた．アルゴリズムを独立に何回も走らせると，相対誤差も推定できる．$\mathbf{x}^*$ の値を固定して独立な試行を繰り返すと，10 回の試行で 5% の推定相対誤差が得られた．$\mathbf{x}^*$ の選択は推定精度に大きな影響を与えることに注意が必要である（[18] を参照）．

```
%chibs.m
clear all,clc
N=10^4;
xs=ones(1,5)*8; % x-star
for j=1:4 % 条件付き密度の個数
    pi(j)=0;
    x=xs;
    for iter=1:N
        for k=j:5
            x(k)=bet(x,k)-log(rand);
        end
        pi(j)=pi(j)+exp(-xs(j)+bet(x,j));
    end
    pi(j)=pi(j)/N;
end
% Step 3
pi(5)=exp(-(xs(5)-bet(xs,5)))
% 推定値
```

```
exp(-sum(xs))/prod(pi)
```

```
function out=bet(x,idx)
switch idx
    case 1
        out=8-min([x(4),x(3)+x(5)]);
    case 2
        out=8-min([x(5),x(3)+x(4)]);
    case 3
        out=8-min([x(1)+x(5),x(2)+x(4)]);
    case 4
        out=8-min([x(1),x(2)+x(3)]);
    case 5
        out=8-min([x(2),x(1)+x(3)]);
end
out=max(out,0);
```

　Chib法は，ベイズモデル選択で重要な周辺尤度（marginal likelihood）（☞ p.707）の計算に広く用いられる．オリジナルの技法 [18] では，事後分布からのシミュレーションにギブスサンプラーが用いられる場合，つまり，すべての全条件付き分布の正規化定数がわかっている場合にのみ適用可能であった．この手法は，Metropolis–Hastings サンプラーが代わりに利用できる状況へも拡張されている（[19] を参照）．周辺尤度の計算のための相互作用粒子分岐法（interacting particle splitting）については，例 14.3 を参照せよ．

6.3　さまざまなサンプリング技法

　MCMC法は汎用手法であり，次元や複雑さによらず，ほぼどのような目標分布からの乱数の近似的な生成においても用いることができる．しかし，MCMC法には以下のような潜在的な問題点もある．
　1) 得られた標本は往々にして高い相関を持つ．
　2) マルコフ連鎖が目標分布のピークのいくつかを見逃すことがある．
　3) MCMC で生成した標本に基づく推定量は，目標分布からの独立な標本に基づく推定量に比べて，しばしば大きな分散を持つ．
これらの点を克服するためのさまざまな取り組みがあり，定常状態への収束速度の向上や標本間の相関の低減を目的として，Metropolis–Hastings アルゴリズムの拡張が

数多く提案されている [43], [65]. 本節では，これらの工夫のいくつかについて説明する．

6.3.1 hit-and-run サンプラー

hit-and-run サンプラーは，Smith [75] によって開発され，**線サンプラー**（line sampler）[1] の文脈では最初の MCMC 法である．前節と同様に，$\mathscr{X} \subseteq \mathbb{R}^n$ 上の目標分布 $f(\mathbf{x}) = p(\mathbf{x})/\mathcal{Z}$ からのサンプリングを目的とする．

まずは，$\mathbb{R}^n$ の有界開領域 $\mathscr{X}$ 上の "一様分布" から標本を生成するオリジナルの hit-and-run サンプラーについて述べよう．各反復では，現在の点 $\mathbf{x}$ から出発して，まず n 次元超球面上に一様ランダムに**方向ベクトル**（direction vector）$\mathbf{d}$ を生成する．次に，点 $\mathbf{x}$ を通る方向 $\mathbf{d}$ の直線と領域 $\mathscr{X}$ の包含直方体との共通部分が定義する線分を $\mathscr{L}$ とする．最後に，次の点 $\mathbf{y}$ を $\mathscr{L}$ と $\mathscr{X}$ の共通部分から一様ランダムに選択する．

図 6.3 に，長方形に包含された集合 $\mathscr{X}$（灰色の領域）から一様ランダムに生成する hit-and-run アルゴリズムを示す．$\mathscr{X}$ 中の与えられた点 $\mathbf{x}$ に対し，方向 $\mathbf{d}$ が生成され，線分 $\mathscr{L} = \overline{uv}$ が定まる．点 $\mathbf{y}$ は $\mathscr{L} \cap \mathscr{X}$ 上から一様に選ばれた点で，これは，例えば採択–棄却法を用いて，$\mathscr{L}$ 上の点を一様に生成して領域 $\mathscr{X}$ 内にある場合だけ採択することで実現できる．

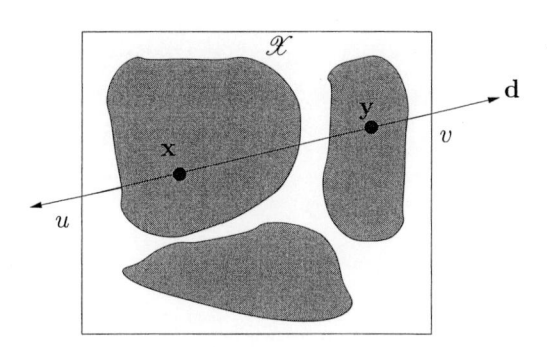

図 6.3 2 次元長方形上の hit-and-run の図．

$\mathbb{R}^n$ の "任意の" 開集合に対して，一様な hit-and-run サンプラーは，漸近的に一様に分布する点を生成する（[75] を参照）．hit-and-run サンプラーの魅力の 1 つに，1 ステップでどのような点にも到達できること，つまり集合上のどの近傍もサンプリングされる確率が正であることが挙げられる．Lovász [45] は，n 次元の凸体上の hit-and-run アルゴリズムを用いて，多項式時間（$O(n^3)$）で近似的に一様分布からの標本が得られることを示している．彼は，一様分布への収束に関して hit-and-run アルゴリズムが実用上最も速いようであると述べている [45], [46]．hit-and-run アルゴリズムは多項

式時間で隅から抜け出せる点で他に類を見ず，例えば，"ボールウォーク"（ball walk）は，領域の隅から抜け出すのに指数オーダーの時間がかかる．

ここからは，有界，非有界にかかわらず任意の領域 $\mathscr{X}$ 上の "任意の" 正の連続確率密度関数 $f(\mathbf{x}) = p(\mathbf{x})/\mathcal{Z}$ から標本抽出する，より一般化された hit-and-run アルゴリズムについて述べる [16], [17]．Metropolis–Hastings アルゴリズムと同様に，提案推移を生成し，その後 f に依存する確率で候補点の採択・棄却を決める．提案推移 $\mathbf{y}$ は（t 回目の反復における）現在の点 $\mathbf{x}$ から $\mathbf{d}$ の方向に移動幅 λ の位置に生成される．t 回目の反復における移動幅 λ は，提案密度 $g_t(\lambda \,|\, \mathbf{d}, \mathbf{x})$ から生成される．候補点 $\mathbf{y} = \mathbf{x} + \lambda \mathbf{d}$ は，Metropolis–Hastings の採択規準 (6.1) と同様に，確率

$$\alpha(\mathbf{x}, \mathbf{y}) = \min\left\{\frac{f(\mathbf{y})\, g_t\left(|\lambda|\,\middle|\, -\mathrm{sgn}(\lambda)\, \mathbf{d}, \mathbf{y}\right)}{f(\mathbf{x})\, g_t\left(|\lambda|\,\middle|\, \mathrm{sgn}(\lambda)\, \mathbf{d}, \mathbf{x}\right)},\, 1\right\} \quad (6.11)$$

で採択され，棄却された場合にはマルコフ連鎖は状態 $\mathbf{x}$ に留まる．条件 (6.11) から g_t は詳細釣り合い方程式

$$g_t\left(\|\mathbf{x} - \mathbf{y}\|\,\middle|\, \frac{\mathbf{y} - \mathbf{x}}{\|\mathbf{x} - \mathbf{y}\|}, \mathbf{x}\right) \alpha(\mathbf{x}, \mathbf{y}) f(\mathbf{x}) = g_t\left(\|\mathbf{x} - \mathbf{y}\|\,\middle|\, \frac{\mathbf{x} - \mathbf{y}}{\|\mathbf{x} - \mathbf{y}\|}, \mathbf{y}\right) \alpha(\mathbf{y}, \mathbf{x}) f(\mathbf{y})$$

を満たす．詳細釣り合い方程式を満たす提案密度を**妥当**（valid）提案密度と呼ぶことにしよう．各反復 t において

$$\mathscr{M}_t \stackrel{\mathrm{def}}{=} \{\lambda \in \mathbb{R} : \mathbf{x} + \lambda \mathbf{d} \in \mathscr{X}\}$$

とすると，妥当提案密度 $g_t(\lambda \,|\, \mathbf{d}, \mathbf{x})$ には，以下のようなものが考えられる．

- $g_t(\lambda \,|\, \mathbf{d}, \mathbf{x}) = \widetilde{g}_t(\mathbf{x} + \lambda \mathbf{d})$，$\lambda \in \mathbb{R}$ とする場合．このとき，採択確率 (6.11) は

$$\alpha(\mathbf{x}, \mathbf{y}) = \min\left\{\frac{f(\mathbf{y})\,\widetilde{g}_t(\mathbf{x})}{f(\mathbf{x})\,\widetilde{g}_t(\mathbf{y})}, 1\right\}$$

と簡単になる．よく用いられるのは

$$g_t(\lambda \,|\, \mathbf{d}, \mathbf{x}) = \frac{f(\mathbf{x} + \lambda \mathbf{d})}{\int_{\mathscr{M}_t} f(\mathbf{x} + u \mathbf{d})\, du}, \quad \lambda \in \mathscr{M}_t \quad (6.12)$$

とする方法で，この場合，式 (6.11) はさらに簡単に $\alpha(\mathbf{x}, \mathbf{y}) = 1$ となる．

- $g_t(\lambda \,|\, \mathbf{d}, \mathbf{x}) = \widetilde{g}_t(\lambda)$，$\lambda \in \mathbb{R}$ が，$\mathscr{M}_t$ だけに依存する対称（$\widetilde{g}_t(\lambda) = \widetilde{g}_t(-\lambda)$）な連続確率密度関数の場合．このとき，採択確率 (6.11) は

$$\alpha(\mathbf{x}, \mathbf{y}) = \min\{f(\mathbf{y})/f(\mathbf{x}), 1\}$$

と簡単になる．$\mathscr{X}$ が非有界の場合には，$\widetilde{g}_t(\lambda)$ として平均 0 で分散は $\mathscr{M}_t$ に依存する正規確率密度関数がよく用いられる．一方，$\mathscr{X}$ が有界の場合は

$$\widetilde{g}_t(\lambda) = \frac{\mathrm{I}_{\{\lambda \in \mathscr{M}_t\}}}{\int_{\mathbb{R}} \mathrm{I}_{\{u \in \mathscr{M}_t\}}\, du}$$

がよく用いられる．

まとめると，hit-and-run アルゴリズムは以下のようになる．

アルゴリズム 6.5（hit-and-run）

1. 初期状態を $\mathbf{X}_1 \in \mathscr{X}$ とし，$t=1$ とする．
2. n 次元の単位超球面上に一様ランダムな方向 $\mathbf{d}_t$ を生成する．すなわち，

$$\mathbf{d}_t = \left(\frac{Z_1}{\|\mathbf{Z}\|}, \ldots, \frac{Z_n}{\|\mathbf{Z}\|} \right)^\top, \quad Z_1, \ldots, Z_n \overset{\text{iid}}{\sim} \mathsf{N}(0,1)$$

とする．ただし $\|\mathbf{Z}\| = \sqrt{Z_1^2 + \cdots + Z_n^2}$ である．
3. 妥当提案密度 $g_t(\lambda \mid \mathbf{d}_t, \mathbf{X}_t)$ から，λ を生成する．
4. $\mathbf{Y} = \mathbf{X}_t + \lambda \mathbf{d}_t$ とし，

$$\mathbf{X}_{t+1} = \begin{cases} \mathbf{Y}, & \text{式 (6.11) の確率 } \alpha(\mathbf{X}_t, \mathbf{Y}) \\ \mathbf{X}_t, & \text{その他の場合} \end{cases}$$

とする．
5. 停止条件を満たせば停止する．満たさなければ，t を 1 増やして Step 2 へ戻る．

提案密度 (6.12) を用いると，ギブス型のサンプリングアルゴリズムが得られる．つまり，各候補は必ず採択されて $\mathbf{X}_{t+1} \neq \mathbf{X}_t$ となる．

■ **例 6.5（打ち切り多変量正規分布生成法[*1]）**

ベイズデータ分析の計算では，打ち切り多変量正規確率密度関数

$$f(\mathbf{x}) \propto p(\mathbf{x}) = \exp\left(-\frac{1}{2}(\mathbf{x} - \boldsymbol{\mu})^\top \Sigma^{-1} (\mathbf{x} - \boldsymbol{\mu}) \right) I_{\{\mathbf{x} \in \mathscr{X}\}}$$

からの標本生成がよく現れる．ただし $\mathscr{X} \subset \mathbb{R}^n$ とする．具体的な例については，[6], [13], [16], [49], [50] を参照せよ．hit-and-run サンプラーは，このような場合の効率的な標本生成に利用できる．提案密度には式 (6.12) を採用し，λ の確率密度関数は

$$g_t(\lambda \mid \mathbf{d}, \mathbf{x}) \propto \exp\left(-\frac{\mathbf{d}^\top \Sigma^{-1} \mathbf{d}}{2} \lambda^2 - \mathbf{d}^\top \Sigma^{-1}(\mathbf{x} - \boldsymbol{\mu}) \lambda \right) I_{\{\mathbf{x} + \lambda \mathbf{d} \in \mathscr{X}\}}$$

とする．これは，平均が

$$-\frac{\mathbf{d}^\top \Sigma^{-1}(\mathbf{x} - \boldsymbol{\mu})}{\mathbf{d}^\top \Sigma^{-1} \mathbf{d}}$$

で，分散が $(\mathbf{d}^\top \Sigma^{-1} \mathbf{d})^{-1}$ の多変量正規分布を領域 $\mathscr{M}_t = \{\lambda : \mathbf{x} + \lambda \mathbf{d} \in \mathscr{X}\}$ に制限した打ち切り単変量正規分布に一致する．例えば $\mathscr{X} = \{\mathbf{x} \in \mathbb{R}^2 : \mathbf{x}^\top \mathbf{x} > 25\}$ の場合，$D = (\mathbf{d}^\top \mathbf{x})^2 - \mathbf{x}^\top \mathbf{x} + 25$ に対して，以下の 2 つの場合を得る．

- $D < 0$ の場合，$\mathscr{M}_t \equiv \mathbb{R}$．
- $D > 0$ の場合，$\mathscr{M}_t \equiv (-\infty, -\sqrt{D} - \mathbf{d}^\top \mathbf{x}] \cup [\sqrt{D} - \mathbf{d}^\top \mathbf{x}, \infty)$．

[*1] 【訳注】「打ち切り」(truncated) は「切断」と訳すこともある．

次のコードはこの例を実装したもので，$\mu = (1/2, 1/2)^\top$ とし，共分散行列を $\Sigma_{11} = \Sigma_{22} = 1$ および $\Sigma_{12} = 0.9$ として，$\mathbb{R}^2$ 上に 10^4 個の標本を生成する．図 6.4 は $\mathscr{X}$ の境界と上のコードの出力を描いたものである．

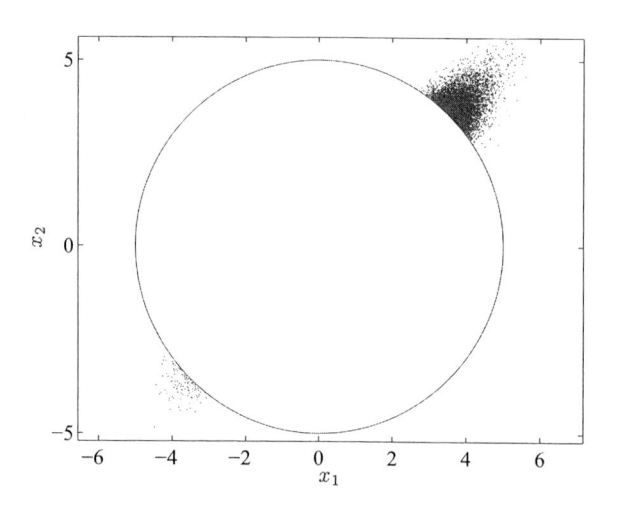

図 6.4 hit-and-run による打ち切り 2 変量正規分布からの標本．

```
%Hit_and_run.m
Sig=[1,0.9;0.9,1]; Mu=[1,1]'/2; B=chol(Sig)';
x=[5,5]';                % 初期点
T=10^4; data=nan(T,2);% 所望の点の数
for t=1:T
    d=randn(2,1); d=d/norm(d);
    D=(d'*x)^2-x'*x+25;
    z1=B\d; z2=B\(x-Mu);
    % λの分布の平均と分散の決定
    sig=1/norm(z1); mu=-z1'*z2*sig^2;
    if D<0
        lam=mu+randn*sig;
    else
        lam=normt2(mu,sig,-sqrt(D)-d'*x,sqrt(D)-d'*x);
    end
    x=x+lam*d;
    data(t,:)=x';
end
plot(data(:,1),data(:,2),'r.'),axis equal,
```

```
hold on
ezplot('x^2+y^2-25')
```

上のコードでは，関数 normt2.m を用いている．この関数は，集合 $(-\infty, a] \cup [b, \infty)$ に制限された分布 $N(\mu, \sigma^2)$ からの標本生成を逆関数法で実現する．

```
function out=normt2(mu,sig,a,b)
pb=normcdf((b-mu)/sig);
pa=normcdf((a-mu)/sig);
if rand<pa/(pa+1-pb)
      out=mu+sig*norminv(pa*rand(size(mu)));
else
      out=mu+sig*norminv((1-pb)*rand(size(mu))+pb);
end
```

打ち切り多変量分布からの標本生成には，ギブスサンプラーや Metropolis–Hastings 法も使うことができるが [22], [64], hit-and-run サンプラーはこれらの手法よりも良い動作性能を示す (Chen and Schmeiser [14], [15] を参照)．彼らは，変数領域が極端に制約されている場合には hit-and-run サンプラーが特に有効であると指摘している．

■ 例 6.6（株価変動のシミュレーション）

オプション価格決定に用いられる典型的な株価系列 $S_{t_1}, S_{t_2}, \ldots, S_{t_n}$

$$S_{t_k} = S_0 \exp\left(\left\{r - \frac{\sigma^2}{2}\right\} k\delta + \sigma\sqrt{\delta}\sum_{i=1}^{k} X_i\right), \quad k = 1, \ldots, n \tag{6.13}$$

を考えよう（15.2 節を参照）．ただし $\delta = T/n$, $t_k = k\delta$ とし，$X_1, \ldots, X_n \overset{\text{iid}}{\sim} N(0,1)$ とする．ここでは，ダウン・アンド・イン（☞ p.562）アジア型コールオプションの価値を決めるパラメータ $r, \sigma, K, \beta, S_0, n, T$ は与えられるとする．β はダウン・アンド・インオプションの "バリア" であり，ここで興味があるのは，利得 $(S_{t_n} - K)^+ \mathrm{I}\{\min_i S_{t_i} \leqslant \beta\}$ を持つダウン・アンド・インアジア型コールオプションの価値を推定するための，最小分散重点抽出密度からの標本抽出である（例 15.8 を参照）．これは確率密度関数

$$f(\mathbf{x}) \propto p(\mathbf{x}) = H(\mathbf{x})\,\mathrm{e}^{-\frac{1}{2}\mathbf{x}^\top \mathbf{x}}, \quad H(\mathbf{X}) = (S_{t_n} - K)^+ \mathrm{I}\left\{\min_{1 \leqslant i \leqslant n} S_{t_i} \leqslant \beta\right\}$$

から $\mathbf{X} = (X_1, \ldots, X_n)^\top$ を抽出することと等価であり，株価の系列 $\{S_{t_k}\}$ は式 (6.13) に従って計算される．つまり，f のもとでは，最終株価 $S_{t_n} = S_T$ は K を超え，過去の株価 $S_{t_1}, \ldots, S_{t_{n-1}}$ のうちの少なくとも 1 つがバリア β 以下となっている．パラメータを $(r, \sigma, K, \beta, S_0, n, T) = (0.07, 0.2, 1.2, 0.8, 1, 180, 180/365)$ としたときの f に従う株価変動の実現値の例を，図 6.5 に示す．滑らかな太線は $N = 10^5$ 本の系列の平均を表す．つまり，すべての i に対する $\mathbb{E}_f S_{t_i}$ の推定値である．

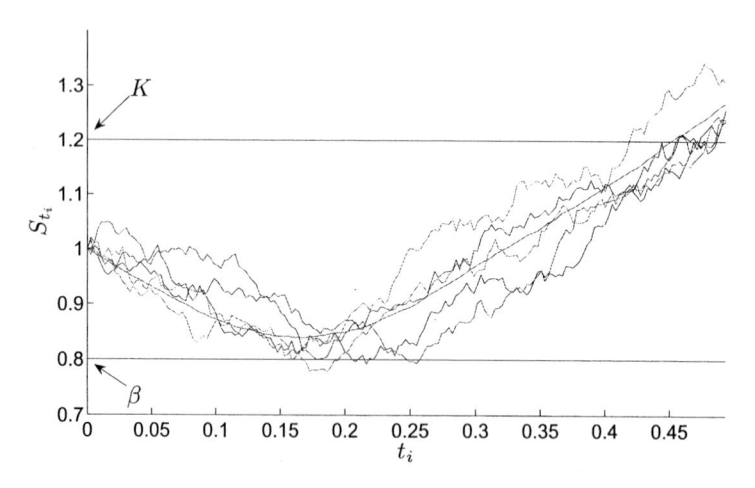

図 6.5 f のもとでの 5 本の株価系列. 滑らかな太線は全部で $N = 10^5$ 本の系列の平均を表す.

$\{S_{t_i}\}$ を生成するために,すなわちベクトル $\mathbf{X} \sim f$ を生成するために,提案確率密度を $g_t(\lambda \,|\, \mathbf{d}, \mathbf{x}) = \widetilde{g}_t(\mathbf{x} + \lambda \mathbf{d}) \propto e^{-\frac{1}{2}\|\mathbf{x} + \lambda \mathbf{d}\|^2}$ として,アルゴリズム 6.5 を実装する.このとき,採択確率は $\alpha(\mathbf{x}, \mathbf{y}) = \min\{H(\mathbf{y})/H(\mathbf{x}), 1\}$ となる.$\mathbb{E}_f \mathbf{X}$ の推定値としてベクトル $\mathbf{X}_1, \ldots, \mathbf{X}_N \overset{\text{approx.}}{\sim} f(\mathbf{x})$ の平均を,図 6.6 に示す.

以下のコードでは,関数 `down_in_call.m` を呼び出して,与えられたパラメータに対する $H(\mathbf{x})$ を計算している.さらに,このコードでは MATLAB の spline toolbox

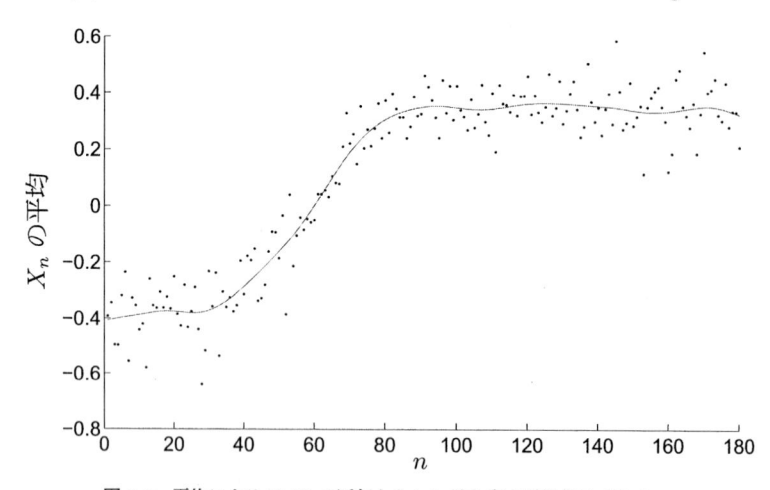

図 6.6 平均による $\mathbb{E}_f \mathbf{X}$ の近似とトレンドを表す平滑化スプライン.

から関数 csaps.m を使っている．この関数を利用できる読者は，最後の 3 行のコメントアウトを解除できる．

```
%down_and_in_Call.m
clear all,
r=.07; % 年利
sig=.2; % 株価のボラティリティ
K=1.2; % 行使価格
b=.8; % バリア
S_0=1; % 株価の初期値
n=180;   % 株価の観測数
T=n/365; % 観測期間の長さ（年）
dt=T/n; % 時間幅
N=10^5; % マルコフ連鎖の長さ
x=[-ones(1,60),ones(1,n-60)]*0.4; % 初期点
[H,path]=down_in_call(x,dt,r,sig,S_0,K,b); % H(x) の評価

% N 本の株価のサンプルパスを生成し，
% 平均を計算する
mu=0;paths=0;
for i=1:N
    % hit-and-run を適用
    d=randn(1,n); d=d/norm(d);
    lam=-d*x'+randn;
    y=x+lam*d; % 提案する
    % H(y) の評価
    [H_new,path_new]=down_in_call(y,dt,r,sig,S_0,K,b);
    % 提案の採択-棄却
    if rand<min(H_new/H,1)
        x=y;    % 更新
        H=H_new;
        path=path_new;
    end
    mu=mu+x/N;            % E[X] の推定値を計算
    paths=paths+path/N; % 株価系列の平均を計算
    if mod(i,2*10^4)==0 % マルコフ連鎖の状態を 2*10^4 回の推移ごとにプロット
        plot(0:dt:T,path,0:dt:T,0*path+b,0:dt:T,0*path+K)
        axis([0,T,b-0.1,K+.2]),hold all
        pause(.1)
    end
end
% 価格系列の平均をプロット
plot(0:dt:T,paths,'r','LineWidth',3)
figure(2)
plot(mu,'k.'), hold on
```

```
% スプラインを用いて E[X] の軌跡を平滑化
%pp = csaps(dt:dt:T,mu,1/(1+(dt*10)^3));
%mu_t = fnval(pp,[dt:dt:T]);
%plot(mu_t,'r') % 平滑化された軌跡をプロット
```

```
function [H,S_t]=down_in_call(z,dt,r,sig,S_0,K,b)
% H(x) を実装
y=(r-sig^2/2)*dt+sig*sqrt(dt)*z;
S_t=exp(cumsum([log(S_0),y]));
H=max(S_t(end)-K,0)*any(S_t<=b);
```

■ 例 6.7 (Holmes–Diaconis–Ross 法)

いま，確率

$$\ell = \mathbb{P}(S(\mathbf{X}) \geqslant \gamma), \quad \mathbf{X} \sim f_0(\mathbf{x}), \quad \mathbf{x} = (x_1, \ldots, x_n)^\top$$

を推定したいとする．ただし，$S : \mathbb{R}^n \to \mathbb{R}$ は与えられた関数で，γ は ℓ がとても小さい確率 (☞ p.396) になるような閾値パラメータ，$f_0(\mathbf{x})$ は"既知"の確率密度関数とする．**Holmes–Diaconis–Ross** 法 [8], [9], [23], [72] は，MCMC を用いて ℓ を推定する手法である．この手法は 14.2 節の粒子分岐法とも関係がある．

$-\infty = \gamma_0 < \gamma_1 < \cdots < \gamma_{T-1} < \gamma_T = \gamma$ を閾値の増加列とする．確率密度関数の列

$$f_t(\mathbf{x}) = \frac{f_0(\mathbf{x}) \, \mathrm{I}_{\{S(\mathbf{x}) \geqslant \gamma_t\}}}{\ell_t}, \quad t = 0, 1, \ldots, T$$

を定義する．ただし，$\ell_t = \mathbb{P}(S(\mathbf{X}) \geqslant \gamma_t)$ とする．条件付き確率

$$c_t = \frac{\ell_t}{\ell_{t-1}} = \mathbb{P}(S(\mathbf{X}) \geqslant \gamma_t \,|\, S(\mathbf{X}) \geqslant \gamma_{t-1}), \quad \mathbf{X} \sim f_0, \, t = 1, \ldots, T$$

を定義する．$\kappa_t(\mathbf{x}\,|\,\mathbf{y})$ は定常確率密度関数 f_t を持つマルコフ連鎖サンプラーの推移密度とする．Holmes–Diaconis–Ross アルゴリズムは，以下のとおりである．

アルゴリズム 6.6 (Holmes–Diaconis–Ross)

パラメータ m (各レベル t における近似シミュレーションの手数) と列 $\gamma_0, \gamma_1, \ldots, \gamma_T$ が与えられ，カウンタを $t = 2$ として，以下のステップを実行する．

1. **初期化**：

$$B_1 = \min\left\{k : \sum_{i=0}^{k} G_i > m\right\}$$

を計算する．ただし，$G_0, G_1, \ldots$ は"独立に" Geom (c_1) に従う確率変数とする．この確率変数 $G_0, G_1, \ldots \overset{\text{iid}}{\sim}$ Geom (c_1) は，以下のステップを $i = 0, 1, \ldots$ について実行することで生成できる．

a) $G_i = 1$ とする.
b) $\mathbf{X}_1 \sim f_0(\mathbf{x})$ を生成する.
c) もし $S(\mathbf{X}_1) < \gamma_1$ ならば, $G_i = G_i + 1$ と増やしてステップ (b) に戻る. そうでない場合は, G_i を Geom (c_1) の標本として出力する.

2. **MCMC サンプリング**:

$$B_t = \min\left\{k : \sum_{i=0}^{k} G_i > m\right\}$$

を計算する. ただし, $G_0, G_1, \ldots$ は "従属な" 確率変数であり, $\mathbf{Y} = \mathbf{X}_{t-1}$ として, 以下のステップを $i = 0, 1, \ldots$ について実行するマルコフ連鎖によって生成される.

a) $G_i = 1$ とする.
b) $\mathbf{X}_t \sim \kappa_{t-1}(\mathbf{x}\,|\,\mathbf{Y})$ を生成する.
c) もし $S(\mathbf{X}_t) < \gamma_t$ かつ $G_i < m+1$ ならば, $G_i = G_i + 1$ とし, $\mathbf{Y} = \mathbf{X}_t$ と更新 (上書き) してステップ (b) に戻る. そうでない場合は, G_i を Geom (c_t) からの "近似的な" 標本として出力する.

3. **停止条件**: $t = T$ ならば, Step 4 に進む. $B_t = 0$ ならば,

$$B_{t+1} = B_{t+2} = \cdots = B_T = 0$$

として Step 4 に進む. それ以外の場合は, $t = t+1$ として Step 2 から繰り返す.

4. **最終推定**: すべての t について $\widehat{c}_t = B_t/m$ とする. $f_T(\mathbf{x})$ からの近似的な乱数として $\mathbf{X}_T$ を出力し, 推定値

$$\widehat{\ell} = \prod_{t=1}^{T} \widehat{c}_t$$

を導く.

このとき, $B_1 \sim \text{Bin}(m, c_1)$ が成り立ち (p.92 の性質 6 を参照), したがって, B_1/m は c_1 の不偏推定量である. しかし, Step 2 における推移密度 κ_{t-1} を使った $f_{t-1}(\mathbf{x})$ からのサンプリングは, Step 1 での $f_0(\mathbf{x})$ からの厳密なサンプリングとは違い, 近似にすぎない. その結果, 各確率変数 B_t, $t = 2, 3, \ldots$ は "近似的に" 分布 $\text{Bin}(m, c_t)$, $t = 2, 3, \ldots$ に従うことになり, B_t/m も c_t の近似的な推定量となる.

図 6.7 は, 2 次元の場合 ($\mathbf{X} = (X_1, X_2)$) の Holmes–Diaconis–Ross アルゴリズムにおけるマルコフ連鎖の典型的な時間推移を説明している. 3 つのレベル集合 $\{\mathbf{x} : S(\mathbf{x}) = \gamma_t\}$, $t = 1, 2, 3$ は, 層状の曲線で描かれている. いま $m = 24$ とし, $B_1 = 1$ で $S(\mathbf{X}_1) \geqslant \gamma_1$ とする. このとき $\widehat{c}_1 = 1/24$ を得る. 次に c_2 を推定するため, 推移密度 $\kappa_1(\mathbf{x}\,|\,\mathbf{y})$ のマルコフ連鎖 (実線) の初期点を $\mathbf{X}_1$ として S が γ_2 以上

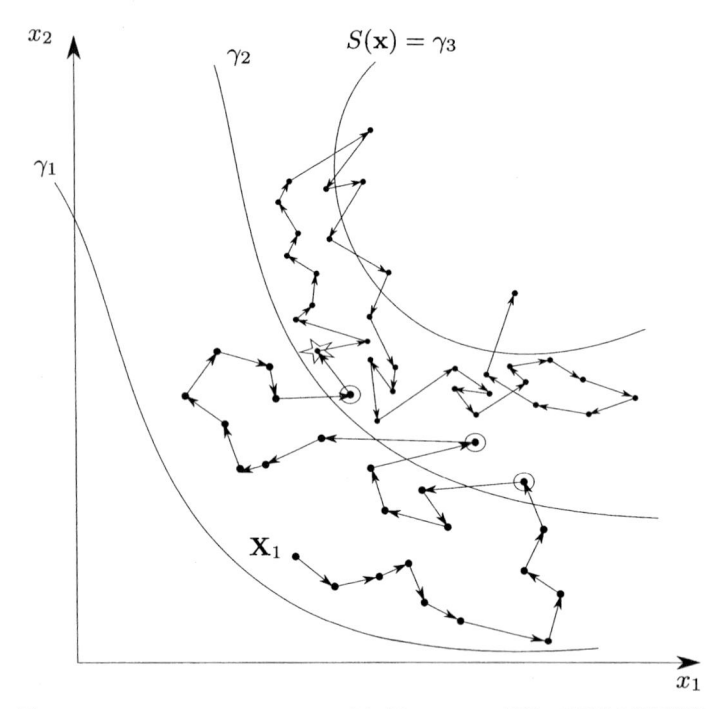

図 6.7 Holmes–Diaconis–Ross アルゴリズムのマルコフ連鎖の典型的な時間推移.

になるまで推移させ，$G_0 = 10$ ステップ目で γ_2 に到達している．γ_2 に到達した点を丸で記す．続いてマルコフ連鎖を推移させ，再び γ_2 に $G_0 + G_1 = 15$ $(G_1 = 5)$ ステップ目で到達する．同様に，S が γ_2 以上となるのは，3 度目が $G_0 + G_1 + G_2 = 24$ $(G_2 = 9)$ ステップ目で，4 度目が $G_0 + G_1 + G_2 + G_3 = 25$ $(G_3 = 1)$ ステップ目である．いま $m = 24$ であるから，$B_2 = 3$ と $\widehat{c}_2 = 3/24$ を得る．実線で描かれたマルコフ連鎖の 25 ステップ目の状態を星で記してあるのは，この状態が推移密度 $\kappa_2(\mathbf{x}\,|\,\mathbf{y})$ の新しいマルコフ連鎖（破線）の初期状態となるからである．破線で描かれたマルコフ連鎖において，γ_3 以上となる点は 4 つあり，$(G_0, G_1, G_2, G_3) = (9, 2, 2, 18)$ なので $B_3 = 3$ と $\widehat{c}_3 = 3/24$ を得る．以上から $\widehat{\ell}_3 = 9/24^3$ を得る．

数値例として，例 6.4 の最短路問題を考えよう．具体的には

$$S(\mathbf{v}) = S(v_1, \ldots, v_5) = \min\{v_1 + v_4,\ v_1 + v_3 + v_5,\ v_2 + v_3 + v_4,\ v_2 + v_5\}$$

として，$\mathbf{V} = (V_1, \ldots, V_5)$ を $V_1, \ldots, V_5 \overset{\text{iid}}{\sim} \mathsf{Exp}(1)$ としたときの，$\ell = \mathbb{P}(S(\mathbf{V}) \geqslant 8)$ を推定したい．例 6.4 のときと同じく，関数 $S(\mathbf{v})$ は図 9.1 における A から B への最短路を表し，ℓ は最短路長が 8 を超える確率を表す．

Holmes–Diaconis–Ross アルゴリズム 6.6 の Step 2 のマルコフ連鎖の生成に，hit-and-run サンプラーは直接には適用できない．しかし，hit-and-run サンプラーをそのま

ま適用できるように，容易に問題を変形することができる．例 6.5 で，打ち切り多変量正規密度からの標本抽出は，hit-and-run サンプラーを使って簡単にできることを見た．実は，各要素 $V_1,\ldots,V_n$ が独立同分布に従う $\mathbf{V}$ を使って $\mathbb{E}\,\mathrm{I}_{\{S(\mathbf{V})\geqslant\gamma\}}$ と書ける定積分は，多変量正規密度の期待値として記述できる．具体的には，$\mathbf{X}\sim\mathsf{N}(\mathbf{0},I)$ とし，h を $h(\mathbf{X})$ が $\mathbf{V}$ と同一の分布に従うような変数変換とすると，$\mathbb{E}\,\mathrm{I}_{\{S(h(\mathbf{X}))\geqslant\gamma\}}$ が所望の定積分である．したがって，hit-and-run サンプラーの実装を簡単にするためには，$X_1,\ldots,X_5 \overset{\text{iid}}{\sim} \mathsf{N}(0,1)$ とし，$h(x) = -\ln\Phi(x)$ として，$\ell = \mathbb{P}(S(h(X_1),\ldots,h(X_5))\geqslant 8)$ のように推定問題を定式化すればよい．ただし，Φ は標準正規分布の累積分布関数とする．以上から $f_0(\mathbf{x}) = (2\pi)^{-5/2} e^{-\mathbf{x}^\top \mathbf{x}/2}$，$\mathbf{x}\in\mathbb{R}^5$ として，打ち切り多変量標準確率密度関数の列 $f_1,\ldots,f_T$ が得られる．hit-and-run アルゴリズムによる $\mathbf{y}$ から $\mathbf{x}$ への推移は，次のとおりである．

アルゴリズム 6.7 ($\kappa_t(\mathbf{x}\mid\mathbf{y})$ に従う hit-and-run の推移)

与えられる $\mathbf{y}=(y_1,\ldots,y_5)^\top$ は $S(h(y_1),\ldots,h(y_5))\geqslant \gamma_t$ を満たすとし，以下のステップを実行する．

1. 5 次元単位超球面上の一様分布に従うランダム方向ベクトル $\mathbf{d}$ を生成する．この $\mathbf{d}$ を用いて，$\Lambda \sim \mathsf{N}(-\mathbf{y}^\top \mathbf{d},\,1)$ を生成する．$\mathbf{x}=\mathbf{y}+\Lambda\mathbf{d}$ とする．
2. $S(h(x_1),\ldots,h(x_5))\geqslant \gamma_t$ ならば $\mathbf{X}=\mathbf{x}$ を出力し，そうでなければ $\mathbf{X}=\mathbf{y}$ を出力する．

$(\gamma_1,\ldots,\gamma_8)=(1,\ldots,8)$ とし，$m=10^4$ として，アルゴリズム 6.6 を独立に 30 回実行したところ，推定相対誤差 3.5% で推定量 $\widehat{\ell}=3.46\times 10^{-6}$ が得られた．下の関数 hdr.m はアルゴリズム 6.6 の実装で，hit_run.m は hit-and-run アルゴリズムによる標本抽出の実装である．

```
%HDR/main_hdr.m
m=10^4;N=30;gam=1:8;
ell=nan(N,1);
for i=1:N
    c=hdr(gam,m);
    ell(i)=prod(c);
end
mean(ell) % 推定値
std(ell)/mean(ell)/sqrt(N) % 相対誤差
```

```
function [c,x]=hdr(gam,m)
% gam は閾値の増加列を表すベクトル
T=length(gam); c=zeros(T,1);
sum=0; B(1)=-1; % 負の 2 項分布
```

```
while sum<m+1
    x=randn(1,5); G=1;       % f_0 から生成
    while S(x)<gam(1)
        G=G+1;x=randn(1,5);  % f_0 から生成
    end
    sum=sum+G; B(1)=B(1)+1;  % 2 項分布からの乱数
end

for t=2:T
    sum=0; B(t)=-1;  % 負の 2 項分布
    while sum<m+1
        x=hit_run(x,gam(t-1)); G=1;
        while (S(x)<gam(t))&&(G<m+1)
            G=G+1; x=hit_run(x,gam(t-1));
        end
        sum=sum+G; B(t)=B(t)+1;  % 2 項分布からの乱数
    end
    [gam(t),B(t)/m]
    % 停止条件
    if (B(t)==0)|(t==T),  break, end
end
c=B/m; % 条件付き確率の推定
```

```
function x=hit_run(x,gam)
% hit-and-run サンプラー
n=length(x);
d=randn(1,n); d=d/norm(d); % 方向のランダム生成
lam=-x*d'+randn;
y=x+lam*d; % 提案
if S(y)>gam
    x=y;
end
```

```
function out=S(x)
x=-log(normcdf(x));
out=min([x(1)+x(4),x(1)+x(3)+x(5),x(2)+x(3)+x(4),x(2)+x(5)]);
```

離散版の hit-and-run サンプラーは,Baumert et al. [5], [53] によって開発されている ([73] も参照). 離散の問題に対する別のアプローチは,連続版の hit-and-run サンプラーで生成した連続確率変数を,所望の離散確率変数に変換する方法である. もう少し詳しく述べると,$\mathbf{U} \sim U(0,1)^n$ として,確率変数 $h(\mathbf{U})$ が離散確率変数 $\mathbf{Y}$ と

同一の分布となるような変数変換 h を使うというのがアイデアである．このような変換の例は，"逆関数法" の議論で与えている．3.1.1 項を参照せよ．

hit-and-run アルゴリズムは最適化法の枠組みに組み込むことができ，さまざまな大域最適化アルゴリズムが設計できる．[53], [71], [77], [79] を参照せよ．この手法は複合材料の設計や形状最適化などの現実問題への適用で成功を収めているほか，あるクラスの 2 次計画問題に対しては，多項式の平均計算量が示されている [79]．12.3 節では，シミュレーテッドアニーリングを用いて MCMC サンプラーを最適化アルゴリズムに変形する方法について述べる．

6.3.2　shake-and-bake サンプラー

shake-and-bake アルゴリズム [7] は，ゼロでない体積を持つ有界非空凸多面体の境界 $\partial \mathcal{X}$ 上に (近似的に) 一様な点を生成するための MCMC アルゴリズムのクラスである．多面体は線形不等式系 $Ax \leqslant \mathbf{b}$ で定義され，$A = (\mathbf{a}_1, \ldots, \mathbf{a}_m)^\top$ は行正規化 (すべての i について $\|\mathbf{a}_i\| = 1$) された $m \times n$ 行列とし，$\mathbf{b} = (b_1, \ldots, b_m)^\top$ はベクトルとする．A は冗長な行を含まない，つまり，どの行を取り除いても多面体の形が変わると仮定する．このとき，多面体の境界は

$$\partial \mathcal{X} = \bigcup_{i=1}^{m} \{\mathbf{x} : \mathbf{a}_i^\top \mathbf{x} = b_i,\ \mathbf{a}_j^\top \mathbf{x} < b_j,\ \forall j \neq i\}$$

である[*2]．つまり，m 本の不等式制約のうちのちょうど 1 本だけが等式で満たされるような点の集合が境界である．

shake-and-bake アルゴリズムの各反復は，以下の手続きからなる．$\partial \mathcal{X}$ 上の点 $\mathbf{X}_t$ が与えられ，ランダムに "実行可能" な探索方向ベクトル $\mathbf{d}$ を生成する．実行可能な方向とは，$\mathbf{X}_t$ において k 番目の制約がアクティブであれば $\mathbf{a}_k^\top \mathbf{d} < 0$ が成り立つ方向を指す．$\mathbf{X}_t$ を通過する直線と $\mathbf{X}_t$ に最も近い境界 $\partial \mathcal{X}$ が交わる点を**衝突点** (hit point) と呼ぶ．つまり，衝突点は探索方向で最初にアクティブになる制約との交点である．この衝突点が次の反復における出発点 $\mathbf{X}_{t+1}$ となる．

図 6.8 は，2 次元多角形の境界上の点を一様に生成する shake-and-bake アルゴリズムを示している．

$\partial \mathcal{X}$ 上の与えられた点 $\mathbf{x}_1$ に対し，方向 $\mathbf{d}$ が生成され，$\mathbf{x}_2$ で $\partial \mathcal{X}$ に衝突している．同様に，$\mathbf{x}_2$ を通るランダムな探索方向ベクトルから $\mathbf{x}_3$ が生成され，これを繰り返す．衝突点 $\mathbf{x}_2$ を求めるには，$\mathbf{x}_1$ を通る方向 $\mathbf{d}$ の半直線 $\mathbf{x}_1 + \lambda \mathbf{d}$, $\lambda > 0$ と，制約 $\mathbf{a}_i^\top \mathbf{x} = b_i$, $i = 1, \ldots, m$ で定義されるすべての超平面 ($\mathcal{X}$ の制約式) との交点をすべて計算すればよい．これらの交点に対応する値は

[*2]　【訳注】議論を簡単にするため，ここではファセットの内点集合を考えている．ファセット上の一様分布を考えたとき，ファセット境界の測度は 0 であることに注意せよ．

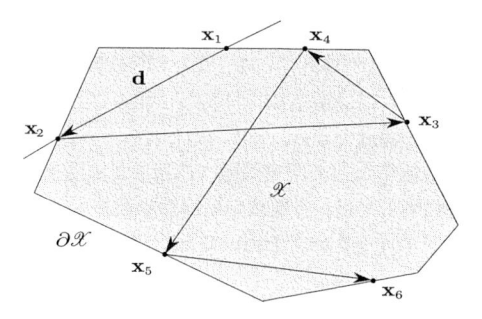

図 6.8 shake-and-bake アルゴリズムの動作．

$$\lambda_i = \frac{b_i - \mathbf{a}_i^\top \mathbf{x}_1}{\mathbf{a}_i^\top \mathbf{d}}, \quad i = 1, \ldots, m$$

となるが，集合 $\{\lambda_i\}$ のうちの正の"最小"値に対応する交点が衝突点 $\mathbf{x}_2$ である．つまり，

$$\lambda^* = \min\{\lambda_i : \lambda_i > 0\}$$

に対して $\mathbf{x}_2 = \mathbf{x}_1 + \lambda^* \mathbf{d}$ が得られる．

残るは探索方向ベクトル $\mathbf{d}$ を生成する方法である．いま，現在の点 $\mathbf{x}_1$ において k 番目の制約がアクティブであると仮定しよう．すなわち，$\mathbf{a}_k^\top \mathbf{x}_1 = b_k$（したがって $\lambda_k = 0$）である．このとき，まず，図 6.9 に示すように，原点を中心とする n 次元単位超球面（☞ p.78）上の一様分布に従う点 $\mathbf{y}_1$ を生成する．

次に，$\mathbf{y}_1$ を超平面 $\{\mathbf{x} : \mathbf{a}_k^\top \mathbf{x} = 0\}$ に射影した点 $\mathbf{y}_2 = \mathbf{y}_1 - (\mathbf{a}_k^\top \mathbf{y}_1) \mathbf{a}_k$ を求める．$\mathbf{y}_3 = \mathbf{y}_2 / \|\mathbf{y}_2\|$ とすると，$\|\mathbf{y}_3\| = 1$ となり，$\mathbf{y}_3$ は単位超球面と超平面の交差領域に落ちる．ここで，$n-1$ 次元単位球中の一様な点の半径 R を選ぶ．つまり $R^{n-1} \sim \mathsf{U}(0,1)$ である．この R を用いて $\mathbf{y}_4 = R \mathbf{y}_3$ とする[*3)]．最後に，探索方向 $\mathbf{d}$ を，$\mathbf{a}_k^\top \mathbf{d} < 0$ を満たす単位ベクトルで，超平面 $\{\mathbf{x} : \mathbf{a}_k^\top \mathbf{x} = 0\}$ への射影がベクトル $\mathbf{y}_4$ に一致するものと定める．つまり，探索方向は $\mathbf{d} = \mathbf{y}_4 - \sqrt{1 - R^2} \, \mathbf{a}_k$ で与えられる．以上の反復的な手続きをまとめると，次のアルゴリズムになる．

アルゴリズム 6.8（shake-and-bake）

初期状態 $\mathbf{X}_0$ が与えられ，以下のステップを $t = 0, 1, \ldots$ について繰り返す．

1. 与えられた $\mathbf{X}_t \in \partial \mathscr{X}$ は k 番目の制約がアクティブと仮定する．すなわち，$\mathbf{a}_k^\top \mathbf{X}_t = b_k$ が成り立つ．
2. 以下のステップで，探索方向ベクトル $\mathbf{d}$ を構築する．
    a) 原点を中心とする n 次元単位超球面上に一様に分布する点 $\mathbf{Y}_1$ を生成する．

[*3)] 【訳注】この操作があるので，$\mathbf{d}$ の従う分布は n 次元球面上の一様分布ではないことに注意せよ．

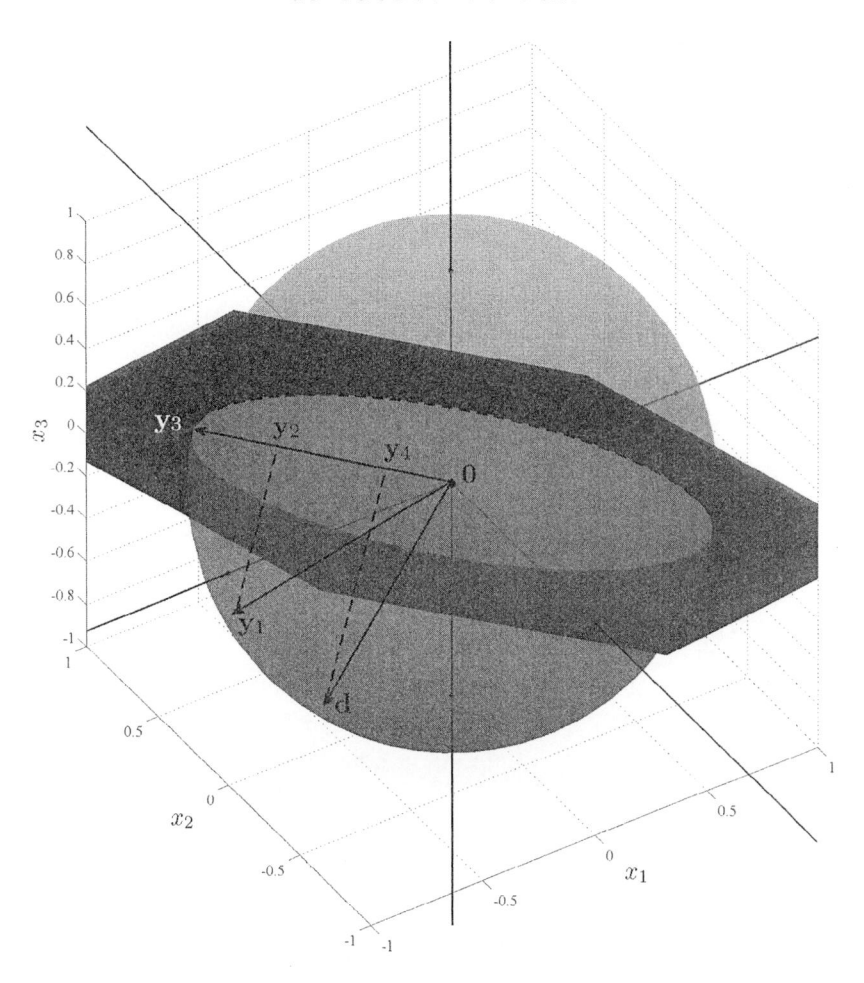

図 6.9 ランダム探索方向 $\mathbf{d}$ の構成法. 超平面 $\{\mathbf{x} : \mathbf{a}_k^\top \mathbf{x} = 0\}$ が球面を切断している. 超平面より下の球面は $\{\mathbf{x} : \mathbf{a}_k^\top \mathbf{x} < 0\}$ の領域にある.

  b) $\mathbf{Y}_2 = \mathbf{Y}_1 - (\mathbf{a}_k^\top \mathbf{Y}_1) \mathbf{a}_k$ を計算し, $\mathbf{Y}_3 = \frac{\mathbf{Y}_2}{\|\mathbf{Y}_2\|}$ とする.
  c) $U \sim \mathsf{U}(0,1)$ を生成し, $R = U^{1/(n-1)}$ を計算して
$$\mathbf{d} = R\mathbf{Y}_3 - \sqrt{1-R^2}\,\mathbf{a}_k$$
  を出力する.
3. 次の衝突点を $\mathbf{X}_{t+1} = \mathbf{X}_t + \lambda^* \mathbf{d}$ に更新する. ただし,
$$\lambda^* = \min\{\lambda_i : \lambda_i > 0\}, \ \lambda_i = \frac{b_i - \mathbf{a}_i^\top \mathbf{X}_t}{\mathbf{a}_i^\top \mathbf{d}}, \ i = 1, \ldots, m$$
とする.

shake-and-bake アルゴリズムには，いくつかの種類が存在する [7]．アルゴリズム 6.8 では，各衝突点が自動的に次の反復の開始点となることから，**連続** (running) shake-and-bake アルゴリズムと呼ばれる．これとは別の **跛行** (limping) shake-and-bake アルゴリズムと呼ばれるアルゴリズムは，新しい衝突点で採択–棄却を行うものであり，その結果として同一の点から何度も出発し直す場合もある．Boender et al. [7] は，MCMC サンプラーの理論的な収束速度という点で，あらゆる shake-and-bake 型の中でアルゴリズム 6.8 が最速であることを示している．

hit-and-run アルゴリズムと同様に，shake-and-bake アルゴリズムもまた，最適化技法に応用できる．例えば，$\mathscr{X}$ 上の凹関数の最適化は，境界 $\partial\mathscr{X}$ 上の最適値を探索することで達成される [7], [62]．

■ **例 6.8（多面体上の標本抽出）**

集合 $\{\mathbf{x} : A\mathbf{x} \leqslant \mathbf{b}\}$ で定められる多面体を考える．ただし，$\mathbf{b} = \left(0, 0, 0, \frac{2}{\sqrt{6}}\right)^\top$ とし，

$$A = \begin{bmatrix} 0 & 0 & -1 \\ -1 & 0 & 0 \\ \frac{1}{\sqrt{5}} & \frac{-2}{\sqrt{5}} & 0 \\ \frac{1}{\sqrt{6}} & \frac{2}{\sqrt{6}} & \frac{1}{\sqrt{6}} \end{bmatrix}$$

とする．図 6.10 は，アルゴリズム 6.8 を $\mathbf{x}_1 = (1/2, 1/2, 0)^\top$ から始めて，10^3 回反復した結果を示している．

shake-and-bake アルゴリズムの精度検証のため，多面体の各面の訪問回数を数える．この素朴な例では，各制約 $\sum_j A_{ij} x_j = b_i,\ i = 1, 2, 3, 4$ がアクティブになる回

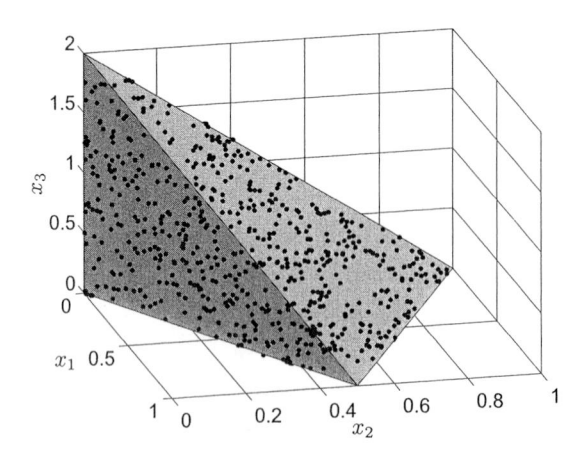

図 6.10 多面体表面上の（近似）一様分布に従う 1000 標本点．

数の比率が

$$(0.1301, 0.2602, 0.2909, 0.3187)$$

となることが，多面体の各面の三角形の面積を計算して簡単に求められる．実験で観測された比率は $(0.1334, 0.2543, 0.2957, 0.3166)$ と真の値に近く，アルゴリズムは十分に収束していると結論付けられる．以下の MATLAB コードは，アルゴリズム 6.8 を実装したものである．

```
%snb_polyhedron.m
A=[0,0,-1;-1,0,0;1,-2,0;1,2,1];
A(4,:)=A(4,:)/sqrt(6);
A(3,:)=A(3,:)/sqrt(5);
b=[0;0;0;2/sqrt(6)];
x=[1/2,1/2,0]'; % 初期点
k=1;            % x においてアクティブな制約
T=10^3;         % shake-and-bake を 10^3 回実行
a=A(k,:); data=nan(T,length(x)); % メモリの事前割り当て
for t=1:T
    Y1=randn(1,3);
    Y1=Y1./sqrt(sum(Y1.^2));
    Y2=Y1- (a*Y1')*a;
    Y3=Y2/sqrt(sum(Y2.^2));
    R=rand^(1/2);
    d=R*Y3-sqrt(1-R^2)*a;
    lam=(b-A*x)./(A*d');
    % 次で lam_s=λ_star を計算し，k を更新
    lam(k)=inf; lam(lam<0)=inf; [lam_s,k]=min(lam);
    x=x+lam_s*d'; % 新しい衝突点に更新
    a=A(k,:);     % 新しいアクティブ制約
    data(t,:)=x; % データの蓄積
    Index(t)=k;
end
% データの表示
plot3(data(:,1),data(:,2),data(:,3),'k.','MarkerSize',10)
```

6.3.3 Metropolis–Gibbs 混成

ギブスサンプラー（アルゴリズム 6.2）の一巡では，$f(y_i \mid \mathbf{x}_{-i})$ の形の条件付き確率密度関数からのサンプリングが必要である．ここで，$\mathbf{x}_{-i}$ は $\mathbf{x}$ の第 i 成分を取り除いたベクトルを表す．しかし，現実の多くの問題では，条件付き一変量確率密度関数からの標本抽出の一部あるいはすべてが容易には実現できない．そのようなときには，提案密度が $q_i(y_i \mid \mathbf{x}_{-i})$ で目標確率密度関数が $f(y_i \mid \mathbf{x}_{-i})$ の Metropolis–Hastings の推移

（アルゴリズム 6.1 の 1 反復）を使えば，近似的に $f(y_i|\mathbf{x}_{-i})$ から標本抽出が行える．このとき，Metropolis–Hastings の推移回数を増やして条件付き確率密度 $f(y_i|\mathbf{x}_{-i})$ の近似を良くしたからといって，必ずしも結合密度 $f(\mathbf{x})$ への収束が速くなるとは限らない（[15], [32] を参照）．別の混成アルゴリズムとしては，Metropolis–Hastings アルゴリズム 6.1 の提案密度 $q(\mathbf{y}|\mathbf{x})$ にギブスサンプラーの一巡を使い

$$q(\mathbf{y}|\mathbf{x}) = f(y_1|\mathbf{x}_{-1})\left(\prod_{i=2}^{n-1} f(y_i|y_1,\ldots,y_{i-1},x_{i+1},\ldots,x_n)\right)f(y_n|\mathbf{y}_{-n})$$

とする方法もある．このような混成アルゴリズムは，混成によって定常分布が変わらないという意味で妥当である [32]．混成アルゴリズムに関する理論的な結果は [58] に与えられており，そこでは Metropolis–Hastings の採択率を 0.234 とすることが，ある意味で最適であるとされている．

ギブスサンプリングが離散空間上に適用されている場合に対しては，与えられた条件付き確率密度関数 $f(y_i|\mathbf{x}_{-i})$ から直接サンプリングする代わりに，$y_i \neq x_i$ の条件のもとで $f(y_i|\mathbf{x}_{-i})$ から標本抽出してから Metropolis–Hastings の採択規準 (6.2) を用いる方法が，Liu [42] によって提案されている．以下の混成アルゴリズムがそれであり，条件付きの連続確率密度関数 $f(y_i|\mathbf{x}_{-i})$ から直接サンプリングする代わりに利用できる．

アルゴリズム 6.9（離散空間での Metropolis–Gibbs 混成）

初期状態 $\mathbf{X}_0$ が与えられ，以下のステップを $t = 0, 1, \ldots$ について繰り返す．

1. $\mathbf{X}_t = \mathbf{x}$ が与えられ，$Y_i \neq x_i$ の条件のもとで，$f(y_i|\mathbf{x}_{-i})$ から Y_i を生成する．つまり，確率密度関数

$$\frac{f(y_i|\mathbf{x}_{-i})}{1 - f(x_i|\mathbf{x}_{-i})}, \quad y_i \neq x_i$$

から Y_i を生成する．$\mathbf{Y} = (x_1,\ldots,x_{i-1},Y_i,x_{i+1},\ldots,x_n)$ とする．

2. Metropolis–Hastings の採択規準 (6.2) を

$$\alpha(\mathbf{x},\mathbf{Y}) = \min\left\{\frac{1 - f(x_i|\mathbf{x}_{-i})}{1 - f(Y_i|\mathbf{x}_{-i})}, 1\right\}$$

として適用する．

アルゴリズム 6.9 で得られるマルコフ連鎖の系列を用いて求められるエルゴード推定量 (6.4) の分散は，条件付き確率密度関数 $f(y_i|\mathbf{x}_{-i})$ から直接サンプリングして得られるものよりも小さくなることを，Liu [42] が示している．

6.3.4 多重試行 Metropolis–Hastings

多重試行 Metropolis–Hastings（multiple-try Metropolis–Hastings）[44] アルゴリズムは Metropolis–Hastings アルゴリズム（アルゴリズム 6.1）の拡張で，マ

ルコフ連鎖の推移による変化が大きくなるように，M 個の提案を生成して，それらのリサンプリングを行う手法である．このアルゴリズムの最も簡単な場合は，提案密度 $q(\mathbf{y}\,|\,\mathbf{x})$ が対称と仮定して，以下のように表される．

アルゴリズム 6.10（多重試行 Metropolis–Hastings）

$f(\mathbf{X}_0) > 0$ が成り立つような $\mathbf{X}_0$ を初期状態とする．与えられたパラメータ M と，"対称"な提案密度 $q(\mathbf{y}\,|\,\mathbf{x})$ に対して，以下のステップを各 $t = 0, 1, 2, \ldots, T$ について繰り返す．

1. 提案状態 $\mathbf{Y}_1, \ldots, \mathbf{Y}_M \overset{\text{iid}}{\sim} q(\mathbf{y}\,|\,\mathbf{X}_t)$ を生成する．
2. 集合 $\{1, \ldots, M\}$ から添数 J を確率
$$\mathbb{P}(J = j) = \frac{f(\mathbf{Y}_j)}{f(\mathbf{Y}_1) + \cdots + f(\mathbf{Y}_M)}, \quad j = 1, \ldots, M$$
で選ぶ．
3. J に対し，提案状態 $\mathbf{Z}_1, \ldots, \mathbf{Z}_{M-1} \overset{\text{iid}}{\sim} q(\mathbf{z}\,|\,\mathbf{Y}_J)$ を生成し，$\mathbf{Z}_M = \mathbf{X}_t$ とする．
4. $U \sim \mathsf{U}(0, 1)$ を生成し，
$$\alpha(\mathbf{X}_t, \mathbf{Y}_J) = \min\left\{\frac{f(\mathbf{Y}_1) + \cdots + f(\mathbf{Y}_M)}{f(\mathbf{Z}_1) + \cdots + f(\mathbf{Z}_M)}, 1\right\}$$
として
$$\mathbf{X}_{t+1} = \begin{cases} \mathbf{Y}_J, & U \leqslant \alpha(\mathbf{X}_t, \mathbf{Y}_J) \text{ の場合} \\ \mathbf{X}_t, & \text{その他の場合} \end{cases}$$
とする．

f がマルコフ連鎖 $\{\mathbf{X}_t\}$ の不変分布となることの証明は，[44] を参照せよ．

Liu et al. [44] は，多重試行 Metropolis–Hastings の性能が単純な Metropolis–Hastings よりも良くなる例を与えている．また，対照変量法や層別サンプリングのアイデアを使い，多重試行 Metropolis–Hastings をさらに一般化して強化することもできる（[20] を参照）．

■ **例 6.9（二峰密度）**

二峰性の確率密度関数
$$f(\mathbf{x}; \lambda) \propto \exp\left(-\frac{x_1^2 + x_2^2 + (x_1 x_2)^2 - 2\lambda x_1 x_2}{2}\right), \quad \mathbf{x} \in \mathbb{R}^2$$
からのサンプリングを考えよう．ただし，λ は適当なパラメータとし，ここでは $\lambda = 12$ とする．この密度を描いたのが，図 6.11 の左図である．以下のコードは，提案状態数を $M = 100$ 個とし，ステップ数を 10^3 とした多重試行 Metropolis–Hastings アルゴリズムの実装である．図 6.11 の右図は，この結果を示している．図 14.5 の右図はギブスサンプラーがこの問題に適さないことを示しているが，これと比較せよ．

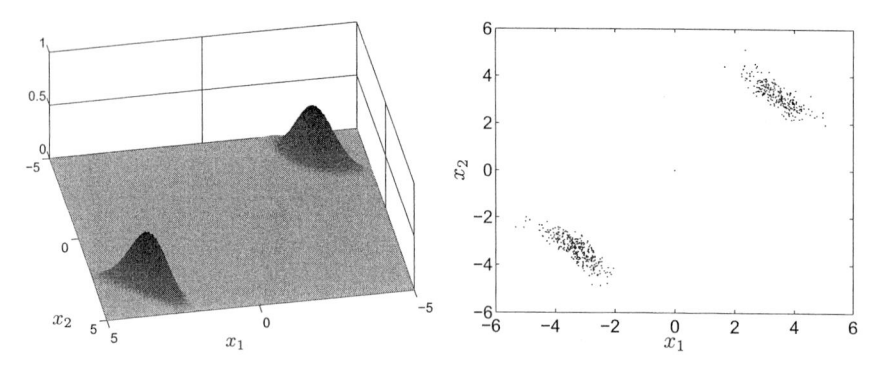

図 6.11 左:二峰密度の図. 右:提案数 $M = 10^2$, ステップ数 10^3 の多重試行 Metropolis–Hastings の実験結果. 初期点は原点である.

```
%multiple_try.m
T=10^3;M=100; % パラメータを設定
sigma=5; lam=12;
% 目標の確率密度関数を定義
f=@(x)exp(-(x(1)^2+x(2)^2+(x(1)*x(2))^2-2*lam*x(1)*x(2))/2);
X=[0,0]; % X_0
data=nan(T,2); count=0;
for t=1:T
    % Step 1
    Y=repmat(X,M,1)+randn(M,2)*sigma;
    % Step 2
    for i=1:M
        p(i)=f(Y(i,:));
    end
    Sum_p=sum(p);p=p/Sum_p;
    [dummy,J]=histc(rand,[0,cumsum(p)]);
    % Step 3
    Z=repmat(Y(J,:),M-1,1)+randn(M-1,2)*sigma;
    Z(M,:)=X;
    % Step 4
    for i=1:M
        w(i)=f(Z(i,:));
    end
    if rand<min(Sum_p/sum(w),1)
        X=Y(J,:); count=count+1;
    end
    data(t,:)=X;
end
```

```
count/T %  採択率の推定値
plot(data(:,1),data(:,2),'.')
```

6.3.5 補助変数法

補助変数法（auxiliary variable method）は計算統計学の汎用手法で，どのような確率密度 $f(\mathbf{x})$ も，確率変数 $\mathbf{X}$ と適当な確率変数 $\mathbf{Y}$ との結合密度 $f(\mathbf{x},\mathbf{y})$ の周辺密度

$$f(\mathbf{x}) = \int f(\mathbf{x},\mathbf{y}) \, d\mathbf{y}$$

と見なせるという事実を利用する．ここで，$\mathbf{Y}$ は**補助**（auxiliary）変数または**潜在**（latent）変数と呼ばれ，ベクトル $(\mathbf{X},\mathbf{Y})$ は $\mathbf{X}$ の**拡大**（augmented）と呼ばれる．補助変数 $\mathbf{Y}$ は，隠れたデータや観測されないデータを持つ統計モデルの自然な一部の場合もある．しかし，一般にこの $\mathbf{Y}$ は純然たる計算の道具として導入された人工的な変数でよく，（$f(\mathbf{x})$ で与えられる）統計モデルの中で自然な解釈を持つ必要はない．最初期に現れた補助変数法の1つは，尤度最大化のための**期待値最大化**（expectation-maximization; EM）法である [51]．EM アルゴリズムでは，確率変数 $\mathbf{X}$ を潜在変数 $\mathbf{Y}$ で拡大し，いわゆる完全対数尤度を得る（D.7 節の議論を参照）．補助変数を導入して統計的推論を容易にするというアイデアは，**データ拡大**（data augmentation）の名前でも知られる．

データ拡大の別の例は，3.1.2.6 項の合成法である．具体的に，いま混合確率密度関数

$$f(x) = \sum_{i=1}^{K} p_i f_i(x)$$

から標本抽出を行いたいとしよう．これを容易にするために，$\{1,\ldots,K\}$ の値を確率

$$\mathbb{P}(Y=y) = p_y, \quad y=1,\ldots,K$$

でとる**離散確率変数**を Y として，結合密度関数 $f(x,y) = p_y f_y(x)$ から標本抽出を行う．つまり，$\{p_y\}$ に従って Y を選んだ後，$Y=y$ の条件のもとで $f_y(x)$ から X をサンプルする．あとは単に Y を無視すれば，周辺密度 $f(x)$ からの標本が得られる．

補助変数法の使用法は適用する場合ごとに工夫する必要があり，補助変数をうまく設計できる汎用的理論はない [38]．以下の例で，補助変数法のアイデアを説明する．

■ **例 6.10**（プロビットモデルのベイズ分析）

プロビット（probit）回帰モデルは，例 6.2 で与えたロジットモデルの考え方と同じで，唯一の違いは，プロビットモデルではベルヌーイ成功確率 $\{p_i\}$ が $p_i = \Phi\left(\mathbf{x}_i^\top \boldsymbol{\beta}\right)$ の形をとることである．ここで Φ は標準正規分布の累積分布関数である．したがって，ベイズモデルは以下のように要約される．

- **事前分布**：$f(\boldsymbol{\beta}) \propto \exp\left(-\frac{1}{2}(\boldsymbol{\beta}-\boldsymbol{\beta}_0)^\top V_0^{-1}(\boldsymbol{\beta}-\boldsymbol{\beta}_0)\right)$, $\boldsymbol{\beta} \in \mathbb{R}^k$.
- **尤度**：$f(\mathbf{y}\,|\,\boldsymbol{\beta}) = \prod_{i=1}^{n} p_i^{y_i}(1-p_i)^{1-y_i}$, $p_i = \Phi\left(\mathbf{x}_i^\top \boldsymbol{\beta}\right)$.

単にランダムウォークサンプラー（6.1.2 項を参照）をここに適用して事後分布からの標本抽出を行うことは容易であるが，もっと効率的な方法は，補助ベクトル $\mathbf{y}^* = (y_1^*, \ldots, y_n^*)^\top$ を導入し，与えられた $\boldsymbol{\beta}$ に対して $\{y_i^*\} \stackrel{\text{iid}}{\sim} \mathsf{N}(\mathbf{x}_i^\top \boldsymbol{\beta}, 1)$ とすることである．こうすると，応答変数が $y_i = \mathrm{I}_{\{y_i^* > 0\}}$ と書け，

$$f(\boldsymbol{\beta}, \mathbf{y}^* \,|\, \mathbf{y}) \propto f(\boldsymbol{\beta}) f(\mathbf{y}^* \,|\, \boldsymbol{\beta}) f(\mathbf{y} \,|\, \mathbf{y}^*, \boldsymbol{\beta})$$

$$\propto f(\boldsymbol{\beta}) \prod_{i=1}^{n} \mathrm{e}^{-\frac{(y_i^* - \mathbf{x}_i^\top \boldsymbol{\beta})^2}{2}} \left(\mathrm{I}_{\{y_i=1\}} \mathrm{I}_{\{y_i^* > 0\}} + \mathrm{I}_{\{y_i=0\}} \mathrm{I}_{\{y_i^* \leq 0\}} \right)$$

を得る．結合密度 $f(\boldsymbol{\beta}, \mathbf{y}^* \,|\, \mathbf{y})$ からの標本 $\{(\boldsymbol{\beta}_i, \mathbf{y}_i^*)\}$ に対し，変数 $\{\mathbf{y}_i^*\}$ を無視すると，事後分布 $f(\boldsymbol{\beta} \,|\, \mathbf{y})$ からの標本が得られる．$f(\boldsymbol{\beta}, \mathbf{y}^* \,|\, \mathbf{y})$ からの標本抽出には，集団ギブスサンプラー（アルゴリズム 6.3）が利用できる．この集団ギブスサンプラーの各反復は 2 つの手順からなる．まず，条件付き確率密度関数

$$f(\boldsymbol{\beta} \,|\, \mathbf{y}^*, \mathbf{y}) \propto f(\boldsymbol{\beta}) \prod_{i=1}^{n} \mathrm{e}^{-\frac{(y_i^* - \mathbf{x}_i^\top \boldsymbol{\beta})^2}{2}}$$

からの標本抽出を行う．この分布は $\Sigma = (V_0^{-1} + \mathbf{X}^\top \mathbf{X})^{-1}$, $\boldsymbol{\mu} = \Sigma(V_0^{-1} \boldsymbol{\beta}_0 + \mathbf{X}^\top \mathbf{y}^*)$ とした正規分布 $\mathsf{N}(\boldsymbol{\mu}, \Sigma)$ に一致する．次に，打ち切り正規周辺密度関数

$$f(y_i^* \,|\, \boldsymbol{\beta}, \mathbf{y}) \propto \begin{cases} \mathrm{e}^{-\frac{(y_i^* - \mathbf{x}_i^\top \boldsymbol{\beta})^2}{2}} \mathrm{I}_{\{y_i^* > 0\}}, & y_i = 1 \text{ の場合} \\ \mathrm{e}^{-\frac{(y_i^* - \mathbf{x}_i^\top \boldsymbol{\beta})^2}{2}} \mathrm{I}_{\{y_i^* \leq 0\}}, & y_i = 0 \text{ の場合} \end{cases}$$

で定まる $f(\mathbf{y}^* \,|\, \boldsymbol{\beta}, \mathbf{y}) = \prod_i f(y_i^* \,|\, \boldsymbol{\beta}, \mathbf{y})$ から標本抽出を行う．

以下の MATLAB コードは，人工データを用いてこの手続きを実装したものである．厳密には $k=3$ に対しては必要ないが，このコードでは計算品質が劣る inv.m 関数の使用を避けるため，3×3 行列 $V_0^{-1} + \mathbf{X}^\top \mathbf{X} = \Sigma^{-1}$ のコレスキー分解を計算している．便宜的に $V_0 = 100\,\mathrm{diag}(\mathbf{1})$，つまり V_0 は対角成分が 100 の対角行列と設定してある．

```
%probit_model.m
clear all,clc
n=5000; % データ点 (y_1,...,y_n) の個数
k=3;    % 説明変数の個数
% 人工データの生成
randn('seed', 12345);   rand('seed', 67890);
truebeta = [1 -5.5 1]';
X = [ ones(n,1) randn(n,k-1)*0.1 ];   % 行列の設計
Y = binornd(1,normcdf(X*truebeta));
bo=zeros(k,1); % Vo=100*eye(k); と設定
I1=find(Y==1); Io=find(Y==0);
```

```
Y_star=randn(n,1);
% inv.m を使わないためにコレスキー分解を計算
L=chol(eye(k)/100+X'*X);
T=10^4; data=nan(T,k); % メモリ割り当て
for t=1:T
    % 与えられた Y^*に対して β を標本抽出
    b=L\(L'\(bo/100+X'*Y_star))+L\randn(k,1);
    % 与えられた β に対して Y^*を標本抽出
    M=X*b;
    Y_star(I1)=normt(M(I1),1,0,inf);
    Y_star(Io)=normt(M(Io),1,-inf,0);
    data(t,:)=b';
end
b_hat=mean(data)
Cov_hat=cov(data)
```

このコードでは，例 3.6 の関数 normt.m を使用している．事後平均 $\mathbb{E}[\boldsymbol{\beta}\,|\,\mathbf{y}]$ と共分散 $\mathrm{Cov}(\boldsymbol{\beta}\,|\,\mathbf{y})$ はそれぞれ

$$\widehat{\mathbb{E}[\boldsymbol{\beta}\,|\,\mathbf{y}]} = \begin{pmatrix} 0.993 \\ -5.4186 \\ 1.143 \end{pmatrix}, \quad \widehat{\mathrm{Cov}(\boldsymbol{\beta}\,|\,\mathbf{y})} = \begin{pmatrix} 0.0007 & -0.0028 & 0.0007 \\ -0.0028 & 0.0643 & -0.0051 \\ 0.0007 & -0.0051 & 0.0469 \end{pmatrix}$$

と推定される．真の値は $\boldsymbol{\beta} = (1, -5.5, 1)^\top$ である．

■ **例 6.11（スライスサンプラー）**

いま，確率密度関数

$$f(\mathbf{x}) = b \prod_{k=1}^{m} p_k(\mathbf{x}), \quad \mathbf{x} \in \mathscr{X} \tag{6.14}$$

から標本を生成したいとする．ただし，b は既知または未知の定数とし，$\{p_k\}$ は既知の正値関数（密度でなくてよい）とする．補助変数 $\mathbf{y} = (y_1, \ldots, y_m)$ を導入し，$\mathbf{y}$ と $\mathbf{x}$ の結合密度を

$$f(\mathbf{x}, \mathbf{y}) \propto \prod_{k=1}^{m} \mathrm{I}_{\{0 \leqslant y_k \leqslant p_k(\mathbf{x})\}} \tag{6.15}$$

で与える．こうすると，与えられた $\mathbf{x}$ に対して各 y_i は区間 $[0, p_k(\mathbf{x})]$ 上に一様な密度を持ち，周辺密度 $\int f(\mathbf{x}, \mathbf{y})\,\mathrm{d}\mathbf{y}$ は目標密度 (6.14) に一致する．さらに，$\{y_i\}$ はすべて独立である．**スライスサンプラー** (slice sampler) [59] のアイデアは，拡大した空間上に集団ギブスサンプラーを適用し，条件付き密度 $f(\mathbf{x}\,|\,\mathbf{y})$ と $f(\mathbf{y}\,|\,\mathbf{x})$ からのサンプリングを繰り返すというものである．

アルゴリズム 6.11（スライスサンプラー）

$f(\mathbf{x})$ は式 (6.14) のものとする．初期状態を $\mathbf{X}_1 \in \mathscr{X}$ とし，$t=1$ とする．

1. 条件付き密度 $f(\mathbf{y} \mid \mathbf{X}_t)$ から $\mathbf{Y}$ を生成する．つまり，$U_1, \ldots, U_m \stackrel{\text{iid}}{\sim} \mathrm{U}(0,1)$ を生成し，$k=1, \ldots, m$ に対して $Y_k = U_k\, p_k(\mathbf{X}_t)$ とする．
2. 条件付き密度 $f(\mathbf{x} \mid \mathbf{Y})$ から $\mathbf{X}_{t+1}$ を生成する．つまり，集合 $\{\mathbf{x} : p_k(\mathbf{x}) \geqslant Y_k, k=1, \ldots, m\} \cap \mathscr{X}$ から一様ランダムに $\mathbf{X}_{t+1}$ を選ぶ．
3. 停止条件を満たしたら終了する．そうでなければ，$t=t+1$ として Step 2 から繰り返す．

$f(\mathbf{y} \mid \mathbf{x})$ からのサンプリングは比較的容易であるが，条件付き確率密度関数 $f(\mathbf{x} \mid \mathbf{y})$ からの乱数生成が課題となる [59]．

アルゴリズムの説明のため，打ち切りガンマ密度からの標本抽出を考えよう．なお，ガンマ分布（4.2.6 項）からの標本生成自体，決して簡単な問題ではない．アルゴリズム 4.33 では，1 回の反復で一様確率変数が 1 個および正規確率変数が 1 個必要で，区間 $[a, b]$ 上の打ち切りガンマ密度（truncated gamma density）からの標本を得る目的では，非常に非効率的になりうる．一方，スライスサンプラーを使っても，打ち切りガンマ分布からの（近似）サンプリング法が得られる．この方法は実装も容易で，一様乱数を 3 個生成するだけでよい．スライスサンプラーの目標分布は

$$f(x) \propto x^{\alpha-1}\,\mathrm{e}^{-\lambda x}, \quad \alpha > 1,\ x \in [a, b]$$

と与えられ，アルゴリズムでは $p_1(x) = x^{\alpha-1}$ と $p_2(x) = \mathrm{e}^{-\lambda x}$ を用いる．いま，t 回目の反復の状態を $X_t = z$ とし，Step 1 では u_1 と u_2 を得たとしよう．このとき，Step 2 では集合

$$\left\{x : \frac{p_1(x)}{p_1(z)} \geqslant u_1,\ \frac{p_2(x)}{p_2(z)} \geqslant u_2\right\} \cap [a, b]$$

から X_{t+1} を一様ランダムに選ぶ．つまり，標本区間は

$$\max\left\{z\, u_1^{\frac{1}{\alpha-1}},\ a\right\} \leqslant x \leqslant \min\left\{z - \frac{\ln u_2}{\lambda},\ b\right\}, \quad \alpha > 1,\ \lambda > 0$$

である．

MATLAB の実装は以下のとおりである．8.5 節の関数 kde.m を使ってカーネル関数推定の描画も行う．図 6.12 は，（区間 [1, 6] に制限した）カーネル密度推定を，真の確率密度関数（実線）と一緒に描いたものである．両者がよく一致する様子が見られる．

```
%slice_sampler.m
lam=1;alpha=2; a=1;b=6;
x=2; T=10^4; data=nan(T,1);
for t=1:T
    u=rand(1,2);
    Up=min(x-log(u(2))/lam,b);
```

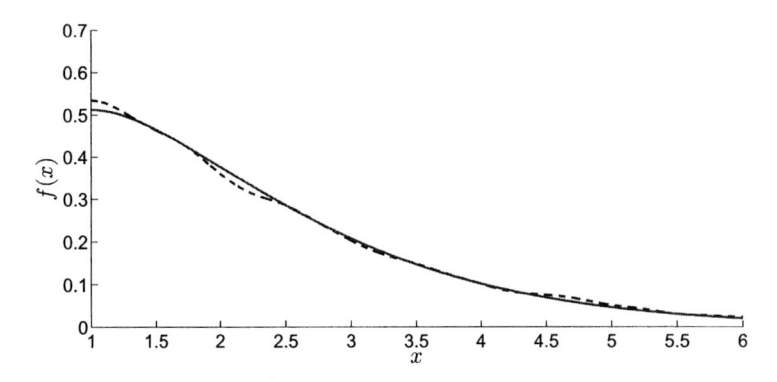

図 6.12 真の密度（実線）とスライスサンプラーの標本による推定カーネル密度（破線）．

```
    Lo=max(x*u(1)^(1/(alpha-1)),a);
    x=rand*(Up-Lo)+Lo;
    data(t)=x;
end
% 密度推定をプロットし，真の関数と比較する
[bandwidth,density,xmesh]=kde(data,2^13,a,b);
plot(xmesh,density),hold on
C=gamcdf(b,alpha,1/lam)-gamcdf(a,alpha,1/lam);
plot(xmesh,gampdf(xmesh,alpha,1/lam)/C,'r')
```

スライスサンプラーのさまざまな応用と拡張については [12], [56], [68] を参照せよ．特に，Roberts and Rosenthal [68] はよく現れる密度関数クラスである対数凹（☞ p.67）密度に適したスライスサンプラーを提案している．スライスサンプラーの収束に関する結果は [57], [67] に与えられている．特に [67] は適切な仮定のもとでの幾何エルゴード性を示しており，標本分布と目標分布の間の総変動距離の上界を与えている．

■ 例 6.12（Potts モデル）

$K \geqslant 2$ を適当な整数として，$\mathbf{x} = (x_1, \ldots, x_J)$ を $x_i \in \{1, \ldots, K\}$ のベクトルとし，$\mathscr{X} = \{1, \ldots, K\}^J$ をこれらのベクトルの集合とする．ここでは離散多変量**ボルツマン**（Boltzmann）確率密度関数

$$f(\mathbf{x}) = \frac{e^{-E(\mathbf{x})}}{\mathcal{Z}}, \quad \mathbf{x} \in \mathscr{X} \tag{6.16}$$

からランダムベクトルを生成したいとする．ただし，$\mathcal{Z}$ は**分配関数**（partition function）と呼ばれる正規化定数であり，また E は**エネルギー関数**（energy function）と呼ばれるもので，各成分が 0 または 1 の $J \times J$ 対称行列 (ψ_{ij}) が与えられたもとで

$$E(\mathbf{x}) = -\beta \sum_{i<j} \psi_{ij} \, \mathrm{I}_{\{x_i=x_j\}} + \frac{\beta}{2} \sum_{i<j} \psi_{ij}, \quad \beta > 0 \tag{6.17}$$

と定義される．ボルツマン確率密度関数はベイズ変数選択や空間統計学 [60] に現れるが，とりわけ **Potts モデル** (Potts model) によく現れる．Potts モデルは，d 次元格子上に配置された理想化された磁力の相互作用を記述する統計力学モデルである．基礎的な 2 次元の場合では，$J = n^2$ 個の空間位置（サイト）を持つ格子 $\{1,\ldots,n\} \times \{1,\ldots,n\}$ を考える．n^2 個のサイトのうち，境界上にないサイトはそれぞれ 4 つの隣接点を持ち，境界上のサイトは 2 つないし 3 つの隣接点を持つ（図 6.13 を参照）．

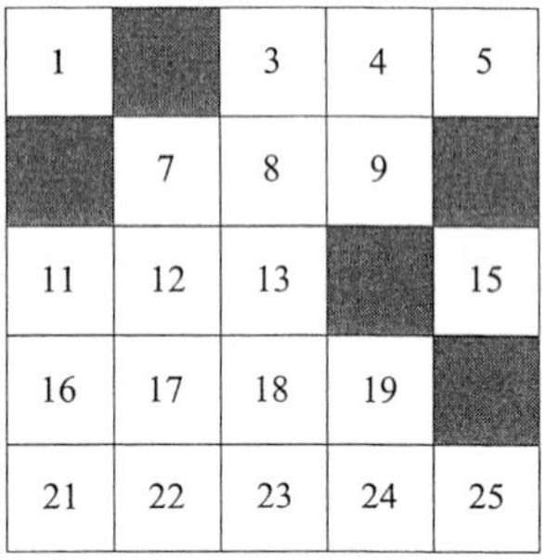

1		3	4	5
	7	8	9	
11	12	13		15
16	17	18	19	
21	22	23	24	25

図 6.13 $J = 5^2 = 25$ 点の格子．境界上のサイト 1 は 2 つの隣接点（グレーのサイト）を持ち，サイト 15 は 3 つの隣接点を持つ．

対称行列 (ψ_{ij}) は $n \times n$ 格子上でサイト i と j が隣接するか否かを表す．すなわち

$$\psi_{ij} = \begin{cases} 1, & i \text{ と } j \text{ が隣接する場合} \\ 0, & \text{その他の場合} \end{cases} \tag{6.18}$$

とする．いま，$J = n^2$ 個のサイトを $\{1,\ldots,J\}$ で表すことにする．サイト i に K **色** (color) のうちの 1 色を割り当てて，これを x_i で表し，格子全体の色の**配置** (configuration) をベクトル $\mathbf{x} = (x_1,\ldots,x_J)$ で表す．$K = 2$ の場合は**イジングモデル** (Ising model)（例えば [21] を参照）となり，$2^J = 2^{n^2}$ 通りの色の配置が可能である．イジングモデルの場合には，色の配置を表す変数 $\mathbf{s} = (s_1,\ldots,s_{n^2})$ は，$s_i = 2\,\mathrm{I}_{\{x_i=1\}} - 1$，$\forall i$ とすることが多い．エネルギー E も $\mathbf{s}$ を用いて記述され，式 (6.17) は

$$E(\mathbf{x}) = -\frac{\beta}{2} \sum_{i \leftrightarrow j} \left(\mathrm{I}_{\{x_i=x_j\}} - \frac{1}{2} \right) = -\frac{\beta}{4} \sum_{i \leftrightarrow j} s_i s_j$$

と記述される．ただし，$\leftrightarrow$ は隣接点対 (i,j) 全体で総和をとることを表す．

$f(\mathbf{x})$ からランダムな色の配置を生成することで，分配関数 $\mathcal{Z}$ や平均値 $\mathbb{E}_f E(\mathbf{X})$ といった関心のある量を推定することができる．残念なことに，$f(\mathbf{x})$ からの標本抽出に，第 3 章の技法はいずれも簡単には適用できないので MCMC 法を用いることにする．

式 (6.16) の目標確率密度関数 $f(\mathbf{x})$ からの標本生成について，Swendsen and Wang [26], [38], [76] の補助変数法を説明しよう．まず，目標密度は式 (6.14) の形で

$$f(\mathbf{x}) \propto \prod_{i<j} e^{\beta \psi_{ij} I_{\{x_i=x_j\}}}$$

と書けることに注目する．次に，"補助"確率変数 Y_{ij}, $1 \leqslant i < j \leqslant J$ を定義して，$\mathbf{X}$ と $\mathbf{Y}$ の結合確率密度関数を

$$f(\mathbf{x},\mathbf{y}) \propto \prod_{i<j} I\left\{0 < y_{ij} < e^{\beta \psi_{ij} I_{\{x_i=x_j\}}}\right\}$$

で与える．こうすることで，与えられた $\mathbf{x}$ に対して，変数 y_{ij} は区間

$$\left(0, e^{\beta \psi_{ij} I_{\{x_i=x_j\}}}\right)$$

上で独立に一様に分布し，周辺密度 $\int f(\mathbf{x},\mathbf{y})\,\mathrm{d}\mathbf{y}$ は目標の確率密度関数 $f(\mathbf{x}) = e^{-E(\mathbf{x})}/\mathcal{Z}$ に一致する．あとは，拡大された空間上の結合確率密度関数 $f(\mathbf{x},\mathbf{y})$ からギブスサンプラーを使って標本抽出すればよい．これは条件付き密度 $f(\mathbf{x}|\mathbf{y})$ と $f(\mathbf{y}|\mathbf{x})$ からの標本抽出の繰り返しで実現される．条件密度 $f(\mathbf{y}|\mathbf{x})$ からの標本抽出は，すべての i,j について独立に $y_{ij} \sim \mathrm{U}(0, e^{\beta \psi_{ij} I_{\{x_i=x_j\}}})$ であり，容易である．条件付き密度 $f(\mathbf{x}|\mathbf{y})$ から標本抽出するためには，まず，すべての $i<j$ に対して，$\exp\left(\beta \psi_{ij} I_{\{x_i=x_j\}}\right) \geqslant 1$ が成り立つことに注目する．各 $i<j$ について，$y_{ij} \in [0,1]$ の場合と $y_{ij} \in (1, e^\beta]$ の場合に分けて考える．$y_{ij} \leqslant 1$ の場合は，変数 X_i と X_j には制約がなく，それぞれが状態 $1,\ldots,K$ 上に一様に分布する．一方 $y_{ij} > 1$ の場合は，X_i と X_j は同じ状態をとり，$X_i \,(= X_j)$ は状態 $1,\ldots,K$ 上で一様に分布する．したがって，$y_{ij} > 1, i < j$ が成り立つ変数全体をクラスタに分類すると，各クラスタ内のサイトは同一の色であり，クラスタごとの色は K 色全体から一様ランダムに選ばれている．他の変数も単一要素からなるクラスタと見なすと，同様に議論することができる（図 6.14 を参照）．このアイデアから Swendsen–Wang アルゴリズムが導かれる．

アルゴリズム 6.12（Swendsen–Wang）

> サイト間の隣接性が行列 (ψ_{ij}) で特徴付けされた格子が与えられ，初期状態は，各 i に対して X_i を $1,\ldots,K$ から一様に生成して得られた色の配置 $\mathbf{X} = (X_1,\ldots,X_J)$ に設定する．以下のステップを繰り返す．
> 1. 与えられた $\mathbf{X}$ に対して，すべての $1 \leqslant i < j \leqslant J$ について $Y_{ij} \overset{\mathrm{iid}}{\sim} \mathrm{U}\left(0, e^{\beta \psi_{ij} I_{\{X_i = X_j\}}}\right)$ を生成する．すべての $i<j$ について $B_{ij} = I_{\{Y_{ij} \geqslant 1\}}$ とする．
> 2. 与えられた $\{B_{ij}\}$ に対して全サイトをクラスタリングし，クラスタごとに独立に K 色から一様ランダムに 1 色を選んで $\mathbf{X}$ を生成する．

Step 2 では，ベルヌーイ確率変数 $\{B_{ij}\}$ の値さえわかればよいことに注意すると，Step 1 で $\{Y_{ij}\}$ を生成してから $\{B_{ij}\}$ を計算する代わりに，各 $1 \leqslant i < j \leqslant J$ につ

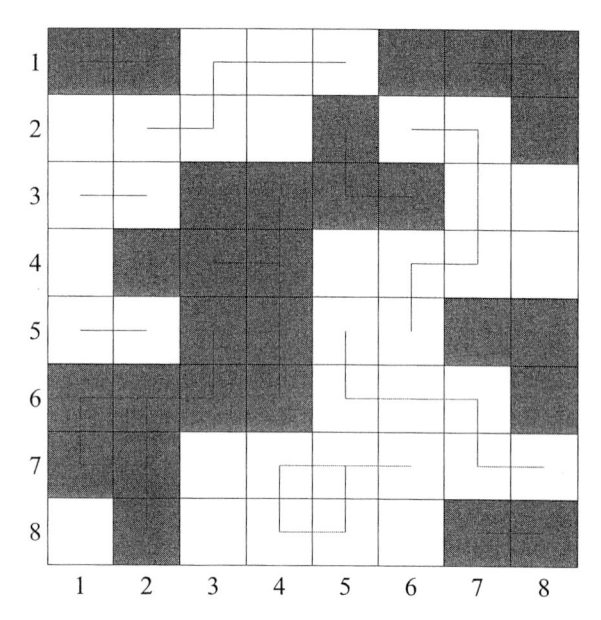

図 6.14 $n=8$ の 2 次元格子上の 2 色 ($K=2$) のクラスタリング. 線で繋がれたサイトが 1 つのクラスタで, 単一色からなる. この例では 17 個の単一サイトのクラスタがある.

いて直接 $B_{ij} \overset{\text{iid}}{\sim} \text{Ber}(I_{\{X_i=X_j\}}(1-e^{-\beta\psi_{ij}}))$ を生成すればよい.

数値例として, $n=20$ の 2 次元格子で 3 色 ($K=3$) の場合のサンプリングを考える. $\beta=0.8$ とする. 図 6.15 は Swendsen–Wang アルゴリズムを 40 回反復して得られた f からの標本である.

このアルゴリズムを実装したのが, 以下の MATLAB コードである. このコードでは, 関数 findneigh.m (例 5.1 で与えた) と関数 mkclust.m (このスクリプトの次に与える) を用いている.

```
% Potts.m
set(0,'RecursionLimit',100000) % clust.m で使う
n = 20; % 正方格子のサイズ
N = 40; % ギブス推移の回数
nels =n*(5*n-4); % ψ_ij 中の 1 の個数
beta =.8 ;    %
a = zeros(1,nels); % メモリの事前割り当て
b = zeros(1,nels);
c = zeros(1,nels);
k=0;
% (ψ_ij) 疎行列の設定
```

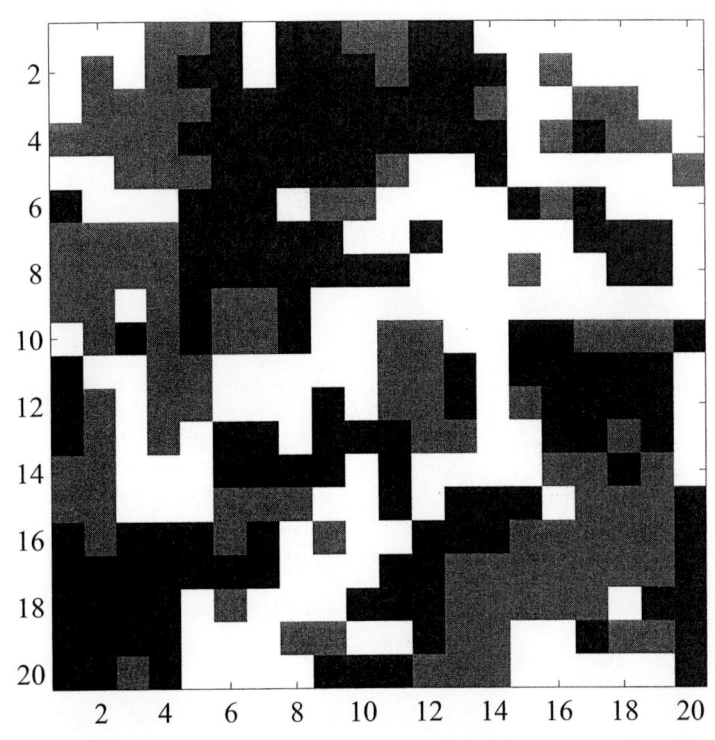

図 6.15 Swendsen–Wang アルゴリズムを 40 回反復して得られた **X** の色の配置.

```
for i=1:n
    for j=1:n
        A = findneigh(i,j,n); % サイト (i,j) の隣接点の添数
        number_of_neigh = size(A,1);
        for h=1:number_of_neigh   % (i,j) を線形の添数に変換
            a(k+h)=sub2ind([n;n],j,i);
            b(k+h)=sub2ind([n;n],A(h,2),A(h,1));
            c(k+h) = 1;
        end
        k = k+number_of_neigh;
    end
end
Psi = sparse(a,b,c,n^2,n^2); % 隣接行列の構築
K=3; % 色数
x = ceil(rand(1,n^2)*K);   % 初期状態
for iter=1:N
    iter
    % S-W の Step 1
```

```
    B=sparse([],[],[],n^2,n^2); % {B_ij}の割り当て
    for i=1:n^2
        neighbors_of_i = find(Psi(i,:));
        for k= neighbors_of_i
            if i < k
                B(i,k) = (rand  < (1 - exp(-beta))*(x(i)==x(k)));
                B(k,i) = B(i,k);
            end
        end
    end

    % S-W の Step 2
    [nclust,C] = mkclust(B); % 与えられた B に対するサイトのクラスタリング
    lims = [0,find(~C)]; % 0 の場所を探す
    csizes = diff(lims)-1; % クラスタサイズ
    for k=1:nclust
        xc = ceil(rand*K); % 一様に色を選ぶ
        for l=(lims(k)+1):(lims(k)+csizes(k))
            x(C(l)) = xc; % 色 xc を残りのサイトに割り当てる
        end
    end
    imagesc(reshape(x-1,n,n)) % 格子と X の状態プロット
    colormap gray
    pause(.01)
end
```

```
function [nc,C] = mkclust(B)
% 対称行列 B の形で補助変数{B_ij}が与えられ,
% この関数はサイトのクラスタリングを行う
% 出力:
%   nc - クラスタの個数
%   C  - 各クラスタのサイトの添数. 0 で区切られる
n = size(B,1);
S = 1:n;
nc = 0;
C = [];
while ~isempty(S)
    i = min(S);
    c = clust([i],i,B);
    S = setdiff(S,c);
    C = [C,c,0];
    nc = nc+1;
end
```

```
function out= clust(c,i,A)
out = unique([c,i]);
for j=setdiff(find(A(i,:)),out)
    out = sort(unique(clust(out,j,A)));
end
```

Swendsen–Wang アルゴリズムの一般化が [3], [4] で与えられている．これらの論文の著者らは，一般化された Swendsen–Wang アルゴリズムを，グラフ分割に基づいて定義される任意の確率密度に適用している．主目的は画像解析の問題であり，この問題に対して，彼らの一般化 Swendsen–Wang アルゴリズムは，ギブスサンプラーよりも CPU 時間で 2 桁以上速いことを数値実験で示している．Swendsen–Wang アルゴリズムの収束に関しては [78] で議論され，さまざまな β の値に対して混合時間のかなり良い上界が与えられている．

6.3.6 リバーシブルジャンプサンプラー

ここまでは，MCMC アルゴリズムで生成される多変量確率変数 $\mathbf{X}_0, \mathbf{X}_1, \ldots$ の次元は反復の中で不変と仮定してきた．**リバーシブルジャンプサンプラー**（reversible jump sampler）[34] は，異なる次元のベクトルからなる目標空間からの標本抽出を行うために特に設計された MCMC アルゴリズムである．このような状況は，ベイズ推論において与えられたデータ集合に対してさまざまなモデルを検討する際にはよく起こる．例えば，いまデータ $\mathbf{z}$ が与えられ，このデータに対して可算個の考えうるモデル $\{1, 2, 3, \ldots, M\}$ があったとしよう．各モデルは m 次元のパラメータベクトル $\boldsymbol{\beta}^{(m)} = (\beta_1, \ldots, \beta_m)$ によって，次のように特徴付けられるとしよう．

- モデル集合上の事前分布は，$f(m), m = 1, \ldots, M$ で与えられる．
- 与えられたモデル m に対して，$\boldsymbol{\beta}^{(m)}$ の事前分布は $f(\boldsymbol{\beta}^{(m)} \,|\, m)$ とする．
- パラメータ $\boldsymbol{\beta}^{(m)}$ を持つモデル m が与えられたとき，データの尤度は $f(\mathbf{z} \,|\, \boldsymbol{\beta}^{(m)}, m)$ とする．

最ももっともらしいモデルを決め，対応するパラメータベクトルを推論するため，異なる次元を持つ確率変数を事後密度

$$f(\boldsymbol{\beta}^{(m)}, m \,|\, \mathbf{z}) \propto f(\mathbf{z} \,|\, \boldsymbol{\beta}^{(m)}, m)\, f(\boldsymbol{\beta}^{(m)} \,|\, m) f(m)$$

から生成したい．

一般の（ベイズに限らない）設定で，結合密度 $f(\mathbf{x}, m)$ からサンプリングしたいとする．ただし $\dim(\mathbf{x}) = m$ とする．リバーシブルジャンプサンプラーは許容されたジャンプ（推移とも呼ばれる）集合に従って，異なる次元を持つ空間を跨いでジャンプする．次元の差が 1 以下のベクトルの間だけでジャンプが許される場合には，可能なジャンプは，$\mathbf{x}_1 \to \mathbf{x}_1'$，$\mathbf{x}_1 \to (\mathbf{x}_1', x_2')$，$(\mathbf{x}_1, x_2) \to \mathbf{x}_1'$ である．リバーシブルジャ

ンプサンプラーは，Metropolis–Hastings 法を一般化したものとして捉えることができ，その推移は密度 $q(n, \mathbf{y} \,|\, \mathbf{x}) = q(n \,|\, \mathbf{x}) \, q(\mathbf{y} \,|\, \mathbf{x}, n)$ から提案される．すなわち，与えられた現在の状態 $\mathbf{x}$ に対して，新しい次元 n が $q(n \,|\, \mathbf{x})$ から選ばれる．典型的には $q(n \,|\, \mathbf{x}) = q(n \,|\, m)$ とし，つまり q は現在の次元のみに依存する．新しい次元 n が与えられると，$\dim(\mathbf{y}) = n$ の新しい状態 $\mathbf{y}$ が推移関数 $q(\mathbf{y} \,|\, \mathbf{x}, n)$ に従って選ばれる．こうして，以下のアルゴリズムが得られる．

アルゴリズム 6.13（リバーシブルジャンプサンプラー）

与えられた現在の状態 $\mathbf{X}_t$ は $\dim(\mathbf{X}_t) = m$ とし，以下のステップを繰り返す．
1. $n \sim q(n \,|\, m)$ を生成する．
2. $\dim(\mathbf{Y}) = n$ を満たす $\mathbf{Y} \sim q(\mathbf{y} \,|\, \mathbf{X}_t, n)$ を生成する．
3. $U \sim \mathsf{U}(0, 1)$ を生成し，

$$\alpha(\mathbf{x}, \mathbf{y}) = \min \left\{ \frac{f(\mathbf{y}, n) \, q(m \,|\, n) \, q(\mathbf{x} \,|\, \mathbf{y}, m)}{f(\mathbf{x}, m) \, q(n \,|\, m) \, q(\mathbf{y} \,|\, \mathbf{x}, n)},\, 1 \right\} \tag{6.19}$$

に対して

$$\mathbf{X}_{t+1} = \begin{cases} \mathbf{Y}, & U' \leqslant \alpha(\mathbf{X}_t, \mathbf{Y}) \text{ の場合} \\ \mathbf{X}_t, & \text{その他の場合} \end{cases} \tag{6.20}$$

とする．

リバーシブルジャンプサンプラーを用いる際に難しいのは，次元を跨ぐ提案状態 $\mathbf{Y}$ を生成する適切な推移密度 $q(\mathbf{y} \,|\, \mathbf{x}, n)$ の設計である．よく用いられる方法は，新しい次元を $q(n \,|\, m)$ から生成した後，推移 $\mathbf{x} \to \mathbf{y}$ のために補助変数 $\mathbf{u}$ と $\mathbf{v}$ を導入して，$(\mathbf{x}, \mathbf{u})$ と $(\mathbf{y}, \mathbf{v})$ の次元を変えないように推移する，つまり

$$n + \dim(\mathbf{v}) = m + \dim(\mathbf{u})$$

とする方法である．いま，推移 $\mathbf{x} \to \mathbf{y}$ では，ある密度 $g(\mathbf{u} \,|\, n, \mathbf{x})$ に従って $\mathbf{U}$ を選び，

$$(\mathbf{Y}, \mathbf{V}) = \phi(\mathbf{X}, \mathbf{U})$$

とすることにしよう．ただし，ϕ は m と n に依存する微分可能な全単射変換とする．さらに，逆向きの推移 $\mathbf{y} \to \mathbf{x}$ でも $\mathbf{V} \sim g(\mathbf{v} \,|\, m, \mathbf{y})$ を生成すると仮定しよう．このとき，式 (A.33) より，$(\mathbf{Y}, \mathbf{V})$ の結合密度は $(\mathbf{X}, \mathbf{U})$ の結合密度を使って形式的に

$$g(\mathbf{v} \,|\, \mathbf{y}) \, q(\mathbf{y}) = \frac{g(\mathbf{u} \,|\, \mathbf{x}) \, q(\mathbf{x})}{\left| \det(J_\phi(\mathbf{x}, \mathbf{u})) \right|}$$

と記述することができる（n と m の表記は省略する）．ただし，$|\det(J_\phi(\mathbf{x}, \mathbf{u}))|$ は $(\mathbf{x}, \mathbf{u})$ における ϕ のヤコビ行列式の絶対値を表す．この等式を変形すると，$q(\mathbf{x} \,|\, \mathbf{y}) \, q(\mathbf{y}) = q(\mathbf{y} \,|\, \mathbf{x}) \, q(\mathbf{x})$ を使って，

$$\frac{q(\mathbf{x} \,|\, \mathbf{y})}{q(\mathbf{y} \,|\, \mathbf{x})} = \frac{q(\mathbf{x})}{q(\mathbf{y})} = \frac{g(\mathbf{v} \,|\, \mathbf{y})}{g(\mathbf{u} \,|\, \mathbf{x})} \left| \det(J_\phi(\mathbf{x}, \mathbf{u})) \right|$$

が得られる．したがって，式 (6.19) の採択率は

$$\alpha(\mathbf{x}, \mathbf{y}) = \min\left\{\frac{f(\mathbf{y}, n)\, q(m\,|\,n)\, g(\mathbf{v}\,|\,m, \mathbf{y})}{f(\mathbf{x}, m)\, q(n\,|\,m)\, g(\mathbf{u}\,|\,n, \mathbf{x})}\Big|\det(J_\phi(\mathbf{x}, \mathbf{u}))\Big|,\, 1\right\}$$

と記述することができる [34], [35]．

以下の簡単な例は [34] からの引用であり，アルゴリズムの動作を説明するものである．

■ **例 6.13（回帰モデル選択）**

データ $\mathbf{z} = (z_1, \ldots, z_N)$ は独立な確率変数 $\{Z_i\}$ の標本であり，

$$Z_i = \sum_{k=0}^{m-1} \beta_k\, a_i^k + \varepsilon_i, \quad \varepsilon_i \sim \mathsf{N}(0, 1), \quad i = 1, \ldots, N \tag{6.21}$$

と記述されるとしよう．ただし，$a_1, \ldots, a_N$ は既知の変数とし，$m \in \{1, 2, 3\}$ と $\boldsymbol{\beta}^{(m)} = (\beta_0, \ldots, \beta_{m-1})$ は未知のパラメータとする．m と $\boldsymbol{\beta}$ の事前分布を一様とすると，事後密度は

$$f(\boldsymbol{\beta}^{(m)}, m\,|\,\mathbf{z}) \propto \exp\left(-\frac{1}{2}\sum_{i=1}^{N}\Big(z_i - \sum_{k=0}^{m-1}\beta_k\, a_i^k\Big)^2\right) \tag{6.22}$$

となる．最も適切なモデル（m で記述される）とパラメータ $\boldsymbol{\beta}^{(m)}$ の情報を得るために，ここでの目的は事後分布からの標本抽出である．

図 6.16 のデータ $\mathbf{z}$ は式 (6.21) をシミュレートして得られたもので，$N = 101$，$a_i = (i-1)/20$，$i = 1, \ldots, 101$，$(\beta_0, \beta_1, \beta_2) = (1, 0.3, 0.15)$ である．データ点のプロットからは，線形モデル（$m = 2$）と 2 次のモデル（$m = 3$）のいずれが適切か

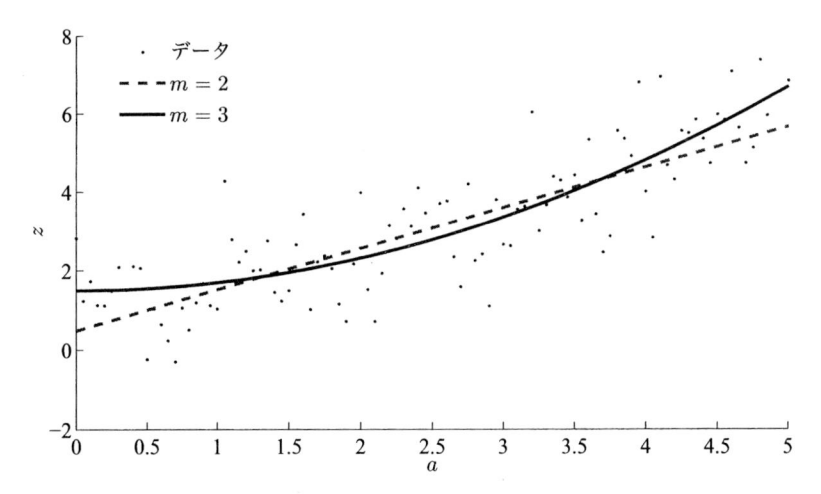

図 6.16 回帰データおよび $m = 2$ と $m = 3$（線形と 2 次）に当てはめられたモデル．

は明らかでない．適切なモデルを評価するために，$\mathbf{x} = \boldsymbol{\beta}^{(m)}$ と表し，リバーシブルジャンプサンプラーを実行する．リバーシブルジャンプサンプラーの実行では，次元 $n \in \{1, 2, 3\}$ は無作為に選び，提案推移 $\mathbf{x} \to \mathbf{y}$ の確率密度関数 $q(\mathbf{y}|\mathbf{x}, n) = q(\mathbf{y}|n)$ は n 次元分布 $\mathsf{N}(\mathbf{0}, I)$ とする．

すなわち，反復手順は以下のとおりである．

アルゴリズム 6.14（回帰のためのリバーシブルジャンプサンプラー）

1. 現在の状態 $\mathbf{X}_t$ が与えられ，$\dim(\mathbf{X}_t) = m$ とする．$n \sim \mathsf{DU}(1, 3)$ を生成する．つまり，$n \in \{1, 2, 3\}$ は等しい確率で選ばれる．
2. $\dim(\mathbf{Y}) = n$ となるように，$\mathbf{Y} \sim \mathsf{N}(\mathbf{0}, I)$ を生成する．
3. $U \sim \mathsf{U}(0, 1)$ を生成し，

$$\mathbf{X}_{t+1} = \begin{cases} \mathbf{Y}, & U \leqslant \min\left\{\frac{f(\mathbf{Y}, n|\mathbf{z})\, q(\mathbf{X}_t|m)}{f(\mathbf{X}_t, m|\mathbf{z})\, q(\mathbf{Y}|n)}, 1\right\} \text{の場合} \\ \mathbf{X}_t, & \text{その他の場合} \end{cases}$$

とする．ただし $q(\mathbf{y}|n)$ は $\mathbf{Y}$ の確率密度関数である．

上のリバーシブルジャンプサンプラーを実装したのが，次のコードである．マルコフ連鎖を $T = 10^5$ ステップ実行し，1008 個の 2 次元ベクトル $\boldsymbol{\beta}^{(2)}$ と 98984 個の 3 次元ベクトル $\boldsymbol{\beta}^{(3)}$ を生成した．すなわち，モデル $m = 2$ と $m = 3$ のそれぞれの推定事後確率はおよそ 0.0101 と 0.9898 である．定数 $(m = 1)$ モデルの事後確率は無視できるほど小さい．この結果から，2 次のモデルが最も適していると言える．回帰パラメータ $\boldsymbol{\beta}^{(m)}$ は，$\{\mathbf{X}_t\}$ の標本平均から $m = 2$ と 3 のそれぞれの場合について，$(0.48, 1.03)$ および $(1.49, -0.01, 0.21)$ と推定された．図 6.16 にこれらの回帰曲線を示している．

```
%Reversible_jump.m
randn('state',4)
a=(0:100)'/20;
b=[1,0.3,0.15];
A=[a.^0,a,a.^2]; % 係数行列
z=A*b'+randn(101,1); % データの生成
% 事後確率密度
f=@(beta)exp(-0.5*norm(z-A(:,1:length(beta))*beta')^2);
% 提案
g=@(u)(exp(-0.5*norm(u)^2)/(2*pi)^(length(u)/2));
m=1;x=randn(1,m); T=10^5; % 初期化
data=nan(T,1); beta0=0; beta1=beta0; beta2=beta1;
for t=1:T
    n=ceil(rand*3);
    y=randn(1,n); % 提案する
    if rand<min(f(y)/f(x)*g(x)/g(y),1)
```

```
        x=y; m=n; % 提案の採択-棄却
    end
    data(t)=m;
    % 各'm'に対してパラメータを決定
    if m==1
        beta0=beta0+x;
    elseif m==2
        beta1=beta1+x;
    elseif m==3
        beta2=beta2+x;
    end
end
beta0=beta0/sum(data==1);
beta1=beta1/sum(data==2);
beta2=beta2/sum(data==3);
% 各'm'のモデルをプロット
plot(a,z,'.'), hold on
y2 = beta1(1)*A(:,1) + beta1(2)*A(:,2);
y3 = beta2(1)*A(:,1) + beta2(2)*A(:,2)  + beta2(3)*A(:,3);
plot(a,y2,'r');
plot(a,y3,'b');
figure(2), prob=[sum(data==1),sum(data==2),sum(data==3)]/T;
stem(prob), xlim([0.8,3.5]) % 事後モデル確率のプロット
```

より一般的な提案状態の設計方法が [11] で与えられている．そこでは，すべてのモデルの次元が同一になるように補助変数が用いられている．補助変数を用いる目的は，次元を変化させずに，固定された次元で標本抽出を行うことである．時系列モデルに対する応用は [27] にある．

リバーシブルジャンプサンプラーを使う際に問題となるのが，収束の確認である．収束判定に関するさまざまな検定法が [10], [28], [74] で議論されている．Lunn et al. [48] はリバーシブルジャンプサンプラーの実装を容易にするためにグラフィカルモデルを用いている．

リバーシブルジャンプサンプラーは"逐次モンテカルロ法"(☞ p.504) との組合せで成功を収めており [39], [40]，そこでは複数のマルコフ連鎖が異なる次元の空間上で並列に実行される．

6.4 実装上の問題

MCMC を使う上で重要な問題となるのが，以下の事項である．
1) **定常性**：マルコフ連鎖のいわゆる**テスト**（burn-in）期間の決め方．つまり，マ

ルコフ連鎖が定常状態（安定な状態）にあると見なすことができ，初期点 X_0 の影響が無視できるようになるまでに，系列 $X_0, X_1, \ldots, X_T$ (☞ p.233) の点をいくつ捨てるべきか．

2) **独立同分布からの標本抽出**：（テスト期間後の）$X_0, X_1, \ldots, X_T$ の経験分布が目標の確率密度関数の良い近似となる推移回数 T の選び方．良い近似とは，"部分標本抽出" (subsampling) すなわち十分に大きい t^* に対してマルコフ連鎖 $X_0, X_1, X_2, \ldots$ を

$$X_0, X_{t^*}, X_{2t^*}, \ldots$$

と間引くことによって，（近似的に）独立同分布に従う確率変数が得られることをいう．

3) **平均への収束**：エルゴード平均 (6.4) が真の値 $\mathbb{E}_f H(X)$ に収束するために必要な推移回数 T の選び方．

通常，定常性の条件を満たすこと（問題点 1）はかなり容易で，問題点 2, 3 の必要条件でもある．問題点 2, 3 はマルコフ連鎖が極限分布にどれだけ速く収束するか（**混合速度** (mixing speed) として知られる）に依存する．言い換えると，マルコフ連鎖が定常状態にあるからといって，目標分布からの独立同分布に従う確率変数の生成を保証するものではない．

適切なテスト期間と全体の推移回数 T の選定の問題は，現在でも十分に解決しているわけではない．よく用いられる方法は，マルコフ連鎖の定常性の統計的仮説検定である．このような検定は**収束診断** (convergence diagnostic) として知られ，マルコフ連鎖の非定常的な振る舞いを検知するように設計される．しかし，検定によってマルコフ連鎖が本当に定常状態にあることを立証することはできない．言い換えると，マルコフ連鎖が収束診断の検定を通ったからと言って，それは必要条件にすぎず，本当に定常状態にあることの十分条件とはならない．

簡単でよく用いられる診断は，8.3.1 項で述べる共分散法に基づく方法である．例 6.1 や例 8.5 のように，推定された自己共分散関数 $\{\hat{R}(k)\}$ が速く減衰することが望ましく，これはマルコフ連鎖がよく混合していることを示唆する．

収束診断によく用いられる別の方法は，"Gelman–Rubin" 検定 [10], [30], [33] である．

アルゴリズム 6.15（Gelman–Rubin 収束診断法）

1. 長さ $T + D$ のマルコフ連鎖を独立に M 本生成する．これらの初期状態には密度関数の台（サポート）にある異なる点を選ぶ．最初の D ステップはテスト期間として捨て，残ったマルコフ連鎖の系列を $X_{i1}, \ldots, X_{iT}, i = 1, \ldots, M$ とする．
2. 適当な統計量を選び，これを $H_{it} = H(X_{it})$ とし，以下を計算する．

行平均： $\bar{H}_{i\bullet} = \dfrac{1}{T}\sum_{j=1}^{T} H_{ij}$

全体平均： $\bar{H} = \dfrac{1}{M}\sum_{i=1}^{M} \bar{H}_{i\bullet}$

系列間の分散： $B = \dfrac{1}{M}\sum_{i=1}^{M}(\bar{H}_{i\bullet} - \bar{H})^2$

系列内の分散： $W = \dfrac{1}{MT}\sum_{j=1}^{T}\sum_{i=1}^{M}(H_{ij} - \bar{H}_{i\bullet})^2$

事後分散： $\widehat{\sigma^2} = \dfrac{T-1}{T}W + B$

3. 与えられた T に対して，比 $r_T = \dfrac{\widehat{\sigma^2}}{W}$ を定義する．この比の系列 $r_T, r_{T+1}, \ldots$ を観測しながら，MCMC アルゴリズムを r_T が小さく（例えば 1.1）なるまで実行する．

この検定法の背後にあるのは，漸近的には $\widehat{\sigma^2}$ と W は等しくなければならないが，有限の T に対しては，$\widehat{\sigma^2}$ は分散の真の値 $\mathrm{Var}_f(H(X))$ を大きめに見積もり，W は小さめに見積もるという発想である（[29] を参照）．

Gelman–Rubin 検定に基づく別の判定法については，アルゴリズム 14.10 を参照せよ．

6.5 完璧サンプリング

いま，$\{1, \ldots, m\}$ の値をとる確率変数 X の標本を確率変数 $f(i), i = 1, \ldots, m$ に従って生成したいとしよう．MCMC 法が生成する標本 $\{X_t\}$ は，"漸近的に" f に従うにすぎない．つまり

$$\lim_{t\to\infty} \mathbb{P}(X_t = i) = f(i)$$

である．驚くことに，マルコフ連鎖を使う手法でも，"厳密に" f に従う標本を生成することが可能なのである．この手法は**完璧サンプリング**（perfect sampling）と呼ばれる．

Propp and Wilson [63] は，以下の完璧サンプリング技法を提案した．$\{X_t\}$ を，状態空間 $\{1, \ldots, m\}$，推移確率行列 P，定常確率関数 f のマルコフ連鎖とする．$\{X_t\}$ は極限かつ定常分布を持ち，さらに非周期的で既約と仮定する．完璧サンプリングのアイデアは，有限の停止時刻を過去のある時点 $t = -T < 0$ に見つけるというもので，この停止時刻は，時刻 $t = -T$ から時刻 $t = 0$ までマルコフ連鎖を推移させたときの統計的性質と，無限の過去 $t = -\infty$ から時刻 $t = 0$ まで推移させたときの統計的

性質が一致する時刻である．後者のマルコフ連鎖は定常状態にあるから，前者のマルコフ連鎖も定常状態にある．したがって，停止時刻 $-T$ を生成し，X_0 の確率密度関数が f となるように状態 $\{X_t, t = 0, -1, -2, \ldots, X_{-T}\}$ を生成することが目標である．これは以下のように実現される．

まず，X_{-1} が与えられると，アルゴリズム 5.7 を使って P の第 X_{-1} 行に対応する m 点の分布から X_0 を選ぶことができる．これは例えば逆関数法（☞p.47）などを使って，確率変数 $U_0 \sim \mathsf{U}(0,1)$ を生成することで実現できる．言い換えると，X_0 は X_{-1} と U_0 で決まる．同様に，X_{-1} は X_{-2} と $U_{-1} \sim \mathsf{U}(0,1)$ から生成できる．一般に，任意の負の時刻 $-t$ に対して，確率変数 X_0 は X_{-t} および独立な確率変数 $U_{-t+1}, \ldots, U_0 \overset{\text{iid}}{\sim} \mathsf{U}(0,1)$ で決まる．

次に，m 本のマルコフ連鎖を，$1, \ldots, m$ の各状態から "同一の" 乱数の列 $\mathbf{U}_{-t+1} = (U_{-t+1}, \ldots, U_{-2}, U_{-1}, U_0)$ を用いて推移させる．共通の乱数（☞p.363）を用いていることから，この m 本のマルコフ連鎖は独立ではない．

そして，もし 2 本のマルコフ連鎖のサンプルパスがある時刻で**合流** (coalesce) する（同一の状態となる）と，その時刻以降の両サンプルパスはまったく同一の軌跡となる．このようなサンプルパスは，**カップルされた** (coupled) という．例えば図 6.17 では，m 本のサンプルパスすべてが時刻 $-\tau$ で合流している．この時刻 $-\tau$ において，それぞれのマルコフ連鎖の初期状態は「忘れられた」と考えることができる．

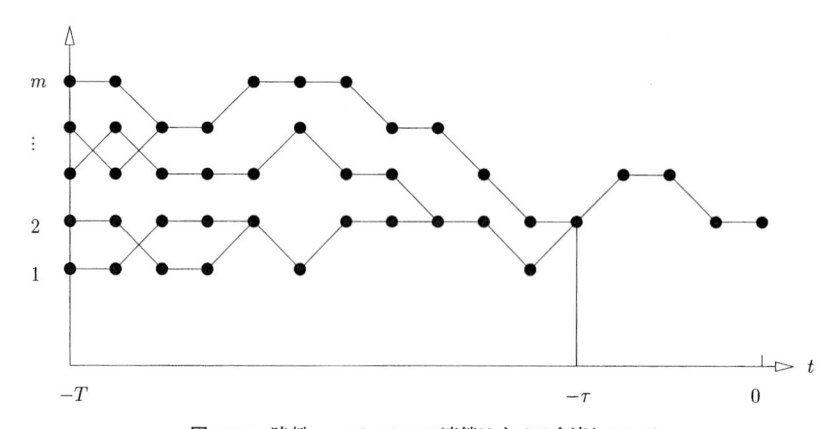

図 6.17 時刻 $-\tau$ でマルコフ連鎖はすべて合流している．

最後に，このような有限の負の時刻 $-T$ は確率 1 で存在し，m 本すべてのサンプルパスが時刻 0 までに合流することを Propp and Wilson [63] は示している．言い換えると，ある停止時刻 $-T < 0$ が確率 1 で存在し，共通の確率変数列 $\mathbf{U}_{-T+1}$ によって m 本のマルコフ連鎖は時刻 0 までに（カップルされて）1 本のサンプルパスに合流している．

時刻 $t=-\infty$ から開始したあるマルコフ連鎖は，時刻 $t=-T$ においては m 個の全状態のうちのいずれか 1 つの状態であるから，時刻 $-T$ からの m 本のサンプルパスの 1 つであり，そして "定常状態にある"．定常状態にあるこのマルコフ連鎖のサンプルパスは，時刻 $t=0$ までに他のすべてのサンプルパスとカップルされているので，1 本にカップルされたサンプルパスは時刻 0 において f に従う．

停止時刻 $-T$ を計算するには，$t=0$ から過去に遡りながら確認作業を行う．まず，U_{-1} を生成して $-T=-1$ が停止時刻かどうかを確認する．そうでなければ，U_{-2} を生成して $-T=-2$ が停止時刻かどうかを確認し，これを繰り返す．こうして，**過去からのカップリング**（coupling from the past）と呼ばれる以下のアルゴリズムを得る [63]．

アルゴリズム 6.16（過去からのカップリング）

1. $U_0 \sim \mathsf{U}(0,1)$ を生成する．$\mathbf{U}_0 = U_0$，$t=-1$ とする．
2. m 本のマルコフ連鎖を，時刻 t の状態を $1,\ldots,m$ にそれぞれ設定し，同一の確率ベクトル $\mathbf{U}_{t+1}$ を用いて推移させる．
3. 時刻 0 までにすべてのマルコフ連鎖が合流しているかどうかを確認する．もし合流していれば，すべてのマルコフ連鎖で一致している時刻 0 の状態を返し，停止する．合流していなければ，$\mathbf{U}_t = (U_t, \mathbf{U}_{t+1})$，$t=t-1$ とそれぞれ更新し，Step 2 から繰り返す．

過去からのカップリングは厳密に目標の f からの標本を返すものの，実用上の限界もある．まず，たいていの連続シミュレーションシステムにおいて，利用するには技術的な困難が伴う．次に，多くの場合，過去からのカップリングでは合流までに多数の反復が必要であり，停止時刻（の絶対値）T がとても大きくなる可能性がある．最後に，標本空間がいわゆる確率的単調性 [24] を持つ場合を除いて，標本空間の全状態からマルコフ連鎖を推移させることは，膨大な記憶領域が必要であり，困難である．

さらに学習するために

マルコフ連鎖モンテカルロ法は，統計計算やベイズ分析の主要な道具の 1 つである．MCMC の技法に関する包括的な議論は [65] にある．実践的な応用については，[33] で議論されている．ベイズ分析における MCMC 法の使用の詳細については，[29] にある．MCMC の収束に関する結果の踏み込んだ厳密な取り扱いについては，[55] を参照せよ．[2] はマルコフ連鎖の定常性検知の初期の論文であり，完璧サンプリングとも密接に関連する．

文　献

1) D. J. Aldous and J. Fill. Reversible Markov chains and random walks on graphs. Available at: http://www.stat.berkeley.edu/~aldous/RWG/book.html, 2002.
2) S. Asmussen, P. W. Glynn, and H. Thorisson. Stationary detection in the initial transient problem. *ACM Transactions on Modeling and Computer Simulation*, 2(2):130–157, 1992.
3) A. Barbu and S.-C. Zhu. Generalizing Swendsen–Wang to sampling arbitrary posterior probabilities. *IEEE Transactions on Pattern Analysis and Machine Intelligence*, 27(8):1239–1253, 2005.
4) A. Barbu and S.-C. Zhu. Generalizing Swendsen–Wang for image analysis. *Journal of Computational and Graphical Statistics*, 16(4):877–900, 2007.
5) S. Baumert, A. Ghate, S. Kiatsupaibul, Y. Shen, R. L. Smith, and Z. B. Zabinsky. Discrete hit-and-run for sampling points from arbitrary distributions over subsets of integer hyperrectangles. *Operations Research*, 57(3):727–739, 2009.
6) J. O. Berger and M.-H. Chen. Predicting retirement patterns: Prediction for a multinomial distribution with constrained parameter space. *Journal of the Royal Statistical Society, Series D*, 42(4):427–443, 1993.
7) C. G. E. Boender, R. J. Caron, J. F. McDonald, A. H. G. Rinnooy Kan, H. E. Romeijn, R. L. Smith, J. Telgen, and A. C. F. Vorst. Shake-and-bake algorithms for generating uniform points on the boundary of bounded polyhedra. *Operations Research*, 39(6):945–954, 1991.
8) Z. I. Botev. *The Generalized Splitting method for Combinatorial Counting and Static Rare-Event Probability Estimation*. PhD thesis, University of Queensland, available at: http://espace.library.uq.edu.au/view/UQ:198531, 2009.
9) Z. I. Botev and D. P. Kroese. The generalized cross entropy method, with applications to probability density estimation. *Methodology and Computing in Applied Probability*, DOI: 10.1007/s11009-009-9133-7, 2009.
10) S. P. Brooks and P. Giudici. Markov chain Monte Carlo convergence assessment via two-way analysis of variance. *Journal of Computational and Graphical Statistics*, 9(2):266–285, 2000.
11) S. P. Brooks, P. Giudici, and A. Philippe. Efficient construction of reversible jump Markov chain Monte Carlo proposal distributions. *Journal of the Royal Statistical Society, Series B*, 65(1):3–39, 2003.
12) G. Casella, K. L. Mengersen, C. P. Robert, and D. M. Titterington. Perfect samplers for mixtures of distributions. *Journal of the Royal Statistical Society, Series B*, 64(4):777–790, 2002.
13) M.-H. Chen and J. J. Deely. Bayesian analysis for a constrained linear multiple regression problem for predicting the new crop of apples. *Journal of Agricultural, Biological, and Environmental Statistics*, 1(4):467–489, 1996.

14) M.-H. Chen and B. Schmeiser. Performance of the Gibbs, hit-and-run, and Metropolis samplers. *Journal of Computational and Graphical Statistics*, 2(3):251–272, 1993.
15) M.-H. Chen and B. Schmeiser. Toward black-box sampling: A random-direction interior-point Markov chain approach. *Journal of Computational and Graphical Statistics*, 7(1):1–22, 1998.
16) M.-H. Chen and B. W. Schmeiser. General hit-and-run Monte Carlo sampling for evaluating multidimensional integrals. *Operations Research Letters*, 19(4):161–169, 1996.
17) M.-H. Chen, Q. M. Shao, and J. G. Ibrahim. *Monte Carlo Methods in Bayesian Computation*. Springer-Verlag, New York, 2000.
18) S. Chib. Marginal likelihood from the Gibbs output. *Journal of the American Statistical Association*, 90(432):1313–1321, 1995.
19) S. Chib and I. Jeliazkov. Marginal likelihood from the Metropolis-Hastings output. *Journal of the American Statistical Association*, 96(453):270–281, 2001.
20) R. V. Craiu and C. Lemieux. Acceleration of the multiple-try Metropolis algorithm using antithetic and stratified sampling. *Statistics and Computing*, 17(2):109–120, 2007.
21) N. A. C. Cressie. *Statistics for Spatial Data*. John Wiley & Sons, New York, second edition, 1993.
22) P. Damien and S. G. Walker. Sampling truncated normal, beta, and gamma densities. *Journal of Computational and Graphical Statistics*, 10(2):206–215, 1998.
23) P. Diaconis and S. Holmes. Three examples of Monte Carlo Markov chains: At the interface between statistical computing, computer science, and statistical mechanics. *Discrete Probability and Algorithms (Aldous et al. editors)*, pages 43–56, 1995.
24) P. Djuric, Y. Huang, and T. Ghirmai. Perfect sampling: a review and applications to signal processing. *IEEE Transactions on Signal Processing*, 50(2):345–356, 2002.
25) A. J. Dobson and A. G. Barnett. *Introduction to Generalized Linear Models*. Chapman & Hall, Boca Raton, FL, third edition, 2008.
26) R. G. Edwards and A. D. Sokal. Generalization of the Fortuin–Kasteleyn–Swendsen–Wang representation and Monte Carlo algorithm. *Physical Review D*, 38(6):2009–2012, 1988.
27) R. S. Ehlers and S. P. Brooks. Adaptive proposal construction for reversible jump MCMC. *Scandinavian Journal of Statistics*, 35(1):677–690, 2003.
28) Y. Fan, G. W. Peters, and S. A. Sisson. Automating and evaluating reversible jump MCMC proposal distributions. *Statistics and Computing*, 19(4):409–421, 2009.
29) A. Gelman, J. B. Carlin, H. S. Stern, and D. B. Rubin. *Bayesian Data Analysis*. Chapman & Hall, Boca Raton, FL, second edition, 2003.
30) A. Gelman and D. Rubin. Inference from iterative simulation using multiple sequences (with discussion). *Statistical Science*, 7(2):457–511, 1992.

31) S. Geman and D. Geman. Stochastic relaxation, Gibbs distribution and the Bayesian restoration of images. *IEEE Transactions on Pattern Analysis and Machine Intelligence*, 6(6):721–741, 1984.
32) W. R. Gilks, N. G. Best, and K. K. C. Tan. Adaptive rejection Metropolis sampling within Gibbs sampling. *Journal of the Royal Statistical Society, Series C*, 44(4):455–472, 1995.
33) W. R. Gilks, S. Richardson, and D. J. Spiegelhalter. *Markov Chain Monte Carlo in Practice*. Chapman & Hall, New York, 1996.
34) P. J. Green. Reversible jump Markov chain Monte Carlo computation and Bayesian model determination. *Biometrika*, 82(4):711–732, 1995.
35) P. J. Green. *Highly Structured Stochastic Systems*, volume 35, chapter : Trans-Dimensional Markov Chain Monte Carlo, pages 179–198. Oxford University Press, London, 2003.
36) J. Hammersley and M. Clifford. Markov fields on finite graphs and lattices. Available at: http://www.statslab.cam.ac.uk/~grg/books/hammfest/hamm-cliff.pdf. Unpublished manuscript, 1970.
37) W. K. Hastings. Monte Carlo sampling methods using Markov chains and their applications. *Biometrika*, 57(1):92–109, 1970.
38) D. M. Higdon. Auxiliary variable methods for Markov chain Monte Carlo with applications. *Journal of the American Statistical Association*, 93(442):585–595, 1998.
39) A. Jasra, A. Doucet, D. A. Stephens, and C. C. Holmes. Interacting sequential Monte Carlo samplers for trans-dimensional simulation. *Computational Statistics and Data Analysis*, 52(4):1765–1791, 2008.
40) A. Jasra, D. A. Stephens, and C. C. Holmes. Population-based reversible jump Markov chain Monte Carlo. *Biometrika*, 94(4):787–807, 2007.
41) J. M. Keith, D. P. Kroese, and D. Bryant. A generalized Markov chain sampler. *Methodology and Computing in Applied Probability*, 6(1):29–53, 2004.
42) J. S. Liu. Metropolized Gibbs sampler: an improvement. Preprint, University of Stanford, available at: www.fas.harvard.edu/~junliu/TechRept/96folder/mgibbs.ps, 1995.
43) J. S. Liu. *Monte Carlo Strategies in Scientific Computing*. Springer-Verlag, New York, 2001.
44) J. S. Liu, F. Liang, and W. H. Wong. The multiple-try method and local optimization in Metropolis sampling. *Journal of the American Statistical Association*, 95(449):121–134, 2000.
45) L. Lovász. Hit-and-run mixes fast. *Mathematical Programming*, 86(3):443–461, 1999.
46) L. Lovász and S. Vempala. Hit-and-run is fast and fun. Technical report, Microsoft Research, MSR-TR-2003-05, 2003.
47) L. Lovász and S. Vempala. Hit-and-run from a corner. *SIAM Journal of Computing*, 35(4):985–1005, 2006.
48) D. J. Lunn, N. Best, and J. C. Whittaker. Generic reversible jump MCMC using

graphical models. *Statistics and Computing*, 19(4):395–408, 2009.
49) R. E. McCulloch, N. G. Polson, and P. E. Rossi. A Bayesian analysis of the multinomial probit model with fully identified parameters. *Journal of Econometrics*, 99(1):173–193, 2000.
50) R. E. McCulloch and P. E. Rossi. An exact likelihood analysis of the multinomial probit model. *Journal of Econometrics*, 64(1&2):207–240, 1994.
51) G. J. McLachlan and T. Krishnan. *The EM Algorithm and Extensions*. John Wiley & Sons, Hoboken, New Jersey, second edition, 2008.
52) K. Mengersen and R. Tweedie. Rates of convergence of the Hastings and Metropolis algorithms. *Annals of Statistics*, 24(1):101–121, 1996.
53) H. O. Mete, Y. Shen, Z. B. Zabinsky, S. Kiatsupaibul, and R. L. Smith. Pattern discrete and mixed hit-and-run for global optimization. *Journal of Global Optimization*, DOI: 10.1007/s10898-010-9534-8, 2010.
54) N. Metropolis, A. W. Rosenbluth, M. N. Rosenbluth, A. H. Teller, and E. Teller. Equations of state calculations by fast computing machines. *Journal of Chemical Physics*, 21(6):1087–1092, 1953.
55) S. Meyn and R. L. Tweedie. *Markov Chains and Stochastic Stability*. Cambridge University Press, London, second edition, 2009.
56) A. Mira, J. Møller, and G. O. Roberts. Perfect slice samplers. *Journal of the Royal Statistical Society, Series B*, 63(3):593–606, 2001.
57) A. Mira and L. Tierney. Efficiency and convergence properties of slice samplers. *Scandinavian Journal of Statistics*, 29(1):1–12, 2002.
58) P. Neal and G. O. Roberts. Optimal scaling for partially updating MCMC algorithms. *Annals of Applied Probability*, 16(2):475–515, 2006.
59) R. Neal. Slice sampling (with discussion). *Annals of Statistics*, 31(3):705–767, 2003.
60) D. J. Nott and P. J. Green. Bayesian variable selection and the Swendsen–Wang algorithm. *Journal of Computational and Graphical Statistics*, 13(1):141–157, 2004.
61) R. E. Pfiefer. Surface area inequalities for ellipsoids using Minkowski sums. *Geometriae Dedicata*, 28(2):171–179, 1988.
62) B. T. Polyak and E. N. Gryazina. Randomized methods based on new Monte Carlo schemes for control and optimization. *Annals of Operations Research*, DOI: 10.1007/s10479-009-0585-5, 2009.
63) J. G. Propp and D. B. Wilson. Exact sampling with coupled Markov chains and applications to statistical mechanics. *Random Structures and Algorithms*, 9(1&2):223–252, 1996.
64) C. P. Robert. Simulation of truncated normal variables. *Statistics and Computing*, 5(2):121–125, 1995.
65) C. P. Robert and G. Casella. *Monte Carlo Statistical Methods*. Springer-Verlag, New York, second edition, 2004.
66) G. O. Roberts and J. S. Rosenthal. Optimal scaling of discrete approximations to Langevin diffusions. *Journal of the Royal Statistical Society, Series B*, 60(1):255–

268, 1998.
67) G. O. Roberts and J. S. Rosenthal. Convergence of slice sampler Markov chains. *Journal of the Royal Statistical Society, Series B*, 61(3):643–660, 1999.
68) G. O. Roberts and J. S. Rosenthal. The polar slice sampler. *Stochastic Models*, 18(2):257–280, 2002.
69) G. O. Roberts and S. Sahu. Updating schemes, correlation structure, blocking and parameterization for the Gibbs sampler. *Journal of the Royal Statistical Society, Series B*, 59(2):291–317, 1997.
70) G. O. Roberts and R. Tweedie. Exponential convergence for Langevin diffusions and their discrete approximations. *Bernoulli*, 2(4):341–363, 1996.
71) H. E. Romeijn and R. L. Smith. Simulated annealing for constrained global optimization. *Journal of Global Optimization*, 5(2):101–126, 1994.
72) S. M. Ross. *Simulation*. Academic Press, New York, third edition, 2002.
73) Y. Shen. *Annealing Adaptive Search with Hit-and-Run Sampling Methods for Stochastic Global Optimization Algorithms*. PhD thesis, University of Washington, 2005.
74) S. A. Sisson and Y. Fan. A distance-based diagnostic for trans-dimensional Markov chains. *Statistics and Computing*, 17(4):357–367, 2007.
75) R. L. Smith. Efficient Monte Carlo procedures for generating points uniformly distributed over bounded regions. *Operations Research*, 32(6):1296–1308, 1984.
76) R. H. Swendsen and J.-S. Wang. Nonuniversal critical dynamics in Monte Carlo simulations. *Physical Review Letters*, 58(2):86–88, 1987.
77) W. Wang, A. Ghate, and Z. B. Zabinsky. Adaptive parameterized improved hit-and-run for global optimization. *Optimization Methods and Software*, 24(4&5):569–594, 2009.
78) L. Yun. *Mixing Time of the Swendsen–Wang Dynamics on the Complete Graph and Trees*. PhD thesis, University of California, Berkeley, 2009.
79) Z. B. Zabinsky, R. L. Smith, J. F. McDonald, H. E. Romeijn, and D. E. Kaufman. Improving hit-and-run for global optimization. *Journal of Global Optimization*, 3(2):171–192, 1993.

7

離散事象シミュレーション

　一般にモンテカルロシミュレーションは，基本的なランダムベクトルや確率過程といったランダムオブジェクトで表現された数値（期待値，確率）を計算する単純なアルゴリズムである．この点において，モンテカルロシミュレーションは，コンピュータ上で現実のシステムの動きをできる限り模倣しようとする大規模シミュレーションモデリングとは異なる．大規模シミュレーションの応用は，電気通信，生産スケジューリング，交通制御，信頼性や保全，軍事計画，在庫管理など，極めて多岐にわたる．

　しかし，複雑性や，計算重視かモデル重視かの関心の違いはあるが，モンテカルロ法とシミュレーションは同じようなものであり，ランダムな実験をコンピュータ上で実現するものである．この結果，本書に書かれている大半の考え方や統計的方法は，一般のシミュレーションにも適用できる．とはいえ，大規模シミュレーションは，モンテカルロ法より高いレベルのモデリングやプログラミング構造を必要とする．本章の目的は，とりわけ，離散事象システムに関するコンピュータシミュレーションおよびモデリングの最も基本的な様相を簡潔に紹介することである．

7.1　シミュレーションモデル

　シミュレーションモデルは，現実のシステムの挙動を模倣しようとする．ここで，**システム** (system) とは複雑な全体を構成する，相互に影響し合う要素，すなわち**オブジェクト** (object) の集まりである．具体例として郵便局を取り上げると，到着する顧客はいくつかのカウンタのいずれかでサービスを受けようと待ち行列を作る．サービスが終了すると，顧客は郵便局を去るか，別のサービスを受けるために別の待ち行列に並ぶ．このシステムの"オブジェクト"は顧客，サービスを提供するサーバ，待ち行列である．これらのオブジェクトは，各待ち行列に並ぶことのできる待ち場所の容量，顧客の種別（優先度が高い/低い），サービス時間，顧客の到着率などの数値"属性"で特徴付けられる．これらの属性やオブジェクトの相互作用が，時間経過に伴うシステムの挙動を定める．

　実際のシステムの動きを理解するための最初のステップは，システムの"数理モデ

ル"を構築して，システムの基本的な要素を，変数，パラメータ，公式，確率分布，関係，図などを含む数理的な言葉で要約することである．モデルが有用であるためには，現実性と単純性を併せ持つことが必要であるが，これら2つの理想は往々にして相矛盾する．モデルは現実のシステムを十分に近似するものでなくてはならず，実際のシステムの重要な様相を表現しなくてはならない．一方で，理解や操作を妨げるような，過度に複雑なものであってはならない．モデルが比較的単純なときには，"解析的に"解くこと，すなわち，システムのある局面の挙動を閉じた形で表現することができる場合がある．より複雑なシステムに対しては，解析的なアプローチは，多くの場合はるかに難しいか実現不可能である．そのため，このようなシステムは，"コンピュータシミュレーション"を通じて"数値的に"分析することが多い．それゆえ，モデルは実際のシステムに関する妥当な結論を導けるように，実際のシステムを十分近似するものでなくてはならない．この状況を図 7.1 に示す．

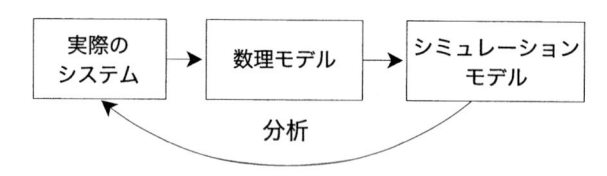

図 7.1 シミュレーションモデリングと分析．

郵便局の例に戻ると，このようなサービスシステムに対する標準的な数理モデルは，図 7.2 に示されるような**待ち行列モデル**（queueing system）である．このモデルでは，実際のシステムのように，顧客はランダムな時間に到着し，待ち行列で待ち，サーバからサービスをランダムな期間受け，ランダムに待ち行列の間を移動する．しかし，実際のシステムと違って，到着やサービスの過程は正確な確率法則によって表現される．同様に，次にどの待ち行列に進むかという移動の規則やサービス規律（どのような順序（例えば先着順）で顧客がサービスを受けるか）は，特定の規則に従う．

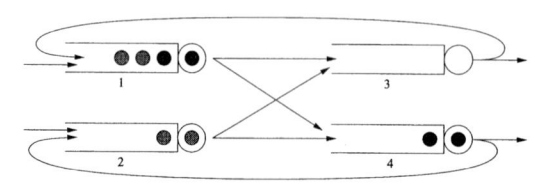

図 7.2 異なるタイプの顧客が存在する待ち行列システム．

待ち行列システムのさまざまな側面は，一定の単純化された仮定のもとでは，解析的に分析することが可能である．実際，待ち行列の分野で多くの研究がなされている

(例えば，[1], [9], [18] などを参照)．一方で，待ち行列システムの多くの評価尺度には，非常に単純なものでも，シミュレーションでしか評価できない場合がある．

待ち行列システムは，**離散事象システム** (discrete event system) の典型例である．これらのシステムでは，一定の "事象" の発生を通して，システムの「状態」が離散時間で変化する．待ち行列システムでは，状態は，例えば，各待ち行列の顧客数であり，それらは顧客の到着や出発事象によって変化する．実際には，このようなシステムは "確率的" かつ "動的" であり，多くの場合，確率変数を伴い，時間とともに推移していく．離散事象システムは，事象が "いつ" 発生し，それが "いかに" システムの状態に影響を与えるかを正確に定義することによって，簡単にコンピュータ上でシミュレートできる．これらの詳細を，本章では解説する．

7.2 離散事象システム

離散事象システムは，工学やオペレーションズリサーチのさまざまなシステムの挙動をモデル化する．その応用は，例えば，生産スケジューリング，信頼性，交通，在庫管理，製造，防衛，ファイナンス，電気通信，コンピュータシステムなどに多く見られる．離散事象シミュレーション分析の構成要素は以下のとおりである．

- **システムの状態** (system state)：分析対象のオブジェクトに関して，特定時刻におけるシステムの状態を表現するのに必要な変数/属性の集まり．一般に，状態の集合，例えば $\{X_t, t \geq 0\}$ は，何らかの状態空間の値をとる確率過程を形成する．
- **事象** (event)：システムの状態を変えうる瞬時的な出来事．各事象は以下で特徴付けられる．
  - **事象時刻** (event time)：事象が発生する時刻．
  - **事象タイプ** (event type)：事象が事象時刻およびその後に，システムにどのような影響を与えるかを決定するための識別子．

離散事象システムは，事象時刻においてのみ観察される．2 つの事象時刻の間は，システムは予知可能な形，つまり確定的な形でのみ変化することが許される．その動的な性質ゆえ，離散事象システムは**シミュレーションクロック** (simulation clock) と呼ばれる時間記録の仕組みが必要であり，この仕組みがシミュレーションの時刻をある事象発生から次の事象発生へと進めていく．事象を追跡するために，シミュレーションはこれから起ころうとする事象のリストを維持する．このリストは**事象リスト** (event list) と呼ばれ，これから起ころうとするすべての事象を "発生時刻順に" 維持する．つまり，事象はその発生時刻順に並べられる．とりわけ，今まさに起ころうとしている事象が，事象リストの先頭に置かれる．

この状況を図 7.3 に示す．シミュレーションは，初期事象を事象リストに時刻順に並べることで始まる．図 7.3 では 4 つの初期事象が登録されている．次に，最早時刻

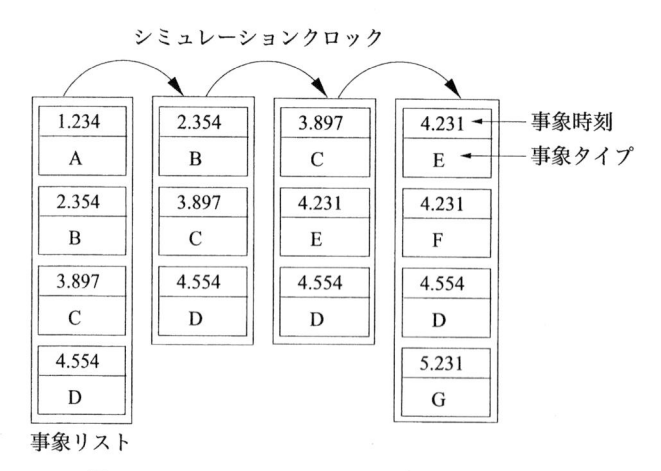

図 7.3 シミュレーションクロックの進め方と事象リスト.

の事象が事象リストから処理のために取り出され，シミュレーションクロックがその発生時刻である 1.234 に進められる．この事象が処理されて取り出されると，クロックは次の事象の時刻 2.354 に進められる．「現在」の事象は事象タイプによって識別され，その処理が行われる中で，システムの状態が更新され，将来の事象が事象リストに生成（または，事象リストから削除）される可能性がある．図 7.3 の例では，3 番目の事象，すなわち時刻 3.897 に発生する事象タイプ C の事象処理中に，時刻 4.231 の新しい事象タイプ E の事象がスケジュールされる．次に，タイプ E の事象が，同じ時刻 4.231 に発生する事象タイプ F の事象と，時刻 5.231 のタイプ G の事象をスケジュールしている．

離散事象シミュレーションのプログラムを実装するためには，2 つの基本的アプローチがある．

- **事象指向のアプローチ**（event-oriented approach）：この方法では，それぞれの事象タイプに異なるサブルーチンが用意される．各事象サブルーチンの役割は，システムの状態を更新し，事象リストに新たな事象をスケジュールすることである．メインプログラムの主たる役割は，事象リストに沿って先に進み，次の事象発生時刻に該当する事象サブルーチンを呼び出すことである．

- **プロセス指向のアプローチ**（process-oriented approach）：事象は多くの場合，**プロセス**（process），すなわち一連の関連する事象にグループ分けすることができる．例えば，信頼性システムの場合，故障と特定の機械の修理に関わる事象とその処理は，プロセスとしてまとめられる．直観的には，プロセスはある時刻に中断されたり（再）作動されたりし，また，他のプロセスやデータ構造を操作することのできる，繰り返し実行されるプログラムと見ることができる．プロセス指向のアプローチにおいてもシミュレーションクロックが存在し，どの事象がいつ

発生するかを追跡するリストが存在するが，このリストには，個別の事象ではなく"プロセス"が格納される．リストの先頭のプロセスが現在アクティブなプロセスである．

ここでは，一般のプログラミング言語での実装が容易な事象指向のアプローチに焦点を当てることにする．加えて，事象指向のアプローチは，プロセス指向のアプローチより実行速度が速い傾向がある．しかし，プロセス指向のシミュレーションプログラムのほうが概念的にはより単純であり，オブジェクト指向プログラミング言語での実装が容易で，大規模シミュレーションプロジェクトには向いている．今日では，SSJ，J-Sim，C++Sim のように無料で利用できるオブジェクト指向のシミュレーション環境が存在する．これらはすべて，先駆的シミュレーション言語である SIMULA [5] の強い影響を受けたものである．

7.3 事象指向アプローチ

図 7.4 は，一般的な事象指向型シミュレーションのフローチャートである．プログラムは状態変数，統計カウンタ，システムパラメータの初期化から始まる．初期化には，事象リストの初期設定も含まれる．初期化は別のサブルーチンで行うこともできる．シミュレーションクロックのメカニズムは，以下の 3 ステップからなるループとして実現される．(1) 事象リストの先頭から，現在の事象時刻および事象タイプを決定する．(2) 定められた現在事象に対応する事象サブルーチンを実行する．(3) 統計データを収集し，事象リストを進め，次の事象を現在事象とする．これらのステップは，何らかの終了条件が満たされるまで繰り返される．終了条件の一例として，事象時刻があらかじめ設定された時刻 T を超えたら終了するという条件がある．最後に，シミュレーション実行中に収集された統計的情報が報告され，シミュレーションが終了する．

主たるモデリングとプログラミング作業は，事象ルーチンの設定にある．各事象タイプごとに，いかにシステムの状態やその他のデータ構造（待ち行列，カウンタなど）が事象発生の影響を受けるかを定めなくてはならない．これに加えて，各事象は他の事象の発生を誘発した場合，発生した事象を事象リストにスケジュールする必要がある．最後に，多くの場合，統計データが事象ルーチン処理中（通常，事象ルーチンの最後）に収集される．

事象間の相互作用を明らかにするために，**事象グラフ**（event graph）[17] を作成すると役立つことがある．事象グラフの頂点は事象に対応し，事象 A から事象 B への矢印（アーク）は，事象 A の発生が事象 B を「誘発する」ことを示す．図 7.5 は，図 7.2 に示した待ち行列システムの事象グラフである．ここには 6 つの事象があり，それらは，待ち行列 1, 2 への到着，待ち行列 1, 2, 3, 4 からの退去に対応する．例えば，

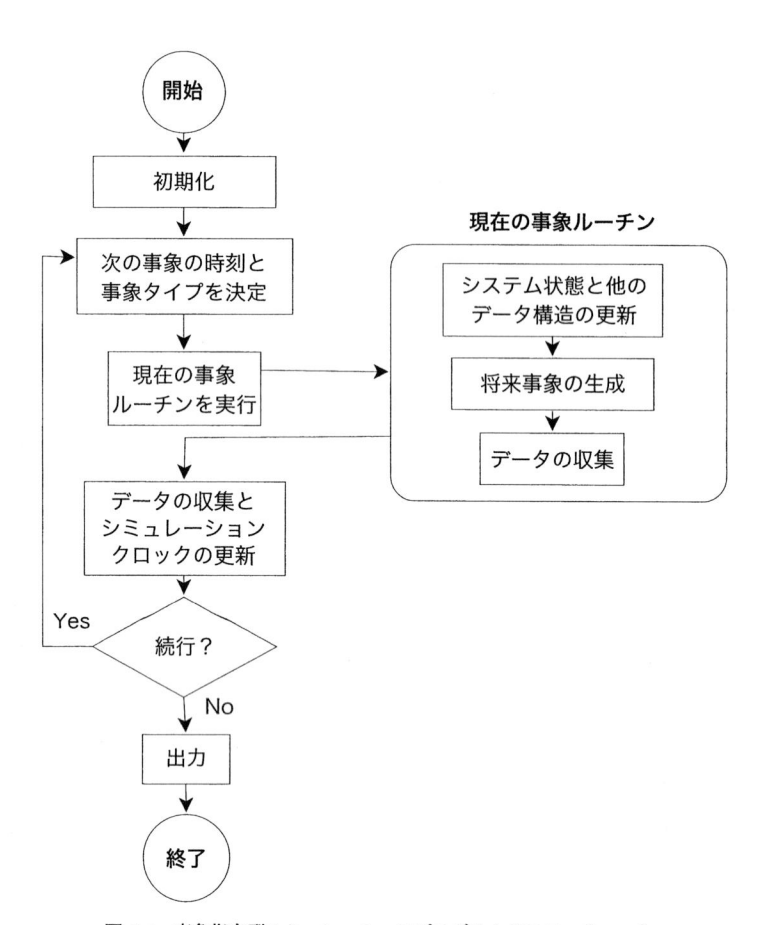

図 7.4 事象指向型シミュレーションプログラムのフローチャート．

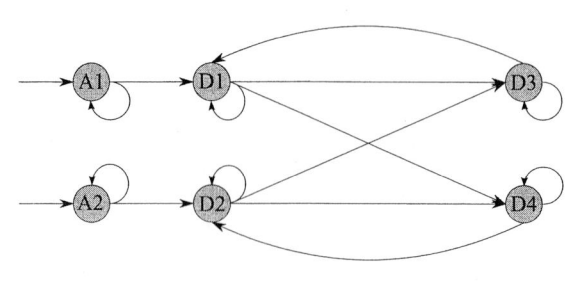

図 7.5 事象グラフ．

7.3 事象指向アプローチ

待ち行列 4 からの退去（D4）は，退去時に待ち行列 4 に待機中の顧客がいる場合には，待機中の顧客のいずれかがサーバに移動し，サービスが始められ，同じ待ち行列からの退去を誘発する．さらに，退去しようとする顧客が待ち行列 2 に戻り，同時に待ち行列 2 には待機中の顧客がいない場合には，待ち行列 2 からの退去を誘発する．破線の矢印は，事象（A1 および A2）が初期化の段階でスケジュールされるべきであることを示している．

事象リストは，いくつか異なる方法で実装できる．1 次元配列，あるいはより複雑なデータ構造 [11, Chapter 2] が使える．多くの場合，事象リストは**双方向連結リスト**（doubly linked list）で構築され，各事象レコードは図 7.6 に示すように，リスト内の 1 つ前および 1 つ後のレコードへのポインタを持つ．このようなリストでは，事象レコードの挿入や削除が容易に行える．しかし，サイズ n の連結リストを前から順番に探索するには，$O(n)$ の計算量が必要であり，大きな n に対しては効率が悪い．このような場合には，二分木やインデックスリストを用いて事象リストを実装するのがよい．

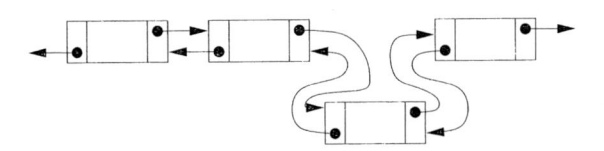

図 7.6　双方向事象リストにおける事象レコードの挿入．

事象指向のシミュレーション分析を進める一般的手順は，以下のとおりである．
1) システムの数理モデルを構築する．
2) システムがとりうる状態を明らかにし，それに基づいてシステムの様相を分析する．
3) 待ち行列，リスト，変数，統計カウンタなど，適当なデータ構造を設定する．
4) 起こりうる事象とそれらの相互作用を，例えば事象グラフを用いて明らかにする．
5) 適当な事象リストとシミュレーションのメインルーチンを作成する．
6) 起こりうる事象のそれぞれに対して，事象サブルーチンを作成する．必要に応じて，各サブルーチンのフローチャートを描く．
7) テストとデバッグを行う．このステップは重要かつ往々にして時間のかかるステップである．プログラミングエラーをチェックするには，プログラムをステップごとに進めたり，状態の推移を図示したりすることで，システムが正しく動いていることを検証する．シミュレーション結果を，既知の特殊ケースと比較する．
8) データの統計分析を行う．
9) 結果を出力する．

■ 例 7.1 ($GI/G/1$ 待ち行列システム)

古典的な $GI/G/1$ 待ち行列システムにおいて，顧客は，何らかの累積分布関数 F に従う到着時間間隔分布を伴う再生過程（☞ p.662）に基づいて，単一待ち行列に到着する．顧客は，到着順に 1 つのサーバからサービスを受ける．顧客が到着したときサーバが他の顧客にサービスを提供しているときは，到着した顧客は待ち行列の最後尾につく．顧客のサービス時間は互いに独立に，かつ到着時間間隔と独立に定まり，共通の分布関数 G に従う．到着時間間隔およびサービス時間がいずれも指数分布に従う場合は，例 A.8 と例 A.9 に示す $M/M/1$ 待ち行列となる．分析の対象となる数量として，例えばシステム内の顧客数がある．この値をシミュレーションで評価したいとしよう．

時刻 t におけるシステムの "状態" をその時刻におけるシステム内顧客数と考え，X_t で表現しよう．このとき，確率過程 $\{X_t\}$ は再帰過程となり，システムが空のときに顧客が到着するときを再帰時点と考えることができる．$X_0 = 0$，すなわち，システムは最初空であると仮定する．

"事象" には，到着事象と退去事象という 2 種類の事象が存在する．事象時刻を t で表すことにする．発生した事象が到着事象であるとすると，システムの状態，すなわち，システム内の顧客数が 1 増やされる．到着事象は，時刻 $t + A$ に次の到着事象を誘発する．ここで，$A \sim F$ とする．加えて，時刻 t すなわち到着事象発生時にシステムが空であるならば，到着事象は時刻 $t + D$ に出発事象を誘発する．ここで，$D \sim G$ である．時刻 t における出発事象は，その時点で待ち行列に 1 人でも顧客が待っていれば，時刻 $t + D$ に発生する別の出発事象を誘発する．ここでも $D \sim G$ である．

本書のプログラミング環境は MATLAB なので，事象リストは単に 3×2 行列で表現する．ここで，行列の各行は事象時刻および事象タイプ（1：到着事象，2：出発事象）に対応する．いかなる時点においても，事象リストには高々 3 つの事象しか存在しないことに注意する．3 つとは，現在の事象，および最大で 2 つの将来事象（すなわち 1 つの到着，または 1 つの到着と 1 つの出発）である．クロックの各ステップにおいて，現在事象のレコードは捨て（実際は (∞, ∞) に設定する），事象リストがソートし直され，その最初の要素が次の現在事象となる．

以下の MATLAB プログラムは，到着時間間隔を $\text{Exp}(\lambda)$，サービス時間を $\text{Exp}(\mu)$ として，$GI/G/1$ シミュレーションモデルを実装している（つまり，$M/M/1$ モデルとなっている）が，分布は必要に応じて簡単に変えることができる．シミュレーション中に，積分 $I_t = \int_0^t X_s \, ds$（プログラムでは変数 tot で表現されている）がクロックの更新ごとに再計算される．シミュレーションは，事象時刻 T_1 が初めて $T = 10000$ 以上になったときに終了する．シミュレーションの出力として，I_{T_1}/T_1，すなわち，定常状態におけるシステム内の顧客数（平均システム内顧客数）が出力される (8.3.3 項を参照).

7.3 事象指向アプローチ

$\lambda < \mu$ が満たされる $M/M/1$ 待ち行列において，シミュレーションの出力と理論値

$$\lim_{T \to \infty} \frac{1}{T} \int_0^T X_t \mathrm{d}t = \frac{\varrho}{1-\varrho}$$

を比較することで，プログラムの正当性が検証できる．ここで，$\varrho = \lambda/\mu < 1$ はトラフィック密度である（例 A.11 を参照）．

```
%MM1/main.m
mu = 3; lambda = 2;
rho = lambda/mu;
T = 10000;
x = 0; xold = 0; % 現在の状態と直前の状態を初期化する
ev_list = inf*ones(3,2); % 事象リストを初期化する
t = 0; told = 0;   % 現在の事象時刻と直前の事象時刻を初期化する
tot = 0; %
ev_list(1,:) = [- log(rand)/lambda, 1]; % 最初の到着をスケジュールする
N_ev = 1;              % スケジュールされた事象の数
while t < T
    t = ev_list(1,1);
    ev_type = ev_list(1,2);
    switch ev_type
        case 1
            arrival
        case 2
            departure
    end
    ev_list(1,:) = [inf,inf];
    N_ev = N_ev - 1;
    ev_list = sortrows(ev_list,1); % 事象リストをソートする
    tot =tot + xold*(t - told);
    xold = x; told =t;
end
res = tot/t
exact = rho/(1-rho)
```

```
%MM1/arrival.m
N_ev = N_ev + 1;
ev_list(N_ev,:) = [t - log(rand)/lambda, 1]; % 新たな到着をスケジュールする
if x == 0 % 待ち行列が空ならば
    N_ev = N_ev + 1;
    ev_list(N_ev,:) = [t - log(rand)/mu, 2]; % 退去をスケジュールする
end
x = x+1;
```

```
%MM1/departure.m
x = x-1;  % 待ち行列から出る
if x ~= 0
    N_ev = N_ev + 1;
    ev_list(N_ev,:) = [t - log(rand)/mu, 2];  % 出発をスケジュールする
end
```

7.4 離散事象シミュレーションの別の例

7.4.1 在庫システム

(s, S) **方策**（(s, S) policy）は，以下に示すような古典的な在庫管理政策である．ある商品の需要は，累積分布関数 F の再生過程に従って発生する．需要の大きさは累積分布関数 G に従って分布し，到着過程とは独立とする．需要が到着すると，需要は直ちに満たされるか，あるいはバックオーダーされていずれ商品が入荷されたところで満たされる．時刻 t における**正味在庫**（net inventory），すなわち「手持ち在庫－バックオーダー量」を X_t で表し，**在庫ポジション**（inventory position），すなわち「正味在庫＋発注中の量」を Y_t で表す．(s, S) 方策は，任意の時刻 t に大きさ D の需要が発生したときに，在庫ポジションがパラメータ s を切る場合，すなわち，時刻 t の直前の在庫ポジションを Y_{t-} とすると $Y_{t-} - D < s$ となる場合に，大きさ $S - (Y_{t-} - D)$ の発注を行って，在庫ポジションがパラメータ S に等しくなるようにする．さもなければ，何のアクションもとらない．注文された量の商品は，発注から R 時間後に到着する．ここで，**リードタイム**（lead time）R は，何らかの累積分布関数 H に従って分布し，需要過程とは独立とする．$s = 5$, $S = 40$, リード時間 1（定数）の場合の在庫過程（正味在庫および在庫ポジション）の一例を図 7.7 に示す．

バックオーダー方策と上記の過程のもとでは，在庫ポジション過程 $\{Y_t\}$ および正味在庫過程 $\{X_t\}$ は再帰的（regenerative）である．具体的には，いずれの過程もそれらが S に引き上げられた時点で再帰する．例えば，発注がなされるごとに在庫ポジション過程は再帰する．

時刻 t におけるシステム状態は (X_t, Y_t) で，素直に表現される．このシステムには 2 種類の事象が存在し，それらは図 7.8 の事象グラフで表現される．時刻 t における大きさ D の需要到着事象は，時刻 $t + A$ の大きさ D_1 の，次の需要到着事象を誘発する．ここで，$A \sim F$ かつ $D_1 \sim G$ で，互いに独立である．$Y_{t-} - D \geqslant s$ ならば，システムの状態は (X_t, Y_t) から $(X_t - D, Y_t - D)$ に変化する．しかし，$Y_{t-} - D < s$ のときには，大きさ $S - (Y_{t-} - D)$ の注文の入荷が時刻 $t + T$ にスケジュールされ，システムの状態が (X_t, Y_t) から (X_t, S) に変えられる．ここで，$T \sim H$ である．時

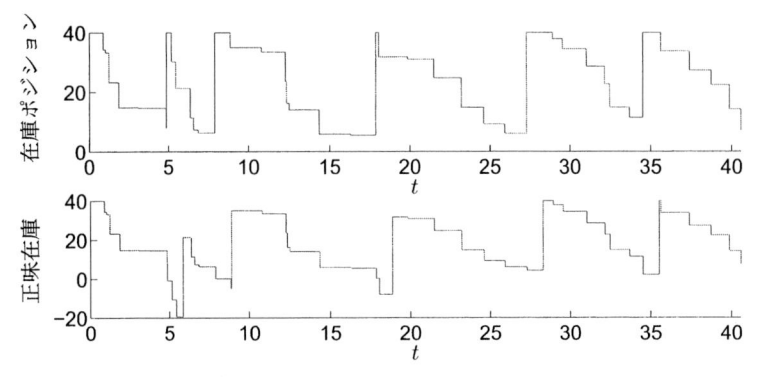

図 7.7 2つの在庫過程のサンプルパス．

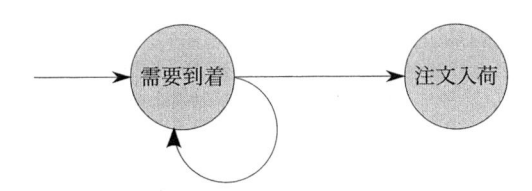

図 7.8 在庫システムの事象グラフ．

刻 t の大きさ O の注文入荷事象は，他の事象の発生を誘発することはないが，システムの状態を (X_t, Y_t) から $(X_t + O, Y_t)$ に変える．初期化においては，1つの需要到着事象がスケジュールされていればよい．

以下に示す MATLAB プログラムは，(s, S) 方策の事象指向のシミュレーションアルゴリズムを実装したものである．事象リストは，ここでは $k \times 3$ 行列である．k は当初 3 であるが，シミュレーション実行中に増えることがある．常に 1 つの需要到着事象がスケジュールされるが，同時に複数の注文入荷事象がスケジュールされている可能性もある．初めの 2 列は事象時刻と事象タイプ（1：需要到着，2：注文入荷）に対応する．3 列目は需要の大きさ，または注文の大きさに対応する．シミュレーションを通じて，プログラムは正味在庫レベルが負となる時間と注文の数を集計している．シミュレーション終了時に，以下のように単位時間当たりの費用の長期的平均が計算される．

$$C = c_1 S + c_2 f_{\text{neg}} + c_3 f_{\text{ord}}$$

ここで，S は (s, S) 方策の上限パラメータ S，f_{neg} は正味在庫過程が負である時間の割合，f_{ord} は単位時間当たりの注文の頻度を示す．シミュレーションの目的は，与えられた c_1, c_2, c_3 に対して，費用が最小となるパラメータ s, S の値を決定することである（例 12.6 も参照）．

以下のサンプルプログラムでは，需要の大きさ，到着時間間隔，リード時間の分布

は，それぞれ $\mathrm{U}(0,10)$，$\mathrm{Exp}(1/5)$，$\mathrm{U}(5,10)$ としているが，対応する MATLAB 関数を入れ替えることによって，容易に変更できる．ここでは，費用パラメータとして，$c_1 = 5$, $c_2 = 500$, $c_3 = 100$ が用いられている．

在庫過程のプロット図を出力するためにサブルーチン plottrace.m を使うことができる（現在はコメント化されているので，該当行の % を削除する必要がある）．

```
%Inventory/main.m
s = 10; S = 40;
T = 200000;
x = S; y = S; % x 正味在庫．y 在庫ポジション
xold = x;
t = 0; told=0;
% xx = x; yy=y; tt=0;   % プロット出力の場合はコメントをはずす
ev_list = inf*ones(3,3); % エントリー：(事象時刻，事象タイプ，注文量)
totneg = 0; num_ord = 0;
ev_list(1,:) = [interarrival,1,demandsize]; % 最初の需要をスケジュールする
N_ev = 1;                 % スケジュールされた事象の数
while t < T
    t = ev_list(1,1);
    ev_type = ev_list(1,2);
    ev_par = ev_list(1,3);
    switch ev_type
        case 1
            demand;
        case 2
            order;
    end
    % tt=[tt,t]; xx=[xx,x]; yy=[yy,y]; % プロット出力の場合はコメントをはずす
    N_ev = N_ev - 1;
    ev_list(1,:) = [inf,inf,inf];
    ev_list = sortrows(ev_list,1); % 事象リストをソートする

    totneg = totneg + (xold < 0)*(t - told);
    xold = x; told = t;
end
frac_neg = totneg/t
freq_ord = num_ord/t
c1 = 5; c2 = 500; c3 = 100;
cost = c1*S + c2*frac_neg + c3*freq_ord   % 単位時間当たりの費用
% plottrace  % プロット出力の場合はコメントをはずす
```

```
%Inventory/demand.m
demsize = ev_par;
```

7.4 離散事象シミュレーションの別の例

```
x = x - demsize;
y = y - demsize;
if (y <s)      % 正味在庫が下限 s 未満ならば
    N_ev = N_ev + 1;
    ev_list(N_ev,:) = [t + leadtime,2,S-y]; % 注文をスケジュールする
    % 注文の大きさは S - x
    y = S;
end
N_ev = N_ev + 1;
ev_list(N_ev,:) = [t + interarrival,1,demandsize]; % 需要をスケジュールする
```

```
%Inventory/order.m
ord = ev_par;
num_ord = num_ord + 1;
x = x + ord;
```

```
%Inventory/interarrival.m
function out = interarrival;
out = -log(rand)*5;
```

```
%Inventory/demandsize.m
function out = demandsize
out = 10*rand;
```

```
%Inventory/leadtime.m
function out=leadtime;
out = 5 + rand*5;
```

```
%Inventory/plottrace.m
figure(1),subplot(2,1,1),
for i =1:length(yy)-1,
   line([tt(i),tt(i+1)],[yy(i),yy(i)]);
   line([tt(i+1),tt(i+1)],[yy(i),yy(i+1)]);
end

aa=axis;
axis([0,tt(end),aa(3),aa(4)]),xlabel('t'),ylabel('Inventory Pos.');
```

```
subplot(2,1,2),
for i =1:length(xx)-1,
  line([tt(i),tt(i+1)],[xx(i),xx(i)]);
  line([tt(i+1),tt(i+1)],[xx(i),xx(i+1)]);
end

aa=axis;
axis([0,tt(end),aa(3),aa(4)]),xlabel('t'),ylabel('Net Inventory')
```

7.4.2 直列待ち行列

以下の例の目的は，例 7.1 に示した基本的な $GI/G/1$ 待ち行列モデルが，より複雑な待ち行列に容易に修正できることを示すことである．図 7.9 に示すように，このモデルでは，最初の $GI/G/1$ 待ち行列を出た顧客は，2 番目の待ち行列に入り，そこで異なるサーバからサービスを受けるか，サーバが稼働中の場合は待ち行列で待つ．2 番目のサーバのサービス時間は，累積分布関数 H に従う．すべてのサービス時間と到着時間間隔は独立である．

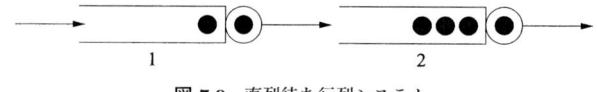

図 7.9 直列待ち行列システム．

時刻 t におけるシステムの状態は，1 番目の待ち行列の顧客数 X_t と，2 番目の待ち行列の顧客数 Y_t を組み合わせたものとすればよい．ここで，サービスを受けている顧客も待ち行列の顧客数に含めるものとする．図 7.10 は，離散事象シミュレーションから得られた（サービス中を含む）待ち行列長の過程 $\{X_t, t \geqslant 0\}$，$\{Y_t, t \geqslant 0\}$ の実現値を示している．ここでは，到着時間間隔，サービス時間がすべて $U(0,1)$ に従って分布している．

システムの状態 (X_t, Y_t) は，1 番目の待ち行列への到着，1 番目の待ち行列からの退去，2 番目の待ち行列からの出発のいずれかの事象発生時に変化する．図 7.11 は，事象の推移の一例を示している．2 番目の待ち行列への到着は，1 番目の待ち行列からの出発と一致するので，別に考える必要はない．

以下に示す MATLAB プログラムは，到着時間間隔やサービス時間がすべて $U(0,1)$ に従う場合の直列待ち行列を実装したものである．例 7.1 に示した $GI/G/1$ 待ち行列との主な違いは，新たな事象ルーチン departure2.m が追加されている点である．もう 1 つの違いは，シミュレーション中に 2 番目のサーバが稼働している時間の合計（s2busy に格納）を更新している点である．プログラムからの出力は，サーバ 2 の平

7.4 離散事象シミュレーションの別の例

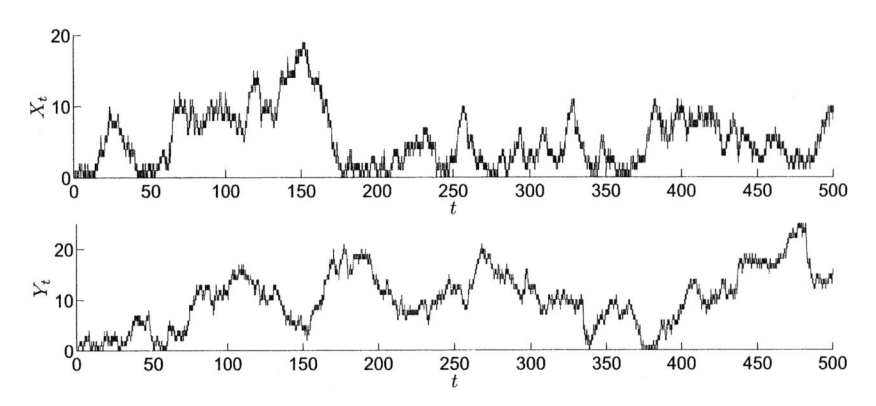

図 7.10 待ち行列長過程 $\{X_t, t \geq 0\}$, $\{Y_t, t \geq 0\}$ の実現値.

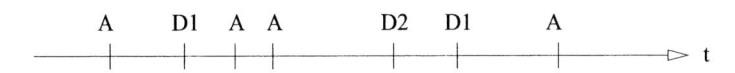

図 7.11 離散事象の推移. A：到着, D1：1 番目の待ち行列からの退去, D2：2 番目の待ち行列からの退去.

均稼働率 s2busy/t と，シミュレーション期間中に発生した事象の総数である．最後に，適当にコメント行の % をはずせば，状態過程の実現値，すなわちサンプルパスが図 7.10 のように得られる．

```
%TandemQ/main.m
T = 5000;
totevents = 0;
x = 0; y = 0; yold =0;
s2busy = 0; % サーバ 2 が稼働している時間の合計
% xx=x; yy=y;
tt=0;
ev_list = inf*ones(4,2);
t = 0; told = 0;
ev_list(1,:) = [rand, 1]; % 最初の到着をスケジュールする
N_ev = 1;                 % 事象の数
while t < T
    totevents = totevents+1;
    t = ev_list(1,1);
    %tt=[tt,t];
    ev_type = ev_list(1,2);
    switch ev_type
        case 1
            arrival
```

```
        case 2
            departure1
        case 3
            departure2
    end
    ev_list(1,:) = [inf,inf];
    N_ev = N_ev - 1;
    ev_list = sortrows(ev_list,1); % 事象リストをソートする
    % xx=[xx,x]; yy=[yy,y];
    s2busy = s2busy + (yold > 0)*(t - told);
    yold = y; told=t;
end
% plottraces;
res = s2busy/t
totevents
```

```
%TandemQ/arrival.m
N_ev = N_ev + 1;
ev_list(N_ev,:) = [t + rand, 1]; % 新たな到着をスケジュールする
if x == 0 % 待ち行列が空ならば
   N_ev = N_ev + 1;
   ev_list(N_ev,:) = [t + rand, 2]; % 待ち行列 1 の退去をスケジュールする
end
x = x+1;
```

```
%TandemQ/departure1.m
x = x-1; % 1 番目の待ち行列から出る
if x ~= 0
   N_ev = N_ev + 1;
   ev_list(N_ev,:) = [t + rand, 2]; % 待ち行列 1 の退去をスケジュールする
end
if y == 0
   N_ev = N_ev + 1;
   ev_list(N_ev,:) = [t + rand, 3]; % 待ち行列 2 の退去をスケジュールする
end
y = y + 1; % 2 番目の待ち行列に入る
```

```
%TandemQ/departure2.m
y = y-1; % 2 番目の待ち行列から出る
if y ~= 0
  N_ev = N_ev + 1;
```

```
    ev_list(N_ev,:) = [t + rand, 3]; % 待ち行列 2 の退去をスケジュールする
end
```

```
%TandemQ/plottraces.m
figure,subplot(2,1,1),
for i =1:length(xx)-1,
    line([tt(i),tt(i+1)],[xx(i),xx(i)]);
    line([tt(i+1),tt(i+1)],[xx(i),xx(i+1)]);
end
aa=axis;
axis([0,tt(end),aa(3),aa(4)]),xlabel('t'),ylabel('Queue 1');

subplot(2,1,2),
for i =1:length(yy)-1,
    line([tt(i),tt(i+1)],[yy(i),yy(i)]);
    line([tt(i+1),tt(i+1)],[yy(i+1),yy(i)]);
end
aa=axis;
axis([0,tt(end),aa(3),aa(4)]),xlabel('t'),ylabel('Queue 2'),
```

7.4.3 機械修理工問題

図 7.12 に示すように，m 人の修理工と n $(\geqslant m)$ 台の同一でない機械があるとする．図 7.12 では，$m=4$, $n=8$ の場合を想定している．

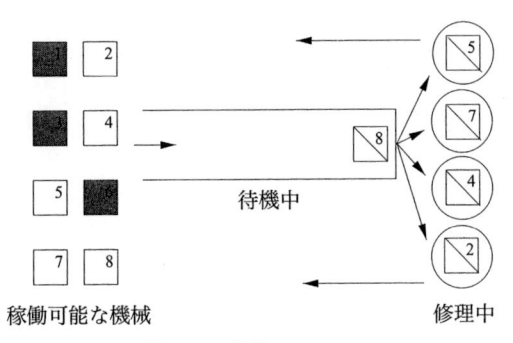

図 7.12 修理システム．

いずれかの機械が故障すると，稼働中でない修理工がいればいずれかによって，直ちに修理が行われる．すべての修理工が稼働中の場合は，故障した機械は待ち場所に置かれ，修理工が空いた時点で先着順に修理が開始される．機械の修理が終わると，

修理工は待ち場所の先頭の機械の修理を始める．待ち場所に故障した機械が存在しない場合には，次に機械が故障するまで，修理工は空き（非稼働）の状態となる．機械の故障までの時間（寿命）や修理時間は，互いに独立と仮定する．

興味の対象となる2つの評価尺度としては，機械の平均利用度（長期的に見たときに，何台の機械が稼働状態か）と，修理工の平均利用度（長期的に見たときに，何人の修理工が稼働状態か）が考えられる．一般に，これらの評価尺度はシミュレーションで評価することになる．図7.13は，以下に示すMATLAB実装による，稼働中の修理工と稼働可能な機械の実現値の推移の一例を示している．

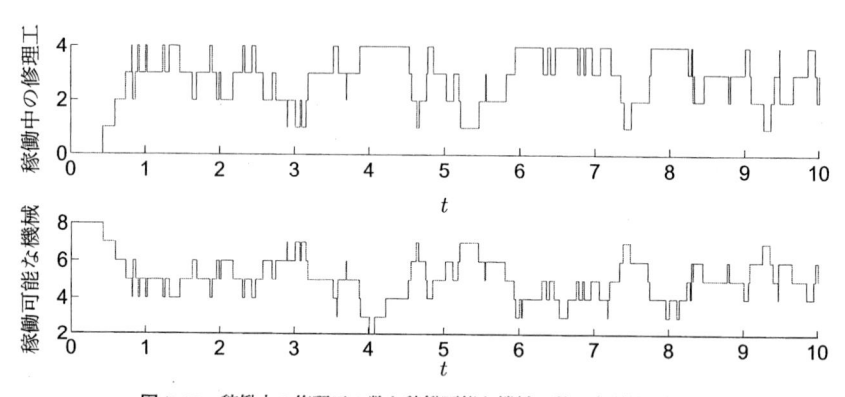

図 7.13 稼働中の修理工の数と稼働可能な機械の数の実現値の推移．

時刻 t におけるシステムの "状態" は，稼働可能な機械の台数，修理中の機械の台数，修理を待っている機械の台数によって，特徴付けることができる．待ち行列における機械の順番は，機械が同一でないので重要である．したがって，システムの状態には修理を待つ機械の，順序付きリスト（待ち行列）Q_t が含まれていなければならない．他の状態変数として，利用可能な修理工の数 R_t と，故障した機械の数 F_t がある．

このシステムには，故障事象と修理事象という2つの事象が存在する．それぞれの事象は，対応する故障時または修理（完了）時の手続きを実行する．各機械は，異なる故障時間分布と修理時間分布を持ちうるために，事象処理は機械に依存する．

以下のプログラムでは，事象リストは単に 9×3 配列として実装されており，その列は，それぞれ事象時刻，事象タイプ（1：故障，2：修理），機械番号に対応する．各時点において，現在事象を含み高々 $n+1$ 個の事象がスケジュールされていることに注意しよう．待ち行列は動的配列として実装されている．

機械の故障に際して，修理を行う修理工が空いていれば，「現在時刻＋機械の修理時間」に修理（の完了）がスケジュールされる．空いている修理工がいなければ，機械は待ち行列で待つ．故障中の機械台数は，どちらの場合でも常に1増やされる．

修理の完了に伴って，故障中の機械台数は1減らされる．修理が完了した機械は，

次の故障が一定期間（寿命）後にスケジュールされる．「故障中」の機械が待ち行列で待っている場合には，修理工には待ち行列から次の機械が割り当てられ，その修理（完了）事象がスケジュールされる．故障中の機械がない場合には，利用可能な（稼働していない）修理工の人数が1増やされる．

以下のMATLABプログラムにおいて，機械 i の寿命（次の故障までの時間）はWeib$(i, 1)$, $i = 1, \ldots, 8$ に従い，修理時間は $U(0, 1)$ に従うとしている．メインプログラムの該当するコメント行の % を取り除くと，$\{m - R_t\}$ および $\{n - F_t\}$ の実現値を図示することができる．

```
%Repairman/main.m
global alpha
T = 1000;
mach_num = 0; repairq = [];
nrep = 4; nmach = 8; % 修理工と機械の数
alpha = [1,2,3,4,5,6,7,8];
r = nrep; % 空いている修理工の数
f = 0; % 故障している機械の数
%rr= r; ff=f; tt=0; % 履歴を保存する（プロットのために必要）
tot_util_rep = 0;
tot_util_mach = 0;
rold = r; fold = f; told = 0;

ev_list = inf*ones(nmach+1, 3); % 事象時刻，事象タイプ，機械番号
t = 0;
for i=1:nmach
    ev_list(i,:) = [lifetime(i), 1,i]; % 故障をスケジュールする
end
ev_list = sortrows(ev_list,1); % 事象リストをソートする
N_ev = nmach;
while t < T
    t = ev_list(1,1);
    %tt=[tt,t];
    ev_type = ev_list(1,2);
    mach_num = ev_list(1,3);
    switch ev_type
        case 1
            failure
        case 2
            repair
    end
    N_ev = N_ev - 1;
    ev_list(1,:) = [inf,inf,inf];
    ev_list = sortrows(ev_list,1); % 事象リストをソートする
    tot_util_rep = tot_util_rep + (nrep - rold)*(t - told);
```

```
    tot_util_mach = tot_util_mach + (nmach - fold)*(t - told);
    rold=r; told=t; fold =f;
%    rr=[rr,r];ff=[ff,f];
end
fprintf('repair util. = %g, machine util. = %g\n', ...
        tot_util_rep/t, tot_util_mach/t);
%plottrace
```

```
%Repairman/failure.m
if (r > 0) % 修理工が空いているならば
    N_ev = N_ev + 1;
    % 修理をスケジュールする
    ev_list(N_ev,:) = [t + repairtime(mach_num), 2,mach_num];
    r = r -1;
else
    repairq = [repairq,mach_num];
end
f = f+ 1;
```

```
%Repairman/repair.m
f = f - 1; % 故障中の機械の数を1減らす
sq = size(repairq,2);
if (sq > 0) % 待ち行列が空でないならば
    N_ev = N_ev + 1;
    % 次の修理をスケジュールする
    ev_list(N_ev,:) = [t + repairtime(mach_num), 2,repairq(1)];
    repairq = repairq(2:sq); % 機械を取り除く
else
    r = r+1;
end
N_ev = N_ev + 1;
% 現在の機械の故障をスケジュールする
ev_list(N_ev,:) = [t + lifetime(mach_num), 1,mach_num];
```

```
%Repairman/plottrace.m
figure(1)
subplot(2,1,1),
for i =1:length(rr)-1,
    line([tt(i),tt(i+1)],[(nrep - rr(i)),(nrep -rr(i))]);
    line([tt(i+1),tt(i+1)],[(nrep -rr(i)),(nrep -rr(i+1))]);
end
```

```
aa=axis;
axis([0,tt(end),aa(3),aa(4)]),xlabel('t'),ylabel('busy rep.');
subplot(2,1,2),
for i =1:length(ff)-1,
    line([tt(i),tt(i+1)],[(nmach - ff(i)),(nmach - ff(i))]);
    line([tt(i+1),tt(i+1)],[(nmach - ff(i)),(nmach - ff(i+1))]);
end
aa=axis;
axis([0,tt(end),aa(3),aa(4)]),xlabel('t'),ylabel('working mach.');
```

```
%Repairman/lifetime.m
function out = lifetime(i)
global alpha
out = (-log(rand))^(1/alpha(i));
```

```
%Repairman/repairtime.m
function out = repairtime(i)
out = rand;
```

さらに学習するために

モンテカルロシミュレーションに関する最初の書籍の 1 つは，Hammersley and Handscomb [7] である．Kalos and Whitlock [8] も古典的な書籍である．また，Ross [15] は現代的な取り扱いの出発点としてよい．離散事象シミュレーションの事象指向，プロセス指向のアプローチに関しては，Mitrani [14] が明快に解説している．離散事象のモデリングとシミュレーションプロセスのさまざまな側面に焦点を当てた多岐にわたる書籍の中では，[2], [4], [6], [12], [16] を挙げておく．他の入門テキストとしては，[3], [13] が挙げられる．シミュレーションプログラムを実装するシミュレーション言語の選択は人によってまちまちである．本章で論じた簡単なモデル例は，標準的なコンピュータ言語，さらに標準的な MATLAB でも実装可能であるが，事象リストの簡単な操作環境を提供するわけではない．ARENA/SIMAN や SIMSCRIPT II.5 のような商用シミュレーション環境は，大規模モデルの実装を容易にする．文献 [10] は，ARENA によるシミュレーションを解説している．代わりに，フリーの SIMULA 系の Java パッケージを使って，事象指向あるいはプロセス指向のシミュレーションを高速に実装することもできる．その一例として，Simard and L'Ecuyer が開発した SSJ (www.iro.umontreal.ca/~simardr/ssi/) や，Technical University Delft で開発さ

れた DSOL (sk-3.tbm.tudelft.nl/simulation/), J-SIM (www.j-sim.zcu.cz/) などがある.

文　　献

1) S. Asmussen. *Applied Probability and Queues*. John Wiley & Sons, New York, 1987.
2) J. S. Banks, J. S. Carson II, B. L. Nelson, and D. M. Nicol. *Discrete-Event System Simulation*. Prentice-Hall, Englewood Cliffs, NJ, fifth edition, 2009.
3) C. G. Cassandras and S. Lafortune. *Introduction to Discrete Event Systems*. Springer-Verlag, New York, second edition, 2007.
4) J. R. Clymer. *System Analysis Using Simulation and Markov Models*. Prentice-Hall, Englewood Cliffs, NJ, 1990.
5) O.-J. Dahl and K. Nygaard. SIMULA: an ALGOL-based simulation language. *Communications of the ACM*, 9(9):671–678, 1966.
6) G. S. Fishman. *Discrete Event Simulation: Modeling, Programming, and Analysis*. Springer-Verlag, New York, 2001.
7) J. M. Hammersley and D. C. Handscomb. *Monte Carlo Methods*. John Wiley & Sons, New York, 1964.
8) M. H. Kalos and P. A. Whitlock. *Monte Carlo Methods, Volume I: Basics*. John Wiley & Sons, New York, 1986.
9) F. P. Kelly. *Reversibility and Stochastic Networks*. John Wiley & Sons, New York, 1979.
10) W. Kelton, R. Sadowski, and N. Swets. *Simulation with Arena*. McGraw-Hill, New York, fifth edition, 2009.
11) D. E. Knuth. *The Art of Computer Programming*, volume 1: Fundamental Algorithms. Addison-Wesley, Reading, MA, third edition, 1997.
12) A. M. Law and W. D. Kelton. *Simulation Modeling and Analysis*. McGraw-Hill, New York, third edition, 2000.
13) L. M. Leemis and S. K. Park. *Discrete-Event Simulation: A First Course*. Prentice-Hall, Englewood Cliffs, NJ, 2006.
14) I. Mitrani. *Simulation Techniques for Discrete Event Systems*. Cambridge University Press, Cambridge, 1982.
15) S. M. Ross. *Simulation*. Academic Press, New York, third edition, 2002.
16) R. Y. Rubinstein and B. Melamed. *Modern Simulation and Modeling*. John Wiley & Sons, New York, 1998.
17) L. Schruben. Simulation modeling with event graphs. *Communications of the ACM*, 26(11):957–963, 1983.
18) R. W. Wolff. *Stochastic Modeling and the Theory of Queues*. Prentice-Hall, Englewood Cliffs, NJ, 1989.

8

シミュレーションデータの統計的解析

　本章では，モンテカルロシミュレーション実験で生成されるランダムデータを解析するさまざまな統計手法を解説する．数理統計学の詳しい知識については，B 章にまとめる．

8.1 シミュレーションデータ

　現実のデータと同様，コンピュータシミュレーションで得られたデータはさまざまな値をとる．現実社会のデータとは違い，シミュレーションデータは，モデルが完全にわかっているので再現することができる．さらに，時間の許す限り，記憶容量の許す限り，データを取り続けることができる．

　シミュレーション実験で生成されるデータは，確率変数，確率ベクトル，時系列，あるいは確率過程からの標本と考えられる．一般に，シミュレーション実験の目的は，標本から平均や相関，分布などのさまざまな特徴を引き出すことである．

　理論的な統計分析を行う前に，データをグラフィカルに表現し，データの癖（パターン）を把握しておくことは重要である．多くの場合，データは共通の分布に従う確率変数の **iid 標本** (iid sample) $X_1, X_2, \ldots, X_N$ として表現できる．言い換えれば，$X_1, X_2, \ldots, X_N$ は独立で，既知あるいは未知の同一の確率分布に従っていると仮定できる．

8.1.1 データの視覚化

　$X_1, X_2, \ldots, X_N$ をある確率分布からの iid 標本とする．次のようなグラフ化手法が，データを視覚化するために用いられる．他のさまざまな手法については，例えば [23] を参照せよ．
1) **散布図** (scatter plot)：d 次元散布図 ($d = 1, 2, 3$) は，データを $\mathbb{R}^d$ の点としてプロットしたものである．
2) **ヒストグラム** (histogram)：実数直線を有限個の区間（クラスという）に分割し，個々のクラスに入るデータの個数を数え，それらの個数を長方形で表現す

る．長方形の横の長さは区間の幅に比例し，面積は度数に比例させる（高さを度数に比例させることもある）．
3) **経験分布関数**（empirical cdf）：経験分布関数とは，真の cdf を推定したものである．データ点ごとに $1/N$ だけ増加する単調非減少の階段関数のことをいう．詳細は 8.4 節で説明する．
4) **密度関数プロット**（density plot）：真の pdf を推定したものである．カーネル関数推定とともに 8.5 節で説明する．

■ **例 8.1**（ガンマ分布に従うデータの視覚化）

$X_1, X_2, \ldots, X_N, Y_1, Y_2, \ldots, Y_N \stackrel{\text{iid}}{\sim} \text{Exp}(1)$ として，$Z_i = X_i + Y_i, i = 1, 2, \ldots, N$ と定義すると，$Z_i \sim \text{Gamma}(2, 1)$ である．次の MATLAB プログラムは $N = 1000$ として，図 8.1 のような 4 通りの視覚化を実装したものである．

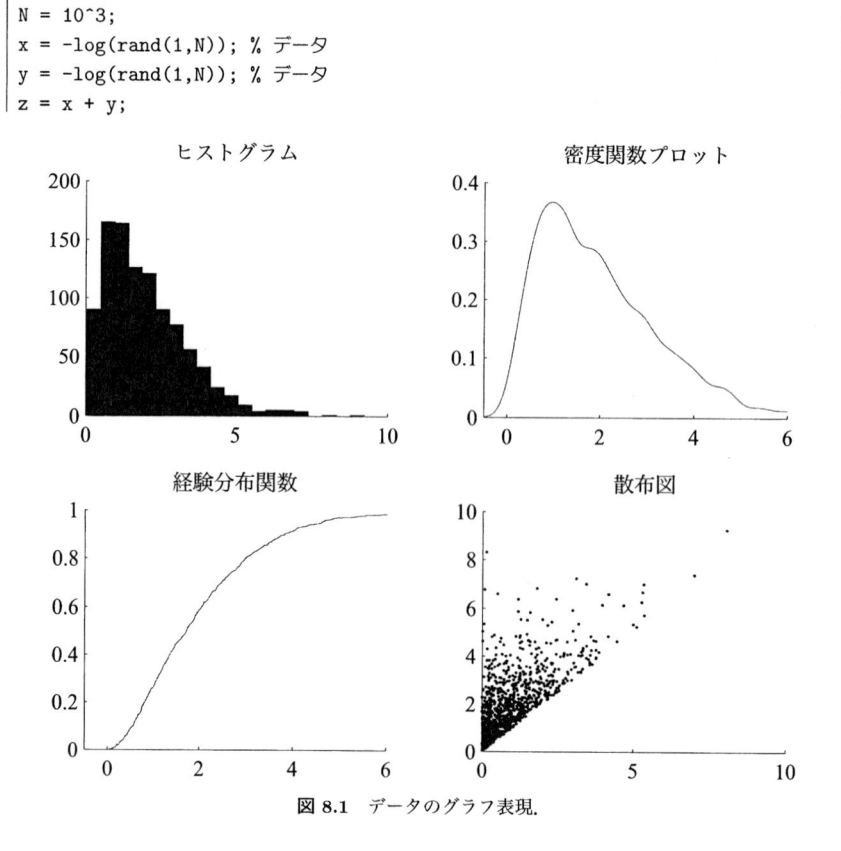

```
%stateda.m
N = 10^3;
x = -log(rand(1,N)); % データ
y = -log(rand(1,N)); % データ
z = x + y;
```

図 8.1 データのグラフ表現．

```
subplot(2,2,1), hist(z,20);
[f,xi] = ksdensity(z);    % matlab のカーネル関数
subplot(2,2,2), plot(xi,f);
subplot(2,2,3), ecdf(z); % 経験分布関数
subplot(2,2,4), scatter(x,z,'.');
```

8.1.2 データの要約

$X_1, X_2, \ldots, X_N$ をある確率分布からの iid 標本とし，それを大きさの順に並べたものを $X_{(1)} \leqslant X_{(2)} \leqslant \cdots \leqslant X_{(N)}$ と記す．次のような方法で，データを要約することは有益である．

1) **中心性の特性量**

   a) **標本平均**（sample mean）はデータの平均値である．

   $$\bar{X} = \frac{1}{N} \sum_{i=1}^{N} X_i$$

   b) **標本中央値**（sample median）は次で定義される．

   $$\widetilde{X} = \begin{cases} X_{((N+1)/2)}, & N \text{ が奇数の場合} \\ (X_{(N/2)} + X_{(N/2+1)})/2, & N \text{ が偶数の場合} \end{cases}$$

2) **ばらつきの特性量**

   a) **標本分散**（sample variance）は次で定義される．

   $$S^2 = \frac{1}{N-1} \sum_{i=1}^{N} (X_i - \bar{X})^2 = \frac{1}{N-1} \left(\sum_{i=1}^{N} X_i^2 - N\bar{X}^2 \right)$$

   b) **標本標準偏差**（sample standard deviation）は，標本分散の正の平方根である：$S = \sqrt{S^2}$．

   c) **データの範囲**（range）：$X_{(N)} - X_{(1)}$．

   d) **標本 k 次モーメント**（sample k-th moment）：$\frac{1}{N} \sum_{i=1}^{N} X_i^k$．

   e) **標本 k 次中心モーメント**（sample k-th central moment）：$\frac{1}{N} \sum_{i=1}^{N} (X_i - \bar{X})^k$．

   f) $X_1, X_2, \ldots, X_N$ の**標本 γ 分位点**（sample γ-quantile）あるいは **100γ パーセント点**（100γ-percentile）：$X_{\lceil \gamma N \rceil}$．

3) **相互依存性の特性量**：$(X_1, Y_1), \ldots, (X_N, Y_N)$ を 2 変量確率分布の iid 標本とする．

   a) **標本共分散**（sample covariance）は，次式で定義される．

   $$\frac{1}{N-1} \sum_{i=1}^{N} (X_i - \bar{X})(Y_i - \bar{Y})$$

b) **標本相関係数** (sample correlation coefficient) は，次式で定義される．

$$\frac{\sum_{i=1}^{N}(X_i - \bar{X})(Y_i - \bar{Y})}{\sqrt{\sum_{i=1}^{N}(X_i - \bar{X})^2}\sqrt{\sum_{i=1}^{N}(Y_i - \bar{Y})^2}}$$

■ **例 8.2**（ガンマ分布に従うデータの縮約）

例 8.1 のように，$X_1, X_2, \ldots, X_N, Y_1, Y_2, \ldots, Y_N \stackrel{\text{iid}}{\sim} \text{Exp}(1)$ に対して，$Z_i = X_i + Y_i$, $i = 1, 2, \ldots, N$ とすると，Z_i は Gamma$(2, 1)$ からの iid 標本になる．次の MATLAB プログラムは，上の指標の主なものを計算する．

```
%stateda2.m
N = 10^3;
x = -log(rand(1,N));
y = -log(rand(1,N));
z = x + y;
meanz = mean(z);
medz = median(z);
stdz = std(z);
varz = var(z);
maxz = max(z);
minz= min(z);
q1 = quantile(z,0.25); % 第1四分位
q3 = quantile(z,0.75); % 第3四分位
display([meanz,stdz, varz])
display([minz, q1, medz, q3,   maxz])
covyz = cov(y,z)
```

1つの数値例として次のような結果を得た．

　　1.9945　1.4136　1.9983　% Zの標本平均，標本標準偏差，標本分散
　　0.0379　0.9702　1.6426　2.7192　10.7030　% 最小値，q1，中央値，q3，最大値
　　0.8987　0.9215　% YとZの共分散行列
　　0.9215　1.9983

多くの場合，データ集計は新しいデータが手に入るたびに集計値を更新するというように動的に実行される．こうしておけば，大量のデータを保存しなくて済む．次のアルゴリズムは，標本平均，標本分散を動的に更新 (online calculation) する例である．

アルゴリズム 8.1（標本平均，標本分散の動的計算）

1. $a = X_1$, $b = X_1^2$, $t = 1$ とする．
2. $a = a + X_{t+1}$, $b = b + X_{t+1}^2$ とする．
3. 次を計算する．

$$\bar{X}_{t+1} = \frac{a}{t+1} \tag{8.1}$$

$$S_{t+1}^2 = \frac{b - (t+1)\bar{X}_{t+1}^2}{t} \tag{8.2}$$

4. $t+1 < N$ ならば，$t = t+1$ として Step 2 へ戻り，さもなければ終了する．

8.2 独立標本による性能尺度の推定

シミュレーション実験からのデータ $Y_1, \ldots, Y_N$ が，独立で同じ分布に従っているとする．ただし，分布は未知かもしれないし，既知かもしれない．離散量か連続量かもわからない．そのようなデータは，i 回目の実験結果を Y_i として N 回の独立なシミュレーション実験から得られる．シミュレーションの目的がある性能尺度 $\ell = \mathbb{E}(Y)$ を推定することとしよう．$Y \sim f$ とする．$|\ell| < \infty$ とすれば，ℓ の不偏推定量は $\{Y_i\}$ の標本平均，すなわち

$$\bar{Y} = \frac{1}{N}\sum_{i=1}^N Y_i \tag{8.3}$$

で与えられる．もし Y の分散 σ^2 が有限ならば，大きい N をとると，$\bar{Y}$ は近似的に $\mathsf{N}(\ell, \sigma^2/N)$ 分布に従う（中心極限定理（☞p.655）から直ちにわかる）．σ^2 が未知ならば，それを標本分散で偏りなしに推定することができる．

$$S^2 = \frac{1}{N-1}\sum_{i=1}^N (Y_i - \bar{Y})^2 \tag{8.4}$$

これは $N \to \infty$ としたとき，σ^2 に近づく（大数の法則）．これより，ℓ の近似的な $1 - \alpha$ **信頼区間**（confidence interval）が得られる．

$$\left(\bar{Y} - z_{1-\alpha/2}\frac{S}{\sqrt{N}},\ \bar{Y} + z_{1-\alpha/2}\frac{S}{\sqrt{N}}\right) \tag{8.5}$$

ここで，z_γ は $\mathsf{N}(0,1)$ 分布の γ 分位点である．

信頼区間を与える代わりに，次のような尺度で精度を表現することも多い．
1) **信頼区間の幅**：$2z_{1-\alpha/2}S/\sqrt{N}$．
2) **信頼区間の幅の半分の長さ**：$z_{1-\alpha/2}S/\sqrt{N}$．
3) **信頼区間の幅を標本平均で割った相対誤差**：$2z_{1-\alpha/2}S/(\bar{Y}\sqrt{N})$．
4) **推定標準誤差**：$S/\sqrt{N}$．これは真の**標準誤差**（standard error）（推定量 $\bar{Y}$ の標準偏差 $\sigma/\sqrt{N}$）の推定値である．
5) **推定相対誤差**：$S/(\bar{Y}\sqrt{N})$．これは $\bar{Y}$ の真の**相対誤差**（relative error）

$$\frac{\sqrt{\mathrm{Var}(\bar{Y})}}{\mathbb{E}\bar{Y}} = \frac{\sigma}{\ell\sqrt{N}} \tag{8.6}$$

の推定量である．

独立標本に基づく基本的な推定手順を説明する．これらの手順は，しばしば**単純モンテカルロ法**（crude Monte Carlo; CMC）と呼ばれる．CMC の推定法を改善するさまざまな推定法について，第 9 章で詳しく解説する．

アルゴリズム 8.2（独立標本を用いた単純モンテカルロ法）

1. $Y_1, Y_2, \ldots, Y_N \stackrel{\text{iid}}{\sim} f$（例えば，独立なシミュレーション実験の結果）を生成する．
2. $\ell = \mathbb{E}Y$ の点推定 $\bar{Y}$ と式 (8.5) の信頼区間を計算する．

シミュレーション結果 Y は，次のようにランダムベクトル，あるいは確率過程の関数として与えられるかもしれない．

$$Y = H(\mathbf{X})$$

ただし，H は実数値の性能尺度関数，$\mathbf{X}$ はランダムベクトルあるいは確率過程である．もし独立な Y の標本が有限時間でとれるのであれば，アルゴリズム 8.2 を**静的**（static）（$\mathbf{X}$ はランダムベクトル）にも**動的**（dynamic）（$\mathbf{X}$ は時間依存の確率過程）にも適用することができる．

■ **例 8.3**（モンテカルロ積分）

モンテカルロ積分（Monte Carlo integration）では，定積分を評価するためにシミュレーションが用いられる（2.1 節を参照）．例えば，次の定積分を考える．

$$\ell = \int_{-\infty}^{\infty} \int_{-\infty}^{\infty} \int_{-\infty}^{\infty} \sqrt{|x_1 + x_2 + x_3|}\, e^{-(x_1^2 + x_2^2 + x_3^2)/2}\, dx_1\, dx_2\, dx_3$$

$X_1, X_2, X_3 \stackrel{\text{iid}}{\sim} \mathsf{N}(0,1)$ に対して $Y = |X_1 + X_2 + X_3|^{1/2}(2\pi)^{3/2}$ と定義すると，$\ell = \mathbb{E}(Y)$ と書ける．次の Matlab プログラムは，ℓ の 95% 信頼区間の計算を実装したものである．$z_{1-\alpha/2} = z_{0.975} \approx 1.96$ であることに注意する．1 つの計算例として，$N = 10^6$ とし，$\bar{Y} = 17.04$，信頼区間 $(17.026, 17.054)$ を得た．正規分布の実数次モーメントの公式（p.126 の性質 7）から，真の値は $\ell \approx 17.0418$ であることがわかっている．

```
% mcint.m
c = (2*pi)^(3/2);
H = @(x) c*sqrt(abs(sum(x,2)));
N = 10^6; alpha = 0.05;
x = randn(N,3); y = H(x);
mY = mean(y); sY = std(y);
RE = sY/mY/sqrt(N);
z = icdf('norm',1-alpha/2,0,1);
fprintf('Estimate = %g, CI = (%g, %g)\n', ...
                mY, mY*(1- z*RE), mY*(1 + z*RE))
```

アルゴリズム 8.2 をベクトル値のシミュレーション結果 $\mathbf{Y} = (Y_1, \ldots, Y_n) \sim f$, $\boldsymbol{\ell} = \mathbb{E}\mathbf{Y}$ に適用すると，次のようになる．ただし，$\mathbf{Y}$ の期待値ベクトルも共分散行列 Σ も有界とする．

アルゴリズム 8.3（独立なベクトル値データに基づく推定）

1. $\mathbf{Y}_1, \mathbf{Y}_2, \ldots, \mathbf{Y}_N \overset{\text{iid}}{\sim} f$（例えば，独立なシミュレーション実験の結果）を生成する．
2. 点推定 $\bar{\mathbf{Y}} = (\bar{Y}_1, \ldots, \bar{Y}_n)^\top$ を計算する．ただし，Y_{ij}, $i = 1, 2, \ldots, N$, $j = 1, 2, \ldots, n$ を $\mathbf{Y}_i$ の j 要素として，$\bar{Y}_j = N^{-1} \sum_{i=1}^{N} Y_{ij}$ である．
3. $\boldsymbol{\ell}$ の近似的な $1 - \alpha$ 信頼領域を計算する．

$$\mathscr{C} = \left\{ \mathbf{y} \in \mathbb{R}^n : (\bar{\mathbf{Y}} - \mathbf{y})^T (\widehat{\Sigma})^{-1} (\bar{\mathbf{Y}} - \mathbf{y}) \leqslant \frac{\chi^2_{n;1-\alpha}}{N} \right\} \quad (8.7)$$

ただし，$\widehat{\Sigma}$ は標本共分散行列

$$\widehat{\Sigma} = \frac{1}{N-1} \sum_{i=1}^{N} (\mathbf{Y}_i - \bar{\mathbf{Y}})(\mathbf{Y}_i - \bar{\mathbf{Y}})^T$$

であり，$\chi^2_{n;1-\alpha}$ は χ^2_n 分布の $(1 - \alpha)$ 分位点である．

信頼領域 $\mathscr{C}$ は楕円体の内部（境界を含む）である．信頼領域が真のベクトル $\boldsymbol{\ell}$ を含む確率が近似的に $1 - \alpha$ ということである．これは大きな N と $\Sigma = BB^\top$ に対して，ランダムベクトル $\mathbf{Z} = \sqrt{N} B^{-1}(\bar{\mathbf{Y}} - \boldsymbol{\ell})$ が近似的に $\mathsf{N}(0,1)$ 分布に従い，

$$\mathbb{P}(\boldsymbol{\ell} \in \mathscr{C}) \approx \mathbb{P}\left((\bar{\mathbf{Y}} - \boldsymbol{\ell})^\top \Sigma^{-1} (\bar{\mathbf{Y}} - \boldsymbol{\ell}) \leqslant \frac{\chi^2_{n;1-\alpha}}{N} \right)$$
$$= \mathbb{P}\left(\mathbf{Z}^\top \mathbf{Z} \leqslant \chi^2_{n;1-\alpha} \right) = 1 - \alpha$$

となっているということである．プロットする目的ならば，信頼領域の楕円体の表面を次のように書き直しておくと都合が良い．

$$\left\{ \bar{\mathbf{Y}} + \sqrt{\frac{\chi^2_{n;1-\alpha}}{N}} B \mathbf{z} : \quad \|\mathbf{z}\| = 1 \right\}$$

これは $\mathbb{R}^n$ における単位球面のアフィン変換である．

8.2.1 デルタ法

デルタ法（delta method）は，中心極限定理（☞ p.655）の一般化と見ることができる．$\mathbf{Z}_1, \mathbf{Z}_2, \ldots$ を

$$\sqrt{N}(\mathbf{Z}_N - \boldsymbol{\mu}) \xrightarrow{\text{d}} \mathbf{K} \sim \mathsf{N}(0, \Sigma)$$

を満たすランダムベクトル列とする．例えば，$\mathbf{Z}_N$ は平均ベクトル $\boldsymbol{\mu}$，共分散行列 Σ

を持つ iid ランダムベクトル $\mathbf{X}_1, \ldots, \mathbf{X}_N$ の標本平均である．デルタ法は $\mathbf{Z}_N$ の関数に関して同じような収束を考える．

$$\sqrt{N}\left(\mathbf{g}(\mathbf{Z}_N) - \mathbf{g}(\boldsymbol{\mu})\right) \xrightarrow{d} \mathbf{R} \sim \mathrm{N}(\mathbf{0}, J\Sigma J^\top) \tag{8.8}$$

ここで，$J = J_\mathbf{g}(\boldsymbol{\mu}) = (\partial g_i(\boldsymbol{\mu})/\partial x_j)$ は $\mathbf{g}$ のヤコビ行列（☞ p.748）を $\boldsymbol{\mu}$ で評価したものである．デルタ法は $\mathbf{g}$ が $\boldsymbol{\mu}$ で微分可能であり，したがって，ヤコビ行列が存在することを仮定している．証明の鍵となるのは，$\boldsymbol{\mu}$ の周りでの $\mathbf{g}$ の1次テイラー展開

$$\mathbf{g}(\mathbf{Z}_N) = \mathbf{g}(\boldsymbol{\mu}) + J_\mathbf{g}(\boldsymbol{\mu})(\mathbf{Z}_N - \boldsymbol{\mu}) + \mathcal{O}(\|\mathbf{Z}_N - \boldsymbol{\mu}\|^2)$$

である．$N \to \infty$ としたとき，2次以上の項は $\mathbf{Z}_N \xrightarrow{a.s.} \boldsymbol{\mu}$ となることから無視できて，式 (8.8) の左辺は $\sqrt{N}J(\mathbf{Z}_N - \boldsymbol{\mu}) = J\sqrt{N}(\mathbf{Z}_N - \boldsymbol{\mu})$ と書ける．$N \to \infty$ とすれば，これはランダムベクトル $J\mathbf{K}$ に法則収束する．ただし，$\mathbf{K} \sim \mathrm{N}(\mathbf{0}, \Sigma)$ である．したがって，$\mathbf{R} = J\mathbf{K} \sim \mathrm{N}(\mathbf{0}, J\Sigma J^\top)$ が成り立つ．

■ **例 8.4**（比推定量）

$(X_1, Y_1), \ldots, (X_N, Y_N)$ を，平均ベクトル (μ_X, μ_Y)，共分散行列 Σ を持つランダムベクトル (X, Y) の標本とする．$\ell = \mu_X/\mu_Y$ を推定したい．すぐに思い浮かぶ推定量は**比推定量**（ratio estimator）と呼ばれる $\bar{X}/\bar{Y}$ であり，その漸近分布はデルタ法で計算することができる．$(\bar{X}, \bar{Y})$ を $\mathbf{Z}_N$ とし，$g(x, y) = x/y$ とする．すると，

$$J_g(x, y) = \left(\frac{\partial g(x, y)}{\partial x}, \frac{\partial g(x, y)}{\partial y}\right) = \left(\frac{1}{y}, \frac{-x}{y^2}\right)$$

である．$J = Jg(\mu_X, \mu_Y)$ とする．式 (8.8) より，$\bar{X}/\bar{Y} = g(\bar{X}, \bar{Y})$ は近似的に $\mathrm{N}\left(\mu_X/\mu_Y, \frac{1}{N}\sigma^2\right)$ に従い，**漸近分散**（asymptotic variance）は

$$\sigma^2 = J\Sigma J^\top = \left(\frac{1}{\mu_Y}, \frac{-\mu_X}{\mu_Y^2}\right) \begin{pmatrix} \mathrm{Var}(X) & \mathrm{Cov}(X, Y) \\ \mathrm{Cov}(X, Y) & \mathrm{Var}(Y) \end{pmatrix} \begin{pmatrix} \frac{1}{\mu_Y} \\ \frac{-\mu_X}{\mu_Y^2} \end{pmatrix}$$

$$= \frac{\mathrm{Var}(X) - 2\ell\mathrm{Cov}(X, Y) + \ell^2 \mathrm{Var}(Y)}{\mu_Y^2} \tag{8.9}$$

で与えられる．σ^2 は iid 標本から容易に推定できる．

8.3 定常状態における性能尺度の推定

シミュレーション実験結果が，互いに独立でない確率変数の集合 $\{X_t, t \geqslant 0\}$ で与えられ，X_t は $t \to \infty$ においてある確率変数 X に法則収束するとしよう（☞ p.653）．そのようなデータとしては，例えば MCMC サンプラー（第6章を参照）の1回の実験結果がある．その場合，X はマルコフ連鎖の極限分布になる．**定常状態**（steady-state）あるいは**平衡状態**（equilibrium）の性能尺度 $\mathbb{E}X$ を推定するために，次の方法を取り上げる（[21] を参照）．

- 共分散法
- バッチ平均法
- 再帰過程法

初期分布の時間依存性を解消するためには，**テスト期間**（burn-in period）のデータを捨てるのが一般的なやり方である．テスト期間とは，X_t の分布が X のそれと著しく異なっている期間のことである．しかし，それを判定することは難しい．それが可能なケースについて [1] で議論されている．再帰過程のシミュレーションであれば，再帰過程法を使うことによって，その問題を回避することができる（8.3.3 項）．

8.3.1 共分散法

$\{X_1, X_2, \ldots, X_N\}$ を "定常"（☞ p.663）過程とする．したがって，テスト期間は考えなくてよい．定常状態の $\ell = \mathbb{E}X = \mathbb{E}X_t$ の不偏推定量は標本平均である：$\bar{X} = N^{-1}\sum_{t=1}^{N} X_t$．分散は次で与えられる（A.4.3 項を参照）．

$$\mathrm{Var}(\bar{X}) = \frac{1}{N^2}\left(\sum_{t=1}^{N}\mathrm{Var}(X_t) + 2\sum_{s=1}^{N-1}\sum_{t=s+1}^{N}\mathrm{Cov}(X_s, X_t)\right) \tag{8.10}$$

$\{X_t\}$ は定常なので，$\mathrm{Cov}(X_s, X_t) = \mathbb{E}[X_s X_t] - \ell^2 = R(t-s)$ で与えられる．ただし，R は定常過程の**自己共分散関数**（autocovariance function）である．$R(0) = \mathrm{Var}(X_t)$ であり，その結果，式 (8.10) は次のように書ける．

$$N\mathrm{Var}(\bar{X}) = R(0) + 2\sum_{t=1}^{N-1}\left(1 - \frac{t}{N}\right)R(t) \tag{8.11}$$

多くの場合，$R(t)$ は t とともに急速に減少するので，式 (8.11) の最初のいくつかの項だけあれば十分である．これらの自己共分散を $R(0), \ldots, R(K)$ とすると，それらは不偏な標本平均を使って，次のように推定することができる．

$$\widehat{R}(k) = \frac{1}{N-k-1}\sum_{t=1}^{N-k}(X_t - \bar{X})(X_{t+k} - \bar{X}), \quad k = 0, 1, \ldots, K$$

したがって，十分大きい N に対し，$\bar{X}$ の分散は $\widetilde{S}^2/N$ で推定できる．ただし，

$$\widetilde{S}^2 = \widehat{R}(0) + 2\sum_{t=1}^{K}\widehat{R}(t)$$

である．信頼区間を求めるには，中心極限定理を使う．すなわち，$\sqrt{N}(\bar{X}-\ell)$ の cdf が，平均 0，漸近分散 $\sigma^2 = \lim_{N\to\infty} N\mathrm{Var}(\bar{X})$ の正規分布の cdf に収束する．$\widetilde{S}^2$ を σ^2 の推定量として使えば，ℓ の近似的な $1-\alpha$ 信頼区間は，次で与えられる．

$$\left(\bar{X} - z_{1-\alpha/2}\frac{\widetilde{S}}{\sqrt{N}},\ \bar{X} + z_{1-\alpha/2}\frac{\widetilde{S}}{\sqrt{N}}\right) \tag{8.12}$$

■ 例 8.5 (ランダムウォークサンプラー)

目標分布が $N(10, 1)$ のランダムウォークサンプラー (☞ p.238) を考える．提案分布は $N(x, 0.04)$ とする．採択確率は

$$\alpha(x, y) = \min \left\{ \exp\left(-\frac{(y-10)^2 - (x-10)^2}{2}\right), 1 \right\}$$

である．X をマルコフ連鎖の定常分布 (すなわち $N(10, 1)$ 分布) に従う確率変数として，目的は $\ell = \mathbb{E}X$ を推定することだとしよう．次の MATLAB プログラムは，ランダムウォークサンプラーであり，ℓ の 95% 信頼区間を共分散法で求める．標本の大きさは $N = 10^5$ とする．定常性を仮定し，テスト期間を 300 とする．最大の遅れを $K = 300$ とする．図 8.2 は，自己共分散関数が十分に速くゼロに収束する様子を示している．200 以上の遅れは無視してよい．

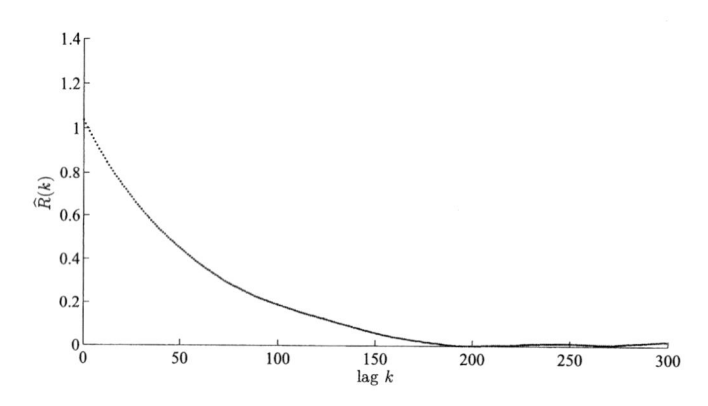

図 8.2 ランダムウォークサンプラーから得られたデータに基づいて推定された自己共分散関数．

1 つの計算例として，信頼区間 $(9.91, 10.04)$ が得られた．これは真の値 $\ell = 10$ を含んでいる．漸近分散は独立標本から計算した標本分散より 100 倍大きい．したがって，信頼区間の幅が 10 倍広くなる．

```
%covmethod.m
N=10^5; % テスト期間を含めた標本の大きさ
tstat = 300; % テスト期間と最大の遅れ
sample = zeros(N,1);
sigma = 0.2; % 提案分布の標準偏差
X = randn*sigma; % 初期点の生成
for k=1:N
    Y = X + randn*sigma; % 提案推移状態の生成
```

```
        if rand<min(exp(-.5*(Y-10)^2+.5*(X-10)^2), 1) % 採択
            X = Y; % X の更新
        end
        sample(k) = X; % 標本値を保存
end
K = tstat; x = sample(tstat:N);
[R,lags] = xcov(x,K,'unbiased'); % 共分散関数の計算
plot(lags(K+1:2*K),R(K+1:2*K),'.') % 共分散関数のプロット
S2 = R(K+1) + 2*sum(R(K+2:2*K)); % 漸近分散
ell = mean(x);
RE = sqrt(S2)/ell/sqrt(numel(x));
fprintf('ell = %g ; CI = ( %g , %g ) \n',...
    ell,ell*(1-1.96*RE),ell*(1+1.96*RE))
```

8.3.2 バッチ平均法

バッチ (塊) 平均 (batch means) 法では，データ $X_1, \ldots, X_M$ の最初の K 個をテスト期間と考えて除き，残りの $M - K$ 個のデータを N 個のバッチに分割する．各バッチの大きさは $T = (M - K)/N$ である．T は整数値をとるものとする．$X_{t,i}$ を i 番目のバッチの t 番目の値とする．テスト期間を十分にとれば，$X_{t,i}$ は近似的に定常分布 X と同じ分布に従っていると考えてよい．Y_i を次式のように i 番目のバッチの標本平均とする．

$$Y_i = \frac{1}{T} \sum_{t=1}^{T} X_{t,i}, \quad i = 1, \ldots, N$$

$\{X_{K+1}, \ldots, X_M\} = \{X_{1,1}, \ldots, X_{T,N}\}$ の標本平均は $\ell = \mathbb{E}X$ の推定量になる．この推定量はバッチ平均 $Y_1, \ldots, Y_N$ の標本平均とも言える．

$$\widehat{\ell} = \frac{1}{M - K} \sum_{t=K+1}^{M} X_t = \frac{1}{N} \sum_{i=1}^{N} Y_i = \widehat{Y} \tag{8.13}$$

バッチの大きさ T を十分に大きくとれば，バッチ平均は "独立と考えてもよい" ので，独立標本に対する 8.2 節の方法で，近似的な信頼区間を計算することができる．その手順を，図 8.3 とアルゴリズム 8.4 にまとめる．

アルゴリズム 8.4 (バッチ平均法)

1. 長さ M のシミュレーションを 1 回だけ実施し，最初の K 個の観測値をテスト期間と考えて取り除く．
2. 残った $M - K$ 個のデータを，大きさ $T = (M - K)/N$ の N 個のバッチに分割する．
3. 式 (8.13) を使って ℓ の点推定を求め，式 (8.5) を使ってその信頼区間を求める．ただし，S は $Y_1, \ldots, Y_N$ の標本標準偏差とする．

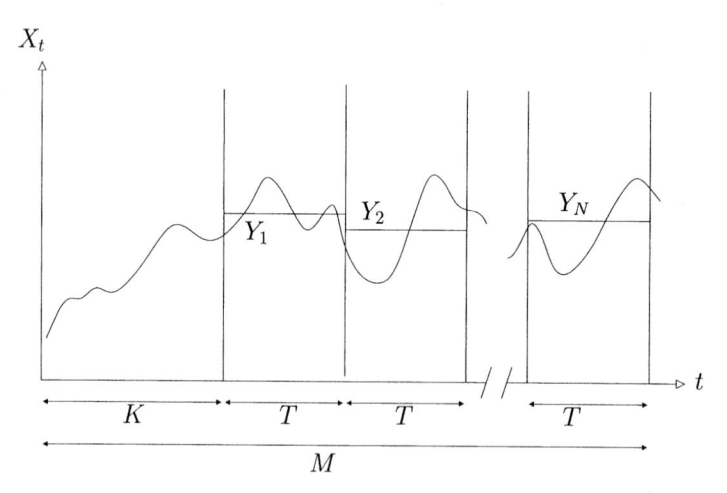

図 8.3 バッチ平均法の手順の例示.

■ **例 8.6**（正整数上のランダムウォーク）

$0 < p < 1/2$ に対して，$I_0, I_1, \ldots, \overset{\text{iid}}{\sim} \text{Ber}(p)$ をベルヌーイ過程（☞ p.91）とする．$\mathbb{N}$ 上のランダムウォーク $\{X_n, n = 0, 1, 2, \ldots\}$ を

$$X_{n+1} = \max\{X_n + 2I_n - 1, 0\}, \quad n = 0, 1, 2, \ldots$$

によって定義する．$X_0 \in \mathbb{N}$ とする．したがって，どのような状態 $x > 0$ に対しても確率 p で状態 $x + 1$ へ，確率 $q = 1 - p$ で状態 $x - 1$ へ推移し，$x = 0$ に対しては，確率 p で状態 1 へ推移し，確率 q で状態 0 に留まる．マルコフ連鎖の理論（A.10.2 項を参照）より，X_n は幾何分布 $X \sim \text{Geom}_0(1 - p/q)$ に法則収束することがわかっている．$\ell = \mathbb{E}X = p/(q - p)$ を推定することが目的であるとしよう．次の MATLAB プログラムは，$X_0 = 0$ から始めて $p = 0.25$ のランダムウォークをシミュレートし，バッチ平均法で λ の 95% 信頼区間の計算を実装したものである．1 つの計算例として $(0.480, 0.507)$ を得た．

```
%batchmeans.m
clear all
p=0.25;q=1-p;M=100000;
K = 100; % 取り除く
B = 300; % バッチの数
N = M-K; % 計算に使用されるデータ数
T = (M-K)/B; x = zeros(1,M);
for i=2:M
    x(i)=max(0,x(i-1)+2*(rand<p)-1);
end
y=zeros(1,B); % バッチ平均
```

```
for k=1:B
    y(k) = mean(x(K+1 + (k-1)*T : K + k*T));
end
ell = mean(y);
RE = std(y)/ell/sqrt(B);
true_ell = p/(q-p);
fprintf('true_ell=%g; ell=%g; CI=(%g,%g) \n',...
    true_ell, ell, ell*(1-1.96*RE), ell*(1+1.96*RE))
```

注 8.1（独立標本法） 独立標本法（初期状態除去，繰り返し（replication-deletion）法）は，バッチ平均法と違って，N 回の独立なシミュレーションを実施する．1つ1つの実験データの最初の K 個をテスト期間として除き，残ったデータから式 (8.13)，(8.5) を使ってバッチ平均法と同じように点推定と信頼区間を計算する．この方法ならば，バッチ平均法で見られたわずかな偏りはない．しかし，この方法では，"各" 実験ごとにテスト期間のデータを捨てなければならない．このことから，バッチ平均法ほどは用いられない．詳しい議論は [21] を参照せよ．

8.3.3 再帰過程法

離散あるいは連続時間の "再帰"（regenerative）過程（☞ p.661）$\{X_t\}$ に対しては，非常に緩やかな条件のもとで極限分布が存在する（定理 A.7 を参照）．さらに，同じ定理から，極限分布は1つの再帰サイクルの振る舞いによって決まることがわかる．特に，再帰時点を $T_0, T_1, T_2, \ldots$，再帰間隔を $\tau_i = T_i - T_{i-1}$ とする．i サイクルの**報酬**（reward）を

$$R_i = \sum_{t=T_{i-1}}^{T_i-1} X_t \text{ （離散時間）} \quad \text{または} \quad R_i = \int_{T_{i-1}}^{T_i} X_t \, dt \text{ （連続時間）} \tag{8.14}$$

で定義する．簡単のために $T_0 = 0$ と仮定する．離散時間の場合，再帰間隔は周期が1より大きい整数の定数倍になっている，ということがないとする．$\tau = T_1$ は最初の再帰サイクルで，$R = R_1$ は最初の報酬とする．このとき，定理 A.7 の条件のもとで，$X_t \xrightarrow{d} X$ が言え，

$$\ell = \mathbb{E}X = \frac{\mathbb{E}R}{\mathbb{E}\tau} \tag{8.15}$$

が言える．

ℓ をシミュレーションで推定するとき，$(R_1, \tau_1), (R_2, \tau_2), \ldots$ が iid ランダムベクトルであることに注意する．定常状態での ℓ は，次の比推定量で推定できる．

$$\widehat{\ell} = \frac{\bar{R}}{\bar{\tau}} = \frac{\sum_{i=1}^N R_i}{\sum_{i=1}^N \tau_i} \tag{8.16}$$

推定量 ℓ は偏りを持ち，$\mathbb{E}(\widehat{\ell}) \neq \ell$ である．しかし，$\widehat{\ell}$ は**強一致性**（strongly consistent）

を持つ．すなわち，$\widehat{\ell}$ は $N \to \infty$ としたとき，確率 1 で ℓ に収束する．これは大数の法則により，$\widehat{R}, \bar{\tau}$ が確率 1 でそれぞれ $\mathbb{E}R, \mathbb{E}\tau$ に収束することからわかる．

再帰シミュレーションの優位な点は，テスト期間を考えなくてよいことである．弱点は，例えばバッチ平均法ほど適用範囲が広くないことである．特に，再帰点を見つけるのが困難だったり，再帰間隔が非常に長くなったりすることがある．

$S_R^2, S_\tau^2, S_{R,\tau}$ を，それぞれデータ $\{(R_i, \tau_i)\}$ に基づく R の標本分散，τ の標本分散，R と τ の標本共分散とする．このとき，式 (8.9) により，ℓ の近似的な $1-\alpha$ 信頼区間は次で与えられる．

$$\left(\widehat{\ell} - z_{1-\alpha/2} \frac{S}{\sqrt{N}},\ \widehat{\ell} + z_{1-\alpha/2} \frac{S}{\sqrt{N}} \right) \tag{8.17}$$

ただし，

$$S^2 = \frac{S_R^2 - 2\widehat{\ell} S_{R,\tau} + \widehat{\ell}^{\,2} S_\tau^2}{\bar{\tau}^2} \tag{8.18}$$

は $\widehat{\ell}$ の漸近分散 $\sigma^2 = \lim_{N \to \infty} N \operatorname{Var}(\widehat{\ell})$ の推定量である．したがって，ℓ の近似的な $1-\alpha$ 信頼区間は次のアルゴリズムで求めることができる．

アルゴリズム 8.5（再帰シミュレーション法）

1. 再帰過程 $\{X_t\}$ の N 個の再帰サイクルをシミュレートする．
2. $\{(R_i, \tau_i), i = 1, \ldots, N\}$ を計算する．
3. 式 (8.16) により点推定 $\widehat{\ell}$ を，式 (8.17) により ℓ の信頼区間を計算する．

$\mathbb{E}R$ を推定するシミュレーションと $\mathbb{E}\tau$ を推定するシミュレーションを独立に行えるとすれば，$S^2 = (S_R^2 + \widehat{\ell}^{\,2} S_\tau^2)/\bar{\tau}^2$ とすればよい．

注 8.2（定常状態と長時間平均の評価尺度） 各サイクルの報酬が式 (8.14) のように書けるならば，$\ell = \mathbb{E}X$ は "定常状態" での期待値とも，"長時間平均" としての期待値とも見ることができる．後者の解釈は，各サイクルの報酬が式 (8.14) の形に書けなくても，$\{(R_i, \tau_i)\}$ が iid であれば成り立つ．その場合，

$$\ell = \lim_{t \to \infty} \frac{\sum_{i=0}^{N_t - 1} R_i}{t} = \frac{\mathbb{E}R}{\mathbb{E}\tau} \tag{8.19}$$

である．ただし，N_t は $[0, t]$ の間の再帰サイクルの個数である（例えば [28] を参照）．

■ 例 8.7（ランダムウォークの再帰過程シミュレーション）

例 8.6 のランダムウォークを取り上げる．次の Matlab プログラムは，$X_0 = 0$，$p = 0.25$ の実験を行い，$\ell = 0.5$ の 95% 信頼区間を計算する再帰過程シミュレーション法を実装したものである．過程の状態がゼロになったとき再帰したと見なす．1 つの計算例として $(0.454, 0.488)$ を得た．図 8.4 はランダムウォークの一例である（$n = 0, 1, \ldots, 59$）．

```
%regenmeth.m
clear all, p=0.25;q=1-p;
N=10000;
z = zeros(1,N);R = zeros(1,N);tau = zeros(1,N);
Rsum=0;regcount = 0;lastregtime = 1;
for i=2:N
    if rand<p
        z(i)=z(i-1)+1;
    elseif z(i-1) % z が 0 でなければ
        z(i)=z(i-1)-1;
    end
     Rsum = Rsum + z(i);
    if z(i)==0 % 再帰した場合
        regcount = regcount + 1;
        R(regcount) = Rsum;
        tau(regcount) = i - lastregtime;
        Rsum = 0;
        lastregtime = i;
    end
end
stairs(0:59,z(1:60)),hold on, plot(0:59,z(1:60),'.')
ell = mean(R)/mean(tau)
C = cov(R,tau);
s = sqrt(C(1,1) - 2*ell*C(1,2) + ell^2*C(2,2))
RE = s/mean(tau)/sqrt(N)
fprintf('ell %g ; 0.95 CI ( %g , %g ) \n', ...
            ell,ell*(1-1.96*RE),ell*(1+1.96*RE))
```

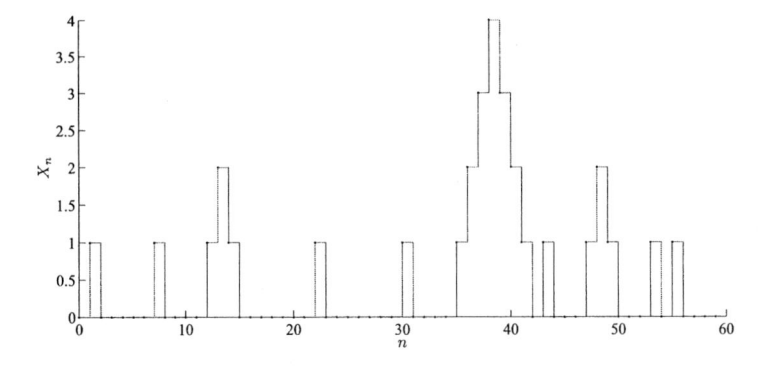

図 8.4 再帰過程と見た場合の非負整数上のランダムウォーク．状態がゼロになったとき，再帰したと見なす．

8.4 経験分布関数

経験分布関数 (empirical cdf) は iid 標本を分析するときの重要な道具であり，データ $x_1, \ldots, x_N$ に対して次のように定義される．

$$F_N(x) = \frac{1}{n} \sum_{i=1}^{N} \mathrm{I}_{\{x_i \leqslant x\}} = \frac{|\{i : x_i \leqslant x\}|}{N}, \quad x \in \mathbb{R} \tag{8.20}$$

経験分布関数は非減少階段関数で，各データポイント x_i で $1/N$ ずつ跳躍する．F_N は右連続であり，0 と 1 の間の値をとる有界関数である．換言すれば，F_N は理論的 cdf と同じ性質を持つ．あるいはまた，$x_1, \ldots, x_N$ を確率 $1/N$ でとる確率変数の累積分布関数である（各値が異なる場合）．図 8.5 は，Exp(1) からの大きさ 10 と 100 の標本に基づく経験分布関数を並べて示している．真の cdf も重ねて描かれている．

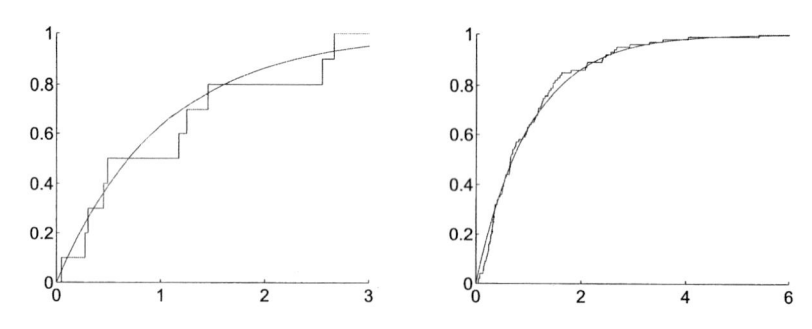

図 8.5 Exp(1) からの大きさ 10（左図）と 100（右図）のサンプルに基づく経験分布関数と真の cdf．

データ $\{x_i\}$ の代わりに，確率変数 X_i を使って式 (8.20) を定義することもできる．その場合 $F_N(x)$ は確率変動するので，データに基づくものと区別して，$\widehat{F}_N(x)$ と記す．
F が連続で狭義単調増加関数の場合，$X_1, \ldots, X_N$ を $U_1 = F(X_1), \ldots, U_N = F(X_N)$ と変換すると，$\mathsf{U}(0,1)$ に従う iid 確率変数列が得られる．$\{U_i\}$ の経験分布関数 $\widehat{G}_N(u)$ は**縮約された経験分布関数** (reduced empirical cdf) という．x, u は $x = F^{-1}(u)$, $u = F(x)$ の関係を満たし，次が成り立つ．

$$\widehat{F}_N(x) - F(x) = \frac{1}{N} \sum_{i=1}^{N} \mathrm{I}_{\{X_i \leqslant x\}} - F(x)$$
$$= \frac{1}{N} \sum_{i=1}^{N} \mathrm{I}_{\{U_i \leqslant u\}} - u = \widehat{G}_N(u) - u$$

8.4 経験分布関数

経験分布関数と真の cdf の間の最大距離

$$D_N = \sup_{x \in \mathbb{R}} |\widehat{F}_N(x) - F(x)| = \sup_{0 \leqslant u \leqslant 1} |\widehat{G}_N(u) - u| \tag{8.21}$$

は **Kolmogorov 統計量**（Kolmogorov statistic）と呼ばれる．D_N の分布は F に依存しない．経験分布関数には次のような性質がある（[33] を参照）．

1) **順序統計量**：$x_{(1)} < x_{(2)} < \cdots < x_{(N)}$ を，異なるデータを大きさの順に並べたものとすると，以下が成り立つ．

$$F_N(x_{(i)}) = \frac{i}{N} \tag{8.22}$$

2) **2 項分布**：$N\widehat{F}_N(x) \sim \mathrm{Bin}(N, F(x))$, $N\widehat{G}_N(u) \sim \mathrm{Bin}(N, u)$.

3) **Glivenko–Cantelli の定理**：$D_N \overset{\text{a.s.}}{\to} 0$ であり，したがって x に関して一様に $\widehat{F}_N(x) \overset{\text{a.s.}}{\to} F(x)$．

4) **中心極限定理**：$N \to \infty$ のとき，$\sqrt{N}(\widehat{F}_N(x) - F(x)) \overset{\text{d}}{\to} Z \sim \mathsf{N}(0, F(x)(1 - F(x)))$．

5) **条件付きポアソン分布**：縮約された経験分布関数 $\{\widehat{G}_N(u), 0 \leqslant u \leqslant 1\}$ を $[0, 1]$ 上の確率過程と見ると，生起率 $1/N$ で $M_1 = N$ とするポアソン過程 $\{M_u, 0 \leqslant u \leqslant 1\}$ の条件付き分布と同じである（☞ p.174）．

6) **ブラウン橋過程**：確率過程 $\{\sqrt{N}(\widehat{G}_N(u) - u), 0 \leqslant u \leqslant 1\}$ は $[0, 1]$ 上のブラウン橋（☞ p.198）過程に収束する（例えば [31] を参照）．

7) **Kolmogorov 分布**：F が連続ならば，以下が成り立つ．

$$\lim_{N \to \infty} \mathbb{P}(\sqrt{N} D_N \leqslant x) = \sum_{k=-\infty}^{\infty} (-1)^k e^{-2(kx)^2}, \quad x > 0 \tag{8.23}$$

8) **信頼区間**：$F(x)$ の近似的な $1 - \alpha$ 信頼区間は

$$\left(F_N(x) - z_{1-\alpha/2} \sqrt{\frac{F_N(x)(1 - F_N(x))}{N}},\ F_N(x) + z_{1-\alpha/2} \sqrt{\frac{F_N(x)(1 - F_N(x))}{N}} \right)$$

である．等価であるが，$F(x_{(i)})$ の近似的 $1 - \alpha$ 信頼区間は次で与えられる．

$$\left(\frac{i}{N} - z_{1-\alpha/2} \sqrt{\frac{i(1 - i/N)}{N^2}},\ \frac{i}{N} + z_{1-\alpha/2} \sqrt{\frac{i(1 - i/N)}{N^2}} \right)$$

■ 例 8.8 （累積分布関数の信頼限界）

図 8.6 は $\mathsf{Exp}(1)$ 分布から $N = 50$ の標本を抽出して，90% 信頼区間の上限と下限をプロットしたものである．真の cdf も重ねて描いてある．

以下はこの図を描く MATLAB のプログラムである．

```
%empcdfr.m
clear all,clc
```

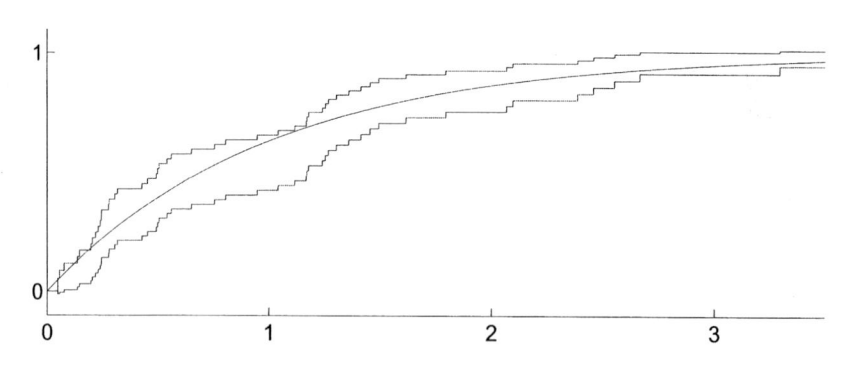

図 8.6　Exp(1) の cdf と，大きさ 50 の iid 標本から推定したときの 90% 信頼区間.

```
rand('state',123);
N = 50; % 標本の大きさ
x = sort(-log(rand(1,N))); % 標本を生成して大きさの順に並べる
x=[0,x]; % プロットを 0 から始めるために 0 を追加する
z =(0:N)/N;
zl = z - 1.65*sqrt(z.*(1-z)/N); % 下限の曲線
zu = z + 1.65*sqrt(z.*(1-z)/N); % 上限の曲線
axes('FontSize',16),hold on
for i=1:N % 信頼区間の境界を描く
    line([x(i),x(i+1)],[zl(i),zl(i)],'LineWidth',3);
    line([x(i+1),x(i+1)],[zl(i),zl(i+1)]);
    line([x(i),x(i+1)],[zu(i),zu(i)],'LineWidth',3);
    line([x(i+1),x(i+1)],[zu(i),zu(i+1)]);
end
t = 0:0.01:max(x);plot(t,1-exp(-t))
```

8.5　カーネル密度推定

カーネル密度推定（kernel density estimation）は，シミュレーションデータから密度関数を推定する際によく用いられる方法である（[30], [35], [38] を参照）．カーネル密度推定は，次のような場合に用いられる．

- 分布の構造（多峰性，ひずみなど）を調べたいとき [30], [34]
- ベイズの事後分布分類や判別分析などの結果を総合したいとき [35]
- 平滑ブートストラップ法，粒子フィルタリング [15]

$X_1, \ldots, X_N$ を $\mathscr{X} \subset \mathbb{R}$ 上で定義された未知な連続密度関数 f からの独立な標本とする．1 変数**カーネル密度推定量**（kernel density estimator）は，次の関数として定

義される.

$$\widehat{f}(x;h) = \frac{1}{Nh}\sum_{i=1}^{N}\kappa\left(\frac{x-X_i}{h}\right), \quad x\in\mathbb{R}$$

ここで，κ は $\mathbb{R}$ 上の対称な分布で ($\kappa(-x)=\kappa(x)$ が成り立つ)，**カーネル関数** (kernel function) と呼ばれ，h は**帯域幅** (bandwidth) と呼ばれる正の定数である．

ガウス型カーネル密度推定 (Gaussian kernel density estimator) は，カーネル関数に標準正規分布を使ったものである．したがって，尺度パラメータ $t=h^2$ が与えられると，ガウス型カーネル密度推定量は次で与えられる．

$$\widehat{f}(x;h) = \frac{1}{N}\sum_{i=1}^{N}\varphi(x,X_i;t), \quad x\in\mathbb{R} \tag{8.24}$$

ここで，

$$\varphi(x,X_i;t) = \frac{1}{\sqrt{2\pi t}}\mathrm{e}^{\frac{(x-X_i)^2}{2t}}$$

である．

カーネル密度推定量の漸近的性質は，使用した帯域幅パラメータの選択に深く関わる．どのような標本サイズでも滑らかなカーネル密度を推定するという意味で，ガウス型カーネル密度推定が最もよく使われている．

推定量 $\widehat{f}$ の性質としてよく研究されているものとして，**平均 2 乗積分誤差** (mean integrated squared error; MISE)

$$\mathrm{MISE}(t) = \mathbb{E}_f\int[\widehat{f}(x;t)-f(x)]^2\mathrm{d}x$$

がある．これは偏差 2 乗積分と分散積分の項に分解できる．

$$\mathrm{MISE}(t) = \int\underbrace{\left(\mathbb{E}_f[\widehat{f}(x;t)]-f(x)\right)^2}_{\text{各点ごとの }\widehat{f}\text{ の偏り}}\mathrm{d}x + \int\underbrace{\mathrm{Var}_f(\widehat{f}(x;t))}_{\text{各点ごとの }\widehat{f}\text{ の分散}}\mathrm{d}x$$

ここで，平均と分散の演算子は iid 標本 $\{X_1,\ldots,X_N\}$ に関するものである．別の誤差評価尺度としては，**平均 L^1 誤差** (expected L^1 error)

$$\mathbb{E}_f\int|\widehat{f}(x;t)-f(x)|\mathrm{d}x$$

がある．これは尺度不変で，理論的に MISE より良い性質を持っているが [14]，計算は MISE ほど扱いやすくない．

式 (8.24) のガウス型カーネル密度推定に対して，MISE の 1 次の漸近近似は，(ある種の正則性の仮定のもとで) 次で与えられる．

$$\frac{1}{4}t^2\|f''\|^2 + \frac{1}{2N\sqrt{\pi t}} \tag{8.25}$$

ここで，$\|f''\|^2 = \int(f''(x))^2\mathrm{d}x$ である．t の漸近最適値は式 (8.25) を最小にする t の値

$$t^* = \left(\frac{1}{2N\sqrt{\pi}\,\|f''\|^2}\right)^{2/5} \tag{8.26}$$

で，このとき MISE の最適な漸近収束速度は次のようになる．

$$\mathrm{MISE}(t^*) = N^{-4/5}\frac{5\|f''\|^{2/5}}{4^{7/5}\pi^{2/5}} + o(N^{-4/5}), \quad N \to \infty \tag{8.27}$$

ガウス型カーネル密度推定で最適な t^* を計算するためには，$\|f''\|^2$ を推定する必要がある．**ガウス型を用いる場合の経験則**（Gaussian rule of thumb）は，f として $\mathsf{N}(\hat{\mu}, \hat{\sigma}^2)$ 分布を使うものである．ただし，$\hat{\mu}, \hat{\sigma}^2$ は標本平均，標本分散である [34]．こうした場合には，$\|f''\|^2 = \hat{\sigma}^{-5}\pi^{-1/2}3/8$ となり，経験則を使えば

$$t_{\mathrm{rot}} = \left(\frac{4\hat{\sigma}^5}{3N}\right)^{2/5} \approx 1.12\hat{\sigma}^2 N^{-2/5}$$

となる．データが外れ値を含み，正規分布とはほど遠い場合は，もう少しロバストな

$$t_{\mathrm{Rot}} = \left(\frac{4S^5}{3N}\right)^{2/5}$$

を使う．ただし，$S = \min\{\hat{\sigma}, \frac{R}{1.34}\}$ はデータのばらつきに対するロバストな尺度指標である．ここで，R は**四分位点間距離**（interquartile range）であり，

$$R = \underbrace{X_{(\lceil 0.75N \rceil)}}_{75\%\text{ 分位点}} - \underbrace{X_{(\lceil 0.25N \rceil)}}_{25\%\text{ 分位点}}$$

で与えられる．

■ **例 8.9（2 山を持つ密度関数の推定）**

対称でない，山が 2 つある混合分布の密度関数をガウス型カーネル密度で推定する問題を考える．

$$\frac{3}{4}\mathsf{N}(0,1) + \frac{1}{4}\mathsf{N}\left(\frac{3}{2},\frac{1}{3^2}\right)$$

すなわち，3/4 の確率で $\mathsf{N}(0,1)$ から標本抽出し，1/4 の確率でもう一方の分布から標本抽出する（☞ p.57）．10^3 点を抽出し，帯域幅の推定値として $\sqrt{t_{\mathrm{Rot}}}$ を用いる．図 8.7 の左図は t_{Rot} を使った推定がうまくいっていることを表す．しかし，もとの分布が "重なりのない" 2 つの分布を混合した

$$\frac{1}{2}\mathsf{N}\left(-2,\frac{1}{4}\right) + \frac{1}{2}\mathsf{N}\left(2,\frac{1}{4}\right)$$

のような場合は，10^3 点の標本から推定した密度はあまり精度が良くないことが，右図からわかる．推定がうまくいかない原因は，$S = \min\{\hat{\sigma}, \frac{R}{1.34}\}$ の推定が前者ではうまくいっていたのに，後者では過大評価してしまうためである．ガウス型カーネル関数の場合の経験則は簡単で，計算時間も短くて済むが，実際に適用できるかどうかは注意深く考える必要がある．

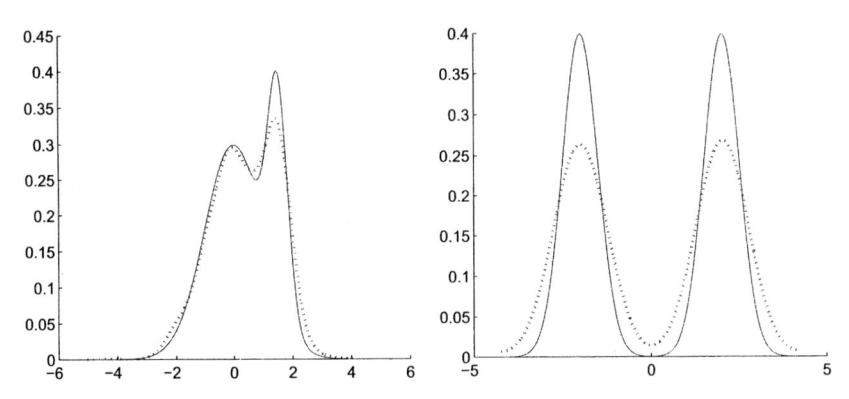

図 8.7 ロバストな帯域幅推定 t_{Rot} を用いた密度関数の推定．点線は推定値，実線は真の密度関数を表す．右図はガウス推定で，過度に平滑化してしまうことを表している．

ガウス型カーネル関数の経験則の不具合については，2 つの自動的な計算法が提案されている．**最小 2 乗相互検証**（least squares cross validation; LSCV）による方法と，**プラグイン帯域幅選択**（plug-in bandwidth selection）法と呼ばれる方法である．それらについて説明する．

8.5.1 最小 2 乗相互検証

LSCV では，最適帯域幅は **2 乗積分誤差**（integrated squared error; ISE）の不偏推定量

$$\text{ISE}(t) = \int [\widehat{f}(x;t) - f(x)]^2 dx$$

に対する全体最適解として与えられる．$\text{ISE}(t)$ の最小値を求めることと，

$$\int [\widehat{f}(x;t)]^2 dx - 2\mathbb{E}_f \widehat{f}(X;t)$$

の最小値を求めることは同値である．MISE と違い，ISE はデータに依存する確率変数である．$\mathbb{E}_f \widehat{f}(X;t)$ は，**相互検証推定量**（cross-validation estimator）

$$\frac{1}{N}\sum_{i=1}^{N} \widehat{f}_{-i}(X_i;t) = \frac{1}{N(N-1)}\sum_{i=1}^{N}\sum_{j \neq i}^{N} \varphi(X_i, X_j;t)$$

によりバイアスなしに推定できる．$\widehat{f}_{-i}$ は X_i を除いたすべてのデータから推定されるガウス型カーネル密度を表す．ガウス型カーネル関数では $\int_{\mathbb{R}} \varphi(x,y;t)\,\varphi(x,z;t)\,dx = \varphi(y,z;2t)$ という性質があることから，$\int [\widehat{f}(x;t)]^2 dx$ は

$$\int [\widehat{f}(x;t)]^2 dx = \frac{1}{N^2}\sum_{i=1}^{N}\sum_{j=1}^{N} \varphi(X_i, X_j;2t)$$

と書ける．したがって，LSCV による帯域幅 $\sqrt{t_{\mathrm{LS}}}$ は形式的に次式で定義される．

$$t_{\mathrm{LS}} = \underset{t>0}{\mathrm{argmax}}\, g(t)$$

ただし，

$$g(t) = \frac{1}{N^2} \sum_{i=1}^{N} \sum_{j=1}^{N} \varphi(X_i, X_j; 2t) - 2\frac{1}{N(N-1)} \sum_{i=1}^{N} \sum_{j \neq i} \varphi(X_i, X_j; t)$$

である．実用的には，$g(t)$ を計算するコストを省く計算法の工夫が必要である．与えられた t に対して $g(t)$ を直接推定するには，$\mathcal{O}(N^2)$ 回のガウス型カーネル関数の計算が必要になる．この膨大な計算量は，ガウス型カーネル密度が次の偏微分方程式の解であることを利用すると，大幅に減らすことができる．

$$\frac{\partial}{\partial t}\widehat{f}(x;t) = \frac{1}{2}\frac{\partial^2}{\partial x^2}\widehat{f}(x;t), \quad t > 0 \tag{8.28}$$

ここで，$x \in \mathbb{R}$，$\lim_{x \to \pm\infty} \widehat{f}(x;t) = 0$，初期値として $\widehat{f}(x;0) = \Delta(x)$ である．ただし，$\Delta(x)$ は，$\delta_{X_i}(x)$ を X_i における Dirac 測度として $\Delta(x) = \frac{1}{N}\sum_{i=1}^{N} \delta_{X_i}(x)$ で与えられる $X_1, \ldots, X_N$ の経験密度 (empirical density) である [7], [9], [12]．言い換えれば，ガウス型カーネル密度 $\widehat{f}(x;t)$ を直接計算しなくても，時刻 t までの偏微分方程式の解を見つければよい．式 (8.28) の解は，有限の定義域では高速フーリエ変換で効率的に求めることができる．その手順は以下のとおりである．一般性を失うことなく，データは $[0,1]$ の範囲にあるとしよう．実データがその仮定を満たしていなければ，尺度変換すればよい．また，データは n 個のクラスに分類できているとしよう (n を 2 のべき乗とすることで，最高速のアルゴリズムが使える)．さらに，ガウス型カーネル関数は，境界から離れていれば，次の"テータ関数"で近似できる (☞ p.753)．

$$\theta(x, X_i; t) = \sum_{k=-\infty}^{\infty} \left(\varphi(x, 2k + X_i; t) + \varphi(x, 2k - X_i; t) \right), \quad x \in (0, 1)$$

実際，X_i を固定すると，テータ関数は区間 $(0,1)$ で式 (8.28) を満足するので，ガウス型カーネル関数は $x \in \mathbb{R}$ で式 (8.28) を満足する．テータ関数とガウス型カーネル関数の差は，t が小さくなるにつれて

$$\lim_{t \downarrow 0} \frac{\theta(x, X_i; t)}{\varphi(x, X_i; t)} = 1, \quad x \in (0, 1)$$

という意味で，無視できる大きさになる．区間 $(0,1)$ で式 (8.28) を変数分離法で解くことにより，テータ関数は次のフーリエ級数として表すことができる．

$$\theta(x, X_i; t) = \sum_{k=-\infty}^{\infty} \mathrm{e}^{-k^2 \pi^2 t/2} \cos(k\pi x) \cos(k\pi X_i), \quad x \in (0, 1)$$

$$= 1 + 2\sum_{k=1}^{\infty} \mathrm{e}^{-k^2 \pi^2 t/2} \cos(k\pi x) \cos(k\pi X_i)$$

8.5 カーネル密度推定

したがってガウス型カーネル密度関数の推定量 (8.24) は，区間 $(0,1)$ で，次の打ち切られたフーリエ級数で近似できる．

$$\widehat{f}(x;t) \approx \sum_{k=0}^{n-1} a_k \, e^{-k^2\pi^2 t/2} \cos(k\pi x), \quad n \gg 1 \qquad (8.29)$$

ここで，係数 $\{a_k\}_{k=0}^{n-1}$ はデータに基づく余弦変換

$$a_0 = 1, \quad a_k = \frac{2}{N} \sum_{i=1}^{N} \cos(k\pi X_i), \quad k = 1, 2, 3, \ldots \qquad (8.30)$$

で与えられる．次に，n 個のクラスに分類されたデータが与えられた場合は，高速余弦変換（FFT から派生した変換）で $\{a_k\}_{k=0}^{n-1}$ を計算することができる（D.5 節を参照）．最後に，t に対して格子点での $\widehat{f}(\cdot;t)$ の値は，"平滑化された" 係数 $\{a_k \, e^{-k^2\pi^2 t/2}\}_{k=0}^{n-1}$ を使って，高速逆余弦変換で効率良く計算できる．

したがって，テータ関数を使えば，$\mathcal{O}(n \ln n)$ の手間で格子点での $\widehat{f}(\cdot;t)$ の値を計算することができる．

アルゴリズム 8.6（式 (8.29) を使った $\widehat{f}(\cdot;t)$ の高速計算）

iid ランダムデータ $X_1, X_2, \ldots, X_N$, $n\ (= 2^m$, ただし m は整数), t が与えられたとき，次の手順を実行する．

1. 大きさ n の一様格子を定義する．

$$y_k = \frac{k}{n}, \quad k = 0, \ldots, n$$

   データを分類して，以下を計算する．

$$\widehat{f}_k = \frac{\#\{X_i : X_i \in (y_k, y_{k+1})\}}{N}, \quad k = 0, \ldots, n-1$$

   $n\widehat{f}_k \approx \widehat{f}(y;0)$, $y \in (y_k, y_{k+1})$ となる．
2. 高速余弦変換 $\{\widehat{f}_k\}_{k=0}^{n-1}$ を計算し，その係数を $\{a_k\}_{k=0}^{n-1}$ とする．式 (8.30) の n 個の係数がわかる．これらは 1 回だけ計算し，記憶しておく．
3. $a_k(t) = a_k e^{-k^2\pi^2 t/2}$, $k = 0, \ldots, n-1$ とおく．$\{a_k(t)\}_{k=0}^{n-1}$ の高速逆余弦変換を計算し，式 (8.29) により一様格子上の $\widehat{f}(\cdot;t)$ の近似値を得る．

別の $t > 0$ の値に対して $\widehat{f}(\cdot;t)$ を求めたい場合は，Step 3 だけを実行すればよい．次の MATLAB プログラムは，$g(t)$ を求めるために高速余弦変換を使った LSCV 法を実装したものである．fminbnd.m は $g(t)$ の最小値を求める関数である．

```
function [bandwidth,f,y_k]=LSCV(X,n,MIN,MAX)

X=X(:); % データを列ベクトルにする
% 密度関数を推定する範囲に格子を設定する
```

```
R=MAX-MIN; dy=R/n; y_k=MIN+[0:dy:R]; N=length(X);
% 上で定義された格子を使って一様にデータを分類する
[f_k,bins]=histc(X,y_k);f_k=f_k/N;
f_k(end)=[]; y_k(1)=[]; bins(bins==n+1)=[];
a=dct1d(f_k); % 初期データの離散余弦変換
% LSCV を使って最適帯域幅の2乗を計算する
t_LS= fminbnd(@g,0,.01);
% 最小にすべき LSCV 関数 g(t) の定義
    function out=g(t)
        a_t=a.*exp(-[0:n-1]'.^2*pi^2*t/2);
        f=idct1d(a_t)/dy;
        int_f2_dy=(f'*f)*dy;
        out=int_f2_dy-2/(N-1)*sum(f(bins))+2/(N-1)/sqrt(2*pi*t*R^2);
    end

a_t=a.*exp(-[0:n-1]'.^2*pi^2*t_LS/2); % 平滑化された係数
f=idct1d(a_t)/dy;      % データの逆余弦変換を計算する
bandwidth=t_LS*R^2;    % 尺度変換後帯域幅を調整する

end
```

列ベクトルが与えられたとき，離散余弦変換を計算するために，次のサブルーチンを使う．

```
function data=dct1d(data)
% ベクトルの離散余弦変換を計算する
data=data(:); % データを列ベクトルにする
nrows=length(data);
% 離散フーリエ変換係数へ乗じる重みを計算する
weight = [1;2*(exp(-i*(1:nrows-1)*pi/(2*nrows))).'];
% x の列要素を整列する
data = [ data(1:2:end); data(end:-2:2) ];
% FFT の係数に重みを乗じる
data= real(weight.* fft(data));
```

逆余弦変換は次のサブルーチンを使う（D.5 節を参照）．

```
function out = idct1d(data)
% ベクトルの逆離散余弦変換を計算する
data=data(:); % データを列ベクトルにする
nrows=length(data);
% 重みを計算する
weights = exp(i*(0:nrows-1)*pi/(2*nrows)).';
data = real(ifft(weights.*data));
```

```
% 成分の並べ替え
out = zeros(nrows,1);
out(1:2:nrows) = data(1:nrows/2);
out(2:2:nrows) = data(nrows:-1:nrows/2+1);
```

■ **例 8.10（2 山を持つ密度関数の推定（再））**

図 8.8 は，例 8.9 の山が 2 つある密度関数の推定に LSCV 法を適用した例である．ほとんど重なりのない山を混合した分布の場合，ガウス型カーネル関数の場合より改善されていることがわかる．

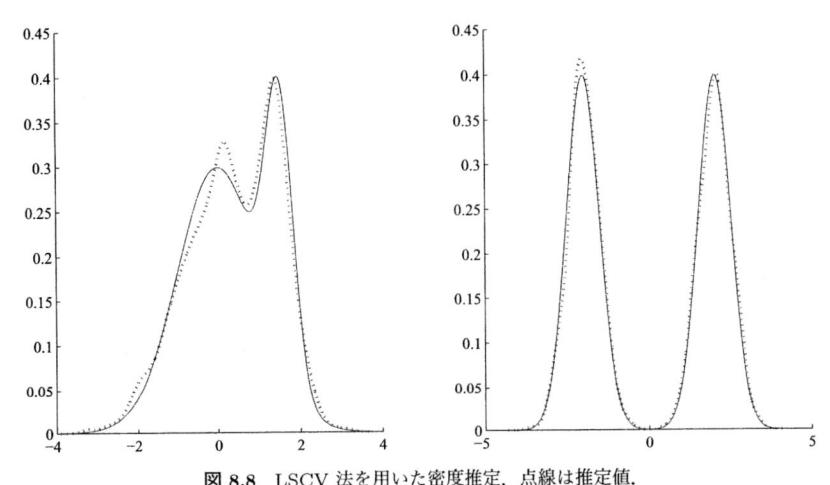

図 8.8 LSCV 法を用いた密度推定．点線は推定値．

LSCV 法による帯域幅推定量は，次項で述べるプラグイン法など他の推定法に比べて変動幅が大きいことが知られている [27]．さらに，$t > 0$ における $g(t)$ の最小化問題の解が見つからない場合も多い．しかし，プラグイン法に比べて LSCV 法は目標密度が滑らかであることを仮定する必要がない．LSCV 法の利点，欠点の詳細な議論については [22] を参照せよ．

8.5.2 プラグイン帯域幅選択

LSCV 法に変わるものとして，**Sheather–Jones によるプラグイン**（Sheather–Jones plug-in）法がある [9], [32]．式 (8.26) から，$\|f''\|^2$ がわかれば式 (8.24) に対する漸近的に MISE の意味で最適な帯域幅がわかることを思い出そう．$\|f''\|^2$ に対する 1 つの推定量は $\|f^{(j)}\|^2 = (-1)^j \mathbb{E}_f \left(f^{(2j)}(X) \right)$ という等式から導かれる．ただし，$f^{(j)}$ は f の j 階導関数である．$\|f^{(2)}\|^2 = \|f''\|^2$ を推定するために，次の推定量

を使う（ただし $j=2$ とする）．

$$\widehat{\|f^{(j)}\|^2} \stackrel{\text{def}}{=} \|\widehat{f}^{(j)}(\cdot\,;t_j)\|^2$$
$$= \frac{1}{N^2} \sum_{k=1}^{N} \sum_{m=1}^{N} \int_{\mathbb{R}} \varphi^{(j)}(x, X_k; t_j)\, \varphi^{(j)}(x, X_m; t_j)\, dx$$
$$= \frac{(-1)^j}{N^2} \sum_{k=1}^{N} \sum_{m=1}^{N} \varphi^{(2j)}(X_k, X_m; 2t_j) \tag{8.31}$$

ここで，$\widehat{f}$ は帯域幅が $\sqrt{t^*}$ ではなく $\sqrt{t_j}$ のガウス型カーネル密度の推定量である．$\|f^{(j)}\|^2$ を推定するために t_j の値が必要である．t_j は次の式で実用的に高い精度で推定することができる（[9] を参照）．

$$\widehat{t}_j = \left(\frac{1 + \frac{1}{2^{j+1/2}}}{3} \frac{1 \times 3 \times 5 \times \cdots \times (2j-1)}{N\sqrt{\pi/2}\, \|\widehat{f}^{(j+1)}\|^2} \right)^{\frac{2}{3+2j}} \tag{8.32}$$

式 (8.31), (8.32) を見るとわかるように，$\|\widehat{f}^{(j+1)}\|^2$ を計算するには t_{j+1} の知識が必要で，それを推定するためには $\|\widehat{f}^{(j+2)}\|^2$ が必要，という構造になっているため，$\{\widehat{t}_{j+k}, k \geqslant 1\}$ という無限列を推定しなければならない．しかし，ある l に対して $\widehat{t}_{l+1}$ が与えられれば再帰的にすべての $\{\widehat{t}_j, 1 \leqslant j \leqslant l\}$ を計算することができるので，そこから式 (8.26) により t^* を推定することができる．このことから，**l 段階直接プラグイン帯域幅選択法**（l-stage direct plug-in bandwidth selector）が生まれた [32], [38]．

アルゴリズム 8.7（l 段階直接プラグイン帯域幅選択）

$l \geqslant 3$ が与えられたとき，次のステップを実行する．

1. iid 標本 $X_1, \ldots, X_N$ から標本平均，標本分散を求め，それを平均，分散とする正規分布の密度関数を f として，$\|\widehat{f}^{(l+2)}\|^2$ を求める．$j = l+1$ とする．
2. $\|\widehat{f}^{(j+1)}\|^2$ を使って，式 (8.32) により $\widehat{t}_j$ を計算する．
3. $\widehat{t}_j$ を使って，式 (8.31) により $\|\widehat{f}^{(j)}\|^2$ を計算する．
4. もし $j > 2$ ならば，$j = j-1$ として Step 2 へ戻り，さもなければ Step 5 へ進む．
5. $\widehat{t}_2$ を使って $\|\widehat{f}^{(2)}\|^2$ を計算し，式 (8.26) から $\widehat{t}^*$ を計算する．

l 段階直接プラグイン帯域幅選択法は $\|\widehat{f}^{(j)}\|^2, 2 \leqslant j \leqslant l+1$ をプラグイン推定量 (8.31) を使って推定する．この方法をさらに改善するには，次のように抽象化の段階を進める．式 (8.32) において $\widehat{t}_j$ が $\widehat{t}_{j+1}$ に依存していることを陽に

$$\widehat{t}_j = \gamma_j\left(\widehat{t}_{j+1}\right)$$

とおく．代入を繰り返すと，$\widehat{t}_j = \gamma_j\left(\gamma_{j+1}\left(\widehat{t}_{j+2}\right)\right) = \gamma_j\left(\gamma_{j+1}\left(\gamma_{j+2}\left(\widehat{t}_{j+3}\right)\right)\right) = \cdots$ と書ける．記法を簡単にするために，

8.5 カーネル密度推定

$$\gamma^{[k]}(t) = \underbrace{\gamma_1(\cdots \gamma_{k-1}(\gamma_k(t))\cdots)}_{k\text{ 回}}, \quad k \geqslant 1$$

とおく．式 (8.32), (8.26) を子細に観察すると，t^* の推定値が以下の式を満たすことがわかる．

$$\widehat{t^*} = \xi\,\widehat{t_1} = \xi\,\gamma^{[1]}(\widehat{t_2}) = \xi\,\gamma^{[2]}(\widehat{t_3}) = \cdots = \xi\,\gamma^{[l]}(\widehat{t_{1+l}})$$

$$\xi = \left(\frac{6\sqrt{2}-3}{7}\right)^{2/5} \approx 0.90$$

与えられた整数 $l > 0$ に対して，l 段階直接プラグイン帯域幅選択法は

$$\widehat{t^*} = \xi\gamma^{[l]}(\widehat{t_{l+1}})$$

によって計算される．ただし $\widehat{t}_{l+1}$ は，$\|\widehat{f}^{(l+2)}\|^2$ の f として標本から計算された平均，分散を持つ正規分布の密度関数を仮定し，式 (8.32) によって計算する．この方法の最大の弱点は $\|\widehat{f}^{(l+2)}\|^2$ を計算するために正規分布を仮定しているところである．この仮定により，もとの分布が正規分布から遠ざかるほど，t^* の推定値の精度が劣化する．Sheather–Jones プラグイン法は l 段階直接プラグイン帯域幅選択法を使っており [12], [38], そこが劣化の原因になっている．

これに対して，**改良プラグイン** (improved plug-in) 法は，次の非線形方程式の（多くの場合唯一の）解を近似帯域幅とする．

$$\text{ある十分に大きな } l \text{ に対して} \quad t = \xi\gamma^{[l]}(t) \qquad (8.33)$$

改良プラグイン法は，f に正規分布を仮定する必要がないため，他のたいていのプラグイン法よりも信頼性があり，精確である [3], [9].

改良プラグイン法について，詳細な実装手順を述べる．アルゴリズム 8.6 の LSCV 法と同じように，データは $[0,1]$ の範囲にあるとし，式 (8.29) のテータ関数近似を用いる．データは n 個の格子に分類されているとする．式 (8.29) の係数 $\{a_k\}_{k=0}^{n-1}$ は，高速余弦変換で計算する．このとき，与えられた t に対して，次が成り立つ．

$$\|\widehat{f}^{(j)}\|^2 \approx \frac{\pi^{2j}}{2}\sum_{k=1}^{n-1} k^{2j}a_k^2\,\mathrm{e}^{-k^2\pi^2 t}$$

式 (8.33) の右辺の計算量は $\mathcal{O}(n)$ である．次の MATLAB プログラムは，式 (8.33) の解を計算するために `fzero.m` を使っており，また，8.5.1 項の高速余弦変換と，D.5 節の高速逆余弦変換を使っている．さらに，$l = 7$ としている．シミュレーション実験の結果から，l を大きくしても式 (8.33) の解はそれほど変わらないことがわかっている．

```
function [bandwidth,density,xmesh]=kde(data,n,MIN,MAX)
% 密度関数を推定する範囲に格子を設定する
```

```
data=data(:);
R=MAX-MIN; dx=R/(n-1); xmesh=MIN+[0:dx:R]; N=length(data);
% 上で定義された格子を使って一様にデータを分類する
initial_data=histc(data,xmesh)/N;
a=dct1d(initial_data); % 初期データの離散余弦変換
% 参照している方法で，最適帯域幅の2乗を計算する
I=[1:n-1]'.^2;
% fzero 関数を使って方程式 t=zeta*gamma^[l](t) を解く
t_star=fzero(@(t)fixed_point(t,N,I,a(2:end).^2),[0,.01]);
% 初期データの離散余弦変換を t_star を使って平滑化する
a_t=a.*exp(-[0:n-1]'.^2*pi^2*t_star/2);
% 逆離散余弦変換を計算する
density=idct1d(a_t)/dx;
% データの縮尺を変更する
bandwidth=sqrt(t_star)*R;
```

```
function  out=fixed_point(t,N,I,a2)
% 関数 t-zeta*gamma^[l](t) を計算する
l=7;
f=1/2*pi^(2*l)*sum(I.^l.*a2.*exp(-I*pi^2*t));
for s=l-1:-1:2
   K0=prod([1:2:2*s-1])/sqrt(pi/2);  K1=(1+(1/2)^(s+1/2))/3;
   time=(K1*K0/N/f)^(2/(3+2*s));
   f=1/2*pi^(2*s)*sum(I.^s.*a2.*exp(-I*pi^2*time));
end
out=t-(2*N*sqrt(pi)*f)^(-2/5);
```

■ 例 8.11 (LSCV 法との比較)

改良プラグイン法は，LSCV 法や Sheather–Jones 法よりも概ね精度が良いことが確かめられた [9]．例えば，**非対称な二重爪型密度** (asymmetric double claw density) 関数

$$\frac{46}{100}\sum_{k=0}^{1} \mathsf{N}\left(2k-1,\left(\frac{2}{3}\right)^2\right) + \frac{1}{300}\sum_{k=1}^{3}\mathsf{N}\left(-\frac{k}{2},\frac{1}{100^2}\right) + \frac{7}{300}\sum_{k=1}^{3}\mathsf{N}\left(\frac{k}{2},\left(\frac{7}{100}\right)^2\right)$$

からの大きさ N の iid 標本を取り上げる．図 8.9 は一例であり，$N=10^5$ とした場合の LSCV に対して改良プラグイン法の良さを表している．LSCV 法では左側の 3 つの小さな爪を見逃している．精度の違いをより正確に表すために

$$\text{平方誤差比} = \frac{\|\widehat{f}(\cdot\,;\widehat{t^*}) - f\|^2}{\|\widehat{f}(\cdot\,;t_{\text{LS}}) - f\|^2}$$

をとって比較したものを表 8.1 に示す．表の 2 行目は，それぞれの N に対して 10 回

8.5 カーネル密度推定

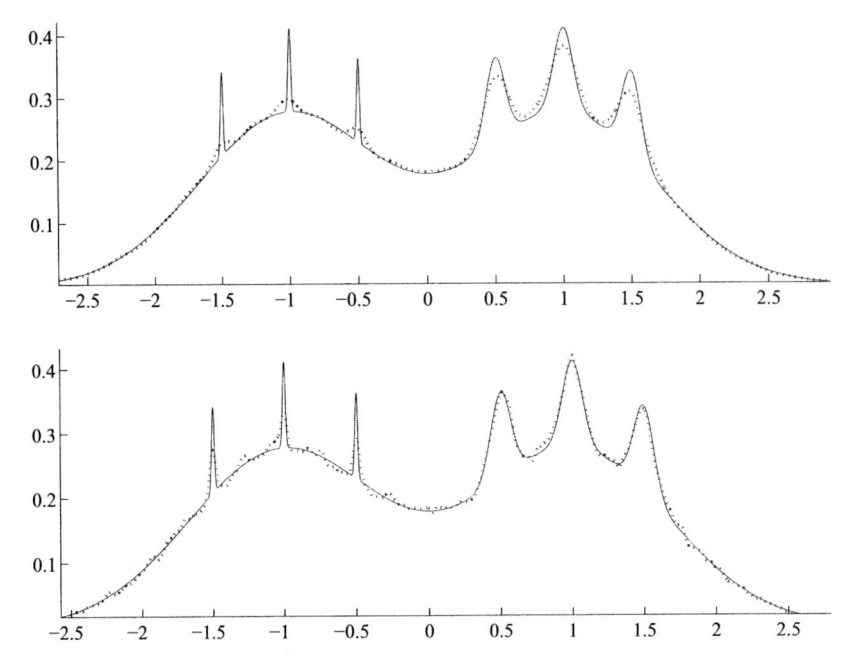

図 8.9 LSCV 法（上図）と改良プラグイン法（下図）を使った場合の，非対称な二重爪型（claw）密度関数の推定．点線が推定値である．

表 8.1 非対称二重爪型密度推定における，LSCV 法と改良プラグイン推定法との比較．

N	10^4	10^5	10^6	10^7
平方誤差比	1.01	0.37	0.55	0.0083

の実験結果を平均したものである．標本の大きさが大きくなるにつれて，LSCV の精度が劣化していくことがわかる．

近似式 (8.29) を使うと，計算時間の優位性が得られる上，テータ関数を使えば，分布の台がわかっている場合の境界効果を陽に扱うことができる．図 8.10 は Beta$(1,2)$ から $N = 10^2$ 個の標本を使い，ガウス型（$\kappa \equiv \varphi$）カーネル関数とテータ（$\kappa \equiv \theta$）関数を利用して同じ帯域幅 0.0520 とし，カーネル密度を推定したものである．境界付近では，テータカーネル関数のほうが良い精度で推定している．

もっとていねいなシミュレーション実験の結果については [9] を参照せよ．そこでは単純な偏微分方程式 (8.28) を一般化して，線形の拡散偏微分方程式

$$\frac{\partial}{\partial t}g(x;t) = Lg(x;t), \quad x \in \mathscr{X},\ t > 0 \tag{8.34}$$

を扱っている．ここで，

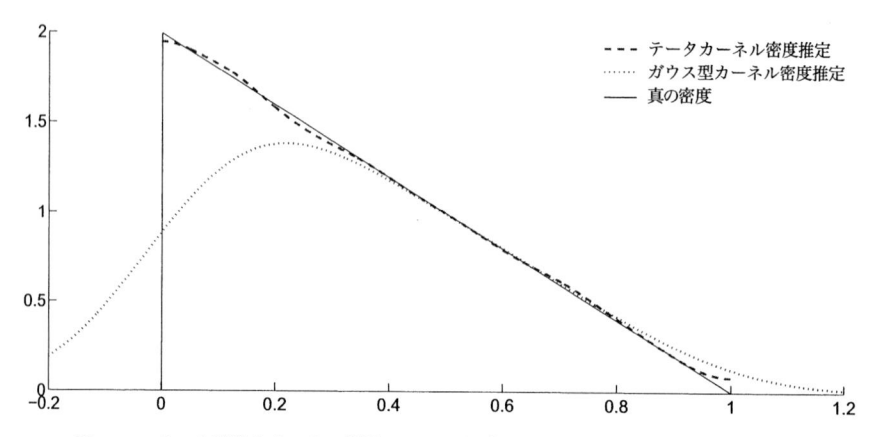

図 8.10 テータ関数をカーネル関数とした場合 ($\kappa(x) = \theta(x)$), 台の境界 ($x = 0$, $x = 1$) 付近では精度の良い推定ができている.

- 線形微分演算子として, $L = \frac{1}{2}\frac{d}{dx}\left(a(x)\frac{d}{dx}\left(\frac{\cdot}{p(x)}\right)\right)$ を導入する.
- $a(x)$ は $\mathscr{X}$ 上の正の関数で, $p(x)$ を真の pdf f を推定する試みの密度とする.
- $a(x)$ と $p(x)$ は 2 階の導関数が有界である.
- 初期条件は $g(x, 0) = \Delta(x)$, ただし, $\Delta(x)$ は経験密度である.

より一般的なこのモデルの優位な点は, 式 (8.34) が拡散過程を定義していて, その極限分布および定常分布の pdf が $p(x)$ だということである. さらに, 拡散モデル (8.34) は多くの "変動位置尺度カーネル密度推定" を含んでいる [2], [20], [29], [36]. そして, 単純なガウス型カーネル密度推定よりはるかに精度の良い推定ができる [3].

注 8.3 (多変量カーネル密度推定) 一般に, "多変量カーネル密度推定" に対する帯域幅選択は, 1 変数の場合に比べて急速に難しくなる [9], [19], [26], [37]. 1 つの要因は, 密度関数の台の形状が複雑になることである. 例えば, ある正則条件を満たす連結領域で定義される多変量カーネル密度を考える. それは, 複雑な境界条件を持つ 2 次元の拡散偏微分方程式を解いて求めなければならない. 詳しくは [9] を参照せよ.

8.6 再抽出とブートストラップ法

再抽出の考え方は, 未知の cdf F に関して何も仮定をおかなければ, 得られた iid 標本 $\mathbf{x} = (x_1, \ldots, x_n)$ こそが最良の情報源だという単純な事実である. したがって, さらにデータを集めるのはコストがかかるとか, 不可能であるという場合, $\{x_i\}$ に基づく経験分布関数 F_n から標本抽出を行えば, さらに標本を得ることができると考える. このようにして, 真の標本とは言えないが近似的に実験を続けることができる.

データ $\mathbf{X} = (X_1, \ldots, X_n)$ の統計量 $T = T(\mathbf{X})$，すなわち，分散，偏り，平均2乗誤差などの性質を調べる上では，有用な方法である．

ブートストラップ法（bootstrap method）は，再抽出のアイデアを定式化したものである．h を実数値関数として，$\ell = \mathbb{E}_F h(T)$ を推定したいとしよう．T は標本の順番によらないとする．ℓ をモンテカルロ法で推定するには，$\mathbf{X}_1, \ldots, \mathbf{X}_N$ を $\mathbf{X}$ の独立標本として，標本平均 $\widehat{\ell}_F = N^{-1} \sum_{i=1}^N h(T_i)$ を使う．ただし，$T_i = T(\mathbf{X}_i)$，$i = 1, \ldots, N$ である．しかし，これにはとても時間がかかる，最悪の場合不可能かもしれない．そこで，別の方法として，経験分布関数 F_n から標本抽出する．すなわち，$\mathbf{x} = (x_1, \ldots, x_n)$ を $\mathbf{X}$ の標本として，そこから iid 標本 $\mathbf{X}^* = (X_1^*, \ldots, X_n^*)$ を抽出することを N 回繰り返し，$\mathbf{X}^*$ の独立標本 $\mathbf{X}_1^*, \ldots, \mathbf{X}_N^*$ を得る．n が十分に大きければ F_n は F に十分近いので，$\mathbb{E}_F h(T)$ は $\mathbb{E}_{F_n} h(T)$ によって十分に精度良く推定できる．後者を解析的に知ることは難しいが，モンテカルロ法を使えば

$$\frac{1}{N} \sum_{i=1}^N h(T_i^*) \tag{8.35}$$

として，容易に推定できる．ここで，$T_i^* = T(\mathbf{X}_i^*)$．ブートストラップ法を使った推定量を表 8.2 にまとめ，ブートストラップ法の推定手順をアルゴリズム 8.8 にまとめる．

表 8.2 よく使われるブートストラップ推定量．

推定すべきもの	推定量
$\mathbb{E}(T)$	$\overline{T}^* = \dfrac{1}{N} \sum_{i=1}^N T_i^*$
$\mathrm{Var}(T)$	$(S^*)^2 = \dfrac{1}{N-1} \sum_{i=1}^N (T_i^* - \overline{T}^*)^2$
平均2乗誤差 $\mathbb{E}(T - \theta)^2$	$\dfrac{1}{N} \sum_{i=1}^N (T_i^* - T)^2$
偏り $\mathbb{E}(T) - \theta$	$\overline{T}^* - T$
$\mathbb{E}(T)$ の $1-\alpha$ 信頼区間（正規分布）	$\overline{T}^* \pm z_{1-\alpha/2} S^*/\sqrt{N}$
$\mathbb{E}(T)$ の $1-\alpha$ 信頼区間（分位点）	$\left(T^*_{(\lfloor N\alpha/2 \rfloor)}, T^*_{(\lceil N(1-\alpha/2) \rceil)}\right)$

アルゴリズム 8.8（ブートストラップ法）

観測されたデータを $\mathbf{X} = (X_1, \ldots, X_n)$ とする．$i = 1$ とおく．
1. $U_1, \ldots, U_n \overset{\mathrm{iid}}{\sim} \mathsf{U}(0,1)$ とし，$I_j = \lceil nU_j \rceil$, $X_j^* = X_{I_j}$, $j = 1, \ldots, n$ とおく．
2. $\mathbf{X}^* = (X_1^*, \ldots, X_n^*)$, $T_i^* = T(\mathbf{X}_i^*)$ とする．
3. $i < N$ ならば $i = i + 1$ として Step 1 へ戻り，さもなければ Step 4 へ進む．
4. ℓ のブートストラップ推定として，式 (8.35) を評価する．

表 8.2 で推定量 $\overline{T}^*$ と $(S^*)^2$ は $\{T_i^*\}$ の標本平均と標本分散とする．T を未知パラ

メータ θ の推定量としたとき,偏りや平均2乗誤差のブートストラップ推定量は,θ を T に置き換えればよい.表 8.2 の最初のブートストラップ推定の信頼区間は,$\{T_i\}$ に基づく通常の近似信頼区間 (8.5) に対応している.これは**正規分布法** (normal method) と呼ばれる.2 番目の信頼区間は,$\{T_i\}$ の標本 $\alpha/2$ 分位点と標本 $1-\alpha/2$ 分位点からなる.これは**パーセンタイル法** (percentile method) と呼ばれる.

■ 例 8.12(比推定量へのブートストラップ法の適用)

$(X_1, Y_1), \ldots, (X_n, Y_n)$ を (X, Y) の独立標本とする.μ_X/μ_Y を $T = \bar{X}/\bar{Y}$ によって推定したい(例 8.4 を参照).ブートストラップ法を使えば,漸近的解析をすることなく信頼区間を求めることができる.

実際,$X \sim \mathsf{N}(10, 25)$ と $Z \sim \mathsf{U}(0, 1)$ は互いに独立で,$Y = XZ$ としたとき,(X, Y) の $n = 100$ の iid 標本を考える.$\mu_X/\mu_Y = 10/5 = 2$ である.図 8.11 に,ブートストラップ値 $T_1^*, \ldots, T_N^*$ から計算した推定カーネル密度(実線)と $\mathsf{N}(\bar{X}/\bar{Y}, S^2/N)$ の pdf(一点鎖線)を 3 通り示す.ただし,S^2 は比推定量の漸近分散 (8.18) の推定値を使った.

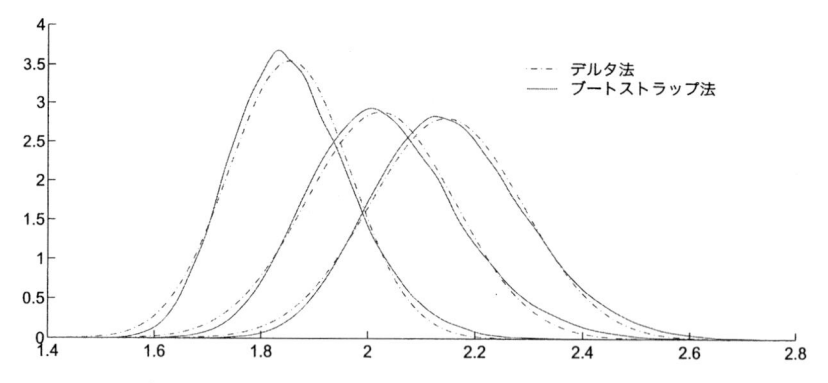

図 8.11 ブートストラップ法に基づく推定カーネル密度と,デルタ法に基づく推定正規密度の比較(3 通りの独立標本に基づく 3 通りの結果を重ねて描いたもの).

この図 8.11 より,ブートストラップ法によって推定されたカーネル密度と,デルタ法によって推定された正規密度とは,標本を変えても互いに似通っており,α がそれほど小さくなければ $\alpha/2$ 分位点,$1-\alpha/2$ 分位点も近いことが期待できる.次の MATLAB プログラムを使った.KDE.m は 8.5.2 項で使われたものである.

```
%resampratio.m
n = 100; % データの大きさ
N = 50000; % 再抽出の回数
T = zeros(1,N);
```

```
hold on
for count=1:3    % 3 組のデータ生成
    xorg = 10 + 5*randn(1,n); % 与えられたデータ x
    yorg = rand(1,n).*xorg;    % 与えられたデータ y
    x = zeros(1,n);
    y = zeros(1,n);
    T = zeros(1,N); % 比推定量のブートストラップ推定値
    for i=1:N
        ind = ceil(n*rand(1,n)); % ランダムな添数を抽出
        x = xorg(ind);  % x データの再抽出
        y = yorg(ind);  % y データの再抽出
        T(i) = mean(x)/mean(y);
    end
    Torg =  mean(xorg)/mean(yorg);
    cv = cov(xorg,yorg);
    S2 = Torg^2*(var(xorg)/mean(xorg)^2 ...
        + var(yorg)/mean(yorg)^2 - 2*cv(1,2)/mean(xorg)/mean(yorg));
    tt = [Torg-4*sqrt(S2/n):0.01: Torg+4*sqrt(S2/n)];
    z = normpdf(tt,Torg,sqrt(S2/n));
    plot(tt,z,'r-.')
    [bandwidth,density,xmesh]=kde(T,2^14,min(tt),max(tt));
    plot(xmesh,density)
end
hold off
```

8.7 適 合 度

適合度を使った手順は，シミュレーションデータが与えられた統計モデルにどれくらい当てはまっているかを評価するものである．良い一様乱数生成法を構成するために，特に重要である（1.5.2 項を参照）．適合度の手順は，漸近収束性を調べるときによく出てくる．例えば，iid 確率変数の和の分布が正規分布でどの程度良く近似できているか，というような場合である．

適合度法は，(1) グラフによる方法，(2) 経験分布関数に基づく統計的検定，(3) データの組分けに基づく統計的検定，という 3 つのカテゴリに分類される．

8.7.1 グラフを使った手順

$x_1, \ldots, x_n$ をシミュレーション結果とする．例えば，$\{x_i\}$ は MCMC サンプラーの標本のようなものである．この場合，データは独立ではない．データがある pdf f あるいは cdf F からの標本であるかどうかをグラフィカルに調べるいくつかの方法を

説明する．

直接的な方法は，推定したカーネル密度と pdf f を比較する方法（8.5 節），あるいは経験分布関数を F と比較する方法（8.4 節）である．その代替的方法として，**確率プロット**（probability plot）がある．これは，もしデータが仮定した pdf あるいは cdf に従うならば，プロットしたとき直線上に乗るような散布図を生成する手順の総称である．

よく使われる確率プロットは，**p-p プロット**（p-p plot）（p はパーセント点（percentile）の頭文字），と **q-q プロット**（q-q plot）（q は分位点（quantile）の頭文字）である．

p-p プロットでは，$F(x_i)$ と経験分布関数の $F_n(x_i)$ の組を 1 つの点としてプロットする．特に，データを大きさの順に並べておけば，点 $(F(x_{(i)}), i/n)$ をプロットすればよい．これは縮約された経験分布関数と同じである．q-q プロットでは $x_{(i)}$ を $F^{-1}(i/(n+1))$ に対してプロットする．これらをアルゴリズムにまとめる．

アルゴリズム 8.9（既知の **cdf** を使った **1 標本 p-p プロット**）

$x_1, \ldots, x_n$ をデータとし，F を仮定した cdf とする．
1. データを大きさの順に並べる：$x_{(1)} \leqslant x_{(2)} \leqslant \cdots \leqslant x_{(n)}$．
2. すべての $i = 1, \ldots, n$ に対して，点 $(F(x_{(i)}), i/n)$ をプロットする．
3. プロットされた点が傾き 1 の直線に乗っているかどうかをチェックする．

アルゴリズム 8.10（既知の **cdf** を使った **1 標本 q-q プロット**）

$x_1, \ldots, x_n$ をデータとし，F を仮定した cdf とする．
1. データを大きさの順に並べる：$x_{(1)} \leqslant x_{(2)} \leqslant \cdots \leqslant x_{(n)}$．
2. すべての $i = 1, \ldots, n$ に対して，点 $(x_{(i)}, F^{-1}(i/(n+1)))$ をプロットする．
3. プロットされた点が傾き 1 の直線に乗っているかどうかをチェックする．

q-q プロットは，$x_1, \ldots, x_m$ と $y_1, \ldots, y_n$ の 2 つの標本集合が共通の cdf F に従っているかどうかをチェックする場合にも使える．それには，上のアルゴリズムで，$\{y_i\}$ の $i/(m+1)$ 分位点，すなわち $y_{(\lceil ni/(m+1) \rceil)}$ を y 座標の $F^{-1}(i/(n+1))$ の代わりに使えばよい．

アルゴリズム 8.11（**2 標本 q-q プロット**）

$x_1, \ldots, x_m$ と $y_1, \ldots, y_n$ を 2 組の標本とする．
1. データを大きさの順に並べる：$x_{(1)} \leqslant \cdots \leqslant x_{(m)}$, $y_{(1)} \leqslant \cdots \leqslant y_{(n)}$．
2. すべての $i = 1, \ldots, n$ に対して，点 $(x_{(i)}, y_{(\lceil ni/(m+1) \rceil)})$ をプロットする．
3. プロットされた点が傾き 1 の直線に乗っているかどうかをチェックする．

q-q プロットは，$x_1, \ldots, x_n$ が分布 "族" のどれかからの標本かどうかをチェックする場合にも使える．よくある例としては，標準的な分布 $F(\cdot; 0, 1) = \overset{\circ}{F}(\cdot)$ が与えら

れて，位置・尺度だけを変化させた分布族 $\{F(x;\mu,\sigma)\}$ からの標本の場合が挙げられる．したがって，

$$F(x;\mu,\sigma) = \mathring{F}\left(\frac{x-\mu}{\sigma}\right)$$

あるいは，

$$x = \mu + \sigma \mathring{F}^{-1}(F(x;\mu,\sigma))$$

と書ける．$F(x;\mu,\sigma)$ を経験分布関数の推定値 $F_n(x) = F_n(x;\mu,\sigma)$ に置き換えると，もしデータが分布族の中の "ある" 分布に従っているとすれば，$\{(x_i, \mathring{F}^{-1}(F_n(x_i)))\}$ は直線上に乗っていることが期待できる．

アルゴリズム 8.12（位置–尺度分布族に対する 1 標本 q-q プロット）

$x_1,\ldots,x_n$ をデータとし，$\mathring{F}$ を仮定した分布族の標準 cdf とする．
1. データを大きさの順に並べる：$x_{(1)} \leqslant x_{(2)} \leqslant \cdots \leqslant x_{(n)}$．
2. すべての $i=1,\ldots,n$ に対して，点 $(x_{(i)}, \mathring{F}^{-1}(i/(n+1)))$ をプロットする．
3. プロットされた点が直線に乗っているかどうかをチェックする．

p-p プロットや q-q プロットと同時に回帰分析を実施すると，さらに有用な情報が得られる．特にアルゴリズム 8.12 の場合，推定された回帰直線の傾きと切片が，尺度パラメータと位置パラメータの推定値になる．仮定した分布族が位置–尺度族でない場合でも，データを変換して位置–尺度分布族になるようにしてから再度 q-q プロットを実施することも考えられる．例えば，ワイブル分布 Weib(α,λ) に対して，$X \sim$ Weib(α,λ) ならば，$-\ln X \sim$ Gumbel$(\ln\lambda, 1/\alpha)$ となり，これは位置–尺度分布族である（p.141 の性質 3 を参照）．

最後に，推定された相関係数は当てはまりの良さの尺度になる．

■ 例 8.13（ガンマ分布データに対する正規分布 q-q プロット）

Gamma$(k,1)$, $k=1, 10, 10, 100$ から標本の大きさをそれぞれ $n=100, 100, 1000, 10000$ とした 4 通りの iid 標本をとる．図 8.12 は正規分布を仮定した位置–尺度分布族としてアルゴリズム 8.12 に従い，q-q プロットを実施して得られたものである．

中心極限定理により，大きい k に対して Gamma$(k,1)$ は近似的に正規分布に従う．正規 q-q プロットの点は，$k=10$, $n=100$ とすれば，ほとんど直線で近似できているので，正規分布からの標本ではないことを識別することは難しいことがわかる．一方，Gamma$(1,1)=$ Exp(1) の場合はそうはなっていない．一方，n を大きくすると，正規分布からの乖離が目立つようになる．$k=100$ という十分に大きな数であっても，$n=10000$ とすると，やはり正規近似は怪しくなってくる．この実験に使われた MATLAB のプログラムは以下のとおりである．

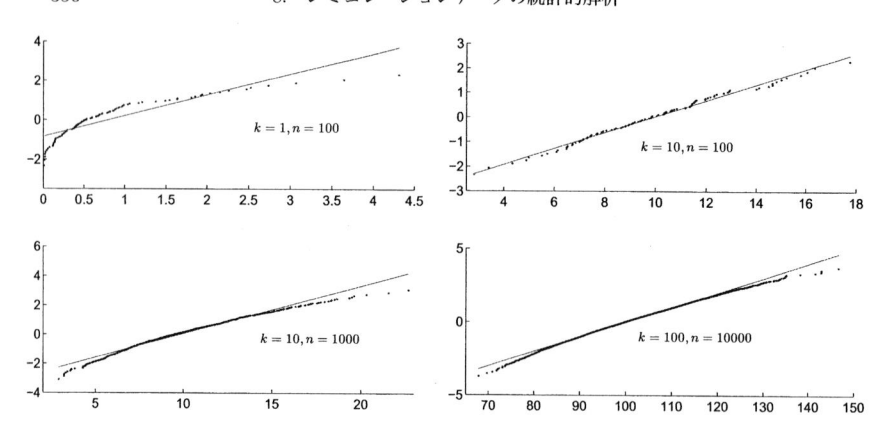

図 8.12 さまざまな k の値に対して，Gamma$(k, 1)$ から大きさ n の標本をとり，正規 q-q プロットを描いたもの．x 軸は大きさの順番に並べた $x_{(i)}, i = 1, \ldots, n$, y 軸は正規分布の理論値 $\Phi^{-1}(i/(n+1))$ である．

```
%qqplotex.m
nk = [100,1;
      100, 10;
      1000, 10;
      10000,100];
hold on
for count = 1:4;
    n= nk(count,1);
    k = nk(count,2);
    x = sum(-log(rand(k,n)),1);   % データを生成する
    x = sort(x); % それらを順番に並べる
    i = 1:n;
    y = icdf('normal',i/(n+1),0,1); % cdf の逆関数を計算する
    subplot(2,2,count)
    plot(x,y,'.')
    hold on
    p = polyfit(x,y,1)      % 回帰パラメータを計算する
    f = polyval(p,x);       % 回帰直線の値を計算する
    plot(x,f)
end
hold off
```

8.7.2 Kolmogorov–Smirnov 検定

$x_1, \ldots, x_N$ をある連続分布からの iid 標本とする．式 (8.21) の Kolmogorov 統計量 D_N, あるいは標本の大きさを反映した $K_N = \sqrt{N} D_N$ は，標本がある与えられた

確率分布 F からのものかどうかを検定する場合に使われる．K_N が大きな値をとるとき，帰無仮説は棄却される．帰無仮説のもとで，K_N の正確な分布は次の定理で与えられる [16], [25]．

定理 8.1（Kolmogorov 統計量の分布） 与えられた $u \in (0,1)$ に対して，$p = 2\lceil Nu \rceil - 1$，$\delta = \lceil Nu \rceil - Nu$ とおく．H を次の $p \times p$ 行列とする．

$$H = T - C - R + E$$

ただし，T はテプリッツ行列

$$T = \begin{pmatrix} 1 & 1 & 0 & \cdots & \cdots & \cdots & 0 \\ \frac{1}{2!} & 1 & 1 & 0 & \cdots & \cdots & 0 \\ \frac{1}{3!} & \frac{1}{2!} & 1 & 1 & 0 & \cdots & 0 \\ \vdots & \ddots & \ddots & \ddots & \ddots & \ddots & \vdots \\ \frac{1}{p!} & \frac{1}{(p-1)!} & \cdots & \cdots & \cdots & \frac{1}{2!} & 1 \end{pmatrix}$$

であり，C の $(i,1)$ 要素は $\delta^i/i!$，$i=1,\ldots,p$，R の (p,j) 要素は $\delta^{p-j+1}/(p-j+1)!$，$j=1,2,\ldots,p$，E の $(p,1)$ 要素は $(\max\{0, 2\delta-1\})^p/p!$ とし，それ以外の C, R, E の要素は 0 とする．このとき，$\widetilde{H} = H^N$（H の N 乗）とおいて，次が成り立つ．

$$\mathbb{P}(K_N \leqslant \sqrt{N}u) = \mathbb{P}(D_N \leqslant u) = \frac{N!}{N^N}\widetilde{H}(\lceil Nu \rceil, \lceil Nu \rceil), \quad u \in (0,1) \quad (8.36)$$

ここで，$\widetilde{H}(\lceil Nu \rceil, \lceil Nu \rceil)$ は H^N の $\lceil Nu \rceil$ 番目の対角要素である．さらに，次が成り立つ．

$$\mathbb{P}(K \leqslant y) \stackrel{\text{def}}{=} \lim_{N \to \infty} \mathbb{P}(K_N \leqslant y) = \sum_{k=-\infty}^{\infty}(-1)^k e^{-2(ky)^2}, \quad y > 0 \quad (8.37)$$

式 (8.37) は，帰無仮説のもとで，縮約した経験分布関数を $\widehat{G}_N$ として，確率過程 $\{\sqrt{N}(\widehat{G}_N(u) - u), u \in [0,1]\}$ がブラウン橋過程 $\{Y_u, u \in [0,1]\}$ に収束することから言える（例えば [31] を参照）．したがって，収束に関する連続性定理（p.655 の性質 3）により，K_N は式 (8.23) で与えられた分布を持つ確率変数 $K = \sup_{0 \leqslant u \leqslant 1}|Y_u|$ に法則収束する．

アルゴリズム 8.13（Kolmogorov–Smirnov 検定）

1. データを大きさの順に並べる：$x_{(1)} < \cdots < x_{(N)}$．
2. $d_N = \max_{i=1,\ldots,N} \max\{|x_{(i)} - \frac{i}{N}|, |x_{(i)} - \frac{i-1}{N}|\}$ を計算する．
3. $k_N = \sqrt{N}d_N$ とする．
4. 式 (8.36) に従って p 値 $\mathbb{P}(K_N \geqslant k_N)$ を計算する，あるいは N が大きい場合は，式 (8.37) に従って漸近的な p 値 $\mathbb{P}(K \geqslant k_N)$ を計算する．

■ 例 8.14 (Kolmogorov–Smirnov 検定)

$Y \sim \text{Logistic}(0,1)$, $\varepsilon \sim \text{N}(0,1)$ は互いに独立として，$X = Y+\varepsilon$ により X の大きさ $N = 10^3$ の独立標本を作る．すなわち，X はガウスノイズを除くと $\text{Logistic}(0,1)$ 分布に従う．次の MATLAB プログラムはアルゴリズム 4.45 の乱数生成法を使っている．帰無仮説 H_0 は「標本が $\text{Logistic}(0,1)$ 分布からのものである」というもので，これを評価するために，Kolmogorov–Smirnov 検定を適用した．図 8.13 は，縮約した経験分布関数 $\widehat{G}_N(u)$ と傾き 1 の直線を示している．$\widehat{G}_N(u)$ と u の最大距離は約 0.0620 であった．したがって，Kolmogorov–Smirnov 統計量 K_N の値は $k_N = \sqrt{N}0.0620 \approx 1.9601$ となる．漸近的な p 値 $\mathbb{P}_{H_0}(K_N \geqslant k_N)$ は 9.2×10^{-4} である．真の p 値は 8.6×10^{-4} なので，真の分布は $\text{Logistic}(0,1)$ ではないと強く主張できる．

```
%kolsmir.m
N = 1000; % 標本のサイズ
U=rand(1,N); x = log(U./(1-U))+randn(1,N); % 標本を生成する
x = sort(1./(1+exp(-x)));
i=1:N;
dn_up = max(abs(x-i/N));dn_down = max(abs(x-(i-1)/N));
dn = max(dn_up, dn_down);
kn = sqrt(N)*dn; % KS 統計量
k = -20:1:20;
a = (-1).^k.*exp(-2*(k.*kn).^2); % KS の確率計算
p = 1 - sum(a) % p 値を返す
```

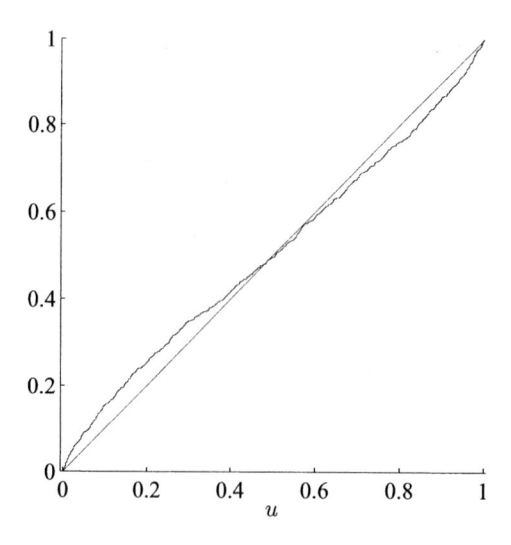

図 8.13 縮約した経験分布関数 $\widehat{G}_N(u)$ と傾き 1 の直線．

```
% または，matlab の Statistics toolbox の関数 kstest を使う
[h,p,ksstat,cv] = kstest(x,[x',x'])
% 縮約された経験 cdf のプロット
stairs([0,x],[0,i/N],'r'), hold on, line([0,1],[0,1])
```

8.7.3 Anderson–Darling 検定

$x_1, \ldots, x_N$ が cdf F からの iid 標本であるかどうかを検定するために，**Anderson–Darling 検定**（Anderson–Darling test）が Kolmogorov–Smirnov 検定の代替として使われる．検定統計量は次で与えられる．

$$A_N = N \int_{-\infty}^{\infty} \frac{(F_N(x) - F(x))^2}{F(x)(1 - F(x))} \, dF(x) = N \int_0^1 \frac{(F_N(F^{-1}(u)) - u)^2}{u(1-u)} \, du$$

$$= N \sum_{i=0}^{N} \int_{y_i}^{y_{i+1}} \frac{(i/N - u)^2}{u(1-u)} \, du = -N - \frac{1}{N} \sum_{i=1}^{N} (2i-1) \ln \left(y_i (1 - y_{N+1-i}) \right)$$

ここで，$y_i = F(x_{(i)})$, $i = 1, \ldots, N$ であり，$y_0 = 0$, $y_{N+1} = 1$ である．A_N が大きい値をとるとき，帰無仮説は棄却される．

もし $\widehat{G}_N$ がランダムな縮約された経験分布関数ならば（すなわち，$\widehat{G}_N(u) = \widehat{F}_N(F^{-1}(u))$ ならば），確率過程 $\{\sqrt{N}(\widehat{G}_N(u) - u), u \in [0,1]\}$ は，$N \to \infty$ のときブラウン橋過程 $\{X_u, u \in [0,1]\}$ に法則収束する．したがって，収束に関する連続性定理（p.655 の性質 3）により，A_N は次の A_∞ に法則収束する．

$$A_\infty = \int_0^1 \frac{X_u^2}{u(1-u)} \, du$$

A_∞ の特性関数は次で与えられる [4]．

$$\prod_{k=1}^{\infty} \left(\frac{k(k+1)}{k(k+1) - 2it} \right)^{1/2} \quad \text{あるいは} \quad \left(\frac{-2\pi i t}{\cos\left(\frac{\pi}{2}\sqrt{1+8it}\right)} \right)^{1/2}$$

最初の表現から，$\{Z_j\}$ が $Z_j \sim \text{Gamma}(1/2, j(j+1)/2)$, $j = 1, 2, \ldots$ で独立としたとき $A_\infty = \sum_{j=1}^{\infty} Z_j$ と書けることがわかる．特性関数から，cdf に関する次の表現が可能である [4]．

$$\mathbb{P}(A_\infty \leqslant x) = \frac{\sqrt{2\pi}}{x} \sum_{k=0}^{\infty} \binom{-\frac{1}{2}}{k} (4k+1) e^{-(4k+1)^2 \frac{\pi^2}{8x}} \int_0^\infty e^{\frac{x}{8(1+w^2)} - w^2 (4k+1)^2 \frac{\pi^2}{8x}} \, dw$$

cdf の数値的な値は，数値積分することによって計算できる．あるいは逆フーリエ変換を計算すればよい．いくつかの注意が必要である．複素関数の平方根関数の分枝の扱い方に注意しなければならない．[24] は cdf の近似関数として次を導いている．

$$\mathbb{P}(A_\infty \leqslant x) \approx a(x) = \begin{cases} a_1(x), & 0 < x < 2 \text{ の場合} \\ a_2(x), & x \geqslant 2 \text{ の場合} \end{cases} \tag{8.38}$$

ただし、

$$a_1(x) = x^{-1/2} e^{-b_1/x} (b_2 + (b_3 - (b_4 - (b_5 - (b_6 - b_7 x)x)x)x)x)$$
$$a_2(x) = \exp\bigl(-e^{c_1 - (c_2 - (c_3 - (c_4 - (c_5 - c_6 x)x)x)x)x}\bigr)$$

である．表 8.3 に定数を示す．$a(x)$ による近似では，絶対誤差は ± 0.0005 以内であるが，x が大きくなるにつれて相対誤差は急激に増大する．

表 8.3　近似公式に使われている定数．

k	b_k	c_k	d_k	m_k
1	1.2337141	1.0776	0.00022633	130.2137
2	2.00012	2.30695	6.54034	745.2337
3	0.247105	0.43424	14.6538	1705.091
4	0.0649821	0.082433	14.458	1950.646
5	0.0347962	0.008056	8.259	1116.360
6	0.0116720	0.0003146	1.91864	255.7844
7	0.00168691	—	—	—

有限の N に対して A_N の cdf を計算することは困難であり，cdf F に依存する (Kolmogorov–Smirnov 統計量 K_N の分布は F に よ ら な い)．数値はモンテカルロシミュレーションによって求められる．F が $\mathsf{U}(0,1)$ の場合，$F(x) = x, 0 \leqslant x \leqslant 1$ は特に重要である．[24] は膨大なシミュレーション実験の結果，$\mathsf{U}(0,1)$ の場合の有限の近似公式として次を得ている．

$$\mathbb{P}(A_N \leqslant x) \approx a(x) + e(N, a(x))$$

ただし，$a(x)$ は式 (8.38) で定義されたものであり，補正項 $e(N, a(x))$ は次で与えられる．

$$e(N, y) = \begin{cases} \frac{1}{10^5}\bigl(\frac{370}{N^3} + \frac{78}{N^2} + \frac{6}{N}\bigr) g_1\bigl(\frac{y}{c(N)}\bigr), & y < c(N) \text{ の場合} \\ \frac{1}{10^5}\bigl(\frac{1365}{N^2} + \frac{4213}{N}\bigr) g_2\bigl(\frac{y-c(N)}{0.8-c(N)}\bigr), & c(N) \leqslant y < 0.8 \text{ の場合} \\ \frac{g_3(y)}{N}, & 0.8 \leqslant y \text{ の場合} \end{cases}$$

各関数はそれぞれ次式で定義される（定数は表 8.3 を参照）．

$$c(N) = 0.01265 + 0.1757/N$$
$$g_1(y) = \sqrt{y}\,(1-y)(49y - 102)$$
$$g_2(y) = -d_1 + (d_2 - (d_3 - (d_4 - (d_5 - d_6 y)y)y)y)y$$
$$g_3(y) = -m_1 + (m_2 - (m_3 - (m_4 - (m_5 - m_6 y)y)y)y)y$$

8.7.4 χ^2 検定

χ^2（カイ2乗）適合度（χ^2 goodness of fit）検定でのデータモデルは多項分布である．

$$(X_1, \ldots, X_k) \sim \mathsf{Mnom}(N, p_1, \ldots, p_k)$$

おのおのの X_i は，N 個のボールを k 個の壺の中に確率 $p_1, \ldots, p_k$ に従って投げ込むときの，i 番目の壺に入るボールの個数と解釈できる（4.3.2 項を参照）．問題は $\{p_i\}$ が想定した分布 $\{\pi_i\}$ と等しいかどうかを調べることである．検定統計量は次の形をしている．

$$T = \sum_{i=1}^{k} \frac{(O_i - E_i)^2}{E_i}$$

ただし，O_i は階級（壺）i の"観測"度数，E_i は"期待"度数を表す．帰無仮説のもとでの T の分布は漸近的に χ^2 分布に従うことが，次の定理で裏付けられる（証明は例えば [31] を参照）．

定理 8.2（パラメータが既知の場合の適合度検定）
$(X_1, \ldots, X_k) \sim \mathsf{Mnom}(N, p_1, \ldots, p_k)$ とする．このとき，十分大きな N に対して，次が成り立つ．

$$\sum_{i=1}^{k} \frac{(X_i - Np_i)^2}{Np_i} \overset{\text{approx.}}{\sim} \chi^2_{k-1}$$

定理 8.3（パラメータが未知の場合の適合度検定）
$(X_1, \ldots, X_k) \sim \mathsf{Mnom}(N, p_1, \ldots, p_k)$ とする．ただし，$p_i = p_i(\boldsymbol{\theta})$ は未知のパラメータベクトル $\boldsymbol{\theta} = (\theta_1, \ldots, \theta_r)$ に依存している．$\widehat{\boldsymbol{\theta}}$ を $\boldsymbol{\theta}$ の MLE（☞ p.701）とし，$\widehat{p_i} = p_i(\widehat{\boldsymbol{\theta}})$ は $p_i(\boldsymbol{\theta})$ の MLE とする．このとき，十分大きい N に対して，次が成り立つ．

$$\sum_{i=1}^{k} \frac{(X_i - N\widehat{p_i})^2}{N\widehat{p_i}} \overset{\text{approx.}}{\sim} \chi^2_{k-1-r}$$

だいたいの目安として，すべての i に対して，Np_i あるいは $N\widehat{p_i}$ が 5 以上必要とされる．

モンテカルロ法でよく用いられる 2 つのタイプの検定を取り上げる．

8.7.4.1 パラメータが既知の場合の適合度検定

$(X_1, \ldots, X_k) \sim \mathsf{Mnom}(N, p_1, \ldots, p_k)$ とする．目的は，帰無仮説 $H_0 : p_1 = \pi_1, \ldots, p_k = \pi_k$ を，H_0 が成り立たないという対立仮説に対して検定することである．検定統計量は

$$T = \sum_{i=1}^{k} \frac{(X_i - N\pi_i)^2}{N\pi_i}$$

である.定理 8.2 により,N が十分に大きければ,帰無仮説 H_0 のもとで T は近似的に χ^2_{k-1} 分布に従う.T が大きい値をとるとき,H_0 は棄却される.T の観測値として t が得られると,p 値は χ^2_{k-1} 分布の cdf を $F(\cdot)$ としたとき,$1 - F(t)$ で与えられる.

■ 例 8.15(一様分布の χ^2 検定)

乱数生成法の最も基本的な検定は "一様性" 検定であり,観測データが理論分布に従っているかどうかを検定する (1.5.2.1 項を参照).そのような検定は χ^2 適合度検定で実施される.例えば,N 個の標本が抽出され,適当な k を決めて,区間 $((i-1)/k, i/k)$,$i = 1, \ldots, k$ に入るデータの個数を数える.次の MATLAB プログラムはデフォルトの一様乱数を使い,$N = 10^6$,$k = 50$ で χ^2 適合度検定を実装したものである.T の観測値は $t = 34.03$ で,その p 値は 0.95 であった.したがって,この場合,データは $U(0, 1)$ から抽出されたものであるという帰無仮説のもとでも十分に観測できるデータなので,帰無仮説を棄却する根拠はない.図 8.14 はこの結論を裏付けるものである.

```
%chi2eq.m
clear all, rand('state',1)
N = 10^6; k = 50; p = ones(1,k)/k; % 真の確率
u = rand(1,N); x = zeros(1,k);
for i=1:k
    x(i) = sum( (i-1)/k < u & u< i/k ); % 観測度数
end
t = sum((x - N*p).^2./(N*p)); % 検定統計量
pval = 1 - cdf('chi2',t,k-1) % p 値
bar(x,0.5)
```

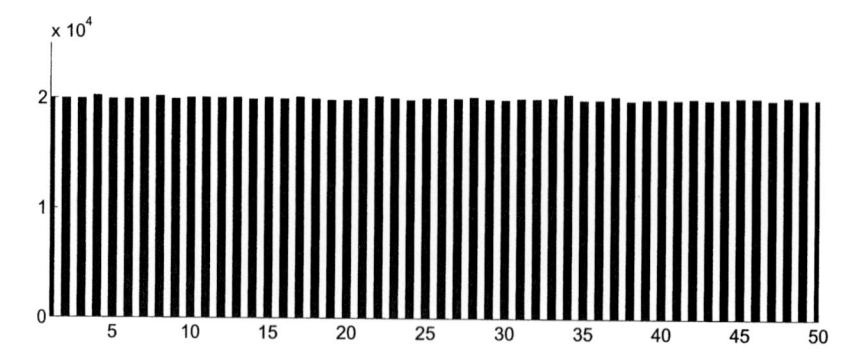

図 8.14 区間 $((i-1)/50, i/50)$,$i = 1, \ldots, 50$ に含まれる乱数の度数.$N = 10^6$ である.

8.7.4.2 パラメータが未知の場合の適合度検定

$(X_1, \ldots, X_k) \sim \mathsf{Mnom}(N, p_1, \ldots, p_k)$ とする．目的は，帰無仮説 $H_0 : p_1 = \pi_1(\boldsymbol{\theta}), \ldots, p_k = \pi_k(\boldsymbol{\theta})$ を，H_0 が成り立たないという対立仮説に対して検定することである．ただし，$\{\pi_i\}$ は"未知"パラメータ $\boldsymbol{\theta} = (\theta_1, \ldots, \theta_r)$ の関数として定義されているが，関数形は既知とする．検定統計量は

$$T = \sum_{i=1}^{k} \frac{(X_i - N\widehat{\pi}_i)^2}{N\widehat{\pi}_i}$$

である．ただし，$\widehat{\pi}_i = \pi_i(\widehat{\boldsymbol{\theta}})$ は $\pi_i(\boldsymbol{\theta})$, $i = 1, \ldots, k$ の MLE である．定理 8.3 により，N が十分大きいとき帰無仮説 H_0 のもとで T は近似的に χ^2_{k-1-r} 分布に従う．したがって，T の観測値を t とすると，p 値は χ^2_{k-1-r} 分布の cdf を $F(\cdot)$ としたとき，$1 - F(t)$ で与えられる．

■ 例 8.16（分割表）

分割表はデータの独立性の検定に用いられる．$\{1, \ldots, r\} \times \{1, \ldots, c\}$ の値をとるランダムベクトル (U, V) を考える．U, V の"独立性"を検定したい．そのために，N 個の iid 標本 $(U_1, V_1), \ldots, (U_N, V_N)$ をとる．$X_{ij} = \sum_{k=1}^{N} \mathrm{I}_{\{U_k=i, V_k=j\}}$ を"壺"(i, j) に含まれるボールの個数とする．このとき，$(X_{11}, \ldots, X_{rc}) \sim \mathsf{Mnom}(N, p_{11}, \ldots, p_{rc})$ が成り立つ．ただし，$p_{ij} = \mathbb{P}(U = i, V = j)$ である．確率変数 U, V が独立である必要十分条件は

$$H_0 : p_{ij} = p_i q_j, \quad \forall i, j$$

が，ある $p_1 = \mathbb{P}(U = 1), \ldots, p_r = \mathbb{P}(U = r)$, $q_1 = \mathbb{P}(V = 1), \ldots, q_c = \mathbb{P}(V = c)$ に対して成り立つことである．H_0 が成り立たないという対立仮説に対して H_0 を検定する検定統計量は

$$T = \sum_{i=1}^{r} \sum_{j=1}^{c} \frac{(X_{ij} - N\widehat{p}_i \widehat{q}_j)^2}{N\widehat{p}_i \widehat{q}_j}$$

である．ただし，$\widehat{p}_i = \sum_{j=1}^{c} X_{ij}/N$, $\widehat{q}_j = \sum_{i=1}^{r} X_{ij}/N$ は p_i, q_j, $i = 1, \ldots, r$, $j = 1, \ldots, c$ の MLE である．定理 8.3 より，検定統計量 T は帰無仮説のもとで漸近的に $\chi^2_{(r-1)(c-1)}$ 分布に従う．クラスの数は rc 個あり，推定すべきパラメータの個数は $r - 1 + c - 1$ である．T が大きい値のとき，H_0 は棄却される．

さらに学習するために

再帰シミュレーションの方法は，Crain and Iglehart [13] によって導入された．[5] に詳しい説明がある．Fishman [18] に，シミュレーションデータの統計的分析の詳細がある．Efron and Tibshirani [17] はブートストラップ法に詳しい．グラフィカル

なデータ分析については Chambers et al. [11] に詳しい．Cassella and Berger [10]，Maindonald and Braun [23]，Law and Kelton [21] は，統計的推測およびデータ解析に関連する有用な文献である．

文　献

1) J. Abate and W. Whitt. Transient behavior of regulated Brownian motion. *Advances in Applied Probability*, 19(3):560–631, 1987.
2) I. S. Abramson. On bandwidth variation in kernel estimates—a square root law. *Annals of Statistics*, 10(4):1217–1223, 1982.
3) N. Agarwal and N. R. Aluru. A data-driven stochastic collocation approach for uncertainty quantification in MEMS. *International Journal for Numerical Methods in Engineering*, 2010. DOI: 10.1002/nme.2844.
4) T. W. Anderson and D. A. Darling. Asymptotic theory of certain "goodness of fit" criteria based on stochastic processes. *The Annals of Mathematical Statistics*, 23(2):193–212, 1952.
5) S. Asmussen. *Applied Probability and Queues*. John Wiley & Sons, New York, 1987.
6) R. Bellman. *A Brief Introduction to Theta Functions*. Holt, Rinehart and Winston, New York, 1961.
7) Z. I. Botev. A novel nonparametric density estimator. Technical report, The University of Queensland, 2006. Available from http://espace.library.uq.edu.au/view/UQ:12535.
8) Z. I. Botev. Nonparametric density estimation via diffusion mixing. Technical report, The University of Queensland, 2007. Available from http://espace.library.uq.edu.au/view/UQ:120006.
9) Z. I. Botev, J. F. Grotowski, and D. P. Kroese. Kernel density estimation via diffusion. *The Annals of Statistics*, 38(5):2916–2957, 2010.
10) G. Casella and R. L. Berger. *Statistical Inference*. Duxbury Press, Pacific Grove, second edition, 2001.
11) J. M. Chambers, W. S. Cleveland, B. Kleiner, and P. A. Tukey. *Graphical Methods for Data Analysis*. Wadsworth, Boston, 1983.
12) P. Chaudhuri and J. S. Marron. Scale space view of curve estimation. *The Annals of Statistics*, 28(2):408–428, 2000.
13) M. A. Crane and D. L. Iglehart. Simulating stable stochastic systems, II: Markov chains. *Journal of the Association for Computing Machinery*, 21(1):114–123, 1974.
14) L. Devroye and L. Györfi. *Nonparametric Density Estimation: The L_1 View*. John Wiley & Sons, New York, 1985.
15) A. Doucet, N. de Freitas, and N. Gordon. *Sequential Monte Carlo Methods in Practice*. Springer-Verlag, New York, 2001.

16) J. Durbin. *Distribution Theory for Tests Based on the Sample Distribution Function.* Society for Industrial & Applied Mathematics, Philadelphia, 1972.
17) B. Efron and R. Tibshirani. *An Introduction to the Bootstrap.* Chapman & Hall, New York, 1994.
18) G. S. Fishman. *Discrete Event Simulation: Modeling, Programming, and Analysis.* Springer-Verlag, New York, 2001.
19) M. L. Hazelton and J. C. Marshall. Linear boundary kernels for bivariate density estimation. *Statistics and Probability Letters*, 79(8):999–1003, 2009.
20) M. C. Jones, I. J. McKay, and T. C. Hu. Variable location and scale kernel density estimation. *Annals of the Institute of Statistical Mathematics*, 46(3):521–535, 1994.
21) A. M. Law and W. D. Kelton. *Simulation Modeling and Analysis.* McGraw-Hill, New York, third edition, 2000.
22) C. R. Loader. Bandwidth selection: Classical or plug-in. *The Annals of Statistics*, 27(2):415–438, 1999.
23) J. Maindonald and J. Braun. *Data Analysis and Graphics Using R: An Example-Based Approach.* Cambridge University Press, Cambridge, second edition, 2007.
24) G. Marsaglia and J. C. W. Marsaglia. Evaluating the Anderson-Darling distribution. *Journal of Statistical Software*, 9(2), 2004.
25) G. Marsaglia, W. W. Tsang, and J. Wang. Evaluating Kolmogorov's distribution. *Journal of Statistical Software*, 8(18), 2003.
26) J. C. Marshall and M. L. Hazelton. Boundary kernels for adaptive density estimators on regions with irregular boundaries. *Journal of Multivariate Analysis*, 101(4):949–963, 2010.
27) B. U. Park and J. S. Marron. Comparison of data-driven bandwidth selectors. *Journal of the American Statistical Association*, 85(409):66–72, 1990.
28) R. Y. Rubinstein and D. P. Kroese. *Simulation and the Monte Carlo Method.* John Wiley & Sons, New York, second edition, 2007.
29) M. Samiuddin and G. M. El-Sayyad. On nonparametric kernel density estimates. *Biometrika*, 77(4):865–874, 1990.
30) D. W. Scott. *Multivariate Density Estimation: Theory, Practice and Visualization.* John Wiley & Sons, New York, 1992.
31) P. K. Sen and J. M. Singer. *Large Sample Methods in Statistics.* Chapman & Hall, New York, 1993.
32) S. J. Sheather and M. C. Jones. A reliable data-based bandwidth selection method for kernel density estimation. *Journal of the Royal Statistical Society, Series B*, 53(3):683–690, 1991.
33) G. R. Shorack and J. A. Wellner. *Empirical Processes With Applications to Statistics.* SIAM, Philadelphia, 2009.
34) B. W. Silverman. *Density Estimation for Statistics and Data Analysis.* Chapman & Hall, New York, 1986.
35) J. S. Simonoff. *Smoothing Methods in Statistics.* Springer-Verlag, New York, 1996.

36) G. R. Terrell and D. W. Scott. Variable kernel density estimation. *The Annals of Statistics*, 20(3):1236–1265, 1992.
37) M. P. Wand and M. C. Jones. Multivariate plug-in bandwidth selection. *Computational Statistics*, 9:97–117, 1994.
38) M. P. Wand and M. C. Jones. *Kernel Smoothing*. Chapman & Hall, London, 1995.

9

分 散 減 少

モンテカルロシミュレーションで性能尺度を推定する場合，シミュレーションモデルの情報を有効に使うと，より効率的な推定が可能になる．効率的とは，推定量の分散が小さいという意味である．システムの振る舞いをよく知れば知るほど，分散を減少させる効果は大きくなる．本章で扱う主な分散減少の技法は以下のとおりである．

1) 対照変量
2) 制御変量
3) 条件付きモンテカルロ
4) 層別抽出
5) ラテン方格抽出
6) 重点抽出
7) 準モンテカルロ（第2章を参照）

分散減少の技法を稀少事象のシミュレーションに応用した例は，第10章を参照せよ．特に10.6節と第14章では，稀少事象シミュレーションに分岐法を適用した例を示す．

9.1 分散減少の例

分散減少の各技法を比較するために，ブリッジ回路網を使った例題を利用しよう．この問題はモンテカルロシミュレーションで解くのが適切な程度に複雑であるが，その実装は容易であり，したがってそれぞれの技法がどのような特徴を持つか，同じ問題で簡潔に例示することができる．

■ 例 9.1（ブリッジ回路）

ブリッジ回路（bridge network）を表す図 9.1 の無向グラフを考えよう．

各リンク（枝）の長さが確率変数 $X_1, \ldots, X_5$ で与えられるとしたとき，2つのノード（頂点）A, B 間の最短経路の距離の期待値 ℓ を推定したい．$\ell = \mathbb{E}H(\mathbf{X})$ と書ける．ただし，

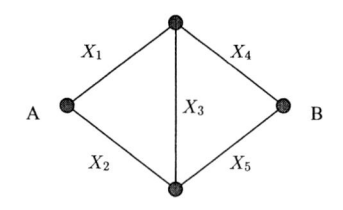

図 9.1 A から B への最短経路の長さの期待値はいくつか？

$$H(\mathbf{X}) = \min\{X_1 + X_4,\ X_1 + X_3 + X_5,\ X_2 + X_3 + X_4,\ X_2 + X_5\} \quad (9.1)$$

である．$H(\mathbf{x})$ はベクトル $\mathbf{x}$ の各要素に関して非減少関数であることに注意する．枝の長さ $\{X_i\}$ は，$(a_1, \ldots, a_5) = (1, 2, 3, 1, 2)$ として，それぞれ独立に $U(0, a_i)$ に従うとする．$\{U_i\} \stackrel{\text{iid}}{\sim} U(0,1)$ として，$X_i = aU_i$ と記す．このとき，$\mathbf{U} = (U_1, \ldots, U_5)$, $h(\mathbf{U}) = H(a_1 U_1, \ldots, a_5 U_5)$ を使って，問題を

$$\ell = \mathbb{E}h(\mathbf{U}) \quad (9.2)$$

と書き直すことができる．真の値は，$\mathbf{U}$ に条件を付けて計算できて（9.4 節を参照），

$$\ell = \frac{1339}{1440} = 0.9298611111\cdots$$

である．

"単純モンテカルロ"（crude Monte Carlo; CMC）（アルゴリズム 8.2 を参照）は標本 $\mathbf{U}_1, \ldots, \mathbf{U}_N \stackrel{\text{iid}}{\sim} U(0,1)^5$ を生成し，

$$\widehat{\ell} = \frac{1}{N} \sum_{k=1}^{N} h(\mathbf{U}_k)$$

によって，ℓ の推定値を得る．

次の MATLAB プログラムは，CMC シミュレーションを実装したものである．標本の大きさが $N = 10^4$ のとき，1 つの計算例として $\widehat{\ell} = 0.93$, 推定相対誤差 0.43% を得た．

```
%bridgeCMC.m
N = 10^4;
U = rand(N,5);
y = h(U);
est = mean(y)
percRE = std(y)/sqrt(N)/est*100
```

```
function out=h(u)
a=[1,2,3,1,2]; N = size(u,1);
X = u.*repmat(a,N,1);
```

```
Path_1=X(:,1)+X(:,4);
Path_2=X(:,1)+X(:,3)+X(:,5);
Path_3=X(:,2)+X(:,3)+X(:,4);
Path_4=X(:,2)+X(:,5);
out=min([Path_1,Path_2,Path_3,Path_4],[],2);
```

9.2 対照変量

実数値確率変数のペア (Y, Y^*) が**対照対** (antithetic pair) であるとは，Y と Y^* が同じ分布に従い，負の相関を持つ場合をいう．モンテカルロ法において対照変量法が用いられる根拠は，次の定理にある．詳しくは [18] を参照せよ．

定理 9.1（対照変量推定量） N を偶数，$(Y_1, Y_1^*), \ldots, (Y_{N/2}, Y_{N/2}^*)$ を独立な確率変数の対照対とする．Y_k, Y_k^* は Y と同じ分布に従うものとする．**対照変量推定量** (antithetic estimator)

$$\widehat{\ell}^{(a)} = \frac{1}{N} \sum_{k=1}^{N/2} \{Y_k + Y_k^*\} \tag{9.3}$$

は $\ell = \mathbb{E}(Y)$ の不偏推定量であり，その分散は次の式で与えられる．

$$\begin{aligned}\mathrm{Var}(\widehat{\ell}^{(a)}) &= \frac{N/2}{N^2} \left(\mathrm{Var}(Y) + \mathrm{Var}(Y^*) + 2\,\mathrm{Cov}(Y, Y^*)\right) \\ &= (\mathrm{Var}(Y) + \mathrm{Cov}(Y, Y^*))/N \\ &= \frac{\mathrm{Var}(Y)}{N}(1 + \varrho_{Y,Y^*})\end{aligned}$$

ここで，ϱ_{Y,Y^*} は Y, Y^* の相関係数である．

式 (9.3) は独立な確率変数 $\{(Y_k + Y_k^*)/2\}$ の標本平均と言ってよい．CMC 推定量の分散 $\widehat{\ell} = N^{-1}\sum_{k=1}^N Y_k$ は $\mathrm{Var}(Y)/N$ なので，上の定理は対照変量法により，推定量の分散が $1 + \varrho_{Y,Y^*}$ (< 1) 倍になることを示している．分散減少の程度は対照変量間の負の相関の度合いに大きく依存する．

一般に，シミュレーション実験の出力は，$Y = h(\mathbf{U})$ の形をしているとしてよい．ただし，h は適当な実数値関数，$\mathbf{U} = (U_1, U_2, \ldots)$ は個々の要素が $\mathsf{U}(0,1)$ に従う iid ランダムベクトルである．$\mathbf{U}^*$ が $\mathsf{U}(0,1)$ に従う別の iid ランダムベクトルで，$Y^* = h(\mathbf{U}^*)$ が Y と負の相関を持つという意味で $\mathbf{U}$ に依存するものとしよう．このとき，(Y, Y^*) は対照対となる．特に，h が個々の変数について単調関数ならば，$\mathbf{1}$ をすべての要素が 1 のベクトルとして，$\mathbf{U}^* = \mathbf{1} - \mathbf{U}$ とすればよい．

CMC アルゴリズム 8.2 に代えて $\ell = \mathbb{E}Y = \mathbb{E}h(\mathbf{U})$ を推定する手順は，次のよう

アルゴリズム 9.1 (対照変量推定, h が単調関数の場合)

1. 独立なシミュレーション実験を実施し, $Y_1 = h(\mathbf{U}_1), \ldots, Y_{N/2} = h(\mathbf{U}_{N/2})$ とする.
2. $Y_1^* = h(\mathbf{1} - \mathbf{U}_1), \ldots, Y_{N/2}^* = h(\mathbf{1} - \mathbf{U}_{N/2})$ とする.
3. $\{(Y_k, Y_k^*)\}$ の標本共分散行列を計算する.

$$C = \begin{pmatrix} \frac{1}{N/2-1} \sum_{k=1}^{N/2} (Y_k - \bar{Y})^2 & \frac{1}{N/2-1} \sum_{k=1}^{N/2} (Y_k - \bar{Y})(Y_k^* - \bar{Y}^*) \\ \frac{1}{N/2-1} \sum_{k=1}^{N/2} (Y_k - \bar{Y})(Y_k^* - \bar{Y}^*) & \frac{1}{N/2-1} \sum_{k=1}^{N/2} (Y_k^* - \bar{Y}^*)^2 \end{pmatrix}$$

4. ℓ を式 (9.3) の対照変量法による推定量 $\widehat{\ell}^{(a)}$ によって推定し, 近似的 $1-\alpha$ 信頼区間を計算する.

$$\left(\widehat{\ell}^{(a)} - z_{1-\alpha/2} SE, \ \widehat{\ell}^{(a)} + z_{1-\alpha/2} SE \right)$$

ただし, SE は標準誤差の推定値

$$SE = \sqrt{\frac{C_{1,1} + C_{2,2} + 2C_{1,2}}{2N}}$$

であり, z_γ は $\mathsf{N}(0,1)$ 分布の γ 分位点である. $C_{i,j}$ は C の i,j 要素である[*1].

Step 2 の計算では, Step 1 の乱数 $\mathbf{U} = (U_1, U_2, \ldots)$ を記憶する必要はなく, 乱数の種を記憶するだけでよい.

■ 例 9.2 (ブリッジ回路問題の対照変量推定)

次の MATLAB プログラムは, 例 9.1 の最短経路長の期待値 ℓ の対照変量を用いた推定を実装するものである. 1つの計算例として, 標本の大きさを $N = 10^4$ として, $\widehat{\ell}^{(a)} = 0.929$, 推定相対誤差 0.2% を得た. 図 9.2 は, $h(\mathbf{U})$ と $h(\mathbf{1} - \mathbf{U})$ の間の相関が非常に強いことを示している. 相関係数は約 -0.77 であったが, これは CMC に対して 4 倍くらいの精度向上が見込まれることを意味する. 関数 h.m は例 9.1 と同じものである.

```
%compare_CMC_and_ARV.m
N=10^4;
U=rand(N/2,5);  % 一様乱数を生成する
y = h(U); ya = h(1-U);
ell=(mean(y) + mean(ya))/2;
C=cov(y,ya);
```

[*1] 【訳注】以下同様.

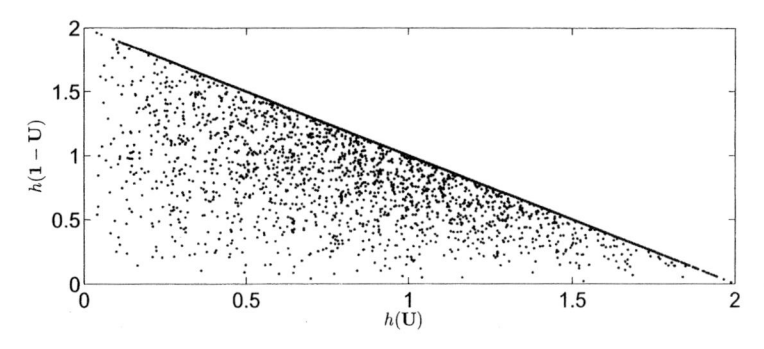

[図]

図 9.2 ブリッジ回路における $N = 10^4$ の場合の対照対 (Y, Y^*) の散布図.

```
var_h = sum(sum(C))/(2*N);
corr = C(1,2)/sqrt(C(1,1)*C(2,2));
fprintf('ell= %g,  RE = %g,   corr = %g\n',ell,sqrt(var_h)/ell, corr)
plot(y,ya,'.')
U = rand(N,5);
yb = h(U);
var_hb = var(yb)/N;
ReB = sqrt(var_hb)/ell
```

注 9.1（正規対照変量） 対照対は一様分布だけとは限らない．例えば，$\mathbf{Z} = (Z_1, Z_2, \ldots)$ を標準正規分布に従う iid 標本として，$Y = H(\mathbf{Z})$ とする．逆関数法を使うと，$h(\mathbf{u}) = H(\Phi^{-1}(u_1), \Phi^{-1}(u_2), \ldots)$ を使って $Y = h(\mathbf{U})$ と書ける．ただし，Φ は $N(0, 1)$ 分布の cdf である．$\mathbf{U}^* = \mathbf{1} - \mathbf{U}$ とすれば，$\mathbf{Z}^* = (\Phi^{-1}(U_1^*), \Phi^{-1}(U_2^*), \ldots) = -\mathbf{Z}$ となり，$Y^* = H(-\mathbf{Z})$ とすることで，もし Y と Y^* が負相関を持っていれば，(Y, Y^*) は対照対になる．例えば，関数 H が各変数について単調ならば，Y と Y^* は負相関となる．

9.3 制御変量

Y をシミュレーションの結果とする．同じシミュレーション結果を使って計算される $\widetilde{Y}$ が**制御変量**（control variable）であるとは，Y と $\widetilde{Y}$ が（正でも負でも）相関を持ち，$\widetilde{Y}$ の期待値が既知であることをいう．制御変量を分散減少に用いる根拠は，次の定理にある．

定理 9.2（制御変量推定） $Y_1, \ldots, Y_N$ を独立な N 回のシミュレーション結果とし，$\widetilde{Y}_1, \ldots, \widetilde{Y}_N$ は対応する制御変量，$\mathbb{E}\widetilde{Y}_k = \widetilde{\ell}$ は既知とする．$\varrho_{Y,\widetilde{Y}}$ を Y_k と $\widetilde{Y}_k$ の相関係

数とする．このとき，$\alpha \in \mathbb{R}$ に対して，

$$\widehat{\ell}^{(c)} = \frac{1}{N} \sum_{k=1}^{N} \left[Y_k - \alpha \left(\widetilde{Y}_k - \tilde{\ell} \right) \right] \tag{9.4}$$

は $\ell = \mathbb{E}(Y)$ の不偏推定量である．$\alpha = \mathrm{Cov}(Y, \widetilde{Y})/\mathrm{Var}(\widetilde{Y})$ とした場合，$\widehat{\ell}^{(c)}$ の分散が最小になり，それは

$$\mathrm{Var}(\widehat{\ell}^{(c)}) = \frac{1}{N} (1 - \varrho_{Y,\widetilde{Y}}^2) \mathrm{Var}(Y) \tag{9.5}$$

で与えられる．

通常は最小分散を与える α の値は未知であるが，$\{(Y_k, \widetilde{Y}_k)\}$ の標本共分散行列から容易に推定することができる．これより，次のアルゴリズムが導かれる．

アルゴリズム 9.2（制御変量推定）

1. N 回の独立なシミュレーション結果から，$Y_1, \ldots, Y_N$ と $\widetilde{Y}_1, \ldots, \widetilde{Y}_N$ を計算する．
2. $\{(Y_k, \widetilde{Y}_k)\}$ の標本共分散行列を計算する．

$$C = \begin{pmatrix} \frac{1}{N-1} \sum_{k=1}^{N} (Y_k - \bar{Y})^2 & \frac{1}{N-1} \sum_{k=1}^{N} (Y_k - \bar{Y})(\widetilde{Y}_k - \bar{\widetilde{Y}}) \\ \frac{1}{N-1} \sum_{k=1}^{N} (Y_k - \bar{Y})(\widetilde{Y}_k - \bar{\widetilde{Y}}) & \frac{1}{N-1} \sum_{k=1}^{N} (\widetilde{Y}_k - \bar{\widetilde{Y}})^2 \end{pmatrix}$$

3. $\alpha = C_{1,2}/C_{2,2}$ として，式 (9.4) に従って ℓ の制御変量推定値 $\widehat{\ell}^{(c)}$ を求め，近似的な $1 - \alpha$ 信頼区間を求める．

$$\left(\widehat{\ell}^{(c)} - z_{1-\alpha/2} SE, \ \widehat{\ell}^{(c)} + z_{1-\alpha/2} SE \right)$$

ここで，z_γ は $\mathsf{N}(0,1)$ 分布の γ 分位点，SE は標準誤差の推定値である．

$$SE = \sqrt{\frac{1}{N} \left(1 - \frac{C_{1,2}^2}{C_{1,1} C_{2,2}} \right) C_{1,1}}$$

■ 例 9.3（ブリッジ回路問題の制御変量推定）

再び，例 9.1 のブリッジ回路を使って，確率的最短経路推定問題を取り上げる．制御変量として，例えば

$$\widetilde{Y} = \min\{X_1 + X_4, X_2 + X_5\}$$

を使う．これは，問題の最短経路がほとんど $\widetilde{Y}$ と等しくなるという意味で，例題のパラメータの設定値 $(1, 2, 3, 1, 2)$ に対して特に都合が良い．もちろん，ほとんどの場合 $Y = X_1 + X_4$ なので，それを制御変量としてもよい．簡単な計算から，$\widetilde{Y}$ の期

待値は $\mathbb{E}\widetilde{Y} = 15/16 = 0.9375$ である．図 9.3 は，式 (9.1) で定義された最短経路長 $Y = H(\mathbf{X})$ と $\widetilde{Y}$ が強い相関を持つことを示している．対応する相関係数はほぼ 0.98 であり，CMC 推定に比べて約 50 倍の分散減少効果がある．次の MATLAB プログラムは制御変量による推定を実装したものである．$N = 10^4$ としてある．1 つの計算例として，$\widehat{\ell}^{(c)} = 0.92986$，相対誤差推定値 0.05% を得た．関数 h.m は例 9.1 のプログラムと同じである．

```
%bridgeCV.m
N=10^4;
u = rand(N,5);
Y = h(u);
Yc = hc(u);
plot(Y,Yc,'.')
C = cov(Y,Yc);
cor = C(1,2)/sqrt(C(1,1)*C(2,2))
alpha = C(1,2)/C(2,2);
yc = 15/16;
est = mean(Y - alpha*(Yc - yc))
RE = sqrt((1 - cor^2)*C(1,1)/N)/est
```

```
function out=hc(u)
a=[1,2,3,1,2];
N = size(u,1);
X = u.*repmat(a,N,1);
Path_1=X(:,1)+X(:,4);
Path_4=X(:,2)+X(:,5);
out=min([Path_1,Path_4],[],2);
```

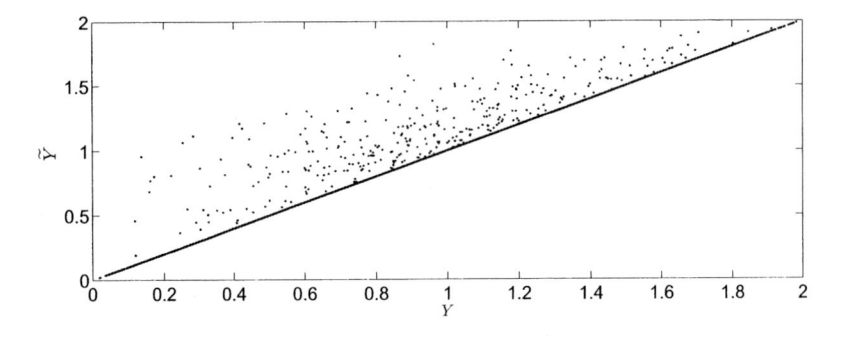

図 9.3 確率的最短経路問題の出力 Y と制御変量 $\widetilde{Y}$ の $N = 10^4$ 個の対 $(Y, \widetilde{Y})$ の散布図．

注 9.2（多数の制御変量を利用する） アルゴリズム 9.2 は，制御変量を複数導入した推定法に容易に拡張できる．$\widetilde{\mathbf{Y}} = (\widetilde{Y}_1, \ldots, \widetilde{Y}_m)^\top$ を m 個の制御変量ベクトルとし，$\widetilde{\ell}_i = \mathbb{E}\widetilde{Y}_i$ として，$\widetilde{\boldsymbol{\ell}} = \mathbb{E}\widetilde{\mathbf{Y}} = (\widetilde{\ell}_1, \ldots, \widetilde{\ell}_m)^\top$ を既知の平均値ベクトルとする．このとき，独立な確率変数 $Y_1, \ldots, Y_N$ と制御変量 $\widetilde{\mathbf{Y}}_1 = (\widetilde{Y}_{11}, \ldots, \widetilde{Y}_{1m})^\top, \ldots, \widetilde{\mathbf{Y}}_N = (\widetilde{Y}_{N1}, \ldots, \widetilde{Y}_{Nm})^\top$ に基づく制御変量ベクトルを用いた推定量は，次で与えられる．

$$\widehat{\ell}^{(c)} = \frac{1}{N} \sum_{k=1}^{N} \left[Y_k - \boldsymbol{\alpha}^\top \left(\widetilde{\mathbf{Y}}_k - \widetilde{\boldsymbol{\ell}} \right) \right]$$

ただし，$\boldsymbol{\alpha}$ は最適ベクトル $\boldsymbol{\alpha}^* = \Sigma_{\widetilde{\mathbf{Y}}}^{-1} \boldsymbol{\sigma}_{Y,\widetilde{\mathbf{Y}}}$ の推定値である．ここで，$\Sigma_{\widetilde{\mathbf{Y}}}$ は $\widetilde{\mathbf{Y}}$ の $m \times m$ 共分散行列，$\boldsymbol{\sigma}_{Y,\widetilde{\mathbf{Y}}}$ は i 番目の要素が Y と $\widetilde{Y}_i$, $i = 1, \ldots, m$ の共分散であるような $m \times 1$ ベクトルである．$\boldsymbol{\alpha} = \boldsymbol{\alpha}^*$ としたときの $\widehat{\ell}^{(c)}$ の分散は

$$\text{Var}(\widehat{\ell}^{(c)}) = \frac{1}{N}(1 - R_{Y,\widetilde{\mathbf{Y}}}^2)\text{Var}(Y) \tag{9.6}$$

で与えられる．ただし，

$$R_{Y,\widetilde{\mathbf{Y}}}^2 = (\boldsymbol{\sigma}_{Y,\widetilde{\mathbf{Y}}})^\top \Sigma_{\widetilde{\mathbf{Y}}}^{-1} \boldsymbol{\sigma}_{Y,\widetilde{\mathbf{Y}}} / \text{Var}(Y)$$

は Y と $\widetilde{\mathbf{Y}}$ の**重相関係数**（multiple correlation coefficient）の平方である．ここでも，$R_{Y,\widetilde{\mathbf{Y}}}^2$ が大きければ大きいほど，分散減少効果が大きい．

9.4 条件付きモンテカルロ

条件付きモンテカルロ（conditional Monte Carlo; CMC）に分散減少効果があることは，次の定理による．

定理 9.3（条件付き分散） Y を確率変数，$\mathbf{Z}$ を確率ベクトルとする．このとき，次が成り立つ．

$$\text{Var}(Y) = \mathbb{E}\,\text{Var}(Y \mid \mathbf{Z}) + \text{Var}(\mathbb{E}[Y \mid \mathbf{Z}]) \tag{9.7}$$

したがって，$\text{Var}(\mathbb{E}[Y \mid \mathbf{Z}]) \leqslant \text{Var}(Y)$ が成り立つ．

Y をシミュレーションの結果として，$\ell = \mathbb{E}(Y)$ を推定することが目的だとしよう．条件付き期待値 $\mathbb{E}[Y \mid \mathbf{Z} = \mathbf{z}]$ が解析的に計算できるような $\mathbf{Z} \sim g$ があるとする．式 (A.28) より

$$\ell = \mathbb{E}Y = \mathbb{E}\mathbb{E}[Y \mid \mathbf{Z}] \tag{9.8}$$

であり，したがって，$\mathbb{E}[Y \mid \mathbf{Z}]$ が ℓ の不偏推定量になる．さらに定理 9.3 から，$\mathbb{E}[Y \mid \mathbf{Z}]$ の分散は常に Y の分散以下である．条件付きモンテカルロの考え方は，しばしば **Rao–Blackwell 化**（Rao–Blackwellization）と呼ばれる．

アルゴリズム 9.3（条件付きモンテカルロ）

1. 標本 $\mathbf{Z}_1, \ldots, \mathbf{Z}_N \stackrel{\text{iid}}{\sim} g$ を生成する．
2. $\mathbb{E}[Y \mid \mathbf{Z}_k]$, $k = 1, \ldots, N$ を解析的に計算する．
3. 次の式で $\ell = \mathbb{E}Y$ を推定する．

$$\widehat{\ell}_c = \frac{1}{N} \sum_{k=1}^{N} \mathbb{E}[Y \mid \mathbf{Z}_k] \tag{9.9}$$

さらに，次で近似的 $1 - \alpha$ 信頼区間を計算する．

$$\left(\widehat{\ell}_c - z_{1-\alpha/2} \frac{S}{\sqrt{N}}, \ \widehat{\ell}_c + z_{1-\alpha/2} \frac{S}{\sqrt{N}} \right)$$

ただし，S は $\{\mathbb{E}[Y \mid \mathbf{Z}_k]\}$ の標本標準偏差，z_γ は $\mathsf{N}(0,1)$ 分布の γ 分位点である．

■ 例 9.4（ブリッジ回路問題の条件付きモンテカルロによる推定）

例 9.1 を再び取り上げる．$Z_1 = \min\{X_4, X_3 + X_5\}$, $Z_2 = \min\{X_5, X_3 + X_4\}$, $Y_1 = X_1 + Z_1$, $Y_2 = X_2 + Z_2$, $\mathbf{Z} = (Z_1, Z_2)$ とする．そうすると，$Y = H(\mathbf{X})$ は $Y = \min\{Y_1, Y_2\}$ と書ける．$\mathbf{Z} = \mathbf{z}$ という条件のもとで (Y_1, Y_2) は長方形 $\mathscr{R}_{\mathbf{z}} = [z_1, z_1 + 1] \times [z_2, z_2 + 2]$ の上で一様分布するので，Y の条件付き期待値は次のように計算できる．

$$\mathbb{E}[Y \mid \mathbf{Z} = \mathbf{z}]$$
$$= \begin{cases} \frac{1}{2} + z_1, & \mathbf{z} \in \mathscr{A}_0 \\ \frac{5}{12} + \frac{3z_1}{4} - \frac{z_1^2}{4} - \frac{z_1^3}{12} + \frac{z_2}{4} + \frac{z_1 z_2}{2} + \frac{z_1^2 z_2}{4} - \frac{z_2^2}{4} - \frac{z_1 z_2^2}{4} + \frac{z_2^3}{12}, & \mathbf{z} \in \mathscr{A}_1 \\ \frac{1}{12}(5 - 3z_1^2 + 3z_2 - 3z_2^2 + z_1(9 + 6z_2)), & \mathbf{z} \in \mathscr{A}_2 \end{cases}$$

ただし，

$$\mathscr{A}_0 = \{\mathbf{z} : 0 \leqslant z_1 \leqslant 1,\, z_1 + 1 \leqslant z_2 \leqslant 2\}$$
$$\mathscr{A}_1 = \{\mathbf{z} : 0 \leqslant z_1 \leqslant 1,\, z_1 \leqslant z_2 \leqslant z_1 + 1\}$$
$$\mathscr{A}_2 = \{\mathbf{z} : 0 \leqslant z_1 \leqslant 1,\, 0 \leqslant z_2 \leqslant z_1\}$$

である．例えば，もし $\mathbf{z} \in \mathscr{A}_1$ ならば (Y_1, Y_2) の領域 $\mathscr{R}_{\mathbf{z}}$ は $y_1 = z_2$ と $y_1 = z_1 + 1$ で直線 $y_1 = y_2$ と交わっている．したがって

$$\mathbb{E}[Y \mid \mathbf{Z} = \mathbf{z}] = \int_{z_1}^{z_2} \int_{z_2}^{z_2+2} y_1 \frac{1}{2} \mathrm{d}y_2 \mathrm{d}y_1 + \int_{z_2}^{z_1+1} \int_{y_1}^{z_2+2} y_1 \frac{1}{2} \mathrm{d}y_2 \mathrm{d}y_1$$
$$+ \int_{z_2}^{z_1+1} \int_{z_2}^{y_1} y_2 \frac{1}{2} \mathrm{d}y_2 \mathrm{d}y_1$$

となる．次の MATLAB のプログラムは，条件付きモンテカルロを実装したものであ

る. $N = 10^4$ としたときの1つの計算例として, $\ell = 0.9282$, 相対誤差推定値 0.29% を得た. CMC 推定量の場合は 0.43% だったので, 2 倍以上改善されている. 興味深いことに, $[0,1] \times [0,2]$ で定義された Z の同時分布を解析的に求めることができるので (手こずるが), $\ell = \mathbb{E}(Y)$ を正確に計算することができる. こうして, (当然なことに) 例 9.1 で示した次の値が得られる.

$$\mathbb{E}Y = \frac{1339}{1440} = 0.9298611111\cdots$$

```
%bridgeCondMC.m
N = 10^4;
S = zeros(N,1);
for i = 1:N
    u = rand(1,5);
    Z = Zcond(u);
    if Z(2)> Z(1) + 1
        S(i) = 1/2 + Z(1);
    elseif (Z(2) > Z(1))
        S(i) = 5/12 + (3*Z(1))/4 - Z(1)^2/4 - Z(1)^3/12 + Z(2)/4 ...
            + (Z(1)*Z(2))/2 + (Z(1)^2*Z(2))/4 ...
            - Z(2)^2/4 - (Z(1)*Z(2)^2)/4 + Z(2)^3/12;
    else
        S(i) = (5 - 3*Z(1)^2 + 3*Z(2) - 3*Z(2)^2 ...
            + Z(1)*(9 + 6*Z(2)))/12;
    end
end
est = mean(S)
RE = std(S)/sqrt(N)/est
```

```
function Z=Zcond(u)
a=[1,2,3,1,2];
X = u*diag(a);
Z = [min([X(:,4), X(:,3) + X(:,5)],[],2),...
    min([X(:,5), X(:,3) + X(:,4)],[],2)];
```

9.5 層別抽出

層別抽出は, 3.1.2.6 項の合成法と前節の条件付きモンテカルロ法の両方と, 深い関わりがある. Y をシミュレーションの結果として, $\lambda = \mathbb{E}(Y)$ の推定が目的である. Y は合成法で生成できるものとしよう. すなわち, $\{1,2,\ldots,m\}$ 上の値を既知の

確率 $\{p_i, i=1,\ldots,m\}$ でとる確率変数を Z とし，Z が与えられたときに Y の標本が容易に生成できるとしよう．事象 $\{Z=i\}, i=1,\ldots,m$ は標本空間 Ω を互いに素な**層** (strata) に分割する．これが**層別** (stratification) の言葉の由来である．式 (A.28) から

$$\ell = \mathbb{E}\mathbb{E}[Y \mid Z] = \sum_{i=1}^{m} p_i \, \mathbb{E}[Y \mid Z=i] \tag{9.10}$$

が成り立つ．

この式から，次のような**層別抽出推定量** (stratified sampling estimator) によって ℓ を推定できることがわかる．

$$\widehat{\ell}^{(s)} = \sum_{i=1}^{m} p_i \frac{1}{N_i} \sum_{j=1}^{N_i} Y_{ij} \stackrel{\text{def}}{=} \sum_{i=1}^{m} p_i \, \bar{Y}_{i\bullet} \tag{9.11}$$

ここで，Y_{ij} は $Z=i, i=1,\ldots,m$ という条件のもとで Y の条件付き確率から抽出された N_i 個の独立標本の j 番目を表す．層の選び方は問題によって異なる．式 (9.11) から，層別抽出推定量の分散は次の式で与えられる．

$$\mathrm{Var}(\widehat{\ell}^{(s)}) = \sum_{i=1}^{m} \frac{p_i^2 \sigma_i^2}{N_i}$$

ここで，$\sigma_i^2 = \mathrm{Var}(Y \mid Z=i)$ は i 番目の層の中での Y の分散である $(i=1,\ldots,m)$．

どのような層別をしたとしても，その層別に対して分散を最小にする $\{N_i\}$ の選び方がある．それが次の定理である．ラグランジュ未定乗数法を使った簡単な証明が [10] にある．

定理 9.4 （標本の大きさの最適割り当て） $\sigma_i^2 = \mathrm{Var}(Y \mid Z=i)$ としたとき，$N_1,\ldots,N_m$ として，

$$N_i = N \frac{p_i \sigma_i}{\sum_{k=1}^{m} p_k \sigma_k} \tag{9.12}$$

(を整数に丸めたもの) とすると，$\sum_i N_i = N$ という制約の中で $\widehat{\ell}^{(s)}$ の分散を最小にする．このとき，分散の最小値は次の式で与えられる．

$$\frac{1}{N}\left(\sum_{i=1}^{m} p_i \sigma_i\right)^2 \tag{9.13}$$

定理 9.4 を適用しようとしても，$\{\sigma_i\}$ は通常未知なので直接は使えない．実際には，試みのシミュレーション（テストラン）で $\{\sigma_i\}$ を推定し，その推定値を使って式 (9.12) から標本の大きさを決める．

アルゴリズム 9.4 （層別抽出）

1. m 個の層を決め，各層の標本の大きさ $N_i, i=1,\ldots,m$ を決める．標本の大きさは例えばテストランを利用して式 (9.12) から計算する．

2. 各層 $i = 1, \ldots, m$ から $Z = i$ という条件のもとでの Y の条件付き確率分布に従って独立に N_i 個の標本 $Y_{i1}, \ldots, Y_{iN_i}$ を抽出し, 標本平均 $\bar{Y}_{1\bullet}, \ldots, \bar{Y}_{m\bullet}$ を計算する.
3. 式 (9.11) によって ℓ の推定値を計算し, 近似的 $1 - \alpha$ 信頼区間を次のように求める.

$$\left(\widehat{\ell}^{(s)} - z_{1-\alpha/2} \sqrt{\sum_{i=1}^{m} \frac{p_i^2 \widehat{\sigma_i^2}}{N_i}}, \quad \widehat{\ell}^{(s)} + z_{1-\alpha/2} \sqrt{\sum_{i=1}^{m} \frac{p_i^2 \widehat{\sigma_i^2}}{N_i}} \right)$$

ここで, z_γ は $\mathsf{N}(0,1)$ 分布の γ 分位点, $\widehat{\sigma_i^2} = \sum_{j=1}^{N_i}(Y_{ij} - \bar{Y}_{i\bullet})^2/(N_i - 1)$ は $\{Y_{ij}, j = 1, \ldots, N_i\}$ の標本分散である.

もし i 番目の層の標本数が p_i に比例して $N_i = p_i N$ と選ばれているならば, 分散は

$$\mathrm{Var}(\widehat{\ell}^{(s)}) = \sum_{i=1}^{m} \frac{p_i^2 \sigma_i^2}{N_i} = \frac{1}{N} \mathbb{E}\mathrm{Var}(Y \mid Z) \leqslant \frac{1}{N} \mathrm{Var}(Y) \tag{9.14}$$

で与えられる. この場合の層別推定量の分散は (式 (9.12) の最適選択になっているが) CMC の場合の分散以下になる. この標本割り当ては**比例層別抽出** (proportional stratified sampling) と呼ばれる. **系統的抽出** (systematic sampling) [3] は層のウエイトを等しくした比例層別抽出, すなわち, $p_i = 1/m$, $N_i = N/m = n$ の場合である. 式 (9.11) の推定量は, 次のように書き換えられる.

$$\widehat{\ell}^{(s)} = \frac{1}{N} \sum_{i=1}^{m} \sum_{j=1}^{n} Y_{ij} = \frac{1}{n} \sum_{j=1}^{n} \left(\frac{1}{m} \sum_{i=1}^{m} Y_{ij} \right) \stackrel{\mathrm{def}}{=} \frac{1}{n} \sum_{j=1}^{n} \bar{Y}_{\bullet j} \tag{9.15}$$

$\{\bar{Y}_{\bullet j}\}$ は iid 確率変数であること, したがって, $\widehat{\ell}^{(s)}$ の標準誤差は $S/\sqrt{n}$ で推定できることに注意する. ただし, S は $\{\bar{Y}_{\bullet j}\}$ の標本標準偏差である.

系統的抽出は, 一様確率変数を直接扱う場合に有用である. 特に $U \sim \mathsf{U}(0,1)$, $Y = h(U)$ とし, ある $m \in \{1, 2, \ldots\}$ に対して $Z = \lceil mU \rceil$ と定義しよう. 事象 $\{Z = i\} = \{(i-1)/m \leqslant U < i/m\}$, $i = 1, \ldots, m$ は, 標本空間全体を m 個の等確率な層に分割する. $(i-1)/m \leqslant U < i/m$ という条件のもとでの Y の標本抽出は容易である. d 次元の系統的抽出の手順は, 次のアルゴリズムにまとめられる.

アルゴリズム 9.5 (**d 次元超立方体における系統的抽出**)

$\mathbf{U} \sim \mathsf{U}(0,1)^d$ に対して $\ell = \mathbb{E}h(\mathbf{U})$ とする. 超立方体 $(0,1)^d$ の k 番目の軸を K_k 等分し ($k = 1, 2, \ldots, d$), $(0,1)^d$ を $m = \prod_{k=1}^{d} K_k$ 個の超直方体に分割する (境界線は無視する).

$$\prod_{k=1}^{d} \left(\frac{i_k}{K_k}, \frac{i_k + 1}{K_k} \right), \quad (i_1, \ldots, i_d) \in \mathscr{W}$$

ここで, $\mathscr{W} = \{(i_1, \ldots, i_d) : i_k \in \{0, 1, \ldots, K_k - 1\}, k \in \{1, \ldots, d\}\}$ である.

1. 各 $\mathbf{i} = (i_1, \ldots, i_d) \in \mathscr{W}$ に対して，$\mathbf{V}_1, \ldots, \mathbf{V}_n \stackrel{\text{iid}}{\sim} \mathsf{U}(0,1)^d$ を生成し，
$$Y_{\mathbf{i}j} = h\left(\frac{i_1 + V_{j1}}{K_1}, \ldots, \frac{i_d + V_{jd}}{K_d}\right), \quad j = 1, \ldots, n$$
を計算する．
$$\bar{Y}_{\bullet j} = \frac{1}{m} \sum_{\mathbf{i} \in \mathscr{W}} Y_{\mathbf{i}j}$$
とする．

2. ℓ を $\bar{Y}_{\bullet 1}, \ldots, \bar{Y}_{\bullet n}$ の標本平均 (9.15) によって推定し，近似的 $1-\alpha$ 信頼区間を次によって求める．
$$\left(\widehat{\ell}^{(s)} - z_{1-\alpha/2}\frac{S}{\sqrt{n}},\ \widehat{\ell}^{(s)} + z_{1-\alpha/2}\frac{S}{\sqrt{n}}\right)$$
ここで，z_γ は $\mathsf{N}(0,1)$ の γ 分位点，S は $\bar{Y}_{\bullet 1}, \ldots, \bar{Y}_{\bullet n}$ の標本標準偏差である．

図 9.4 は，$d = 2$ 次元として，各軸ごとに $K = 5$ のクラスに分け，全体の層の数を $m = K^d = 25$ とした場合の 1 つの数値例である．標本の大きさは $N = 150$ で，各層の標本数は $n = N/m = 6$ である．

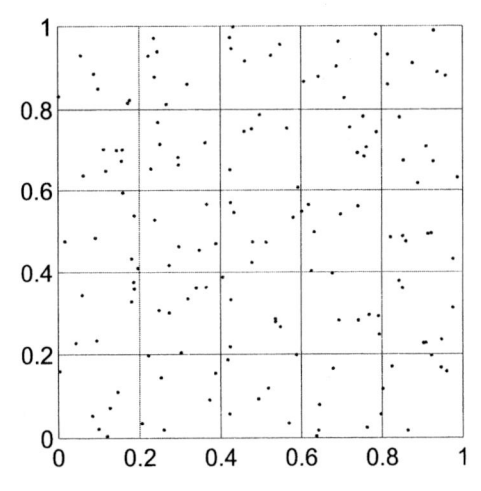

図 9.4 単位正方形の上での系統的抽出．両方の軸を $K = 5$ のクラスに分割し，$m = 25$ の層に分割する．各層からは $n = 6$ 個の点がランダムに抽出され，標本点の総数は $N = 150$．

■ **例 9.5**（ブリッジ回路問題に対する系統的抽出による推定）

再び例 9.1 を取り上げる．下の MATLAB プログラムは，アルゴリズム 9.5 を実装し

たものである．$d=5$, $K=4$ として $m=4^5=1024$ の層に分割している．全体の標本の大きさは，ほぼ $N=10^4$（正確には $N=10240$）とした場合の1つの計算例として，$\ell^{(s)}=0.9301$，相対誤差推定値 0.13% を得た．これは，CMC の推定に対して約10倍の分散減少になっている．関数 h.m は例 9.1 と同じである．

```
%stratbridge.m
K = 4;
m = K^5; % 層の数
N = 10^4; % 標本の総数
n = ceil(N/m); % 各層の標本の大きさ
est = zeros(n,1);
R=(1:m)';
W=zeros(m,5);
W(:,1)=mod(R,K);
for i=2:5
    W(:,i)=(mod(R,K^i)-mod(R,K^(i-1)))./(K^(i-1));
end
for j=1:n
    V=(W+rand(m,5))./K;
    est(j)=mean(h(V));
end
mest = mean(est)
percRE = std(est)/sqrt(n)/mest*100
```

9.6 ラテン方格抽出

層別抽出の最大の問題は，層の数が1次元当たりのクラスの数とともに指数的に増大することである．例えば，系統的抽出を d 次元の超立方体に当てはめ，各次元で K クラスに分割すると，層の数は $m=K^d$ となる．これは $K=1,\ldots,5$, $d=1,\ldots,10$ 程度の小さい数に対してのみ実用的である．もっと次元が大きい場合は，**ラテン方格抽出**（latin hypercube sampling）が有効である．そのアイデアは，周辺分布を層別することである．図 9.5 はその例である．図 9.4 の全次元層別とは違い，すべてのセルに同じ数の標本を割り当てるわけではない．そうではなく，x,y 両座標を $K=5$ クラスに層別し，各座標の各クラスに 30 の標本を割り当てる．

アルゴリズム 9.6（ラテン方格抽出）

$i=1$ から始め，次のステップを実行する．
1. 独立標本 $\mathbf{U}_1,\ldots,\mathbf{U}_K \overset{\text{iid}}{\sim} U(0,1)^d$ を生成する．
2. $(1,2,\ldots,K)$ の d 個の独立なランダム置換 $\mathbf{\Pi}_1,\ldots,\mathbf{\Pi}_d$ を生成する．

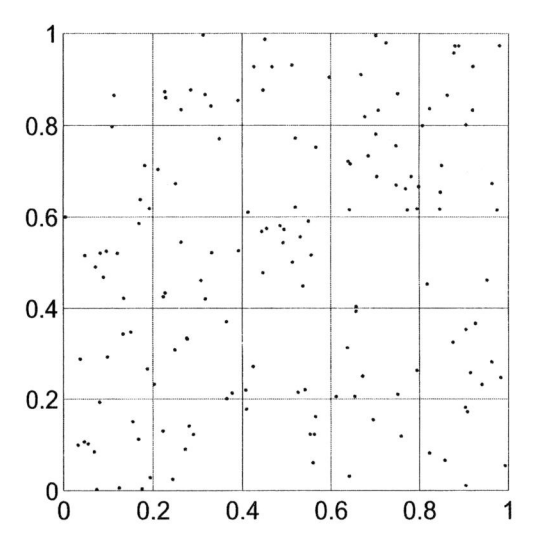

図 9.5 ラテン方格抽出. $d = 2$ 次元で各次元ごとに $K = 5$ の層に分け, $N = 150$ 個の標本抽出をした. 各次元, 各層ごとに, $n = N/K = 30$ 個の標本が割り当てられている.

3. 次を計算する.
$$V_{kj} = \frac{\Pi_{jk} - 1 - U_{kj}}{K}, \quad j = 1, \ldots, d, \quad k = 1, \ldots, K$$

$$Y_i = \frac{1}{K} \sum_{k=1}^{K} h(\mathbf{V}_k)$$

4. $i = n$ ならば Step 5 へ進み, さもなければ, $i = i + 1$ として Step 1 へ戻る.
5. ℓ を $\widehat{\ell}^{(h)} = \frac{1}{n} \sum_{i=1}^{n} Y_i$ によって推定し, 近似的 $1 - \alpha$ 信頼区間を次のように求める.
$$\left(\widehat{\ell}^{(h)} - z_{1-\alpha/2} \frac{S}{\sqrt{n}}, \; \widehat{\ell}^{(h)} + z_{1-\alpha/2} \frac{S}{\sqrt{n}} \right)$$
ここで, z_γ は $\mathsf{N}(0,1)$ の γ 分位点, S は $Y_1, \ldots, Y_n$ の標本標準偏差である.

■ 例 9.6 (ブリッジ回路問題に対するラテン方格抽出を用いた推定)

再び例 9.1 に戻る. 次の MATLAB プログラムは, $d = 5$ 次元で, 各次元ごとに $K = 50$ クラスとした場合のラテン方格抽出を実装したものである. $n = 200$ 回の繰り返しごとに d 次元超立方体に 50 点をランダムに生成し, 全体で $N = 10^4$ の点を抽出する. 1つの数値例として, $\ell^{(h)} = 0.9287$, 相対誤差推定値 0.16% を得た. これは例 9.5 の全体層別抽出の場合の 0.13% とほとんど同じである. プログラム中の関数 h.m は例 9.1 と同じである.

```
%lhcsbridge.m
d = 5;
K = 50;
N = 10^4;
n = N/K;
est = zeros(n,1);
for i = 1:n
    U = rand(K,d);
    [x,p] = sort(rand(K,d));
    V = (p - 1 + U)/K;
    est(i) = mean(h(V));
end
mean(est)
percRE = std(est)/sqrt(n)/mean(est)*100
```

9.7 重点抽出

最も重要な分散減少法の1つは，**重点抽出**（importance sampling）である．この技法は，稀少事象の生起する確率を推定する際（第10章を参照）に特に有用である．標準的な枠組みは，次の量を推定することである．

$$\ell = \mathbb{E}_f H(\mathbf{X}) = \int H(\mathbf{x}) f(\mathbf{x}) \mathrm{d}\mathbf{x} \tag{9.16}$$

ここで，H は任意の実数値関数であり，f は $\mathbf{X}$ の確率密度関数で**名目 pdf**（nominal pdf）と呼ばれる．下付き添え字の f は，期待値が密度関数 f に関する期待値であることを明示的に示すために添えられている．

g を，g は Hf を**支配している**（dominate）という条件を満たす別の確率密度関数とする．すなわち，$g(\mathbf{x}) = 0$ ならば $H(\mathbf{x})f(\mathbf{x}) = 0$ であるとする．密度関数 g を使い，

$$\ell = \int H(\mathbf{x}) \frac{f(\mathbf{x})}{g(\mathbf{x})} g(\mathbf{x}) \mathrm{d}\mathbf{x} = \mathbb{E}_g H(\mathbf{X}) \frac{f(\mathbf{X})}{g(\mathbf{X})} \tag{9.17}$$

と変形する．これにより，$\mathbf{X}_1, \ldots, \mathbf{X}_N \overset{\text{iid}}{\sim} g$ とすると，

$$\widehat{\ell} = \frac{1}{N} \sum_{k=1}^{N} H(\mathbf{X}_k) \frac{f(\mathbf{X}_k)}{g(\mathbf{X}_k)} \tag{9.18}$$

は ℓ の不偏推定量になる．この推定量を**重点抽出推定量**（importance sampling estimator）といい，g は重点抽出密度と呼ばれる．密度関数の比

$$W(\mathbf{x}) = \frac{f(\mathbf{x})}{g(\mathbf{x})} \tag{9.19}$$

は**尤度比**（likelihood ratio）と呼ばれる．統計学でパラメータの関数として使われる尤度と同じ用語を使うので，注意が必要である（B.2 節を参照）．

アルゴリズム 9.7（重点抽出推定法）

1. Hf が従属する重点抽出密度 g を決める．
2. $\mathbf{X}_1, \ldots, \mathbf{X}_N \overset{\text{iid}}{\sim} g$ を生成し，$Y_i = H(\mathbf{X}_i)f(\mathbf{X}_i)/g(\mathbf{X}_i)$, $i = 1, \ldots, N$ とおく．
3. ℓ を $\widehat{\ell} = \bar{Y}$ によって推定し，近似的 $1 - \alpha$ 信頼区間を次のように求める．

$$\left(\widehat{\ell} - z_{1-\alpha/2} \frac{S}{\sqrt{N}},\ \widehat{\ell} + z_{1-\alpha/2} \frac{S}{\sqrt{N}} \right)$$

ただし，z_γ は $\mathsf{N}(0,1)$ の γ 分位点，S は $Y_1, \ldots, Y_N$ の標本標準偏差である．

■ 例 9.7（ブリッジ回路問題に対する重点抽出を用いた推定）

例 9.1 の問題で，最短経路長の期待値は次のように書ける（式 (9.2) を参照）．

$$\ell = \mathbb{E}h(\mathbf{U}) = \int h(\mathbf{u})\,\mathrm{d}\mathbf{u}$$

ここで $\mathbf{U} = (U_1, \ldots, U_5)$, $U_1, \ldots, U_5 \overset{\text{iid}}{\sim} \mathsf{U}(0,1)$ である．したがって，名目 pdf は $f(\mathbf{u}) = 1$, $\mathbf{u} \in (0,1)^5$ である．重点抽出密度として

$$g(\mathbf{u}) = \prod_{i=1}^{5} \nu_i\, u_i^{\nu_i - 1}$$

をとる．これは，g のもとで，$\mathbf{U}$ は互いに独立で，$\nu_i > 0$, $i = 1, \ldots, 5$ に対して $U_i \sim \mathsf{Beta}(\nu_i, 1)$ を仮定したことになる．g に従う $\mathbf{U}$ は逆関数法で生成することができる（アルゴリズム 4.18 を参照）．$\{\nu_i\}$ の選び方が重要であることは言うまでもない．次の MATLAB プログラムは $(\nu_1, \ldots, \nu_5) = (1.3, 1.1, 1, 1.3, 1.1)$ として，重点抽出推定を実装したものである．$N = 10^5$ としたとき，1 つの数値例として，$\widehat{\ell} = 0.9295$, 相対誤差推定値 0.24% を得た．$\{\nu_i\}$ が 1（名目 pdf のパラメータ値）に非常に近いという悪条件にもかかわらず，CMC 法に比べて 4 倍の分散減少効果があった．

```
%bridgeIS.m
N = 10^4;
nu0 = [1.3, 1.1, 1, 1.3, 1.1];
nu = repmat(nu0,N,1);
U = rand(N,5).^(1./nu);
W = prod(1./(nu.*U.^(nu - 1)),2);
y = h(U).*W;
est = mean(y)
percRE = std(y)/sqrt(N)/est*100
```

重点抽出法を適用する場合の大きな困難は，重点抽出密度を見つけることである．効率の悪い g を選ぶと，推定値も信頼区間も信頼できない結果をもたらす．以下の項で，良い重点抽出密度を見つけるための基準を与える．

9.7.1 最小分散密度

最適な重点抽出密度 g^* とは $\widehat{\ell}$ の分散を最小化するものであり，g^* は次の関数最小化問題の解として与えられる．

$$\min_g \mathrm{Var}_g\left(H(\mathbf{X})\frac{f(\mathbf{X})}{g(\mathbf{X})}\right) \tag{9.20}$$

次を示すのは難しいことではない（例えば [10] を参照）．

$$g^*(\mathbf{x}) = \frac{|H(\mathbf{x})|f(\mathbf{x})}{\int |H(\mathbf{x})|f(\mathbf{x})\,\mathrm{d}\mathbf{x}} \tag{9.21}$$

特にすべての $\mathbf{x}$ に対して $H(\mathbf{x}) \geqslant 0$ あるいは $H(\mathbf{x}) \leqslant 0$ ならば，

$$g^*(\mathbf{x}) = \frac{H(\mathbf{x})f(\mathbf{x})}{\ell} \tag{9.22}$$

で，その場合 $\mathrm{Var}_{g^*}(\widehat{\ell}) = \mathrm{Var}_{g^*}(H(\mathbf{X})W(\mathbf{X})) = \mathrm{Var}_{g^*}(\ell) = 0$ となり，g^* のもとで $\widehat{\ell}$ は "定数" となる．明らかに，この選択は不可能である．式 (9.22) の $g^*(\mathbf{x})$ を決めるためには，未知の ℓ を知る必要があるからである．しかし，重点抽出密度は最小分散密度 g^* に "近い" ほど良いということはわかる．

良い重点抽出密度を選択する際に重要なのは，推定量 (9.18) が有限の分散を持つ必要があるということである．これは次の制約式を満たすことと同値である．

$$\mathbb{E}_g H^2(\mathbf{X})\frac{f^2(\mathbf{X})}{g^2(\mathbf{X})} = \mathbb{E}_f H^2(\mathbf{X})\frac{f(\mathbf{X})}{g(\mathbf{X})} < \infty \tag{9.23}$$

このことは，g の分布の裾が f よりも軽くならないようにして，できれば f/g を有界に留めるべきであることを示唆する．

9.7.2 分散最小化法

名目 pdf f がパラメータの値だけ違う分布族の中の 1 つの分布であった場合，重点抽出密度は，その分布族の中から選ぶのが都合が良い．具体的に，$f(\cdot) = f(\cdot;\boldsymbol{\theta})$ のように書けるものとし，

$$\{f(\cdot;\boldsymbol{\eta}), \boldsymbol{\eta} \in \Theta\}$$

という分布族を考える．このとき，この分布族の中で最適な重点抽出密度を求める問題は，次のパラメトリックな最小化問題に帰着できる．

$$\min_{\boldsymbol{\eta} \in \Theta} \mathrm{Var}_{\boldsymbol{\eta}}(H(\mathbf{X})W(\mathbf{X};\boldsymbol{\theta},\boldsymbol{\eta})) \tag{9.24}$$

ただし，$W(\mathbf{X};\boldsymbol{\theta},\boldsymbol{\eta}) = f(\mathbf{X};\boldsymbol{\theta})/f(\mathbf{X};\boldsymbol{\eta})$ である．$\boldsymbol{\theta}$ は**名目パラメータベクトル**（nominal parameter vector），$\boldsymbol{\eta}$ は**参照パラメータベクトル**（reference parameter vector）あるいは**傾斜ベクトル**（tilting vector）という．どのような $f(\cdot;\boldsymbol{\eta})$ に対しても $H(\mathbf{X})W(\mathbf{X};\boldsymbol{\theta},\boldsymbol{\eta})$ の期待値は ℓ なので，式 (9.24) の最適解は次の式の最適解と同じである．

$$\min_{\boldsymbol{\eta}\in\Theta} V(\boldsymbol{\eta}) \tag{9.25}$$

ただし，

$$V(\boldsymbol{\eta}) = \mathbb{E}_{\boldsymbol{\eta}} H^2(\mathbf{X})W^2(\mathbf{X};\boldsymbol{\theta},\boldsymbol{\eta}) = \mathbb{E}_{\boldsymbol{\theta}} H^2(\mathbf{X})W(\mathbf{X};\boldsymbol{\theta},\boldsymbol{\eta}) \tag{9.26}$$

である．問題 (9.24)（あるいは問題 (9.25) も同じことであるが）を，**分散最小化**（variance minimization; VM）問題という．問題 (9.24) あるいは問題 (9.25) を最小化するパラメータ $_*\widehat{\boldsymbol{\eta}}$ を **VM 最適参照パラメータベクトル**（VM-optimal reference parameter vector）という．VM 問題は確率最適化問題と見ることができるので，式 (9.25), (9.26) の期待値を標本平均に置き換えて，モンテカルロ法で近似的に解くことができる．

$$\min_{\boldsymbol{\eta}\in\Theta} \widehat{V}(\boldsymbol{\eta}) \tag{9.27}$$

ただし，

$$\widehat{V}(\boldsymbol{\eta}) = \frac{1}{N}\sum_{k=1}^{N} H^2(\mathbf{X}_k)W(\mathbf{X}_k;\boldsymbol{\theta},\boldsymbol{\eta}) \tag{9.28}$$

であり，$\mathbf{X}_1,\ldots,\mathbf{X}_N \overset{\text{iid}}{\sim} f(\cdot;\boldsymbol{\theta})$ である．この問題は標準的な数値的最適化問題の手法で解くことができる．それが次のアルゴリズムである．

アルゴリズム 9.8（分散最小化法）
1. 重点抽出密度としてパラメトリックな分布族 $\{f(\cdot;\boldsymbol{\eta})\}$ を選ぶ．
2. 試しの標本 $\mathbf{X}_1,\ldots,\mathbf{X}_N \overset{\text{iid}}{\sim} f(\cdot;\boldsymbol{\theta})$ を抽出して，式 (9.27) の最適解 $_*\widehat{\boldsymbol{\eta}}$ を求める．
3. $\mathbf{X}_1,\ldots,\mathbf{X}_{N_1} \overset{\text{iid}}{\sim} f(\cdot;{}_*\widehat{\boldsymbol{\eta}})$ を抽出して $Y_i = H(\mathbf{X}_i)f(\mathbf{X}_i;\boldsymbol{\theta})/f(\mathbf{X}_i;{}_*\widehat{\boldsymbol{\eta}})$，$i=1,\ldots,N_1$ を計算する．
4. ℓ を $\widehat{\ell} = \bar{Y}$ で推定し，近似的 $1-\alpha$ 信頼区間を次で求める．
$$\left(\widehat{\ell} - z_{1-\alpha/2}\frac{S}{\sqrt{N_1}},\ \widehat{\ell} + z_{1-\alpha/2}\frac{S}{\sqrt{N_1}}\right)$$
ただし，z_γ は $\mathsf{N}(0,1)$ の γ 分位点，S は $Y_1,\ldots,Y_{N_1}$ の標本標準偏差である．

■ **例 9.8**（ブリッジ回路問題に対する分散最小化）
ブリッジ回路最短経路長を重点抽出法で推定した例 9.7 の続きを考えよう．重点抽出密度として，そこでは独立な $\mathsf{Beta}(\nu_i,1)$，$i=1,\ldots,5$ の同時分布を使った．した

がって，参照パラメータは $\boldsymbol{\nu} = (\nu_1, \ldots, \nu_5)$ である．

次の MATLAB プログラムは，最適参照パラメータ $_*\widehat{\boldsymbol{\nu}}$ の VM 法推定を実装したものである．試しのシミュレーションは $N = 10^3$，最小化問題は MATLAB の標準的関数 fminsearch を使った．1 つの数値例として $_*\widehat{\boldsymbol{\nu}} = (1.262, 1.083, 1.016, 1.238, 1.067)$ となったが，これは例 9.7 とほとんど変わらない．相対誤差推定値は 0.24% であった．

```
%vmceopt.m
N = 10^3;
U = rand(N,5);
[nu0,minv] =fminsearch(@(nu)f_var(nu,U,N),ones(1,5))
N1 = 10^4;
nu = repmat(nu0,N1,1);
U = rand(N1,5).^(1./nu);
w = prod(1./(nu.*U.^(nu - 1)),2);
y = h(U).*w;
est = mean(y)
percRE = std(y)/sqrt(N1)/est*100
```

```
function out = f_var(nu,U,N)
nu1 = repmat(nu,N,1);
W = prod(1./(nu1.*U.^(nu1 - 1)),2);
y = H(U);
out = W'*y.^2;
```

9.7.3 クロスエントロピー法

最適な重点抽出密度を求める VM 法に変わるものとして，Kullback–Leibler のクロスエントロピー距離（簡単に **CE**（cross-entropy）距離とも呼ぶ）に基づくものがある．2 つの連続な密度関数 g と h の間の CE 距離は，次の式で与えられる．

$$\mathcal{D}(g, h) = \mathbb{E}_g \ln \frac{g(\mathbf{X})}{h(\mathbf{X})} = \int g(\mathbf{x}) \ln \frac{g(\mathbf{x})}{h(\mathbf{x})} \, d\mathbf{x}$$
$$= \int g(\mathbf{x}) \ln g(\mathbf{x}) \, d\mathbf{x} - \int g(\mathbf{x}) \ln h(\mathbf{x}) \, d\mathbf{x} \qquad (9.29)$$

密度関数が離散の場合は積分を和に置き換える．Jensen の不等式から $\mathcal{D}(g, h) \geqslant 0$ で，等号が成り立つのは $g = h$ のときに限る．CE 距離はしばしば Kullback–Leibler "ダイバージェンス" とも呼ばれる．なぜならば，それは g, h に関して対称ではない（$g \neq h$ ならば $\mathcal{D}(g, h) \neq \mathcal{D}(h, g)$）からである．

CE 法は重点抽出密度 h として，理想的密度 g^* との CE 距離が最小になるものを選ぶという方法である．この h を **CE 最適な密度関数**（CE-optimal pdf）という．

これを求めるためには、"関数"最適化問題 $\min_h \mathcal{D}(g^*, h)$ を解く必要がある。すべての密度に対して最適なものが得られたならば、それは VM 最適な密度と一致する。

式 (9.24), (9.25) の VM を見つける方法と同じように、ここでは分布の族を $\{f(\cdot;\boldsymbol{\eta}), \boldsymbol{\eta} \in \Theta\}$ に限定する。この族は名目分布 $f(\cdot;\boldsymbol{\theta})$ を含む。さらに、一般性を失うことなく、H は正値関数に限定できる。CE 法はパラメトリックな最適化問題

$$\min_{\boldsymbol{\eta} \in \Theta} \mathcal{D}(g^*, f(\cdot;\boldsymbol{\eta})) \tag{9.30}$$

を解くことが目的である。最適解は

$$\max_{\boldsymbol{\eta} \in \Theta} D(\boldsymbol{\eta}) \tag{9.31}$$

の解に一致する。ただし、

$$D(\boldsymbol{\eta}) = \mathbb{E}_{\boldsymbol{\theta}} H(\mathbf{X}) \ln f(\mathbf{X}; \boldsymbol{\eta}) \tag{9.32}$$

である。

VM 最適化問題 (9.25) と同様に、同値な問題 (9.30), (9.31) のどちらも **CE 最適化問題** (CE program) といい、その解ベクトル $\boldsymbol{\eta}^*$ を **CE 最適な参照パラメータベクトル** (CE-optimal reference parameter vector) という。

式 (9.27) と同様、$\boldsymbol{\eta}^*$ は確率的同等法（12.2 節を参照）により、

$$\max_{\boldsymbol{\eta}} \widehat{D}(\boldsymbol{\eta}) = \max_{\boldsymbol{\eta}} \frac{1}{N} \sum_{k=1}^{N} H(\mathbf{X}_k) \ln f(\mathbf{X}_k; \boldsymbol{\eta}) \tag{9.33}$$

の解をもって推定することができる。ただし、$\mathbf{X}_1, \ldots, \mathbf{X}_N \stackrel{\text{iid}}{\sim} f(\cdot; \boldsymbol{\theta})$ である。

応用する際、式 (9.33) の $\widehat{D}$ は $\boldsymbol{\eta}$ に関して凸で微分可能であることが多い ([19] を参照)。その場合、式 (9.33) の解は、次の連立方程式の解として求めることができる。

$$\frac{1}{N} \sum_{k=1}^{N} H(\mathbf{X}_k) \nabla \ln f(\mathbf{X}_k; \boldsymbol{\eta}) = \mathbf{0} \tag{9.34}$$

ここで、∇ は $\boldsymbol{\eta}$ に関するものである。さまざまな数値実験と理論研究により、VM 最適化問題と CE 最適化問題の解は同じ性質を持っていることが知られている [17]。CE による方法の長所は、式 (9.33) あるいは式 (9.34) が、次の定理によって"解析的"に解けることが多いという点である。定理の証明は [17, pp.69–70] を参照せよ。

定理 9.5（指数型分布族） 重点抽出密度が、パラメータが 1 つ（平均値）だけで決まる指数型分布族（D.1 節を参照）に属する $\{f_i(x_i; \eta_i), \eta_i \in \Theta_i\}$ を使って

$$f(\mathbf{x}; \boldsymbol{\eta}) = \prod_{i=1}^{n} f_i(x_i; \eta_i)$$

の形をしているとき、CE 最適化問題 (9.33) の解は $\widehat{\boldsymbol{\eta}} = (\widehat{\eta}_1^*, \ldots, \widehat{\eta}_n^*)$ で与えられる。ただし、

$$\widehat{\eta}_i^* = \frac{\sum_{k=1}^{N} H(\mathbf{X}_k)\, X_{ki}}{\sum_{k=1}^{N} H(\mathbf{X}_k)}, \quad i = 1, \ldots, n \tag{9.35}$$

で，X_{ki} は $\mathbf{X}_k$ の i 番目の要素である．

稀少事象シミュレーションでは，確率変数 $H(\mathbf{X})$ はしばしば $\mathrm{I}_{\{S(\mathbf{X}) \geqslant \gamma\}}$ という形をとる．事象 $\{S(\mathbf{X}) \geqslant \gamma\}$ が $f(\cdot; \boldsymbol{\theta})$ のもとでは稀にしか起きないとすれば，式 (9.35) の分母・分子ともにゼロになることが多いので，この方法では CE 最適なパラメータを求めることはできない．10.5 節で多段階アプローチ，あるいはゼロ分散重点抽出密度 g^* から直接サンプリングする工夫を解説する．

■ **例 9.9**（ブリッジ回路問題に対する CE 法による推定）

例 9.8 では，VM 最適な参照パラメータを数値的最小化法で求めた．ここでは，パラメータの設定を変え，式 (9.35) を使って CE 最適なパラメータを求める方法をとる．各 i に対して，$\mathrm{Beta}(\nu_i, 1)$ は平均が $\eta_i = \nu_i/(1 + \nu_i)$ の指数型分布族に属する．これに $\nu_i = \eta_i/(1 - \eta_i)$ を代入して，平均 η_i をパラメータとする分布と読み替える．

次の MATLAB プログラムの最初の 4 行は，CE 最適な参照パラメータを CE 法で推定する部分である．1 つの数値例として，$\widehat{\boldsymbol{\eta}} = (0.560, 0.529, 0.500, 0.571, 0.518)$ が得られ，$\widehat{\boldsymbol{\nu}} = (1.272, 1.122, 1.000, 1.329, 1.075)$ となった．このときの相対誤差推定値は 0.25% であった．

```
%bridgeCE.m
N = 10^3;
U = rand(N,5);
y = repmat(h(U),1,5);
v = sum(y.*U)./sum(y)
N1 = 10^4;
nu = repmat(v./(1-v),N1,1);
U = rand(N1,5).^(1./nu);
w = prod(1./(nu.*U.^(nu - 1)),2);
y = h(U).*w;
est = mean(y)
percRE = std(y)/sqrt(N1)/est*100
```

9.7.4 重み付き重点抽出

アルゴリズム 9.7 は，尤度比 (9.19) が定数倍を除いてわかる場合，つまり，未知の定数 c と既知の関数 $w(\cdot)$ を使って $W(\mathbf{X}) = f(\mathbf{X})/g(\mathbf{X}) = c\, w(\mathbf{X})$ と書ける場合に，少しだけ改善することができる．このとき，$\mathbb{E}_g W(\mathbf{X}) = 1$ なので，$\ell = \mathbb{E}_g H(\mathbf{X})\, W(\mathbf{X})$ を

9.7 重点抽出

$$\ell = \frac{\mathbb{E}_g H(\mathbf{X})\, W(\mathbf{X})}{\mathbb{E}_g W(\mathbf{X})}$$

と書き換える．これは標準的な重点抽出法の代替案として，次の標本平均で推定できることを意味する．

$$\widehat{\ell}_w = \frac{\sum_{k=1}^N H(\mathbf{X}_k)\, w_k}{\sum_{k=1}^N w_k} \tag{9.36}$$

ここで，$\{w_k = w(\mathbf{X}_k)\}$ は無作為抽出 $\{\mathbf{X}_k\}$ の "重み" と解釈できる．$\{(\mathbf{X}_k, w_k)\}$ は $g(\mathbf{x})$ の**重み付き標本**（weighted sample）と呼ばれる．推定量は比の推定量なので（例 8.4 を参照）重み付き標本推定量 (9.36) は偏りを持つが，N を大きくすると偏りをゼロにすることができる．雑な言い方をすれば，重み付き標本は，任意の関数 H に対して $\ell = \mathbb{E}_f H(\mathbf{X}) \approx \widehat{\ell}_w$ という意味で $f(\mathbf{x})$ の表現ということができる．

■ 例 9.10（ブリッジ回路問題に対する重み付き標本推定量）

ブリッジ回路の例に対して，重点抽出密度として，式 (9.36) に関連して，ゼロ分散重点抽出密度 $g^*(\mathbf{u}) = \frac{1}{\ell} h(\mathbf{u})$ をとりたくなる．すべての $\mathbf{u}$ に対して $h(\mathbf{u}) \leqslant 2$ であることに注意する．g^* からの標本は，採択-棄却法で生成できる．すなわち，$\mathbf{U} \sim \mathrm{U}(0,1)^5$ と $V \sim \mathrm{U}(0,2)$ を独立にとり，$V < h(\mathbf{U})$ ならば $\mathbf{U}$ を採択する．$w(\mathbf{u}) = 1/h(\mathbf{u})$ なので，重み付き標本推定量は

$$\widehat{\ell}_w = \frac{1}{\frac{1}{N}\sum_{k=1}^N 1/h(\mathbf{U}_k)}$$

によって与えられる．ただし，$\mathbf{U}_1, \ldots, \mathbf{U}_N \overset{\mathrm{iid}}{\sim} g^*$ である．デルタ法（☞ p.321）により，$\sqrt{N}(\widehat{\ell}_w - \ell)$ は $\mathrm{N}(0, \sigma^2 \ell^4)$ に法則収束する．ただし，σ^2 は $1/h(\mathbf{U})$ の分散で，シミュレーションで推定できる．次の MATLAB プログラムは，重み付き標本推定量の計算を実装したものである．プログラムは不偏推定量を生成するが，相対誤差推定値は 0.65% で，CMC より精度が悪い．

```
%wsbridge.m
clear all
N = 10^4;w  = zeros(N,1);
for k=1:N
    cont = true;
    while cont
        R = rand(1,5);v = rand*2;y = h(R);
        if v < y
            w(k) = 1/y;cont=false;
        end
    end
end
est = 1/mean(w)
percRE = std(w)*est/sqrt(N)*100
```

9.7.5 逐次重点抽出

動的重点抽出 (dynamic importance sampling) とも呼ばれる**逐次重点抽出** (sequential importance sampling; SIS) は，重点抽出を順番に実行するものである．SIS の手順を説明するために，$\ell = \mathbb{E}_f H(\mathbf{X})$ に対して，その重点抽出推定量を

$$\widehat{\ell} = \frac{1}{N} \sum_{k=1}^{N} H(\mathbf{X}_k) \frac{f(\mathbf{X}_k)}{g(\mathbf{X}_k)}, \quad \mathbf{X}_1, \ldots, \mathbf{X}_N \stackrel{\text{iid}}{\sim} g \qquad (9.37)$$

とする．g は重点抽出密度である．ここで，$\mathbf{X}$ が $\mathbf{X} = (X_1, \ldots, X_n)$ と書けること (X_i は多変量かもしれない)，また，$g(\mathbf{X})$ からの逐次標本抽出が容易であることを仮定する．すなわち $g(\mathbf{x})$ を

$$g(\mathbf{x}) = g_1(x_1) g_2(x_2 \mid x_1) \cdots g_n(x_n \mid x_1, \ldots, x_{n-1}) \qquad (9.38)$$

と書き換えたとき，$g_1(x_1)$ からの標本 X_1 の抽出，$X_1 = x_1$ という条件のもとでの密度 $g_2(x_2 \mid x_1)$ からの標本抽出，… と繰り返すことにより比較的容易に $g(\mathbf{x})$ に従う標本 $\mathbf{X}$ が抽出される．この手順を N 個の独立標本 $\mathbf{X}_1, \ldots, \mathbf{X}_N$ が得られるまで続け，式 (9.37) に従って ℓ を推定する．

表記を簡単にするために，$(x_1, x_2, \ldots, x_t)$ を $\mathbf{x}_{1:t}$ と記す．特に，$\mathbf{x}_{1:n} = \mathbf{x}$ である．$\mathbf{x}_{1:t}$ は t を離散の時間パラメータとして，確率過程のサンプルパスと見ることができる．確率の乗法公式 (A.21) より，目的の pdf $f(\mathbf{x})$ も次のように書ける．

$$f(\mathbf{x}) = f(x_1) f(x_2 \mid x_1) \cdots f(x_n \mid \mathbf{x}_{1:n-1}) \qquad (9.39)$$

ここで，ベイズ流の簡略記法を使っている (B.3 節を参照)．式 (9.38), (9.39) より，尤度が積形式で表される．

$$W(\mathbf{x}) = \frac{f(x_1) f(x_2 \mid x_1) \cdots f(x_n \mid \mathbf{x}_{1:n-1})}{g_1(x_1) g_2(x_2 \mid x_1) \cdots g_n(x_n \mid \mathbf{x}_{1:n-1})} \qquad (9.40)$$

$W_t(\mathbf{x}_{1:t})$ を時点 t までの尤度比とすれば，その記号を使って，

$$W_t(\mathbf{x}_{1:t}) = u_t W_{t-1}(\mathbf{x}_{1:t-1}), \quad t = 1, \ldots, n \qquad (9.41)$$

と表すことができる．ただし，$W_0(\mathbf{x}_{1:0}) = 1$ とし，**逐次ウエイト** (incremental weight) を $u_1 = f(x_1)/g_1(x_1)$，また

$$u_t = \frac{f(x_t \mid \mathbf{x}_{1:t-1})}{g_t(x_t \mid \mathbf{x}_{1:t-1})} = \frac{f(\mathbf{x}_{1:t})}{f(\mathbf{x}_{1:t-1}) g_t(x_t \mid \mathbf{x}_{1:t-1})}, \quad t = 2, \ldots, n \qquad (9.42)$$

とする．

尤度比を式 (9.42) に従って再帰的に更新するためには，各 t について周辺 pdf $f(\mathbf{x}_{1:t})$ を知らなければならない．f がマルコフ性を持たない場合，これはたやすいことではない．$f(\mathbf{x}_{1:t})$ を求めるには，$f(\mathbf{x})$ を $x_{t+1}, \ldots, x_n$ について積分しなければならない．その代わりとして，計算が容易な"補助的な"pdf $f_1, f_2, \ldots, f_n$ を導入し，$f_t(\mathbf{x}_{1:t})$ が $f(\mathbf{x}_{1:t})$ の近似になっているようにする．最後の f_n は f に一致するように選ぶ．

$$f(\mathbf{x}) = \frac{f_1(x_1)}{1} \frac{f_2(\mathbf{x}_{1:2})}{f_1(x_1)} \cdots \frac{f_n(\mathbf{x}_{1:n})}{f_{n-1}(\mathbf{x}_{1:n-1})} \tag{9.43}$$

となるので，式 (9.42) の一般化として，逐次ウエイトの更新式

$$u_t = \frac{f_t(\mathbf{x}_{1:t})}{f_{t-1}(\mathbf{x}_{1:t-1}) \, g_t(x_t \,|\, \mathbf{x}_{1:t-1})} \tag{9.44}$$

が得られる．ただし，$f_0(\mathbf{x}_{1:0}) = 1$ とおいた．逐次ウエイト u_t は"定数倍を除いて"決まる．この場合は，尤度比 $W(\mathbf{x})$ も定数倍を除いて決まる：$W(\mathbf{x}) = C w(\mathbf{x})$．ここで，$1/C = \mathbb{E}_g w(\mathbf{X})$ は標本平均で推定する．すなわち，正規化定数が未知の場合でも，重点抽出推定量 (9.18) ではなく，重み付き標本推定量 (9.36) を使って ℓ を推定することができる．SIS 法のアルゴリズムを以下にまとめる．

アルゴリズム 9.9（逐次重点抽出）

1. $t = 1, 2, \ldots, n$ の順に $g_t(x_t \,|\, \mathbf{x}_{1:t-1})$ に従う標本 X_t を抽出する．
2. $w_t = u_t w_{t-1}$ を計算する．ただし，$w_0 = 1$ であり，

$$u_t = \frac{f_t(\mathbf{X}_{1:t})}{f_{t-1}(\mathbf{X}_{1:t-1}) \, g_t(X_t \,|\, \mathbf{X}_{1:t-1})}, \quad t = 1, \ldots, n \tag{9.45}$$

である．
3. 以上を N 回繰り返し，ℓ を式 (9.18) の $\widehat{\ell}$，あるいは式 (9.36) の $\widehat{\ell}_w$ で推定する．

逐次重点抽出を適用する際は，ランダムな停止時刻が現れる．多くの重点抽出では，次の定理のように，通常の固定的な時間の直接の一般化と考えられる．証明は [18, p.143, p.225] を参照せよ．

定理 9.6（停止時刻を持つ重点抽出） τ を確率過程 $\{X_t, t = 1, 2, \ldots\}$ の停止時刻とする．$\mathbb{P}$ と $\widetilde{\mathbb{P}}$ を2つの測度とし，それぞれの測度のもとで $\mathbf{X}_{1:t} = (X_1, \ldots, X_t)$ は pdf $f_t(\mathbf{x}_{1:t}), g_t(\mathbf{x}_{1:t}), t = 1, 2, \ldots$ に従うものとする．このとき，$\mathbf{x}_{1:t}, t = 1, 2, \ldots$ の関数 H_t を使ったそれぞれの評価値に対して，次が成り立つ．

$$\mathbb{E} \sum_{t=1}^{\tau} H_t(\mathbf{X}_{1:t}) = \widetilde{\mathbb{E}} \sum_{t=1}^{\tau} H_t(\mathbf{X}_{1:t}) W_t \tag{9.46}$$

$$\mathbb{E} H_\tau(\mathbf{X}_{1:\tau}) = \widetilde{\mathbb{E}} H_\tau(\mathbf{X}_{1:\tau}) W_\tau \tag{9.47}$$

ここで，$W_t = f_t(\mathbf{X}_{1:t})/g_t(\mathbf{X}_{1:t})$ は，$\mathbf{X}_{1:t}$ の尤度比である．

■ **例 9.11（整数上のランダムウォーク）**

整数値をとるランダムウォーク過程 $\{S_t, t = 0, 1, \ldots\}$ を考える：$S_t = S_{t-1} + X_t$．ただし，$\{X_t\}$ は独立で，すべての $t = 1, 2, \ldots$ に対して $\mathbb{P}(X_t = 1) = p$，$\mathbb{P}(X_t = -1) = q = 1 - p$ であるとする．$p < q$ を仮定する．したがって，ドリ

フトがマイナスである．K を大きな数とし，状態 k, $0 < k \ll K$ から出発して，状態 0 を訪問する前に状態 K に到達するという稀な事象の確率 ℓ を推定することが目的である．$\widetilde{\mathbb{P}}$ として，$\{X_t\}$ は独立であるが，その確率分布が $\widetilde{\mathbb{P}}(X_t = 1) = \widetilde{p}$, $\widetilde{\mathbb{P}}(X_t = -1) = \widetilde{q} = 1 - \widetilde{p}$, $t = 1, 2, \ldots$ で与えられるものを選ぶ．τ を最初に 0 か K を訪問する時点とする．τ は $\{S_t\}$ の停止時刻であるから，式 (9.47) より，次が言える．

$$\ell = \mathbb{E} I_{\{S_\tau = K\}} = \widetilde{\mathbb{E}} I_{\{S_\tau = K\}} W_\tau$$

ここで，W_t, $t = 1, 2, \ldots$ は，$W_0 = 1$ として，$W_t = W_{t-1} u_t$ によって順に計算することができる．ただし，

$$u_t = \begin{cases} p/\widetilde{p}, & x_t = 1 \text{ の場合} \\ q/\widetilde{q}, & x_t = -1 \text{ の場合} \end{cases}$$

である．次で定義される指数型分布族 $\{f(x; \theta), \theta \in \mathbb{R}\}$ を考える．

$$f(x; \theta) = e^{\theta x - \zeta(\theta)} f_0(x), \quad x \in \{-1, 1\}$$

ただし，$f_0(1) = p$, $f_0(-1) = q$ (これが X_t の名目密度)，$\zeta(\theta) = \ln(pe^\theta + qe^{-\theta})$ である．$\widetilde{p}$ は $\widetilde{p} = pe^\theta / (pe^\theta + qe^{-\theta})$ という式で，θ と関連付けられていることに注意する．平均値 $v = \zeta'(\theta) = (pe^\theta - qe^{-\theta})/(pe^\theta + qe^{-\theta})$ をパラメータとして分布族の表現を変えることができる．ℓ を推定するための CE 最適なパラメータ v^* は，定理 9.5 と同じようにして，次のように与えられる ([4] を参照)．

$$v^* = \frac{\mathbb{E} I_{\{S_\tau = K\}} \sum_{i=1}^{\tau} X_i}{\mathbb{E} \tau I_{\{S_\tau = K\}}} = \frac{(K - k) \mathbb{P}(S_\tau = K)}{\mathbb{E} \tau I_{\{S_\tau = K\}}} = \frac{K - k}{\mathbb{E}[\tau \mid S_\tau = K]}$$

Stern [21] は次のことを証明した．

$$\mathbb{E}[\tau \mid S_\tau = K] = \frac{1}{(p - q)(1 - r^k)} \left[(K - k)(r^k + 1) + 2K \left(\frac{r^k - r^K}{r^K - 1} \right) \right]$$

ここで，$r = q/p$ である．したがって，CE 最適な傾斜パラメータは

$$v^* = \frac{(K - k)(p - q)(1 - r^k)}{(K - k)(r^k + 1) + 2K \left(\frac{r^k - r^K}{r^K - 1} \right)}$$

で与えられる．$\mathbf{X}_{1:t} = (X_1, \ldots, X_t)$ の尤度比は次で与えられる．

$$W_t = \prod_{i=1}^{t} \frac{f_0(x_i)}{f(x_i; \theta)} = e^{-\theta \sum_{i=1}^{t} x_i + t\zeta(\theta)}$$

ここで，θ と v には $\theta = \frac{1}{2} \ln((1+v)q/((1-v)p))$ という関係がある．CE 最適な傾斜パラメータのもとで次が成り立つ．

$$I_{\{S_\tau = K\}} W_\tau = I_{\{S_\tau = K\}} e^{-\theta^*(K-k) + \tau \zeta(\theta^*)}$$

次の MATLAB プログラムは，CE 最適な重点抽出法で $k = 10$, $K = 30$, $p = 0.3$ と

して ℓ を推定するものである．真の値は
$$\ell = \frac{r^k - 1}{r^K - 1} \approx 4.3689140 \times 10^{-8}$$
である．$N = 10^4$ としたときの1つの計算値として，4.3685×10^{-8} を得た．その相対誤差推定値は 1.7×10^{-4} であった．実験を通して，$N = 1000$ のように小さいと相対誤差をひどく過小評価することがわかった．

```
%gamble_CE_A.m
N = 10^4; % シミュレーションの長さ
results = zeros(N,1);
k = 10; K = 30; % 初期状態と吸収状態
p = .3; q = 1 - p; r = q/p; % 実際の確率

% CE を使って分布を傾斜させる
v = ((K - k)*(p - q)*(1 - r^k)) / ((K-k)*(r^k + 1) ...
    + 2 * K * ((r^k - r^K) / (r^K - 1)))
theta = .5*(log((1+v)*q)-log((1-v)*p));
p_tilde = (p * exp(theta)) / (p * exp(theta) + q * exp(-theta));
q_tilde = 1 - p_tilde;

for i = 1:N
    t = 0;
    sum = k;
    while (sum ~= K) && (sum ~= 0)
        t = t+1;
        U = rand;
        sum = sum + (2*(U < p_tilde) - 1);
    end
    results(i) = exp(-theta * (K - k) + t*(log(p*exp(theta) ...
                + q*exp(-theta))))*(sum == K);
end

ell = (r^k - 1) / (r^K - 1) % 実際の確率
ell_hat = mean(results) % 推定された確率
RE = std(results) / sqrt(N) / ell_hat % 推定相対誤差
```

9.7.6　重点抽出法を介した応答曲面推定法

シミュレーション実験の評価指標として，次のものを考える．
$$\ell(\boldsymbol{\theta}) = \mathbb{E}_{\boldsymbol{\theta}} H(\mathbf{X})$$
ここで，$\mathbf{X} \sim f(\mathbf{x}; \boldsymbol{\theta})$ はパラメータ $\boldsymbol{\theta} \in \Theta$ に依存するものとしよう．重点抽出法の

1回の実験により，**応答曲面** (response surface) $\{\ell(\boldsymbol{\theta}), \boldsymbol{\theta} \in \Theta\}$ の一部分に関する情報を集めることができる．その考え方は，$\ell(\boldsymbol{\theta})$ を

$$\ell(\boldsymbol{\theta}) = \mathbb{E}_{\boldsymbol{\theta}_0} H(\mathbf{X}) W(\mathbf{X}; \boldsymbol{\theta}, \boldsymbol{\theta}_0) \tag{9.48}$$

と書き換えることにある．ここで，$\boldsymbol{\theta}_0 \in \Theta$ は $f(\mathbf{x}; \boldsymbol{\theta}_0)$ が $f(\mathbf{x}; \boldsymbol{\theta}) H(\mathbf{x})$ を支配しているように選ぶものとする．例によって，$W(\mathbf{X}; \boldsymbol{\theta}, \boldsymbol{\theta}_0) = f(\mathbf{X}; \boldsymbol{\theta}) / f(\mathbf{X}; \boldsymbol{\theta}_0)$ は尤度比である．対応する推定量は

$$\widehat{\ell}(\boldsymbol{\theta}; \boldsymbol{\theta}_0) = \frac{1}{N} \sum_{k=1}^{N} H(\mathbf{X}_k) W(\mathbf{X}_k; \boldsymbol{\theta}, \boldsymbol{\theta}_0) \tag{9.49}$$

であり，ここで $\mathbf{X}_1, \ldots, \mathbf{X}_N \overset{\text{iid}}{\sim} f(\mathbf{x}; \boldsymbol{\theta}_0)$ である．$f(\mathbf{x}; \boldsymbol{\theta}_0)$ を重点抽出密度としたときの推定量 $\widehat{\ell}(\boldsymbol{\theta}; \boldsymbol{\theta}_0)$ の分散は，$\{H(\mathbf{X}_k) W(\mathbf{X}_k; \boldsymbol{\theta}, \boldsymbol{\theta}_0)\}$ の標本分散で推定できる．実行手順を次のアルゴリズムとしてまとめる．

アルゴリズム 9.10（応答曲面推定）

1. $\mathbf{X}_1, \ldots, \mathbf{X}_N \overset{\text{iid}}{\sim} f(\mathbf{x}; \boldsymbol{\theta}_0)$ を生成する．
2. 式 (9.49) に従って $\ell(\boldsymbol{\theta})$ を推定し，近似的な $1 - \alpha$ 信頼区間を求める．

$$\left(\widehat{\ell} - z_{1-\alpha/2} \frac{S}{\sqrt{N}},\ \widehat{\ell} + z_{1-\alpha/2} \frac{S}{\sqrt{N}} \right)$$

ここで，z_γ は $\mathsf{N}(0,1)$ 分布の γ 分位点，S は $\{H(\mathbf{X}_k) W(\mathbf{X}_k; \boldsymbol{\theta}, \boldsymbol{\theta}_0)\}$ の標本標準偏差である．

上の手順には，"優れた点" が2つある．
1) $\boldsymbol{\theta}_0$ のもとでの1回のシミュレーション実験だけで，さまざまな $\boldsymbol{\theta}$ の値に対する評価指標を推定することができる．
2) $\boldsymbol{\theta}$ の関数としての推定された応答曲面 $\widehat{\ell}(\boldsymbol{\theta}; \boldsymbol{\theta}_0)$ は普通，区分的に微分可能であり，$\ell(\boldsymbol{\theta})$ の勾配は $\widehat{\ell}(\boldsymbol{\theta}; \boldsymbol{\theta}_0)$ を微分することで推定できる．これはスコア関数の考え方と同じである（11.4節を参照）．

大きな"欠点"は，$\widehat{\ell}(\boldsymbol{\theta}; \boldsymbol{\theta}_0)$ は $\ell(\boldsymbol{\theta})$ の不偏推定量であっても，その分散が $(\boldsymbol{\theta}, \boldsymbol{\theta}_0)$ の値によっては非常に大きくなることである（最悪の場合は無限大になる）．

この不具合は，$\boldsymbol{\theta}_0$ のもとでの分布の裾が，$\boldsymbol{\theta}$ のもとでの分布に比べて軽い場合に起きる．このとき，尤度比は限りなく大きくなる．このような場合，推定量は真の値と標準誤差を"過小評価"することが多い．そのため，信頼区間が極端に小さくなる．したがって，応答曲面の"全域"で同じような精度を期待することはできない．比較的信頼できる領域を"信頼領域"（trust region）と呼んでいる（C.2.2.6 項と 11.4.1 項を参照）．重点抽出法の危険性については，例えば [18, pp.209–211] を参照せよ．

■ 例 9.12 （ブリッジ回路問題に対する応答曲面法による推定）

例 9.1 に戻る．リンクの長さ $X_1, \ldots, X_5$ は互いに独立で，それぞれ，$(0, \theta)$, $(0, 2)$, $(0, 3)$, $(0, 1)$, $(0, 2)$ で定義された一様分布に従うとする．したがって，1 番目のリンク長が $\mathsf{U}(0, 1)$ ではなく $\mathsf{U}(0, \theta)$ に従っているところだけが，例 9.1 と違っている．最短経路長の期待値を $\ell(\theta)$ とする．$\theta = \theta_0 = 3$ の場合に $\mathbf{X} = (X_1, \ldots, X_5)$ の N 個の iid 標本があるとしよう．すると，$\ell(\theta)$ は

$$\widehat{\ell}(\theta; \theta_0) = \frac{1}{N} \sum_{k=1}^{N} H(\mathbf{X}_k) \frac{\mathrm{I}_{\{0<X_{k1}<\theta\}}/\theta}{\mathrm{I}_{\{0<X_{k1}<\theta_0\}}/\theta_0}$$

によって推定できる．もし $\theta > \theta_0$ ならば，重点抽出密度 $f(\mathbf{x}; \theta_0)$ は $H(\mathbf{x}) f(\mathbf{x}; \theta)$ を支配しない．したがって，$\ell(\theta)$ を重点抽出で推定できるのは，$\theta < \theta_0$ の場合のみであることに注意する．図 9.6 は，$\theta_0 = 3$, $N = 10^4$ としたときの応答曲面（曲線）推定の数値例である．シミュレーション実験を行った MATLAB プログラムを示す．

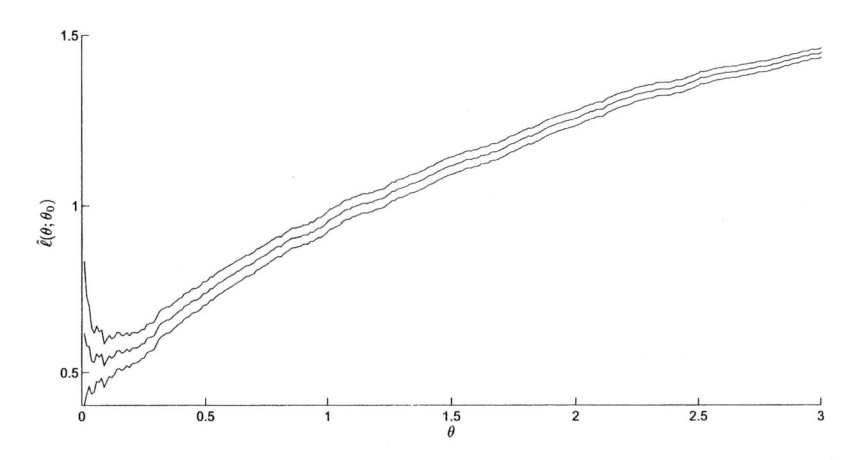

図 9.6 一様分布の場合の，推定された応答曲面と 95% 信頼限界．

```
%responsesurfis.m
N = 10000; theta0 = 3;
a = [theta0,2,3,1,2]; u = rand(N,5);
X = u.*repmat(a,N,1); W = zeros(N,1);
y = H1(X); theta = 0:0.01:theta0;
num = numel(theta);
ell = zeros(1,num); ellL = zeros(1,num);
ellU = zeros(1,num); stell = zeros(1,num);
for i=1:num
```

```
    th = theta(i);
    W = theta0/th*(X(:,1)< th);
    ell(i) = mean(H1(X).*W);
    stell(i) = std(H1(X).*W);
    ellL(i)= ell(i) - stell(i)/sqrt(N)*1.95;
    ellU(i)= ell(i) + stell(i)/sqrt(N)*1.95;
end
plot(theta,ell, theta, ellL, theta, ellU)
```

```
function out=H1(X)
Path_1=X(:,1)+X(:,4);
Path_2=X(:,1)+X(:,3)+X(:,5);
Path_3=X(:,2)+X(:,3)+X(:,4);
Path_4=X(:,2)+X(:,5);
out=min([Path_1,Path_2,Path_3,Path_4],[],2);
```

次いで，X_1 が $\mathsf{Exp}(1/\theta_0)$ 分布に従う場合に，一般の $\theta > 0$ で $\ell(\theta)$ がどのように振る舞うかを調べる．推定量は

$$\widehat{\ell}(\theta;\theta_0) = \frac{1}{N}\sum_{k=1}^{N} H(\mathbf{X}_k)\frac{e^{-X_{k1}/\theta}/\theta}{e^{-X_{k1}/\theta_0}/\theta_0}$$

$$= \frac{\theta_0}{\theta N}\sum_{k=1}^{N} H(\mathbf{X}_k)\,e^{X_{k1}(1/\theta_0-1/\theta)} \qquad (9.50)$$

である．

$\theta_0 = 3$, $N = 10^4$ として推定された応答曲面（曲線）の1つの数値例を図 9.7 に示す．シミュレーション実験を行った MATLAB プログラムは，本書のウェブサイトに掲載されている．

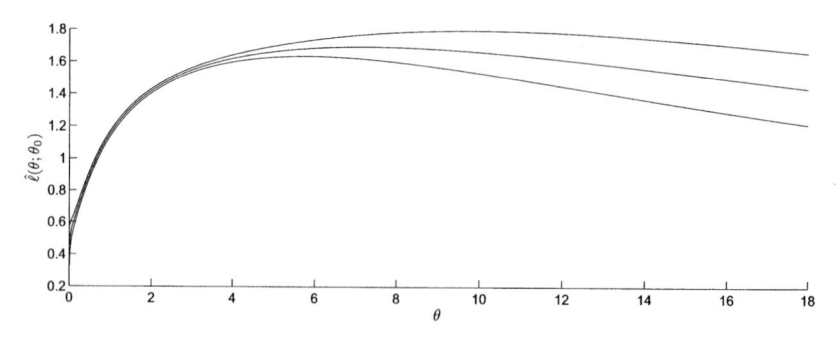

図 9.7 指数分布の場合の，推定された応答曲面と 95% 信頼限界.

一様分布の場合と比較して目立つ 2 つの違いは，(1) 推定された応答曲線が θ の滑らかな関数であることと，(2) すべての $\theta > 0$ に対して推定値が得られることである．しかし，すでに述べたとおり，θ が大きくなりすぎると，推定値と信頼区間はかなり怪しくなる．このことは，真の応答関数が θ に関して単調増加関数でなければならないのに，推定された応答関数は $\theta > 7$ の範囲で減少関数になっていることからもわかる．$\theta > 2\theta_0 = 6$ で推定量の分散が無限大になってしまうことを示すのはそれほど難しくはない（[18, p.210] を参照）．そこで，θ が例えば 5 以上のところでこの方法により $\ell(\theta)$ を推定することはやめたほうがよい．$\theta > \theta_0$ に対して，重点抽出密度 $f(\mathbf{x}; \theta_0)$ の x_1 変数に関する裾は $f(\mathbf{x}; \theta)$ に比べて軽いことに注意する．

最後に，この特別な例では，重点抽出法を使わなくても，1 回のシミュレーション実験で "全域での" 応答関数を推定することはそれほど難しくない．$\ell(\theta)$ を次のように表す．
$$\ell(\theta) = \mathbb{E}h(\mathbf{U}; \theta)$$
ただし，一様分布の場合は例 9.1 のように，$h(\mathbf{U}; \theta) = H(\theta U_1, 2U_2, 3U_3, U_4, 2U_5)$，$U_1, \ldots, U_5 \stackrel{\text{iid}}{\sim} \mathsf{U}(0,1)$ とする．

$\ell(\theta)$ は $\mathbf{U}_1, \ldots, \mathbf{U}_N \stackrel{\text{iid}}{\sim} U(0,1)^5$ から，次の式で推定すればよい．
$$\frac{1}{N} \sum_{k=1}^{N} h(\mathbf{U}_k; \theta), \quad \theta > 0$$

9.8 準モンテカルロ

準モンテカルロ法は，d 次元単位立方体 $(0,1)^d$ 上の定積分
$$\ell = \int h(\mathbf{u}) \, d\mathbf{u}$$
の推定値を標本平均
$$\frac{1}{N} \sum_{\mathbf{u} \in \mathcal{P}_N} h(\mathbf{u})$$
によって計算するときに，強力なツールとなる．ただし，$\mathcal{P}_N$ は第 2 章で説明した準ランダムな N 個の点を表す．誤差の評価は，ランダム点の集合を "ランダムにずらし"（2.7 節を参照），K 個の独立な式 (2.10) の推定量の複製を作ることによって得られる．

一般的な手順は，次のようにまとめることができる．

アルゴリズム 9.11（準モンテカルロ推定）

1. 準モンテカルロ点集合 $\mathcal{P}_N = \{\mathbf{u}_j, j = 1, \ldots, N\}$ を生成する．
2. 独立なランダムベクトル $\mathbf{Z}_1, \ldots, \mathbf{Z}_K \stackrel{\text{iid}}{\sim} \mathsf{U}(0,1)^d$ を生成する．
3. ずらした点集合 $\mathcal{P}_N^{(i)} = (\mathcal{P}_N + \mathbf{Z}_i) \mod 1, i = 1, \ldots, K$ を計算する．

4. 次の式を計算する.
$$\widehat{\ell}_i = \frac{1}{N} \sum_{\mathbf{u} \in \mathcal{P}_N^{(i)}} h(\mathbf{u}), \quad i = 1, \ldots, K$$

5. ℓ を $\widehat{\ell} = \frac{1}{K} \sum_{k=1}^{K} \widehat{\ell}_k$ で推定し, 近似的な $1 - \alpha$ 信頼区間を次で推定する.
$$\left(\widehat{\ell} - z_{1-\alpha/2} \frac{S}{\sqrt{K}}, \ \widehat{\ell} + z_{1-\alpha/2} \frac{S}{\sqrt{K}} \right) \tag{9.51}$$

ここで, z_γ は $N(0,1)$ 分布の γ 分位点, S は $\widehat{\ell}_1, \ldots, \widehat{\ell}_K$ の標本標準偏差である.

■ **例 9.13（ブリッジ回路問題に対する準モンテカルロ法による推定法）**

式 (9.2) にある期待値 ℓ は比較的低次元の問題 ($d = 5$) なので, 準モンテカルロ法がうまく機能することが期待できる. 下の MATLAB プログラムは, アルゴリズム 9.11 を Faure 列を使って実装したもので, p.35 の関数 faure.m を使っている. 複製の個数 K は, 相対誤差を適切に推定するために 20 とした. ずらした各点集合の点の数は, $N = 500$ とした. したがって, 全部で 10^4 回 $h(\mathbf{u})$ を計算する必要がある. こうして得られた ℓ の推定値は $\widehat{\ell} = 0.9308$ であり, 相対誤差の推定値（つまり $S/(\sqrt{K}\widehat{\ell})$. S は式 (9.51) と同様) は 0.072% である. この問題に限って言えば, 本章で述べた分散減少法の中では, 準モンテカルロ法は制御変量法の次に精度が高い.

```
%brigeQMC_faure.m
K = 20;
N = 10^4/K;
F = faure(5,5,N-1);
for i=1:K
    U(:,:,i) = mod(F + repmat(rand(1,5),N,1), 1);
end
for i=1:K
    y(i) = mean(h(U(1:N,:,i)));
end
ell = mean(y);        % 推定値
se = std(y)/sqrt(K);  % 標準誤差
fprintf('ell=%g, percRE = %g  \n',ell, 100*se/ell);
```

準モンテカルロ法の精度の良さをさらに示すために, $N = 50000$, $K = 20$ とすると, $\widehat{\ell} = 0.929862$ となり, この相対誤差推定値は実に 0.0027% である. 真の値が $0.929861111\cdots$ であること思い出そう.

最後に, 図 9.8 は, 準ランダム点集合の違いによる $\widehat{\ell}$ の収束の違いを示している. $K = 40$ とし, N は 8 から 10^5 までを調べた. すべてのモンテカルロ実験は $K = 40$

9.8 準モンテカルロ 393

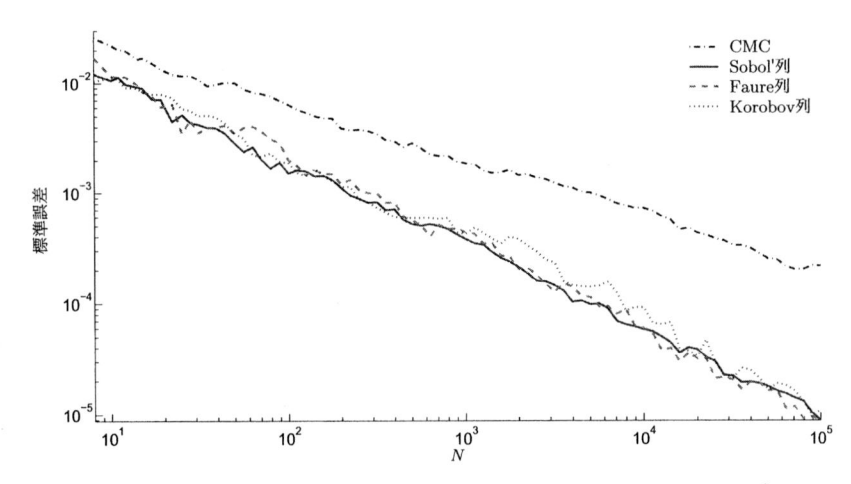

図 9.8 $K = 40$ で，点の数 N を変えたときの準ランダム点集合を使った場合の $\hat{\ell}$ の標準誤差の推移．

回繰り返された．明らかに，CMC の推定はどの N においても大きな標準誤差を持つ．さらに，CMC は N を増やしても Sobol' 列，Faure 列，Korobov 列による推定に比べて誤差の減少速度が遅い．この例題に関しては CMC を除く 3 つの推定では違いは見られない．Korobov 列では $a = 14471$ を使用した．

最後に，実践する人の指針として，いくつかの分散減少法のこれまでのシミュレーション結果から得られた "主観的" 評価を図 9.9 にまとめる．図は実施の困難さと，CMC に対する分散の改善度を示している．完璧を期すため，第 14 章で説明する分岐法の結果についても表示する．

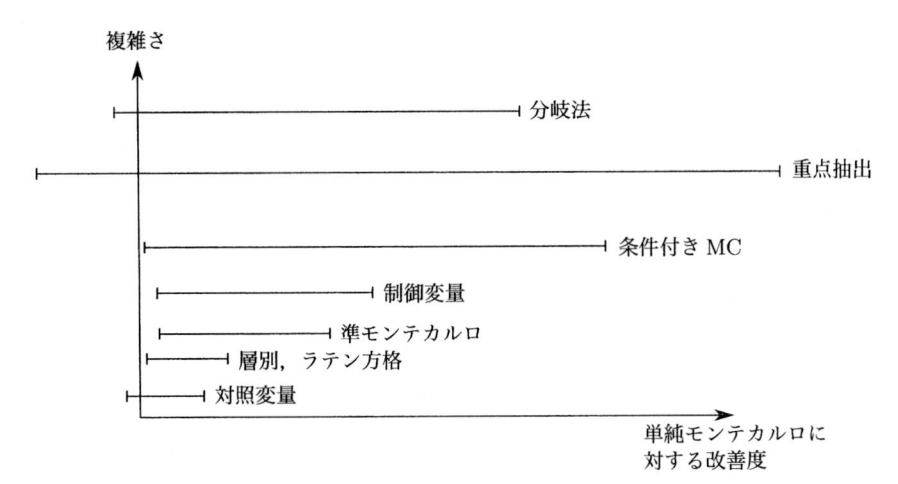

図 9.9 分散減少法を選ぶための指針．

さらに学習するために

分散減少技法の最初の論文は Kahn and Marshal [7] である．分散減少法の章を含むモンテカルロ法の良い教科書はたくさんある．中でも [1], [5], [6], [8], [9], [11], [13], [14], [15], [16], [20] を参照せよ．

文　　献

1) S. Asmussen and P. W. Glynn. *Stochastic Simulation: Algorithms and Analysis*. Springer-Verlag, New York, 2007.
2) S. Asmussen and R. Y. Rubinstein. Response surface estimation and sensitivity analysis via efficient change of measure. *Stochastic Models*, 9(3):313–339, 1993.
3) W. G. Cochran. *Sampling Techniques*. John Wiley & Sons, New York, third edition, 1977.
4) P. T. de Boer, D. P. Kroese, and R. Y. Rubinstein. A fast cross-entropy method for estimating buffer overflows in queueing networks. *Management Science*, 50(7):883–895, 2004.
5) G. S. Fishman. *Monte Carlo: Concepts, Algorithms and Applications*. Springer-Verlag, New York, 1996.
6) P. Glasserman. *Monte Carlo Methods in Financial Engineering*. Springer-Verlag, New York, 2004.
7) M. Kahn and A. W. Marshall. Methods of reducing sample size in Monte Carlo computations. *Journal of the Operations Research Society of America*, 1(5):263–278, 1953.
8) J. P. C. Kleijnen. *Statistical Techniques in Simulation, Part 1*. Marcel Dekker, New York, 1974.
9) J. P. C. Kleijnen. Analysis of simulation with common random numbers: A note on Heikes et al. (1976). *Simuletter*, 11(2):7–13, 1979.
10) D. P. Kroese, T. Taimre, Z. I. Botev, and R. Y. Rubinstein. *Solutions Manual to Accompany: Simulation and the Monte Carlo Method, Second Edition*. John Wiley & Sons, New York, 2007.
11) A. M. Law and W. D. Kelton. *Simulation Modeling and Analysis*. McGraw-Hill, New York, third edition, 2000.
12) P. L'Ecuyer and C. Lemieux. Variance reduction via lattice rules. *Management Science*, 46(9):1214–1235, 2000.
13) J. S. Liu. *Monte Carlo Strategies in Scientific Computing*. Springer-Verlag, New York, 2001.
14) D. L. McLeish. *Monte Carlo Simulation and Finance*. John Wiley & Sons, New

York, 2005.
15) C. P. Robert and G. Casella. *Monte Carlo Statistical Methods*. Springer-Verlag, New York, second edition, 2004.
16) S. M. Ross. *Simulation*. Academic Press, New York, third edition, 2002.
17) R. Y. Rubinstein and D. P. Kroese. *The Cross-Entropy Method: A Unified Approach to Combinatorial Optimization, Monte-Carlo Simulation and Machine Learning*. Springer-Verlag, New York, 2004.
18) R. Y. Rubinstein and D. P. Kroese. *Simulation and the Monte Carlo Method*. John Wiley & Sons, New York, second edition, 2007.
19) R. Y. Rubinstein and A. Shapiro. *Discrete Event Systems: Sensitivity Analysis and Stochastic Optimization via the Score Function Method*. John Wiley & Sons, New York, 1993.
20) I. M. Sobol'. *A Primer for the Monte Carlo Method*. CRC Press, Boca Raton, FL, 1994.
21) F. Stern. Conditional expectation of the duration in the classical ruin problem. *Mathematics Magazine*, 48(4):200–203, 1975.

10

稀少事象シミュレーション

本章では，稀少事象確率を効率的に推定するためのアルゴリズムについて説明する．まず，稀少事象シミュレーションにおける効率の概念を定義し，次に，それぞれの稀少事象において効率的な以下のアルゴリズムについて考える．

1) **軽い裾に対する重点抽出**："指数測度変換" を用いた "停止時刻" 確率と "あふれ" 確率の推定
2) **条件付きモンテカルロ**：裾の重い確率変数の複合和から生ずる確率の推定
3) **状態依存の重点抽出**：稀少事象あふれ確率の推定
4) **一般的な重点抽出**："クロスエントロピー法" など，金融リスクモデリングへの応用
5) **分岐法**：マルコフ過程の "到達" 確率の推定

推定量の効率改善に繋がる一般的な分散減少法については，第 9 章で説明している．クロスエントロピー法のもっと詳しい説明は第 13 章でする．非マルコフ的な場合の分岐法とそれに密接に関連する "逐次モンテカルロ法" の枠組みは第 14 章で説明する．

10.1 推定量の効率

確率 $\ell = \mathbb{P}(A) = \mathbb{E} \mathrm{I}_A$ に対する不偏推定量を $\widehat{\ell}$ とする．ただし，ℓ は例えば 10^{-4} 以下の小さい値とする．このとき，事象 A を**稀少事象** (rare event) といい，ℓ を**稀少事象確率** (rare-event probability) という．稀少事象 A はしばしば $A = \{S(\mathbf{X}) \geqslant \gamma\}$ という形で与えられる．ここで，$S : \mathbb{R}^n \to \mathbb{R}$ はある関数であり，$\mathbf{X} = (X_1, \ldots, X_n)^\top$ はベクトルである．γ は "レベル" パラメータまたは "閾値" パラメータと呼ばれる．Z をある確率変数として，その期待値を $\mathbb{E} Z = \ell$ とする．Z の独立な実現値 $Z_1, \ldots, Z_N$ に対して

$$\widehat{\ell} = \frac{1}{N} \sum_{i=1}^{N} Z_i \qquad (10.1)$$

は ℓ の不偏推定量である．特に，$Z = \mathrm{I}_A$ のとき式 (10.1) は $\mathbb{P}(A)$ の**単純モンテカルロ** (crude Monte Carlo; CMC) 推定量である (8.2 節を参照).

推定量 $\widehat{\ell}$ の精度は，相対誤差

$$\frac{\sqrt{\mathrm{Var}(\widehat{\ell})}}{\ell} = \frac{\sigma}{\ell\sqrt{N}}, \quad \text{ただし } \sigma = \sqrt{\mathrm{Var}(Z)}$$

によって評価することができる．この値は独立同分布サンプル $Z_1, \ldots, Z_N$ によって

$$\frac{\widehat{\sigma}}{\widehat{\ell}\sqrt{N}}, \quad \text{ただし } \widehat{\sigma} = \sqrt{\frac{1}{N}\sum_{i=1}^{N}(Z_i - \widehat{\ell})^2}$$

と推定することができる．

稀少事象の場合，ℓ は通常 "稀少性" パラメータ γ に依存する．例えば，$\ell = \ell(\gamma) = \mathbb{P}(S(\mathbf{X}) \geqslant \gamma)$ は $\gamma \to \infty$ のとき $\ell(\gamma) \to 0$ となる．そこで，$\widehat{\ell}(\gamma)$ の漸近的な性質を γ の関数として調べることは興味深い．

確率変数 $Z = Z(\gamma)$ に対して $\gamma \to \infty$ のとき $\mathbb{E}Z(\gamma) = \ell(\gamma) \to 0$ となる場合，以下のような **2次効率尺度** (second-order efficiency measure) を考えることができる [6], [10], [43], [47].

1) 推定量 (10.1) は

$$\limsup_{\gamma \to \infty} \frac{\mathrm{Var}(Z(\gamma))}{\ell^2(\gamma)} = 0$$

を満たすとき，**(漸近的) 消失相対誤差** ((asymptotically) vanishing relative error) を持つという．

2) 推定量 (10.1) は，K を γ に依存しない定数として，

$$\limsup_{\gamma \to \infty} \frac{\mathrm{Var}(Z(\gamma))}{\ell^2(\gamma)} \leqslant K < \infty$$

を満たすとき，**有界相対誤差** (bounded relative error) を持つという．

3) 推定量 (10.1) は，任意の $\varepsilon > 0$ について

$$\limsup_{\gamma \to \infty} \frac{\mathrm{Var}(Z(\gamma))}{\ell^{2-\varepsilon}(\gamma)} = 0$$

を満たすとき，あるいは同値なことであるが，

$$\liminf_{\gamma \to \infty} \left| \frac{\ln \mathrm{Var}(Z(\gamma))}{\ln \ell^2(\gamma)} \right| \geqslant 1$$

を満たすとき，**対数的に効率的** (logarithmically efficient) であるという．

これらの条件を強いものから弱いものへ並べると，

消失相対誤差 $\Rightarrow$ 有界相対誤差 $\Rightarrow$ 対数的に効率的

の順になる．興味あるほとんどの場合において，有界相対誤差を持つ推定量を見出すことは，対数的に効率的な推定量を見出すことよりも難しい．消失相対誤差を持つ推定量の例が [15], [42], [45] で与えられている．ある推定量がいずれかの 2 次効率尺度を持つことを示したいとき，それぞれの定義において，分散より 2 次モーメント $\mathbb{E}Z^2(\gamma)$ を使うほうが便利である．

注 10.1（シミュレーション時間） 上記で定義した効率尺度は，1つの確率変数 Z の標本を生成するのに必要な時間 τ を考慮していない．そこで，それぞれの2次効率尺度の定義において，$\mathrm{Var}(Z(\gamma))$ を $\tau\,\mathrm{Var}(Z(\gamma))$ で置き換えることによって，生成時間を考慮することができる．そこで，

$$\frac{\tau\,\mathrm{Var}(Z(\gamma))}{\ell^2(\gamma)}$$

を，**仕事量で正規化した2乗相対誤差**（work normalized squared relative error）または**相対時間分散積**（relative time variance product）（☞ p.691）という．

2次効率尺度の問題点は，それらが真の分散 σ^2 に対する推定量 $\hat{\sigma}^2$ の精度に関する情報を持たないことである．結果として，中心極限定理による近似 $\hat{\ell} \overset{\mathrm{approx.}}{\sim} \mathsf{N}(\ell, \hat{\sigma}^2/N)$ の特性を定量化することは困難であり，この近似に基づく任意の推定は検討すべき課題である．この問題に取り組むためには，$Z(\gamma)$ のより高次のモーメントを考慮しなければならない．そこで，以下のようなより一般的な**高次効率尺度**（higher-order efficiency measure）を考える [15]．

1) 推定量 (10.1) は，$k \in [1, \infty)$ に対して

$$\limsup_{\gamma\to\infty}\frac{\mathbb{E}|Z(\gamma)-\ell(\gamma)|^k}{\ell^k(\gamma)}=0$$

を満たすとき，**k 次消失相対中心モーメント**（vanishing relative centered moment of order k）を持つという．

2) 推定量 (10.1) は，$k \in [1, \infty)$ および γ に依存しない定数 K に対して

$$\limsup_{\gamma\to\infty}\frac{\mathbb{E}Z^k(\gamma)}{\ell^k(\gamma)}\leqslant K<\infty$$

を満たすとき，**k 次有界相対モーメント**（bounded relative moment of order k）を持つという．

3) 推定量 (10.1) は，

$$\limsup_{\gamma\to\infty}\frac{\ln \mathbb{E}Z^k(\gamma)}{k\ln\ell(\gamma)}=1$$

を満たすとき，**対数的に k 次効率的**（logarithmically efficient of order k）であるという．

4) 推定量 (10.1) は

$$\limsup_{\gamma\to\infty}\frac{\mathbb{E}|Z(\gamma)-\ell(\gamma)|^3}{(\mathrm{Var}(Z))^{3/2}}<\infty \tag{10.2}$$

を満たすとき，**有界正規近似**（bounded normal approximation）を持つという．

注意すべきなのは，有界正規近似を持つという性質は3次有界相対モーメントを持つことと同値でないことである．有界正規近似の概念を導入する理由は，"Berry–Esséen" 定理（☞ p.656）にある．この定理によると，条件 (10.2) のもとで，標準化された推

定量 $\widehat{\ell}$ の累積分布関数は，正規分布によって γ に関して一様に $O(N^{-1/2})$ の精度で近似できる [63]．

高次効率尺度は，以下の性質を持つ [15]．
1) "k 次消失相対中心モーメント" を持つならば，$k \geqslant m \geqslant 1$ なる m に対して "m 次消失相対中心モーメント" を持つ．
2) $k > 1$ に対して "k 次消失相対中心モーメント" を持つことは，上極限 1 で "k 次有界相対モーメント" を持つことと同値，すなわち，
$$\limsup_{\gamma \to \infty} \frac{\mathbb{E}|Z(\gamma) - \ell(\gamma)|^k}{\ell(\gamma)^k} = 0 \quad \Leftrightarrow \quad \limsup_{\gamma \to \infty} \frac{\mathbb{E}Z^k(\gamma)}{\ell^k(\gamma)} = 1$$
である．
3) "2 次有界相対モーメント" を持つことは，"有界相対誤差" を持つことと同値である．
4) "k 次有界相対モーメント" を持つならば，$k \geqslant m \geqslant 1$ なる m に対して "m 次有界相対モーメント" を持つ．
5) もし $Z(\gamma)$ が "mk 次有界相対モーメント" を持てば，$Z^m(\gamma)$ は "k 次有界相対モーメント" を持つ．
6) ある正の定数 c_1, c_2 が存在して，$c_1 \leqslant \mathrm{Var}(Z)/\ell^2 \leqslant c_2$ とする．$k \geqslant 1$ とするとき，Z に対して "$2k$ 次の有界相対モーメント" を持つならば，$\widehat{\sigma}^2$ に対して "k 次有界相対モーメント" を持つ．
7) 推定量 (10.1) がある $\varepsilon > 0$ に対して "$(1+\varepsilon)$ 次消失相対中心モーメント" を持つならば，Z の確率密度関数は，$\ell(\gamma)$ の推定に対するゼロ分散重点抽出密度に収束する．

■ 例 10.1（単純モンテカルロ推定量は対数的に効率的ではない）

確率変数 $Z = Z(\gamma) = \mathrm{I}_{\{S(\mathbf{X}) \geqslant \gamma\}}$ として，推定量 (10.1) を考える．
$$\mathbb{E}Z^2 = \mathbb{E}Z = \ell$$
となるので，
$$\lim_{\gamma \to \infty} \frac{\ln \mathbb{E}Z^2}{\ln \ell^2} = \frac{\ln \ell}{\ln \ell^2} = \frac{1}{2} < 1$$
となり，単純モンテカルロ推定量は対数的に効率的ではない．実際，小さい ℓ に対して単純モンテカルロ推定量の相対誤差 κ は
$$\kappa = \frac{\sqrt{\mathrm{Var}(\widehat{\ell})}}{\mathbb{E}\widehat{\ell}} = \sqrt{\frac{1-\ell}{N\ell}} \approx \sqrt{\frac{1}{N\ell}} \tag{10.3}$$
となる．例えば，$\ell = 10^{-6}$ で相対誤差が 1% すなわち $\kappa = 10^{-2}$ の精度で ℓ を推定するために必要な標本数 N は
$$N \approx \frac{1}{\kappa^2 \ell} = 10^{10}$$

となる．この値はとても大きいので，より小さい標本数で，大きな γ に対する $\ell(\gamma)$ を推定できる別の推定量を見出すことが求められる．

■ 例 10.2 (有界相対誤差を持つ推定量)

確率変数 X は指数分布 $\mathrm{Exp}(u^{-1})$ に従い，その確率密度関数を f としたとき，確率 $\ell = \mathbb{P}(X \geqslant \gamma)$ をシミュレーションで推定したいとする．この場合，$\ell = \mathrm{e}^{-\gamma/u}$ である．γ が u と比較して大きいとすると，ℓ は稀少事象確率である．そこで，重点抽出密度としてコーシー密度 $g(x; \mu, \tau) = \frac{\tau}{\pi}(\tau^2 + (x-\mu)^2)^{-1}$ を使用する重点抽出シミュレーションを考える．位置パラメータ μ とスケールパラメータ τ は，$Z = f(X)\mathrm{I}_{\{X \geqslant \gamma\}}/g(X; \mu, \tau)$ として対応する重点抽出推定量 (10.1) の分散を最小にするように選ばれる．すなわち，パラメータ μ, τ に関して

$$\mathbb{E}_g Z^2 = \mathbb{E}_f \frac{f(X)\mathrm{I}_{\{X \geqslant \gamma\}}}{g(X; \mu, \tau)} \tag{10.4}$$

を最小にするのである．式 (10.4) は計算により

$$\int_\gamma^\infty \frac{1}{\tau}\mathrm{e}^{-2x/u}\left(\tau^2 + (x-\mu)^2\right)\mathrm{d}x = \frac{u\,\mathrm{e}^{-2\gamma/u}}{4\tau}\left(2\tau^2 + (\gamma-\mu)^2 + (u+\gamma-\mu)^2\right)$$

となるので，$(\mu, \tau) = (\gamma + u/2, \pm u/2)$ のとき最小となる．$\tau > 0$ を満たす解を採用すると $(_*\mu, _*\tau) = (\gamma + u/2, u/2)$ が $\widehat{\ell}$ の分散を最小にするパラメータとなる．このとき，最小値は

$$\mathbb{E}_g Z^2 = \int_\gamma^\infty u^{-2} \mathrm{e}^{-2x/u} \frac{2\pi}{u}\left(\frac{u^2}{4} + \left(x - \left(\gamma + \frac{u}{2}\right)\right)^2\right)\mathrm{d}x = \frac{\pi}{2}\ell^2$$

となり，式 (10.1) の相対誤差は

$$\frac{\sqrt{(\frac{\pi}{2}\ell^2 - \ell^2)/N}}{\ell} = \sqrt{\frac{\pi - 2}{2N}}$$

となる．この相対誤差の値は γ に依存しないので，推定量 (10.1) は有界相対誤差を持つ．

10.2 軽い裾に対する重点抽出法

本節では，重点抽出を利用して稀少事象確率を推定するいくつかの古典的なアルゴリズムを説明する．これらのアルゴリズムは稀少事象の確率が指数的か，あるいはそれよりも速く減少する問題に限って適用され，その限りにおいて望ましい効率を持つ．より複雑な問題においては，そのように限定された簡単な問題で得られたノウハウを利用して，分散をかなり減少させることができるが，通常は前節で定義したどの効率の基準も達成することはない．まず，以下の記号と仮定を導入する．

10.2 軽い裾に対する重点抽出法

- 確率測度 $\mathbb{P}$ のもとで $\mathbf{X} = (X_1, \ldots, X_n)^\top$ は独立同分布で "裾の軽い" 確率変数（☞ p.740）X_i からなるベクトルで，各 X_i は累積分布関数 F と確率密度関数 f を持ち，期待値 $\mathbb{E}X_i = \mathbb{E}X = \mu$ は有限であるとする．
- $S_n = S(\mathbf{X}) = \sum_{i=1}^n X_i$ と表す．
- 指数型分布族（☞ p.738）の確率密度関数 $\{f_\theta, \theta \in \Theta\}$ を
$$f_\theta(x) = \frac{e^{\theta x}}{M(\theta)} f(x) = e^{\theta x - \ln M(\theta)} f(x)$$
によって定義する．ここで，$M(\theta) = \int e^{\theta x} f(x) dx$, $\theta \in \Theta$ は X の "モーメント母関数" で，Θ は $M(\theta)$ が定義可能で有限であるような θ の集合である．確率密度関数 f_θ は**指数的ひねり**（exponential twist）θ によって f から得られるという．モーメント母関数 $M(\theta)$ は凸で，$M(0) = 1$, $M'(0) = \mu$ を満たす．
- $X_1, \ldots, X_n \overset{\text{iid}}{\sim} f_\theta$ となる確率測度を $\mathbb{P}_\theta$ とする．対応する尤度比（☞ p.376）は
$$W(\mathbf{X}; \theta) = \frac{f(X_1) \cdots f(X_n)}{f_\theta(X_1) \cdots f_\theta(X_n)} = e^{-S_n \theta + n\zeta(\theta)}$$
となる．ここで，$\zeta(\theta) = \ln M(\theta)$ は，X の**キュミュラント母関数**（cumulant function）と呼ばれる．
- μ_θ を変換された増分の平均値（ドリフト）とする．すなわち，
$$\mu_\theta = \mathbb{E}_\theta X = \mathbb{E}X \frac{e^{\theta X}}{M(\theta)} = \frac{M'(\theta)}{M(\theta)} = \zeta'(\theta)$$
である．

10.2.1 停止時刻確率の推定

初期の稀少事象シミュレーションアルゴリズムの 1 つは
$$\ell = \mathbb{P}(\tau < \infty), \quad \text{ただし } \tau = \inf\{n : S_n \geqslant \gamma\} \tag{10.5}$$
の推定に対する Siegmund のアルゴリズム [61] である．$\mu < 0$ を仮定すると，$\gamma \to \infty$ のとき ℓ は小さい値になる．さらに，$M(_*\theta) = 1$, $_*\theta > 0$ となる $_*\theta$ の存在を仮定する．$M(\theta)$ は凸関数で $M(0) = 1$, $M'(0) = \mu < 0$ を満たすので，軽い裾の場合，例えば $0 < \theta_{\max} \leqslant \infty$ を満たすある $\theta_{\max}$ に対して $\lim_{\theta \to \theta_{\max}} M(\theta) = \infty$ が成り立てば，このような $_*\theta$ は存在する．

アルゴリズム 10.1（Siegmund のアルゴリズム）

シミュレーションによって $\ell = \mathbb{P}(\tau < \infty)$ を推定するために，以下のステップを実行する．

1. $M(\theta) = 1$（同じことであるが $\zeta(\theta) = 0$）の解 $_*\theta > 0$ を計算する．
2. $S_0 = 0$ とする．$X_1, X_2, \ldots \overset{\text{iid}}{\sim} f_{_*\theta}$ として，$S_n \geqslant \gamma$ となるまで
$$S_{n+1} = S_n + X_{n+1}, \quad n = 0, 1, 2, \ldots$$
の計算を続ける．$S_n \geqslant \gamma$ となる最小の n の値を τ とする．

3. $Z = W(\mathbf{X}; {}_*\theta) = \mathrm{e}^{-S_\tau \cdot {}_*\theta}$ とおく.
4. 上記の Step 2, 3 を繰り返し実行し, Z の N 個の独立な実現値 $Z_1, \ldots, Z_N$ を得て, それらの標本平均を ℓ の推定量として出力する.

ここで注意すべき点は, 重点抽出密度 $f_{*\theta}$ のもとでドリフト $\mu_{*\theta}$ は正で $\mathbb{P}_{*\theta}(\tau < \infty) = 1$ となることである.

$\ell = \mathbb{E}_{*\theta} \mathrm{e}^{-S_\tau \cdot {}_*\theta}$ という表現は, さまざまな意味を持つ. 例えば, 時刻 τ における**超過** (overshoot) を $\xi(\gamma) = S_\tau - \gamma$ と定義すると,

$$\ell = \mathrm{e}^{-\gamma \cdot {}_*\theta} \mathbb{E}_{*\theta} \mathrm{e}^{-\xi(\gamma) \cdot {}_*\theta}$$

となる. ここで,「のこぎりの歯」過程 $\{\xi(\gamma), \gamma \geqslant 0\}$ は "再帰的" であることに注意すると, 定理 A.7 (☞ p.662) の仮定のもとで, ある定数 $0 < C < \infty$ が存在して, $\gamma \to \infty$ のとき $\mathbb{E}_{*\theta} \mathrm{e}^{-\xi(\gamma) \cdot {}_*\theta} \to C$ となる. このことから, よく知られた **Cramér–Lundberg 近似** (Cramér–Lundberg approximation)

$$\mathbb{P}(\tau < \infty) \approx C \mathrm{e}^{-\gamma \cdot {}_*\theta}, \quad \gamma \to \infty$$

が得られる.

また, 別の意味としては, 効率に関する次の結果がある [7, p.165].

定理 10.1 (Siegmund のアルゴリズムの効率) Siegmund の推定量は, 有界相対誤差を持つ. さらに, Siegmund の推定量は, ある重点抽出密度 g によって測度変換が $X_1, \ldots, X_n \overset{\text{iid}}{\sim} g$ となるようなすべての重点抽出推定量の中で, 対数的に効率的な唯一の推定量である.

Siegmund のアルゴリズムは, 破産確率の計算や待ち行列理論に現れる確率の計算に応用される [4].

■ **例 10.3 (ランダムウォーク)**

数値的な例として, $X \sim \mathsf{N}(\mu, 1)$, $\mu < 0$ の場合を考える. この場合, $M(\theta) = \mathrm{e}^{\mu\theta + \theta^2/2}$ であり, $M(\theta) = 1$ の自明でない解は ${}_*\theta = -2\mu$ である. したがって, $f_{*\theta}(x) = \mathrm{e}^{-2\mu x} f(x) \propto \mathrm{e}^{-(x+\mu)^2/2}$ となり, $f_{*\theta}$ は $\mathsf{N}(-\mu, 1)$ の確率密度関数である. 以下の MATLAB コードはアルゴリズム 10.1 の $\mu = -1$, $\gamma = 13$ の場合を実行する. 1つの数値例として $\widehat{\ell} = 1.6367 \times 10^{-12}$, 相対誤差 0.1% を得た.

```
%siegmund.m
mu=-1;N=10^6;gamma=13;W=nan(N,1);
for i=1:N
    S=0;
    while S<gamma
        X=-mu+randn;
```

```
        S=S+X;
    end
    W(i)=exp(2*mu*S);
end
ell_hat=mean(W),RE=std(W)/mean(W)/sqrt(N)
```

■ 例 10.4 ($GI/G/1$ 待ち行列における待ち時間)

到着間隔が $A_1, A_2, \ldots \overset{\text{iid}}{\sim} F_A$ であり，サービス時間が $B_1, B_2, \ldots \overset{\text{iid}}{\sim} F_B$ であるような $GI/G/1$ (☞ p.300) 単一サーバ待ち行列モデルを考える．n 番目の客の（サービス時間を除く）待ち時間を Y_n とすると，確率過程 $\{Y_n, n = 1, 2, \ldots\}$ は **Lindley の漸化式** (Lindley recursion)

$$Y_n = \max\{Y_{n-1} + B_n - A_n, 0\}, \quad n = 1, 2, \ldots \tag{10.6}$$

を満足する．ただし，$Y_0 = 0$ とする．もし，平均サービス時間 $\mathbb{E}\,B$ が平均到着間隔 $\mathbb{E}\,A$ より小さければ，(ある弱い条件のもとで)（定理 A.7 を参照）Y_n は $n \to \infty$ のときある定常状態待ち時間 Y に分布収束する．大きな γ に対して稀少事象確率 $\mathbb{P}(Y \geqslant \gamma)$ の値を推定したい．標準的な定常状態シミュレーション法であるバッチ平均法 (☞ p.325) や再帰過程法は，この場合効率的ではない．なぜならば，事象 $\{Y_n \geqslant \gamma\}$ は稀少事象であり，シミュレーションの実行中にほとんど発生しないからである．そこで，この問題に対して，以下のように重点抽出法を適用する．$S_0 = 0$ として $S_n = S_{n-1} + B_n - A_n$，$n = 1, 2, \ldots$ と定義する．このとき，$\{Y_n\}$ はランダムウォーク $\{S_n\}$ の 0 での**折り返し** (reflection) と見なすことができる．すなわち，

$$Y_n = S_n - \min_{0 \leqslant i \leqslant n} S_i = \max_{0 \leqslant i \leqslant n}\{S_n - S_{n-i}\}$$

である．$\{(S_n - S_{n-i}), i = 0, 1, \ldots, n\}$ は $\{S_i, i = 0, 1, \ldots, n\}$ と同じ分布を持つので，Y_n の分布は $\max_{0 \leqslant i \leqslant n} S_i$ の分布と同じである．したがって，$\mathbb{P}(Y \geqslant \gamma) = \mathbb{P}(\max\{S_0, S_1, \ldots\} \geqslant \gamma) = \mathbb{P}(\tau < \infty)$ となる．ただし，$\tau = \inf\{n : S_n \geqslant \gamma\}$ である．確率 $\ell = \mathbb{P}(\tau < \infty)$ は Siegmund のアルゴリズムで指数的ひねり $_*\theta$ を用いて効率的に推定することができる．$_*\theta$ は方程式

$$M(\theta) = \mathbb{E}\,e^{\theta(B-A)} = M_B(\theta) M_A(-\theta) = 1$$

の正の解である．ここで，M_A, M_B は，それぞれ到着間隔，サービス時間のモーメント母関数である．

$M/M/1$ の場合では，$A \sim \text{Exp}(\lambda)$，$B \sim \text{Exp}(\mu)$ とすると，$M(\theta) = \frac{\mu}{\mu-\theta}\frac{\lambda}{\lambda+\theta}$ であり，$_*\theta = \mu - \lambda$ となる．そこで，f_θ のもとでの増分 X のモーメント母関数を $M_\theta(t)$ とすると

$$M_{_*\theta}(t) = \mathbb{E}_{_*\theta}\,e^{tX} = \mathbb{E}\,e^{(\mu-\lambda+t)X} = \frac{\lambda}{\lambda - t}\frac{\mu}{\mu + t}$$

となるので，$f_{*,\theta}$ のもとで増分 X は生起率 λ および μ の指数分布に従う 2 つの確率変数の差として表される．言い換えると，$f_{*,\theta}$ のもとで到着間隔とサービス時間が"入れ替わる"ことになる．以下のコードはアルゴリズム 10.1 を実行する．$\gamma = 13$, $\mu = 2$, $\lambda = 1/2$ として $\ell = 8.501 \times 10^{-10}$ を得る．このときの推定相対誤差は 0.3% である．この場合には理論値が知られていて，

$$\ell(\gamma) = \frac{\lambda}{\mu}\mathrm{e}^{-(\mu-\lambda)\gamma} \approx 8.496 \times 10^{-10}$$

である [3]．

```
%waitGG1.m
N=10^5;gamma=13;W=nan(N,1);mu=2; lam=1/2;
for i=1:N
    S=0;
    while S<gamma
        X=-log(rand)/lam+log(rand)/mu;
        S=S+X;
    end
    W(i)=exp(-(mu-lam)*S);
end
mean(W),std(W)/mean(W)/sqrt(N)
```

10.2.2 あふれ確率の推定

大きな n と固定された $b > \mu$ に対して，確率 $\ell_n = \mathbb{P}(S_n \geqslant nb)$ の効率的な推定について考える．ここで，稀少性パラメータは n であり，$\mu = \mathbb{E}X$ は負とは限定しない．

アルゴリズム 10.2（$\mathbb{P}(S_n \geqslant nb)$ の推定）

> シミュレーションによって $\ell_n = \mathbb{P}(S_n \geqslant nb)$ を推定するために，以下のステップを実行する．
>
> 1. 方程式 $\zeta'(\theta) = \mathbb{E}_\theta X = b$ の解 θ^* を計算する．
> 2. $X_1, \ldots, X_n \stackrel{\mathrm{iid}}{\sim} f_{\theta^*}$ を生成し，尤度比 $W_n = \mathrm{e}^{-\theta^* S_n + n\zeta(\theta^*)}$ を計算する．
> 3. 確率変数 S_n と W_n の N 個の独立な実現値 $\{S_n^{(k)}\}$, $\{W_n^{(k)}\}$ に対して推定量
>
> $$\widehat{\ell}_n = \frac{1}{N} \sum_{k=1}^{N} W_n^{(k)} \mathrm{I}_{\{S_n^{(k)} \geqslant nb\}} \tag{10.7}$$
>
> を出力する．

このアルゴリズムの効率は，次の結果によって与えられる [17], [44], [55]．

定理 10.2（あふれ確率に対する推定量の効率） ある確率密度関数 g に対して測度変換が $X_1, \ldots, X_n \stackrel{\mathrm{iid}}{\sim} g$ となるすべての重点抽出推定量の中で，アルゴリズム 10.2

における f_{θ^*} によって $g = f_{\theta^*}$ とした場合の推定量が,唯一対数的に効率的である.
$M(\theta)$ に関するある正則性の仮定のもとで,ℓ_n の 1 次漸近的な振る舞いは

$$\ell_n = \frac{\mathrm{e}^{-n(\theta^* b - \zeta(\theta^*))}}{\theta^* |\zeta''(\theta^*)| \sqrt{2\pi n}} (1 + o(1)), \quad n \to \infty \tag{10.8}$$

となる.

高次効率に関しては,推定量 (10.7) は任意の $k \geqslant 2$ に対して k 次対数的に効率的であり,

$$\lim_{n \to \infty} \frac{\ln \mathbb{E} Z^k}{kn} = \theta^* b - \zeta(\theta^*)$$

を満たす.仮定をさらに追加することによって,10.4 節における状態依存の重点抽出により,k 次有界相対モーメントを持つ推定量が得られる [15].

■ 例 10.5(Neyman–Pearson 検定)

確率変数 $Y \sim \mathsf{Laplace}(-1, 1)$ を考える.すなわち,Y の確率密度関数は $f_Y(y) = \frac{1}{2} \mathrm{e}^{-|y+1|}$ である.変換 $X = g(Y)$ を考える.ここで,$y \leqslant -1$ のとき $g(y) = -1$,$-1 < y < 1$ のとき $g(y) = y$,$y \geqslant 1$ のとき $g(y) = 1$ とする.このとき,X の確率密度関数はルベーグ測度と -1 と 1 における Dirac 測度との和として次式で表される

$$f(x) = \frac{1}{2} \mathrm{I}_{\{x=-1\}} + \frac{1}{2} \mathrm{e}^{-x-1} \mathrm{I}_{\{-1<x<1\}} + \frac{1}{2\mathrm{e}^2} \mathrm{I}_{\{x=1\}}$$

となる.f に対する累積分布関数を図 10.1 左図に示す.確率 $\ell_n = \mathbb{P}(S_n \geqslant 0) = \mathbb{P}(X_1 + \cdots + X_n \geqslant 0)$ を計算したい.この問題は,尤度比を用いた Neyman–Pearson 検定における誤り確率の計算において現れる [17].

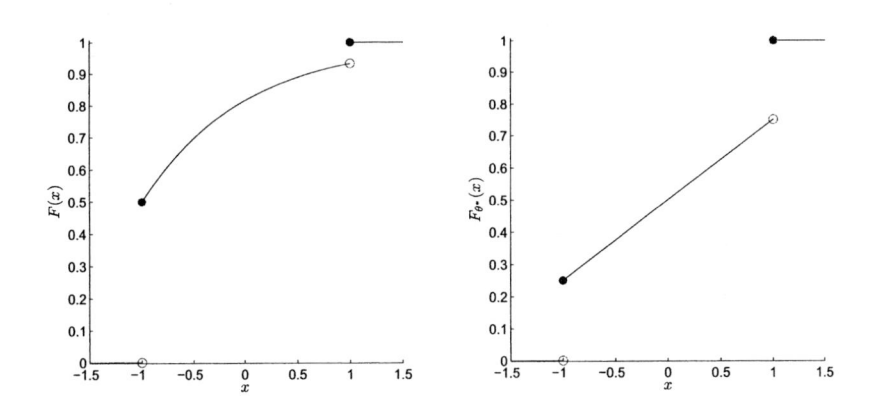

図 10.1 累積分布関数 $F(x)$(左図)と $F_{\theta^*}(x)$(右図).ここで,$F_{\theta^*}(x)$ は最適重点抽出密度 $f_{\theta^*}(x)$ に対する累積分布関数である.

X のモーメント母関数は

$$M(\theta) = \begin{cases} \frac{e^{\theta-2}+e^{-\theta}}{2} + \frac{e^{\theta-2}-e^{-\theta}}{2(\theta-1)}, & \theta \neq 1 \\ 2e^{-1}, & \theta = 1 \end{cases}$$

となり，$M'(1) = 0$ が成り立つ．したがって，$\theta^* = 1$ となり，対応する重点抽出密度は

$$f_{\theta^*}(x) = \frac{e^{x+1}}{2}f(x) = \frac{1}{4}\mathrm{I}_{\{x=-1\}} + \frac{1}{4}\mathrm{I}_{\{-1<x<1\}} + \frac{1}{4}\mathrm{I}_{\{x=1\}}$$

となる．図 10.1 右図は f_{θ^*} に対する累積分布関数 F_{θ^*} を示している．尤度比は $W_n = \mathrm{e}^{-S_n - n + n \ln 2} = 2^n \mathrm{e}^{-S_n - n}$ である．$n = 16$ のとき，以下のコードにより 1 つの計算例として推定値 $\widehat{\ell}_n = 8.22 \times 10^{-4}$ が得られ，推定相対誤差は 0.6% であった．

```
%NeyPea.m
N=10^5; n=16;W=nan(N,1);
for i=1:N
    S=0;
    for j=1:n
        U=rand;
        if U<1/4
            x=-1;
        elseif U<1/2
            x=1;
        else
            x=2*rand-1;
        end
        S=S+x;
    end
    W(i)=exp(-S+n*(log(2)-1))*(S>=0);
end
ell=mean(W), std(W)/sqrt(N)/mean(W)
```

10.2.3　複合ポアソン和に対する推定

本項では，確率

$$\ell(\gamma) = \mathbb{P}(S_R \geqslant \gamma) = \mathbb{P}(X_1 + \cdots + X_R \geqslant \gamma)$$

を推定する問題を考える．ここで，$R \sim \mathrm{Poi}(\lambda)$, $X_1, X_2, \ldots \overset{\mathrm{iid}}{\sim} f$ であり，R と $X_1, X_2, \ldots$ は独立である．確率変数 S_R は**複合ポアソン和** (compound Poisson sum) と呼ばれる．さらに仮定をおく．$\{X_i\}$ は正で f は軽い裾を持ち，以下の条件のいずれかを満足するとする．

- f は Gamma(α, λ) 分布（☞ p.117）の確率密度関数と同様に減少する. すなわち, $c > 0$ を定数として,
$$f(x) = c\,x^{\alpha-1} e^{-\lambda x}(1 + o(1)), \quad x \to \infty$$
となる. 例としては, 指数分布, 相型分布, 逆ガウス分布（ワルド分布）（☞ p.138）などがある.

- 任意の $\alpha \in (1, 2)$ に対して $\int_0^\infty f^\alpha(x)\,dx < \infty$ であり,
$$f(x) = q(x)\,e^{-h(x)}$$
と表される. ここで, $0 < q(x) < \infty$ であり, $h(x)$ は f の右側の裾において最終的に凸である, すなわち, ある $a < b = \sup\{x : f(x) > 0\}$ に対して, h は $[a, b)$ で凸である. このような確率密度関数 f の例として, 有限サポートを持つものや, あるいは, $\alpha > 1$ に対する Weib(α, λ) 分布（☞ p.140）の確率密度関数などがある.

X のモーメント母関数を $M(t)$ とし, S_R のキュミュラント母関数を $\zeta(t)$ とする. R に関する条件付き期待値を考えて, $\zeta(t) = \ln \mathbb{E}e^{tS_R} = \ln e^{\lambda(M(t)-1)} = \lambda(M(t) - 1)$ を得る. パラメータ θ による S_R の指数的ひねりのもとで, S_R のキュミュラント母関数は

$$\zeta_\theta(t) = \ln \mathbb{E}_\theta\,e^{tS_R} = \ln \mathbb{E}\,e^{tS_R}e^{\theta S_R - \zeta(\theta)} = \zeta(t + \theta) - \zeta(\theta)$$
$$= \lambda(M(t + \theta) - M(\theta)) \tag{10.9}$$

となり, したがって, 特に

$$\mathbb{E}_\theta S_R = \zeta_\theta'(0) = \lambda M'(\theta) \tag{10.10}$$

となる. 式 (10.9) を $\lambda_\theta(M_\theta(t) - 1)$ と書き直すことができる. ただし, $\lambda_\theta = \lambda M(\theta)$, $M_\theta(t) = M(t + \theta)/M(\theta)$ である. すると, θ のもとでの S_R の実現値を得るために, 生起率 λ_θ およびモーメント母関数 M_θ を持つ増分 X の複合ポアソン和をシミュレートすることができる. 残る作業は, 良いひねりパラメータ θ を見つけることである. 素直な選択は, 式 (10.10) が γ に一致するように θ を決めることである. このことから, 以下のアルゴリズムが得られる.

アルゴリズム 10.3（指数的ひねりによる $\mathbb{P}(S_R \geq \gamma)$ の推定）

1. X のモーメント母関数を $M(\theta)$ として, 方程式 $\lambda M'(\theta) = \gamma$ の解 θ^* を計算する.
2. $R \sim$ Poi$(\lambda M(\theta^*))$ を生成する.
3. モーメント母関数
$$M_{\theta^*}(t) = \frac{M(t + \theta^*)}{M(\theta^*)}$$
を持つ R 個の独立同分布確率変数 $X_1, \ldots, X_R$ を生成し, $S_R = X_1 + \cdots + X_R$ とおく.

4. S_R を独立に N 個生成したものを $\{S_R^{(k)}\}$ とし, 重点抽出推定量

$$\widehat{\ell}(\gamma) = \frac{1}{N} \sum_{k=1}^{N} I_{\{S_R^{(k)} \geq \gamma\}} \exp\Big(-\theta^* S_R^{(k)} + \lambda(M(\theta^*) - 1) \Big) \qquad (10.11)$$

を出力する.

この推定量の効率に関して, 次の結果が得られる [44].

定理 10.3 (対数的効率) 式 (10.11) の重点抽出推定量は対数的に効率的であり,

$$\widehat{\ell}(\gamma) = \mathbb{P}(S_R \geq \gamma) = \frac{\exp\Big(-\theta^* \gamma + \lambda\big(M(\theta^*) - 1\big) \Big)}{\theta^* \sqrt{2\pi \lambda M''(\theta^*)}} (1 + o(1)), \quad \gamma \to \infty$$

が成り立つ.

複合ポアソン和のシミュレーションは, 保険の問題において現れる [3], [24], [29].

■ **例 10.6 (保険会社における債務不履行のリスクの推定)**

平均して 1 年間に $\lambda = 300$ 件の大口の保険金の請求があり, 10 億ドルのコア資本を持つ保険会社がこれを支払う. 1 年間の請求件数 R は $\text{Poi}(\lambda)$ に従うとする. 請求額 $X_1, \ldots, X_R$ は, 100 万ドル単位で数えられ, 確率密度関数 $f(x) = xe^{-x}, x \geq 0$ の $\text{Gamma}(2, 1)$ 分布に従う iid と仮定する. ある 1 年間の請求の総額がコアキャピタルを超える, すなわち $X_1 + \cdots + X_R \geq \gamma = 10^3$ となる確率を計算したい. 各 X_i のモーメント母関数は $M(t) = (1-t)^{-2}, t < 1$ なので, $\theta^* = 1 - (2\lambda/\gamma)^{1/3}$ となる. これより,

$$M_{\theta^*}(t) = \left(\frac{1-\theta^*}{1-\theta^*-t}\right)^2$$

となり, これは $\text{Gamma}(2, 1-\theta^*)$ 分布のモーメント母関数である. 重点抽出のために $\lambda_{\theta^*} = (\gamma^2 \lambda/4)^{1/3}$ として $\text{Poi}(\lambda_{\theta^*})$ 分布から請求の総件数を生成し, 各請求の金額 X は $\text{Gamma}(2, (2\lambda/\gamma)^{1/3})$ 分布から生成する. 以下のコードを使用し, $N = 10^4$ としてアルゴリズム 10.3 を適用して 1 つの数値例として推定値 3.06×10^{-17} を得た. このときの推定相対誤差は 3% であった.

```
%compsum.m
clear all
N=10^4; W=nan(N,1); gamma=10^3;lambda=300;
theta_star=1-(2*lambda/gamma)^(1/3);
for k=1:N
    R=poissrnd((gamma^2*lambda/4)^(1/3));
    S=sum(gamrnd(2,1/(1-theta_star),1,R));
    if S>gamma
        W(k)=exp(-theta_star*S+lambda*((1-theta_star)^(-2)-1));
```

```
        else
            W(k)=0;
        end
end
mean(W), std(W)/sqrt(N)/mean(W)
```

10.3 重い裾に対する条件付け法

確率
$$\ell(\gamma) = \mathbb{P}(S_n \geqslant \gamma) = \mathbb{P}(X_1 + \cdots + X_n \geqslant \gamma) \tag{10.12}$$
を推定する問題を考える．ここで，$\{X_i\}$ は独立同分布確率変数であり，劣指数型の累積分布関数 F を持つ（D.2 節を参照）．γ が大きく $\ell(\gamma)$ が小さい場合に興味がある．一般的に，軽い裾の問題に適した方法は，重い裾の場合にはうまく働かない [6]．例えば，モーメント母関数による方法は適用できない．なぜならば，重い裾の分布のモーメント母関数は正の実軸では定義されないからである．そこで，最もうまくいく方法の 1 つは，劣指数特性
$$\lim_{\gamma \to \infty} \frac{\mathbb{P}(S_n \geqslant \gamma)}{n\,\mathbb{P}(X_1 \geqslant \gamma)} = 1 \tag{10.13}$$
を利用する条件付けの考えに基づく方法である．劣指数特性が本質的に示しているのは，ほとんどの場合において稀少事象は "1 つ" の変数が閾値を超えることによって発生する，ということである．この性質は，軽い裾の場合においては基本的にすべての確率変数が大きな値をとるときに稀少事象が発生することと対照的である．文献 [8] で与えられている以下のアルゴリズムは，等式
$$\ell(\gamma) = n\,\mathbb{P}(S_n \geqslant \gamma, X_n = \max_j X_j) = n\,\mathbb{E}\overline{F}\Big(\Big(\gamma - \sum_{j=1}^{n-1} X_j\Big) \vee \max_{j \neq n} X_j\Big)$$
に基づいて，この考えを実証している．ここで，$\overline{F}(x) = 1 - F(x)$，$a \vee b = \max\{a, b\}$ を表す．

アルゴリズム 10.4（$\mathbb{P}(S_n \geqslant \gamma)$ に対する条件付き推定量）

1. $X_1, \ldots, X_n \overset{\text{iid}}{\sim} F$ を生成する．
2. 統計量
$$Y = n\,\overline{F}\Big(\Big(\gamma - \sum_{j=1}^{n-1} X_j\Big) \vee \max_{j \neq n} X_j\Big)$$
を計算する．

3. Y を独立に N 個発生させ，不偏推定量

$$\widehat{\ell}(\gamma) = \frac{1}{N}\sum_{k=1}^{N} Y_k \tag{10.14}$$

を出力する．

推定量 (10.14) は以下の効率性を持つ [8], [42]．

定理 10.4（重い裾の場合における効率）
1) F が正則変動（regularly varying）分布ならば，推定量 (10.14) は消失相対誤差を持つ．より一般的には，もし F が裾の長い分布であり，条件

$$\sup_{x} \frac{\overline{F}(tx)}{\overline{F}(x)} < \infty, \quad t \in (0,1)$$

を満たすなら，推定量 (10.14) は消失相対誤差を持つ [42]．
2) Pareto(α, λ) の場合，統計量 (10.14) は有界相対誤差を持つ．実際，より一般的な推定量 (10.18) も有界相対誤差を持つ．式 (10.18) において，$\{X_i\}$ は独立であるが，必ずしも同一のパレート確率変数ではない．
3) LogN$(0,1)$ の場合，推定量 (10.14) は消失相対誤差を持つ [42]．
4) Weib$(\alpha, 1)$, $0 < \alpha < \ln(3/2)/\ln(3) \approx 0.369$ の場合，推定量 (10.14) は消失相対誤差を持つ [42]．
5) F がワイブル的な場合，すなわち，

$$\overline{F}(x) = \frac{cx^{1+\lambda-\alpha}\mathrm{e}^{-x^\alpha}}{\alpha}(1 + o(1)), \quad x \to \infty$$

で $0 \leqslant \alpha < \ln(3/2)/\ln(2) \approx 0.585$ の場合，推定量 (10.14) は対数的に効率的である [8]．

上記の定理では，裾の重い分布群のうちの特別なもののみを考えているが，このようなモデル化の仮定が応用上有する意義に関する，説得力のある議論が [1], [28], [62] に見られる．

10.3.1 複合和に対する推定

さて，R を整数値確率変数とし，$\mathbb{E}R^2 < \infty$ であり，確率関数 f_R を持つとする．このとき，$S_R = X_1 + \cdots + X_R$ を考える．これまでと同様に，系列 $X_1, X_2, \ldots$ は R と独立であるとする．この場合，$\ell(\gamma) = \mathbb{P}(S_R \geqslant \gamma)$ に対する良い推定量は，条件付けと制御変量（☞ p.365）の考え方の組合せによって得られる [8]．

アルゴリズム 10.5（$\mathbb{P}(S_R \geqslant \gamma)$ に対する制御変量推定法）
1. $R \sim f_R$ と $X_1, \ldots, X_R \stackrel{\text{iid}}{\sim} F$ を独立に生成する．
2. 統計量

$$Y = R\overline{F}\Big(\Big(\gamma - \sum_{j=1}^{R-1} X_j\Big) \vee \max_{j \neq R} X_j\Big) - (R - \mathbb{E}R)\,\overline{F}(\gamma)$$

を計算する．ここで，$\mathbb{E}R$ は陽な形で与えられているとする．

3. Step 1, 2 を N 回繰り返し実行して，Y の独立な N 個の実現値を得る．不偏推定量

$$\widehat{\ell}(\gamma) = \frac{1}{N}\sum_{k=1}^{N} Y_k \qquad (10.15)$$

を出力する．

推定量 (10.15) の効率は，次の結果によって与えられる [42]．

定理 10.5（ランダムな R に対する効率）

1) もし F が指数 $\alpha > 0$ の正則変動（regularly varying）分布であり，ある $c > 0$ に対して
$$\mathbb{E}R^{2(\alpha+1+c)} < \infty$$
ならば，推定量 (10.15) は消失相対誤差を持つ．

2) LogN$(0,1)$ の場合，ある $c > 0$ に対して
$$\mathbb{E}\exp\big((\ln R)^{2+c}\big) < \infty$$
ならば，推定量 (10.15) は消失相対誤差を持つ．

3) Weib$(\alpha, 1)$, $0 < \alpha < \ln(3/2)/\ln(3) \approx 0.369$ の場合，ある $c > 0$ に対して $R \leqslant c$ ならば，推定量 (10.15) は消失相対誤差を持つ．

Asmussen and Kroese [8] によると，実際のシミュレーションにおいて，条件付き推定量 (10.15) は重点抽出法よりもずっと良い特性を与える [5], [47]．

確率 $\mathbb{P}(S_R \geqslant \gamma)$ の計算は，待ち行列理論，通信，保険リスクにおいてよく現れる [1], [56]．次に示すのは，待ち行列理論における代表的な応用例である．

■ **例 10.7（Pollaczek–Khinchin 公式）**

例 10.4 の重点抽出法は，$GI/G/1$ 待ち行列における定常状態待ち時間の裾確率を，指数的測度変換を用いて推定するためのものであった．しかし，その方法は裾の軽い分布に対してのみ有効である．到着間隔が指数分布に従う場合（このとき待ち行列は $M/G/1$ 型と言われる）裾の重いサービス時間分布にも適用できる別の推定法が使える．この推定法は次の **Pollaczek–Khinchin** 公式 [3] に基づいている．

到着率 λ，サービス時間 $B \sim G$ の $M/G/1$ 待ち行列の定常状態待ち時間 Y は，ランダム和 $S_R = X_1 + \cdots + X_R$ と同じ分布に従う．ここで，$R \sim \text{Geom}_0(1 - \lambda\mathbb{E}B)$ であり，各 X はサービス時間の平衡残余時間分布に従い確率密度関数 $f(x) = \mathbb{P}(B \geqslant x)/\mathbb{E}B$ を持つ．

例えば，サービス時間分布の裾確率が $\mathbb{P}(B \geqslant x) = \alpha(1+x)^{-(\alpha+1)}$, $x \geqslant 0$, $\alpha > 0$ となる場合を考える．サービス時間の期待値は $\mathbb{E}B = 1$ であり，$X \sim \mathsf{Pareto}(\alpha, 1)$ となる．そこで，大きな γ に対して確率 $\ell(\gamma) = \mathbb{P}(Y \geqslant \gamma)$ の値を推定して，式 (10.13) で示される近似値 $\mathbb{E}R\mathbb{P}(X \geqslant \gamma)$ にどれくらい近いかを評価したい．以下の MATLAB コードは，アルゴリズム 10.5 を実行するものである．ここで，γ は $\frac{\lambda}{1-\lambda}\mathbb{P}(X \geqslant \gamma) = 10^{-11}$ となる値であり，$\alpha = 1/2$, $\varrho = \lambda = 3/4$ としている．$R \sim \mathsf{Geom}_0(1-\varrho)$ (☞ p.95) として，$\ell(\gamma) = \varrho\mathbb{P}(X_1 + \cdots + X_R \geqslant \gamma)$ となることに注意する．標本数を $N = 10^3$ として，推定値 $\widehat{\ell}(\gamma) = 10^{-11} + 2.4 \times 10^{-25}$ という1つの数値例を得た．推定相対誤差は 10^{-15} であった．

```
%polkinex.m
rho=0.75; alpha=0.5;
gamma=((1-rho)/rho*10^(-11))^(-1/alpha)-1;
bar_F=@(x)(1+x).^(-alpha);
N=10^3; Y=nan(N,1);
for i=1:N
    R=1;
    while rand<rho
        R=R+1;
    end;
    if R==1
        val=gamma;
    else
        X=rand(1,R-1).^(-1/alpha)-1;
        S=sum(X);M=max(X); val=max(M,gamma-S);
    end
    % 制御変量推定量
    Y(i)=R*bar_F(val)+(1/(1-rho)-R)*bar_F(gamma);
end
format long
ell=mean(Y)*rho
RE = std(Y)/sqrt(N)/ell
```

10.3.2 同一分布でない確率変数の和

再び，確率 (10.12) に対する推定を考える．ただし，ここでは，$X_1, X_2, \ldots$ は "異なる" 劣指数型の累積分布関数 $F_1, F_2, \ldots$ を持つとする．つまり，$X_1, X_2, \ldots$ は**独立であるが同一でない分布** (independent nonidentically distributed) の確率変数である．ここで，$\overline{F}_i(x) \stackrel{\text{def}}{=} 1 - F_i(x)$ として

$$p(j) = \mathbb{P}(J = j) = \frac{\mathbb{P}(X_j \geqslant \gamma)}{\sum_{i=1}^{n}\mathbb{P}(X_i \geqslant \gamma)} = \frac{\overline{F}_j(\gamma)}{\sum_{i=1}^{n}\overline{F}_i(\gamma)}, \quad j = 1, \ldots, n \qquad (10.16)$$

と定義し，等式

$$\mathbb{P}(S_n \geq \gamma) = \sum_{i=1}^n p(i) \frac{\mathbb{P}(S_n \geq \gamma, X_i = \max_j X_j)}{p(i)}$$
$$= \mathbb{E}\left[\frac{\mathrm{I}\{S_n \geq \gamma, X_J = \max_j X_j\}}{p(J)}\right]$$

に基づいて，以下のアルゴリズム [57] を適用することができる．

アルゴリズム 10.6（独立であるが同一でない確率変数の和）
1. 式 (10.16) の確率 $p(j)$ を持つ離散確率変数 J を生成する．
2. それぞれ，累積分布関数 $F_1, F_2, \ldots, F_{J-1}, F_{J+1}, \ldots, F_n$ を持つ確率変数 $X_1, X_2, \ldots, X_{J-1}, X_{J+1}, \ldots, X_n$ を生成し，統計量

$$Y = \frac{1}{p(J)} \overline{F}_J\left(\left(\gamma - \sum_{i \neq J} X_i\right) \vee \max_{i \neq J} X_i\right)$$

を計算する．
3. Y を独立に N 個生成し，不偏推定量

$$\widehat{\ell}(\gamma) = \frac{1}{N} \sum_{k=1}^N Y_k \tag{10.17}$$

を出力する．

式 (10.16) の確率は，分散を最小にする確率 $p^*(i) = \mathbb{P}(X_i = \max_j X_j \mid S_n \geq \gamma)$ に近くなるように選んだものである．推定量の効率に関して次の結果を得る [57]．

定理 10.6（有界相対誤差） アルゴリズム 10.6 の推定量 (10.17) は，すべての $\{X_i\}$ が独立で対数正規分布または正則変動分布に従うとき，有界相対誤差を持つ．

ある条件のもとでは，独立性の仮定をはずすことができる [57, p.50]．アルゴリズム 10.6 における推定量の代わりに，推定量

$$\widehat{\ell}(\gamma) = \frac{1}{N} \sum_{k=1}^N \sum_{i=1}^n \overline{F}_i\left(\left(\gamma - \sum_{j \neq i} X_j^{(k)}\right) \vee \max_{j \neq i} X_j^{(k)}\right) \tag{10.18}$$

を考えることができる [23]．ここで，$X_j^{(k)}$, $k = 1, \ldots, N$ は累積分布関数 F_j, $j = 1, \ldots, n$ を持つ独立な確率変数である．この推定量は，$\{X_j^{(k)}\}$ がパレート分布に従うときに有界相対誤差を持つ．この推定量は，損失金額が Student の t コピュラ（☞ p.74）モデルに従うときに大きなポートフォリオ損失が生じる確率を推定するために利用できる．

Juneja [45] は等式

$$\mathbb{P}(S_n \geq \gamma) = \mathbb{P}\left(\max_j X_j \geq \gamma\right) + \mathbb{P}\left(S_n \geq \gamma, \max_j X_j < \gamma\right)$$

に基づく別の推定量を提案している．$\{X_i\}$ が正則変動分布に従うとき，

$$\mathbb{P}(S_n \geqslant \gamma) = \mathbb{P}\bigl(\max_j X_j \geqslant \gamma\bigr)\,(1 + o(1)), \quad \gamma \to \infty$$

となり，いわゆる**残余確率** (residual probability) $\mathbb{P}(S_n \geqslant \gamma,\ \max_j X_j < \gamma)$ は漸近的に無視できるほど小さくなる量である．一般的に，$\mathbb{P}(\max_j X_j \geqslant \gamma)$ は正確に評価することができるので，あとは残余確率を効率的に推定することである．そのために，条件付き推定と重点抽出を組み合わせた推定量を利用することができる [45]．注目すべき点としては，残余確率自体が同様に，主要項と残余確率とに分解できることである．この再帰的な考え方は，ネットワーク信頼性の推定にうまく適用されている [18]．

■ **例 10.8**（対数正規分布の和）

$n = 10$ として，各 X_i が独立に $\mathsf{LogN}(i - 10, i^2)$, $i = 1, \ldots, n$ に従うとする．この問題はバリューアットリスクのようなポートフォリオ評価の計算において生じる [9]．以下のコードは，$\gamma = 4 \times 10^4$ として，アルゴリズム 10.6 を実行するものである．1つの計算例として得られた推定値は 4.6312×10^{-4} であり，推定相対誤差は 7×10^{-5} である．

```
%sumlognor.m
clear all,clc
n=10; gamma=4*10^4; N=10^5; param=1:n;
p = 1-logncdf(gamma,param-10,sqrt(param)); p=p/sum(p);
J = randsample(n,N,'true',p); % サンプルの添数 J
% 確率変数 X_1,X_2,... を生成する
X = lognrnd(param(ones(N,1),:)-10,sqrt(param(ones(N,1),:)));
% 各行の J 番目の要素を 0 とする
X((J'-1)*N+(1:N))=0;
% 推定量を計算する
Y=1-logncdf( max( [gamma-sum(X,2),X],[],2 ),J-10,sqrt(J) );
Y=Y'./p(J);
mean(Y), std(Y)/sqrt(N)/mean(Y)
```

10.4　状態依存の重点抽出

本節では，動的過程に適用する重点抽出について述べる．主な特徴は，重点抽出の測度変換が，基礎となる過程が稀少事象集合に到達するまでの経過に依存する，という点である．言い換えると，"状態依存の" 重点抽出を行うということである．マルコフ連鎖，マルコフ跳躍過程，一般化セミマルコフ過程などの動的過程に対して重点抽出を応用するための一般的な枠組みが，Glynn and Iglehart [39] で与えられている．

10.4 状態依存の重点抽出

定常状態シミュレーションやシミュレーション実行時間が停止時刻に依存する場合への重点抽出法の応用も議論されている.

ここで, 広いクラスの到達確率問題に対して有界相対誤差を持つ推定量を与えるような, 状態依存の重点抽出法について説明する. 以下の枠組みを考える.

- $\{Z_n, n = 0, 1, \ldots\}$ を, 状態空間 $\mathscr{E}$, 推移確率密度 $p(y\,|\,x)$ を持つ斉時マルコフ連鎖 (☞ p.165) とする.
- $Z_0 = z$ を開始点とする $\{Z_n\}$ の確率測度を $\mathbb{P}^z$ とする.
- $\mathscr{A} \subseteq \mathscr{R} \subseteq \mathscr{E}$ とする (図 10.2 を参照).
- 過程 $\{Z_n\}$ が領域 $\mathscr{R}$ に初めて到達する時刻を $\tau = \inf\{n \geqslant 0 : Z_n \in \mathscr{R}\}$ とする.

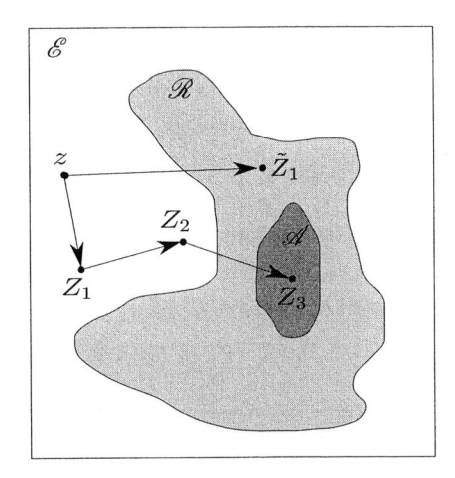

図 10.2 $Z_0 = z$ を開始点とするマルコフ連鎖 $\{Z_n, n = 0, 1, \ldots\}$ の 2 つの実現パス. 連鎖は領域 $\mathscr{R}$ に到達するまで続く.

この過程が, $z \notin \mathscr{R}$ を開始点として集合 $\mathscr{A}$ を通して領域 $\mathscr{R}$ に到達する確率, すなわち

$$h(z) = \mathbb{P}^z(Z_\tau \in \mathscr{A}, \tau < \infty) = \sum_{t=0}^{\infty} \mathbb{P}^z(Z_t \in \mathscr{A}, \tau = t) \tag{10.19}$$

を推定したい.

これまでの節で述べた多くの稀少事象問題は, 式 (10.19) の形の到達確率として定式化できる.

■ 例 10.9 (停止時刻における到達確率)

10.2.1 項における停止時刻確率

$$\ell(\gamma) = \mathbb{P}(\inf\{n : S_n \geqslant \gamma\} < \infty), \quad S_n = X_1 + \cdots + X_n, \quad S_0 = 0$$

について考える. ここで, $X_1, X_2, \ldots \overset{\text{iid}}{\sim} f$ とする. この場合, $\{Z_n, n = 0, 1, \ldots\} = \{S_n, n = 0, 1, \ldots\}$, $Z_0 = 0$, $\mathscr{R} = \mathscr{A} = (\gamma, \infty)$ となり, したがって, $\tau = \inf\{n : Z_n \geqslant \gamma\}$, $\{Z_\tau \in \mathscr{A}\} = \{\tau < \infty\}$ となって,

$$\ell(\gamma) = \mathbb{P}^0(Z_\tau \in \mathscr{A}, \tau < \infty)$$

は式 (10.19) の形になる.

■ **例 10.10**（到達問題としてのあふれ確率）

10.2.2 項におけるあふれ確率 $\ell_n = \mathbb{P}(S_n \geqslant nb)$ を考える. マルコフ連鎖 $\{Z_k, k = 0, 1, \ldots\} = \{(k, S_k), k = 0, 1, \ldots\}$, $Z_0 = z = (0, 0)$ を定義し, $\mathscr{A} = \mathscr{R} = \{(n, s) : s \geqslant nb\}$ とする. このとき, $\tau = \inf\{t : S_t \geqslant nb, t = n\}$ であり, これは $S_n \geqslant nb$ のとき n となり, そうでないとき ∞ となる. したがって,

$$\ell_n = \mathbb{P}(S_n \geqslant nb) = \mathbb{P}^{(0,0)}(Z_\tau \in \mathscr{A}, \tau < \infty)$$

となるので, これは式 (10.19) の形である.

式 (10.19) を推定する一般的な問題に戻って, すべての $t \geqslant 1$ に対してマルコフ性より

$$\mathbb{P}^z(Z_t \in \mathscr{A}, \tau = t \mid Z_1 = z_1) = \mathbb{P}^{z_1}(Z_{t-1} \in \mathscr{A}, \tau = t - 1)$$

が成り立つことに注意する. したがって, Z_1 について条件付けすることによって

$$\begin{aligned}
h(z) &= \sum_{t=1}^{\infty} \mathbb{P}^z(Z_t \in \mathscr{A}, \tau = t) \\
&= \sum_{t=1}^{\infty} \sum_{z_1 \in \mathscr{E}} \mathbb{P}^z(Z_t \in \mathscr{A}, \tau = t \mid Z_1 = z_1) \, p(z_1 \mid z) \\
&= \sum_{z_1 \in \mathscr{E}} p(z_1 \mid z) \sum_{t=1}^{\infty} \mathbb{P}^{z_1}(Z_{t-1} \in \mathscr{A}, \tau = t - 1) \\
&= \sum_{z_1 \in \mathscr{E}} p(z_1 \mid z) \, h(z_1)
\end{aligned}$$

となるので,

$$q(y \mid x) = \frac{h(y)}{h(x)} \, p(y \mid x), \quad y \in \mathscr{E}, x \in \mathscr{R}^c \tag{10.20}$$

は $\mathscr{E}$ 上の推移確率密度を定める. z を初期状態として $q(y \mid x)$ を推移確率密度とする $\mathscr{E}$ 上のマルコフ過程 $\{Z_n\}$ の確率測度を $\mathbb{Q}^z$ とする. $\mathbb{Q}^z$ のもとで以下が成り立つ [7].

1) $\mathbb{Q}^z(Z_1 = z_1, \ldots, Z_t = z_t) = \frac{h(z_t)}{h(z)} \mathbb{P}^z(Z_1 = z_1, \ldots, Z_t = z_t)$
2) $\mathbb{Q}^z(Z_\tau \in \mathscr{A}, \tau < \infty) = 1$
3) $\mathbb{Q}^z(Z_1 = z_1, \ldots, Z_\tau = z_\tau) = \mathbb{P}^z(Z_1 = z_1, \ldots, Z_\tau = z_\tau \mid Z_\tau \in \mathscr{A}, \tau < \infty)$

つまり，$\mathbb{Q}^z$ のもとでの $\{Z_n\}$ の分布は，稀少事象 $\{Z_\tau \in \mathscr{A}, \tau < \infty\}$ を条件とする $\mathbb{P}^z$ の分布に等しい．したがって，測度 $\mathbb{Q}^z$ は稀少事象 $\{Z_\tau \in \mathscr{A}, \tau < \infty\}$ のシミュレーションに対するゼロ分散測度である．

現実には，$\mathbb{Q}^z$ を使ってシミュレーションを行うことはできない．なぜならば，$h(z)$ が未知であり，したがって推移確率密度 q が使えないからである．この状況はクロスエントロピー法におけるゼロ分散確率密度関数 g^* によるシミュレーションの問題と同様である（10.5 節を参照）．しかし，h の良い近似 $\widetilde{h}$ があると仮定することはできる．推移確率密度

$$\widetilde{q}(z\,|\,y) = p(z\,|\,y)\,\frac{\widetilde{h}(z)}{c(y)}, \quad \text{ただし} \quad c(y) = \int p(z\,|\,y)\,\widetilde{h}(z)\,\mathrm{d}z \tag{10.21}$$

を定義する．すると，$h(z)$ の推定は以下のアルゴリズムで実行できる [39]．

アルゴリズム 10.7（状態依存の重点抽出）

与えられた近似 $\widetilde{h}(z)$ に対して以下のステップを実行する．

1. マルコフ連鎖 $\{Z_n\}$ の軌跡 $Z_1, Z_2, \ldots$ を停止時刻 $\tau = \inf\{t : Z_t \in \mathscr{R}\}$ まで生成する．推移確率密度 $\widetilde{q}$ に対する $\widetilde{\mathbb{Q}}^z$ のもとでシミュレーションを実行する．パスの結合確率密度は，$z_0 = z$ として

$$\widetilde{q}(z_1\,|\,z_0)\,\widetilde{q}(z_2\,|\,z_1) \cdots \widetilde{q}(z_\tau\,|\,z_{\tau-1})$$

となる．

2. 対応する尤度比は

$$W(z_1, \ldots, z_\tau) = \frac{p(z_1\,|\,z_0) \cdots p(z_\tau\,|\,z_{\tau-1})}{\widetilde{q}(z_1\,|\,z_0) \cdots \widetilde{q}(z_\tau\,|\,z_{\tau-1})} = \prod_{t=1}^{\tau} \frac{c(z_{t-1})}{\widetilde{h}(z_t)}$$

となる．

3. Step 1, 2 を繰り返して $Y = W(Z_1, \ldots, Z_\tau)\,\mathrm{I}_{\{Z_\tau \in \mathscr{A}\}}$ を N 個生成し，推定量 $\widehat{h}(z) = \frac{1}{N}\sum_{i=1}^{N} Y_i$ を出力する．

アルゴリズム 10.7 をうまく適用するためには，解決すべき問題がいくつかある [16]．
1) 推移確率密度 $\widetilde{q}$ の選択は重要である．$\widetilde{q}$ の候補は，通常 $h(z)$ の漸近的な近似 $\widetilde{h}(z)$ を用いることによって与えられる．
2) 式 (10.21) における正規化定数 $c(y)$ が効率的に計算できることが重要である．実際には，$c(y)$ は数値的に評価されなければならない．Blanchet and Liu [16] は，積分の計算ができない場合にパスサンプリングによって $c(y)$ を近似する方法を提案している．
3) アルゴリズム 10.7 の全体的な効率の点で，推移確率密度 $\widetilde{q}$ からのサンプリングが簡単であることは重要である．多くの場合，採択–棄却アルゴリズム [14] を利用する．

状態依存の重点抽出法は，一般的に状態非依存の重点抽出法よりも効率的で，信頼性が高い．例えば，Blanchet and Glynn [14] に示されているように，裾の重い分布に対して停止時刻確率 (10.5) を推定する場合，状態依存の重点抽出法によって消失相対誤差を持つ推定量が得られる．また，Bassamboo et al. [11] によると，正則変動の場合においては，状態非依存の重点抽出法では効率的な推定量は得られない．注意すべき点は，状態依存の重点抽出法は，通常，状態非依存の重点抽出法よりも実行がかなり難しいことである．

■ 例 10.11 （状態依存および状態非依存のサンプリング）

再び，増分 $X_1, X_2, \ldots \overset{\text{iid}}{\sim} f$ を持つランダムウォーク過程 $\{S_n, n = 0, 1, 2, \ldots\}$ のあふれ確率 $\ell_n = \mathbb{P}(S_n \geqslant nb \,|\, S_0 = 0)$ に対する推定を考える．$\ell(k, s) = \mathbb{P}(S_k \geqslant s \,|\, S_0 = 0)$ と定義すると，$\ell_n = \ell(n, nb)$ となる．例 10.10 の設定で

$$h\big((k, s_k)\big) = \mathbb{P}(s_k + X_{k+1} + \cdots + X_n \geqslant nb \,|\, S_k = s_k)$$
$$= \mathbb{P}(S_{n-k} \geqslant nb - s_k \,|\, S_0 = 0)$$
$$= \ell(n - k, nb - s_k)$$

および

$$h\big((k+1, s_k + x_{k+1})\big) = \mathbb{P}(s_k + x_{k+1} + X_{k+2} + \cdots + X_n \geqslant nb \,|\, S_{k+1} = s_{k+1})$$
$$= \mathbb{P}(S_{n-k-1} \geqslant nb - s_k - x_{k+1} \,|\, S_0 = 0)$$
$$= \ell(n - k - 1, nb - s_k - x_{k+1})$$

となる．ゼロ分散推移確率密度 (10.20) は

$$q\big((k+1, s_k + x_{k+1}) \,|\, (k, s_k)\big) = f(x_{k+1}) \frac{\ell(n - k - 1, nb - s_k - x_{k+1})}{\ell(n - k, nb - s_k)}$$

と書くことができる．$\ell(\cdot, \cdot)$ に対する，したがって $q(\cdot \,|\, \cdot)$ に対するいくつかの可能な近似が考えられる．例えば，漸近的な近似 (10.8) を利用して

$$\ell(n - k - 1, nb - s_k - x_{k+1}) \approx c\, e^{\theta^* x_{k+1}}$$

が得られる．ここで，c は x_{k+1} と無関係な定数で，θ^* は方程式 $\zeta'(\theta) = \mathbb{E}_\theta X = b$ の解である．これより，近似推移確率密度 (10.21) として

$$\widetilde{q}\big((k+1, s_k + x_{k+1}) \,|\, (k, s_k)\big) = f_{\theta^*}(x_{k+1}) = f(x_{k+1})\, e^{\theta^* x_{k+1} - \zeta(\theta^*)} \qquad (10.22)$$

が得られる．式 (10.22) は s_k に依存していないので，この指数測度変換のもとで増分 $X_1, X_2, \ldots, X_n$ を $f_{\theta^*}(x_{k+1})$ からの独立同分布サンプルとして生成することができる．このサンプリング法を "状態非依存" の重点抽出法であるアルゴリズム 10.2 と見なすことができる．図 10.3 左図で，増分が現在の状態に依存していないことを示す．$z_k = (k, s_k)$ を基点とする各ベクトルと n 軸とのなす角は $\tan^{-1}(b)$ である．

10.4 状態依存の重点抽出

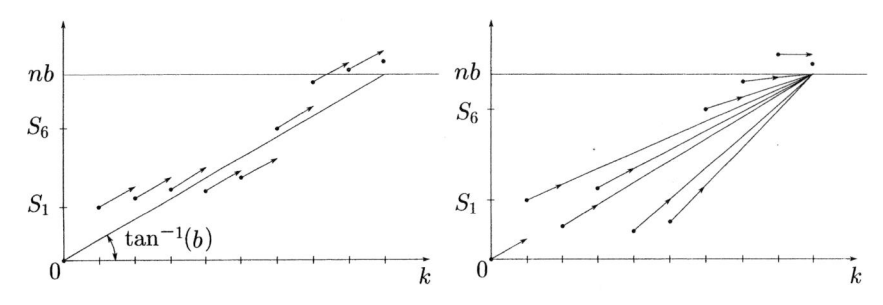

図 10.3 状態非依存（左図）と状態依存（右図）の重点抽出の比較．グラフ上の各点は与えられた k に対する S_k の実現値を示す．

q に対する別の近似としては，ランダムウォーク $\{S_k\}$ がレベル nb へ到達する経過を考慮に入れて，

$$\tilde{q}((k+1, s_k + x_{k+1}) \mid (k, s_k)) = f(x_{k+1}) e^{\theta^*_{k+1} x_{k+1} - \zeta(\theta^*_{k+1})} \tag{10.23}$$

とすることである．ここで，各 θ^*_{k+1}, $k = 0, \ldots, n-2$ は方程式

$$\zeta'(\theta_{k+1}) = \frac{nb - s_k}{n - k}$$

の解であり，最終の X_n は条件 $X_n \geqslant nb - s_{n-1}$ のもとで生成される．式 (10.22) とは異なり，推移確率密度 (10.23) は $z_k = (k, s_k)$ に依存し，したがって，状態依存重点抽出法を与える．各ステップ k でひねりパラメータ θ^*_{k+1} は，基礎過程が稀少事象集合に到達する経過に依存している．図 10.3 は，状態依存の推移確率密度 (10.23) と状態非依存の推移確率密度 (10.22) の違いを表している．図 10.3 右図において，$z_k = (k, s_k)$ を始点とする各ベクトルは (n, nb) の方向を向いていて，したがって，傾きは $\mathbb{E}_{\theta^*_{k+1}} X_{k+1}$ である．結果として得られる推定量は有界相対誤差を持つ [13]．それに対して，Siegmund のアルゴリズム 10.1 は，対数的に効率的な推定量を与えるにすぎない．より重要なこととして，Blanchet et al. [15]，L'Ecuyer et al. [49] において，状態依存の方法によって "k 次有界相対モーメント" を持つ推定量が得られることが示されている（p.398 を参照）．

具体例として，ランダムウォークの各増分が Laplace$(0, 1)$ 分布に従う場合を考える．このとき，$\zeta(\theta) = -\ln(1 - \theta^2)$, $|\theta| < 1$ であり，与えられたパスに対する尤度比は

$$W = e^{-\sum_{k=0}^{n-2} \theta^*_{k+1} x_{k+1} + \zeta(\theta^*_{k+1})} \mathbb{P}(X_n \geqslant nb - s_{n-1})$$

となる．ここで θ^*_{k+1} は $2\theta/(1 - \theta^2) = \frac{nb - s_k}{n - k}$, $|\theta| < 1$ の解である．推移密度 $\tilde{q}(z_{k+1} \mid z_k)$ からのサンプリングは $X_{k+1} = BY_1 - (1-B)Y_2$ の生成と同値である．ただし，$B \sim \mathsf{Ber}((1 + \theta^*_{k+1})/2)$, $Y_1 \sim \mathsf{Exp}(1 - \theta^*_{k+1})$, $Y_2 \sim \mathsf{Exp}(1 + \theta^*_{k+1})$ である．以下のコードは $n = 10$, $b = 4$ としてこのアルゴリズムを実行する．この特別な例では，θ^*_{k+1} は 2 次方程式の区間 $(-1, 1)$ における唯一の解である．コー

ドの中で関数 fzero.m がこの唯一の解 θ_{k+1}^* を計算している．1つの実行例として，$\widehat{\ell}_n = 1.12 \times 10^{-11}$ が得られ，推定相対誤差は 3% であった．

```
%state_dependent_IS_Laplace.m
N=1000; S(1)=0; b=4; n=10; % パラメータを設定する
for i=1:N
    for k=1:n-1
        % ひねりパラメータの解を求める
        theta(k)=fzero(@(t)(   2*t/(1-t^2)...
        -(n*b-S(k))/(n+1-k)   ),[-0.999,.999]);
        % ひねり密度から標本値を得る
        if rand<(1+theta(k))/2
            x(k)=-log(rand)/(1-theta(k));
        else
            x(k)=log(rand)/(1+theta(k));
        end
        S(k+1)=S(k)+x(k); % ウォークを増加させる
    end
    % パスの尤度比を計算する
    W(i)=exp(-x*theta'-sum(log(1-theta.^2)))*...
    (1-cdf_laplace(n*b-S(end)));
end
ell=mean(W)
RE=std(W)/ell/sqrt(N)
```

10.5 稀少事象シミュレーションのためのクロスエントロピー法

本節では，稀少事象シミュレーションにおける "クロスエントロピー" (cross-entropy; CE) 法について説明する．CE 法のより詳細な説明は第 13 章で述べる．分散減少法に関する CE 法については，9.7.3 項も参照せよ．

前節で述べた方法が，解析的な近似が存在するような狭い範囲の問題に適用できたのに対し，CE 法はより広く $\ell = \mathbb{P}(S(\mathbf{X}) \geqslant \gamma)$ の形の稀少事象確率の推定に適用することができる．ここで，$S: \mathbb{R}^n \to \mathbb{R}$ はある性能評価関数で，γ は閾値である．$\mathbf{X}$ はベクトル $\mathbf{u}$ をパラメータとする一般的な確率密度関数 $f(\mathbf{x}; \mathbf{u})$ を持つとする．

CE 法の基本的な考え方は，基準となる確率密度関数 $f(\mathbf{x}; \mathbf{u})$ と同じパラメータの族から選ばれた密度，例えば $f(\mathbf{x}; \widehat{\mathbf{v}}^*)$ を重点抽出密度として使用することである．パラメータ $\widehat{\mathbf{v}}^*$ は，式 (13.6) で $H(\mathbf{x}) = \mathrm{I}_{\{S(\mathbf{X}) \geqslant \gamma\}}$ として，CE プログラムにおける最大化するパラメータ $\mathbf{v}^*$ の推定値として選ばれる．すなわち，$\mathbf{v}^*$ は

$$\mathbf{v}^* = \operatorname*{argmax}_{\mathbf{v}} \int \mathrm{I}_{\{S(\mathbf{x}) \geqslant \gamma\}} f(\mathbf{x};\mathbf{u}) \ln f(\mathbf{x};\mathbf{v}) \,\mathrm{d}\mathbf{x} = \operatorname*{argmax}_{\mathbf{v}} \mathbb{E}_{g^*} \ln f(\mathbf{X};\mathbf{v}) \tag{10.24}$$

である．ここで，$g^*(\mathbf{x}) = f(\mathbf{x};\mathbf{u}) \mathrm{I}_{\{S(\mathbf{X}) \geqslant \gamma\}}/\ell$ はゼロ分散重点抽出密度であり，これは単に $S(\mathbf{X}) \geqslant \gamma$ を条件とする $\mathbf{X} \sim f$ の条件付き確率密度関数である（式 (13.4) を参照）．

アルゴリズム 13.1 において，"多基準法" を使って最適な CE パラメータ $\mathbf{v}^*$ を推定する一般的な手順が記述されている．しかし，[59] でも考察されているように，このような方法は必ずしも必要でなく，望ましいものでもない．以下において，多基準法を使わずに g^* から直接 $\mathbf{v}^*$ を推定する方法について述べる．（近似的に）g^* からのサンプリングが容易であると仮定する．例えば，第 6 章で述べたマルコフ連鎖サンプラーを使用して，g^* からのサンプリングを行える．$\mathbf{X}_1, \ldots, \mathbf{X}_N \overset{\text{approx.}}{\sim} g^*$ として，$\mathbf{v}^*$ を $\widehat{\mathbf{v}}^* = \operatorname{argmax}_{\mathbf{v}} \sum_{k=1}^{N} \ln f(\mathbf{X}_k;\mathbf{v})$ によって推定することができる．したがって，CE プログラムは標準的な尤度最大化問題（☞ p.701）となる．$\widehat{\mathbf{v}}^*$ が得られたら，ℓ に対する重点抽出推定量として

$$\widehat{\ell} = \frac{1}{N_1} \sum_{k=1}^{N_1} \frac{f(\mathbf{X}_k;\mathbf{u})}{f(\mathbf{X}_k;\widehat{\mathbf{v}}^*)} \mathrm{I}_{\{S(\mathbf{X}_k) \geqslant \gamma\}}, \quad \mathbf{X}_1, \ldots, \mathbf{X}_{N_1} \overset{\text{iid}}{\sim} f(\cdot;\widehat{\mathbf{v}}^*) \tag{10.25}$$

を使用することができる．以上により，以下の CE アルゴリズムが得られる．

アルゴリズム 10.8（稀少事象確率推定のためのクロスエントロピー法）

与えられた N, N_1 に対して，以下のステップを実行する．

1. マルコフ連鎖サンプラーを使用して

$$\mathbf{X}_1, \ldots, \mathbf{X}_N \overset{\text{approx.}}{\sim} g^*$$

を生成する．ここで，$g^*(\mathbf{x}) \propto f(\mathbf{x};\mathbf{u}) \mathrm{I}_{\{S(\mathbf{x}) \geqslant \gamma\}}$ である．

2. 尤度最大化問題

$$\widehat{\mathbf{v}}^* = \operatorname*{argmax}_{\mathbf{v}} \sum_{k=1}^{N} \ln f(\mathbf{X}_k;\mathbf{v})$$

を解いて $\widehat{\mathbf{v}}^*$ を得る．

3. 得られた $\widehat{\mathbf{v}}^*$ によって稀少事象確率 $\ell = \mathbb{P}(S(\mathbf{X}) \geqslant \gamma)$ に対する重点抽出推定量 (10.25) を出力する．

■ **例 10.12**（ブリッジ回路再考）

例 9.1 のブリッジ回路を考える．これは，第 9 章においていくつかの分散減少法を説明するのに使われている．最短パスの長さの期待値 $\mathbb{E} H(\mathbf{X})$ ではなく，最短パスが与えられた閾値 γ を超える確率，すなわち $\ell = \mathbb{P}(H(\mathbf{X}) \geqslant \gamma)$ を推定したい．ここで，長さ $\{X_i\}$ は独立で $X_i \sim \mathrm{U}(0, a_i), i = 1, \ldots, 5$ であり，$(a_1, \ldots, a_5)$ は所与の

パラメータである．$X_i = a_i U_i, i = 1, \ldots, 5$, $\{U_i\} \overset{\text{iid}}{\sim} \mathsf{U}(0,1)$ とおくことによって，$\ell = \mathbb{P}(h(\mathbf{U}) \geqslant \gamma)$ と書くことができる．ここで，式 (9.2) と同様に，$\mathbf{U} = (U_1, \ldots, U_5)$, $h(\mathbf{U}) = H(a_1 U_1, \ldots, a_5 U_5)$ である．

例 9.7 と同じパラメータ族の重点抽出密度を用いる．すると，重点抽出密度は

$$g(\mathbf{u}) = \prod_{i=1}^{5} g_i(u_i)$$

となり，各 g_i は $\text{Beta}(\nu_i, 1)$ 分布の確率密度関数 $g_i(u) = \nu_i u^{\nu_i - 1}, u \in [0,1]$ である．アルゴリズム 10.8 の Step 1 のために，以下のギブスサンプラーを利用して $g^*(\mathbf{u}) = \mathrm{I}_{\{h(\mathbf{u}) \geqslant \gamma\}}/\ell$ による生成を行う（☞ p.241）．

アルゴリズム 10.9 (g^* からのギブスサンプリング)

$h(\mathbf{U}) \geqslant \gamma$ を満たす初期状態 $\mathbf{U}$ が与えられているとする．以下のステップを N 回繰り返す．

1. 整数 $1, \ldots, 5$ から一様ランダムに添数 I を選ぶ．
2. $\mathbf{U}^* = (U_1, \ldots, U_{I-1}, 0, U_{I+1}, \ldots, U_5)$ とする．すなわち，$\mathbf{U}^*$ は I 番目が 0 で，それ以外は $\mathbf{U}$ と同じである．
3. $\mathsf{U}(\gamma - h(\mathbf{U}^*), 1)$ に従う乱数を生成し，新たな U_1 とする．
4. $\mathbf{U} = (U_1, \ldots, U_{I-1}, U_I, U_{I+1}, \ldots, U_5)$ と再設定する．

ギブスサンプラーの出力を $\mathbf{U}_i = (U_{i1}, \ldots, U_{i5})$, $i = 1, \ldots, N$ とする．このとき，アルゴリズム 10.8 の Step 2 における尤度最大化問題の解は

$$\widehat{v}_j^* = \frac{N}{-\sum_{i=1}^{N} \ln U_{ij}}, \quad j = 1, \ldots, 5$$

となる．

上記の結果をすべてまとめて，以下の MATLAB コードを得る．$\gamma = 1.99$ として p.362 の関数 h.m を使って，1 つの例として推定値 $\widehat{\ell} = 2.38 \times 10^{-5}$ を得た．推定相対誤差は 0.6% である．この場合，最適な $\mathbf{v}^*$ に対する推定値は $\widehat{\mathbf{v}}^* = (295.4, 2.66, 1.26, 300.8, 2.51)$ である．

```
%CE_example_gibbs.m
n=5;gamma=1.99;
N=10^5;       % マルコフ連鎖の長さ
u=ones(1,n);  % ギブスサンプリングの初期値
v=0;
% ギブスサンプラーを実行する
for i=1:N
    I=ceil(rand*n);u(I)=0;
    lower=max(gamma-h(u),0);
    u(I)=lower+(1-lower)*rand;
```

```
    v=log(u)+v;  % log(u) の平均値を計算する
end
% 最尤推定値を計算する
v=-N./v;

% 重点抽出法を適用する
N1=10^5;
nu = repmat(v,N1,1);
U = rand(N1,5).^(1./nu);
I =h(U)>gamma;
w=zeros(size(I)); % h(U)<gamma のときは w=0 とする
w(I) = prod(1./(nu(I,:).*U(I,:).^(nu(I,:) - 1)),2);
% 最終的な推定値を出力する
est = mean(w)
percRE = std(w)/sqrt(N1)/est*100
```

次の例で，大きなポートフォリオ損失が生じる確率を推定する金融モデルの問題にCE 法を適用する [40], [53]．指数的測度変換を利用する別の方法については [38] を参照せよ．

■ 例 10.13（正規コピュラモデルにおける信用リスク）

n 種類のローンからなるポートフォリオを考える．各債務が債務不履行となる確率を $p_i = \mathbb{P}(X_i \geqslant x_i)$, $i = 1, \ldots, n$ とする．ここで，$X_1, \ldots, X_n$ は連続な潜在的確率変数である．すなわち，i 番目の債務者は潜在的確率変数 X_i が閾値 x_i を超えるとき，またそのときに限って債務不履行になる．閾値 x_i は**債務不履行限界**（default boundary）と言われる．債務不履行による全体の損失は

$$L(\mathbf{X}) = \sum_{i=1}^{n} c_i \, \mathrm{I}_{\{X_i \geqslant x_i\}}, \quad \mathbf{X} = (X_1, \ldots, X_n)^\top$$

と表すことができる．ここで，各 c_i は i 番目の債務者の債務不履行による損失額である．大きな損失となる確率 $\ell = \mathbb{P}(L(\mathbf{X}) \geqslant \gamma)$, $\gamma \in (0, \sum_i c_i)$ の値を推定したい．$\mathbf{X}$ は線形ファクタモデル

$$X_i = a_i \check{Z}_i + \sum_{j=1}^{m} a_{ij} Z_j, \quad i = 1, \ldots, n$$

に従うとする．ここで，$Z_1, \ldots, Z_m, \check{Z}_1, \ldots, \check{Z}_n \overset{\text{iid}}{\sim} \mathsf{N}(0,1)$, $a_i^2 + \sum_{j=1}^{m} a_{ij}^2 = 1$ とする．したがって，$X_i \sim \mathsf{N}(0,1)$, $i = 1, \ldots, n$ となる．これは [40], [53] に述べられている "正規コピュラモデル" である（☞ p.73）．これを拡張した "Student の t コピュラモデル" については [12], [22] を参照せよ．

$\mathbf{Z} = (Z_1, \ldots, Z_m, \check{Z}_1, \ldots, \check{Z}_n)^\top$ の結合確率密度関数を $f(\mathbf{z}) \propto \mathrm{e}^{-\mathbf{z}^\top \mathbf{z}/2}$ とする．

このとき，$\{a_{ij}\}$ に依存する $n \times (m+n)$ 行列 B によって $\mathbf{X} = B\mathbf{Z}$ となる．すると，ℓ は $\ell = \mathbb{P}(S(\mathbf{Z}) \geq \gamma)$，$S(\mathbf{Z}) = L(B\mathbf{Z})$ と書くことができ，$\mathbf{Z}$ に関する重点抽出法によって推定することができる．分散最小の重点抽出密度 $g^*(\mathbf{z}) = f(\mathbf{z})\,\mathrm{I}_{\{S(\mathbf{z}) \geq \gamma\}}/\ell$ は打ち切られた多変量正規密度である．g^* による生成のために hit-and-run サンプラー（☞ p.251）を使うことができる．

アルゴリズム 10.10（hit-and-run）

初期値 $t = 1$ とする．$S(\mathbf{Y}_t) \geq \gamma$ となる与えられた $(m+n) \times 1$ ベクトル $\mathbf{Y}_t$ に対して，以下のステップを N 回繰り返す．

1. $Z_1, \ldots, Z_{m+n} \overset{\text{iid}}{\sim} \mathsf{N}(0, 1)$ として $\mathbf{d} = \left(\dfrac{Z_1}{\|\mathbf{Z}\|}, \ldots, \dfrac{Z_{m+n}}{\|\mathbf{Z}\|}\right)^\top$ を生成する．
2. $\Lambda \sim \mathsf{N}(-\mathbf{d}^\top \mathbf{Y}_t, 1)$ を生成する．
3. もし $S(\mathbf{Y}_t + \Lambda\mathbf{d}) \geq \gamma$ ならば $\mathbf{Y}_{t+1} = \mathbf{Y}_t + \Lambda\mathbf{d}$ とし，そうでなければ $\mathbf{Y}_{t+1} = \mathbf{Y}_t$ とする．$t = t + 1$ とする．

CE 法を適用して，平均が $\boldsymbol{\mu} = (\mu_1, \ldots, \mu_{m+n})$ で共分散行列が対角要素 $\boldsymbol{\sigma}^2 = (\sigma_1^2, \ldots, \sigma_{m+n}^2)$ を持つ対角行列であるような多変量正規密度関数の族から，最適な測度変換を探す．つまり，重点抽出密度は

$$f(\mathbf{z}; \widehat{\mathbf{v}}^*) \propto \prod_{i=1}^{m+n} e^{-\frac{(z_i - \widehat{\mu}_i)^2}{2\widehat{\sigma}_i^2}}$$

である．ここで，パラメータ $\widehat{\boldsymbol{\mu}}, \widehat{\boldsymbol{\sigma}}^2$ は hit-and-run サンプラーから生成されるデータ $\mathbf{Y}_1, \ldots, \mathbf{Y}_N$ の標本平均と標本分散である（アルゴリズム 10.8 の Step 2 を参照）．

数値例として，[38] で与えられている，$m = 21$ のファクタモデルで $n = 10^3$ の場合を考える．

- 債務不履行の確率は $p_k = 0.01(1 + \sin(16\pi k/n))$，$k = 1, \ldots, n$ であるとする．
- 損失金額 c_k は，k が 1 から 10^3 まで増加するのに従って 1 から 100 まで線形に増加する．
- ファクタ $\{a_{ij}\}$ は，以下のブロック構造を持つ $10^3 \times 21$ 行列 A の要素である．

$$A = \begin{pmatrix} \mathbf{r} & \begin{bmatrix} \mathbf{f} & & \\ & \ddots & \\ & & \mathbf{f} \end{bmatrix} & \begin{matrix} G \\ \vdots \\ G \end{matrix} \end{pmatrix}, \quad \text{ただし } G = \begin{pmatrix} \mathbf{g} & & \\ & \ddots & \\ & & \mathbf{g} \end{pmatrix}$$

ここで，$\mathbf{r}$ はすべての要素が 0.8 である 1000 次元列ベクトルであり，$\mathbf{f}$ はすべての要素が 0.4 である 100 次元列ベクトル，$\mathbf{g}$ はすべての要素が 0.4 である 10 次元列ベクトルで，G は 100×10 行列である．

- （正の）ファクタ $\{a_i\}$ は $a_i = \sqrt{1 - \sum_{j=1}^m a_{ij}^2}$ によって計算される．
- $\gamma = 4 \times 10^4$ とし，標本数 $N = 10^5$，$N_1 = 10^5$ とする．

以下のコードは，以下の付加的な修正をして，この例を実行する．hit-and-run サン

プラーを実行し，$\hat{\mu}, \hat{\sigma}^2$ を計算してから，$\mathbf{Z}$ の成分のうちどれが重要なのか，すなわち，どの成分に対して測度変換を行えばよいのかを決定する．Φ を標準正規分布の累積分布関数として，もし $\Phi(\hat{\mu}_i/\hat{\sigma}_i) > 0.95$ ならば，i 番目の要素は 5% レベルで重要である．そうでなく，もし $\Phi(\hat{\mu}_i/\hat{\sigma}_i) < 0.95$ ならば，i 番目の要素はもとの確率測度によってシミュレートされる．これは本質的に Lieber, Rubinstein, and Elmakis [54], [60] による**ふるい分け** (screening) の考えである．それは，$\mathbf{z}$ の成分の一部に対してだけ重点抽出を適用し，重点抽出推定量の尤度比をより安定させようという考えである．

この方法によると，$\hat{\mu}$ の最初の成分だけが重要で $\hat{\mu}_1 \approx 3.9109$ であった．他の $m+n-1$ 個の成分には測度変換は不要であった．

```
%loss_probab.m
clear all
clc
% パラメータを設定する
n=10^3; gamma=4*10^4;m=21;
k=1:n;
p=0.01*(1+sin(16*pi*k/n));
x=norminv(1-p);
c=1:99/(n-1):100;
% ファクタのための行列を設定する
R=ones(n,1)*0.8;
G=zeros(100,10);
for j=1:10
    G(1+(j-1)*10:10*j,j)=0.4;
end
FF=zeros(1000,10);
for j=1:10
    FF(1+(j-1)*100:100*j,j)=0.4;
end
A=[R,FF,repmat(G,10,1)];
a=sqrt(1-sum(A.^2,2));
% ファクタのための行列の設定を終了する

% hit-and-run サンプラーを実行する
Y=randn(1,m+n)+4; % 初期値を求める
mu=0;mu2=0;N=10^5;
for i=1:N
    d=randn(1,m+n); d=d/norm(d);
    lam=-d*Y'+randn;
    Y_new=Y+lam*d; % 仮の値を設定する
    if score(Y_new(1:m),Y_new(m+1:m+n),x,c,A,a)>gamma
        Y=Y_new;   % 仮の値を採用するかまたは棄却する
    end
```

```
    mu=mu+Y/N;  % CE パラメータを推定する
    mu2=mu2+Y.^2/N;
end
sig=sqrt(mu2-mu.^2);
stem(mu(1:m))
% 測度変換する重要な成分を決定する
p_value=1-normcdf(abs(mu)./sig);
idx=find(p_value<0.05);

% 重点抽出法を適用する
N1=10^5;
W=zeros(N1,1);  % 尤度比を設定する
for i=1:N1
    Y=randn(1,m+n); Y(idx)=Y(idx).*sig(idx)+mu(idx);
    if score(Y(1:m),Y(m+1:m+n),x,c,A,a)>gamma
        W(i)=prod(sig(idx))*...
            exp(sum((Y(idx)-mu(idx)).^2/2./sig(idx).^2-Y(idx).^2/2));
    end
end
ell=mean(W)
std(W)/sqrt(N1)/ell
Reduction_factor=(ell*(1-ell))/var(W)
```

```
function S=score(Z,Zb,x,c,A,a)
% ポートフォリオ損失関数の計算を実行する
X=A*Z'+a.*Zb';
S=c*(X>x');
```

上記のコードで, 典型的な推定値 $\widehat{\ell} = 7.43 \times 10^{-5}$ を得る. 推定相対誤差は 0.8% である. 単純モンテカルロ法に対する分散減少効果は約 10^3 倍であり, それは Glasserman and Li [38] による指数的ひねりと同程度の性能である. 注意すべきこととして, Glasserman and Li [38] は最適な指数的測度変換を理論的に導き出しているが, ここでは最適な重点抽出を MCMC シミュレーションによって得ている.

10.6 分 岐 法

稀少事象確率推定のための初期のモンテカルロ法の 1 つは, Kahn and Harris [48], また後に Hammersley and Handscomb [41] により提案された**分岐法** (splitting method) である. 分岐法では, マルコフ過程のサンプルパスがシミュレーションのさまざまな段階で複数のコピーに分岐し, それによって稀少事象がより多く発生する

ようになる．この方法では，状態空間が入れ子になる部分集合に分割され，したがって，稀少事象が事象の入れ子となる系列の交わりとして表現される．そして，稀少事象確率は条件付き確率の積となり，それぞれの条件付き確率は稀少事象確率を直接推定する場合に比べて非常に正確に推定することができる．

古典的な分岐法は，以下のように述べられる．$\mathscr{X} \subseteq \mathbb{R}^n$ を状態空間とするマルコフ過程 $\{\mathbf{X}_u, u \geqslant 0\}$ を考える．S を $\mathscr{X}$ 上の実数値関数とし，これを**重点関数** (importance function) という．明確化のため，$S(\mathbf{X}_0) = 0$ と仮定する．任意の "閾値" あるいは "レベル" $\gamma > 0$ に対して，U_γ を過程 $\{S(\mathbf{X}_u), u \geqslant 0\}$ が初めて集合 $[\gamma, \infty)$ に到達する時刻とし，U_0 を時刻 0 の後この過程が初めて $(-\infty, 0]$ に到達する時刻とする．U_γ と U_0 は $\{\mathbf{X}_u\}$ の履歴に関して明確に定義された有限の停止時刻であると仮定する．そこで，事象 $E_\gamma = \{U_\gamma < U_0\}$ の確率 ℓ，すなわち $\{S(\mathbf{X}_u)\}$ がレベル 0 を下回るよりも先にレベル γ を上回る確率を求めたい．確率 ℓ は $\mathbf{X}_0$ の分布に依存することに注意する．

分岐法 [31], [34] は，$\gamma_2 > \gamma_1$ ならば $E_{\gamma_2} \subset E_{\gamma_1}$ であることに基づいている．したがって，$c_1 = \mathbb{P}(E_{\gamma_1})$, $c_2 = \mathbb{P}(E_{\gamma_2} \mid E_{\gamma_1})$ とすると，確率の乗法公式により $\ell = c_1 c_2$ となる (☞ p.646)．多くの場合，c_1, c_2 を別々に推定することによって $c_1 c_2$ を推定することは，ℓ に対する単純モンテカルロ推定よりも効率的である．さらに，同じ議論によって，区間 $[0, \gamma]$ が "複数の" 部分区間 $[\gamma_0, \gamma_1), [\gamma_1, \gamma_2), \ldots, [\gamma_{T-1}, \gamma_T]$, $0 = \gamma_0 < \gamma_1 < \cdots < \gamma_T = \gamma$ に分割されている場合も考えることができる．これまでと同様に，事象 E_{γ_t} を，過程 $\{S(\mathbf{X}_u)\}$ がレベル 0 を下回るよりも先にレベル γ_t に到達する事象と定義する．$E_{\gamma_0} \supseteq E_{\gamma_1} \supseteq \cdots \supseteq E_{\gamma_T}$ は入れ子をなす事象の系列なので，$c_t = \mathbb{P}(E_{\gamma_t} \mid E_{\gamma_{t-1}})$ として $\ell = \prod_{t=1}^T c_t$ を得る．

各 c_t の推定は以下のように実行される．段階 $t = 1$ において，$\{\mathbf{X}_u\}$ の $s_1 N_0$ 個 (固定値) の独立なコピーを生成し，対応する過程 $\{S(\mathbf{X}_u)\}$ を展開する．$\{\mathbf{X}_u\}$ の各コピーは $\{S(\mathbf{X}_u)\}$ が集合 $(-\infty, 0]$ に到達するか，レベル γ_1 を上回るかのどちらかになるまで展開される．すなわち，各コピーは長さ $\min\{U_{\gamma_1}, U_0\}$ の期間において展開される．整数 s_1 は段階 $t = 1$ における**分岐因子** (splitting factor) と言われる．$\{S(\mathbf{X}_u)\}$ の j 番目のコピーが集合 $(-\infty, 0]$ より先に $[\gamma_1, \infty)$ に到達する事象の指示関数を I_j^1, $j = 1, \ldots, s_1 N_0$ とし，γ_1 を上回るコピーの個数を N_1 とすると

$$N_1 = \sum_{j=1}^{s_1 N_0} I_j^1$$

となる．c_1 に対する不偏推定量は $\widehat{c}_1 = \frac{N_1}{s_1 N_0}$ である．$\{S(\mathbf{X}_u)\}$ の γ_1 を上回るすべての実現パスに対して，上回った時刻 $u (= U_{\gamma_1})$ における対応する状態 $\mathbf{X}_u$ をメモリに記憶しておく．このときの状態を**入口状態** (entrance state) [30] という．次の段階 $t = 2$ において，N_1 個のそれぞれの入口状態から連鎖 $\{\mathbf{X}_u\}$ の s_2 個の新たな独立なコピーを開始する．その結果，$s_2 N_1$ 個の新たな連鎖が得られる．同様にして，

$\{S(\mathbf{X}_u)\}$ の j 番目のコピーが（過程 $\{\mathbf{X}_u\}$ をレベル γ_1 における入口状態から開始して）集合 $(-\infty, 0]$ に到達するよりも先に $[\gamma_2, \infty)$ に到達する事象の指示関数を I_j^2 とする．そこで，$N_2 = \sum_{j=1}^{s_2 N_1} I_j^2$ とおくと，$\widehat{c}_2 = \frac{N_2}{s_2 N_1}$ は c_2 に対する推定量である．この手続きは引き続く $t = 3, \ldots, T$ に対して繰り返し実行される．$s_t N_{t-1}$ は段階 t における**シミュレーション計算量**（simulation effort）であり，N_t は段階 t における入口状態の個数である．段階 t における指示関数 $\{I_j^t\}$ は通常，独立ではないので，成功確率 $\{\mathbb{P}(I_j^t = 1)\}$ はマルコフ連鎖 $\{\mathbf{X}_u\}$ のコピーを開始する入口状態に依存する．この依存性にもかかわらず，推定量

$$\widehat{\ell} = \prod_{t=1}^{T} \widehat{c}_t = \frac{N_T}{N_0} \prod_{t=1}^{T} s_t^{-1} \qquad (10.26)$$

は不偏推定量であることが知られている [7], [34].

分岐法の概念を図 10.4 に示す．図には，3 つのレベル集合 $\{\mathbf{x} : S(\mathbf{x}) = \gamma_t\}$，$t = 0, 1, 2$ が描かれている．過程 $\{S(\mathbf{X}_u)\}$ の 3 つの独立なパスを，レベル $\gamma_0 = 0$ から開始している．これら 3 つのうちの 2 つのパスがレベル 0 を下回って "死に絶え" (die out)，1 つのパスがレベル γ_1 を上回っている．レベル γ_1 における入口状態（丸で囲んだ部分）から新たに 3 つの独立なコピーを開始し，そのうち 2 つが 0 を下回り，1 つがレベル γ_2 を上回っている．図 10.5 は，典型的な 2 次元マルコフ連鎖 $\{(X_u^{(1)}, X_u^{(2)}), u \geqslant 0\}$ の実現パスを示している．これは図 10.4 のシナリオに対応している．

ここで重要なことは，重点関数 S の選び方である．それは，標本空間をどのように入れ子構造の部分集合に分割するかを決定する．効率的な重点関数 S を選択する問題は，重点抽出に対して最適な測度変換を選択する問題と似ている．したがって，これが一般的に未解決の問題であるとしても，驚くに当たらない [32], [58]．Dean and Dupuis [25] は，大偏差近似が可能な問題に対して，非線形偏微分方程式の解から得られる重点関数の効率的な設計法を示唆している．

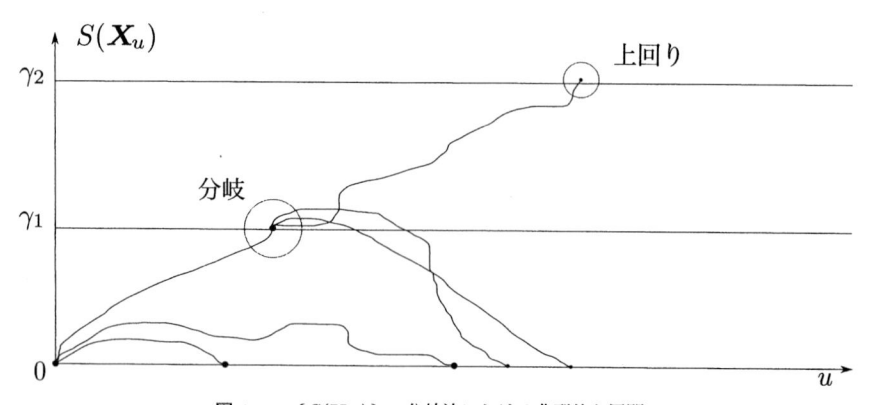

図 10.4 $\{S(\mathbf{X}_u)\}$ の分岐法における典型的な展開．

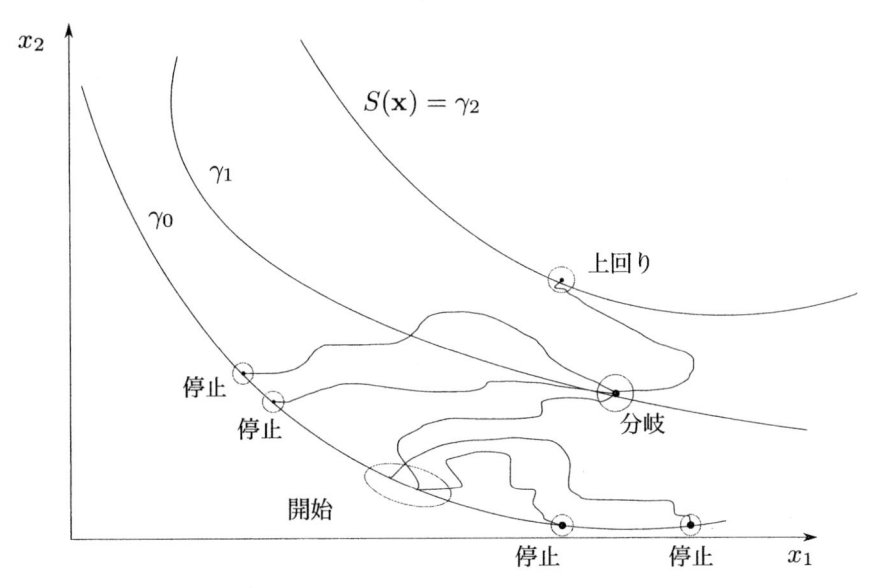

図 10.5 2次元マルコフ連鎖 $\{(X_u^{(1)}, X_u^{(2)}), u \geqslant 0\}$ の分岐法における典型的な展開.

与えられた重点関数 S に対して，分岐法の効率は，レベルの個数 T，中間レベル $\gamma_1, \ldots, \gamma_{T-1}$ の選び方，分岐因子 $s_1, \ldots, s_T$ に強く依存する．理想的には，条件付き確率 $\{c_t\}$ があまり小さくならず，そして単純モンテカルロ法によって容易に推定できるようにレベルを選びたい．マルコフ連鎖を実行するコストが t に依存しないと仮定すると，全シミュレーション量は，期待値

$$\sum_{t=1}^{T} s_t \mathbb{E} N_{t-1} = N_0 \sum_{t=1}^{T} s_t \ell(\gamma_{t-1}) \prod_{j=1}^{t-1} s_j = N_0 \sum_{t=1}^{T} s_t \prod_{j=1}^{t-1} c_j s_j$$
$$= N_0 \sum_{t=1}^{T} \frac{1}{c_t} \prod_{j=1}^{t} c_j s_j \tag{10.27}$$

を持つ確率変数である．分岐因子を適切に選択しないと，シミュレーション量が指数的に増大してしまうかもしれない．例えば，すべての j に対して $c_j s_j = a > 1$ であるとすると，シミュレーション量 (10.27) は T に関して指数的に増加する．このことを分岐法における**爆発** (explosion) という [35]．一方，すべての j に対して $c_j s_j = a < 1$ ならば，$\mathbb{E} N_T = N_0 a^T$ は指数的に減少するので，高い確率で N_T および $\widehat{\ell}$ は 0 になり，アルゴリズムは意味のないものになってしまう．したがって，すべての j に対して $c_j s_j = 1$ となること，すなわち，分岐が**臨界値** (critical value) [35] で行われるようにしたい．実際には，事前のシミュレーションで $\{c_j\}$ に対するおよその推定値 $\{\varrho_j\}$ を得ておいて，段階 t において，各入口状態 $j = 1, \ldots, N_t$ から $s_t = \varrho_t^{-1}$ 個のパスを開始する．$1/\varrho_j$ が整数でない場合には，成功確率 $\varrho_j^{-1} - \lfloor \varrho_j^{-1} \rfloor$

のベルヌーイ確率変数を生成して，その値に $\lfloor \varrho_j^{-1} \rfloor$ を加えて整数値確率変数として期待値 $1/\varrho_j$ の分岐因子 s_j を得る [35]．ここで述べた分岐アルゴリズムは，"分岐数一定分岐法"と呼ばれる．なぜならば，各段階 t において一定の期待個数 ϱ_t^{-1} のコピーを各入口状態から生成するからである．分岐数一定分岐法とは別に，**シミュレーション計算量一定**（fixed effort）分岐法もある．これは，各段階においてコピーの個数を一定にするのではなく，シミュレーション計算量を N に固定する．その場合，推定量は

$$\widehat{\ell}_{\mathrm{FE}} = \prod_{t=1}^{T} \frac{N_t}{N}$$

となる．シミュレーション計算量一定分岐法は，マルコフ連鎖のコピーの総数が爆発することを防げるが，不都合な点として，$\widehat{\ell}_{\mathrm{FE}}$ の分散の解析が難しくなることが挙げられる [31]．

他の分岐法として，**成功数一定**（fixed success）分岐法 [33] がある．これは，各段階において入口状態の個数を一定に保ち，軌跡の個数をあらかじめ決められた個数にするものである．あるいは，**成功確率一定**（fixed probability of success）分岐法 [20]，[30] もある．これは，提案されたシミュレーションのもとで条件付き確率 $\{c_t\}$ がほぼ等しくなるようにする方法である．ここで，シミュレーション計算量一定分岐法について要約する [31]．

アルゴリズム 10.11（シミュレーション計算量一定分岐法）

$t = 1$ とする．与えられた重点関数 S とレベル $\gamma_1, \ldots, \gamma_T$ に対して，以下のステップを実行する．

1. **初期化**：マルコフ過程 $\{\mathbf{X}_u\}$ のコピーを N 個生成し，それぞれのコピーを，$\{S(\mathbf{X}_u)\}$ が集合 $(-\infty, 0]$ に到達するか，またはレベル γ_1 を上回るまで実行する．$\{S(\mathbf{X}_u)\}$ の j 番目のコピーが集合 $(-\infty, 0]$ に到達するよりも先に $[\gamma_1, \infty)$ に到達する事象の指示関数を I_j^1 とすると，$N_1 = \sum_{j=1}^{N} I_j^1$ は γ_1 を上回るコピーの総数である．N_1 個のコピーのそれぞれに対して入口状態をメモリに保存する．

2. **ブートストラップリサンプリング**：N_t 個の入口状態を一様にリサンプリングして，新しく N ($\geqslant N_t$) 個の入口状態からなる集合を得る（N 個の中には同じ値が何回か現れうる）．

3. **マルコフ連鎖の展開**：マルコフ連鎖 $\{\mathbf{X}_u\}$ の独立な N 個のコピーを，Step 2 による N 個のブートストラップで得られた入口状態のそれぞれから開始する．各コピーを，$\{S(\mathbf{X}_u)\}$ が集合 $(-\infty, 0]$ に到達するか，または γ_t を上回るまで実行する．$\{S(\mathbf{X}_u)\}$ の j 番目のコピーが集合 $(-\infty, 0]$ に到達するよりも先に $[\gamma_t, \infty)$ に到達する事象の指示関数を I_j^t とすると，$N_t = \sum_{j=1}^{N} I_j^t$ は γ_t を上回るコピーの総数である．これら N_t 個のコピーに対する入口状態を，メ

4. **停止条件**：$t = T$ ならば Step 5 へ進む．$N_t = 0$ ならば，$N_{t+1} = N_{t+2} = \cdots = N_T = 0$ として Step 5 へ進む．それ以外の場合は，$t = t+1$ として Step 2 から繰り返す．
5. **最終的な推定量**：推定量 $\widehat{\ell}_{\mathrm{FE}} = \prod_{t=1}^{T}(N_t/N)$ を出力する．

理想化された漸近的な設定のもとでのシミュレーション計算量一定分岐法の解析によると，分岐パラメータの値は $T \approx -\ln(\ell)/2$ とし，閾値 $\{\gamma_t\}$ は $c_1 = \cdots = c_T \approx \mathrm{e}^{-2}$ となるように選ぶとよい [31]．このようにパラメータを選択すると，1回のシミュレーション試行当たりの分散は，ほぼ $\mathrm{e}^2 \ell^2 (\ln \ell)^2/4$ となる．中心極限定理による結果を含むこの方向の詳細な結果については，[21], [35] および [58] の要約を参照せよ．

■ **例 10.14**（到達確率）

平面内の粒子の位置が，過程 $\{(X_t, Y_t), t \geqslant 0\}$ によって記述されているとする．ここで，$\{X_t\}, \{Y_t\}$ は Ornstein–Uhlenbeck 確率微分方程式（☞ p.205）

$$\mathrm{d}Z_t = -Z_t \, \mathrm{d}t + \mathrm{d}W_t, \quad Z_0 = 1$$

の独立なコピーであるとする [7]．粒子が x 軸または y 軸に到達するより先に 1/4 円周

$$\{(x, y): x > 0, y > 0, \ x^2 + y^2 = 25\}$$

に到達する確率を計算したい（図 10.6 を参照）．

分岐法を適用するために，まず重点関数を決める必要がある．必ずしも最適ではないが，自然な選択として，

$$S(x, y) = \begin{cases} \sqrt{x^2 + y^2}, & x > 0 \text{ かつ } y > 0 \text{ の場合} \\ 0, & x \leqslant 0 \text{ または } y \leqslant 0 \text{ の場合} \end{cases}$$

がある．レベル

$$0 = \gamma_0 < \gamma_1 < \gamma_2 < \cdots < \gamma_T = 5$$

は，入れ子になる 1/4 円周の増加する半径と見なせる．そこで，より小さい半径の円周に到達するより先に，より大きい半径の円周に到達することを考える．これらの中間的な円周は，稀少事象集合へ向かっての踏み石である．

以下のコードはシミュレーション計算量一定分岐法で $N = 10^4$ の場合であり，10 回の独立な実行結果から相対誤差を推定している．レベルを $(\gamma_1, \gamma_2, \gamma_3, \gamma_4, \gamma_5, \gamma_6) = (3, 3.5, 4, 4.5, 4.7, 5)$ と設定している．関数 `ou_split.m` はステップサイズを $h = 0.01$ としたアルゴリズム 5.25 を実行し，Ornstein–Uhlenbeck 過程が半径 γ_t の 1/4 円周に到達するかどうかを決定している．得られた推定値は 5.6026×10^{-10} で，推定相対誤差は 0.049 である．図 10.6 に，x 軸または y 軸に到達するより先に 1/4 円周に到達するパスを示す．

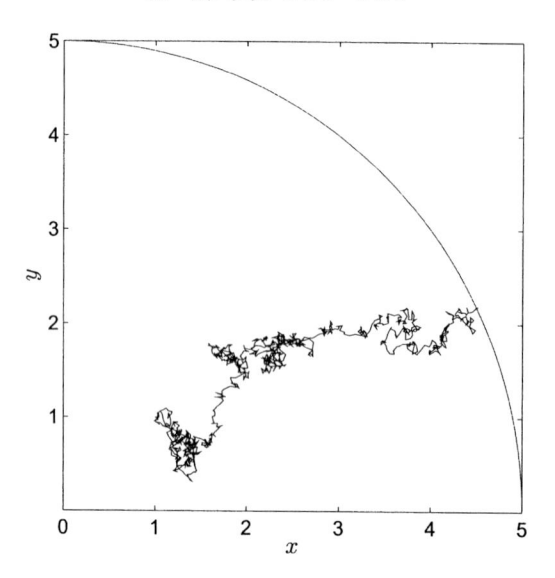

図 10.6 Ornstein–Uhlenbeck 過程のサンプルパスが, x 軸または y 軸に到達するより先に 1/4 円周に到達する様子.

```
%OU_process_splitting.m
clear all,clc
gam=[3:0.5:4.5,4.7,5]; % 分岐レベル
N=10^4;
for iter=1:10 % 相対誤差を推定するために独立な試行を 10 回繰り返す
    x_ini=1;y_ini=1;
    data=repmat([x_ini,y_ini],N,1);
    for t=1:length(gam)
        % パスをリサンプルする
        data=data(ceil(rand(N,1)*size(data,1)),:);
        elite=[];
        for i=1:N
            [indicator,x,y]=ou_split(gam(t),data(i,1),data(i,2));
            if indicator
                elite=[elite;x(end),y(end)];% 成功した到達を保存する
            end
        end
        t
        c(t)=size(elite,1)/N; % 条件付き確率の推定
        data=elite;
    end
    ell(iter)=prod(c);
end
```

```
mean(ell)
std(ell)/sqrt(10)/mean(ell)
```

```
function [indicator,x,y,tau]=ou_split(gam,x_ini,y_ini)
% OU 過程の厳密なサンプリングを実行する
h=0.001; % ステップサイズ
% 厳密なシミュレーションのための OU 更新式
f=@(x,z)(exp(-h)*x+sqrt((1-exp(-2*h))/2)*z);
x(1)=x_ini; y(1)=y_ini;
tau_axis=inf; tau_circ=inf;
for i=2:10^7 % 確実に到達させるために任意に大きなループを選ぶ
    x(i)=f(x(i-1),randn);
    y(i)=f(y(i-1),randn);
    if (x(i-1)*x(i)<0)|(y(i-1)*y(i)<0)
        tau_axis=h*i; % 軸に到達する時刻を決定する
    end
    if (x(i-1)^2+y(i-1)^2<gam^2)&(x(i)^2+y(i)^2>gam^2)
        tau_circ=h*i; % 円周に到達する時刻を決定する
    end
    tau=min(tau_circ,tau_axis);
    if isinf(tau)==0
        break
    end
end
indicator=tau_circ<tau_axis; % 先に円周に到達したか？
```

さらに学習するために

文献 [7, Chapter VI] は稀少事象シミュレーションの良い入門である．[58] では，稀少事象シミュレーションについての最近の話題と応用が多く取り上げられている．[59] はクロスエントロピー法とその稀少事象シミュレーションへの応用について述べている．Glasserman and Kou [37] は，指数的ひねりが漸近的に最適な推定量を与えない例を初めて示した．Dupuis, Sezer, and Wang [26] は，タンデム型待ち行列ネットワークにおける全キュー長の和のあふれに対する漸近的に最適な重点抽出法を初めて与えた．これはさらに，Dupuis and Wang [27] によって一般化 Jackson 網に拡張されている．Anantharam et al. [2] には，待ち行列過程とその時間反転過程のあふれ確率の関係が示されている．Juneja and Nicola [46] も参照せよ．

文献 [30], [36] は，稀少事象シミュレーションの分岐について概説している．分岐法

の数多くの応用が以下の文献で扱われている:粒子伝送 [48],待ち行列システム [31],[32], [64], [65], [66],信頼性 [19], [58].分岐レベルの最適な選択に関する理論的な結果は,[20] に示されている.[51] は,準モンテカルロ推定量を用いた分岐法の変形を与えている.[50], [52] では,マルコフ連鎖の打ち切りと分岐の方法が数多く研究されている.

文　　献

1) R. J. Adler, R. E. Feldman, and M. S. Taqqu. *A Practical Guide to Heavy Tails: Statistical Techniques and Applications.* Birkhäuser, New York, 1998.
2) V. Anantharam, P. Heidelberger, and P. Tsoucas. Analysis of rare events in continuous time Markov chains via time reversal and fluid approximation. Technical Report RC 16280, IBM, Yorktown Heights, New York, 1990.
3) S. Asmussen. *Applied Probability and Queues.* Springer-Verlag, New York, second edition, 2003.
4) S. Asmussen and H. Albrecher. *Ruin Probabilities.* World Scientific Publishing, River Edge, NJ, 2010.
5) S. Asmussen and K. Binswanger. Simulation of ruin probabilities for subexponential claims. *ASTIN Bulletin*, 27(2):297–318, 1997.
6) S. Asmussen, K. Binswanger, and B. Højgaard. Rare events simulation for heavy-tailed distributions. *Bernoulli*, 6(2):303–322, 2000.
7) S. Asmussen and P. W. Glynn. *Stochastic Simulation: Algorithms and Analysis.* Springer-Verlag, New York, 2007.
8) S. Asmussen and D. P. Kroese. Improved algorithm for rare event simulation with heavy tails. *Advances in Applied Probability*, 38(2):545–558, 2006.
9) S. Asmussen and L. Rojas-Nandayapa. Asymptotics of sums of lognormal random variables with Gaussian copula. *Statistics & Probability Letters*, 78(16):2709–2714, 2008.
10) S. Asmussen and R. Y. Rubinstein. Steady state rare events simulation in queuing models and its complexity properties. In J. H. Dshalalow, editor, *Advances in Queuing: Theory, Methods, and Open Problems*, pages 429–462. CRC Press, Boca Raton, FL, 1995.
11) A. Bassamboo, S. Juneja, and A. Zeevi. On the efficiency loss of state-independent importance sampling in the presence of heavy-tails. *Operations Research Letters*, 35(2):251–260, 2007.
12) A. Bassamboo, S. Juneja, and A. Zeevi. Portfolio credit risk with extremal dependence: Asymptotic analysis and efficient simulation. *Operations Research*, 56(3):593–606, 2008.
13) J. Blanchet and P. W. Glynn. Strongly efficient estimators for light-tailed sums. *Proceedings of the 1st International Conference on Performance Eval-*

uation Methodologies and Tools (ValueTools), Pisa, 180 of ACM International Conference Proceedings Series:article 18, 2006.
14) J. Blanchet and P. W. Glynn. Efficient rare-event simulation for the maximum of heavy-tailed random walks. *The Annals of Applied Probability*, 18(4):1351–1378, 2008.
15) J. Blanchet, P. W. Glynn, P. L'Ecuyer, W. Sandmann, and B. Tuffin. Asymptotic robustness of estimators in rare-event simulation. *Proceedings of the 2007 INFORMS Simulation Society Research Workshop, Fontainebleau, France*, 2007.
16) J. Blanchet and J. C. Liu. Path-sampling for state-dependent importance sampling. *Proceedings of the 2007 Winter Simulation Conference, Washington, DC*, pages 380–388, 2007.
17) J. A. Bucklew, P. Ney, and J. S. Sadowsky. Monte Carlo simulation and large deviations theory for uniformly recurrent Markov chains. *Journal of Applied Probability*, 27(1):44–59, 1990.
18) H. Cancela and M. El Khadiri. The recursive variance-reduction simulation algorithm for network reliability evaluation. *IEEE Transactions on Reliability*, 52(2):207–212, 2003.
19) H. Cancela, L. Murray, and G. Rubino. Splitting in source-terminal network reliability estimation. *Proceedings of the 7th International Workshop on Rare Event Simulation (RESIM 2008, France)*, 2008.
20) F. Cérou and A. Guyader. Adaptive multilevel splitting for rare event analysis. *Stochastic Analysis and Applications*, 25(2):417–443, 2007.
21) F. Cérou, P. Del Moral, F. Le Gland, and P. Lezaud. Limit theorems for the multilevel splitting algorithm in the simulation of rare events. *Proceedings of the 2005 Winter Simulation Conference, Orlando*, pages 682–691, 2005.
22) J. C. C. Chan and D. P. Kroese. Efficient estimation of large portfolio loss probabilities in t-copula models. *European Journal of Operational Research*, 205(2):361–367, 2010.
23) J. C. C. Chan and D. P. Kroese. Rare-event probability estimation with conditional Monte Carlo. *Annals of Operations Research*, 2010. DOI:10.1007/s10479-009-0539-y.
24) M. G. Cruz. *Modeling, Measuring and Hedging Operation Risk*. John Wiley & Sons, Chichester, 2003.
25) T. Dean and P. Dupuis. Splitting for rare event simulation: A large deviations approach to design and analysis. *Stochastic Processes and Their Applications*, 119(2):562–587, 2008.
26) P. Dupuis, A. D. Sezer, and H. Wang. Dynamic importance sampling for queueing networks. *Annals of Applied Probability*, 17(4):1306–1346, 2007.
27) P. Dupuis and H. Wang. Importance sampling for Jackson networks. *Queueing Systems*, 62(1-2):113–157, 2009.
28) P. Embrechts, C. Klüppelberg, and T. Mikosch. *Modelling Extremal Events for Insurance and Finance*. Springer-Verlag, Berlin, 1997.
29) A. Frachot, O. Moudoulaud, and T. Roncalli. Loss distribution approach in prac-

tice. In M. K. Ong, editor, *The Basel Handbook: A Guide for Financial Practitioners*. Risk Books, London, 2004.
30) M. J. J. Garvels. *The Splitting Method in Rare Event Simulation*. PhD thesis, University of Twente, 2000.
31) M. J. J. Garvels and D. P. Kroese. A comparison of RESTART implementations. In *Proceedings of the 1998 Winter Simulation Conference*, pages 601–609, Washington, DC, 1998.
32) M. J. J. Garvels, D. P. Kroese, and J. C. W. van Ommeren. On the importance function in splitting simulation. *European Transactions on Telecommunications*, 13(4):363–371, 2002.
33) F. Le Gland and N. Oudjane. A sequential algorithm that keeps the particle system alive. In H. Blom and J. Lygeros, editors, *Stochastic Hybrid Systems: Theory and Safety Critical Applications, Lecture Notes in Control and Information Sciences*, volume 337, pages 351–389. Springer-Verlag, New York, 2006.
34) P. Glasserman, P. Heidelberger, P. Shahabuddin, and T. Zajic. A look at multilevel splitting. In H. Niederreiter, editor, *Monte Carlo and Quasi Monte Carlo Methods 1996, Lecture Notes in Statistics*, volume 127, pages 99–108. Springer-Verlag, New York, 1996.
35) P. Glasserman, P. Heidelberger, P. Shahabuddin, and T. Zajic. A large deviations perspective on the efficiency of multilevel splitting. *IEEE Transactions on Automatic Control*, 43(12):1666–1679, 1998.
36) P. Glasserman, P. Heidelberger, P. Shahabuddin, and T. Zajic. Multilevel splitting for estimating rare event probabilities. *Operations Research*, 47(4):585–600, 1999.
37) P. Glasserman and S.-G. Kou. Limits of first passage times to rare sets in regenerative processes. *Annals of Applied Probability*, 5(2):424–445, 1995.
38) P. Glasserman and J. Li. Importance sampling for portfolio credit risk. *Management Science*, 51(11):1643–1656, 2005.
39) P. W. Glynn and D. L. Iglehart. Importance sampling for stochastic simulations. *Management Science*, 35(11):1367–1392, 1989.
40) G. Gupton, C. Finger, and M. Bhatia. Creditmetrics technical document. Technical report, J. P. Morgan & Co., New York, 1997.
41) J. M. Hammersley and D. C. Handscomb. *Monte Carlo Methods*. Methuen, London, 1964.
42) J. Hartinger and D. Kortschak. On the efficiency of the Asmussen–Kroese-estimator and its application to stop-loss transforms. *Blätter der DGVFM*, 30(2):363–377, 2009.
43) P. Heidelberger. Fast simulation of rare events in queuing and reliability models. *ACM Transactions on Modeling and Computer Simulation*, 5(1):43–85, 1995.
44) J. L. Jensen. *Saddlepoint Approximations*. Clarendon Press, Oxford, 1995.
45) S. Juneja. Estimating tail probabilities of heavy tailed distributions with asymptotically zero relative error. *Queueing Systems*, 57(2-3):115–127, 2007.
46) S. Juneja and V. Nicola. Efficient simulation of buffer overflow probabilities in

Jackson networks with feedback. *ACM Transactions on Modeling and Computer Simulation*, 15(4):281–315, 2005.
47) S. Juneja and P. Shahabuddin. Simulating heavy-tailed processes using delayed hazard rate twisting. *ACM Transactions on Modeling and Computer Simulation*, 12(2):94–118, 2002.
48) H. Kahn and T. E. Harris. *Estimation of Particle Transmission by Random Sampling*. National Bureau of Standards Applied Mathematics Series, 1951.
49) P. L'Ecuyer, J. H. Blanchet, B. Tuffin, and P. W. Glynn. Asymptotic robustness of estimators in rare-event simulation. *ACM Transactions on Modeling and Computer Simulation*, 20(1):Article 6, 2010.
50) P. L'Ecuyer, V. Demers, and B. Tuffin. Splitting for rare-event simulation. *Proceedings of the 2006 Winter Simulation Conference*, pages 137–148, 2006.
51) P. L'Ecuyer, V. Demers, and B. Tuffin. Rare events, splitting, and quasi-Monte Carlo. *ACM Transactions on Modeling and Computer Simulation*, 17(2):1–44, 2007.
52) P. L'Ecuyer and B. Tuffin. Splitting and weight windows to control the likelihood ratio in importance sampling. In L. Lenzini and R. Cruz, editors, *Proceedings of the 1st International Conference on Performance Evaluation Methodologies and Tools (ValueTools), Pisa*, 2006. Article 21.
53) D. Li. On default correlations: A copula function approach. *Journal of Fixed Income*, 9(4):43–54, 2000.
54) D. Lieber, R. Y. Rubinstein, and D. Elmakis. Quick estimation of rare events in stochastic networks. *IEEE Transactions on Reliability*, 46(2):254–265, 1997.
55) V. V. Petrov. On the probabilities of large deviations for sums of independent random variables. *Theory of Probability and Its Applications*, 10(2):287–298, 1965.
56) S. I. Resnick. Heavy tail modeling and telegraphic data. *Annals of Statistics*, 25(5):1805–1869, 1997.
57) L. R. Rojas-Nandayapa. *Risk Probabilities: Asymptotics and Simulation*. PhD thesis, University of Aarhus, 2008.
58) G. Rubino and B. Tuffin, editors. *Rare Event Simulation Using Monte Carlo Methods*. John Wiley & Sons, Chichester, 2009.
59) R. Y. Rubinstein and D. P. Kroese. *The Cross-Entropy Method: A Unified Approach to Combinatorial Optimization, Monte-Carlo Simulation and Machine Learning*. Springer-Verlag, New York, 2004.
60) R. Y. Rubinstein and D. P. Kroese. *Simulation and the Monte Carlo Method*. John Wiley & Sons, New York, second edition, 2007.
61) D. Siegmund. Importance sampling in the Monte Carlo study of sequential tests. *The Annals of Statistics*, 4(4):673–684, 1976.
62) K. Sigman. Appendix: A primer on heavy-tailed distributions. *Queueing Systems*, 33(1-3):261–275, 1999. DOI: 10.1023/A:1019180230133.
63) B. Tuffin. Bounded normal approximation in simulations of highly reliable Markovian systems. *Journal of Applied Probability*, 36(4):974–986, 1999.
64) M. Villén-Altamirano and J. Villén-Altamirano. RESTART: A method for accel-

erating rare event simulations. In J. W. Cohen and C. D. Pack, editors, *Proceedings of the 13th International Teletraffic Congress, Queueing, Performance and Control in ATM*, pages 71–76, 1991.

65) M. Villén-Altamirano and J. Villén-Altamirano. RESTART: A straightforward method for fast simulation of rare events. In J. D. Tew, S. Manivannan, D. A. Sadowski, and A. F. Seila, editors, *Proceedings of the 1994 Winter Simulation Conference*, pages 282–289, 1994.

66) M. Villén-Altamirano and J. Villén-Altamirano. About the efficiency of RESTART. In *Proceedings of the RESIM'99 Workshop*, pages 99–128. University of Twente, The Netherlands, 1999.

11

微分係数の推定

本章では，勾配推定の手法を4つ取り上げる．すなわち，"有限差分法"，"無限小摂動解析法"，"尤度比法" または "スコア関数法"，そして "弱微分法" である．さらに，再帰過程に対する勾配推定についても議論する．微分係数を効率良く推定することは，シミュレーションにおける出力結果の感度分析において，また確率的な，言い換えれば雑音のある最適化においても重要である．雑音のある最適化については，第12章で詳しく述べる．

11.1 勾配推定

モンテカルロシミュレーションでは，性能尺度 ℓ を，シミュレーションを実行するときに使われるさまざまなパラメータの関数と見ることができる．これらのパラメータには，確率分布に関するものもあれば，シミュレーションの実行メカニズムに関するものもある．標準的な設定では，ℓ はある確率変数 Y の期待値であり，その値は次のようにパラメータベクトル $\boldsymbol{\theta}$ に依存する．

$$\ell(\boldsymbol{\theta}) = \mathbb{E}Y = \mathbb{E}_{\boldsymbol{\theta}_2} H(\mathbf{X}; \boldsymbol{\theta}_1) = \int H(\mathbf{x}; \boldsymbol{\theta}_1) f(\mathbf{x}; \boldsymbol{\theta}_2) \, \mathrm{d}\mathbf{x} \tag{11.1}$$

ここで $\boldsymbol{\theta} = (\boldsymbol{\theta}_1, \boldsymbol{\theta}_2)$ であり，$H(\cdot; \boldsymbol{\theta}_1)$ は標本性能関数，$f(\cdot; \boldsymbol{\theta}_2)$ は確率密度関数である（$\mathbf{X}$ が離散確率変数の場合は積分を和に置き換える）．このとき，$\boldsymbol{\theta}_1$ を**構造** (structural) パラメータ，$\boldsymbol{\theta}_2$ を**分布** (distributional) パラメータと呼ぶ．分布パラメータのみを持つ推定問題を構造パラメータのみを持つ問題に変換できることもあれば，その逆もある（注11.1を参照）．しかし，ここで注意しなければならないことは，すべての性能尺度が式 (11.1) の形をしているとは限らないということである．例えば，$\ell(\boldsymbol{\theta})$ が $Y \sim f(\mathbf{y}; \boldsymbol{\theta})$ の中央値や分位数であるような場合である．

さて，単に $\ell(\boldsymbol{\theta})$ を推定するだけではなく，その "微分係数"（勾配やヘッセ行列など）の推定が必要になることがある．以下に，その2つの主な応用を挙げる．

1. **感度分析**：勾配 $\nabla \ell(\boldsymbol{\theta})$ によって，入力パラメータ $\boldsymbol{\theta}$ の微小変化に対して出力 $\ell(\boldsymbol{\theta})$ がどの程度敏感かがわかる．また，性能尺度に最も影響を与えるパラメー

タを見つけることもできる.

2. **確率的最適化とその求解**:勾配推定は,$\nabla \ell(\boldsymbol{\theta}) = \boldsymbol{0}$ の解を求める問題を通して最適化問題とも密接な関係がある.すなわち,この解は ℓ の停留点であり,極大値または極小値の候補である.よって,シミュレーションによる勾配推定を用いて最適解を近似的に求めることができる."雑音のある最適化問題"に対する勾配を用いたアルゴリズムも,こうして導かれている(12.1 節,12.2 節を参照).

勾配推定を考えるとき,中核となる問題は微分と積分の順序交換であり,次の定理はその十分条件を与える(Asmussen and Glynn [2, Chapter VII] も参照).

定理 11.1(微分と積分の順序交換) 関数 $g(\mathbf{x}; \boldsymbol{\theta})$ が $\boldsymbol{\theta}_0 \in \mathbb{R}^k$ で微分可能であるとし,その勾配を $\nabla_{\boldsymbol{\theta}} g(\mathbf{x}; \boldsymbol{\theta}_0)$ と表す.また,この勾配が $\mathbf{x}$ の関数として可積分であると仮定する.このとき,$\boldsymbol{\theta}_0$ の近傍 Θ と可積分関数 $M(\mathbf{x}; \boldsymbol{\theta}_0)$ が存在して,すべての $\boldsymbol{\theta} \in \Theta$ に対して,

$$\frac{|g(\mathbf{x}; \boldsymbol{\theta}) - g(\mathbf{x}; \boldsymbol{\theta}_0)|}{\|\boldsymbol{\theta} - \boldsymbol{\theta}_0\|} \leqslant M(\mathbf{x}; \boldsymbol{\theta}_0) \tag{11.2}$$

であるならば,

$$\nabla_{\boldsymbol{\theta}} \int g(\mathbf{x}; \boldsymbol{\theta}) \, \mathrm{d}\mathbf{x} \bigg|_{\boldsymbol{\theta} = \boldsymbol{\theta}_0} = \int \nabla_{\boldsymbol{\theta}} g(\mathbf{x}; \boldsymbol{\theta}_0) \, \mathrm{d}\mathbf{x} \tag{11.3}$$

が成り立つ.

証明: まず,

$$\psi(\mathbf{x}; \boldsymbol{\theta}, \boldsymbol{\theta}_0) = \frac{g(\mathbf{x}; \boldsymbol{\theta}) - g(\mathbf{x}; \boldsymbol{\theta}_0) - (\boldsymbol{\theta} - \boldsymbol{\theta}_0)^\top \nabla_{\boldsymbol{\theta}} g(\mathbf{x}; \boldsymbol{\theta}_0)}{\|\boldsymbol{\theta} - \boldsymbol{\theta}_0\|}$$

とおく.式 (11.2) の条件より,すべての $\boldsymbol{\theta} \in \Theta$ に対して $|\psi(\mathbf{x}; \boldsymbol{\theta}, \boldsymbol{\theta}_0)| \leqslant M(\mathbf{x}; \boldsymbol{\theta}_0) + \|\nabla_{\boldsymbol{\theta}} g(\mathbf{x}; \boldsymbol{\theta}_0)\|$ である.また,$\boldsymbol{\theta}_0$ で微分係数が存在することから,$\boldsymbol{\theta} \to \boldsymbol{\theta}_0$ のとき $\psi(\mathbf{x}; \boldsymbol{\theta}, \boldsymbol{\theta}_0) \to 0$ である.よって,優収束定理(☞ p.644)より,$\boldsymbol{\theta} \to \boldsymbol{\theta}_0$ のとき $\int \psi(\mathbf{x}; \boldsymbol{\theta}, \boldsymbol{\theta}_0) \, \mathrm{d}\mathbf{x} \to 0$ となり,式 (11.3) が成り立つ.

微分と積分の順序交換が可能な重要かつ特別な例が指数型分布族(☞ p.738)の理論にあり,それは次の定理で述べられる(例えば [13, Section 2.7] や [3, pp.32–34] を参照).

定理 11.2(指数型分布族における微分と積分の順序交換)

$$\int \phi(\mathbf{x}) \, \mathrm{e}^{\boldsymbol{\eta}^\top \mathbf{t}(\mathbf{x})} \, \mathrm{d}\mathbf{x} < \infty$$

を満たす任意の関数 ϕ に対して,この積分をパラメータ $\boldsymbol{\eta}$ の関数と見たとき,$\boldsymbol{\eta}$ の自然なパラメータ空間のすべての内点で無限回偏微分可能である.さらに,その微分係数は被積分関数を微分することによって得られる.すなわち,

$$\nabla_{\boldsymbol{\eta}} \int \phi(\mathbf{x}) \, \mathrm{e}^{\boldsymbol{\eta}^\top \mathbf{t}(\mathbf{x})} \, \mathrm{d}\mathbf{x} = \int \phi(\mathbf{x}) \, \mathbf{t}(\mathbf{x}) \, \mathrm{e}^{\boldsymbol{\eta}^\top \mathbf{t}(\mathbf{x})} \, \mathrm{d}\mathbf{x}$$

が成り立つ.

注 11.1（分布パラメータと構造パラメータ） 多くの場合，適当な変換によって，構造パラメータを分布パラメータに変えることができ，また，その逆も可能である．ここでは，$\mathbf{x} = x$ がスカラーの場合の 2 つの一般的な状況について述べる（多次元の場合への一般化は容易である）．

1. **押し出し法** (push-out method)：次のような構造パラメータのみを持つ推定問題を考える．

$$\ell(\boldsymbol{\theta}) = \int H(x;\boldsymbol{\theta}) f(x) \, dx \tag{11.4}$$

押し出し法 [17] とは，（問題に応じて）変数変換 $y = a(x;\boldsymbol{\theta})$ を行い，この積分を

$$\ell(\boldsymbol{\theta}) = \int L(y) g(y;\boldsymbol{\theta}) \, dy \tag{11.5}$$

の形に変換することである．言い換えれば，パラメータ $\boldsymbol{\theta}$ が確率密度関数 g のほうに「押し出された」形になっている．

簡単な例として，$\ell(\boldsymbol{\theta}) = \mathbb{E} \exp(-X^\theta)$, $\theta > 0$ を推定する問題を考えよう．ここで $X \sim f(x)$ は正の確率変数である．これは $H(x;\boldsymbol{\theta}) = \exp(-x^\theta)$ とおくと，式 (11.4) の形である．ここで，$y = x^\theta$, $L(y) = \exp(-y)$，また

$$g(y;\boldsymbol{\theta}) = f(y^{\frac{1}{\theta}}) \frac{1}{\theta} y^{\frac{1}{\theta}-1} = f(x) \frac{1}{\theta} x^{1-\theta}$$

とおくと，構造パラメータを持つ式 (11.4) の形が分布パラメータを持つ式 (11.5) の形に変換される．

2. **逆変換法**(inverse-transform method)：乱数生成に用いられる逆関数法（☞ p.47）により，分布パラメータを持つ推定問題を，構造パラメータを持つ問題に変換することができる．$\ell(\boldsymbol{\theta}) = \mathbb{E}_{\boldsymbol{\theta}} L(Y)$ が式 (11.5) の形をしているとし，$G(y;\boldsymbol{\theta})$ を $Y \sim g(y;\boldsymbol{\theta})$ の累積分布関数としよう．逆関数法により，$X \sim \mathsf{U}(0,1)$ を用いて $Y = G^{-1}(X;\boldsymbol{\theta})$ と表すことができる．よって $H(X;\boldsymbol{\theta}) = L(G^{-1}(X;\boldsymbol{\theta}))$ とおくことにより，$\ell(\boldsymbol{\theta}) = \mathbb{E} H(X;\boldsymbol{\theta})$ と表され，これは式 (11.4) において $f(x) = \mathrm{I}_{\{0<x<1\}}$ とした形である．

11.2 有限差分法

性能尺度 $\ell(\boldsymbol{\theta})$ がパラメータ $\boldsymbol{\theta} \in \mathbb{R}^d$ を持つものとし，$\widehat{\ell}(\boldsymbol{\theta})$ をシミュレーションによって得られる $\ell(\boldsymbol{\theta})$ の推定量とする．$\nabla \ell(\boldsymbol{\theta})$ の第 i 成分 $\partial \ell(\boldsymbol{\theta})/\partial \theta_i$ の直接的な推定量は，次の**前進差分推定量**（forward difference estimator）によって与えられる．

$$\frac{\widehat{\ell}(\boldsymbol{\theta} + \mathbf{e}_i \delta) - \widehat{\ell}(\boldsymbol{\theta})}{\delta}$$

ただし，$\mathbf{e}_i$ は $\mathbb{R}^d$ における第 i 単位ベクトルであり，$\delta > 0$ である．また，次の**中心**

差分推定量 (central difference estimator) を考えることもできる.

$$\frac{\widehat{\ell}(\boldsymbol{\theta} + \mathbf{e}_i\,\delta/2) - \widehat{\ell}(\boldsymbol{\theta} - \mathbf{e}_i\,\delta/2)}{\delta}$$

一般に,どちらの推定量も不偏ではなく,前進差分推定量の偏りは $\mathcal{O}(\delta)$ であり,中心差分推定量の偏りは $\mathcal{O}(\delta^2)$ である(例えば [2, p.209] を参照).このことから,一般には後者の推定量のほうが好まれる.しかし,$\nabla \ell(\boldsymbol{\theta})$ を推定するとき,前進差分推定量では $d+1$ 個の点 $(\boldsymbol{\theta}, \boldsymbol{\theta} + \mathbf{e}_i\,\delta, i=1,\ldots,d)$ で評価すればよいのに対し,中心差分推定量では $2d$ 個の点 $(\boldsymbol{\theta} \pm \mathbf{e}_i\,\delta/2, i=1,\ldots,d)$ で評価する必要がある.

δ の値をどのように選ぶかについてもさまざまな要因がある.偏りを小さくするためには δ は小さいほうがよいが,推定量の分散を小さく保つためには,δ は大きいほうがよい.通常は,試しにシミュレーションを実行し,分散を評価した上で δ の値を決める.

有限差分法は**共通乱数**(common random variable)を用いて実装することが重要である.その考え方は,対照変量法(☞ p.363)と同様,次のようなものである.差分推定量の2つの項は,1つのシミュレーションアルゴリズムによって生成されるが,それらはともに1つの独立一様乱数列の関数と見ることができる.ここで重要なのは,これら2つの項が互いに"独立である必要はない"ということである.実際(中心差分推定量の場合)$Z_1 = \widehat{\ell}(\boldsymbol{\theta} - \mathbf{e}_i\,\delta/2)$, $Z_2 = \widehat{\ell}(\boldsymbol{\theta} + \mathbf{e}_i\,\delta/2)$ とすると,

$$\mathrm{Var}(Z_2 - Z_1) = \mathrm{Var}(Z_1) + \mathrm{Var}(Z_2) - 2\,\mathrm{Cov}(Z_1, Z_2) \tag{11.6}$$

であり,Z_1 と Z_2 の間に正の相関があれば,推定量 $(Z_2 - Z_1)/\delta$ の分散は(これらが独立な場合と比べて)$2\,\mathrm{Cov}(Z_1, Z_2)/\delta^2$ だけ小さくすることができる.このためには,シミュレーションを実行するときに,Z_1 と Z_2 を同じ乱数列を用いて生成するとよい.δ の値が小さく,Z_1 と Z_2 の相関係数は 1 に近いため,Z_1 と Z_2 が独立な場合と比べて大きな分散減少の効果が得られる.

$\ell(\boldsymbol{\theta}) = \mathbb{E}Y = \mathbb{E}H(\mathbf{X}; \boldsymbol{\theta}) = \mathbb{E}h(\mathbf{U}; \boldsymbol{\theta})$, $\mathbf{U} \sim \mathsf{U}(0,1)^d$ の場合,そのアルゴリズムは以下のとおりである.

アルゴリズム 11.1(共通乱数を用いた中心差分推定)

1. $\mathbf{U}_1, \ldots, \mathbf{U}_N \overset{\mathrm{iid}}{\sim} \mathsf{U}(0,1)^d$ を生成する.
2. $L_k = h(\mathbf{U}_k; \boldsymbol{\theta} - \mathbf{e}_i\,\delta/2)$, $R_k = h(\mathbf{U}_k; \boldsymbol{\theta} + \mathbf{e}_i\,\delta/2)$, $k = 1, \ldots, N$ とする.
3. $\{(L_k, R_k)\}$ に対する標本共分散行列

$$C = \begin{pmatrix} \frac{1}{N-1}\sum_{k=1}^{N}(L_k - \bar{L})^2 & \frac{1}{N-1}\sum_{k=1}^{N}(L_k - \bar{L})(R_k - \bar{R}) \\ \frac{1}{N-1}\sum_{k=1}^{N}(L_k - \bar{L})(R_k - \bar{R}) & \frac{1}{N-1}\sum_{k=1}^{N}(R_k - \bar{R})^2 \end{pmatrix}$$

を計算する.
4. 中心差分推定量

$$\frac{\bar{R}-\bar{L}}{\delta}$$

により，$\partial \ell(\boldsymbol{\theta})/\partial \theta_i$ を推定する．この推定量の推定標準誤差は，

$$SE = \frac{1}{\delta}\sqrt{\frac{C_{1,1}+C_{2,2}-2C_{1,2}}{N}}$$

である．

■ 例 11.1（有限差分法によるブリッジ回路問題の勾配推定）

例 9.1 と同じブリッジ回路を考える．性能尺度 ℓ は 2 つのエンドノード (A, B) 間の最短路の長さの期待値であり，$\ell(\mathbf{a}) = h(\mathbf{U};\mathbf{a})$ と表す．ここで $\mathbf{U} \sim \mathsf{U}(0,1)^5$ であり，$\mathbf{a}$ がパラメータベクトルである．$\mathbf{a} = (1,2,3,1,2)^\top$ のときの $\ell(\mathbf{a})$ の勾配を推定したい．中心差分推定量は下の MATLAB プログラムで与えられる．以下は，$N = 10^6$ のときの勾配の推定値の一例である．

$$\widehat{\nabla \ell}(\mathbf{a}) = \begin{pmatrix} 0.3977 \pm 0.0003 \\ 0.0316 \pm 0.0001 \\ 0.00257 \pm 0.00002 \\ 0.3981 \pm 0.0003 \\ 0.0316 \pm 0.0001 \end{pmatrix}$$

ここで，$x \pm \varepsilon$ という表記は，推定値 x が，推定標準誤差 ε を持つことを表している．この推定値から，最短路の長さの期待値は，構成要素 1 と 4 の長さの変化に最も敏感であることがわかる．このことは，パラメータの値からも予想できるように，最短路がこの 2 つの辺で構成される可能性が高いためである．また，構成要素 3 が最短路の一部になることはほとんどなく，そのため，対応する勾配は 0 に近い．

```
%fd_bridge.m
N = 10^6;
a = [1,2,3,1,2];
delta = 10^-3;
u = rand(N,5);
for comp=1:5
  de = zeros(1,5);
  de(comp) = delta;
  L = h1(u,a - de/2);
  R = h1(u,a + de/2);
  c = cov(L,R);
  se = sqrt((c(1,1) + c(2,2) - 2*c(1,2))/N)/delta;
  gr = (mean(R) - mean(L))/delta;
  fprintf('%g pm %3.1e\n',  gr, se);
end
```

```
function out=h1(u,a)
N = size(u,1);
X = u.*repmat(a,N,1);
Path_1=X(:,1)+X(:,4);
Path_2=X(:,1)+X(:,3)+X(:,5);
Path_3=X(:,2)+X(:,3)+X(:,4);
Path_4=X(:,2)+X(:,5);
out=min([Path_1,Path_2,Path_3,Path_4],[],2);
```

11.3 無限小摂動解析

無限小摂動解析 (infinitesimal perturbation analysis; IPA) は，式 (11.1) の性能尺度 $\ell(\boldsymbol{\theta})$ が "構造" パラメータのみを持つ場合の勾配推定を対象にする．その目的は，ある関数 $H(\mathbf{x};\boldsymbol{\theta})$ と確率変数 $\mathbf{X} \sim f(\mathbf{x})$ に対して，勾配と期待値の順序交換

$$\nabla_{\boldsymbol{\theta}} \mathbb{E} H(\mathbf{X};\boldsymbol{\theta}) = \mathbb{E} \nabla_{\boldsymbol{\theta}} H(\mathbf{X};\boldsymbol{\theta}) \tag{11.7}$$

によって $\nabla \ell(\boldsymbol{\theta}) = \nabla_{\boldsymbol{\theta}} \mathbb{E} H(\mathbf{X};\boldsymbol{\theta})$ を推定することである．この交換は，関数 H についてのある種の正則性条件によって可能である（定理 11.1 を参照）．式 (11.7) が成り立てば，次の式から単純モンテカルロ法によって勾配を推定できる．

$$\widehat{\nabla \ell}(\boldsymbol{\theta}) = \frac{1}{N} \sum_{k=1}^{N} \nabla_{\boldsymbol{\theta}} H(\mathbf{X}_k;\boldsymbol{\theta}) \tag{11.8}$$

ここで，$\mathbf{X}_1,\ldots,\mathbf{X}_N \stackrel{\text{iid}}{\sim} f$ である．有限差分法とは異なり，IPA による推定量は不偏である．さらに，その手順は基本的には単純モンテカルロ法なので，収束の速さは $\mathcal{O}(1/\sqrt{N})$ である（[4], [8], [10] を参照）．IPA の手順は，次のアルゴリズムにまとめられる．

アルゴリズム 11.2（無限小摂動解析による勾配推定）

1. $\mathbf{X}_1,\ldots,\mathbf{X}_N \stackrel{\text{iid}}{\sim} f$ を生成する．
2. $\nabla_{\boldsymbol{\theta}} H(\mathbf{X}_k;\boldsymbol{\theta})$, $k = 1,\ldots,N$ を計算し，式 (11.8) により $\ell(\boldsymbol{\theta})$ を推定する．$1-\alpha$ 近似信頼区間を，

$$\left(\widehat{\nabla \ell}(\boldsymbol{\theta}) - z_{1-\alpha/2}\, S/\sqrt{N},\ \widehat{\nabla \ell}(\boldsymbol{\theta}) + z_{1-\alpha/2}\, S/\sqrt{N}\right)$$

によって定める．ただし，S は $\{\nabla_{\boldsymbol{\theta}} H(\mathbf{X}_k;\boldsymbol{\theta})\}$ の標本標準偏差であり，z_γ は標準正規分布 $\mathsf{N}(0,1)$ の γ 分位点である．

■ **例 11.2**（無限小摂動解析によるブリッジ回路問題の勾配推定）

IPA を用いて例 11.1 と同じ勾配推定問題を考える．このブリッジ回路における 4

つの可能な経路を,
$$\mathcal{P}_1 = \{1,4\}, \quad \mathcal{P}_2 = \{1,3,5\}, \quad \mathcal{P}_3 = \{2,3,4\}, \quad \mathcal{P}_4 = \{2,5\}$$
とし,最短路長を
$$h(\mathbf{U}; \mathbf{a}) = \min_{k=1,\ldots,4} \sum_{i \in \mathcal{P}_k} a_i U_i \tag{11.9}$$
と表す.

$K \in \{1,2,3,4\}$ を最短路の(ランダムな)インデックスとすると,$h(\mathbf{U};\mathbf{a}) = \sum_{i\in\mathcal{P}_K} a_i U_i$ である.$h(\mathbf{U};\mathbf{a})$ の偏微分係数は式 (11.9) より直ちに得られ,
$$\frac{\partial h(\mathbf{U};\mathbf{a})}{\partial a_i} = \begin{cases} U_i, & K \in \mathcal{A}_i \text{ の場合} \\ 0, & \text{その他の場合} \end{cases}$$
である.ここで,$\mathcal{A}_i$ は構成要素 i を含むすべての経路のインデックス集合($\mathcal{A}_i = \{k \mid i \in \mathcal{P}_k\}$)であり,
$$\mathcal{A}_1 = \{1,2\}, \quad \mathcal{A}_2 = \{3,4\}, \quad \mathcal{A}_3 = \{2,3\}, \quad \mathcal{A}_4 = \{1,3\}, \quad \mathcal{A}_5 = \{2,4\}$$
である.IPA の手順は下の MATLAB のプログラムで与えられる.以下は,$\mathbf{a} = (1,2,3,1,2)^\top$ のときの勾配の推定値の一例である.
$$\widehat{\nabla \ell}(\mathbf{a}) = \begin{pmatrix} 0.3980 \pm 0.0003 \\ 0.0316 \pm 0.0001 \\ 0.00255 \pm 0.00002 \\ 0.3979 \pm 0.0003 \\ 0.0316 \pm 0.0001 \end{pmatrix}$$
ここでは例 11.1 と同じ記法を用いている.共通乱数を用いた中心差分法による推定値と同程度の精度が得られていることがわかる.ただし,IPA 推定量は不偏である.

```
%ipabridge.m
N = 10^6;
a = [1,2,3,1,2];
A = [1,2;3,4;2,3;1,3;2,4];
u = rand(N,5);
for comp=1:5
    dh = zeros(N,1);
    [y,K] = HK(u,a);
    ind = find(K == A(comp,1) | K==A(comp,2));
    dh(ind) = u(ind,comp);
    gr = mean(dh);
    se = std(dh)/sqrt(N);
    fprintf('%g pm %3.1e\n',  gr, se);
end
```

```
function [y,K]=HK(u,a)
N = size(u,1);
X = u.*repmat(a,N,1);
Path_1=X(:,1)+X(:,4);
Path_2=X(:,1)+X(:,3)+X(:,5);
Path_3=X(:,2)+X(:,3)+X(:,4);
Path_4=X(:,2)+X(:,5);
[y,K] =min([Path_1,Path_2,Path_3,Path_4],[],2);
```

11.4 スコア関数法

スコア関数法（score function method）は**尤度比法**（likelihood ratio method）とも呼ばれる手法で，性能評価関数 $\ell(\boldsymbol{\theta})$ は式 (11.1) において"分布"パラメータのみを持つ形であることが仮定される．その目的は，（連続分布の場合）ある関数 H と確率密度関数 f に対して，次の $\ell(\boldsymbol{\theta})$ の勾配を推定することである（離散分布の場合は積分を和に置き換える）．

$$\ell(\boldsymbol{\theta}) = \mathbb{E}_{\boldsymbol{\theta}} H(\mathbf{X}) = \int H(\mathbf{x})\,f(\mathbf{x};\boldsymbol{\theta})\,\mathrm{d}\mathbf{x}$$

IPA 法と同様に，鍵となるのは勾配と積分の順序交換

$$\nabla_{\boldsymbol{\theta}} \int H(\mathbf{x})\,f(\mathbf{x};\boldsymbol{\theta})\,\mathrm{d}\mathbf{x} = \int H(\mathbf{x})\,\nabla_{\boldsymbol{\theta}} f(\mathbf{x};\boldsymbol{\theta})\,\mathrm{d}\mathbf{x} \tag{11.10}$$

であるが，これはかなり一般的な条件のもとで可能である（定理 11.1 を参照）．さて，式 (11.10) の右辺は次のように変形できることに注意しよう．

$$\begin{aligned}
\int H(\mathbf{x})\,\nabla_{\boldsymbol{\theta}} f(\mathbf{x};\boldsymbol{\theta})\,\mathrm{d}\mathbf{x} &= \int H(\mathbf{x})\,\frac{\nabla_{\boldsymbol{\theta}} f(\mathbf{x};\boldsymbol{\theta})}{f(\mathbf{x};\boldsymbol{\theta})}\,f(\mathbf{x};\boldsymbol{\theta})\,\mathrm{d}\mathbf{x} \\
&= \int H(\mathbf{x})\,[\nabla_{\boldsymbol{\theta}} \ln f(\mathbf{x};\boldsymbol{\theta})]\,f(\mathbf{x};\boldsymbol{\theta})\,\mathrm{d}\mathbf{x} \\
&= \mathbb{E}_{\boldsymbol{\theta}} H(\mathbf{X})\,\mathcal{S}(\boldsymbol{\theta};\mathbf{X})
\end{aligned}$$

ここで $\mathcal{S}(\boldsymbol{\theta};\mathbf{x}) = \nabla_{\boldsymbol{\theta}} \ln f(\mathbf{x};\boldsymbol{\theta})$ は f の"スコア関数"である（B.2 節を参照）．これより，式 (11.10) が成り立てば，次の式から単純モンテカルロ法によって勾配を推定することができる．

$$\widehat{\nabla \ell}(\boldsymbol{\theta}) = \frac{1}{N} \sum_{k=1}^{N} H(\mathbf{X}_k)\,\mathcal{S}(\boldsymbol{\theta};\mathbf{X}_k) \tag{11.11}$$

ここで $\mathbf{X}_1, \ldots, \mathbf{X}_N \overset{\text{iid}}{\sim} f$ である．スコア関数法の推定量も不偏であり，独立同分布に従う確率変数の標本平均なので，収束率は $\mathcal{O}(1/\sqrt{N})$ である．

11.4 スコア関数法

アルゴリズム 11.3（スコア関数法による勾配推定）

1. $\mathbf{X}_1, \ldots, \mathbf{X}_N \overset{\text{iid}}{\sim} f(\cdot; \boldsymbol{\theta})$ を生成する.
2. スコア $\mathcal{S}(\boldsymbol{\theta}; \mathbf{X}_k)$, $k = 1, \ldots, N$ を計算し，式 (11.11) により $\ell(\boldsymbol{\theta})$ の勾配を推定する．$1 - \alpha$ 近似信頼区間を，
$$\left(\widehat{\nabla \ell}(\boldsymbol{\theta}) - z_{1-\alpha/2}\,\widehat{\sigma}/\sqrt{N},\ \widehat{\nabla \ell}(\boldsymbol{\theta}) + z_{1-\alpha/2}\,\widehat{\sigma}/\sqrt{N}\right)$$
より定める．ただし，$\widehat{\sigma}$ は $\{H(\mathbf{X}_k)\,\mathcal{S}(\boldsymbol{\theta}; \mathbf{X}_k)\}$ の標本標準偏差であり，z_γ は標準正規分布 $\mathsf{N}(0,1)$ の γ 分位点である．

注 11.2（高階微分係数） 同様にして，ℓ の高階微分係数も推定することができる．具体的には，r 次微分係数は次の式で与えられる．

$$\nabla^r \ell(\boldsymbol{\theta}) = \mathbb{E}_{\boldsymbol{\theta}}\left[H(\mathbf{X})\,\mathcal{S}^{(r)}(\boldsymbol{\theta}; \mathbf{X})\right] \tag{11.12}$$

ここで，$r = 0, 1, 2, \ldots$ に対して，

$$\mathcal{S}^{(r)}(\boldsymbol{\theta}; \mathbf{x}) = \frac{\nabla_{\boldsymbol{\theta}}^r f(\mathbf{x}; \boldsymbol{\theta})}{f(\mathbf{x}; \boldsymbol{\theta})} \tag{11.13}$$

は **r 次スコア関数**（r-th order score function）である．（定義より）$\mathcal{S}^{(0)}(\boldsymbol{\theta}; \mathbf{x}) = 1$ であり，$\mathcal{S}^{(1)}(\boldsymbol{\theta}; \mathbf{x}) = \mathcal{S}(\boldsymbol{\theta}; \mathbf{x}) = \nabla_{\boldsymbol{\theta}} \ln f(\mathbf{x}; \boldsymbol{\theta})$ である．また，$\mathcal{S}^{(2)}(\boldsymbol{\theta}; \mathbf{x})$ は次のように表される．

$$\begin{aligned}\mathcal{S}^{(2)}(\boldsymbol{\theta}; \mathbf{x}) &= \nabla_{\boldsymbol{\theta}} \mathcal{S}(\boldsymbol{\theta}; \mathbf{x}) + \mathcal{S}(\boldsymbol{\theta}; \mathbf{x})\,\mathcal{S}(\boldsymbol{\theta}; \mathbf{x})^\top \\ &= \nabla_{\boldsymbol{\theta}}^2 \ln f(\mathbf{x}; \boldsymbol{\theta}) + \nabla_{\boldsymbol{\theta}} \ln f(\mathbf{x}; \boldsymbol{\theta})\,[\nabla_{\boldsymbol{\theta}} \ln f(\mathbf{x}; \boldsymbol{\theta})]^\top \end{aligned} \tag{11.14}$$

よって，高次の $\nabla^r \ell(\boldsymbol{\theta})$, $r = 0, 1, \ldots$ は，次の式からシミュレーションによって推定できる．

$$\widehat{\nabla^r \ell}(\boldsymbol{\theta}) = \frac{1}{N}\sum_{k=1}^{N} H(\mathbf{X}_k)\,\mathcal{S}^{(r)}(\boldsymbol{\theta}; \mathbf{X}_k) \tag{11.15}$$

式 (11.12) において，"すべての" 感度 $\nabla^r \ell(\boldsymbol{\theta})$ が，同じ確率密度関数 $f(\mathbf{x}; \boldsymbol{\theta})$ に関する期待値として表されていることに注意しよう．このことから，性能評価関数 $\ell(\boldsymbol{\theta})$ とこれらの $\nabla^r \ell(\boldsymbol{\theta})$ は，同じ 1 回のシミュレーションで推定できることがわかる．

■ 例 11.3（スコア関数法によるブリッジ回路問題の勾配推定）

例 11.1，例 11.2 と同じ勾配推定問題を再び考えよう．例 9.1 にあるように，

$$\ell(\mathbf{a}) = \int H(\mathbf{x})\,f(\mathbf{x}; \mathbf{a})\,\mathrm{d}\mathbf{x}$$

と表される．ただし，$H(\mathbf{x}) = \min\{x_1 + x_4,\ x_1 + x_3 + x_5,\ x_2 + x_3 + x_4,\ x_2 + x_5\}$ であり，

$$f(\mathbf{x};\mathbf{a}) = \prod_{i=1}^{5} \frac{\mathrm{I}_{\{0<x_i<a_i\}}}{a_i} \qquad (11.16)$$

である．この関数は $a_1,\ldots,a_5$ に不連続点を持ち，微分と積分の順序交換ができない典型的な例である．しかし，この問題は連続補正によって容易に解決できて，例えば a_1 について微分すると，

$$\begin{aligned}
\frac{\partial}{\partial a_1}\ell(\mathbf{a}) &= \frac{\partial}{\partial a_1}\int_0^{a_1}\left(\int_0^{a_2}\cdots\int_0^{a_5} H(\mathbf{x})\frac{1}{a_1\cdots a_5}\,\mathrm{d}x_2\cdots\mathrm{d}x_5\right)\mathrm{d}x_1 \\
&= \int_0^{a_2}\cdots\int_0^{a_5} H(a_1,x_2,\ldots,x_5)\frac{1}{a_1\cdots a_5}\,\mathrm{d}x_2\cdots\mathrm{d}x_5 \\
&\quad -\frac{1}{a_1}\int H(\mathbf{x})f(\mathbf{x};\mathbf{a})\,\mathrm{d}\mathbf{x} \\
&= \frac{1}{a_1}\left(\mathbb{E}H(\mathbf{X}^*) - \mathbb{E}H(\mathbf{X})\right) \qquad (11.17)
\end{aligned}$$

を得る．ここで，$\mathbf{X}\sim f(\mathbf{x};\mathbf{a})$, $\mathbf{X}^*\sim f(\mathbf{x};\mathbf{a}\mid x_1=a_1)$ である．$\mathbb{E}H(\mathbf{X}^*)$ と $\mathbb{E}H(\mathbf{X})$ の両方，あるいは $\mathbb{E}[H(\mathbf{X}^*)-H(\mathbf{X})]$ は，モンテカルロ法によって容易に推定できる．他の偏微分係数についても同様である．

次の MATLAB プログラムはこの手順を実装したものであり，IPA や有限差分法と同様の結果が得られる．

```
%sfbridge.m
N = 10^6;
a = [1,2,3,1,2];
u = rand(N,5);
for comp=1:5
    X = u.*repmat(a,N,1);
    hx = H(X);
    X(:,comp) = a(comp);
    hxs = H(X);
    R = (-hx + hxs)/a(comp);
    gr = mean(R);
    se = std(R)/sqrt(N);
    fprintf('%g pm %3.1e\n',  gr, se);
end
```

```
function out=H(X)
Path_1=X(:,1)+X(:,4);
Path_2=X(:,1)+X(:,3)+X(:,5);
Path_3=X(:,2)+X(:,3)+X(:,4);
Path_4=X(:,2)+X(:,5);

out=min([Path_1,Path_2,Path_3,Path_4],[],2);
```

11.4.1 重点抽出を組み合わせたスコア関数法

スコア関数法を重点抽出法と組み合わせれば，複数の $\boldsymbol{\theta} \in \Theta$ の値における微分係数 $\nabla^r \ell(\boldsymbol{\theta}) = \mathbb{E}_{\boldsymbol{\theta}}[H(\mathbf{X})\,\mathcal{S}^{(r)}(\boldsymbol{\theta};\mathbf{X})]$ を，シミュレーションを1回実行するだけで同時に推定することができる．その考え方は，9.7.6 項での議論の一般化である．すなわち，$g(\mathbf{x})$ を重点抽出密度とすると，$\nabla^r \ell(\boldsymbol{\theta})$ は

$$\nabla^r \ell(\boldsymbol{\theta}) = \mathbb{E}_g[H(\mathbf{X})\,\mathcal{S}^{(r)}(\boldsymbol{\theta};\mathbf{X})\,W(\mathbf{X};\boldsymbol{\theta})] \qquad (11.18)$$

と表される．ここで，

$$W(\mathbf{x};\boldsymbol{\theta}) = \frac{f(\mathbf{x};\boldsymbol{\theta})}{g(\mathbf{x})} \qquad (11.19)$$

は $f(\mathbf{x};\boldsymbol{\theta})$ と $g(\mathbf{x})$ の尤度比である．よって，重点抽出による $\nabla^r \ell(\boldsymbol{\theta})$ の推定量は，次式で与えられる．

$$\widehat{\nabla^r \ell}(\boldsymbol{\theta}) = \frac{1}{N}\sum_{k=1}^{N} H(\mathbf{X}_k)\,\mathcal{S}^{(r)}(\boldsymbol{\theta};\mathbf{X}_k)\,W(\mathbf{X}_k;\boldsymbol{\theta}) \qquad (11.20)$$

ここで $\mathbf{X}_1,\ldots,\mathbf{X}_N \overset{\text{iid}}{\sim} g$ である．すべての $\boldsymbol{\theta}$ において，$\widehat{\nabla^r \ell}(\boldsymbol{\theta})$ が不偏推定量となることに注意しよう．このことは，g を1つ固定して1回シミュレーションを行うだけで，理論的には，$\boldsymbol{\theta}$ を変化させたときの"応答曲面" $\{\nabla^r \ell(\boldsymbol{\theta}),\boldsymbol{\theta}\in\Theta\}$ を偏りなしに推定できることを表している．

一般に，重点抽出の分布は，もとの分布と"同じ"分布のクラスから選ばれる．すなわち，ある $\boldsymbol{\theta}_0 \in \Theta$ に対して $g(\mathbf{x}) = f(\mathbf{x};\boldsymbol{\theta}_0)$ である．与えられた $\boldsymbol{\theta}_0$ における $\ell(\boldsymbol{\theta})$ の重点抽出推定量を $\widehat{\ell}(\boldsymbol{\theta};\boldsymbol{\theta}_0)$ とすると，

$$\widehat{\ell}(\boldsymbol{\theta};\boldsymbol{\theta}_0) = \frac{1}{N}\sum_{k=1}^{N} H(\mathbf{X}_k)\,W(\mathbf{X}_k;\boldsymbol{\theta};\boldsymbol{\theta}_0) \qquad (11.21)$$

であり，$W(\mathbf{x};\boldsymbol{\theta},\boldsymbol{\theta}_0) = f(\mathbf{x};\boldsymbol{\theta})/f(\mathbf{x};\boldsymbol{\theta}_0)$ である．また，式 (11.20) の推定量を $\widehat{\nabla^r \ell}(\boldsymbol{\theta};\boldsymbol{\theta}_0)$ と書くことにすると，

$$\widehat{\nabla^r \ell}(\boldsymbol{\theta};\boldsymbol{\theta}_0) = \nabla^r_{\boldsymbol{\theta}}\widehat{\ell}(\boldsymbol{\theta};\boldsymbol{\theta}_0) = \frac{1}{N}\sum_{k=1}^{N} H(\mathbf{X}_k)\,\mathcal{S}^{(r)}(\boldsymbol{\theta};\mathbf{X}_k)\,W(\mathbf{X}_k;\boldsymbol{\theta},\boldsymbol{\theta}_0) \qquad (11.22)$$

である．すなわち，感度の推定量は単に推定量の感度として得ることができる．

重点抽出の確率密度関数 $f(\mathbf{x};\boldsymbol{\theta}_0)$ が与えられたとき，複数の $\boldsymbol{\theta}$ の値での感度 $\nabla^r \ell(\boldsymbol{\theta})$, $r=0,1,\ldots$ を1回のシミュレーション実行で推定するアルゴリズムは，次のとおりである．

アルゴリズム 11.4（スコア関数法による勾配推定）

1. 標本 $\mathbf{X}_1,\ldots,\mathbf{X}_N \overset{\text{iid}}{\sim} f(\cdot;\boldsymbol{\theta}_0)$ を生成する．
2. 標本性能尺度 $H(\mathbf{X}_k)$ と求めたい $\boldsymbol{\theta}$ の値でのスコア $\mathcal{S}^{(r)}(\boldsymbol{\theta};\mathbf{X}_k)$, $k=1,\ldots,N$ を計算する．
3. 式 (11.22) に従って，$\nabla^r_{\boldsymbol{\theta}}\widehat{\ell}(\boldsymbol{\theta};\boldsymbol{\theta}_0)$ を計算する．

$\nabla^r \ell(\boldsymbol{\theta})$ の信頼区間は,標準的な統計手法によって得ることができる.特に,$N^{1/2} [\nabla_{\boldsymbol{\theta}}^r \widehat{\ell}(\boldsymbol{\theta}; \boldsymbol{\theta}_0) - \nabla^r \ell(\boldsymbol{\theta})]$ は,平均が 0 で共分散行列

$$\mathrm{Cov}_{\boldsymbol{\theta}_0}(H\, \mathcal{S}^{(r)}\, W) = \mathbb{E}_{\boldsymbol{\theta}_0}\left[H^2\, W^2\, \mathcal{S}^{(r)} \mathcal{S}^{(r)\top} \right] - [\nabla^r \ell(\boldsymbol{\theta})][\nabla^r \ell(\boldsymbol{\theta})]^\top \quad (11.23)$$

を持つ多変量正規確率ベクトルに分布収束する (例えば [18] や A.8 節を参照).ここで,$H = H(\mathbf{X})$,$\mathcal{S}^{(r)} = \mathcal{S}^{(r)}(\boldsymbol{\theta}; \mathbf{X})$,$W = W(\mathbf{X}; \boldsymbol{\theta}, \boldsymbol{\theta}_0)$ である.

■ 例 11.4(ブリッジ回路問題の勾配推定)

例 9.12 の式 (9.50) に戻ろう.そこでは,ブリッジ回路における最短路の長さの期待値に対して,推定量を θ の関数として求めている.ここでは $X_1 \sim \mathsf{Exp}(1/\theta)$ として,$\theta = \theta_0 = 3$ を固定してシミュレーションを実行する.θ_0 の近傍のすべての θ に対して微分係数 $\nabla \ell(\theta; \theta_0)$ を推定したい.これは,次のように $\widehat{\ell}(\theta; \theta_0)$ を微分することによって得られる.

$$\widehat{\nabla \ell}(\theta; \theta_0) = \nabla \widehat{\ell}(\theta; \theta_0) = \nabla \frac{\theta_0}{\theta N} \sum_{k=1}^{N} H(\mathbf{X}_k)\, \mathrm{e}^{X_{k1}(1/\theta_0 - 1/\theta)}$$

$$= \frac{\theta_0}{\theta^3 N} \sum_{k=1}^{N} H(\mathbf{X}_k)\, (X_{k1} - \theta)\, \mathrm{e}^{X_{k1}(1/\theta_0 - 1/\theta)}$$

$$= \frac{1}{N} \sum_{k=1}^{N} H(\mathbf{X}_k)\, W(\mathbf{X}_k; \theta; \theta_0)\, \mathcal{S}(\theta; X_{k1})$$

ここで,$\mathcal{S}(\theta; x) = (x - \theta)/\theta^2$ は,指数分布 $\mathsf{Exp}(1/\theta)$ に対するスコア関数である(表 B.11 を参照).図 11.1 に導関数曲線の推定値を示す.これは図 9.7 で与えられた応答曲線の推定値を,パスごとに微分したものに等しい.

次の MATLAB プログラムは,例 9.12 で応答曲面の推定に用いたものと,スコア関

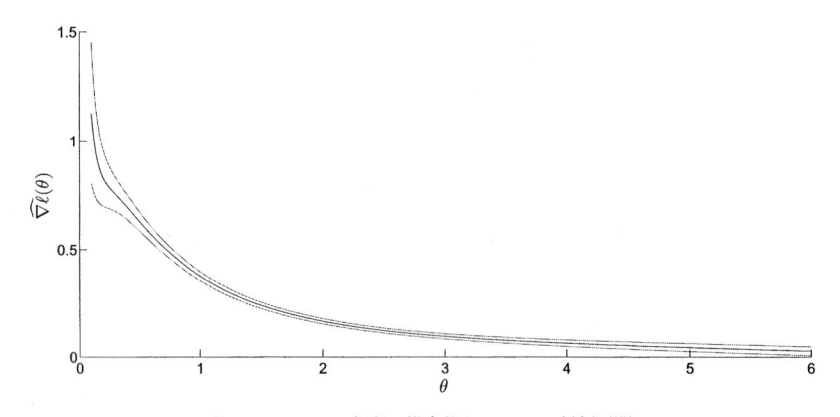

図 11.1 $\ell(\theta)$ の勾配の推定値とその 95%信頼区間.

数の計算のところだけが異なる.

```
%gradresponsesurfis.m
N = 10000;
theta0 = 3;
a = [theta0,2,3,1,2];
u = rand(N,5);
X = u.*repmat(a,N,1);
X(:,1) = -log(u(:,1))*theta0;
W = zeros(N,1);
Sc = zeros(N,1);
HX = H(X);
theta = 0.1:0.01:theta0*2;
num = numel(theta);
gradell = zeros(1,num);
gradellL = zeros(1,num);
gradellU = zeros(1,num);
stgradell = zeros(1,num);
for i=1:num
    th = theta(i);
    Sc = (-th + X(:,1))/th^2;
    W = (exp(-(X(:,1)/th))/th)./(exp(-(X(:,1)/theta0))/theta0);
    HWS = H(X).*W.*Sc;
    gradell(i) = mean(HWS);
    stgradell(i) = std(HWS);
    gradellL(i)= gradell(i) - stgradell(i)/sqrt(N)*1.95;
    gradellU(i)= gradell(i) + stgradell(i)/sqrt(N)*1.95;
end
plot(theta,gradell, theta, gradellL, theta, gradellU)
```

11.5 弱微分

$F(\cdot;\theta)$ を，実数値パラメータ θ に依存する累積分布関数とする．ある定数 $c(\theta)$ と累積分布関数 $F_1(\cdot;\theta), F_2(\cdot;\theta)$ が存在し，すべての有界連続関数 H に対して，

$$\frac{\mathrm{d}}{\mathrm{d}\theta}\int H(\mathbf{x})\,\mathrm{d}F(\mathbf{x};\theta) = c(\theta)\left(\int H(\mathbf{x})\,\mathrm{d}F_1(\mathbf{x};\theta) - \int H(\mathbf{x})\,\mathrm{d}F_2(\mathbf{x};\theta)\right) \quad (11.24)$$

が成り立つとき，この3つ組 $(c(\theta), F_1(\cdot;\theta), F_2(\cdot;\theta))$ を，F の θ に関する**弱微分** (weak derivative) という．弱微分の考え方はスコア関数法と密接な関連がある [7]，[14]．

任意の分布に対して弱微分の3つ組を求めることができるが，一般に弱微分の3つ

組は一意ではなく,最も都合の良い表現が用いられる.また,F が連続分布の累積分布関数であっても,F_1 と F_2 の片方または両方が離散分布ということも起こりうる.

表 11.1 に代表的な 1 次元分布の弱微分を示す.ただし,DSM は**両側マクスウェル分布** (double-sided Maxwell distribution) のことで,その確率密度関数は次式で与えられる.

$$f(x;\mu,\theta) = \frac{\mathrm{e}^{-\frac{(x-\mu)^2}{2\theta^2}}(x-\mu)^2}{\sqrt{2\pi}\,\theta^3}, \quad x \in \mathbb{R}$$

この分布は,確率密度関数 $\mathring{f} = f(x;0,1) = \mathrm{e}^{-\frac{x^2}{2}}x^2/\sqrt{2\pi},\ x\in\mathbb{R}$ を基準とする位置–尺度分布族を定義する.確率変数 $X \sim \mathring{f}$ は,確率変数 $Y \sim \mathrm{Gamma}(3/2,1/2)$ と $B \sim \mathrm{Ber}(1/2)$ を独立に生成し,$X = (2B-1)/\sqrt{Y}$ により得ることができる.このとき,$\mu + \theta X \sim f(\cdot\,;\mu,\theta)$ である.

表 11.1 代表的な分布の弱微分.

分布	$c(\theta)$	$X \sim F_1$	$X \sim F_2$
$\mathrm{Bin}(n,\theta)$	n	$1+\mathrm{Bin}(n-1,\theta)$	$\mathrm{Bin}(n-1,\theta)$
$\mathrm{Geom}(\theta)$	$1/\theta$	$\mathrm{Geom}(\theta)$	$\mathrm{NegBin}(2,\theta)$
$\mathrm{Poi}(\theta)$	1	$1+\mathrm{Poi}(\theta)$	$\mathrm{Poi}(\theta)$
$\mathrm{N}(\theta,\sigma^2)$	$\frac{1}{\sigma\sqrt{2\pi}}$	$\theta+\mathrm{Weib}(2,\frac{1}{2\sigma^2})$	$\theta-\mathrm{Weib}(2,\frac{1}{\sqrt{2}\sigma})$
$\mathrm{N}(\mu,\theta^2)$	$1/\theta$	$\mathrm{DSM}(\mu,\theta)$	$\mathrm{N}(\mu,\theta^2)$
$\mathrm{Gamma}(\alpha,\theta)$	α/θ	$\mathrm{Gamma}(\alpha+1,\theta)$	$\mathrm{Gamma}(\alpha,\theta)$
$\mathrm{U}(0,\theta)$	$1/\theta$	θ	$\mathrm{U}(0,\theta)$
$\mathrm{Weib}(\alpha,\theta)$	$1/\theta$	$\mathrm{Weib}(\alpha,\theta)$	$\mathrm{Gamma}(2,\theta)^{1/\alpha}$

$\ell(\theta) = \mathbb{E}_\theta H(\mathbf{X}) = \int H(\mathbf{x})\,\mathrm{d}F(\mathbf{x};\theta)$ の弱微分を用いた勾配推定法は,次のアルゴリズムにまとめられる.

アルゴリズム 11.5(弱微分を用いた勾配推定)

$(c(\theta),F_1(\cdot\,;\theta),F_2(\cdot\,;\theta))$ を $F(\cdot\,;\theta)$ の弱微分とし,H を有界連続関数とする.
1. $\mathbf{X}_1,\ldots,\mathbf{X}_N \stackrel{\mathrm{iid}}{\sim} F_1$ と $\mathbf{Y}_1,\ldots,\mathbf{Y}_N \stackrel{\mathrm{iid}}{\sim} F_2$ を生成する.これら 2 つの確率変数列には,依存性があっても構わない.
2. $\ell(\theta)$ の微分係数を次式によって推定する.

$$\widehat{\nabla \ell}(\theta) = c(\theta)\frac{1}{N}\sum_{k=1}^N (H(\mathbf{X}_k) - H(\mathbf{Y}_k))$$

$1-\alpha$ 近似信頼区間を,

$$\left(\widehat{\nabla \ell}(\theta) - z_{1-\alpha/2}\widehat{\sigma}/\sqrt{N},\ \widehat{\nabla \ell}(\theta) + z_{1-\alpha/2}\widehat{\sigma}/\sqrt{N}\right)$$

により定める.ただし,$\widehat{\sigma}$ は $\{H(\mathbf{X}_k)-H(\mathbf{Y}_k)\}$ の標本標準偏差であり,z_γ は標準正規分布 $\mathrm{N}(0,1)$ の γ 分位点である.

有限差分法の場合と同様に，例えば共通乱数を用いて F_1 と F_2 に従うランダム標本を"依存"させることにより，分散を大きく減少させることができる．

■ 例 11.5（弱微分によるブリッジ回路問題の勾配推定）

例 11.3 を考えよう．そこでは，スコア関数法に連続補正を用いることによって $\ell(\mathbf{a})$ の勾配を推定したが，得られた式 (11.17) は，弱微分を用いることによって直接求めることができる．$X_1 \sim \mathsf{U}(0, a_1)$ に対する弱微分は，表 11.1 より $(1/a_1, a_1, \mathsf{U}(0, a_1))$ なので，結果として $\mathbf{X}$ に対する弱微分 $(1/a_1, F_1, F_2)$ を得る．ここで，F_2 は式 (11.16) の確率密度関数 $f(\mathbf{x}; \mathbf{a})$ を持ち，F_1 は確率密度関数 $f(\mathbf{x}; \mathbf{a} \mid x_1 = a_1)$ を持つ．すなわち，式 (11.17) が得られる．もちろん，推定の手順は例 11.3 と同じである．

11.6 再帰過程に対する感度分析

本章で述べた感度分析についての結果のほとんどは，確率ベクトル $\mathbf{X}$ の次元があらかじめ定められた"静的な"システムに対して定式化されていた．しかし，その理論の多くは"時間に依存する"確率過程 $\{X_t\}$ に対しても成立する．$X_1, X_2, \ldots$ を確率変数（多次元であってもよい）の入力列として，出力過程 $\{H_t, t = 0, 1, 2, \ldots\}$ が得られるとする．より正確には，ある性能評価関数 H_t に対して $H_t = H_t(\mathbf{X}_t)$ と表される．ここで，ベクトル $\mathbf{X}_t = (X_1, X_2, \ldots, X_t)$ は時刻 t までの入力過程の履歴を表す．$\mathbf{X}_t$ の確率密度関数がパラメータベクトル $\boldsymbol{\theta}$ を持つとし，それを $f_t(\mathbf{x}_t; \boldsymbol{\theta})$ とする．$\{H_t\}$ を，再帰サイクル長の期待値が有限の"再帰"過程（☞ p.661）であると仮定する．その典型例として，エルゴード的マルコフ連鎖が挙げられる．このとき，定常状態における期待性能尺度 $\ell(\boldsymbol{\theta})$ は，次式で与えられる．

$$\ell(\boldsymbol{\theta}) = \frac{\ell_R(\boldsymbol{\theta})}{\ell_\tau(\boldsymbol{\theta})} = \frac{\mathbb{E}_{\boldsymbol{\theta}} R}{\mathbb{E}_{\boldsymbol{\theta}} \tau} = \frac{\mathbb{E}_{\boldsymbol{\theta}} \sum_{t=1}^\tau H_t}{\mathbb{E}_{\boldsymbol{\theta}} \tau} = \frac{\mathbb{E}_g \sum_{t=1}^\tau H_t W_t}{\mathbb{E}_g \sum_{t=1}^\tau W_t} \tag{11.25}$$

ここで，R は 1 サイクル当たりの報酬であり，τ はサイクル長である．また，g は重点抽出のための確率密度関数であり，尤度比 $\{W_t\}$ を定める（8.3.3 項や定理 9.6 を参照）．$W_t = W_t(\mathbf{X}_t; \boldsymbol{\theta})$ は $\boldsymbol{\theta}$ の関数であり，$H_t = H_t(\mathbf{X}_t)$ はそうではないことに注意して，式 (11.25) を直接微分すると，

$$\nabla \ell(\boldsymbol{\theta}) = \frac{\nabla \ell_R(\boldsymbol{\theta})}{\ell_\tau(\boldsymbol{\theta})} - \frac{\ell_R(\boldsymbol{\theta}) \nabla \ell_\tau(\boldsymbol{\theta})}{\ell_\tau^2(\boldsymbol{\theta})}$$

$$= \frac{\mathbb{E}_g \sum_{t=1}^\tau H_t \nabla W_t}{\mathbb{E}_g \sum_{t=1}^\tau W_t} - \frac{\mathbb{E}_g \sum_{t=1}^\tau H_t W_t}{\mathbb{E}_g \sum_{t=1}^\tau W_t} \frac{\mathbb{E}_g \sum_{t=1}^\tau \nabla W_t}{\mathbb{E}_g \sum_{t=1}^\tau W_t} \tag{11.26}$$

を得る．ただし，期待値と勾配の順序交換ができることを仮定している．ここで，$\mathcal{S}_t$ をスコア関数 $\nabla_{\boldsymbol{\theta}} \ln f_t(\mathbf{x}_t; \boldsymbol{\theta})$ として，$\nabla W_t = W_t \mathcal{S}_t$ である．式 (11.25) と式 (11.26) から，性能尺度 $\ell(\boldsymbol{\theta})$ とその勾配 $\nabla \ell(\boldsymbol{\theta})$ を推定することができる．すなわち，性能尺

度の推定量は

$$\widehat{\ell}(\boldsymbol{\theta}) = \frac{\sum_{i=1}^{N}\sum_{t=1}^{\tau_i} H_{ti} W_{ti}}{\sum_{i=1}^{N}\sum_{t=1}^{\tau_i} W_{ti}} \qquad (11.27)$$

となり，勾配の推定量は $\widehat{\nabla \ell}(\boldsymbol{\theta}) = \nabla \widehat{\ell}(\boldsymbol{\theta})$ を用いて，

$$\begin{aligned}\widehat{\nabla \ell}(\boldsymbol{\theta}) &= \frac{\sum_{i=1}^{N}\sum_{t=1}^{\tau_i} H_{ti} W_{ti} \mathcal{S}_{ti}}{\sum_{i=1}^{N}\sum_{t=1}^{\tau_i} W_{ti}} \\ &\quad - \frac{\sum_{i=1}^{N}\sum_{t=1}^{\tau_i} H_{ti} W_{ti}}{\sum_{i=1}^{N}\sum_{t=1}^{\tau_i} W_{ti}} \frac{\sum_{i=1}^{N}\sum_{t=1}^{\tau_i} W_{ti} \mathcal{S}_{ti}}{\sum_{i=1}^{N}\sum_{t=1}^{\tau_i} W_{ti}}\end{aligned} \qquad (11.28)$$

となる．ここで，$\mathcal{S}_{ti}$ は i 番目の再帰サイクル中の第 t ステップにおけるスコア関数の値であり，H_{ti} や W_{ti} についても同様である．静的なシステムのときと同様に，シミュレーションを（分布 g のもとで）1 回実行するだけで，異なる $\boldsymbol{\theta}$ の値での性能尺度 $\ell(\boldsymbol{\theta})$ やその勾配 $\nabla \ell(\boldsymbol{\theta})$ を推定できることに注意しよう．

アルゴリズム 11.6（再帰過程の勾配推定）

1. 過程 $\{X_t\}$ を分布 g のもとで N 個の再帰サイクルが得られるまで生成する．
2. 同時に，出力過程 $\{H_t\}$ と $\{\nabla W_t\} = \{W_t \mathcal{S}_t\}$ を生成する．
3. 式 (11.28) を用いて $\widehat{\nabla \ell}(\boldsymbol{\theta})$ を計算する．

■ 例 11.6（$GI/G/1$ 待ち行列の平均待ち時間）

$GI/G/1$ 待ち行列の待ち時間過程は，到着時間間隔の列 $A_1, A_2, \ldots$ とサービス時間の列 $B_1, B_2, \ldots$ から次の Lindley の方程式によって導かれる．

$$H_t = \max\{H_{t-1} + B_t - A_t, 0\}, \quad t = 1, 2, \ldots \qquad (11.29)$$

ただし，$H_0 = 0$ とする（例 10.4 を参照）．$X_t = (A_t, B_t)$ とおくと，$\{X_t, t = 1, 2, \ldots\}$ は独立同分布に従う．過程 $\{H_t, t = 0, 1, \ldots\}$ は，$H_t = 0$ となる時刻 t で再帰する再帰過程である．$\tau > 0$ を最初の再帰時刻とし，H を定常状態における待ち時間とする．定常状態における性能尺度

$$\ell = \mathbb{E}H = \frac{\mathbb{E}\sum_{t=1}^{\tau} H_t}{\mathbb{E}\tau}$$

を推定したいとする．

例えば，$A \sim \mathsf{Exp}(\lambda)$，$B \sim \mathsf{Exp}(\mu)$ として，これらが互いに独立である場合を考えよう．このとき，H は $M/M/1$ 待ち行列の定常状態での待ち時間であり，$\mu > \lambda$ のとき $\mathbb{E}H = \lambda/(\mu(\mu - \lambda))$ である（例えば [6] を参照）．サービス率 $\widetilde{\mu}$ を定めてシミュレーションを実行し，この同じシミュレーションから，異なる μ の値での $\ell(\mu) = \mathbb{E}H$ を推定したいとする．最初の再帰サイクルにおける到着時間間隔とサービス時間を $(A_1, B_1), \ldots, (A_\tau, B_\tau)$ とすると，この再帰サイクルについて，

11.6 再帰過程に対する感度分析

$$W_t = W_{t-1} \frac{\mu\,\mathrm{e}^{-\mu B_t}}{\widetilde{\mu}\,\mathrm{e}^{-\widetilde{\mu} B_t}}, \quad t = 1, 2, \ldots, \tau \quad (W_0 = 1)$$

$$\mathcal{S}_t = \mathcal{S}_{t-1} + \frac{1}{\mu} - B_t, \quad t = 1, 2, \ldots, \tau \quad (\mathcal{S}_0 = 0)$$

が成り立ち、また H_t は式 (11.29) により得られる。これらの式を用いて、$\sum_{t=1}^{\tau} H_t W_t$ や $\sum_{t=1}^{\tau} W_t$, $\sum_{t=1}^{\tau} W_t \mathcal{S}_t$, $\sum_{t=1}^{\tau} H_t W_t \mathcal{S}_t$ を同時に計算することができる。以降のサイクルについてもこれを繰り返し、式 (11.27), (11.28) を用いて $\ell(\mu)$ と $\nabla \ell(\mu)$ が推定できる。$1.5 \leqslant \mu \leqslant 5.5$ のときの $\nabla \ell(\mu)$ の真の値とサイクル数 $N = 10^5$ の 1 回のシミュレーションから得た推定値を図 11.2 に示す。ただし、シミュレーションはサービス率 $\widetilde{\mu} = 2$, 到着率 $\lambda = 1$ として実行している。

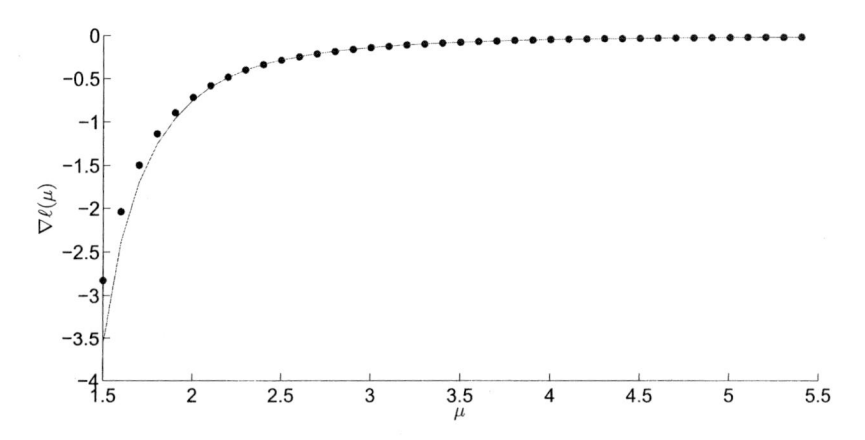

図 11.2 定常状態における期待待ち時間を μ の関数と見たときの微分係数の真値（実線）と推定値（点）.

$\mu \geqslant 2$ のときは勾配が正確に推定できているが、$\mu < 2$ のときは推定の精度が急速に悪化していることがわかる。実際、$\mu = 1.5$ より小さくなると、推定値の信頼性が悪くなるため、重点抽出法で推定しないほうがよい。ここでは、以下の MATLAB プログラムを用いている。

```
%wtgrad.m
N = 10^5;
K = 40;
for i=1:K
    mu(i) = 1.5 + (i-1)*0.1;
end
mutil = 2; % mutil = 2 としてシミュレーションを実行
```

```
lam = 1;
Rmat = zeros(N,K);
taumat = zeros(N,K);
gradWmat = zeros(N,K);
gradWmatHmat = zeros(N,K);
W = zeros(1,K);
Scor = zeros(1,K);
tau = zeros(1,K);
R = zeros(1,K);
for i = 1:N
    B = -log(rand)/mutil;
    W = mu.*exp(-mu.*B)/(mutil*exp(-mutil*B));
    A = -log(rand)/lam;
    H = max( B - A, 0);
    Scor = 1./mu - B;
    tau = W; % W の和
    R = H*W; % H*W の和
    gradW = Scor.*W; % W*S の和
    gradWH = Scor.*W*H; % W*S*H の和
    while (H > 0)
        B = -log(rand)/mutil;
        W = W.*mu.*exp(-mu.*B)/(mutil*exp(-mutil*B));
        A = -log(rand)/lam;
        H = max( H + B - A, 0);
        Scor = Scor + 1./mu - B;
        tau = tau+W;
        R = R + H*W;
        gradW = gradW + Scor.*W; % W*S の和
        gradWH = gradWH + Scor.*W*H; % W*S*H の和
    end
    taumat(i,:) = tau;
    Rmat(i,:) = R;
    gradWmat(i,:) = gradW;
    gradWmatHmat(i,:) = gradWH;
end
ell = zeros(1,K);
eltrue = lam.*(lam - 2*mu)./(lam - mu).^2./mu.^2;
for k=1:K
    ell(k) = mean(gradWmatHmat(:,k))/mean(taumat(:,k)) ...
            -(mean(Rmat(:,k))/mean(taumat(:,k))) ...
            *(mean(gradWmat(:,k))/mean(taumat(:,k)));
end
clf
hold on
plot(mu,ell,'.');
```

```
plot(mu,eltrue,'r');
hold off
```

さらに学習するために

ここで取り上げた4つの勾配推定法には長い歴史があり，例えば文献 [4], [11], [18], [19] において，これらの手法を概観することができる．有限差分法は単純に数値解析分野の考え方を拡張したものである．無限小摂動解析法は最初に [9] で紹介され，その後，尤度比法との関係が [5] や [15] で再発見された (収束率については [12] も参照せよ)．スコア関数法はさらに古く，[1] や [16] に現れている．また，弱微分の入門を [14] に見ることができる．文献 [10] は，さまざまな勾配推定法を統一的に見ており，さらに，この論文では2つの手法の融合も提案されている．

文　　献

1) V. M Aleksandrov, V. I. Sysoyev, and V. V. Shemeneva. Stochastic optimization. *Engineering Cybernetics*, 5(1):11–16, 1968.
2) S. Asmussen and P. W. Glynn. *Stochastic Simulation: Algorithms and Analysis*. Springer-Verlag, New York, 2007.
3) D. L. Brown. *Fundamentals of Statistical Exponential Families*. Institute of Mathematical Statistics, Hayward, CA, 1986.
4) P. Glasserman. *Gradient Estimation via Perturbation Analysis*. Kluwer Academic Publishers, Norwell, MA, 1991.
5) P. W. Glynn. Likelihood ratio gradient estimation for stochastic systems. *Communications of the ACM*, 33(10):75–84, 1990.
6) D. Gross and C. M. Harris. *Fundamentals of Queueing Theory*. John Wiley & Sons, New York, second edition, 1985.
7) S. G. Henderson and B. L. Nelson, editors. *Handbooks in Operations Research and Management Science*, volume 13, chapter 19: Stochastic Gradient Estimation. North Holland, Amsterdam, 2006.
8) Y.-C. Ho and X.-R. Cao. *Perturbation Analysis of Discrete Event Dynamic Systems*. Kluwer Academic Publishers, Norwell, MA, 1991.
9) Y.-C. Ho, M. A. Eyler, and T. T. Chien. A gradient technique for general buffer storage design in a serial production line. *International Journal on Production Research*, 17(6):557–580, 1979.
10) P. L'Ecuyer. A unified view of the IPA, SF, and LR gradient estimation techniques. *Management Science*, 36(11):1364–1383, 1990.

11) P. L'Ecuyer. An overview of derivative estimation. In B. L. Nelson, W. D. Kelton, and G. M. Clark, editors, *Proceedings of the 1991 Winter Simulation Conference*, pages 207–217, Piscataway, NJ, December 1991.
12) P. L'Ecuyer and G. Perron. On the convergence rates of IPA and FDC derivative estimators. *Operations Research*, 42(4):643–656, 1994.
13) E. L. Lehmann and J. P. Romano. *Testing Statistical Hypotheses*. Springer-Verlag, New York, third edition, 2008.
14) G. Ch. Pflug. *Optimization of Stochastic Models*. Kluwer Academic Publishers, Boston, MA, 1996.
15) M. I. Reiman and A. Weiss. Sensitivity analysis for simulations via likelihood ratios. *Operations Research*, 37(5):830–844, 1989.
16) R. Y. Rubinstein. *Some Problems in Monte Carlo Optimization*. PhD thesis, University of Riga, Latvia, 1969. In Russian.
17) R. Y. Rubinstein. Sensitivity analysis of discrete event systems by the push out method. *Annals of Operations Research*, 39(1-4):229–250, 1993.
18) R. Y. Rubinstein and A. Shapiro. *Discrete Event Systems: Sensitivity Analysis and Stochastic Optimization via the Score Function Method*. John Wiley & Sons, New York, 1993.
19) J. C. Spall. *Introduction to Stochastic Search and Optimization: Estimation, Simulation, and Control*. John Wiley & Sons, New York, 2003.
20) R. Suri and M. A. Zazanis. Perturbation analysis gives strongly consistent sensitivity estimates for the M/G/1 queue. *Management Science*, 34(1):39–64, 1988.

12

ランダム最適化

　本章では，ランダム性を核となる要素として含む最適化法について議論する．そのようなランダム最適化の手法は，多くの局所最適解や複雑な制約を持つ最適化問題や，連続変数と離散変数が混在する問題など，複雑な最適化問題を解く上で有用である．ランダム最適化は，"雑音のある" 最適化問題，すなわち目的関数が未知でモンテカルロシミュレーションによって推定せざるを得ないような問題にも用いられる．

　ランダム最適化の手法としては，"確率近似"，"確率的同等法"，"シミュレーテッドアニーリング"，"進化的アルゴリズム"，"クロスエントロピー法" など，雑音のある最適化問題と確定的な問題の両方に対するものを考える．

　確定的な最適化についてはC章を，勾配推定の手法については第11章を参照せよ．また，クロスエントロピー法についてより詳しくは，第13章を参照せよ．

　本章を通して，目的関数（objective function）を表すのに文字 S を用いる．

12.1 確率近似

最小化問題

$$\min_{\mathbf{x} \in \mathscr{X}} S(\mathbf{x}) \tag{12.1}$$

を考える．ここで $\mathscr{X} \subseteq \mathbb{R}^n$ とする．また，S は未知の関数であるが，既知の関数 $\widetilde{S}$ と確率ベクトル $\boldsymbol{\xi}$ を用いて $\mathbb{E}\widetilde{S}(\mathbf{x}, \boldsymbol{\xi})$ と表せるとする．典型的な例として，$S(\mathbf{x})$ が（通常は未知の）モンテカルロシミュレーションから計算される性能尺度の期待値である場合などがある．そのような問題は**雑音のある**（noisy）最適化問題と呼ばれ，通常 $\widetilde{S}(\mathbf{x}, \boldsymbol{\xi})$ の実現値のみが観測される．

　勾配 ∇S は未知なので，通常の最適化法を直接適用することはできない．**確率近似法**（stochastic approximation method）は，単純な勾配降下法（C.2.2.4項を参照）を模倣したものであり，確定値である勾配を確率的な近似値で置き換えたものである．より一般に，勾配の代わりに劣勾配を近似することもできる．ここで，任意の点 $\mathbf{x} \in \mathscr{X}$ において S の勾配の推定値が得られると仮定し，推定値を $\widehat{\nabla S}(\mathbf{x})$ と書く．すでに

$\widehat{\nabla S}(\mathbf{x})$ を計算するための手法がいくつか確立している．これらの中には，有限差分法 (finite difference method)，無限小摂動解析 (infinitesimal perturbation analysis)，スコア関数法 (score function method)，弱微分法 (weak derivative method) などがある．これらについては第 11 章に説明があるが，S と $\mathbf{x}$ はそれぞれ $\ell, \boldsymbol{\theta}$ と記されている．

勾配降下法 (gradient descent method) とまったく同じように，確率近似法では $\mathbf{x}_1 \in \mathscr{X}$ から始めて，

$$\mathbf{x}_{t+1} = \Pi_{\mathscr{X}} \left(\mathbf{x}_t - \beta_t \widehat{\nabla S}(\mathbf{x}_t) \right) \tag{12.2}$$

に従って点列を生成する．ここで $\beta_1, \beta_2, \ldots$ はステップサイズを示す正の数列である．また，$\Pi_{\mathscr{X}}$ は射影作用素であり，$\mathbb{R}^n$ の点を（通常はユークリッド距離の意味で）$\mathscr{X}$ の中の最も近い点に写す．これにより，反復計算で得られる点列の実行可能性が保証される．つまり，任意の $\mathbf{y} \in \mathbb{R}^n$ に対して $\Pi_{\mathscr{X}}(\mathbf{y}) \in \mathrm{argmin}_{\mathbf{z} \in \mathscr{X}} \|\mathbf{z} - \mathbf{y}\|$ と定める．もし $\mathscr{X} = \mathbb{R}^n$ なら，もちろん $\Pi_{\mathscr{X}}(\mathbf{y}) = \mathbf{y}$ となる．一般的な確率近似アルゴリズムを以下に示す．

アルゴリズム 12.1（確率近似）

1. 初期値 $\mathbf{x}_1 \in \mathscr{X}$ を定める．$t = 1$ とする．
2. $\mathbf{x}_t$ での S の勾配の推定値 $\widehat{\nabla S}(\mathbf{x}_t)$ を得る．
3. ステップサイズ β_t を決める．
4. $\mathbf{x}_{t+1} = \Pi_{\mathscr{X}} \left(\mathbf{x}_t - \beta_t \widehat{\nabla S}(\mathbf{x}_t) \right)$ とする．
5. もし停止条件が満たされるなら停止する．そうでないなら $t = t + 1$ として Step 2 に戻る．

確率近似アルゴリズムの収束性については，多くの定理がある．例えば [14] を参照せよ．特に，

$$\sum_{t=1}^{\infty} \beta_t = \infty, \quad \sum_{t=1}^{\infty} \beta_t^2 < \infty$$

を満たす任意の確定的な正数列 $\beta_1, \beta_2, \ldots$ に対して，ある正則条件のもと，ランダム列 $\mathbf{x}_1, \mathbf{x}_2, \ldots$ が平均 2 乗の意味で $S(\mathbf{x})$ の最小解 $\mathbf{x}^*$ に収束する（詳細については例えば [15] を参照）．

ここで，最も簡単な収束定理の 1 つを紹介する．これは [25, Section 5.9] からの引用である．

定理 12.1（確率近似の収束） 次の条件が満たされていると仮定する．
1) 実行可能領域 $\mathscr{X} \subset \mathbb{R}^n$ は，空でない有界閉凸集合である．
2) $\Pi_{\mathscr{X}}$ はユークリッド距離に関する射影作用素である．
3) 目的関数 S は有限の値をとる関数であり，連続かつ微分可能とする．また，$\mathscr{X}$

上で強凸である．すなわち，パラメータ $\beta > 0$ が存在して

$$(\mathbf{y} - \mathbf{x})^\top (\nabla S(\mathbf{y}) - \nabla S(\mathbf{x})) \geqslant \beta \|\mathbf{y} - \mathbf{x}\|^2, \quad \forall\, \mathbf{x}, \mathbf{y} \in \mathscr{X}$$

を満たす．
4) 確率勾配ベクトル $\widehat{\nabla S}(\mathbf{x})$ の誤差の 2 次モーメントは有限とする．すなわち，ある $K > 0$ が存在して

$$\mathbb{E} \|\widehat{\nabla S}(\mathbf{x})\|^2 \leqslant K^2 < \infty, \quad \forall\, \mathbf{x} \in \mathscr{X}$$

を満たす．

このとき，$c > 1/(2\beta)$ に対して $\beta_t = c/t$ とすると，

$$\mathbb{E} \|\mathbf{x}_t - \mathbf{x}^*\|^2 \leqslant \frac{Q(c)}{t}, \quad t = 1, 2, \ldots$$

となる．ここで

$$Q(c) = \max\{c^2 K^2 (2c\beta - 1)^{-1},\, \|\mathbf{x}_1 - \mathbf{x}^*\|^2\}$$

であり，Q の最小値は $c = 1/\beta$ とすることで達成される．言い換えると，ユークリッド距離のもとで反復法の期待誤差は，$\mathcal{O}(t^{-1/2})$ 程度である．

さらに，もし $\mathbf{x}^*$ が $\mathscr{X}$ の内点であり，定数 $L > 0$ が存在して

$$\|\nabla S(\mathbf{y}) - \nabla S(\mathbf{x})\| \leqslant L \|\mathbf{y} - \mathbf{x}\|, \quad \mathbf{x}, \mathbf{y} \in \mathscr{X}$$

とすると（つまり，$\nabla S(\mathbf{x})$ は $\mathscr{X}$ 上で一様リプシッツ連続），

$$\mathbb{E} |S(\mathbf{x}_t) - S(\mathbf{x}^*)| \leqslant \frac{L\, Q(c)}{2t}, \quad t = 1, 2, \ldots$$

となる．すなわち，ユークリッド距離のもとでの目的関数値の期待誤差のオーダーは $\mathcal{O}(t^{-1})$ となる．

確率近似法の魅力として，アルゴリズムが単純であり，また，射影 $\Pi_{\mathscr{X}}$ の計算が簡単なら実装が容易である点が挙げられる．例えば，**箱型の制約**（box constraint）$\mathscr{X} = [a_1, b_1] \times \cdots \times [a_n, b_n]$ に対して，$\mathbf{x}$ の各成分 x_k は，$x_k < a_k$ なら a_k に，$x_k > b_k$ なら b_k に射影され，それ以外では値は変わらない．

この方法の弱点の 1 つとして，ステップサイズの列 $\beta_1, \beta_2, \ldots$ の選択が曖昧である点が挙げられる．ステップサイズが小さいと収束が遅く，大きいと反復計算で得られる点列の振る舞いが「ジグザグ」になってしまう．定理 12.1 にあるように，ある定数 c に対して $\beta_t = c/t$ とすることが多い．このステップサイズを用いるとき，アルゴリズムの実際の性能は c の値に大きく依存する．これより，対象とする問題に応じて定数を適応的に調整するという考え方が自然に導かれる．

例えば $\gamma \in (0, 1)$ に対して $\beta_t = 1/t^\gamma$ で定義される列のように，$\beta_t / \beta_{t+1} = 1 + o(\beta_t)$ が満たされているとする．このとき，$\bar{\mathbf{x}}_t = \frac{1}{t} \sum_{k=1}^t \mathbf{x}_k$ で定義される反復列の平均

値は，$\{\mathbf{x}_t\}$ そのものよりも良い結果を与えることが多い [14, Chapter 11]．これは **Polyak 平均化**（Polyak averaging），または**反復平均化**（iterate averaging）として知られている．1つの利点は，アルゴリズムのステップサイズが $1/t$ より大きくなり，解の探索が速くなることである．

$\widehat{\nabla S}(\mathbf{x}_t)$ が式 (12.2) における $\nabla S(\mathbf{x}_t)$ の "不偏" 推定量であるとき，確率近似アルゴリズム 12.1 は，**Robbins–Monro** アルゴリズムと呼ばれる．また，$\widehat{\nabla S}(\mathbf{x}_t)$ の推定に有限差分が使われるとき，その結果得られるアルゴリズムは，**Kiefer–Wolfowitz** アルゴリズムと呼ばれる．11.2 節で示したように，勾配の推定値は，通常は中心差分や前進差分に対応する区間の長さに依存したバイアスを持つ．

高次元では，通常の Kiefer–Wolfowitz アルゴリズムの代わりに，**ランダムな方向**（random direction）を生成する方法を用いることもできる．これにより，勾配を推定するときの関数評価の回数が2回に減少する．これは次のように達成される．$\mathbf{D}_1, \mathbf{D}_2, \ldots$ を $\mathbb{R}^n$ のランダムな方向ベクトルの列とし，一般的には次の条件を満たすものとする（厳密に必要なわけではない [14]）．

- ベクトルは，各座標軸に関して対称な同一の分布に独立に従い，$\mathbb{E}\boldsymbol{D}_t\boldsymbol{D}_t^\top = I$ と $\|\boldsymbol{D}_t\|^2 = n$ を満たす．

例えば，半径 $\sqrt{n}$ の球面上に一様に分布する $\boldsymbol{D}_t$ や，$\{-1,1\}^n$ 上に一様に分布する $\boldsymbol{D}_t$（つまり，それぞれの要素は確率 1/2 で ± 1 をとる）などを採用することができる．しかしながら，ランダムに方向を選ぶ方法は，反復回数が十分多くないときには，あまり良い挙動を示さない可能性がある（[14] を参照）．

■ **例 12.1**（確率近似による雑音のある最適化）

確率近似の手順を，式 (12.1) で

$$\widetilde{S}(\mathbf{x}, \boldsymbol{\xi}) = \|\boldsymbol{\xi} - \mathbf{x}\|^2, \quad \boldsymbol{\xi} \sim \mathsf{N}(\boldsymbol{\mu}, I)$$

とした簡単な問題を使って説明する．関数 $S(\mathbf{x}) = \mathbb{E}\widetilde{S}(\mathbf{x}, \boldsymbol{\xi})$ は，$\mathbf{x}^* = \boldsymbol{\mu}$ において最小値 $S(\mathbf{x}^*) = n$ を達成する．この例では $\nabla S(\mathbf{x}) = 2(\mathbf{x} - \boldsymbol{\mu})$ となる．不偏な (Robbins–Monro) 推定量は，$\boldsymbol{\xi}_1, \ldots, \boldsymbol{\xi}_N \overset{\text{iid}}{\sim} \mathsf{N}(\boldsymbol{\mu}, I)$ とすると

$$\widehat{\nabla S}(\mathbf{x})_{\mathrm{RM}} = \frac{1}{N}\sum_{k=1}^{N} 2(\mathbf{x} - \boldsymbol{\xi}_k)$$

となる．差分区間を δ とした Kiefer–Wolfowitz アルゴリズムによる中心差分推定量 (central difference estimator) は，

$$(\widehat{\nabla S}(\mathbf{x})_{\mathrm{KW}})_i = \frac{1}{N}\sum_{k=1}^{N} \frac{\widetilde{S}(\mathbf{x} + \mathbf{e}_i\delta/2, \boldsymbol{\xi}_k) - \widetilde{S}(\mathbf{x} - \mathbf{e}_i\delta/2, \boldsymbol{\zeta}_k)}{\delta}, \quad i = 1, \ldots, n$$

となる．ここで，$\boldsymbol{\xi}_1, \boldsymbol{\zeta}_1, \ldots, \boldsymbol{\xi}_N, \boldsymbol{\zeta}_N \overset{\text{iid}}{\sim} \mathsf{N}(\boldsymbol{\mu}, I)$ である．11.2 節で見たように，この

推定量の分散は，共通乱数（common random numbers）を使うことで大きく減少する．すなわち各 $k=1,\ldots,N$ に対して $\zeta_k = \xi_k$ とするのが，ここでの実用的な方法の1つである．

図 12.1 に，この問題に対する Robbins–Monro アルゴリズムと Kiefer–Wolfowitz アルゴリズムの典型的な性能を示す．Kiefer–Wolfowitz アルゴリズムは，共通の乱数を使う場合と使わない場合のそれぞれについて実行した．それぞれの方法で 10^4 回の反復を行う．問題の次元は $n=100$ とし，$\boldsymbol{\mu}=(n,n-1,\ldots,2,1)^\top$ とした．それぞれの勾配の推定値は，$N=10$ の独立試行を使って計算した．MATLAB による実装を以下に示す．

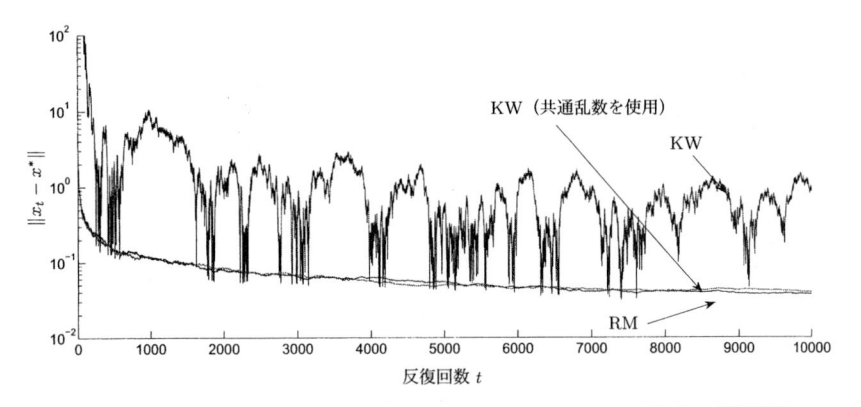

図 12.1 Robbins–Monro アルゴリズムと Kiefer–Wolfowitz アルゴリズム（共通乱数を使う場合と使わない場合）の典型的な収束性．

```
%StochApprox.m
maxits=10^4; % 反復回数
n=10^2; % 次元
N=10^1; % 試行回数
mu=(n:-1:1); rmu=repmat(mu,N,1); % 問題のデータ
L=zeros(N,n); R=L; % 中心差分推定量の配列

c=1; % ステップサイズの定数
delta = 1; % 前進差分列の定数
betat=@(t) c./t; % ステップサイズの関数
deltat=@(t) delta/t.^(1/6); % 差分区間の関数

xrm=10.*n.*ones(1,n); % Robbins-Monro 反復の初期値
xkw=10.*n.*ones(1,n); % Kiefer-Wolfowitz 反復の初期値
xkwCRV=10.*n.*ones(1,n); % 共通の乱数を使う KW 反復の初期値
```

```
rmhist=zeros(1,maxits);
kwhist=zeros(1,maxits);
kwCRVhist=zeros(1,maxits);
rmhist(1)=sqrt(sum((xrm-mu).^2));
kwhist(1)=sqrt(sum((xkw-mu).^2));
kwCRVhist(1)=sqrt(sum((xkwCRV-mu).^2));

t=1; % 反復のカウンタ
while (t<maxits)
    % Robbins-Monro の勾配推定
    xi=rmu+randn(N,n);
    grm=mean(2.*(repmat(xrm,N,1)-xi),1); % 不偏推定量
    % Kiefer-Wolfowitz の勾配推定
    xiL=rmu+randn(N,n);
    xiR=rmu+randn(N,n);
    xkwN=repmat(xkw,N,1);
    e1=zeros(1,n);e1(1)=deltat(t)/2;
    ekN=repmat(e1,N,1);
    for k=1:n
        L(:,k)=sum((xiL-(xkwN+ekN)).^2,2);
        R(:,k)=sum((xiR-(xkwN-ekN)).^2,2);
        ekN=circshift(ekN,[0 1]);
    end
    gkw=mean((L-R)./deltat(t),1);
    % 共通乱数を使う Kiefer-Wolfowitz の勾配推定
    xiL=rmu+randn(N,n);
    xiR=xiL; % 実用的な共通乱数
    xkwCRVN=repmat(xkwCRV,N,1);
    for k=1:n
        L(:,k)=sum((xiL-(xkwCRVN+ekN)).^2,2);
        R(:,k)=sum((xiR-(xkwCRVN-ekN)).^2,2);
        ekN=circshift(ekN,[0 1]);
    end
    gkwCRV=mean((L-R)./deltat(t),1);
    % 反復列の更新
    xrm=xrm-betat(t).*grm;
    xkw=xkw-betat(t).*gkw;
    xkwCRV=xkwCRV-betat(t).*gkwCRV;
    % 反復カウンタの加算, 最適解までの距離の記録
    t=t+1;
    rmhist(t)=sqrt(sum((xrm-mu).^2));
    kwhist(t)=sqrt(sum((xkw-mu).^2));
    kwCRVhist(t)=sqrt(sum((xkwCRV-mu).^2));
end
```

```
% 結果のプロット
tt=(1:1:(maxits));
figure,semilogy(tt,rmhist,'k-',tt,kwhist,'b-',tt,kwCRVhist,'r-',...
    'Linewidth',1.5)
```

12.2　確率的同等法

雑音のある最適化の設定 (12.1) を再び考えよう．**確率的同等法**（stochastic counterpart method; **標本平均近似**（sample average approximation）とも呼ばれる）の考え方は，雑音のある最適化問題 (12.1) を

$$\min_{\mathbf{x} \in \mathbb{R}^n} \widehat{S}(\mathbf{x}) \tag{12.3}$$

で置き換えることである．ここで

$$\widehat{S}(\mathbf{x}) = \frac{1}{N} \sum_{i=1}^{N} \widetilde{S}(\mathbf{x}, \boldsymbol{\xi}_i)$$

は，独立同分布に従う N 個の標本 $\boldsymbol{\xi}_1,\ldots,\boldsymbol{\xi}_N$ に基づく $S(\mathbf{x}) = \mathbb{E}\widetilde{S}(\mathbf{x},\boldsymbol{\xi})$ の標本平均推定量である．

この標本平均版の解 $\widehat{\mathbf{x}}^*$ は，本来の問題 (12.1) の解 $\mathbf{x}^*$ の推定量と見なせる．問題 (12.3) は "確定的な" 最適化問題であり，C 章のどの方法でも適用可能である．

■ **例 12.2（確率的同等法）**

クロスエントロピー法（第 13 章を参照）を適用したときに現れるパラメトリック最適化問題を考える．確率密度関数の族 $\{f(\cdot;\mathbf{v}), \mathbf{v} \in \mathscr{V}\}$ と目標の密度 g が与えられたとき，

$$\mathcal{D}(\mathbf{v}) \stackrel{\text{def}}{=} \mathbb{E}_g \ln f(\mathbf{Z};\mathbf{v}) = \mathbb{E}_p \left[\frac{g(\mathbf{Z})}{p(\mathbf{Z})} \ln f(\mathbf{Z};\mathbf{v}) \right]$$

を最大にする最適パラメータ $\mathbf{v}^*$ を見つけることを考える．ここで，p は g を "支配する" 任意の確率密度関数とする．すなわち，$p(\mathbf{z}) = 0$ なら $g(\mathbf{z}) = 0$ が成り立つとする．通常この問題を解くことは難しいが，代わりに，確率的に同等な問題である

$$\max_{\mathbf{v} \in \mathscr{V}} \widehat{\mathcal{D}}(\mathbf{v}) \stackrel{\text{def}}{=} \max_{\mathbf{v} \in \mathscr{V}} \frac{1}{N} \sum_{k=1}^{N} \frac{g(\mathbf{Z}_k)}{p(\mathbf{Z}_k)} \ln f(\mathbf{Z}_k;\mathbf{v}) \tag{12.4}$$

を解くことが考えられる．ここで $\mathbf{Z}_1,\ldots,\mathbf{Z}_N \stackrel{\text{iid}}{\sim} p$ である．さまざまなパラメトリック族 $\{f(\cdot;\mathbf{v})\}$ に対して，代わりの問題は解析的に解くことができ，クロスエントロピー法のための重要な更新式を与える．

特別な例として，f を

$$f(z;\mathbf{v}) = \frac{1}{\pi\sigma} \frac{1}{1+\left(\frac{z-\mu}{\sigma}\right)^2}, \quad \mathbf{v} = (\mu, \sigma)$$

で与えられるコーシー分布 (Cauchy distribution) とし,目標の分布を

$$g(z) \propto \left|\exp(-z^2)\cos(3\pi z)\right| \exp\left(-\frac{1}{2}\left(\frac{z-1}{\sqrt{2}}\right)^2\right)$$

とする.標準コーシー分布 $p(z) = 1/(\pi(1+z^2))$ は $g(z)$ を支配している.

図 12.2 は,この問題と確率的に同等な問題 (12.4) を,標本数 $N = 10^3$ または $N = 10^5$ で近似して,独立な問題例を 100 題解いて得られた確率密度関数を示している.

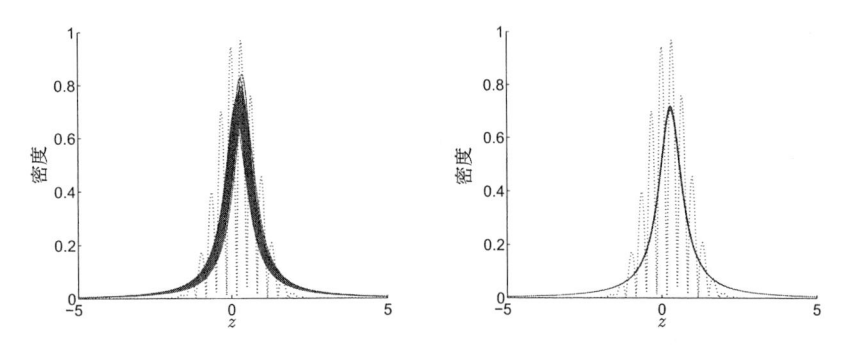

図 12.2 標本数を $N = 10^3$ (左) または $N = 10^5$ (右) として,確率的同等法を 100 回独立に適用して得られた解の確率密度関数.点線は目標密度 g を示す.

図 12.3 は,標本数 $N = 1, \ldots, 10^5$ の関数として μ と σ の推定値の典型列をプロットしたものである.このようにして得られた μ と σ の推定値は,最適解への収束を強く示唆している.

図 12.2 の左図に対する MATLAB のコードを以下に示す.変数 N を変えるだけで右図が得られる.図 12.3 のためのコードは図 12.2 のコードに非常に似ており,本書のウェブサイトに,SCMb.m として掲載されている.

```
%SCM.m
clear all
N=10^3; % 標本数
M=10^2; % 試行回数

g=@(Z) abs(exp(-Z.^2).*cos(3.*pi.*Z)).*...
    exp(-0.5.*((Z-1)./sqrt(2)).^2)./sqrt(2*pi*2);
h=@(Z,mu,sigma) (sigma>0)./(pi.*sigma.*(1+((Z-mu)./sigma).^2));
p=@(Z) 1./(pi.*(1+Z.^2)); % 標準コーシー分布
```

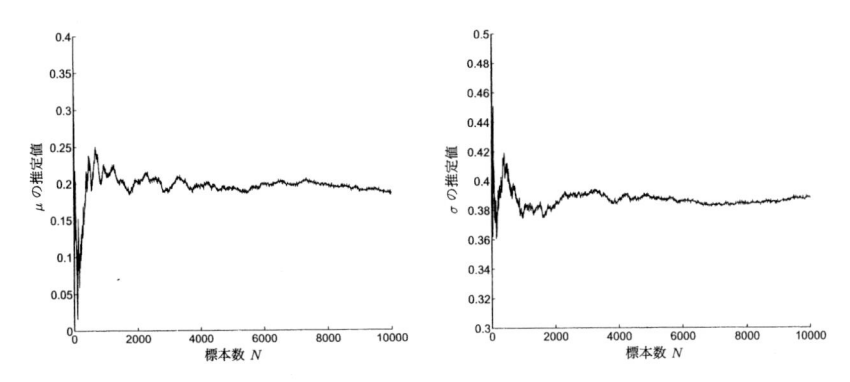

図 12.3 増加する N に対して，確率的に同等な問題の系列を解いて得られた μ と σ の推定値．

```
f=@(x,Z) sum((g(Z)./p(Z)).*log(h(Z,x(1),x(2))));% 確率的同等（SC）

approxnormg=.2330967533;% （プロットのための）g の規格化定数の近似値
zz=linspace(-5,5,10^3); % 密度をプロットする範囲
figure,hold on
for k=1:M
    Z=randn(N,1)./randn(N,1); % Z_1,...,Z_N は密度 p に従う iid
    sol=fminsearch(@(x) -f(x,Z),[1,2]);% SC を解く
    plot(zz,h(zz,sol(1),sol(2)),'r-')
end
plot(zz,g(zz)./approxnormg,'k:','LineWidth',2) % g のプロット
hold off
```

12.3　シミュレーテッドアニーリング

シミュレーテッドアニーリング (simulated annealing) は，与えられた密度関数 $f(\mathbf{x})$ を大域的に最大にする値を近似的に得るためのマルコフ連鎖モンテカルロ (Markov chain Monte Carlo) 法 (第 6 章を参照) の一種である．この手法の基本的な考え方は，**温度** (temperature) と呼ばれる値の数列 $T_1, T_2, \ldots$ を用いて $f_t(\mathbf{x}) \propto f(\mathbf{x})^{1/T_t}$ となる密度関数 $f_1(\mathbf{x}), f_2(\mathbf{x}), \ldots$ に近似的に従う点列 $\mathbf{X}_1, \mathbf{X}_2, \ldots$ を生成することである．温度の列は 0 に近づく減少数列であり，**アニーリングスケジュール** (annealing schedule) と呼ばれる．もし各 $\mathbf{X}_t$ を $f(\mathbf{x})^{1/T_t}$ に "厳密に" 従うように抽出することができれば，$T_t \to 0$ となるとき $\mathbf{X}_t$ は $f(\mathbf{x})$ を大域的に最大にする状態に収束するであろう．しかし，実際には標本抽出は "近似的" であるため，そのような状態への収束は保証できない．

シミュレーテッドアニーリング法の概要は，以下のとおりである．

アルゴリズム 12.2（シミュレーテッドアニーリング）
1. 初期状態 $\mathbf{X}_0$ と初期温度 T_0 選び，$t=1$ とする．
2. アニーリングスケジュールに従って，温度 $T_t \leqslant T_{t-1}$ を定める．
3. 新たな状態 $\mathbf{X}_t$ を $f_t(\mathbf{x}) \propto (f(\mathbf{x}))^{1/T_t}$ に従って近似的に生成する．
4. 停止条件が満たされない限り，$t = t+1$ とした後 Step 2 に戻る．

シミュレーテッドアニーリング法は，最適化においてよく利用されている．ここでは特に，実数値をとる関数 $S(\mathbf{x})$ に対する最小化問題

$$\min_{\mathbf{x} \in \mathscr{X}} S(\mathbf{x})$$

を考える．**ボルツマン分布の確率密度関数**（Boltzmann pdf）を

$$f(\mathbf{x}) \propto \mathrm{e}^{-S(\mathbf{x})}, \quad \mathbf{x} \in \mathscr{X}$$

と定義する．$T>0$ が 0 に近づくと，$f(\mathbf{x})^{1/T} \propto \exp(-S(\mathbf{x})/T)$ を大域的に最大にする状態は，$S(\mathbf{x})$ の大域的最適解に近づく．したがって，シミュレーテッドアニーリング法をボルツマン分布の密度関数に適用することによって，$S(\mathbf{x})$ を最小化することができる．また，密度関数 $f(\mathbf{x}) \propto \exp(S(\mathbf{x}))$ を用いることで，最大化問題も同様に扱える．ただし，この指数項が正規化できない場合には，確率密度関数を正しく定義できないことに注意が必要である．

シミュレーテッドアニーリング法を実装するには，(1) マルコフ連鎖モンテカルロの標本抽出アルゴリズムの選択，(2) 温度の各値におけるマルコフ連鎖の長さ，(3) アニーリングスケジュール，に応じてさまざまな方法がある．アニーリングスケジュールとしては，**幾何冷却**（geometric cooling）と呼ばれる以下の方法がしばしば用いられる．これは，初期温度 T_0 と**冷却係数**（cooling factor）$\beta \in (0,1)$ をパラメータとして与え，温度を $T_t = \beta T_{t-1}, t = 1, 2, \ldots$ と更新する方法である．T_0 と β の適切な値は問題に依存し，アルゴリズム利用者による調整が必要である．適応的なパラメータ調整法に関する理論的な成果については，例えば [22], [26], [27] を参照せよ．

最小化問題に対するシミュレーテッドアニーリング法の典型的な枠組みを以下に与える．この中ではランダムウォークサンプラー（random walk sampler）（☞ p.238），すなわち対称な提案分布を用いた Metropolis–Hastings 法を利用している．なお，温度はマルコフ連鎖の各ステップごとに更新されるものとして記述している．

アルゴリズム 12.3（最小化問題に対するシミュレーテッドアニーリング法）
1. 初期状態 $\mathbf{X}_0$ と初期温度 T_0 を与え，$t=1$ とする．
2. アニーリングスケジュールに応じて温度 $T_t \leqslant T_{t-1}$ を定める．
3. 対称な提案分布の密度 $q(\mathbf{Y}\,|\,\mathbf{X}_t) = q(\mathbf{X}_t\,|\,\mathbf{Y})$ に従って状態 $\mathbf{Y}$ を生成する．
4. 採択確率

を計算する．$U \sim \mathsf{U}(0,1)$ を生成し，

$$\mathbf{X}_{t+1} = \begin{cases} \mathbf{Y}, & U \leqslant \alpha(\mathbf{X}_t, \mathbf{Y}) \text{ の場合} \\ \mathbf{X}_t, & U > \alpha(\mathbf{X}_t, \mathbf{Y}) \text{ の場合} \end{cases}$$

とする．
5. 停止条件が満たされない限り，$t = t + 1$ とした後 Step 2 に戻る．

■ 例 12.3（連続最適化問題に対するシミュレーテッドアニーリング）

アルゴリズム 12.3 のシミュレーテッドアニーリング法を "三角関数" (trigonometric function)（☞ p.734）の最小化問題に適用した例を紹介する．n 次元の $\mathbf{x}$ に対し，関数

$$S(\mathbf{x}) = 1 + \sum_{i=1}^{n} \left(8\sin^2(\eta(x_i - x_i^*)^2) + 6\sin^2(2\eta(x_i - x_i^*)^2) + \mu(x_i - x_i^*)^2 \right)$$

を考える．この関数は $\mathbf{x} = \mathbf{x}^*$ において最小値 1 をとる．ここでは $n = 10$，$\mathbf{x}^* = (10, \ldots, 10)$，$\eta = 0.8$，$\mu = 0.1$ とする．

Metropolis–Hastings 法を用いてシミュレーテッドアニーリング法を実装するには，(1) アルゴリズムの初期化，(2) アニーリングスケジュール $\{T_t\}$，(3) 提案分布の密度関数 q，(4) 停止条件，という 4 つの構成要素を決定する必要がある．

初期化については，初期温度を $T_0 = 10$ とし，初期状態 $\mathbf{X}_0$ を n 次元の超立方体 $[-50, 50]^n$ より一様にランダムに選ぶ．アニーリングスケジュールには，冷却係数を $\beta = 0.99999$ とした幾何冷却を用いる．（対称な）提案分布を（$\mathbf{x}$ を出発点として）$\mathsf{N}(\mathbf{x}, \sigma^2 I)$ とし，$\sigma = 0.75$ と設定する．アルゴリズムは 10^6 回の反復後に停止するものとする．MATLAB のコードを以下に示す．

```
%SA.m
% 初期化
n=10; % 問題の次元
beta=0.99999; % 幾何冷却の冷却係数
sigma=ones(1,n).*0.75; % 提案分布の分散
N=1; %Metropolis-Hastings 法が実行するステップ数
maxits=10^6; % 反復回数
xstar=10.*ones(1,n); eta=0.8; mu=0.1;
S=@(X) 1+sum(mu.*(X-xstar).^2+6.*(sin(2.*eta.*(X-xstar).^2)).^2+...
    8.*(sin(eta.*(X-xstar).^2)).^2);
T=10; % 初期温度
a=-50;b=50; X=(b-a).*rand(1,n)+a; % X を初期化
Sx=S(X); % 初期標本を評価
```

```
t=1;  % 反復回数のカウンタを初期化
while (t<=maxits)
    T=beta*T;  % 新たな温度を設定
    % 新たな状態を生成
    it=1;
    while (it<=N)
        Y=X+sigma.*randn(1,n);
        Sy=S(Y);
        alpha=min(exp(-(Sy-Sx)/T),1);
        if rand<=alpha
            X=Y; Sx=Sy;
        end
        it=it+1;
    end
    t=t+1;  % 反復回数のカウンタを増やす
end
[X,Sx,T]  % 最終状態,その目的関数値,温度を表示
```

この例では"採択–棄却法"(acceptance–rejection method)(3.1.5項を参照)をそのまま適用するだけで,厳密にボルツマン分布に従う標本を抽出できる.その結果,本節で述べた近似的な標本抽出による手法の性能を,理想的な場合と比較して観測することができる.

ボルツマン分布に関して,上述のMetropolis–Hastings法による近似的な標本抽出を用いた場合と,採択–棄却法による厳密な標本抽出を用いた場合の両方について,各反復での性能を10回の独立な試行に対して平均したものを図12.4に示す.この例題

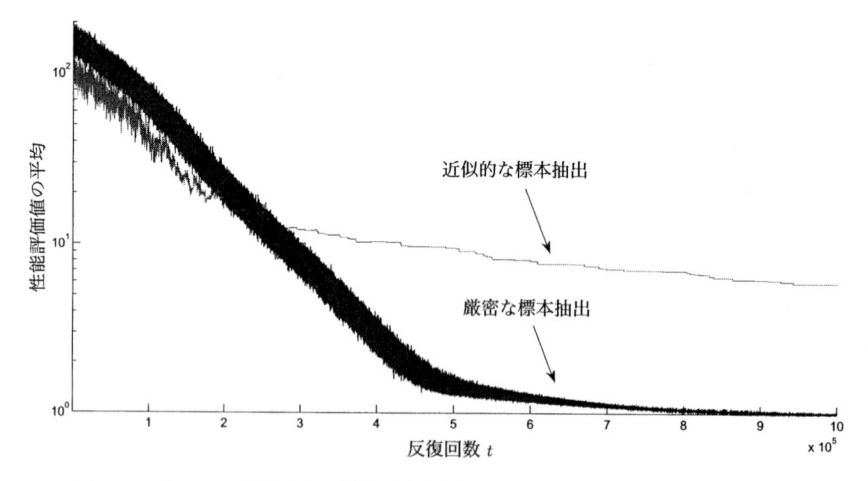

図12.4 ボルツマン分布からの厳密な標本抽出と近似的な標本抽出それぞれに対する,10回の独立な試行についての反復ごとの性能の平均.

の設定では，近似による方法は最適解を逃す傾向にあることが観測できる．

この図で利用した MATLAB のコードは，SAnnealing_Multi_SA.m として，本書のウェブサイトで公開されている．

12.4 進化的アルゴリズム

進化的アルゴリズム（evolutionary algorithm）は，自然界の進化の様子に着想を得たメタ戦略の枠組みの総称である．この種のアルゴリズムは，例えば $\mathbb{R}^n$ 上の点やグラフ上の路など，探索の対象とするものを**個体**（individual）と呼び，アルゴリズムが複数の個体 x からなる**集団**（population）$\mathscr{P}$ を持つところに特徴がある．集団は世代ごとに以下の2つのステップを行うことにより，世代を経るにつれ「進化」する．各世代では，まず**選択**（selection; 淘汰ともいう）の操作によって新たな集団を構成した後，**変形**（alteration）の操作が新たな集団に適用される．

アルゴリズムの目的は，何らかの性能尺度のもとで質の高い個体からなる集団を生成することである．簡単な例として，集団 $\mathscr{P}$ が n 次元の点 x の集合であり，ある目的関数 $S(\mathbf{x})$ の最小化を目的とする場合を考えよう．この場合，$\mathscr{P}$ の**評価**（evaluation）はすべての $\mathbf{x} \in \mathscr{P}$ に対して $S(\mathbf{x})$ を計算することによって行う．この情報をもとに，例えば評価の高いほうから10%のみを残して新しい世代の集団を構成するなど，評価の情報は選択の操作に利用されることが多い．

進化的アルゴリズムの一般的な枠組みは，以下のとおりである．

アルゴリズム 12.4（進化的アルゴリズムの一般的枠組み）
1. $t = 0$ とする．初期集団 $\mathscr{P}_t$ を定めた後，$\mathscr{P}_t$ を評価する．
2. 新たな集団 $\mathscr{P}_{t+1}$ を $\mathscr{P}_t$ より選択する．
3. 集団 $\mathscr{P}_{t+1}$ を変形する．
4. $\mathscr{P}_{t+1}$ を評価する．
5. 停止条件が満たされていれば停止する．さもなければ，$t = t + 1$ とした後 Step 2 に戻る．

選択や変形にはさまざまな操作がある．これらについては [3], [4], [6] を参照せよ．

進化的アルゴリズムの範疇に含まれる代表的な発見的解法は多数あるが，以下では遺伝アルゴリズム，微分進化，分布推定アルゴリズムの3つを説明する．

12.4.1 遺伝アルゴリズム

遺伝アルゴリズム（genetic algorithm）は，もともと離散最適化問題に対して提案された．集団内の各個体は，対象とする最適化問題の候補解を表現するようにコード化されたベクトルである．個体には**適応度**（fitness）と呼ばれる基準に応じた順位が

与えられる（個体の目的関数値をそのまま適応度とすることも多い）．通常は，現在の集団の中の適応度の高いいくつかの個体に**交叉**（crossover）や**突然変異**（mutation）と呼ばれる操作を適用することによって新たな解（子と呼ぶ）を生成し，それらの解によって新たな集団を構成する．

集団内の各個体が n 次元 0-1 ベクトル $\mathbf{x}$ で，ある目的関数 $S(\mathbf{x})$ の最小化を目的とする場合を考えよう．この場合に用いられる交叉の操作の一例として，**1 点交叉** (one-point crossover) がある．これは，2 つの親 $\mathbf{x}, \mathbf{y}$，および 0 と n の間のランダムな位置 r が与えられたとき，最初の r 個の要素を 1 つ目の親 $\mathbf{x}$ から，残りの要素を 2 つ目の親 $\mathbf{y}$ からコピーして，新たな個体 $\mathbf{z} = (x_1, \ldots, x_r, y_{r+1}, \ldots, y_n)$ を生成する操作である．

「適応度の高い」個体を M 個選ぶ方法には，例えば**トーナメント選択**（tournament selection）がある（[6, pp.75-80] などを参照）．トーナメントサイズを K とする基本的なトーナメント選択では，集団から K 個の個体を一様にランダムに選んだ後，その中で目的関数値が最小の個体を選んで**複製候補個体群**（reproduction pool）に追加する．これを M 回繰り返すことで，適応度の高い個体を M 個選択する．

2 進数表現を用いた遺伝アルゴリズムの典型的な枠組みは，以下のとおりである．

アルゴリズム 12.5（2 進数表現を用いた遺伝アルゴリズム）

1. $t = 0$ とする．$\{0,1\}^n$ から一様にランダムに個体を選ぶ操作を N 回行うことにより，初期集団 $\mathscr{P}_t = \{\mathbf{x}_1^t, \ldots, \mathbf{x}_N^t\}$ を生成する．$\mathscr{P}_t$ を評価する．
2. 集団 $\mathscr{P}_t$ にトーナメント選択を適用して，複製候補個体群 $\mathscr{R}_t$ を構成する．
3. $\mathscr{R}_t$ 内の個体を 1 点交叉によって組み合わせる操作を何度か適用することにより，暫定的な集団 $\mathscr{C}_t$ を生成する．
4. $\mathscr{C}_t$ 内の各個体（0-1 ベクトル）の各ビットを，独立に確率 $p = 1/n$ で反転する（この操作が突然変異に相当する）．この操作の結果得られた集団を $\mathscr{S}_t$ と記す．
5. 新しい世代を $\mathscr{P}_{t+1} = \mathscr{S}_t$ とする．$\mathscr{P}_{t+1}$ を評価する．
6. 停止条件が満たされていれば停止する．さもなければ，$t = t+1$ とした後 Step 2 に戻る．

■ **例 12.4（充足可能性問題に対する遺伝アルゴリズム）**

アルゴリズム 12.5 に示した 2 進数表現を用いた遺伝アルゴリズムを，"充足可能性問題"（satisfiability problem; SAT）に適用した例を紹介する．ある 0-1 ベクトル $\mathbf{x} = (x_1, x_2, \ldots, x_n) \in \{0,1\}^n$ が論理節 j を充足するときに $c_j(\mathbf{x}) = 1$，そうでないときに $c_j(\mathbf{x}) = 0$ となる関数 $c_j(\cdot)$ を節関数と呼ぶ．充足可能性問題は，m 個の節関数 $c_j(\cdot)$ が与えられたとき，そのすべてを充足する（すなわち $c_j(\mathbf{x}) = 1, \forall j$ を満たす）$\mathbf{x}$ を見つける問題である（より詳しくは C.3.1 項を参照）．

12.4 進化的アルゴリズム

アルゴリズム 12.5 の集団と複製候補個体群の大きさを $N = 10^4$，トーナメントサイズを $K = 2$ として（バイナリトーナメント選択（binary tournament selection）と呼ぶ），アルゴリズムを 10^3 回反復した．

http://www.is.titech.ac.jp/~watanabe/gensat/a2/index.html より入手した難しい問題例 F34-5-23-31 にアルゴリズムを適用したときの，各反復における最良の個体と最悪の個体の評価値 $\sum_j c_j(\mathbf{x})$（大きいほど良い）を図 12.5 に示す．この問題例には 361 個の節と 81 個のリテラルが含まれているが，図に示した試行においては，アルゴリズムは最大で 359 個の節を充足する解を得ている．

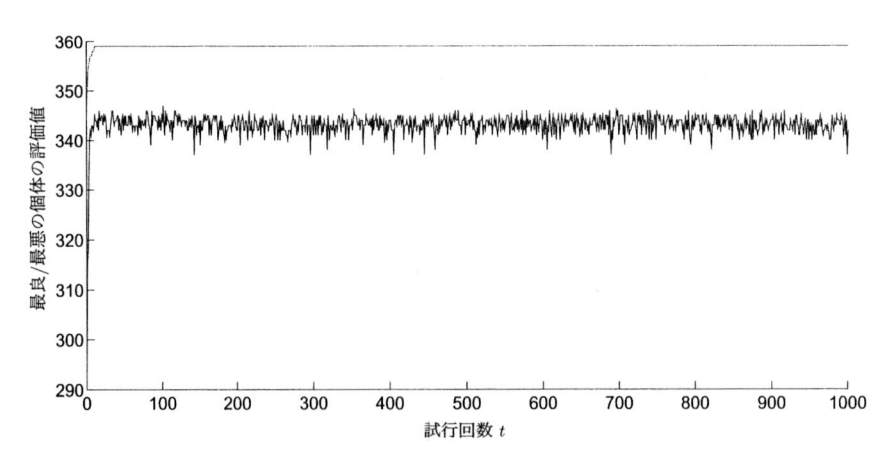

図 12.5 問題例 F34-5-23-31 にアルゴリズム 12.5 を適用したときの最良および最悪の個体の評価値．

この例で用いた MATLAB のコードは，GA_ex_fig.m として本書のウェブサイトで公開されている．

12.4.2 微 分 進 化

微分進化（differential evolution）[20] は連続最適化問題に対する手法の 1 つであり，その基本的な枠組みは以下のとおりである．各反復において，親世代の集団内の個体を，ランダムに選んだ他の 2 つの個体の差で定められる方向に固定ステップ幅移動する操作を利用して，新たな個体の集団を生成する．このように生成された新たな個体と親世代の個体に交叉の操作を適用することで，子の集団を生成する．そして，得られた子が親よりも良い場合，その子を親と置き換える．

ある目的関数 $S(\mathbf{x})$ の最小化問題に対する微分進化の典型的な枠組みは，以下のとおりである．

アルゴリズム 12.6（最小化問題に対する微分進化法）

1. $t = 0$ とする．適当な箱形の領域から一様にランダムに個体を選ぶなどの方法により，初期集団 $\mathscr{P}_t = \{\mathbf{x}_1^t, \ldots, \mathbf{x}_N^t\}$ を生成する．
2. 集団内の各個体 $\mathbf{x}_k^t$ に対して以下を行う．
   a) $\{1, 2, \ldots, k-1, k+1, \ldots, N\}$ から一様にランダムに選んだ3つの整数 $R_1 \neq R_2 \neq R_3$ を用いて，ベクトル $\mathbf{y}_k^{t+1} = \mathbf{x}_{R_1}^t + \alpha\left(\mathbf{x}_{R_2}^t - \mathbf{x}_{R_3}^t\right)$ を計算する．
   b) $\mathbf{y}_k^{t+1}$ と $\mathbf{x}_k^t$ に **2項交叉** （binomial crossover）を適用して，子のベクトル $\widetilde{\mathbf{x}}_k^{t+1}$ を得る．すなわち，$U_1, \ldots, U_n \overset{\text{iid}}{\sim} \text{Ber}(p)$ を用いて
   $$\widetilde{\mathbf{x}}_k^{t+1} = \left(U_1\, y_{k,1}^{t+1} + (1 - U_1)\, x_{k,1}^t, \ldots, U_n\, y_{k,n}^{t+1} + (1 - U_n)\, x_{k,n}^t\right)$$
   とする．さらに，$\{1, \ldots, n\}$ から一様にランダムに I を選び，$\widetilde{x}_{k,I}^{t+1} = y_{k,I}^{t+1}$ とする．
   c) $S(\widetilde{\mathbf{x}}_k^{t+1}) \leqslant S(\mathbf{x}_k^t)$ であれば，$\mathbf{x}_k^{t+1} = \widetilde{\mathbf{x}}_k^{t+1}$ とする．さもなければ，古い個体を維持する（つまり $\mathbf{x}_k^{t+1} = \mathbf{x}_k^t$）．
3. 停止条件が満たされていれば停止する．さもなければ，$t = t + 1$ とした後 Step 2 に戻る．

スケーリング係数（scaling factor）α と**交叉係数**[*1]（crossover factor）p は，アルゴリズムのパラメータである．集団サイズを $N = 10n$ として，これらのパラメータの値に $\alpha = 0.8$ および $p = 0.9$ を試してみるのが典型的である．

■ 例 12.5 （微分進化）

微分進化を 50 次元の Rosenbrock 関数（C. 4. 1. 3 項を参照）の最小化に適用した例を紹介する．Rosenbrock 関数は

$$S(\mathbf{x}) = \sum_{i=1}^{49}\left(100\,(x_{i+1} - x_i^2)^2 + (x_i - 1)^2\right) \tag{12.5}$$

で定義され，$\mathbf{x} = (1, \ldots, 1)$ において最小値 $S(\mathbf{x}) = 0$ をとる．
集団の大きさを $N = 50$，スケーリング係数を $\alpha = 0.8$，交叉係数を $p = 0.9$ とする．$[-50, 50]^{50}$ から一様にランダムに個体を抽出することにより初期集団を生成し，5×10^4 回の反復後にアルゴリズムを終了する．
図 12.6 に，この問題に対するアルゴリズムの実行結果の一例を示す．図は各反復における最良および最悪の個体の関数値を表している．また，MATLAB による実装例も示しておく．

[*1] 【訳注】「交叉率」と訳すこともあるが，交叉率は遺伝アルゴリズムにおいて交叉を行う確率を表す用語として広く用いられているため，ここでは「交叉係数」とした．

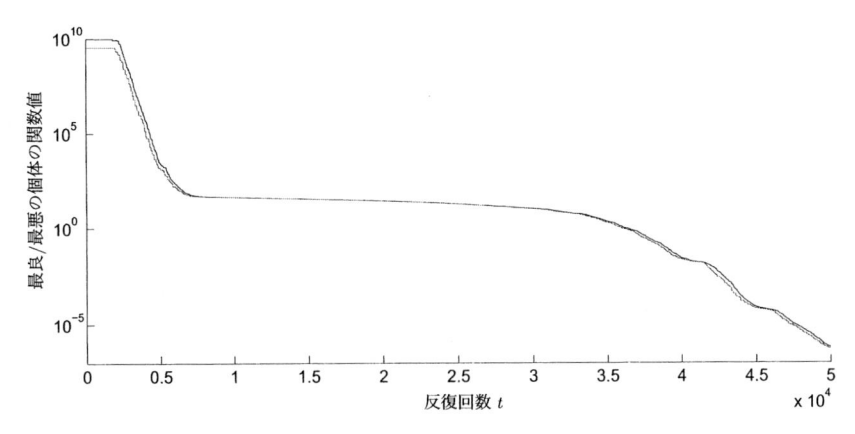

図 12.6 50 次元の Rosenbrock 関数に対する微分進化法の最良および最悪の個体の関数値.

```
%DE_ex.m
M=50; % 集団の大きさ
n=50; % 問題例の次元
F=0.8; % スケーリング係数
CR=0.9; % 交叉係数
maxits=5*10^4; % 反復回数の上限
Smaxhist=NaN.*ones(1,maxits); Sminhist=NaN.*ones(1,maxits);
% Rosenbrock 関数
S=@(X)sum(100.*(X(:,2:n)-X(:,1:(n-1)).^2).^2+(X(:,1:(n-1))-1).^2,2);
a=-50; b=50; X=(b-a).*rand(M,n)+a; % 集団の初期化
t=1; % 反復回数のカウンタ
while (t<maxits)
    SX=S(X); [SX,idx]=sort(SX,1,'ascend'); % 評価および整列
    Smaxhist(t)=SX(M); Sminhist(t)=SX(1); % 履歴を更新
    % 新たな世代の生成
    for i=1:M
        % 突然変異
        r=[1:i-1,i+1:M];
        r=r(randperm(M-1));
        V=X(r(1),:)+F.*(X(r(2),:)-X(r(3),:));
        % 2 項交叉
        U=X(i,:);
        idxr=1+floor(rand(1).*n);
        for j=1:n
            if (rand(1)<=CR)||(j==idxr)
                U(j)=V(j);
            end
```

```
            end
            if S(U)<=S(X(i,:))
                X(i,:)=U;
            end
        end
        t=t+1;
end
SX=S(X); [SX,idx]=sort(SX,1,'ascend'); % 評価および整列
Smaxhist(t)=SX(M); Sminhist(t)=SX(1); % 履歴を更新
% 最悪個体と最良個体の関数値，および最良個体を表示
[SX(M),SX(1),X(idx(1),:)]
% 計算結果を図示
figure, plot((1:1:t),Smaxhist,'k-',(1:1:t),Sminhist,'r-')
```

12.4.3 分布推定アルゴリズム

分布推定アルゴリズム (estimation of distribution algorithm) [16] は，世代ごとの集団が1世代前の集団から直接生成されるわけではないところが，遺伝アルゴリズムや微分進化と異なる．集団内の個体を直接操作する代わりに，このアルゴリズムは次の世代の個体候補を生成するための確率分布を推定するために集団を利用する．そのような分布に従って生成した個体群から（あるいは，現在の集団とそれらを合わせたものの中から）性能に従って次の世代の集団を選ぶ．分布推定アルゴリズムの一般的な枠組みは，以下のとおりである．

アルゴリズム 12.7（分布推定アルゴリズムの一般的枠組み）

1. $t=0$ とする．初期集団 $\mathscr{P}_t$ を定めた後，$\mathscr{P}_t$ を評価する．
2. 暫定的な集団 $\mathscr{R}_t$ を $\mathscr{P}_t$ より選択する．
3. $\mathscr{R}_t$ を用いて確率分布 F_{t+1} を推定する．
4. 確率分布 F_{t+1} に従って $\mathscr{P}_{t+1}$ を生成する．
5. $\mathscr{P}_{t+1}$ を評価する．
6. 停止条件が満たされていれば停止する．さもなければ，$t=t+1$ とした後 Step 2 に戻る．

この手法は次節で紹介するクロスエントロピー法（CE法）と多くの類似点がある．実際，性能評価関数に基づいて良いほうから $\varrho \times 100\%$ （$\varrho \in (0,1]$）個の個体を選ぶとする．すると例えば "1変量周辺分布アルゴリズム" (univariate marginal distribution algorithm) [16] は，最適化問題に対する標準的な CE 法において，状態空間 $\mathscr{X} = \{0,1\}^n$ からの標本の各要素が独立にベルヌーイ分布に従う標本分布を用いる場合と等価である．

12.5 最適化のためのクロスエントロピー法

クロスエントロピー（cross-entropy; CE）法は，確定的な問題と雑音のある問題の両方に適用することができる．最初に確定的な問題

$$\min_{x \in \mathscr{X}} S(\mathbf{x})$$

を考える．ここで，S は集合 $\mathscr{X}$ 上で実数値をとる性能評価関数とする．最適化における CE 法の基本的な考え方は，状態空間 $\mathscr{X}$ 上の確率密度のパラメトリック族 $\{f(\cdot;\mathbf{v}), \mathbf{v} \in \mathscr{V}\}$ を定義し，$f(\cdot;\mathbf{v})$ が前回の反復よりも大きい重みを解の近くにおくように，パラメータ $\mathbf{v}$ を繰り返し更新することである．

これを実現するのが，以下の 2 つの基本操作を反復するアルゴリズムである．

- **標本抽出**：$f(\cdot;\mathbf{v})$ に従う独立な標本 $\mathbf{X}_1, \ldots, \mathbf{X}_N$ を生成する．これらの点の上で，目的関数 S の値を評価する．
- **更新**：あるレベル $\hat{\gamma}$ に対して $S(\mathbf{X}_i) \leqslant \hat{\gamma}$ となるような $\mathbf{X}_i$ を使って，新しいパラメータ $\hat{\mathbf{v}}$ を選ぶ．このような $\{\mathbf{X}_i\}$ は**選り抜き標本**（elite sample）集合 $\mathscr{E}$ をなす．

それぞれの反復において水準パラメータ $\hat{\gamma}$ は，最も良い N^{e} 個の標本の中で最悪の性能値（最小化では最も大きいもの）に設定され，パラメータ $\mathbf{v}$ は

$$\hat{\mathbf{v}} = \operatorname*{argmax}_{\mathbf{v} \in \mathscr{V}} \sum_{\mathbf{X} \in \mathscr{E}} \ln f(\mathbf{X};\mathbf{v}) \tag{12.6}$$

と更新される．この更新式は，$S(\mathbf{X}) \leqslant \hat{\gamma}$ の条件のもとでの $\mathbf{X} \sim f(\mathbf{x};\mathbf{v})$ の条件付き確率密度と $f(\mathbf{x};\hat{\mathbf{v}})$ の間の Kullback–Leibler 距離または CE 距離を最小化することで得られる．詳細については第 13 章を参照せよ．式 (12.6) は，選り抜き標本集合に基づく $\mathbf{v}$ の最尤推定量（☞ p.701）を与える．したがって，指数型分布族を含む多くの具体的な分布族に対して，解が陽に与えられる．重要な例として，$\mathbf{X} \sim \mathsf{N}(\boldsymbol{\mu}, \operatorname{diag}(\boldsymbol{\sigma}^2))$ とおいて，平均ベクトル $\boldsymbol{\mu}$ と分散ベクトル $\boldsymbol{\sigma}^2$ を選り抜き標本集合の標本平均と標本分散によって更新する方法がある．これは**正規更新**（normal updating）として知られている．

最小化のための一般的な CE アルゴリズムを以下に示す．

アルゴリズム 12.8（最小化のための CE アルゴリズム）

1. 初期パラメータベクトル $\hat{\mathbf{v}}_0$ を選ぶ．$N^{\mathrm{e}} = \lceil \varrho N \rceil$ を選り抜き標本の数とする．$t = 1$ とおく．
2. $\mathbf{X}_1, \ldots, \mathbf{X}_N \overset{\text{iid}}{\sim} f(\cdot;\hat{\mathbf{v}}_{t-1})$ を生成する．すべての i に対して，性能 $S(\mathbf{X}_i)$ を計算し，それらの値を昇順に並べて $S_{(1)} \leqslant \cdots \leqslant S_{(N)}$ とする．$\hat{\gamma}_t$ を性能の

標本 ϱ 分位点とする. すなわち, $\widehat{\gamma}_t = S_{(N^\varrho)}$ とする.

3. "同じ" 標本 $\mathbf{X}_1, \ldots, \mathbf{X}_N$ を使って

$$\widehat{\mathbf{v}}_t = \operatorname*{argmax}_{\mathbf{v}} \sum_{k=1}^{N} \mathrm{I}_{\{S(\mathbf{X}_k) \leqslant \widehat{\gamma}_t\}} \ln f(\mathbf{X}_k; \mathbf{v}) \tag{12.7}$$

とする.

4. 停止条件が満たされたら終了する. そうでなければ, $t = t+1$ として Step 2 に戻る.

式 (12.1) で定義される "雑音のある" 関数 $S(\mathbf{x}) = \mathbb{E}\widetilde{S}(\mathbf{x}, \boldsymbol{\xi})$ を最小化するために, アルゴリズム 12.8 を修正することは簡単である. 変更点は, 関数値 $S(\mathbf{x})$ をすべてその推定値 $\widehat{S}(\mathbf{x})$ で置き換えることだけである.

実際には, パラメータベクトルの**平滑化** (smoothing) のために, "平滑化パラメータ" $\boldsymbol{\alpha}$ が与えられたとき, アルゴリズム 12.8 のステップ 3 を以下で置き換える.

3′. "同じ" 標本 $\mathbf{X}_1, \ldots, \mathbf{X}_N$ を使って

$$\widetilde{\mathbf{v}}_t = \operatorname*{argmax}_{\mathbf{v}} \sum_{k=1}^{N} \mathrm{I}_{\{S(\mathbf{X}_k) \leqslant \widehat{\gamma}_t\}} \ln f(\mathbf{X}_k; \mathbf{v}) \tag{12.8}$$

とし, $\widehat{\mathbf{v}}_t$ を

$$\widehat{\mathbf{v}}_t = \operatorname{diag}(\boldsymbol{\alpha})\,\widetilde{\mathbf{v}}_t + \operatorname{diag}(\mathbf{1} - \boldsymbol{\alpha})\,\widehat{\mathbf{v}}_{t-1}$$

とする.

■ 例 12.6 ((r, R) 政策最適化)

7.4.1 項の (r, R) 在庫システムについて考える (目的関数 S と混同しないように, (s, S) の代わりに記号 (r, R) を使う). システムを運用するための, 長期間にわたるコストの単位時間当たりの平均は

$$S(r, R) = c_1 R + c_2 f_{\text{neg}} + c_3 f_{\text{ord}}$$

で与えられる. ここで r と R は (r, R) 政策の上限と下限であり, f_{neg} は正味在庫が負である時間の割合, f_{ord} は (単位時間当たりの) 注文の頻度を示す.

与えられた c_1, c_2, c_3 の値に対して, S を最小化する政策定数 (r, R) を求めたい. この問題を定式化すると

$$\operatorname*{argmin}_{r, R} S(r, R)$$

制約条件 $r \geqslant 0,\ R \geqslant r$

となる.

f_{neg} と f_{ord} を解析的に計算することができず, 所与の政策 (r, R) のもとでの在庫

12.5 最適化のためのクロスエントロピー法

プロセスの実現値からこれらの値を推定する場合，これは"雑音のある"問題になる．これを解くために，時間 T の範囲までシステムのシミュレーションを行い，コストの推定値 $\widehat{S}$ を得るのに用いられる $\widehat{f}_{\text{neg}}$ と $\widehat{f}_{\text{ord}}$ を生成する．

話を限定するために，定数を $c_1 = 5$, $c_2 = 500$, $c_3 = 100$ とし，時間の範囲を $T = 1000$ 日とする．到着間隔，注文の量，準備時間の分布をそれぞれ $\text{Exp}(1/5)$, $U(0, 10)$, $U(5, 10)$ とする．

この問題を CE 法で解くときは，標本分布のパラメトリック族を指定しなければならない．簡単のため，標本は独立な要素を持つ 2 次元ガウス分布に従うランダムベクトル $\mathbf{X} = (X_1, X_2)$ とする．X_1 と X_2 の実現値を，(r, R) 政策の r と R にそれぞれ対応付ける．$r < 0$, $R < 0$, または $R < r$ である政策に対しては，$+\infty$ の罰金を課す．

以下の MATLAB の実装では，標本数を $N = 100$, 選り抜き標本の比率を $\varrho = 0.1$ とし，各反復における選り抜き標本の数を $N^e = \lceil N\varrho \rceil = 10$ としている．ひとたびガウス標本分布の標準偏差の大きいほうが $\varepsilon = 10^{-4}$ より小さくなったら，アルゴリズムは停止する．ガウス分布の初期パラメータを $\mu_0 = (100, 100)^\top$, $\Sigma_0 = \text{diag}(100^2, 100^2)$ とする．

計算結果の一例を挙げれば，最適な政策の推定値は $(r, R) = (15.56, 19.42)$ となり，平均コストの推定値は 149.6 となる．これに対応して，在庫が負である期間の割合は $\widehat{f}_{\text{neg}} = 0.0779$, 注文頻度は $\widehat{f}_{\text{ord}} = 0.1356$ となる．合理的と思える推測として，例えば $(r, R) = (10, 40)$ とすると，コストは 231.9 となり，また $\widehat{f}_{\text{neg}} = 0.0578$, $\widehat{f}_{\text{ord}} = 0.0302$ となるが，得られた解のコストはこれよりも小さくなっている．以下で利用している関数 f.m は単に 7.4.1 項からの転用であり，本書のウェブサイトから利用できる．

```
%opt_policy.m
epsilon=10^(-4);
N=100; rho=0.1; alpha=1; beta=.5; Ne=ceil(N.*rho); % パラメータ
mu=[100,100]; sig=[100,100]; muhist=mu;sighist=sig; % v の初期値
while max(sig)>epsilon
    x=repmat(mu,N,1)+repmat(sig,N,1).*randn(N,2);
    for k=1:N
      if (x(k,1)>=0)&(x(k,2)>=x(k,1))
        S(k)=f(x(k,1),x(k,2)); % 実行可能な政策に対するスコア
      else
        S(k)=inf; % 実行不可能な政策に対する罰金
      end
    end
    [S,I]=sort(S); % 性能値の整列
    mu=alpha.*mean(x(I(1:Ne),:))+(1-alpha).*mu; %平均の更新
    sig=beta.*std(x(I(1:Ne),:),1,1)+(1-beta).*sig; %標準偏差の更新
```

```
    muhist=[muhist;mu];sighist=[sighist;sig];
    [mu, sig, S(1),S(Ne)] % パラメータベクトル,最良値,最悪値の表示
end
```

12.6 その他のランダム最適化手法

ランダム最適化の手法には，ほかにもさまざまなものがあるが，ここでは以下を紹介しておく．
- **応答曲面法**（response surface method）：例えば空間内の点配置に対する実験計画法（例えば [10] を参照）などを用いて慎重に選んだ標本とスコアの組から（例えば回帰手法を用いて）目的関数のモデルを構築するという考え方である．
- **粒子群最適化**（particle swarm optimization）：群れをなす鳥などの集団行動に着想を得た集団ベースあるいはエージェントベースの発見的解法である．第 t 反復における集団を $\mathbf{X}_1^t, \ldots, \mathbf{X}_N^t$ と記す．また，$\mathbf{X}_k^1, \ldots, \mathbf{X}_k^t$ の中の最良の個体を $\mathbf{X}_k^{*t}$ とする．さらに，これまでの全反復での最良解を表す添字を G として，第 t 反復までの計算を通して生成された全個体中の最良の個体を $\mathbf{X}_G^{*t}$ と記す．

  個体の位置の更新方法は，以下のように単純である．まず，定数 $c_1, c_2 > 0$ （$c_1 = c_2 = 2$ がよく用いられる）および $U_1, U_2 \overset{\text{iid}}{\sim} \mathsf{U}(0,1)$ を用いて，"速度" (velocity) を

  $$\mathbf{V}_k^t = \mathbf{V}_k^{t-1} + c_1 U_1 \left(\mathbf{X}_k^{*(t-1)} - \mathbf{X}_k^{t-1} \right) + c_2 U_2 \left(\mathbf{X}_G^{*(t-1)} - \mathbf{X}_k^{t-1} \right)$$

  と定める．次に，各個体の位置を

  $$\mathbf{X}_k^t = \mathbf{X}_k^{t-1} + \mathbf{V}_k^t$$

  と更新する．この手法に関する初期の文献として [11] がある．
- **タブー探索法**（tabu search）：このメタ戦略手法のアイデアは，探索空間における最近の移動の軌跡を「短期メモリ」(short term memory) を構築することによって記憶し，その情報を次の反復において移動が許容される候補のリストを構築するのに利用するというものである．そのような移動候補には，通常，特定の属性を禁止する（タブーに指定する）ことによって，可能なすべての移動候補に制限をかけたものを用いる．これにより，探索空間を大域的に調べる効果を狙う．この手法の解説については [9] を参照せよ．

モンテカルロ法の考え方を既存の手法に組み込むことも可能である．例えば準モンテカルロ (quasi Monte Carlo) 法の最適化への利用 [28] や，期待値最大化法 (expectation-maximization algorithm; EM algorithm) (☞ p.749) のモンテカルロ版（例えば期待値ステップを確率的なものに置き換えた手法 [29]）などである．

さらに学習するために

シミュレーションに基づく最適化法を概観するには，[2], [10] を参照せよ．確率近似の初期の研究には [12], [21] がある．収束性の証明は [5], [14] にある．[17] も参照せよ．よりロバストなアルゴリズムに関する研究も進んでいる [19]．確率的同等法についてより詳しくは [8], [23] を参照せよ．シミュレーテッドアニーリングについては [1], [13] を，また，適応的冷却スケジュールについては [27] を参照せよ．[3], [4], [6], [18] にはさまざまな進化的アルゴリズムが紹介されている．その中でも特に微分進化については [20] を，分布推定アルゴリズムについては [16] を参照せよ．[24] にはクロスエントロピー法の詳細や応用に関する情報がある．これに密接に関連する話題として，確率コレクティブの理論（probability collectives theory）[*2]がある [30], [31]．最後に，メタ戦略の中でも比較的新しい集団ベースの手法として，音楽に着想を得た"ハーモニーサーチ"（harmony search）を挙げておく [7]．

文　献

1) E. Aarts and J. Korst. *Simulated Annealing and Boltzmann Machines: A Stochastic Approach to Combinatorial Optimization and Neural Computers.* John Wiley & Sons, New York, 1989.
2) S. Andradóttir. A review of simulation optimization techniques. In D. J. Medeiros, E. F. Watson, J. S. Carson, and M. S. Manivannan, editors, *Proceedings of the 1998 Winter Simulation Conference, Washington, DC*, pages 151–158, 1998.
3) T. Bäck, D. B. Fogel, and Z. Michalewicz, editors. *Evolutionary Computation 1: Basic Algorithms and Operators.* Institute of Physics Publishing, Bristol, 2000.
4) T. Bäck, D. B. Fogel, and Z. Michalewicz, editors. *Evolutionary Computation 2: Advanced Algorithms and Operators.* Institute of Physics Publishing, Bristol, 2000.
5) H.-F. Chen. *Stochastic Approximation and Its Applications.* Kluwer Academic Publishers, Dordrecht, 2002.
6) D. Dumitrescu, B. Lazzerini, L. C. Jain, and A. Dumitrescu, editors. *Evolutionary Computation.* CRC Press, Boca Raton, FL, 2000.
7) Z. W. Geem, J. H. Kim, and G. V. Loganathan. A new heuristic optimization algorithm: Harmony search. *Simulation*, 76(2):60–68, 2001.

[*2] 【訳注】「ランダムな系列」を抽象化したコレクティブという概念を基礎に置く確率理論．von Mises により提唱された．

8) C. J. Geyer and E. A. Thompson. Annealing Markov chain Monte-Carlo with applications to ancestral inference. *Journal of the American Statistical Association*, 90(431):909–920, 1995.
9) F. Glover. Tabu search: A tutorial. *Interfaces*, 20(4):74–94, 1990.
10) A. Gosavi. *Simulation-Based Optimization: Parametric Optimization Techniques and Reinforcement Learning*. Kluwer Academic Publishers, Boston, 2003.
11) J. Kennedy and R. Eberhart. Particle swarm optimization. In *Proceedings of the 1995 IEEE International Conference on Neural Networks*, volume 4, pages 1942–1948, 1995.
12) J. Kiefer and J. Wolfowitz. Stochastic estimation of the maximum of a regression function. *The Annals of Mathematical Statistics*, 23(3):462–466, 1952.
13) S. Kirkpatrick, C. D. Gelatt, and M. P. Vecchi. Optimization by simulated annealing. *Science*, 220(4598):671–680, 1983.
14) H. J. Kushner and G. G. Yin. *Stochastic Approximation and Recursive Algorithms and Applications*. Springer-Verlag, New York, second edition, 2003.
15) T. L. Lai. Stochastic approximation. *The Annals of Statistics*, 31(2):391–406, 2003.
16) P. Larrañaga and J. A. Lozano, editors. *Estimation of Distribution Algorithms: A New Tool for Evolutionary Computation*. Kluwer Academic Publishers, Boston, 2002.
17) P. L'Ecuyer and G. Yin. Budget-dependent convergence rate for stochastic approximation. *SIAM Journal on Optimization*, 8(1):217–247, 1989.
18) Z. Michalewicz. *Genetic Algorithms + Data Structures = Evolution Programs*. Springer-Verlag, Berlin, third edition, 1996.
19) A. Nemirovski, A. Juditsky, G. Lan, and A. Shapiro. Robust stochastic approximation approach to stochastic programming. *SIAM Journal on Optimization*, 19(4):1574–1609, 2009.
20) K. V. Price, R. M. Storn, and J. A. Lampinen. *Differential Evolution: A Practical Approach to Global Optimization*. Springer-Verlag, Berlin, 2005.
21) H. Robbins and S. Monro. A stochastic approximation method. *The Annals of Mathematical Statistics*, 22(3):400–407, 1951.
22) S. Rubenthaler, T. Rydén, and M. Wiktorsson. Fast simulated annealing in $\mathbb{R}^d$ with an application to maximum likelihood estimation in state-space models. *Stochastic Processes and Their Applications*, 119(6):1912–1931, 2009.
23) R. Y. Rubinstein. *Some Problems in Monte Carlo Optimization*. PhD thesis, University of Riga, Latvia, 1969. In Russian.
24) R. Y. Rubinstein and D. P. Kroese. *The Cross-Entropy Method: A Unified Approach to Combinatorial Optimization, Monte-Carlo Simulation, and Machine Learning*. Springer-Verlag, New York, 2004.
25) A. Shapiro, D. Dentcheva, and A. Ruszczyński. *Lectures on Stochastic Programming: Modeling and Theory*. SIAM, Philadelphia, 2009.
26) Y. Shen. *Annealing Adaptive Search with Hit-and-Run Sampling Methods for Stochastic Global Optimization Algorithms*. PhD thesis, University of Washing-

ton, 2005.
27) Y. Shen, S. Kiatsupaibul, Z. B. Zabinsky, and R. L. Smith. An analytically derived cooling schedule for simulated annealing. *Journal of Global Optimization*, 38(2):333–365, 2007.
28) Y. Wang and K.-T. Fang. Number theoretic method in applied statistics. *Chinese Annals of Mathematics, Series B*, 11(1):51–65, 1990.
29) G. C. G. Wei and M. A. Tanner. A Monte Carlo implementation of the EM algorithm and the poor man's data augmentation algorithms. *Journal of the American Statistical Association*, 85(411):699–704, 1990.
30) D. H. Wolpert. Finding bounded rational equilibria part I: Iterative focusing. In T. Vincent, editor, *Proceedings of the Eleventh International Symposium on Dynamic Games and Applications*, Tucson, Arizona, 2004.
31) D. H. Wolpert. Finding bounded rational equilibria part II: Alternative Lagrangians and uncountable move spaces. In T. Vincent, editor, *Proceedings of the Eleventh International Symposium on Dynamic Games and Applications*, Tucson, Arizona, 2004.

13

クロスエントロピー法

クロスエントロピー法は，簡単で効率的なシミュレーション手段を設計するための系統的な方法を提供する．本章では，以下の方法について説明する．
1) 重点抽出（importance sampling）法（9.7.3 項も参照）
2) 稀少事象（rare-event）シミュレーション（10.5 節も参照）
3) 離散問題，連続問題，雑音のある問題を例とした最適化（12.5 節も参照）

13.1 クロスエントロピー法

クロスエントロピー法 (cross-entropy (CE) method) は，複雑な推定問題および最適化問題を解決するための汎用的なモンテカルロ技法である．この方法は，Rubinstein が，自身が研究した稀少事象確率を推定するための分散減少法 [41] をさらに拡張したものであり，[42], [43] に発表された．

CE 法は，以下の 2 つのタイプの問題に適用することができる．
1) **推定**：$\ell = \mathbb{E}H(\mathbf{X})$ を推定する．ここで，$\mathbf{X}$ はある集合 $\mathscr{X}$ の値をとる確率変数あるいは確率ベクトルで，H は $\mathscr{X}$ 上の関数である．特に重要なのは，確率 $\ell = \mathbb{P}(S(\mathbf{X}) \geqslant \gamma)$ を推定する場合である．ここで，S は $\mathscr{X}$ 上の別の関数である．
2) **最適化**：すべての $\mathbf{x} \in \mathscr{X}$ にわたって $S(\mathbf{x})$ を最大化，あるいは最小化する．ここで，S は $\mathscr{X}$ 上の目的関数である．S は既知の，あるいは雑音のある関数である．後者では目的関数を，例えばシミュレーションによって推定する必要がある．

13.2 節で扱う推定の場合，CE 法は，2 つの標本分布の近さの尺度として CE または Kullback–Leibler ダイバージェンスを用いた適応的重点抽出法と見ることができる．13.3 節で扱う最適化の場合，まず最適化問題は稀少事象推定問題に変換され，その後推定のための CE 法が最適解を探索する適合的アルゴリズムとして利用される．

13.2 推定のためのクロスエントロピー法

次式の ℓ を推定しよう.

$$\ell = \mathbb{E}_f H(\mathbf{X}) = \int H(\mathbf{x}) f(\mathbf{x}) \, d\mathbf{x} \tag{13.1}$$

ここで, H は標本性能関数であり, f は確率ベクトル $\mathbf{X}$ の確率密度である. 表記の便宜上, $\mathbf{X}$ は連続とする. $\mathbf{X}$ が離散の場合は, 式 (13.1) の積分を総和に変更すればよい. いま g を, $g(\mathbf{x}) = 0$ を満たす任意の $\mathbf{x}$ において $H(\mathbf{x})f(\mathbf{x}) = 0$ となるような, f とは異なる確率密度とする. このとき, ℓ は次式で表現できる.

$$\ell = \int H(\mathbf{x}) \frac{f(\mathbf{x})}{g(\mathbf{x})} g(\mathbf{x}) \, d\mathbf{x} = \mathbb{E}_g H(\mathbf{X}) \frac{f(\mathbf{X})}{g(\mathbf{X})} \tag{13.2}$$

したがって, $\mathbf{X}_1, \ldots, \mathbf{X}_N$ が独立同分布 g に従う確率ベクトルであれば, 次式で表される $\widehat{\ell}$ は, ℓ の不偏 "重点抽出" (☞ p.376) 推定量になる.

$$\widehat{\ell} = \frac{1}{N} \sum_{k=1}^{N} H(\mathbf{X}_k) \frac{f(\mathbf{X}_k)}{g(\mathbf{X}_k)} \tag{13.3}$$

また, 最適な (分散を最小にする) 重点抽出密度は, 次式で与えられる (例えば, [47, p.132] を参照).

$$g^*(\mathbf{x}) \propto |H(\mathbf{x})| f(\mathbf{x}) \tag{13.4}$$

ただし, 式 (13.4) の正規化定数は未知である. CE 法の狙いは, 最適重点抽出密度 g^* と重点抽出密度 g の "Kullback–Leibler ダイバージェンス" (式 (9.29) を参照) が最小になるように, ある特定の密度のクラス $\mathscr{G}$ の中から g を選択することである. すなわち, 次式を最小にする $g \in \mathscr{G}$ を見つける.

$$\mathcal{D}(g^*, g) = \mathbb{E}_{g^*} \left[\ln \frac{g^*(\mathbf{X})}{g(\mathbf{X})} \right] \tag{13.5}$$

興味深い問題の多くは, 標本性能関数 H が非負で, 名目上の確率密度 f が有限次元ベクトル $\mathbf{u}$ をパラメータとして含んでいる, すなわち $f(\mathbf{x}) = f(\mathbf{x}; \mathbf{u})$ と表現できる場合である. このとき, 重点抽出密度 g は, f と "同じ" 確率密度の族から選択するのが普通である. したがって, ある**参照パラメータ** (reference parameter) $\mathbf{v}$ に対し, $g(\mathbf{x}) = f(\mathbf{x}; \mathbf{v})$ とおける. この結果, CE 最小化の手続きは, 最適参照パラメータ (例えば $\mathbf{v}^*$ とする) を CE 最小化

$$\mathbf{v}^* = \operatorname*{argmax}_{\mathbf{v}} \int H(\mathbf{x}) f(\mathbf{x}; \mathbf{u}) \ln f(\mathbf{x}; \mathbf{v}) \, d\mathbf{x} \tag{13.6}$$

によって見つけることに帰着し, さらにこの $\mathbf{v}^*$ は確率的同等法 (stochastic counterpart program) (☞ p.465)

$$\max_{\mathbf{v}} \frac{1}{N} \sum_{k=1}^{N} H(\mathbf{X}_k) \frac{f(\mathbf{X}_k; \mathbf{u})}{f(\mathbf{X}_k; \mathbf{w})} \ln f(\mathbf{X}_k; \mathbf{v}) \tag{13.7}$$

をシミュレーションを使って解くことにより，推定できる．ここで，$\mathbf{X}_1, \ldots, \mathbf{X}_N$ は任意の参照パラメータ $\mathbf{w}$ に対し，独立同分布 $f(\cdot; \mathbf{w})$ に従う．式 (13.7) の最大化問題は，特に標本分布のクラスが指数型分布族である場合，"解析的に"解けることが多い（[47, pp.319–320] を参照）．また，パラメータに対する最尤推定量（☞p.701）の陽表現が得られるときは，必ず式 (13.7) の解の陽表現を得ることができる（[15, p.36] を参照）．

式 (13.1) の ℓ は，ある性能評価関数 S とレベル γ に対し，$\mathbb{P}(S(\mathbf{X}) \geqslant \gamma)$ の形式をとることが多い．このとき，$H(\mathbf{x})$ は指示関数 $H(\mathbf{x}) = I_{\{S(\mathbf{X}) \geqslant \gamma\}}$ の形をとり，式 (13.7) は以下のようになる．

$$\max_{\mathbf{v}} \frac{1}{N} \sum_{\mathbf{X}_k \in \mathscr{E}} \frac{f(\mathbf{X}_k; \mathbf{u})}{f(\mathbf{X}_k; \mathbf{w})} \ln f(\mathbf{X}_k; \mathbf{v}) \tag{13.8}$$

ここで，$\mathscr{E}$ は標本の**選り抜き**（elite）集合，すなわち $S(\mathbf{X}_k) \geqslant \gamma$ となるような $\mathbf{X}_k$ の集合である．

式 (13.8) を解くことが複雑になるのは，ℓ が稀少事象確率，すなわち非常に小さい確率（例えば 10^{-4} 未満）のときである．このとき，中程度の標本の大きさ N に対して，式 (13.7) のほとんどすべての $H(\mathbf{X}_k)$ 値は 0 となり，最大化問題は意味を持たない．この困難を克服するために，以下のような "多レベル" CE 法（multilevel CE procedure）が用いられる（[47, p.238] を参照）．

アルゴリズム 13.1（$\mathbb{P}(S(\mathbf{X}) \geqslant \gamma)$ を推定する多レベル CE アルゴリズム）

1. $\widehat{\mathbf{v}}_0 = \mathbf{u}$ と定義する．$N^e = \lceil \varrho N \rceil$ とおき，$t = 1$ に設定する（反復回数カウンタ）．
2. 独立同分布 $f(\cdot; \widehat{\mathbf{v}}_{t-1})$ に従う $\mathbf{X}_1, \ldots, \mathbf{X}_N$ を生成する．すべての i について性能評価値 $S(\mathbf{X}_i)$ を計算し，小さい順に並べ替える：$S_{(1)} \leqslant \cdots \leqslant S_{(N)}$．$\widehat{\gamma}_t$ を性能の標本の $(1-\varrho)$ 分位点とする：$\widehat{\gamma}_t = S_{(N-N^e+1)}$．もし $\widehat{\gamma}_t > \gamma$ ならば，$\widehat{\gamma}_t$ を γ にリセットする．
3. 同じ標本 $\mathbf{X}_1, \ldots, \mathbf{X}_N$ を用いて，$\mathbf{w} = \widehat{\mathbf{v}}_{t-1}$ のもとで確率計画 (13.8) を解く．その解を $\widehat{\mathbf{v}}_t$ と表す．
4. $\widehat{\gamma}_t < \gamma$ ならば，カウンタを $t = t+1$ に設定し，Step 2 から繰り返す．そうでなければ，Step 5 に進む．
5. 最終反復回数カウンタの値を T とする．独立同分布 $f(\cdot; \widehat{\mathbf{v}}_T)$ に従う $\mathbf{X}_1, \ldots, \mathbf{X}_{N_1}$ を生成し，式 (13.3) のように重点抽出を用いて ℓ を推定する．

このアルゴリズムでは，標本確率密度の族 $\{f(\cdot; \mathbf{v}), \mathbf{v} \in \mathscr{V}\}$，標本の大きさ N と N_1，稀少性パラメータ ϱ（通常 0.01 から 0.1）を特定する必要がある．通常，標本の

大きさの値は $N = 10^3$ および $N_1 = 10^5$ とする．アルゴリズム 13.1 の確定的バージョンは，ϱ を十分小さく選べば，ある技術的条件のもとで，レベル γ に達することが保証されている [46, Section 3.5]．

■ 例 13.1（稀少事象確率の推定）

$\ell = \mathbb{P}(\min\{X_1, \ldots, X_n\} \geqslant \gamma)$ を推定する問題を考える．X_k, $k = 1, \ldots, n$ は独立で，ベータ関数 $\mathsf{Beta}(u_k/(1-u_k), 1)$ に従うものとする．このパラメータ設定では，$\mathbb{E}X_k = u_k$ であること，しかし $\{u_k\}$ が等しいことは仮定されていないことに注意する．しかし，一例として $u_1 = \cdots = u_n = 1/2$ とすると，$X_1, \ldots, X_n$ は独立同分布 $\mathsf{U}(0,1)$ に従い，$\ell = (1-\gamma)^n$ となる．特に $n = 5$, $\gamma = 0.999$ とすると，$\ell = 10^{-15}$ となる．

以上のようにパラメータを設定した問題において，稀少性パラメータを $\varrho = 0.1$，標本の大きさを $N = 10^3$，$N_1 = 10^6$ としたときのアルゴリズム 13.1 の 1 つの結果を表 13.1 に示す．

表 13.1 多レベル CE のパラメータベクトルの標準的な収束．

t	$\widehat{\gamma}_t$	$\widehat{\mathbf{v}}_t$				
0	-	0.5	0.5	0.5	0.5	0.5
1	0.60117	0.79938	0.80341	0.79699	0.79992	0.80048
2	0.88164	0.93913	0.94094	0.94190	0.94138	0.94065
3	0.96869	0.98423	0.98429	0.98446	0.98383	0.98432
4	0.99184	0.99586	0.99588	0.99590	0.99601	0.99590
5	0.99791	0.99896	0.99895	0.99893	0.99897	0.99896
6	0.999	0.99950	0.99949	0.99949	0.99950	0.99950

この結果，最終的な推定値は $\widehat{\ell} = 1.0035 \times 10^{-15}$ となり，推定相対誤差は 0.003 であった．

この例では，式 (13.6) から厳密な CE 最適パラメータを計算することができる．$u_1 = \cdots = u_n = 1/2$ と独立性から，最適パラメータベクトルの各成分は

$$v^* = \operatorname*{argmax}_{v \in (0,1)} \int_\gamma^1 \ln\left(\left(\frac{v}{1-v}\right) x^{(v/(1-v)-1)}\right) \mathrm{d}x$$

を解くことによって求められ，その解は

$$v^* = \frac{1-\gamma}{2(1-\gamma) + \gamma \ln \gamma}$$

となる．$\gamma = 0.999$ の場合，この式は有効数字 5 桁で $v^* = 0.99950$ となり，表 13.1 にある多レベルアルゴリズムによる結果と一致する．この例の MATLAB のコードを以下に示す．

```
%CEest.m
f='minbeta'; % 性能評価関数名
```

```
gam=0.999; % パラメータの要求水準
n=5;   % 問題の次元
N=10^5; % 標本の大きさ
rho=0.01;
N1=10^6; % 標本の大きさの最終見積もり
N_el=round(N*rho);   % 選り抜き集合の標本の大きさ
u=0.5.*ones(1,n); % Beta(u/(1-u),1) の名目参照パラメータ
v=u; gt=-inf;  % v と gamma の初期化
maxits=10^5; % maxits を超えた場合に停止する安全装置
it=0; tic
while (gt<gam)&(it<maxits)
  it=it+1;
  % X の生成と評価
  X=rand(N,n).^(1./repmat(v./(1-v),N,1)); % Beta(v/(1-v),1)
  S=feval(f,X); [U,I]=sort(S);   % 評価と並べ替え
  % Gamma_t の更新
  gt=U(N-N_el+1);
  if gt>gam, gt=gam; N_el=N-find(U>=gam,1)+1; end
  Y=X(I(N-N_el+1:N),:);
  % 尤度比の計算と v の更新
  W=prod(repmat((u./(1-u))./(v./(1-v)),N_el,1).*...
      Y.^(repmat((u./(1-u))-(v./(1-v)),N_el,1)),2);
  v=sum(repmat(W,1,n).*Y)./sum(repmat(W,1,n));
  [gt,v]  % gamma と v の表示
end
% 最終推定ステップ
X1=rand(N1,n).^(1./repmat(v./(1-v),N1,1));
S1=feval(f,X1);
W1=prod(repmat((u./(1-u))./(v./(1-v)),N1,1).*...
    X1.^(repmat((u./(1-u))-(v./(1-v)),N1,1)),2);
H1=(S1>=gam);
ell=mean(W1.*H1);
re=sqrt((mean((W1.*H1).^2)/(ell^2))-1)/sqrt(N1);
% 最終結果の表示
time=toc; disp(time), disp(v), disp(ell), disp(re)
ell_true=(1-gam)^n;disp(ell_true) % 正確な量を表示
```

```
function out=minbeta(X)
out=min(X,[],2);
```

標本を g^* から直接抽出し，与えられたパラメータの族から最尤推定法によって CE 最適パラメータを決定するのが理想的なシミュレーションであるが，ここで紹介した多レベルアプローチは，それに代わる現実的な代替手段である．10.5 節と，g^* か

ら近似的に標本を抽出するために MCMC を用いる類似のアルゴリズム 10.8 を参照
せよ.

13.3 最適化のためのクロスエントロピー法

$\mathscr{X}$ 上の実数値性能評価関数を S とする. いま, $\mathscr{X}$ 上で S の最大値を求めること
とし, 最大値を実現する状態を $\mathbf{x}^*$ とする (簡単のため, このような状態は 1 つしか
ないものとする). この最大値を γ^* で表すと, 次式を得る.

$$S(\mathbf{x}^*) = \gamma^* = \max_{\mathbf{x} \in \mathscr{X}} S(\mathbf{x}) \tag{13.9}$$

この定式化は, 離散 (組合せ), 連続, 混合, 制約付きなど, さまざまな種類の最適化
問題を含んでいる (☞ p.712). S を最大化ではなく, 最小化したい場合は, 単に $-S$
を最大化すればよい.

上記の問題を, 確率 $\ell = \mathbb{P}(S(\mathbf{X}) \geqslant \gamma)$ を推定する問題に関連付けよう. $\mathbf{X}$ は $\mathscr{X}$
上のある確率密度関数 $f(\mathbf{x}; \mathbf{u})$ (例えば, $\mathscr{X}$ 上の一様分布) に従い, γ はあるレベルで
ある. γ が未知の γ^* に近い値に選ばれると, ℓ は典型的な稀少事象確率となり, 13.2
節で紹介した CE 法によって, その定義域が点 $\mathbf{x}^*$ の付近に集中する理論的に最適な
重点抽出密度に近い重点抽出密度を見つけることができる. したがって, このような
分布から標本を抽出することにより, 最適, あるいはほとんど最適な状態を生成する
ことができる. 稀少事象シミュレーションに対する CE 法との主な違いは, 最適化の
場合では最終的なレベル $\gamma = \gamma^*$ が事前にわからない点である. 最適化に対する CE
法では, レベル $\{\widehat{\gamma}^*_t\}$ が最適な γ^* に近づくように, また参照パラメータ $\{\widehat{\mathbf{v}}_t\}$ が $\mathbf{x}^*$
の値だけをとる 1 点分布に対応する最適参照ベクトル $\mathbf{v}^*$ に近づくように, $\{\widehat{\gamma}^*_t\}$ と
$\{\widehat{\mathbf{v}}_t\}$ の列を生成する (例えば, [47, p.251] を参照).

標本確率密度 $\{f(\cdot; \mathbf{v}), \mathbf{v} \in \mathscr{V}\}$ のクラスと, 標本の大きさ N, 稀少性パラメータ ϱ
が与えられると, 最適化のための CE アルゴリズムは以下のようになる.

アルゴリズム 13.2 (最適化のための CE アルゴリズム)

1. 初期パラメータベクトル $\widehat{\mathbf{v}}_0$ を選ぶ. $N^e = \lceil \varrho N \rceil$ とおき, レベルカウンタを
   $t = 1$ に設定する.
2. 独立同分布 $f(\cdot; \widehat{\mathbf{v}}_{t-1})$ に従う $\mathbf{X}_1, \ldots, \mathbf{X}_N$ を生成する. すべての i について
   性能評価値 $S(\mathbf{X}_i)$ を計算し, 小さい順に並べ替える: $S_{(1)} \leqslant \cdots \leqslant S_{(N)}$. $\widehat{\gamma}_t$
   を性能の標本 $(1-\varrho)$ 分位点とする: $\widehat{\gamma}_t = S_{(N-N^e+1)}$.
3. 同じ標本 $\mathbf{X}_1, \ldots, \mathbf{X}_N$ を用いて, 標本の選り抜き集合 $\mathscr{E}_t = \{\mathbf{X}_k : S(X_k) \geqslant \widehat{\gamma}_t\}$ を決定し, 確率計画

$$\max_{\mathbf{v}} \sum_{\mathbf{X}_k \in \mathscr{E}_t} \ln f(\mathbf{X}_k; \mathbf{v}) \tag{13.10}$$

を解く. その解を $\widehat{\mathbf{v}}_t$ と表す.

4. 停止条件を満たしていれば終了する．そうでなければ，$t = t + 1$ と設定し，Step 2 に戻る．

したがって，最適化のための CE アルゴリズムには，以下の 2 つの主要な反復フェーズが含まれている．
　1) 探索空間 $\mathscr{X}$（軌道，ベクトルなど）のオブジェクトのある特定の確率分布に従う独立標本を**生成**（generate）する．
　2) 性能の良いものから順に N^e 個の標本（選り抜き標本）を用い，CE 最小化によって上記の確率分布のパラメータを**更新**（update）する．

アルゴリズム 13.1 とアルゴリズム 13.2 には，次の 2 つの重要な違いがある．(1) 最適化のアルゴリズムには，Step 5 が存在しない．(2) 最適化アルゴリズムの式 (13.10) には，式 (13.7) にある尤度比の項 $f(\mathbf{X}_k; \mathbf{u})/f(\mathbf{X}_k; \widehat{\mathbf{v}}_{t-1})$ が存在しない．

パラメータベクトル $\widehat{\mathbf{v}}_t$ を更新するとき，次式に従う平滑化した更新規則がよく用いられる．

$$\widehat{\mathbf{v}}_t = \mathrm{diag}(\boldsymbol{\alpha})\,\widetilde{\mathbf{v}}_t + \mathrm{diag}(\mathbf{1} - \boldsymbol{\alpha})\,\widehat{\mathbf{v}}_{t-1} \tag{13.11}$$

ここで，$\widetilde{\mathbf{v}}_t$ は式 (13.10) の解であり，$\boldsymbol{\alpha}$ は各成分が [0,1] の範囲にある**平滑化パラメータ**（smoothing parameter）ベクトルである．このほかの改良版も多数あり，文献 [27], [46], [47] や参考文献リストの中から見つけることができる．2 つ以上の最適解が存在するとき，CE アルゴリズムは最適解のうちの 1 つの解に落ち着く前に，解の間を「振動する」のが普通である．平滑化の収束に関する効用については，[13] が詳しい．特に，CE 法は適切な平滑化を行うと，1 にいくらでも近い確率で収束し，最適解を求められることが示されている．また，このための必要十分条件も与えられている．他の収束に関する結果は [33] にある．

13.3.1　組合せ最適化

状態空間 $\mathscr{X}$ が有限であるとき，最適化問題 (13.9) は通常，**離散最適化**（discrete optimization）あるいは**組合せ最適化**（combinatorial optimization）問題と呼ばれる．例えば，$\mathscr{X}$ は 2 値ベクトル，木，グラフにおけるパスなどの組合せオブジェクトの空間である．CE 法を適用するためには，$\mathscr{X}$ のオブジェクトを生成するのに便利なパラメータを含む無作為な方法を特定する必要がある．例えば，$\mathscr{X}$ が長さ n の 2 値ベクトルの集合であるとき，1 つの簡単な生成方法は，ベルヌーイ分布から独立に各成分を決める方法である．すなわち，$\mathbf{X} = (X_1, \ldots, X_n)$ において，$X_i \sim \mathrm{Ber}(p_i)$，$i = 1, \ldots, n$ とする．サイズ N^e の選り抜き標本集合 $\mathscr{E}$ が与えられると，更新の公式は次式となる [15, p.56]．

$$\widehat{p}_i = \frac{\sum_{\mathbf{X} \in \mathscr{E}} X_i}{N^e}, \quad i = 1, \ldots, n \tag{13.12}$$

組合せ最適化問題の停止規則として，全体の最適目的値がある一定回数の繰り返しで

変化しなくなったときに停止するというものが考えられる．あるいは，標本分布が十分に「退化」したときに停止することもできる．具体的には，式 (13.12) のベルヌーイ分布の場合，すべての $\{\widehat{p}_i\}$ の 0 または 1 からの距離が，ある微小距離 $\varepsilon > 0$ 未満になったとき停止する．

■ 例 13.2（充足可能性問題）

CE 最適化アルゴリズム 13.2 を，例 12.4 で扱った充足可能性問題（satisfiability problem; SAT）に適用した例を紹介する．充足可能性問題の詳細は C.3.1 項を参照せよ．

ここでは，標本確率密度関数 g を以下の式とする．

$$g(\mathbf{x}) = \prod_{i=1}^{n} p_i^{x_i}(1-p_i)^{1-x_i}$$

このとき，$\mathbf{x}$ の i 番目の成分は，他の成分とは独立にベルヌーイ分布 $\mathrm{Ber}(p_i)$ に従うように生成される．

ベルヌーイ確率は式 (13.12) を使って更新される．反復 t において選り抜き標本集合 $\mathscr{E}$ は，性能の良いものから順に選んだ割合 ϱ の標本であり，この場合は最も多くの節を充足するほうから選んだ割合 ϱ の標本となる．

反復 t における式 (13.12) の解を $\widehat{\mathbf{p}}_t = (\widehat{p}_{t1}, \ldots, \widehat{p}_{tn})$ と書くと，$\widehat{\mathbf{p}}_0, \widehat{\mathbf{p}}_1, \ldots$ が充足可能性問題の解の 1 つに収束することが狙いとなる．

ここでは，1 回の反復ごとに $N^{\mathrm{e}} = 10^3$ の選り抜き標本を与えることとし，標本の大きさ $N = 10^4$，稀少性パラメータ $\varrho = 0.1$ のアルゴリズムを実行した．初期値は $\widehat{\mathbf{p}}_0 = (0.5, \ldots, 0.5)$ とし，平滑化パラメータは $\alpha = 0.5$ で一定とした．最後に，このアルゴリズムは，10^3 回の反復後か，ベクトル $\mathbf{p}_t$ が "退化" したとき，すなわちすべての成分 $\widehat{p}_{tk}$ が 0 または 1 から $\varepsilon = 10^{-3}$ 以下の範囲に入ったとき，停止する．

図 13.1 に，問題 F34-5-23-31 の選り抜き標本のうちの最も良い標本と最も悪い標本のスコアを描く．2 進コード化した遺伝アルゴリズムを用いた例 12.4 と同様に，最良解は 361 節中 359 節しか充足しないことがわかった．

基本的なアルゴリズムを実装した MATLAB のコードを以下に示す．N 個の試行ベクトルを受け取り，それぞれが充足する節の数を計算する効率的な関数 sC.m の存在を，このコードは前提としている．以下のコードで実装している sC.m は，本書のウェブサイトから利用できる．

```
%CESAT.m
% 疎行列 A が作業記憶装置に読み込まれていると仮定
[m,n]=size(A); % 問題の次元
maxits=10^3; epsilon=1e-3;
N=10^4; rho=0.1; Ne=ceil(rho*N);
alpha=0.7; % 平滑パラメータ
```

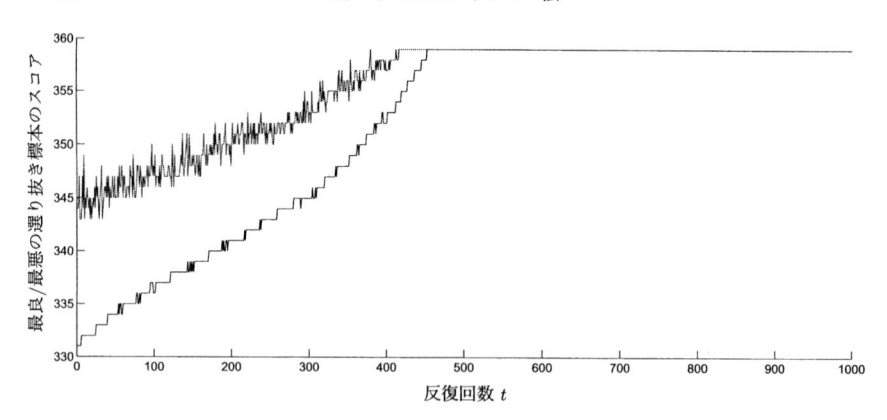

図 13.1 問題 F34-5-23-31 に対してアルゴリズム 13.2 を用いた場合の最良および最悪の選り抜き標本例.

```
p = 0.5*ones(1,n); it=0; best=-inf; xbest=[];
Smaxhist=zeros(1,maxits); % 履歴メモリの割り付け
Sminhist=zeros(1,maxits);
while (max(min(p,1-p)) > epsilon) && (it < maxits) && (best<m)
  it = it + 1;
  x = double((rand(N,n) < repmat(p,N,1)));
  SX = sC(A,x);
  [sortSX,iX] = sortrows([x SX],n+1);
  indices=iX(N- Ne + 1:N);
  if sortSX(N,n+1)>best
    best=sortSX(N,n+1); xbest=sortSX(N,1:n);
  end
  Smaxhist(it)=sortSX(N,n+1);Sminhist(it)=sortSX(N-Ne+1,n+1);
  p=alpha.*mean(sortSX(indices,1:n))+(1-alpha).*p;
  disp([it,sortSX(N,n+1),sortSX(N-Ne+1,n+1),p])
end
disp([best xbest])
figure,plot((1:1:it),Smaxhist,'r-',(1:1:it),Sminhist,'k-')
```

13.3.2 連 続 最 適 化

CE アルゴリズムは,特に $\mathscr{X} = \mathbb{R}^n$ のとき,連続最適化問題にも適用することができる. $\mathbb{R}^n$ 上の標本分布はまったく任意でよく,最適化関数と関連している必要もない.

確率ベクトル $\mathbf{X} = (X_1, \ldots, X_n) \in \mathbb{R}^n$ の生成は,通常 2 つのパラメータを持つ分布から独立に各座標成分を抽出することによって達成される.ほとんどの適用例では,

各成分に正規（ガウス）分布が用いられる．したがって，**X** に対する標本分布は，平均のベクトル $\boldsymbol{\mu}$ と標準偏差のベクトル $\boldsymbol{\sigma}$ によって特徴付けられる．CE アルゴリズムの各反復において，これらのパラメータベクトルは，単に選り抜き集合の要素の標本平均と標本標準偏差のベクトルに更新される（例えば [27] を参照）．アルゴリズムの進行中，平均ベクトルの列は最適解 $\mathbf{x}^*$ に近づき，標準偏差のベクトルは零ベクトルに近づくことが理想的である．端的に言えば，点 $\mathbf{x}^*$ の付近にすべてが集中する退化した確率密度が求められるとよい．また，現実的な停止条件は，すべての標準偏差がある ε より小さくなったときに停止することである．以上のような方策は，**正規更新** (normal updating) と呼ばれている．

以下では，CE を制約のない連続最適化問題，制約付きの連続最適化問題，雑音のある連続最適化問題に適用した例を示す．それぞれの場合において，正規更新を用いる．

■ 例 13.3（多峰関数の最大化）

以下に示す MATLAB の多峰関数の最大化問題を考える．

$$S(\mathbf{x}) = 3(1-x_1)^2 e^{-x_1^2-(x_2+1)^2} - 10\left(\frac{x_1}{5} - x_1^3 - x_2^5\right)e^{-x_1^2-x_2^2}$$
$$-\frac{1}{3}e^{-(x_1+1)^2-x_2^2}$$

この関数は，3 つの極大値と 3 つの極小値を持ち，大域的最大値は $\mathbf{x}^* \approx (-0.0093, 1.58)$ において $\gamma^* = S(\mathbf{x}^*) \approx 8.1$ である．

正規更新においては $\boldsymbol{\mu}$ の初期値の設定は重要ではないので，適当に $\boldsymbol{\mu} = (-3, -3)$ とする．しかし，初期標準偏差は，興味のある領域から最初は「一様な」標本を抽出できるように，十分大きく設定しなければならない．したがって，$\boldsymbol{\sigma} = (10, 10)$ とする．標本分布のすべての標準偏差がある小数，例えば $\varepsilon = 10^{-5}$ 未満になったとき，CE アルゴリズムを停止する．図 13.2 に標本分布の平均の 1 つの推移例を示す．

CE アルゴリズム 13.2 を実装した MATLAB のコードを以下に示す．多峰関数は，別のファイル S.m に保存されている．

```
%peaks\simplepeaks.m
n = 2;                              % 次元
mu = [-3,-3]; sigma = 3*ones(1,n); N = 100; eps = 1E-5; rho=0.1;
while max(sigma) > eps
   X = randn(N,n)*diag(sigma)+ mu(ones(N,1),:);
   SX= S(X);                        % 性能の計算
   sortSX = sortrows([X, SX],n+1);
   Elite = sortSX((1-rho)*N:N,1:n); % 選り抜き標本
   mu = mean(Elite,1);              % 行の標本平均
   sigma = std(Elite,1);            % 行の標本標準偏差
   [S(mu),mu,max(sigma)]            % 結果の出力
end
```

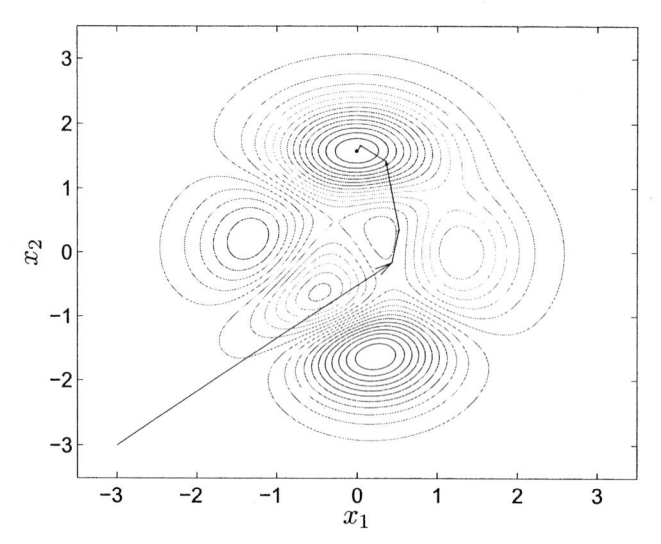

図 13.2　多峰関数に対する正規更新による平均値ベクトルの代表的推移.

```
function out = S(X)
out =  3*(1-X(:,1)).^2.*exp(-X(:,1).^2 - (X(:,2)+1).^2) ...
 - 10*(X(:,1)/5 - X(:,1).^3 - X(:,2).^5) ...
 .*exp(-X(:,1).^2-X(:,2).^2) - 1/3*exp(-(X(:,1)+1).^2 - X(:,2).^2);
```

13.3.3　制約付き最大化

CE 法を制約付き最大化問題に適用するためには，この問題を式 (13.9) の枠組みに当てはめる必要がある．いま，$\mathscr{X}$ をある連立不等式

$$G_i(\mathbf{x}) \leqslant 0, \quad i = 1, \ldots, k \tag{13.13}$$

で定義される領域とする．制約式 (13.13) を伴う問題 (13.9) を解くためには，2 つの方法が考えられる（C.2.1 項も参照）．最初の方法は，"採択-棄却" 法である．この方法では，例えば独立な成分を持つ多変量正規分布から確率ベクトル $\mathbf{X}$ を生成し，その標本が領域 $\mathscr{X}$ に入るかどうかで，これを採択するか棄却するか決定する．あるいは，打ち切り分布（例えば打ち切り正規分布）から直接標本を抽出する方法や，この種の方法と採択-棄却法を組み合わせる方法も考えられる．生成した確率ベクトルの値がいったん採択されると，正規分布のパラメータは単に選り抜き標本の標本平均や標本標準偏差を用いるなど，制約なしの場合とまったく同じ方法で更新される．この方法の欠点は，実行可能な標本が見つかるまでに，多数の標本が棄却される可能性があることである．

2つ目の方法は，"罰金法"（penalty method）（C.2.1.1 項を参照）である．この方法では，目的関数を次式のように修正する．

$$\widetilde{S}(\mathbf{x}) = S(\mathbf{x}) + \sum_{i=1}^{k} H_i \max\{G_i(\mathbf{x}), 0\} \tag{13.14}$$

ここで，$H_i < 0$ は，i 番目のペナルティの重要性（費用）を評価するものである．

このように，制約付き問題 (13.9), (13.13) を制約なし問題（S の代わりに $\widetilde{S}$ を用いた式 (13.9)）に変換することにより，制約のない場合と同様にアルゴリズム 13.2 を適用することができる．CE 法を用いた制約付き多極値最適化問題については [27] を参照せよ．

■ 例 13.4（ディリクレ分布に対する最尤推定値）

独立同分布 Dirichlet($\boldsymbol{\alpha}$) に従うデータ $\mathbf{x}_1, \ldots, \mathbf{x}_n$ が与えられているとしよう．ここで，$\boldsymbol{\alpha} = (\alpha_1, \ldots, \alpha_K)^\top$ は，$\alpha_i > 0, i = 1, \ldots, K$ を満足する未知のパラメータベクトルである．$\boldsymbol{\alpha}$ に関する条件から自然に不等式制約 $G_i(\boldsymbol{\alpha}) \equiv -\alpha_i \leqslant 0, i = 1, \ldots, K$ が得られる．

この例では，正規更新を行うアルゴリズム 13.2 を用いて，与えられたデータのもとで，ディリクレ分布の対数尤度最大化を直接行うことによって最尤推定値を求める．このとき，有効なパラメータ $\boldsymbol{\alpha}$ に対する制約があるので，制約が破られたときは常に $H_1 = \cdots = H_k = -\infty$ のペナルティを適用する．

図 13.3 は，標本分布の平均値ベクトルと，Dirichlet(1, 2, 3, 4, 5) 分布からのサイズ $n = 100$ のデータに対して不動点法によって計算した真の最尤推定値との間の距離を表す．CE パラメータには，標本の大きさ $N = 10^4$，選り抜き標本の大きさ $N^\mathrm{e} = 10^3$ を用いた．平均値ベクトルには平滑化パラメータを適用しないが，各標準偏差には定数 0.5 の平滑化パラメータを適用している．

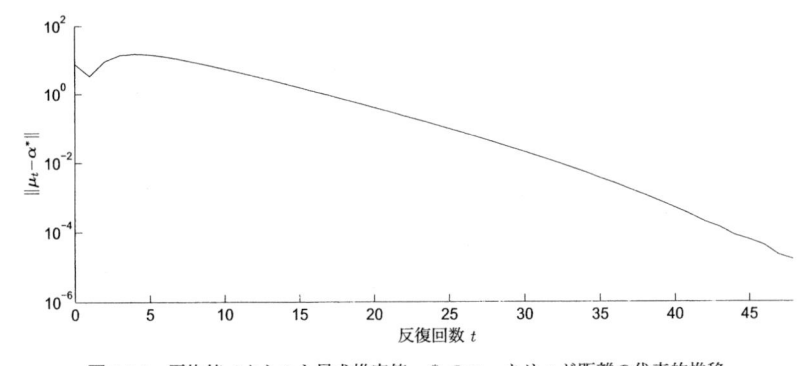

図 13.3 平均値ベクトルと最尤推定値 $\boldsymbol{\alpha}^*$ のユークリッド距離の代表的推移．

```
%MLE\ce_dirichlet_mle_fp.m
clear all;
a=(1:1:5); n=100;
K=length(a); % ベクトルの次元
data=dirichletrnd(a,n,K); % データの生成
epsilon=10^(-4);
N=10^4; rho=0.1; alphamu=1; alphasig=0.5; Ne=ceil(N.*rho);
mu=zeros(1,K); sig=ones(1,K).*10; % 初期パラメータ
muhist=mu;sighist=sig; % 履歴
while max(sig)>epsilon
    x=repmat(mu,N,1)+repmat(sig,N,1).*randn(N,K); % 標本
    S=dirichlet_log_like(data,x,n,K); [S,I]=sort(S); % 評価と並べ替え
    mu=alphamu.*mean(x(I(N-Ne+1:N),:))+(1-alphamu).*mu;
    sig=alphasig.*std(x(I(N-Ne+1:N),:),1,1)+(1-alphasig).*sig;
    muhist=[muhist;mu];sighist=[sighist;sig]; % 履歴の更新
    [mu, sig, S(end),S(N-Ne+1)]
end
% 比較のため不動点法を用いて最尤推定値を計算
afp=dirichlet_MLE_FP(data,K);
disp([afp,dirichlet_log_like(data,afp,n,K)])
```

関数 dirichlet_log_like.m は，与えられたデータ集合に対して，試行パラメータ集合の対数尤度を計算する．

```
function out=dirichlet_log_like(data,x,n,K)
out=zeros(size(x,1),1);
I=any(x<=0,2);nI=~I;
out(I)=-inf;
out(nI)=n.*(log(gamma(sum(x(nI,:),2))))-sum(log(gamma(x(nI,:))),2));
for k=1:n
    out(nI)=out(nI)+sum((x(nI,1:(K-1))-1).*...
        repmat(log(data(k,1:(K-1))),sum(nI),1),2)+(x(nI,K)-1).*...
        repmat(log(1-sum(data(k,1:(K-1)),2)),sum(nI),1);
end
```

関数 dirichletrnd.m は，アルゴリズム 4.67 と同様に，ディリクレ分布に従う実現値を生成する．

```
function out=dirichletrnd(a,n,K)
out=zeros(n,K);
for k=1:n
  temp=zeros(1,K);
  for i=1:(K)
    temp(i)=gamrnd(a(i),1);
```

```
    end
    out(k,:)=temp./sum(temp);
end
```

関数 dirichlet_MLE_FP.m は，不動点法 [35] を用いて最尤推定値を計算する．

```
function afp=dirichlet_MLE_FP(data,K)
% 不動点法を用いてディリクレ最尤推定値を計算
logpdata=mean(log(data),1);
afp=ones(1,K); afpold=-inf.*afp;
while sqrt(sum((afp-afpold).^2))>10^(-12)
    afpold=afp; s=sum(afpold);
    for k=1:K
      y=(psi(s)+logpdata(k));
      if y>=-2.22
          ak=exp(y)+0.5;
      else
          ak=-1/(y-psi(1));
      end
      akold=-inf;
      while abs(ak-akold)>10^(-12)
          akold=ak; ak=akold - ((psi(akold)-y)/psi(1,akold));
      end
      afp(k)=ak;
    end
end
```

13.3.4 雑音のある最適化

雑音によって目的関数が正確にわからない "雑音のある"（noisy）最適化問題，あるいは "確率"（stochastic）最適化問題は，例えば，確率的スケジューリング，確率的最短（最長）路問題，シミュレーションによる最適化 [48] など，さまざまな状況で発生する．CE アルゴリズムは，雑音のある最適化問題を扱えるように簡単に修正することができる．問題 (13.9) を考え，性能評価関数に雑音があると仮定しよう．具体的には，$S(\mathbf{x}) = \mathbb{E}\widehat{S}(\mathbf{x})$ は利用 "できず"，例えばシミュレーションによって生成した標本値 $\widehat{S}(\mathbf{x})$（$\mathbb{E}\widehat{S}(\mathbf{x})$ の不偏推定値）を利用する．さらに，雑音の影響を軽減するために標本のサイズを増加する必要もある．雑音のある最適化に対する CE 法の有用性は，さまざまな応用で示されているが（例えば [1], [25], [26], [36] を参照)，雑音がある場合の収束に関する理論的な結果は，ほとんど知られていない．Spall [51, Section 2.4] は，確率問題の一般型に対して，さまざまな発散する結果を議論している．有力な停止規則は，標本分布が十分退化したときに停止するものであるが，もう 1 つの可

能性として，レベル $\{\widehat{\gamma}_t\}$ の列が変化しなくなったときに停止する方法もある（例えば，[46, p.207] を参照）．

■ 例 13.5（雑音のある多峰関数）

この例は，例 13.3 の雑音のあるバージョンであり，性能評価関数 S が標準正規分布に従う雑音を含む．すなわち，$\widehat{S}(\mathbf{x}) = S(\mathbf{x}) + \varepsilon$, $\varepsilon \sim \mathsf{N}(0,1)$ である．以下に示す MATLAB のコードは，標本の性能値がこのように雑音を含むときに多峰関数を最大にする CE アルゴリズムを単純に実装したものである．CE パラメータと関数 S.m は，例 13.3 と同じものである．標本分布の平均値の代表的な推移を図 13.4 に示す．

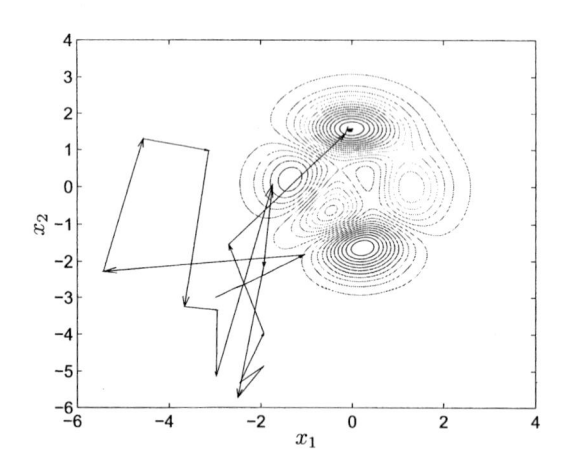

図 13.4 雑音のある多峰関数に対する正規更新による平均値ベクトルの代表的推移．

```
%peaks\simplepeaks_noisy.m
n = 2;                              % 次元
mu = [-3,-3]; sigma = 3*ones(1,n); N = 100; eps = 1E-5; rho=0.1;
while max(sigma) > eps
   X = randn(N,n)*diag(sigma)+ mu(ones(N,1),:);
   SX= S(X);                        % 性能の計算
   SX= SX+randn(N,1);               % 雑音による損傷
   sortSX = sortrows([X, SX],n+1);
   Elite = sortSX((1-rho)*N:N,1:n); % 選り抜き標本
   mu = mean(Elite,1);              % 行の標本平均
   sigma = std(Elite,1);            % 行の標本標準偏差
   [S(mu)+randn,mu,max(sigma)]      % 結果の出力
end
```

さらに学習するために

CE 法の平易な解説は [15] にある．より総合的な解説は [46] にある．[47, Chapter 8] も参照せよ．CE 法のホームページは www.cemethod.org で見つかる．

CE アルゴリズムは，バッファ配分 [1]，通信システムの待ち行列モデル [14], [16]，トラック隊列問題に対するモデルフィッティング [3]，HIV/AIDS ウイルス伝播の最適な抑制 [49], [50]，信号検出 [30]，組合せオークション [9]，DNA 配列アラインメント [24], [39]，スケジューリングと搬送車ルーティング [4], [8], [11], [20], [23], [54]，ニューラルネットワーク学習および強化学習 [31], [32], [34], [53], [55]，プロジェクト管理 [12]，裾の軽いまたは重い分布を持つ稀少事象シミュレーション [2], [10], [21], [28]，クラスタ分析 [5], [6], [29] など，さまざまな推定や最適化問題に適用され，成功している．組合せ最適化問題に対する適用には，"最大カット" 問題，"巡回セールスマン" 問題，"Hamilton 閉路" 問題などがある [17], [43], [44], [45]．ネットワークの信頼性と設計に関連する推定問題と（雑音のある）最適化問題については，[7], [22], [25], [26], [36], [37], [38], [40] を参照せよ．CE 距離の一般化を用いた重点抽出法は，[52] で展開されている．標準的な CE アルゴリズムは，高度に並列処理化できるが，この実装については，[18], [19] が詳しい．

文　　献

1) G. Alon, D. P. Kroese, T. Raviv, and R. Y. Rubinstein. Application of the cross-entropy method to the buffer allocation problem in a simulation-based environment. *Annals of Operations Research*, 134(1):137–151, 2005.
2) S. Asmussen, D. P. Kroese, and R. Y. Rubinstein. Heavy tails, importance sampling and cross-entropy. *Stochastic Models*, 21(1):57–76, 2005.
3) A. Belay, E. J. O'Brien, and D. P. Kroese. Truck fleet model for design and assessment of flexible pavements. *Journal of Sound and Vibration*, 311(3-5):1161–1174, 2008.
4) I. Bendavid and B. Golany. Setting gates for activities in the stochastic project scheduling problem through the cross entropy methodology. *Annals of Operations Research*, 172(1):259–276, 2009.
5) Z. I. Botev and D. P. Kroese. Global likelihood optimization via the cross-entropy method, with an application to mixture models. In R. G. Ingalls, M. D. Rossetti, J. S. Smith, and B. A. Peters, editors, *Proceedings of the 2004 Winter Simulation Conference*, pages 529–535, Washington, DC, December 2004.
6) A. Boubezoula, S. Paris, and M. Ouladsinea. Application of the cross entropy

method to the GLVQ algorithm. *Pattern Recognition*, 41(10):3173–3178, 2008.
7) M. Caserta and M. Cabo-Nodar. A cross entropy based algorithm for reliability problems. *Journal of Heuristics*, 15(5):479–501, 2009.
8) M. Caserta and E. Quiñonez-Ricob. A cross entropy-Lagrangean hybrid algorithm for the multi-item capacitated lot-sizing problem with setup times. *Computers & Operations Research*, 36(2):530–548, 2009.
9) J. C. C. Chan and D. P. Kroese. Randomized methods for solving the winner determination problem in combinatorial auctions. In *Proceedings of the 2008 Winter Simulation Conference*, pages 1344–1349, 2008.
10) J. C. C. Chan and D. P. Kroese. Rare-event probability estimation with conditional Monte Carlo. *Annals of Operations Research*, 2009. DOI: 10.1007/s10479-009-0539-y.
11) K. Chepuri and T. Homem-de-Mello. Solving the vehicle routing problem with stochastic demands using the cross entropy method. *Annals of Operations Research*, 134(1):153–181, 2005.
12) I. Cohen, B. Golany, and A. Shtub. Managing stochastic finite capacity multiproject systems through the cross-entropy method. *Annals of Operations Research*, 134(1):183–199, 2005.
13) A. Costa, J. Owen, and D. P. Kroese. Convergence properties of the cross-entropy method for discrete optimization. *Operations Research Letters*, 35(5):573–580, 2007.
14) P.-T. de Boer. *Analysis and Efficient Simulation of Queueing Models of Telecommunication Systems*. PhD thesis, University of Twente, 2000.
15) P.-T. de Boer, D. P. Kroese, S. Mannor, and R. Y. Rubinstein. A tutorial on the cross-entropy method. *Annals of Operations Research*, 134(1):19–67, 2005.
16) P.-T. de Boer, D. P. Kroese, and R. Y. Rubinstein. A fast cross-entropy method for estimating buffer overflows in queueing networks. *Management Science*, 50(7):883–895, 2004.
17) A. Eshragh, J. A. Filar, and M. Haythorpe. A hybrid simulation-optimization algorithm for the Hamiltonian cycle problem. *Annals of Operations Research*, 2009. DOI: 10.1007/s10479-009-0565-9.
18) G. E. Evans. *Parallel and Sequential Monte Carlo Methods with Applications*. PhD thesis, The University of Queensland, Australia, 2009.
19) G. E. Evans, J. M. Keith, and D. P. Kroese. Parallel cross-entropy optimization. In *Proceedings of the 2007 Winter Simulation Conference*, pages 2196–2202, Washington, DC, 2007.
20) B. E. Helvik and O. Wittner. Using the cross-entropy method to guide/govern mobile agent's path finding in networks. In S. Pierre and R. Glitho, editors, *Mobile Agents for Telecommunication Applications: Third International Workshop, MATA 2001, Montreal*, pages 255–268, Springer-Verlag, New York, 2001.
21) T. Homem-de-Mello. A study on the cross-entropy method for rare event probability estimation. *INFORMS Journal on Computing*, 19(3):381–394, 2007.
22) K.-P. Hui, N. Bean, M. Kraetzl, and D. P. Kroese. The cross-entropy method

文　　　献　　　　501

for network reliability estimation. *Annals of Operations Research*, 134:101–118, 2005.
23) E. Ianovsky and J. Kreimer. An optimal routing policy for unmanned aerial vehicles (analytical and cross-entropy simulation approach). *Annals of Operations Research*, 2009. DOI: 10.1007/s10479-009-0609-1.
24) J. Keith and D. P. Kroese. Sequence alignment by rare event simulation. In *Proceedings of the 2002 Winter Simulation Conference*, pages 320–327, San Diego, 2002.
25) D. P. Kroese and K.-P. Hui. In: *Computational Intelligence in Reliability Engineering*, chapter 3: Applications of the Cross-Entropy Method in Reliability. Springer-Verlag, New York, 2006.
26) D. P. Kroese, S. Nariai, and K.-P. Hui. Network reliability optimization via the cross-entropy method. *IEEE Transactions on Reliability*, 56(2):275–287, 2007.
27) D. P. Kroese, S. Porotsky, and R. Y. Rubinstein. The cross-entropy method for continuous multi-extremal optimization. *Methodology and Computing in Applied Probability*, 8(3):383–407, 2006.
28) D. P. Kroese and R. Y. Rubinstein. The transform likelihood ratio method for rare event simulation with heavy tails. *Queueing Systems*, 46(3-4):317–351, 2004.
29) D. P. Kroese, R. Y. Rubinstein, and T. Taimre. Application of the cross-entropy method to clustering and vector quantization. *Journal of Global Optimization*, 37(1):137–157, 2007.
30) Z. Liu, A. Doucet, and S. S. Singh. The cross-entropy method for blind multiuser detection. In *IEEE International Symposium on Information Theory*, page 510, Chicago, 2004. Piscataway.
31) A. Lörincza, Z. Palotaia, and G. Szirtesb. Spike-based cross-entropy method for reconstruction. *Neurocomputing*, 71(16–18):3635–3639, 2008.
32) S. Mannor, R. Y. Rubinstein, and Y. Gat. The cross-entropy method for fast policy search. In *The 20th International Conference on Machine Learning (ICML-2003)*, pages 512–519, Washington, DC, 2003.
33) L. Margolin. On the convergence of the cross-entropy method. *Annals of Operations Research*, 134(1):201–214, 2005.
34) I. Menache, S. Mannor, and N. Shimkin. Basis function adaption in temporal difference reinforcement learning. *Annals of Operations Research*, 134(1):215–238, 2005.
35) T. P. Minka. Estimating a Dirichlet distribution, 2000. Available at http://research.microsoft.com/en-us/um/people/minka/papers/dirichlet/.
36) S. Nariai. *Cross-Entropy Methods in Telecommunication Systems*. PhD thesis, The University of Queensland, Australia, 2009.
37) S. Nariai and D. P. Kroese. On the design of multi-type networks via the cross-entropy method. In *Proceedings of the Fifth International Workshop on the Design of Reliable Communication Networks (DRCN)*, pages 109–114, Naples, 2005.
38) S. Nariai, D. P. Kroese, and K.-P. Hui. Designing an optimal network using the cross-entropy method. In *Intelligent Data Engineering and Automated Learning*,

Lecture Notes in Computer Science, pages 228–233, Springer-Verlag, New York, 2005.
39) V. Pihur, S. Datta, and S. Datta. Weighted rank aggregation of cluster validation measures: a Monte Carlo cross-entropy approach. *Bioinformatics*, 23(13):1607–1615, 2007.
40) A. Ridder. Importance sampling simulations of Markovian reliability systems using cross-entropy. *Annals of Operations Research*, 134(1):119–136, 2005.
41) R. Y. Rubinstein. Optimization of computer simulation models with rare events. *European Journal of Operational Research*, 99(1):89–112, 1997.
42) R. Y. Rubinstein. The cross-entropy method for combinatorial and continuous optimization. *Methodology and Computing in Applied Probability*, 1(2):127–190, 1999.
43) R. Y. Rubinstein. Combinatorial optimization, cross-entropy, ants and rare events. In S. Uryasev and P. M. Pardalos, editors, *Stochastic Optimization: Algorithms and Applications*, pages 304–358, Kluwer Academic Publishers, Dordrecht, 2001.
44) R. Y. Rubinstein. Combinatorial optimization via cross-entropy. In S. Gass and C. Harris, editors, *Encyclopedia of Operations Research and Management Sciences*, pages 102–106, Kluwer Academic Publishers, Dordrecht, 2001.
45) R. Y. Rubinstein. The cross-entropy method and rare-events for maximal cut and bipartition problems. *ACM Transactions on Modelling and Computer Simulation*, 12(1):27–53, 2002.
46) R. Y. Rubinstein and D. P. Kroese. *The Cross-Entropy Method: A Unified Approach to Combinatorial Optimization, Monte Carlo Simulation and Machine Learning*. Springer-Verlag, New York, 2004.
47) R. Y. Rubinstein and D. P. Kroese. *Simulation and the Monte Carlo Method*. John Wiley & Sons, New York, second edition, 2007.
48) R. Y. Rubinstein and B. Melamed. *Modern Simulation and Modeling*. John Wiley & Sons, New York, 1998.
49) A. Sani. *Stochastic Modelling and Intervention of the Spread of HIV/AIDS*. PhD thesis, The University of Queensland, Australia, 2009.
50) A. Sani and D. P. Kroese. Controlling the number of HIV infectives in a mobile population. *Mathematical Biosciences*, 213(2):103–112, 2008.
51) J. C. Spall. *Introduction to Stochastic Search and Optimization: Estimation, Simulation, and Control*. John Wiley & Sons, New York, 2003.
52) T. Taimre. *Advances in Cross-Entropy Methods*. PhD thesis, The University of Queensland, Australia, 2009.
53) A. Unveren and A. Acan. Multi-objective optimization with cross entropy method: Stochastic learning with clustered Pareto fronts. In *IEEE Congress on Evolutionary Computation (CEC 2007)*, pages 3065–3071, Singapore, 2007.
54) J. Wang, X. Gao, J. Shi, and Z. Li. Double unmanned aerial vehicle's path planning for scout via cross-entropy method. In *8th ACIS International Conference on Software Engineering, Artificial Intelligence, Networking, and Parallel/Distributed Computing*, volume 2, pages 632–635, Qingdao, 2007.

55) Y. Wu and C. Fyfe. Topology preserving mappings using cross entropy adaptation. In *7th WSEAS International Conference on Artificial Intelligence, Knowledge Engineering and Data Bases*, pages 176–181, Cambridge, 2008.

14

粒　子　法

　　反復モンテカルロ法の変種はたくさんあり，工学や自然科学の異なる分野の中で"進化的モンテカルロ"あるいは"集団モンテカルロ"，"逐次モンテカルロ"，"分枝あるいは相互粒子フィルタ"，"粒子分岐"，"系図モデル"，"平均場または Feynman–Kac 粒子モデル"というように，さまざまな呼び名で知られている．本章では，以下の応用分野を念頭に，例とともに粒子分岐法を説明する．

1) "充足可能性の数え上げ"問題などの，組合せ数え上げ問題
2) "ベイズ周辺尤度"推定と事後分布からのシミュレーション
3) "2値ナップサック問題"，"巡回セールスマン問題"，"2次割り当て問題"といった組合せ最適化問題
4) 複雑な多次元確率分布からのシミュレーションと"ネットワーク信頼性"推定への応用

マルコフ過程における到達確率の推定への"古典的な"分岐法の説明は 10.6 節を参照せよ．特に，10.6 節の"シミュレーション計算量一定分岐法"と"分岐数一定分岐法"は，粒子分岐アプローチの先駆けである．逐次モンテカルロ法は 9.7.5 項の逐次重点抽出法と密接な関係がある．周辺尤度の推定と事後分布からの抽出に対するマルコフ連鎖モンテカルロ法によるアプローチについては，6.2 節を参照せよ．最後に，16.5 節は，分岐法によるネットワーク信頼性推定に関する詳細な説明を与えている．

14.1　逐次モンテカルロ

　　繰り返しあるいは逐次モンテカルロ法は，逐次重点抽出とブートストラップリサンプリングを組み合わせた幅広いクラスの技法である．多くの逐次モンテカルロアルゴリズムが，以下の包括的な形式で記述可能である．

　　9.7.5 項の逐次重点抽出の設定を考える．言い換えると，重点抽出密度関数

$$g(\mathbf{x}) = g_1(x_1)\, g_2(x_2 \,|\, x_1) \cdots g_n(x_n \,|\, \mathbf{x}_{1:n-1})$$

を用いて，確率密度 $f(\mathbf{x})$ からのサンプルを得たい．ここで，すべての t に対して，$\mathbf{x}_{1:t} = (x_1, \ldots, x_t)$ と略記する．そうすると，$\mathbf{x} = \mathbf{x}_{1:n}$ と書ける．各 x_i は多次元の

14.1 逐次モンテカルロ

場合もある．$g_t(x_t\,|\,\mathbf{x}_{1:t-1})$ からの抽出は容易であると仮定する．集合 $\{\mathbf{x}_{1:t}\}$ の各要素は**粒子**（particle）と呼ばれる．$f_1, f_2, \ldots, f_n$ を，各 $f_t(\mathbf{x}_{1:t})$ が $f(\mathbf{x}_{1:t})$ の良い近似となっていて，$f_n(\mathbf{x}) = f(\mathbf{x})$ となっている，容易に評価ができる "補助" 分布列とする．すると，尤度比 $f(\mathbf{x})/g(\mathbf{x})$ は

$$\frac{f_1(x_1)}{g_1(x_1)} \frac{f_2(\mathbf{x}_{1:2})}{f_1(x_1)\,g_2(x_2\,|\,x_1)} \frac{f_3(\mathbf{x}_{1:3})}{f_2(\mathbf{x}_{1:2})\,g_3(x_3\,|\,\mathbf{x}_{1:2})}$$

$$\cdots \frac{f_n(\mathbf{x}_{1:n})}{f_{n-1}(\mathbf{x}_{1:n-1})\,g_n(x_n\,|\,\mathbf{x}_{1:n-1})}$$

と書かれ，$w_t = u_t\,w_{t-1}$, $t = 1, \ldots, n$ と $w_0 = 1$ と

$$u_t = \frac{f_t(\mathbf{x}_{1:t})}{f_{t-1}(\mathbf{x}_{1:t-1})\,g_t(x_t\,|\,\mathbf{x}_{1:t-1})}, \quad f_0(\mathbf{x}_{1:0}) = 1$$

を用いて再帰的に計算することができる．（近似的に）$f(\mathbf{x})$ からの標本を抽出するために，以下のアルゴリズムを利用できる．

アルゴリズム 14.1（逐次モンテカルロ）

1. **初期化**：$X_1^1, \ldots, X_1^N \overset{\text{iid}}{\sim} g_1(x_1)$ を抽出し，$t = 1$ とする．
2. **重点抽出**：各 $j = 1, \ldots, N$ に対して，$Y_t^j \sim g_t(y_t\,|\,\mathbf{X}_{1:t-1}^j)$ を抽出し，重点重み

$$u_{t,j} = \frac{f_t(\mathbf{Z}_{1:t}^j)}{f_{t-1}(\mathbf{X}_{1:t-1}^j)\,g_t(Y_t^j\,|\,\mathbf{X}_{1:t-1}^j)}$$

を計算する．ここで，$\mathbf{Z}_{1:t}^j = (\mathbf{X}_{1:t-1}^j, Y_t^j)$ である．さらに，$\sum_{j=1}^N u_{t,j} = 1$ となるように，改めて重みを正規化する．

3. **選択**：所与の粒子集団 $\mathbf{Z}_{1:t}^1, \ldots, \mathbf{Z}_{1:t}^N$ から，新しい集団 $\mathbf{X}_{1:t}^1, \ldots, \mathbf{X}_{1:t}^N$ を，混合分布

$$\sum_{j=1}^N u_{t,j}\,\mathrm{I}_{\{\mathbf{x}_{1:t} = \mathbf{z}_{1:t}^j\}}$$

からの独立な N 回の抽出を行うことで生成する．

4. **停止条件**：もし $t = n$ なら，アルゴリズムを終了して粒子集団 $\mathbf{X}_{1:t}^1, \ldots, \mathbf{X}_{1:t}^N$ を出力する．そうでなければ，$t = t + 1$ として Step 2 に戻る．

Step 3 の選択は，f ではなく g から抽出されたことによる抽出バイアスを修正する（重点抽出における尤度比（9.7 節を参照）と同様である）．選択のステップを取り除くと，アルゴリズム 9.9 に示した，より単純な SIS アルゴリズムとなる点に注意する．選択 Step 3 は，**ブートストラップフィルタ**（bootstrap filter），**ブートストラップリサンプリング**（bootstrap resampling），**標本重点リサンプリング**（sample importance resampling）（[16], [30] を参照）のように，さまざまな呼び方で知られている．このステップが，多項分布からの復元抽出と等価であることに注意する．ブートストラッ

プフィルタを用いたことによるばらつきを減らすために，層別抽出がよく用いられる．以下のアルゴリズムは，ブートストラップフィルタにおいて層別を用いる数多くの方法のうちの1つである（☞ p.370）[22], [24]．

アルゴリズム 14.2（層別リサンプリング）

集団 $\{1, 2, \ldots, n\}$ から，確率 $\{p_1, p_2, \ldots, p_n\}$ に従って N 回復元抽出するために，以下の手順を行う．

1. $\{1, 2, \ldots, n\}$ の各要素 j について，$c_j = \lfloor N p_j \rfloor$ 個の複製を作成する．次に，
$$N_r = N - \sum_{j=1}^n c_j$$
とし，N 次元ベクトルの最初の $N - N_r$ 個の要素の値を次のように決める．
$$\mathbf{s} = (\underbrace{1, \ldots, 1}_{c_1}, \underbrace{2, \ldots, 2}_{c_2}, \ldots, \underbrace{n, \ldots, n}_{c_n}, \underbrace{0, \ldots, 0}_{N_r})$$
ここで，ベクトルの次元を N にするために，N_r 個の 0 を詰めていることに注意する．もし $N_r = 0$ なら，Step 3 に進む．そうでなければ次に進む．

2. 数値の集合 $1, 2, \ldots, n$ から，N_r 回だけ一様非復元抽出によりサンプリングする．結果として得られた乱数集団を $Z_1, \ldots, Z_{N_r}$ と表す．また，
$$\mathbf{s} = (\underbrace{1, \ldots, 1, 2, \ldots, 2, \ldots, n, \ldots, n}_{N - N_r}, Z_1, \ldots, Z_{N_r})$$
とする．

3. （例えばアルゴリズム 3.31 を用いて）$\mathbf{s}$ の要素をランダムに並べ替え，$\mathbf{s}$ を出力する．

集団 $\{1, \ldots, n\}$ からのリサンプリングが一般性を失っていないこと，また，その理由は，$\{1, \ldots, n\}$ がより一般的な集団 $\{\mathbf{X}_1, \ldots, \mathbf{X}_n\}$ のインデックスと見なせるためであることを強調しておく．

以下の MATLAB 関数は，層別アルゴリズムを実装したものである．

```
function s=stratified_resample(p,N)
% 入力：[n,1] ベクトルでリサンプリング確率 [p1,...,pn] を表す
%       各 p(i) は i 番目の粒子をリサンプリングする確率である
%       N は必要サンプル数を表す
% 出力：[N,1] ベクトルで，新しい抽出に用いられる粒子のインデックス（1 から n まで）を与える
p=p(:);n=size(p,1);
% 確率となるように重みを正規化する
p=p/sum(p);
c=floor(N*p);
s=zeros(N,1);   % 前もってメモリを割り当てる
```

14.1 逐次モンテカルロ

```
% 確定的なリサンプリング (step 1)
cum=0; % 確定的なコピーの重みの累積和
for i=1:n
    det_copy=c(i);
    s(cum+1:cum+det_copy)=i*ones(det_copy,1);
    cum=cum+det_copy;
end
N_r=N-sum(c); % 残りの個数
% step 2 開始
if N_r~=0 % 必要なら残りの抽出を行う
    s(N-N_r+1:N)=resample(n,N_r);
end
% s のインデックスをランダムに再割り当てして，s 構成時にできた構造を壊す
s=s(randperm(N)); %step 3
```

次の関数 resample.m は，集団 $\{1,\ldots,n\}$ からの一様な非復元抽出を実装したものである．この関数は k ($<n$) 回繰り返される．この関数は $k \ll n$ のとき効率が良い．k が n に近い場合に対しては，例 3.22 に示される非復元抽出のアプローチがより効率的である．

```
function x=resample(n,k)
% k<n のとき，{1,...,n}から一様な非復元抽出を行う
x = zeros(1,n); S = 0;
while S < k
    x(ceil(n * rand(1,k-S))) = 1;
    S = sum(x);
end
x = find(x > 0);
% ソートされた構造を壊す
x = x(randperm(k));
```

図 14.1 は，$1,\ldots,10$ からなる集団を，各 k について確率

$$p_k = \frac{2k-1}{100}, \quad k = 1, \ldots, 10$$

に従って $N = 100$ 回リサンプルする場合を示している．左図（右図）は層別なし（あり）のリサンプリングの結果例である．リサンプリングの確率は丸印で，ランダム抽出はそれぞれの値の上に積み上げられた点で表されている．左側の図において，1 の点にはランダム抽出の実現がないこと，また，$p_{10} > p_9$ であるにもかかわらず，10 の点の抽出数は 9 の点の抽出数より少ないことがわかる．これとは対照的に，右側の図では 1 の点は 1 回抽出されていて（これは期待値 $Np_1 = 1$ に一致している），かつ，出力は順序関係 $p_1 < p_2 < \cdots < p_{10}$ と整合的である．すなわち，層別を用いた右側の出力結果のほうが，抽出におけるばらつきが低くなるという性質を説明している．

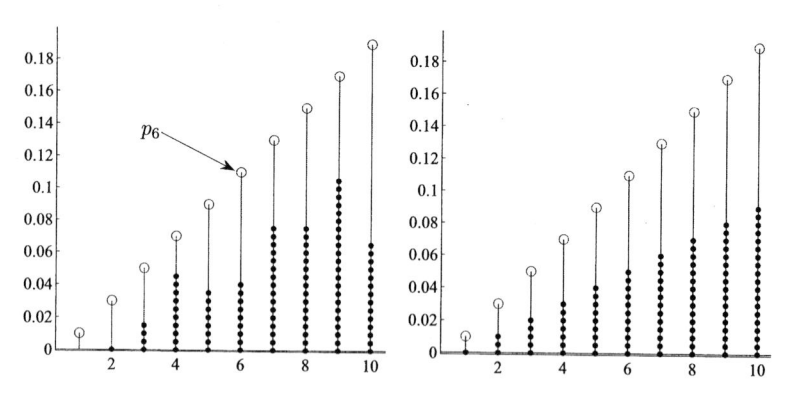

図 14.1 $1, \ldots, 10$ のリサンプリングにおいて，層別を行わなかった結果 (左図) と層別を行った結果 (右図). リサンプリング確率 $p_k = (2k-1)/100$, $k = 1, \ldots, 10$ は丸印で，リサンプリングの出力結果はおのおのの値の上に積み上げた点として表現されている.

逐次モンテカルロ法は，もともとはターゲット追跡に用いられるような状態空間モデルに対して設計されていたが，コンピュータビジョン，パターン認識やベイズ推論といった分野での応用も徐々に見られるようになってきた ([10], [11] を参照).

14.2 粒子分岐

本章の残りでは，**一般化分岐** (generalized splitting; GS) アルゴリズムを扱う [1], [2], [7]. 一般化分岐は，例 6.7 に記述した Holmes–Diaconis–Ross アルゴリズムの一般化と見なすことができる．そして，この一般化分岐により，古典的なシミュレーション計算量一定分岐法が，静的 (すなわち時間によらない) モデルと非マルコフモデルの両者に適用できるようになった (10.6 節を参照).

Kahn–Harris [21] の古典的分岐法との関連に加えて，GS アルゴリズムは，改良逐次モンテカルロアルゴリズム [20], [27] の特殊な場合でもある．ただし，以下に示す重要な違いがある．逐次モンテカルロ法では，ある集団内の同じ粒子を多数複製するのに，(場合によっては層別の) ブートストラップサンプリングを用いる．これにより，モンテカルロ法によって抽出された標本の集合の多様性が減少することが多い．それと比べて，GS アルゴリズムにはリサンプリングステップがない．その結果，モンテカルロ集団の多様性が増す．さらに，GS 推定量の不偏性は，他の逐次モンテカルロ推定量に対する同様の結果から直接的に得られる帰結ではない [26], [27].

GS 法は以下の一般的な枠組みからなる (式 (9.16) と式 (13.1) を参照). H を実数値関数とし，ℓ を

$$\ell = \mathbb{E}\, H(\mathbf{X}) = \int H(\mathbf{x}) f(\mathbf{x})\, d\mathbf{x}, \quad \mathbf{X} \sim f \tag{14.1}$$

の形式をとる，ある確率システムの期待値とする．$\mathbf{X}$ が離散変数のときは，積分を和に置き換える．f を名目 (nominal) 分布と呼ぶ．$H(\mathbf{x}) = \mathrm{I}_{\{S(\mathbf{x}) \geqslant \gamma\}}$ で

$$\ell \stackrel{\text{def}}{=} \ell(\gamma) = \mathbb{E}\,\mathrm{I}_{\{S(\mathbf{X}) \geqslant \gamma\}} = \mathbb{P}(S(\mathbf{X}) \geqslant \gamma), \quad \mathbf{X} \sim f \tag{14.2}$$

が稀少事象の確率（第 10 章を参照）となる場合が特に重要である．このとき S は**重点関数** (importance function)，γ は**閾値** (threshold) あるいは**レベル** (level) パラメータと呼ばれる．$H(\mathbf{x}) = e^{-S(\mathbf{x})/\gamma}$ のときに，式 (14.1) のもう 1 つの重要な例が得られ，これはしばしば統計力学における分配関数（☞ p.274）の推定に現れる [29].

GS アルゴリズムを用いることで，式 (14.2) の形の稀少事象の確率，より一般的には，式 (14.1) の形の多次元積分に対する不偏推定量を構築する．ギブスサンプリングや hit-and-run 移動を使って人工的なマルコフ過程を構築し，これらの動きから構築されたマルコフ過程に分岐の考え方を適用することにより，GS 法は静的非マルコフ的問題を解決する．

14.3 静的な稀少事象の確率推定での分岐法

初めに，どのようにして稀少事象の確率 (14.2) の不偏推定量が得られるかについて説明する．重点関数 S を選び，中間レベルの列 $-\infty = \gamma_0 \leqslant \gamma_1 \leqslant \cdots \leqslant \gamma_{T-1} \leqslant \gamma_T = \gamma$ を用いて，区間 $(-\infty, \gamma]$ を分割する．古典的な分岐とは違い，$\gamma_0 = -\infty$ であることに注意する．ここで，条件付き分布 $\mathbb{P}(S(\mathbf{X}) \geqslant \gamma_t \mid S(\mathbf{X}) \geqslant \gamma_{t-1}) = c_t$，$t = 1, \ldots, T$ が稀少事象の確率でないようにレベル列が選ばれること，また，$\{c_t\}$ の推定値 $\{\varrho_t\}$ が使えることを仮定する．これらの推定値は，通常，オンラインでは決定されない．しかし，14.4 節において，ADAM アルゴリズムを使ってどのように列 $\{(\gamma_t, \varrho_t)\}_{t=1}^T$ を構築するかを説明する（[2] を参照）．一般性を失うことなく，名目分布 f から乱数を生成することは容易であると仮定する．

アルゴリズム 14.3（$\ell = \mathbb{P}(S(\mathbf{X}) \geqslant \gamma)$ の推定に対する GS アルゴリズム）

列 $\{(\gamma_t, \varrho_t)\}_{t=1}^T$ と抽出数 N が所与のときに，以下のステップを行う．

1. **初期化**：$t = 1$ とし，$N_0 = \varrho_1 \left\lfloor \dfrac{N}{\varrho_1} \right\rfloor$ とする（これで N_0/ϱ_1 が整数であることを保証する）．

$$\mathbf{X}_1, \ldots, \mathbf{X}_{N_0/\varrho_1} \stackrel{\text{iid}}{\sim} f$$

を生成し，$\mathcal{X}_0 = \{\mathbf{X}_1, \ldots, \mathbf{X}_{N_0/\varrho_1}\}$ と表記する．$\mathcal{X}_1$ を，$S(\mathbf{X}) \geqslant \gamma_1$ を満たす $\mathcal{X}_0$ 内の要素 $\mathbf{X}$ の最大部分集合とし，N_1 を $\mathcal{X}_1$ の要素数とする．もし $N_1 = 0$ なら，Step 4 に進む．

2. **マルコフ連鎖抽出**：$\mathcal{X}_t = \{\mathbf{X}_1, \ldots, \mathbf{X}_{N_t}\}$ の各要素 $\mathbf{X}_i$ に対して，独立に抽出を行う．

$$\mathbf{Y}_{i,j} \sim \kappa_t(\mathbf{y} \mid \mathbf{Y}_{i,j-1}), \quad \mathbf{Y}_{i,0} = \mathbf{X}_i, \quad j = 1, \ldots, \mathcal{S}_{ti} \tag{14.3}$$

ただし, S_{ti} は分岐因子で,
$$S_{ti} - \left\lfloor \frac{1}{\varrho_{t+1}} \right\rfloor \overset{\text{iid}}{\sim} \text{Ber}\left(\frac{1}{\varrho_{t+1}} - \left\lfloor \frac{1}{\varrho_{t+1}} \right\rfloor\right), \quad i = 1, \ldots, N_t$$
である. また, $\kappa_t(\mathbf{y} \mid \mathbf{Y}_{i,j-1})$ は定常分布が
$$f_t(\mathbf{y}) \overset{\text{def}}{=} \frac{f(\mathbf{y}) \mathrm{I}_{\{S(\mathbf{y}) \geqslant \gamma_t\}}}{\ell(\gamma_t)}$$
となるようなマルコフ推移確率密度である. 次に,
$$\mathcal{X}_t = \left\{ \mathbf{Y}_{1,1}, \mathbf{Y}_{1,2}, \ldots, \mathbf{Y}_{1,S_{t1}}, \ldots\ldots\ldots, \mathbf{Y}_{N_t,1}, \mathbf{Y}_{N_t,2}, \ldots, \mathbf{Y}_{N_t,S_{tN_t}} \right\}$$
とリセットする. ただし, $\mathcal{X}_t$ は $|\mathcal{X}_t| = \sum_{i=1}^{N_t} S_{ti}$ 個の要素を持ち, また, $\mathbb{E}[|\mathcal{X}_t| \mid N_t] = \frac{N_t}{\varrho_{t+1}}$ である.

3. **更新**: $\mathcal{X}_{t+1} = \{\mathbf{X}_1, \ldots, \mathbf{X}_{N_{t+1}}\}$ を, $S(\mathbf{X}) \geqslant \gamma_{t+1}$ を満たす $\mathcal{X}_t$ 内の要素の最大部分集合とし, N_{t+1} を $\mathcal{X}_{t+1}$ の要素数とする. レベルカウンタを 1 増やす: $t = t + 1$.

4. **停止条件**: もし $t = T$ なら, Step 5 に進む. もし $N_t = 0$ なら, $N_{t+1} = N_{t+2} = \cdots = N_T = 0$ として, Step 5 に進む. そうでなければ, Step 2 から繰り返す.

5. **最終推定**: 稀少事象の確率の不偏推定値を
$$\widehat{\ell} = \frac{N_T}{N_0} \prod_{t=1}^{T} \varrho_t \tag{14.4}$$
で与える. 推定量 $\widehat{\ell}$ の分散の不偏推定値は
$$\widehat{\text{Var}(\widehat{\ell})} = \frac{\prod_{t=1}^{T} \varrho_t^2}{N_0(N_0 - \varrho_1)} \sum_{i=1}^{N_0/\varrho_1} \left(O_i - \frac{\varrho_1}{N_0} N_T \right)^2 \tag{14.5}$$
で与えられる. ただし, O_i は, $\mathcal{X}_T$ 内の点のうち, 初期集団 $\mathcal{X}_0$ の i 番目の点と共通の履歴を持ち, 繰り返しの最後のステップで S の値がレベル γ 以上のものの数である.

理想的には, 各ステージ t において, 条件付き分布 $f_t(\mathbf{y})$ から抽出したいが, 通常は不可能である. その代わり, アルゴリズム 14.3 の Step 2 では, $f_t(\mathbf{y})$ からの近似的な抽出としてマルコフ連鎖モンテカルロ法を用いる. 特に, (推移確率 $\kappa_t(\mathbf{y} \mid \mathbf{x})$ を使う) $\mathbf{X}$ から $\mathbf{Y}$ への移動は, 例えばギブスサンプリング (6.2 節) のように, 条件付き分布
$$Y_i \sim f_t(y_i \mid Y_1, \ldots, Y_{i-1}, X_{i+1}, \ldots, X_n), \quad i = 1, \ldots, n$$
から $\mathbf{Y}$ を抽出することで構成できる. 推移確率は

14.3 静的な稀少事象の確率推定での分岐法

$$\kappa_t(\mathbf{y}\mid\mathbf{x}) = \prod_{i=1}^{n} f_t(y_i\mid y_1,\ldots y_{i-1}, x_{i+1},\ldots,x_n) \tag{14.6}$$

となる. $\mathbf{X}$ から $\mathbf{Y}$ への移動として, 次の hit-and-run サンプラー (6.3.1 項) を用いることもできる.

1) n 次元超球の表面で一様な点を生成する.

$$\mathbf{d} = \left(\frac{Z_1}{||\mathbf{Z}||},\ldots,\frac{Z_n}{||\mathbf{Z}||}\right)^\top, \quad Z_1,\ldots,Z_n \overset{\text{iid}}{\sim} \mathsf{N}(0,1)$$

2) 現在の状態 $\mathbf{X}$ に対して, 密度関数

$$\widetilde{g}(\lambda\mid\mathbf{X},\mathbf{d}) = \frac{f(\mathbf{X}+\lambda\mathbf{d})}{\int_{-\infty}^{\infty} f(\mathbf{X}+u\mathbf{d})\,\mathrm{d}u}$$

から Λ を生成する.

3) マルコフ連鎖の新しい状態は,

$$\mathbf{Y} = \begin{cases} \mathbf{X}+\Lambda\mathbf{d}, & S(\mathbf{X}+\Lambda\mathbf{d}) \geqslant \gamma_t \text{ の場合} \\ \mathbf{X}, & \text{その他の場合} \end{cases}$$

となる.

アルゴリズム 14.3 を, 3 つのレベル ($T=3$) を用いて式 (14.2) の形の典型的な問題に適用したときの様子を説明する. 図 14.2 は 2 次元稀少事象シミュレーション問題に GS 法を適用したときの様子を表している.

3 つのレベル集合 $\{\mathbf{x}: S(\mathbf{x})=\gamma_t\}$, $t=1,2,3$ がネストした曲線で描かれ, ステージ 1 およびステージ 2 に対する**入口状態** (entrance state) には丸印が付けてある. $\{\gamma_t\}$ は所与で, すべての t に対して $\varrho_t = 1/10$ であると仮定する. すなわち, 分岐因子はすべての t に対して $s_t = \varrho_t^{-1} = 10$ である. 初めの $t=1$ のステージでは, $N_0/\varrho_1 = 10$ 個の独立点を密度分布 $f(\mathbf{x})$ から生成する. これらの点を $\mathbf{X}_1,\ldots,\mathbf{X}_{10}$ と表記する. これらの点のうちの $\mathbf{X}_1$ と $\mathbf{X}_2$ の 2 つは, ともに $S(\mathbf{X}_1)$ と $S(\mathbf{X}_2)$ が閾値 γ_1 より大きい. そこで, $\mathbf{X}_1$ と $\mathbf{X}_2$ はアルゴリズムの次の段階への入口状態であり, $N_1 = \sum_{j=1}^{10} \mathrm{I}\{S(\mathbf{X}_j) \geqslant \gamma_1\} = 2$ となる. $t=2$ では, 入口状態 $\mathbf{X}_1$ と $\mathbf{X}_2$ のおのおのから独立なマルコフ連鎖をスタートする. ここで, マルコフ連鎖に関するただ 1 つの条件は, 各マルコフ連鎖は, $\mathbf{X} \sim f$ として, $S(\mathbf{X}) \geqslant \gamma_1$ の条件下での $\mathbf{X}$ の条件付き分布と等しい定常分布を持つことである. 両方のマルコフ連鎖の長さ (ステップ数) は $s_2 = 10$ である. したがって, $t=2$ でのシミュレーションにかかる手間は, $N_1 \times s_2 = 20$ である. 言い換えれば, $t=2$ では,

$$\mathbf{X}_{i,j} \sim \kappa_1(\mathbf{x}\mid\mathbf{X}_{i,j-1}), \quad j=1,\ldots,10, \ i=1,2$$

を生成する. ただし, $\mathbf{X}_{i,0} = \mathbf{X}_i$ であり, $\kappa_1(\cdot\mid\cdot)$ は,

$$f_t(\mathbf{x}) = \frac{f(\mathbf{x})\,\mathrm{I}_{\{S(\mathbf{x})\geqslant\gamma_t\}}}{\ell(\gamma_t)} \tag{14.7}$$

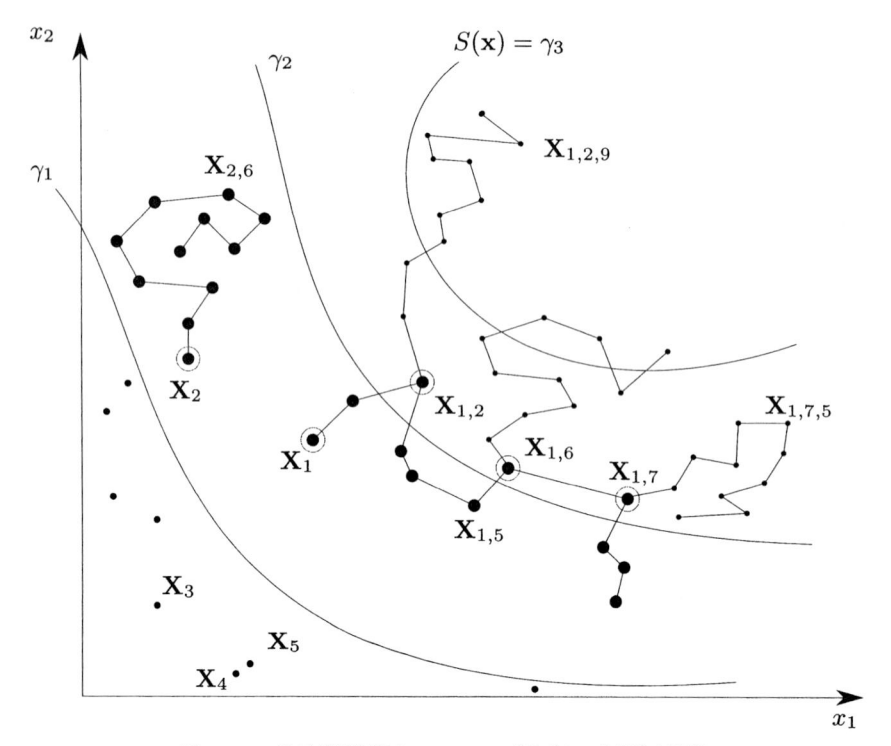

図 14.2 2 次元状態空間中の GS アルゴリズムの典型的な進行.

の $t=1$ での定常分布 f_1 を満たすマルコフ推移確率密度である．図 14.2 は点 $\mathbf{X}_1$ と $\mathbf{X}_2$ から発芽した枝のようにマルコフ連鎖が描かれている．これらの分岐は，段階を区別するために，$t=3$ で発生した枝よりも太く描かれている．$\mathbf{X}_2$ の枝の中のすべての点で S の値は閾値 γ_2 を超えていない．$\mathbf{X}_{1,2}, \mathbf{X}_{1,6}, \mathbf{X}_{1,7}$ という $\mathbf{X}_1$ からの枝の（丸印付きの）点は，S の値が閾値 γ_2 を超えている．これら 3 つの点は，$t=3$ への入口状態となる．したがって，

$$N_2 = \sum_{j=1}^{10} \left(\mathrm{I}_{\{S(\mathbf{X}_{1,j}) \geqslant \gamma_2\}} + \mathrm{I}_{\{S(\mathbf{X}_{2,j}) \geqslant \gamma_2\}} \right) = 3$$

となる．最終段階では，3 つの独立なマルコフ連鎖を各入口状態 $\mathbf{X}_{1,2}, \mathbf{X}_{1,6}, \mathbf{X}_{1,7}$ から定常分布 f_2 で開始する．各連鎖の長さは $s_3 = 10$ である．したがって，ステージ $t=3$ へのシミュレーションにかかる手間は $3 \times 10 = 30$ であり，

$$\mathbf{X}_{1,j,k} \sim \kappa_2(\mathbf{x} \,|\, \mathbf{X}_{1,j,k-1}), \quad k=1,\ldots,10, \; j=2,6,7$$

を生成する．ただし，$\mathbf{X}_{1,j,0} = \mathbf{X}_{1,j}$ であり，$\kappa_2(\cdot\,|\,\cdot)$ は式 (14.7) で定義される定常密度関数 f_2 を満たすマルコフ推移確率密度である．図 14.2 にあるように，γ_3 を超

える点は $\mathbf{X}_{1,2,k}$, $k = 3, \ldots, 10$ と $\mathbf{X}_{1,6,k}$, $k = 7, 8, 10$ である. そのため, 最終段階 $T = 3$ では $N_T = 11$ である. 最終的に, $\ell(\gamma_3)$ の推定量は

$$\widehat{\ell}(\gamma_3) = \frac{N_T}{N_0} \prod_{t=1}^{3} s_t^{-1}$$

であり, これは推定値 11×10^{-3} を与える. 命題 14.1 は, このような推定量が不偏であることを示している (☞ p.516).

ϱ_t^{-1} が整数の場合には, 段階 t における入口状態から始まった各マルコフ連鎖の長さは一定であり, ϱ_t^{-1} が非整数の場合には, 古典的な分岐法のように, 各マルコフ連鎖の長さは, 期待値が ϱ^{-1} となるようにランダムに整数値の分岐因子を定める. 段階 t における入口状態のすべてにランダムな分岐因子が割り当てられようとも, これらの因子は独立であり, 同じ期待値を持つ. アルゴリズム 14.3 では, そのようなランダム分岐因子は, 便宜的に独立なベルヌーイ分布に従う確率変数を発生させることで構築される. ベルヌーイ分布の成功確率は $\varrho_t^{-1} - \lfloor \varrho_t^{-1} \rfloor$ とし, 得られた 0-1 乱数に $\lfloor \varrho_t^{-1} \rfloor$ を加える.

アルゴリズム 14.3 は, 10.6 節の古典的分岐法 (特に固定分岐) と強い類似性があるが, 重要な違いがある. 第一に, 図 14.2 からわかるように, GS アルゴリズムの初期化の間マルコフ連鎖を走らせず, 式 (14.2) の分布密度 f から独立同分布のベクトルを生成している. 一方, 古典的固定分岐アルゴリズムでは, 常に, 独立なマルコフ連鎖の集団をもって初期化を行う. 第二に, アルゴリズム 14.3 において, 第 1 レベルは常に $\gamma_0 = -\infty$ であるが, 古典的分岐法では γ_0 は通常有限である. 第三に, 古典的固定分岐アルゴリズムでは, "同じ" マルコフ過程を全段階の間走らせるのに対して, GS アルゴリズムでは, マルコフ連鎖の定常分布は段階間で "変更する". より正確には, GS アルゴリズムでは, 段階 t における定常分布は f_{t-1} である. その結果, GS アルゴリズムの "t 段階では, γ_{t-1} を下回るマルコフ連鎖パスはない". 一方, 古典的固定分岐では閾値を下に跨ぎ, 時には γ_0 を下回ることさえある.

■ 例 14.1 (充足可能性数え上げ問題)

GS アルゴリズムを充足可能性 (SAT) 数え上げ問題 (☞ p.731) に適用してみたい. SAT 問題には多くの数理的定式化がある [17]. ここでは, SATLIB プロジェクト [19] (www.satlib.org) からの問題に対して, 便利な定式化を利用する. $\mathbf{x} = (x_1, \ldots, x_n)^\top$, $\mathbf{x} \in \{0, 1\}^n$ は**真値割り当て** (truth assignment) を表し, $A = (A_{ij})$ を $m \times n$ の**節行列** (clause matrix) とする. すなわち, A の各要素は集合 $\{-1, 0, 1\}$ に属する. $\mathbf{b} = (b_1, \ldots, b_m)^\top$ を, $b_i = 1 - \sum_{j=1}^{n} \mathrm{I}_{\{A_{ij} = -1\}}$ を要素として持つベクトルと定義する. 標準的な SAT 問題では, $A\mathbf{x} \geqslant \mathbf{b}$ に対する真値割り当て $\mathbf{x}$ を見つけることに興味がある. **SAT 数え上げ問題** (SAT counting problem) では, $A\mathbf{x} \geqslant \mathbf{b}$ に対する真値割り当て $\mathbf{x}$ の "総数" を見つけることに興味がある. SAT 数え上げ問題は SAT 問題より複雑であると考えられていて [34], [36], 実際, SAT 数え上げ問題は #P 完

全問題として知られている．この定式化を用いて，SAT 数え上げ問題は，集合

$$\mathscr{X}^* = \left\{ \mathbf{x} \in \{0,1\}^n : \sum_{i=1}^m \mathrm{I}\left\{\sum_{j=1}^n A_{ij}x_j \geqslant b_i\right\} \geqslant m \right\}$$

のサイズを推定する問題となる．$|\mathscr{X}^*|$ を推定するために，アルゴリズム 14.3 を用いて確率

$$\ell = \mathbb{P}\left(S(\mathbf{X}) \geqslant m\right), \quad \{X_j\} \stackrel{\mathrm{iid}}{\sim} \mathsf{Ber}(1/2), \quad S(\mathbf{x}) = \sum_{i=1}^m \mathrm{I}\left\{\sum_{j=1}^n A_{ij}x_j \geqslant b_i\right\} \tag{14.8}$$

を推定する問題を考える．すると，A の各行は節を表し，$S(\mathbf{x})$ は条件充足節の数である．したがって，集合の大きさは $|\mathscr{X}^*| = \ell\, 2^n$ から推定することができる．数値例として，SATLIB サイト内の $m = 325$，$n = 75$ の場合の uf75-01 問題を考える．アルゴリズム 14.3 を $N = 10^4$ で適用し，分岐因子とレベルは表 14.1 に与えた値とし，結果として全体のシミュレーションの手間はおよそ 2.8×10^6 サンプルとなった．

表 14.1 SAT 問題 uf75-01 に対してアルゴリズム 14.3 を適用した際に使用した，レベルと分岐因子の系列．

t	γ_t	ϱ_t	t	γ_t	ϱ_t	t	γ_t	ϱ_t
1	285	0.4750	11	305	0.4359	21	315	0.2235
2	289	0.4996	12	306	0.4239	22	316	0.2071
3	292	0.4429	13	307	0.3990	23	317	0.1892
4	294	0.4912	14	308	0.3669	24	318	0.1722
5	296	0.4369	15	309	0.3658	25	319	0.1363
6	298	0.3829	16	310	0.3166	26	320	0.1413
7	300	0.3277	17	311	0.3072	27	321	0.1237
8	302	0.2676	18	312	0.3104	28	322	0.0953
9	303	0.4982	19	313	0.2722	29	323	0.0742
10	304	0.4505	20	314	0.2253	30	324	0.0415
						31	325	0.0115

アルゴリズム 14.3 の Step 2 にあるマルコフ推移確率密度 κ_t は式 (14.6) で与えられ，定常確率密度は，

$$f_t(\mathbf{x}) = \frac{1}{2^n \ell(\gamma_t)} \mathrm{I}\left\{\sum_{i=1}^m \mathrm{I}\left\{\sum_{j=1}^n A_{ij}x_j \geqslant b_i\right\} \geqslant \gamma_t\right\}, \quad \mathbf{x} \in \{0,1\}^n$$

となる．言い換えれば，推移確率密度 $\kappa_t(\mathbf{y}\,|\,\mathbf{x})$ による $\mathbf{x}$ から $\mathbf{y}$ への移動は，以下のギブスサンプリングの手続きからなる．

1) $S(\mathbf{x}) \geqslant \gamma_t$ を満たす状態 $\mathbf{x}$ が所与のもとで，$Y_1 \sim f_t(y_1\,|\,x_2,\ldots,x_n)$ を生成する．
2) 各 $k = 2,\ldots,n-1$ に対して，$Y_k \sim f_t(y_k\,|\,Y_1,\ldots,Y_{k-1},x_{k+1},\ldots,x_n)$ を生成する．

3) 最後に，$Y_n \sim f_t(y_n \,|\, Y_1, \ldots, Y_{n-1})$ を生成する．
Y_k の条件付き密度関数については，$s_k^- = S(Y_1, \ldots, Y_{k-1}, 0, x_{k+1}, \ldots, x_n)$，$s_k^+ = S(Y_1, \ldots, Y_{k-1}, 1, x_{k+1}, \ldots, x_n)$ としたときに，

$$p_k = \frac{\mathrm{I}\{s_k^+ \geqslant \gamma_t\}}{\mathrm{I}\{s_k^+ \geqslant \gamma_t\} + \mathrm{I}\{s_k^- \geqslant \gamma_t\}}$$

のもと，

$$f_t(y_k \,|\, Y_1, \ldots, Y_{k-1}, x_{k+1}, \ldots, x_n) = \begin{cases} p_k, & y_k = 1 \text{ の場合} \\ 1 - p_k, & y_k = 0 \text{ の場合} \end{cases}$$

で与えられることに注意する．

上記の設定のもと，1つの推定の例として推定相対誤差 5.8% で $|\widehat{\mathscr{X}^*}| = 2.31 \times 10^3$ を得た．$A\mathbf{x} \geqslant \mathbf{b}$ に対するすべての可能な真値割り当ての列挙数は $2^{75} \approx 3.7 \times 10^{22}$ であり，したがって実行不可能である．単純モンテカルロを用いて同じ相対誤差を達成するには，およそ $N = 4.8 \times 10^{21}$ のサンプル数が必要である．したがって，ほんのわずかな追加的な作業によって，GS アルゴリズムが単純モンテカルロの 10^{-15} の手間のシミュレーションで済んでいることがわかる．重点関数 S としてもっと良いものを選べば，すべての条件付き確率 $c_t = \mathbb{P}(S(\mathbf{X}) \geqslant \gamma_t \,|\, S(\mathbf{X}) \geqslant \gamma_{t-1})$ が近似的に等しくなって，相対誤差がもっと小さい推定量が得られる可能性があることに注意しよう．しかし，分岐における重点関数の最適な選択は未解決問題である [13], [25]．

ここでのシミュレーションのもう1つの利点は，$|\mathscr{X}^*|$ についての確定的な下界を決められることである．これは以下のようにして決めることができる．アルゴリズム 14.3 の反復の最後に得られる集団 $\mathcal{X}_T$ は，近似的に $|\mathscr{X}^*|$ 上に一様に分布しており，その結果，SAT 問題の異なる解を見つけるのに利用することができる．アルゴリズム 14.3 を $N = 10^4$ で 10 回走らせた結果，T 番目で生成された 10 個の最終集団の中に，2258 個の異なる解を見つけた．それゆえ，$|\mathscr{X}^*| \geqslant 2258$ である．

注 14.1（GS と重点抽出） GS アルゴリズムを重点抽出とともに用いれば，有意に分散を減らすことができる点に注意しよう [2], [3]．考え方は以下のとおりである．CE アルゴリズム 10.8 を以下の設定とともに用いることを考える．(1) Step 1 では，GS アルゴリズムの最終集団 $\mathcal{X}_T$ を，g^* からの近似抽出標本として用いる．(2) Step 2 では，重点抽出密度として，多変量ベルヌーイ混合分布を選択する．

$$f(\mathbf{x}; \mathbf{v}) = \sum_{k=1}^{K} w_k \prod_{j=1}^{n} p_{kj}^{x_j} (1 - p_{kj})^{1-x_j}$$

ただし，K は混合した分布の数であり，$\mathbf{w} = (w_1, \ldots, w_K)$ は $\sum_{k=1}^{K} w_k = 1$ と $w_k \geqslant 0$ を満たす各分布の重み，各 $\mathbf{p}_k = (p_{k1}, \ldots, p_{kn})$ は確率ベクトル，$\mathbf{v} = (\mathbf{w}, \mathbf{p}_1, \ldots, \mathbf{p}_K)$

はすべての未知パラメータをまとめたものである（ここで K は既知とする）．アルゴリズム 10.8 の Step 2 における最尤推定問題は，EM アルゴリズムを用いて解く（D.7 節を参照）．表 14.2 は，上記の設定のもとでアルゴリズム 10.8 により得られた重点抽出推定と相対誤差を示している．これらの SAT 事例は [19] による．例 14.1 では，アルゴリズム 14.3 を使って，uf75-01 の事例に対して 2258 個の異なる解が得られていることに注意しよう．

表 14.2 文献 [19] の SAT 数え上げ問題の結果．

事例	$|\mathcal{X}^*|$	相対誤差
uf75-01	2258.28	0.03%
uf75-02	4590.02	0.07%
uf250-01	3.38×10^{11}	4.4%
RTI_k3_n100_m429_0	20943.79	0.01%
RTI_k3_n100_m429_1	24541.70	0.02%
RTI_k3_n100_m429_2	3.9989	0.01%
RTI_k3_n100_m429_3	376.016	0.01%
RTI_k3_n100_m429_4	4286.28	0.3%
RTI_k3_n100_m429_5	7621.11	0.7%
RTI_k3_n100_m429_6	2210.20	0.01%
RTI_k3_n100_m429_7	1869.64	0.3%
RTI_k3_n100_m429_8	1832.29	0.01%

命題 14.1（GS 推定量の不偏性） 式 (14.4) の推定量は ℓ の不偏推定量であり，式 (14.5) は $\mathrm{Var}(\widehat{\ell})$ の不偏推定量である．

証明： 図 14.2 のとおりの記述を用いると，

$$N_T = \sum_{\mathbf{p}} \prod_{t=1}^{T} \mathrm{I}_{\{S(\mathbf{X}_{p_1,\ldots,p_t}) \geqslant \gamma_t\}}$$

と書ける．ただし，$\mathbf{p} = (p_1, \ldots, p_T)$ であり，p_1 は $1, \ldots, N_0/\varrho_1$ の範囲を動き，p_t, $t \geqslant 2$ は $1, \ldots, \mathcal{S}_{t-1, p_{t-1}}$ の範囲を動く．加えて，$\mathbf{X}_{p_1} \sim f$ はすべての p_1 に対して独立であり，$t \geqslant 2$ では $\mathbf{X}_{p_1,\ldots,p_t} \sim \kappa_{t-1}(\cdot \mid \mathbf{X}_{p_1,\ldots,p_{t-1}})$ である．ここで，$\mathbf{X}_{p_1,\ldots,p_{t-1},0} = \mathbf{X}_{p_1,\ldots,p_{t-1}}$ である．

分岐因子 $\{\mathcal{S}_{t,p_t}\}$ は $\{\mathbf{X}_{p_1}, \mathbf{X}_{p_1,p_2}, \ldots, \mathbf{X}_{\mathbf{p}}\}$ と独立なので，

$$\mathbb{E}[N_T \mid \{\mathcal{S}_{t,p_t}\}] = \sum_{\mathbf{p}} \mathbb{E} \prod_{t=1}^{T} \mathrm{I}_{\{S(\mathbf{X}_{p_1,\ldots,p_t}) \geqslant \gamma_t\}}$$

と書ける．和記号内の期待値の部分は

$$\int \cdots \int f(\mathbf{x}_{p_1}) \, \mathrm{I}_{\{S(\mathbf{x}_{p_1}) \geqslant \gamma_1\}} \Big(\prod_{t=2}^{T} \prod_{l=1}^{p_t} \kappa_{t-1}(\mathbf{x}_{p_1,\ldots,p_{t-1},l} \mid \mathbf{x}_{p_1,\ldots,p_{t-1},l-1})$$
$$\times \mathrm{I}_{\{S(\mathbf{x}_{p_1,\ldots,p_t}) \geqslant \gamma_t\}} \Big) \, \mathrm{d}\mathbf{x}_{p_1} \cdots \mathrm{d}\mathbf{x}_{p_1,\ldots,p_t}$$

と書ける.ただし,積分は $\mathrm{d}\mathbf{x}_{p_1}, \ldots, \mathrm{d}\mathbf{x}_{p_1,\ldots,p_t}$ の順に計算され,各次元の積分計算では不変性

$$\int f(\mathbf{x}) \, \mathrm{I}_{\{S(\mathbf{x}) \geqslant \gamma_t\}} \, \kappa_t(\mathbf{y} \mid \mathbf{x}) \, \mathrm{d}\mathbf{x} = f(\mathbf{y}) \, \mathrm{I}\{S(\mathbf{y}) \geqslant \gamma_t\}, \quad \forall \, t \tag{14.9}$$

が成り立ち,その結果 $\ell = \ell(\gamma_T) = \int f(\mathbf{x}) \, \mathrm{I}_{\{S(\mathbf{x}) \geqslant \gamma_T\}} \, \mathrm{d}\mathbf{x}$ を得る.そのため,

$$\mathbb{E} N_T = \mathbb{E}\,\mathbb{E}[N_T \mid \{\mathcal{S}_{t,p_t}\}] = \ell \, \mathbb{E} \sum_{\mathbf{p}} 1 = \ell \frac{N_0}{\prod_{t=1}^{T} \varrho_t}$$

となり,推定量 (14.4) は不偏である.式 (14.4) の分散を導出するために,

$$O_{p_1} = \mathrm{I}_{\{S(\mathbf{x}_{p_1}) \geqslant \gamma_1\}} \sum_{p_2,\ldots,p_T} \prod_{t=2}^{T} \mathrm{I}_{\{S(\mathbf{x}_{p_1,\ldots,p_t}) \geqslant \gamma_t\}}$$

を解析する.$\{\mathbf{X}_{p_1}\}$ は互いに独立であり,$N_T = \sum_{p_1} O_{p_1}$ であるから,$\mathrm{Var}(N_T) = \frac{N_0}{\varrho_1} \mathrm{Var}(O_{p_1})$ を得て,これより式 (14.5) が分散の不偏推定量となる.

　マルコフ連鎖の混合速度によらず,推定量 $\widehat{\ell}$ は不偏である.しかし,このことは連鎖の混合速度が重要でないことを意味しない.無混合という極端な場合,すなわち,連鎖が標本空間内で移動しない場合,推定量 $\widehat{\ell}$ は稀少事象の確率 ℓ の不偏な単純モンテカルロ推定量になってしまう.

14.4　適応分岐アルゴリズム

　ここでは,分岐因子 $\{\varrho_t\}$ とレベル $\{\gamma_t\}$ を推定するための試行段階で用いるアルゴリズムについて記述する.これは GS アルゴリズムの初期版であり [2],以下ではこのアルゴリズムを **ADAM** (adaptive multilevel splitting) アルゴリズムと呼ぶ.例えば,表 14.1 はアルゴリズム 14.4 を $N = 1000$, $\varrho = 0.5$ として,例 14.1 にあるマルコフ推移密度を使って実行して作られている.

アルゴリズム 14.4（ADAM アルゴリズム）

　サンプル数 N とパラメータ $\varrho \in (0,1)$ および γ を所与とする.以下の手続きを行う.

1. **初期化**:カウンタ $t = 1$ を設定する.
    a) $\mathbf{X}_1, \ldots, \mathbf{X}_N \sim f$ を生成し,$\mathcal{X}_0 = \{\mathbf{X}_1, \ldots, \mathbf{X}_N\}$ とする.
    b) すべての $\mathbf{X}_i \in \mathcal{X}_{t-1}$ に対して $S_i = S(\mathbf{X}_i)$ と記すことにし,

$$\widetilde{\gamma}_t = \underset{\gamma \in \{S_1,\ldots,S_N\}}{\mathrm{argmin}} \left\{ \frac{1}{N} \sum_{i=1}^{N} \mathrm{I}_{\{S_i \geqslant \gamma\}} \leqslant \varrho \right\} \quad (14.10)$$

とする．すなわち，$\widetilde{\gamma}_t$ は $\frac{1}{N} \sum_{i=1}^{N} \mathrm{I}\{S(\mathbf{X}_i) \geqslant \widetilde{\gamma}_t\} \leqslant \varrho$ を満たす $S(\mathbf{X}_1),\ldots,S(\mathbf{X}_N)$ の間で最小の値である．$\gamma_t = \min\{\gamma, \widetilde{\gamma}_t\}$ とする．また，$\mathcal{X}_t$ を $\mathcal{X}_{t-1}$ の中で $S(\mathbf{X}) \geqslant \gamma_t$ となるすべての要素の部分集合とし，$N_t = |\mathcal{X}_t|$ とする．すると，$\gamma_0 = -\infty$ として，$\varrho_t = \frac{N_t}{N}$ は確率 $c_t = \mathbb{P}_f(S(\mathbf{X}) \geqslant \gamma_t \mid S(\mathbf{X}) \geqslant \gamma_{t-1})$ の近似となる．

2. **マルコフ連鎖サンプリング**：式 (14.3) にある分岐因子のみを変えて，アルゴリズム 14.3 の Step 2 を実行する．分岐因子は，

$$\mathcal{S}_{ti} = \left\lfloor \frac{N}{N_t} \right\rfloor + B_i, \quad i = 1, \ldots, N_t$$

とする．ここで，確率変数 $B_1, \ldots, B_{N_t}$ は $\sum_{i=1}^{N_t} B_i = (N \bmod N_t)$ で条件付けられた Ber(1/2) の確率変数である．より正確には，$r = (N \bmod N_t)$ としたときに，$(B_1, \ldots, B_{N_t})$ は，同時分布

$$\mathbb{P}(B_1 = b_1, \ldots, B_{N_t} = b_{N_t}) = \frac{(N_t - r)! \, r!}{N_t!} \mathrm{I}_{\{b_1 + \cdots + b_{N_t} = r\}}, \quad b_i \in \{0, 1\}$$

を持つ 2 値ベクトルである．分岐因子生成の結果，

$$\mathcal{X}_t = \left\{ \mathbf{Y}_{1,1}, \mathbf{Y}_{1,2}, \ldots, \mathbf{Y}_{1,\mathcal{S}_{t1}}, \ldots\ldots\ldots, \mathbf{Y}_{N_t,1}, \mathbf{Y}_{N_t,2}, \ldots, \mathbf{Y}_{N_t,\mathcal{S}_{tN_t}} \right\}$$

をリセットした後には，集合 $\mathcal{X}_t$ はちょうど N 個の要素を持っている．

3. **更新と推定**：カウンタを $t = t + 1$ と更新し，Step 1 の b) と同じ手続きを実行する．

4. **停止条件**：もし $\gamma_t = \gamma$ なら，$T = t$ として Step 5 に進む．そうでなければ Step 2 から繰り返す．

5. **最終推定**：推定したレベル $\gamma_1, \ldots, \gamma_T$ と分岐因子 $\varrho_1, \ldots, \varrho_T$，そして稀少事象の確率の推定値

$$\widehat{\ell}_{\mathrm{ADAM}} = \prod_{t=1}^{T} \varrho_t = \frac{\prod_{t=1}^{T} N_t}{N^T} \quad (14.11)$$

を返す．

ADAM アルゴリズムと GS アルゴリズムの主な違いは以下のとおりである．第一に，ADAM アルゴリズムの Step 2 では，各ステージにおけるシミュレーション数が N に固定される方法で分岐因子が生成されている ([14] を参照)．第二に，式 (14.10) からわかるように，レベル $\{\gamma_t\}$ は，ランダム集団 $\{\mathcal{X}_t\}$ を使ってオンラインで決められる．これらの違いの結果として，推定量 $\widehat{\ell}_{\mathrm{ADAM}}$ は不偏ではなく，アルゴリズムは $\widehat{\ell}_{\mathrm{ADAM}}$ の分散に対する単純な推定を与えない．

事前のいかなるシミュレーションも必要としないで ℓ の推定を提供できるという意味で，ADAM アルゴリズムは単独のアルゴリズムとして利用できる．例えば，例 14.1 の SAT 数え上げ問題では，2.8×10^6 抽出 ($N = 10^5$, $\varrho = 0.5$) のコストに対して，アルゴリズム 14.4 は，$|\widehat{\mathscr{X}^*}| = 2.26 \times 10^3$ という推定を相対誤差推定 3% とともに得ている．この推定値は，重点抽出付き GS アルゴリズムを用いて得られたものに近い（表 14.2 を参照）．

14.5　多次元積分の推定

前節では，ADAM か GS アルゴリズムを用いて，式 (14.2) の形式で表された稀少事象の確率をどのように推定できるかを示した．本節では，これらのアルゴリズムを，式 (14.1) の形の定積分の推定という，より一般的な問題へ拡張する．このために，式 (14.1) を以下のように書き直す．

$$\mathcal{Z} = \mathbb{E}\,H(\mathbf{Z}) = \int p(\mathbf{z})\,H(\mathbf{z})\,\mathrm{d}\mathbf{z}, \quad \mathbf{Z} \sim p \tag{14.12}$$

すると，$\mathcal{Z}$ を推定すればよいことになる．GS アルゴリズムは $\mathcal{Z}$ の不偏推定を与えることを示し，感度の推定の取り扱いにも容易に拡張できることに注意する [3]．第一に，

$$\mathbb{E}\,H(\mathbf{Z}) = 2\,\mathbb{E}[H(\mathbf{Z})\,\mathrm{I}_{\{H(\mathbf{z}) \geqslant 0\}}] - \mathbb{E}|H(\mathbf{Z})|$$

であるので，一般性を失うことなく $H(\mathbf{z}) \geqslant 0$ に対して式 (14.12) を推定する問題を考えればよい．第二に，$\widetilde{p}(\mathbf{z})$ を容易に抽出可能な提案分布とし，ある $\gamma \geqslant (\ln \mathcal{Z} - b)/a$ に対して

$$p(\mathbf{z})H(\mathbf{z}) \leqslant \mathrm{e}^{a\,\gamma + b}\,\widetilde{p}(\mathbf{z}), \quad \forall\,\mathbf{z} \in \mathbb{R}^n \tag{14.13}$$

が成り立つという意味で，$p(\mathbf{z})H(\mathbf{z})$ を支配している．ただし，$a > 0$ と $b \in \mathbb{R}$ は任意の定数である．定数 $\mathrm{e}^{a\,\gamma + b}$ は $\mathcal{Z}$ の上界を与えることに注意する．通常は $\mathrm{e}^{a\,\gamma + b} \gg \mathcal{Z}$ すなわち $\gamma \gg (\ln \mathcal{Z} - b)/a$ となるように γ を選び，その場合 $\widetilde{p}(\mathbf{z}) = p(\mathbf{z})$ とするのは自然である．

アルゴリズム 14.5（$\mathcal{Z}$ の推定）

> 提案分布 $\widetilde{p}(\mathbf{z})$ と式 (14.13) が成り立つパラメータ γ, a, b，および，GS か ADAM アルゴリズムのいずれかを表すアルゴリズム A が与えられたとする．このとき，以下の手順を行う．
>
> 1. **ℓ の推定**：アルゴリズム A を
>
> $$\ell(\gamma) = \mathbb{E}\,\mathrm{I}_{\{S(\mathbf{X}) \geqslant \gamma\}} = \int f(\mathbf{x})\,\mathrm{I}_{\{S(\mathbf{x}) \geqslant \gamma\}}\,\mathrm{d}\mathbf{x} \tag{14.14}$$
>
> の推定値 $\widehat{\ell}(\gamma)$ を計算するために使う．ただし，ベクトル $\mathbf{x} = (\mathbf{z}, u)^\top \in \mathbb{R}^n \times (0, 1)$ は $\mathbf{z}$ を変数 $u \in (0, 1)$ で拡大したもので，$S(\mathbf{x})$ の値は

$$S(\mathbf{x}) = \frac{1}{a}\ln\left(\frac{p(\mathbf{z})H(\mathbf{z})}{u\,\widetilde{p}(\mathbf{z})}\right) - \frac{b}{a}$$

で与えられ，密度関数 $f(\mathbf{x})$ は

$$f(\mathbf{x}) = \widetilde{p}(\mathbf{z})\,\mathrm{I}_{\{0<u<1\}}, \quad \mathbf{x} \in \mathbb{R}^n \times (0,1)$$

で与えられる．

2. $\mathcal{Z}$ **の推定**：式 (14.12) にある $\mathcal{Z}$ の推定を

$$\widehat{\mathcal{Z}} = \mathrm{e}^{a\gamma+b}\,\widehat{\ell}(\gamma)$$

で与える．

以下の命題は，もし A が GS アルゴリズムであれば，推定 $\widehat{\mathcal{Z}}$ が不偏であることを示す．

命題 14.2（ℓ と $\mathcal{Z}$ の関係） 確率密度関数

$$\frac{p(\mathbf{z})H(\mathbf{z})}{\mathcal{Z}} \tag{14.15}$$

は $f_T(\mathbf{x}) = \frac{1}{\ell(\gamma_T)}f(\mathbf{x})\,\mathrm{I}_{\{S(\mathbf{x})\geqslant\gamma_T\}}$ の周辺密度であり（$\gamma_T = \gamma$ であることを思い出そう），$\mathcal{Z} = \mathrm{e}^{a\gamma+b}\ell(\gamma)$ である．

証明： u が，乱数生成に対する採択–棄却法（☞ p.63）で使われたものと同様な"補助変数"であることに注意する．

式 (14.13) から，以下が導かれる（ここで，$\mathbf{x} = (\mathbf{z},u)^\top$，$x_{n+1} = u$ としている）．

$$\int_{\mathbb{R}} f_T(\mathbf{x})\,\mathrm{d}x_{n+1} = \int_{\mathbb{R}} \frac{\widetilde{p}(\mathbf{z})\,\mathrm{I}\{0\leqslant u\leqslant 1\}}{\ell(\gamma)}\,\mathrm{I}\left\{\frac{1}{a}\ln\left(\frac{p(\mathbf{z})\,H(\mathbf{z})}{u\,\widetilde{p}(\mathbf{z})}\right) - \frac{b}{a} \geqslant \gamma\right\}\,\mathrm{d}u$$

$$= \frac{\widetilde{p}(\mathbf{z})}{\ell(\gamma)}\int_0^1 \mathrm{I}\left\{u \leqslant \frac{p(\mathbf{z})\,H(\mathbf{z})}{\mathrm{e}^{a\gamma+b}\,\widetilde{p}(\mathbf{z})}\right\}\,\mathrm{d}u = \frac{p(\mathbf{z})\,H(\mathbf{z})}{\ell(\gamma)\,\mathrm{e}^{a\gamma+b}}$$

なぜなら，式 (14.13) より，すべての $\mathbf{z}$ に対して $\frac{p(\mathbf{z})\,H(\mathbf{z})}{\mathrm{e}^{a\gamma+b}\,\widetilde{p}(\mathbf{z})} \leqslant 1$ となるからである．$\mathcal{Z}$ は $p(\mathbf{z})H(\mathbf{z})$ の規格化定数であるので，$\mathcal{Z} = \mathrm{e}^{a\gamma+b}\ell(\gamma)$ である．

式 (14.12) の推定におけるアルゴリズム 14.5 の有効性を示すために，3 つの例を考える．

■ **例 14.2**（二峰関数）

文献 [34] からの簡単な例を以下に示す．あるパラメータ値 $\lambda \in \mathbb{R}$，例えば $\lambda = 12$ に対して，

$$h(\mathbf{z};\lambda) = \exp\left(-\frac{z_1^2 + z_2^2 + (z_1z_2)^2 - 2\lambda z_1 z_2}{2}\right), \quad \mathbf{z} \in \mathbb{R}^2$$

14.5 多次元積分の推定

に比例する確率密度関数の規格化定数 $\mathcal{Z} = \mathcal{Z}(\lambda)$ を偏りなしに推定する問題を考える. $h(\mathbf{z}; 12)/\mathcal{Z}(12)$ の密度関数を図 14.3 に示す.

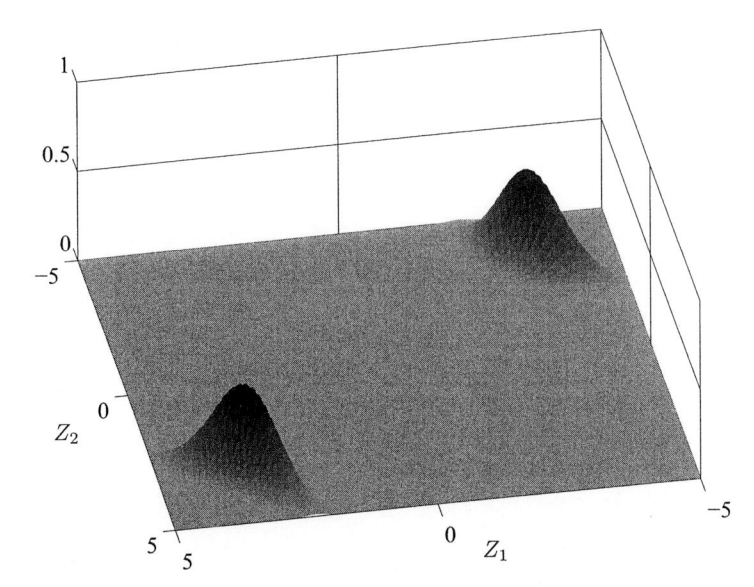

図 14.3 二峰密度 $h(\mathbf{z}; 12)/\mathcal{Z}(12)$ の曲面.

これは,

$$p(\mathbf{z}) = \frac{1}{2\pi} \exp\left(-\frac{z_1^2 + z_2^2}{2}\right) \quad \text{かつ} \quad H(\mathbf{z}) = 2\pi \exp\left(-\frac{(z_1 z_2)^2 - 2\lambda z_1 z_2}{2}\right)$$

としたときの式 (14.12) の形の問題である. アルゴリズム 14.5 を $\widetilde{p}(\mathbf{z}) = p(\mathbf{z})$, $a = \frac{1}{2}$, $b = \frac{\lambda^2}{2} + \ln(2\pi)$ として適用する. すると, 式 (14.14) は

$$\ell(\gamma) = \mathbb{P}(S(\mathbf{X}) \geqslant \gamma) = \mathbb{P}\left(-(Z_1 Z_2 - \lambda)^2 - 2\ln U \geqslant \gamma\right)$$

として記述される. ただし, ベクトル $\mathbf{x} = (\mathbf{z}, u)^\top$ は

$$f(\mathbf{x}) = \frac{1}{2\pi} \exp\left(-\frac{z_1^2 + z_2^2}{2}\right) \mathrm{I}_{\{0 < u < 1\}}$$

となるように拡張される. 式 (14.13) が成り立つようにレベル $\gamma = 0$ とする. 式 (14.14) の推定のために GS アルゴリズムを適用するには, 定常密度

$$f_t(\mathbf{x}) = \frac{f(\mathbf{x}) \mathrm{I}_{\{S(\mathbf{x}) \geqslant \gamma_t\}}}{\ell(\gamma_t)} = \frac{f(\mathbf{x}) \mathrm{I}\{-(z_1 z_2 - \lambda)^2 - 2\ln u \geqslant \gamma_t\}}{\ell(\gamma_t)}$$

を伴う推移確率密度 κ_t を特定する必要がある. 推移確率密度 $\kappa_t(\mathbf{X}^* | \mathbf{X})$ を使う $\mathbf{X}$ から $\mathbf{X}^*$ への移動は, 以下の組織的なギブスサンプラーの手続きによる.

アルゴリズム 14.6（推移確率密度 $\kappa_t(\mathbf{X}^* \mid \mathbf{X})$）

1. $S(\mathbf{X}) \geqslant \gamma_t$ となる $\mathbf{X} = (Z_1, Z_2, U)^\top$ が与えられたとき，$Z_1^* \sim f_t(z_1^* \mid Z_2, U)$ を生成する．すなわち，Z_1^* を区間 (I_1, I_2) 上の打ち切り標準正規分布から抽出する．ただし，$I_1 = \min\{\frac{\lambda-\mu}{Z_2}, \frac{\lambda+\mu}{Z_2}\}$，$I_2 = \max\{\frac{\lambda-\mu}{Z_2}, \frac{\lambda+\mu}{Z_2}\}$，$\mu = \sqrt{-\gamma_t - 2\ln U}$ である．
2. $Z_2^* \sim f_t(z_2^* \mid Z_1^*, U)$ を生成する．これは，Z_2^* が区間 (I_1^*, I_2^*) 上の打ち切り標準正規分布からの抽出だということである．ここで，$I_1^* = \min\{\frac{\lambda-\mu}{Z_1^*}, \frac{\lambda+\mu}{Z_1^*}\}$，$I_2^* = \max\{\frac{\lambda-\mu}{Z_1^*}, \frac{\lambda+\mu}{Z_1^*}\}$，$\mu = \sqrt{-\gamma_t - 2\ln U}$ である．
3. $U^* \sim f_t(u^* \mid Z_1^*, Z_2^*)$ を生成する．これは，区間 $(0, \mu^*)$

$$\mu^* = \min\left\{1, \exp\left(-\frac{\gamma_t + (Z_1^* Z_2^* - \lambda)^2}{2}\right)\right\}$$

上の一様な確率変数 U^* である．そして，$\mathbf{X}^* = (Z_1^*, Z_2^*, U^*)^\top$ を出力する．

$\ell = \ell(0)$ を推定するために，$N = 2000$，$\lambda = 12$ とし，レベルと分岐因子を表 14.3 に示すようにして，GS アルゴリズムを適用した．

表 14.3 $h(\mathbf{z})$ の規格化定数を計算するためのレベルと分岐因子．

t	1	2	3	4	5	6
γ_t	-117.91	-77.03	-44.78	-20.18	-4.40	0
ϱ_t	0.1	0.1	0.1	0.1	0.1	0.2853

これにより，$\widehat{\ell} = 2.92 \times 10^{-6}$ という推定値と相対誤差 5% を得た．その結果，アルゴリズム 14.5 の Step 2 において，$\widehat{\mathcal{Z}} = \widehat{\ell}\, e^{a\gamma+b} = \widehat{\ell}\, 2\pi e^{\lambda^2/2} = 3.41 \times 10^{26}$ を，相対誤差 5% で得た．表 14.3 は，$\varrho = 0.1$，$N = 2000$ とした ADAM アルゴリズムによって計算されたものであり，同じ κ_t を用いて得られたことに注意する．GS アルゴリズムと ADAM アルゴリズムの組合せにかかるシミュレーションの手間は，併せて 1.2×10^5 サンプルである．それに対して，単純モンテカルロによる $\mathcal{Z}$ の推定としては，推定量 $\frac{1}{M}\sum_{i=1}^M H(\mathbf{Z}_i)$，$\{\mathbf{Z}_i\} \stackrel{\text{iid}}{\sim} p(\mathbf{z})$，$M = 1.2 \times 10^5$ により，推定値 1.6×10^{26}，相対誤差 60% である．

この 2 次元の例に対しては，シミュレーション結果を数値積分の結果を用いて検証することができる．近似値 $\mathcal{Z}(12) \approx 3.5390 \times 10^{26}$ が（確定的なアルゴリズムである）再帰的 Simpson 則を用いて得られた [12]．しかし，次の 2 つの例における定数 $\mathcal{Z}$ は，問題の高次元性のため，他の方法では容易には計算できない．

■ 例 14.3（ベイズ周辺尤度）

例 6.2 では，ロジスティックモデルのモデルパラメータ $\boldsymbol{\beta} = (\beta_1, \ldots, \beta_k)^\top$ に対するベイズ推論を考えた．モデルは以下のようにまとめられる．

14.5 多次元積分の推定

- **事前分布**：$f(\boldsymbol{\beta}) \propto \exp\left(-\frac{1}{2\sigma^2}\|\boldsymbol{\beta}-\boldsymbol{\beta}_0\|^2\right)$, $\boldsymbol{\beta} \in \mathbb{R}^k$. ただし $\boldsymbol{\beta}_0$ と σ は所与とする.
- **尤度**：$f(\check{\mathbf{y}}|\boldsymbol{\beta}) = \prod_{i=1}^n p_i^{\check{y}_i}(1-p_i)^{1-\check{y}_i}$, $p_i^{-1} = 1 + \exp(-\check{\mathbf{x}}_i^\top \boldsymbol{\beta})$. ただし, $\check{\mathbf{x}}_i = (\check{x}_{i1}, \check{x}_{i2}, \ldots, \check{x}_{ik})^\top$ は i 番目の応答変数に対する説明変数であり, $\check{y}_1, \ldots, \check{y}_n$ は 2 値応答データである.

ここでの目標は, 事後分布 $f(\boldsymbol{\beta}|\check{\mathbf{y}}) \propto f(\boldsymbol{\beta})f(\check{\mathbf{y}}|\boldsymbol{\beta})$ からの確率ベクトルを生成することと, "周辺尤度" (☞ p.707)

$$f(\check{\mathbf{y}}) = \int f(\boldsymbol{\beta})f(\check{\mathbf{y}}|\boldsymbol{\beta})\,\mathrm{d}\boldsymbol{\beta}$$

を推定することである. 周辺尤度の推定は, ベイズモデル選択において興味深い問題である [8], [9], [18], [28]. アルゴリズム 14.5 の枠組みを以下に従って適用する.

- 式 (14.12) において, $\mathbf{z} = \boldsymbol{\beta}$, $p(\mathbf{z}) = f(\boldsymbol{\beta})$, $H(\mathbf{z}) \equiv f(\check{\mathbf{y}}|\boldsymbol{\beta})$ とすると, $\mathcal{Z} = f(\check{\mathbf{y}})$ となる.
- 式 (14.13) において, $\widetilde{p}(\mathbf{z}) = f(\boldsymbol{\beta})$ として, γ (ただし $a=1$, $b=0$) を最大対数尤度の保守的な推定

$$\gamma \geqslant \max_{\boldsymbol{\beta}} \ln f(\check{\mathbf{y}}|\boldsymbol{\beta})$$

とする.

このとき, アルゴリズム 14.5 における関数 $S(\mathbf{x})$ は, $\mathbf{z} = \boldsymbol{\beta}$ と $\mathbf{x} = (\mathbf{z}, u)^\top$ であることを用いると,

$$S(\boldsymbol{\beta}, u) = -\sum_{i=1}^n \check{y}_i \ln\left(1+e^{-\check{\mathbf{x}}_i^\top \boldsymbol{\beta}}\right) + (1-\check{y}_i)\left(\check{\mathbf{x}}_i^\top \boldsymbol{\beta} + \ln\left(1+e^{-\check{\mathbf{x}}_i^\top \boldsymbol{\beta}}\right)\right) - \ln u$$

となり, 周辺尤度の推定は $\widehat{f}(\check{\mathbf{y}}) = e^\gamma \widehat{\ell}(\gamma)$ となる. ここで, $\ell(\gamma)$ は式 (14.14) で与えられる.

数値例として, 例 6.2 と同じデータを考える. すなわち, $\sigma=10$ と $\boldsymbol{\beta}_0=\mathbf{0}$ とし, ADAM アルゴリズム 14.4 をアルゴリズム 14.5 の下位アルゴリズムとして用いる. パラメータは $N=10^3$, $\varrho=0.1$ とし, γ は最大対数尤度の保守的な推定を与えるように選ぶ (この値は Newton–Raphson 法 (☞ p.724) により推定される). ここでは, Newton–Raphson 法による推定に 5 を加えたものを使う. $\kappa_t(\mathbf{X}^*|\mathbf{X})$ を, 以下の hit-and-run サンプラー (☞ p.251) とギブスサンプラーのハイブリッドアルゴリズムの推移密度分布として用いる.

アルゴリズム 14.7 ($\kappa_t(\mathbf{X}^*|\mathbf{X})$ に対するギブスサンプラーと hit-and-run サンプラーのハイブリッドアルゴリズム)

1. $S(\mathbf{X}) \geqslant \gamma_t$ となるような状態 $\mathbf{X} = (\mathbf{Z}, U)^\top$ を所与として, 条件付き確率密度分布

$$f_t(\mathbf{x}|U) \propto p(\mathbf{z})\,\mathrm{I}_{\{0<U<1\}}\,\mathrm{I}_{\{S(\mathbf{x}) \geqslant \gamma_t\}}$$

から，hit-and-run アルゴリズムを用いて抽出を行う．言い換えれば，ベクトル $\mathbf{d}$ を n 次元超球の表面に一様に分布するように生成し，次いで，$\Lambda \sim \mathsf{N}(-\mathbf{z}^\top \mathbf{d}, 10^2)$ を生成する．もし $S(\mathbf{Z} + \Lambda \mathbf{d}, U) \geqslant \gamma_t$ であれば，$\mathbf{Z}^* = \mathbf{Z} + \Lambda \mathbf{d}$ とする．そうでなければ，$\mathbf{Z}^* = \mathbf{Z}$ とする．

2. $U^* \sim f_t(\mathbf{x} \,|\, \mathbf{Z}^*)$，すなわち区間 $(0, \mu^*)$ 上の一様確率変数 U^* を生成する．ただし，
$$\mu^* = \min\{1, \exp(-\gamma_t + S(\mathbf{Z}^*, U) + \ln U)\}$$
である．次いで，$\mathbf{X} = (\mathbf{Z}^*, U^*)^\top$ とする．

3. Step 1 と Step 2 を 10 回繰り返し，$\mathbf{X}^* = (\mathbf{Z}^*, U^*)^\top$ を出力する．

以下に示す MATLAB スクリプト（Bayesian_split.m）を実行することで，点推定値 $\ln \widehat{f}(\check{\mathbf{y}}) = \gamma + \ln \widehat{\ell}(\gamma) = -2828.90$，および 95%信頼区間 $(-2829.24, -2828.55)$ を得た．スクリプトは，ADAM アルゴリズムを独立に 10 回実行し，それに基づいて信頼区間を構築する．

ここで，結果を出力する以下の MATLAB プログラムについて説明する．スクリプト Bayesian_split.m は関数 adam.m を 10 回実行する．関数 adam.m は ADAM アルゴリズムを実装していて，多数のサブルーチンを用いて汎用的な形で書かれている．ADAM アルゴリズムを異なる問題に適用する際には，サブルーチンを修正するだけでよい．サブルーチンは以下のとおりである．

1) nominal_pdf.m：名目分布 $f(\mathbf{x})$ からの抽出を実装している．
2) mcmc.m：推移確率分布 $\kappa_t(\mathbf{y} \,|\, \mathbf{x})$ からの抽出を実装している．この問題に対しては，上記の hit-and-run サンプラーとギブスサンプラーのハイブリッドアルゴリズムを実装している．
3) S.m：問題固有の重点関数を実装している．
4) stratified_split.m：ADAM アルゴリズムの Step 2 において必要な分岐因子を生成する．このサブルーチンはすべての問題に対して共通である．
5) threshold.m：レベル γ_t の計算を実装している（ADAM アルゴリズムの Step 1 の式 (14.10) を参照）．これは，すべての問題に対して共通である．

```
% Bayesian_split.m
clear all,clc
global Y X
n=5000; % データ点 (y_1,...,y_n) の個数
k=3;    % 説明変数の個数
% 人工データを生成
randn('state', 12345);  rand('state', 67890);
truebeta = [1 -5.5 1]';
X = [ ones(n,1) randn(n,k-1)*0.1 ];   % デザイン行列
Y = binornd(1,1./(1+exp(-X*truebeta)));
```

14.5 多次元積分の推定

```
bo=zeros(k,1); % Vo=100*eye(k) を使う

% Newton-Raphson 法を使って最大尤度を決める
err=inf; b=bo; % 初期推定
while norm(err)>10^(-3)
    p=1./(1+exp(-X*b));
    g=X'*(Y-p);
    H=-X'*diag(p.^2.*(1./p - 1))*X;
    err=H\g; % Newton-Raphson の修正量を計算
    b=b-err; % MLE に対する Newton 推定を更新
end

log_H_b=S([b',1]); % MLE の対数
N=10^3; rho=0.1; Gamma=log_H_b+5; % 保守的な上界
% ここから GS アルゴリズム開始
for k=1:10
    [el,gam,beta]=adam(N,Gamma,rho); ell(k)=el;
end
RE=std(ell)/mean(ell)/sqrt(10)
log_Z=Gamma+log(mean(ell))
% 95%信頼区間
[log_Z-1.96*RE,log_Z+1.96*RE]
```

次のプログラムは ADAM アルゴリズムの実装である.

```
function [ell,gam,X]=adam(N,Gamma,rho)
% ADAM アルゴリズム
% 出力：推定'ell'
%       推定レベル'gamma' のベクトル
%       近似分布 f_T に付随する最終集団 X
for k=1:N
    [Xp,Sp]=nominal_pdf; % 名目分布 f(x) から抽出
    X(k,:)=Xp;    Score(k)=Sp;
end
% ADAM の Step 1 ごとに gamma を決める
gam(1)=threshold(Score,rho,Gamma);
I=Score>=gam(1);
Nt=sum(I); c(1)=Nt/N; X=X(I,:); Score=Score(I);
S_best=inf;  G=nan(1,15);

for t=2:10^3
    SPLITS=stratified_split(N,Nt); % 分岐因子を生成
    for i=1:Nt
        Xp=X(i,:);
        for chain_length=1:SPLITS(i)
```

```
            % ADAM の Step 2 のマルコフ推移分布を適用
            Xp=mcmc(Xp,gam(t-1));
            X(end+1,:)=Xp; Score(end+1)=S(Xp);
        end
        X(1,:)=[]; Score(1)=[];
    end
    % 新しいレベル/閾値を計算
    gam(t)=threshold(Score,rho,Gamma);
    I=Score>=gam(t);Nt=sum(I);
    c(t)=Nt/length(Score); X=X(I,:); Score=Score(I);

    [c(t),gam(t)] % 出力を確認

    if gam(t)==Gamma break, end
end
ell=prod(c);
```

以下は,名目分布 f の実装である.

```
function [x,Score]=nominal_pdf
% 名目分布 f(x) から生成
x=[randn(1,3)*10,rand];
Score=S(x);
```

以下は,ギブスサンプラーと hit-and-run サンプラーのハイブリッドアルゴリズムにおいて 10 回内部実行される関数である.

```
function x=mcmc(x,gam)

k=length(x)-1;
for iter=1:10
    d=randn(1,k); d=d/norm(d); % 方向抽出
    lam=-x(1:k)*d'+randn*10;
    y=x(1:k)+lam*d; % 提案作成

    if S([y,x(k+1)])>=gam
        x(1:k)=y;
    end
end
x(k+1)=rand*min(exp(-gam+(S(x)+log(x(k+1)))),1);
```

以下は,重点関数 S を実装した関数である.

```
function out=S(x)
```

14.5 多次元積分の推定

```
global Y X
k=length(x)-1;
b=x(1:k)';
u=x(k+1);
out=-Y'*log(1+exp(-X*b))-(1-Y)'*(X*b+log(1+exp(-X*b)))-log(u);
```

以下は，ADAMアルゴリズムのStep 2において，条件付きベルヌーイ確率変数を通じて分岐因子を生成する関数である．

```
function out=stratified_split(N,Nt)
r=mod(N,Nt);
if abs(r)<0.01
    r=0;
end
B=zeros(Nt,1);
B(randsample(Nt,r))=1;
out=B+floor(N/Nt);
```

以下は，各閾値 γ_t の計算を実装したものである．

```
function gam=threshold(S,rho,Gamma)
% 閾値を決定
S=sort(S);
for i=1:length(S)
    if  mean(S>=S(i))<=rho, break ,end
end
gam=min(S(i),Gamma);
```

■ 例 14.4（Rosenbrock 関数）

以下の例は [34] からの引用である．$\mathbb{R}^n$ 上の Rosenbrock 関数（C.4.1.3 項を参照）を

$$R(\mathbf{z}) = \sum_{i=1}^{n-1} \left(100(z_{i+1} - z_i^2)^2 + (z_i - 1)^2\right)$$

として，式

$$h(\mathbf{z};\lambda) = \mathrm{e}^{-\lambda R(\mathbf{z})}, \quad z_i \in [-2,2], \ i=1,\dots,n$$

に比例する確率密度関数の規格化定数の計算を考える．この問題は，$p(\mathbf{z}) = 1/4^n$，$\mathbf{z} \in [-2,2]^n$，$H(\mathbf{z}) = 4^n h(\mathbf{z};\lambda)$ としたときの式 (14.12) の形である．また，$\widetilde{p}(\mathbf{z}) = p(\mathbf{z})$，$a = \lambda$，$b = \ln 4^n$ とする．すると，

$$f(\mathbf{x}) = \frac{\prod_{i=1}^n \mathrm{I}_{\{-2 \leqslant z_i \leqslant 2\}}}{4^n} \, \mathrm{I}_{\{0<u<1\}}, \quad \mathbf{x} = (\mathbf{z},u)^\top$$

としたときに，式 (14.14) は

$$\ell(\gamma) = \mathbb{P}\left(-\frac{\ln U}{\lambda} - R(\mathbf{Z}) \geqslant \gamma\right)$$

と書き直される．式 (14.13) がぎりぎりの制約となるようにレベルを $\gamma = 0$ とする．ℓ を推定するために，ADAM アルゴリズム 14.4 を，定常分布が

$$f_t(\mathbf{x}) = \frac{f(\mathbf{x})\,\mathrm{I}\left\{-\frac{\ln u}{\lambda} - R(\mathbf{z}) \geqslant \gamma_t\right\}}{\ell(\gamma_t)}$$

の推移確率密度 $\kappa_t(\mathbf{x}^* \mid \mathbf{x})$ を用いて実行する．$\mathbf{X} = (\mathbf{Z}, U)^\top$ から $\mathbf{X}^* = (\mathbf{Z}^*, U^*)^\top$ への移動には，ギブスサンプリングを以下のように用いる．$S(\mathbf{X}) \geqslant \gamma_t$ という条件を満たす状態 $\mathbf{X} = (\mathbf{Z}, U)^\top$ を所与として，$U^* \sim f_t(u \mid \mathbf{Z})$ を生成する．次いで，各 $j = 1, \ldots, n-1$ に対して，$Z_j^* \sim f_t(z_j \mid U^*, Z_1^*, \ldots, Z_{j-1}^*, Z_{j+1}, \ldots, Z_n)$ を生成する．各 Z_j^* の分布は集合 $\{[r_1, r_2] \cup [r_3, r_4]\} \cap [-2, 2]$ 上で一様である．ただし，$r_1 < r_2, r_3 < r_4$ は，ある 4 次方程式の実根である [3]．係数に依存して，4 次方程式は 4 つか 2 つの実根（この場合，$r_3 = r_1$ と $r_4 = r_2$）を持つ．最後に，$Z_n^* \sim f_t(z_n \mid U^*, Z_1^*, \ldots, Z_{n-1}^*)$ を生成する．$r_1 < r_2$ をある 2 次方程式の実根として，確率変数 Z_n^* は集合 $[r_1, r_2] \cap [-2, 2]$ 上の一様分布に従う．

数値例として，$\lambda = 10^4$ かつ $n = 10$ の場合について考える．ADAM アルゴリズムを 400 回独立に，$\varrho = 0.5$ かつ $N = 1000$ として実行し，推定値 $\widehat{\ell} = 9.7 \times 10^{-36}$ を，(400 回の実行から得られる) 推定相対誤差 7% で得た．したがって，$\widehat{\mathcal{Z}} = \widehat{\ell}\,e^{a\gamma+b} = \widehat{\ell}\,4^{10} \approx 1.0 \times 10^{-29}$ を推定相対誤差 7% で得た．各 ADAM アルゴリズムの実行には，およそ 117 回の繰り返し ($T = 117$) が必要であり，シミュレーション数全体では $400\,NT = 46.8 \times 10^6$ サンプルとなる．同じシミュレーション量での単純モンテカルロ推定量，すなわち $M = 46.8 \times 10^6, \mathbf{Z}_1, \ldots, \mathbf{Z}_M \overset{\text{iid}}{\sim} \mathsf{U}(-2, 2)^{10}$ のもとでの $\frac{1}{M}\sum_{i=1}^M \exp(-\lambda R(\mathbf{Z}))$ は，推定相対誤差 99.9% となる．相対誤差 7% を単純モンテカルロ推定量で実現するには，2×10^{37} サンプルのシミュレーションが必要になる．

Rosenbrock 関数 $R(\mathbf{z})$ の数値的最小化は，幅広い範囲の数値的最適化ルーチンに対するテストケースとして，よく用いられる [33]．関数 $R(\mathbf{z})$ は大域的最小値 0 を $\mathbf{z} = (1, \ldots, 1)^\top$ でとる．$R(\mathbf{z})$ を最小化する 1 つの方法は，ある大きい値 λ に対するボルツマン分布 $e^{-\lambda R(\mathbf{z})}/\mathcal{Z}, \mathbf{z} \in [-2, 2]^n$ から近似的な抽出を行うことである．例 14.4 では，アルゴリズム 14.5 を使用した定数 $\mathcal{Z}$ の推定の結果として，$R(\mathbf{z})$ の大域的最小値を与える $\mathbf{z}$ の値に対する推定も得る．特に，ADAM アルゴリズムの最終繰り返しにおける集団 $\mathcal{X}_T = \{\mathbf{X}_1, \ldots, \mathbf{X}_{N_T}\}$ は，近似的に定常分布 $f_T(\mathbf{x})$ に従うように分布している．したがって，$\mathbf{X}_i = (\mathbf{Z}_i, U_i)^\top$ における $\mathbf{Z}_i$ は，近似的に周辺分布（ボルツマン分布）$p(\mathbf{z})H(\mathbf{z})/\mathcal{Z} = e^{-\lambda R(\mathbf{z})}/\mathcal{Z}$ に従い，$R(\mathbf{z})$ の大域的最適解に対する推定値として，$R(\mathbf{Z}_i^*) = \min_j R(\mathbf{Z}_j)$ となる任意の $\mathbf{Z}_i^*$ を用いることができる．上記の数値例に対して，

$$\mathbf{Z}_i^* = (1.00, 0.99, 0.99, 0.99, 1.00, 1.00, 1.00, 1.00, 1.00, 1.00)^\top$$

と $R(\mathbf{Z}_i^*) \approx 5 \times 10^{-5}$ を得た．結果は，真の最適解 $(1, \ldots, 1)^\top$ に近い．$n = 100$ に対しても，同様の結果を得た．したがって，例 14.4 は，(A を ADAM アルゴリズムとした) アルゴリズム 14.5 を最適化問題に利用する方法を示す例となっている．これは，Metropolis–Hastings サンプラーをボルツマン分布からの近似抽出に利用し，最小化の目的関数を $R(\mathbf{z})$ としたときの，シミュレーテッドアニーリング (☞ p.467) アルゴリズムに似ている．次の節では，難しい組合せ最適化問題を解くためにどのように分岐法を用いるかを示す．

14.6　分岐法による組合せ最適化

本節では ADAM アルゴリズム (アルゴリズム 14.4) を最適化のためのヒューリスティックスとして用いるための手法を紹介する．有限集合 $\mathbf{x} \in \mathscr{X}$ 上で定義された実数値関数 $S(x)$ を最大化する問題を考えよう．そのために

$$\ell(\gamma) = \mathbb{P}(S(\mathbf{X}) \geqslant \gamma), \quad \mathbf{X} \sim f$$

となる確率を考えることにする．ここで，$f(\mathbf{x})$ は普通は $\mathscr{X}$ 上の一様分布であり，γ は $\ell(\gamma)$ が稀少事象の確率となるように十分に大きくとる．推定と異なる重要な点は，最適化においては，$\ell(\gamma)$ の不偏推定自身には興味がないことである．求められるのはむしろ，密度関数の列

$$f_t(\mathbf{x}) = \frac{f(\mathbf{x}) \, \mathrm{I}_{\{S(\mathbf{x}) \geqslant \gamma_t\}}}{\ell(\gamma_t)}, \quad \gamma_1 < \gamma_2 < \gamma_3 < \cdots$$

からの標本である．ここで，t はできるだけ大きいほうがよい．このことを念頭に置いて，$\gamma = \infty$ として ADAM アルゴリズムを実行し，増大列 $\gamma_1 < \gamma_2 < \cdots$ を生成する．アルゴリズム 14.4 の Step 4 と Step 5 において，停止条件を適当に変更し，以下の最適化アルゴリズムを得る．

アルゴリズム 14.8 (最大化のための ADAM 法)

Step 1, 2, 3 はアルゴリズム 14.4 と同じ．

4. **停止条件**：γ_t が何度反復を続けても増えなくなった場合，すなわち，事前に設定した回数 d にわたり $\gamma_t = \gamma_{t-1} = \cdots = \gamma_{t-d}$ となった場合には，$T = t$ として Step 5 へ進む．そうでなければ，Step 2 からの手順を繰り返す．

5. **最終推定値**：集合

$$\mathcal{X}_T = \{\mathbf{X}_1, \ldots, \mathbf{X}_N\}$$

から $S(\mathbf{X}_i)$ が最大になるような $\mathbf{X}_i$ を S の大域的最大値を与えるベクトルの推定値 $\mathbf{X}^*$ として返す．

次に，C.3 節に掲載されているさまざまな最適化問題について考えてみよう．

14.6.1 ナップサック問題

以下の 0-1 ナップサック問題は難しい最適化問題としてよく知られている.

$$\max_{\mathbf{x}} \sum_{j=1}^{n} p_j\, x_j, \quad \mathbf{x} = (x_1, \ldots, x_n) \in \{0,1\}^n$$
$$\text{subject to:} \sum_{j=1}^{n} w_{ij}\, x_j \leqslant c_i, \quad i = 1, \ldots, m \tag{14.16}$$

ここで, $\{p_i\}$ と $\{w_{ij}\}$ は正の重みで $\{c_i\}$ は正の費用ベクトルである. 式 (14.16) をより簡単に推定問題として扱うために, 式 (14.16) が 0-1 ベクトル $\mathbf{x}$ を変数として

$$S(\mathbf{x}) = \widetilde{S}(\mathbf{x}) + \sum_{j=1}^{n} p_j\, x_j \stackrel{\text{def}}{=} \alpha \sum_{i=1}^{m} \mathrm{I}_{\{\sum_{j=1}^{n} w_{ij} x_j > c_i\}} + \sum_{j=1}^{n} p_j\, x_j$$

としたとき, 最大化問題 $\max_{\mathbf{x} \in \{0,1\}^n} S(\mathbf{x})$ と書けることを利用する. ここで $\alpha = -\sum_{j=1}^{n} p_j$ である. 定数 α は以下の性質を持つことに注意しよう. もし $\mathbf{x}$ が式 (14.16) のすべての条件を満たしているならば, $\widetilde{S}(\mathbf{x}) = 0$ となり, $S(\mathbf{x}) = \sum_{j=1}^{n} p_j x_j \geqslant 0$ となる. 一方, もし $\mathbf{x}$ が式 (14.16) の条件をすべては満たさないならば, $\widetilde{S}(\mathbf{x}) \leqslant -\sum_{j=1}^{n} p_j\, x_j$, ゆえに $S(\mathbf{x}) \leqslant 0$ となる. 言葉を変えて言うならば, $\widetilde{S}$ は罰金関数 (☞ p.720) である. この最適化問題を, 稀少事象の確率

$$\ell(\gamma) = \mathbb{P}\left(S(\mathbf{X}) \geqslant \gamma\right), \quad \gamma \in \left(0, \sum_{j=1}^{n} p_j\right], \quad \mathbf{X} \sim f$$

を推定する問題と捉えることができる. ここで, $\mathbf{x} \in \{0,1\}^n$ について $f(\mathbf{x}) = \frac{1}{2^n}$ である. つまり, $\mathbf{X}$ は成功確率が 1/2 の独立なベルヌーイ確率変数ベクトルである.

アルゴリズム 14.8 における推移確率 $\kappa_t(\mathbf{y}\,|\,\mathbf{x})$ は, 次のようなギブスサンプリングの手続きで定義される.

1) 状態 $\mathbf{x}$ が $S(\mathbf{x}) \geqslant \gamma_t$ を満たすならば, $Y_1 \sim f_t(y_1\,|\,x_2, \ldots, x_n)$ を生成する.
2) 各 $k = 2, \ldots, n-1$ について, $Y_k \sim f_t(y_k\,|\,Y_1, \ldots, Y_{k-1}, x_{k+1}, \ldots, x_n)$ を生成する.
3) 最後に $Y_n \sim f_t(y_n\,|\,Y_1, \ldots, Y_{n-1})$ を生成する.

ここで, 条件付き密度は

$$f_t(y_k\,|\,\mathbf{y}_{-k}) \propto \mathrm{I}\left\{\widetilde{S}(\mathbf{y}) + p_k\, y_k \geqslant \gamma_t - \sum_{j \neq k} p_j\, y_j\right\}$$

で与えられる. $\mathbf{y}_{-k}$ は $\mathbf{y}$ から k 番目の要素を取り除いたものである. このような条件付き分布に従う Y_k の標本は, 以下の方法で生成することができる. まず, $B \sim \mathrm{Ber}(1/2)$ を生成する. もし $S(y_1, \ldots, y_{k-1}, B, y_{k+1}, \ldots, y_n) \geqslant \gamma_t$ であれば $Y_k = B$ とし, そうでなければ $Y_k = 1 - B$ とする.

例として, 文献 [35, Appendix] のナップサック問題を考えよう. この問題は 30

制約 60 変数である．データ $\{p_j, w_{ij}, c_i\}$ は [35, Appendix] に掲載されているが，http://people.brunel.ac.uk/~mastjjb/jeb/orlib/files/mknap2.txt からも入手可能である（データ名は Sento1.dat）．アルゴリズム 14.8 を実行するにあたっては，$\varrho = 0.01, N = 10^4$ とした．アルゴリズムは目的関数の改善が見られなくなったら直ちに停止する（$d=1$）．このアルゴリズムを独立に 10 回実行したところ，常に最適解を見つけることができた．アルゴリズムの進行の様子を表 14.4 に示す．全標本数は 10^5 であった．しらみつぶし法では，2^{60} 個の 0-1 ベクトルを生成して調べなければならないので，比率にして 10^{-13} 程度の手間で済んでいる．

表 14.4 ナップサック問題 Sento1.dat について，アルゴリズム 14.8 を最適化ルーチンとして実行したときの進行例．この問題の最大値は 6704 である．

t	1	2	3	4	5	6	7	8
γ_t	-34758	-6428	3484	4705	5520.5	6043	6538	6704

14.6.2 巡回セールスマン問題

n 個の節点を持つ巡回セールスマン問題（☞ p.732）は，費用

$$S(\mathbf{x}) = \sum_{i=1}^{n-1} C(x_i, x_{i+1}) + C(x_n, x_1)$$

を最小化する問題である．ここで，$\mathbf{x} = (x_1, \ldots, x_n)$ は $(1, \ldots, n)$ の置換であり，x_i は経路において i 番目に訪問する節点を表し，$C(i,j)$ は節点 i から節点 j へ移動するときの費用を表す．以下，ADAM アルゴリズムを使い，どのように最適経路を発見できるかを説明する．

$f(\mathbf{x})$ を巡回路全体の集合 $\mathscr{X}$（つまり，$(1, \ldots, n)$ のすべての順列）上の一様分布とすると，分布

$$f_t(\mathbf{x}) = \frac{f(\mathbf{x}) \mathrm{I}_{\{-S(\mathbf{x}) \geqslant \gamma_t\}}}{\ell(\gamma_t)}, \quad \mathbf{x} \in \mathscr{X}, \quad t = 1, 2, \ldots$$

からの近似サンプリングを，レベルの増加系列 $\{\gamma_t\}$ を用いて行いたい．

以下の条件付きサンプリング手続きによって定義される推移確率密度 $\kappa_t(\mathbf{y} | \mathbf{x})$ を用いて，アルゴリズム 14.8 を適用する．

1) 整数 $1, \ldots, n$ から添え字のペア I, J を $I < J$ の条件下で一様分布に従うように生成する．これは，例えば，$U_1 \neq U_2$ となるまでサンプリング $U_1, U_2 \overset{\text{iid}}{\sim} \mathrm{DU}(1, n)$ を行って，$I = \min\{U_1, U_2\}, J = \max\{U_1, U_2\}$ とすればよい．$(I, J) = (i, j)$ を得られた値とする．

2) $-S(\mathbf{x}) \geqslant \gamma_t$ となるような経路 $\mathbf{x}$ が与えられたとして，$E(\mathrm{I}_{\{-S(\mathbf{y}) \geqslant \gamma_t\}})$ の確率で $\mathbf{x}$ を $\mathbf{y}$ に更新する．ここで，経路 $\mathbf{y}$ は経路 $\mathbf{x}$ の x_i から x_j までの経路を逆転したものである．例えば，もし，$n = 10, \mathbf{x} = (1, 2, 3, 4, 5, 6, 7, 8, 9, 10)$ で $(i, j) = (4, 9)$

ならば, $-S(\mathbf{y}) \geqslant \gamma_t$ であれば $\mathbf{x}$ を更新して $\mathbf{y} = (1, 2, 3, 9, 8, 7, 6, 5, 4, 10)$ とし, そうでなければ更新しない.
3) 上記の Step 1 と Step 2 を b 回繰り返す.

この条件付きサンプリングは, シミュレーテッドアニーリング法において基本的に用いられる **2-opt** ヒューリスティックスと同じである (例えば [34, p.189] を参照).

条件付きサンプリングの途中で, パフォーマンス関数を以下のように更新する $(j > i)$.

$$S(\mathbf{y}) = S(\mathbf{x}) - C(x_{i-1}, x_i) - C(x_j, x_{j+1}) + C(x_{i-1}, x_j) + C(x_i, x_{j+1})$$

このアルゴリズムの性能を示すために数値実験の結果を示す. 表 14.5 は TSP 問題集 http://www.iwr.uni-heidelberg.de/groups/comopt/software/TSPLIB95/tsp/ に含まれる多くのベンチマーク問題に対する結果をまとめたものである. 表には, 10 回の実験の繰り返しにより得られた $S(\mathbf{x})$ の最小値, 平均値, 最大値が示されている. アルゴリズム 14.8 のパラメータは, $\varrho = 0.5$, $N = 10^2$, $d = 14$ と設定され, 2-opt の更新は $b = 50n$ 回行われた. ここで, n は問題の大きさである. $\bar{T}$ は ADAM が必要とした反復回数の平均である. 2 列目は最適経路の長さ $S(\mathbf{x}^*)$ を表す.

最初の 11 個のテスト問題では, 10 回の実験で最適解が得られている. いくつかの問題では, 10 回の実験すべてにおいて最適解が得られている. 問題を解くのに必要な反復回数は, 問題が大きくなるにつれて増加し, だいたい $\log_\varrho(n!)$ 程度, つまり, 近似的には $\frac{1}{2}\log_\varrho(2\pi n) + n\log_\varrho(n/e)$ くらいである.

14.6.3　2 次割り当て問題

F と D を $n \times n$ 対称行列とする. 2 次割り当て問題の目的は $(1, \ldots, n)$ の順列 $\mathbf{x} = (x_1, \ldots, x_n)$ のうちで

$$S(\mathbf{x}) = \sum_{i=1}^{n} \sum_{j=1}^{n} F_{ij} D(x_i, x_j)$$

を最小化するものを見つけることである (C.3.5 項を参照).

次の条件付きサンプリングの手続きを通じて得られる推移密度 $\kappa_t(\mathbf{y}|\mathbf{x})$ を用いて, アルゴリズム 14.8 をこの問題に適用する.

1) 整数 $1, \ldots, n$ から添え字のペア I, J を $I \neq J$ の条件のもとで一様分布に従うように生成する. $(I, J) = (i, j)$ を得られた値とする.
2) $S(\mathbf{x}) \geqslant \gamma_t$ となるような順列 $\mathbf{x} = (x_1, \ldots, x_n)$ が与えられているとして, $\mathbf{x}$ の i 番目と j 番目の要素を入れ替えた順列 $\mathbf{y}$ を考え, $\mathrm{I}_{\{-S(\mathbf{y}) \geqslant \gamma_t\}}$ の確率で $\mathbf{x}$ を $\mathbf{y}$ に更新する. 例えば, $\mathbf{x} = (1, 2, 3, 4, 5, 6, 7, 8, 9, 10)$, $(i, j) = (3, 7)$ とすると, $\mathbf{y} = (1, 2, 7, 4, 5, 6, 3, 8, 9, 10)$ となる.
3) Step 1 と Step 2 を b 回繰り返す.

14.6 分岐法による組合せ最適化

表 14.5 対称巡回セールスマン問題の計算例.

ファイル	$S(\mathbf{x}^*)$	最小値	平均値	最大値	$\bar{T}$
burma14	3323	3323	3323	3323	45.8
ulysses16	6859	6859	6859	6859	53.2
ulysses22	7013	7013	7013	7013	79.7
bayg29	1610	1610	1610	1610	113
bays29	2020	2020	2020	2020	110.7
dantzig42	699	699	699	699	188.2
eil51	426	426	427.6	430	249.1
berlin52	7542	7542	7542	7542	232.5
st70	675	675	675.8	680	370.6
eil76	538	538	543.9	547	428.6
pr76	108159	108159	108216	108304	372.3
a280	2579	2581	2594.4	2633	2026.7
ch130	6110	6110	6125.9	6172	742.8
eil101	629	643	647.6	654	620.4
gr120	6942	6956	6969.2	6991	668.4
gr137	69853	69853	69911.8	70121	781
kroA100	21282	21282	21311.2	21379	527.2
kroB100	22141	22141	22201	22330	526.7
kroC100	20749	20749	20774.4	20880	528.8
kroD100	21294	21294	21295.5	21309	529
kroE100	22068	22068	22123.1	22160	526.5
lin105	14379	14379	14385.6	14401	561.2
pr107	44303	44303	44305.3	44326	569.3
pr124	59030	59030	59048.4	59076	691.5
pr136	96772	97102	97278.2	97477	760
pr144	58537	58537	58640.9	59364	827.6
pr152	73682	73682	73833	74035	886.6
rat99	1211	1211	1213.2	1218	561.5
rd100	7910	7910	7910.8	7916	534.7
si175	21407	21013	21027.2	21051	1066.3
st70	675	676	677.6	681	369.3
swiss42	1273	1273	1273	1273	180
u159	42080	42080	42383	42509	934.4

条件付きサンプリングの過程で，パフォーマンス関数を次のようにして更新する．

$$S(\mathbf{y}) = S(\mathbf{x}) + 2 \sum_{k \neq i,j} (F_{kj} - F_{ki})(D(x_k, x_i) - D(x_k, x_j))$$

表 14.6 は，対称2次割り当て問題のベンチマーク問題集 http://www.seas.upenn.edu/qaplib/inst.html に含まれる多くのベンチマーク問題に対する分析結果をまとめたものである．10回の実験の繰り返しにより得られた $S(\mathbf{x})$ の最小値，平均値，最大値が示されている．アルゴリズム 14.8 のパラメータは $\varrho = 0.5$, $N = 10^3$ と設定した．条件付きサンプリングにおいては $b = n$ とした．n は問題の大きさである．$\bar{T}$

表 14.6　対称 2 次割り当て問題の計算例.

ファイル	$S(\mathbf{x}^*)$	最小値	平均値	最大値	$\bar{T}$
chr12a.dat	9552	9552	9552	9552	45.2
chr12b.dat	9742	9742	9742	9742	45.4
chr12c.dat	11156	11156	11159	11186	42.5
chr15a.dat	9896	9896	9942.8	10070	53
chr15b.dat	7990	7990	8100	8210	53.4
chr15c.dat	9504	9504	10039	10954	53.4
chr18a.dat	11098	11098	11102.4	60	64
chr18b.dat	1534	1534	1534	1534	57.3
chr20a.dat	2192	2192	2344	2406	66.9
chr20b.dat	2298	2352	2457.8	2496	64.5
chr20c.dat	14142	14142	14476.8	14812	77.7
chr22a.dat	6156	6156	6208.6	6298	81.4
chr22b.dat	6194	6194	6290.4	6362	75.3
chr25a.dat	3796	3796	4095.6	4286	90.1

は ADAM が必要とした反復回数の平均である．2 列目は最適値を表す．アルゴリズムは chr20b.dat を除いてすべての問題の最適解を見つけていることがわかる．

14.7　分岐を組み込んだマルコフ連鎖モンテカルロ法

本節では，

$$f_t(\mathbf{x}) = \frac{f(\mathbf{x}) \mathrm{I}_{\{S(\mathbf{x}) \geq \gamma_t\}}}{\ell(\gamma_t)} \qquad (14.17)$$

の形の多次元の確率密度関数から標本を抽出するのに，普通の MCMC によるサンプリングの代わりに，GS アルゴリズム 14.3 を用いることを考える．

式 (14.15) は式 (14.17) の $t = T$ における周辺分布であるから，式 (14.15) からのサンプリングは，式 (14.17) からのサンプリングによって達成されることに着目しよう．

これから，普通のマルコフ連鎖モンテカルロ法がうまく混合せず，実用に耐えられない状況でも，GS アルゴリズムの最終局面で得られる標本 $\mathcal{X}_T$ が，多次元確率密度関数 (14.17) からの標本として使えることを示す．さらに，$\mathcal{X}_T$ が目的とする確率密度関数 (14.17) から抽出されたものと見なせるか否かの仮説検定を行って収束を診断する方法を導入する．マルコフ連鎖が収束したかどうかの判定は，MCMC (☞ p.283) の応用において重要な問題である．簡単なグラフによる方法から計算集約的仮説検定による方法まで，収束判定を行うためのさまざまな手法が提案されている[5], [6].

いかにして式 (14.17) からサンプリングを行うかを，理解しやすくするために，推移確率密度が "可逆" であるような以下のアルゴリズムを通じて説明しよう．

アルゴリズム 14.9（分岐サンプリング法）

列 $\{(\gamma_t, \varrho_t)\}_{t=1}^T$ が与えられているとして，$t < T$ なるすべての t について，$s_t = \lceil \varrho_{t+1}^{-1} \rceil$ と定めて以下を実行する．

1. **初期化**：レベルカウンタ t を 1 にセットする．$S(\mathbf{X}) \geqslant \gamma_1$ となるまで $\mathbf{X} \sim f$ を生成し続ける．条件を満たす $\mathbf{X}$ が得られたら，$\mathbf{X}^1 = \mathbf{X}$ を出力する．$\mathbf{X}^1$ の密度は以下のようになる．

$$f_1(\mathbf{x}) = f(\mathbf{x})\,\mathrm{I}_{\{S(\mathbf{x}) \geqslant \gamma_1\}}/c_1$$

2. **マルコフ連鎖サンプリング**：$\kappa_t(\mathbf{y} \mid \mathbf{X}^t)$ を定常確率密度 $f_t(\mathbf{y})$ を持つ**可逆** (reversible) なマルコフ推移密度として，

$$\mathbf{Y}_j \stackrel{\text{iid}}{\sim} \kappa_t(\mathbf{y} \mid \mathbf{X}^t), \quad j = 1, \ldots, s_t \tag{14.18}$$

を生成する．そして

$$N_{t+1} = \sum_{j=1}^{s_t} \mathrm{I}_{\{S(\mathbf{Y}_j) \geqslant \gamma_{t+1}\}}$$

を計算する．もし $N_{t+1} = 0$ ならば Step 1 を繰り返す，そうでなければ Step 3 へ進む．

3. **更新**：$\mathbf{X}^{t+1}$ を，集合 $\{\mathbf{Y}_1, \ldots, \mathbf{Y}_{s_t}\}$ から一様分布に従って抽出した標本で $S(\mathbf{X}^{t+1}) \geqslant \gamma_{t+1}$ を満たすものとする．したがって，$\mathbf{X}^{t+1}$ の確率密度関数は条件付き分布

$$\frac{\mathrm{I}_{\{S(\mathbf{x}^{t+1}) \geqslant \gamma_{t+1}\}}\,\kappa_t(\mathbf{x}^{t+1} \mid \mathbf{X}^t)}{c_{t+1}(\mathbf{X}^t)} \tag{14.19}$$

に従う．ここで，$c_{t+1}(\mathbf{y}) = \int \mathrm{I}_{\{S(\mathbf{x}) \geqslant \gamma_{t+1}\}}\,\kappa_t(\mathbf{x} \mid \mathbf{y})\,\mathrm{d}\mathbf{x}$ は状態 $\mathbf{y}$ から出発したマルコフ連鎖が γ_{t+1} 以上のパフォーマンス値を達成する確率である．$c_{t+1}(\mathbf{X}^t)$ の不偏推定は

$$\widehat{c}_{t+1}(\mathbf{X}^t) = \frac{N_{t+1}}{s_t}$$

で与えられることに注意しよう．すなわち，$\mathbb{E}[\widehat{c}_{t+1}(\mathbf{X}^t) \mid \mathbf{X}^t] = c_{t+1}(\mathbf{X}^t)$ となる．カウンタを $t = t + 1$ とする．

4. **最終結果出力**：もし $t = T$ であれば，$\{\widehat{c}_{t+1}(\mathbf{X}^t)\}_{t=1}^{T-1}$ と $(\mathbf{X}^1, \ldots, \mathbf{X}^T)$ を出力し，そうでなければ Step 2 から繰り返す．

収束判定のテストは，以下の結果を利用して行うことができる．

命題 14.3（収束判定） もし，アルゴリズム 14.9 の任意の出力 $(\mathbf{x}^1, \ldots, \mathbf{x}^T)$ について和 $\sum_{t=1}^{T-1} \ln c_{t+1}(\mathbf{x}^t)$ が定数ならば，アルゴリズム 14.9 の Step 4 での最終状態 $\mathbf{X}^T$ は，以下の確率密度分布に従う．

$$f_T(\mathbf{x}) = \frac{\mathrm{I}_{\{S(\mathbf{x}) \geqslant \gamma\}} f(\mathbf{x})}{\ell(\gamma)}$$

言い換えると，もし，$\sum_{t=1}^{T-1} \ln c_{t+1}(\mathbf{x}^t)$ が $(\mathbf{x}^1, \ldots, \mathbf{x}^T)$ によらないならば，アルゴリズム 14.9 のマルコフ連鎖は定常状態にある．

証明： まず，$(\mathbf{X}^1, \ldots, \mathbf{X}^T)$ の同時分布は

$$\widehat{f}_T(\mathbf{x}^1, \ldots, \mathbf{x}^T) = \frac{f(\mathbf{x}^1) \mathrm{I}_{\{S(\mathbf{x}^1) \geqslant \gamma_1\}}}{c_1} \prod_{t=1}^{T-1} \frac{\mathrm{I}_{\{S(\mathbf{x}^{t+1}) \geqslant \gamma_{t+1}\}} \kappa_t(\mathbf{x}^{t+1} \mid \mathbf{x}^t)}{c_{t+1}(\mathbf{x}^t)}$$

で与えられる．推移確率密度 $\{\kappa_t\}$ が可逆であることを用いると，同時分布は

$$\widehat{f}_T(\mathbf{x}^1, \ldots, \mathbf{x}^T) = \frac{f(\mathbf{x}^T) \mathrm{I}_{\{S(\mathbf{x}^T) \geqslant \gamma_T\}}}{c_1} \prod_{t=1}^{T-1} \frac{\kappa_t(\mathbf{x}^t \mid \mathbf{x}^{t+1})}{c_{t+1}(\mathbf{x}^t)} \tag{14.20}$$

と書ける．理想的には，式 (14.20) の同時分布は目的とする分布

$$f_T(\mathbf{x}^1, \ldots, \mathbf{x}^T) = \frac{f(\mathbf{x}^T) \mathrm{I}_{\{S(\mathbf{x}^T) \geqslant \gamma_T\}}}{\ell(\gamma)} \prod_{t=1}^{T-1} \kappa_t(\mathbf{x}^t \mid \mathbf{x}^{t+1}) \tag{14.21}$$

であってほしい．というのは，そうであれば，$\mathbf{x}^T$ は望んでいた周辺分布 $f_T(\mathbf{x})$ に従ってくれるからである．サンプリング確率密度関数 $\widehat{f}_T(\mathbf{x}^1, \ldots, \mathbf{x}^T)$ が目的とする確率密度関数 $f_T(\mathbf{x}^1, \ldots, \mathbf{x}^T)$ にどの程度近いかは，Csisár の ϕ **ダイバージェンス** (divergence) 測度族 [4], [34] の中のどの距離測度を使っても測定することができる．Csisár の測度族の中で便利なものの 1 つは χ^2 **適合度** (χ^2 goodness of fit) ダイバージェンスであり，これは与えらえた確率密度関数 p と q について

$$\mathcal{D}_2(p, q) = \frac{1}{2} \int \frac{(p(\mathbf{x}) - q(\mathbf{x}))^2}{p(\mathbf{x})} d\mathbf{x} = -\frac{1}{2} + \frac{1}{2} \mathbb{E}_p \frac{q^2(\mathbf{X})}{p^2(\mathbf{X})}$$

と定義される．このようにして，サンプリング確率密度関数 (14.20) と目的とする確率密度関数 (14.21) との近さを

$$\mathcal{D}_2(\widehat{f}_T, f_T) = -\frac{1}{2} + \frac{1}{2} \mathbb{E}_{\widehat{f}_T} \prod_{t=1}^{T-1} \frac{c_{t+1}^2(\mathbf{X}^t)}{c_{t+1}^2}$$

で測ることができる．

そこで，項を整理し直すと，

$$2 \frac{\ell^2(\gamma)}{c_1^2} \mathcal{D}_2(\widehat{f}_T, f_T) = \mathbb{E}_{\widehat{f}_T} \prod_{t=1}^{T-1} c_{t+1}(\mathbf{X}^t) - \frac{\ell^2(\gamma)}{c_1^2} = \mathrm{Var}_{\widehat{f}_T}\left(\prod_{t=1}^{T-1} c_{t+1}(\mathbf{X}^t) \right)$$

と書き直せる．ここで，関係 $\mathbb{E}_{\widehat{f}_T} \prod_{t=1}^{T-1} c_{t+1}(\mathbf{X}^t) = \ell(\gamma)/c_1$ を利用した．式 (14.20) と式 (14.21) の間の距離は，$\mathrm{Var}_{\widehat{f}_T}\left(\prod_{t=1}^{T-1} c_{t+1}(\mathbf{X}^t) \right) = 0$ となるとき，そしてそのときに限り 0 となる．言葉を変えて言えば，もし $\prod_{t=1}^{T-1} c_{t+1}(\mathbf{X}^t)$（あるいは $\sum_{t=1}^{T-1} \ln c_{t+1}(\mathbf{X}^t)$）が定数ならば，確率密度関数 (14.20) と式 (14.21) は一致し，$\mathbf{X}^T$

は目的としていた周辺分布を持つ．以上で証明された．

以下に Gelman–Rubin テスト（6.4節を参照）に基づいて，和 $\sum_{t=1}^{T-1} \ln c_{t+1}(\mathbf{X}^t)$ が定数かどうかを確認する方法を述べる．

アルゴリズム 14.10（粒子分岐と Gelman–Rubin 判定法）

1. $(\mathbf{X}_1^1, \ldots, \mathbf{X}_1^T), \ldots, (\mathbf{X}_M^1, \ldots, \mathbf{X}_M^T) \sim \widehat{f}_T(\mathbf{x}^1, \ldots, \mathbf{x}^T)$ を，アルゴリズム 14.9 によって得られたサンプリング密度 (14.20) から抽出された標本とし，C を以下のような，推定値からなる $M \times (T-1)$ 行列とする．

$$C = \begin{bmatrix} \ln \widehat{c}_2(\mathbf{X}_1^1) & \ln \widehat{c}_3(\mathbf{X}_1^2) & \cdots & \ln \widehat{c}_T(\mathbf{X}_1^{T-1}) \\ \ln \widehat{c}_2(\mathbf{X}_2^1) & \ln \widehat{c}_3(\mathbf{X}_2^2) & \cdots & \ln \widehat{c}_T(\mathbf{X}_2^{T-1}) \\ \ln \widehat{c}_2(\mathbf{X}_3^1) & \ln \widehat{c}_3(\mathbf{X}_3^2) & \cdots & \ln \widehat{c}_T(\mathbf{X}_3^{T-1}) \\ \vdots & \vdots & \ddots & \vdots \\ \ln \widehat{c}_2(\mathbf{X}_M^1) & \ln \widehat{c}_3(\mathbf{X}_M^2) & \cdots & \ln \widehat{c}_T(\mathbf{X}_M^{T-1}) \end{bmatrix}$$

ここで，第 i 行は $(\mathbf{X}_i^1, \mathbf{X}_i^2, \ldots, \mathbf{X}_i^{T-1})$ に依存する．

2. 以下の統計量を計算する．

$$\text{行平均 } \bar{C}_{i\bullet} = \frac{1}{T-1} \sum_{j=1}^{T-1} C_{ij}$$

$$\text{列平均 } \bar{C}_{\bullet j} = \frac{1}{M} \sum_{i=1}^{M} C_{ij}$$

$$\text{全平均 } \bar{C} = \frac{1}{T-1} \sum_{j=1}^{T-1} \bar{C}_{\bullet j}$$

$$\text{行効果2乗和 } \text{SS} = \sum_{i=1}^{M} (\bar{C}_{i\bullet} - \bar{C})^2$$

$$\text{列内分散 } V = \frac{1}{(M-1)(T-1)^2} \sum_{j=1}^{T-1} \sum_{i=1}^{M} (C_{ij} - \bar{C}_{\bullet j})^2$$

3. $\sum_{t=1}^{T-1} \ln c_{t+1}(\mathbf{X}^t)$ が定数であるという仮説のもとで，各行平均と各列平均 $\{\bar{C}_{i\bullet}, \bar{C}_{\bullet j}\}$ が近似的に正規分布をすることを仮定すると，検定統計量 $\mathcal{T} = \text{SS}/V$ は近似的に χ^2_{M-1} に従って分布する．

アルゴリズム 14.9 による連鎖が目的とする分布からのものであれば，C の各行ごとの和はだいたい等しくなるはずである．アルゴリズム 14.10 における 2 元分散分析検定は，単に行列 C の行効果を調べるものである．C の各列はレベルを表し，C の各行は要因を表す．

ほとんどの判定法は（遅い混合や定常性の欠如などの）望ましくないマルコフ連鎖

■ 例 14.5 (ギブスサンプリングとの比較)

分岐法の性能を見るために，例 14.2 の確率密度関数 $h(\mathbf{z};12)/\mathcal{Z}(12)$ からサンプリングを行う問題を考える．アルゴリズム 14.5 を例 14.2 の場合と正確に同じように実行する．ただし，Step 3 において，アルゴリズム 14.6 は，決定的なギブスサンプリングではなく，ランダム順に行うものとする．ランダム順のギブスサンプリングは，推移確率 $\kappa_t(\mathbf{X}^*|\mathbf{X})$ が可逆であることを保証する．図 14.4 は，$\mathbf{Z}$ のレベル $(\gamma_0, \gamma_1, \gamma_3, \gamma_6) = (-\infty, -117.91, -44.78, 0)$ とした場合の標本分布を示す．$\gamma_0 = -\infty$ の場合が，標準正規分布による提案分布 $p(\mathbf{z})$ からの標本であり，γ_6 の場合は，図 14.3 に示した目標分布に近似的に従う 2030 点を表している．徐々に 2 つのモードが拡大していることがわかる．アルゴリズム 14.10 の Step 3 による p 値は 0.1 であり，過渡的な振る舞いは検出できておらず，マルコフ連鎖が目標分布からのサンプリングとなっているという仮説を支持している．さらに，最終段階における各モードの点の分布比率はおよそ 1/2 である．より詳しくは，1009 点が右上モード付近にあり，1021 点が左下モード付近にある．

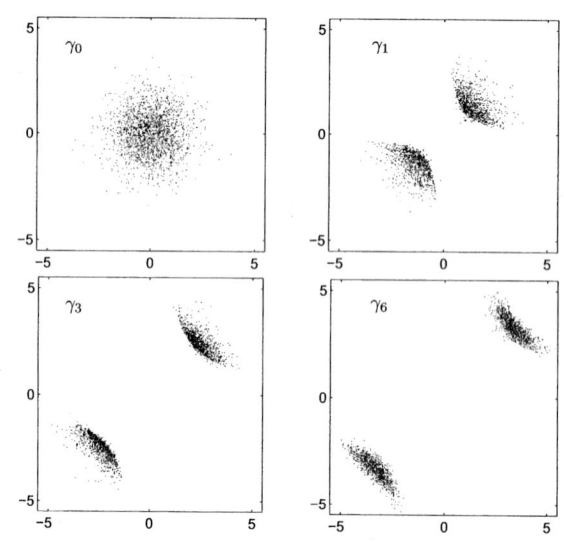

図 14.4　$t = 0, 1, 3, 6$ としたときの $S(\mathbf{X}) \geqslant \gamma_t$ の条件のもとでの $\mathbf{Z}$ の標本分布．

標準的なギブスサンプリングを $h(\mathbf{z};12)/\mathcal{Z}(12)$ に適用すると，両方のモードからの抽出に失敗する．具体的には，$(0,0)$ から出発して，次のステップを 10^9 回繰り返す．

- (Z_1, Z_2) が与えられたとして，$Z_1^* \sim \mathsf{N}\left(\frac{\lambda Z_2}{1+Z_2^2}, \frac{1}{Z_2^2+1}\right)$ を生成する．
- (Z_1^*, Z_2) が与えられたとして，$Z_2^* \sim \mathsf{N}\left(\frac{\lambda Z_1^*}{1+(Z_1^*)^2}, \frac{1}{(Z_1^*)^2+1}\right)$ を生成する．
- 更新 $(Z_1, Z_2) = (Z_1^*, Z_2^*)$ を行う．

図 14.5 の右図は，標準的なギブスサンプリング法による標本列が，2 つのモードのうち片側に捕獲されてしまっていることを示す．図示するために，10^9 の長さの列を，10^6 番目の点，2×10^6 番目の点，3×10^6 番目の点，$\cdots$ というように，10^6 個おきに 10^3 点を取り出している．この数値実験の結果は，ギブスサンプリング法の性能が初期値に影響されることを示唆している．それに対して，分岐サンプリング法の場合，初期値の影響はないか，あってもあまり受けない．分岐サンプリング法は，ギブスサンプリング法に比べて，目標分布の台をよりくまなく巡ることができると言えよう．

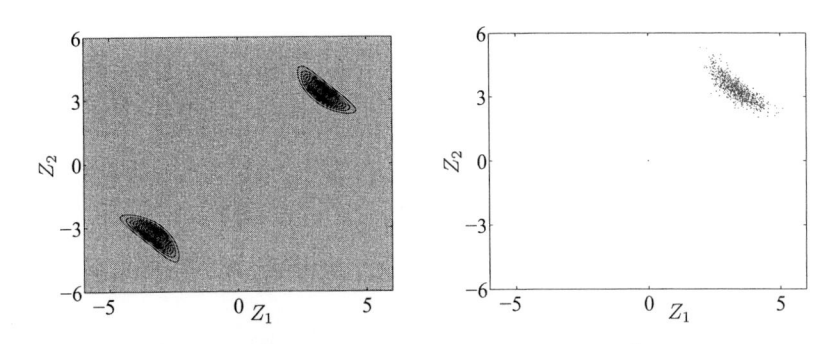

図 14.5 二峰分布の等高面 (左図) と，標準ギブスサンプリング法による標本分布 (右図).

他のサンプリング法，例えば "等エネルギー" サンプリング法などについては，[3] を参照せよ．最後の例におけるサンプリング法の問題点は，MCMC や分岐法以外の他の方法によっても解決できる．例えば，採択–棄却法 (☞ p.63) は，2 次元であればまだ実行可能である．しかしながら，次の問題は，マルコフ連鎖によるサンプリング法以外では対処が難しい．

■ 例 14.6（ADAM を用いたネットワークシミュレーション）

例 16.4 および例 16.5 において，図 16.5 に示す 20 個の節点からなるネットワークを考え，各枝が切れてしまう確率が $q = 10^{-3}$ であるときに，節点 1 と 20 の間が切断される確率を推定する問題を考える．ここで，節点 1 と節点 20 の間が切断されているという条件のもとでの各枝の修理時間 $\mathbf{X} = (X_1, \ldots, X_m)^\top$ (m は枝の本数) (☞ p.577) をシミュレーションで求める．言葉を変えて言えば，条件付き分布

$$\frac{f(\mathbf{x}) \mathrm{I}_{\{S(\mathbf{x})>1\}}}{\ell}, \quad \mathbf{x} = (x_1, \ldots, x_m)^\top$$

をシミュレートしたい．ここで，$S(\mathbf{x})$ は式 (16.1)，ℓ は式 (16.2) により与えられる．

また，$\sigma = -1/\Phi^{-1}(q)$ として，
$$f(\mathbf{x}) = (2\pi\sigma^2)^{-m/2} e^{-\mathbf{x}^\top \mathbf{x}/(2\sigma^2)}$$
である．このようなシミュレーションによって，どの枝が経路の切断の原因に最もなりやすいかの知見が得られ，判明した弱い枝を強化することによって，ネットワークの信頼性を高めることができる．MCMC による標準的な接近法として，hit-and-run (☞ p.249) を考えよう．

アルゴリズム 14.11（信頼性ネットワークシミュレーションのための hit-and-run アルゴリズム）

$S(\mathbf{x}_t) > 1$ となるような修理時間ベクトル $\mathbf{x}_t$ が与えられているとして，次のステップを実行する．

1. m 次元の単位球面上に一様分布する方向ベクトルをランダムに 1 つ生成し，それを $\mathbf{d}$ とする．$\mathbf{d}$ が与えられたものとして，$\Lambda \sim \mathsf{N}(-\mathbf{x}_t^\top \mathbf{d}, \sigma^2)$ を生成する．
2. もし $S(\mathbf{x}_t + \Lambda \mathbf{d}) > 1$ ならば，$\mathbf{x}_t = \mathbf{x}_t + \Lambda \mathbf{d}$ とし，そうでなければ，$\mathbf{x}_t$ は更新しない．
3. Step 1 と Step 2 を 100 回繰り返して得られた $\mathbf{x}_t$ を，$t+1$ 時点でのマルコフ連鎖の状態 $\mathbf{X}_{t+1}$ とする（つまり $\mathbf{X}_{t+1} = \mathbf{x}_t$ である）．

上の手続きは，すべての枝が等確率で切れる場合に対するアルゴリズム 16.8 と同じである．

このサンプリング法で，目標分布の全モードを訪問し，良い経験分布による近似を得るためには，非常に多くの反復が必要になるかもしれない．目標分布の全モードを訪問する上での困難（これは連鎖がほとんど混合してくれないということでもあるが）は，任意の関数 W に対する，標本平均の遅い収束

$$\overline{W}_M = \frac{1}{M} \sum_{t=1}^M W(\mathbf{X}_t) \to \mathbb{E}W(\mathbf{X}), \quad M \to \infty$$

として捉えられる．hit-and-run サンプリング法の性能を調べるために，

$$W(\mathbf{x}) = \left(\frac{\sigma}{\widetilde{\sigma}}\right)^3 \exp\left(-\frac{x_1^2 + x_2^2 + x_3^2}{2}\left(\frac{1}{\widetilde{\sigma}^2} - \frac{1}{\sigma^2}\right)\right), \quad \widetilde{\sigma} = \frac{-1}{\Phi^{-1}(0.0926^3)}$$

の標本平均 $\overline{W}_M$ をモニターした．この場合，$\widetilde{X}_1, \widetilde{X}_2, \widetilde{X}_3 \overset{\text{iid}}{\sim} \mathsf{N}(0, \widetilde{\sigma}^2)$ および $\widetilde{X}_4, \ldots, \widetilde{X}_m \overset{\text{iid}}{\sim} \mathsf{N}(0, \sigma^2)$ として

$$\mathbb{E}W(\mathbf{X}) = \frac{1}{\ell} \mathbb{P}(S(\widetilde{\mathbf{X}}) > 1), \quad \mathbf{X} \sim f$$

となる．そして，$\widetilde{\ell} = \mathbb{P}(S(\widetilde{\mathbf{X}}) > 1)$ は，枝 1, 2, 3 が故障率 0.0926^3 で他のすべての枝が 10^{-3} である場合にネットワークが機能しない確率を表す．第 16 章で紹介するどの方法を使っても，確率の推定値 $\ell \approx 2.00 \times 10^{-9}$，$\widetilde{\ell} \approx 1.50 \times 10^{-9}$ を 2 桁の精

度で求めることができる．したがって，$M \to \infty$ の極限で，

$$\overline{W}_M \to \mathbb{E}W(\mathbf{X}) \approx 0.75$$

となることが期待できる．

図 14.6 の左図は M の関数としての標本平均 $\overline{W}_M$ の振る舞いを表す．10^4 回の反復を終えても標本平均が正しい値 0.75 に収束しないことがわかる．図には表示していないが，10^6 まで hit-and-run サンプリング法を走らせても，最終的な標本平均の値は 0.50 である．このように，大きな M の値に対してさえも，エルゴード的な平均は正しい値に収束しない．図 14.6 の右図は，各枝 $e = 1, \ldots, m$ に対して

$$\frac{1}{M}\sum_{t=1}^{M} X_e^{(t)}, \quad \mathbf{X}_t = (X_1^{(t)}, \ldots, X_m^{(t)})$$

を表示したものである．グラフより，ネットワークが機能しなくなる一番の原因は，$\{1, 2, 3\}$ が同時に故障することであることがわかる．hit-and-run サンプリング法を再スタートしても，性能は向上しないことに注意しよう．また，ギブスアルゴリズムのような他のサンプリング法の性能も似たようなものである．

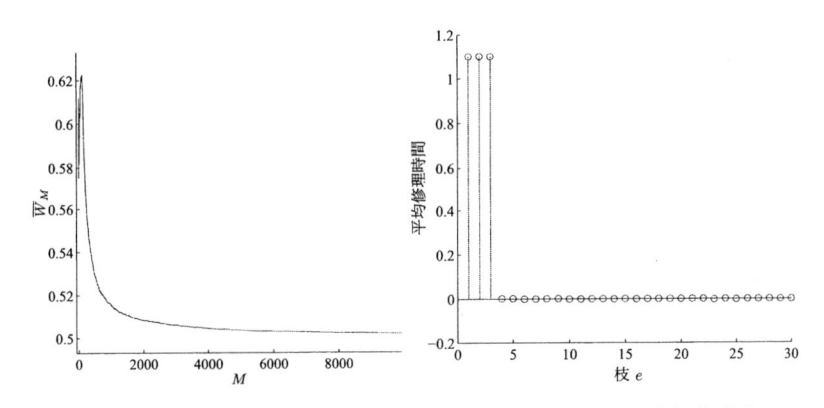

図 14.6 20 頂点のネットワークに対する hit-and-run サンプリング法（初期値は $\mathbf{x}_1 = (1.01, \ldots, 1.01)$）．左図は標本平均 $\overline{W}_M$ が正しくない値 0.5 に収束する様子を表す．右図は，ネットワークが機能していないという条件のもとでの各枝の修理時間の平均を表している．

標準的な MCMC とは別の方策として，分岐サンプリング法（アルゴリズム 14.9）あるいは ADAM アルゴリズム 16.9 の出力を用いることができる．図 14.7 は，$N = 10^4$，$\varrho = 0.5$ のときの ADAM アルゴリズム 16.9 の結果を示す．推移密度 $\kappa_t(\mathbf{x} \,|\, \mathbf{y})$ からのサンプリングには，hit-and-run アルゴリズム 14.11 を用いている．左図は，M の値を 1 から N_T まで変えたときの標本平均 $\overline{W}_M$ の様子である．ここで，$\mathbf{X}_1, \ldots, \mathbf{X}_{N_T}$ は，ADAM アルゴリズムの最後の反復で得られた集団である．標本平均は 0.75 周辺

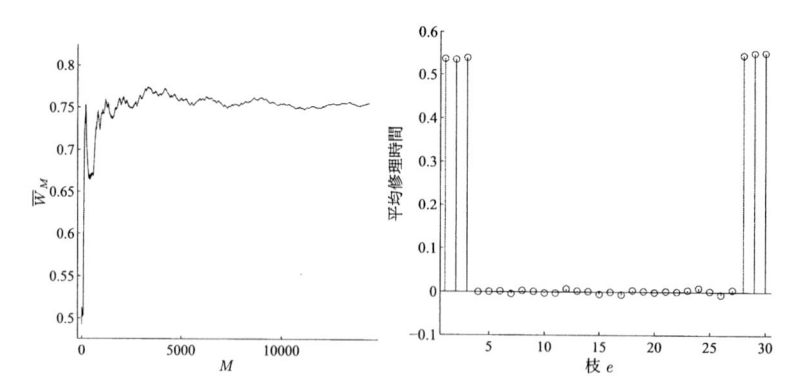

図 14.7 ADAM による 20 節点のネットワークに対するサンプリング法. 左図は標本平均の正しい値 0.75 への収束を表す. 右図はネットワークが機能していないという条件のもとでの各枝の平均修理時間を表している.

に存在し, ADAM が抽出法としてうまく働いていることがわかる. さらに, 右図は, 目標分布の両方のモードが訪問されており, ネットワークが機能しなくなる一番もっともらしい理由は, $\{1,2,3\}$ あるいは $\{28,29,30\}$ が切断されることであることを示している. 対照的に, 図 14.6 は, hit-and-run アルゴリズムが片一方のモードから動けず, たとえ非常に多くのマルコフ連鎖ステップを実行したあとでも, 別のモードを見つけられずにいることを示している. このように, ADAM は hit-and-run やギブスサンプリングに比べて, より良い目標分布の近似を生成できることが結論できる.

さらに学習するために

マルコフ連鎖からの集団や補助分布を反復的に用いるようなモンテカルロ法を設計しようとすると, 非常に多くの可能性や変化があり, どの状況設定にも対応できる一般的なアルゴリズムを述べることは難しい [11]. とはいえ, これらすべてのアルゴリズムに共通の中身は [27] に要約され, [26] においてよく研究されている. 一般化された分岐法および ADAM 法については, [3] が詳しい. 粒子数が固定されたときの分岐法の初期の文献については [13], [14] を参照せよ.

粒子分岐法を用いて領域内に点を一様に生成する方法については [15] を参照せよ. 粒子分岐法の性能を上げるための種々の工夫については, [31], [32] を挙げておく. しかし, これらの工夫は推定を偏ったものにし, 相対誤差の推定をより難しくしてしまうことに注意せよ.

文 献

1) Z. I. Botev. Three examples of a practical exact Markov chain sampling. Technical report, School of Mathematics and Physics, The University of Queensland, http://espace.library.uq.edu.au/view/UQ:130865, 2007.
2) Z. I. Botev. An algorithm for rare-event probability estimation using the product rule of probability theory. Technical report, School of Mathematics and Physics, The University of Queensland, http://espace.library.uq.edu.au/view/UQ:151299, 2008.
3) Z. I. Botev. Splitting methods for efficient combinatorial counting and rare-event probability estimation. Technical report, School of Mathematics and Physics, The University of Queensland, http://espace.library.uq.edu.au/view/UQ:178513, 2009.
4) Z. I. Botev and D. P. Kroese. The generalized cross-entropy method, with applications to probability density estimation. *Methodology and Computing in Applied Probability*, DOI:10.1007/s11009-009-9133-7, 2009.
5) S. P. Brooks, P. Dellaportas, and G. O. Roberts. An approach to diagnosing total variation convergence of MCMC algorithms. *Journal of Computational and Graphical Statistics*, 6(3):251–265, 1997.
6) S. P. Brooks and G. O. Roberts. Convergence assessment techniques for Markov chain Monte Carlo. *Statistics and Computing*, 8(4):319–335, 1998.
7) F. Cérou, P. Del Moral, T. Furon, and A. Guyader. Rare-event simulation for a static distribution. Technical report, INRIA-00350762, 2009.
8) S. Chib. Marginal likelihood from the Gibbs output. *Journal of the American Statistical Association*, 90(432):1313–1321, 1995.
9) S. Chib and I. Jeliazkov. Marginal likelihood from the Metropolis–Hastings output. *Journal of the American Statistical Association*, 96(453):270–281, 2001.
10) N. Chopin. A sequential particle filter for static models. *Biometrika*, 89(3):539–551, 2002.
11) A. Doucet, N. de Freitas, and N. Gordon. *Sequential Monte Carlo Methods in Practice*. Springer-Verlag, New York, 2001.
12) W. Gander and W. Gautschi. Adaptive quadrature - revisited. *BIT Numerical Mathematics*, 40(1):84–101, 2000.
13) M. J. J. Garvels. *The Splitting Method in Rare Event Simulation*. PhD thesis, University of Twente, 2000.
14) M. J. J. Garvels and D. P. Kroese. A comparison of RESTART implementations. In *Proceedings of the 1998 Winter Simulation Conference*, pages 601–609, Washington, DC, 1998.
15) P. Glynn, A. Dolgin, R. Y. Rubinstein, and R. Vaisman. How to generate uniform samples on discrete sets using the splitting method. *Probability in Engineering*

and *Information Sciences*, DOI:10.1017/S0269964810000057, 2009.
16) N. Gordon, J. Salmond, and A. Smith. A novel approach to non-linear/non-Gaussian Bayesian state estimation. *IEEE Proceedings on Radar and Signal Processing*, 140(2):107–113, 1993.
17) J. Gu, P. W. Purdom, J. Franco, and B. W. Wah. Algorithms for the satisfiability (SAT) problem: A survey. In *Satisfiability Problem: Theory and Applications*, pages 19–152. American Mathematical Society, Providence, RI, 1997.
18) C. Han and B. P. Carlin. Markov chain Monte Carlo methods for computing Bayes factors: A comparative review. *Journal of the American Statistical Association*, 96(455):1122–1132, 2001.
19) H. H. Hoos and T. Stützle. SATLIB: An online resource for research on SAT. In: SAT 2000, I. P. Gent, H. v. Maaren, T. Walsh, editors, pages 283–292. www.satlib.org, IOS Press, 2000.
20) A. M. Johansen, P. Del Moral, and A. Doucet. Sequential Monte Carlo samplers for rare events. In *Proceedings of the 6th International Workshop on Rare Event Simulation, Bamberg, Germany*, 2006.
21) H. Kahn and T. E. Harris. *Estimation of Particle Transmission by Random Sampling*. National Bureau of Standards Applied Mathematics Series, 1951.
22) G. Kitagawa. Monte Carlo filter and smoother for non-Gaussian non-linear state space models. *Journal of Computational and Graphical Statistics*, 5(1):1–25, 1996.
23) S. C. Kou, Q. Zhou, and W. H. Wong. Equi-energy sampler with applications in statistical inference and statistical mechanics. *The Annals of Statistics*, 34(4):1581–1619, 2006.
24) P. L'Ecuyer, V. Demeres, and B. Tuffin. Splitting for rare-event simulation. *Proceedings of the 2006 Winter Simulation Conference*, pages 137–148, 2006.
25) P. L'Ecuyer, V. Demers, and B. Tuffin. Rare events, splitting, and quasi-Monte Carlo. *ACM Transactions on Modeling and Computer Simulation*, 17(2):1–44, 2007.
26) P. Del Moral. *Feynman–Kac Formulae: Genealogical and Interacting Particle Systems with Applications*. Springer-Verlag, New York, 2004.
27) P. Del Moral, A. Doucet, and A. Jasra. Sequential Monte Carlo Samplers. *Journal of the Royal Statistical Society, Series B*, 68(3):411–436, 2006.
28) P. Del Moral, A. Doucet, and A. Jasra. Sequential Monte Carlo for Bayesian computation. In *Proceedings of the Eighth Valencia International Meeting on Bayesian Statistics*, pages 1–34, Valencia, Spain, 2007.
29) C. P. Robert and G. Casella. *Monte Carlo Statistical Methods*. Springer-Verlag, New York, second edition, 2004.
30) D. Rubin. *Multiple Imputation for Nonresponse in Surveys*. John Wiley & Sons, New York, 1987.
31) R. Y. Rubinstein. The Gibbs cloner for combinatorial optimization, counting and sampling. *Methodology and Computing in Applied Probability*, 11(2):491–549, 2009.
32) R. Y. Rubinstein. Why the classic randomized algorithms do not work and how to

make them work. *Methodology and Computing in Applied Probability*, 12(1):1–50, 2010.
33) R. Y. Rubinstein and D. P. Kroese. *The Cross-Entropy Method: A Unified Approach to Combinatorial Optimization, Monte-Carlo Optimization, and Machine Learning.* Springer-Verlag, New York, 2004.
34) R. Y. Rubinstein and D. P. Kroese. *Simulation and the Monte Carlo Method.* John Wiley & Sons, New York, second edition, 2007.
35) S. Senju and Y. Toyoda. An approach to linear programming with 0-1 variables. *Management Science*, 15(4):B196–B207, 1968.
36) D. J. A. Welsh. *Complexity: Knots, Coloring and Counting.* Cambridge University Press, Cambridge, 1993.

15

金融工学への応用

モンテカルロ法は金融工学の分野でよく用いられる．本章では，オプションの価格計算に使われる主なモンテカルロ法の手法をいくつか選んで焦点を当てる．
1) アジア型コールオプションの価格計算に用いられる "制御変量法"（☞ p.365）
2) 確率的ボラティリティやバリアを伴うヨーロッパ型コールオプションの価格計算に用いられる "条件付きモンテカルロ法"（☞ p.368）
3) バリアオプションの価格計算に用いられる "重点抽出法"（☞ p.376）
4) ヨーロッパ型コールオプションの感度分析に用いられる "無限小摂動解析"（☞ p.444）
5) バリアオプションのグリークス（Greeks）を推定するのに，重点抽出法と組み合わせて用いられる "スコア関数法"（☞ p.446）

なお，確率微分方程式については A.13 節を，拡散過程の標本生成については 5.6 節をそれぞれ参照せよ．

15.1 標準モデル

数理ファイナンスの標準的なモデルの枠組みは，以下の5つの構成要素に基づく．確率空間 $(\Omega, \mathcal{F}, \mathbb{P})$ には，フィルトレーション $\{\mathcal{F}_t, t \geqslant 0\}$ が与えられていることとする．

(1) 株価モデル（危険資産）

リスクのある金融資産（典型的な例は市場における株式）が m 個あり，時刻 t におけるそれらの価格が $S_{t,1}, \ldots, S_{t,m}$ であるとしよう．この資産の集合 $\{\mathbf{S}_t = (S_{t,1}, \ldots, S_{t,m})^\top, t \geqslant 0\}$ を記述する確率過程は，多次元の確率微分方程式

$$d\mathbf{S}_t = \boldsymbol{\mu}_t dt + \boldsymbol{\sigma}_t d\mathbf{W}_t, \quad \mathbf{S}_0 = (s_1, \ldots, s_m)^\top$$

に従うと仮定する．ここで，$\{\mathbf{W}_t\}$ は測度 $\mathbb{P}$，フィルトレーション $\{\mathcal{F}_t, t \geqslant 0\}$ のもとでの n 次元のウィーナー過程であり，

15.1 標準モデル

$$\boldsymbol{\mu}_t = \boldsymbol{\mu}(\mathbf{S}_t, t) = \begin{pmatrix} \mu_{t,1} \\ \vdots \\ \mu_{t,m} \end{pmatrix}, \quad \boldsymbol{\sigma}_t = \boldsymbol{\sigma}(\mathbf{S}_t, t) = \begin{pmatrix} \sigma_{t,11} & \cdots & \sigma_{t,1n} \\ \vdots & \ddots & \vdots \\ \sigma_{t,m1} & \cdots & \sigma_{t,mn} \end{pmatrix}$$

は，$\mathbf{S}_t$ と t との確定的関数である．したがって，過程 $\{\mathbf{S}_t, t \geq 0\}$ は A.13 節で述べた m 次元の拡散過程である．さらに，以下を仮定する．

- 株式には配当が出ない．
- 取引コストはない．
- すべての証券は完全に分割可能である．つまり，いかなる少量でも証券を購入することができる．
- "空売り"が許されている．つまり，負の量の証券を保持することができる．

(2) 債券（無リスク資産）

市場には少なくとも 1 つの無リスク資産があり，確定的な微分方程式

$$B'_t = r_t B_t, \quad B_0 = 1$$

でモデル化されると仮定する．ここで，r_t は時刻 t における連続利子率である．明らかに，$B_t = \exp\left(\int_0^t r_s \, ds\right)$ が成り立つ．政府国債や利付金融債が，このような無リスク資産になりうる．

(3) 資金自己調達の仮定

上記 (1), (2) のもとで，国債を ψ_t，各証券を $\boldsymbol{\phi}_t = (\phi_{t,1}, \ldots, \phi_{t,m})^\top$ だけ保持するポートフォリオの価値 V_t は，

$$V_t = B_t \psi_t + \sum_{i=1}^m \phi_{t,i} S_{t,i} = B_t \psi_t + \boldsymbol{\phi}_t^\top \mathbf{S}_t \tag{15.1}$$

で与えられる．時刻 t におけるポートフォリオの価値は，その直前の資産構成 $(\psi_t, \boldsymbol{\phi}_t)$ に依存して決まる．ゆえに，確率過程 $\{(\psi_t, \boldsymbol{\phi}_t), t \geq 0\}$ は**取引戦略** (trading strategy) と見なすことができる．正確には，そのような確率過程が $\{\mathcal{F}_t, t \geq 0\}$ に適合的であるとき，取引戦略と呼ぶ．伊藤過程 (A.65) の積公式により，ポートフォリオ価値の無限小変化は，

$$dV_t = \left(B_t \, d\psi_t + \mathbf{S}_t^\top \, d\boldsymbol{\phi}_t\right) + \psi_t \, dB_t + \boldsymbol{\phi}_t^\top \, d\mathbf{S}_t$$

で与えられる．ポートフォリオが

$$B_t \, d\psi_t + \mathbf{S}_t^\top \, d\boldsymbol{\phi}_t = 0$$

を満たすとき，**資金自己調達的** (self-financing) であると言われる．このとき，

$$V_T = V_0 + \int_0^T \psi_t \, dB_t + \int_0^T \boldsymbol{\phi}_t^\top \, d\mathbf{S}_t$$

が成り立つ．言い換えれば，資金自己調達のもとでは，取引戦略 $\{(\psi_t, \boldsymbol{\phi}_t)\}$ が与えられたとき，任意の時刻におけるポートフォリオの価値の変化は，各資産の価値の変化にのみ依存する．

(4) 無裁定市場

もし，何のリスクを負うこともなく，無または負の初期財産から正の財産を生み出すことができるなら，そのような市場モデルは裁定機会を持つという．また，本質的にすべての資金自己調達の投資戦略において

$$V_0 = 0 \Rightarrow \mathbb{P}(V_T > 0) = 0$$

が成り立つとき，そのような市場モデルは，期間 $[0,T]$ において**無裁定** (arbitrage-free) であるという．金融工学の重要な成果は以下の点である．すなわち，$\widetilde{\mathbf{S}}_t = B_t^{-1} \mathbf{S}_t$ と定義された割引資産価格過程 $\{\widetilde{\mathbf{S}}_t, 0 \leqslant t \leqslant T\}$ が $(\mathcal{F}_t, \mathbb{Q})$ マルチンゲールになるような確率測度 $\mathbb{Q}$ が存在するならば，市場は無裁定である [16], [26]．標準モデルにおいては，方程式系

$$\boldsymbol{\sigma}_t \mathbf{u}_t = \boldsymbol{\mu}_t - r_t \mathbf{S}_t \tag{15.2}$$

が $\mathbb{E} \exp\left(\frac{1}{2} \int_0^T \mathbf{u}_t^\top \mathbf{u}_t \, dt\right) < \infty$ (Novikov 条件) を満たす解 $\mathbf{u}_t, t \in [0,T]$ を持つならば，無裁定条件が満たされる．この点を理解するためには，以下の事柄に注意しよう．まず，伊藤過程 (☞ p.675) の積公式により，

$$\begin{aligned} d\widetilde{\mathbf{S}}_t &= B_t^{-1}(\boldsymbol{\mu}_t - r_t \mathbf{S}_t) \, dt + B_t^{-1} \boldsymbol{\sigma}_t \, d\mathbf{W}_t \\ &= B_t^{-1} \boldsymbol{\sigma}_t (\mathbf{u}_t \, dt + d\mathbf{W}_t) \\ &= B_t^{-1} \boldsymbol{\sigma}_t \, d\mathbf{Z}_t \end{aligned}$$

となる．ここで，$d\mathbf{Z}_t = \mathbf{u}_t \, dt + d\mathbf{W}_t$ は伊藤過程を定める．すると，

$$M_t = \exp\left(\int_0^t \mathbf{u}_s^\top \, d\mathbf{W}_s - \frac{1}{2} \int_0^t \mathbf{u}_s^\top \mathbf{u}_s \, ds\right)$$

と定めた $\{M_t, t \geqslant 0\}$ は，Girsanov の定理 (p.676) により $(\mathcal{F}_t, \mathbb{P})$ マルチンゲールとなり，新たな測度 $\mathbb{Q}(A) \stackrel{\text{def}}{=} \mathbb{E}[M_T I_A], \forall A \in \mathcal{F}_T$ のもとで確率過程 $\{\mathbf{Z}_t, 0 \leqslant t \leqslant T\}$ はウィーナー過程となる．すると，測度 $\mathbb{Q}$ のもとで，$\{\widetilde{\mathbf{S}}_t, 0 \leqslant t \leqslant T\}$ は $\{\mathcal{F}_t, 0 \leqslant t \leqslant T\}$ に関するマルチンゲールになるわけである．測度 $\mathbb{Q}$ は**リスク中立測度** (risk-neutral measure) と呼ばれる．ここで注意すべきことは，方程式系 (15.2) の解が存在すれば，リスク中立測度 $\mathbb{Q}$ が存在し，その逆もまた成り立つことである．

ベクトル $\mathbf{u}_t$ の第 j 成分は，$\mathbf{W}_t$ の第 j 成分に関する**リスクの市場価格** (market price of risk) と言われる．スカラーの場合，すなわち $\mathbf{u}_t = u_t$ の場合は，単にリスクの市場価格と言われる．この言葉の解釈は，以下の説明から納得できるだろう．まず，$\boldsymbol{\mu}_t = \mu S_t$, $\boldsymbol{\sigma}_t = \sigma S_t$ としよう．すると，$\{S_t\}$ は幾何ブラウン運動をすることになり，

$$\mu = r_t + \sigma u_t$$

であることから，危険資産 S_t による超過利益 $\mu - r_t$ は，比例定数 u_t で σ に比例する．このような意味で，u_t は，投資家が σ 当たりのリスクに応じて要求する超過利益率 (無リスク利益率を超える分の利益率) の尺度になっている．

株式と債券のポートフォリオの割引価値を，$\widetilde{V}_t = B_t^{-1} V_t = \psi_t + \boldsymbol{\phi}_t^\top B_t^{-1} \mathbf{S}_t = \psi_t + \boldsymbol{\phi}_t^\top \widetilde{\mathbf{S}}_t$ としよう．無裁定と資金自己調達の仮定のもとでは，次式を得る．

$$d\widetilde{V}_t = \boldsymbol{\phi}_t^\top d\widetilde{\mathbf{S}}_t = B_t^{-1} \boldsymbol{\phi}_t^\top \boldsymbol{\sigma}_t \, d\mathbf{Z}_t$$

すると，測度 $\mathbb{Q}$ のもとで，確率過程 $\{\widetilde{V}_t, 0 \leqslant t \leqslant T\}$ はフィルトレーション $\{\mathcal{F}_t, 0 \leqslant t \leqslant T\}$ に関してマルチンゲールになる．ゆえに，次式が成り立つ．

$$V_t = B_t \, \mathbb{E}_{\mathbb{Q}}[B_T^{-1} V_T \,|\, \mathcal{F}_t], \quad t \leqslant T \tag{15.3}$$

この式は，測度 $\mathbb{Q}$ のもとでのポートフォリオの挙動が判明したときに，時刻 $t \leqslant T$ におけるポートフォリオの価値を決める公式となる．

(5) 完備市場の仮定

市場で取引される資産に基づくあらゆる金融派生商品の価値が，上記のような資金自己調達の戦略 $\{(\psi_t, \boldsymbol{\phi}_t)\}$ で複製されうるならば，市場は**完備** (complete) である．市場が完備であることの必要十分条件は，式 (15.2) が"唯一"の解を持つことであることは証明できる [5], [11], [18]．

上記の 5 つの仮定を使い，**ヨーロッパ型コールオプション** (European call option) (および，**ヨーロッパ型プットオプション** (European put option))の価格決めの仕組みを述べる．この金融商品は，その購入者に，ある将来時点 T において，決められた価格 K で総額 S_t の株式を買う（売る）権利を与える契約である．権利を与えるだけで，買う（売る）義務は課さない．価格 K は**行使価格** (strike price)，時点 T は**満期日** (maturity; expiration time) と呼ばれる．コール（プット）オプションの満期日における価値は，オプションの**ペイオフ** (payoff) と言われる．コールオプションの満期日のペイオフは $(S_T - K)^+ = \max\{S_T - K, 0\}$ であり，プットオプションのペイオフは $(K - S_T)^+$ である．具体的に，コールオプションを見ていくことにして，時刻 $t \leqslant T$ における価値を $C_t = C(S_t, K, r_t, T-t)$ で表そう．ここで，$T-t$ は満期日までの時間である．すると，オプションの価格 C_t は，このオプションのペイオフを複製するポートフォリオ (15.1) の価値 V_t で与えられる．言い換えれば，オプションの価格は式 (15.3) から導ける．

$$C_t = V_t = B_t \, \mathbb{E}_{\mathbb{Q}}[B_T^{-1} C_T \,|\, \mathcal{F}_t], \quad t \leqslant T \tag{15.4}$$

ここで，

$$C_T = V_T = V_0 + \int_0^T \psi_t \, dB_t + \int_0^T \boldsymbol{\phi}_t^\top \, d\mathbf{S}_t$$

である．

■ 例 15.1（Black–Scholes モデル）

株式の価格過程が，幾何ブラウン運動（☞ p.202）の確率微分方程式

$$dS_t = \mu S_t \, dt + \sigma S_t \, dW_t$$

に従うとする. ここで, $\{W_t, t \geqslant 0\}$ は測度 $\mathbb{P}$ のもとでのウィーナー過程である. パラメータ μ は**ドリフト** (drift), σ は**ボラティリティ** (volatility) と呼ばれる. 無リスク資産 (例えば, 政府国債) が t 時間後に $B_t = B_0 e^{rt} = e^{rt}$ の価値をもたらすとしよう ($B_0 = 1$ とした). ここで, r は無リスクの年利子率である. すると, 方程式

$$(\sigma S_t) u_t = (\mu S_t) - r S_t$$

は唯一の解を持つので, 市場は完備であり, リスクの市場価格は $u_t = (\mu - r)/\sigma$ となる. こうして, 原証券を使った資金自己調達的な投資戦略を考えることで, 任意の派生証券の価格を計算することができる. ヨーロッパ型コールオプションのリスク中立 (無裁定) 価格 C_t は, 式 (15.4) から導出される.

$$C_t = \mathbb{E}_\mathbb{Q}[e^{-r(T-t)} C_T \mid \mathcal{F}_t] = \mathbb{E}_\mathbb{Q}[e^{-r(T-t)}(S_T - K)^+ \mid S_t]$$
$$= \int_{e^{-r(T-t)}K}^{\infty} (x - e^{-r(T-t)} K) \, p(x) \, dx$$

ここで, $p(x)$ は, リスク中立測度 $\mathbb{Q}$ のもとで, S_t で条件付けした $\widetilde{S}_T = e^{-rT} S_T$ の確率密度関数である. 測度 $\mathbb{Q}$ のもとで, 割引過程 $\{\widetilde{S}_t\}$ は確率微分方程式 $d\widetilde{S}_t = \sigma \widetilde{S}_t \, dZ_t$ を満たす. ここで $\{Z_t\}$ はウィーナー過程である. その強解は $\widetilde{S}_t = S_0 e^{\sigma Z_t - \frac{1}{2}\sigma^2 t}$, $t \geqslant 0$ となり, 次式が導かれる.

$$(\widetilde{S}_T \mid S_t) \sim \mathsf{LogN}\left(\ln(S_t) - \frac{1}{2}\sigma^2(T-t), \, \sigma^2(T-t)\right)$$

これにより, C_t の値を解析的に求めることができて, **Black–Scholes** の公式と呼ばれる価格の解析式を得る.

$$\mathrm{BS}(S_t, K, r, T-t, \sigma) \stackrel{\mathrm{def}}{=} S_t \Phi(a_1) - K e^{-r(T-t)} \Phi(a_2), \quad 0 \leqslant t \leqslant T \qquad (15.5)$$

ここで, $a_1 > a_2$ は次式で与えられる.

$$a_1, a_2 = \frac{\ln(S_t/K) + \left(r \pm \frac{\sigma^2}{2}\right)(T-t)}{\sigma \sqrt{T-t}} \qquad (15.6)$$

裁定条件に関する簡単な議論 [17], [18] により, ヨーロッパ型プットオプションの価格 $P_t = P(S_t, K, r_t, T-t)$ は, コールオプションの価格 C_t と**プットコールパリティ** (put–call parity) により関連付けられる.

$$P_t = C_t - S_t + K e^{-r(T-t)}$$

よって, ヨーロッパ型プットオプションの価格 $P_t = P(S_t, K, r_t, T-t)$ は, Black–Scholes の公式より,

$$P_t = K e^{-r(T-t)} \Phi(-a_2) - S_t \Phi(-a_1)$$

で与えられる.

15.1 標準モデル

オプション契約の細部はさまざまある．例えば，種々の原資産（株式，取引商品，金利，株式インデックス）に対してオプションを作ることができる．表15.1は，さまざまなオプション契約の一覧である．最も一般的なオプションの型は，ヨーロッパ型とアメリカ型である．ヨーロッパ型のオプションは，満期日にのみ権利行使することができる．一方，アメリカ型オプションは，満期日より前でも権利行使をすることができる．アメリカ型オプションの価格計算は，期限前のいつでも権利行使ができるため，最適停止問題や確率的最適化問題を解かなければならず，ヨーロッパ型よりずっと難しい問題になる [10], [14]．表15.2は，バニラコールオプション（例15.1）のいくつかの変種と，それぞれのペイオフを列挙している．

表 15.1 種々のオプション．

オプション名	説　明
ヨーロッパ型	満期日にのみ行使可能．
アメリカ型	満期日およびそれ以前の任意の取引日に行使可能．
バミューダ型	満期日およびそれ以前の指定された取引日に行使可能．
バリア	原資産価格が定められた閾値に達した後，権利行使が可能になる．
コンパウンド	オプションをもとにしたオプション．購入者には2つの満期日と売/買の組合せが権利として付与される．
クロス/コンポジット	ある通貨で表示された原資産を扱うオプションで，行使価格が別の通貨建てになるもの．
エクスチェンジ	満期日にある資産を他の資産に交換する権利を購入者に与えるオプション．
ルックバック	ペイオフが原資産の期間中の全価格に依存するオプションで，購入者は原資産を期間中の最低（最高）価格で買う（売る）権利を持つ．
アジア型/平均	ペイオフは事前に決められた期間中の原資産価格の平均によって決まる．
バスケット	複数の原資産の加重平均を用いるオプション．
レインボー	バスケットオプションの一種で，原資産への重み付けが，バスケットに入っている資産の最終パフォーマンスによって決まるもの．例えば，複数の株式の中で最低のパフォーマンスによって決まるオプション．
ディジタル/バイナリ	満期におけるペイオフが，事前に決められたある通貨量（資産量）か，何もなしかの，2つに1つしかないオプション．

■ 例 15.2 （コンパウンドコールオプション）

2つの時刻 $T_2 > T_1$ を決め，満期日 T_2 において行使価格 K_2 を持つコールオプションを購入する権利が，満期日 T_1，行使価格 K_1 で与えられるオプションを考える．時刻 t における満期日 T_1 (T_2) のオプションの価格を $C_{t,1}$ ($C_{t,2}$) と書くことにすると，

$$C_{0,1} = e^{-rT_1} \mathbb{E}_{\mathbb{Q}}[(C_{T_1,2} - K_1)^+ \mid S_0]$$

となり，$C_{T_1,2}$ は次式で与えられる．

$$C_{T_1,2} = e^{-r(T_2-T_1)} \mathbb{E}_{\mathbb{Q}}[(S_{T_2} - K_2)^+ \mid S_{T_1}]$$

表 15.2 標準的（バニラ）および非標準的（エキゾティック）なコールオプション名と，そのペイオフの一覧．原資産を S_t としている．

名　称	ペイオフ	備考
バニラヨーロッパ型	$(S_T - K)^+$	K は行使価格
キャッシュ・オア・ナッシング	$\mathrm{I}\{S_T > K\}$	
ダウン・アンド・アウト	$(S_T - K)^+ \mathrm{I}\left\{\min_\tau S_\tau \geq \beta\right\}$	β はバリア
離散時刻ダウン・アンド・アウト	$(S_T - K)^+ \mathrm{I}\left\{\min_{1 \leq i \leq n} S_{t_i} \geq \beta\right\}$	
離散時刻ダウン・アンド・イン	$(S_T - K)^+ \mathrm{I}\left\{\min_{1 \leq i \leq n} S_{t_i} \leq \beta\right\}$	
ルックバック	$S_T - \min_t S_t$	
ハインドサイト	$\left(\max_t S_t - K\right)^+$	
アジア型/平均	$(A_T - K)^+$	$A_T = \dfrac{1}{T}\displaystyle\int_0^T S_t\,dt$
離散時刻アジア型	$(\widehat{A}_T - K)^+$	$\widehat{A}_T = \dfrac{1}{n+1}\displaystyle\sum_{i=0}^n S_{t_i}$
離散時刻ディジタルダウン・アンド・イン	$\mathrm{I}\{S_T > K\}\,\mathrm{I}\left\{\min_{1 \leq i \leq n} S_{t_i} \leq \beta\right\}$	

15.2 モンテカルロシミュレーションによる価格計算

表 15.2 にあるほとんどのオプションには，式 (15.5) のように時刻 t における価格を表す陽な公式がない．そのような場合，式 (15.4) で与えられる価格は，モンテカルロ法で近似される．モンテカルロ法を使った，ヨーロッパ型オプション価格計算のごく一般的なやり方は，以下のようなものである．

1) リスク中立的な確率測度 $\mathbb{Q}$ のもとで，オプションの原資産の価格変動を記述する確率微分方程式が与えられているとする．確率微分方程式が他の確率測度 $\mathbb{P}$ のもとで与えられていたならば，Girsanov の定理などにより，リスク中立的な確率測度 $\mathbb{Q}$ のもとでの原資産価格の発展方程式を導く．
2) 確率測度 $\mathbb{Q}$ のもとで，当該期間 $[0, T]$ 中の資産価格をシミュレートするサンプルパスを N 個生成する．ここでは通常，確率微分方程式の解を近似する数値計算法が必要になる．
3) 各資産によるペイオフの割引価値をサンプルパスごとに計算する．
4) 得られた N 個の割引価値を使って，オプションの価格式 (15.4) のモンテカルロ推定値を計算する．

注意すべきなのは，価格式 (15.4) の近似に関して，2 種類の誤差の発生が考えられることである．第一の誤差は，Step 2 で確率微分方程式の数値計算の際に生じる離

散化に関わるものである．第二の誤差は，Step 4 のモンテカルロ推定量が持つ分散によるものである．一般的には，モンテカルロ法の分散のほうが，確率微分方程式の数値計算法による誤差よりもはるかに大きい．ゆえに，Step 4 では，しばしば分散減少法が必要とされる．オプションのペイオフが正の値を持つと，たいていの場合は稀少事象になるので，価格計算には稀少事象シミュレーションの技法が非常に重要になる．

この手法を例示するため，以下でアジア型コールオプションの価格計算の例を示す．

■ 例 15.3（アジア型コールオプション）

満期日が T で行使価格が K のヨーロッパ型のアジア型コールオプションを価格計算したい．このオプションの満期日でのペイオフは，

$$C_T = (A_T - K)^+$$

であり，ここで，A_t は期間 $[0,t]$ における株式の平均価格

$$A_t = \frac{1}{t}\int_0^t S_u \, du, \quad t \in [0,T]$$

である．株価の従う確率微分方程式を

$$dS_t = \mu S_t \, dt + \sigma S_t \, dW_t$$

としよう．$\{W_t\}$ は，確率測度 $\mathbb{P}$ のもとでのウィーナー過程である．無リスクの年利子率を r で表す．すると，このアジア型コールオプションの時刻 t における価格は，次のリスク中立の公式で与えられる．

$$C_t = e^{-r(T-t)} \mathbb{E}_{\mathbb{Q}}[(A_T - K)^+ \mid \mathcal{F}_t], \quad t \in [0,T]$$

この例の場合について，モンテカルロ法の4つのステップを1つずつ見ていこう．

Step 1 　最初にリスク中立測度 $\mathbb{Q}$ のもとでの株価の挙動を表す式を導く．例 15.1 で見たように，測度 $\mathbb{Q}$ のもとでは，割引き後の株価は $\{Z_t\}$ をウィーナー過程として，

$$d\widetilde{S}_t = \sigma \widetilde{S}_t \, dZ_t$$

なる式を満たす．これにより，測度 $\mathbb{Q}$ のもとでの割引き前の株価の時間発展は，確率微分方程式

$$dS_t = r S_t \, dt + \sigma S_t \, dZ_t \tag{15.7}$$

を満たす．つまり，リスク中立測度のもとでは，ドリフトは r（無リスクの投資回収率）で与えられる．

Step 2 　このモデルに関しては，次式のように解析的に解が求められるので，確率微分方程式 (15.7) を数値的に解く必要はない（☞ p.202）．

$$S_t = S_0 \, e^{(r - \sigma^2/2)t + \sigma Z_t}$$

平均株価 A_T は，大きな n に対して次式で近似される．

$$\bar{S}_T = \frac{1}{n+1}\sum_{i=0}^{n} S_{t_i}, \quad t_i = \frac{iT}{n}, \; i = 0, \ldots, n$$

ただし，

$$S_{t_i} = S_0 \exp\left((r - \sigma^2/2)\,t_i + \sigma Z_{t_i}\right)$$

とする．普通は n を期間 $[0,T]$ 内の取引日数にする．

Step 3 アジア型コールオプションの時刻 $t=0$ における割引後のペイオフ X は，次式で与えられる．

$$X = \mathrm{e}^{-rT}(\bar{S}_T - K)^+$$

Step 4 割引後のペイオフを独立に N 個計算したものを $X_1, \ldots, X_N$ とすると，アジア型オプションの価格の単純モンテカルロ法による推定量は

$$\widehat{C}_0 = \frac{1}{N}\sum_{i=1}^{N} X_i$$

となる．以下の MATLAB コードは，パラメータ $(r,\sigma,K,S_0,T) = (0.07, 0.2, 35, 40, 4/12)$ と $n = 88$ について，この推定量の計算を実装している．

```
%asian_option_CMC.m
r=.07;    % 年利子率
sig=0.2;  % ボラティリティ
K=35;     % 行使価格
S_0=40;   % 株価の初期値
T=4/12;   % 満期を 4 か月とする．これは 4/12 年に当たる
n= 88;    % 4 か月中の取引日はおよそ 88 日
dt=T/n;   % 時間刻み
% 株価のサンプルパスを N 個生成する
N=10^4; X=nan(N,1); % サンプルパス数
for i=1:N
    path=(r-sig^2/2)*dt+sig*sqrt(dt)*randn(1,n);
    path=cumprod([S_0,exp(path)]);
    X(i)=exp(-r*T)*max(mean(path)-K,0);
end
c_0=mean(X), Rel_error=std(X)/c_0/sqrt(N)
width=std(X)*norminv(0.975)/sqrt(N)
CI=[c_0-width,c_0+width]
```

反復回数を $N = 10^4$ とした 1 つの数値例として，推定値 $\widehat{C}_0 = 5.38$ と，相対誤差 0.48% および 95% 信頼区間 $[5.33, 5.43]$ が得られた．これではまだ \$0.10 の不確定性が価格にあり，この程度の大きさの価格付けのミスでも裁定機会を生じる可能性がある．

■ 例 15.4 (準モンテカルロ法)

例 15.3 で取り上げたアジア型オプションで,満期 T をさまざまに変えて,単純モンテカルロ法と準モンテカルロ法 (第 2 章を参照) でそれぞれ価格計算したときの精度について考察する.満期を $T = n/365$ にとる.ここで n は取引日数である.積分の問題としては,n が次元に当たることに注意しよう.

準モンテカルロ法では,アルゴリズム 9.11 で記述されたランダムシフト法を用いる.準乱数 $\mathcal{P}_N$ をアルゴリズム 2.2 で生成した Faure 列とし,ランダムシフト法の反復回数を $M = 40$,また $N = 250$ とする.単純モンテカルロで使う点の数は 10^4 とした.これは,準モンテカルロと使う点の数を同じにするためである.以下のコードを使って,図 15.1 に示す単純モンテカルロ法と準モンテカルロ法の相対誤差の推定値 (%) を得た.図から判断すると,準モンテカルロ法は $n < 100$ では単純モンテカルロ法より優れていると言えよう.準モンテカルロ法は,低い次元の積分でより効果的であるが,次元が高くなると単純モンテカルロ法のほうが優位になる.さらに付け加えると,図中の誤差の低下と上昇の不規則な動きが頻繁に見られることからわかるように,準モンテカルロ法の相対誤差は予測することが非常に難しい.

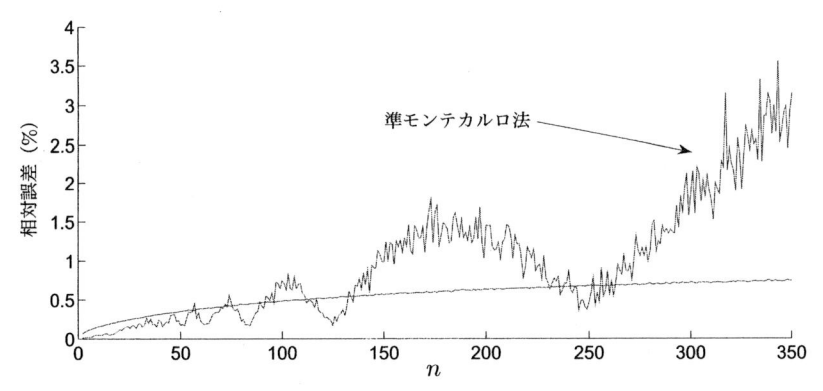

図 15.1 次元 n の増加に対する単純モンテカルロと準モンテカルロの相対誤差.

ここで 2 つの関数を使う.
- H.m は,アルゴリズム 9.11 の Step 4 で使った推定量 $\widehat{\ell}_i = \frac{1}{N} \sum_{\mathbf{u} \in \mathcal{P}_N^{(i)}} h(\mathbf{u})$ を計算する.
- asian_option_QMC.m は,例 9.13 の bridgeQMC.m と類似の単純モンテカルロ法および準モンテカルロ法の推定量を計算する.

```
%QMC_run_script.m
clear all,clc,trading_days=2:350;err=[];
for n=trading_days
```

```
        err=[err;asian_option_QMC(n)];
    n
end
plot(trading_days,err(:,1)), hold on
plot(trading_days,err(:,2),'r')
```

```
function out=asian_option_QMC(n)
% n は取引日数
% この関数の出力は単純モンテカルロと準モンテカルロの相対誤差

% T を n の関数として表す
T=n/365; % 満期を n 日とする. n/365 が年単位での値
r=.07; % 年利子率
sig=0.2; % ボラティリティ
K=35; % 行使価格
S_0=40; % 株価の初期値
dt=T/n; % 時間刻み
% 準乱数を用意する
M = 40;
N = 10^4/M;
F = faure(n,n,N-1);
% 準モンテカルロ推定
for i=1:M
    U = mod(F + repmat(rand(1,n),N,1), 1);
    y(i) = h(U,N,n,T,r,sig,K,S_0,dt);
end
ell = mean(y); % 推定値
QMC_RE = std(y)/sqrt(M)/ell; % 相対誤差
% N*M 点による単純モンテカルロ法の推定
X=nan(N*M,1); % サンプルパス数
for i=1:N*M
    X(i)=h(rand(1,n),1,n,T,r,sig,K,S_0,dt);
end
c_0=mean(X);
CMC_RE=std(X)/c_0/sqrt(N*M);
out=[CMC_RE, QMC_RE ]*100;
```

```
function c_0=h(U,N,n,T,r,sig,K,S_0,dt)
X=nan(N,1); % サンプルパス数
for i=1:N
    path=(r-sig^2/2)*dt+sig*sqrt(dt)*norminv(U(i,:));
    path=cumprod([S_0,exp(path)]);
```

```
    X(i)=exp(-r*T)*max(mean(path)-K,0);
end
c_0=mean(X);
```

単純モンテカルロ法と準モンテカルロ法のより詳しい比較については，[7], [14] を参照せよ．準モンテカルロ法の性能を上げるために，ブラウン橋を使ってサンプルパスを生成することが多い [14]．より複雑なバリアンスガンマモデル（例 5.18 参照）のもとで，アジア型ルックバックやバリア（経路依存型）オプションの価格計算を準モンテカルロ法で効率的に行う方法が [2] にある．

■ 例 15.5 （制御変量を用いたアジア型コールオプションの価格計算）

準モンテカルロ法は，分散を 1/4 から 1/5 に減少させるのには有効だが，アジア型オプション（例 15.3）の価格計算については，制御変量による分散減少法を用いて，はるかに精度の良い推定値を得ることができる．

株価の幾何平均を G_T で表すことにしよう．

$$G_T = \exp\left(\int_0^T \ln S_t \, dt\right)$$

ある程度 n が大きければ，G_T は次式の幾何平均で良く近似される（[8] などを参照）．

$$\widehat{G}_t = \left(\prod_{i=0}^n S_{t_i}\right)^{1/(n+1)} \quad \text{ただし} \quad S_{t_i} = S_0 \exp\left(\left(r - \frac{\sigma^2}{2}\right)t_i + \sigma Z_{t_i}\right)$$

この $\widehat{G}_T$ は $\bar{S}_T$ と強い相関があると期待され，また，G_T の期待値は計算可能（以下を参照）なので，次式の制御変量が推奨される．

$$\widetilde{X} = e^{-rT}(\widehat{G}_T - K)^+$$

期待値 $\mathbb{E}_\mathbb{Q}(G_T - K)^+$ の計算は，以下のようにする．最初に $\mathrm{Cov}(Z_s, Z_t) = \min\{s,t\}$ なる性質を利用し，次式を示すことができる．

$$\ln \widehat{G}_T \sim \mathsf{N}\left(\ln(S_0) + \frac{T}{2}\left(r - \frac{\sigma^2}{2}\right), \frac{\sigma^2}{(n+1)^2}\sum_{i=0}^n \sum_{j=0}^n \min\{t_i, t_j\}\right)$$

ここで，

$$\lim_{n\to\infty} \frac{1}{(n+1)^2} \sum_{i=0}^n \sum_{j=0}^n \min\{t_i, t_j\} = \frac{1}{T^2} \int_0^T \int_0^T \min\{u,v\} \, du \, dv = \frac{T}{3}$$

を使い，$n \to \infty$ のときの $\widehat{G}_T$ の極限分布を考えると，次式を得る．

$$\ln G_T \sim \mathsf{N}\left(\ln(S_0) + \frac{T}{2}\left(r - \frac{\sigma^2}{2}\right), \frac{\sigma^2 T}{3}\right)$$

よって，式 (15.5) を導いたのと同様な積分計算をすると

$$e^{-rT}\mathbb{E}_\mathbb{Q}(G_T-K)^+ = e^{-\frac{(6r+\sigma^2)T}{12}}S_0\Phi(a_1) - Ke^{-rT}\Phi(a_2)$$

となる.ここで,$a_1 > a_2$ は次式で与えられる.

$$a_1, a_2 = \frac{\ln(S_0/K) + \frac{1}{2}\left(r - \frac{\sigma^2}{6} \pm \frac{\sigma^2}{3}\right)T}{\sigma\sqrt{T/3}}$$

以下の MATLAB コードは,$\widetilde{X}$ を使った制御変量法を実装している.

```
% asian_option_Control_variable.m
r=.07; % 年利子率
sig=0.2; % ボラティリティ
K=35; % 行使価格
S_0=40; % 株価の初期値
T=4/12; % 満期を 4 か月とする.4/12 が年単位での値
n= 88; % 4 か月中の取引日はおよそ 88 日
dt=T/n; % 時間刻み
% 株価のサンプルパスを N 個生成する
N=10^4; X=nan(N,1); tX=X; % サンプルパス数
for i=1:N
    path=(r-sig^2/2)*dt+sig*sqrt(dt)*randn(1,n);
    path=cumprod([S_0,exp(path)]);
    X(i)=exp(-r*T)*max(mean(path)-K,0);
    tX(i)=exp(-r*T)*max(prod(path)^(1/(n+1))-K,0);
end
c_0=mean(X)
width=std(X)*norminv(0.975)/sqrt(N);
CI=[c_0-width, c_0+width]

% 制御変量の期待値の計算
a1=(log(S_0/K)+(r-sig^2/6+sig^2/3)*T/2)/sig/sqrt(T/3);
a2=(log(S_0/K)+(r-sig^2/6-sig^2/3)*T/2)/sig/sqrt(T/3);
geo_call=exp(-(6*r+sig^2)*T/12)*S_0*normcdf(a1)-...
         K*exp(-r*T)*normcdf(a2);

Cov=cov([X,tX]);
alpha=Cov(1,2)/Cov(1,1); % 最適線形制御

ell_c=c_0-alpha*mean(tX-geo_call)
width=1.96*sqrt((1-Cov(1,2)^2/Cov(1,1)/Cov(2,2))/N*Cov(1,1));
CI=[ell_c-width,ell_c+width]
```

例 15.3 と同じシミュレーションの労力を使って ($N = 10^4$),1 つの数値例として推定値 $\widehat{C}_0 = 5.356$ と,その 95% 信頼区間 $[5.355, 5.357]$ を得た.これにより,株式の取引が＄0.01 の単位で行われているならば,このケースで制御変量法は十分な精度

を与えていることになる．単純モンテカルロ法に対する分散減少の効果は，おおよそ 10^3 倍となる．

アジア型オプションの価格は株価の全履歴を使って決めるので，例 15.1 のような，満期日の株価 S_T だけでペイオフが決まるヨーロッパ型バニラコールオプションよりも，株価の操作に対して敏感でないことを指摘しておく．

制御変量をアジア型オプションの価格計算に用いる初期の文献として，[6] や [23] がある．幾何平均の場合の解析的な価格式は，算術平均のアジア型オプションの価格についての上界・下界の計算に利用できる ([27], [29] を参照)．連続な場合の算術平均によるアジア型オプションの価格計算に関する，シミュレーションと離散化誤差の議論については，[1] を参照せよ．原資産がレヴィ過程に従う場合の離散時刻型のアジア型オプションの価格計算については，[13] を参照せよ．

■ 例 15.6 (条件付き推定量 I)

確率的ボラティリティのもとでのヨーロッパ型コールオプションの価格計算を考えよう．リスク中立確率測度 $\mathbb{Q}$ のもとで，原証券の価格過程は次式に従うとする．

$$\mathrm{d}S_t = r\,S_t\,\mathrm{d}t + V_t\,S_t\,\mathrm{d}W_{t,1}$$

ここで，ボラティリティは定数ではなく ($V_t \neq \sigma$)，**平均回帰過程** (mean-reverting process) に従い，確率微分方程式

$$\mathrm{d}V_t = \alpha(\sigma - V_t)\,\mathrm{d}t + \sigma_0\,V_t\,\mathrm{d}W_{t,2}$$

を満たす．ただし，σ は長期間におけるボラティリティの平均的な水準であり，α は平均水準へ戻る速さを示す．ここで，$\{W_{t,1}\}$ と $\{W_{t,2}\}$ は互いに独立な過程としていることに注意せよ．

したがって，オプションの価格は，株価とボラティリティの両方の確率的挙動に依存する．このオプション価格を簡単に表す閉じた公式はない．しかし，ボラティリティの実現値 $\{V_t, 0 \leq t \leq T\}$ が与えられた条件付きでは，株価の解析的な式

$$S_T = S_0 \exp\left(rT - \frac{1}{2}\int_0^T V_s^2\,\mathrm{d}s + \int_0^T V_s\,\mathrm{d}W_{s,1}\right)$$

を得る．

よって，$\{V_t\}$ についての条件付きで，満期日株価の割引価格 $\widetilde{S}_T = \mathrm{e}^{-rT}S_T$ は，

$$\widetilde{S}_T \sim \mathsf{LogN}\left(\ln(S_0) - \frac{1}{2}\bar{\sigma}^2 T,\ \bar{\sigma}^2 T\right)$$

となる．ただし，$\bar{\sigma}^2 = \frac{1}{T}\int_0^T V_s^2\,\mathrm{d}s$ は，ボラティリティの 2 乗平均値である．こうして，例 15.1 と同じ導出を行って，条件付き期待値

$$\mathrm{e}^{-rT}\mathbb{E}_{\mathbb{Q}}[(S_T - K)^+ \mid S_0, V_t, 0 \leq t \leq T] = \mathrm{BS}(S_0, K, r, T, \bar{\sigma})$$

を計算することができる．ここで，$\mathrm{BS}(S_0, K, r, T, \sigma)$ は，初期価格 S_0，行使価格 K，利子率 r，満期日 T，ボラティリティ σ の Black–Scholes 公式 (15.5) により与えられるオプションの価格である．以下の MATLAB のコードは，条件付き推定量

$$X = \mathrm{BS}(S_0, K, r, T, \bar{\sigma})$$

の計算を実装したものである．平均回帰過程の解を近似するために，Euler 法 (☞ p.190) を使った．このコードは，式 (15.5) を計算するために，関数 BS.m を使う．95% 信頼区間の計算例として，$[0.219, 0.221]$ を得た．同じシミュレーションの労力 $N = 10^3$ を使った単純モンテカルロ法では，もっと緩い信頼区間 $[0.209, 0.246]$ を得た．条件付き推定のアイデアを扱った初期の文献として [17] がある．

```
% EU_Call_conditional_est.m
r=0.05; sig_0=1; % ボラティリティ
alpha=10;   sig=1; % 長期のボラティリティ
K=0.85; % 行使価格
S_0=1; V_0=0; % 株価とボラティリティの初期値
T=90/365; % 満期は 90 日
n= 90;  % 取引日数は 90 日とする
dt=T/n; % 時間刻み

% 株価過程を N 個のサンプルパスでシミュレーションする
N=10^3; X=nan(N,1);
for k=1:N
    V=nan(1,n); V(1)=V_0;
    for i=1:n-1
        V(i+1)=V(i)+dt*alpha*(sig-V(i))+sqrt(dt)*sig_0*V(i)*randn;
    end
    sigma_bar=sqrt(sum(V.^2)*dt/T);
    X(k)=BS(S_0,K,r,T,sigma_bar); % 条件付き推定量
end
c_0=mean(X), Rel_error=std(X)/c_0/sqrt(N)
width=std(X)*norminv(0.975)/sqrt(N)
CI=[c_0-width,c_0+width] % 95%信頼区間
```

■ 例 15.7（条件付き推定量 II）

別の条件付きモンテカルロ法の例として，離散時刻で観測されるバリアを持つ**ダウン・アンド・イン** (down-and-in) コールオプションの価格計算を考えよう（表 15.2 を参照）[7]．このオプションは，離散時刻で観測されるノック・イン (knock-in) コールオプションとして知られている．株価の変動は，リスク中立確率測度 $\mathbb{Q}$ のもとで，ドリフト r，ボラティリティ σ の幾何ブラウン運動に従う．観測時刻を $0 = t_0 < t_1 < \cdots < t_n = T$ にとり，バリアの値を β，最初にバリアに到達する時刻を $\tau_\beta = \min_i\{t_i : S_{t_i} \leqslant \beta\}$

15.2 モンテカルロシミュレーションによる価格計算

とすると，オプション価格は

$$\mathrm{e}^{-rT}\mathbb{E}_{\mathbb{Q}}\left[(S_T-K)^+ \mathrm{I}_{\{\tau_\beta \leqslant T\}}\right]$$

で表される．この価格に対する閉じた公式はないが，$\mathcal{H} = \{S_{t_0}, S_{t_1}, \ldots, S_{\tau_\beta}\}$ について条件付けすることで，以下の式を得る．

$$\begin{aligned}
\mathrm{e}^{-rT}\mathbb{E}_{\mathbb{Q}}\left[(S_T-K)^+ \mathrm{I}_{\{\tau_\beta \leqslant T\}}\right] &= \mathrm{e}^{-rT}\mathbb{E}_{\mathbb{Q}}\left[\mathbb{E}_{\mathbb{Q}}\left[(S_T-K)^+ \mathrm{I}_{\{\tau_\beta \leqslant T\}} \mid \mathcal{H}\right]\right] \\
&= \mathrm{e}^{-rT}\mathbb{E}_{\mathbb{Q}}\left[\mathbb{E}_{\mathbb{Q}}[(S_T-K)^+ \mid \mathcal{H}]\, \mathrm{I}_{\{\tau_\beta \leqslant T\}}\right] \\
&= \mathbb{E}_{\mathbb{Q}}\left[\mathrm{BS}(S_{\tau_\beta}, K, r, T-\tau_\beta, \sigma)\, \mathrm{I}_{\{\tau_\beta \leqslant T\}}\right]
\end{aligned}$$

ここで，$\mathrm{BS}(\cdot)$ は Black–Scholes の公式 (15.5) を表す．これより，オプション価格の推定量は，

$$X = \mathrm{BS}(S_{\tau_\beta}, K, r, T-\tau_\beta, \sigma)\, \mathrm{I}_{\{\tau_\beta \leqslant T\}}$$

を N 回計算して，その平均をとればよい．すなわち，条件付き推定量は，株価がバリア値を超えるか，もしくは満期日になるかのどちらかまでシミュレーションを行う．バリアを超えたときの X は初期値 S_{τ_β}，満期 $T-\tau_\beta$ とした Black–Scholes 公式の値になり，満期までバリアを超えなければ $X=0$ とする．

反復回数を $N=10^4$ としたとき，95% 信頼区間の一般的な例として $[0.355, 0.358]$ を得た．これは，単純モンテカルロ法のおよそ 100 倍の分散減少を実現している．ボラティリティ σ が増大すると，ペイオフが正の値をとりやすくなるために，ダウン・アンド・インコールオプションの価値が増加することに注意せよ．

```
%down_and_in_Call_conditional_est.m
r=.07; % 年利子率
sig=2; % 株価のボラティリティ
K=1.1; % 行使価格
b=.9; % バリア
S_0=1; % 株価の初期値
n=180;   % 取引日数
T=n/365; % 年単位での取引日数
dt=T/n; % 時間刻み
% 株価過程を N 個のサンプルパスでシミュレーションする
N=10^5; X=zeros(N,1); % サンプルパス数
for i=1:N
    path=(r-sig^2/2)*dt+sig*sqrt(dt)*randn(1,n);
    path=cumprod([S_0,exp(path)]);
    % 最初にバリアに到達した時刻のインデックス
    index=find(path(1:end-1)<=b,1,'First');
    if ~isempty(index)
        tau=dt*(index-1); S_tau=path(index);
        X(i)=BS(S_tau,K,r,T-tau,sig);
    end
```

```
end
c_0=mean(X), Rel_error=std(X)/c_0/sqrt(N)
width=std(X)*norminv(0.975)/sqrt(N)
CI=[c_0-width,c_0+width]
```

この問題に対しては，"フィルタ付き"モンテカルロ推定量 [7] という，より高性能で複雑な条件付き推定の方法がある．

■ 例 15.8 (重点抽出)

例 15.7 で取り上げた，離散時刻で観測されるダウン・アンド・インコールオプションを再び考える．満期におけるペイオフは次式のようになる．

$$H(\mathbf{Z}) = (S_{t_n} - K)^+ \mathrm{I}\left\{\min_{1 \leqslant i \leqslant n} S_{t_i} \leqslant \beta\right\}$$

ここで（リスク中立測度 $\mathbb{Q}$ のもとで）

$$S_{t_k} = S_0 \exp\left(\left\{r - \frac{\sigma^2}{2}\right\} k\delta + \sigma\sqrt{\delta}\sum_{i=1}^{k} Z_i\right) \tag{15.8}$$

であり，$\mathbf{Z} = (Z_1, \ldots, Z_n)^\top \sim \mathsf{N}(\mathbf{0}, I)$, $\delta = T/n$, $t_k = k\delta$, $k = 1, 2, \ldots, n$ とする．多くの場合このペイオフが正の値をとることは稀なので，オプション価格の計算には，稀少事象確率の推定に用いられる重点抽出法（☞ p.376）などがよく使われる．適当な重点抽出密度を選択するために，クロスエントロピー法（第 13 章を参照）を使おう．最初に $\mathrm{e}^{rT} C_0 = \mathbb{E}_\mathbb{Q} H(\mathbf{Z})$ とする．$\mathbb{E}_\mathbb{Q} H(\mathbf{Z})$ を推定する最小分散の確率密度は，$\mathbf{Z}$ を標準正規確率ベクトル，$\varphi(\mathbf{z})$ をその確率密度として，

$$f(\mathbf{z}) = \frac{\varphi(\mathbf{z}) H(\mathbf{z})}{\mathbb{E}_\mathbb{Q} H(\mathbf{Z})}$$

となる．最適な測度変換を正規分布の族 $\mathsf{N}(\boldsymbol{\mu}, I)$, $\boldsymbol{\mu} \in \mathbb{R}^n$ の中で探すならば，クロスエントロピー法の最適パラメータとして，次式を得る．

$$\mu_i = \frac{\mathbb{E}_\mathbb{Q} H(\mathbf{Z}) Z_i}{\mathbb{E}_\mathbb{Q} H(\mathbf{Z})} = \mathbb{E}_f Z_i, \quad i = 1, \ldots, n$$

パラメータ $\boldsymbol{\mu}$ を推定するためには，MCMC で確率密度 f の近似を使ってシミュレーションを行うが，ここでは hit-and-run 法のアルゴリズム 6.5 が用いられる．この推定問題は例 6.6 で扱われており，推定された $\boldsymbol{\mu}$ が図 6.6 に示されている．

以下のコードでは，オプションのパラメータは例 6.6 と同じものを使っており，パラメータ $\boldsymbol{\mu}$ も，例 6.6 のコードを実行して推定された値がワークスペース上に与えられているものとしている．

1 つの計算例として，推定値 1.07×10^{-7} を 6% の相対誤差で得ている．これは，100 万ドル分のオプションが，約 0.1 ドルの価値になることになる．この例では，例 15.7 の条件付きモンテカルロ法を使っても同等の相対誤差を得る．

```
%down_and_in_Call_Importance_Sampling.m
N=10^5; X=zeros(N,1); W=X; % メモリの割り当て
for i=1:N
    z=mu+randn(1,n); % 重点抽出
    [H,path]=down_in_call(z,dt,r,sig,S_0,K,b);
    W(i)=exp( -.5*( z*z'-sum((z-mu).^2) )); % 尤度比
  X(i)=W(i)*exp(-r*T)*H;
end

mean(X)
std(X)/mean(X)/sqrt(N)
```

原資産の確率微分方程式モデルでドリフトやボラティリティが変化する場合に対して，クロスエントロピー法以外の重点抽出法を適用する方法が，[14], [15] で研究されている．

15.3 感度分析

金融機関や銀行が，コールオプション $C_t = C(S_t, K, r_t, T-t)$ を顧客に売る状況を考えよう．銀行には，原証券価格 S_T が行使価格 K を大幅に上回って，多額の $S_T - K$ を支払うことになるリスクがある．銀行は，理想的には，株価の推移 $\{S_t\}$ の予測不可能な変動の影響をうまく相殺するか，もしくは最小化して，コールオプションを金融商品として市場に売却することで得られる，取引や委託の手数料を着実に稼ぎたい．リスクエクスポージャを最小化することを**ヘッジ**（hedging）と呼ぶ．

標準理論によると，ψ_t 単位の債券と ϕ_t 単位の危険資産を組み合わせたポートフォリオで価格 C_t のオプション契約のペイオフを複製する取引戦略 $\{(\psi_t, \phi_t), t \geqslant 0\}$ が存在する．簡単に言えば，銀行は，オプションを売却することで得られる収益の一部を使ってポートフォリオを作り，コールオプションの潜在的な負債をヘッジするために，ポートフォリオの価値 V_t がオプションの価値 C_t と常時（近似的に）等しくなるようにすることができる．言い換えれば，銀行の総負債は $V_t - C_t \approx 0$ となる．それらを正確に等しくできない理由は，価格過程 $\{S_t\}$ は（ほとんど）連続的に変化するのに対して，銀行のほうは，複製ポートフォリオを調整するために連続的に（$\{(\psi_t, \phi_t), t \geqslant 0\}$ を変更する）取引を行えないからである．その代わり，銀行は短い時間間隔で離散時刻の取引戦略 $\{(\psi_{t_j}, \phi_{t_j}), j = 0, 1, 2, \ldots\}$ を使い，ポートフォリオの再調整を行う．そのようにして，価格 C_t の局所的な近似を使って，ポートフォリオとオプションが大幅に乖離しないようにする．局所近似には，テイラー近似（☞ p.747）を用いればよい．一例として以下の状況を考えよう．銀行は，離散的な時刻 $\{\ldots, t-\delta, t, t+\delta, \ldots\}$ で

取引が可能であり，ポートフォリオの価値 $V_t = \psi_t + \phi_t S_t$ をオプション C_t の時点 $t+\delta$ での価値と（近似的に）等しくしたい（短い期間 $[t, t+\delta]$ の範囲内でオプションの負債をヘッジしたい）とする．すると，両者を等しいとおいた式 $V_t = C_t$，および，その微分を等しいとおいた式 $\frac{\partial V_t}{\partial S_t} = \frac{\partial C_t}{\partial S_t}$ を (ψ_t, ϕ_t) について解くことで，$\phi_t = \frac{\partial C_t}{\partial S_t}$ の原証券と $\psi_t = C_t - \frac{\partial C_t}{\partial S_t} S_t$ の債券というポートフォリオを得る．テイラー近似の精度によるが，このポートフォリオはうまく $C_{t+\delta}$ を複製する可能性がある．

■ **例 15.9（Black–Scholes の公式によるヘッジ）**

コールオプションの価格 C_t が，Black–Scholes の公式 (15.5) で与えられるとする．式 (15.6) で定義される a_1, a_2 と，標準正規分布の確率密度関数 φ および累積分布関数 Φ とを使い，微分の連鎖法則や乗法公式により次式を得る．

$$\frac{\partial C_t}{\partial S_t} = \Phi(a_1) + S_t \Phi'(a_1)\frac{\partial a_1}{\partial S_t} - Ke^{-r(T-t)}\Phi'(a_2)\frac{\partial a_2}{\partial S_t} = \Phi(a_1)$$

最後の等式は以下より従う．

$$S_t \Phi'(a_1)\frac{\partial a_1}{\partial S_t} - Ke^{-r(T-t)}\Phi'(a_2)\frac{\partial a_2}{\partial S_t}$$
$$= \frac{1}{S_t \sigma \sqrt{T-t}}\left(S_t \Phi'(a_1) - Ke^{-r(T-t)}\Phi'(a_2)\right)$$
$$= \frac{\varphi(a_1)}{S_t \sigma \sqrt{T-t}}\left(S_t - Ke^{a_1 \sigma \sqrt{T-t} - \sigma^2 \frac{T-t}{2} - r(T-t)}\right)$$
$$= \frac{\varphi(a_1)}{S_t \sigma \sqrt{T-t}}\left(S_t - Ke^{\ln\left(\frac{S_t}{K}\right)}\right) = 0$$

つまり，銀行はオプションの負債をヘッジするために，$\phi_t = \Phi(a_1)$ 単位の原証券を保持しなければならない．

たいていの場合，オプションの価格は原資産の期首価格ばかりでなく，ボラティリティや満期までの残存時間，利子率にも依存する．種々のヘッジ戦略に際して，そのようなパラメータに関するオプション価格の"感度"（sensitivity）（第 11 章を参照）を計算することが関心の的になる．表 15.3 は，それらの名称と対応する偏微分係数，簡単な数式の解釈の一覧である．これらの感度にはギリシャ文字からとった名前が付け

表 15.3 コールオプションのグリークス．

名称	数式	説明
デルタ	$\Delta_t = \frac{\partial C_t}{\partial S_t}$	オプション価格の原証券価格に対する感度の尺度．
ガンマ	$\Gamma_t = \frac{\partial^2 C_t}{\partial S_t^2}$	オプションのデルタの原証券価格に対する感度の尺度．
テータ	$\Theta_t = -\frac{\partial C_t}{\partial t}$	オプション価格の満期までの残存時間に対する感度の尺度．
ベガ	$\nu_t = \frac{\partial C_t}{\partial \sigma_t}$	オプション価格のボラティリティに対する感度の尺度．
ロー	$\varrho_t = \frac{\partial C_t}{\partial r_t}$	オプション価格の利子率に対する感度の尺度．

られており，総称して**グリークス** (Greeks) と呼ばれる．例 15.1 の Black–Scholes モデルでは，グリークスを解析的に計算することができ，それらを表 15.4 に示している．

表 15.4 例 15.1 の Black–Scholes モデルにおけるコールとプットオプションのグリークス．

名称	コール	プット
デルタ	$\Phi(a_1)$	$\Phi(a_1) - 1$
ガンマ	$\frac{\varphi(a_1)}{S_t \sigma \sqrt{T-t}}$	コールと同じ
テータ	$S_t \varphi(a_1) \frac{\sigma}{2\sqrt{T-t}} + rKe^{-r(T-t)} \Phi(a_2)$	$S_t \varphi(a_1) \frac{\sigma}{2\sqrt{T-t}} - rKe^{-r(T-t)} \Phi(-a_2)$
ベガ	$S_t \varphi(a_1) \sqrt{T-t}$	コールと同じ
ロー	$(T-t) Ke^{-r(T-t)} \Phi(a_2)$	$-(T-t) Ke^{-r(T-t)} \Phi(-a_2)$

Black–Scholes モデル以外では，感度を正確に計算することは難しく，（ある程度までは）モンテカルロ法により処理される．以下では，ごく一般的な方法を 2 つ紹介する．より詳しい内容については [14] を参照せよ．

15.3.1 標本路ごとの微分係数推定

11.3 節で述べた無限小摂動解析（IPA）は，金融工学の分野では通常**標本路ごとの微分係数推定**（pathwise derivative estimation）と称される．ある開集合 Θ 上で定義された

$$\ell(\theta) = \mathbb{E}_f H(\mathbf{X}; \theta) = \int H(\mathbf{X}; \theta) f(\mathbf{x}) \, \mathrm{d}\mathbf{x}, \quad \theta \in \Theta \tag{15.9}$$

に対して，$\ell'(\theta) = \frac{\mathrm{d}\ell}{\mathrm{d}\theta}(\theta)$ を推定したいとしよう．金融工学の問題では，H はオプションのペイオフ，$f(\mathbf{x})$ はウィーナー過程を近似するための多次元正規分布の密度関数などに当たる．パラメータ θ は構造パラメータ（11.1 節を参照）であり，標本路ごとの微分係数推定量は，次式のようになると考えられる．

$$\widehat{\ell'}(\theta) = \frac{1}{N} \sum_{k=1}^{N} H'(\mathbf{X}_k; \theta), \quad \mathbf{X}_1, \ldots, \mathbf{X}_N \stackrel{\mathrm{iid}}{\sim} f$$

もちろんここでは，確率変数 $\mathbf{X}$ に対して，$\theta \in \Theta$ に関する微分

$$H'(\mathbf{X}; \theta) = \frac{\mathrm{d}}{\mathrm{d}\theta} H(\mathbf{X}; \theta)$$

が確率 1 で存在することを仮定している．この推定量の多次元版は式 (11.8) になる．もしオプションのペイオフが十分に滑らかで，期待値と微分の演算順序が交換可能ならば（式 (11.7) を参照），すなわち

$$\frac{\mathrm{d}}{\mathrm{d}\theta} \mathbb{E}_f H(\mathbf{X}; \theta) = \mathbb{E}_f \frac{\mathrm{d}}{\mathrm{d}\theta} H(\mathbf{X}; \theta)$$

ならば，標本路ごとの微分係数推定量は一致推定量であり，不偏である．そのための十分条件は定理 11.1 に示されていて，これは本質的には $(H(\mathbf{X}; \theta + \varepsilon) - H(\mathbf{X}; \theta))/\varepsilon$,

$\varepsilon > 0$ が一様可積分であることに当たる.また,別の十分条件が [14, p.393] および [7] に示されている.一致性および不偏性を保証する実用上の観点からの簡単な経験則は,オプションのペイオフが当該パラメータに関して連続であることであるが,そのような連続性の条件は,多くの場合に制約が厳しすぎる.例えば,ディジタルオプション(表 15.2 を参照)のペイオフ関数は連続ではない.それゆえ,標本路ごとの微分係数推定法は幅広く適用できるわけではないが,適用可能な場合には,他の方法と比較して多くの場合最も正確な推定法である.次項では,より幅広い適用範囲を持つ他の手法を紹介する.

■ 例 15.10(標本路ごとの微分係数推定)

例 15.3 で取り上げたアジア型コールオプションのデルタを推定しよう.ペイオフは $(\bar{S}_T - K)^+$ である.標本路ごとの微分係数推定は,

$$\frac{dC_T}{dS_0} = \frac{d}{d\bar{S}_T}(\bar{S}_T - K)^+ \frac{d\bar{S}_T}{dS_0} = I_{\{\bar{S}_T > K\}} \frac{\bar{S}_T}{S_0}$$

である.最後の等式は $\frac{dS_{t_i}}{dS_0} = S_{t_i}/S_0$ であることを用いた.

同様にして,ベガの標本路ごとの微分係数推定は,

$$\frac{dC_T}{d\sigma} = I_{\{\bar{S}_T > K\}} \frac{d\bar{S}_T}{d\sigma} = \frac{I_{\{\bar{S}_T > K\}}}{n+1} \sum_{k=0}^{n} S_{t_k}\left(-\sigma t_k + \sqrt{\delta}\sum_{i=1}^{k} Z_i\right)$$

である.ただし,S_{t_k} は式 (15.8) で定義されている.以下のコードでは,便宜上次の等式を用いている.

$$-\sigma t_k + \sqrt{\delta}\sum_{i=1}^{k} Z_i = \frac{\ln(S_{t_k}/S_0) - (r + \sigma^2/2)t_k}{\sigma}$$

シミュレーションでは,反復回数を $N = 10^6$ とし,例 15.3 と同じパラメータを用いたところ,デルタとベガの 95% 信頼区間の 1 つの計算例として,$[0.9758, 0.9763]$ と $[0.38, 0.43]$ を得た.注意すべきなのは,デルタの信頼区間よりベガの信頼区間のほうがかなり大きい点である.このことは,直感的には以下のように説明できる.S_{t_1} の分布は S_0 にのみ依存し,S_{t_1} が与えられた条件付きでは以降の株価の値は S_0 とは独立になる.一方,すべての S_{t_k}, $k \geq 1$ は σ に依存している.それゆえ,ベガの推定量はより変動が大きい.アジア型オプションの感度分析を行う種々の手法を比較したサーベイ論文としては,[8] を参照せよ.

```
% sensitivities_pathwise_Crude_Monte_Carlo.m
r=.07; % 年利子率
sig=0.2; % ボラティリティ
K=35; % 行使価格
S_0=40; % 株価の初期値
T=4/12; % 満期が 4 か月.年単位では 4/12
```

```
n= 88;  % 4か月中の取引日はおよそ 88 日
dt=T/n;  % 時間刻み
% 株価のサンプルパスを N 個生成する
N=10^6; Delta=nan(N,1);Vega=Delta;
for i=1:N
    path=(r-sig^2/2)*dt+sig*sqrt(dt)*randn(1,n);
    path=cumprod([S_0,exp(path)]);
    A=mean(path);  % サンプルパスに沿った株価の平均値
    Delta(i)=exp(-r*T)*(A>=K)*A/S_0;
    Vega(i)=exp(-r*T)*(A>=K)*...
      sum( path.*(log(path/S_0)-(r+.5*sig^2)*[0:dt:T]))/(n+1)/sig;
end
D=mean(Delta); Rel_err=std(Delta)/sqrt(N)
width=std(Delta)*norminv(0.975)/sqrt(N);
CI_D=[D-width, D+width]
V=mean(Vega); Rel_err=std(Vega)/sqrt(N)
width=std(Vega)*norminv(0.975)/sqrt(N);
CI_V=[V-width, V+width]
```

15.3.2 スコア関数法

注 11.1 で注意したように，パラメータ θ を構造のパラメータと解釈することから，分布のパラメータと解釈することに転換することは，多くの場合において可能であり，逆の転換もまた可能である．すなわち，式 (15.9) はたいてい次のように書き換えることができる．

$$\ell(\theta) = \int H(\mathbf{x})f(\mathbf{x};\theta)\,\mathrm{d}\mathbf{x}$$

そして，式 (11.10) で微分と期待値の演算順序が交換可能ならば，次式を得る[*1)]．

$$\ell'(\theta) = \int f(\mathbf{x};\theta)H(\mathbf{x})\frac{\frac{\mathrm{d}f}{\mathrm{d}\theta}(\mathbf{x};\theta)}{f(\mathbf{x};\theta)}\mathrm{d}\mathbf{x} = \mathbb{E}_\theta H(\mathbf{X})\,\mathcal{S}(\theta;\mathbf{X})$$

交換が可能であるために密度関数 f が満たすべき十分条件は，定理 11.1 に示されている．標本路ごとの微分係数推定のときにペイオフ関数 H にさまざまな制約が課せられたのとは対照的に，スコア関数法ではペイオフ関数には制約はかからず，滑らかさに関する条件はみな密度関数 f のほうにかかる．そういうわけで，スコア関数法は標本路ごとの微分係数推定法より広範囲に適用可能である．スコア関数法が適用できない事例については，[14, p.407] を参照せよ．式 (11.10) で演算順序の交換が可能であるとすると，単純モンテカルロ法による推定

$$\ell'(\theta) = \frac{1}{N}\sum_{k=1}^{N}H(\mathbf{X}_k)\,\mathcal{S}(\theta;\mathbf{X}_k), \quad \mathbf{X}_1,\ldots,\mathbf{X}_N \stackrel{\mathrm{iid}}{\sim} f(\cdot;\theta)$$

[*1)] 【訳注】$\mathcal{S}(\theta;\mathbf{X})$ はスコア関数（11.4 節）．

を利用できるが，この推定量はたいてい非効率的である．例えば，バリアオプションのペイオフ H はほとんど 0 になる．それゆえ，例 15.11 では，効率を上げるために重点抽出を利用している．スコア関数法と重点抽出を組み合わせることに関する概論は 11.4.1 項とアルゴリズム 11.4 を参照せよ．

スコア関数法の有利な点をまとめると，以下のようになる．

- ペイオフ関数に対して滑らかさの条件を課さないので，標本路ごとの方法より適用範囲が広い．
- いったんスコア関数 $S(\theta; \mathbf{X}_k)$ が計算できてしまうと，ペイオフ H の具体的な関数形は重要でなくなり，異なるペイオフのオプションの感度分析も同一のスコア関数を使って計算できる．

スコア関数法の不利な点は以下のとおりである．

- 株価過程の密度関数が明示的にわからなければならない．
- 得られる推定量は，標本路ごとの微分係数推定よりも概して大きい分散を持つ．より重大な問題として，スコア関数法の推定量は無限大の分散を持つことがある．

■ 例 15.11（スコア関数法と重点抽出の組合せ）

例 15.8 で扱った離散時刻で観測されるバリアを持つコールオプションの価格を，重点抽出を使って求めてみよう．記号を簡単にして，S_{t_i} を S_i と書くことにする．オプションの価値は

$$e^{-rT}\mathbb{E}_f H(\mathbf{Z}) = e^{-rT}\mathbb{E}_p\bigl[(S_n - K)^+ \, \mathrm{I}_{\{\min_i S_i \leq \beta\}}\bigr]$$

と表され，株価の標本路 $(S_1,\ldots,S_n)$ の同時分布は

$$p(s_1,\ldots,s_n) = p(s_1\,|\,s_0)\,p(s_2\,|\,s_1)\cdots p(s_n\,|\,s_{n-1})$$

と分解される．各項は，

$$p(s_i\,|\,s_{i-1}) = \frac{1}{s_i\,\sigma\sqrt{\delta}}\,\varphi\!\left(\frac{\ln(s_i/s_{i-1}) - (r - \sigma^2/2)\delta}{\sigma\sqrt{\delta}}\right), \quad i = 1,\ldots,n$$

というように，標準正規分布密度関数 φ を使って表される．つまり，$p(s_i\,|\,s_{i-1})$ は，分布

$$\mathsf{LogN}\!\left(\ln(s_{i-1}) + \left(r - \frac{\sigma^2}{2}\right)\delta,\ \delta\,\sigma^2\right)$$

の密度関数であり，$(S_1,\ldots,S_n)$ は式 (15.8) により，$\mathbf{Z} = (Z_1,\ldots,Z_n)$ から得られる．すると，オプションのデルタを計算するためのスコア関数は，

$$\frac{\partial}{\partial s_0}\ln p(s_1,\ldots,s_n) = \sum_{i=1}^{n}\frac{\partial}{\partial s_0}\ln p(s_i\,|\,s_{i-1}) = \frac{z_1}{s_0\,\sigma\sqrt{\delta}}$$

であり，ベガを計算するためのスコア関数は

$$\frac{\partial}{\partial \sigma}\ln p(s_1,\ldots,s_n) = \sum_{i=1}^{n}\frac{\partial}{\partial \sigma}\ln p(s_i\,|\,s_{i-1}) = \sum_{i=1}^{n}\frac{z_i^2 - 1}{\sigma} - z_i\sqrt{\delta}$$

15.3 感度分析

である．必要とする感度（デルタ，ベガなど）のスコアを $S(\mathbf{z})$ と略記すると，単純モンテカルロによる推定量は

$$\frac{e^{-rT}}{N} \sum_{i=1}^{N} H(\mathbf{Z}_i) S(\mathbf{Z}_i), \quad \mathbf{Z}_1, \ldots, \mathbf{Z}_N \overset{\text{iid}}{\sim} f(\mathbf{z})$$

になるが，これはバリアオプションのペイオフについては効率的な推定量ではない．そこで，例 15.8 のときと同様に，hit-and-run 法のアルゴリズム 6.5 を使って，多次元正規分布 $N(\boldsymbol{\mu}, I)$ の族の中で最適な重点抽出の密度パラメータ $\boldsymbol{\mu}$ を推定する．言い換えると，確率密度関数

$$f(\mathbf{z}) \propto e^{-\mathbf{z}^\top \mathbf{z}/2} H(\mathbf{z}) |S(\mathbf{z})|$$

の平均 $\boldsymbol{\mu}$ の推定値 $\widehat{\boldsymbol{\mu}}$ を求めて，$N(\widehat{\boldsymbol{\mu}}, I)$ を（近似的に）最適な重点抽出密度として用いる．以下のコードは，オプションパラメータを所与として重点抽出法を実装している．hit-and-run 法を 10^5 回繰り返して最適パラメータを推定した後，独立同分布からの 10^6 の大きさの標本を使って，重点抽出による推定量を求めている．デルタを推定した 1 つの計算例では，相対誤差 6.5% で -4.20×10^{-6} を得た．少しコードを変更すればベガの推定も可能であり，やはり 1 つの計算例として，相対誤差 4% で 1.28×10^{-5} を得た．

```
% sensitivities_IS_with_CE.m
r=.07; % 年利子率
sig=.2; % 株価のボラティリティ
K=1.2; % 行使価格
b=.8; % バリア
S_0=1; % 株価の初期値
n=180; % 取引日数
T=n/365; % 年単位での取引日数
dt=T/n; % 時間刻み
N=10^5; % 連鎖の長さ
x=[-ones(1,60),ones(1,n-60)]*0.4; % 初期点
[HS,path]=payoff_times_score(x,dt,r,sig,S_0,K,b);% H(x)*S(x) を計算

% 株価を N 個のサンプルパスでシミュレーションして平均値を求める
mu=0;paths=0;
for i=1:N
    % hit-and-run 法を使う
    d=randn(1,n); d=d/norm(d);
    lam=-d*x'+randn;
    y=x+lam*d; % 提案値を計算
    % H(y) を計算
    [HS_new,path_new]=payoff_times_score(y,dt,r,sig,S_0,K,b);
    % 提案値の採択/棄却
```

```
        if rand<min(abs(HS_new/HS),1)
            x=y;       % 更新
            HS=HS_new;
            path=path_new;
        end
        mu=mu+x/N;            % E[X] の推定値を計算
        paths=paths+path/N;   % 平均株価の経路を計算
        if mod(i,2*10^4)==0 % 10^3 ごとの連鎖の値をプロット
            plot(0:dt:T,path,0:dt:T,0*path+b,0:dt:T,0*path+K)
            axis([0,T,b-0.1,K+.2]),hold all
            pause(.1)
        end
end
plot(0:dt:T,paths,'r','LineWidth',3) % 平均株価の経路をプロット
figure(2)
plot(mu,'k.'), hold on
% スプラインを使って E[X] の滑らかな標本路を求める
pp = csaps(dt:dt:T,mu,1/(1+(dt*10)^3));
mu_t = fnval(pp,[dt:dt:T]);
plot(mu_t,'r') % 滑らかな標本路をプロット

% ここから重点抽出による推定を始める
N=10^6; X=zeros(N,1); W=X; % サンプルパス数
for i=1:N
    z=mu+randn(1,n);
    [HS,path]=payoff_times_score(z,dt,r,sig,S_0,K,b);
    W(i)=exp(-.5*( z*z'-sum((z-mu).^2)  )); % 尤度比
    X(i)=W(i)*exp(-r*T)*HS;
end
mean(X)
std(X)/mean(X)/sqrt(N)
```

hit-and-run 法の実装では, 以下の関数を用いている.

```
function [HS,S_t]=payoff_times_score(z,dt,r,sig,S_0,K,b)
% H(x)*S(x) を実装する
y=(r-sig^2/2)*dt+sig*sqrt(dt)*z;
S_t=exp(cumsum([log(S_0),y]));
%sensitivity_factor=z(1)/(S_0*sig*sqrt(dt)); % ベガの計算
sensitivity_factor=sum((z.^2-1)/sig-z*sqrt(dt)); % デルタの計算
HS=max(S_t(end)-K,0)*sensitivity_factor*any(S_t<=b);
```

■ 例 15.12 (ガンマの推定)

高次の微分係数を推定するために, 尤度比を用いる方法と標本路ごとの微分係数を

用いる方法を組み合わせて推定量を構成してもよい．一例を挙げると，Black–Scholes モデルのもとで割引ペイオフ関数 $e^{-rT}(S_T - K)^+$ を持つヨーロッパ型コールオプションのガンマを推定するとき，まず，尤度比推定量

$$X = e^{-rT}(S_T - K)^+ \frac{Z_1}{S_0\, \sigma \sqrt{\delta}}$$

を考えて，$\frac{dS_T}{dS_0} = S_T/S_0$ であることを利用し，その標本路ごとの微分係数

$$\frac{dX}{dS_0} = e^{-rT} \frac{Z_1}{S_0^2\, \sigma \sqrt{\delta}} \, I_{\{S_T > K\}}\, K$$

を得る．単純モンテカルロ法で N 個の $\frac{dX}{dS_0}$ を求めて平均をとったものを推定量とする．こうして得られた組合せ型の推定量は，一般に単なる尤度比推定量 [14] よりも精度が高い [14]．

最後に触れておくが，11.2 節で説明した有限差分法もオプションの感度分析の推定に用いられることがあり，これは実装が一番簡単な方法である．しかしながら，標本路ごとの微分係数が使えなくなるような条件のもとでは，有限差分法の推定量も大きな平均 2 乗誤差を生じてしまう．つまり，有限差分法を使っても，ペイオフ関数が滑らかでないことにより生じる問題を克服できるわけではない．概して，有限差分法は実装が容易ではあるが，バイアスがあって，非効率な推定量を与える．この方法が勧められるのは，ペイオフが当該パラメータに関してほとんど至るところで連続でなくなるような特殊な場合であり，資産価格の変動をもたらす密度関数が陽にわからない（つまり，スコア関数法が使えない）場合である．感度分析の推定に関する詳細については，[8] と，そこに挙げられた文献を参照せよ．

さらに学習するために

アメリカ型オプションの価格計算は，ヨーロッパ型よりもはるかに難しい．アメリカ型オプションの数値的評価に関する課題については，[10], [14] を参照せよ．確率解析に関する最低限の知識のみで，確定的方法とモンテカルロ法によるオプション価格計算を説明した学部レベルの入門書としては，[4] が挙げられる．実用的な数値例を含む大学院レベルの教科書としては，[3] や [28] がある．両書は，金融派生商品の価格計算に対する，有限差分法や有限要素法などの確定的な偏微分方程式の解法も扱っている．連続時間の確率解析を厳密に扱い，金融数学の理論的な側面に焦点を当てた本としては，[12] や [18] がある．[22] は，完備市場および不完備市場におけるエキゾティックオプションの価格計算を扱った標準的な専門書である．モンテカルロ法に力点を置いた本として [14], [19]，数理ファイナンスのハンドブックとして [21] がある．また，McLeish [25] は，簡単な例を MATLAB のコード付きで提供している．[9], [20] は，非斉時のレヴィ跳躍過程に基づくファイナンスモデルを扱い，不完備市場におけ

る価格計算とヘッジ理論を論じている．ファイナンスにおける準モンテカルロ法の応用は，[24] などを参照せよ．

文　　献

1) K. Abramowicz and O. Seleznjev. On the error of the Monte Carlo pricing method for Asian option. *Journal of Numerical and Applied Mathematics*, 96(1):1–10, 2008.
2) A. N. Avramidis and P. L'Ecuyer. Efficient Monte Carlo and quasi-Monte Carlo option pricing under the variance gamma model. *Management Science*, 52(12):1930–1944, 2006.
3) K. Back. *A Course in Derivative Securities: Introduction to Theory and Computation*. Springer-Verlag, Berlin, 2005.
4) F. E. Benth. *Option Theory With Stochastic Analysis: An Introduction to Mathematical Finance*. Springer-Verlag, Berlin, 2004.
5) N. H. Bingham and R. Kiesel. *Risk-Neutral Valuation*. Springer-Verlag, London, second edition, 2004.
6) P. Boyle. Options: A Monte Carlo approach. *Journal of Financial Economics*, 4(3):323–338, 1977.
7) P. Boyle, M. Broadie, and P. Glasserman. Monte Carlo methods for security pricing. *Journal of Economic Dynamics and Control*, 21(8 & 9):1267–1321, 1997.
8) P. Boyle and A. Potapchik. Prices and sensitivities of Asian options: A survey. *Insurance: Mathematics and Economics*, 42(1):189 – 211, 2008.
9) R. Cont and P. Tankov. *Financial Modelling With Jump Processes*. Chapman & Hall, Boca Raton, FL, 2004.
10) J. Detemple. *American-style Derivatives: Valuation and Computation*. Chapman & Hall/CRC Financial Mathematics Series. CRC Press, Boca Raton, FL, 2006.
11) D. Duffie. *Dynamic Asset Pricing Theory*. Princeton University Press, Princeton, third edition, 2001.
12) R. J. Elliot and P. E. Kopp. *Mathematics of Financial Markets*. Springer-Verlag, New York, second edition, 2005.
13) G. Fusai and A. Meucci. Pricing discretely monitored Asian options under Lévy processes. *Journal of Banking & Finance*, 32(10):2076–2088, 2008.
14) P. Glasserman. *Monte Carlo Methods in Financial Engineering*. Springer-Verlag, New York, 2004.
15) P. Glasserman, P. Heidelberger, and P. Shahabuddin. Asymptotically optimal importance sampling and stratification for path-dependent options. *Mathematical Finance*, 9(2):117 – 152, 1999.
16) J. M. Harrison and D. Kreps. Martingales and arbitrage in multiperiod securities markets. *Journal of Economic Theory*, 20(3):381–408, 1979.
17) J. C. Hull. *Options, Futures, and Other Derivatives*. Pearson/Prentice-Hall,

London, seventh edition, 2008.
18) P. J. Hunt and J. E. Kennedy. *Financial Derivatives in Theory and Practice.* John Wiley & Sons, Chichester, second edition, 2004.
19) P. Jäckel. *Monte Carlo Methods in Finance.* John Wiley & Sons, New York, 2002.
20) M. S. Joshi. *The Concepts and Practice and Mathematical Finance.* Cambridge University Press, Cambridge, 2003.
21) E. Jouini, J. Cvitanić, and M. Musiela. *Option Pricing, Interest Rates and Risk Management.* Cambridge University Press, Cambridge, 2001.
22) I. Karatzas and S. E. Shreve. *Methods of Mathematical Finance.* Springer-Verlag, New York, 1998.
23) A. G. Z. Kemna and A. C. F. Vorst. A pricing method for options based on average asset values. *Journal of Banking & Finance*, 14(1):113–129, 1990.
24) P. L'Ecuyer. Quasi-Monte Carlo methods with applications in finance. *Finance and Stochastics*, 13(3):307–349, 2009.
25) D. L. McLeish. *Monte Carlo Simulation and Finance.* John Wiley & Sons, New York, 2005.
26) M. Musiela and M. Rutkowski. *Martingale Methods in Financial Modelling.* Springer-Verlag, New York, second edition, 2005.
27) J. A. Nielsen and K. Sandmann. A pricing method for options based on average asset values. *Journal of Financial and Quantitative Analysis*, 38(2):449–473, 2003.
28) R. U. Seydel. *Tools for Computational Finance.* Springer-Verlag, Berlin, fourth edition, 2009.
29) M. Vanmaele, G. Deelstra, J. Liinev, J. Dhaene, and M. J. Goovaerts. Bounds for the price of discrete arithmetic Asian options. *Journal of Computational and Applied Mathematics*, 185(1):51–90, 2006.

16

ネットワークの信頼性への応用

ネットワークの信頼性は，工学やコンピュータサイエンス分野で応用され，特に，通信，交通，エネルギー供給システム，コンピュータネットワークなどで使われている．本章では，よく使われている次のアルゴリズムを紹介する．
1) "置換モンテカルロ" 法：ネットワークの信頼性を条件付きモンテカルロ法（☞ p.368）によって評価する．特に，ネットワークのリンクが独立に故障する場合に適用できる．
2) MCMC 法と組み合わせた "重点抽出"（☞ p.376）法．
3) 各リンクの障害が独立でない場合に適用される "一般化分岐" 法（☞ p.508）．

16.1 ネットワークの信頼性

n ノード（頂点）の集合 V，辺（リンク）の集合 E，そして**端点** (terminal node) の集合 $K \subseteq V$ ($|K| \geqslant 2$) からなる無向グラフ（ネットワーク）を $\mathcal{G}(V, E, K)$ とする．辺 $e \in E$ 上で，ベルヌーイ確率変数 B_e を次のように考える．すなわち，辺が稼働中 (on) であれば $B_e = 1$，辺が故障中 (off) であれば $B_e = 0$ とする．辺に 1 から m の番号を付ければ，ベクトル $\mathbf{B} = (B_1, \ldots, B_m)$ で，2^m 個の可能な**状態** (configuration) を持つ**故障の起こりうるネットワーク** (reliability network) の 1 つの状態を表すことができる．図 16.1 は，2 つの端点と $m = 12$ の辺を持つネットワークの信頼性を示している．図 16.1 の現在の状態は，$\mathbf{B} = (0, 1, 0, 1, 1, 1, 1, 1, 1, 1, 0, 0)$ である．すべての可能な状態の集合を $\mathscr{B}$ とする．$f_{\mathbf{B}}(\mathbf{b}) = \mathbb{P}(\mathbf{B} = \mathbf{b})$ で，2 値ベクトル $\mathbf{B}$ の離散確率密度関数を表す．ここで，各 B_e はベルヌーイ確率変数であり，
$$\mathbb{P}(B_e = 1) = p_e = 1 - q_e, \quad e = 1, \ldots, m$$
とする．

信頼性 (reliability) $\widetilde{\ell}$ は，ターミナル K 上のすべてのノードが稼働中の辺で結ばれている確率であり，
$$\widetilde{\ell} = \mathbb{E} H(\mathbf{B}) = \sum_{\mathbf{b} \in \mathscr{B}} f_{\mathbf{B}}(\mathbf{b}) H(\mathbf{b})$$

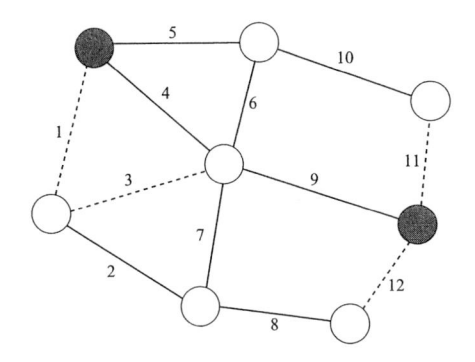

図 16.1 故障の起こりうるネットワークの例．2 つの端点（グレーの円）が稼働中のリンクで結ばれているとき，このネットワークは機能していると考える．稼働していないリンクは破線で表している．

と表すことができる．$H(\mathbf{b})$ は，状態 $\mathbf{b}$ で，K 上のすべてのノードが繋がっていれば $H(\mathbf{b}) = 1$，繋がっていなければ $H(\mathbf{b}) = 0$ となる関数を表し，通常，ネットワークの**構造関数** (structure function) と呼ばれる（例えば [4] を参照）．$\ell = 1 - \tilde{\ell}$ は典型的な稀少事象であり，ネットワークの**故障率** (unreliability) と呼ばれる．特に重要な例として，次の 2 つが挙げられる．

1) **2 端点のネットワークの信頼性**：ここでは $|K| = 2$ であり，この 2 つのノードは**ソース** (source) と**シンク** (sink) と呼ばれる．
2) **全ターミナルネットワークの信頼性**：ここでは $K = V$ であり，ネットワーク上のすべてのノードが連結されている確率が問題となる．

通常 ℓ は非常に小さく，単純なモンテカルロ推定量

$$\widehat{\ell} = 1 - \frac{1}{N} \sum_{i=1}^{N} H(\mathbf{B}_i), \quad \mathbf{B}_1, \ldots, \mathbf{B}_N \overset{\text{iid}}{\sim} f_{\mathbf{B}}(\mathbf{b})$$

は，相対誤差 $\sqrt{(1-\ell)/(N\ell)}$ を持つため実用的でない．そこで，次節では，上記の静的なシミュレーションモデルを動的なシミュレーションモデルに置き換えることを考える．

16.2 ネットワークの時間変化モデル

あるネットワークを時間変化するネットワークの特定の時点でのスナップショットと捉えることで，信頼性を評価することを考える．このアプローチでは，Elperin et al. [14], [15] と Lomonosov [29] によって提案された**時間変化モデル** (evolution model) を使用する．本来静的なモデルをダイナミックに定式化しマルコフ過程の理論を使うことにより，故障率が小さい場合であっても，条件付きモンテカルロ推定量を導くこと

ができる．ここではこの考え方を発展させ，時間変化アプローチがデータ拡大法 (data augmentation) として捉えられることを示す．この拡張は，以下の節で考える分散減少法にも適用できる．

$\mathbf{X} = (X_1, \ldots, X_m)$ を連続な潜在変数 (latent variable) のベクトルとし，その $\mathcal{X} \subseteq \mathbb{R}^m$ 上での同時密度関数を $f(\mathbf{x})$ として，その各成分 X_e は，$\mathbf{B}$ の成分 B_e と

$$B_e = \mathrm{I}_{\{X_e \leqslant 1\}}, \quad e = 1, \ldots, m$$

のように対応させる．

したがって，

$$\mathbb{P}(X_e > 1) = \mathbb{P}(B_e = 0) = 1 - p_e = q_e, \quad e = 1, \ldots, m$$

となり，

$$\ell = 1 - \mathbb{E}_{f_\mathbf{B}} H(\mathbf{B}) = 1 - \mathbb{E}_f H(\widetilde{\mathbf{B}}(\mathbf{X}))$$

が成立する．ここで，$\widetilde{\mathbf{B}}(\cdot)$ は $\mathcal{X}$ の元を $\mathcal{B}$ の元に対応させる関数を表す．$\{B_e\}$ が独立であれば，$\int_1^\infty f_e(x)\,dx = q_e, e = 1, \ldots, m$ を満たす確率密度関数 $\{f_e\}$ に対して $f(\mathbf{x}) = \prod_{e=1}^m f_e(x_e)$ となる．

連続な確率変数 X_e を，e 番目の辺のランダムな**修理完了時刻** (time of repair) と考えると便利である．過去の t_0 時点（$-\infty$ または時刻 0 も可）で，e 番目の辺が故障し，X_e 時点で稼働可能な状態に復帰したとする．したがって，$\{X_e > 1\}$ は，e 番目の辺の修理完了時刻が 1 を超え，時刻 1 以降で復帰したという事象を表す．

ランダムな修理完了時刻ベクトル $\mathbf{X}$ が与えられたとき，$S(\mathbf{X})$ をネットワークが稼働可能となる時刻とする．"2 端点" の場合には，ソースとシンクの間の少なくとも 1 つの経路，すなわち，異なる辺 $(v_0, v_1), (v_1, v_2), \ldots, (v_{k-1}, v_k)$ の列が存在するとき，ネットワークが稼働可能になる[*1]．ここで，v_0 はソース，v_k はシンクを表す．図 16.1 では，$\mathcal{P}_1 = (1, 2, 7, 4, 5, 10, 11)$ と $\mathcal{P}_2 = (5, 10, 11)$ の 2 つが，経路の例となる[*2]．ここでは，各辺を表すのに，頂点のペアではなく，直接辺にラベルを付けている．それより短い経路を含まない経路は，**極小経路** (minimal path) と呼ばれる．例えば，$\mathcal{P}_2$ は極小経路だが，$\mathcal{P}_1$ は極小経路ではない．グラフの**カット** (cut) とは，それらの辺をグラフから取り除くと，端点が切り離されてしまう辺の集合を表す．図 16.1 では，辺 $\{1, 4, 5\}$ を取り除くと，端点が切り離されてしまうので，この辺の集合はカットである．**極小カット** (minimal cut) とは，それより小さいカットを含まないカットである．これらの概念を使って，ネットワークが稼働可能になる時刻 $S(\mathbf{X})$ を次のように書くことができる．

$$S(\mathbf{X}) = \min_{\mathcal{P} \in \mathscr{P}} \max_{e \in \mathcal{P}} X_e = \max_{\mathcal{C} \in \mathscr{C}} \min_{e \in \mathcal{C}} X_e \tag{16.1}$$

[*1] 【訳注】各辺とも故障していないものとする．
[*2] 【訳注】$\mathcal{P}_1, \mathcal{P}_2$ は単なる「経路の例」であって，稼働可能な経路の例ではない．

ここで,

- $\mathscr{P} = \{\mathcal{P}_j\}$ はソースとシンク間を結ぶすべての極小経路の集合であり,各 $\mathcal{P}_j, j = 1,\ldots,|\mathscr{P}|$ はソースとシンクの間を結ぶ辺の列で表される.
- $\mathscr{C} = \{\mathcal{C}_j\}$ はグラフのすべての極小カットの集合であり,各 $\mathcal{C}_j, j = 1,\ldots,|\mathscr{C}|$ はグラフ上の極小カットを構成するノードの集合で表される.

"全ターミナル"ネットワークの信頼性の評価のための経路は,全域木(spanning tree) [31], [32] で表される.

修理完了時刻ベクトル $\mathbf{X}$ を使うと,ネットワークの故障率は,次のように書ける.

$$\ell = \mathbb{P}(S(\mathbf{X}) > 1), \quad \mathbf{X} \sim f(\mathbf{x}) \tag{16.2}$$

言い換えれば,各辺が修理されることで,その状態がダイナミックに変化するネットワークを考えると,静的なネットワークはダイナミックなネットワークの時刻1におけるスナップショットになる.

極小経路や極小カットの数は,グラフのサイズに対して指数関数的に増加する [32]. 例えば,図16.2の m 辺"はしご型"トポロジーを持つネットワークには,ソースとシンクを結ぶ $2^{(m+1)/3}$ の経路があり,$(m+1)^2/9$ 個の極小カットが存在する.完全グラフでは,全ノードを結ぶ全域木は n^{n-2} 通り,極小カットは $2^{n-1} - 1$ 通りある.このように多くのカットや経路があるので,式 (16.1) を使って直接 $S(\mathbf{X})$ を計算することは実用的でない.その代わりに,"深さ優先探索"を使った次のシンプルなアルゴリズムで $S(\mathbf{X})$ の値を計算することできる [25].

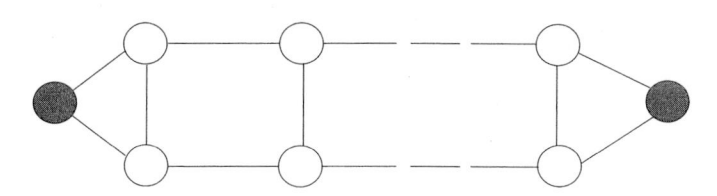

図 16.2 はしご型のトポロジーを持つネットワーク.グレーの円は,ソースとシンクを表す.

アルゴリズム 16.1 ($S(\mathbf{X})$ の算出)

修理完了時刻のベクトル $\mathbf{X} = (X_1,\ldots,X_m)$ とネットワーク $\mathcal{G}(V,E,K)$ が与えられたとき,初期値を $b = 1$ として次のステップを実行する.

1. $\boldsymbol{\pi} = (\pi_1,\ldots,\pi_m)$ を

$$X_{\pi_1} < X_{\pi_2} < \cdots < X_{\pi_m}$$

を満たす辺 $1,\ldots,m$ の置換とする.

2. 辺 $\pi_1, \ldots, \pi_b$ が稼働中で，残りの $\pi_{b+1}, \ldots, \pi_m$ が故障中のネットワーク $\mathcal{G}$ を考える．
3. 深さ優先探索を使って，ネットワークが稼働可能であるか否かをチェックする．ネットワークが稼働可能であれば停止し，Step 4 へ進む．稼働可能でなければ，$b = b+1$ として Step 2 から繰り返す．
4. $S(\mathbf{X}) = X_{\pi_b}$ をネットワークが初めて稼働可能になった時点として出力する．

$S(\mathbf{X}) = X_{\pi_b}$ を満たす b をベクトル $\mathbf{X}$ の**臨界値**（critical number）と呼ぶ．ここで，b は置換 $\boldsymbol{\pi}$ の関数である．隣接行列を使った深さ優先探索 [25] を導入するときには，新しいリンクが追加されるごとに隣接行列を更新し，その計算量は $\mathcal{O}(n^2 + m)$ となる．以下の MATLAB の関数は，ノード 1 がノード n と連結されているときに，ネットワークが稼働する場合のアルゴリズムの例である．グラフとしてのトポロジーは，グローバル変数 GRAPH を通じて関数に受け渡される．GRAPH は構造配列であり，グラフ内のオブジェクトに対応する情報すべてをフィールド値として格納している．特に，配列フィールド値 E（E=GRAPH.E というコマンドによってアクセスできる）には，稼働可能な辺を表す $m \times 2$ 行列 E が格納されている．

例えば，図 16.3 のグラフは，次のような 18×2 行列によって記述することができる．

$$E = \begin{pmatrix} 1 & 1 & 1 & 2 & 2 & 3 & 4 & 5 & 6 & 7 & 7 & 7 & 8 & 9 & 10 & 11 & 12 & 13 \\ 2 & 3 & 4 & 5 & 6 & 7 & 7 & 8 & 8 & 9 & 10 & 11 & 9 & 13 & 14 & 12 & 14 & 14 \end{pmatrix}^{\top}$$
(16.3)

```
function [Sx,b,perm]=S(X)
% 修理完了時刻ベクトル X が与えられたときに，ネットワークが稼働可能に
% なる（ランダムな）時刻を計算する
% 入力: X     - 修理完了時刻
%       GRAPH - グラフの辺を含む構造を規定；
%               グローバル変数として定義
% 出力: Sx    - ネットワークが稼働可能となる時刻
%       b     - X に対する臨界値；
%       perm  - X をソートすることで得られる置換；

global GRAPH
E=GRAPH.E;
n=max(E(:)); %ノード数
A=zeros(n);  %隣接行列
[x_sorted,perm]=sort(X); %置換 pi の発見
b=0; % 臨界値

for i=perm(:)'
    b=b+1;
    e=E(i,:); % 稼働可能な辺
```

16.2 ネットワークの時間変化モデル

```
    A(e,e)=1; % 'e' のノードが連結されていることを表す
    % 連結されているその他のノード e(1) と e(2) を発見する
    y=A(e(1),:) | A(e(2),:);
    A(y,y)=1; % ノードの完全な連結状態の表示
    struc_func=A(1,n); % ノード 1 とノード n が連結ならば, H(X)=1
    % struc_func=all(A(1,:)); すべてのノードが端点の場合には,
    % こちらを使用する
    % もし structure function の値が 1 ならば, 終了
      if struc_func, break, end
end
Sx=x_sorted(b);
```

次のスクリプトは, この関数 S.m の使用方法を示す.

```
% using_Sx.m
clear all,clc
global   GRAPH % グローバル変数 GRAPH の作成
  E=[1,1,1,2,2,3,4,5,6,7,7,7,8,9,10,11,12,13;
     2,3,4,5,6,7,7,8,8,9,10,11,9,13,14,12,14,14]';

GRAPH.E=E; % 行列 E を保持する構造フィールド名 'E' を作成
x=rand(1,18); % ランダムな修理完了時刻ベクトルを生成
Sx=S(x) % 関数 S(x) の呼び出し
```

2 ターミナルネットワークの信頼性に対しては, アルゴリズム 16.1 の代わりとして, 有名な Dijkstra の最短経路探索アルゴリズムが使用できる [12]. Dijkstra のアルゴリズムを使えば, ノード 1 と n を結ぶ最短経路, すなわち $\min_{\mathcal{P} \in \mathscr{P}} \sum_{e \in \mathcal{P}} X_e$ が計算できる. ここで, α が十分大きければ,

$$(X_1^\alpha + \cdots + X_k^\alpha)^{1/\alpha} \approx \max\{X_1, \ldots, X_k\}$$

なので, Dijkstra のアルゴリズムを使って

$$S(\mathbf{X}) \approx \left(\min_{\mathcal{P} \in \mathscr{P}} \sum_{e \in \mathcal{P}} X_e^\alpha \right)^{1/\alpha}$$

を近似的に求めることができる. $\alpha = 100$ であれば, この近似が十分成立する. Dijkstra のアルゴリズムを使えば, $S(\mathbf{X})$ の計算複雑度は $\mathcal{O}(m \ln n)$ であり, 大規模なネットワークでかなりスピードアップできる.

$n = 100$ 程度のノードを持つグラフでは, アルゴリズム 16.1 のほうが速いことが MATLAB を使った実験で確かめられている.

16.3 条件付きモンテカルロ法

本節では，各辺が独立に故障するネットワークの信頼性を効率的に評価することを考える．このような場合に使われる**置換モンテカルロ** (permutation Monte Carlo) 法 [14] は，条件付きモンテカルロ (☞ p.368) の一種であり，そのアイデアは次のようなものである．辺 e がレート $\lambda(e) = -\ln(1-p_e)$ の指数修理時間を持つネットワーク $\mathcal{G}(V, E, K)$ を考える．すなわち，

$$f(\mathbf{x}) = e^{-\sum_{e \in E} \lambda(e) x_e} \prod_{e \in E} \lambda(e), \quad \mathbf{x} \in \mathbb{R}_+^m \tag{16.4}$$

および

$$\mathbb{P}(X_e > 1) = e^{-\lambda(e)} = 1 - p_e = q_e$$

となる．時刻 $t_0 = 0$ では，すべての辺は修理中とする．各辺 e の状態は，$B_e = I_{\{X_e \leqslant 1\}}$ で表せたが，これを拡張して，時刻 t での辺 e の状態として，

$$B_e(t) = I_{\{X_e \leqslant t\}}$$

を定義する．すると，ネットワークの時刻 t での状態をベクトル $\mathbf{B}(t) = (B_1(t), \ldots, B_m(t))$ で表すことができる[*3]．修理時間が指数分布なので，$\{\mathbf{B}(t), t \geqslant 0\}$ は状態空間 $\{0,1\}^m$ を持ち，$(0, 0, \ldots, 0)$ から始まるマルコフ跳躍過程 (☞ p.668) となる．これはネットワークの**構築過程** (construction process) と呼ばれる．静的なネットワークの状態は，この確率過程 $\{H(\mathbf{B}(t)), t \geqslant 0\}$ の時刻 $t = 1$ でのスナップショットに相当する．

$1, \ldots, m$ を修理完了時刻によってソートした置換を $\mathbf{\Pi} = (\Pi_1, \ldots, \Pi_m)$ とすると

$$X_{\Pi_1} < X_{\Pi_2} < \cdots < X_{\Pi_m}$$

であり，$\mathbf{\Pi}$ は辺が稼働可能に復帰する "順番" を表している．

$A_1, A_1 + A_2, \ldots, A_1 + \cdots + A_m$ を各辺が構築された時刻を表すものとすると，$\{A_i\}$ はマルコフ跳躍過程 $\{\mathbf{B}(t)\}$ の各状態での滞在時間である．ランダムベクトル $\mathbf{\Pi}$ は，E の置換で構成される状態空間上の値をとる．置換 $\boldsymbol{\pi} = (\pi_1, \pi_2, \ldots, \pi_m)$ に対して，

$$\begin{aligned} E_1 &= E \\ E_i &= E_{i-1} \setminus \{\pi_{i-1}\}, \quad 2 \leqslant i \leqslant m \\ \lambda(E_i) &= \sum_{e \in E_i} \lambda(e) \end{aligned} \tag{16.5}$$

とし，また，

[*3] 【訳注】修理して再稼働したものが故障することは考えていない．

$$b(\boldsymbol{\pi}) = \operatorname*{argmin}_{i}\{i : H(E_{i+1}) = 1\} \tag{16.6}$$

を $\boldsymbol{\pi}$ に対する臨界値,すなわち,置換 $\boldsymbol{\pi}$ に対してシステムが稼働可能になる最低限必要な辺の数とする.ここで,$H(E_i)$ は,$e \in E_i$ に対して $B_e = 0$, $e \notin E_i$ に対して $B_e = 1$ となる $H(\mathbf{B})$ として定義する.また,臨界値 $b(\boldsymbol{\pi})$ は,次のような連続潜在変数(修理完了時刻 $\mathbf{X}$)を使って表すこともできる.

$$X_{b(\boldsymbol{\pi})} = S(\mathbf{X})$$

マルコフ跳躍過程(☞ p.668)の標本路の特性と指数分布の特性(A.11 節および 4.2.3 項を参照)より,

$$\mathbb{P}(\boldsymbol{\Pi} = \boldsymbol{\pi}) = \prod_{j=1}^{m} \frac{\lambda(\pi_j)}{\lambda(E_j)} \tag{16.7}$$

となる.さらに,$\{\boldsymbol{\Pi} = \boldsymbol{\pi}\}$ で条件付けして考えると,滞在時間 $A_1, \ldots, A_m$ は独立であり,各 A_i, $i = 1, \ldots, m$ は,$\lambda(E_i)$ をパラメータとする指数分布に従う.$\boldsymbol{\Pi}$ で条件付けを考えると,

$$\ell = \sum_{\boldsymbol{\pi}} \mathbb{P}(\boldsymbol{\Pi} = \boldsymbol{\pi}) \mathbb{P}(S(\mathbf{X}) > 1 \mid \boldsymbol{\Pi} = \boldsymbol{\pi}) \tag{16.8}$$

となる.A_i および $b(\boldsymbol{\pi})$ の定義より,最後の項の確率は,指数分布の畳み込みで書くことができる.すなわち,任意の $t \geqslant 0$ に対して,

$$\mathbb{P}(S(\mathbf{X}) > t \mid \boldsymbol{\Pi} = \boldsymbol{\pi}) = \mathbb{P}(A_1 + \cdots + A_{b(\boldsymbol{\pi})} > t \mid \boldsymbol{\Pi} = \boldsymbol{\pi}) \tag{16.9}$$

となる.式 (16.9) で,

$$G_t(\boldsymbol{\pi}) = \mathbb{P}(S(\mathbf{X}) > t \mid \boldsymbol{\Pi} = \boldsymbol{\pi}) \tag{16.10}$$

とする.すると,式 (16.8) は,次のように書き換えられる.

$$\ell = \mathbb{E}\, G_1(\boldsymbol{\Pi}) \tag{16.11}$$

これより,次のような ℓ の不偏推定量を考えることができる.

$$\widehat{\ell}_{\mathrm{PMC}} = \frac{1}{N} \sum_{i=1}^{N} G_1(\boldsymbol{\Pi}_i) \tag{16.12}$$

ここで,$\boldsymbol{\Pi}_1, \ldots, \boldsymbol{\Pi}_N$ は式 (16.7) の分布に従うランダム置換の iid 標本である.実際にこの推定量を使うためには,式 (16.9) の条件付き確率の厳密な評価が必要である.一般に,独立な $A_i \sim \mathsf{Exp}(\nu_i)$, $i = 1, \ldots, b$ に対して,

$$\mathbb{P}(A_1 + \cdots + A_b > t)$$

を評価することを考える.ここで,$\{\nu_i\}$ はすべて異なり,$\nu_1 > \nu_2 > \cdots > \nu_b$ という順序になっていると仮定しても一般性を失わない.この確率は一般化アーラン分布(☞ p.130)と関係しており,上の条件のもとで,次のように指数関数の線形和の形で表すことができる.

$$\mathbb{P}(A_{b-k+1}+\cdots+A_b > t) = \sum_{j=1}^{k} \omega_{k,j} \exp(-\nu_{b-j+1} t), \quad k=1,\ldots,b$$

ここで，$\sum_{j=1}^{k} \omega_{k,j} = 1$ であり，係数 $\{\omega_{i,j}\}$ は次のアルゴリズムを用いて $\mathcal{O}(b^2)$ 時間で計算することが可能であり，$b \times b$ 行列に格納される [1], [14].

アルゴリズム 16.2 ($\mathbb{P}(A_1 + \cdots + A_b > t)$ の厳密評価)

1. $\omega_{1,1} = 1$ とする．$k=1,\ldots,b-1$ と $j=1,\ldots,k$ に対して，逐次的に次を計算する．

$$\omega_{k+1,j} = \omega_{k,j} \frac{\nu_{b-k}}{\nu_{b-k} - \nu_{b-j+1}}, \quad \omega_{k+1,k+1} = 1 - \sum_{j=1}^{k} \omega_{k+1,j}$$

2. $\nu_1 > \nu_2 > \cdots > \nu_b$ として，独立な $A_i \sim \mathsf{Exp}(\nu_i)$, $i=1,\ldots,b$ に対する $\mathbb{P}(A_1 + \cdots + A_b > t)$ の厳密な値として

$$\sum_{j=1}^{b} \omega_{b,j} \exp(-\nu_{b-j+1} t)$$

を出力する．

以下の MATLAB のコードは，このアルゴリズムを実現している．別の方法による畳み込みの評価は，[17] を参照せよ．

```
function ell=convolution(t,nu)
% P(A_1+...+A_b>t) を厳密に評価する
% ただし，A_i ~ Exp(nu(i)) は独立であり，nu は (ソートされた) 減少列
b=length(nu); % 待ち時間のパラメータ
w=zeros(b,b); % b は臨界値
w(1,1)=1;
for k=1:b-1
    for j=1:k
    w(k+1,j)=w(k,j)*nu(b-k)/(nu(b-k)-nu(b-j+1));
    w(k+1,k+1)=1-sum(w(k+1,1:k));
    end
end
ell=w(b,:)*exp(-nu(end:-1:1)'*t); % 確率
```

これで，置換モンテカルロアルゴリズムを述べる準備が整った．

アルゴリズム 16.3 (置換モンテカルロ法)

1. 独立な修理完了時刻を生成する．

$$X_e \sim \mathsf{Exp}(\lambda(e)), \quad e=1,\ldots,m$$

ここで，$\lambda(e) = -\ln q_e$ であり，置換 $\mathbf{\Pi} = (\Pi_1, \ldots, \Pi_m)$ はソートされた修

理完了時刻
$$X_{\Pi_1} < X_{\Pi_2} < \cdots < X_{\Pi_m}$$
に対応する.
2. アルゴリズム 16.1 を使って，ネットワークが稼働可能になるランダムな時刻 $S(\mathbf{X})$ を算出する.
3. 限界値 $b = b(\mathbf{\Pi})$ を，次式を満たす b として決定する.
$$S(\mathbf{X}) = X_{\Pi_b}$$
4. 式 (16.5) を使って，レート $\lambda(E_1) > \lambda(E_2) > \cdots > \lambda(E_b)$ を算出する.
5. アルゴリズム 16.2 を使って，独立な $A_i \sim \mathsf{Exp}(\lambda(E_i))$, $i = 1, \ldots, b$ に対する確率
$$G_1(\mathbf{\Pi}) = \mathbb{P}(A_1 + \cdots + A_b > 1)$$
を計算する.
6. 以上の Step 1〜5 を独立に N 回行い，式 (16.12) を使って，ℓ の推定量を算出する.

Elperin et al. [14] は，式 (16.12) による推定量の相対誤差は，各辺の信頼性の値によらず一様に有界であることを示した．しかし，今のところ，最良の方法を使っても，$t = 1$ に対する条件付き確率 (16.10) は $\mathcal{O}(n^2)$ の計算量がかかる [14], [33].

■ 例 16.1（2 ターミナルネットワークの信頼性）

図 16.3 において，各辺が独立に確率 q で故障するネットワークを考える．ノード 1 とノード 14 が連結できない確率を評価したいとする．表 16.1 に，各 q の値に対して推定された非信頼性の値を示す.

表 16.1 各辺の非信頼度 q に対するネットワークの非信頼性.

q	$\widehat{\ell}$	相対誤差 %	q	$\widehat{\ell}$	相対誤差 %
10^{-1}	1.88×10^{-2}	0.78	10^{-6}	1.98×10^{-17}	2.00
10^{-2}	1.96×10^{-5}	1.79	10^{-7}	1.99×10^{-20}	1.99
10^{-3}	1.97×10^{-8}	1.98	10^{-8}	2.02×10^{-23}	1.98
10^{-4}	2.04×10^{-11}	1.96	10^{-9}	2.00×10^{-26}	1.99
10^{-5}	1.96×10^{-14}	2.01	10^{-10}	1.95×10^{-29}	2.01

この表は，$N = 10^5$ として，次の MATLAB のコードを用いて算出された．式 (16.3) で与えられる行列 E は，ワークスペースに展開されているものとしている．表の最後の欄は相対誤差であり，非信頼性が小さくなっても相対誤差は悪化しないことがわかる．これは，Elperin et al. [14] が報告していることと一致する.

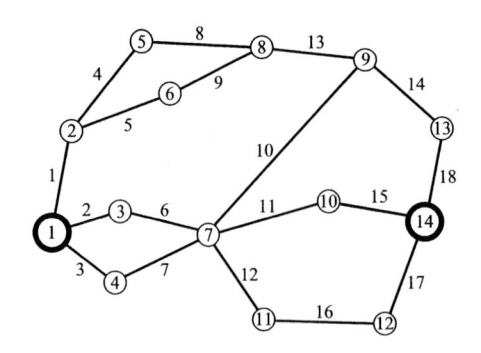

図 16.3 2 端点（太い円）のネットワークの信頼性．各辺と各ノードにラベルが付けられている．稼働可能な辺で端点が結ばれているとき，ネットワークは稼働可能である．各辺の非信頼度がすべて q のとき，ネットワークの非信頼度は $\ell = 20q^3 + o(q^3)$ である．

```
% hetero_PMC.m
global GRAPH
GRAPH.E=E;
tab=[];
for iter=1:10
    m=size(E,1);    % 辺の数
    n=max(E(:));    % ノードの数
    p=ones(m,1)*(1-0.1^iter);
    lam=-log(1-p'); % 修理時間のレート
    L=sum(lam);
    N=10^5; ell=nan(N,1);
    for i=1:N
        x=-log(rand(1,m))./lam; % 修理完了時刻のサンプル
        [Sx,crit,perm]=S(x);    % S(X) の算出
        % 畳み込み用のレートの算出
        LAM_perm=L-cumsum([0,lam(perm(1:crit-1))]);
        % この場合の確率の算出
        ell(i)=convolution(1,LAM_perm);
    end
    tab=[tab;mean(ell), std(ell)/mean(ell)/sqrt(length(ell))]
end
```

図 16.4 は，$q = 10^{-6}$ の場合の条件付き確率 $\{G_1(\mathbf{\Pi}_i)\}$ の標本値のヒストグラムを log スケールで表している．ℓ が 10^{-17} のオーダーなので，推定量 (16.12) の値は相対的に頻度の少ない（矢印で示されている）右側の裾の部分のサンプルによってほとんど決定されている．言い換えれば，ランダムに生成されたほとんどの修理完了時刻ベクトルに対応する条件付き確率 $G_1(\mathbf{\Pi})$ は，ほとんど 0 である．したがって，$G_1(\mathbf{\Pi})$

16.3 条件付きモンテカルロ法

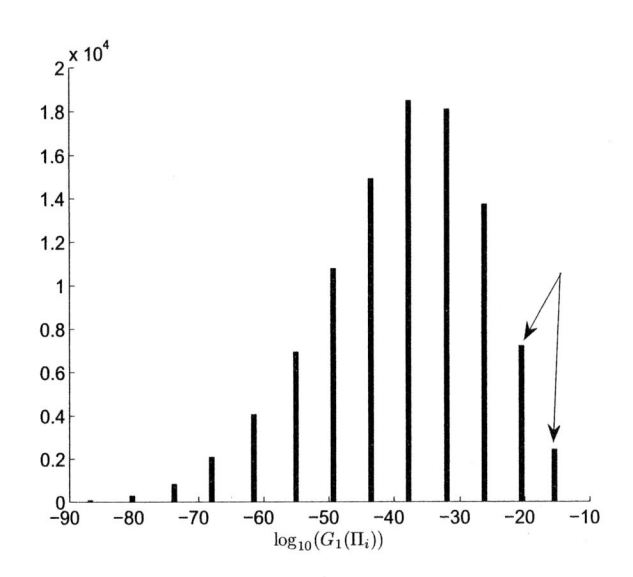

図 16.4 推定量 (16.12) の算出に使われた条件付き確率 $\{G_1(\mathbf{\Pi}_i)\}$ のヒストグラム.矢印で示されている右側の裾の分布が,推定量に対する主な寄与部分である.

を計算するために費やされるアルゴリズム 16.3 の Step 5 のほとんどは,最終的な推定量に反映されず,無駄になる.次の節では,この対策を検討する.

一般に,アルゴリズム 16.3 の全計算量は,$S(\mathbf{x})$ の評価と置換 $\boldsymbol{\pi}$ に対応する条件付き確率 $G_1(\boldsymbol{\pi})$ の計算に分けられる.すべての辺が "同じ" 信頼性を持つ場合には,関数 G_1 は,置換 $\boldsymbol{\pi}$ の特定の値には依存せず,臨界値 $b(\boldsymbol{\pi})$ にのみ依存する.したがって,G_1 は最大でも m 個の異なる値しかとらない (図 16.4 を参照).この G_1 の m 個の値をあらかじめ計算して,臨界値 b の値を添数にする表の形で保持することにより,計算のオーバーヘッドを減らせる.すべてのランダムなサンプルにおいて,臨界値だけを計算し,残りは,対応する条件付き確率を表から導出する.さらに,式 (16.12) の推定量を改良するために,CE 法 (第 13 章を参照) を使って分散を減少させることもできる.これらを結合した CE-PMC 推定法については,[22], [27] を参照せよ.

次に,条件付き確率 $\{G_1(\boldsymbol{\pi}_i)\}$ の計算コストを削減するための,置換モンテカルロ法の改良について述べる.

16.3.1 leap–evolve アルゴリズム

図 16.4 と例 16.1 では,条件付き確率 $\{G_1(\mathbf{\Pi}_i)\}$ の大部分は 0 であり,推定量 (16.12) にほとんど寄与しないことを見た.これは,辺が異なる確率で故障する場合にも成立する.この問題を回避するために,Lomonosov [29] は,置換モンテカルロ法を改良

し，次のような **leap–evolve** アルゴリズムを提案した．$\gamma \in [0,1]$ に対し，時刻 γ でのネットワークの状態は，

$$_*\mathbf{X} = (X_{\Pi_1}, X_{\Pi_2}, \ldots, X_{\Pi_p})$$

で表せる．ここで，

$$X_{\Pi_1} < \cdots < X_{\Pi_{p-1}} < X_{\Pi_p} < \gamma < X_{\Pi_{p+1}} < \cdots < X_{\Pi_m}$$

であり，$_*\mathbf{X}$ は時刻 γ までに稼働可能となる辺の修理完了時刻のベクトルを表している．時刻 γ で故障中の辺の修理完了時刻を

$$\mathbf{X}_* = (X_{\Pi_{p+1}}, \ldots, X_{\Pi_m})$$

とする．$_*\mathbf{X}$ と置換 $\mathbf{\Pi}_* \stackrel{\text{def}}{=} (\Pi_{p+1}, \ldots, \Pi_m)$（将来の修理完了時刻の順）に対して条件付けすると，

$$\begin{aligned}
\ell &= \mathbb{P}(S(\mathbf{X}) > 1) = \mathbb{P}(S(\mathbf{X}) > 1, S(\mathbf{X}) > \gamma) \\
&= \mathbb{E}\, \mathrm{I}_{\{S(\mathbf{X})>1\}} \mathrm{I}_{\{S(\mathbf{X})>\gamma\}} \\
&= \mathbb{E}\, \mathbb{E}[\mathrm{I}_{\{S(\mathbf{X})>1\}} \mathrm{I}_{\{S(\mathbf{X})>\gamma\}} \mid {}_*\mathbf{X}, \mathbf{\Pi}_*] \\
&= \mathbb{E}\, \mathrm{I}_{\{S(\mathbf{X})>\gamma\}} \mathbb{E}[\mathrm{I}_{\{S(\mathbf{X})>1\}} \mid {}_*\mathbf{X}, \mathbf{\Pi}_*] \\
&= \mathbb{E}\, \mathrm{I}_{\{S(\mathbf{X})>\gamma\}} G_{1-\gamma}(\mathbf{\Pi}_*)
\end{aligned}$$

となる．ここで，

$$G_{1-\gamma}(\mathbf{\Pi}_*) = \mathbb{P}(A_{p+1} + A_{p+2} + \cdots + A_{b(\boldsymbol{\pi})} > 1 - \gamma)$$

である．$A_{p+1}, A_{p+2}, \ldots, A_{b(\boldsymbol{\pi})}$ は独立な指数確率変数であり，そのレートは，

$$\sum_{i=p+1}^{m} \lambda(\pi_i),\ \sum_{i=p+2}^{m} \lambda(\pi_i),\ \ldots,\ \sum_{i=b(\boldsymbol{\pi})}^{m} \lambda(\pi_i)$$

である．

もし $\gamma = 0$ ならば，$\mathbb{E}\mathrm{I}_{\{S(\mathbf{X})>\gamma\}} G_{1-\gamma}(\mathbf{\Pi}_*)$ は式 (16.11) と一致する．leap–evolve のスキームのアイデアは，γ をうまく選んで関数 $G_{1-\gamma}(\mathbf{\Pi}_*)$ の評価回数を少なくし，$\mathrm{I}_{\{S(\mathbf{X})>\gamma\}}$ が修理完了時刻ベクトル $\mathbf{X}$ の重要性の指標になるようにすることである．

アルゴリズム 16.4 (leap–evolve 推定法)

与えられた γ に対して，次の手順を実行する．

1. 修理完了時刻ベクトル $\mathbf{X} \sim f(\mathbf{x})$ を生成する．ここで，f は式 (16.4) で与えられる．$\mathbf{\Pi} = \boldsymbol{\pi}$ を $\mathbf{X}$ に対応する置換とする．
2. アルゴリズム 16.1 などを使って $S(\mathbf{X})$ を計算する．
3. $S(\mathbf{X}) = X_{\pi_b}$ となる臨界値 $b = b(\boldsymbol{\pi})$ を計算する．
4. $S(\mathbf{X}) < \gamma$ ならば $Z_i = 0$ とし，そうでなければ $\boldsymbol{\pi}_* = (\pi_{p+1}, \ldots, \pi_m)$ を計算する．ここで，$\gamma < X_{\pi_{p+1}} < \cdots < X_{\pi_m}$ であり，アルゴリズム 16.2 を使って，$Z_i = G_{1-\gamma}(\boldsymbol{\pi}_*)$ を計算する．

5. Step 1〜4 を N 回行い，不偏推定量 $\widehat{\ell}_{\text{leap}} = \frac{1}{N}\sum_{i=1}^{N} Z_i$ を算出する．

単純な置換モンテカルロ法に対する leap–evolve スキームの優位性は，γ の選択と $\{S(\mathbf{X}) > \gamma\}$ という条件付きでの修理完了時刻 $\mathbf{X}$ の生成にかかっている．最適な γ の選択法はまだわかっていない．

■ 例 16.2 (leap–evolve)

図 16.3 のネットワークにおいて，すべての辺の非信頼度が $q = 10^{-6}$ で等しい場合を考える．ここでは，とりあえず $\gamma = 0.1$ として，以下の MATLAB のコードを使い，ノード 1 とノード 14 が連結されない確率を評価する．式 (16.3) で与えられる行列は，ワークスペースに展開済みとする．$N = 2 \times 10^5$ を使うと，推定値の相対誤差は 2.4% となる．この誤差は，オリジナルの置換モンテカルロ法と同程度であるが，leap–evolve では $G_{1-\gamma}$ は 66000 回の計算回数で済み，CPU 時間は 0.6 倍に削減されている．

```
% leap_evolve.m
global GRAPH
GRAPH.E=E;
m=size(E,1);    % 辺の数
n=max(E(:));    % ノード数
p=ones(m,1)*(1-0.1^6);
lam=-log(1-p'); % 修理時間のレート
N=2*10^5;
ell=nan(N,1);
gamma=0.1;
for i=1:N
    x=-log(rand(1,m))./lam; % 修理時間のサンプル
    [Sx,crit,perm]=S(x);    % S(X) の計算
    if Sx<gamma
        ell(i)=0;
    else
        idx=find(sort(x)>=gamma,1,'first'); %p の計算
        L=sum(lam(perm(idx:end))); % 畳み込み用のレートの計算
        LAM_perm=L-cumsum([0,lam(perm(idx:crit-1))]);
        ell(i)=convolution(1-gamma,LAM_perm);
    end
end
mean(ell), std(ell)/mean(ell)/sqrt(length(ell))
```

leap–evolve スキーム以外の置換モンテカルロ法の拡張としては，**合併過程**（merge process）[14] と**剪定合併過程**（tree cut and merge）アルゴリズム [21] が挙げられる．どちらの方法も標準的な置換モンテカルロ法よりも高性能である．合併過程の

MATLAB のコードは，`merge_process.m` と `merge.m` として，本書のウェブサイトにアップロードされている．

16.4 ネットワークの信頼性推定における重点抽出法

本節では，ネットワークの信頼性の推定における 2 つの重点抽出法を考える．

16.4.1 上下界を使う重点抽出法

本項の重点抽出法によるアプローチでは，その効率化のために，$S(\mathbf{x})$ の上下界値に対する事前評価が得られている必要がある．グラフのカットと経路の情報を使うことで，そのような上下界値をうまく与えることができる．

$\mathscr{C}^* \subseteq \mathscr{C}$ と $\mathscr{P}^* \subseteq \mathscr{P}$ を，グラフ $\mathcal{G}$ の極小カットと極小経路の集合とする．すると，このカットと経路の集合から，$S(\mathbf{X})$ の上界値と下界値が次のように与えられる [8], [18], [33]．

$$S_L(\mathbf{X}) \stackrel{\text{def}}{=} \max_{\mathcal{C} \in \mathscr{C}^*} \min_{e \in \mathcal{C}} X_e \leqslant S(\mathbf{X}) \leqslant \min_{\mathcal{P} \in \mathscr{P}^*} \max_{e \in \mathcal{P}} X_e \stackrel{\text{def}}{=} S_U(\mathbf{X}) \tag{16.13}$$

通常，上のカットと経路は，**辺が素**（edge-disjoint），すなわち，どの辺も $\mathscr{C}^*$ と $\mathscr{P}^*$ の中の 2 つ以上のカットか経路に属することはないように作られる．そのような部分集合は，多項式時間で作ることができる [18], [31]．

Fishman [18] のアプローチに触発されて Cancela et al. [8] が提案したこの方法では，この互いに素な経路を使って，均質な（各辺の故障率が同じ）ネットワークの重点抽出法の密度を導く．このアプローチを準モンテカルロ法と組み合わせると，極めて効率的であることが示されている [8]．

$\mathscr{P}^*$ を辺が素な経路の集合とし，

$$\ell_U = \mathbb{P}(S_U(\mathbf{X}) > 1) = \mathbb{P}\left(\min_{\mathcal{P} \in \mathscr{P}^*} \max_{e \in \mathcal{P}} X_e > 1\right) = \prod_{\mathcal{P} \in \mathscr{P}^*} \left(1 - \prod_{e \in \mathcal{P}} p_e\right)$$

と定義する．ℓ_U は容易に計算できる．ここで，以下の重点抽出密度からのサンプルの抽出が可能であるとする．

$$f_U(\mathbf{x}) = \frac{f(\mathbf{x}) \, \mathrm{I}_{\{S_U(\mathbf{X}) > 1\}}}{\ell_U}$$

f_U は，時刻 1 で $\mathscr{P}^*$ 内のどのような経路上でも少なくとも 1 つの辺が故障中である場合の $\mathbf{X}$ の条件付き密度である．すると，次のようにして，ℓ の重点抽出法による推定値を得ることができる．

$$\widehat{\ell}_{\text{path}} = \frac{1}{N} \sum_{i=1}^{N} \frac{f(\mathbf{X}_i)}{f_U(\mathbf{X}_i)} \mathrm{I}_{\{S(\mathbf{X}_i) > 1\}} = \frac{\ell_U}{N} \sum_{i=1}^{N} \mathrm{I}_{\{S(\mathbf{X}_i) > 1\}} \tag{16.14}$$

ここで $\mathbf{X}_1, \ldots, \mathbf{X}_N \stackrel{\text{iid}}{\sim} f_U$ である．f_U からのサンプルを得るためには，次のような

サブルーチンを使うことができる [8].

アルゴリズム 16.5（f_U からのサンプリング）

1. $\mathscr{P}^*$ 内の 1 つの経路 $\mathcal{P} = (e_1, \ldots, e_k)$ を選び，次の量を計算する．
$$a_i = \frac{(1-p_{e_i})\prod_{j=1}^{i-1} p_{e_j}}{1-\prod_{j=1}^{k} p_{e_j}}, \quad i = 1, \ldots, k$$
2. 確率分布 $\mathbb{P}(I=i) = a_i$ に従って，添数 $I \in \{1, \ldots, k\}$ を選択する．
3. 各 $i = 1, \ldots, I-1$ に対して，$\lambda(e_i) = -\ln(1-p_{e_i})$ をパラメータに持つ指数確率変数 Y_i を $Y_i \leqslant 1$ という条件付きで発生させる．
4. $Y_I > 1$ の条件で，$\mathsf{Exp}(\lambda(e_I))$ から Y_I を発生させる．すなわち，$Z \sim \mathsf{Exp}(\lambda(e_I))$ に対して，$Y_I = 1 + Z$ とする．
5. 各 $i = I+1, \ldots, k$ に対して，独立に $Y_i \sim \mathsf{Exp}(\lambda(e_i))$ を発生させる．
6. $X_{e_j} = Y_j$, $j = 1, \ldots, k$ とする．経路の集合 $\mathscr{P}^*$ から $\mathcal{P}$ を取り除く．もし $\mathscr{P}^*$ に経路がなくなれば Step 7 へ進み，そうでなければ Step 1 から繰り返す．
7. $\mathscr{P}^*$ 内のどの経路にも属さない辺 e の修理完了時刻は，独立に周辺分布 $f(\mathbf{x})$ からサンプルされる．すなわち，$X_e \sim \mathsf{Exp}(\lambda(e))$ となる．
8. $f_U(\mathbf{x})$ からのサンプルとして，$\mathbf{X} = (X_1, \ldots, X_m)$ を出力する．

このアルゴリズムは，次の MATLAB のコードで実現される．

```
function Y=path_sampling(p_bar)
% 経路に属する修理完了時刻の生成
k=length(p_bar);
% step 2
P=cumprod(p_bar);
p_star=(1-p_bar).*[1,P(1:end-1)];
p_star=p_star/(1-P(end));
% step 3
[dummy,idx]=histc(rand,[0,cumsum(p_star)]);
% step 4
lam=-log(1-p_bar); %指数分布のレート
for i=1:idx-1
    Y(i)=expt(lam(i),0,1);
end
% step 5
Y(idx)=1-log(rand)/lam(idx);
% step 6
for i=idx+1:k
    Y(i)= -log(rand)/lam(i);
end
```

```
function x=f_bar(p,paths)
% f_bar からのサンプリングを実現する
% p は，それぞれの信頼度を表すベクトルを表し
% 'paths' は，経路を構成する辺を表す列である

%step 7 と 8
m=length(p);x=zeros(1,m); p=p(:)';
for j=1:size(paths,2)
    P=paths{j}; % 経路は，素である必要あり！
    x(P)=path_sampling(p(P));
end
idx=find(x==0); % 経路上にない辺の探索
% 経路上にない辺のサンプリング
x(idx)=-log(rand(1,length(idx)))./(-log(1-p(idx)));
```

■ 例 16.3（12 面体ネットワーク）

図 16.5 のような 12 面体ネットワークを考える．すべての辺は $q=0.001$ の非信頼度を持つとする．$\mathscr{P}^* = \{\mathcal{P}_1, \mathcal{P}_2, \mathcal{P}_3\}$ は，次の辺を持つ 3 つの経路で構成されるとする．

$$\mathcal{P}_1 = (1,\ 4,\ 11,\ 20,\ 28)$$
$$\mathcal{P}_2 = (3,\ 8,\ 17,\ 26,\ 30)$$
$$\mathcal{P}_3 = (2,\ 6,\ 14,\ 23,\ 29)$$

この 3 つの経路に属する辺は，図 16.5 では太線で示している．経路 $\mathcal{P}_1$ はノード $1 \to 2 \to 5 \to 11 \to 17 \to 20$，経路 $\mathcal{P}_2$ はノード $1 \to 4 \to 9 \to 15 \to 19 \to 20$，経路 $\mathcal{P}_3$ はノード $1 \to 3 \to 7 \to 13 \to 18 \to 20$ で連結されている．

$N=10^5$ として以下のコードを使うと，1 つの計算例として推定値 (16.14) はおよそ 1.95×10^{-9} となり，その相対推定誤差は 2.5% となった．対応する単純なモンテカルロ法による推定値の分散は $\ell(1-\ell)/N$ であり，およそ 5×10^6 分の 1 に分散が削減される．

```
% IS_bounds.m
% 行列 E は作業領域に展開済みとする
global  GRAPH
GRAPH.E=E;
m=size(E,1);     % 辺の数
p=ones(m,1)*(1-0.1^3);
% 経路を構成する辺のリスト
paths{1}=[1     4      11     20     28];
paths{2}=[3     8      17     26     30];
paths{3}=[2     6      14     23     29];
```

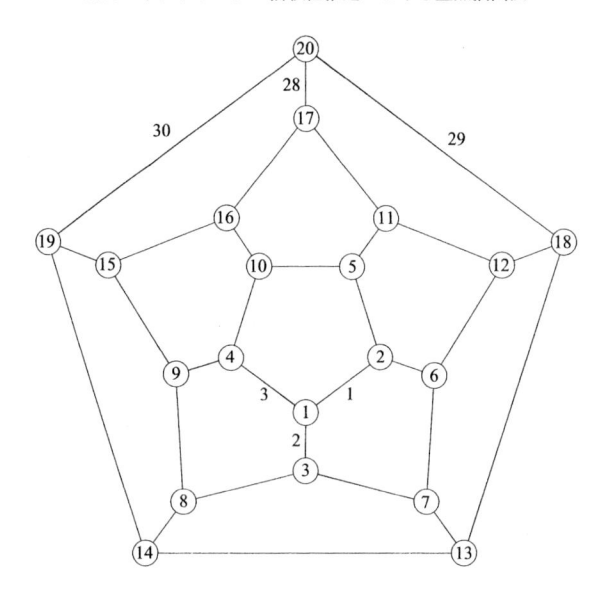

16.4 ネットワークの信頼性推定における重点抽出法

図 16.5 20 ノードと 30 リンクで構成される 12 面体ネットワーク．辺 $1, 2, 3$ と $28, 29, 30$ のみ添数を付ける．

```
ell_U=1; % 正規化定数の計算
for i=1:size(paths,2)
    P=paths{i};
    ell_U=ell_U*(1-prod(p(P)));
end
% 重点抽出法の推定値の算出
N=10^5; ell=nan(N,1);
for i=1:N
    x=f_bar(p,paths);
    ell(i)=(S(x)>1)*ell_U;
end
[mean(ell), std(ell)/mean(ell)/sqrt(N)]
```

16.4.2 条件付きモンテカルロ法による重点抽出法

本項では，かなり一般的な稀少事象のシミュレーションにも応用できる重点抽出法を考える．まず，一般的な場面でその方法を説明し，次に信頼性の問題への応用を解説する．

次の確率分布の正規化定数 ℓ を推定したいとする．

$$\pi(\mathbf{x}) \stackrel{\text{def}}{=} \frac{f(\mathbf{x})\, \mathrm{I}_{\{S(\mathbf{x})>1\}}}{\ell}, \quad \mathbf{x} = (x_1, \ldots, x_m)^\top$$

ここで，$f(\mathbf{x})$ と $S(\mathbf{x})$ は与えられた関数で計算可能とする．また，次の条件付き確率密度が陽な形で与えられ，そこからのサンプルが簡単に構成できるとする．

$$\pi(x_e \,|\, \mathbf{x}_{-e}) \stackrel{\text{def}}{=} \pi(x_e \,|\, x_1, \ldots, x_{e-1}, x_{e+1}, \ldots, x_m), \quad e = 1, \ldots, m$$

条件付き確率密度 $\{\pi(x_e \,|\, \mathbf{x}_{-e})\}$ を使って，$\pi(\mathbf{x})$ の周辺密度が次のように近似できる．マルコフ連鎖モンテカルロ（第6章を参照）サンプラーを使って，次のような近似標本を作る．

$$\mathbf{X}^{(1)}, \ldots, \mathbf{X}^{(M)} \stackrel{\text{approx.}}{\sim} \pi(\mathbf{x})$$

すると，周辺確率分布 $\pi(x_e) = \int \pi(\mathbf{x})\,\mathrm{d}\mathbf{x}_{-e}$ の推定量は，

$$\widehat{\pi}(x_e) = \frac{1}{M} \sum_{k=1}^{M} \pi(x_e \,|\, \mathbf{X}_{-e}^{(k)}), \quad e = 1, \ldots, m$$

で与えられる．確率分布 $\widehat{\pi}(x_e)$ からのサンプリングには合成法（☞ p.56）が使え，$\widehat{\pi}(x_e)$ はいつでも評価できる．重点抽出法のための確率密度を，次のように積形式で定義する．

$$g(\mathbf{x}) \stackrel{\text{def}}{=} \prod_{e=1}^{m} \widehat{\pi}(x_e) = \prod_{e=1}^{m} \frac{1}{M} \sum_{k=1}^{M} \pi(x_e \,|\, \mathbf{X}_{-e}^{(k)})$$

すると，ℓ の不偏推定量は，

$$\widehat{\ell} = \frac{1}{N} \sum_{j=1}^{N} \frac{f(\mathbf{Y}_j)\,\mathrm{I}_{\{S(\mathbf{Y}_j) > 1\}}}{g(\mathbf{Y}_j)}, \quad \mathbf{Y}_1, \ldots, \mathbf{Y}_N \stackrel{\text{iid}}{\sim} g(\mathbf{y})$$

となる．ここで，$g(\mathbf{x})$ が $\pi(\mathbf{x})$ を支配している（任意の $\mathbf{x}$ に対して，$g(\mathbf{x}) = 0 \Rightarrow \pi(\mathbf{x}) = 0$）ように注意する必要がある．

均質な（各辺の故障率が同じ）ネットワークにおいて，式 (16.2) の非信頼度 ℓ の評価にこの方法を使うことを考える．標準正規分布の累積分布関数の逆関数 Φ^{-1} に対して，$\sigma = -1/\Phi^{-1}(q)$ とし，$f(\mathbf{x})$ を $\mathsf{N}(\mathbf{0}, \sigma^2 I)$ の確率密度とする．こうしておけば，$X_e \sim \mathsf{N}(0, \sigma^2)$ であり，任意の e に対して $\mathbb{P}(X_e > 1) = q$ とすることができる．$\pi(\mathbf{x})$ の条件付き確率密度は，

$$\pi(x_e \,|\, \mathbf{X}_{-e}) = \frac{1}{\sqrt{2\pi}\sigma}\,\mathrm{e}^{-\frac{x_e^2}{2\sigma^2}} \left(\mathrm{I}_{\{S_e > 1\}} + \frac{1 - \mathrm{I}_{\{S_e > 1\}}}{q} \mathrm{I}_{\{x_e > 1\}} \right)$$

となる $(e = 1, \ldots, m)$．ここで，$\{S_e > 1\}$ は $S(X_1, \ldots, X_{e-1}, 0, X_{e+1}, \ldots, X_m) > 1$ という事象を表す．したがって，周辺確率密度の推定値は，

$$\widehat{\pi}(x_e) = \frac{1}{\sqrt{2\pi}\sigma}\,\mathrm{e}^{-\frac{x_e^2}{2\sigma^2}} \left(\widehat{w}_e + \frac{1 - \widehat{w}_e}{q} \mathrm{I}_{\{x_e > 1\}} \right) \tag{16.15}$$

となる．ここで，

$$\widehat{w}_e = \frac{1}{M} \sum_{k=1}^{M} \mathrm{I}_{\{S_e^{(k)} > 1\}}$$

であり，$\{S_e^{(k)} > 1\}$ は $S(X_1^{(k)}, \ldots, X_{e-1}^{(k)}, 0, X_{e+1}^{(k)}, \ldots, X_m^{(k)}) > 1$ という事象を表

す．実際，辺 e の "真の" 周辺確率密度は，式 (16.15) において，$\widehat{w}_e$ を w_e に置き換えたものになる．ここで，w_e は，どのような修理時間 X_e をとってもネットワークが稼働不能である確率を表す．言い換えれば，修理時間 X_e の周辺確率密度は，2つのガウス分布（1つは打ち切りあり）の混合密度になっている．打ち切りのあるガウス分布からの乱数生成については，例 3.7 を参照せよ．

尤度比は，次のように与えられる．

$$\frac{f(\mathbf{y})}{g(\mathbf{y})} = \prod_{e=1}^{m} \left(\widehat{w}_e + \frac{1-\widehat{w}_e}{q} I_{\{y_e>1\}} \right)^{-1}$$

以上をまとめると，次のアルゴリズムになる．

アルゴリズム 16.6（条件付き確率密度による重点抽出法）

1. MCMC アルゴリズムなどを使って，次のサンプルを生成する．

$$\mathbf{X}^{(1)}, \ldots, \mathbf{X}^{(M)} \overset{\text{approx.}}{\sim} \pi(\mathbf{x})$$

2. Step 1 のサンプルを使って，重点抽出法の確率密度 $g(\mathbf{x}) = \prod_{e=1}^{m} \widehat{\pi}(x_e)$ を構成する．ここで，$\widehat{\pi}(x_e)$ は式 (16.15) で定義される．

3. $\mathbf{Y}_1, \ldots, \mathbf{Y}_N \overset{\text{iid}}{\sim} g(\mathbf{y})$ を生成し，次の量を評価する．

$$\widehat{\ell} = \frac{1}{N} \sum_{j=1}^{N} I_{\{S(\mathbf{Y}_j)>1\}} \prod_{e=1}^{m} \left(\widehat{w}_e + \frac{1-\widehat{w}_e}{q} I_{\{Y_{je}>1\}} \right)^{-1} \quad (16.16)$$

ここで，Y_{je} は $\mathbf{Y}_j$ の e 番目の成分である．

■ 例 16.4（12 面体ネットワークの続き）

数値例として，図 16.5 において，すべての辺の故障率が等しく $q = 0.001$ である 12 面体ネットワークを考える．例 14.6 において，MCMC と分岐法を使って $\pi(\mathbf{x})$ のサンプルを近似する方法を説明している．ADAM 法（☞ p.517）を使って生成されたサンプルで，$e = 1, 2, 3$ に対して $\widehat{w}_e = 0.412$，$e = 28, 29, 30$ に対して $\widehat{w}_e = 0.59$，その他の辺に対して $w_e = 1$ が得られた．$g(\mathbf{y})$ からのサイズ $N = 10^6$ の iid サンプルで，推定値 (16.16) はおよそ $\widehat{\ell} = 2.01 \times 10^{-9}$ となり，その相対推定誤差は 0.76% となった．本書のウェブサイトに，この例の MATLAB コードが `relbty_marginals.m` として格納されている．

16.5 分 岐 法

本節では，14.2 節の "一般化分岐法"（generalized splitting; GS）アルゴリズムのネットワーク信頼性への応用法について述べる．

この方法は，辺の故障に相関がある場合にも適用できる．一般に，16.4.1 項と 16.3 節の方法が効率的であるが，これらは辺が独立に故障する場合にしか適用できない．

GS アルゴリズムの信頼性への応用を述べる前に，式 (16.2) のネットワーク非信頼度 ℓ の評価のために，次の潜在変数を導入する．$\mathbf{X} = (X_1, \ldots, X_m)^\top \sim f(\mathbf{x})$ とする．ここで，f は $\mathsf{N}(\mathbf{0}, \Sigma)$ の確率密度である．Σ の対角成分は

$$\Sigma_{ee} = \sigma_e^2 = \mathrm{Var}(X_e) = \frac{1}{(\Phi^{-1}(q_e))^2}, \quad e = 1, \ldots, m$$

であり，Φ^{-1} は標準正規分布の累積分布関数の逆関数を表している．したがって，$\mathbb{P}(X_e > 1) = q_e$ となる．

ネットワークの信頼性評価において，各辺が独立に故障するという仮定がよく使われる [33]．すなわち，Σ の非対角成分はゼロであり，$X_1, \ldots, X_m$ は "独立" と仮定される．故障の "依存性" を含む単純なモデルとして，Σ の非対角成分も値を持つモデルを考える．すると，Σ から得られるベルヌーイ確率変数 $B_e = \mathrm{I}_{\{X_e \leqslant 1\}}$，$e = 1, \ldots, m$ は，共分散構造として，

$$\mathrm{Var}(B_e) = p_e(1 - p_e), \quad e = 1, \ldots, m$$
$$\mathrm{Cov}(B_i, B_j) = \Phi_2\left(\frac{1}{\sigma_i}, \frac{1}{\sigma_j}; \frac{\Sigma_{ij}}{\sigma_i \sigma_j}\right) - p_i p_j, \quad i \neq j$$

を持つ．ここで，$\Phi_2(x, y; \varrho)$ は，平均 0，各成分について分散 1，相関係数 ϱ となる 2 変数正規分布の累積分布関数の (x, y) での値である．したがって，潜在変数 $\mathbf{X}$ は，ベルヌーイベクトル $\mathbf{B}$ に対する "正規コピュラ" モデル（☞ p.73）である．逆に言えば，ベルヌーイ確率変数 $\mathbf{B}$ の共分散構造がわかれば，適当な条件のもとで [2]，[24]，対応する Σ を決定することができる．

時間変化モデルの潜在変数の構造を決定したので，GS 法の適用法を説明する．次の場合を仮定してみよう．予備的な実験によってレベル

$$-\infty = \gamma_0 < \gamma_1 < \cdots < \gamma_{T-1} < \gamma_T = 1$$

と，次の条件付き確率の推定値 $\{\varrho_t\}$ を得るものとしよう．

$$\varrho_t \approx \mathbb{P}_f(S(\mathbf{X}) \geqslant \gamma_t \mid S(\mathbf{X}) \geqslant \gamma_{t-1}), \quad t = 1, \ldots, T$$

すなわち，$\{\varrho_t^{-1}\}$ は "分岐因子" である．以下のアルゴリズムを試験的に実行し（アルゴリズム 14.4 も参照），アルゴリズム 16.9 を使うと，$\{(\gamma_t, \varrho_t)\}_{t=1}^T$ の列を構成することができる．

アルゴリズム 16.7（ネットワーク信頼性評価）

レベルと分岐因子の列 $\{(\gamma_t, \varrho_t)\}_{t=1}^T$，およびサンプル数 N が与えられたとき，カウンタを $t = 1$ として，次のステップを実行する．

1. **初期化**：$N_0 = \varrho_1 \left\lfloor \frac{N}{\varrho_1} \right\rfloor$ とする．独立な修理完了時刻ベクトル

$$\mathbf{X}_1, \ldots, \mathbf{X}_{N_0/\varrho_1} \overset{\text{iid}}{\sim} N(\mathbf{0}, \Sigma)$$

を生成し, $\mathcal{X}_0 = \{\mathbf{X}_1, \ldots, \mathbf{X}_{N_0/\varrho_1}\}$ とする. $\mathcal{X}_0$ 上で, $S(\mathbf{X}) \geqslant \gamma_1$ となるベクトルの集合で最大のものを $\mathcal{X}_1 = \{\mathbf{X}_1, \ldots, \mathbf{X}_{N_1}\}$ とする (アルゴリズム 16.1 を使って S を評価する). N_1 は, 時刻 γ_1 でネットワークが稼働不能である場合を表すベクトルの数を表す.

2. **マルコフ連鎖のサンプリング**: $\mathcal{X}_t = \{\mathbf{X}_1, \ldots, \mathbf{X}_{N_t}\}$ 上の各 $\mathbf{X}_i$ に対して, 次のベクトルを新たにサンプリングする.

$$\mathbf{Y}_{i,j} \sim \kappa_t(\mathbf{y} \mid \mathbf{Y}_{i,j-1}), \quad \mathbf{Y}_{i,0} = \mathbf{X}_i, \quad j = 1, \ldots, \mathcal{S}_{ti} \tag{16.17}$$

ここで, $\mathcal{S}_{ti}$ はランダムな分岐因子であり,

$$\mathcal{S}_{ti} - \left\lfloor \frac{1}{\varrho_{t+1}} \right\rfloor \overset{\text{iid}}{\sim} \text{Ber}\left(\frac{1}{\varrho_{t+1}} - \left\lfloor \frac{1}{\varrho_{t+1}} \right\rfloor\right), \quad i = 1, \ldots, N_t$$

で生成される. $\kappa_t(\mathbf{y} \mid \mathbf{Y}_{i,j-1})$ は初期状態 $\mathbf{Y}_{i,j-1}$ のマルコフ連鎖の推移の密度を表し, その定常密度は,

$$f_t(\mathbf{y}) \propto \mathrm{I}_{\{S(\mathbf{y}) > \gamma_t\}} e^{-\frac{1}{2} \mathbf{y}^\top \Sigma^{-1} \mathbf{y}}$$

である.

次のようにリセットする.

$$\mathcal{X}_t \equiv \left\{\mathbf{Y}_{1,1}, \mathbf{Y}_{1,2}, \ldots, \mathbf{Y}_{1,\mathcal{S}_{t1}}, \ldots\ldots\ldots, \mathbf{Y}_{N_t,1}, \mathbf{Y}_{N_t,2}, \ldots, \mathbf{Y}_{N_t,\mathcal{S}_{tN_t}}\right\}$$

3. **更新**: $\mathcal{X}_{t+1} = \{\mathbf{X}_1, \ldots, \mathbf{X}_{N_{t+1}}\}$ を, $\mathcal{X}_t$ 上で, 時刻 γ_{t+1} においてネットワークが稼働不能になるベクトルの集合の最大のものとする. すなわち, $S(\mathbf{X}) \geqslant \gamma_{t+1}$ となる. N_{t+1} は $\mathcal{X}_{t+1}$ のサイズを表す. カウンタを $t = t+1$ とする.

4. **停止条件**: $t = T$ となったら Step 5 へ進む. $N_t = 0$ ならば $N_{t+1} = N_{t+2} = \cdots = N_T = 0$ として Step 5 へ進み, それ以外の場合には, Step 2 から繰り返す.

5. **最終結果**: 故障率の不偏推定量として,

$$\widehat{\ell} = \frac{N_T}{N_0} \prod_{t=1}^{T} \varrho_t$$

を算出し, その分散の不偏推定量として,

$$\widehat{\text{Var}(\widehat{\ell})} = \frac{\prod_{t=1}^{T} \varrho_t^2}{N_0(N_0 - \varrho_1)} \sum_{i=1}^{N_0/\varrho_1} \left(O_i - \frac{\varrho_1}{N_0} N_T\right)^2 \tag{16.18}$$

を算出する. ここで, O_i は, $\mathcal{X}_T$ の中で, 初期サンプル $\mathcal{X}_0$ の i 番目とヒストリーを共有し, 最後のステージで $\gamma_T = 1$ のレベルよりも大きい S の値を持つものの数を表す.

アルゴリズム 16.7 を完成させるためには，推移確率密度 κ_t を特定する必要がある．次のアルゴリズムは，定常確率密度 f_t を持つ推移確率密度を，hit-and-run サンプラーを使って定義する．

アルゴリズム 16.8（推移確率密度 $\kappa_t(\mathbf{y}\,|\,\mathbf{x})$）

$S(\mathbf{x}) \geqslant \gamma_t$ を満たす修理完了時刻のベクトル $\mathbf{x}$ に対して，次のステップを行う．

1. m 次元の単位球上に一様に分布するランダムな方向ベクトル $\mathbf{d}$ を，次のように生成する．

$$\mathbf{d} = \left(\frac{Z_1}{\|\mathbf{Z}\|}, \ldots, \frac{Z_m}{\|\mathbf{Z}\|}\right)^\top, \quad \mathbf{Z} \sim \mathsf{N}(\mathbf{0}, I)$$

2. ランダムなスケール因子を，次のように生成する．

$$\Lambda \sim \mathsf{N}\left(-\frac{\mathbf{x}^\top \Sigma^{-1} \mathbf{d}}{\mathbf{d}^\top \Sigma^{-1} \mathbf{d}}, \frac{1}{\mathbf{d}^\top \Sigma^{-1} \mathbf{d}}\right)$$

3. もし $S(\mathbf{x} + \Lambda \mathbf{d}) \geqslant \gamma_t$ ならば $\mathbf{x} = \mathbf{x} + \Lambda \mathbf{d}$ とし，そうでなければ，$\mathbf{x}$ はそのままにする．

4. Step 1, 2, 3 を例えば 100 回繰り返し，そのアウトプット $\mathbf{Y} = \mathbf{x}$ を次のマルコフ連鎖の状態とする．

以下の方法で，上記の Step 2 のスピードを上げることができる．Σ のコレスキー因子（☞ p.743）を事前に計算し，メモリに保存しておいて，$\Sigma^{-1}\mathbf{d}$ を前進および後進代入によって計算する．対角行列 $\Sigma = \sigma^2 I$ に対しては，Step 2 は $\Lambda \sim \mathsf{N}(-\mathbf{x}^\top \mathbf{d}, \sigma^2)$ に還元される（アルゴリズム 14.11 も参照）．

レベル $\{\gamma_t\}$ と分岐因子 $\{\varrho_t^{-1}\}$ を計算するために使える予備的なアルゴリズムを，以下に示す．

アルゴリズム 16.9（ネットワークの信頼性評価のための ADAM）

サンプル数 N と稀少度を表すパラメータ $\varrho \in (0,1)$ が与えられたもとで，次の手順を実行する．

1. **初期化**：カウンタを $t = 1$ とする．

    a) 独立な修理完了時刻ベクトル $\mathbf{X}_1, \ldots, \mathbf{X}_N \overset{\text{iid}}{\sim} \mathsf{N}(\mathbf{0}, \Sigma)$ を生成し，$\mathcal{X}_0 = \{\mathbf{X}_1, \ldots, \mathbf{X}_N\}$ とする．

    b) すべての $\mathbf{X}_i \in \mathcal{X}_{t-1}$ に対して，$S_i = S(\mathbf{X}_i)$ とし，

    $$\widetilde{\gamma}_t = \underset{\gamma \in \{S_1, \ldots, S_N\}}{\operatorname{argmin}} \left\{\frac{1}{N}\sum_{i=1}^{N} \mathrm{I}_{\{S(\mathbf{X}_i) > \gamma\}} \leqslant \varrho\right\} \quad (16.19)$$

    とする．すなわち，$S(\mathbf{X}_1), \ldots, S(\mathbf{X}_N)$ の中で，$\frac{1}{N}\sum_{i=1}^{N}\mathrm{I}_{\{S(\mathbf{X}_i) > \widetilde{\gamma}_t\}} \leqslant \varrho$ となるもののうち，最小になるものを $\widetilde{\gamma}_t$ とする．$\gamma_t = \min\{1, \widetilde{\gamma}_t\}$ とする．時刻 γ_t でネットワークが稼働不能（すなわち $S(\mathbf{X}) > \gamma_t$）に

なるベクトルを $\mathcal{X}_t = \{\mathbf{X}_1, \ldots, \mathbf{X}_{N_t}\}$ とする.

すると,$\varrho_t = \frac{N_t}{N}$ は,$c_t = \mathbb{P}_f(S(\mathbf{X}) \geqslant \gamma_t \mid S(\mathbf{X}) \geqslant \gamma_{t-1})$ という確率の近似となる.ここで,$\gamma_0 = -\infty$ とする.

2. **マルコフ連鎖のサンプリング**:式 (16.17) の分岐因子を以下のように生成する以外は,アルゴリズム 16.7 の Step 2 に従う.

$$\mathcal{S}_{ti} = \left\lfloor \frac{N}{N_t} \right\rfloor + B_i, \quad i = 1, \ldots, N_t$$

ここで,$B_1, \ldots, B_{N_t}$ は Ber(1/2) 確率変数であり,その同時確率密度は,

$$\mathbb{P}(B_1 = b_1, \ldots, B_{N_t} = b_{N_t}) = \frac{(N_t - r)! \, r!}{N_t!} \mathrm{I}_{\{b_1 + \cdots + b_{N_t} = r\}}$$

で与えられる.ただし,$r = (N \bmod N_t)$ である.分岐因子の生成の結果,

$$\mathcal{X}_t = \left\{ \mathbf{Y}_{1,1}, \mathbf{Y}_{1,2}, \ldots, \mathbf{Y}_{1,\mathcal{S}_{t1}}, \ldots \ldots \ldots, \mathbf{Y}_{N_t,1}, \mathbf{Y}_{N_t,2}, \ldots, \mathbf{Y}_{N_t,\mathcal{S}_{tN_t}} \right\}$$

のリセット後は,$\mathcal{X}_t$ は N 個の要素を持つ.

3. **推定値の更新**:カウンタを $t = t+1$ に更新し,Step 1 の b) と同様に進む.
4. **停止条件**:$\gamma_t = \gamma$ ならば,$T = t$ として Step 5 へ進む.そうでなければ,Step 2 から繰り返す.
5. **最終推定値**:推定レベル $\gamma_1, \ldots, \gamma_T$ と分岐因子 $\varrho_1^{-1}, \ldots, \varrho_T^{-1}$ を出力する.

■ 例 16.5(12 面体ネットワークの例)

各辺が等しい故障率 $q = 10^{-3}$ を持つ図 16.5 のような 12 面体ネットワークを,再度考える.すなわち,

$$\{X_i\} \stackrel{\mathrm{iid}}{\sim} \mathsf{N}(0, \sigma^2), \quad \sigma = -1/\Phi^{-1}(q)$$

で,$\Sigma = \sigma^2 I$ とする.$N = 5 \times 10^3$ で,表 16.2 に示すレベルと分岐因子を使うと,1 つの推定値として $\widehat{\ell} = 1.97 \times 10^{-9}$ が得られ,その相対誤差は 4% となった.

表 16.2 アルゴリズム 16.7 に使う $\{(\gamma_t, \varrho_t)\}$.この値は,アルゴリズム 16.9 において $N = 10^3$ および $\varrho = 0.1$ として得られた.

t	1	2	3	4	5	6	7	8	9
ϱ_t	0.1	0.1	0.1	0.1	0.1	0.1	0.1	0.1	0.2
γ_t	0.20	0.33	0.46	0.58	0.68	0.77	0.86	0.94	1

アルゴリズム 16.7 で,最も計算量が大きいのは,与えられたベクトルに対する $S(\mathbf{x})$ の評価である.アルゴリズムの他の部分の計算量は,無視できる程度である.したがって,シミュレーションの効率は,$S(\mathbf{x})$ の計算回数によって評価される.この例でのシミュレーションの計算量は,およそ 4×10^7 回の $S(\mathbf{x})$ の計算量に相当する.

図 16.6 は，ネットワークが時刻 1 で稼働不能という条件付き確率密度

$$f_T(\mathbf{x}) = \frac{f(\mathbf{x})\,\mathrm{I}_{\{S(\mathbf{x})>1\}}}{\ell}$$

を使った場合の $\mathcal{X}_T$ のベクトルのサンプル平均値によって，$\mathbb{E}_{f_T} X_e,\ e=1,\ldots,m$ を評価したものを表している．

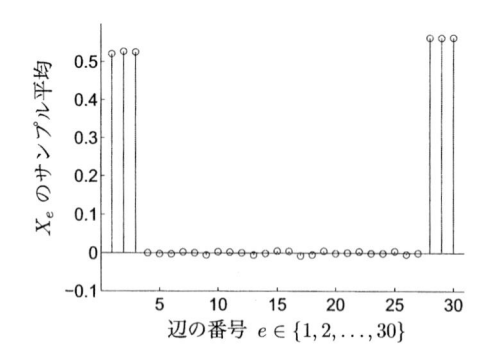

図 16.6 最小分散の確率密度 $f_T(\mathbf{x}) \propto f(\mathbf{x})\,\mathrm{I}_{\{S(\mathbf{x})>1\}}$ のもとでの $\mathbb{E}_{f_T} X_e$, $e=1,\ldots,m$ の推定値．

辺 1, 2, 3 と 28, 29, 30 の平均修理完了時刻は，正規分布 $\mathsf{N}(\mathbf{0}, \sigma^2 I)$ のもとでの値に比べ，かなり大きくなっている．一方，その他の辺の平均修理完了時刻はほぼ 0 に近い．このような「偏った」修理完了時刻を持つ辺を**クリティカルな辺** (critical edge) と呼ぶ．この例の場合では，1, 2, 3, 28, 29, 30 の各辺は，すべてクリティカルな辺である．図 16.7 は，最終的な $\mathcal{X}_T$ における，各辺の間の相関係数の推定値

$$\mathrm{Corr}(X_i, X_j) = \frac{\mathrm{Cov}(X_i, X_j)}{\sqrt{\mathrm{Var}(X_i)\mathrm{Var}(X_j)}}, \quad \mathbf{X} \sim f_T(\mathbf{x})$$

を表している．この図から，$\{1,2,3\}$ が（$\{28,29,30\}$ も同様に）強く正の相関をしていることがわかる．また，2 つの集合 $\{1,2,3\}$ と $\{28,29,30\}$ は，強い負の相関を持つこともわかる．言い換えれば，典型的なネットワークの故障は，2 つの集合 $\{1,2,3\}$ と $\{28,29,30\}$ が同時に故障するときではなく，どちらか一方が故障することによって生じていることがわかる．

■ **例 16.6（辺の相互依存関係）**

各辺の故障率が等しく $q=10^{-3}$ である図 16.5 のような 12 面体ネットワークを考える．各辺は，相関係数行列 $\Sigma = \sigma^2 \widetilde{\Sigma}$ に従う正の相関をもって故障すると仮定する．ここで，$\sigma = -1/\Phi^{-1}(q)$ であり，$\widetilde{\Sigma}$ は対角成分が 1 で，その他の成分が 0.5 である行列を表す．

16.5 分　岐　法

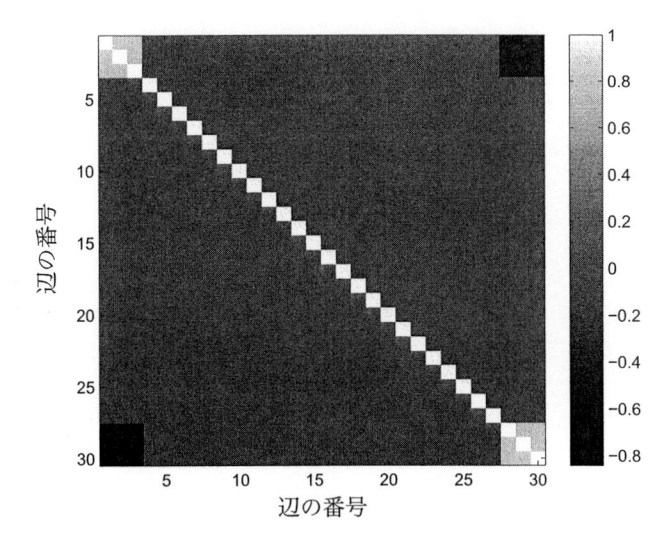

図 16.7 アルゴリズムの最終ステップで，$S(\mathbf{x}) > 1$ を満たすベクトルから得られた相関係数行列の推定値．

表 16.3 のレベルと分岐因子を使い，$N = 15000$ として，$\widehat{\ell} = 6.74 \times 10^{-10}$ という評価が得られ，その相対誤差は 2.8% である．シミュレーションの効率は $S(\mathbf{x})$ の計算回数と同等で，およそ 1.3×10^8 回である．各辺が独立に故障する場合（$\widetilde{\Sigma} = I$ に相当）のネットワークの故障率は，10^{-18} となる．

表 16.3 アルゴリズム 16.7 で使われる $\{(\gamma_t, \varrho_t)\}$．この値は，$N = 10^3$ および $\varrho = 0.1$ として，アルゴリズム 16.9 から得られた．

t	1	2	3	4	5	6	7	8	9	10
ϱ_t	0.1	0.1	0.1	0.1	0.1	0.1	0.1	0.1	0.1	0.8
γ_t	0.22	0.40	0.51	0.61	0.70	0.78	0.86	0.92	0.99	1

16.5.1　上下界を使った改良

アルゴリズム 16.7 では，$S(\mathbf{X})$ の処理が最も主要な計算コストになっている．上下界を使うことによって，$S(\mathbf{X})$ の計算のほとんどは避けることができる．アルゴリズム 16.7 の Step 1 と Step 3 では，$S(\mathbf{X})$ の実際の値をそのまま使っているわけではなく，$B = \mathrm{I}_{\{S(\mathbf{X}) > \gamma_t\}}$ という 2 値の確率変数が使われている．すなわち，$S(\mathbf{X}) > \gamma_t$ の判定が重要である．この状況は，アルゴリズム 16.8 の Step 3 でも同様である．B の計算量は，式 (16.13) で与えられる S の上下界によって，かなり削減できる．

この考え方は，3.1.5 項の採択–棄却法における "えぐり出し"（squeezing）と同様であり，アルゴリズム 16.7 の以下のサブルーチンで実現される．

アルゴリズム 16.10（えぐり出しによる $I_{\{S(\mathbf{X}) > \gamma_t\}}$ の評価）

1. $S_L(\mathbf{X}) > \gamma_t$ ならば，$B = 1$ を出力して終了する．そうでなければ，Step 2 へ進む．
2. $S_U(\mathbf{X}) \leqslant \gamma_t$ ならば，$B = 0$ を出力して終了する．そうでなければ，Step 3 へ進む．
3. アルゴリズム 16.1 を使って $S(\mathbf{X})$ を算出し，$B = I_{\{S(\mathbf{X}) > \gamma_t\}}$ を出力する．

アルゴリズム 16.10 を使うと，上下界のとり方によっては，S の計算回数をかなり削減できる．さらに，S_L と S_U が簡単に計算できれば，アルゴリズム 16.7 のかなりのスピードアップが期待できる．

ヒューリスティックな方法で，適切な集合 $\mathscr{C}^*$ と $\mathscr{P}^*$ を構成するには，試験アルゴリズム 16.9 を使って，$\mathscr{C}^*(\mathscr{P}^*)$ のカット（経路）がクリティカルな辺を含むようにしておくことが必要である．例えば図 16.5 においては，カットや経路は 1, 2, 3, 28, 29, 30 を含む必要がある．文献（例えば [18]）では普通，経路やカットの辺は素であることを仮定しているが，その仮定は必要でない．言い換えれば，辺は 1 つ以上の経路やカットに含まれてもよい．

■ 例 16.7（上下界を用いた 12 面体ネットワークの評価）

例 16.5 のシミュレーションにおいて，$I_{\{S(\mathbf{X}) > \gamma_t\}}$ の評価が必要なときに，アルゴリズム 16.10 をサブルーチンとして使用する．$\{S(\mathbf{X}) > \gamma_t\}$ の評価回数は 4×10^7 であるが，$S(\mathbf{x})$ 値の計算回数は 4×10^6 であり，これはもとのサンプル数（4×10^7）の 10% に相当する．その他は，上界（36%）と下界（46%）によって行われている．

例 16.6 において，アルゴリズム 16.10 を使って再度シミュレーションを行うと，$S(\mathbf{X})$ の評価回数は 7×10^7 となる．これは，えぐり出しを使わない場合の 50% に当たる．

さらに学習するために

ネットワークの信頼性の厳密解を得ることは，#P 完全問題 [3], [10] であり，非常に難しい．近似法 [6] や上下界 [4], [5], [11], [16], [23] を得るテクニックは知られているが，その精度や適用限界は，ネットワークの性質（サイズやトポロジー）に依存してしまう．現在，故障率の近似値を計算するためには，大規模ネットワークシミュレーションだけが現実的な方法である．しかし，現代の通信ネットワークのように信頼度が高いネットワークでは，ネットワークの障害は，静的なシミュレーション上では稀少事象である．したがって，単純なモンテカルロ法は実際的ではない．さまざまな手法が，分散の削減を狙って提案されている．例えば，ダガーサンプリング [28]，制御変量 [18]，逐次サンプリング [13]，条件付きモンテカルロ [14]，組合せ論を併用する条件付きモンテカルロ [19], [30]，重点抽出法 [8], [27]，近似ゼロ分散重点抽出法

と結び付けた条件付きモンテカルロ [9]，（最も効率的で，特化した方法である）繰り返し分散減少法 [7]（類似の提案として [26]）がある．繰り返し分散減少法が最も効率的であるが，現時点では，辺が独立に故障する場合にしか適用できない．種々のアルゴリズムと歴史的な発展についての包括的なサーベイについては [33] を，また，ネットワークの信頼性評価の時間変化モデルについては [20] を参照せよ．

文　　献

1) S. V. Amari. Closed-form expressions for distribution of sum of exponential random variables. *IEEE Transactions on Reliability*, 46(4):519–522, 1997.
2) A. N. Avramidis, N. Channouf, and P. L'Ecuyer. Efficient correlation matching for fitting discrete multivariate distributions with arbitrary marginals and normal-copula dependence. *INFORMS Journal on Computing*, 21(1):88–106, 2009.
3) M. O. Ball and J. S. Provan. Bounds on the reliability polynomial for shellable independence systems. *SIAM Journal on Algebraic and Discrete Methods*, 3(2):166–181, 1982.
4) R. Barlow and F. Proschan. *Statistical Theory of Reliability and Life Testing*. Holt, Rinehart & Wilson, New York, 1975.
5) R. E. Barlow and A. W. Marshall. Bounds for distribution with monotone hazard rate, I and II. *Annals of Mathematical Statistics*, 35(3):1234–1274, 1964.
6) Y. Burtin and B. Pittel. Asymptotic estimates of the reliability of a complex system. *Engineering Cybernetics*, 10(3):445–451, 1972.
7) H. Cancela and M. El Khadiri. The recursive variance-reduction simulation algorithm for network reliability evaluation. *IEEE Transactions on Reliability*, 52(2):207–212, 2003.
8) H. Cancela, P. L'Ecuyer, M. Lee, G. Rubino, and B. Tuffin. Analysis and improvements of path-based methods for Monte Carlo reliability evaluation of static models. In J. Faulin, A. A. Juan, S. S. Martorell Alsina, and J. E. Ramirez-Marquez, editors, *Simulation Methods for Reliability and Availability of Complex Systems*. Springer-Verlag, New York, 2009.
9) H. Cancela, P. L'Ecuyer, G. Rubino, and B. Tuffin. Combination of conditional Monte Carlo and approximate zero-variance importance sampling for network reliability estimation. In B. Johansson, S. Jain, J. Montoya-Torres, J. Hugan, and E. Yücesan, editors, *Proceedings of the 2010 Winter Simulation Conference*, 2010.
10) C. J. Colbourn. *The Combinatorics of Network Reliability*. Oxford University Press, Oxford, 1987.
11) C. J. Colbourn, L. D. Nel, T. B. Boffey, and D. F. Yates. Network reliability and the probabilistic estimation of damage from fire spread. *Annals of Operations Research*, 50(1):173–185, 1994.
12) E. W. Dijkstra. A note on two problems in connection with graphs. *Numerische*

Mathematik, 1(1):269–271, 1959.
13) M. Easton and C. Wong. Sequential destruction method for Monte Carlo evaluation of system reliability. *IEEE Transactions on Reliability*, 29(1):27–32, 1980.
14) T. Elperin, I. B. Gertsbakh, and M. Lomonosov. Estimation of network reliability using graph evolution models. *IEEE Transactions on Reliability*, 40(5):572–581, 1991.
15) T. Elperin, I. B. Gertsbakh, and M. Lomonosov. An evolution model for Monte Carlo estimation of equilibrium network renewal parameters. *Probability in the Engineering and Informational Sciences*, 6(4):457–469, 1992.
16) J. D. Esary, F. Proschan, and D. W. Walkup. Association of random variables, with applications. *Annals of Mathematical Statistics*, 38(5):1466–1473, 1967.
17) S. Favaro and S. G. Walker. On the distribution of sums of independent exponential random variables via Wilks' integral representation. *Acta Applicandae Mathematicae*, 109(3):1035–1042, 2010.
18) G. Fishman. A Monte Carlo sampling plan for estimating network reliability. *Operations Research*, 34(4):581–594, 1980.
19) I. Gertsbakh and Y. Shpungin. Network reliability importance measures: Combinatorics and Monte Carlo based computations. *WSEAS Transactions on Computers*, 7(4):216–227, 2008.
20) I. B. Gertsbakh and Y. Shpungin. *Models of Network Reliability: Analysis, Combinatorics and Monte Carlo*. Taylor & Francis Group, Boca Raton, FL, 2010.
21) K.-P. Hui, N. Bean, M. Kraetzl, and D. P. Kroese. The tree cut and merge algorithm for estimation of network reliability. *Probability in the Engineering and Informational Sciences*, 17(1):24–45, 2003.
22) K.-P. Hui, N. Bean, M. Kraetzl, and D. P. Kroese. The cross-entropy method for network reliability estimation. *Annals of Operations Research*, 134(1):101–118, 2005.
23) C.-C. Jane and Y. W. Liah. A dynamic bounding algorithm for approximating multi-state two-terminal reliability. *European Journal of Operational Research*, 205(3):625–637, 2010.
24) H. Joe. *Multivariate Models and Dependence Concepts*. Chapman & Hall, London, 1997.
25) D. E. Knuth. *The Art of Computer Programming Volume 1*. Addison-Wesley, Boston, third edition, 1997.
26) A. Konak. Combining network reductions and simulation to estimate network reliability. In S. G. Henderson, B. Biller, M.-H. Hsieh, J. Shortle, J. D. Tew, and R. R. Barton, editors, *Proceedings of the 2007 Winter Simulation Conference*, pages 2301–2305, 2007.
27) D. P. Kroese and K.-P. Hui. Applications of the cross-entropy method in reliability. In G. Levitin, editor, *Computational Intelligence in Reliability Engineering*, volume 40, pages 37–82. Springer-Verlag, Berlin, 2007.
28) H. Kumamoto, K. Tanaka, K. Inoue, and E. J. Henley. Dagger sampling Monte Carlo for system unavailability evaluation. *IEEE Transactions on Reliability*,

29(2):376–380, 1980.
29) M. Lomonosov. On Monte Carlo estimates in network reliability. *Probability in the Engineering and Informational Sciences*, 8(2):245–265, 1994.
30) M. Lomonosov and Y. Shpungin. Combinatorics and reliability Monte Carlo. *Random Structures and Algorithms*, 14(4):329–343, 1999.
31) E. Manzi, M. Labbe, G. Latouche, and F. Maffioli. Fishman's sampling plan for computing network reliability. *IEEE Transactions on Reliability*, 50(1):41–46, 2001.
32) G. Rubino. Network reliability evaluation. In J. Walrand, K. Bagchi, and G. W. Zobrist, editors, *Network Performance Modeling and Simulation*, chapter 11. Blackwell Scientific Publications, Amsterdam, 1998.
33) G. Rubino and B. Tuffin (editors). *Rare Event Simulation*. John Wiley & Sons, New York, 2009.

17

微分方程式への応用

コンピュータ上での最初のモンテカルロ法のアルゴリズムは，1947 年にジョン・フォン・ノイマンによって開発され，確率過程のシミュレーションを使ったボルツマン微分方程式を解くものだった．本章では，モンテカルロシミュレーションと微分方程式のさまざまな関係に注目する．17.1 節では確率微分方程式と偏微分方程式の関係について詳しく見る．17.2 節では輸送過程のシミュレーションとある種の偏微分方程式の関係を見る．最後に，17.3 節においてマルコフ跳躍過程のスケール変換について，関数に関する大数の法則によってその過程が常微分方程式系の解と関連することを示し，論じる．加えて，関数に関する中心極限定理を拡散過程の近似の形で与える．

確率過程の標本抽出については第 5 章を，拡散過程を含むマルコフ過程に関する背景知識については A.9～A.13 節を参照する．

17.1 確率微分方程式と偏微分方程式の関係

微分方程式と確率過程の最も基本的な繋がりは，マルコフ過程の理論の中で Kolmogorov の後退方程式（Feynman–Kac 型の公式をもたらす）および Kolmogorov の前進方程式を通して発見された．Feynman–Kac 型の公式により，放物型（および楕円型）2 階線形偏微分方程式の解を，マルコフ過程の関数の期待値として表現することが可能となる．この表現自体が，そのままモンテカルロ法の技術となる．この偏微分方程式と確率微分方程式との繋がりは，以下のことを可能にする．

- 関連する偏微分方程式を解くことによって，確率微分方程式の解の汎関数としての期待値を評価する．
- ある種の偏微分方程式を，関連する確率微分方程式の期待値の計算によって解く．偏微分方程式を解く際に，その関数の値を求めたい点の数が少ないか，あるいは方程式が退化している場合には，問題の次元が大きくなればなるほど，モンテカルロ法によるアプローチの魅力は増すことになる [21]．

$d \times 1$ 型の（つまり d 次元ベクトルである）ドリフトベクトル $\mathbf{a}(\mathbf{x}, t)$ と $d \times m$ の拡散 (dispersion) 行列 $B(\mathbf{x}, t)$ ($C(\mathbf{x}, t) = B(\mathbf{x}, t) B(\mathbf{x}, t)^\top$ を拡散 (diffusion) 行

17.1 確率微分方程式と偏微分方程式の関係

列と呼ぶこともある）として多次元の確率微分方程式（☞ p.679）

$$d\mathbf{X}_t = \mathbf{a}(\mathbf{X}_t, t)\,dt + B(\mathbf{X}_t, t)\,d\mathbf{W}_t \tag{17.1}$$

によって記述される拡散過程に随伴する偏微分方程式を考える．そのもとでは拡散過程 $\{\mathbf{X}_s\}$ が時刻 t で $\mathbf{x}$ から出発する確率測度を $\mathbb{P}^{\mathbf{x},t}$ と書く．すなわち $\mathbb{P}^{\mathbf{x},t}(\mathbf{X}_t = \mathbf{x}) = 1$ である．この測度による期待値を $\mathbb{E}^{\mathbf{x},t}$ と書く．特に初期時間が 0 の場合には，$\mathbb{P}^{\mathbf{x}} = \mathbb{P}^{\mathbf{x},0}$，$\mathbb{E}^{\mathbf{x}} = \mathbb{E}^{\mathbf{x},0}$ のように書くことがある．

$t \in [0, T]$ に対し，

$$L_t = \sum_{i=1}^{d} a_i(\mathbf{x}, t)\frac{\partial}{\partial x_i} + \frac{1}{2}\sum_{i=1}^{d}\sum_{j=1}^{d} C_{ij}(\mathbf{x}, t)\frac{\partial^2}{\partial x_i \partial x_j} \tag{17.2}$$

を $u(\mathbf{x}, t) \in \mathcal{C}^2 \times \mathcal{C}^1$ に作用する随伴微分作用素（☞ p.747）とする．確率微分方程式 (17.1) よって記述されるマルコフ過程の"無限小生成作用素"は

$$A_t u(\mathbf{x}) = \lim_{s \downarrow 0} \frac{\mathbb{E}^{\mathbf{x},t} u(\mathbf{X}_{t+s}) - u(\mathbf{x})}{s}$$

と定義され，この極限が存在するような関数 u に対して作用する．式 (17.2) によって定義された作用素 L_t は，この無限小生成作用素によって拡張される．

係数 $\mathbf{a}$ および B が t に依存しない場合，この確率微分方程式（そして拡散過程）は斉時的

$$d\mathbf{X}_t = \mathbf{a}(\mathbf{X}_t)\,dt + B(\mathbf{X}_t)\,d\mathbf{W}_t \tag{17.3}$$

となり，随伴微分作用素は

$$L = \sum_{i=1}^{d} a_i(\mathbf{x})\frac{\partial}{\partial x_i} + \frac{1}{2}\sum_{i=1}^{d}\sum_{j=1}^{d} C_{ij}(\mathbf{x})\frac{\partial^2}{\partial x_i \partial x_j} \tag{17.4}$$

となる．

本節では，これ以降以下を仮定する．

仮定 17.1（連続性と増大度）
1) 拡散行列 C は**一様楕円性**（uniformly elliptic）を持つ．すなわち，ある定数 $\delta > 0$ が存在して，任意の $\boldsymbol{\xi} \in \mathbb{R}^d$ と，行列 C が定義されるようなすべての $\mathbf{x}$ あるいは $(\mathbf{x}, t)$ に対し

$$\boldsymbol{\xi}^\top C \boldsymbol{\xi} \geqslant \delta \|\boldsymbol{\xi}\|^2$$

が成立する．これが成立するためには，C が半正定値でなければならないことに注意せよ．
2) 確率微分方程式 (17.1) は一意的に強解を持つ（定理 A.17 を参照）．
3) これ以降，問題に現れる関数 k, g は，$\alpha \in [0, 1]$ について α 次**一様 Hölder 連続**（uniformly Hölder continuous）であると仮定する．正確に言うと，次のようになる．ユークリッド空間 $\mathscr{X} \subseteq \mathbb{R}^d$ と関数 $f: \mathscr{X} \to \mathbb{R}$ に対して f が

$\alpha \in [0,1]$ 次の一様 Hölder 連続であるとは,ある定数 M が存在して
$$\sup_{\mathbf{x},\mathbf{y}\in \mathscr{X}} \frac{|f(\mathbf{y})-f(\mathbf{x})|}{\|\mathbf{y}-\mathbf{x}\|^{\alpha}} \leqslant M$$
が成立することをいう. $\alpha = 1$ の場合,$\mathscr{X}$ における一様 Hölder 連続を,$\mathscr{X}$ における**一様リプシッツ連続**(uniform Lipschitz continuity)と呼ぶ.$\alpha = 0$ の場合,一様 Hölder 連続性は,単に関数 f が $\mathscr{X}$ において有界であることである.

4) この確率微分方程式の係数関数 $\{a_i\}$, $\{B_{ij}\}$ は,それらの引数に関して一様リプシッツ連続である.もっと正確に言うと,それらの係数関数が時間に依存し,$\mathscr{X} \times [0,T]$ 上で定義されている場合,それらは $\mathscr{X} \times [0,T]$ で一様リプシッツ連続である.同様に,それらの係数関数が時間と独立で $\mathscr{X}$ 上で定義されている場合,それらは $\mathscr{X}$ 上で一様リプシッツ連続である.

17.1.1 境界値問題

$\mathscr{X}$ は $\mathbb{R}^d$ の有界領域(連結開部分集合)であり,その境界を $\partial \mathscr{X}$ とする.$\overline{\mathscr{X}}$ で $\mathscr{X}$ の閉包を表す.与えられた関数 $k : \overline{\mathscr{X}} \to [0, \infty)$, $g : \overline{\mathscr{X}} \to \mathbb{R}$, $f : \partial \mathscr{X} \to \mathbb{R}$ に対して
$$\begin{aligned} \mathscr{X} \text{ 上で} \quad & (L - k(\mathbf{x}))\,u(\mathbf{x}) = -g(\mathbf{x}) \\ \partial \mathscr{X} \text{ 上で} \quad & u(\mathbf{x}) = f(\mathbf{x}) \end{aligned} \qquad (17.5)$$
を満たすような $\overline{\mathscr{X}}$ 上の関数 u を求める問題を,**境界値問題**(boundary value problem)あるいは**ディリクレ問題**(Dirichlet problem)という.

上記の仮定 17.1 に加えて,関数の滑らかさに関する以下の仮定 17.2 が成立するとき,このディリクレ問題は $\mathscr{X}$ 上で $\mathcal{C}^2$,$\partial \mathscr{X}$ 上で $\mathcal{C}^1$ であるような唯一の解 u を持つ.

仮定 17.2(境界の滑らかさ)
1) **境界関数の連続性**(continuous boundary function):関数 f は $\partial \mathscr{X}$ 上で連続である.
2) **外球条件**(exterior sphere property):$\partial \mathscr{X}$ の任意の点 $\mathbf{y}$ について,開球 $\mathscr{B}(\mathbf{y})$ であって $\overline{\mathscr{B}}(\mathbf{y}) \cap \mathscr{X} = \emptyset$ かつ $\overline{\mathscr{B}}(\mathbf{y}) \cap \partial \mathscr{X} = \{\mathbf{y}\}$ を満たすようなものが存在する.

仮定 17.1 と仮定 17.2 のもとで,解 u は次の定理に現れる確率微分方程式によって与えられる.

定理 17.1(ディリクレ問題の確率表現) 確率微分方程式 (17.3)(および式 (17.4) で定められる微分作用素 L)で定められる確率過程 $\{\mathbf{X}_t, t \geqslant 0\}$ が,$\mathscr{X}$ から最初に脱出する時刻 $\tau = \inf_{t \geqslant 0}\{\mathbf{X}_t \notin \mathscr{X}\}$ を考える.仮定 17.1 および仮定 17.2 が成立して

いるとき，任意の $\mathbf{x} \in \mathscr{X}$ に対して $\mathbb{E}^{\mathbf{x}}\tau < \infty$ である．さらに，このディリクレ問題 (17.5) の解 $u : \overline{\mathscr{X}} \to \mathbb{R}$ で $\mathscr{X}$ 上で $\mathcal{C}^2$，$\partial \mathscr{X}$ 上で $\mathcal{C}^1$ であるようなものがただ 1 つ存在し，以下の確率表現を持つ．

$$u(\mathbf{x}) = \mathbb{E}^{\mathbf{x}} \left[f(\mathbf{X}_\tau) K(\tau) + \int_0^\tau g(\mathbf{X}_t) K(t) \, \mathrm{d}t \right], \quad \mathbf{x} \in \overline{\mathscr{X}} \tag{17.6}$$

ここで

$$K(t) = \exp\left(-\int_0^t k(\mathbf{X}_s) \, \mathrm{d}s\right)$$

である．

証明の概略は以下のとおりである [13, p.253, 276, 365, 393]．式 (17.3) によって定まる確率過程を $\{\mathbf{X}_t\}$ とする．式 (17.5) の解 u が存在すると仮定する．伊藤の公式 (A.64) を関数 $u(\mathbf{X}_s) K(s)$ に適用すると (☞ p.675)

$$\begin{aligned}
u(\mathbf{X}_s) K(s) = {} & u(\mathbf{X}_0) + \int_0^s K(r)(L - k(\mathbf{X}_r)) u(\mathbf{X}_r) \, \mathrm{d}r \\
& + \sum_{i=1}^d \sum_{k=1}^m \int_0^s B_{ik}(\mathbf{X}_r, r) \frac{\partial}{\partial x_i}(u(\mathbf{X}_r) K(r)) \, \mathrm{d}W_r^{(k)}
\end{aligned} \tag{17.7}$$

を得る．$\mathscr{X}_1 \subseteq \mathscr{X}_2 \subseteq \cdots$ を $\overline{\mathscr{X}_n} \subset \mathscr{X}$ と $\cup_{n=1}^\infty \mathscr{X}_n = \mathscr{X}$ を満たす開集合の増大列とする．この各集合を最初に脱出する時間を，$\tau_n = \inf\{t \geqslant 0 : \mathbf{X}_t \notin \mathscr{X}_n\}$ と定める．これは停止時刻の増大列で $\lim_{n \to \infty} \tau_n = \tau$ を満たす．

任意の $n \geqslant 1, t \in [0, \min\{\tau_n, s\}]$ に対して偏微分方程式 (17.5) が成立しており（すなわち $(L - k(\mathbf{X}_t))u(\mathbf{X}_t) = -g(\mathbf{X}_t)$ であり），よって

$$\begin{aligned}
Y_s^{(n)} = {} & u(\mathbf{X}_{\min\{\tau_n, s\}}) K(\min\{\tau_n, s\}) \\
& + \int_0^{\min\{\tau_n, s\}} g(\mathbf{X}_r) K(r) \, \mathrm{d}r, \quad 0 \leqslant s < \infty
\end{aligned}$$

で定められる各過程 $Y^{(n)} = \{Y_s^{(n)}\}$ は，任意の $\mathbf{x} \in \mathscr{X}$ に対して $\mathbb{P}^{\mathbf{x}}$ マルチンゲールである．仮定 17.1 および仮定 17.2 のもとで，これらの各過程は有界であり，かつ $\mathbb{E}^{\mathbf{x}}\tau < \infty$ である．よって $Y = \lim_n Y^{(n)}$ とすれば

$$Y_s = u(\mathbf{X}_{\min\{\tau, s\}}) K(\min\{\tau, s\}) + \int_0^{\min\{\tau, s\}} g(\mathbf{X}_r) K(r) \, \mathrm{d}r, \quad 0 \leqslant s < \infty$$

が成立するが，これは一様可積分な $\mathbb{P}^{\mathbf{x}}$ マルチンゲールとなる．式 (17.7) の両辺の期待値をとり，Y がマルチンゲールであること（すなわち $\mathbb{E}Y_0 = \mathbb{E}Y_\tau$）を用いれば

$$u(\mathbf{x}) = \mathbb{E}^{\mathbf{x}} \left[f(\mathbf{X}_\tau) K(\tau) + \int_0^\tau g(\mathbf{X}_r) K(r) \, \mathrm{d}r \right]$$

を得る．

最も基本的なディリクレ問題は，**ラプラスの熱方程式**（Laplace's heat equation）

(☞ p.186),すなわち

$$\begin{cases} \mathscr{X} \text{ 上で} \quad \frac{1}{2}\Delta u(\mathbf{x}) = 0 \\ \partial\mathscr{X} \text{ 上で} \quad u(\mathbf{x}) = f(\mathbf{x}) \end{cases} \quad (17.8)$$

である.ここで,Δ はラプラス作用素 $\Delta = \sum_{i=1}^{d}\sum_{j=1}^{d}\frac{\partial^2}{\partial x_i \partial x_j}$ である.物理学的にはこの問題の解 u は,均質な物質の境界における温度が f であって,かつ温度分布が定常状態となるように熱流が続いているときの,この物質の温度分布を表している.

これに伴う確率微分方程式は,ドリフト項を持たず以下のような単純な形

$$d\mathbf{X}_t = d\mathbf{W}_t$$

をしている.そしてその解 u は単純な確率表現

$$u(\mathbf{x}) = \mathbb{E}^{\mathbf{x}} f(\mathbf{X}_\tau)$$

を持つ.

■ **例 17.1**(シミュレーションによるディリクレ問題の解法)

以下のようなディリクレ問題を考える.
- 領域 $\mathscr{X}$ は $\mathscr{X} = \{(x,y) : x^2 + y^2 < 5^2,\ x^4 + y^4 > 2.5^4\}$ と定義される.
- $f(x,y) = 0$,$k(x,y) = 0$,$g(x,y) = \sin(x)\cos(y)$ で,偏微分作用素 L (17.4) の係数は,

$$\mathbf{a}(x,y) = \begin{pmatrix} 1 \\ 1 \end{pmatrix} \quad \text{および} \quad C = \begin{pmatrix} 1.04 & 0.6 \\ 0.6 & 4.04 \end{pmatrix}$$

によって与えられるとする.

かくして,このディリクレ問題は次のような偏微分方程式の境界値問題となる.

$$\mathscr{X} \text{ 上で} \quad 0.52\frac{\partial^2 u(x,y)}{\partial x^2} + 0.6\frac{\partial^2 u(x,y)}{\partial x \partial y} + 2.02\frac{\partial^2 u(x,y)}{\partial y^2}$$
$$+ \frac{\partial u(x,y)}{\partial x} + \frac{\partial u(x,y)}{\partial y} = -\sin(x)\cos(y)$$

$$\partial\mathscr{X} \text{ 上で} \quad u(x,y) = 0$$

ここで要求される一様楕円性条件は,ある $\delta > 0$ が存在して行列

$$C_\delta = \begin{pmatrix} 1.04 - \delta & 0.6 \\ 0.6 & 4.04 - \delta \end{pmatrix}$$

が半正定値となることである.そして,例えば $\delta = 0.04$ の場合にはこれが成立している.関数 C_{ik},a_i,k はすべて定数であるので,明らかに $\mathscr{X}$ で Hölder 連続である.関数 g は $\mathscr{X}$ で有界であり(実際この場合 $\mathbb{R}^2$ で有界である),また Hölder 連続である.関数 f は定数であり,境界値の連続性条件は満たされている.最後に,この境界のいかなる部分に対しても,ある定数半径の球をどこにも「引っ掛けずに」(つまり同

17.1 確率微分方程式と偏微分方程式の関係

時に $\partial \mathscr{X}$ の 2 か所以上が触れることがないように）転がすことができるので，境界 $\partial \mathscr{X}$ は外球条件を満たしている．

以上より，このディリクレ問題に対しては解 $u(x,y)$ が一意的に存在し，確率表現

$$u(x,y) = \mathbb{E}^{(x,y)} \int_0^\tau \sin(X_t)\cos(Y_t)\,dt, \quad (x,y) \in \overline{\mathscr{X}} \tag{17.9}$$

を持つ．ここで，$\mathbf{Z}_t = (X_t, Y_t)^\top$ は

$$d\mathbf{Z}_t = \begin{pmatrix} 1 \\ 1 \end{pmatrix} dt + \begin{pmatrix} 1 & 0.2 \\ 0.2 & 2 \end{pmatrix} d\mathbf{W}_t$$

によって記述される拡散過程である．この $d\mathbf{W}_t$ の係数行列は拡散行列 C の平方根になるように選ばれている．

任意の $(x,y) \in \overline{\mathscr{X}}$ について，$u(x,y)$ を以下のように近似することができる．

$$\widehat{u}(x,y) = \frac{1}{N} \sum_{i=1}^{N} \sum_{j=1}^{\kappa^{(i)}} h \sin(\widehat{X}_{jh}^{(i)}) \cos(\widehat{Y}_{jh}^{(i)})$$

ここで，各 $\{(\widehat{X}_{jh}^{(i)}, \widehat{Y}_{jh}^{(i)})^\top, j = 1, 2, \ldots\}$ は，確率微分方程式から離散化幅 h で多次元 Euler 近似法により生成したものである（5.6 節を参照）．また，各 $\kappa^{(i)} = \mathrm{argmax}_j\{(j-1)h < \widehat{\tau}^{(i)}\}$ は，生成された標本路 i が $\mathscr{X}$ を最初に脱出するのに要したステップ数である．積分 (17.9) は時間の離散化の点で跳躍を持つ階段関数によって近似され，その値は被積分関数の Euler 近似として得られる．図 17.1 は，$[-5,5]^2$ に 100×100 の格子を引き，その点の上で解を推定したものである．格子の各点の上で $N = 1000$ 回の固定離散化幅 $h = 10^{-3}$ の Euler 法によるシミュレーションを行い，その平均をとっている．

この計算の MATLAB プログラムは，以下のとおりである．

```
% dirichlet_ex_script.m
% 2 次元のディリクレ問題の例
% k=0 とする

h=10.^(-3); % 時間離散化幅
nx=100; ny=100; ne=10^3;
xs=linspace(-5,5,nx);
ys=linspace(-5,5,ny);

u=zeros(nx,ny);

b=[1;1]; sig=[1,.2;.2,2];
bh=b.*h; sigh=sqrt(h).*sig;

for i=1:nx % すべての格子の x 座標に関して
```

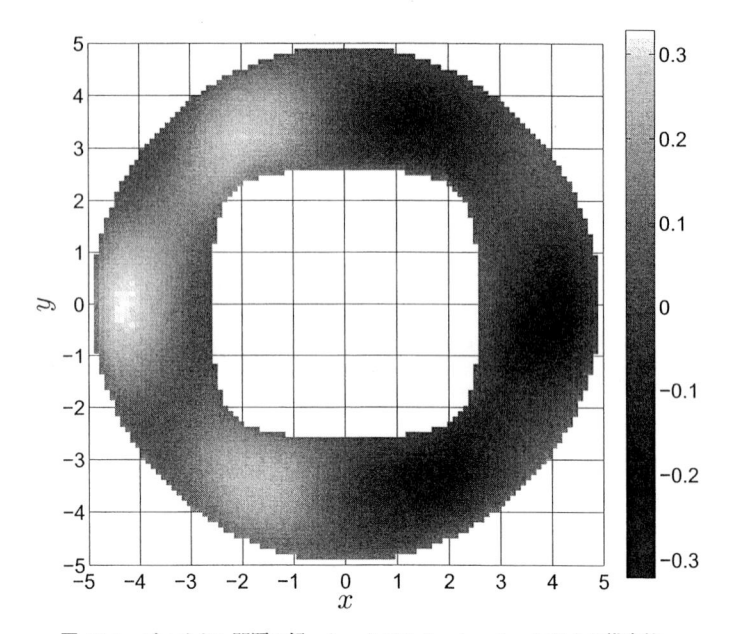

図 17.1 ディリクレ問題の解 $u(x,y)$ のシミュレーションによる推定値.

```
for j=1:ny % すべての格子の y 座標に関して
  x0=[xs(i);ys(j)];
  if ((x0(1)^2+x0(2)^2)>=5^2)||(x0(1)^4+x0(2)^4<=2.5^4)
    u(i,j)=NaN;
  else
    for k=1:ne % プロセスの各生成サンプルについて

      notstopped=true;
      t=0; X=x0; intg=0;
      while (notstopped)
        t=t+h;

        X=X+bh+sigh*randn(2,1); % Euler 近似

        % 境界条件のチェック
        if ((X(1)^2+X(2)^2)>=5^2)||(X(1)^4+X(2)^4<=2.5^4)
          notstopped=false;
        end

        intg=intg+h*sin(X(1))*cos(X(2)); % Riemann 近似
      end
      u(i,j)=u(i,j)+intg;
```

```
      end
      u(i,j)=u(i,j)/ne;
    end
  end
end

figure,surf(xs,ys,u')
```

注 17.1（実際の計算に現れる誤差） 例 17.1 において，u は以下のようにして近似的に推定した．
- 確率微分方程式の N 回のシミュレーションを用いて，モンテカルロ法により期待値を求める．
- 確率微分方程式は Euler 法による近似によってシミュレートする．
- 確率積分を階段関数によって評価する．

これらの各段階において，近似誤差あるいは推定誤差が生じる．モンテカルロ誤差は，もとの確率過程に分散減少法を適用することで減らすことができる [21], [28], [29] [15, Chapter 16]．Euler 法に由来する誤差は，離散化幅を小さくしたり，高次の収束誤差を持つ近似手法を用いたりすることで軽減できる [15]．そして，確率積分の近似については，さらに洗練された方法がある．この詳細については，[15, pp.529–539] を参照せよ．

17.1.2 最終値問題

式 (17.2) の微分作用素 L_t に関する次の形の問題

$$\mathbb{R}^d \times [0,T] \text{ 上で} \quad \left(L_t + \frac{\partial}{\partial t} - k(\mathbf{x},t)\right) u_t(\mathbf{x}) = -g(\mathbf{x},t)$$
$$\mathbb{R}^d \times \{T\} \text{ 上で} \quad u_t(\mathbf{x}) = f(\mathbf{x}) \tag{17.10}$$

を**最終値問題**（terminal value problem）あるいは**コーシー問題**（Cauchy problem）という．ここで，$T > 0$ はある固定された最終時点であり，$k : \mathbb{R}^d \times [0,T] \to [0,\infty)$, $g : \mathbb{R}^d \times [0,T] \to \mathbb{R}$, $f : \mathbb{R}^d \to \mathbb{R}$ は連続関数である．

仮定 17.1 に加えて，以下の仮定 17.3 が満たされているとき，このコーシー問題の解 u_t は存在する [13, p.268]．

仮定 17.3（有界性と増大度）

1) **有界性**（boundedness）：関数 $C_{ik}(\mathbf{x},t)$, $a_i(\mathbf{x},t)$, $k(\mathbf{x},t)$ は，すべて $\mathbb{R}^d \times [0,T]$ 上で有界である．
2) **多項式増大**（polynomial growth）：ある $M > 0$ と $\lambda \geqslant 1$ が存在し，関数 $f(\mathbf{x})$, $g(\mathbf{x},t)$ は，任意の $\mathbf{x} \in \mathbb{R}^d$ に対して $|f(\mathbf{x})| \leqslant M(1 + \|\mathbf{x}\|^{2\lambda})$, 任意の

$(\mathbf{x}, t) \in \mathbb{R}^d \times [0, T]$ に対して $|g(\mathbf{x}, t)| \leqslant M(1 + \|\mathbf{x}\|^{2\lambda})$ を満たす.

さらに，この u_t は以下の定理にあるような確率表現を持つ.

定理 17.2（コーシー問題の Feynman–Kac 表現） 仮定 17.1 および仮定 17.3 のもとで，コーシー問題 (17.10) は一意的に解 $u_t(\mathbf{x})$ を持つ．この $u_t(\mathbf{x}) : \mathbb{R}^d \times [0, T] \to \mathbb{R}$ は t に関して連続微分可能であり，$\mathbf{x}$ に関して 2 回連続微分可能である．さらに，$u_t(\mathbf{x})$ は次の確率表現を持つ．すなわち $\mathbb{R}^d \times [0, T]$ において

$$u_t(\mathbf{x}) = \mathbb{E}^{\mathbf{x}, t}\left[f(\mathbf{X}_T) K(t, T) + \int_t^T g(\mathbf{X}_s, s) K(t, s) \, ds\right]$$

ただし，

$$K(t, s) = \exp\left(-\int_t^s k(\mathbf{X}_r, r) \, dr\right)$$

である．このコーシー問題の解が一意的に存在して上記の確率表現を持つための，別の十分条件が知られている．これについては，[13] およびそこに引用されている文献を参照せよ．

証明の概略は以下のとおりである [13]．$\{\mathbf{X}_t\}$ を式 (17.1) で定まる確率過程とする．式 (17.10) は解 u_t を持つと仮定する．ある t を固定して，$\mathbf{Y}_s \equiv \mathbf{X}_{t+s}$ とおき，関数 $u_{t+s}(\mathbf{Y}_s) \exp\left(-\int_0^s k_{t+r}(\mathbf{Y}_r, t+r) dr\right) \equiv u_{t+s}(\mathbf{X}_{t+s}) K(t, t+s), s \geqslant 0$ に伊藤の公式を適用すると

$$u_{t+s}(\mathbf{X}_{t+s}) K(t, t+s)$$
$$= u_t(\mathbf{X}_t) + \int_0^s K(t, t+r) \left(L_{t+r} + \frac{\partial}{\partial t} - k_{t+r}(\mathbf{X}_{t+r})\right) u_{t+r}(\mathbf{X}_{t+r}) \, dr$$
$$+ \sum_{i=1}^d \sum_{k=1}^m \int_0^s B_{ik}(\mathbf{X}_{t+r}, t+r) \frac{\partial}{\partial x_i}(u_{t+r}(\mathbf{X}_{t+r}) K(t, t+r)) \, dW_{t+r}^{(k)}$$
(17.11)

を得る．式 (17.10) はすべての $s \in [0, T-t]$ に対して成立するので

$$u_{t+s}(\mathbf{X}_{t+s}) K(t, t+s) + \int_0^s g(\mathbf{X}_{t+r}, t+r) K(t, t+r) \, dr, \quad 0 \leqslant s < T - t$$

は，仮定 17.1 および仮定 17.3 のもとで，すべて $\mathbb{P}^{\mathbf{x}, t}$ マルチンゲールとなる．式 (17.11) の両辺の期待値をとって最終値条件と合わせると

$$u_t(\mathbf{x}) = \mathbb{E}^{\mathbf{x}, t}\left[f(\mathbf{X}_T) K(t, T) + \int_t^T g(\mathbf{X}_r, r) K(t, r) \, dr\right]$$

が成立することがわかる．

注 17.2（初期値問題） ある $T > 0$ に対し，**初期値問題** (initial value problem)

$$\mathbb{R}^d \times (0, T] \text{ の上で} \quad \left(L_t - \frac{\partial}{\partial t} - k(\mathbf{x}, t)\right) v_t(\mathbf{x}) = -g(\mathbf{x}, t)$$

$$\mathbb{R}^d \times \{0\} \text{ の上で} \quad v_t(\mathbf{x}) = f(\mathbf{x})$$

の解 $v_t(\mathbf{x}) : \mathbb{R}^d \times (0,T] \to \mathbb{R}$ は，単に $v_t(\mathbf{x}) = u_{T-t}(\mathbf{x})$ とすれば得られる．ここで u_s は定理 17.2 にあるものである．唯一の違いは，この $\{\mathbf{X}_t\}$ は確率微分方程式 (17.1) ではなく，その係数の時間を反転させた

$$d\mathbf{X}_t = \mathbf{a}(\mathbf{X}_t, T-t)\,dt + B(\mathbf{X}_t, T-t)\,d\mathbf{W}_t, \quad 0 \leqslant t \leqslant T$$

の解になっていることである．

17.1.3 最終値–境界値問題

ここでは，最終値と境界値の両方の条件のついた問題を考える．17.1.1 項と同様に，$\mathbb{R}^d$ の有界領域 $\mathscr{X}$ とその境界 $\partial\mathscr{X}$ を考える．$T > 0$ を任意にとって固定し，これを最終時刻とする．式 (17.2) の微分作用素 L_t を含む偏微分方程式の問題

$$\begin{aligned}
&\mathscr{X} \times [0,T) \text{ 上で} \quad \left(L_t + \frac{\partial}{\partial t} - k(\mathbf{x}, t)\right) u_t(\mathbf{x}) = -g(\mathbf{x}, t) \\
&\mathscr{X} \times \{T\} \text{ 上で} \quad u_t(\mathbf{x}) = f(\mathbf{x}) \\
&\partial\mathscr{X} \times [0,T) \text{ 上で} \quad u_t(\mathbf{x}) = h(\mathbf{x}, t)
\end{aligned} \quad (17.12)$$

を考える．ここで k, g, f, h は $k : \overline{\mathscr{X} \times [0,T)} \to [0,\infty)$，$g : \overline{\mathscr{X} \times [0,T)} \to \mathbb{R}$，$f : \overline{\mathscr{X}} \to \mathbb{R}$，$h : \partial\mathscr{X} \times [0,T) \to \mathbb{R}$ なる関数である．この問題を**最終値–境界値問題** (terminal–boundary value problem) という．

仮定 17.1 に加えて以下の仮定 17.4 が満たされているとき，この問題は一意的に解 u_t を持つ．

仮定 17.4（境界の滑らかさと境界値の連続性）
1) **滑らかな境界**：境界 $\partial\mathscr{X}$ は $\mathcal{C}^2$ である．
2) **連続性と整合性**：f は $\overline{\mathscr{X}}$ 上で連続である．h は $\overline{\partial\mathscr{X} \times [0,T)}$ 上で連続である．そして $h(\mathbf{x}, T) = f(\mathbf{x})$ が $\partial\mathscr{X}$ 上で成立する．

定理 17.3（最終値–境界値問題の確率表現） 仮定 17.1 および仮定 17.4 が成立しているとき，最終値–境界値問題 (17.12) には解 u_t が一意的に存在して，次の確率表現を持つ．

$$\begin{aligned}
u_t(\mathbf{x}) = \mathbb{E}^{\mathbf{x},t}\Bigg[&\left(h(\mathbf{X}_\tau, \tau)\,\mathrm{I}_{\{\tau < T\}} + f(\mathbf{X}_T)\,\mathrm{I}_{\{\tau = T\}}\right) K(t, \tau) \\
&+ \int_t^\tau g(\mathbf{X}_s)\,K(t, s)\,ds\Bigg]
\end{aligned}$$

ただし

$$K(t, s) = \exp\left(-\int_t^s k(\mathbf{X}_r, r)\,dr\right)$$

$$\tau = \begin{cases} \inf\{r \in [t,T) : \mathbf{X}_r \notin \mathscr{X}\}, & \{r \in [t,T) : \mathbf{X}_r \notin \mathscr{X}\} \neq \emptyset \text{ の場合} \\ T, & \text{その他の場合} \end{cases}$$

である．

証明は，ディリクレ問題の場合の定理の証明と，コーシー問題の場合の定理の証明とを組み合わせればよい．

■ 例 17.2（最終値–境界値問題の解法）

例 17.1 の設定に，さらに最終値の条件を課し，境界条件にも時間の設定を追加して，$f(x,y) = 0$, $h(x,y,t) = \sin((T-t)xy)$, $g(x,y,t) = \mathrm{e}^{T-t}\sin(x)\cos(y)$ とする．$k(x,y,t) = 0$ はそのままである．このようにすると，以下のような最終値–境界値問題になる．

$$\mathscr{X} \times [0,T) \text{ 上で} \quad \frac{\partial u_t(x,y)}{\partial t} + 0.52\frac{\partial^2 u_t(x,y)}{\partial x^2} + 0.6\frac{\partial^2 u_t(x,y)}{\partial x \partial y} + 2.02\frac{\partial^2 u_t(x,y)}{\partial y^2}$$

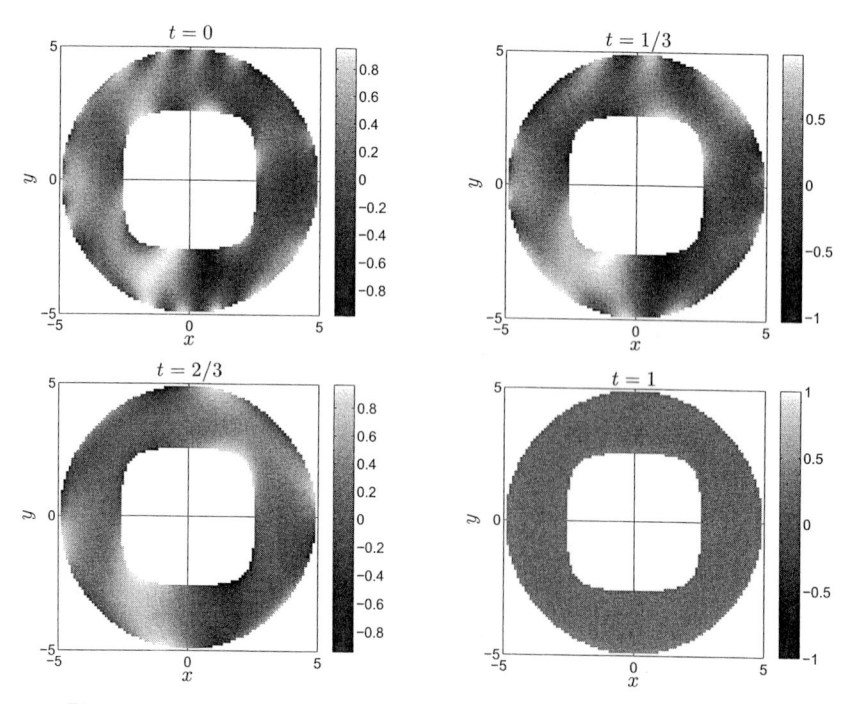

図 17.2 $t = 0$, $t = 1/3$, $t = 2/3$, $t = T = 1$ における最終値–境界値問題の解 $u_t(x,y)$ の推定値．

$$+ \frac{\partial u_t(x,y)}{\partial x} + \frac{\partial u_t(x,y)}{\partial y} = -e^{T-t}\sin(x)\cos(y)$$

$\mathscr{X} \times \{T\}$ 上で $\quad u_t(x,y) = 0$

$\partial\mathscr{X} \times [0,T)$ 上で $\quad u_t(x,y) = \sin((T-t)xy)$

例 17.1 と同じ考え方を適用して，この方程式を解くことができる．図 17.2 に 4 つの時刻 $t = 0, 1/3, 2/3, 1$ における解の推定値が示されている．ここで，最終時刻は $T = 1$ である．

この例を計算する MATLAB プログラム `termbound_ex_script.m` は，例 17.1 のプログラムを単に拡張したものであり，本書のウェブサイトにある．

17.2　輸送過程と輸送方程式

輸送過程（transport process）とは，複数の物体の衝突があるときにその物体の位置と速度をモデル化するマルコフ過程のことをいう．位置の成分は連続な標本路を有し，拡散成分は"持たない"．しかし，速度の成分は「衝撃」を受ける．衝撃と衝撃の間の部分では，この過程の発展は常微分方程式系によって記述される．衝撃が生じると，その過程の運動は突然向きを変える可能性があるが，その空間的な位置は連続である．図 17.3 は，平面上の輸送過程の動きの例を描いて以上の状況を説明している．

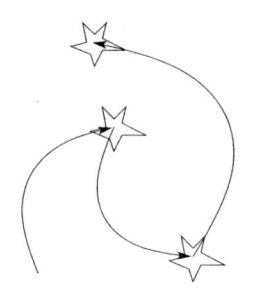

図 17.3　平面上の輸送過程の位置成分は，衝撃を受けても連続である．

より厳密に言うと，輸送過程とはマルコフ過程 $\{\mathbf{Z}_t, t \geqslant 0\}$ であり，位置を表す $\mathbf{X}_s \in \mathbb{R}^d$ と速度を表す $\mathbf{V}_s \in \mathbb{R}^k$ からなる．すなわち，$\mathbf{Z}_s = (\mathbf{X}_s, \mathbf{V}_s)$（縦ベクトル）であって，次のように構成される [19]．

- 衝撃と衝撃の間では，次の常微分方程式に従う．

$$\frac{d\mathbf{Z}_t}{dt} = \mathbf{a}(\mathbf{Z}_t)$$

- 衝撃が生じる時刻 $T_1, T_2, \ldots$ は，ある与えられた生起率関数 $\lambda(\mathbf{z}) \geqslant 0$ に対して定まる $\overline{\lambda} = \sup_{\mathbf{z}} \lambda(\mathbf{z})$ を強度とする斉時ポアソン過程（☞ p.174）に従う．
- 時刻 T で衝撃を受けると，この過程の状態は $\mathbf{z} = (\mathbf{x}, \mathbf{v})$ から $\mathbf{Z}' = (\mathbf{x}, \mathbf{V}')$ へ確率 $\lambda(\mathbf{z})/\overline{\lambda}$ で跳躍する．ここで，π は速度に関する斉時的な推移密度として $\mathbf{V}' \sim \pi(\mathbf{v}' \mid \mathbf{z})$ である．

この構成方法より，$\{\mathbf{Z}_t\}$ は斉時マルコフ過程で，その無限小生成作用素 L は有界 $\mathcal{C}^1$ 級関数 $u: \mathbb{R}^{d+k} \to \mathbb{R}$ に

$$Lu(\mathbf{z}) = \underbrace{\mathbf{a}(\mathbf{z})^\top \nabla_{\mathbf{z}} u(\mathbf{z})}_{\text{純粋なドリフトだけの部分}} + \underbrace{\int \lambda(\mathbf{z})(u(\mathbf{z}') - u(\mathbf{z}))\, \pi(\mathbf{v}' \mid \mathbf{z})\, \mathrm{d}\mathbf{v}'}_{\text{純粋な衝撃だけの部分}}$$

によって作用することがわかる．ここで $\mathbf{z}' = (\mathbf{x}, \mathbf{v}')$ と書いた．

k, f, g は $\mathbb{R}^{d+k}$ から $\mathbb{R}$ への有界な $\mathcal{C}^1$ 級関数とする．このとき，初期値問題

$$\begin{aligned} \mathbb{R}^{d+k} \times (0, \infty) \text{ 上で} \quad & \left(L - \frac{\partial}{\partial t} - k(\mathbf{z})\right) u_t(\mathbf{z}) = -g(\mathbf{z}) \\ \mathbb{R}^{d+k} \times \{0\} \text{ 上で} \quad & u_t(\mathbf{z}) = f(\mathbf{z}) \end{aligned} \quad (17.13)$$

を考える．

次の定理は，この問題の解 u の確率表現を与える．

定理 17.4（一般的な輸送過程に対する Feynman–Kac の定理） λ と $\pi(\cdot \mid \mathbf{z})$ が有界な $\mathcal{C}^1$ 関数であるならば，式 (17.13) の一意解 u_t は次の確率表現を持つ．

$$u_t(\mathbf{z}) = \mathbb{E}^{\mathbf{z}}\left[f(\mathbf{Z}_t)\, K(t) + \int_0^t g(\mathbf{Z}_s)\, K(s)\, \mathrm{d}s\right]$$

ここで

$$K(t) = \exp\left(-\int_0^t k(\mathbf{Z}_r)\, \mathrm{d}r\right)$$

である．

L の共役（随伴）作用素（以後これを L^* と書く）は，u に以下のように作用する．

$$L^* u(\mathbf{z}) = \nabla_{\mathbf{z}} \cdot (\mathbf{a}(\mathbf{z}) u(\mathbf{z})) + \int (\lambda(\mathbf{z}') u(\mathbf{z}') - \lambda(\mathbf{z}) u(\mathbf{z}))\, \pi(\mathbf{v} \mid \mathbf{z}')\, \mathrm{d}\mathbf{v}'$$

ここで，$\mathbf{z}' = (\mathbf{x}, \mathbf{v}')$ である．また $\nabla_{\mathbf{z}} \cdot \boldsymbol{f}$ は $\sum_i \frac{\partial f}{\partial z_i}$ を意味する．

$u_t(\mathbf{z})$ は，初期値問題

$$\begin{aligned} \mathbb{R}^{d+k} \times (0, \infty) \text{ 上で} \quad & \left(L^* - \frac{\partial}{\partial t} - k(\mathbf{z})\right) u_t(\mathbf{z}) = -g(\mathbf{z}, t) \\ \mathbb{R}^{d+k} \times \{0\} \text{ 上で} \quad & u_t(\mathbf{z}) = f(\mathbf{z}) \end{aligned} \quad (17.14)$$

の解であるとする．ここで $k, f \geqslant 0$，$g \geqslant 0$ は有界 $\mathcal{C}^1$ 級関数であって，f と g はすべての t において確率密度関数になるように正規化できるものとする．この正規化

定数を $\int f(\mathbf{z})\, d\mathbf{z} = \alpha < \infty$, および $t \geqslant 0$ に対して $\int g(\mathbf{z}, t)\, d\mathbf{z} = \beta(t) < \infty$ と定める. これらを用いて正規化したものを $\overline{f}(\mathbf{z}) = f(\mathbf{z})/\alpha$, $\overline{g}(\mathbf{z}, t) = g(\mathbf{z}, t)/\beta(t)$ と定め, $\overline{f}$ と $\overline{g}$ がすべての時刻で確率密度関数になるようにする. すると, この過程について Kolmogorov の前進方程式（あるいは Fokker–Planck 方程式）の一般化が, 次の定理のように成立する.

定理 17.5（一般輸送過程に関する Fokker–Planck 方程式）　任意の有界 $\mathcal{C}^1$ 関数 $\phi : \mathbb{R}^{d+k} \to \mathbb{R}$ に対し
$$\int u_t(\mathbf{z})\, \phi(\mathbf{z})\, d\mathbf{z} = \alpha\, \mathbb{E}^0_{\overline{f}}[\phi(\mathbf{Z}_t)\, K(0,t)] + \int_0^t \beta(s)\, \mathbb{E}^s_{\overline{g}(\cdot, s)}[\phi(\mathbf{Z}_t)\, K(s,t)]\, ds$$
が成立する. ここで, $\mathbb{E}^s_h[\,\cdot\,]$ は $\mathbf{Z}_s \sim h$ のもとでの $\mathbb{E}[\,\cdot\, | \mathbf{Z}_s]$ を略記したものであり,
$$K(s,t) = \exp\left(-\int_s^t k(\mathbf{Z}_r)\, dr\right)$$
である.

17.2.1　輸送方程式への応用

一般輸送過程の Feynman–Kac および Fokker–Planck 表現の重要な応用として, "輸送方程式" およびより一般に "Vlasov 方程式" の解法がある. これらの方程式は, 物理的な粒子の個数が輸送過程に従う場合に, その個数の密度がどのように発展するかを記述する. この粒子の個数の密度を $u_t(\mathbf{z}) : \mathbb{R}^{2d} \times [0, \infty) \to [0, \infty)$ によって表す. このとき, $u_t(\mathbf{z})$ はすべての t において確率密度関数になっているとは限らない. なぜならば, 粒子が生成したり消滅したりする可能性があるからである.

より厳密に言えば, **輸送方程式**（transport equation）とは,

$$\mathbb{R}^{2d} \times (0, \infty) \text{ 上で}\quad \left(Q - \mathbf{v}^\top \nabla_{\mathbf{x}} - \frac{\partial}{\partial t} - k(\mathbf{z})\right) u_t(\mathbf{z}) = -g(\mathbf{z}, t)$$

$$\mathbb{R}^{2d} \times \{0\} \text{ 上で}\quad u_t(\mathbf{z}) = f(\mathbf{z})$$

となる初期値問題である. ここで, $\mathbf{z} = (\mathbf{x}, \mathbf{v})$, $\mathbf{x}, \mathbf{v} \in \mathbb{R}^d$ で, $f \geqslant 0$ は粒子集団の初期「分布」を表す有界な関数であり, $g(\cdot, t) \geqslant 0$ は任意の t について有界な $\mathcal{C}^1$ 級関数で, これは粒子の「生成」を表す. 一方, $k \geqslant 0$ は有界な関数で, 粒子の「消滅」を表し, Q は速度成分 $\mathbf{v}$ に関する積分作用素で, 「衝撃」によっていかに粒子の速度が変化するかを記述する. Q は位置成分 $\mathbf{x}$ に依存し, 関数 u に

$$Qu(\mathbf{z}) = \int q(\mathbf{v}' | \mathbf{z})\, u(\mathbf{z}')\, d\mathbf{v}'$$

によって作用する. ここで $\mathbf{z}' = (\mathbf{x}, \mathbf{v}')$ であり, $q \geqslant 0$ は速度 $\mathbf{v}$ の有界な推移密度である.

Vlasov 方程式（Vlasov's equation）は, 輸送方程式をさらに一般化して粒子が加

速を受ける場合も含むように拡張した，次のようなものである．

$$\mathbb{R}^{2d} \times (0, \infty) \text{ 上で} \quad \left(Q - \mathbf{v}^\top \nabla_{\mathbf{x}} - \nabla_{\mathbf{v}} \cdot \mathbf{a}_2(\mathbf{z}) - \frac{\partial}{\partial t} - k(\mathbf{z})\right) u_t(\mathbf{z}) = -g(\mathbf{z}, t)$$

$$\mathbb{R}^{2d} \times \{0\} \text{ 上で} \quad u_t(\mathbf{z}) = f(\mathbf{z})$$

(17.15)

ここで，$\mathbf{a}_2$ は加速を表し，速度成分に作用する．

続く 17.2.1.1 項および 17.2.1.2 項では，Vlasov 方程式の Feynman–Kac および Fokker–Planck 表現を与える．これらは一般輸送過程の確率表現の特別な場合と考えることができる．17.2.1.1 項は，後退方程式に基づいた 1 点（あるいは少数の点）の上での解の値を計算するモンテカルロ法による方法を示す．17.2.1.2 項は，前進方程式に基づいて広い領域で解を計算するモンテカルロ法による方法を示す．

17.2.1.1 後退方程式による表現

Vlasov 方程式は，式 (17.13) と同じ形式で，以下のように書くことができる．

$$\mathbb{R}^{2d} \times (0, \infty) \text{ 上で} \quad \left(L - \frac{\partial}{\partial t} - \widetilde{k}(\mathbf{z})\right) u_t(\mathbf{z}) = -g(\mathbf{z}, t)$$

$$\mathbb{R}^{2d} \times \{0\} \text{ 上で} \quad u_t(\mathbf{z}) = f(\mathbf{z})$$

(17.16)

これは，次のように式 (17.15) に現れる項を，式 (17.16) に現れるものと置き換えればわかる．

$$\mathbf{a}(\mathbf{z}) = \begin{pmatrix} -\mathbf{v} \\ -\mathbf{a}_2(\mathbf{z}) \end{pmatrix}$$

$$\lambda(\mathbf{z}) = \int q(\mathbf{v}' \,|\, \mathbf{z}) \, d\mathbf{v}'$$

$$\pi(\mathbf{v}' \,|\, \mathbf{z}) = \frac{q(\mathbf{v}' \,|\, \mathbf{z})}{\lambda(\mathbf{z})}$$

$$\widetilde{k}(\mathbf{z}) = k(\mathbf{z}) - \lambda(\mathbf{z}) + \nabla_{\mathbf{v}} \cdot \mathbf{a}_2(\mathbf{z})$$

以上より，作用素 L は u に次のように作用する．

$$Lu(\mathbf{z}) = -\mathbf{v}^\top \nabla_{\mathbf{x}} u(\mathbf{z}) - \mathbf{a}_2^\top \nabla_{\mathbf{v}} u(\mathbf{z}) + \int \lambda(\mathbf{z})(u(\mathbf{z}') - u(\mathbf{z})) \, \pi(\mathbf{v}' \,|\, \mathbf{z}) \, d\mathbf{v}'$$

ここで $\mathbf{z}' = (\mathbf{x}, \mathbf{v}')$ である．

これよりまた，衝撃と衝撃の間では，この輸送過程 $\{\mathbf{Z}_t\} = \{(\mathbf{X}_t, \mathbf{V}_t)\}$ は常微分方程式系

$$\frac{d\mathbf{X}_t}{dt} = -\mathbf{V}_t$$

$$\frac{d\mathbf{V}_t}{dt} = -\mathbf{a}_2(\mathbf{Z}_t)$$

(17.17)

を満たすことがわかる．

さらに，定理 17.4 より，式 (17.16) の解 u_t は確率表現

$$u_t(\mathbf{z}) = \mathbb{E}^{\mathbf{z}}\left[f(\mathbf{Z}_t)\,\widetilde{K}(t) + \int_0^t g(\mathbf{Z}_s, s)\,\widetilde{K}(s)\,\mathrm{d}s\right]$$

を持つことがわかる．ここで

$$\widetilde{K}(t) = \exp\left(-\int_0^t \widetilde{k}(\mathbf{Z}_r)\,\mathrm{d}r\right) \tag{17.18}$$

である．

ある 1 つの $(\mathbf{z}, t)$ における $u_t(\mathbf{z})$ の値を次のように近似することが可能である．まず，$\{\mathbf{Z}_t\}$ の独立な N 個のシミュレーションを，以下のアルゴリズムによって行う．

アルゴリズム 17.1（後退方程式の観点）

1. $\mathbf{Z}_0 = (\mathbf{x}, \mathbf{v})$ とする．
2. 与えられたある $\overline{\lambda} = \sup_{\mathbf{z}} \lambda(\mathbf{z})$ を強度とするポアソン過程をシミュレートして，衝撃の生じる時刻 $T_1, T_2, \ldots$ を得る．
3. 衝撃と衝撃の間では，$\mathbf{Z}_t$ は常微分方程式系 (17.17) に従う．
4. 衝撃の時刻 T では，この過程は状態 $\mathbf{z} = (\mathbf{x}, \mathbf{v})$ から状態 $\mathbf{Z}' = (\mathbf{x}, \mathbf{V}')$ へ，確率 $\lambda(\mathbf{z})/\overline{\lambda}$ で移行する．ここで，$\mathbf{V}' \sim \pi(\mathbf{v}'|\mathbf{z})$ である．
5. 式 (17.18) における $\widetilde{K}(t)$ は常微分方程式

$$\frac{\mathrm{d}w(t)}{\mathrm{d}t} = -\widetilde{k}(\mathbf{Z}_t)\,w(t)$$

を初期条件 $w(0) = 1/N$ で解くことで得られる．ここで w と $\widetilde{K}$ の間には関係 $w(t) = \widetilde{K}(t)/N$ が成立している．

次に，$u_t(\mathbf{z})$ を

$$\widehat{u}_t(\mathbf{z}) = \sum_{k=1}^N f(\mathbf{Z}_t^{(k)})\,w^{(k)}(t) + \int_0^t g(s, \mathbf{Z}_s^{(k)})\,w^{(k)}(s)\,\mathrm{d}s$$

によって近似する．

17.2.1.2　前進方程式による表現

Vlasov 方程式は式 (17.14) と同じ形式の Kolmogorov の前進型（または Fokker–Planck）方程式，すなわち

$$\begin{aligned}
&\mathbb{R}^{2d} \times (0, \infty) \text{ 上で} \quad \left(L^* - \frac{\partial}{\partial t} - \widetilde{k}(\mathbf{z})\right) u_t(\mathbf{z}) = -g(\mathbf{z}, t) \\
&\mathbb{R}^{2d} \times \{0\} \text{ 上で} \quad u_t(\mathbf{z}) = f(\mathbf{z})
\end{aligned} \tag{17.19}$$

として表すこともできる．

これは，式 (17.15) に現れる項と式 (17.19) に現れる項とを，以下のように関連させればわかる．

$$\mathbf{a}(\mathbf{z}) = \begin{pmatrix} -\mathbf{v} \\ -\mathbf{a}_2(\mathbf{z}) \end{pmatrix}$$

$$\lambda(\mathbf{z}) = \int q(\mathbf{v} \,|\, \mathbf{z}')\, d\mathbf{v}'$$

$$\pi(\mathbf{v} \,|\, \mathbf{z}') = \frac{q(\mathbf{v}' \,|\, \mathbf{z})}{\lambda(\mathbf{z})}$$

$$\widetilde{k}(\mathbf{z}) = k(\mathbf{z}) - \lambda(\mathbf{z})$$

ここで $\mathbf{z}' = (\mathbf{x}, \mathbf{v}')$ と書いた．以上より，作用素 L^* は u に次のように作用することがわかる．

$$\begin{aligned}L^* u_t(\mathbf{z}) &= -\mathbf{v}^\top \nabla_{\mathbf{x}} u_t(\mathbf{z}) - \nabla_{\mathbf{v}} \cdot (\mathbf{a}_2(\mathbf{z})\, u_t(\mathbf{z})) \\ &\quad + \int (\lambda(\mathbf{z}')\, u_t(\mathbf{z}') - \lambda(\mathbf{z})\, u_t(\mathbf{z}))\, \pi(\mathbf{v} \,|\, \mathbf{z}')\, d\mathbf{v}'\end{aligned}$$

これはまた，この方程式に伴う輸送過程 $\{\mathbf{Z}_t\} = \{(\mathbf{X}_t, \mathbf{V}_t)\}$ が，衝撃と衝撃の間では常微分方程式系

$$\begin{aligned}\frac{d\mathbf{X}_t}{dt} &= \mathbf{V}_t \\ \frac{d\mathbf{V}_t}{dt} &= \mathbf{a}_2(\mathbf{Z}_t)\end{aligned} \quad (17.20)$$

に従うことを意味している．式 (17.17) と式 (17.20) で符号が異なることに注意せよ．

これ以降 $g = 0$ と仮定するが，$g \geqslant 0$ あるいは $g \neq 0$ の場合も考えられる（詳細は [19, pp.58–59] を参照）．さらに，今後 f は正値関数であると仮定する．$\overline{f} = f/\alpha$, $\alpha = \int f(\mathbf{z})\, d\mathbf{z}$ とする．すなわち，$\overline{f}$ は f を正規化したものである．定理 17.5 より，この設定においてすべての有界連続関数 $\phi : \mathbb{R}^{2d} \to \mathbb{R}$ に対し

$$\int u_t(\mathbf{z})\, \phi(\mathbf{z})\, d\mathbf{z} = \alpha\, \mathbb{E}_{\overline{f}}^0 \left[\phi(\mathbf{Z}_t)\, \widetilde{K}(t) \right]$$

である．ここで，$\mathbb{E}_h^s[\,\cdot\,]$ は $\mathbf{Z}_s \sim h$ のもとでの $\mathbb{E}[\,\cdot\,|\,\mathbf{Z}_s]$ を表したものである．また

$$\widetilde{K}(t) = \exp\left(-\int_0^t \widetilde{k}(\mathbf{Z}_r)\, dr\right) \quad (17.21)$$

である．N 個の点における離散近似をすることで，$u_t(\mathbf{z})$ を近似できる．まず，この輸送過程 $\{\mathbf{Z}_t\}$ の区間 $[0, t]$ における N 通りのシミュレーションを，次のアルゴリズムによって行う．

アルゴリズム 17.2（前進方程式の観点）

1. 初期状態 $\mathbf{Z}_0 \sim \overline{f}$ を生成する．
2. 与えられた $\lambda(\mathbf{z})$ より定まる $\overline{\lambda} = \sup_{\mathbf{z}} \lambda(\mathbf{z})$ を強度とするポアソン過程をシミュレートして，衝撃の生じる時刻 $T_1, T_2, \ldots$ を得る．
3. 衝撃と衝撃の間では，$\mathbf{Z}_s$ は常微分方程式系 (17.20) に従う．

4. 衝撃の生じる時刻 T において，この過程は状態 $\mathbf{z} = (\mathbf{x}, \mathbf{v})$ から状態 $\mathbf{Z}' = (\mathbf{x}, \mathbf{V}')$ へ，確率 $\lambda(\mathbf{z})/\overline{\lambda}$ で移行する．ここで，$\mathbf{V}' \sim \pi(\mathbf{v} \mid \mathbf{x}, \mathbf{v}')$ である．
5. 式 (17.21) の $\widetilde{K}(t)$ は，次の常微分方程式

$$\frac{\mathrm{d}w(t)}{\mathrm{d}t} = -\widetilde{k}(\mathbf{Z}_t)\, w(t)$$

の初期条件 $w(0) = 1/N$ の解から得られる．ここで，w と $\widetilde{K}$ の関係は $w(t) = \widetilde{K}(t)/N$ である．

次に，$\{\mathbf{Z}_t\}$ の N 通りのシミュレーション結果から，すべての $s \in [0,t]$ と $\mathbf{z}$ について $u_s(\mathbf{z})$ を次の式によって近似する．

$$\widehat{u}_s(\mathbf{z}) = \alpha \sum_{i=1}^{N} w^{(i)}(s)\, \mathrm{I}_{\{\mathbf{Z}_s^{(i)} = \mathbf{z}\}}$$

特に，これは任意の関数 H について

$$\int H(\mathbf{z})\, u_t(\mathbf{z})\, \mathrm{d}\mathbf{z} \tag{17.22}$$

を

$$\alpha \sum_{i=1}^{N} w^{(i)}(t)\, H(\mathbf{Z}_t^{(i)})$$

によって近似するということである．

17.2.2 ボルツマン方程式

ボルツマン型に属する方程式は，粒子同士のある衝突から次の衝突までの間は，それらの衝突の地点を結ぶ線分上をまっすぐに飛ぶような粒子の個数を記述する．これらの方程式は輸送方程式の特別な形をしており，衝撃はこの場合粒子同士の衝突である．

文献 [19, Chapter 4] に従い，（内部エネルギーを持たない）1 種類の粒子だけを考える．時刻 $t \geqslant 0$ での位置 $\mathbf{x} \in \mathbb{R}^3$，速度 $\mathbf{v} \in \mathbb{R}^3$ の粒子数（集中度合い）を $u_t(\mathbf{z})$ とする．ここで，$\mathbf{z} = (\mathbf{x}, \mathbf{v})$ である．**ボルツマン方程式**（Boltzmann equation）は次のように書かれる．

$$\left(Q - \mathbf{v}^\top \nabla_{\mathbf{x}} - \frac{\partial}{\partial t} \right) u_t(\mathbf{z}) = 0$$

ここで，Q は衝突の様子を表す作用素である．Q は速度成分にのみ以下のようにして作用する（$\mathbf{x}$ は省略した）．

$$Q u_t(\mathbf{v}) = \int_{\mathbb{R}^3} \int_{\mathscr{S}^2} q\left(\mathbf{v} - \mathbf{v}_1, \boldsymbol{\xi}^\top \frac{(\mathbf{v} - \mathbf{v}_1)}{\|\mathbf{v} - \mathbf{v}_1\|} \right) (u_t(\mathbf{v}') u_t(\mathbf{v}_1') - u_t(\mathbf{v}) u_t(\mathbf{v}_1))\, \mathrm{d}\boldsymbol{\xi}\, \mathrm{d}\mathbf{v}_1$$

ここで，$\mathscr{S}^2 = \{\boldsymbol{\xi} \in \mathbb{R}^3 : \|\boldsymbol{\xi}\| = 1\}$ は $\mathbb{R}^3$ の単位球の表面であり，また，衝突後の粒子の速度 $\mathbf{v}'$, $\mathbf{v}_1'$ は，以下の性質を満たす．

1) **運動量の保存**（conservation of momentum）：$\mathbf{v}' + \mathbf{v}_1' = \mathbf{v} + \mathbf{v}_1$

2) **運動エネルギーの保存** (conservation of kinetic energy)：$\|\mathbf{v}'\|^2 + \|\mathbf{v}'_1\|^2 = \|\mathbf{v}\|^2 + \|\mathbf{v}_1\|^2$

衝突後の新しい速度は，衝突前のもとの速度 $\mathbf{v}', \mathbf{v}_1$ と $\boldsymbol{\xi}$ で表される衝突の方向とによって

$$\mathbf{v}' = \frac{1}{2}(\mathbf{v} + \mathbf{v}_1) + \frac{1}{2}\boldsymbol{\xi}\|\mathbf{v} - \mathbf{v}_1\|$$
$$\mathbf{v}'_1 = \frac{1}{2}(\mathbf{v} + \mathbf{v}_1) - \frac{1}{2}\boldsymbol{\xi}\|\mathbf{v} - \mathbf{v}_1\|$$

と表される．

さらに，$\mathbb{R}^3 \times [-1,1]$ 上の関数 $q(\mathbf{w}, \mu)$ は，衝突する 2 つの粒子の相対速度 $\|\mathbf{w}\| = \|\mathbf{v} - \mathbf{v}_1\|$ と衝突前後の速度のなす角の余弦 $\mu = \cos(\theta) = \frac{(\mathbf{v}-\mathbf{v}_1)^\top (\mathbf{v}'-\mathbf{v}'_1)}{\|\mathbf{v}-\mathbf{v}_1\|\|\mathbf{v}'-\mathbf{v}'_1\|}$ だけで決まる．典型的な例としては

- **剛球** (hard sphere)：$q(\mathbf{w}, \mu) = C\|\mathbf{w}\|$ （C は定数）
- **可変剛体球** (variable hard sphere)：$q(\mathbf{w}, \mu) = C\|\mathbf{w}\|^\alpha$ （$C, \alpha > 0$ は定数）

がある．関数 $\nu(\mathbf{w}, \mu) = q(\mathbf{w}, \mu)/\|\mathbf{w}\|$ は，**微視的断面積** (microscopic cross-section) として知られている．

空間的に均質な (spatially homogeneous) 問題設定の場合，すなわち $\nabla_\mathbf{x} u_t(\mathbf{z}) = \mathbf{0}$ の場合には，空間成分を無視して単に $u_t(\mathbf{v})$ と書くことができる．このとき，ボルツマン方程式は

$$\left(Q - \frac{\partial}{\partial t}\right) u_t(\mathbf{v}) = 0$$

となる．ここで，初期条件 $u_0(\mathbf{v}) \geqslant 0$ は，$\mathbf{v} \in E \subseteq \mathbb{R}^3$ の上で確率密度関数となるように全積分が 1 に正規化されており，$q(\mathbf{w}, \mu)$ は μ に依存しないと仮定する．与えられた $T > 0$ に対し，区間 $[0, T]$ 上での $u_t(\mathbf{v})$ の値を決定したい．この問題を考えるにあたり，もともとの問題を近似できる関連する確率過程や方程式を用いることができる．

整数 $N > 0$ を固定し，**Bird 衝突過程** (Bird collision process) として知られるマルコフ過程 $\mathbf{V}^N(t) = (\mathbf{V}^N_1(t), \ldots, \mathbf{V}^N_N(t))$ を以下のように定義する．

1) 状態空間を $E^{(N)}$ とする．これは速度の空間 E の N 次**対称べき** (symmetric power) である．すなわち $E^{(N)}$ の 2 つの元は，成分添数の置換によって移り合うとき同値である．
2) $k = 1, \ldots, N$ について，各成分 $\mathbf{V}^N_k(0)$ が $u_0(\mathbf{v})$ に応じて分布するように初期分布を決める．
3) 衝突の間の時間は，以下のパラメータの指数分布に従う．

$$\frac{1}{N}\sum_{i=1}^{N}\sum_{j=1}^{N} q(\mathbf{V}^N_i - \mathbf{V}^N_j)$$

この式では，時間を表すパラメータは省略してある．
4) 1 つの衝突を取り上げたとき，粒子の組 (i, j) が衝突している確率は

17.2 輸送過程と輸送方程式

$$\frac{q(\mathbf{V}_i^N - \mathbf{V}_j^N)}{\sum_{i=1}^{N}\sum_{j=1}^{N} q(\mathbf{V}_i^N - \mathbf{V}_j^N)}$$

である.ここでも時間を表すパラメータは省略してある.

5) 衝突する粒子の組を 1 つとったとき,この過程は状態 $(\mathbf{v}_1, \ldots, \mathbf{v}_N)$ から状態 $(\mathbf{v}_1, \ldots, \mathbf{v}'_i, \ldots, \mathbf{v}'_j, \ldots, \mathbf{v}_N)$ に移行する.ここで,粒子 i, j の新しい速度は

$$\mathbf{v}'_i = \frac{1}{2}(\mathbf{v}_i + \mathbf{v}_j) + \frac{1}{2}\,\Xi\,\|\mathbf{v}_i - \mathbf{v}_j\|$$

$$\mathbf{v}'_j = \frac{1}{2}(\mathbf{v}_i + \mathbf{v}_j) - \frac{1}{2}\,\Xi\,\|\mathbf{v}_i - \mathbf{v}_j\|$$

によって与えられる.ここで,Ξ は $\mathbb{R}^3$ の単位球の表面 $\mathscr{S}^2$ 上の一様分布から抽出されたものである.このような Ξ の生成のアルゴリズムについては,3.3.3 項を参照せよ.

この過程の密度 $h_N(\cdot, t) : E^{(N)} \to \mathbb{R}$ は,Kolmogorov の前進偏微分方程式

$$\frac{\partial}{\partial t} h_N(\mathbf{v}, t) = \frac{1}{N}\sum_{i=1}^{N}\sum_{j \neq i}^{N} \int_{\mathscr{S}^2} q(\mathbf{v}_i - \mathbf{v}_j) \left(h_N(\mathbf{v}'_{ij}, t) - h_N(\mathbf{v}, t) \right) \frac{\mathrm{d}\boldsymbol{\xi}}{|\mathscr{S}^2|}$$

$$h_N(\mathbf{v}, 0) = \prod_{k=1}^{N} u_0(\mathbf{v}_k)$$

を満たす.ここで $\mathbf{v}'_{ij} = (\mathbf{v}_1, \ldots, \mathbf{v}'_i, \ldots, \mathbf{v}'_j, \ldots, \mathbf{v}_N)$ は i, j 座標成分以外は $\mathbf{v}$ と一致するベクトルであり,この $\mathbf{v}'_i$ と $\mathbf{v}'_j$ は上記 5) に現れるものである.すべての t について,周辺分布は

$$N \to \infty \text{ のとき } \quad p_N(\mathbf{v}, t) = \int \cdots \int h_N(\mathbf{v}, \mathbf{v}_2, \ldots, \mathbf{v}_N, t)\,\mathrm{d}\mathbf{v}_2 \cdots \mathrm{d}\mathbf{v}_N \to u_t(\mathbf{v})$$

を満たす [19, p.98].ここで,u_t はもとの(空間的に均質な)ボルツマン方程式の解である.さらに,時刻 t における $\{\mathbf{V}^N(t)\}$ の生成を行って,その標本平均

$$\widehat{u}_t(\mathbf{v}) = \frac{1}{N}\sum_{k=1}^{N} \mathrm{I}_{\{\mathbf{V}_k^N(t) = \mathbf{v}\}}$$

を計算することでモンテカルロ法を行い,それによって時刻 t における密度 $u_t(\mathbf{v})$ を近似することができる.大数の法則により,$N \to \infty$ のとき $\widehat{u}_t(\mathbf{v}) \to u_t(\mathbf{v})$ である [19, p.98].この事実より,特に任意の関数 H に対して

$$\int H(\mathbf{v})\,u_t(\mathbf{v})\,\mathrm{d}\mathbf{v}$$

は,単純モンテカルロ推定量

$$\frac{1}{N}\sum_{k=1}^{N} H(\mathbf{V}_k^N(t))$$

によって近似できることがわかる.

■ 例 17.3（ボルツマン方程式）

初期分布が

$$u_0(\mathbf{v}) = \exp\left(-(v_1 + v_2 + v_3)\right), \quad v_1, v_2, v_3 \geqslant 0$$

で与えられている場合，すなわち，3つの速度成分がすべて独立に Exp(1) 分布から生成されている場合を考える．さらに，$q(\mathbf{w}) = C\|\mathbf{w}\|$，すなわち剛球衝突モデルを適用する．以後，単純にするため，$C = 1$ とする．図 17.4 は，[0,1] 期間における $H(\mathbf{v}) = v_1^3 + v_2^3 + v_3^3$ のなす曲線を，この方程式に伴う Bird 衝突過程の $N = 1000$ 回のシミュレーションによって推定したものである．

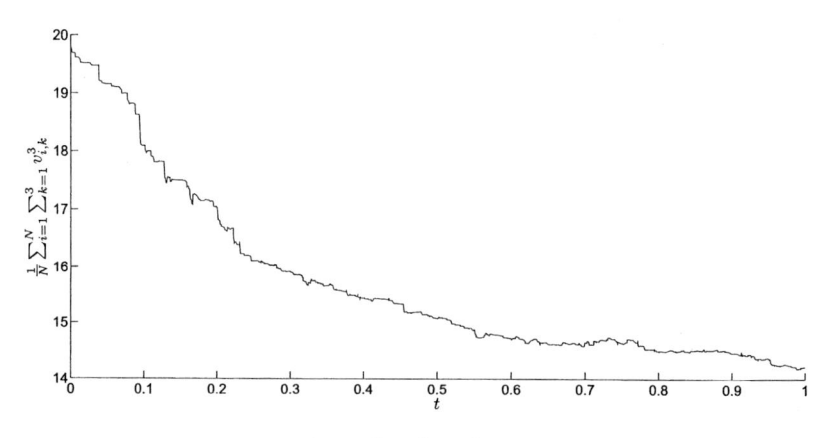

図 17.4 $H(\mathbf{v}) = v_1^3 + v_2^3 + v_3^3, t \in [0,1]$ の推定．

以下の MATLAB プログラムを用いた．

```
function Boltzmann_ex
% 単純なボルツマン方程式の例
% 空間的に等質な場合の方法
N=10^3; d=3;% 粒子の個数；次元
T=10^0; % 最終時点
v=-log(rand(N,d));
rho=1;
w=rho.*ones(N,1)./N;
C=1; alpha=1; % 衝突に関する定数
pairs=nchoosek((1:1:N),2);
t=0;
hh=mean(sum(v.^3,2));
tt=t;
```

```
while t<=T
  qij=C.*((sum((v(pairs(:,1),:)-v(pairs(:,2),:)).^2,2)).^(alpha/2));
  sumqij=sum(qij);
  lambda=rho*sumqij/N;
  tau=-log(rand(1))/lambda;
  t=t+tau % 次の衝突時刻
  if t>T
    t=T; break;
  end
  p=[0;cumsum(qij./sumqij)];
  r=rand(1);
  pidx=find(p>=r,1)-1; % 衝突する組の添数付け
  % \R^3 内の球面上に一様に分布
  sigma=randn(1,3); sigma=sigma./sqrt(sum(sigma.^2));
  a=(v(pairs(pidx,1),:)+v(pairs(pidx,2),:))./2;
  b=(sum((v(pairs(pidx,1),:)-v(pairs(pidx,2),:)).^2)^(0.5))/2;
  vprime=a+sigma.*b;
  v1prime=a-sigma.*b;
  v(pairs(pidx,1),:)=vprime;
  v(pairs(pidx,2),:)=v1prime;
  tt=[tt,t];
  hh=[hh,mean(sum(v.^3,2))];
end
figure,plot(tt,hh,'k-')
```

17.3 スケール変換を通じた常微分方程式との繋がり

　確率過程と確定的な微分方程式とのさらなる繋がりは，ある種のマルコフ過程の時間あるいは空間のスケール変換を通して現れる．あるスケールでは，スケール変換された確率過程はそのすべての確率論的性質を失って，ある常微分方程式系を満たすようになる．これは標準的な大数の法則に似ている．そして，それは元の確率過程の第1次近似を与えている．同様に確率過程の第1次近似からの偏差のスケール変換を考えれば，第2次近似に関する結果を得ることができ，そしてこちらは中心極限定理の類似になっているのである．本節ではマルコフ跳躍過程を考える．特に，その推移率がそのようなスケール変換を許す場合を扱う．

　$N>0$で添数付けされたマルコフ跳躍過程モデル（5.3節を参照）の集合$\{J_N(\cdot)\}$を考える．ここで，$J_N(\cdot)$は$\mathscr{Y}_N \subseteq \mathbb{Z}^d$に値をとり，その推移率行列は$Q_N = (q_N(\mathbf{u},\mathbf{v}),\ \mathbf{u},\mathbf{v} \in \mathscr{Y}_N)$であるとする．確率過程$J_N$は，例えば以下のようなものを表す．

1) ある化学反応の中に現れる各分子の個数.
2) ある病気が広がっているとき，その各病状にある患者の人数．患者は例えば感染している，免疫を持っていない，免疫を持っている，などの状態をとる．
3) マルコフ待ち行列ネットワークの各待ち行列に並ぶ顧客の数.

添数 N は，この確率過程の大きさを表していると考えてもよい．例えば，N は化学反応が生じている溶媒の体積や，あるモデルの総人口などを表す．

推移率行列 Q_N と状態空間 $\mathscr{Y}_N$ が，モデルを記述する（例えば化学反応の場合では分子が反応する割合を決める）ことになる．

この確率過程の集合のすべての推移率が，現在状態 $\mathbf{u}$ の"密度" $\mathbf{u}/N$ にのみ依存しているならば，あるいは少なくとも漸近的には $\mathbf{u}/N$ のみで決まるならば，適切なある条件のもとでの「密度過程」$\{\mathbf{X}_N(t)\} = \{\boldsymbol{J}_N(t)/N, t \geqslant 0\}$ の N が十分に大きいときの挙動は，常微分方程式系によって記述することができる．

より厳密に言うと，次のようになる．$\mathbb{R}^d$ の部分集合 $\mathscr{E}$ と $f_N : \mathscr{E} \times \mathbb{Z}^d \to \mathbb{R}$ なる連続関数の族 $\{f_N, N > 0\}$ とが与えられていて

$$q_N(\mathbf{u}, \mathbf{u}+\mathbf{v}) = N f_N\left(\frac{\mathbf{u}}{N}, \mathbf{v}\right), \quad \mathbf{v} \neq \mathbf{0}$$

が成立しているとする．$\mathbf{F}_N(\mathbf{x}) = \sum_{\mathbf{v}} \mathbf{v} f_N(\mathbf{x}, \mathbf{v}), \mathbf{x} \in \mathscr{E}$ によって関数列 $\{\mathbf{F}_N\}$ を定める．このとき，ある関数 $\mathbf{F} : \mathscr{E} \to \mathbb{R}^d$ が存在して $\{\mathbf{F}_N\}$ が $\mathscr{F}$ に $\mathscr{E}$ 上で各点収束するならば，このマルコフ跳躍過程の族は，**漸近的密度依存**（asymptotically density dependent）であるという．もし f_N が N に依存しない（よって $\mathbf{F}_N$ も同じ）ならば，この族は**密度依存**（density dependent）であるという．

以下に紹介する関数に関する大数の法則は，スケール変換された**密度過程**（density process）の族 $\{\mathbf{X}_N(\cdot)\}$ の，ある適当な常微分方程式系の解曲線への一意的な収束を保証する．証明は [6, Chapter 11], [16], [24] を参照せよ．

定理 17.6（関数に関する大数の法則） すべての $\mathbf{v}$ と N について $f_N(\cdot, \mathbf{v})$ は有界であり，$\mathbf{F}$ は $\mathscr{E}$ 上リプシッツ連続で，$\mathscr{E}$ 上で $\{\mathbf{F}_N\}$ は $\mathbf{F}$ に一様収束するものとする．すると，もし $\lim_{N \to \infty} \mathbf{X}_N(0) = \mathbf{x}_0$ であるならば，密度過程 $\mathbf{X}_N(\cdot)$ は $[0, t]$ 上で一様に確定的な曲線 $\mathbf{x}(\cdot)$ に確率収束する．この曲線 $\mathbf{x}(\cdot)$ は $\mathbf{x}(0) = \mathbf{x}_0$ および

$$\frac{d}{ds}\mathbf{x}(s) = \mathbf{F}(\mathbf{x}(s)), \quad \mathbf{x}(s) \in \mathscr{E}, s \in [0, t] \tag{17.23}$$

を満たす．

この定理は，確率的な系の微視的な挙動と巨視的な挙動とを精密に関連付けることを可能にする．化学反応の場合を例にとって，このことを説明しよう．

■ **例 17.4**（化学反応）
体積 V の系の中で以下の化学反応 [10]

17.3 スケール変換を通じた常微分方程式との繋がり

$$X \underset{c_2}{\overset{c_1}{\rightleftharpoons}} Y, \quad 2X \underset{c_4}{\overset{c_3}{\rightleftharpoons}} Z, \quad W + X \underset{c_6}{\overset{c_5}{\rightleftharpoons}} 2X$$

が生じているとする．ここで，$c_1, \ldots, c_6$ は体積に関係せずに決まる**反応速度** (reaction rate) である（例えば [27] を参照）．この確率的な化学反応は 4 次元のマルコフ跳躍過程であって，時刻 t におけるその状態は，ベクトル $\boldsymbol{J}_V(t) = (w_V(t), x_V(t), y_V(t), z_V(t))^\top$ によって記述されると考えることができる．[18] に従って，推移確率を以下のようにする．

$$q_V((w, x, y, z), (w, x-1, y+1, z)) = c_1 \, x$$
$$q_V((w, x, y, z), (w, x+1, y-1, z)) = c_2 \, y$$
$$q_V((w, x, y, z), (w, x-2, y, z+1)) = c_3 \, x(x-1)/(2V)$$
$$q_V((w, x, y, z), (w, x+2, y, z-1)) = c_4 \, z$$
$$q_V((w, x, y, z), (w-1, x+1, y, z)) = c_5 \, w \, x / V$$
$$q_V((w, x, y, z), (w+1, x-1, y, z)) = c_6 \, x(x-1)/(2V)$$

この過程は

$$\mathbf{F}(\mathbf{x}) = \begin{pmatrix} c_6 \frac{x_2^2}{2} - c_5 x_1 x_2 \\ c_2 x_3 + 2 c_4 x_4 + c_5 x_1 x_2 - c_1 x_2 - c_3 x_2^2 - c_6 \frac{x_2^2}{2} \\ c_1 x_2 - c_2 x_3 \\ c_3 \frac{x_2^2}{2} - c_4 x_4 \end{pmatrix}$$

として漸近的密度依存である．

密度過程 $\{\mathbf{X}_V(t)\} = \{\boldsymbol{J}_V(t)/V, t \geqslant 0\}$ が $\lim_{V \to \infty} \mathbf{X}_V(0) = \mathbf{x}_0$ であるような初期値を持つならば，極限値として得られる $[0, t]$ 上の関数は，初期条件 $\mathbf{x}(0) = \mathbf{x}_0$ の常微分方程式 (17.23) の解である．

マルコフ跳躍過程 $\{\boldsymbol{J}_V(t)\}$ は定義そのままにシミュレートでき（5.3 節を参照），常微分方程式系は通常の数値的手法によって解くことができる．図 17.5 は，過程の第 1 成分 $w_V(t)$ が図に描かれている確定的極限関数に収束する様子を示している．ここでは，各反応速度は $c_1 = c_2 = c_3 = c_4 = c_5 = 1$, $c_6 = 10$, 初期条件は

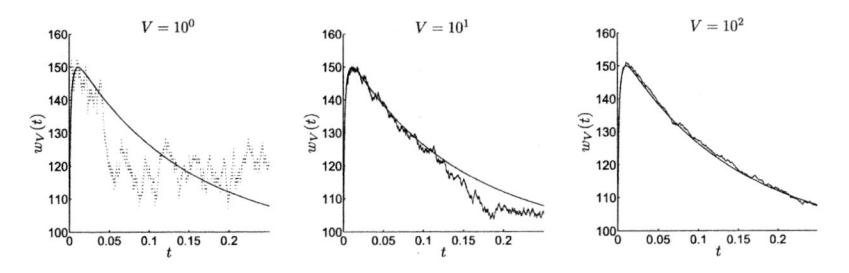

図 17.5 区間 $[0, 0.25]$ での $\boldsymbol{J}_V$ の第 1 成分とその極限関数．体積 V の増加に伴ってスケール変換された過程の極限関数に収束している．

$w_V(0) = x_V(0) = y_V(0) = z_V(0) = 100V$ である．

また，マルコフ跳躍過程が確定的に定まる定常状態に，時間の経過に伴って移行する様子も観察できる．これは図 17.6 に示されている．

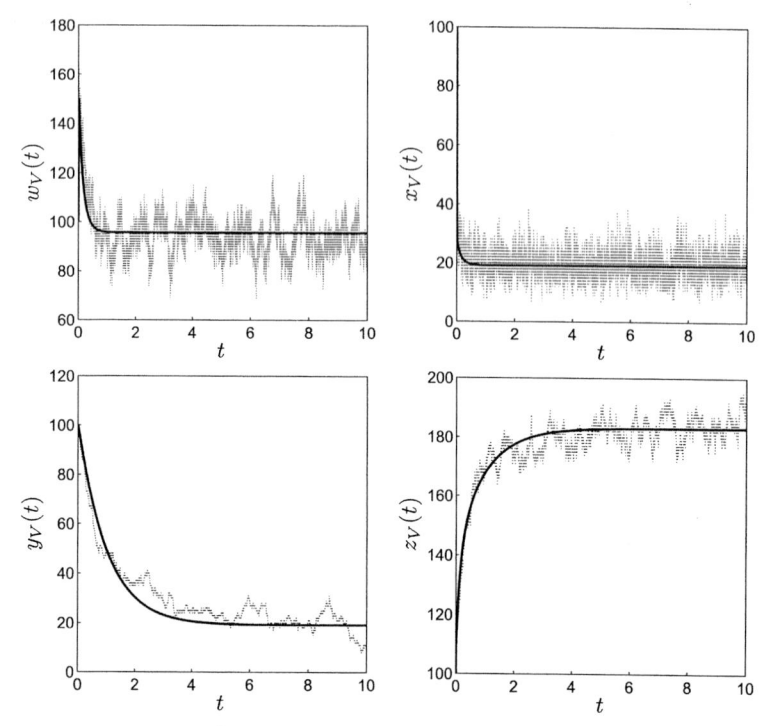

図 17.6 体積 $V = 10^0$ のときの期間 $[0, 10]$ における過程のすべての成分の標本路とその確定的極限関数．

MATLAB プログラムを以下に示す．常微分方程式 gillespie_ode.m は，与えられた系をそのまま記述したものである．

```
% chemical_ex.m
c = [1,1,1,1,1,10]; Vs=[10^0,10^1,10^2]; nV=length(Vs);
w0 = 100; x0=100; y0=100; z0=100;
% 確定的極限
t0=0; t1=0.25;
options = odeset('RelTol',1e-4);
[T,Y] = ode45(@(t,y) gillespie_ode(t,y,c),[t0 t1], ...
              [w0,x0,y0,z0],options);
for k=1:nV
```

17.3 スケール変換を通じた常微分方程式との繋がり

```
    V=Vs(k); % 体積パラメータ（スケーリングパラメータ）
    w=w0*V; x=x0*V; y=y0*V; z=z0*V;
    ww=[];xx=[];yy=[];zz=[];tt=[];
    t = 0;
    while t<t1
        ww=[ww,w]; xx=[xx,x]; yy=[yy,y]; zz=[zz,z]; tt=[tt,t];
        v = [x, y, x*(x-1)/(2*V), z, w*x/V, x*(x-1)/(2*V)];
        a = c.*v;
        lam = sum(a);
        p = a/sum(a);
        t = t -log(rand)/lam;
        r = min(find(cumsum(p)>=rand));
        switch r
            case 1
                x = x-1; y = y+1;
            case 2
                x = x+1; y = y-1;
            case 3
                x = x-2; z = z+1;
            case 4
                x = x+2; z = z-1;
            case 5
                x = x+1; w = w-1;
            case 6
                x = x-1; w = w+1;
        end
    end
end
```

```
function dx = gillespie_ode(t,x,c)
dx=zeros(4,1);
dx(1) = c(6)*(x(2)^2)/2 - c(5)*x(1)*x(2);
dx(2) = c(2)*x(3) + 2*c(4)*x(4) + c(5)*x(1)*x(2) -...
        c(1)*x(2) - c(3)*(x(2)^2)-c(6)*(x(2)^2)/2;
dx(3) = c(1)*x(2) - c(2)*x(3);
dx(4) = c(3)*(x(2)^2)/2 - c(4)*x(4);
```

さらに 2 次の条件を追加すれば，関数に関する中心極限定理も成立する．非常に簡単に言うと，N が十分に大きい場合，極限関数の周りにあるスケール変換された過程は "ガウス拡散" 過程（5.1 節を参照）のように振る舞う．証明は [6, Chapter 11]，[17]，[24] を参照せよ．

定理 17.7（関数に関する中心極限定理） すべての $\mathbf{v}$ と N に関して $f_N(\cdot, \mathbf{v})$ は有界，$\mathbf{F}$ はリプシッツ連続であり，$\mathscr{E}$ 上でその 1 階偏微分が一様連続，そして
$$\lim_{N \to \infty} \sup_{\mathbf{x} \in \mathscr{E}} \sqrt{N} \|\mathbf{F}_N(\mathbf{x}) - \mathbf{F}(\mathbf{x})\| = 0$$
が成立しているとする．さらに，$d \times d$ 行列 G_N で，その (i, j) 成分が
$$G_N(i, j) = \sum_{\mathbf{v}} v_i\, v_j f_N(\mathbf{x}, \mathbf{v}), \quad \mathbf{x} \in \mathscr{E}$$
であるものの列 $\{G_N\}$ が，$\mathscr{E}$ 上の一様連続な G に一様収束するものとする．$\mathbf{x}_0 \in \mathscr{E}$ であり，$\mathbf{x}(\cdot)$ は $\mathbf{x}(0) = \mathbf{x}_0$ で式 (17.23) を満たす一意解であるとする．すると，もし
$$\lim_{N \to \infty} \sqrt{N}\,(\mathbf{X}_N(0) - \mathbf{x}_0) = \mathbf{z}$$
であるならば
$$\mathbf{Z}_N(s) = \sqrt{N}\,(\mathbf{X}_N(s) - \mathbf{x}(s)), \quad 0 \leqslant s \leqslant t$$
によって定まる確率過程の族 $\{\mathbf{Z}_N(\cdot)\}$ は，$[0, t]$ 上で初期値 $\mathbf{Z}(0) = \mathbf{z}$，平均値ベクトル $\boldsymbol{\mu}_s = \mathbb{E}\mathbf{Z}(s) = M_s \mathbf{z}$ のガウス分布 $\mathbf{Z}(\cdot)$ に分布収束する．ここで，$M_s = \exp(\int_0^s B_u \mathrm{d}u)$，$B_s = J_{\mathbf{F}}(\mathbf{x}(s))$ であり，$J_{\mathbf{F}}$ は $\mathbf{F}$ のヤコビ行列である．$\mathbf{Z}(\cdot)$ の共分散行列は
$$\Sigma_s = M_s \left(\int_0^s M_u^{-1} G(\mathbf{x}(u))(M_u^{-1})^\top \mathrm{d}u \right) M_s^\top$$
となる．

出発点が平衡状態であるとき（すなわち $\mathbf{x}_0 = \mathbf{x}^*$ かつ $\mathbf{F}(\mathbf{x}^*) = \mathbf{0}$ であるとき），定理 17.7 の条件のもとで，確率過程 $\mathbf{Z}_N(\cdot)$ は Ornstein–Uhlenbeck 過程に収束する．この命題の厳密なものが [24], [25] にある．

定理 17.8（平衡点における中心極限定理） $\mathbf{x}^*$ が $\mathbf{F}(\mathbf{x}^*) = \mathbf{0}$ を満たす点であるとする．このとき，定理 17.7 の条件のもとで，
$$\mathbf{Z}_N(s) = \sqrt{N}\,(\mathbf{X}_N(s) - \mathbf{x}^*), \quad 0 \leqslant s \leqslant t$$
によって定義される確率過程の族 $\{\mathbf{Z}_N(\cdot)\}$ は，$[0, t]$ 上で Ornstein–Uhlenbeck 過程 $\mathbf{Z}(\cdot)$ に分布収束する．ここで，$\mathbf{Z}(0) = \mathbf{z}$ であり，局所ドリフト行列は $B = J_{\mathbf{F}}(\mathbf{x}^*)$，そして局所共分散行列は $G = G(\mathbf{x}^*)$ となる．特に $\mathbf{Z}(s)$ は平均ベクトル $\boldsymbol{\mu}_s = \exp(Bs)\mathbf{z}$，共分散行列
$$\Sigma_s = \int_0^s \exp(Bu)\, G \exp(B^\top u)\, \mathrm{d}u = \Sigma - \exp(Bs)\, \Sigma \exp(B^\top s)$$
の正規分布をしており，定常共分散行列 Σ は $B\Sigma + \Sigma B^\top + G = 0$ を満たす．

さらに学習するために

17.1 節における確率微分方程式と偏微分方程式の間の関係については，主として [13], [22] を参考にし，さらに [7], [8], [9], [14] も参考にした．その他の問題（例えばノイマン型の境界値問題）に関する確率表現も存在するが，詳しくは [7] などを参照せよ．分散減少法については [20] を，この分野の全体像については [15, Chapter 16] を参照せよ（[21], [28], [29] も参考になる）．17.2 節の一般輸送方程式およびボルツマン方程式については [19], [23] を参照せよ．Booth [5] には，輸送方程式を実際に用いる側という異なる視点による分散減少法に対する議論がある（通常のシミュレーションの実行に関する文献にあるものとは非常に異なった視点である）．17.3 節のマルコフ跳躍過程の拡散近似は，[24], [25], [26] を参考にした．これは [1]〜[4] および [16]〜[18] をまとめ，拡張し，応用したものである．化学反応の例は [10] をもとにしている．最後に，モンテカルロ法はその最初期において中性子輸送に応用されたが，その歴史的経緯については [11][12] に記述がある．

文　　献

1) A. D. Barbour. On a functional central limit theorem for Markov population processes. *Advances in Applied Probability*, 6(1):21–39, 1974.
2) A. D. Barbour. Quasi-stationary distributions in Markov population processes. *Advances in Applied Probability*, 8(2):296–314, 1976.
3) A. D. Barbour. Density-dependent Markov population processes. In W. Jäger, H. Rost, and P. Tautu, editors, *Biological Growth and Spread*, volume 38 of *Lecture Notes in Biomathematics*, pages 36–49. Springer-Verlag, Berlin, 1980.
4) A. D. Barbour. Equilibrium distributions Markov population processes. *Advances in Applied Probability*, 12(3):591–614, 1980.
5) T. Booth. Particle transport applications. In G. Rubino and B. Tuffin, editors, *Rare Event Simulation Using Monte Carlo Methods*, pages 215–242. John Wiley & Sons, Chichester, 2009.
6) S. N. Ethier and T. G. Kurtz. *Markov Processes: Characterization and Convergence*. John Wiley & Sons, New York, 1986.
7) M. I. Freidlin. *Functional Integration and Partial Differential Equations*. Princeton University Press, Princeton, 1985.
8) A. Friedman. *Stochastic Differential Equations and Applications: Volume 1*. Academic Press, New York, 1975.
9) A. Friedman. *Stochastic Differential Equations and Applications: Volume 2*.

Academic Press, New York, 1976.
10) D. T. Gillespie. A general method for numerically simulating the stochastic time evolution of coupled chemical reactions. *Journal of Computational Physics*, 22(4):403–434, 1976.
11) J. S. Hendricks. A Monte Carlo code for particle transport. *Los Alamos Science*, 22:30–43, 1994.
12) C. C. Hurd. A note on early Monte Carlo computations and scientific meetings. *Annals of the History of Computing*, 7(2):141–155, 1985.
13) I. Karatzas and S. E. Shreve. *Brownian Motion and Stochastic Calculus*. Springer-Verlag, New York, second edition, 1991.
14) F. C. Klebaner. *Introduction to Stochastic Calculus with Applications*. Imperial College Press, London, second edition, 2005.
15) P. E. Kloeden and E. Platen. *Numerical Solution of Stochastic Differential Equations*. Springer-Verlag, Berlin, 1999. Corrected third printing.
16) T. G. Kurtz. Solutions of ordinary differential equations as limits of pure jump Markov processes. *Journal of Applied Probability*, 7(1):49–58, 1970.
17) T. G. Kurtz. Limit theorems for sequences of jump Markov processes approximating ordinary differential processes. *Journal of Applied Probability*, 8(2):344–356, 1971.
18) T. G. Kurtz. The relationship between stochastic and deterministic models in chemical reactions. *The Journal of Chemical Physics*, 57(7):2976–2978, 1972.
19) B. Lapeyre, É. Pardoux, and R. Sentis. *Introduction to Monte-Carlo Methods for Transport and Diffusion Equations*. Oxford University Press, Oxford, 2003.
20) G. N. Milstein. *Numerical Integration of Stochastic Differential Equations*. Kluwer Academic Publishers, Dordrecht, 1995.
21) N. J. Newton. Variance reduction for simulated diffusions. *SIAM Journal on Applied Mathematics*, 54(6):1780–1805, 1994.
22) B. Øksendal. *Stochastic Differential Equations: An Introduction with Applications*. Springer-Verlag, Berlin, fifth edition, 1998.
23) M. A. Pinsky. *Lectures on Random Evolution*. World Scientific, Singapore, 1991.
24) P. K. Pollett. On a model for interference between searching insect parasites. *Journal of the Australian Mathematical Society, Series B*, 32(2):133–150, 1990.
25) P. K. Pollett. Diffusion approximations for a circuit switching network with random alternative routing. *Australian Telecommunication Research*, 25(2):45–51, 1991.
26) P. K. Pollett. Diffusion approximations for ecological models. In F. Ghassemi, editor, *Proceedings of the International Congress on Modelling and Simulation*, volume 2, pages 843–848, Canberra, Australia, 2001. Modelling and Simulation Society of Australia and New Zealand.
27) P. K. Pollett and A. Vassallo. Diffusion approximations for some simple chemical reaction schemes. *Advances in Applied Probability*, 24(4):875–893, 1992.
28) W. Wagner. Monte Carlo evaluation of functionals of solutions of stochastic differential equations. Variance reduction and numerical examples. *Stochastic Analysis*

and Applications, 6(4):447–468, 1988.

29) W. Wagner. Unbiased Monte Carlo estimators for functionals of weak solutions of stochastic differential equations. *Stochastics and Stochastic Reports*, 28(1):1–20, 1989.

A

確率と確率過程

この章は，確率と確率過程の基本的な概念について概説するとともに，本書で使われている記号に慣れてもらうことを目的としている．

A.1 ランダム試行と確率空間

ランダム試行（random experiment）とは，事前に結果を確定することができない試行のことであり，確率論ではこのランダム試行の概念が基本となる．ランダム試行は，以下に示す**確率空間**（probability space）$(\Omega, \mathcal{H}, \mathbb{P})$ によって，数学的にモデル化される．

- Ω は，起こりうるすべての試行の結果を集めた集合であり，**標本空間**（sample space）と呼ばれる．
- $\mathcal{H}$ は，確率を付与することができる Ω の部分集合をすべて集めた集合族であり，その要素は**事象**（event）と呼ばれる．集合族 $\mathcal{H}$ は Ω を含み，補集合をとる操作に対して閉じており（$A \in \mathcal{H} \Rightarrow A^c \in \mathcal{H}$），さらに可算個の和をとる操作に対しても閉じているものとする（$A_1, A_2, \ldots \in \mathcal{H} \Rightarrow \cup_i A_i \in \mathcal{H}$）．そのような性質を持つ集合族は，**$\sigma$ 集合族**（σ-algebra）と呼ばれる．
- $\mathbb{P}$ は**確率測度**（probability measure）であり，事象 A に対して $\mathbb{P}(A)$ は 0 と 1 の間の値をとり，ランダム試行の結果が A に入る公算を示す．

確率測度 $\mathbb{P}$ は，次に示す **Kolmogorov の公準**（Kolmogorov axioms）を満たす．
1) すべての $A \in \mathcal{H}$ に対して $\mathbb{P}(A) \geqslant 0$．
2) $\mathbb{P}(\Omega) = 1$．
3) 互いに排反な（交わらない）事象列 $A_1, A_2, \ldots$ に対して，次式が成り立つ．

$$\mathbb{P}\Big(\bigcup_i A_i\Big) = \sum_i \mathbb{P}(A_i) \tag{A.1}$$

この公準より，どのような事象も 0 と 1 の間の確率で起こることが保証される．確率 1 で起こる事象を，**ほとんど確実な**（almost sure; a.s.）事象という．条件 (A.1) は，しばしば確率の**加法性**（sum rule）と呼ばれ，いくつかの同時には起きない互いに異

なる事象の確率は，その事象を構成する個々の事象が起こる確率の和となることを示している．

■ **例 A.1（離散標本空間）**

多くの応用において，標本空間は**可算** (countable) であり，Ω は $\Omega = \{a_1, a_2, \ldots\}$ の形で表される．この場合，確率測度 $\mathbb{P}$ を与える最も簡単な方法は，$\sum_i p_i = 1$ となるように，おのおのの**根元事象** (elementary event) $\{a_i\}$ に確率 p_i を割り当て，すべての $A \subseteq \Omega$ について，

$$\mathbb{P}(A) = \sum_{i: a_i \in A} p_i$$

と定義することである．事象の集合族 $\mathcal{H}$ は Ω のすべての部分集合を集めた集合族として与える．このとき，3つ組 $(\Omega, \mathcal{H}, \mathbb{P})$ を**離散確率空間** (discrete probability space) という．

このアイデアは，図 A.1 のようにイラストを使って表すことができる．黒い点は各要素 a_i を示しており，その大きさは対応する要素の確率的な重みを表している．事象 A の確率は，A に含まれるすべての結果（要素）の重みの和として与えられる．

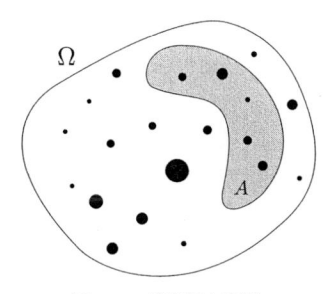

図 A.1 離散標本空間．

注 A.1（等可能性の原理） 離散確率空間の特別な場合として，起こりやすさが同じである有限個の結果を持つランダム試行が挙げられる．この場合，$|A|$ を A に含まれる結果の個数，$|\Omega|$ を結果の総個数として，確率測度は

$$\mathbb{P}(A) = \frac{|A|}{|\Omega|} \tag{A.2}$$

で与えられ，確率の計算は個数の数え上げに帰着する．これを**等可能性の原理** (equilikely principle) という．

A.1.1 確率測度の性質

以下に示す確率測度の性質は，Kolmogorov の公準から直接導かれる．証明は [5]，[25] などにある．

1) **余事象** (complement)：$\mathbb{P}(A^c) = 1 - \mathbb{P}(A)$.
2) **単調性** (monotonicity)：$A \subseteq B \Rightarrow \mathbb{P}(A) \leqslant \mathbb{P}(B)$.
3) **加法性** (sum rule)：$\{A_i\}$ が排反 $\Rightarrow \mathbb{P}(\cup_i A_i) = \sum_i \mathbb{P}(A_i)$.
4) **包除** (inclusion–exclusion)：

$$\mathbb{P}(\cup_i A_i) = \sum_i \mathbb{P}(A_i) - \sum_{i<j} \mathbb{P}(A_i \cap A_j) + \sum_{i<j<k} \mathbb{P}(A_i \cap A_j \cap A_k) - \cdots$$

特に，$\mathbb{P}(A \cup B) = \mathbb{P}(A) + \mathbb{P}(B) - \mathbb{P}(A \cap B)$.

5) **下からの連続性** (continuity from below)：$A_1, A_2, \ldots$ を事象の増加列，すなわち $A_1 \subseteq A_2 \subseteq \cdots \subseteq A$ とし，さらに $A = \cup_n A_n$ を満たすとする．このとき，数列 $\mathbb{P}(A_1), \mathbb{P}(A_2), \ldots$ は単調に増加しながら $\mathbb{P}(A)$ に収束する．
6) **上からの連続性** (continuity from above)：$A_1, A_2, \ldots$ を事象の減少列，すなわち $A_1 \supseteq A_2 \supseteq \cdots \supseteq A$ とし，さらに $A = \cap_n A_n$ を満たすとする．このとき，数列 $\mathbb{P}(A_1), \mathbb{P}(A_2), \ldots$ は単調に減少しながら $\mathbb{P}(A)$ に収束する．
7) **Boole の不等式** (Boole's inequality)：$\mathbb{P}(\cup_i A_i) \leqslant \sum_i \mathbb{P}(A_i)$.
8) **Borel–Cantelli の補題** (Borel–Cantelli lemma)：$A_1, A_2, \ldots$ を事象列とし，$\limsup A_n = \cap_m \cup_{n \geqslant m} A_n$ は無限に多くの A_n が起こる事象を表すとする．このとき，

$$\sum_n \mathbb{P}(A_n) < \infty \quad \Rightarrow \quad \mathbb{P}(\limsup A_n) = 0$$

となり，さらに，$\{A_i\}$ が "対ごとに独立"（☞ p.646）であると仮定すると，

$$\sum_n \mathbb{P}(A_n) = \infty \quad \Rightarrow \quad \mathbb{P}(\limsup A_n) = 1$$

となる．

A.2 確率変数と確率分布

確率変数 (random variable) とは試行の数量的な測定結果であり，ランダム試行はこの確率変数を用いて表すと便利である．通常，確率変数はアルファベットの最後のほうの大文字を用いて記述される．確率変数のベクトル $\boldsymbol{X} = (X_1, \ldots, X_n)$ を**確率ベクトル** (random vector) という．また，$\mathscr{T}$ をインデックス集合とし，確率変数の族 $\{X_t, t \in \mathscr{T}\}$ を**確率過程** (stochastic process) という．X_t のとりうる値が t に依存しないとして，そのとりうる値の集合を確率過程の**状態空間** (state space) という．確率過程については，A.9 節から A.13 節で説明する．第 5 章では，確率過程の生成について説明している．

集合 E に値をとる確率変数 X とは，数学的には次を満たす関数 $X : \Omega \to E$ を指す．

$$\{X \in B\} \stackrel{\text{def}}{=} \{\omega \in \Omega : X(\omega) \in B\} \in \mathcal{H}, \quad \forall B \in \mathcal{E}$$

ここで，$\mathcal{E}$ は E 上の σ 集合族である．組 $(E, \mathcal{E})$ を**可測空間**（measurable space）という．以下では，特に断らない限り，X は**数量的な**（numerical）確率変数とし，$E = \mathbb{R}$ とする．E を，拡張された実数直線 $\overline{\mathbb{R}} = \mathbb{R} \cup \{\pm\infty\}$ にしておくとよい場合があるが，いずれの場合でも，$\mathcal{E}$ はボレル σ 集合族とする．ここで，**ボレル σ 集合族**（Borel σ-algebra）とは，すべての区間（同値な意味で，すべての開集合）を含む，$\mathbb{R}$ または $\overline{\mathbb{R}}$ 上の最小な σ 集合族である．この σ 集合族の要素を**ボレル集合**（Borel set）という．例えば，可算個の区間の和はボレル集合である．**ルベーグ測度**（Lebesgue measure）m とは，$m([a, b]) = b - a$ を満たす，ボレル σ 集合族上の唯一の測度である．区間を長方形などに置き換えることで，n 次元ユークリッド空間でも同様な定義が成り立つ．

次式で定義される P_X は，$(E, \mathcal{E})$ 上の確率測度となる．

$$P_X(B) = \mathbb{P}(X \in B), \quad B \in \mathcal{E}$$

P_X を X の**分布**（distribution）という．数量的な確率変数 X の確率分布 P_X は，次式で定義される**累積分布関数**（cumulative distribution function; cdf）で完全に決定される．

$$F(x) = P_X([-\infty, x]) = \mathbb{P}(X \leqslant x), \ x \in \overline{\mathbb{R}}$$

次に示す累積分布関数 F の性質は，Kolmogorov の公準から直接導かれる．証明については，例えば [25] を参照せよ．

1) **右連続**（right-continuous）：$\lim_{h \downarrow 0} F(x + h) = F(x)$
2) **増加**（increasing）：$x \leqslant y \Rightarrow F(x) \leqslant F(y)$
3) **有界**（bounded）：$0 \leqslant F(x) \leqslant 1$

逆に，上記の性質を満たす関数 F は，ちょうど 1 つの分布 P_X に対応している（例えば [5, Theorem 2.2.2] を参照）．図 A.2 は一般的な累積分布関数を表現している．

数値 $x_1, x_2, \ldots$ に対して総和がちょうど 1 となる確率 $0 < f(x_i) \leqslant 1$ が存在し，すべての x について

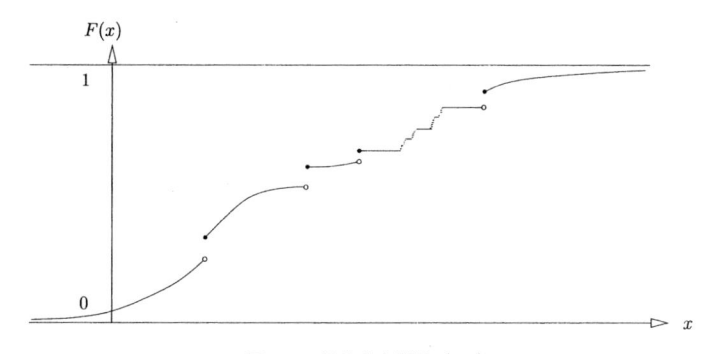

図 A.2 累積分布関数（cdf）．

$$F_d(x) = \sum_{x_i \leqslant x} f(x_i) \qquad (A.3)$$

となる累積分布関数 F_d は**離散** (discrete) であるという．そのような累積分布関数は区分的に一定の値をとり，それぞれの値 $x_1, x_2, \ldots$ で大きさ $f(x_1), f(x_2), \ldots$ だけジャンプする．

累積分布関数 F_c に関し，すべての x に対して

$$F_c(x) = \int_{-\infty}^{x} f(u)\, du \qquad (A.4)$$

を満たす正関数 f が存在するとき，F_c は**絶対連続** (absolutely continuous) であるという．そのような F_c は微分可能（よって連続）であり，f がその導関数となる．しかし，一般的には，累積分布関数 F_c の導関数 F_c' は，式 (A.4) を満たすとは限らない．導関数がほとんど至るところで 0 となり，よって，式 (A.4) を満たさない連続な累積分布関数の典型的な例として，図 A.3 に示す **Cantor 関数** (Cantor function) がある．そのような連続累積分布関数を**特異的** (singular) であるという．実際に使われるほとんどの分布は，離散または絶対連続，あるいはそれらの混合である．

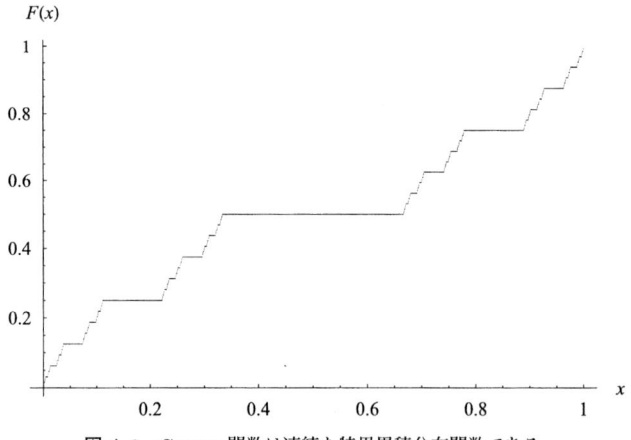

図 A.3 Cantor 関数は連続な特異累積分布関数である．

■ 例 A.2（Cantor 関数）

Cantor 関数は次の手順で構成される．まず，$F(1) = 1$ とする．区間 $[0,1)$ を均等に 3 つの部分 $[0, \frac{1}{3})$, $[\frac{1}{3}, \frac{2}{3})$, $[\frac{2}{3}, 1)$ に分割する．そして，$x \in [\frac{1}{3}, \frac{2}{3})$ に対して，$F(x) = \frac{1}{2}$ と定義する．次に，$[0, \frac{1}{3})$ を部分区間 $[0, \frac{1}{9})$, $[\frac{1}{9}, \frac{2}{9})$, $[\frac{2}{9}, \frac{3}{9})$ に分割し，$[\frac{2}{3}, 1)$ を $[\frac{6}{9}, \frac{7}{9})$, $[\frac{7}{9}, \frac{8}{9})$, $[\frac{8}{9}, 1)$ に分割する．そして，F は，$[\frac{1}{9}, \frac{2}{9})$ では $\frac{1}{4}$ の値を，$[\frac{7}{9}, \frac{8}{9})$ では $\frac{3}{4}$ の値をとるものとする．さらに，残った 4 つの部分区間をそれぞれ 3 つの区間

に分割し,真ん中の区間に $\frac{1}{8}, \frac{3}{8}, \frac{5}{8}, \frac{7}{8}$ の値を割り当てる.そして,この操作を限りなく繰り返す.こうやって得られた累積分布関数は連続であるが,その導関数はほとんど至るところで 0 となる.

どのような累積分布関数 F も,離散累積分布関数,絶対連続累積分布関数,連続な特異累積分布関数の 3 つの凸結合あるいは**混合**(mixture)として,次の形で一意に表すことができる(例えば [5, Chapter 1] を参照).

$$F(x) = \alpha_1 F_d(x) + \alpha_2 F_c(x) + \alpha_3 F_s(x)$$

ここで,$\alpha_1 + \alpha_2 + \alpha_3 = 1$ であり,$k = 1, 2, 3$ に対して $\alpha_k \geqslant 0$ である.

A.2.1 確 率 密 度

可測空間 $(E, \mathcal{E})$ 上の確率分布は,同じ $(E, \mathcal{E})$ 上のある測度 m を用いて,

$$P_X(B) = \int_B f(x)\,\mathrm{d}m(x), \quad B \in \mathcal{E}$$

の形で表されることが多い.このとき,P_X は m に関して**確率密度関数**(probability density function; pdf),または単に**密度**(density)f を持つという.

■ 例 A.3(離散分布)

確率変数 X が式 (A.3) の離散累積分布関数を持つとする.すなわち,X は有限または可算の点集合 $E = \{x_1, x_2, \dots\}$ に値をとり,$\mathbb{P}(X = x_i) = f(x_i) > 0, i = 1, 2, \dots$ を満たす.$x \notin E$ であるすべての x に対しては,$f(x) = 0$ と定義する.$\mathcal{E}$ を E のすべての部分集合の族とし,m を $(E, \mathcal{E})$ 上の**計数測度**(counting measure)とする.$m(B)$ は集合 B に含まれる E の点の個数である.このとき,X の分布 P_X は,すべての $B \subseteq E$ に対して次を満たす.

$$P_X(B) = \mathbb{P}(X \in B) = \sum_{x_i \in B} f(x_i) = \int_B f(x)\,\mathrm{d}m(x) \tag{A.5}$$

よって,X は計数測度 m に関して密度 f を持つ.このような場合,確率変数は**離散**(discrete)であるといい,P_X を**離散分布**(discrete distribution)という.離散分布は離散累積分布関数によって完全に特定され,式 (A.5) にあるように,確率は和によって計算される.以上のことを図 A.4 に示す.第 4 章では離散分布について多くの例を示している.

■ 例 A.4(絶対連続分布)

確率変数 X は,式 (A.4) の絶対連続な累積分布関数を持つと仮定する.すると,m をルベーグ測度として,X の分布 P_X は,すべてのボレル集合 B に対して,

$$P_X(B) = \mathbb{P}(X \in B) = \int_B f(x)\,\mathrm{d}x = \int_B f(x)\,\mathrm{d}m(x) \tag{A.6}$$

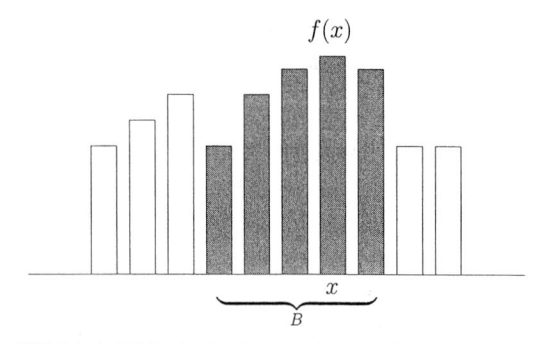

図 A.4 離散確率密度関数（pdf）．網かけの部分は確率 $\mathbb{P}(X \in B)$ に対応する．

を満たす．このとき，分布 P_X はルベーグ測度に関して**絶対連続**（absolutely continuous）であるといい，f を P_X の確率密度関数という．つまり，分布は確率密度関数によって完全に特定され，確率は積分によって計算される．以上のことを図 A.5 に示す．第 4 章では，絶対連続分布について多くの例を示している．

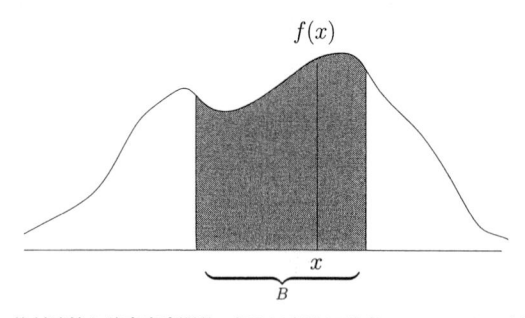

図 A.5 絶対連続な確率密度関数．網かけ部分は確率 $\mathbb{P}(X \in B)$ に対応する．

微小な h に対して，

$$\mathbb{P}(x \leqslant X \leqslant x+h) = \int_x^{x+h} f(u)\,\mathrm{d}u \approx h\,f(x)$$

が成り立つことから，$f(x)$ を $X = x$ における確率の「密度」と考えることができる．

注 A.2（確率密度関数と確率関数） 離散の場合と絶対連続の場合について，「確率密度関数」（pdf）という "同じ" 名称と f という "同じ" 記号をあえて用いた．これらについては，確率（質量）関数（probability function; probability mass function; pmf）と確率密度関数（pdf）という名称で区別することもできる．そうしなかった理由は，確率密度関数が測度論的視点では，離散の場合も絶対連続の場合もまったく同じ役割を担うためである．唯一の違いは測度 m の与え方にある．$X \sim \text{Dist}$, $X \sim f$,

$X \sim F$ の表記はそれぞれ，X が分布 Dist を持つこと，確率密度関数 f を持つこと，累積分布関数 F を持つことを表す．

A.2.2 同時分布

確率ベクトルや確率過程の分布は，多くの場合，確率変数と同じ方法で表すことができる．実際，確率ベクトル $\boldsymbol{X} = (X_1, \ldots, X_n)$ の分布は，次で定義される**結合累積分布関数**（joint cdf）F で完全に決定される．

$$F(x_1, \ldots, x_n) = \mathbb{P}(X_1 \leqslant x_1, \ldots, X_n \leqslant x_n), \quad x_i \in \mathbb{R}, i = 1, \ldots, n$$

同様に，$\mathscr{T} \subseteq \mathbb{R}$ として，確率過程 $\{X_t, t \in \mathscr{T}\}$ の分布は**有限次元分布**（finite-dimensional distribution）によって完全に決定される．ここで，有限次元分布とは確率ベクトル $(X_{t_1}, \ldots, X_{t_n})$ の分布のことであり，n と $t_1, \ldots, t_n$ は任意に設定される．

1次元の場合と同様に，$\mathbb{R}^n$ に値をとる確率ベクトル $\boldsymbol{X}$ が，m をある測度として，すべての n 次元ボレル集合 B に対し，

$$\mathbb{P}(\boldsymbol{X} \in B) = \int_B f(\boldsymbol{x}) \, \mathrm{d}m(\boldsymbol{x}) \tag{A.7}$$

を満たすとき，$\boldsymbol{X}$ は確率密度関数 f を持つという．測度 m については，それが計数測度またはルベーグ測度であるときが重要である．

周辺確率密度関数（marginal pdf）は，結合確率密度関数を「注目する変数以外の変数について積分すること」で取り出すことができる．例えば，$\mathbb{R}^2$ 上のルベーグ測度に関して確率密度関数 f を持つ確率ベクトル (X, Y) において，X の確率密度関数 f_X は

$$f_X(x) = \int f(x, y) \, \mathrm{d}y$$

で与えられる．

注 A.3（多次元特異分布） 多次元の場合，連続な特異分布がより頻繁に現れる傾向にある．例えば，ある数値確率ベクトルがより低次元の部分集合内の値のみをとるならば，その分布はルベーグ測度に関してほとんど至るところで 0 となる導関数を持ち，よって特異的である．

A.3 期待値と分散

確率変数や分布のさまざまな特性量を考えることは，しばしば役に立つ．例として，期待値や分散が挙げられる．前者は分布の中心となる値を測ったものであり，後者は分布の広がりやばらつきを測ったものである．離散確率変数 X の期待値の直接的な

定義は，次の式が示すように，X のとりうる値を確率で重み付けして和を求めたものである．

$$\mathbb{E}X = \sum_x x\, \mathbb{P}(X=x)$$

同様に，絶対連続確率変数の期待値は次で与えられる．

$$\mathbb{E}X = \int x\, f(x)\, dx$$

どちらの定義も，X の**期待値** (expectation) を次に示す 4 つの段階を経て抽象積分

$$\mathbb{E}X = \int X\, d\mathbb{P} \tag{A.8}$$

で定義する，もっと一般的な枠組みに帰着する (例えば [5, Chapter 3] や [12] を参照)．

1) X がある事象 A の**指示関数** (indicator function)，すなわち，

$$X = \mathrm{I}_A \stackrel{\mathrm{def}}{=} \begin{cases} 1, & \omega \in A \text{ の場合} \\ 0, & \text{その他の場合} \end{cases} \tag{A.9}$$

ならば，

$$\mathbb{E}X \stackrel{\mathrm{def}}{=} \mathbb{P}(A) \tag{A.10}$$

と定義する．

2) X が正で**単純** (simple)，すなわち，ある正数 (無限大でもよい) $a_1, \ldots, a_n$ と事象 $A_1, \ldots, A_n$ に対して，$X = \sum_{i=1}^n a_i \mathrm{I}_{A_i}$ となるならば，

$$\mathbb{E}X \stackrel{\mathrm{def}}{=} \sum_{i=1}^n a_i\, \mathbb{P}(A_i) \tag{A.11}$$

と定義する．ただし，$\infty \times 0$ と $0 \times \infty$ は 0 と定義する．

3) X が正値確率変数ならば，

$$\mathbb{E}X \stackrel{\mathrm{def}}{=} \lim_{n \to \infty} \mathbb{E}X_n \tag{A.12}$$

と定義する．ここで，$X_1, X_2, \ldots$ は任意の単純確率変数の増加列であり，ほとんど確実に (☞ p.653) X へ収束するものとする．これを，

$$X_n \stackrel{\mathrm{a.s.}}{\nearrow} X$$

と書く．文献 [12] により，そのような確率変数列が存在すること，および，無限大となる場合も含めて，式 (A.12) の極限が単純確率変数の増加列に依存しない形で存在することがわかる．

4) 最後に，一般の確率変数 X (正値でなくてもよい) について考える．$X^+ = \max\{X, 0\}$, $X^- = \max\{-X, 0\}$ を X の正部分と負部分とし (両方とも非負であることに注意)，これらを用いて $X = X^+ - X^-$ と表し，次のように定義する．

$$\mathbb{E}X \stackrel{\text{def}}{=} \mathbb{E}X^+ - \mathbb{E}X^-$$

ここで，"右辺の少なくとも一方の項は有限である" とする（$\infty - \infty$ は定義されない）．

確率変数 X が $\mathbb{E}|X| < \infty$ を満たす（よって，期待値が有限である）とき，X は**可積分** (integrable) であるという．文献 [3, p.216] より，確率変数 X が可積分であるための必要十分条件は，

$$\lim_{c \to \infty} \mathbb{E}|X| \mathrm{I}_{\{|X|>c\}} = 0$$

であることが容易に示せる．確率変数 X が $\mathbb{E}X^2 < \infty$ を満たすとき，X は **2 乗可積分** (square integrable) であるという．確率変数列 $X_1, X_2, \ldots$ が

$$\sup_n \mathbb{E}|X_n| < \infty$$

を満たすとき，その確率変数列は**可積分** (integrable) であるという．確率変数列 $X_1, X_2, \ldots$ が

$$\lim_{c \to \infty} \sup_n \mathbb{E}|X_n| \mathrm{I}_{\{|X_n|>c\}} = 0$$

を満たすとき，その確率変数列は**一様可積分** (uniformly integrable) であるという．一様可積分であるための条件を考えると，まず，$X_1, X_2, \ldots$ は可積分でなければならない．さらに，ある $\varepsilon > 0$ が存在して

$$\sup_n \mathbb{E}|X_n|^{1+\varepsilon} < \infty$$

であれば，確率変数列 $X_1, X_2, \ldots$ は一様可積分となる．確率変数列が一様可積分であるためのもう 1 つの十分条件として，すべての x とすべての n に対して $\mathbb{P}(|X_n| \geqslant x) \leqslant \mathbb{P}(|Y| \geqslant x)$ を満たす可積分確率変数 Y の存在が挙げられる [2, p.32]．連続時間確率過程 $\{X_t, t \geqslant 0\}$ に対しても，離散パラメータ n を連続パラメータ t に置き換えることで，可積分性と一様可積分性が同様に定義される．

期待値を計算する上で，次の定理は不可欠である．

定理 A.1（期待値） X を分布 P_X と累積分布関数 F を持つ確率変数とし，g を実数値関数とする．このとき（積分が存在するとして），

$$\mathbb{E}\,g(X) = \int g(X)\,\mathrm{d}\mathbb{P} = \int_{\mathbb{R}} g(x)\,\mathrm{d}P_X(x) \stackrel{\text{def}}{=} \int_{-\infty}^{\infty} g(x)\,\mathrm{d}F(x) \tag{A.13}$$

が成り立つ．

式 (A.13) の最後の積分を **Lebesgue–Stieltjes** 積分という．応用上興味あるほとんどの場合において，この積分は Riemann–Stieltjes 積分 [3, p.228] で置き換えることができ，初等的な和や Riemann 積分によって計算される．特に，X が離散で，確率密度関数 f を持つとき，式 (A.13) は

$$\mathbb{E}\,g(X) = \sum_x g(x) f(x) \tag{A.14}$$

となり，絶対連続の場合は

$$\mathbb{E}\,g(X) = \int_{-\infty}^{\infty} g(x) f(x)\,\mathrm{d}x \tag{A.15}$$

となる．定理 A.1 は確率ベクトルの場合へ容易に拡張される．特に，$\boldsymbol{X} = (X_1, \dots, X_n)$ が (n 次元の) 累積分布関数 F を持つ確率ベクトルで，g が $\mathbb{R}^n$ 上の数値関数ならば，

$$\mathbb{E}\,g(\boldsymbol{X}) = \int_{\mathbb{R}^n} g(\boldsymbol{x})\,\mathrm{d}F(\boldsymbol{x}) \tag{A.16}$$

となる．

A.3.1 期待値の性質

以下では，$X, X_1, X_2, \dots, Y$ を確率変数とし，$\boldsymbol{X}$ を確率ベクトルとする．$X_n \xrightarrow{\text{a.s.}} X$ (☞ p.653) は，確率変数列 $X_1, X_2, \dots$ がほとんど確実に X へ収束することを表す．次に示す性質 1〜7 は，期待値の定義から直接得られる．性質 8 の証明は，例えば [3, Chapter 3] にある．A.8 節も参照せよ．

1) **正値性** (positivity)：正値確率変数の期待値は，$+\infty$ の場合を含めて常に存在する．
2) **線形性** (linearity)：$a, b \in \mathbb{R}$ に対して，$\mathbb{E}(aX + bY) = a\mathbb{E}X + b\mathbb{E}Y$.
3) **単調性** (monotonicity)：$X \geqslant Y$ [*1)] ならば $\mathbb{E}X \geqslant \mathbb{E}Y$.
4) **指示関数** (indicator)：I_A が事象 A の指示関数ならば，$\mathbb{E}\mathrm{I}_A = \mathbb{P}(A)$.
5) **Jensen の不等式** (Jensen's inequality)：$\mathscr{X}$ を $\mathbb{R}^n$ の凸部分集合 (☞ p.714)，$h: \mathscr{X} \to \mathbb{R}$ を凸可測関数とする．$\boldsymbol{X}$ を $\mathscr{X}$ に値をとる確率ベクトルとし，$\mathbb{E}\boldsymbol{X} = (\mathbb{E}X_1, \dots, \mathbb{E}X_n)$ は有限とする．このとき，$\mathbb{E}h(\boldsymbol{X})$ が存在して，次式が成り立つ．

$$\mathbb{E}h(\boldsymbol{X}) \geqslant h(\mathbb{E}\boldsymbol{X})$$

6) **Fatou の補題** (Fatou's lemma)：$X_n \geqslant 0$ ならば，次式が成り立つ．

$$\mathbb{E}\liminf_{n\to\infty} X_n \leqslant \liminf_{n\to\infty} \mathbb{E}X_n$$

7) **単調収束定理** (monotone convergence theorem)：ある n について $\mathbb{E}X_n$ が存在するとき，次式が成り立つ．

$$X_n \overset{\text{a.s.}}{\nearrow} X \quad \Rightarrow \quad \mathbb{E}X_n \nearrow \mathbb{E}X$$

8) **優収束定理** (dominated convergence theorem)：$\mathbb{E}Y < \infty$ とし，すべての n について $|X_n| \leqslant Y$ とする．このとき，次式が成り立つ．

$$X_n \xrightarrow{\text{a.s.}} X \quad \Rightarrow \quad \mathbb{E}X_n \to \mathbb{E}X$$

[*1)] 【訳注】不等式を正確に書くと，次のとおりである．$X(\omega) \geqslant Y(\omega)$, $\forall \omega \in \Omega$.

A.3.2 分散

確率変数 X の**分散** (variance) を $\mathrm{Var}(X)$ (または σ^2) で表し,
$$\mathrm{Var}(X) = \mathbb{E}(X - \mathbb{E}X)^2 = \mathbb{E}X^2 - (\mathbb{E}X)^2$$
で定義する.分散の正の平方根を**標準偏差** (standard deviation) という.

一般に,平均と分散だけでは,確率変数の分布を完全に特定することはできない.しかし,それらを用いて分布に関する有益な上界を与えることができる.例を3つ示す.Kolmogorov の不等式の証明は [5, p.116] にある.

1) **マルコフの不等式** (Markov's inequality):期待値が μ である正の確率変数 X に対して,次式が成り立つ.
$$\mathbb{P}(X \geqslant x) \leqslant \frac{\mu}{x}, \quad x > 0 \tag{A.17}$$

2) **Chebyshev の不等式** (Chebyshev's inequality):有限な期待値 μ と有限な分散 σ^2 を持つ任意の確率変数 X に対して,次式が成り立つ.
$$\mathbb{P}(|X - \mu| \geqslant x) \leqslant \frac{\sigma^2}{x^2}, \quad x \geqslant 0 \tag{A.18}$$

3) **Kolmogorov の不等式** (Kolmogorov's inequality):$X_1, X_2, \ldots$ を独立な確率変数の列とする.$S_1, S_2, \ldots$ を,$S_n = X_1 + \cdots + X_n$ で定義される部分和の列とし,有限な期待値 $\{\mu_n\}$ と有限な分散 $\{\sigma_n^2\}$ を持つと仮定する.このとき,次式が成り立つ.
$$\mathbb{P}\left(\max_{1 \leqslant i \leqslant n} |S_i - \mu_i| \geqslant x\right) \leqslant \frac{\sigma_n^2}{x^2}, \quad x \geqslant 0 \tag{A.19}$$

A.4 条件付きと独立

条件付き確率と条件付き分布は,ランダム試行についての追加情報を表すために使われる.独立性は,そのような情報の"欠如"を表すために使われる.

A.4.1 条件付き確率

ある事象 $B \subseteq \Omega$ が起こったとする.このとき,事象 A が起こることと $A \cap B$ が起こることは同値となり,したがって,A が起こる相対的な可能性は $\mathbb{P}(A \cap B)/\mathbb{P}(B)$ となる.ただし,$\mathbb{P}(B) > 0$ とする.これに従い,B が与えられたときの A の**条件付き確率** (conditional probability) を次で定義する.
$$\mathbb{P}(A \mid B) = \frac{\mathbb{P}(A \cap B)}{\mathbb{P}(B)}, \quad \text{ただし } \mathbb{P}(B) > 0 \tag{A.20}$$

$\mathbb{P}(B) = 0$ のとき,この定義は成り立たない.そのような場合での条件付き確率を扱うためには,さらに配慮が必要となる [3].

条件付き確率の定義から得られる3つの重要な結果として,以下がある.

1) **乗法公式** (product rule)：任意の事象列 $A_1, A_2, \ldots, A_n$ に対して，次式が成り立つ．

$$\mathbb{P}(A_1 \cdots A_n) = \mathbb{P}(A_1)\mathbb{P}(A_2 \mid A_1)\mathbb{P}(A_3 \mid A_1 A_2) \cdots \mathbb{P}(A_n \mid A_1 \cdots A_{n-1}) \tag{A.21}$$

ただし，$A_1 A_2 \cdots A_k = A_1 \cap A_2 \cap \cdots \cap A_k$ である．

2) **全確率の法則** (law of total probability)：$\{B_i\}$ が Ω の**分割** (partition)（すなわち，$B_i \cap B_j = \emptyset, i \neq j$，かつ $\cup_i B_i = \Omega$）ならば，任意の事象 A に対して，次式が成り立つ．

$$\mathbb{P}(A) = \sum_i \mathbb{P}(A \mid B_i)\mathbb{P}(B_i) \tag{A.22}$$

3) **ベイズ公式** (Bayes' rule)：$\{B_i\}$ を Ω の分割とする．このとき，$\mathbb{P}(A) > 0$ である任意の事象 A に対して，次式が成り立つ．

$$\mathbb{P}(B_j \mid A) = \frac{\mathbb{P}(A \mid B_j)\mathbb{P}(B_j)}{\sum_i \mathbb{P}(A \mid B_i)\mathbb{P}(B_i)} \tag{A.23}$$

A.4.2 独 立 性

2 つの事象 A と B について，B が起こったことを知ることが，A が起こる確率を変化させないとき，A と B は**独立** (independent) であるという．すなわち，"A と B が独立 $\Leftrightarrow \mathbb{P}(A \mid B) = \mathbb{P}(A)$" である．$\mathbb{P}(A \mid B)\mathbb{P}(B) = \mathbb{P}(A \cap B)$ であることから，独立性のもう 1 つの定義として

$$A \text{ と } B \text{ が独立} \Leftrightarrow \mathbb{P}(A \cap B) = \mathbb{P}(A)\mathbb{P}(B)$$

が得られる．この定義は $\mathbb{P}(B) = 0$ の場合にも成り立ち，任意の個数の事象へも拡張できる．すなわち，任意の k と任意に選んだ異なる指標 $i_1, \ldots, i_k$ に対して，

$$\mathbb{P}(A_{i_1} \cap A_{i_2} \cap \cdots \cap A_{i_k}) = \mathbb{P}(A_{i_1})\mathbb{P}(A_{i_2}) \cdots \mathbb{P}(A_{i_k})$$

が成り立つとき，事象 $A_1, A_2, \ldots$ は独立であるという．$\{A_i\}$ から選んだどの 2 つの事象も独立ならば，$\{A_i\}$ は**対ごとに独立** (pairwise independent) であるという．

独立性の概念は，"確率変数" に対しても定式化できる．確率変数 $X_1, X_2, \ldots$ が独立であるとは，任意に選んだ有限の n，異なる指標 $i_1, \ldots, i_n$，ボレル集合 $B_1, \ldots, B_n$ に対して，事象 $\{X_{i_1} \in B_1\}, \ldots, \{X_{i_n} \in B_n\}$ が独立である場合をいう．

独立な確率変数の重要な特徴付けを次に示す（証明は，例えば [25] を参照）．

定理 A.2（周辺確率密度関数の積） 確率変数列 $X_1, \ldots, X_n$ は周辺確率密度関数 $f_{X_1}, \ldots, f_{X_n}$ と結合確率密度関数 f を持つとする．このとき，$X_1, \ldots, X_n$ が独立となる必要十分条件は次で与えられる．

$$f(x_1, \ldots, x_n) = f_{X_1}(x_1) \cdots f_{X_n}(x_n), \quad \forall \, x_1, \ldots, x_n \tag{A.24}$$

多くの確率モデルは，**独立で同一の分布に従う** (independent and identically distributed)（これを **iid** と略記する）確率変数 $X_1, X_2, \ldots$ を含む．記号 iid は本書全体で用いられる[*2]．

A.4.3 共　分　散

2つの確率変数 X, Y の期待値を μ_X, μ_Y としたとき，X と Y の**共分散** (covariance) は

$$\mathrm{Cov}(X, Y) = \mathbb{E}[(X - \mu_X)(Y - \mu_Y)]$$

で定義される．これは，変数間の線形的な依存性の大きさを表す量である．$\sigma_X^2 = \mathrm{Var}(X)$，$\sigma_Y^2 = \mathrm{Var}(Y)$ としたとき共分散をスケール変換したものが，次の**相関係数** (correlation coefficient) である．

$$\varrho(X, Y) = \frac{\mathrm{Cov}(X, Y)}{\sigma_X \sigma_Y}$$

以下では，$\mu_X = \mathbb{E}X$，$\sigma_X^2 = \mathrm{Var}(X)$ とする．次に示す性質は，分散と共分散の定義から直接導かれる．

1) $\mathrm{Var}(X) = \mathbb{E}X^2 - \mu_X^2$
2) $\mathrm{Var}(aX + b) = a^2 \sigma_X^2$
3) $\mathrm{Cov}(X, Y) = \mathbb{E}[XY] - \mu_X \mu_Y$
4) $\mathrm{Cov}(X, Y) = \mathrm{Cov}(Y, X)$
5) $-\sigma_X \sigma_Y \leqslant \mathrm{Cov}(X, Y) \leqslant \sigma_X \sigma_Y$
6) $\mathrm{Cov}(aX + bY, Z) = a\,\mathrm{Cov}(X, Z) + b\,\mathrm{Cov}(Y, Z)$
7) $\mathrm{Cov}(X, X) = \sigma_X^2$
8) $\mathrm{Var}(X + Y) = \sigma_X^2 + \sigma_Y^2 + 2\,\mathrm{Cov}(X, Y)$
9) X と Y が独立ならば $\mathrm{Cov}(X, Y) = 0$

性質2と8より，"独立な" 確率変数 $X_1, \ldots, X_n$ について，$\sigma_1^2, \ldots, \sigma_n^2$ をそれら確率変数の分散とし，$a_1, \ldots, a_n$ を定数として，

$$\mathrm{Var}(a_1 X_1 + a_2 X_2 + \cdots + a_n X_n) = a_1^2 \sigma_1^2 + a_2^2 \sigma_2^2 + \cdots + a_n^2 \sigma_n^2 \quad (\mathrm{A.25})$$

が成り立つ．

$\boldsymbol{X} = (X_1, \ldots, X_n)$ のような確率ベクトルについては，期待値と分散をベクトルの形で書くと便利である．$\boldsymbol{X}$ を "行ベクトル" と解釈するか "列ベクトル" と解釈するかは，通常，文脈から明らかになる．ただし，行列の積を含む場合など，いくつかのケースについてはそれらの区別を明示する．確率（列）ベクトル $\boldsymbol{X}$ に対して，その**期待値ベクトル** (expectation vector) を，期待値を要素とするベクトルとして，

$$\boldsymbol{\mu} = (\mu_1, \ldots, \mu_n)^\top = (\mathbb{E}X_1, \ldots, \mathbb{E}X_n)^\top$$

[*2] 【訳注】本書では，iid のほか「独立同分布」と表現している．

で定義する．**共分散行列**（covariance matrix）Σ は，(i,j) 要素が

$$\mathrm{Cov}(X_i, X_j) = \mathbb{E}[(X_i - \mu_i)(X_j - \mu_j)]$$

である行列として定義する．

ベクトル（行列）の期待値を期待値のベクトル（行列）として定義することで，簡潔に，

$$\boldsymbol{\mu} = \mathbb{E}\boldsymbol{X}$$
$$\Sigma = \mathbb{E}[(\boldsymbol{X} - \boldsymbol{\mu})(\boldsymbol{X} - \boldsymbol{\mu})^\top]$$

と書くことができる．

A.4.4 条件付き密度と期待値

X と Y は両方とも離散，あるいは両方とも絶対連続で，結合確率密度関数 f を持ち，$f_X(x) > 0$ とする．$X = x$ が与えられたときの，Y の**条件付き確率密度関数**（conditional pdf）は，

$$f_{Y|X}(y\,|\,x) = \frac{f(x,y)}{f_X(x)}, \quad \forall y \tag{A.26}$$

で与えられる．離散の場合，この式は，$f_{Y|X}(y\,|\,x) = \mathbb{P}(Y = y\,|\,X = x)$ として，式 (A.20) を書き換えたものとなっている．絶対連続の場合も，密度に関して同様の解釈が使える（例えば [25, p.221] を参照）．この条件付き確率密度関数に対応する分布は，$X = x$ が与えられたときの，Y の**条件付き分布**（conditional distribution）と呼ばれ，対応する**条件付き期待値**（conditional expectation）は，

$$\mathbb{E}[Y\,|\,X = x] = \begin{cases} \sum_y y\, f_{Y|X}(y\,|\,x), & \text{離散の場合} \\ \int y\, f_{Y|X}(y\,|\,x)\,\mathrm{d}y, & \text{絶対連続の場合} \end{cases} \tag{A.27}$$

となる．

$\mathbb{E}[Y\,|\,X = x]$ は x の関数であることに注意せよ．これに対応する確率変数を $\mathbb{E}[Y\,|\,X]$ と書く．同様の形式は，確率変数列 $X_1, \ldots, X_n$ で条件付けする場合や，σ 集合族で条件付けする場合にも使える（例えば [5, Chapter 9] を参照）．条件付き期待値は，A.3.1 項で示した期待値の性質と同様な性質を持つ．以下に，その他の有用な性質を示す（例えば [28] を参照）．

1) **タワープロパティ**（tower property）：$\mathbb{E}Y$ が存在するならば，次式が成り立つ．

$$\mathbb{E}\,\mathbb{E}[Y\,|\,X] = \mathbb{E}Y \tag{A.28}$$

2) **知られているもののくくり出し**：$\mathbb{E}Y$ が存在すれば，次式が成り立つ．

$$\mathbb{E}[XY\,|\,X] = X\mathbb{E}Y$$

3) **正射影**（orthogonal projection）：Y が 2 乗可積分ならば，$\mathbb{E}[Y|X]$ は，$\mathbb{E}(Y - h(X))^2$ を最小化する関数 $h(X)$ で与えられる．

A.5　L^p　空　間

$(\Omega, \mathcal{H}, \mathbb{P})$ を確率空間，X を数値確率変数とする．$p \in [1, \infty)$ に対して，
$$\|X\|_p = (\mathbb{E}|X|^p)^{\frac{1}{p}}$$
と定義し，
$$\|X\|_\infty = \inf\{x : \mathbb{P}(|X| \leqslant x) = 1\}$$
とする．各 $p \in [1, \infty]$ に対して，$\|X\|_p < \infty$ を満たすすべての数値確率変数 X の集合を L^p とする．特に，L^1 はすべての可積分確率変数からなり，L^2 はすべての2乗可積分確率変数からなる．L^p 空間についての以下の性質は，例えば [26, Chapter 3] を参照せよ．

1) **正値性** (positivity)：$\|X\|_p \geqslant 0$ かつ，$\|X\|_p = 0 \Leftrightarrow X = 0$ (a.s.)．
2) **定数倍** (multiplication with a constant)：$\|cX\|_p = |c|\,\|X\|_p$．
3) **Minkowski の（三角）不等式** (Minkowski's (triangle) inequality)：$\|X+Y\|_p \leqslant \|X\|_p + \|Y\|_p$．
4) **Hölder の不等式** (Hölder's inequality)：$\frac{1}{p} + \frac{1}{q} = \frac{1}{r}$ を満たす $p, q, r \in [1, \infty]$ に対して，
$$\|XY\|_r \leqslant \|X\|_p \|Y\|_q \tag{A.29}$$
となる．$p = q = 2$ かつ $r = 1$ の場合は，**Schwarz の不等式** (Schwarz's inequality) と呼ばれる．
5) **単調性** (monotonicity)：$1 \leqslant p < q \leqslant \infty$ ならば，$\|X\|_p \leqslant \|X\|_q$ となる．

空間 L^p は"線形空間"である．ほとんど確実に等しい確率変数を1つの同じ確率変数として同一視することで，上に示した最初の3つの性質は，$\|\cdot\|_p$ がこの空間のノルムであることを示している．特に重要なのは L^2 であり，実際，L^2 は内積
$$\langle X, Y \rangle = \mathbb{E}[XY]$$
を持つ"Hilbert 空間"となる．L^2 ノルムは，添字を省略して単純に $\|\cdot\|$ と記述する．

L^2 に属する確率変数については，分散と共分散の概念を幾何的に解釈することができる．すなわち，X と Y が平均 0（期待値が 0）の確率変数ならば，
$$\mathrm{Var}(X) = \|X\|^2 \quad \text{かつ} \quad \mathrm{Cov}(X, Y) = \langle X, Y \rangle$$
となる．L^2 空間のもう1つの重要な使い方は，条件付き期待値の解釈にある．X と Y を確率変数とする．2乗可積分な X の関数の空間を $\mathcal{K}$ とする．このとき，最小化問題
$$\min_{K \in \mathcal{K}} \|Y - K\|$$

の解が $\mathcal{K}$ の中に（同値なものを除いて）唯一存在する．これは，$\mathcal{K}$ 上への Y の**正射影** (orthogonal projection) であり，条件付き期待値 $\mathbb{E}[Y \mid X]$ に（同値なものを除いて）一致する．例えば [28, Chapter 9] を参照せよ．

A.6 確率変数の関数

A.6.1 線形変換

$\boldsymbol{x} = (x_1, \ldots, x_n)^\top$ を $\mathbb{R}^n$ に値をとる列ベクトルとし，A を $m \times n$ 行列とする．$\boldsymbol{z} = A\boldsymbol{x}$ で与えられる写像 $\boldsymbol{x} \mapsto \boldsymbol{z}$ を**線形変換** (linear transformation) という．確率ベクトル $\boldsymbol{X} = (X_1, \ldots, X_n)^\top$ について，

$$\boldsymbol{Z} = A\boldsymbol{X}$$

で与えられる $\boldsymbol{Z}$ は，$\mathbb{R}^m$ に値をとる確率ベクトルとなる．$\boldsymbol{X}$ が期待値ベクトル $\boldsymbol{\mu_X}$ と共分散行列 $\Sigma_{\boldsymbol{X}}$ を持つならば，$\boldsymbol{Z}$ の期待値ベクトルは

$$\boldsymbol{\mu_Z} = A\boldsymbol{\mu_X} \tag{A.30}$$

で与えられ，$\boldsymbol{Z}$ の共分散行列は，

$$\Sigma_{\boldsymbol{Z}} = A\, \Sigma_{\boldsymbol{X}}\, A^\top \tag{A.31}$$

で与えられる．

さらに，A が逆行列を持つ $n \times n$ 行列であり，$\boldsymbol{X}$ が確率密度関数 $f_{\boldsymbol{X}}$ を持つならば，$\boldsymbol{Z}$ の確率密度関数は

$$f_{\boldsymbol{Z}}(\boldsymbol{z}) = \frac{f_{\boldsymbol{X}}(A^{-1}\boldsymbol{z})}{|\det(A)|}, \quad \boldsymbol{z} \in \mathbb{R}^n \tag{A.32}$$

で与えられる．ここで，$|\det(A)|$ は A の行列式の絶対値を表す．

A.6.2 一般の変換

線形変換公式 (A.32) の一般化のために，次に示す任意の写像 $\boldsymbol{x} \mapsto \boldsymbol{g}(\boldsymbol{x})$ について考える．

$$\begin{pmatrix} x_1 \\ x_2 \\ \vdots \\ x_n \end{pmatrix} \mapsto \begin{pmatrix} g_1(\boldsymbol{x}) \\ g_2(\boldsymbol{x}) \\ \vdots \\ g_n(\boldsymbol{x}) \end{pmatrix}$$

$\boldsymbol{x}$ を固定して $\boldsymbol{z} = \boldsymbol{g}(\boldsymbol{x})$ とし，$\boldsymbol{g}$ の逆写像 $\boldsymbol{g}^{-1}$ の存在を仮定する．このとき，$\boldsymbol{x} = \boldsymbol{g}^{-1}(\boldsymbol{z})$ となる．$\boldsymbol{X}$ を確率密度関数 $f_{\boldsymbol{X}}$ を持つ確率ベクトルとし，$\boldsymbol{Z} = \boldsymbol{g}(\boldsymbol{X})$ とする．この $\boldsymbol{Z}$ は確率密度関数

$$f_{\boldsymbol{Z}}(\boldsymbol{z}) = \frac{f_{\boldsymbol{X}}(\boldsymbol{x})}{|\det(J_{\boldsymbol{g}}(\boldsymbol{x}))|}, \quad \boldsymbol{z} \in \mathbb{R}^n \tag{A.33}$$

を持つ. ここで, $J_{\boldsymbol{g}}(\boldsymbol{x})$ は変換 $\boldsymbol{g}$ の $\boldsymbol{x}$ におけるヤコビ行列 (☞ p.748) である.

注 A.4 (座標変換) 通常, 座標変換で与えられるのは, $\boldsymbol{g}$ よりはむしろ $\boldsymbol{z}$ の関数としての $\boldsymbol{x}$ の表現である $\boldsymbol{g}^{-1}$ のほうである. ここで, $|\det(J_{\boldsymbol{g}^{-1}}(\boldsymbol{z}))| = 1/|\det(J_{\boldsymbol{g}}(\boldsymbol{x}))|$ であることに注意せよ.

A.7 母関数と積分変換

確率分布を含む多くの計算や操作は, 変換手法を使うことで容易になる. そのような変換はすべて, 次の 2 つの重要な性質を共有する.

1) **唯一性** (uniqueness): 2 つの分布が同じであるためには, それらの変換が同じであることが必要十分条件となる.
2) **独立性** (independence): X と Y が独立であり, それぞれが変換 T_X, T_Y を持つならば, $X+Y$ の変換 T_{X+Y} は次のように積の形で与えられる.

$$T_{X+Y}(t) = T_X(t)\, T_Y(t)$$

本節では, 関数 g の k 階導関数を $g^{(k)}$ で表す.

A.7.1 確率母関数

$\mathbb{N} = \{0, 1, 2, \dots\}$ を非負整数の集合とし, X は $\mathbb{N}$ のある部分集合に値をとる確率変数で, 確率密度関数 f を持つものとする. X の**確率母関数** (probability generating function) とは, 次で定義される関数 G のことである.

$$G(z) = \mathbb{E}\, z^X = \sum_{x=0}^{\infty} z^x f(x)$$

G を定義するべき級数は, ある $r \geqslant 1$ に対してすべての $|z| \leqslant r$ で収束する. 次の 2 つの性質は有益である (例えば [9, Chapter XI] を参照).

1) **逆変換**: $f(x) = \dfrac{G^{(x)}(0)}{x!}, \ x \in \mathbb{N}$
2) **モーメントの性質**: $\mathbb{E}[X(X-1)\cdots(X-k+1)] = \lim_{z \uparrow 1} G^{(k)}(z), \ k = 1, 2, \dots$

A.7.2 モーメント母関数とラプラス変換

累積分布関数 F を持つ確率変数 X の**モーメント母関数** (moment generating function) とは, 次で与えられる関数 $M: \mathbb{R} \to [0, \infty]$ のことである.

$$M(t) = \mathbb{E}\, \mathrm{e}^{tX} = \int_{-\infty}^{\infty} \mathrm{e}^{tx}\, \mathrm{d}F(x)$$

値が $+\infty$ となる場合を含め，この期待値は常に存在する．"正値"確率変数 X に対して，その**ラプラス変換** (Laplace transform) とは，$L(t) = M(-t),\ t \geqslant 0$ で定義される関数 $L: \mathbb{R}_+ \to \overline{\mathbb{R}}_+$ のことである．X が確率密度関数 f の絶対連続分布に従うとき，X のラプラス変換は f の古典的なラプラス変換に一致する．

モーメント母関数が 0 を含むある開区間で有限ならば，整数次のモーメント $\{\mathbb{E}X^k\}$ が存在し，それらは有限で，X の分布を一意に決定する．さらに，その場合，次の性質が成り立つ（例えば [5] を参照）．

1) **モーメントの性質**：$\mathbb{E}X^k = M^{(k)}(0),\ k \geqslant 1$
2) **テイラーの定理**：
$$M(t) = \sum_{k=0}^{\infty} \frac{\mathbb{E}X^k}{k!} t^k$$

注 A.5（無限モーメント母関数） モーメント母関数が 0 を含む任意の開区間で必ずしも有限の値をとらないとき，整数次モーメントの列は，すべての要素が有限であっても，確率変数の分布を一意に特徴付けるには不十分である（例えば [13] を参照）．

A.7.3 特 性 関 数

最も汎用的な変換は，特性関数への変換である．どの確率変数も特性関数を持つ．特性関数は関数の古典的なフーリエ変換と密接に関連しており，モーメント母関数よりもさらに重要な解析的特徴を持つ．

累積分布関数 F を持つ確率変数 X の**特性関数** (characteristic function) とは，次で定義される関数 $\phi: \mathbb{R} \to \mathbb{C}$ のことである．
$$\phi(t) = \mathbb{E}\,\mathrm{e}^{\mathrm{i}tX} = \int_{-\infty}^{\infty} \mathrm{e}^{\mathrm{i}tx}\,\mathrm{d}F(x), \quad t \in \mathbb{R}$$

この式は次と同値である．
$$\phi(t) = \mathbb{E}\cos(tX) + \mathrm{i}\,\mathbb{E}\sin(tX), \quad t \in \mathbb{R}$$

$\phi(0) = 1$ かつ $|\phi(t)| \leqslant 1$ であることに注意せよ．以下はその他の性質である（証明は，例えば [5] を参照）．

1) **モーメントの性質**：$\mathbb{E}|X|^n < \infty$ ならば，$k = 1, 2, \ldots, n$ に対して $\phi^{(k)}$ は次で与えられ，有限かつ $\mathbb{R}$ 上連続となる．
$$\phi^{(k)}(t) = \mathrm{i}^k\,\mathbb{E}\left[X^k\,\mathrm{e}^{\mathrm{i}tX}\right], \quad t \in \mathbb{R}$$
特に，$\mathbb{E}X^k = (-\mathrm{i})^k \phi^{(k)}(0)$ である．

2) **テイラーの定理**：$\mathbb{E}|X|^n < \infty$ ならば，0 の近傍において，次式が成り立つ．
$$\phi(t) = \sum_{k=0}^{n} \frac{\mathbb{E}X^k}{k!}(\mathrm{i}t)^k + o(t^n)$$

3) **連続性**：$F_1, F_2, \ldots$ を累積分布関数の列とし，それぞれが特性関数 $\phi_1, \phi_2, \ldots$ を持つとする．t の各点で $\phi_n(t) \to \phi(t)$ であり，$\phi(t)$ が $t=0$ で連続とすると，ある累積分布関数 F が存在して，F_n は F へ "弱収束" し（☞ p.654），ϕ はその F の特性関数となる．
4) $\phi(t)$ は $\mathbb{R}$ 上一様連続である．
5) $\phi_{(-X)}(t) = \overline{\phi_X(t)}$, $t \in \mathbb{R}$ である．これより，ある確率変数が 0 について "対称" である（すなわち，X と $-X$ が同じ分布に従う）ためには，その確率変数の特性関数が実数値をとることが必要十分条件となる．

A.8 極限定理

$(\Omega, \mathcal{H}, \mathbb{P})$ を確率空間とし，$X_1, X_2, \ldots, X$ を距離 ϱ の距離空間 E に値をとる確率変数とする．E には σ 集合族 $\mathcal{E}$ が備わっているとする．典型的な例は $E = \mathbb{R}^n$ で，ϱ をユークリッド距離 $\varrho(\boldsymbol{x}, \boldsymbol{y}) = \|\boldsymbol{x} - \boldsymbol{y}\|$ とした場合がある（[2] も参照）．数値確率変数ならば $E = \mathbb{R}$ であり，$\varrho(x, y) = |x - y|$ である．

A.8.1 収束概念

確率変数の収束概念には，以下のような異なる定義がある．
1) **ほとんど確実に収束** (almost sure convergence)：数値確率変数の列 $X_1, X_2, \ldots$ と数値確率変数 X が
$$\mathbb{P}\left(\lim_{n \to \infty} X_n = X\right) = 1$$
を満たすとき，その確率変数列は X へほとんど確実に（あるいは確率 1 で）収束するという．これを $X_n \xrightarrow{\text{a.s.}} X$ と書く．
2) **L^p ノルム収束** (convergence in L^p-norm)：数値確率変数の列 $X_1, X_2, \ldots$ と数値確率変数 X が
$$\lim_{n \to \infty} \mathbb{E}|X_n - X|^p = 0$$
を満たすとき，または同値な条件として，$\lim_{n \to \infty} \|X_n - X\|_p = 0$ を満たすとき，その確率変数列は X へ L^p ノルム収束するという．これを $X_n \xrightarrow{L^p} X$ と書く．ただし，$\|\cdot\|_p$ は L^p ノルムを表す（☞ p.649）．L^2 ノルム収束はしばしば **2 乗平均収束** (mean square convergence) と呼ばれる．
3) **確率収束** (convergence in probability)：確率変数列 $X_1, X_2, \ldots$ が，すべての $\varepsilon > 0$ に対して，
$$\lim_{n \to \infty} \mathbb{P}(\varrho(X_n, X) < \varepsilon) = 1$$
を満たすとき，その確率変数列は X に確率収束するという．これを $X_n \xrightarrow{\mathbb{P}} X$ と書く．

4) **法則収束** (convergence in law; convergence in distribution)：P_{X_n} を X_n の分布とし，P_X を X の分布とする．分布 P_{X_n} が P_X へ**弱収束** (converge weakly) する，すなわち，$\partial A \in \mathcal{E}$ を A の境界とし，$P_X(\partial A) = 0$ であるようなすべての $A \in \mathcal{E}$ に対して，

$$\lim_{n \to \infty} P_{X_n}(A) = P_X(A)$$

であるならば，確率変数列 $X_1, X_2, \ldots$ は X に法則収束（あるいは**分布収束**）するという．これを，$X_n \xrightarrow{d} X$ と書く．この定義は，すべての有界連続関数 $h : E \to \mathbb{R}$ に対して，

$$\lim_{n \to \infty} \mathbb{E} h(X_n) = \mathbb{E} h(X)$$

が成り立つことと同値である．

5) **完全収束** (complete convergence)：確率変数列 $X_1, X_2, \ldots$ が，すべての $\varepsilon > 0$ に対して，

$$\sum_n \mathbb{P}(\varrho(X_n, X) > \varepsilon) < \infty$$

を満たすとき，その確率変数列は X に完全収束するという．これを，$X_n \xrightarrow{\text{cpl.}} X$ と書く．

数値確率変数のさまざまな収束概念について，それらの最も一般的な関係を以下の図式に示す．証明は [2] と [3] にある．[14] も参照せよ．

$$\boxed{X_n \xrightarrow{\text{cpl.}} X} \Rightarrow \boxed{X_n \xrightarrow{\text{a.s.}} X}$$
$$\Downarrow$$
$$\boxed{X_n \xrightarrow{\mathbb{P}} X} \Rightarrow \boxed{X_n \xrightarrow{d} X}$$
$$\Uparrow$$
$$\boxed{X_n \xrightarrow{L^p} X} \underset{p \geqq q}{\Rightarrow} \boxed{X_n \xrightarrow{L^q} X}$$

A.8.2 収束概念における相互の関係

1) **定数への法則収束** [2, p.24]：c を E の定数要素とすると，次式が成り立つ．

$$X_n \xrightarrow{d} c \quad \Rightarrow \quad X_n \xrightarrow{\mathbb{P}} c$$

2) **一様可積分と確率収束** [28, p.131]：数値確率変数列 $\{X_n\}$ が一様可積分 (☞ p.643) であるとする．このとき，$p \geqq 1$ に対して，次式が成り立つ．

$$X_n \xrightarrow{\mathbb{P}} X \quad \Rightarrow \quad X_n \xrightarrow{L^p} X$$

上の条件は，$\mathbb{E}Y < \infty$ とし，すべての n に対して $|X_n| \leqq Y$ である場合を含む（優収束）．

3) **連続性定理** (continuity theorem) [2, p.30]: $(E', \mathcal{E}')$ を可測空間とし, E' には距離 ϱ' が定義されているとする. $h: E \to E'$ を可測関数とし, $D_h \in \mathcal{E}$ を h の不連続点の集合とする. このとき, $\mathbb{P}(X \in D_h) = 0$ ならば (特に, h が連続ならば), 次式が成り立つ.

$$X_n \xrightarrow{d} X \quad \Rightarrow \quad h(X_n) \xrightarrow{d} h(X)$$

$E = \mathbb{R}^2$ かつ $E' = \mathbb{R}$ である特別な場合を考える. この場合, $c \in \mathbb{R}$ を定数として, $(X_n, Y_n) \xrightarrow{d} (X, c)$ であることは, すべての連続関数 $h: \mathbb{R}^2 \to \mathbb{R}$ について $h(X_n, Y_n) \xrightarrow{d} h(X, c)$ であることを意味する. これを **Slutsky の定理** (Slutsky's theorem) という.

4) **無限級数の有限期待値**: $X_n \geqslant 0$ とする. 無限級数 $\sum_n X_n$ が有限の期待値を持つならば, $X_n \xrightarrow{\text{a.s.}} 0$ となる.

5) **Skorohod 表現** (Skorohod representation) [11, p.271]: $X_n \xrightarrow{d} X$ とし, 対応する分布を P_{X_n}, P_X とする. このとき, $(E, \mathcal{E})$ 上の確率変数 $\tilde{X}_1, \tilde{X}_2, \ldots, \tilde{X}$ の中に, 各 n に対して $\tilde{X}_n$ の分布が P_{X_n}, $\tilde{X}$ の分布が P_X であり, $\tilde{X}_n \xrightarrow{\text{a.s.}} \tilde{X}$ を満たすものが存在する.

6) **単調収束** (monotone convergence): ある n に対して $\mathbb{E}X_n$ が存在するならば, 任意の $p \geqslant 1$ に対して次式が成り立つ.

$$X_n \overset{\text{a.s.}}{\nearrow} X \quad \Rightarrow \quad X_n \overset{L^p}{\nearrow} X$$

A.8.3 大数の法則と中心極限定理

確率についての主要な 2 つの成果である大数の法則と中心極限定理について, 簡潔に説明する. 両者とも独立な確率変数の和に関係している. 詳細については, 例えば [3, p.85, 357, 385] を参照せよ.

$X_1, X_2, \ldots$ を独立同分布に従う確率変数とし, 共通の期待値を μ とする. 大数の法則は, 大きな n について標本平均 $(X_1 + \cdots + X_n)/n$ が μ に近いことを示している.

定理 A.3 (大数の強法則) $X_1, \ldots, X_n$ は独立同分布に従うとし, 期待値を μ とする. このとき次式が成り立つ.

$$n \to \infty \text{ のとき} \quad \frac{X_1 + \cdots + X_n}{n} \xrightarrow{\text{a.s.}} \mu$$

中心極限定理は和 $S_n = X_1 + \cdots + X_n$ の極限分布について述べている. 簡単に言うと, n が大きいとき, ランダム和 S_n の分布は近似的に正規分布 (ガウス分布) となることを示している.

定理 A.4 (中心極限定理) $X_1, \ldots, X_n$ は独立同分布に従うとし, 期待値を μ, 分

散を $\sigma^2 < \infty$ とする．このとき，

$$n \to \infty \text{ のとき} \quad \frac{S_n - n\mu}{\sigma\sqrt{n}} \xrightarrow{\mathrm{d}} Y \sim \mathsf{N}(0,1)$$

が成り立つ．

これは，n が大きいとき，ランダム和 S_n の分布は近似的に平均 $n\mu$，分散 $n\sigma^2$ の正規分布となることを示している．条件 $\mathbb{E}|X - \mu|^3 < \infty$ を付け加えることで，標準化した S_n の累積分布関数について正確な誤差の限度を求めることができる．以下では，$Y \sim \mathsf{N}(0,1)$ の累積分布関数を Φ とする．

定理 A.5（Berry–Esséen） $X_1, \ldots, X_n$ は独立同分布に従うとし，期待値を μ，分散を $\sigma^2 < \infty$ とする．このとき，すべての n と，n にも X_1 の分布にも依存しないある定数 $K > 0$ について，以下が成り立つ．

$$\sup_x \left| \mathbb{P}\left(\frac{S_n - n\mu}{\sigma\sqrt{n}} \leqslant x \right) - \Phi(x) \right| \leqslant K \frac{\mathbb{E}|X_1 - \mu|^3}{\sqrt{n}\,\sigma^3}$$

証明は，例えば [5, p.224] を参照せよ．今までに発見されている最も小さい K の値は，$K = 0.7056$ である（[27] を参照）．

定理 A.6（多変量中心極限定理） $\boldsymbol{X}_1, \ldots, \boldsymbol{X}_n$ を独立同分布に従う確率ベクトルとし，$\boldsymbol{\mu}$ をその期待値ベクトル，Σ を有限な共分散行列とする．$\boldsymbol{S}_n$ を $\boldsymbol{S}_n = \boldsymbol{X}_1 + \cdots + \boldsymbol{X}_n$ で定義する．このとき，次式が成り立つ．

$$n \to \infty \text{ のとき} \quad \frac{\boldsymbol{S}_n - n\boldsymbol{\mu}}{\sqrt{n}} \xrightarrow{\mathrm{d}} \boldsymbol{Y} \sim \mathsf{N}(\boldsymbol{0}, \Sigma)$$

A.9　確 率 過 程

確率過程（stochastic process）あるいは**ランダム過程**（random process）とは，確率空間 $(\Omega, \mathcal{H}, \mathbb{P})$ 上の確率変数の族 $\{X_t, t \in \mathcal{T}\}$ のことである．ただし，$\mathcal{T}$ は任意のインデックス集合とする．X_t のとりうる値の集合 E を確率過程の**状態空間**（state space）という．E は t に依存しないと仮定する．インデックス集合 $\mathcal{T}$ は $\mathbb{R}$ の可算あるいは連続な部分集合とすることが多い．そのため，確率過程は時間とともに発展する確率変数と見なされ，X_t は時刻 t での確率過程の状態を表すとされる．

$\mathcal{T} \subseteq \mathbb{R}$ をインデックス集合とする確率過程 $X = \{X_t, t \in \mathcal{T}\}$ の分布は，その有限次元分布により完全に決定される．ここで有限次元分布とは，確率ベクトル $(X_{t_1}, \ldots, X_{t_n})$ の分布のことであり，n と $t_1, \ldots, t_n$ は任意に選ばれるものとする．ただし，有限次元分布は，確率過程の標本路の振る舞いを完全には決定しない（例えば [3, p.308] を参照）．したがって，有限次元分布だけを調べても，標本路の連続性や微

分可能性はわからない．同一の有限次元分布に従う複数の確率過程の 1 つ 1 つを**バージョン**（version）という．さらに，それら確率過程が同じ確率空間上で定義されていれば，それらは互いに他方の**変形**（modification）であるという．有限次元分布の整合的体系が与えられれば，（ほとんど確実に）"可分" な標本路を持つ確率過程のバージョンを常に選ぶことができる [3, pp.526–527]．ここで，標本路 $\{x_t, t \in \mathscr{T}\}$ に関し，$\mathscr{T}$ の稠密な部分集合 $\mathscr{D}$ で，各 $t \in \mathscr{T}$ に対して $t_n \to t$ かつ $x_{t_n} \to x_t$ であるような数列 $t_1, t_2, \ldots$ を含むもの $(t_1, t_2, \ldots \in \mathscr{D})$ が存在するとき，その標本路は**可分**（separable）であるという．可分確率過程の標本路の振る舞いは，その有限次元分布により決定される．以下では確率過程の可分バージョンを扱うものとする．

■ **例 A.5（ベルヌーイ過程）**

確率過程の基本的な例は，独立同分布に従う確率変数の族 $\{X_1, X_2, \ldots\}$ である．$t = 1, 2, \ldots$ について $X_t \stackrel{\text{iid}}{\sim} \text{Ber}(p)$ のとき，その確率過程を**ベルヌーイ過程**（Bernoulli process）という．ここで，状態空間は $E = \{0, 1\}$ であり，インデックス集合は $\mathscr{T} = \{1, 2, \ldots\}$ である．この確率過程は，偏りのあるコインを独立に投げるランダム試行をモデル化したものである．この確率過程の典型的な**標本路**（sample path）の最初の部分を，$p = 0.5$ の場合について図 A.6 に示す．

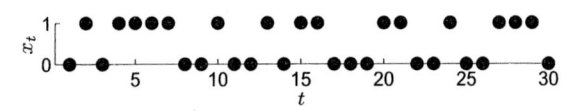

図 A.6 $p = 0.5$ であるベルヌーイ過程の標本路の一例．

時間とともに発展する実数値確率過程の記述と考察は，以下に示す概念を用いることで容易になる．すべての場合において，$\mathscr{T}$ は $\mathbb{N}, \mathbb{Z}, \mathbb{R}_+$ または $\mathbb{R}$ のどれかとする．事象の σ 集合族の集まり $\{\mathcal{H}_t\} = \{\mathcal{H}_t, t \in \mathscr{T}\}$ が，任意の $s \geq 0$ と $t \in \mathscr{T}$ について $\mathcal{H}_t \subseteq \mathcal{H}_{t+s}$ を満たすとき，$\{\mathcal{H}_t\}$ を**増大情報系**（filtration）または**履歴**（history）という．すべての t について $\mathcal{H}_t = \mathcal{H}_{t+} \stackrel{\text{def}}{=} \cap_{s>t} \mathcal{H}_s$ のとき，増大情報系は**右連続**（right-continuous）であるという．増大情報系はランダム現象に関する情報の拡大する流れと見なすことができる．どの $t \in \mathscr{T}$ についても X_t が $\{\mathcal{H}_t\}$ 可測である，すなわち $X_t \in \mathcal{H}_t$ である確率過程 $\{X_t, t \in \mathscr{T}\}$ は，増大情報系 $\{\mathcal{H}_t\}$ に**適合**（adapted）するという．直感的には，これは，$\mathcal{H}_s, s \leq t$ が確率過程に関する時刻 t までの完全な情報を含んでいることを意味する．$\tau \in \mathscr{T}$ を確率変数とし，各 $t \in \mathscr{T}$ について事象 $\{\tau \leq t\}$ が $\mathcal{H}_t$ に含まれているとする．このとき，τ を $\{\mathcal{H}_t\}$ に関する**停止時刻**（stopping time）という．直感的には，τ は，時刻 t までに停止が起きたかどうかを t までの（$\mathcal{H}_t$ に含まれる）情報をもとに判断できる場合の "停止時刻" である．

■ 例 A.6（ベルヌーイ過程の続き）

確率過程の豊富な例は，ベルヌーイ過程 $\{X_t, t = 1, 2, \ldots\}$ から導くことができる．例えば，$S_0 = 0$, $S_t = S_{t-1} + X_t$, $t = 1, 2, \ldots$ とすると，過程 $\{S_t\}$ は**ランダムウォーク**（random walk）の 1 つとなる．ベルヌーイ過程の時刻 t までの履歴を $\mathcal{H}_t$ とする．$S_1, \ldots, S_t$ に関するすべての情報は $X_1, \ldots, X_t$ から得られ，またその逆も成り立つことから，$\{S_t\}$ は増大情報系 $\{\mathcal{H}_t\}$ に適合する．$\{S_t\}$ がレベル n を初めて通過した時刻を τ_n とする．τ_n は $\tau_n = \inf\{t : S_t \geqslant n\}$ で与えられる．$X_1, \ldots, X_t$ に関する情報のみを使って，事象 $\{\tau_n \leqslant t\}$ が起きたかを判断できることから，この τ_n は $\{\mathcal{H}_t\}$ に関する停止時刻となる．

A.9.1 ガウス性

実数値確率過程 $\{X_t, t \in \mathcal{T}\}$ の有限次元分布がすべて正規分布である，すなわち，任意に選んだ n と $t_1, \ldots, t_n \in \mathcal{T}$ について，ベクトル $(X_{t_1}, \ldots, X_{t_n})$ が多次元正規分布（☞ p.146）に従う，あるいは同値な条件として，任意の線形結合 $\sum_{i=1}^n b_i X_{t_i}$ が正規分布に従うとき，その確率過程を**ガウス**（Gaussian）過程という．したがって，ガウス過程は正規確率ベクトルの一般化と見なせる．

ガウス過程の確率分布は，その**平均値関数**（expectation function）

$$\mu_t = \mathbb{E} X_t, \quad t \in \mathcal{T}$$

と**共分散関数**（covariance function）

$$\sigma_{s,t} = \mathrm{Cov}(X_s, X_t), \quad s, t \in \mathcal{T}$$

で完全に決定される．ゼロ平均ガウス過程とは，すべての t について $\mu_t = 0$ となるものをいう．ガウス過程の生成については 5.1 節で論じている．

■ 例 A.7（ウィーナー過程）

ウィーナー過程（Wiener process）$\{W_t, t \geqslant 0\}$ は，次の共分散関数を持つゼロ平均ガウス過程として定義される．

$$\sigma_{s,t} = \min\{s, t\}, \quad s, t \geqslant 0$$

ウィーナー過程は他のさまざまな確率過程の基礎となっている（第 5 章，A.12 節，A.13 節を参照）．5.5 節で論じているように，ウィーナー過程は多くの興味深い性質と特徴付けを持っている．

A.9.2 マルコフ性

インデックス集合を $\mathcal{T} \subseteq \mathbb{R}$，状態空間を E（その σ 加法族を $\mathcal{E}$）とする，$(\Omega, \mathcal{H}, \mathbb{P})$ 上の確率過程 $\{X_t, t \in \mathcal{T}\}$ が，どの $s \geqslant 0$, $t \in \mathcal{T}$, $A \in \mathcal{E}$ に対しても**マルコフ性**

(Markov property)
$$\mathbb{P}(X_{t+s} \in A \,|\, \mathcal{H}_t) = \mathbb{P}(X_{t+s} \in A \,|\, X_t) \tag{A.34}$$
を満たすならば（$\mathcal{H}_t$ はその確率過程の時刻 t までの履歴），その確率過程を**マルコフ過程**（Markov process）という．

任意の s に対して，条件付き分布 $P_s(x, A) = \mathbb{P}(X_{t+s} \in A \,|\, X_t = x)$ が t に依存しないとき，マルコフ過程は**斉時**（time-homogeneous）であるという．関数 P_s をマルコフ過程の（s ステップ）**推移核**（transition kernel）という．確定した t の代わりに任意の停止時刻 τ で式 (A.34) が成り立つとき，$\{X_t\}$ は**強マルコフ性**（strong Markov property）を持つという．

マルコフ性は
$$(X_{t+s} \,|\, X_u, u \leqslant t) \sim (X_{t+s} \,|\, X_t) \tag{A.35}$$
によって表すことができる．この式は，標本路の将来挙動についての条件付き分布が，標本路の全履歴を与えた場合と現在の状態のみを与えた場合でまったく同じであることを強調している．言い換えれば，マルコフ過程においては，確率過程の完全な過去 $\{X_u, u \leqslant t\}$ が与えられたもとでの "将来" 変数 X_{t+s} の条件付き分布は，「現在」である X_t のみが与えられた場合の X_{t+s} の条件付き分布と同じになる．

これ以降，特に断らない限り，マルコフ過程は斉時であるとする．インデックス集合 $\mathscr{T}$ と状態空間 E のとり方により，さまざまなマルコフ過程を考えることができる．現実的な興味の対象となるのは，$\mathscr{T} = \mathbb{N}$ または $\mathscr{T} = \mathbb{R}_+$ であり，$E \subseteq \mathbb{R}^n$ の場合である．さらに，P_t は
$$P_t(x, A) = \int_{y \in A} p_t(x, y) \, \mathrm{d}y \quad \text{または} \quad P_t(x, A) = \sum_{y \in A} p_t(x, y) \tag{A.36}$$
の形をとることが多い．前者は連続の場合で，後者は離散の場合である．$p_t(x, y)$ は**推移核密度**（transition kernel density）である．このとき，マルコフ過程の有限次元分布（よって確率過程全体の分布）は，推移核の族 $\{P_t, t \geqslant 0\}$ と X_0 の分布（マルコフ過程の**初期分布**（initial distribution））によって決定される．乗法公式 (A.21) とマルコフ性より，任意の確率ベクトル $(X_0, X_{t_1}, \ldots, X_{t_n})$ の結合確率密度 f は
$$f(x_0, x_1, \ldots, x_n) = f_{X_0}(x_0) \, p_{t_1}(x_0, x_1) \, p_{t_2 - t_1}(x_1, x_2) \cdots p_{t_n - t_{n-1}}(x_{n-1}, x_n)$$
を満たす．ここで，f_{X_0} は X_0 の確率密度である．推移核 P_t は適当な関数 f に作用する線形作用素 $f \mapsto P_t f$ と見ることができる．すなわち，
$$P_t f(x) \stackrel{\mathrm{def}}{=} \mathbb{E}^x f(X_t) = \int P_t(x, \mathrm{d}y) f(y)$$
である．ここで，確率過程が時刻 0 に状態 x から開始されたという条件のもとでの期待値作用素を $\mathbb{E}^x$ で表した．$\{P_t, t \geqslant 0\}$ は重要な性質として，次で表される**半群**（semigroup）の性質を持つ．

$$P_{s+t} = P_s P_t, \quad \forall s, t \geqslant 0 \tag{A.37}$$

これは **Chapman–Kolmogorov** の等式である．

A.10 節と A.11 節では，離散時間マルコフ過程（しばしば**マルコフ連鎖**（Markov chain）と呼ばれる）と連続時間マルコフ過程について詳しく説明する．

A.9.3 マルチンゲール性

次を満たす実数値確率過程 $X = \{X_t, t \in \mathscr{T}\}$ を**マルチンゲール**（martingale）という．ただし，$\mathscr{T} \subseteq \mathbb{R}$ とする．

1) X は増大情報系 $\{\mathcal{H}_t\}$ に適合する．
2) すべての $t \in \mathscr{T}$ に対して，$\mathbb{E}|X_t| < \infty$ となる．
3) 任意の $s \leqslant t \in \mathscr{T}$ に対して，以下が成り立つ．

$$\mathbb{E}[X_t | \mathcal{H}_s] = X_s, \quad \text{a.s.} \tag{A.38}$$

確率過程の状態 X_t は，賭けをしているギャンブラーの時刻 t における財産と解釈することができる．この解釈によれば，過去および現在における賭けについてのすべての情報が与えられたもとでは，ギャンブラーが期待する将来の財産は現在の財産と同じであるという意味で，マルチンゲールは「公平な賭け」を表していると考えられる．場合によって，上に示したマルチンゲールの条件を満たす増大情報系 $\{\mathcal{H}_t\}$ と確率測度 $\mathbb{P}$ を強調することが重要となる．

式 (A.38) で「$=$」を「$\geqslant$」で置き換えた式が成り立つとき，確率過程 X を**劣マルチンゲール**（submartingale）という．すべての t に対して $\mathbb{E}|X_t|^p < \infty$ を満たす（劣）マルチンゲールを，L^p（**劣**）**マルチンゲール**（L^p-(sub) martingale）という．通常，**離散時間**（discrete-time）マルチンゲール（$\mathscr{T} = \mathbb{N}$ または $\mathscr{T} = \mathbb{Z}$）と**連続時間**（continuous-time）マルチンゲール（$\mathscr{T} = \mathbb{R}_+$ または $\mathscr{T} = \mathbb{R}$）は区別して扱う．連続時間マルチンゲールの性質は対応する離散時間マルチンゲールの性質と類似しているが，しばしば追加的な正則条件が必要となる．マルチンゲールの性質をいくつか列挙する．証明については [7] を参照せよ．

1) **標本路の正則性**：$X = \{X_t, t \geqslant 0\}$ を，$t \mapsto \mathbb{E}X_t$ が連続である劣マルチンゲールとする．このとき，X の修正で，その標本路が右連続であり，かつ左極限を持つものが存在する（このことは，X がマルチンゲールであれば自動的に成立する）．

2) **最大値の上界**：ある $p \geqslant 1$ に対して，$\{X_t, t = 0, 1, 2, \ldots\}$ を L^p マルチンゲールとする．このとき，次式が成り立つ．

$$\mathbb{P}\left(\max_{0 \leqslant t \leqslant n} |X_t| \geqslant x\right) \leqslant \frac{\mathbb{E}|X_n|^p}{x^p}, \quad x \geqslant 0$$

3) **収束**：確率過程 $X = \{X_t, t = 0, 1, 2, \ldots\}$ を（劣）マルチンゲールとし，$x^+ = \max\{x, 0\}$ とする．このとき，$\sup_n \mathbb{E}X_n^+ < \infty$ であれば，X は可

測確率変数 X_∞ へほとんど確実に収束する.

4) **任意抽出** (optional sampling)：$X = \{X_t, t \geqslant 0\}$ を（劣）マルチンゲールとする. $\tau_1, \tau_2, \ldots$ は停止時刻の列で，ある確定的な数列 $K_1, K_2, \ldots < \infty$ に対して $\tau_i \leqslant K_i$ を満たすものとする. このとき，$\{X_{\tau_i}, i = 1, 2, \ldots\}$ は増大情報系 $\{\mathcal{H}_{\tau_i}\}$ に関して（劣）マルチンゲールとなる.

5) **任意停止** (optional stopping)：確率過程 $X = \{X_t, t \geqslant 0\}$ をマルチンゲールとし, τ を有限な停止時刻とする. X が一様可積分ならば，$X_\tau = \mathbb{E}[X_\infty \mid \mathcal{H}_\tau]$ かつ $\mathbb{E}X_\tau = \mathbb{E}X_0$ となる.

6) **マルチンゲールの判定基準**：確率過程 $\{X_t, t \geqslant 0\}$ が，どのような有界な停止時刻 $\tau \leqslant K < \infty$ についても，$\mathbb{E}|X_\tau| < \infty$ と $\mathbb{E}X_\tau = \mathbb{E}X_0$ を満たすとする. このとき，X はマルチンゲールである.

7) **マルチンゲールとなる劣マルチンゲール**：$X = \{X_t, t \geqslant 0\}$ を $t \in [0, T]$ 上の劣マルチンゲールとする. このとき，$\mathbb{E}X_T = \mathbb{E}X_0$ ならば，X は $t \in [0, T]$ 上のマルチンゲールである.

8) **マルチンゲール表現** (martingale representation)：$\{X_t, 0 \leqslant t \leqslant T\}$ を 2 乗可積分なマルチンゲールとする. このとき，$\{\mathcal{H}_t\}$ に適合する確率過程 $\{\phi_t\}$ で次を満たすものが唯一存在する.
  a) $\mathbb{E}\int_0^T \phi_t^2 \, dt < \infty$.
  b) $X_t = X_0 + \int_0^t \phi_s \, dW_s, \, t \in [0, T]$. ただし，$\{W_t, t \geqslant 0\}$ は $\{\mathcal{H}_t\}$ に適合するウィーナー過程である.

A.9.4 再帰性

実数値確率過程 $X = \{X_t, t \geqslant 0\}$ について，$X_s, s \leqslant T_n$ が与えられたという条件のもと，過程 $\{X_{T_n+t}, t \geqslant 0\}$ の分布が $\{X_{T_0+t}, t \geqslant 0\}$ の分布と一致するような時刻列 $T_0 \leqslant T_1 < T_2 < T_3 < \cdots$ が存在し，その時刻列が独立同分布に従う確率変数列 $\{A_i\}$ を用いて $T_n = A_1 + \cdots + A_n$ の形で与えられるとする. このとき，X は**再帰的** (regenerative) であるという. 別な言い方をすれば，再帰過程は時刻 $T_0, T_1, \ldots$ で自分自身に「再帰」する. すなわち，時刻 T_n までの履歴が与えられたとき，再帰過程は T_n 以降，新たに始まったかのように振る舞う. $\{T_n\}$ を**再帰時刻** (regeneration time) という. $T_0 = 0$ のとき，再帰過程は**純粋** (pure) であるといい，それ以外は**遅れがある** (delayed) という.

■ 例 A.8（$M/M/1$ 待ち行列）

客がランダムな時刻に到着し，1 人のサーバによってサービスが提供されるサービス設備を表現したものが，$M/M/1$ **待ち行列** ($M/M/1$ queueing system) である. サーバが稼働中に到着した客は列に並んで待つ. 客は到着順にサービスを受ける. 到着間隔は独立同分布で生起率 λ の指数確率変数で表され，客のサービス時間は独立同

分布で生起率 μ の指数確率変数で表される．サービス時間は到着間隔と独立である．$T_0 = 0$ でシステムが空であり，平均サービス時間は平均到着間隔より短いとする．X_t を時刻 t にシステム内にいる客の数とする．このとき，$\{X_t, t \geqslant 0\}$ は再帰過程となる．すなわち，サービス完了時にシステムが再び空となる最初の時刻を T_1 とすると，たとえ時刻 T_1 までの完全な履歴がわかっていたとしても，確率過程 $\{X_t\}$ の T_1 以降における確率的な振る舞いは，$t = 0$ 以降における確率的な振る舞いとまったく同じになる．サービス完了時にシステムが空になる次の時刻を T_2 とし，以下同様に与える．この確率過程の1つの実現結果を図 A.7 に示す．

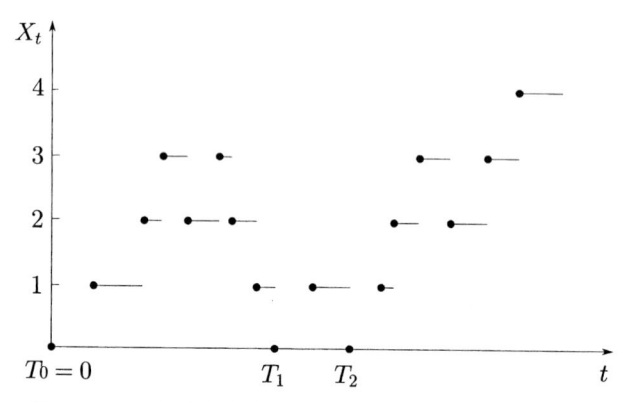

図 A.7 $M/M/1$ 待ち行列におけるシステム内の客数の時間的推移．

再帰時刻の過程 $\{T_n\}$ は**再生過程** (renewal process) を構成し，対応する $\{A_n\}$ は**サイクル長** (cycle length) と呼ばれる．

次に示す再帰過程の最も重要な性質は，再生過程の性質から導くことができる（例えば [4, Chapter 9] を参照）．a と b $(b \neq 0)$ をある定数とし，確率変数 A が格子 $\{a + bn, n \in \mathbb{Z}\}$ に値をとるとき，A は**格子** (lattice) 分布に従うという．ここで，b を**周期** (period) という．

定理 A.7（再帰定理） $\{X_t\}$ を，右連続な標本路を持ち，サイクル長の平均が $\mu = \mathbb{E}A_1 < \infty$ の非格子分布に従う連続時間再帰過程とする．このとき，X_t はある確率変数 X へ法則収束し，すべての f について

$$\mathbb{E}f(X) = \frac{1}{\mu}\mathbb{E}\int_{T_0}^{T_1} f(X_s)\,\mathrm{d}s \tag{A.39}$$

を満たす．ただし，期待値は存在するものとする．

$\{X_n\}$ を，周期 $b = 1$，期待値 $\mu = \mathbb{E}A_1 < \infty$ のサイクル長分布を持つ離散時間再帰過程とする．このとき，X_n はある確率変数 X へ法則収束し，すべての f について

$$\mathbb{E}f(X) = \frac{1}{\mu}\mathbb{E}\sum_{k=T_0}^{T_1-1} f(X_k) \tag{A.40}$$

を満たす．ただし，期待値は存在するものとする．

言い換えれば，X_t の累積分布関数を G_t とすると $(G_t(x) = \mathbb{P}(X_t \leqslant x))$，定理で示した緩やかな条件のもと，すべての x について $\lim_{t\to\infty} G_t(x) = G(x)$ を満たす連続な累積分布関数 G が"存在する"．

多くの場合，G_t を計算することは困難であるが，G は式 (A.39) または式 (A.40) を用いて求めることは容易であることが多い．さらに，G の存在が保証されていれば，「定常状態にある」あるいは「平衡状態にある」確率過程の振る舞いに明確な意味を与えることができる．

■ 例 A.9（$M/M/1$ 待ち行列の続き）

例 A.8 と同様に，X_t を $M/M/1$ 待ち行列における時刻 t でのシステム内の客数とする．到着率がサービス率より小さいならば，$\{X_t\}$ は再帰過程となる．よって，X_t はある確率変数 X へ法則収束する．このとき，X は「平衡状態における」，あるいは遠い将来におけるシステム内の客数と解釈することができる．同様に，定常状態における客数の期待値には，単に X の期待値を用いればよい．

A.9.5 定常性と可逆性

確率過程 $\{X_t, t \in \mathscr{T}\}$ に関し，任意に選んだ n と $s, t_1, \ldots, t_n \in \mathscr{T}$ について，確率ベクトル $(X_{t_1}, \ldots, X_{t_n})$ と $(X_{t_1+s}, \ldots, X_{t_n+s})$ が同じ分布に従うとき，その確率過程は**強定常**（strongly stationary）であるという．

確率過程 $\{X_t, t \in \mathscr{T}\}$ の平均値関数 $\{\mathbb{E}X_t\}$ と共分散関数 $\{\text{Cov}(X_t, X_{t+s})\}$ が両方とも t に依存しないとき，その確率過程は**弱定常**（weakly stationary）であるという．関数 $R(s) = \text{Cov}(X_t, X_{t+s})$ を**自己共分散関数**（autocovariance function）という．別な言い方をすれば，強定常過程の分布は，時間移動（$\mathscr{T}$ が空間的なインデックス集合の場合は空間移動）に関して不変である．弱定常過程については，共分散関数が時間移動に関して不変となる．強定常過程に平均と共分散関数が存在すれば，その強定常過程は弱定常である．特に，$\mathbb{E}X_t^2 < \infty$, $t \in \mathscr{T}$ の場合がそれに当たる．しかし，弱定常過程が強定常であるとは限らない．重要な例外の 1 つは，有限次元分布は平均と分散にのみ依存するという性質を持つガウス過程（A.9.1 項を参照）である．

$\{X_t\}$ を，インデックス集合が $\mathbb{Z}$ または $\mathbb{R}$ である強定常過程とし，任意の n とすべての $t_1, \ldots, t_n$ について，ベクトル $(X_{t_1}, \ldots, X_{t_n})$ が $(X_{-t_1}, \ldots, X_{-t_n})$ と同じ分布に従うとする．このとき，強定常過程 $\{X_t\}$ は**可逆**（reversible）であるという．可逆過程を理解する 1 つの方法は次のようなものである．確率過程のビデオを撮り，それを時系列の順方向または逆方向で再生する．もし，そのビデオが順方向で再生さ

れているのか，逆方向で再生されているのか区別がつかなければ，その確率過程は可逆である．

A.10 マルコフ連鎖

可算のインデックス集合 $\mathscr{T}$ を持つマルコフ過程（A.9.2項を参照）を**マルコフ連鎖**（Markov chain）という．以下では，インデックス集合は $\mathbb{N}$ か $\mathbb{Z}$ のどちらかとし，マルコフ連鎖は斉時であるとする．マルコフ連鎖の生成については5.2節で論じている．

A.9.2項によると，一般の斉時マルコフ過程の推移核 $P_t(x, A)$ は，状態 x から始まった連鎖が t 離散時間ステップ後に集合 A 内にある確率を与えている．マルコフ連鎖にとって特に重要なのは，1ステップ推移核 P_1 である．状態空間 E が可算，例えば $E = \mathbb{N}$ であれば，その（離散）密度は

$$p(x, y) = P_1(x, \{y\}) = \mathbb{P}(X_{t+1} = y \mid X_t = x), \quad x, y \in E, \ t \in \mathbb{N} \quad (A.41)$$

と書き表すことができる．この1ステップ推移確率は，(x, y) 要素が $p(x, y)$ で与えられる1ステップ**推移行列**（transition matrix）P として表すことができる．同様に，P_t は，(x, y) 要素が $p_t(x, y) = P_t(x, \{y\})$ で与えられる t ステップ推移行列として表される．P_t のどの行の要素もみな非負で足し合わせると1になる．そのような性質を持つ行列を**確率**（stochastic）行列という．さらに，どの列の和も1ならば，その行列を**二重確率**（doubly stochastic）行列という．

Chapman–Kolmogorov の等式 (A.37) より，t ステップ推移行列は P の t 乗で与えられる．すなわち，$P_t = P^t$ となる．$\boldsymbol{\pi}_t = (\mathbb{P}(X_t = k), k \in E)$ を，X_t の分布を表す行ベクトルとすると，P^0 を単位行列として，

$$\boldsymbol{\pi}_t = \boldsymbol{\pi}_0 P^t, \quad t = 0, 1, \ldots \quad (A.42)$$

と書ける．

E が非可算，例えば $E = \mathbb{R}$ であり，P_t が式 (A.36) にあるように密度 p_t を持つとき，1ステップ推移確率は1ステップ推移密度 $p(x, y) = p_1(x, y)$ で置き換えられ，推移密度に関する Chapman–Kolmogorov の等式は

$$p_{t+s}(x, y) = \int_E p_s(x, z) \, p_t(z, y) \, \mathrm{d}z, \quad s, t \in \mathbb{N}, \ x, y \in E \quad (A.43)$$

で与えられる．

離散状態マルコフ連鎖 X を表現する便利な1つの方法は，**状態推移図**（transition graph）である．状態はグラフの頂点で表され（重みは付けない），状態 x から y への正である推移確率 $p(x, y)$ は，重み $p(x, y)$ を持つ x から y への矢印で表される．推移グラフの例を図 A.8 に示す（重みは省略する）．

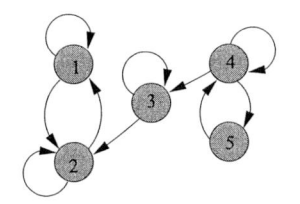

図 A.8 離散状態マルコフ連鎖の推移グラフ.

A.10.1 状態の分類

$X = \{X_t, t = 0, 1, \dots\}$ を状態空間 E の斉時マルコフ連鎖とする．x と y は E に含まれる任意の状態とする．マルコフ連鎖が最初に状態 y を訪れた時刻を T とする．ただし，マルコフ連鎖が y から開始された場合，T は y に初めて戻った時刻とする．時刻 0 以降に y を訪れた回数を N_y で表す．任意の事象 A について，$\mathbb{P}(A \mid X_0 = y)$ を $\mathbb{P}^y(A)$ と書き，対応する期待値作用素を $\mathbb{E}^y$ で表す．マルコフ連鎖の状態は，通常次のように分類される．

1) 状態 y が $\mathbb{P}^y(T < \infty) = 1$ を満たすとき，y を**再帰的**（recurrent）状態といい，そうでないとき，y は**一時的**（transient）であるという．再帰的状態 y が $\mathbb{E}^y T < \infty$ を満たすとき，y は**正再帰的**（positive recurrent）であるといい，そうでないとき，y は**零再帰的**（null-recurrent）であるという．

2) 状態 y に関し，$\mathbb{P}^y($あ る $n \geqslant 1$ に対して $T = n\delta) = 1$ を満たす最大の整数 δ が 2 以上 $(\delta \geqslant 2)$ のとき，y は **δ を周期として周期的**（periodic with period δ）であるという．$\delta = 1$ ならば，その状態は**非周期的**（aperiodic）であるという．

3) ある $t > 0$ について $p_t(x, y) > 0$ ならば，x は y に**到達可能**（lead to）であるといい，$x \to y$ と書く．$x \to y$ かつ $y \to x$ であれば，x と y は**相互到達可能**（communicate）であるといい，$x \leftrightarrow y$ と書く．状態の集合 $C \subseteq E$ が任意の $x, y \in C$ について $x \leftrightarrow y$ であり，さらに，どの $x \in C$ についても $x \leftrightarrow y$ であるような $y \in E \setminus C$ が存在しないとき，C を**相互到達可能なクラス**（communicating class）という．E が唯一の相互到達可能なクラスからなるとき，マルコフ連鎖は**既約**（irreducible）であるという．

4) 状態の集合 $A \subseteq E$ が，すべての $x \in A$ について $\sum_{y \in A} p(x, y) = 1$ を満たすとき，A を**閉**（closed）集合という．$\{x\}$ が閉集合であるような状態 x を**吸収**（absorbing）状態という．

再帰的と一時的はクラスの性質である．すなわち，相互到達可能なクラス内の要素はすべて再帰的か，あるいはすべて一時的かのどちらかとなる．図 A.8 は 3 つの相互到達可能なクラスを持つマルコフ連鎖の推移グラフである．

A.10.2　極限の振る舞い

$t \to \infty$ としたときのマルコフ連鎖の極限あるいは定常状態における振る舞いは，非常に興味深く，かつ重要である．さらに，そのような振る舞いは，多くの場合，確定的な時刻 t におけるマルコフ連鎖の過渡的な振る舞いよりも表現や解析が容易となる．

簡単のために，状態空間 E は可算であるとする．このとき，マルコフ連鎖 $\{X_t\}$ は離散時間再帰過程となり，確率過程がある指定された状態に戻った時刻を再帰時刻とすることができる．

定理 A.7 より，既約性と非周期性は，ある $\pi(y) \in [0,1]$ に対して次を保証する．

$$\lim_{t \to \infty} p_t(x,y) = \pi(y) \tag{A.44}$$

さらに，正再帰的であれば $\pi(y) > 0$ であり，そうでなければ $\pi(y) = 0$ である．この結果は，十分時間が経つと自分自身がどこから始まったかをその確率過程は"忘れてしまう"ことを意味している．$\pi(y) \geqslant 0$ かつ $\sum_y \pi(y) = 1$ ならば，$\{\pi(y), y \in E\}$ はマルコフ連鎖の**極限分布** (limiting distribution) となる．ただし，これらの条件は常に成り立つわけではない．例えば，マルコフ連鎖が一時的ならばそれらの条件は明らかに成り立たないし，再帰的であっても成り立たない場合がある（すなわち，状態が零再帰的の場合）．$E = \{0, 1, 2, \ldots\}$ のとき，極限分布は通常，行ベクトル $\boldsymbol{\pi} = (\pi_0, \pi_1, \ldots)$ で表される．次の定理の証明は，例えば [4] にある．

定理 A.8（極限分布）　推移行列 P を持つ既約で非周期的なマルコフ連鎖に関し，極限分布 $\boldsymbol{\pi}$ が存在すれば，$\boldsymbol{\pi}$ は次の連立方程式の解として一意に与えられる．

$$\boldsymbol{\pi} = \boldsymbol{\pi} P, \quad \sum_{y \in E} \pi_y = 1, \quad \pi_y \geqslant 0, \quad y \in E \tag{A.45}$$

実際には，式 (A.45) の解は自動的に正の値となる（$\pi_y > 0$）．逆に，式 (A.45) を満たす行ベクトル $\boldsymbol{\pi}$ が存在すれば，$\boldsymbol{\pi}$ はそのマルコフ連鎖の極限分布であり，さらに，すべての y について $\pi_y > 0$ であり，すべての状態は正再帰的である．

極限分布 $\boldsymbol{\pi}$ を持つマルコフ連鎖を X とし，$\boldsymbol{\pi}_0 = \boldsymbol{\pi}$ とする．このとき，式 (A.42) と式 (A.45) を結び付けることで，$\boldsymbol{\pi}_t = \boldsymbol{\pi}$ を得る．よって，マルコフ連鎖の初期分布が極限分布に等しいならば，すべての t について X_t の分布は同一となり，その極限分布で与えられる．任意のマルコフ連鎖について，式 (A.45) を満たす任意のベクトル $\boldsymbol{\pi}$ は**定常分布** (stationary distribution) と呼ばれる．なぜならば，$\boldsymbol{\pi}$ を初期分布とすることで，そのマルコフ連鎖は定常過程となるからである．

$\sum_y p(x,y) = 1$ であることから，式 (A.45) を次の連立方程式

$$\sum_y \pi(x)\, p(x,y) = \sum_y \pi(y)\, p(y,x), \quad x \in E \tag{A.46}$$

に書き直すことができる．これを**大域釣り合い方程式** (global balance equation) という．式 (A.46) は，x から出る「確率の流れ」と x へ入る確率の流れが釣り合って

いることを表している．式 (A.46) より直ちに得られる重要な一般化として，任意の集合 A についても確率の流れに関する同様な釣り合いが成り立つことがわかる．すなわち，どのような状態集合 $A \subseteq E$ についても，

$$\sum_{x \in A} \sum_{y \notin A} \pi(x)\,p(x,y) = \sum_{x \in A} \sum_{y \notin A} \pi(y)\,p(y,x) \tag{A.47}$$

が成り立つ．

A.10.3　可　逆　性

　大域釣り合い方程式 (A.46) について考えるための手がかりは，それが状態 x から出る確率の流れと x へ入る確率の流れの釣り合いを保っていることにある．"可逆"な (A.9.5 項を参照) マルコフ連鎖に関しては，状態 x から状態 y への確率の流れが，状態 y から状態 x への確率の流れと釣り合っているという，より強い形での釣り合い方程式が成り立つ．次の定理の証明は [17], [20] にある．

定理 A.9（可逆なマルコフ連鎖）　定常マルコフ連鎖に関し，総和が 1 で，**詳細（局所）釣り合い方程式** (detailed (local) balance equation)

$$\pi(x)\,p(x,y) = \pi(y)\,p(y,x), \quad x, y \in E \tag{A.48}$$

を満たす正の値の集合 $\{\pi(x),\ x \in E\}$ が存在すれば，そのマルコフ連鎖は可逆であり，$\{\pi(x)\}$ は注目しているマルコフ連鎖の定常分布である．

　推移確率をもとにした可逆性の平易な判定基準を次に示す．証明は [17, p.21] にある．

定理 A.10（Kolmogorov の基準）　定常マルコフ連鎖が可逆であるための必要十分条件は，すべての有限な状態閉路 $x_1, \ldots, x_n, x_1$ に対し，推移確率が次を満たすことである．

$$\begin{aligned} & p(x_1, x_2)\,p(x_2, x_3) \cdots p(x_{n-1}, x_n)\,p(x_n, x_1) \\ &= p(x_1, x_n)\,p(x_n, x_{n-1}) \cdots p(x_2, x_1) \end{aligned} \tag{A.49}$$

　この定理の考え方は非常に直感的である．確率過程が特定の閉路をある方向で訪問する時間が，その逆の方向より長ければ，逆方向のとき，確率過程はそれとは反対の動きを示すであろう．したがって，時間を調べれば，どちらの順に訪問しているかがわかる．閉路に関するそのような現象（"looping" と呼ぶ）が起こらなければ，確率過程は可逆に違いない．

A.11 マルコフ跳躍過程

マルコフ跳躍過程(Markov jump process) は,連続なインデックス集合と離散(可算)な状態空間 E を持ったマルコフ過程 (A.9.2 項を参照) である.マルコフ跳躍過程の生成については,5.3 節で論じている.簡単のために,マルコフ跳躍過程は斉時であるとし,そのインデックス集合は $\mathbb{R}$ または $\mathbb{R}_+$ のどちらかとする.時間間隔 $t \geq 0$ で状態 x から y へ推移する**推移確率** (transition probability) を $p_t(x,y) = P_t(x,\{y\}) = \mathbb{P}(X_t = y \mid X_0 = x)$ と記述する.離散状態空間のマルコフ連鎖と同様に,推移確率を行列 $(p_t(x,y))$ で表すことができる.やや記号の乱用ではあるが,この行列を P_t と書く.族 $\{P_t, t \geq 0\}$,あるいは t の関数として P_t を**推移関数** (transition function) という.$\lim_{t \downarrow 0} P_t = I$ (単位行列) のとき,推移関数は**標準的** (standard) であるといい,すべての t に対して $P_t \mathbf{1} = \mathbf{1}$ のとき,推移関数は**正当** (honest) であるという.$\mathbf{1}$ は要素がすべて 1 の列ベクトルである.ここでは標準推移関数のみを考える.

マルコフ連鎖の 1 ステップ推移行列に類似するものとして,次で定義される **Q 行列** (Q-matrix) がある.

$$Q = P_0' = \lim_{t \downarrow 0} \frac{P_t - I}{t} \tag{A.50}$$

Q の (x,y) 要素 $(x \neq y)$ を $q(x,y)$ で表し,x から y への**推移率** (transition rate) という.Q の x 番目の対角要素 $q(x,x)$ を $-q_x$ と書くことにする.このとき,次のことが示される [1].

(a) $0 \leq q(x,y) \leq \infty$, $x \neq y$
(b) $\sum_{y \neq x} q(x,y) \leq q_x$

$q_x < \infty$ のとき,状態 x は**安定** (stable) であるといい,$q_x = \infty$ のとき,x は**瞬間的** (instantaneous) であるという.$q_x = 0$ のとき,状態 x は**吸収的** (absorbing) であるという.

マルコフ跳躍過程は通常,上記の性質 (a) と (b) を満たす行列 Q を明示することによって定義される.そのような行列もまた Q 行列と呼ばれる.

すべての状態が安定なとき,Q は**安定** (stable) であるといい,$\sup_x q_x < \infty$ のとき,**一様有界** (uniformly bounded) であるという.$Q\mathbf{1} = \mathbf{0}$ のとき,Q は**保存的** (conservative) であるという.最後に,Q が保存的で,

$$Qz = \lambda z, \quad -1 \leq z_i \leq 1, \ \forall i$$

がすべての $\lambda > 0$ について唯一の自明な解 $z = \mathbf{0}$ を持つとき,Q は**正則** (regular) であるという.次の定理の証明は [1] にある.

A.11 マルコフ跳躍過程

定理 A.11（標本路の振る舞い） 安定で保存的な Q 行列について，標本路があるランダム時間 T_∞ までは右連続な階段関数となるマルコフ跳躍過程 X が存在する．さらに，T_∞ までの標本路の振る舞いは，次のように表現される．

1) 過去の振る舞いが与えられたとき，X が現在の状態 x からある状態 y へ跳躍する確率は，$K(x,y) = q(x,y)/q_x$ となる．
2) X が状態 y に滞在する時間の長さは過去の履歴と独立であり，分布 $\mathsf{Exp}(q_y)$ に従う．

X の標本路の一例を図 A.9 に描く．マルコフ跳躍過程は時刻 $T_1, T_2, \ldots$ に状態 $Y_1, Y_2, \ldots$ へ跳躍し，それぞれの状態に指数分布に従う長さの時間だけ滞在する．

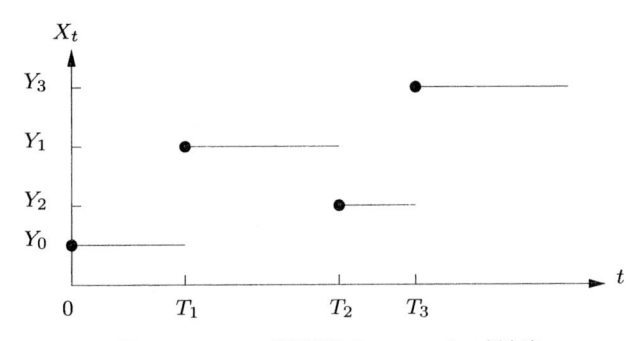

図 A.9 マルコフ跳躍過程 $\{X_t, t \geqslant 0\}$ の標本路．

定理 A.11 の最初の説明は，過程 $\{Y_n, n \in \mathbb{N}\}$ が斉時マルコフ連鎖であり，1 ステップ推移行列が $K = (K(x,y))$ で与えられることを意味している．このマルコフ連鎖を**隠れマルコフ連鎖**（embedded Markov chain）または**跳躍連鎖**（jump chain）という．

マルコフ跳躍過程を表現する便利な方法の 1 つは，それを**推移率グラフ**（transition rate graph）で表すことである（例えば，図 A.10 を参照）．このグラフはマルコフ連鎖の推移グラフに似ている．状態はグラフの頂点で表され，状態 x から状態 y への推移率は重みを $q(x,y)$ とする x から y への矢印で示される．

既約，相互到達可能，再帰的，一時的といった分類の概念は，マルコフ連鎖の場合と同じ方法で定義される．これについては A.10.1 項を参照せよ．ただし，マルコフ跳躍過程に周期性の概念はない．

■ 例 A.10（出生死滅過程）

出生死滅過程（birth and death process）とは，図 A.10 のような推移率グラフで表されるマルコフ跳躍過程である．X_t が，ある集団内の時刻 t における総個体数を表しているとしよう．右への跳躍は「出生」に対応し，左への跳躍は「死亡」に対応

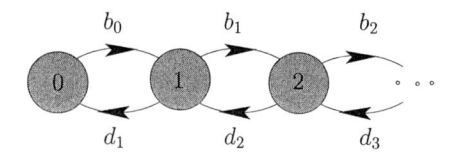

図 **A.10** 出生死滅過程の推移率グラフ.

する. **出生率** (birth rate) $\{b_i\}$ と**死亡率** (death rate) $\{d_i\}$ は状態ごとに異なっていてもよい. マルコフ連鎖の多くの応用例は, この種の過程を含んでいる.

過程は, 推移確率が $K_{0,1} = 1$, $K_{i,i+1} = b_i/(b_i + d_i)$, $K_{i,i-1} = d_i/(b_i + d_i)$, $i = 1, 2, \ldots$ で与えられる隠れマルコフ連鎖に従って, 1 つの状態から次の状態へ跳躍する. さらに, その過程は $\mathsf{Exp}(b_0)$ の長さの時間だけ状態 0 で過ごし, $\mathsf{Exp}(b_i + d_i)$ の長さの時間だけ状態 $i \neq 0$ で過ごす.

定理 A.12 (Kolmogorov の方程式) 保存的な Q 行列である Q を持つ任意の推移関数 P_t は **Kolmogorov の後退方程式** (Kolmogorov backward equation)

$$P'_t = Q P_t, \quad t \geqslant 0 \tag{A.51}$$

を満たす.

Chapman–Kolmogorov の公式 (A.37) より, P_t と Q が有限次元の場合は, $\lim_{h \downarrow 0}(P_{t+h} - P_t)/h = \lim_{h \downarrow 0}(P_h - I)/h \, P_t = Q P_t$ となるので, この定理は容易に確かめられる. 同様な方法により, 有限次元推移関数は **Kolmogorov の前進方程式** (Kolmogorov forward equation)

$$P'_t = P_t Q, \quad t \geqslant 0 \tag{A.52}$$

を満たすことがわかる. 無限次元推移関数についてこの前進方程式を証明することは容易ではなく, Q に関するある種の正則条件がいくつか必要となる. 例えば, 定理 A.12 のように, Q は保存的であることが要求される.

実際, いくつかの推移関数については前進方程式がまったく成立しない. ただし, 上記の定理の逆を表す結果の 1 つとして, 次の定理がある [1, p.70].

定理 A.13 (最小推移関数) 任意の安定な Q 行列である Q に関して, 後退方程式および前進方程式両方の解であり, 後退方程式または前進方程式どちらかの解であるような他のどの P_t に対しても $P_t^M \leqslant P_t$ を満たすという意味で最小な推移関数 P_t^M が存在する. P_t^M が正当であれば, それは後退方程式と前進方程式の唯一の解である.

P_t^M を推移関数として持つマルコフ跳躍過程は**最小 Q 過程** (minimal Q-process) と呼ばれ, 定理 A.11 のマルコフ跳躍過程 X に対応する.

マルコフ跳躍過程に関し, 通常は Q 行列である Q についてしかわからない. その

ため，P_t^M が正当であるかどうかを直接確かめることは簡単ではなく，不可能であることさえある．

ただし，次の定理 [1] からわかるように，多くの場合，Q について精査することで P_t^M が正当がどうかを直接確認することができる．

定理 A.14（正則な Q 行列） Q が正則ならば，Kolmogorov の後退方程式の最小解は正当であり，よって，前進および後退方程式の一意な解となる．特に，Q が保存的で一様有界の場合がそれに当たる．

ほとんどの応用例において，マルコフ跳躍過程は保存的で一様有界な Q 行列によって定義される（Q 行列が有限次元である場合がまさにそうである）．そのとき，推移行列（関数）は Kolmogorov の微分方程式の一意な解であり，行列指数の形式で，

$$P_t = e^{Qt} = \sum_{k=0}^{\infty} \frac{t^k Q^k}{k!}$$

と書くことができる．

A.11.1 極限の振る舞い

マルコフ跳躍過程の極限の振る舞いは，A.10.2 項で説明したマルコフ連鎖のそれと同様である．

定理 A.15（極限分布） 正則な Q 行列である Q を持つ既約なマルコフ跳躍過程を $\{X_t, t \geqslant 0\}$ とする．このとき，x の値によらず，ある数 $\pi(y) \geqslant 0$ が存在して，

$$\lim_{t \to \infty} \mathbb{P}(X_t = y \mid X_0 = x) = \pi(y) \tag{A.53}$$

が成り立つ．さらに，行ベクトル $\boldsymbol{\pi} = \{\pi(y)\}$ は

$$\boldsymbol{\pi} Q = \mathbf{0}, \quad \sum_{y \in E} \pi(y) = 1 \tag{A.54}$$

の解が存在すれば，その解で与えられ，すべての状態は正再帰的となる．もしそのような解が存在しなければ，$\boldsymbol{\pi} = \mathbf{0}$ である．

マルコフ連鎖の場合と同様，$\boldsymbol{\pi}$ は X の**極限分布**（limiting distribution）を定義する．式 (A.54) を満たす任意の解 $\boldsymbol{\pi}$ は**定常分布**（stationary distribution）と呼ばれる．なぜならば，それを初期分布として与えると，マルコフ跳躍過程が定常になるからである．マルコフ連鎖の場合と同様に，方程式 (A.54) は**大域釣り合い方程式**（global balance equation）と呼ばれ，

$$\sum_{y \neq x} \pi(x)\, q(x, y) = \sum_{y \neq x} \pi(y)\, q(y, x), \quad x \in E \tag{A.55}$$

と書き表すことができる．これは，x から出る「確率の流れ」と x に入る「確率の流

れ」の釣り合いを表している．

推移確率を推移率で置き換えることで，大域釣り合い方程式は式 (A.47) へ容易に一般化できる．より重要なこととして，マルコフ跳躍過程が"可逆"であれば，定常分布は**詳細釣り合い方程式**（detailed balance equation）

$$\pi(x)\,q(x,y) = \pi(y)\,q(y,x), \quad x,y \in E \tag{A.56}$$

から求めることができる．可逆性は，"looping"（☞ p.667）が起こらないこと，すなわち確率 p を推移率 q で置き換えた Kolmogorov の基準 (A.49) を調べることで，容易に確認できる．したがってその基準は，すべての有限の状態閉路 $x_1,\ldots,x_n,x_1$ に対して，

$$q(x_1,x_2)\,q(x_2,x_3)\cdots q(x_{n-1},x_n)\,q(x_n,x_1)$$
$$= q(x_1,x_n)\,q(x_n,x_{n-1})\cdots q(x_2,x_1)$$

が成り立つことである．

■ 例 A.11（$M/M/1$ 待ち行列の続き）

$M/M/1$ 待ち行列の時刻 $t \geqslant 0$ におけるシステム内の客数を X_t で表す（例 A.8 および例 A.9 を参照）．過程 $\{X_t, t \geqslant 0\}$ は，出生率を λ，死亡率を μ とする出生死滅過程となる．方程式系 (A.54) は，$\varrho = \lambda/\mu$ として，$\varrho < 1$ であるとき，そしてそのときに限り，一意な解

$$\pi(y) = (1-\varrho)\varrho^y, \quad y = 0,1,2,\ldots \tag{A.57}$$

を持つ．したがって，$\lambda < \mu$ のとき，すべての状態は正再帰的となる．どのような出生死滅過程も可逆となることから，式 (A.57) は局所釣り合い方程式

$$\pi(y)\,\lambda = \pi(y+1)\,\mu, \quad y = 0,1,\ldots$$

から直接求めることができる．定理 A.7（と例 A.9）は，$\varrho < 1$ のとき，システム内の客数の定常状態における期待値が $\mathbb{E}X = \varrho/(1-\varrho)$ であることを示している．

A.12　伊藤積分と伊藤過程

確率過程の 1 つの重要なクラスである**伊藤過程**（Itô process）は，伊藤積分を使ってウィーナー過程から構成される．ウィーナー過程については 5.5 節でより詳細に論じており，ここでは，伊藤積分におけるその役割についてのみ考える．伊藤積分は，

$$\int_0^T F_t\,\mathrm{d}W_t$$

の形式の積分に数学的な正当性を与える．ここで，$W = \{W_t\}$ はウィーナー過程で

あり，$F = \{F_t\}$ は確率過程である．その単純な形式の中で，伊藤積分は，W の履歴に関して**予測可能** (predictable) [18] な確率過程 F で，

$$\mathbb{E} \int_0^T F_s^2 \, ds < \infty \tag{A.58}$$

を満たすものに対して定義される．この被積分関数のクラスを $\mathscr{H}_T$ で表すことにする．予測可能であるための十分条件の 1 つは，確率過程が左連続で適合的であること，すなわち，F_t は $\{W_s, s \leqslant t\}$ に依存するかもしれないが，$\{W_s, s > t\}$ には依存しないことである．$t \leqslant T$ とし，$F \in \mathscr{H}_T$ とする．W に関する F の**伊藤積分** (Itô integral) は，$[0, t]$ を積分区間として，

$$\int_0^t F_s \, dW_s \stackrel{\text{def}}{=} \lim_{n \to \infty} \sum_{k=0}^{n-1} F_{t_k}(W_{t_{k+1}} - W_{t_k}), \quad 0 = t_0 < \cdots < t_n = t \tag{A.59}$$

により定義される．ここで，$\lim_{n \to \infty} \max_k \{t_{k+1} - t_k\} = 0$ であり，収束は 2 乗平均の意味での収束を考える (A.8.1 項を参照)．

注 A.6（確率積分） 伊藤積分は**確率積分** (stochastic integral) の 1 つである．確率積分の一般的な理論では，$\{W_t\}$ は**半マルチンゲール** (semimartingale)（(局所)マルチンゲールと有界変動過程の和に分解できる確率過程）に置き換えることができ，被積分過程 $\{F_t\}$ は式 (A.58) よりも弱い条件を満たす予測可能過程に置き換えることができる [21], [23]．実際，式 (A.58) を

$$\int_0^T F_s^2 \, ds < \infty \quad \text{a.s.} \tag{A.60}$$

で置き換えた場合も極限 (A.59) は存在するが，収束の意味は 2 乗平均収束ではなく確率収束となる．

伊藤過程 (Itô process) とは，次の形で書ける確率過程 $\{X_t, 0 \leqslant t \leqslant T\}$ のことである．

$$X_t = X_0 + \int_0^t \mu_s \, ds + \int_0^t \sigma_s \, dW_s, \quad 0 \leqslant t \leqslant T$$

ここで，$\{\mu_t\}$ は適合的であり，$\int_0^T |\mu_t| \, dt < \infty$ かつ $\{\sigma_t\} \in \mathscr{H}_T$ とする．この積分方程式は通常，次の簡略化された微分方程式の形で書かれる．

$$dX_t = \mu_t \, dt + \sigma_t \, dW_t \tag{A.61}$$

係数 μ_t と σ_t は標本路 $\{W_s, s \leqslant t\}$ に依存してもよいことに注意せよ．n 次元ウィーナー過程 $\{\boldsymbol{W}_t\} = \{(W_{t,1}, \ldots, W_{t,n})^\top\}$ により駆動される **m 次元伊藤過程** (m-dimensional Itô process) も，微分表現

$$dX_{t,i} = \mu_{t,i} \, dt + \sum_{j=1}^n \sigma_{t,ij} \, dW_{t,j}, \quad i = 1, \ldots, m$$

によって同様に定義することができる．行列・ベクトル表現では

$$\mathrm{d}\boldsymbol{X}_t = \boldsymbol{\mu}_t \,\mathrm{d}t + \boldsymbol{\sigma}_t \,\mathrm{d}\boldsymbol{W}_t \tag{A.62}$$

となる．ここで，

$$\boldsymbol{\mu}_t = \begin{pmatrix} \mu_{t,1} \\ \vdots \\ \mu_{t,m} \end{pmatrix}, \quad \boldsymbol{\sigma}_t = \begin{pmatrix} \sigma_{t,11} & \cdots & \sigma_{t,1n} \\ \vdots & \ddots & \vdots \\ \sigma_{t,m1} & \cdots & \sigma_{t,mn} \end{pmatrix}$$

である．

伊藤過程は半マルチンゲールの1つである．したがって，半マルチンゲールに関する一般的な確率積分の特別な場合として，伊藤積分に関する積分を定義することもできる．特に，$X = \{X_t\}$ が伊藤過程で，$F = \{F_t\} \in \mathscr{H}_T$ ならば，X に関する F の確率積分は

$$\int_0^t F_s \mathrm{d}X_s \stackrel{\mathrm{def}}{=} \int_0^t F_s \mu_s \,\mathrm{d}s + \int_0^t F_s \sigma_s \,\mathrm{d}W_s, \quad 0 \leqslant t \leqslant T$$

で定義される（例えば [18] を参照）．

ある増大情報系に適合した2つの確率過程を $X = \{X_t\}$，$Y = \{Y_t\}$ とする．このとき，$0 = t_0 < \cdots < t_n = t$，$\lim_{n\to\infty} \max_k\{t_{k+1} - t_k\} = 0$ として，

$$[X, Y]_t \stackrel{\mathrm{def}}{=} \lim_{n\to\infty} \sum_{k=0}^{n-1} (X_{t_{k+1}} - X_{t_k})(Y_{t_{k+1}} - Y_{t_k})$$

で定義される $[X, Y]_t$ を確率過程 X と Y の**共変動** (covariation) という．特別な場合として，$[X, X]_t$ を $[X]_t$ と書き，X の**2次変動** (quadratic variation) という．

伊藤積分と伊藤過程の性質を以下に示す．証明は，例えば [23] を参照せよ．

1) **等長性**：$F, G \in \mathscr{H}_T$ ならば，任意の $0 \leqslant t \leqslant T$ について，次式が成り立つ．

$$\mathbb{E} \int_0^t F_s \,\mathrm{d}W_s \int_0^t G_s \,\mathrm{d}W_s = \mathbb{E} \int_0^t F_s G_s \,\mathrm{d}s$$

2) **マルチンゲール性**：$F \in \mathscr{H}_T$ ならば，

$$Y_t = \int_0^t F_s \,\mathrm{d}W_s, \quad 0 \leqslant t \leqslant T$$

で定義される伊藤過程は，2乗可積分マルチンゲールである．

3) **2次変動と共変動**："同一の"ウィーナー過程 $\{W_t\}$ に関する2つの伊藤過程を $\mathrm{d}X_t = \mu_t \,\mathrm{d}t + \sigma_t \,\mathrm{d}W_t$ と $\mathrm{d}Y_t = \nu_t \,\mathrm{d}t + \varrho_t \,\mathrm{d}W_t$ で定義する．このとき，

$$[X, Y]_t = \int_0^t \sigma_s \varrho_s \,\mathrm{d}s$$

となる．共変動と2次変動の簡略化された微分表現を，それぞれ次のように記す．

$$\mathrm{d}[X, Y]_t = \sigma_t \varrho_t \,\mathrm{d}t, \quad \mathrm{d}[X]_t = \sigma_t^2 \,\mathrm{d}t$$

4) **多変量伊藤過程の共変動**:$\{\boldsymbol{X}_t\}$ を m 次元伊藤過程とする.δ_{ij} は,$i = j$ であれば 1 ($\delta_{ij} = 1$),そうでなければ 0 の値をとるものとする.このとき,公式 $(dt)^2 = dt\, dW_{t,i} = 0$ と $dW_{t,i}\, dW_{t,j} = \delta_{ij}\, dt$ ([18] を参照) を使って,

$$d[X_{\cdot,i}, X_{\cdot,j}]_t = dX_{t,i}\, dX_{t,j} = \sum_{k=1}^{n} \sigma_{t,ik}\, \sigma_{t,jk}\, dt, \quad i,j \in \{1, \ldots, m\}$$

を得る.

5) **伊藤の補題** (Itô's lemma):$dX_t = \mu_t\, dt + \sigma_t\, dW_t$ で伊藤過程を定義する.$f(x): \mathbb{R} \to \mathbb{R}$ は 2 回連続微分可能とし,その 1 階導関数と 2 階導関数をそれぞれ f', f'' で表す.このとき,

$$f(X_t) = f(X_0) + \int_0^t f'(X_s)\, dX_s + \frac{1}{2} \int_0^t f''(X_s)\, \sigma_s^2\, ds \qquad (A.63)$$

が成り立つ.微分形では,

$$df(X_t) = f'(X_t)\, dX_t + \frac{1}{2} f''(X_t)\, \sigma_t^2\, dt$$

となる.これを通常の微分法の**連鎖律** (chain rule) $df(x(t)) = f'(x(t))\, dx(t)$ と比較してみるとよい.

6) **$\mathbb{R}^m$ における伊藤の補題**:$\{\boldsymbol{X}_t\}$ を m 次元伊藤過程とし,$f: \mathbb{R}^m \to \mathbb{R}$ はすべての変数について 2 回連続微分可能とする.このとき,

$$df(\boldsymbol{X}_t) = \sum_{i=1}^{m} \partial_i f(\boldsymbol{X}_t)\, dX_{t,i} + \frac{1}{2} \sum_{i=1}^{m} \sum_{j=1}^{m} \partial_{ij} f(\boldsymbol{X}_t)\, d[X_{\cdot,i}, X_{\cdot,j}]_t \qquad (A.64)$$

が成り立つ.特別な場合として,伊藤過程の**積公式** (product rule)

$$d(X_t Y_t) = Y_t\, dX_t + X_t\, dY_t + d[X, Y]_t \qquad (A.65)$$

がある.これに対応する積分形式が,伊藤の**部分積分** (integration by parts) 公式である.

もう 1 つ特別な場合として,$\boldsymbol{X}_t = (X_t, t)^\top$ の場合がある.ここで,$t \geqslant 0$ は確定的な値であり,過程 $\{X_t\}$ は $dX_t = \mu_t\, dt + \sigma_t\, dW_t$ によって支配されているとする.このとき,

$$df(X_t, t) = \left(\frac{\partial f}{\partial t}(\boldsymbol{X}_t) + \mu_t \frac{\partial f}{\partial x}(\boldsymbol{X}_t) + \frac{\sigma_t^2}{2} \frac{\partial^2 f}{\partial x^2}(\boldsymbol{X}_t) \right) dt$$
$$+ \sigma_t \frac{\partial f}{\partial x}(\boldsymbol{X}_t)\, dW_t \qquad (A.66)$$

が成り立つ.

7) **確定的な被積分関数のガウス過程**:$f(t, s)$ をランダムでない関数とし,任意の $0 \leqslant t \leqslant T$ に対して,$\int_0^t f^2(t, s)\, ds < \infty$ を満たすものとする.このとき,伊藤積分

$$Y_t = \int_0^t f(t,s)\,\mathrm{d}W_s \tag{A.67}$$

はガウス過程 $\{Y_t, 0 \leqslant t \leqslant T\}$ を定義し，そのガウス過程の平均は 0，共分散関数は

$$\mathrm{Cov}(Y_s, Y_t) = \int_0^{\min\{s,t\}} f(t,u)f(s,u)\,\mathrm{d}u$$

となる．$f(t,s) = f(s)$ でない限り，$\{Y_t\}$ はマルチンゲールでなくてもよいことに注意せよ．$f(t,s) = f(s)$ であれば，部分積分公式により

$$Y_t = W_t f(t) - \int_0^t W_s\,\mathrm{d}f(s)$$

を得る．

8) **時間変更**：$\{W_t\}$ をウィーナー過程とし，すべての $t \leqslant T$ に対して $C_t = \int_0^t f^2(s)\,\mathrm{d}s < \infty$ で与えられる確定的な関数を用いて，$Z_t = W_{C_t}$, $t \geqslant 0$ を定義する．このとき，確率過程 $\{Z_t, 0 \leqslant t \leqslant T\}$ は，$f(t,s) = f(s)$ として式 (A.67) で定義される伊藤過程と同じ分布に従う．

9) **Girsanov の定理** (Girsanov's theorem)：確率測度 $\mathbb{P}$ のもと，増大情報系 $\mathcal{F} = \{\mathcal{F}_t, t \geqslant 0\}$ に関する多次元伊藤過程を $\mathrm{d}\boldsymbol{X}_t = \boldsymbol{\mu}_t\,\mathrm{d}t + \mathrm{d}\boldsymbol{W}_t$ により定義する．$\{\boldsymbol{\mu}_t, t \geqslant 0\}$ は **Novikov の条件** (Novikov's condition) $\mathbb{E}\exp(\frac{1}{2}\int_0^t \boldsymbol{\mu}_s^\top \boldsymbol{\mu}_s\,\mathrm{d}s) < \infty$ を満たすと仮定する．$t \geqslant 0$ について，

$$M_t = \exp\left(\int_0^t \boldsymbol{\mu}_s^\top\,\mathrm{d}\boldsymbol{W}_s - \frac{1}{2}\int_0^t \boldsymbol{\mu}_s^\top \boldsymbol{\mu}_s\,\mathrm{d}s\right)$$

を定義する．このとき，$\{M_t, t \geqslant 0\}$ は $\mathcal{F}$ に関してマルチンゲールとなる．$T \geqslant 0$ を固定し，$\mathbb{P}_T$ を $\mathbb{P}$ の $\mathcal{F}_T$ への制限とする．新たな測度 $\widetilde{\mathbb{P}}_T$ を，

$$\mathbb{P}_T(A) = \widetilde{\mathbb{E}}_T \mathrm{I}_A / M_T$$

となるように，

$$\widetilde{\mathbb{P}}_T(A) = \mathbb{E}_T M_T \mathrm{I}_A, \quad A \in \mathcal{F}_T$$

によって定義する．このとき，$\widetilde{\mathbb{P}}_T$ のもと，過程 $\{\boldsymbol{X}_t, 0 \leqslant t \leqslant T\}$ はウィーナー過程となる．

注 A.7 (Stratonovich 積分) W をウィーナー過程とし，$X \in \mathscr{H}_T$ とする．任意の $0 \leqslant t \leqslant T$ に対し，$\lim_{n\to\infty}\max_k\{t_{k+1} - t_k\} = 0$ として，

$$\int_0^t X_s \circ \mathrm{d}W_s \stackrel{\mathrm{def}}{=} \lim_{n\to\infty}\sum_{k=0}^{n-1}\frac{X_{t_k} + X_{t_{k+1}}}{2}(W_{t_{k+1}} - W_{t_k}), \quad 0 = t_0 < \cdots < t_n = t$$

を定義する．収束は 2 乗平均の意味での収束とする．

これは，W に関する X の **Stratonovich 積分** (Stratonovich integral) を定義する（積分区間は $[0,t]$）．この積分は一般にマルチンゲールとはならないため，上記の性

質のほとんどは直接的には適用できない．ただし，Stratonovich 積分は形式上，標準的な微分積分公式に従う．特に，3 回連続微分可能な関数 f について，Stratonovich 積分は通常の連鎖律

$$\mathrm{d}f(X_t) = f'(X_t) \circ \mathrm{d}X_t$$

を形式的に満たす．

A.13 拡散過程

$\{W_t\}$ をウィーナー過程とし，$a(x,t)$ と $b(x,t)$ を確定的な関数とする．確率過程 $\{X_t\}$ の**確率微分方程式** (stochastic differential equation; SDE) とは，

$$\mathrm{d}X_t = a(X_t,t)\,\mathrm{d}t + b(X_t,t)\,\mathrm{d}W_t \tag{A.68}$$

の形の方程式を指す．係数 a を**ドリフト** (drift) 係数といい，b^2 (あるいは b) を**拡散** (diffusion) 係数という．a と b が明らかに t には依存しないとき (すなわち，$a(x,t) = \tilde{a}(x)$, $b(x,t) = \tilde{b}(x)$ のとき)，その確率微分方程式は**自律的** (autonomous) あるいは**斉時** (homogeneous) であるという．a と b が x について線形のとき，その確率微分方程式は**線形** (linear) であるという．直観的には，過程 $\{X_t\}$ は，その過程の t での微分を現在値 X_t の関数と加法的なノイズ項の和に等しいとする「ノイズのある常微分方程式 (ODE)」と言ってよい．数学的には，$\{X_t\}$ は積分方程式

$$X_t = X_0 + \int_0^t a(X_s,s)\,\mathrm{d}s + \int_0^t b(X_s,s)\,\mathrm{d}W_s \tag{A.69}$$

の解であり，この式の最後の積分は伊藤の意味で定義される．$b \equiv 0$ のとき，この式は常微分方程式となることに注意せよ．

注 A.8 (拡散型確率微分方程式)　上に示した形の確率微分方程式はとてもよく見かけるものだが，もっと一般的な確率微分方程式が存在することも断っておく必要がある [18], [19]．その一般的な確率微分方程式では，例えば，a と b は t と X_t だけでなく，$\{X_s, s \leqslant t\}$ の履歴全体に依存する．特別な場合である式 (A.68) は**拡散型** (diffusion-type) 確率微分方程式とも呼ばれる．

確率過程 $\{X_t\}$ に関し，X_t が t および基礎にあるウィーナー過程 $\{W_s, s \leqslant t\}$ の関数であり，かつ式 (A.69) を満たすとき，その $\{X_t\}$ は確率微分方程式の**強解** (strong solution) であるという．式 (A.69) が "何らかの" ウィーナー過程について成り立つとき，$\{X_t\}$ を**弱解** (weak solution) という．

次の定理は，区間 $[0,T]$ における強解の存在と一意性に関する条件を与える．証明は，例えば [19] を参照せよ．

定理 A.16（強解の存在と一意性） 次の条件を仮定する．
1) **線形成長条件**：すべての $t \in [0, T]$ に対して，次を満たす定数 C が存在する．
$$|a(x,t)| + |b(x,t)| \leqslant C(1 + |x|), \quad \forall x \tag{A.70}$$
2) **x に関する局所リプシッツ連続性**：どの $K > 0$ についても，すべての $t \in [0, T]$ で次を満たす定数 D_K が存在する．
$$|a(x,t) - a(y,t)| + |b(x,t) - b(y,t)| \leqslant D_K|x-y|, \quad \forall x, y \in [-K, K] \tag{A.71}$$
3) X_0 は $\{W_t, 0 \leqslant t \leqslant T\}$ と独立であり，有限な分散を持つ．

このとき，確率微分方程式 (A.68) は $[0, T]$ 上の一意な強解を持つ．さらに，その解はほとんど確実に連続な標本路を持ち，強マルコフ過程であり，$\int_0^T \mathbb{E} X_s^2 \, ds < \infty$ を満たす．

線形成長条件は，確率微分方程式の各標本路が「爆発」しないこと，すなわち，有限な時間内に標本路が $\pm\infty$ にならないことを保証している．似たような条件は常微分方程式についても必要であった．例えば，微分方程式 $dx(t) = x^2(t) \, dt, x(0) = a$ は，$\mathbb{R}_+$ における「広域」解ではない，区間 $[0, 1/a)$ における「局所」解 $x(t) = a/(1-at)$ を持つ．条件 1 を削除しても，一意な強解は存在するが，その解は爆発が起こる（ランダム）時刻までの解となる．

常微分方程式の場合と同様に，局所リプシッツ連続性は，確率微分方程式の解が反復操作によって構成できることを保証する（Picard の反復法 [23]）．関数の滑らかさの尺度として，この条件は連続性と微分可能性の間に位置する．特に，a と b が x で連続微分可能であれば，あるいはもっと一般的に，a と b の x に関する導関数が $[0, T]$ で一様有界であれば，その a と b は式 (A.71) を満たす．

確率微分方程式 (A.68) の弱解は，もう少し一般的な条件のもとで存在する（例えば [23] を参照）．実際，各 t において，a と b が x に関して有界かつ連続であればよい．そのような場合の解は，ウィーナー過程 W によって標本路ごとに定義されるのではなく，確率分布を通じて定義される．

■ **例 A.12（線形確率微分方程式）**

線形確率微分方程式
$$dX_t = (\alpha_t + \beta_t X_t) \, dt + (\gamma_t + \delta_t X_t) \, dW_t$$
の（強）解は，積 $X_t = U_t V_t$ によって陽に与えられる．ただし，
$$U_t = \exp\left\{\int_0^t \left(\beta_s - \frac{1}{2}\delta_s^2\right) ds + \int_0^t \delta_s \, dW_s\right\}$$
$$V_t = X_0 + \int_0^t \frac{\alpha_s - \gamma_s \delta_s}{U_s} \, ds + \int_0^t \frac{\gamma_s}{U_s} \, dW_s$$
である．特に，$\delta_t \equiv 0$ かつ $\beta_t \equiv \beta$（定数）ならば，

A.13 拡散過程

$$X_t = e^{\beta t}\left(X_0 + \int_0^t e^{-\beta s}\alpha_s\,\mathrm{d}s + \int_0^t e^{-\beta s}\gamma_s\,\mathrm{d}W_s\right)$$

となり，したがって，X_0 の分布が正規分布である（X_0 が定数の場合も含む）という条件のもと，$\{X_t\}$ はガウス過程となる．詳しくは [19, pp.110–113] を参照せよ．

式 (A.68) の解，あるいはより正確に式 (A.69) の解を，**拡散過程** (diffusion process)，またはより明確に**伊藤拡散** (Itô diffusion) という．定理 A.16 より，伊藤拡散は連続な標本路を持ったマルコフ過程である．$X = \{X_t\}$ をドリフト係数 a，拡散係数 b^2 の伊藤拡散とする．これら係数の意味は，X の無限小の振る舞いを考えることで明らかになる．実際，式 (A.69) より，

$$X_{t+h} - X_t = \int_t^{t+h} a(X_s, s)\,\mathrm{d}s + \int_t^{t+h} b(X_s, s)\,\mathrm{d}W_s$$

を得る．$X_t = x$ という条件のもと，両辺の条件付き期待値をとると，

$$\mathbb{E}[X_{t+h} - x \,|\, X_t = x] = a(x, t)\,h + o(h)$$

を得る．ここで，伊藤積分のマルチンゲール性により，上記積分方程式の 2 つ目の積分の期待値は 0 となることを用いた．同様に，p.674 の等長性を用いて

$$\begin{aligned}\mathrm{Var}(X_{t+h} - x \,|\, X_t = x) &= \mathbb{E}[(X_{t+h} - x - a(x, t)\,h)^2 \,|\, X_t = x] + o(h)\\&= b^2(x, t)\,h + o(h)\end{aligned}$$

を得る．つまり，過程が時刻 t において位置 x にあるという条件のもと，次の $h \ll 1$ 時間単位での X の変位は，期待値 $a(x, t)h$ と分散 $b^2(x, t)h$ を持つ．

注 A.9（境界での振る舞い） 今までは全実数直線上の拡散過程を考えてきたが，半直線上や区間上での拡散過程を考えることもできる．そのような拡散過程では，確率微分方程式で表現された領域内部の振る舞いに加えて，境界での振る舞いを特定する必要がある．この件については，例えば [8], [16] を参照せよ．

$\mathbb{R}^m$ における式 (A.68) の類似物は**多次元確率微分方程式** (multidimensional SDE)

$$\mathrm{d}\boldsymbol{X}_t = \boldsymbol{a}(\boldsymbol{X}_t, t)\,\mathrm{d}t + B(\boldsymbol{X}_t, t)\,\mathrm{d}\boldsymbol{W}_t \tag{A.72}$$

によって与えられる．ここで，$\{\boldsymbol{W}_t\}$ は n 次元ウィーナー過程であり，各 $\boldsymbol{x} \in \mathbb{R}^m$ と各 $t \in \mathbb{R}$ に対して，$\boldsymbol{a}(\boldsymbol{x}, t)$ は m 次元ベクトル（ドリフト係数），$B(\boldsymbol{x}, t)$ は $m \times n$ 行列である．$m \times m$ 行列 $C = BB^\top$ を**拡散行列** (diffusion matrix) という．1 次元の場合と同様，多次元確率微分方程式の強解の存在と一意性は，ある種のリプシッツ条件と線形成長条件に依存する．実際，定理 A.16 の多次元版が次のように得られる（[18, p.173] を参照）．

定理 A.17（多次元確率微分方程式の強解） 行列 A について $\|A\| \stackrel{\mathrm{def}}{=} \sqrt{\mathrm{tr}(AA^\top)}$ と定義し，次の条件を仮定する．

1) **線形成長条件**：すべての $t \in [0,T]$ について，次を満たす定数 C が存在する．
$$\|a(x,t)\| + \|B(x,t)\| \leqslant C(1+\|x\|), \quad \forall\, x \tag{A.73}$$

2) **x に関する局所リプシッツ連続性**：どの $K > 0$ についても，すべての $t \in [0,T]$ で次を満たす定数 D_K が存在する．
$$\|a(x,t)-a(y,t)\| + \|B(x,t)-B(y,t)\| \leqslant D_K \|x-y\|, \quad \forall\, \|x\|, \|y\| \leqslant K \tag{A.74}$$

3) X_0 は $\{W_t, 0 \leqslant t \leqslant T\}$ と独立であり，$\mathbb{E}\|X_0\|^2 < \infty$ を満たす．

このとき，確率微分方程式 (A.68) は $[0,T]$ 上の一意な強解を持つ．

A.13.1 Kolmogorov 方程式

自律的な確率微分方程式は，
$$dX_t = a(X_t)\,dt + b(X_t)\,dW_t \tag{A.75}$$

の形で与えられ，対応する拡散過程は "斉時" マルコフ過程となる．対応する推移核 P_t は Kolmogorov の後退方程式から（また，より強い制約条件のもと，Kolmogorov の前進方程式から）得られる．このことを見るために，コンパクト集合上の 2 回連続微分可能なすべての関数に作用し，
$$Lf(x) = a(x)f'(x) + \frac{1}{2}b^2(x)f''(x) \tag{A.76}$$

の形で与えられる線形楕円型微分作用素を L とする．このとき，伊藤の公式により，
$$M_t \stackrel{\text{def}}{=} f(X_t) - f(X_0) - \int_0^t Lf(X_s)\,ds$$

は $[0,T]$ 上のマルチンゲールとなる．実際，過程が x から開始された場合の期待値作用素を $\mathbb{E}^x$ と表すことで，
$$\mathbb{E}^x f(X_t) = f(x) + \int_0^t \mathbb{E}^x Lf(X_s)\,ds \tag{A.77}$$

を得る．ここで，期待値と積分の交換には Fubini の定理を用いた．これより，
$$Lf(x) = \lim_{t \downarrow 0} \frac{\mathbb{E}^x f(X_t) - f(x)}{t} \tag{A.78}$$

となる．式 (A.78) の極限はマルコフ過程の**無限小生成作用素** (infinitesimal generator) の定義にもなっている．無限小生成作用素の定義域は，式 (A.78) の極限が存在するすべての有界な可測関数からなり，L の定義域を含む．したがって，無限小生成作用素は L の拡張となっている．P_t をマルコフ過程の推移核とし，この作用素 P_t を
$$P_t f(x) = \int P_t(x,dy)f(y) = \mathbb{E}^x f(X_t)$$

で定義する．このとき，式 (A.77) によって，**Kolmogorov の前進方程式** (Kolmogorov

forward equation)

$$P'_t f = P_t L f \tag{A.79}$$

を得る．さらに，Chapman–Kolmogorov の公式より，$P_{t+s}f(x) = P_s P_t f(x) = \mathbb{E}^x P_t f(X_s)$ が得られ，したがって，

$$\frac{1}{s}\{P_{t+s}f(x) - P_t f(x)\} = \frac{1}{s}\{\mathbb{E}^x P_t f(X_s) - P_t f(x)\}$$

を得る．

この式で, $s \downarrow 0$ とすることで, **Kolmogorov の後退方程式** (Kolmogorov backward equation)

$$P'_t f = L P_t f \tag{A.80}$$

を得る．P_t が推移密度 p_t を持てば，最後の式は

$$\frac{d}{dt}\int p_t(x,y)f(y)\,dy = \int L p_t(x,y) f(y)\,dy$$

と書くことができる．したがって，y を固定すると，$p_t(x,y)$ は Kolmogorov の後退方程式

$$\begin{aligned}\frac{\partial}{\partial t}p_t(x,y) &= L p_t(x,y) \\ &= a(x)\frac{\partial}{\partial x}p_t(x,y) + \frac{1}{2}b^2(x)\frac{\partial^2}{\partial x^2}p_t(x,y)\end{aligned} \tag{A.81}$$

を満たす．同様に，式 (A.79) は $\frac{d}{dt}\int p_t(x,y)f(y)\,dy = \int p_t(x,y) L f(y)\,dy = \int f(y) L^* p_t(x,y)\,dy$ のように書くことができる．ここで，L^*（y 上で働く）は L の随伴作用素であり，$\int g(y) L h(y)\,dy = \int h(y) L^* g(y)\,dy$ によって定義される．このことより，x を固定すると，密度 $p_t(x,y)$ は Kolmogorov の前進方程式

$$\begin{aligned}\frac{\partial}{\partial t}p_t(x,y) &= L^* p_t(x,y) \\ &= -\frac{\partial}{\partial y}\left(a(y)\,p_t(x,y)\right) + \frac{1}{2}\frac{\partial^2}{\partial y^2}\left(b^2(y)\,p_t(x,y)\right)\end{aligned} \tag{A.82}$$

を満たす．この方程式は **Fokker–Planck 方程式** (Fokker–Planck equation) とも呼ばれる．$p_t(x,y)$ が存在し，前進方程式と後退方程式の一意な解となるための，$a(x)$ と $b(x)$ に関する十分条件は，$a(x)$ と $b(x)$ が 2 階までの偏導関数を持ち，その偏導関数が有界でリプシッツ条件を満たすことである（[18] も参照）．このことは，拡散過程と $u'_t = L u_t$ の形の偏微分方程式との間の重要な関連を具体的に示している．実際，楕円作用素 L が与えられたとき，対応する拡散過程の確率密度関数は，偏微分方程式の基本解（Green 関数）を与える（第 17 章も参照）．

注 A.10（多次元確率微分方程式の作用素） 式 (A.72) の形の多次元確率微分方程式に関して，無限小生成行列は作用素

$$Lf(\boldsymbol{x}) = \sum_{i=1}^{m} a_i(\boldsymbol{x}) \frac{\partial}{\partial x_i} f(\boldsymbol{x}) + \frac{1}{2} \sum_{i=1}^{m} \sum_{j=1}^{m} C_{ij}(\boldsymbol{x}) \frac{\partial^2}{\partial x_i \partial x_j} f(\boldsymbol{x})$$

の拡張となっている.ここで,$\{a_i\}$ は $\boldsymbol{a}$ の要素であり,$\{C_{ij}\}$ は $C = BB^\top$ の要素である.

A.13.2 定常分布

自律的な確率微分方程式 (A.75) に支配される拡散過程について再度考える.p_t を拡散過程の推移密度とし,

$$\pi(y) = \int p_t(x,y)\,\pi(x)\,\mathrm{d}x$$

が成り立つとする.このとき,$\pi(x)$ を拡散過程 (A.75) の**定常密度** (stationary density) または**不変密度** (invariant density) という.初期状態 X_0 が密度 $\pi(x)$ を持つならば,$\{X_t, t \geqslant 0\}$ は定常過程となる.

定理 A.18(定常分布) 式 (A.75) の定常密度が存在し,2回連続微分可能であれば,その密度は,常微分方程式

$$L^*\pi = 0 \quad \Leftrightarrow \quad \frac{1}{2}\frac{\mathrm{d}^2}{\mathrm{d}y^2}\left(b^2(y)\,\pi(y)\right) - \frac{\mathrm{d}}{\mathrm{d}y}\left(a(y)\,\pi(y)\right) = 0$$

の解である.ここで,L^* は式 (A.82) の随伴作用素である.常微分方程式の解である定常密度は,

$$\pi(x) = \frac{c}{b^2(x)} \exp\left(\int_{x_0}^{x} \frac{2\,a(y)}{b^2(y)}\mathrm{d}y\right)$$

の形で与えられる.ここで,x_0 は任意の定数であり,c は $\int \pi(y)\,\mathrm{d}y = 1$ となるように設定した定数である.

π が存在する条件についての厳密な説明は,[22] を参照せよ.

大雑把に言って,拡散過程が定常状態にあれば,その分布は時間が経過しても変化しない.したがって,推移密度 p_t は時間と独立となり,式 (A.82) の中の p_t の t に関する偏導関数はゼロとなる.このことは,定常密度が方程式 $L^*\pi = 0$ を満たすことを示している.

A.13.3 Feynman–Kac 公式

Feynman–Kac 公式は,確率過程と線形放物型偏微分方程式の間の重要な関係を確立している.その結果は,偏微分方程式の解をモンテカルロ法により近似するために使われる.あるいはまた,偏微分方程式を解くことで拡散過程の条件付き期待値を計算することができる(第17章を参照).

各 $t \geqslant 0$ について,コンパクト集合上の2回連続微分可能なすべての関数に作用し,

$$L_t u(x,t) = a(x,t)\frac{\partial}{\partial x}u(x,t) + \frac{1}{2}b^2(x,t)\frac{\partial^2}{\partial x^2}u(x,t)$$

の形で与えられる線形楕円型微分作用素を L_t とする.

定理 A.19 (Feynman–Kac 公式) $k(x,t)$ と $f(x)$ を有界関数とし, 過程 $\{X_t, 0 \leqslant t \leqslant T\}$ を式 (A.68) に従って発展させる. 終端条件を $u(x,T) = f(x)$ として, 偏微分方程式

$$\left(L_t + \frac{\partial}{\partial t} - k(x,t)\right)u(x,t) = 0, \quad x \in \mathbb{R}, \ t \in [0,T]$$

の解が存在すると仮定する. このとき, その解は一意であり,

$$u(x,t) = \mathbb{E}\left[e^{-\int_t^T k(X_s, s)\,ds} f(X_T) \middle| X_t = x\right], \quad t \in [0,T]$$

によって与えられる.

この式がなぜ妥当であるかを説明する (細かい取り扱いについては [10], [22] を参照). 過程 $\{Y_t\}$ を $Y_t = e^{-\int_0^t k(X_s, s)\,ds}$ によって定義する. これに, 伊藤の公式 (A.66) を適用することで,

$$d(Y_t u(X_t, t)) = Y_t\left(\left(L_t + \frac{\partial}{\partial t} - k(X_t, t)\right)u(X_t, t)\,dt + b(X_t, t)\frac{\partial u}{\partial x}(X_t, t)\,dW_t\right)$$

を得る. u は偏微分方程式の解なので, ドリフト項は 0 である. 仮定より Y_t は有界なので, 偏微分方程式の解の存在と一意性より, $\int_0^T \mathbb{E}|Y_t u(X_t, t)| < \infty$ が導かれる [10]. したがって, 過程

$$Y_t u(X_t, t) = \int_0^t Y_s b(X_s, s)\frac{\partial u}{\partial x}(X_s, s)\,dW_s$$

はマルチンゲールである. 確率微分方程式のマルコフ性 (定理 A.16 を参照) と終端条件を用いて,

$$Y_t u(X_t, t) = \mathbb{E}[Y_T u(X_T, T) \mid X_s, 0 \leqslant s \leqslant t] = \mathbb{E}[Y_T f(X_T) \mid X_t]$$

を得るが, この式を再整理することで, 目的の結果が得られる. Feynman–Kac 公式の多次元への拡張については第 17 章を参照せよ.

A.13.4 脱 出 時 刻

ある区間からの脱出時刻を介して拡散過程を考察することがよくある. 以下では, $\{X_t\}$ を確率微分方程式 (A.75) によって定義される斉時拡散過程とし, 定理 A.16 の存在と一意性の条件を満たすものとする. $[l, r], l < r$ を任意の区間とし, τ_l を拡散過程が l に到達した最初の時刻, τ_r を r に到達した最初の時刻とする. $\tau = \min\{\tau_l, \tau_r\} = \tau_l \wedge \tau_r$ を区間 $[l, r]$ からの最初の**脱出時刻** (exit time) とする. 次の定理は, 例えば [18] に示されており, その証明の中心をなすのは,

$$M_t = f(X_{t \wedge \tau}) - \int_0^{t \wedge \tau} Lf(X_u)\,du$$

で定義される過程 $\{M_t\}$ が伊藤の補題によりマルチンゲールになるという事実である.

定理 A.20（脱出時刻） 拡散係数 $b(x)$ を $[l, r]$ 上で厳密に正の値をとる連続関数とし，f を 2 回連続微分可能な任意の関数とする．このとき，次が成り立つ．

1) $s(x) = \mathbb{E}^x \tau$ で与えられる関数 s は，微分方程式

$$Ls = -1, \quad \text{ただし，} \quad s(l) = 0, \quad s(r) = 0$$

を満たす．ここで，L は式 (A.76) で与えられる．

2) $Lh = 0$ の，定数でないどのような正の解も，x_0, y_0 をある任意定数として，

$$h(x; x_0, y_0) = \int_{x_0}^x \exp\left(-\int_{y_0}^y \frac{2a(u)}{b^2(u)}\,du\right) dy$$

の形で与えられる．この解を L に対する**調和** (harmonic) 関数という．

3) そのような調和関数について，

$$\mathbb{P}^x(\tau_l < \tau_r) = \frac{h(r) - h(x)}{h(r) - h(l)}$$

が成り立つ．

さらに学習するために

例を豊富に伴う確率論のやさしい解説は [25] にある．より詳しい教科書として [11], [28] がある．[5], [9] は確率論の古典的な著書である．確率過程の非測度論的な優れた入門書として [24] がある．マルコフ過程の詳しい解説は [7] にあり，状態空間が可算なマルコフ過程の手頃なテキストとして [1] がある．確率過程を含む，確率論の測度論的なわかりやすい入門は [3] にある．確率論と確率過程の豊富な例は，Feller [8], [9] の 2 巻を参照せよ．確率過程に関する他の優れた著書として [4], [15], [16] があり，古典としては [6] がある．

文　献

1) W. J. Anderson. *Continuous-Time Markov Chains: An Applications-Oriented Approach.* Springer-Verlag, New York, 1991.
2) P. Billingsley. *Convergence of Probability Measures.* John Wiley & Sons, New York, 1968.

3) P. Billingsley. *Probability and Measure*. John Wiley & Sons, New York, third edition, 1995.
4) E. Çinlar. *Introduction to Stochastic Processes*. Prentice Hall, Englewood Cliffs, NJ, 1975.
5) K. L. Chung. *A Course in Probability Theory*. Academic Press, second edition, New York, 1974.
6) J. L. Doob. *Stochastic Processes*. John Wiley & Sons, New York, 1953.
7) S. N. Ethier and T. G. Kurtz. *Markov Processes: Characterization and Convergence*. John Wiley & Sons, New York, 1986.
8) W. Feller. *An Introduction to Probability Theory and Its Applications*, volume II. John Wiley & Sons, New York, 1966.
9) W. Feller. *An Introduction to Probability Theory and Its Applications*, volume I. John Wiley & Sons, New York, second edition, 1970.
10) D. Freedman. *Brownian Motion and Diffusion*. Springer-Verlag, New York, 1971.
11) G. R. Grimmett and D. R. Stirzaker. *Probability and Random Processes*. Oxford University Press, Oxford, third edition, 2001.
12) P. R. Halmos. *Measure Theory*. Springer-Verlag, New York, second edition, 1978.
13) C. C̈Heyde. On a Property of the Lognormal Distribution. *Journal of the Royal Statistical Society, Series B*, 25(2):392–393, 1963.
14) P. L. Hsu and H. Robbins. Complete Convergence and the Law of Large Numbers. *Proceedings of the National Academy of Sciences, U.S.A.*, 33(2):25–31, 1947.
15) S. Karlin and H. M. Taylor. *A First Course in Stochastic Processes*. Academic Press, New York, second edition, 1975.
16) S. Karlin and H. M. Taylor. *A Second Course in Stochastic Processes*. Academic Press, New York, 1981.
17) F. P. Kelly. *Reversibility and Stochastic Networks*. John Wiley & Sons, New York, 1979.
18) F. C. Klebaner. *Introduction to Stochastic Calculus with Applications*. Imperial College Press, London, seconf edition, 2005.
19) P. E. Kloeden and E. Platen. *Numerical Solution of Stochastic Differential Equations*. Springer-Verlag, Berlin, 1999. Corrected third printing.
20) J. R. Norris. *Markov Chains*. Cambridge University Press, Cambridge, 1997.
21) B. Øksendal. *Stochastic Differential Equations*. Springer-Verlag, Berlin, fifth edition, 2003.
22) R. G. Pinsky. *Positive Harmonic Functions and Diffusion*. Cambridge University Press, Cambridge, 1995.
23) P. E. Protter. *Stochastic Integration and Differential Equations*. Springer-Verlag, Heidelberg, second edition, 2005.
24) S. M. Ross. *Stochastic Processes*. John Wiley & Sons, New York, second edition, 1996.
25) S. M. Ross. *A First Course in Probability*. Prentice Hall, Englewood Cliffs, NJ, seventh edition, 2005.
26) W. Rudin. *Real and Complex Analysis*. McGraw-Hill, New York, third edition,

1987.
27) I. G. Shevtsova. Sharpening of the Upper Bound of the Absolute Constant in the Berry–Esséen Inequality, *Theory of Probability and Its Applications*, 51(3):549–553, 2007.
28) D. Williams. *Probability with Martingales*. Cambridge University Press, Cambridge, 1991.

B

数理統計学の基礎知識

B.1 統計的推論

統計学はデータを集め，集計し，分析し，それに意味付けを与えるための方法論である．大きく分けて伝統的統計学とベイズ統計学がある．
1) 伝統的統計学 (classical statistics) では，データ $\mathbf{x}$ を，ある確率モデルによって記述される確率変数 $\mathbf{X}$ の観測結果と見なす．確率モデルは通常（多次元）パラメータを含む形で定義される．すなわち，ある $\boldsymbol{\theta}$ に対して $\mathbf{X} \sim f(\cdot; \boldsymbol{\theta})$ と表される．統計的推論はこの $\boldsymbol{\theta}$ の推論だけに関心がある．例えば，得られたデータから，
   a) パラメータを推定し，
   b) パラメータに関する検定を行い，
   c) 仮定したモデルの妥当性を調べる．
2) ベイズ統計学では，パラメータ自身もランダムに変動すると見なす：$\boldsymbol{\theta} \sim f(\boldsymbol{\theta})$．$f(\boldsymbol{\theta}|\mathbf{x}) \propto f(\mathbf{x}|\boldsymbol{\theta})f(\boldsymbol{\theta})$ というベイズ公式を使って，データ $\mathbf{x}$ からパラメータの分布を更新していく[*1]．

数理統計学 (mathematical statistics) は，確率論や他の数学を使って，純粋に数学的な立場からデータの性質を分析する．

B.1.1 伝統的モデル

観測データ $\mathbf{x}$ は確率変数 $\mathbf{X}$ の標本と考える．例えば $\mathbf{X}$ は n 次元のランダムベクトル $(X_1, \ldots, X_n)^\top$ としてもよい．データを実数あるいはベクトル値に変換する関数を**統計量** (statistic) という．例えば，$\mathbf{X} = (X_1, \ldots, X_n)^\top$ として，その標本平均 $T = T(\mathbf{X}) = (X_1 + \cdots + X_n)/n$ はその例である．

[*1] 【訳注】ベイズ統計学では，$f(\cdot)$ は単に密度関数という意味で使われる．関数形を定義しているわけではない．

T は関数記号としても，確率変数 $T(\mathbf{X})$ としても使うことにする．実数値をとる場合は T, $\mathbb{R}^d$, $d \geqslant 2$ の値をとる場合は $\mathbf{T}$ と記す．統計量は "計算可能" でなければならない．言い換えれば，未知のパラメータを含んではいけない．

伝統的データモデルのいくつかをまとめる．

B.1.1.1　独立同分布標本

データ $X_1, \ldots, X_n$ が独立で同じ確率分布に従うことを次のように表す．

$$X_1, \ldots, X_n \overset{\text{iid}}{\sim} \text{Dist}$$

Dist は既知あるいは未知の確率分布を表す．多くの場合，確率分布はパラメータ $\theta \in \Theta$ によって規定される．独立同分布の標本は**無作為抽出標本** (random sample) とも呼ばれる．「標本」という用語は，データを集めたものという意味と個別のデータという意味の両方で用いられるが，その区別は断らなくても文脈で理解できるであろう．

標準的なモデルとして，正規分布がある．

$$X_1, \ldots, X_n \overset{\text{iid}}{\sim} \mathsf{N}(\mu, \sigma^2)$$

このとき，パラメータは $\theta = (\mu, \sigma^2)$ で，$\Theta = \mathbb{R} \times \mathbb{R}_+$ である．

B.1.1.2　分散分析

1 元配置分散分析では，同じ分散を持ち平均値が異なるかもしれない k 個の独立なデータグループ（**水準** (level) ともいう）の平均 $\mu_1, \mu_2, \ldots, \mu_k$ の違いを問題にする．共通の分散を σ^2 と記す．水準 j の i 番目の観測値を X_{ij}，グループ j の標本の大きさを n_j とすると，モデルは次のように表される．

$$X_{ij} = \mu_j + \varepsilon_{ij}, \quad i = 1, \ldots, n_j, \quad j = 1, \ldots, k, \quad \{\varepsilon_{ij}\} \overset{\text{iid}}{\sim} \mathsf{N}(0, \sigma^2)$$

あるいは，次のように表すこともできる．

$$X_{ij} \overset{\text{iid}}{\sim} \mathsf{N}(\mu_j, \sigma^2), \quad i = 1, \ldots, n_j, \quad j = 1, \ldots, k$$

B.1.1.3　回　　帰

回帰モデルは**説明** (explanatory) 変数と**目的** (response) 変数の間の関数関係を記述するために使われるモデルである．**線形回帰** (linear regression) モデルでは，両者の関係は線形である．Y_i を i 番目の目的変数，x_i を i 番目の説明変数で確率変動しない確定的なものとすると，標準モデルは

$$Y_i = \beta_0 + \beta_1 x_i + \varepsilon_i, \quad i = 1, \ldots, n, \quad \{\varepsilon_i\} \overset{\text{iid}}{\sim} \mathsf{N}(0, \sigma^2) \tag{B.1}$$

である．$\beta_0, \beta_1, \sigma^2$ は "未知" パラメータである．直線

$$y = \beta_0 + \beta_1 x \tag{B.2}$$

は**回帰直線** (regression line) と呼ばれる．それを一般の曲線 $y = g(x; \boldsymbol{\theta})$ に置き換えると，一般の回帰モデルができる．例えば，$y = \beta_0 + \beta_1 x + \beta_2 x^2$ とすると，**2 次回帰** (quadratic regression) モデル，$y = \mathbf{x}^\top \boldsymbol{\beta}$ とすると，**多変量の線形回帰** (multiple linear regression) モデルができる．ここで，$\mathbf{x}$ と $\boldsymbol{\beta}$ は多次元の説明変数ベクトルとパラメータベクトルを表す．

B.1.1.4 線形モデル

データベクトル $\mathbf{Y} = (Y_1, \ldots, Y_n)^\top$ が**線形モデル** (linear model) に従うとは

$$\mathbf{Y} = A\boldsymbol{\beta} + \boldsymbol{\varepsilon}, \quad \boldsymbol{\varepsilon} \sim \mathsf{N}(\mathbf{0}, \sigma^2 I) \tag{B.3}$$

と表されることである．ただし，A は $n \times k$ 行列で**デザイン行列** (design matrix) と呼ばれ，$\boldsymbol{\beta} = (\beta_1, \ldots, \beta_k)^\top$ は k 次元の**パラメータ** (parameter) ベクトル，$\boldsymbol{\varepsilon} = (\varepsilon_1, \ldots, \varepsilon_n)^\top$ は各要素が独立に $\mathsf{N}(0, \sigma^2)$ に従う**誤差** (error) ベクトルである．分散分析と回帰モデルは線形モデルの特別な場合である．

データ $\mathbf{y}$ にモデルを当てはめるために，**最小 2 乗法** (least squares method) が用いられる．最適な $\widehat{\boldsymbol{\beta}}$ は $\mathbf{y}$ と $A\widehat{\boldsymbol{\beta}}$ のユークリッド距離が最小になるように選ばれる．あるいは，$\widehat{\boldsymbol{\beta}}$ は次の方程式の解として与えられる．

$$\nabla_{\boldsymbol{\beta}} \|\mathbf{y} - A\boldsymbol{\beta}\|^2 = A^\top (\mathbf{y} - A\boldsymbol{\beta}) = \mathbf{0}$$

これらの線形連立方程式は**正規方程式** (normal equation) と呼ばれる．したがって，もし $A^\top A$ の "逆行列がある" ならば (A はそうなるように選ばれる)，解は

$$\widehat{\boldsymbol{\beta}} = (A^\top A)^{-1} A^\top \mathbf{y}$$

によって求められる．実際には，$\widehat{\boldsymbol{\beta}}$ はガウスの消去法を使って正規方程式から求めることが多いので，この逆行列 $(A^\top A)^{-1}$ を計算する必要はない．幾何学的に言うと，$\widehat{\boldsymbol{\beta}}$ は A の列ベクトルが張る部分空間への $\mathbf{y}$ の射影になっている．さらに，$\widehat{\boldsymbol{\beta}}$ が $\boldsymbol{\beta}$ の最尤推定量になっていることを確かめることは難しくない (B.2.1 項を参照)．

B.1.2 十 分 統 計 量

パラメータ (ベクトル) $\boldsymbol{\theta}$ の十分統計量とは，データに含まれるパラメータ $\boldsymbol{\theta}$ に関するすべての情報が組み込まれた統計量である．これは，データを十分統計量に縮約できるということであり，劇的にデータ量を減らすことができる．

$\boldsymbol{\theta}$ の十分統計量を $\mathbf{T}(\mathbf{X})$ としたとき，データ $\mathbf{X} = (X_1, \ldots, X_n)^\top$ の $\boldsymbol{\theta}$ に関する推論は $\mathbf{T}(\mathbf{X})$ の値を知れば可能である．もう少していねいに言うと，$\mathbf{T}(\mathbf{X})$ が $\boldsymbol{\theta}$ の**十分統計量** (sufficient statistic) であるとは，$\mathbf{T}(\mathbf{X})$ が与えられたときの $\mathbf{X}$ の条件付き分布が $\boldsymbol{\theta}$ とは独立であることを意味する．ある統計量が十分統計量であるかどうかを判定するための定理として次がある．証明は例えば [4] を参照せよ．

定理 B.1（分解定理） $f(\mathbf{x};\boldsymbol{\theta})$ をデータ $\mathbf{X}=(X_1,\ldots,X_n)^\top$ の結合密度関数とする．$\mathbf{T}(\mathbf{X})$ が $\boldsymbol{\theta}$ の十分統計量であるための必要十分条件は，$g(\mathbf{t},\boldsymbol{\theta})$ と $h(\mathbf{x})$ という関数があって，次のように分解できることである．

$$f(\mathbf{x};\boldsymbol{\theta}) = g(\mathbf{T}(\mathbf{x}),\boldsymbol{\theta})h(\mathbf{x}) \tag{B.4}$$

■ 例 B.1（指数型分布族の十分統計量）

指数型分布族（☞ p.738）では，十分統計量は比較的容易に作ることができる．$X_1,\ldots,X_n$ の密度関数を

$$\mathring{f}(x;\boldsymbol{\theta}) = c(\boldsymbol{\theta})\,\mathrm{e}^{\sum_{i=1}^m \eta_i(\boldsymbol{\theta})\,t_i(x)}\,\mathring{h}(x)$$

とする．ただし，$\{\eta_i\}$ は線形独立とする．このとき，$\mathbf{X}=(X_1,\ldots,X_n)^\top$ の結合密度関数は

$$f(\mathbf{x};\boldsymbol{\theta}) = \underbrace{c(\boldsymbol{\theta})^n\,\mathrm{e}^{\sum_{i=1}^m \eta_i(\boldsymbol{\theta})\sum_{k=1}^n t_i(x_k)}}_{g(\mathbf{T}(\mathbf{x}),\boldsymbol{\theta})}\underbrace{\prod_{k=1}^n \mathring{h}(x_k)}_{h(\mathbf{x})}$$

となる．したがって，分解定理より，

$$\mathbf{T}(\mathbf{X}) = \left(\sum_{k=1}^n t_1(X_k),\ldots,\sum_{k=1}^n t_m(X_k)\right)$$

が $\boldsymbol{\theta}$ の十分統計量になる．

■ 例 B.2（正規分布の場合の十分統計量）

例 B.1 の特別な例として，正規分布 $\mathsf{N}(\mu,\sigma^2)$ を取り上げる．表 D.1 を参考に $\boldsymbol{\theta}=(\mu,\sigma^2)$ の十分統計量は $T_1=\sum_{k=1}^n X_k$，$T_2=\sum_{k=1}^n X_k^2$ として，$\mathbf{T}=(T_1,T_2)$ となる．これは，パラメータの情報が T_1,T_2 だけに集約されていることを意味する．

さらに，十分統計量と 1 対 1 対応している任意の統計量は十分統計量になることが，簡単に導かれる．その結果，標本平均 $\bar{X}=\widetilde{T}_1$ と不偏分散 $\widetilde{T}_2$ のペアも十分統計量になる．

$$\widetilde{T}_2 = \frac{1}{n-1}\sum_{k=1}^n (X_k-\bar{X})^2 = \frac{1}{n-1}\left(\sum_{k=1}^n X_k^2 - n\bar{X}^2\right)$$

実際，

$$\widetilde{T}_1 = \frac{T_1}{n},\quad \widetilde{T}_2 = \frac{1}{n-1}\left(T_2 - T_1^2/n\right)$$

だからである．

B.1.3 推　　　定

データ $\mathbf{X}$ の分布が未知パラメータ $\boldsymbol{\theta}$ によって規定されているとしよう．観測データ $\mathbf{x}$ から $\boldsymbol{\theta}$ を推定することを考える（あるいは，ベクトル値関数 $\mathbf{g}$ を使って計算される $\boldsymbol{\eta} = \mathbf{g}(\boldsymbol{\theta})$ を推定する問題もありうる）．$\boldsymbol{\theta}$ に近い**統計量** (estimator) $\mathbf{T} = \mathbf{T}(\mathbf{X})$ を見つけることが目的である．対応する実現値 $\mathbf{t} = \mathbf{T}(\mathbf{x})$ は $\boldsymbol{\theta}$ の**推定値** (estimate) と呼ばれる．$\boldsymbol{\theta}$ の推定量 $\mathbf{T}$ の**偏り** (bias; バイアス) とは $\mathbf{T} - \boldsymbol{\theta}$ のことである．$\boldsymbol{\theta}$ の推定量 $\mathbf{T}$ は，$\mathbb{E}_{\boldsymbol{\theta}} \mathbf{T} = \boldsymbol{\theta}$ のとき，**不偏** (unbiased) と呼ばれる．$\boldsymbol{\theta}$ の推定量あるいは推定値を区別しないで，両方とも $\widehat{\boldsymbol{\theta}}$ と記すことが多い．実数値推定量の**平均2乗誤差** (mean square error; MSE) は

$$\mathrm{MSE} = \mathbb{E}_\theta (T - \theta)^2$$

で定義される．推定量 T_1 が T_2 より**効率的** (efficient) であるとは，T_1 の MSE が T_2 の MSE より小さいことをいう．MSE は次のようにも書ける．

$$\mathrm{MSE} = (\mathbb{E}_\theta T - \theta)^2 + \mathrm{Var}_\theta(T)$$

第1項は推定量の偏りの大きさ，第2項は推定量の分散を表す．特に，"不偏"推定量の MSE は分散そのものである．

シミュレーションの効率性の比較として，"計算時間"が重要である．2つの不偏推定量 T_1, T_2 を比較するには，**相対時間分散積** (relative time variance product) (☞ p.398) が用いられる．

$$\frac{\tau_i \mathrm{Var}(T_i)}{(\mathbb{E} T_i)^2}, \quad i = 1, 2 \tag{B.5}$$

ここで，τ_1, τ_2 は推定量を計算する時間を表す．T_1 の相対時間分散積が T_2 のそれより小さいとき，T_1 は T_2 より効率的と見なされる．

有効な推定量を見つけるための2つの代表的な方法は，最大尤度法（B.2.1 項を参照）と，次で説明するモーメント法である．

B.1.3.1 モーメント法

$X_1, \ldots, X_n \overset{\text{iid}}{\sim} f(x; \boldsymbol{\theta})$ の標本を $x_1, \ldots, x_n$ とする．ただし，$\boldsymbol{\theta} = (\theta_1, \ldots, \theta_k)$ は未知とする．標本分布のモーメントは簡単に推定できる．すなわち，$X \sim f(x; \boldsymbol{\theta})$ とすると，X の r 次モーメント $\mu_r(\boldsymbol{\theta}) = \mathbb{E}_{\boldsymbol{\theta}} X^r$（存在を仮定する）は**標本 r 次モーメント** (sample r-th moment)

$$m_r = \frac{1}{n} \sum_{i=1}^n x_i^r$$

で推定できる．**モーメント法** (method of moments) は，最初の k 個の標本モーメントが真のモーメントと等しくなるような $\widehat{\boldsymbol{\theta}}$ を $\boldsymbol{\theta}$ の推定量とする方法である．

$$m_r = \mu_r(\widehat{\boldsymbol{\theta}}), \quad r = 1, 2, \ldots, k$$

一般にこの連立方程式は非線形になるので，解は数値的にしか求められないことが多い．

■ 例 B.3（標本平均と標本分散）

$\mathbf{X} = (X_1,\ldots,X_n)^\top$ は，平均 μ，分散 $\sigma^2 < \infty$ の一般の分布に従う独立な標本であるとする．最初の 2 つのモーメントを一致させることによって，次の方程式が得られる．

$$\frac{1}{n}\sum_{i=1}^n x_i = \mu$$

$$\frac{1}{n}\sum_{i=1}^n x_i^2 = \mu^2 + \sigma^2$$

したがって，モーメント法を使った μ, σ^2 の推定値は，**標本平均**（sample mean）

$$\widehat{\mu} = \bar{x} = \frac{1}{n}\sum_{i=1}^n x_i \tag{B.6}$$

と

$$\widehat{\sigma^2} = \frac{1}{n}\sum_{i=1}^n x_i^2 - (\bar{x})^2 = \frac{1}{n}\sum_{i=1}^n (x_i - \bar{x})^2 \tag{B.7}$$

である．

μ の推定量 $\bar{X}$ は不偏であるが，σ^2 の推定量は偏りがある：$\mathbb{E}\widehat{\sigma^2} = \sigma^2(n-1)/n$．分散の不偏推定量は，**標本分散**（sample variance）

$$S^2 = \widehat{\sigma^2}\frac{n}{n-1} = \frac{1}{n-1}\sum_{i=1}^n (X_i - \bar{X})^2$$

である．標本分散の正の平方根は**標本標準偏差**（sample standard deviation）と呼ばれる．

B.1.3.2 信 頼 区 間

どのような推定にしても，推定値の "精度" を評価する必要がある．推定値の精度がわからなければ，使いようがない．**信頼区間**（confidence interval; **区間推定**（interval estimate）ともいう）は，推定値の不確かな部分を正確に記述する方法である．

$X_1,\ldots,X_n$ を同時分布が $\theta \in \Theta$ に依存する確率変数とする．$T_1 < T_2$ を 2 つの統計量とする（$T_i = T_i(X_1,\ldots,X_n), i = 1, 2$ は，パラメータを含まないデータのみの関数である）．

1) ランダムな区間 (T_1, T_2) が θ の信頼度 $1 - \alpha$ の**確率的信頼区間**（stochastic confidence interval）であるとは，次が成り立つことをいう．

$$\mathbb{P}_\theta(T_1 < \theta < T_2) \geqslant 1 - \alpha, \quad \forall \theta \in \Theta \tag{B.8}$$

2) t_1, t_2 を T_1, T_2 の観測値としたとき，区間 (t_1, t_2) のことを θ の信頼度 $1 - \alpha$ の（**数値的**）**信頼区間**（(numerical) confidence interval）という．

3) 式 (B.8) が近似的に成り立つ場合は，**近似信頼区間**（approximate confidence interval）という．

4) $\mathbb{P}_\theta(T_1 < \theta < T_2)$ を**被覆確率**（coverage probability）という．信頼度を $1-\alpha$ とした場合，被覆確率は少なくとも $1-\alpha$ 以上でなければならない．

パラメータが多次元 $\theta \in \mathbb{R}^d$ の場合，信頼区間に対応するものは $\mathbb{P}_\theta(\theta \in \mathscr{C}) \geqslant 1-\alpha$ を満たす**信頼領域**（confidence region）$\mathscr{C} \subset \mathbb{R}^d$ と呼ばれる．

（近似）信頼区間は"最尤法"で求めることが多い．別の方法として，"ブートストラップ法"がある（8.6 節を参照）．ベイズ解析で用いられる信頼区間と似たものは，**信用区間**（credible interval）と呼ばれる（B.3 節を参照）．

■ **例 B.4**（平均の近似信頼区間）

$X_1, \ldots, X_n$ を平均 μ, 分散 $\sigma^2 < \infty$ を持つ分布からの iid 標本とする．中心極限定理と大数の法則により，S を標本標準偏差として，n が十分に大きいとき

$$T = \frac{\bar{X} - \mu}{S/\sqrt{n}} \overset{\text{approx.}}{\sim} \mathsf{N}(0, 1)$$

が成り立つ．近似式 $\mathbb{P}(|T| \leqslant z_{1-\alpha/2}) \approx 1 - \alpha$ を書き直すと，

$$\mathbb{P}\left(\bar{X} - z_{1-\alpha/2}\frac{S}{\sqrt{n}} \leqslant \mu \leqslant \bar{X} + z_{1-\alpha/2}\frac{S}{\sqrt{n}}\right) \approx 1 - \alpha$$

となる．ここで $z_{1-\alpha/2}$ は標準正規分布の $1-\alpha/2$ 分位点とする．このことから

$$\left(\bar{X} - z_{1-\alpha/2}\frac{S}{\sqrt{n}}, \bar{X} + z_{1-\alpha/2}\frac{S}{\sqrt{n}}\right)$$
$$\text{あるいは省略して，} \quad \bar{X} \pm z_{1-\alpha/2}\frac{S}{\sqrt{n}} \tag{B.9}$$

は，μ に対する近似的な信頼度 $1-\alpha$ の信頼区間になる．

式 (B.9) は漸近的に成り立つ結果なので，標本があまり大きくなく，標本分布が著しくゆがんでいる場合には注意が必要である．表 B.1 は正規母集団の 1 標本，あるいは 2 標本問題に対して，さまざまなパラメータに対する"真の"信頼区間を与える．2 標

表 B.1 母平均，母分散が未知の正規母集団における平均と分散の真の信頼区間．

パラメータ	真の $1-\alpha$ 信頼区間	制約条件
μ_X	$\bar{X} \pm t_{m-1;1-\alpha/2}\dfrac{S_X}{\sqrt{m}}$	
σ_X^2	$\left(\dfrac{(m-1)S_X^2}{\chi_{m-1;1-\alpha/2}^2}, \dfrac{(m-1)S_X^2}{\chi_{m-1;\alpha/2}^2}\right)$	
$\mu_X - \mu_Y$	$\bar{X} - \bar{Y} \pm t_{m+n-2;1-\alpha/2} S_p \sqrt{\dfrac{1}{m} + \dfrac{1}{n}}$	$\sigma_X^2 = \sigma_Y^2$
σ_X^2/σ_Y^2	$\left(F_{n-1,m-1;\alpha/2}\dfrac{S_X^2}{S_Y^2}, F_{n-1,m-1;1-\alpha/2}\dfrac{S_X^2}{S_Y^2}\right)$	

本問題のモデルは $X_1, \ldots, X_m \overset{\text{iid}}{\sim} \mathsf{N}(\mu_X, \sigma_X^2)$ と $Y_1, \ldots, Y_n \overset{\text{iid}}{\sim} \mathsf{N}(\mu_Y, \sigma_Y^2)$ であり，$X_1, \ldots, X_m, Y_1, \ldots, Y_n$ は互いに独立とする．すべてのパラメータは未知とする．

ここで，$S_p^2 = \frac{\sum_{i=1}^m (X_i - \bar{X})^2 + \sum_{j=1}^n (Y_j - \bar{Y})^2}{m + n - 2}$ は**プールされた標本分散** (pooled sample variance) を表し，$t_{n;\gamma}$ は t_n 分布の γ 分位点，$F_{m,n;\gamma}$ は $\mathsf{F}(m, n)$ 分布の γ 分位点を表す．

$X \sim \mathsf{Bin}(m, p_X)$，$Y \sim \mathsf{Bin}(n, p_Y)$ として，2項分布からの1標本あるいは2標本データに関する $1 - \alpha$ 信頼区間を表 B.2 に示す．ここで，$\widehat{p}_X = X/m$，$\widehat{p}_Y = Y/n$ である．

表 **B.2**　2項分布に従うデータを使った近似信頼区間．

パラメータ	近似的 $1 - \alpha$ 信頼区間
p_X	$\widehat{p}_X \pm z_{1-\alpha/2} \sqrt{\dfrac{\widehat{p}_X(1 - \widehat{p}_X)}{m}}$
$p_X - p_Y$	$\widehat{p}_X - \widehat{p}_Y \pm z_{1-\alpha/2} \sqrt{\dfrac{\widehat{p}_X(1 - \widehat{p}_X)}{m} + \dfrac{\widehat{p}_Y(1 - \widehat{p}_Y)}{n}}$

最後に，表 B.3 は線形モデル式 (B.1) のパラメータに対する真の信頼区間である．

表 **B.3**　線形回帰モデルのパラメータに対する真の信頼区間．

パラメータ	真の $1 - \alpha$ 信頼区間
β_0	$\widehat{\beta}_0 \pm t_{n-2; 1-\alpha/2} \widetilde{S} \sqrt{\dfrac{\sum_{i=1}^n x_i^2}{n S_{xx}}}$
β_1	$\widehat{\beta}_1 \pm t_{n-2; 1-\alpha/2} \widetilde{S} \sqrt{\dfrac{1}{S_{xx}}}$
$\beta_0 + \beta_1 x$	$\widehat{Y} \pm t_{n-2; 1-\alpha/2} \widetilde{S} \sqrt{\dfrac{1}{n} + \dfrac{(x - \bar{x})^2}{S_{xx}}}$
σ^2	$\left(\dfrac{(n-2) \widetilde{S}^2}{\chi_{n-2; 1-\alpha/2}^2}, \dfrac{(n-2) \widetilde{S}^2}{\chi_{n-2; \alpha/2}^2} \right)$

ここで，$\widehat{\beta}_1 = \frac{S_{xY}}{S_{xx}}$，$\widehat{\beta}_0 = \bar{Y} - \widehat{\beta}_1 \bar{x}$，$\widetilde{S}^2 = \frac{1}{n-2} \sum_{i=1}^n (Y_i - \widehat{\beta}_0 - \widehat{\beta}_1 x_i)^2$，$S_{xx} = \sum_{i=1}^n (x_i - \bar{x})^2$，$S_{xY} = \sum_{i=1}^n (x_i - \bar{x})(Y_i - \bar{Y})$ とした．

B.1.4　仮説検定

データ $\mathbf{X}$ のモデルがパラメータ $\boldsymbol{\theta} \in \Theta$ に依存する確率分布族によって表されているとしよう．**仮説検定** (hypothesis testing) の目的は，観測データに基づいて2つの仮説，すなわち**帰無仮説** (null hypothesis) $H_0 : \boldsymbol{\theta} \in \Theta_0$ と**対立仮説** (alternative hypothesis) $H_1 : \boldsymbol{\theta} \in \Theta_1$ とで，どちらが正しいかを決定することである．

伝統的統計学では，帰無仮説と対立仮説の役割は異なる．H_0 は「現状」を記述するもので，H_0 を仮定したのではそのデータはとうてい起こり得ないと考えられる場合にのみ棄却される．

H_0 を採択するか棄却するかは，データから得られる**検定統計量**（test statistic）$\mathbf{T} = \mathbf{T}(\mathbf{X})$ に依存する．簡単のために，1 次元の場合を考える．一般に次の 2 つの決定規則が使われる．

1) **決定規則 1**：「T が棄却域に入ったときに H_0 を棄却する」

    ここで，**棄却域**（critical region）とは適切に選ばれた $\mathbb{R}$ の部分集合である．実際に用いられる棄却域は，次の 3 つのうちのいずれかである．
    - 左片側棄却域：$(-\infty, c]$
    - 右片側棄却域：$[c, \infty)$
    - 両側棄却域：$(-\infty, c_1] \cup [c_2, \infty)$

    例えば，右片側棄却域の場合，検定統計量がある値より大きい場合に H_0 は棄却される．端点の c, c_1, c_2 は**臨界値**（critical value）と呼ばれる．

2) **決定規則 2**：「p 値がある値 p_0 より小さい場合に H_0 を棄却する」

    ***p* 値**（p-value）とは，H_0 のもとで検定統計量が観測された値よりも小さいあるいは大きい値をとる確率のことをいう．検定統計量 T の実現値を t としたとき，次の 3 通りが考えられる．
    - 左片側検定：$p = \mathbb{P}_{H_0}(T \leq t)$
    - 右片側検定：$p = \mathbb{P}_{H_0}(T \geq t)$
    - 両側検定：$p = \min\{2\mathbb{P}_{H_0}(T \leq t), 2\mathbb{P}_{H_0}(T \geq t)\}$

    p 値が小さいほど，H_0 の疑わしさが強くなる．経験則として，
    - $p < 0.10$ ならば，帰無仮説は疑わしい
    - $p < 0.05$ ならば，帰無仮説を疑う合理的な根拠になる
    - $p < 0.01$ ならば，帰無仮説を疑う強力な証拠がある

という意味を持つ．いずれの規則に従うにしても，表 B.4 に示すような 2 種類の判定の間違いが起こりうる．

表 B.4　仮説検定における第 1 種のエラー，第 2 種のエラー．

決定	真の命題	
	H_0 が正しい	H_1 が正しい
H_0 を採択	正しい	第 2 種のエラー
H_0 を棄却	第 1 種のエラー	正しい

$\theta \in \Theta_1$ における**検出力**（power）とは，H_0 が（正しく）棄却される確率である．すなわち，

$$\text{Power}(\theta) = \mathbb{P}_\theta(T \in 棄却域) = 1 - \mathbb{P}_\theta(第 2 種のエラー)$$

である. 関数 $\theta \mapsto \mathrm{Power}(\theta)$, $\theta \in \Theta_1$ は**検出力曲線**（power curve）と呼ばれる.

検定統計量と棄却域は, 第 1 種のエラーと第 2 種のエラーの両方を最小化するという多目的最適化問題を解くことによって得られる. しかし, 両方を同時に小さくすることはできない. 例えば, 棄却域を大きく（小さく）すると, 第 2 種のエラーを犯す確率は小さく（大きく）なるが, その一方で第 1 種のエラーを犯す確率は増加（減少）する.

第 1 種のエラーのほうが影響が大きいと考えられるので, Neyman and Pearson [8] は次のような選択を推奨している. すなわち, 棄却域は第 1 種のエラーを犯す確率をあらかじめ決められた小さな**有意水準**（significance level）α 以下にする中で, 第 2 種のエラーをなるべく小さくなるように選ぶ.

注 B.1（決定規則の同値性） 2 つの決定規則 1, 2 は, 次の意味で同値である.

ある有意水準 α のもとで, T が棄却域に入ったら H_0 を棄却する
$$\Leftrightarrow$$
p 値が有意水準 α 以下ならば H_0 を棄却する

言い換えれば, 検定統計量の p 値は H_0 を棄却する最小の有意水準ということになる.

一般に, 統計的仮説検定は, 以下の手順を踏む.
1) データの適切な統計モデルを定式化する.
2) 帰無仮説と対立仮説を決める.
3) 検定統計量を決める.
4) H_0 のもとでの検定統計量の分布を計算する.
5) データから検定統計量の値を計算する.
6) p 値を計算する, あるいはあらかじめ決められた有意水準 α の棄却域を計算する.
7) H_0 を採択するか棄却するかを決める.

適切な検定統計量を決める問題は, 未知パラメータ θ の良い推定量を選ぶ問題と同じである. 検定統計量は, θ に関する情報を集約したもので, 2 つの仮説の違いを区別できるものでなければならない. 尤度比検定は強力な検定統計量を構成するための組織的な方法である（B.2.3 項を参照）.

最後に, 正規母集団および 2 項母集団における標準的な検定について, 表 B.5〜B.10 にまとめる. 以下で, z_γ は $\mathsf{N}(0,1)$ 分布の γ 分位点とする. χ_n^2 分布, t_n 分布, $\mathsf{F}(m,n)$ 分布の分位点 γ は, それぞれ $\chi_{n;\gamma}^2$, $t_{n;\gamma}$, $F_{m,n;\gamma}$ と記す. 詳細は例えば [1] を参照せよ.

表 B.7 の $S_p^2 = \frac{\sum_{i=1}^{m}(X_i - \bar{X})^2 + \sum_{i=1}^{n}(Y_i - \bar{Y})^2}{m+n-2}$ はプールされた標本分散である. 表 B.7 では, 2 つの標本の分散は等しいことを仮定している. 分散が等しくない場合, 標本の大きさが大きいならば, H_0 のもとで近似的に標準正規分布に従う検定統計量

表 B.5 正規分布, 1 標本 : μ の検定.

モデル	$X_1, \ldots, X_n \overset{\text{iid}}{\sim} \mathsf{N}(\mu, \sigma^2)$	
H_0	$\mu = \mu_0$	
検定統計量	$T = \dfrac{\bar{X} - \mu_0}{S/\sqrt{n}}$	
その分布	$T \sim \mathsf{t}_{n-1}$	
H_0 を棄却する場合	$T \geqslant t_{n-1;1-\alpha}$	$H_1 : \mu > \mu_0$
	$T \leqslant -t_{n-1;1-\alpha}$	$H_1 : \mu < \mu_0$
	$T \leqslant -t_{n-1;1-\alpha/2}$ あるいは $T \geqslant t_{n-1;1-\alpha/2}$	$H_1 : \mu \neq \mu_0$

表 B.6 正規分布, 1 標本 : σ^2 の検定.

モデル	$X_1, \ldots, X_n \overset{\text{iid}}{\sim} \mathsf{N}(\mu, \sigma^2)$	
H_0	$\sigma^2 = \sigma_0^2$	
検定統計量	$T = S^2(n-1)/\sigma_0^2$	
その分布	$T \sim \chi_{n-1}^2$	
H_0 を棄却する場合	$T \geqslant \chi_{n-1;1-\alpha}^2$	$H_1 : \sigma^2 > \sigma_0^2$
	$T \leqslant \chi_{n-1;\alpha}^2$	$H_1 : \sigma^2 < \sigma_0^2$
	$T \geqslant \chi_{n-1;1-\alpha/2}^2$ あるいは $T \leqslant \chi_{n-1;\alpha/2}^2$	$H_1 : \sigma^2 \neq \sigma_0^2$

表 B.7 正規分布, 2 標本 : $\mu_X - \mu_Y$ の検定.

モデル	$X_1, \ldots, X_m \overset{\text{iid}}{\sim} \mathsf{N}(\mu_X, \sigma^2)$ $Y_1, \ldots, Y_n \overset{\text{iid}}{\sim} \mathsf{N}(\mu_Y, \sigma^2)$ $X_1, \ldots, X_m, Y_1, \ldots, Y_n$ は互いに独立	
H_0	$\mu_X = \mu_Y$	
検定統計量	$T = \dfrac{\bar{X} - \bar{Y}}{S_p\sqrt{\frac{1}{m} + \frac{1}{n}}}$	
その分布	$T \sim \mathsf{t}_{n+m-2}$	
H_0 を棄却する場合	$T \geqslant t_{n+m-2;1-\alpha}$	$H_1 : \mu_X > \mu_Y$
	$T \leqslant -t_{n+m-2;1-\alpha}$	$H_1 : \mu_X < \mu_Y$
	$T \leqslant -t_{n+m-2;1-\alpha/2}$ あるいは $T \geqslant t_{n+m-2;1-\alpha/2}$	$H_1 : \mu_X \neq \mu_Y$

表 B.8 正規分布, 2 標本 : σ_X^2/σ_Y^2 の検定.

モデル	$X_1, \ldots, X_m \overset{\text{iid}}{\sim} \mathsf{N}(\mu_X, \sigma_X^2)$ $Y_1, \ldots, Y_n \overset{\text{iid}}{\sim} \mathsf{N}(\mu_Y, \sigma_Y^2)$ $X_1, \ldots, X_m, Y_1, \ldots, Y_n$ は互いに独立	
H_0	$\sigma_X^2 = \sigma_Y^2$	
検定統計量	$T = S_X^2/S_Y^2$	
その分布	$T \sim \mathsf{F}(m-1, n-1)$	
H_0 を棄却する場合	$T \geqslant F_{m-1,n-1;1-\alpha}$	$H_1 : \sigma_X^2 > \sigma_Y^2$
	$T \leqslant F_{m-1,n-1;\alpha}$	$H_1 : \sigma_X^2 < \sigma_Y^2$
	$T \geqslant F_{m-1,n-1;1-\alpha/2}$ あるいは $T \leqslant F_{m-1,n-1;\alpha/2}$	$H_1 : \sigma_X^2 \neq \sigma_Y^2$

表 B.9 2 項分布，1 標本：p の検定．

モデル	$X \sim \mathrm{Bin}(n, p)$	
H_0	$p = p_0$	
検定統計量	$T = X$	
その分布	$\mathrm{Bin}(n, p_0)$	
H_0 を棄却する場合	$X \geqslant c$. ただし c は $\mathbb{P}_{H_0}(X \geqslant c) \leqslant \alpha$ を満たす最小の整数	$H_1 : p > p_0$
	$X \leqslant c$. ただし c は $\mathbb{P}_{H_0}(X \leqslant c) \leqslant \alpha$ を満たす最大の整数	$H_1 : p < p_0$
	$X \leqslant c_1$ あるいは $X \geqslant c_2$. ただし，c_1 は $\mathbb{P}_{H_0}(X \leqslant c_1) \leqslant \alpha/2$ を満たす最大の整数 c_2 は $\mathbb{P}_{H_0}(X \geqslant c_2) \leqslant \alpha/2$ を満たす最小の整数	$H_1 : p \neq p_0$

表 B.10 2 項分布，2 標本：$p_X - p_Y$ の検定．

モデル	$X \sim \mathrm{Bin}(m, p_X)$ と $Y \sim \mathrm{Bin}(n, p_Y)$ は独立	
H_0	$p_X = p_Y$	
検定統計量	$T = \dfrac{\hat{p}_X - \hat{p}_Y}{\sqrt{\hat{p}(1-\hat{p})\left(\frac{1}{m} + \frac{1}{n}\right)}}$	
その分布	$\mathsf{N}(0,1)$（近似的に）	
H_0 を棄却する場合	$Z \geqslant z_{1-\alpha}$	$H_1 : p_X > p_Y$
	$Z \leqslant -z_{1-\alpha}$	$H_1 : p_X < p_Y$
	$Z \geqslant z_{1-\alpha/2}$ または $Z \leqslant -z_{1-\alpha/2}$	$H_1 : p_X \neq p_Y$

$$T = \frac{\bar{X} - \bar{Y}}{\sqrt{\frac{S_X^2}{m} + \frac{S_Y^2}{n}}}$$

を使うことができる．Welch の t 検定を使う方法もある [9]．

表 B.9 において，n が大きい場合は，次の検定統計量を使う方法もある．

$$Z = \frac{X - np_0}{\sqrt{np_0(1 - p_0)}}$$

これは H_0 のもとで近似的に標準正規分布に従う．したがって，対立仮説が $H_1 : p > p_0$ の場合は $Z \geqslant z_{1-\alpha}$ のときに棄却し，$H_1 : p < p_0$ の場合は $Z \leqslant -z_{1-\alpha}$ のときに棄却，$H_1 : p \neq p_0$ の場合は $Z \leqslant -z_{1-\alpha/2}$ または $Z \geqslant z_{1-\alpha/2}$ のときに棄却する．

表 B.10 において，$\hat{p}_X = X/m$, $\hat{p}_Y = Y/n$, $\hat{p} = (X+Y)/(m+n)$ である．

B.2　尤　　度

"尤度" の概念は統計学の中核をなす．尤度は，観測データに含まれるモデルパラメータの情報を正確な方法で記述している．$\mathbf{X} = (X_1, \ldots, X_n)^\top$ を，pdf $f(\mathbf{x}; \boldsymbol{\theta})$ を持つ確率変数ベクトルとする．ただし，$\boldsymbol{\theta} = (\theta_1, \ldots, \theta_d)^\top \in \Theta$ である．$\mathbf{x}$ を $\mathbf{X}$ の観測値とする．関数 $\mathcal{L}(\boldsymbol{\theta}; \mathbf{x}) = f(\mathbf{x}; \boldsymbol{\theta})$, $\boldsymbol{\theta} \in \Theta$ は，$\mathbf{x}$ に基づく $\boldsymbol{\theta}$ の**尤度関数** (likelihood function) と呼ばれる．尤度関数の（自然）対数を**対数尤度関数** (log-likelihood function) といい，l と記す．対数尤度関数 l の傾きは**スコア関数** (score function) と呼ばれ，S と記す．

$$S(\boldsymbol{\theta}; \mathbf{x}) = \begin{pmatrix} \frac{\partial l(\boldsymbol{\theta};\mathbf{x})}{\partial \theta_1} \\ \frac{\partial l(\boldsymbol{\theta};\mathbf{x})}{\partial \theta_2} \\ \vdots \\ \frac{\partial l(\boldsymbol{\theta};\mathbf{x})}{\partial \theta_d} \end{pmatrix} = \nabla_{\boldsymbol{\theta}} \ln \mathcal{L}(\boldsymbol{\theta}; \mathbf{x}) = \frac{\nabla_{\boldsymbol{\theta}} f(\mathbf{x}; \boldsymbol{\theta})}{f(\mathbf{x}; \boldsymbol{\theta})} \quad (\text{B.10})$$

もし θ が 1 次元ならば，スコア関数は次で定義される．

$$S(\theta; \mathbf{x}) = \frac{\mathrm{d}}{\mathrm{d}\theta} l(\theta; \mathbf{x}) = \frac{\mathrm{d}}{\mathrm{d}\theta} \ln \mathcal{L}(\theta; \mathbf{x}) = \frac{\frac{\mathrm{d}}{\mathrm{d}\theta} f(\mathbf{x}; \theta)}{f(\mathbf{x}; \theta)}$$

$\mathbf{X} \sim f(\cdot; \boldsymbol{\theta})$ に対して，"ランダムベクトル" $S(\boldsymbol{\theta}) = S(\boldsymbol{\theta}; \mathbf{X})$ を，**効率スコア** (efficient score) あるいはただ単に**スコア** (score) という．スコア $S(\boldsymbol{\theta})$ の共分散行列 $\mathcal{I}(\boldsymbol{\theta})$ は**フィッシャー情報行列** (Fisher information matrix) と言われる．$f(\mathbf{x}; \boldsymbol{\theta})$ は $\boldsymbol{\theta}$ を定数として $\mathbf{x}$ の関数と考えるのに対して，$\mathcal{L}$ は $\mathbf{x}$ を定数として $\boldsymbol{\theta}$ の関数と見なす．同様に，$l, S, \mathcal{I}$ はいずれも $\boldsymbol{\theta}$ の関数である．スコア $S(\theta)$ の期待値は零ベクトルになる．

$$\mathbb{E}_{\boldsymbol{\theta}} S(\boldsymbol{\theta}) = \int \frac{\nabla_{\boldsymbol{\theta}} f(\mathbf{x}; \boldsymbol{\theta})}{f(\mathbf{x}; \boldsymbol{\theta})} f(\mathbf{x}; \boldsymbol{\theta}) \, \mathrm{d}\mathbf{x}$$
$$= \int \nabla_{\boldsymbol{\theta}} f(\mathbf{x}; \boldsymbol{\theta}) \, \mathrm{d}\mathbf{x} = \nabla_{\boldsymbol{\theta}} \int f(\mathbf{x}; \boldsymbol{\theta}) \, \mathrm{d}\mathbf{x} = \nabla_{\boldsymbol{\theta}} 1 = \mathbf{0}$$

ただし，微分と積分の順序が交換可能であることを "仮定している"．特に，自然な指数型分布族では順序交換が可能である．以下では $\mathbb{E}_{\boldsymbol{\theta}} S(\boldsymbol{\theta}) = \mathbf{0}$ を仮定する．

表 B.11 は，よく使われる確率分布に対して，式 (B.10) を使って計算されるスコア関数 $S(\boldsymbol{\theta}; x)$ を示している．この表で，ψ はディガンマ関数（☞ p.754）を表す．

尤度の概念とスコア関数は，$X_1, \ldots, X_n$ が pdf $\mathring{f}$ の独立標本のとき，すなわち $X_1, \ldots, X_n \stackrel{\mathrm{iid}}{\sim} \mathring{f}(\cdot; \boldsymbol{\theta})$ のときに特に有用である．その場合データ $\mathbf{x} = (x_1, \ldots, x_n)^\top$

表 B.11　よく使われる確率分布のスコア関数．

確率分布	$\boldsymbol{\theta}$	$S(\boldsymbol{\theta}; x)$
Exp(λ)	λ	$\lambda^{-1} - x$
Gamma(α, λ)	(α, λ)	$\left(\ln(\lambda x) - \psi(\alpha), \alpha\lambda^{-1} - x \right)^\top$
N(μ, σ^2)	(μ, σ)	$\left(\sigma^{-2}(x - \mu), -\sigma^{-1} + \sigma^{-3}(x - \mu)^2 \right)^\top$
Weib(α, λ)	(α, λ)	$\left(\alpha^{-1} + \ln(\lambda x)[1 - (\lambda x)^\alpha], \frac{\alpha}{\lambda}[1 - (\lambda x)^\alpha] \right)^\top$
Bin(n, p)	p	$\dfrac{x - np}{p(1 - p)}$
Poi(λ)	λ	$\dfrac{x}{\lambda} - 1$
Geom(p)	p	$\dfrac{1 - px}{p(1 - p)}$

が与えられたときの $\boldsymbol{\theta}$ の尤度は

$$\mathcal{L}(\boldsymbol{\theta}; \mathbf{x}) = \prod_{i=1}^{n} \mathring{f}(x_i; \boldsymbol{\theta}) \tag{B.11}$$

のように積で与えられる．したがって，対数尤度は $l(\boldsymbol{\theta}; \mathbf{x}) = \sum_{i=1}^{n} \ln \mathring{f}(x_i; \boldsymbol{\theta})$ のように和になり，スコア関数は

$$\mathcal{S}(\boldsymbol{\theta}; \mathbf{X}) = \sum_{i=1}^{n} \mathring{\mathcal{S}}(\boldsymbol{\theta}; X_i) \tag{B.12}$$

となる．ここで，$\mathring{\mathcal{S}}(\boldsymbol{\theta}; x)$ は $\mathring{f}(x; \boldsymbol{\theta})$ に対応するスコア関数である．このことから，

$$\mathcal{I}(\boldsymbol{\theta}) = n \mathring{\mathcal{I}}(\boldsymbol{\theta})$$

が言える．ここで，$\mathring{\mathcal{I}}(\boldsymbol{\theta})$ は $\mathring{f}$ に対応する情報行列である．

ランダムベクトル $\{\mathring{\mathcal{S}}(\boldsymbol{\theta}; X_i)\}$ は平均ベクトル $\mathbf{0}$，共分散行列 $\mathring{\mathcal{I}}(\boldsymbol{\theta})$ の独立同分布に従うことに注意する．大数の法則と中心極限定理（☞ p.655）の直接の帰結として，iid 標本のスコア関数の 2 つの重要な性質をまとめる．

1) **大数の法則**（law of large numbers）：$n \to \infty$ のとき，期待スコアは零ベクトルなので，次式が成り立つ．

$$\frac{1}{n} \mathcal{S}(\boldsymbol{\theta}; \mathbf{X}) \to \mathbb{E}_{\boldsymbol{\theta}} \mathring{\mathcal{S}}(\boldsymbol{\theta}; X) = \mathbf{0} \tag{B.13}$$

2) **中心極限定理**（central limit theorem）：大きな n に対して次式が成り立つ．

$$\mathcal{S}(\boldsymbol{\theta}; \mathbf{X}) \overset{\text{approx.}}{\sim} \mathsf{N}(\mathbf{0}, n \mathring{\mathcal{I}}(\boldsymbol{\theta})) \tag{B.14}$$

■ **例 B.5**（ベルヌーイ分布からの無作為標本）

$X_1, \ldots, X_n \overset{\text{iid}}{\sim} \mathrm{Ber}(p)$ とする．$\mathbf{x} = (x_1, \ldots, x_n)^\top$ を観測値としたとき，p の尤度は次で与えられる．

$$\mathcal{L}(p; \mathbf{x}) = \prod_{i=1}^{n} p^{x_i}(1-p)^{1-x_i} = p^x (1-p)^{n-x}, \quad 0 < p < 1 \tag{B.15}$$

ここで，$x = x_1 + \cdots + x_n$ である．対数尤度は $l(p) = x \ln p + (n-x) \ln(1-p)$ となる．これを p で微分することにより，スコア関数を得る．

$$\mathcal{S}(p; x) = \frac{x}{p} - \frac{n-x}{1-p} = \frac{x}{p(1-p)} - \frac{n}{1-p} \tag{B.16}$$

対応するスコア $\mathcal{S}(p)$ は，x を $X \sim \mathrm{Bin}(n, p)$ で置き換えることによって得られる．$\mathcal{S}(p)$ の期待値は 0，分散（情報行列）は次で与えられる．

$$\mathcal{I}(p) = \frac{\mathrm{Var}(X)}{p^2(1-p)^2} = \frac{n}{p(1-p)}$$

十分大きい n に対して，$\mathcal{S}(p)$ は $\mathsf{N}(0, n/(p(1-p)))$ 分布で近似できる．

他の性質のいくつかを述べる（証明は例えば [1] を参照）．

1) **自然な指数型分布族** (natural exponential family)：指数型分布族 (☞ p.738) の標準形を
$$f(\mathbf{x}; \boldsymbol{\eta}) = e^{\boldsymbol{\eta}^\top \mathbf{t}(\mathbf{x}) - A(\boldsymbol{\eta})} h(\mathbf{x}) \tag{B.17}$$
とする．A は式 (D.3) に与えられている．その対数尤度関数は $l(\boldsymbol{\eta}; \mathbf{x}) = \boldsymbol{\eta}^\top \mathbf{t}(\mathbf{x}) - A(\boldsymbol{\eta}) + \ln h(\mathbf{x})$ となるので，スコア関数は次で与えられる．
$$\mathcal{S}(\boldsymbol{\eta}; \mathbf{x}) = \mathbf{t}(\mathbf{x}) - \nabla A(\boldsymbol{\eta}) = \mathbf{t}(\mathbf{x}) - \mathbb{E}_{\boldsymbol{\eta}} \mathbf{t}(\mathbf{X}) \tag{B.18}$$
これより，情報行列は $\mathbf{t}(\mathbf{X})$ の共分散で与えられる．
$$\mathcal{I}(\boldsymbol{\eta}) = \mathrm{Cov}(\mathbf{t}(\mathbf{X})) = \nabla^2 A(\boldsymbol{\eta}) \tag{B.19}$$

2) **情報行列** (information matrix)：情報行列の別の表現は
$$\mathcal{I}(\boldsymbol{\theta}) = -\mathbb{E}_{\boldsymbol{\theta}} H(\boldsymbol{\theta}; \mathbf{X}) \tag{B.20}$$
となる．ここで，$H(\boldsymbol{\theta}; \mathbf{X})$ は $l(\boldsymbol{\theta}; \mathbf{X})$ のヘッセ行列である．すなわち，
$$H(\boldsymbol{\theta}; \mathbf{X}) = \left(\frac{\partial^2 \ln f(\mathbf{X}; \boldsymbol{\theta})}{\partial \theta_i \partial \theta_j} \right) = \left(\frac{\partial^2 l(\boldsymbol{\theta}; \mathbf{X})}{\partial \theta_i \partial \theta_j} \right) = \left(\frac{\partial \mathcal{S}_i(\boldsymbol{\theta}; \mathbf{X})}{\partial \theta_j} \right)$$
である．ここで，$\mathcal{S}_i$ はスコアの i 番目の要素を表す．この表現は積分と微分の交換に関する（指数型分布族ならば満たす）十分緩やかな条件のもとで成り立つ．

3) **Cramér–Rao**：$\mathbf{X} \sim f(\mathbf{x}; \boldsymbol{\theta})$ とする．g は $\mathcal{C}^1$ に属する関数として，$g(\boldsymbol{\theta})$ の不偏推定量 $Z = Z(\mathbf{X})$ の分散の下界が次で与えられる．
$$\mathrm{Var}(Z) \geqslant (\nabla g(\boldsymbol{\theta}))^\top \mathcal{I}^{-1}(\boldsymbol{\theta}) \nabla g(\boldsymbol{\theta}) \tag{B.21}$$

4) **位置–尺度分布族** (location–scale family)：位置と尺度パラメータで決まる分布族 $\{f(x; \mu, \sigma)\}$ に対して，フィッシャー情報行列は μ によらない．特に，位置パラメータだけで決まる分布族に対しては，情報行列は定数になる．

B.2.1 推定における尤度法

$\mathbf{X} \sim f(\mathbf{x}; \boldsymbol{\theta})$ というモデルからの観測データを $\mathbf{x}$ とすると，その尤度関数は $\mathcal{L}(\boldsymbol{\theta}; \mathbf{x}) = f(\mathbf{x}; \boldsymbol{\theta})$ である．$\widehat{\boldsymbol{\theta}}$ が $\boldsymbol{\theta}$ の**最尤推定値** (maximul likelihood estimate; MLE) であるとは，パラメータ空間のすべての $\boldsymbol{\theta}$ に対して，$\mathcal{L}(\widehat{\boldsymbol{\theta}}; \mathbf{x}) \geqslant \mathcal{L}(\boldsymbol{\theta}; \mathbf{x})$ が成り立つことを意味する．観測データ $\mathbf{x}$ を確率変数 $\mathbf{X}$ に置き換えたものは，**最尤推定量** (maximum likelihood estimator; MLE) と呼ばれる．

自然対数は増加関数なので，$\mathcal{L}(\boldsymbol{\theta}; \mathbf{x})$ を最大化することと，対数尤度 $l(\boldsymbol{\theta}; \mathbf{x})$ を最大化することは同値である．対数尤度を最大化するほうがしばしば容易である．$\mathbf{X}$ が標本分布からの iid 標本の場合は特にそうである．

もし対数尤度 $l(\boldsymbol{\theta}; \mathbf{x})$ が $\boldsymbol{\theta}$ に関して微分可能で，最大値がパラメータ空間の "内点" に "ただ 1 つだけ存在する" ならば，尤度を最大にする $\boldsymbol{\theta}$ は $l(\boldsymbol{\theta}; \mathbf{x})$ を微分すること

によって求めることができる．より詳しくは，次の方程式を解けばよい．
$$\nabla_{\boldsymbol{\theta}} l(\boldsymbol{\theta}; \mathbf{x}) = \mathbf{0}$$
別の言葉で言えば，MLE はスコア関数の解（ゼロ点）を見つければよい．
$$\mathcal{S}(\boldsymbol{\theta}; \mathbf{x}) = \mathbf{0} \tag{B.22}$$
最尤推定量の性質には，以下のものがある（例えば [6, p.444] を参照）．

1) **一致性**（consistency）：最尤推定量は一致性を持つ．すなわち，尤度方程式の解 $\widehat{\boldsymbol{\theta}}$ は，$n \to \infty$ のとき，確率 1 で
$$\text{すべての} \varepsilon > 0 \text{ に対して} \quad \mathbb{P}(\|\widehat{\boldsymbol{\theta}} - \boldsymbol{\theta}\| > \varepsilon) \to 0$$
を満たす．

2) **漸近正規性**（asymptotic normality）：$\widehat{\boldsymbol{\theta}}_1, \widehat{\boldsymbol{\theta}}_2, \ldots$ を $\boldsymbol{\theta}$ に対する一致最尤推定量の列とする．このとき，$\sqrt{n}(\widehat{\boldsymbol{\theta}}_n - \boldsymbol{\theta})$ は $\mathsf{N}(\mathbf{0}, \mathring{\mathcal{J}}^{-1}(\boldsymbol{\theta}))$ 分布に法則収束する．つまり，以下が成り立つ．
$$\widehat{\boldsymbol{\theta}}_n \overset{\text{approx.}}{\sim} \mathsf{N}(\boldsymbol{\theta}, \mathring{\mathcal{J}}^{-1}(\boldsymbol{\theta})/n)$$

3) **不変性**（invariance）：$\widehat{\boldsymbol{\theta}}$ が $\boldsymbol{\theta}$ の MLE ならば，どのような関数 $\mathbf{g}$ に対しても $\mathbf{g}(\widehat{\boldsymbol{\theta}})$ は $\mathbf{g}(\boldsymbol{\theta})$ の最尤推定量になる．

性質 1 は $\widehat{\boldsymbol{\theta}}_1, \widehat{\boldsymbol{\theta}}_2, \ldots$ という真の $\boldsymbol{\theta}$ に（確率）収束する列が "存在する" ということしか言っていない．極大値が複数ある場合，局所最適値に収束するかもしれない．

定理 B.2（指数型分布族） 式 (B.17) で与えられる自然の指数型分布族に対して，MLE は次の式を解くことによって求められる．
$$\mathbf{t}(\mathbf{x}) - \nabla A(\boldsymbol{\eta}) = \mathbf{t}(\mathbf{x}) - \mathbb{E}_{\boldsymbol{\eta}} \mathbf{t}(\mathbf{X}) = \mathbf{0} \tag{B.23}$$
すなわち，$\boldsymbol{\eta}$ は $\mathbf{t}(\mathbf{X})$ の期待値と観測値が一致するように選ばれる．

■ 例 B.6（ガンマ分布の MLE）

ガンマ分布 $\text{Gamma}(\alpha, \lambda)$ の 2 つのパラメータを独立同分布のデータ $\mathbf{x} = (x_1, \ldots, x_n)$ から推定したい．密度関数は
$$\mathring{f}(x; \alpha, \lambda) = \frac{\lambda^\alpha x^{\alpha-1} \mathrm{e}^{-\lambda x}}{\Gamma(\alpha)}, \quad x \geqslant 0$$
で，これは $\mathbf{t}(x) = (x, \ln x)^\top$，$\boldsymbol{\eta} = (-\lambda, \alpha - 1)^\top$，$A(\boldsymbol{\eta}) = -(\eta_2 + 1)\ln(-\eta_1) + \ln \Gamma(\eta_2 + 1)$ とすれば，式 (B.17) の形に一致する（表 D.1 も参照）．その結果，スコア関数は次で与えられる．
$$\mathcal{S}(\boldsymbol{\eta}; x) = \mathbf{t}(x) - \nabla A(\boldsymbol{\eta}) = \begin{pmatrix} x + (\eta_2 + 1)/\eta_1 \\ \ln x + \ln(-\eta_1) - \psi(\eta_2 + 1) \end{pmatrix}$$

ここで，ψ はディガンマ関数（☞ p.754）である．情報行列は
$$\mathring{\mathcal{I}}(\boldsymbol{\eta}) = \nabla^2 A(\boldsymbol{\eta}) = \begin{pmatrix} (\eta_2+1)/\eta_1^2 & -1/\eta_1 \\ -1/\eta_1 & \psi'(\eta_2+1) \end{pmatrix}$$
なので，スコア関数は
$$\mathcal{S}(\boldsymbol{\eta};\mathbf{x}) = \sum_{i=1}^n \mathring{\mathcal{S}}(\boldsymbol{\eta};x_i) = \begin{pmatrix} \sum_{i=1}^n x_i + n(\eta_2+1)/\eta_1 \\ \sum_{i=1}^n \ln x_i + n(\ln(-\eta_1) - \psi(\eta_2+1)) \end{pmatrix}$$
となり，情報行列は $\mathcal{I}(\boldsymbol{\eta}) = n\mathring{\mathcal{I}}(\boldsymbol{\eta})$ である．パラメータの推定値は $\mathcal{S}(\boldsymbol{\eta};\mathbf{x}) = \mathbf{0}$ を数値的に解いて得られる（例 B.8 に続く）．

B.2.1.1　スコア関数を用いた信頼区間

スコア関数は信頼区間を構成する場合にも使える．1次元の場合だけ説明する，すなわち $\theta \in \mathbb{R}$ と仮定する．$\mathbf{X} = (X_1, \ldots, X_n)^\top$ をある分布 $\mathring{f}$ の iid 標本とする．正規近似の式 (B.14) から，統計量 $\mathcal{S}(\theta;\mathbf{X})/\sqrt{\mathcal{I}(\theta)}$ は近似的に標準正規分布に従うので，
$$\left\{ \theta : -z_{1-\alpha/2} \leqslant \frac{\mathcal{S}(\theta;\mathbf{X})}{\sqrt{n\mathring{\mathcal{I}}(\theta)}} \leqslant z_{1-\alpha/2} \right\}$$
が近似的に信頼率 $1-\alpha$ の**信頼集合**（confidence set）（必ずしも区間になるとは限らない）になる．

■ 例 B.7（ベルヌーイ分布に対するスコア関数を使った信頼区間）

$\mathbf{X}$ を $\mathrm{Ber}(p)$ からの独立同分布標本とする．情報行列は $\mathcal{I}(p) = n/(p(1-p))$，スコア関数は $\mathcal{S}(p;\mathbf{X}) = n(\bar{X}-p)/(p(1-p))$ である（式 (B.16) を参照）．したがって信頼集合は
$$\left\{ p : -z_{1-\alpha/2} \leqslant \frac{n(\bar{X}-p)}{p(1-p)} \times \sqrt{\frac{p(1-p)}{n}} \leqslant z_{1-\alpha/2} \right\}$$
$$= \left\{ p : -z_{1-\alpha/2} \leqslant \frac{\bar{X}-p}{\sqrt{p(1-p)/n}} \leqslant z_{1-\alpha/2} \right\}$$
である．p に関する2次方程式 $(\bar{X}-p)^2 = a^2 p(1-p)/n$ を解くことによって，この信頼集合は区間 $\{T_1 \leqslant p \leqslant T_2\}$ で与えられることがわかる．ただし，
$$T_1, T_2 = \frac{a^2 + 2n\bar{X} \mp a\sqrt{a^2 - 4n(\bar{X}-1)\bar{X}}}{2(a^2+n)}$$
であり，ここで $a = z_{1-\alpha/2}$ である．この**スコア関数による信頼区間**（score interval）は表 B.2 のものに比べて，すべての p において収束が速い．

B.2.2 最尤推定の数値的方法

実際に MLE $\widehat{\boldsymbol{\theta}}$ を陽に求めることは難しい．その場合は，$\mathcal{S}(\boldsymbol{\theta}; \mathbf{x}) = \mathbf{0}$ の解を数値的に求める方法を適用して $\boldsymbol{\theta}$ を求めることになる．最もよく知られた方法は "Newton–Raphson" 法である (C.2.2.1 項を参照)．$\boldsymbol{\theta}$ の適当な初期値から始めて，スコア関数を線形関数で近似し，「より良い」と思われる解を求めていく方法である．正確に記すと，$\boldsymbol{\theta}$ を最初の解候補としたとき，$\boldsymbol{\theta}$ が $\widehat{\boldsymbol{\theta}}$ に十分近ければ $\boldsymbol{\theta}$ の周りで1次テイラー展開することにより，次の式を得る[*2]．

$$\mathcal{S}(\widehat{\boldsymbol{\theta}}) \approx \mathcal{S}(\boldsymbol{\theta}) + \nabla \mathcal{S}(\boldsymbol{\theta})(\widehat{\boldsymbol{\theta}} - \boldsymbol{\theta}) = \mathcal{S}(\boldsymbol{\theta}) + H(\boldsymbol{\theta})(\widehat{\boldsymbol{\theta}} - \boldsymbol{\theta})$$

ここで，$H(\boldsymbol{\theta}) = H(\boldsymbol{\theta}; \mathbf{x})$ は対数尤度のヘッセ行列，すなわち，l の2次の偏導関数行列である．$\mathcal{S}(\widehat{\boldsymbol{\theta}}) = \mathbf{0}$ なので，$\widehat{\boldsymbol{\theta}} \approx \boldsymbol{\theta} - H^{-1}(\boldsymbol{\theta})\mathcal{S}(\boldsymbol{\theta})$ である．これより次の繰り返し計算のアルゴリズムが得られる．

アルゴリズム B.1（Newton–Raphson 法による MLE 推定）

1. 初期値 $\boldsymbol{\theta}_0$ を決める．$t = 0$ とする．
2. 次式を計算する．
$$\boldsymbol{\theta}_{t+1} = \boldsymbol{\theta}_t - H^{-1}(\boldsymbol{\theta}_t)\mathcal{S}(\boldsymbol{\theta}_t) \tag{B.24}$$
3. あらかじめ決められた十分小さい $\varepsilon > 0$ に対して，もし $\mathcal{S}(\boldsymbol{\theta}_{t+1}) < \varepsilon$ ならば，$\boldsymbol{\theta}_{t+1}$ を MLE 推定値とする．さもなければ，$t = t+1$ として Step 2 へ戻る．

Newton–Raphson 法を適用できるか否かは，良い初期値を選べるかどうかが鍵になる．自然な方法として，モーメント法を使って標本モーメントを理論的モーメントとマッチさせる方法がある．

$H(\boldsymbol{\theta}) = H(\boldsymbol{\theta}; \mathbf{x})$ はパラメータ $\boldsymbol{\theta}$ とデータ $\mathbf{x}$ に依存しており，複雑になることが多い．しかし，$H(\boldsymbol{\theta}; \mathbf{X})$ の期待値は情報行列 $\mathcal{I}(\boldsymbol{\theta})$ の符号を変えたもので，これはデータによらない．このことから，式 (B.24) の代わりにもっと計算の簡単な

$$\boldsymbol{\theta}_{t+1} = \boldsymbol{\theta}_t + \mathcal{I}^{-1}(\boldsymbol{\theta}_t)\mathcal{S}(\boldsymbol{\theta}_t) \tag{B.25}$$

を使うほうが実現しやすい．

■ 例 B.8（ガンマ分布の MLE）

例 B.6 の続きとして，ガンマ分布 $\mathrm{Gamma}(\alpha, \lambda)$ のパラメータを MLE で推定する方法を扱う．最初の解候補としては，分布の期待値と分散をそれぞれ標本平均，標本分散に等しいとおいて決める．$X \sim \mathrm{Gamma}(\alpha, \lambda)$ とすると，$\mathbb{E}X = \alpha/\lambda$，$\mathrm{Var}(X) = \alpha/\lambda^2$ なので，$\mathbb{E}X = \bar{x} = \sum_{i=1}^n x_i/n$，$\mathrm{Var}(X) = s^2 = \sum_{i=1}^n (x_i - \bar{x})^2/(n-1)$ を解いて $\alpha_0 = \bar{x}^2/s^2$，$\lambda_0 = \bar{x}/s^2$ とし，$\boldsymbol{\eta}_0 = (-\lambda_0, \alpha_0 - 1)^{\mathsf{T}}$ とする．次の MATLAB プログラムは，Newton–Raphson 法を使って $\alpha = 3$，$\lambda = 0.05$ の場合に MLE を求める．

[*2] 【訳注】以下数行の $\mathcal{S}(\boldsymbol{\theta})$ は，スコアではなく，スコア関数 $\mathcal{S}(\boldsymbol{\theta}; \mathbf{x})$ を省略した表記である．

```
%gammMLE.m
n = 100;
alpha = 3; lambda = 0.05;
x = gamrnd(alpha,1/lambda,1,n);
sumlogx = sum(log(x)); sumx = sum(x);
alp = mean(x)^2/var(x); lam = mean(x)/var(x); % 最初の解候補
eta = [-lam;alp - 1]; S = Inf;
while  sum(abs(S) > 10^(-5)) > 0
    S = [sumx + n*(eta(2) + 1)/eta(1); ...
         sumlogx + n*(log(-eta(1)) - psi(eta(2) + 1))];
    I = n * [ (eta(2)+1)/eta(1)^2, -1/eta(1); ...
         -1/eta(1)  , psi(1,eta(2)+1)];
    eta = eta + I\S;
end
fprintf('lam_hat = %g , alpha_hat = %g \n',-eta(1),1+eta(2))
```

B.2.3 仮説検定における尤度を使った方法

$X_1,\ldots,X_n$ を未知のパラメータ $\boldsymbol{\theta} \in \Theta$ を持つ分布からの iid 標本とする．それらをベクトルとして $\mathbf{X}$ と記し，尤度を $\mathcal{L}(\boldsymbol{\theta};\mathbf{x})$ と記す．Θ_0 と Θ_1 を Θ の分割とする．すなわち，共通部分がなく，$\Theta_0 \cup \Theta_1 = \Theta$ である．

尤度比統計量（likelihood ratio statistic）は，次の式で定義される．

$$\Lambda = \frac{\max_{\boldsymbol{\theta} \in \Theta_0} \mathcal{L}(\boldsymbol{\theta};\mathbf{X})}{\max_{\boldsymbol{\theta} \in \Theta} \mathcal{L}(\boldsymbol{\theta};\mathbf{X})} = \frac{\mathcal{L}(\widehat{\boldsymbol{\theta}_0};\mathbf{X})}{\mathcal{L}(\widehat{\boldsymbol{\theta}};\mathbf{X})}$$

ここで，$\widehat{\boldsymbol{\theta}}$ は $\boldsymbol{\theta}$ の最尤推定量で，$\widehat{\boldsymbol{\theta}_0}$ は Θ_0 に限定した $\boldsymbol{\theta}$ の最尤推定量とする．

尤度比統計量 Λ は，次の仮説検定の検定統計量として使える．

$$H_0 : \boldsymbol{\theta} \in \Theta_0$$
$$H_1 : \boldsymbol{\theta} \in \Theta_1$$

棄却域は $(0,\lambda^*]$ となる．すなわち，Λ がある閾値 λ^* より小さいときに帰無仮説 H_0 を棄却する．λ^* を決めるには，H_0 のもとでの Λ の分布を知る必要がある．一般には難しいが，場合によってはその分布を求められることがあり，その場合には検定統計量として使え，棄却域を正確に求めることができる．

■ **例 B.9**（正規母集団に関する尤度比検定）

$X_1,\ldots,X_n \overset{\text{iid}}{\sim} \mathsf{N}(\mu,\sigma^2)$ とし，μ,σ^2 は未知とする．検定すべき仮説は

$$H_0 : \mu = \mu_0$$
$$H_1 : \mu \neq \mu_0$$

である．尤度関数は次の式で与えられる．

$$\mathcal{L}(\mu, \sigma^2; \mathbf{X}) = \left(\frac{1}{2\pi\sigma^2}\right)^{n/2} \exp\left(-\frac{1}{2}\sum_{i=1}^{n}\frac{(X_i - \mu)^2}{\sigma^2}\right)$$

$\mathcal{L}$ を Θ の中で最大化することにより，式 (B.6), (B.7) の最尤推定 $(\widehat{\mu}, \widehat{\sigma^2})$ が得られる．$\mathcal{L}$ を $\Theta_0 = \{(\mu_0, \sigma^2), \sigma^2 > 0\}$ の中で最大化すると，$(\mu_0, \widetilde{\sigma^2})$ が得られる．ただし，

$$\widetilde{\sigma^2} = \frac{1}{n}\sum_{i=1}^{n}(X_i - \mu_0)^2$$

である．したがって，

$$\Lambda = \frac{\mathcal{L}(\mu_0, \widetilde{\sigma^2}; \mathbf{X})}{\mathcal{L}(\widehat{\mu}, \widehat{\sigma^2}; \mathbf{X})} = \left(\frac{\sum_{i=1}^{n}(X_i - \bar{X})^2}{\sum_{i=1}^{n}(X_i - \mu_0)^2}\right)^{n/2} = \left(1 + \frac{1}{n-1}T^2\right)^{-n/2}$$

となる．ここで，$T = \frac{\bar{X} - \mu_0}{S/\sqrt{n}}$ であり，S は標本標準偏差である．Λ が小さいときに帰無仮説を棄却することは，$|T|$ が大きいときに棄却することと同値である．さらに，H_0 のもとで T は t_{n-1} 分布に従う．したがって，尤度比検定は，表 B.5 にある検定と同じである．

H_0 のもとでの尤度比統計量の漸近分布は，いくつかのケースで計算することが可能である．特に Θ_0 が 1 点だけからなる場合は，比較的容易に計算することができる．H_0 のもとで，対数尤度関数は次の式を満たす．

$$-2\ln \Lambda = -2(l(\boldsymbol{\theta}_0) - l(\widehat{\boldsymbol{\theta}}))$$

$\widehat{\boldsymbol{\theta}}$ の周りで，$\boldsymbol{\theta}_0$ の 2 次のテイラー展開（☞p.748）により次の式が得られる．

$$l(\boldsymbol{\theta}_0) = l(\widehat{\boldsymbol{\theta}}) + (\nabla l(\widehat{\boldsymbol{\theta}}))^\top (\boldsymbol{\theta}_0 - \widehat{\boldsymbol{\theta}}) + \frac{1}{2}(\boldsymbol{\theta}_0 - \widehat{\boldsymbol{\theta}})^\top \nabla^2 l(\widehat{\boldsymbol{\theta}})(\boldsymbol{\theta}_0 - \widehat{\boldsymbol{\theta}})$$
$$+ \mathcal{O}(\|\boldsymbol{\theta}_0 - \widehat{\boldsymbol{\theta}}\|^3)$$

$\mathcal{I}(\boldsymbol{\theta}_0)$ を情報行列として $\nabla l(\widehat{\boldsymbol{\theta}}) = \mathbf{0}$，$\nabla^2 l(\widehat{\boldsymbol{\theta}}) \approx -\mathcal{I}(\boldsymbol{\theta}_0)$ なので，次が得られる．

$$-2\ln \Lambda \approx (\widehat{\boldsymbol{\theta}} - \boldsymbol{\theta}_0)^\top \mathcal{I}(\boldsymbol{\theta}_0)(\widehat{\boldsymbol{\theta}} - \boldsymbol{\theta}_0)$$

中心極限定理から，$\widehat{\boldsymbol{\theta}} - \boldsymbol{\theta}_0$ は H_0 のもとで近似的に正規分布 $\mathsf{N}(\mathbf{0}, \mathcal{I}^{-1}(\boldsymbol{\theta}_0))$ に従う．したがって，標本サイズが大きければ，$-2\ln \Lambda$ は近似的に $\mathbf{X}^\top \mathcal{I}(\boldsymbol{\theta}_0) \mathbf{X}$ と同じ分布に従う．ただし，$\mathbf{X} \sim \mathsf{N}(\mathbf{0}, \mathcal{I}^{-1}(\boldsymbol{\theta}_0))$ である．これは χ_k^2 分布である．k は $\boldsymbol{\theta}$ の次元数（パラメータの個数）である．このことから次の定理が得られる．

定理 B.3（尤度比統計量の漸近分布） k 次元のパラメータ空間に対して，帰無仮説が $H_0: \boldsymbol{\theta} = \boldsymbol{\theta}_0$，対立仮説が $H_1: \boldsymbol{\theta} \neq \boldsymbol{\theta}_0$ であるとき，（指数型分布族では成り立つ）ある緩やかな正則条件が成り立てば，$-2\ln \Lambda$ は十分大きい n に対して，自由度 k のカイ 2 乗分布に従う．

$$\text{十分大きい } n \text{ に対して，} \quad -2\ln \Lambda \overset{\text{approx.}}{\sim} \chi_k^2$$

B.3 ベイズ統計学

統計学の1つの部門であるベイズ統計学は，ベイズ公式を指導原理とした方法論である．統計的な推論は伝統的な数理統計学のそれとはいささか異なる．特に，モデルのパラメータは固定された量ではなく，ランダムなものと考える．また，使用される記号も独自のものを使う．主要な記法の違いは，次の2点である．

1) 密度関数と条件付き密度関数は，常に"同じ文字" f を用いて表される (f の代わりに p と書く場合もある)．すなわち，$f_X(x)$ や $f_{X|Y}(x|y)$ と書かなければならないところを $f(x)$ や $f(x|y)$ のように書く．もし Y が別の確率変数だとしても，その y における密度関数値は $f(y)$ と表される．この特殊な記法はベイズの分析独特のもので，見かけ上極めて曖昧である一方で，式を表すときのメリットが大きい．ベイズ統計学の説明ではこの記法を用いる．

2) 確率変数を大文字で，観測値を小文字で表すことはしない．x や θ が観測値か確率変数かは，文脈から明らかであると考える．

ベイズ統計では，データ $\mathbf{x}$ の確率モデルは**尤度** (likelihood) と呼ばれる条件付き pdf $f(\mathbf{x}|\boldsymbol{\theta})$ であり，尤度は Θ の中で確率変動するパラメータ $\boldsymbol{\theta}$ に依存する．$\boldsymbol{\theta}$ に関する**事前の** (a priori) 情報 (新たなデータの情報を必要としない $\boldsymbol{\theta}$ に関する知識) は $\boldsymbol{\theta}$ の pdf に集約されている．この pdf を**事前** (prior) **確率密度関数**と呼ぶ (以降，単に事前分布という)．観測データ $\mathbf{x}$ を得ることによって追加された $\boldsymbol{\theta}$ の知識は，条件付き pdf $f(\boldsymbol{\theta}|\mathbf{x})$ によって与えられる．この pdf は**事後** (posterior) **確率密度関数**と呼ばれる (以降，単に事後分布という)．事後分布と事前分布は，ベイズ公式で関連付けられる (離散の場合は，積分を和で置き換える)．

$$f(\boldsymbol{\theta}|\mathbf{x}) = \frac{f(\mathbf{x}|\boldsymbol{\theta})f(\boldsymbol{\theta})}{\int f(\mathbf{x}|\boldsymbol{\theta})f(\boldsymbol{\theta})\,d\boldsymbol{\theta}} \propto f(\mathbf{x}|\boldsymbol{\theta})f(\boldsymbol{\theta}) \tag{B.26}$$

分母の

$$f(\mathbf{x}) = \int f(\mathbf{x}|\boldsymbol{\theta})f(\boldsymbol{\theta})\,d\boldsymbol{\theta}$$

は**周辺尤度** (marginal likelihood) と呼ばれ，多くの場合計算することは困難である．**ベイズモデル** (Bayesian model) は事前分布と尤度を指定する．モデルが与えられると，すべての推論は式 (B.26) の事後分布を計算する式に基づく．例えば，事後分布を最大化する $\boldsymbol{\theta}$ の点推定量は，**最大事後** (maximum a posteriori) 推定量と呼ばれる．別の推定量として，事後分布のもとでの $\boldsymbol{\theta}$ の期待値をとる場合もある．ベイズ流の $1-\alpha$ 信頼領域，あるいは**信用領域** (credible region) とは，次の式を満たす $\mathscr{C} \in \Theta$ のことである．

$$\mathbb{P}(\boldsymbol{\theta} \in \mathscr{C}|\mathbf{x}) = \int_{\boldsymbol{\theta} \in \mathscr{C}} f(\boldsymbol{\theta}|\mathbf{x})\,d\boldsymbol{\theta} \geqslant 1-\alpha \tag{B.27}$$

ベイズモデルはしばしば"階層的な"方法で作られる．例えば，3 パラメータ**階層モデル** (hierarchical model) は，次のようにして得られる．

$$
\begin{aligned}
a &\sim f(a) \\
(b\,|\,a) &\sim f(b\,|\,a) \\
(c\,|\,a,b) &\sim f(c\,|\,a,b) \\
(\mathbf{x}\,|\,a,b,c) &\sim f(\mathbf{x}\,|\,a,b,c)
\end{aligned}
\tag{B.28}
$$

言い換えれば，最初に a の事前分布を指定し，次いで，与えられた a のもとで b の pdf を求め，これを繰り返して最後にすべてのパラメータが与えられたという条件で尤度を計算する．この手順は，パラメータと $\mathbf{x}$ の同時分布を条件付き密度関数の積によって計算することを可能にする．

$$f(\mathbf{x},a,b,c) = f(\mathbf{x}\,|\,a,b,c)\,f(c\,|\,a,b)\,f(b\,|\,a)f(a)$$

データが与えられたときのパラメータの事後分布 $f(a,b,c\,|\,\mathbf{x})$ は，$f(\mathbf{x},a,b,c)$ を固定された $\mathbf{x}$ に対する $a,\,b,\,c$ の関数と見なせばよい．周辺尤度 $f(a\,|\,\mathbf{x})$, $f(b\,|\,\mathbf{x})$, $f(c\,|\,\mathbf{x})$ を求めるには，他の変数について積分してしまえばよい．例えば，

$$f(c\,|\,\mathbf{x}) = \iint f(a,b,c\,|\,\mathbf{x})\,\mathrm{d}a\,\mathrm{d}b$$

とする．

■ 例 B.10（コイン投げとベイズ学習）

ゆがんだコインを n 回投げるというランダム試行を考える．その結果を $x_1,\ldots,x_n$ とする．ただし，$x_i,\,i=1,\ldots,n$ は i 回目のコイン投げで表が出たら 1，裏が出たら 0 という試行結果を表す．この問題のベイズモデル化としては

$$
\begin{aligned}
p &\sim \mathsf{U}(0,1) \\
(x_1,\ldots,x_n\,|\,p) &\stackrel{\text{iid}}{\sim} \mathsf{Ber}(p)
\end{aligned}
$$

とするものである．この場合，尤度は

$$f(\mathbf{x}\,|\,p) = \prod_{i=1}^{n} p^{x_i}(1-p)^{1-x_i} = p^s(1-p)^{n-s}$$

で与えられる．ただし，$s = x_1 + \cdots + x_n$ はランダム試行で表の出る合計回数を表す．$f(p) = 1$ なので，事後分布は

$$f(p\,|\,\mathbf{x}) = cp^s(1-p)^{n-s}, \quad p \in [0,1]$$

で与えられるが，これは $\mathrm{Beta}(s+1, n-s+1)$ 分布である．正規化定数は $c = (n+1)\binom{n}{s}$ で与えられる．事後推定値 p の最大値は s/n で，これは従来の伝統的最尤推定量に一致する．事後分布の期待値は $(s+1)/(n+2)$ である．$n=100,\,s=1$ の場合の pdf

のグラフは，図 B.1 のようになる．この場合，p の左片側 95% 信用区間は $[0, 0.0461]$ となる．ここで，0.0461 は Beta$(2, 100)$ 分布の 0.05 分位点である．

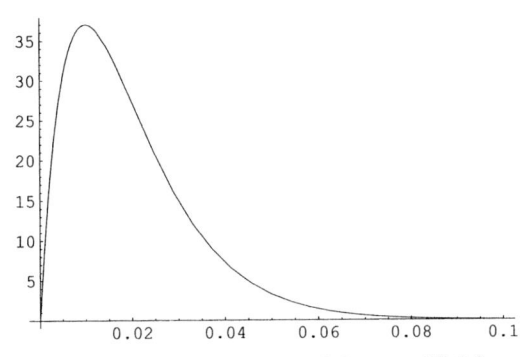

図 B.1 $n = 100$, $s = 1$ としたときの p の事後分布．

周辺事後分布を評価したり，グラフに表したりすることは，常に簡単にできるわけではない．困難な場合は，マルコフ連鎖モンテカルロ法に頼ることが多い（第 6 章を参照）．例えば，式 (B.28) の 3 パラメータモデルでは，"ギブスサンプラー" と呼ばれる次のような方法により，事後分布からの標本を抽出することができる．

1) a, b, c の初期値を決め，以下のステップを繰り返す．
2) $f(a \mid b, c, \mathbf{x})$ から標本 a を抽出する．
3) $f(b \mid a, c, \mathbf{x})$ から標本 b を抽出する．
4) $f(c \mid a, b, \mathbf{x})$ から標本 c を抽出する．

$f(a, b, c \mid \mathbf{x})$ からの（独立ではない）標本 $\{(a_t, b_t, c_t)\}$ が得られたならば，そこから必要なパラメータの情報を（例えば $f(c \mid \mathbf{x})$ から $\{c_t\}$ を）抽出すればよい．

B.3.1 共役分布

ベイズ解析では，事前分布と事後分布が "同じ" 分布族に属すると都合が良い．この性質を**共役性** (conjugacy) という．共役性の利点は，パラメータを更新するだけでよいことである．

指数型分布族は自然な共役分布族を与える．特に，m 次元指数型分布族（☞ p.738）

$$f(\mathbf{x} \mid \boldsymbol{\theta}) = c(\boldsymbol{\theta})^n e^{\sum_{i=1}^m \eta_i(\boldsymbol{\theta}) \sum_{k=1}^n t_i(x_k)} \prod_{i=1}^n h(x_k) \tag{B.29}$$

は指数型分布族からの iid 標本の同時分布である（例 B.1 を参照）．事前分布として

$$f(\boldsymbol{\theta}) \propto c(\boldsymbol{\theta})^b e^{\sum_{i=1}^m \eta_i(\boldsymbol{\theta}) a_i}$$

とする．ただし，比例定数は $\mathbf{a} = (a_1, \ldots, a_m, b)$ だけに依存する．このとき，事後分

布は
$$f(\boldsymbol{\theta}|\mathbf{x}) \propto f(\boldsymbol{\theta})f(\mathbf{x}|\boldsymbol{\theta}) \propto c(\boldsymbol{\theta})^{n+b} e^{\sum_{i=1}^{m} \eta_i(\boldsymbol{\theta})\left(a_i + \sum_{k=1}^{n} t_i(x_k)\right)}$$
によって与えられる．ここで，比例定数は $\boldsymbol{\theta}$ だけに依存する．このようにして，$f(\boldsymbol{\theta})$ と $f(\boldsymbol{\theta}|\mathbf{x})$ は同じ $m+1$ 次元の指数型分布族に属することになる．

■ 例 B.11 (ポアソン分布に対する共役事前分布)

$x_1, \ldots, x_n \stackrel{\text{iid}}{\sim} \mathsf{Poi}(\lambda)$ とし，$\bar{x} = (x_1 + \cdots + x_n)/n$ とする．これらの同時分布は式 (B.29) のように，次で表される．
$$f(\mathbf{x}|\lambda) = e^{-n\lambda} e^{n\bar{x} \ln \lambda} \prod_{i=1}^{n} \frac{1}{x_i!}$$
これは共役事前分布として，$f(\lambda) \propto e^{-b\lambda} e^{a \ln \lambda} = e^{-b\lambda} \lambda^a$ ととればよいことを示唆する．つまりガンマ分布である．そこで，λ の事前分布として $\mathsf{Gamma}(\alpha, \beta)$ とすれば，すなわち，
$$f(\lambda) \propto e^{-\beta \lambda} \lambda^{\alpha - 1}$$
とすれば，事後分布は
$$f(\lambda|\mathbf{x}) \propto e^{-(n+\beta)\lambda} \lambda^{\alpha - 1 + n\bar{x}}$$
によって与えられ，これは $\mathsf{Gamma}(\alpha + n\bar{x}, \beta + n)$ に対応する．

さらに学習するために

簡単な応用例のある数理統計学の入門書に関しては [5] を参照せよ．統計推論の詳細な概論については，Casella and Berger [2] を参照せよ．伝統的な統計推論の標準的な参考書として [6] を挙げる．ベイズ推論の応用例については [3] を参照せよ．計算統計の数値解析技法を概観したものとして [7] がある．

文 献

1) P. J. Bickel and K. A. Doksum. *Mathematical Statistics*, volume I. Pearson Prentice Hall, Upper Saddle River, NJ, second edition, 2007.
2) G. Casella and R. L. Berger. *Statistical Inference*. Duxbury Press, Pacific Grove, CA, second edition, 2001.
3) A. Gelman. *Bayesian Data Analysis*. Chapman & Hall, New York, second edition, 2004.
4) R. V. Hogg and T. A. Craig. *Introduction to Mathematical Statistics*. Prentice Hall, New York, fifth edition, 1995.

5) R. J. Larsen and M. L. Marx. *An Introduction to Mathematical Statistics and Its Applications*. Prentice Hall, New York, third edition, 2001.
6) E. L. Lehmann and G. Casella. *Theory of Point Estimation*. Springer-Verlag, New York, second edition, 1998.
7) J. F. Monahan. *Numerical Methods of Statistics*. Cambridge Series in Statistical and Probabilistic Mathematics. Cambridge University Press, London, 2010.
8) J. Neyman and E. Pearson. On the problem of the most efficient tests of statistical hypotheses. *Philosophical Transactions of the Royal Society of London, Series A*, 231:289–337, 1933. DOI:10.1098/rsta.1933.0009.
9) B. L. Welch. The generalization of 'Student's' problem when several different population variances are involved. *Biometrika*, 34(1-2):28–35, 1947.

C

最　適　化

本章では，確定的な最適化問題のさまざまな性質についてまとめる．"雑音のある"最適化問題については，第 12 章を参照せよ．C.1 節では，最適化に関する記号を導入し，最適化問題の重要なクラスについて議論した後に，鍵となる重要な結果を述べる．C.2 節では，最適化における実際の問題とその解法について扱う．この章で議論される確定的な勾配法と，12.1 節に記載されている確率近似解法には，深い関連がある．特に，後者は前者のアイデアをランダム性のある状況へ一般化したものと見なすことができる．本書の多くの問題は，モンテカルロ法を用いずに解くことも可能である．特に，確定的な手法が効率的である場合は，非常に重要である．最後に C.3 節において，いくつかのテスト問題について触れる．

C.1　最適化理論

最適化とは，ある集合 $\mathscr{X}$ 上で，実数値**目的関数** (objective function) f を最小化あるいは最大化すること，すなわち

$$\min_{\mathbf{x} \in \mathscr{X}} f(\mathbf{x}) \quad \text{または} \quad \max_{\mathbf{x} \in \mathscr{X}} f(\mathbf{x}) \tag{C.1}$$

である．任意の最大化問題は，性質 $\max_{\mathbf{x}} f(\mathbf{x}) = -\min_{\mathbf{x}} -f(\mathbf{x})$ が成り立つことから明らかなように，容易に最小化問題に変換できる．ゆえに，以降では最小化問題についてのみ議論する．次に，以下の用語法を導入する．解 $\mathbf{x}^*$ が関数 $f(\mathbf{x})$ の**局所最小解** (local minimizer) であるとは，$\mathbf{x}^*$ に対するある近傍が存在し，その近傍中の任意の $\mathbf{x}$ に対し $f(\mathbf{x}^*) \leqslant f(\mathbf{x})$ を満たすことである．解 $\mathbf{x}^*$ が，任意の $\mathbf{x} \in \mathscr{X}$ に対し $f(\mathbf{x}^*) \leqslant f(\mathbf{x})$ を満たすならば，$\mathbf{x}^*$ は**大域的最小解** (global minimizer) あるいは**大域的最適解** (global solution) と呼ばれる．大域的最適解の集合は

$$\operatorname*{argmin}_{\mathbf{x} \in \mathscr{X}} f(\mathbf{x})$$

と書くことができる．局所的/大域的最小解 $\mathbf{x}^*$ に対応する目的関数値 $f(\mathbf{x}^*)$ は，$f(\mathbf{x})$ に対する**局所的/大域的最小値** (local/global minimum) と呼ばれる．最適化問題は

C.1 最適化理論

集合 $\mathscr{X}$ と，目的関数 f によって分類することができる．集合 $\mathscr{X}$ が可算集合の際は，**離散**（discrete）最適化問題あるいは**組合せ**（combinatorial）最適化問題と呼ばれる．これに対し，$\mathscr{X}$ が非可算集合（例えば $\mathbb{R}^n$ など）であり，関数 f のとる値の集合も非可算集合である場合は，**連続**（continuous）最適化問題と呼ばれる．離散でも連続でもない最適化問題は，**混合**（mixed）最適化問題と呼ばれる．**汎関数最小化**（functional minimization）は，関数空間上の最適化問題である．すなわち，式 (C.1) と同様に記述することができるが，その際 $\mathbf{x}$ は "関数" であり，"汎関数" $f(\mathbf{x})$ は $\mathbf{x}$ に対する汎関数の値（例えばある区間における $\|\mathbf{x}\|$ の積分値など）である．**変分法**（calculus of variations）や**最適制御**（optimal control），**形状最適化**（shape optimization）など，さまざまな分野における多くの興味深い問題を，この枠組みで捉えることができる（例えば [21] を参照）．

探索の対象となる集合 $\mathscr{X}$ は，多くの場合，**制約**（constraint）を用いて定義される．標準的な制約付き最適化（最小化）問題は，以下のようなものである．

$$\min_{\mathbf{x} \in \mathscr{Y}} f(\mathbf{x})$$
$$\text{subject to: } h_i(\mathbf{x}) = 0, \quad i = 1, \ldots, m \quad \text{(C.2)}$$
$$g_i(\mathbf{x}) \leqslant 0, \quad i = 1, \ldots, k$$

ここで，f は目的関数であり，$\{g_i\}$ と $\{h_i\}$ はそれぞれ**等式制約**（equality）と**不等式制約**（inequality）を表すのに用いられる関数である．制約式をすべて満たす領域 $\mathscr{X} \subseteq \mathscr{Y}$ は**許容領域**（feasible region）と呼ばれ，この集合中の任意の点において目的関数値が定義されている．制約のない最適化問題は，**無制約**（unconstrained）最適化問題と呼ばれる．無制約連続最適化問題では，探索対象領域 $\mathscr{X}$ は多くの場合 $\mathbb{R}^n$（あるいはその部分集合）とされ，関数 f は十分大きい整数 k に対して $\mathcal{C}^k$ 級であると仮定される（実際は $k = 2$ または 3 で十分であることが多い）．ここで，関数 f が $\mathcal{C}^k$ 級であるとは，f の k 次導関数が連続関数であることをいう．関数 f が $\mathcal{C}^1$ 級ならば，$f(\mathbf{x})$ の最小化問題に対する基本的な方法は，等式

$$\nabla f(\mathbf{x}) = \mathbf{0} \quad \text{(C.3)}$$

を解くことである．ただし，$\nabla f(\mathbf{x})$ は関数 f の $\mathbf{x}$ における**勾配**（gradient）ベクトルである（☞ p.748）．等式 (C.3) の解 $\mathbf{x}^*$ は**停留点**（stationary point）と呼ばれる．停留点は局所的/大域的最小解となりうるが，**鞍点**（saddle point）となる可能性もある（これらのうちどれか 1 つ）．関数 f が $\mathcal{C}^2$ 級であり，上記の条件に加えて

$$\mathbf{y}^\top (\nabla^2 f(\mathbf{x}^*)) \mathbf{y} > 0, \quad \forall \mathbf{y} \neq \mathbf{0} \quad \text{(C.4)}$$

を満たすならば，停留点 $\mathbf{x}^*$ は関数 f の局所最小解となる．性質 (C.4) は，関数 f の $\mathbf{x}^*$ における**ヘッセ**（Hessian）行列（☞ p.748）が**正定値**（positive definite）であることを意味している．以下では，行列 H が正定値行列であることを $H \succ 0$ と記す．

実数 $\mathscr{X} = \mathbb{R}$ 上で定義された多峰関数の例を，図 C.1 に示す．この例では，4 つの停留点が存在し，そのうち 2 つは局所最小解，1 つは局所最大解，残りの 1 つは最小解でも最大解でもなく，鞍点となっている．

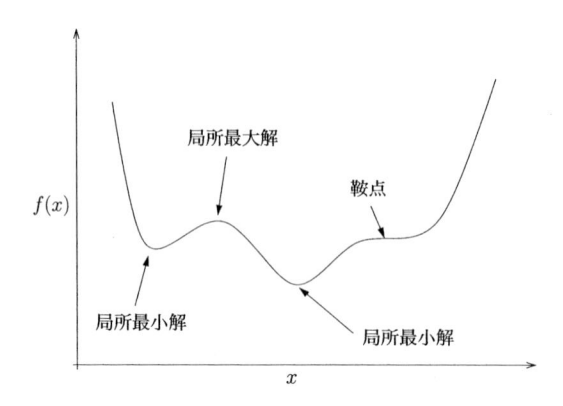

図 C.1 1 変数の多峰関数．

最適化問題の重要なクラスとして，"凸性" を持つものが挙げられる．ある集合 $\mathscr{X}$ が**凸** (convex) 集合であるとは，任意の $\mathbf{x}_1, \mathbf{x}_2 \in \mathscr{X}$ と任意の $0 \leqslant \alpha \leqslant 1$ に対して，$\alpha \mathbf{x}_1 + (1-\alpha)\mathbf{x}_2 \in \mathscr{X}$ が成り立つことである．式 (C.2) で定義された最適化問題が**凸計画問題** (convex programming problem) であるとは，以下を満たすことである．
1) 目的関数 f は**凸関数** (convex function) である．すなわち，任意の $\mathbf{x}, \mathbf{y} \in \mathscr{X}$ と，任意の $0 \leqslant \alpha \leqslant 1$ に対し，
$$f(\alpha \mathbf{x} + (1-\alpha)\mathbf{y}) \leqslant \alpha f(\mathbf{x}) + (1-\alpha) f(\mathbf{y}) \tag{C.5}$$
を満たす．
2) 不等式制約を表す関数 $\{g_i\}$ は凸関数である．
3) 等式制約を表す関数 $\{h_i\}$ は**アフィン** (affine) 関数である．すなわち，h_i は $\mathbf{a}_i^\top \mathbf{x} - b_i$ と表すことができる．これは，h_i と $-h_i$ の両方が凸関数であると表現することもできる．

関数 f が，性質 (C.5) の不等式を狭義に満たすときは，関数 f は**狭義凸** (strictly convex) 関数であるという．関数 $-f$ が（狭義）凸関数であるとき，f は（狭義）**凹** (concave) 関数であるという．開集合 $\mathscr{X}$ 上に定義された関数 $f \in \mathcal{C}^1$ が凸関数となる必要十分条件は，
$$f(\mathbf{y}) \geqslant f(\mathbf{x}) + (\mathbf{y}-\mathbf{x})^\top \nabla f(\mathbf{x}), \quad \forall \mathbf{x}, \mathbf{y} \in \mathscr{X}$$
が成立することである．さらに $f \in \mathcal{C}^2$ ならば，狭義凸性は任意の $\mathbf{x} \in \mathscr{X}$ においてヘッセ行列が正定値であることと同値であり，凸性は任意の $\mathbf{x}$ においてヘッセ行列

C.1 最適化理論

が**半正定値**（positive semidefinite）であること（すなわち，任意の $\mathbf{y}$ と $\mathbf{x}$ に対して $\mathbf{y}^\top (\nabla^2 f(\mathbf{x})) \mathbf{y} \geqslant 0$ が成り立つこと）と同値である．行列 H が半正定値であることを $H \succeq 0$ と記す．

よく扱われる問題を表 C.1 にまとめる．表中の問題は，$A \not\succeq 0$ という制約を持つ 2 次計画を除き，すべて凸計画である．

表 C.1　代表的な最適化問題のクラス．

名　前	$f(\mathbf{x})$	制　約
線形計画（LP）	$\mathbf{c}^\top \mathbf{x}$	$A\mathbf{x} = \mathbf{b}$ かつ $\mathbf{x} \geqslant 0$
線形不等式系 LP	$\mathbf{c}^\top \mathbf{x}$	$A\mathbf{x} \leqslant \mathbf{b}$
2 次計画（QP）	$\frac{1}{2}\mathbf{x}^\top A\mathbf{x} + \mathbf{b}^\top \mathbf{x}$	$D\mathbf{x} \leqslant \mathbf{d},\ E\mathbf{x} = \mathbf{e}$
凸 2 次計画（CQP）	$\frac{1}{2}\mathbf{x}^\top A\mathbf{x} + \mathbf{b}^\top \mathbf{x}$	$D\mathbf{x} \leqslant \mathbf{d},\ E\mathbf{x} = \mathbf{e}\ (A \succeq 0)$
凸 2 次制約付き QP (CQCQP)	$\frac{1}{2}\mathbf{x}^\top A\mathbf{x} + \mathbf{b}^\top \mathbf{x}$	$\mathbf{x}^\top A_i \mathbf{x} + \mathbf{b}_i^\top \mathbf{x} + c_i \leqslant 0, i=1,\ldots,m$ $E\mathbf{x} = \mathbf{e}\ (A, A_1, \ldots \succeq 0)$
2 次制約付き QP (QCQP)	$\frac{1}{2}\mathbf{x}^\top A\mathbf{x} + \mathbf{b}^\top \mathbf{x}$	$\mathbf{x}^\top A_i \mathbf{x} + \mathbf{b}_i^\top \mathbf{x} + c_i \leqslant 0, i=1,\ldots,m$ $E\mathbf{x} = \mathbf{e}$
2 次錐計画（SOCP）	$\mathbf{a}^\top \mathbf{x}$	$\|A_i \mathbf{x} + \mathbf{b}_i\| \leqslant \mathbf{c}_i^\top \mathbf{x} + d_i, i=1,2,\ldots,m$ $E\mathbf{x} = \mathbf{e}$
幾何計画（GP）	$\sum_{i=1}^m c_i \prod_{j=1}^n x_j^{a_{ij}}$	$\sum_{i=1}^{m^{(k)}} c_i^{(k)} \prod_{j=1}^n x_j^{a_{ij}^{(k)}} \leqslant 1,\ d_i^{(l)} \prod_{j=1}^n x_j^{b_{ij}^{(l)}} = 1,$ $\mathbf{x} > 0$
半正定値計画（SDP）	$\mathbf{c}^\top \mathbf{x}$	$(A_0 + \sum_{i=1}^n x_i A_i) \succeq 0, \{A_i\}$ は対称行列
凸計画（CVX）	$f(\mathbf{x})$ は凸関数	$\{g_i(\mathbf{x})\}$ は凸関数，$\{h_i(\mathbf{x})\}$ は $\mathbf{a}_i^\top \mathbf{x} - b_i$ と表される

最適化問題の包含関係は

$$\text{LP} \subset \text{CQP} \subset \text{CQCQP} \subset \text{SOCP} \subset \text{SDP} \subset \text{CVX}$$

となっており，幾何計画（GP）は適当な変換 [4] を施すことにより

$$\text{LP} \subset \text{GP} \subset \text{CVX}$$

と位置付けることができる．

凸計画であることを判定したり，凸計画に変形できる問題であることを確認したりすることは，非常に難しい問題となりうる．しかしながら，凸計画に変形することができれば，劣勾配法 [19] やバンドル法 [10]，切除平面法 [11] を用いて効率的に解くことが可能となる．

■ **例 C.1**（グラフ上の混合速度最速のマルコフ連鎖）

グラフ $\mathcal{G} = (V, E)$ 上の斉時マルコフ連鎖（☞ p.664）について議論する．ただし，

このマルコフ連鎖はサイズ n の推移行列 P で定義され，その (i,j) 要素が正の値を持つならば $(i,j) \in E$ が成り立っているとする．

この $\mathcal{G}$ 上のマルコフ連鎖が**最速の混合**（fastest mixing）速度を持つように行列 P の非ゼロ要素の値を与えよう．すなわち，行列の第 2 固有値が最も小さくなるものを見つけよう．この問題は，以下のように SDP に定式化することができる [3], [5]．

$$\min_{P,s} s$$

条件 $-sI \preceq P - \frac{1}{n}\mathbf{1}\mathbf{1}^\top \preceq sI$

$P\mathbf{1} = \mathbf{1}$

$P = P^\top$

$P_{ij} \geqslant 0, \quad i,j = 1,2,\ldots,n$

$P_{ij} = 0, \quad (i,j) \notin E$

この問題は，内点法などの SDP に対する標準的な手法で解くことができる．内点法は，線形制約のある問題に対して Newton 法を繰り返し適用するものである．このとき，不等式制約は**障壁関数**（barrier function）として目的関数に組み込まれている（詳細については [5, Chapter 11] を参照せよ）．与えられたグラフが巨大な場合は，この問題に対する劣勾配法も提案されている（例えば [3] を参照）．

数値例として，図 C.2 の推移図を考えよう．この場合，SDP を解いて次の行列

$$P^* = \begin{pmatrix} 1/3 & 0 & 0 & 2/9 & 2/9 & 2/9 \\ 0 & 1/3 & 0 & 2/9 & 2/9 & 2/9 \\ 0 & 0 & 1/3 & 2/9 & 2/9 & 2/9 \\ 2/9 & 2/9 & 2/9 & 1/3 & 0 & 0 \\ 2/9 & 2/9 & 2/9 & 0 & 1/3 & 0 \\ 2/9 & 2/9 & 2/9 & 0 & 0 & 1/3 \end{pmatrix}$$

が得られる．この行列は，3×3 の単位行列 I と，3×3 の要素がすべて 1 の行列 O，および数値 $p \in [0,1]$ を用いて

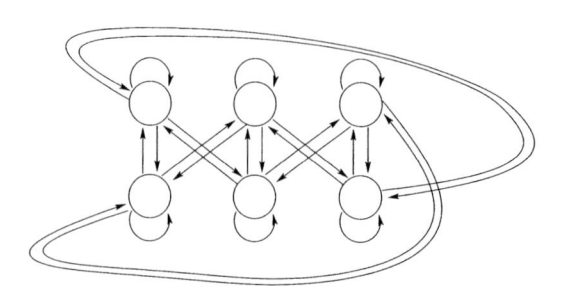

図 C.2 自己ループを持つ推移図．

$$P_p = \begin{pmatrix} pI & (1-p)/3\,O \\ (1-p)/3\,O & pI \end{pmatrix}$$

と書くことができる．もちろん，対称性と P が推移行列であることを考慮すれば，最適解が上記の式でなければならないことが容易にわかる．

最適解の行列は $P^* \equiv P_{1/3}$ であり，その第 2 固有値は $1/3$ となる．行列 P_p の第 2 固有値と p の対応関係のグラフを図 C.3 に示す．

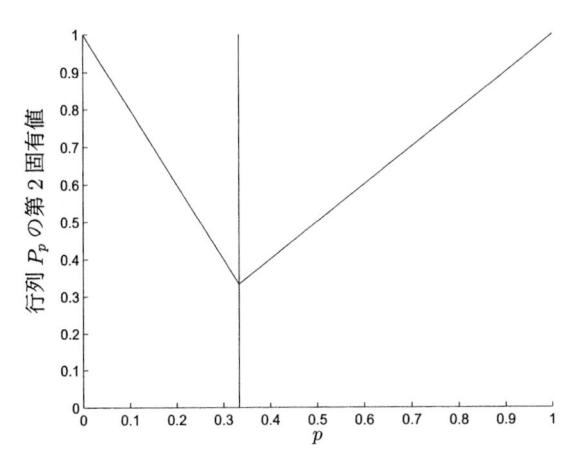

図 C.3 値 $p \in [0, 1]$ に対する P_p の第 2 固有値．

ある種の最適化問題において複数の目的関数を扱うものがあり，その目的はすべての目的関数の値を同時に良くする解を求めることである．最もよく用いられる解の概念として**パレート最適** (Pareto optimal) 解がある．簡単に述べるならば，パレート最適解とは，解をより良いものにしようとすると，悪い値となってしまう目的関数が 1 つ（以上）存在するような解である．最小化問題においては，以下のように記述することができる．

- 目的関数が m 個存在し，$f_1, f_2, \ldots, f_m : \mathbb{R}^n \to \mathbb{R}$ と書かれるとする．ある点 $\mathbf{x}$ が点 $\mathbf{y}$ を**支配する** (dominate) とは，
  1) 任意の i について，$f_i(\mathbf{x}) \leqslant f_i(\mathbf{y})$ が成り立ち，かつ
  2) 少なくとも 1 つの j が存在して，$f_j(\mathbf{x}) < f_j(\mathbf{y})$ が成り立つことである．
- ある点 $\mathbf{x}^* \in \mathbb{R}^n$ がパレート最適解であるとは，その点が他のどのような点にも支配されないことを意味する．パレート最適解の集合を $\mathscr{X}^*$ と書く．
- **パレート境界面** (Pareto front) とは，$\{(f_1(\mathbf{x}), \ldots, f_m(\mathbf{x})) : \mathbf{x} \in \mathscr{X}^*\}$ と定義されるものであり，パレート境界面上の任意の点には，それに対応するパレート最適解が存在する．

雑音のある最適化（noisy optimization）問題は，問題の目的関数 f は正確に知ることができないが，その推定値 $\hat{f}$ を知ることができるという性質を持っている．この推定値は，関数 f が何らかの確率的な手続きにより情報を欠落させたものと見ることができる．制約付きの問題においては，制約関数の推定値しか得られないこともある．このときわかるのは，与えられた点が許容解であることの確からしさである．

12.2 節における**確率的同等法**（stochastic approximation approach; stochastic counterpart method）は，与えられた問題の確率的な要素を推定値で置き換えたものであり，結果としてより単純な最適化問題が得られている．

C.1.1 ラグランジュ法

ラグランジュ法の重要項目は，ラグランジュ乗数とラグランジュ関数の2つである．ラグランジュによって 1797 年に開発されたこの方法は，等式制約のみを持つ最適化問題 (C.2) に対するものである．1951 年に Kuhn と Tucker は，ラグランジュの方法を不等式制約も扱えるように拡張した．与えられた最適化問題 (C.2) が等式制約 $h_i(\mathbf{x}) = 0, i = 1, \ldots, m$ のみを持つとき，**ラグランジュ関数**（Lagrange function）を

$$\mathcal{L}(\mathbf{x}, \boldsymbol{\beta}) = f(\mathbf{x}) + \sum_{i=1}^{m} \beta_i h_i(\mathbf{x})$$

と定義する，このとき係数 $\{\beta_i\}$ を**ラグランジュ乗数**（Lagrange multiplier）と呼ぶ．等式制約 $h_i(\mathbf{x}) = 0, i = 1, \ldots, m$ のもとで $f(\mathbf{x})$ を最小化する問題において，ある点 $\mathbf{x}^*$ が局所最小解となる必要条件は，ある値 $\boldsymbol{\beta}^*$ が存在して

$$\nabla_{\mathbf{x}} \mathcal{L}(\mathbf{x}^*, \boldsymbol{\beta}^*) = \mathbf{0}$$
$$\nabla_{\boldsymbol{\beta}} \mathcal{L}(\mathbf{x}^*, \boldsymbol{\beta}^*) = \mathbf{0}$$

が成り立つことである．もし $\mathcal{L}(\mathbf{x}, \boldsymbol{\beta}^*)$ が $\mathbf{x}$ に対して凸関数であるならば，上記の条件は必要十分条件となる．

本来の最適化問題として等式制約と不等式制約の両方を持つ式 (C.2) が与えられたならば，**一般化ラグランジュ関数**（generalized Lagrange function）（ラグランジアン（Lagrangian）とも呼ぶ）は

$$\mathcal{L}(\mathbf{x}, \boldsymbol{\alpha}, \boldsymbol{\beta}) = f(\mathbf{x}) + \sum_{i=1}^{k} \alpha_i g_i(\mathbf{x}) + \sum_{i=1}^{m} \beta_i h_i(\mathbf{x})$$

と定義される．

定理 C.1（Karush–Kuhn–Tucker 条件） 最適化問題 (C.2) に対し，ある点 $\mathbf{x}^*$ が関数 $f(\mathbf{x})$ の局所最小解となる必要条件は，$\boldsymbol{\alpha}^*$ と $\boldsymbol{\beta}^*$ が存在して

$$\nabla_{\mathbf{x}} \mathcal{L}(\mathbf{x}^*, \boldsymbol{\alpha}^*, \boldsymbol{\beta}^*) = \mathbf{0}$$
$$\nabla_{\boldsymbol{\beta}} \mathcal{L}(\mathbf{x}^*, \boldsymbol{\alpha}^*, \boldsymbol{\beta}^*) = \mathbf{0}$$

$$g_i(\mathbf{x}^*) \leqslant 0, \quad i = 1, \ldots, k$$
$$\alpha_i^* \geqslant 0, \quad i = 1, \ldots, k$$
$$\alpha_i^* g_i(\mathbf{x}^*) = 0, \quad i = 1, \ldots, k$$

を満たすことである.

与えられた問題が "凸" 計画ならば, 以下の重要な性質が成り立つ [5], [8].
1) 凸計画の任意の局所解 $\mathbf{x}^*$ は大域的最適解であり, 大域的最適解を集めた集合は凸集合となる. さらに, 目的関数が狭義凸関数ならば, 大域的最適解は唯一である.
2) 狭義凸計画において, 目的関数と制約を表す関数が $\mathbb{C}^1$ 級ならば, KKT 条件は唯一の大域的最適解に対する必要十分条件となる.

C.1.2 双　対　性

双対性を用いることにより, 最適化問題に対して異なる定式化を得ることができる. 双対性を用いて得られた定式化は, 計算が容易であったり, 理論的に重要な性質を備えていたりすることも多い (例えば [8, p.219] を参照). 与えられた問題 (C.2) を**主** (primal) 問題と呼び, ラグランジュ乗数を用いて記述された問題を**双対** (dual) 問題と呼ぶ. 双対理論は凸計画と密接な関わりを持っている. もし主問題が (狭義) 凸計画ならば, 双対問題は (狭義) 凹計画となり, 唯一の最適解を持つことが知られている. さらにこのとき, 双対問題の (唯一の大域的) 最適解から, 主問題の (唯一の大域的) 最適解を得ることもできる.

主問題 (C.2) に対する**ラグランジュ双対** (Lagrange dual) (あるいは **Wolfe 双対** (Wolfe dual) とも呼ばれる) は

$$\max_{\boldsymbol{\alpha}, \boldsymbol{\beta}} \quad \mathcal{L}^*(\boldsymbol{\alpha}, \boldsymbol{\beta})$$
$$\text{subject to:} \quad \boldsymbol{\alpha} \geqslant \mathbf{0}$$

と定義される, ただし $\mathcal{L}^*$ は**ラグランジュ双対関数** (Lagrange dual function)

$$\mathcal{L}^*(\boldsymbol{\alpha}, \boldsymbol{\beta}) = \inf_{\mathbf{x} \in \mathscr{X}} \mathcal{L}(\mathbf{x}, \boldsymbol{\alpha}, \boldsymbol{\beta}) \tag{C.6}$$

である.

主問題の最小値を f^* と書くならば, 任意の $\boldsymbol{\alpha} \geqslant \mathbf{0}$ と $\boldsymbol{\beta}$ に対し, $\mathcal{L}^*(\boldsymbol{\alpha}, \boldsymbol{\beta}) \leqslant f^*$ が成り立つことは容易にわかる. この性質は**弱双対性** (weak duality) と呼ばれる. ゆえに, ラグランジュ双対は f^* の下界を与える. 双対問題の最適値を d^* と書くならば, $d^* \leqslant f^*$ が成り立つ. この 2 つの値の差 $f^* - d^*$ は**双対ギャップ** (duality gap) と呼ばれる.

主問題を直接解くことが困難な場合, 双対ギャップは最適値の下界を得るのにとても有用である. 重要な性質として, 制約式が線形の問題は, 主問題が実行不能の場合

(制約を満たす解が存在しない場合), 双対問題は実行不能であるか非有界となることが挙げられる. 逆に双対問題が非有界であるならば, 主問題は解を持たない. さらに重要な性質として, **強双対性** (strong duality) がある. これは, 制約を表現する関数 h_i と g_i が線形関数であるような凸計画 (C.2) において, 双対ギャップがゼロとなり, さらに KKT 条件を満たす任意の $\mathbf{x}^*$ と $(\boldsymbol{\alpha}^*, \boldsymbol{\beta}^*)$ は, それぞれ主問題と双対問題の (大域的) 最適解となるという性質である. 特に, この性質は線形計画と凸 2 次計画において成立する (ここで, 一般の 2 次計画は凸とは限らないことに注意). 目的関数と制約を表現する関数が $\mathcal{C}^1$ 級であるような凸計画では, ラグランジュ双対関数 (C.6) は, ラグランジアン $\mathcal{L}(\mathbf{x}, \boldsymbol{\alpha}, \boldsymbol{\beta})$ の ($\mathbf{x}$ における) 勾配を単にゼロとおくだけで得られる. 上記で得られる変数間の性質をラグランジアンに導入することにより, 双対問題をさらに単純に記述することができる.

さらに, 主問題が凸の場合は, もし**狭義実行可能** (strictly feasible) な解 $\tilde{\mathbf{x}}$ (すべての不等式制約を厳密な不等式で満たす許容解) が存在するならば, 双対ギャップはゼロとなり, 強双対性が成り立つ. この条件は **Slater 条件** (Slater's condition) [5, p.226] と呼ばれる.

ラグランジュ双対問題は, **鞍点問題** (saddle-point problem) や**ミニマックス** (minimax) 問題の重要な例となっている. これらの問題の目的は, 性質

$$\sup_{\mathbf{y} \in \mathcal{Y}} \inf_{\mathbf{x} \in \mathcal{X}} f(\mathbf{x}, \mathbf{y}) = \inf_{\mathbf{x} \in \mathcal{X}} f(\mathbf{x}, \mathbf{y}^*) = f(\mathbf{x}^*, \mathbf{y}^*)$$
$$= \sup_{\mathbf{y} \in \mathcal{Y}} f(\mathbf{x}^*, \mathbf{y}) = \inf_{\mathbf{x} \in \mathcal{X}} \sup_{\mathbf{y} \in \mathcal{Y}} f(\mathbf{x}, \mathbf{y})$$

を満たす点 $(\mathbf{x}^*, \mathbf{y}^*) \in \mathcal{X} \times \mathcal{Y}$ を見つけることである. 等式

$$\sup_{\mathbf{y} \in \mathcal{Y}} \inf_{\mathbf{x} \in \mathcal{X}} f(\mathbf{x}, \mathbf{y}) = \inf_{\mathbf{x} \in \mathcal{X}} \sup_{\mathbf{y} \in \mathcal{Y}} f(\mathbf{x}, \mathbf{y})$$

は, **ミニマックス** (minimax) 等式と呼ばれている. この枠組みで記述できる他の問題として, ゲーム理論におけるゼロ和ゲームがある. ミニマックス問題と解釈できるさまざまな組合せ最適化問題については [6] を参照せよ.

C.2 最適化の技法

C.2.1 制約付き問題の変形

制約の付いている問題を, 前処理や変数の置き換えなどの技法を用いて, より単純で制約のない問題に再定式化することが可能な場合がある. 以下では, 式 (C.2) の形の最小化問題に対するさまざまな技法について議論する.

C.2.1.1 罰金関数

罰金関数のアイデアは, 制約付きの問題に対して, 制約を破ることを表す項を目的関数に重みを付けて加えることにより, 本来の問題を制約のない問題に変形すること

である．この手法が用いられる前提として，上記の手続きによって得られる新たな問題が，本来の問題と同一あるいは近いものでありながら，容易に解けるということが必要である．

極端な例ではあるが，制約付きの問題を，目的関数

$$\widetilde{f}(\mathbf{x}) = \begin{cases} f(\mathbf{x}), & \mathbf{x} \text{ は許容解} \\ \infty, & \text{その他} \end{cases}$$

を用いることで，制約のない問題に変形することができる．

この極端な例においては，本来の関数 f のいかんにかかわらず，得られた関数 $\widetilde{f}$ は微分不可能な関数となってしまい，問題本来の性質を損なう．もし関数 $f(\mathbf{x})$ が許容領域外においても明確に定義されているのならば，単純な定型の罰金関数は

$$\widetilde{f}(\mathbf{x}) = \begin{cases} f(\mathbf{x}), & \mathbf{x} \text{ は許容解} \\ f(\mathbf{x}) + C, & \text{その他} \end{cases}$$

というものである．ここで，C は十分大きい定数である．等式制約しかない場合では，適当な定数 $a_1, \ldots, a_m > 0$ を用いて定義される関数

$$\widetilde{f}(\mathbf{x}) = f(\mathbf{x}) + \sum_{i=1}^{m} a_i \{h_i(\mathbf{x})\}^2$$

は，**厳密な罰金関数** (exact penalty function) と呼ばれ，$\widetilde{f}$ の最小解 $\widetilde{\mathbf{x}}^*$ は，m 本の $h_1, \ldots, h_m$ に対する等式制約のもとでの f の最小解 $\mathbf{x}^*$ に一致する．不等式制約が存在する際は，適当な定数 $a_1, \ldots, a_m, b_1, \ldots, b_k > 0$ に対する関数

$$\widetilde{f}(\mathbf{x}) = f(\mathbf{x}) + \sum_{i=1}^{m} a_i \{h_i(\mathbf{x})\}^2 + \sum_{j=1}^{k} b_j \max\{g_j(\mathbf{x}), 0\}$$

を用いることができる．

罰金項を持つ問題の列に対する最適解の収束先が $\mathbf{x}^*$ となるような罰金関数 (の列) を**逐次罰金関数** (sequential penalty functions) と呼ぶ．**障壁関数** (barrier function) は，このような罰金関数の重要な例となっている．不等式制約のみを持つ問題について考えよう．このとき，

$$\widetilde{f}(\mathbf{x}) = f(\mathbf{x}) - \alpha \sum_{j=1}^{k} \frac{1}{g_j(\mathbf{x})}, \quad \alpha > 0$$

を**逆数型障壁関数** (inverse barrier function) と呼び，

$$\widetilde{f}(\mathbf{x}) = f(\mathbf{x}) - \alpha \sum_{j=1}^{k} \ln(-g_j(\mathbf{x}))$$

の形式のものを**対数型障壁関数** (logarithmic barrier function) と呼ぶ．これらの関数は，障壁関数を持つ問題に対する解 $\widetilde{\mathbf{x}}^*$ が，$\alpha \downarrow 0$ ならば本来の問題の解 $\mathbf{x}^*$ に収

束するという性質を持つ.

他の興味深い罰金関数として

$$\widetilde{f}(\mathbf{x}) = \nu f(\mathbf{x}) + \sum_{i=1}^{m} |h_i(\mathbf{x})| + \sum_{j=1}^{k} \max\{g_j(\mathbf{x}), 0\}$$

がある. ここで $\nu > 0$ である. この罰金関数は, ν の値を適切に選ぶことができれば, $\widetilde{f}$ の局所最小解が制約付き問題の局所最小解に「広い意味」で一致するという性質を持つ [8].

C.2.1.2 変数の変換

問題 (C.2) において, 無制約の集合 $\mathscr{Y}$ を, 関数 $\phi: \mathbb{R}^n \to \mathbb{R}^n$ を用いて制約付きの問題の許容領域 $\mathscr{X}$ に変形できるとする. ここで $\mathscr{X} = \phi(\mathscr{Y})$ である. すると, 問題 (C.2) は, 本質的に以下の最小化問題

$$\min_{\mathbf{y} \in \mathscr{Y}} f(\phi(\mathbf{y}))$$

に等しい. すなわち, 本来の問題の解 $\mathbf{x}^*$ を, $\mathbf{x}^* = \phi(\mathbf{y}^*)$ という変換を用いて解 $\mathbf{y}^*$ から得ることができる. 表 C.2 に, 可能な変換の例を記す.

表 C.2 制約を除却する変換の例.

制約	無制約
$x > 0$	$\exp(y)$
$x \geqslant 0$	y^2
$a \leqslant x \leqslant b$	$a + (b-a)\sin^2(y)$

C.2.1.3 目的関数と制約を表す関数の変形

問題 (C.2) における変数 $\mathbf{x}$ を変形する代わりに, 目的関数の変形を試みることも可能である; すなわち, ある実数値関数 a を用いて $\widetilde{f}(\mathbf{x}) = a(f(\mathbf{x}))$ と変形する. 制約を表す関数についても同様の変形を行うことができる. 特に, もし条件

1) 関数 $a: \mathbb{R} \to \mathbb{R}$ は単調増加関数であり,
2) m 個の関数 $b_1, \ldots, b_m: \mathbb{R} \to \mathbb{R}$ が, 性質 $b_i(u) = 0 \iff u = 0$ を満たし, かつ,
3) k 個の関数 $c_1, \ldots, c_k: \mathbb{R} \to \mathbb{R}$ が, 性質 $c_j(u) \leqslant 0 \iff u \leqslant 0$ を満たす

が成り立つならば, 問題 (C.2) は同様の形式の制約付き問題で, 目的関数として $\widetilde{f}(\mathbf{x}) = a(f(\mathbf{x}))$ を持ち, 制約式を表す関数として $\widetilde{h}_i(\mathbf{x}) = b_i(h_i(\mathbf{x}))$ と $\widetilde{g}_j(\mathbf{x}) = c_j(g_j(\mathbf{x}))$ を持つものに変形することができる. 上記の変形で得られる問題の任意の解は, 本来の問題の解となっている.

C.2.1.4 スラック変数

問題 (C.2) の不等式制約において，k 個の独立な**スラック変数**（slack variable）$y_1,\ldots,y_k$ を用いて，k 本の不等式制約 $g_i(\mathbf{x}) \leqslant 0$ のそれぞれを

$$-y_i \leqslant 0$$
$$g_i(\mathbf{x}) + y_i = 0$$

という制約式のペアで置き換えることができる．これにより，変数は $n+k$ 個となり，$m+k$ 本の等式制約と，k 本の単純な不等式制約を持つ問題となる．得られた問題は本来の問題と等価である．すなわち，変形で得られた問題の任意の解 $(\tilde{\mathbf{x}}^*, \tilde{\mathbf{y}}^*)$ に対し，$\tilde{\mathbf{x}}^*$ は本来の問題の解となる．

C.2.1.5 等式制約の消去

問題 (C.2) において $\mathscr{Y} = \mathbb{R}^n$ であり，関数 $\boldsymbol{\phi}: \mathbb{R}^l \to \mathbb{R}^n$ が存在して，

$$h_1(\mathbf{x}) = \cdots = h_m(\mathbf{x}) = 0$$

を満たす任意の解 $\mathbf{x}$ に対し，ある $\mathbf{y}$ が存在して $\mathbf{x} = \boldsymbol{\phi}(\mathbf{y})$ を満たすと仮定する．このような状況においては，m 本の等式制約を満たす解を l 個の変数 $\{x_i, i=1,\ldots,n\}$ を用いて厳密に表現することができる．すなわち，$\tilde{f}(\mathbf{y}) = f(\boldsymbol{\phi}(\mathbf{y}))$ と $\tilde{g}_k(\mathbf{y}) = g_k(\boldsymbol{\phi}(\mathbf{y}))$ で定義される問題 (C.2) を解けばよい．この問題の任意の解 $\mathbf{y}^*$ に対し，$\mathbf{x}^* = \boldsymbol{\phi}(\mathbf{y}^*)$ は本来の問題の解となる．

各等式制約 $h_j(\mathbf{x}) = 0$ を，2 本の不等式制約 $h_j(\mathbf{x}) \leqslant 0$ と $-h_j(\mathbf{x}) \leqslant 0$ で置き換えることもできる．この考え方は理論的な興味に留まるものであり，実際には非効率的である．

C.2.2 最適化問題と根の計算における数値解法

$\mathcal{C}^1$ 級の関数 $f: \mathbb{R}^n \to \mathbb{R}$ を最小化する際は，

$$\nabla f(\mathbf{x}) = \mathbf{0}$$

を解けばよい．これを解いて得られるのは停留点である．上記より，勾配ベクトル（関数）の根を求めることにより，根を計算する手法を無制約の最適化問題の解法に変形することができる．しかしながら，C.1 節で述べたように停留点は最小解とは限らないため，停留点の種類を確定するには，追加情報（例えば関数 f が $\mathcal{C}^2$ 級ならばヘッセ行列の持つ情報）が必要となる．

一方，連続関数 $\mathbf{g}: \mathbb{R}^n \to \mathbb{R}^n$ の根は，例えば $\mathbf{g}$ の L_p ノルムの最小化，すなわち $\min_{\mathbf{x}} f(\mathbf{x})$ を解くことで得られる．ここで，$f(\mathbf{x}) = \|\mathbf{g}(\mathbf{x})\|_p$ と書いた．ゆえに，任意の（無）制約最適化問題の解法は，関数の根を求める解法に変形することができる．

$\mathcal{C}^1$ 級の関数に対する最適化問題の解法は，大きく 2 つのカテゴリに分類される．

- **直線探索**（line search）タイプは，各反復において最初に探索方向を定め，それに対するステップ幅を決定する．
- **信頼領域**（trust region）タイプは，ステップ幅を先に定め，それに対する方向ベクトルを決定する．

次節において，よく知られている根の計算方法と最適化問題の解法を記す．

C.2.2.1　Newton 型解法

方程式系 $\mathbf{f}: \mathbb{R}^n \to \mathbb{R}^n$ の根を求める問題について考える．もし関数 $\mathbf{f}$ が $\mathcal{C}^1$ 級ならば，関数 $\mathbf{f}$ を点 $\mathbf{x}_t$ 付近で近似することにより

$$\mathbf{f}(\mathbf{x}) \approx \mathbf{f}(\mathbf{x}_t) + J_{\mathbf{f}}(\mathbf{x}_t)(\mathbf{x} - \mathbf{x}_t)$$

が得られる，ただし $J_{\mathbf{f}}$ は "ヤコビ行列"（$\mathbf{f}$ の偏微分を並べた行列．式 (D.11) を参照）である（☞ p.748）．もし $J_{\mathbf{f}}(\mathbf{x}_t)$ が逆行列を持つならば，この線形近似は解

$$\mathbf{x}^* = \mathbf{x}_t - J_{\mathbf{f}}^{-1}(\mathbf{x}_t)\, \mathbf{f}(\mathbf{x}_t)$$

を持つ．上記を用いて，$\mathbf{f}$ の根を求める反復更新式

$$\mathbf{x}_{t+1} = \mathbf{x}_t - J_{\mathbf{f}}^{-1}(\mathbf{x}_t)\, \mathbf{f}(\mathbf{x}_t) = \mathbf{x}_t - \mathbf{y}_t \tag{C.7}$$

が得られる．ここで $\mathbf{y}_t$ は

$$J_{\mathbf{f}}(\mathbf{x}_t)\, \mathbf{y}_t = \mathbf{f}(\mathbf{x}_t)$$

を解いて得られる．この方法は，根を求める **Newton 法**（Newton's method）（あるいは **Newton–Raphson 法**（Newton–Raphson method））と呼ばれる．

この手法を頑健にするには**減速**（damping）を行う必要があり，反復更新式として

$$\mathbf{x}_{t+1} = \mathbf{x}_t - \alpha_t\, \mathbf{y}_t, \quad \alpha_t \in (0,1]$$

を用いる．減速係数 α_t は

$$\|\mathbf{f}(\mathbf{x}_t - \alpha_t\, \mathbf{y}_t)\| < (1 - q\,\alpha_t)\, \|\mathbf{f}(\mathbf{x}_t)\|$$

を満たすとする．ここで $q \in (0,1)$ は定数である．このような方法の性能は，初期点 $\mathbf{x}_0$ の質に大きく依存する．

根を求める Newton 型の手法は，最適化問題において勾配ベクトルの根を求めることにより，最適化問題を解くために用いることができる．関数 $f: \mathbb{R}^n \to \mathbb{R}$ が $\mathcal{C}^2$ 級であるならば，$\nabla f: \mathbb{R}^n \to \mathbb{R}^n$ が存在し，∇f の根を求める反復公式

$$\mathbf{x}_{t+1} = \mathbf{x}_t - H_t^{-1} \nabla f(\mathbf{x}_t)$$

を用いることができる．ここで，H_t は $\mathbf{x}_t$ におけるヘッセ行列である（勾配ベクトルのヤコビ行列がヘッセ行列となることに注意しよう）．実際の根の計算においては，更新式に減速係数を組み込むことが多い．すなわち

$$\mathbf{x}_{t+1} = \mathbf{x}_t - \alpha_t\, H_t^{-1} \nabla f(\mathbf{x}_t) \tag{C.8}$$

を用いる．探索方向

$$\mathbf{d}_t = -H_t^{-1} \nabla f(\mathbf{x}_t)$$

に対する最良のステップサイズ α_t は，$h(\alpha_t) = f(\mathbf{x}_t + \alpha_t \mathbf{d}_t)$, $\alpha_t > 0$ の最小解であり，これは直線探索を用いて計算することができる（例えば C.2.2.5 項を参照）．

C.2.2.2 勾配降下法と共役勾配法

更新式 (C.8) において，ヘッセ行列の代わりに単位行列を用いると，**最急降下法** (steepest descent method)（あるいは**勾配降下法**（gradient descent method））となる．この方法は，更新式として

$$\mathbf{x}_{t+1} = \mathbf{x}_t - \alpha_t \nabla f(\mathbf{x}_t)$$

を用いるものである．ここで，$\alpha_t > 0$ は（通常は小さな）ステップサイズである．高次元の問題に対しては，**共役勾配**（conjugate gradient）法が，これに代えて用いられることが多い [9]．これらの方法で用いられる探索方向の初期値は $\mathbf{d}_0 = -\nabla f(\mathbf{x}_0)$ であり，適当に選んだ $\beta_0, \beta_1, \ldots$ について

$$\mathbf{d}_t = -\nabla f(\mathbf{x}_t) + \beta_{t-1} \mathbf{d}_{t-1}$$

と計算されるものを用いる．探索方向 $\mathbf{d}_t$ は，$\mathbf{d}_0, \mathbf{d}_1, \ldots, \mathbf{d}_{t-1}$ と共役（すなわち直交）で $-\nabla f(\mathbf{x}_t)$ の一部となっているものである（名前の由来はここにある）．**Fletcher–Reeves** の共役勾配法では

$$\beta_{t-1} = \frac{(\nabla f(\mathbf{x}_t))^\top \nabla f(\mathbf{x}_t)}{(\nabla f(\mathbf{x}_{t-1}))^\top \nabla f(\mathbf{x}_{t-1})}$$

であり，**Polak–Ribiére** の共役勾配法では

$$\beta_{t-1} = \frac{(\nabla f(\mathbf{x}_t) - \nabla f(\mathbf{x}_{t-1}))^\top \nabla f(\mathbf{x}_t)}{(\nabla f(\mathbf{x}_{t-1}))^\top \nabla f(\mathbf{x}_{t-1})}$$

を用いる．実際には，$\mathbf{d}_t$ は何回かに一度 $-\nabla f(\mathbf{x}_t)$ に再更新されることが多い．ほかによく用いられる手法としては，上記で定義されたものを $\widetilde{\beta}_{t-1}$ としたとき，$\beta_{t-1} = \max\{0, \widetilde{\beta}_{t-1}\}$ と設定する方法がある．ステップサイズ α_t は，厳密な直線探索を用いて計算される（C.2.2.5 項を参照）．

C.2.2.3 準 Newton 法

準 Newton 法の基本アイデアは，根の計算で用いるヤコビ行列 (C.7) の逆行列を，以下の**セカント条件**（secant condition）を満たす $n \times n$ 近似行列 C_t で置き換えることである．

$$C_t (\mathbf{f}(\mathbf{x}_t) - \mathbf{f}(\mathbf{x}_{t-1})) = (\mathbf{x}_t - \mathbf{x}_{t-1}) \tag{C.9}$$

上記より，反復更新式は

$$\mathbf{x}_{t+1} = \mathbf{x}_t - C_t \mathbf{f}(\mathbf{x}_t)$$

となる．条件 (C.9) を満たすには，例えば，任意の $\mathbf{u}_t \neq \mathbf{0}$ に対して

$$C_t = C_{t-1} + \frac{(\mathbf{x}_t - \mathbf{x}_{t-1}) - C_{t-1}\left(\mathbf{f}(\mathbf{x}_t) - \mathbf{f}(\mathbf{x}_{t-1})\right)}{\mathbf{u}_t^\top\left(\mathbf{f}(\mathbf{x}_t) - \mathbf{f}(\mathbf{x}_{t-1})\right)}\mathbf{u}_t^\top$$

とすればよい．**Broyden の方法**（Broyden's method）は，上記の式で $\mathbf{u}_t = C_{t-1}^\top(\mathbf{x}_t - \mathbf{x}_{t-1})$ とおいたものである．Newton 法と同様に，各反復での解の更新はステップサイズ α_t を用いて

$$\mathbf{x}_{t+1} = \mathbf{x}_t - \alpha_t\, C_t\, \mathbf{f}(\mathbf{x}_t)$$

とする．ここで α_t は直線探索法を用いて決定する（C.2.2.5 項を参照）．

最適化に用いる際は，単に $\mathbf{f}$ を ∇f に置き換えることにより得られる反復更新式

$$\mathbf{x}_{t+1} = \mathbf{x}_t - \alpha_t\, C_t\, \nabla f(\mathbf{x}_t)$$

を用いる．効率的な最適化問題の解法を構築するには，各反復 t において行列 C_t を高速に計算することが重要となる．以下では，C_t に対する最もよく知られた更新式を記す．これらの更新式では，前反復での行列 C_{t-1} から低ランクの更新で C_t を計算する．以降において $\mathbf{y}_t = \mathbf{x}_t - \mathbf{x}_{t-1}$ と $\mathbf{g}_t = \nabla f(\mathbf{x}_t) - \nabla f(\mathbf{x}_{t-1})$ を用いる．

1) **Broyden–Fletcher–Goldfarb–Shanno** 公式は，C_t の更新を

$$C_t = C_{t-1} + \left(1 + \frac{\mathbf{g}_t^\top C_{t-1} \mathbf{g}_t}{\mathbf{y}_t^\top \mathbf{g}_t}\right)\frac{\mathbf{y}_t \mathbf{y}_t^\top}{\mathbf{y}_t^\top \mathbf{g}_t} - \left(\frac{\mathbf{y}_t \mathbf{g}_t^\top C_{t-1} + C_{t-1}\mathbf{g}_t \mathbf{y}_t^\top}{\mathbf{y}_t^\top \mathbf{g}_t}\right)$$

を用いて行う．上記の（ランク 2 の）更新行列は対称であることから，C_{t-1} が対称行列ならば，C_t も対称行列となる．

2) **（対称）ランク 1**（(symmetric) rank one）公式は

$$C_t = C_{t-1} + \frac{(\mathbf{y}_t - C_{t-1}\mathbf{g}_t)(\mathbf{y}_t - C_{t-1}\mathbf{g}_t)^\top}{(\mathbf{y}_t - C_{t-1}\mathbf{g}_t)^\top \mathbf{g}_t}$$

である．この更新式は C_{t-1} にランク 1 の更新を行うものであり，もし C_{t-1} が対称ならば C_t も対称となる．しかしながら，たとえ C_{t-1} が半正定値行列であっても C_t が半正定値対称とは限らない．さらに，分母 $(\mathbf{y}_t - C_{t-1}\mathbf{g}_t)^\top \mathbf{g}_t$ の値は非常に小さくなり（そのため数値計算上の問題が生じる），あるいは 0 となってしまうこともある．

3) **Davidon–Fletcher–Powell** 公式は

$$C_t = C_{t-1} + \frac{\mathbf{y}_t \mathbf{y}_t^\top}{\mathbf{y}_t^\top \mathbf{g}_t} - \frac{C_{t-1}\mathbf{g}_t \mathbf{g}_t^\top C_{t-1}}{\mathbf{g}_t^\top C_{t-1}\mathbf{g}_t}$$

となる．この更新式はランク 2 の更新を C_{t-1} に適用して C_t を得る．もし $\mathbf{y}_t^\top \mathbf{g}_t > 0$（以降では曲率条件と呼ぶ）が成り立つならば，$C_{t-1}$ が半正定値のときは C_t も半正定値となる．この更新式では，対称性は保持される．

上に記した 3 つの反復更新式を実際に用いる際は，初期行列 C_0 に単位行列 I を用いることが多い．

C.2.2.4　劣勾配射影法

以下では凸集合 $\mathscr{X} \subseteq \mathbb{R}^n$ 上で凸関数 f を最小化する問題について議論する．ただし，各点 $\mathbf{x}$ において，f の劣勾配 $\mathbf{g}(\mathbf{x})$ が使用できるとする．**劣勾配**（subgradient）$\mathbf{g}(\mathbf{x})$ とは，任意の $\mathbf{y} \in \mathscr{X}$ において $f(\mathbf{y}) - f(\mathbf{x}) \geqslant \mathbf{g}(\mathbf{x})^\top (\mathbf{y} - \mathbf{x})$ を満たすベクトルである．

許容解 $\mathbf{x}_1 \in \mathscr{X}$ を初期点とする**劣勾配射影法**（projected subgradient method）は，反復公式

$$\mathbf{x}_{t+1} = \Pi_{\mathscr{X}}(\mathbf{x}_t - \beta_t \mathbf{g}(\mathbf{x}_t)) \tag{C.10}$$

を用いて解の列を生成する．ここで $\{\beta_t\}$ は厳密に正の値を持つステップサイズであり，$\Pi_{\mathscr{X}}$ は $\mathbb{R}^n$ から $\mathscr{X}$ への**射影作用素**（projection operator）である．よく用いられるステップサイズとしては，以下のものがある．

1) 最適値 f^* があらかじめわかっている場合は，**Polyak のステップサイズ**（Polyak's step size）（**動的ステップサイズ**（dynamic step size）とも呼ばれる）

$$\beta_t = \frac{f(\mathbf{x}_t) - f^*}{\|\mathbf{g}(\mathbf{x}_t)\|^2}$$

が用いられることが多い．f^* がわかっていないならば，その代わりに第 t 反復において $\widehat{f_t^*} = -\delta_t + \min_{s \leqslant t} f(\mathbf{x}_s)$ を用いることもある．ここで $\delta_t \geqslant 0$ である．

2) **定数ステップサイズ**：$\beta_t = \beta$.

3) **定数長ステップサイズ**：$\beta_t = \alpha / \|\mathbf{g}(\mathbf{x}_t)\|^2$. 定数長ステップサイズは，調整係数 $\gamma_t = 1/\|\mathbf{g}(\mathbf{x}_t)\|^2$ を用いて，定数ステップサイズを動的に調整したものと見ることもできる．調整係数として，適当な定数 $c > 0$ を用いた $\gamma_t = 1/\max\{c, \|\mathbf{g}(\mathbf{x}_t)\|\}$ が用いられることもある．

4) **ゆっくりと減衰するステップサイズ**：これは $\lim_{t \to \infty} \beta_t = 0$ と $\sum_{t=1}^{\infty} \beta_t = \infty$ を満たすものである．

5) **長さがゆっくりと減衰するステップサイズ**：これは $\beta_t = \alpha_t / \|\mathbf{g}(\mathbf{x}_t)\|^2$ を満たすものである．ただし $\alpha_t \geqslant 0$ には $\lim_{t \to \infty} \alpha_t = 0$ と $\sum_{t=1}^{\infty} \alpha_t = \infty$ を満たすものを用いる．

もし $f \in \mathcal{C}^1$ ならば，すなわち f が微分可能ならば，劣勾配は通常の勾配ベクトル（のみ）であり，$\mathbf{g}(\mathbf{y}) = \nabla f(\mathbf{y})$ が成り立つ．この場合，最急降下法が得られることとなる．劣勾配の確率的な推定値しか利用できない場合は，12.1 節の確率近似解法を用いることができる．

C.2.2.5　直線探索法

直線探索問題（line search problem）は，以下の形式で記述される 1 次元の最適化問題である．関数 $f: \mathbb{R}^n \to \mathbb{R}$ と，方向 $\mathbf{d} \in \mathbb{R}^n$, 初期解 $\mathbf{x} \in \mathbb{R}^n$ が与えられたとき，

$$\min_{\alpha \geq 0} h(\alpha) \stackrel{\text{def}}{=} \min_{\alpha \geq 0} f(\mathbf{x} + \alpha \mathbf{d})$$

を解く．Newton 法や準 Newton 法などを実際に実装する場合，直線探索問題の厳密解法あるいは近似解法が必要となる．

直線探索問題は，例えば h の勾配ベクトルに対して Newton 法や二分探索法を用いて解くことができる．微分を用いない単純な方法として**黄金分割探索法**（golden section search）がある．この方法では，3 つの点の**組**（bracket）$(\alpha_1, \alpha_2, \alpha_3)$ を保持し，これが $h(\alpha_2) \leq \min\{h(\alpha_1), h(\alpha_3)\}$ と $\alpha_1 < \alpha_2 < \alpha_3$，さらに分割比条件

$$\frac{\alpha_3 - \alpha_2}{\alpha_2 - \alpha_1} = \frac{1 + \sqrt{5}}{2} \quad \text{または} \quad \frac{2}{1 + \sqrt{5}}$$

を満たすとき，新たな点 α_4 を，$(\alpha_1, \alpha_2, \alpha_4)$ または $(\alpha_2, \alpha_4, \alpha_3)$ が分割比条件を満たすように選択する．新たな 3 つ組として，中央の要素が最小値となる 3 つ組を選ぶ．どの場合でも，3 つ組が作る区間は短くなる．

適応的にステップサイズを決定する問題のように，直線探索問題が（より大きな）最適化解法の中の処理の一部ならば，そのスピードが重要となる．例えば，探索方向 $\mathbf{d}_t$ に対するステップサイズ α_t を決定する際は，Newton 法ならば $\mathbf{d}_t = -H_t^{-1} \nabla f(\mathbf{x}_t)$ であり，α_t を求めるのに，厳密性は必要とされず，近似的なステップサイズさえ得られれば十分な場合もある．ステップサイズに対する標準的な条件として，**Wolfe 条件**あるいは **Wolfe–Powell** の条件と呼ばれるものがある．この条件は，**十分減少条件**（sufficient decrease condition）（**Armijo の条件**（Armijo condition）と呼ばれることが多い）

$$f(\mathbf{x}_t + \alpha \mathbf{d}_t) \leq f(\mathbf{x}_t) + \alpha \varrho \mathbf{d}_t^\top \nabla f(\mathbf{x}_t), \quad \varrho \in (0, 1)$$

と**曲率条件**（curvature condition）

$$\mathbf{d}_t^\top \nabla f(\mathbf{x}_t + \alpha \mathbf{d}_t) \geq \sigma \mathbf{d}_t^\top \nabla f(\mathbf{x}_t), \quad \sigma \in (\varrho, 1)$$

からなっている．もし $\mathbf{d}_t$ が降下方向（すなわち $\mathbf{d}_t^\top \nabla f(\mathbf{x}_t) < 0$）であり，関数 f は $\mathcal{C}^1$ 級で，**半直線**（ray）$\{\mathbf{x}_t + \alpha \mathbf{d}_t : \alpha > 0\}$ 上では有限な下界を持つならば，上記の条件を満たすステップサイズ α が必ず存在する．

Broyden–Fletcher–Goldfarb–Shanno の準 Newton 法では，例えば $\varrho = 10^{-4}$ かつ $\sigma = 0.9$ と設定した非常に大雑把な直線探索が，実践的に推奨されている．一方，さらに強い曲率条件

$$|\mathbf{d}_t^\top \nabla f(\mathbf{x}_t + \alpha \mathbf{d}_t)| \leq \sigma |\mathbf{d}_t^\top \nabla f(\mathbf{x}_t)|$$

が用いられることもある．Armijo の条件と強い曲率条件を用いたものは，**強い Wolfe 条件**（strong Wolfe conditions）と呼ばれることが多い．

C.2.2.6 信頼領域法

関数 $f: \mathbb{R}^n \to \mathbb{R}$ は $\mathcal{C}^2$ 級であるとする．各点 $\mathbf{y}$ に対し，半径 Δ の**信頼領域** (trust region) を

$$\mathscr{B}(\mathbf{y}) = \{\mathbf{x} \in \mathbb{R}^n : \|\mathbf{y} - \mathbf{x}\| \leqslant \Delta\}$$

と定義する．ここで，ノルム $\|\cdot\|$ と半径 Δ は $\mathbf{y}$ に依存してもよい．例えば，もし $\|\cdot\|$ がユークリッドノルムならば，信頼領域は中心 $\mathbf{y}$，半径 Δ の n 次元球となる．各信頼領域において，f に対する局所的なモデルを構築する．信頼領域法は，点列 $\mathbf{x}_0, \mathbf{x}_1, \ldots$ とそれに対応する信頼領域の列 $\mathscr{B}_0, \mathscr{B}_1, \ldots$ を生成するが，生成される信頼領域はだんだんと縮小して f の最小解に収束する性質を持つ．基本的な信頼領域法を以下に示す．

アルゴリズム C.1（信頼領域法）

1. 初期値 $\mathbf{x}_0, \Delta_0, 0 < \eta_1 \leqslant \eta_2 < 1, 0 < \gamma_1 \leqslant \gamma_2 < 1$ を設定する．関数値 $f(\mathbf{x}_0)$ を計算する．$t = 0$ とおく．
2. ノルムを選択し，信頼領域 $\mathscr{B}_t$ 上での関数 f のモデル $m_t : \mathbb{R}^n \to \mathbb{R}$ を定義する．
3. モデル m_t を "十分小さくする" ステップ $\mathbf{s}_t$ を計算する，ただし $\mathbf{x}_t + \mathbf{s}_t \in \mathscr{B}_t$ を満たすとする（すなわち，新たな解は信頼領域内に留まる）．試行点を $\tilde{\mathbf{x}}_{t+1} = \mathbf{x}_t + \mathbf{s}_t$ とおく．
4. 関数値 $f(\tilde{\mathbf{x}}_{t+1})$ を計算し，

$$\varrho_t = \frac{f(\mathbf{x}_t) - f(\tilde{\mathbf{x}}_{t+1})}{m_t(\mathbf{x}_t) - m_t(\tilde{\mathbf{x}}_{t+1})}$$

とおく．もし $\varrho_t \geqslant \eta_1$ ならば，$\mathbf{x}_{t+1} = \tilde{\mathbf{x}}_{t+1}$ と更新する．そうでない場合は，$\mathbf{x}_{t+1} = \mathbf{x}_t$ とする．

5. 信頼半径の更新を以下のように行う．
   - （不成功反復）もし $\varrho_t \geqslant \eta_2$ ならば，$\Delta_{t+1} \in [\Delta_t, \infty)$ とする．
   - （弱成功反復）もし $\varrho_t \in [\eta_1, \eta_2)$ ならば，$\Delta_{t+1} \in [\gamma_2 \Delta_t, \Delta_t]$ とする．
   - （強成功反復）もし $\varrho_t < \eta_1$ ならば，$\Delta_{t+1} \in [\gamma_1 \Delta_t, \gamma_2 \Delta_t]$ とする．

   $t = t + 1$ とおき，Step 2 に戻る．

m_t としては以下の 2 次モデル

$$m_t(\mathbf{x}_t + \mathbf{y}) = f(\mathbf{x}_t) + \nabla f(\mathbf{x}_t)^\top \mathbf{y} + \frac{1}{2} \mathbf{y}^\top H_t \mathbf{y}$$

を信頼領域内で用いることが多い，ただし H_t は点 $\mathbf{x}_t$ におけるヘッセ行列（あるいはその近似行列）である．すべての反復において，Step 2 のノルムはユークリッドノルムを用いることが多いが，問題によっては他のものがよいこともある．詳細については [7] を参照せよ．

C.2.2.7 二分法

二分法は，区間 $[a,b]$ 上で定義された連続関数 $g(x)$ の根 x^* を求める単純な手法である（ただし，$f(a)$ と $f(b)$ の値の符号が異なる場合を扱う）．最適化の文脈では，f が $\mathcal{C}^1$ 級ならば，$g(x) = \frac{\mathrm{d}}{\mathrm{d}x}f(x)$ とした問題を解く場合を扱うことができる．

アルゴリズム C.2（二分法）

1. 初期値 $a_0 = a$ と $b_0 = b$ を設定する．$n = 0$ とする．
2. 区間の中点 $c_n = (a_n + b_n)/2$ に対し，
$$[a_{n+1}, b_{n+1}] = \begin{cases} [a_n, c_n], & g(a_n)\,g(c_n) < 0 \text{ の場合} \\ [c_n, c_n], & g(a_n)\,g(c_n) = 0 \text{ の場合} \\ [c_n, b_n], & g(a_n)\,g(c_n) > 0 \text{ の場合} \end{cases}$$
とする．
3. ある正定数 $\varepsilon > 0$ に対して $b_{n+1} - a_{n+1} < \varepsilon$ が成り立つならば，x^* の近似解として $(b_{n+1} + a_{n+1})/2$ を出力して終了する．そうでなければ，$n = n + 1$ として Step 2 に戻る．

簡単にわかるように，任意の反復 n において $x^* \in [a_n, b_n]$ と $b_n - a_n \leqslant 2^{-n}(b-a)$ が成り立っている．

C.2.2.8 楕円体法

楕円体法（ellipsoid method）は，最小化問題に対する二分探索法を高次元に拡張したものと解釈することができる．この方法の始まりは，Shor [18] と Yudin and Nemirovsky [22] の研究である．Khachiyan [13], [14] はこの方法を発展させ，線形計画問題が楕円体法を用いて多項式時間で解けることを示した．

いま $\mathcal{C}^1$ 級の関数 $f: \mathbb{R}^n \to \mathbb{R}$ が与えられたとしよう．これに対する楕円体法は，以下のとおりである．

アルゴリズム C.3（楕円体法）

1. 初期楕円体を $E_0 = \{\mathbf{x} \in \mathbb{R}^n : (\mathbf{x} - \bar{\mathbf{x}}_0)^\top B_0^{-1}(\mathbf{x} - \bar{\mathbf{x}}_0) \leqslant 1\}$ とする．ただし，中心 $\bar{\mathbf{x}}_0$ と楕円体の生成行列 B_0 を適切に選ぶことによって，初期楕円体は最小解 $\mathbf{x}^*$ を含んでいるものとする．$t = 0$ とする．
2. 現在の楕円体の中心における勾配ベクトル $\mathbf{g}_t = \nabla f(\bar{\mathbf{x}}_t)$ を計算する．
3. 新しい中心を
$$\bar{\mathbf{x}}_{t+1} = \bar{\mathbf{x}}_t - \frac{1}{n+1} \frac{B_t \mathbf{g}_t}{\sqrt{\mathbf{g}_t^\top B_t \mathbf{g}_t}}$$
と更新し，楕円体の生成行列を
$$B_{t+1} = \frac{n^2}{n^2 - 1}\left(B_t - \frac{2}{n+1} \frac{(B_t \mathbf{g}_t)(B_t \mathbf{g}_t)^\top}{\mathbf{g}_t^\top B_t \mathbf{g}_t}\right)$$

に更新する．新たな楕円体は

$$E_{t+1} = \{\mathbf{x} \in \mathbb{R}^n : (\mathbf{x} - \bar{\mathbf{x}}_{t+1})^\top B_{t+1}^{-1} (\mathbf{x} - \bar{\mathbf{x}}_{t+1}) \leqslant 1\}$$

となる．

4. 収束条件が満たされたならば終了し，そうでなければ，$t = t+1$ と更新して Step 2 に戻る．

C.3 代表的な最適化問題

本節では，よく取り上げられる離散最適化問題と，（制約付きおよび無制約の）連続最適化においてよく用いられる問題例を記す．

C.3.1 充足可能性問題

（ブール変数を用いて定義される）充足可能性問題 (satisfiability (SAT) problem) は，組合せ最適化と計算量の理論において中心的な役割を担っている．任意の NP 完全な問題，例えば最大カット問題，グラフ彩色問題，巡回セールスマン問題 (TSP) などは，"多項式時間"で充足可能性問題に変形することができる．以下では "和積標準形" の問題のみを扱う．

ここで特に注目すべき問題は，2進ベクトル $\mathbf{x} = (x_1, x_2, \ldots, x_n) \in \{0,1\}^n$ と m 個の "節" (clause) が与えられたとき，節すべてを真とするベクトルの値を求める問題である．そのような値が存在しないときは，解は存在しないというのが答えになる．多くの場合，$\mathbf{x}$ の各要素は 1 ならば「真」，0 ならば「偽」と解釈される．ここで，m 個の節に対して**節関数** (clause function) $c_1, \ldots, c_m$ を導入し，ベクトル $\mathbf{x}$ が節 j を満たすならば $c_j(\mathbf{x}) = 1$ が成り立ち，そうでなければ $c_j(\mathbf{x}) = 0$ が成り立つとするならば，充足可能性問題は

$$\max_{\mathbf{x} \in \{0,1\}^n} \prod_{k=1}^m c_k(\mathbf{x})$$

あるいは

$$\max_{\mathbf{x} \in \{0,1\}^n} \sum_{k=1}^m c_k(\mathbf{x})$$

と記述することができる．

充足可能性問題の記述として行列を用いたものについては，例 14.1 を参照せよ．

C.3.2 ナップサック問題

この問題の基本的な形として，目的は

$$\max_{\mathbf{x} \in \mathscr{X}} \mathbf{p}^\top \mathbf{x}$$

と書かれ，制約は

$$\mathbf{w}^\top \mathbf{x} \leqslant c$$

と書かれる.ここで **p** と **w** は非負ベクトルであり,$\mathscr{X}$ は通常は集合 $\{0,1\}^n$ とする.このような問題は (**2値**) **ナップサック** ((binary) knapsack) 問題と呼ばれる.

この問題は,n 個のアイテム集合があり,各アイテム k に有用性 p_k と重み w_k が与えられていると説明される.問題の目的は,重みの総和が c 以下となるようにアイテムを選んでナップサックに入れ,選んだアイテムの有用性の総和を最大化することである.

C.3.3 最大カット問題

最大カット問題は,以下のように定式化される.頂点集合 $V = \{1, 2, \ldots, n\}$ と枝集合 E からなる枝重み付きグラフ $\mathcal{G} = (V, E)$ が与えられたとき,頂点集合を V_1 と V_2 に二分するものの中で,2 つの頂点部分集合を結ぶ枝の重み(費用)の総和を最大化するものを見つける.通常,枝重みは非負(ゼロを許す)とされ,費用行列 C を用いて表される.ここで,行列要素 $C(i,j)$ は枝 (i,j) の費用(重み)を表す.

より詳細には,この問題は

$$\max_{V_1, V_2} \sum_{(i,j) \in V_1 \times V_2} (C(i,j) + C(j,i))$$

と書くことができる.

C.3.4 巡回セールスマン問題

巡回セールスマン問題(traveling salesman problem; TSP)は,以下のように定式化される.頂点集合 $\{1, 2, \ldots, n\}$ を持つ枝重み付きグラフ $\mathcal{G}$ が与えられたとする.各頂点は都市を表し,枝は都市間を繋ぐ道を表しているとする.頂点 i から頂点 j への道には,その長さを表す費用 $C(i,j)$ が付与されている.巡回セールスマン問題は,出発頂点を除くすべての頂点をちょうど 1 回通過し,再び出発頂点に戻る**経路**(tour)の中で最も短いものを探す問題である.この問題は費用行列 C で表される.ここで,C の要素は $C(i,j) = C(j,i)$ を満たし,その値として無限大をとることも許されるとする.

より詳細には,

$$\min_{\mathbf{x} \in \Pi} \left\{ C(x_n, x_1) + \sum_{i=1}^{n-1} C(x_i, x_{i+1}) \right\}$$

と記述することができる.ここで,Π は集合 $\{1, 2, \ldots, n\}$ の順列(置換)すべてを集めた集合である.

C.3.5 2次割り当て問題

2 次割り当て問題は,コンピュータチップ設計,最適資源配分,スケジューリング

など，さまざまな応用を持つ問題である．最適資源配分を取り上げるならば，n 個の施設を n か所の候補地に割り当てる方法の中で，割り当て結果の総費用を最小とするものを見つける問題として説明される．正確には，この問題の目的は費用関数を最小化することである．

$$\min_{\mathbf{x} \in \Pi} \sum_{i=1}^{n} \sum_{j=1}^{n} F_{ij}\, D(x_i, x_j)$$

ここで，Π は集合 $\{1, 2, \ldots, n\}$ の順列（置換）すべてを集めた集合であり，行列 F の要素 F_{ij} は，施設 i から施設 j へ輸送される物資の**フロー**（flow）を表している．行列 D の要素 $D(i, j)$ は，候補地 i と候補地 j 間の**距離**（distance）を表している[*1]．行列 F と D が両方対称行列であるときは，"対称" 2 次割り当て問題と呼ばれる．

C.3.6 クラスタリング問題

クラスタリング問題は次のようなものである．d 次元ユークリッド空間中のデータ点集合が与えられたとき，経験的に定められている**損失関数**（loss function）を最小とするように，データ点を K 個の**クラスタ**（cluster）に分割する．典型的な損失関数として，「各点とそれが属するクラスタの中心とのユークリッド距離」の総和が用いられる．データ点を $\mathbf{y}_1, \ldots, \mathbf{y}_N$ と表し，クラスタを $\mathcal{C}_1, \ldots, \mathcal{C}_K$，また非空の**クラスタの中心**（cluster centroid）$\mathbf{c}_1, \ldots, \mathbf{c}_K$ を

$$\mathbf{c}_i = \frac{1}{|\mathcal{C}_i|} \sum_{\mathbf{y} \in \mathcal{C}_i} \mathbf{y}$$

と定義する．このとき問題は，

$$\min_{\mathcal{C}_1, \ldots, \mathcal{C}_K} \sum_{k=1}^{K} \sum_{\mathbf{y} \in \mathcal{C}_k} \|\mathbf{y} - \mathbf{c}_k\|$$

と記述することができる．

C.4　連続最適化問題

C.4.1　無制約問題
C.4.1.1　Paviani 関数

$$f(\mathbf{x}) = \sum_{i=1}^{n} \left(\ln^2(x_i - 2) + \ln^2(10 - x_i) \right) - \left(\prod_{i=1}^{n} x_i \right)^{0.2} \tag{C.11}$$

[*1]【訳注】輸送費用は距離に比例すると仮定している．

C.4.1.2 Rastrigin 関数

$$f(\mathbf{x}) = 10n + \sum_{i=1}^{n}(x_i^2 - 10\cos(2\pi x_i)) \tag{C.12}$$

この関数は $\mathbf{x} = (0,\ldots,0)$ において最小値 $f(\mathbf{x}) = 0$ をとる.

C.4.1.3 Rosenbrock 関数, de Jong の第 2 関数

$$f(\mathbf{x}) = \sum_{i=1}^{n-1}\left(100\,(x_{i+1} - x_i^2)^2 + (x_i - 1)^2\right) \tag{C.13}$$

この関数は $\mathbf{x} = (1,\ldots,1)$ において最小値 $f(\mathbf{x}) = 0$ をとる.

C.4.1.4 球面モデル, de Jong の第 1 関数

$$f(\mathbf{x}) = \sum_{i=1}^{n} x_i^2 \tag{C.14}$$

この関数は $\mathbf{x} = (0,\ldots,0)$ において最小値 $f(\mathbf{x}) = 0$ をとる.

C.4.1.5 de Jong の第 3 関数

$$f(\mathbf{x}) = \sum_{i=1}^{n} \lfloor x_i \rfloor \tag{C.15}$$

この関数は $\mathbf{x} = (0,\ldots,0)$ において最小値 $f(\mathbf{x}) = 0$ をとる.

C.4.1.6 三角関数

$$f(\mathbf{x}) = 1 + \sum_{i=1}^{n} 8\sin^2(\eta(x_i - x_i^*)^2) + 6\sin^2(2\eta(x_i - x_i^*)^2)$$
$$+\mu(x_i - x_i^*)^2 \tag{C.16}$$

この関数は $\mathbf{x} = \mathbf{x}^*$ において最小値 $f(\mathbf{x}) = 1$ をとる.

C.4.2 制約付き問題

C.4.2.1 Ackley 関数

$$f(\mathbf{x}) = \sum_{i=1}^{n-1}\left(20 + \mathrm{e} - 20\,\mathrm{e}^{-0.2\sqrt{0.5(x_{i+1}^2 + x_i^2)}} - \mathrm{e}^{0.5(\cos(2\pi x_{i+1}) + \cos(2\pi x_i))}\right)$$
$$\tag{C.17}$$

ただし, $-30 \leqslant x_i \leqslant 30$ である. この関数は $\mathbf{x} = (0,\ldots,0)$ において最小値 $f(\mathbf{x}) = 0$ をとる.

C.4.2.2 Ackley の Stretch V 正弦波関数

$$f(\mathbf{x}) = \sum_{i=1}^{n-1}(x_{i+1}^2+x_i^2)^{0.25}(\sin^2(50(x_{i+1}^2+x_i^2)^{0.1})+1), \quad -10 \leqslant x_i \leqslant 10 \quad \text{(C.18)}$$

この関数は $\mathbf{x} = (0,\ldots,0)$ において最小値 $f(\mathbf{x}) = 0$ をとる.

C.4.2.3 Egg Holder 関数

$$f(\mathbf{x}) = \sum_{i=1}^{n-1}-(x_{i+1}+47)\sin\left(\sqrt{\left|x_{i+1}+\frac{x_i}{2}+47\right|}\right)-x_i\sin\left(\sqrt{|x_i-(x_{i+1}+47)|}\right)$$
$$-512 \leqslant x_i \leqslant 512 \quad \text{(C.19)}$$

C.4.2.4 Griewangk 関数

$$f(\mathbf{x}) = -\prod_{i=1}^{n}\cos\left(\frac{x_i}{\sqrt{i}}\right)+\sum_{i=1}^{n}\frac{x_i^2}{4000}+1, \quad -600 \leqslant x_i \leqslant 600 \quad \text{(C.20)}$$

この関数は $\mathbf{x} = (0,\ldots,0)$ において最小値 $f(\mathbf{x}) = 0$ をとる.

C.4.2.5 Keane 関数

$$f(\mathbf{x}) = \left|\frac{\sum_{i=1}^{n}\cos^4(x_i)-2\prod_{i=1}^{n}\cos^2(x_i)}{\sqrt{\sum_{i=1}^{n}ix_i^2}}\right| \quad \text{(C.21)}$$

ただし, 制約として $\prod_{i=1}^{n}x_i \geqslant 0.75$ と $\sum_{i=1}^{n}x_i \leqslant 7.5n$ と $0 \leqslant x_i \leqslant 10$ を持つ.

C.4.2.6 Master の余弦波関数

$$f(\mathbf{x}) = -\sum_{i=1}^{n-1}\mathrm{e}^{-\frac{1}{8}(x_{i+1}^2+0.5x_ix_{i+1}+x_i^2)}\cos\left(4\sqrt{x_{i+1}^2+0.5x_ix_{i+1}+x_i^2}\right)$$
$$-5 \leqslant x_i \leqslant 5 \quad \text{(C.22)}$$

C.4.2.7 Michalewicz 関数

$$f(\mathbf{x}) = \sum_{i=1}^{n-1}\left(\sin(x_{i+1})\sin^{20}\left(\frac{2x_{i+1}^2}{\pi}\right)+\sin(x_i)\sin^{20}\left(\frac{x_{i+1}^2}{\pi}\right)\right)$$
$$0 \leqslant x_i \leqslant \pi \quad \text{(C.23)}$$

C.4.2.8 病的なテスト関数

$$f(\mathbf{x}) = \sum_{i=1}^{n-1}\left(\frac{\sin^2\left(\sqrt{x_{i+1}^2+100x_i^2}\right)-0.5}{0.001(x_{i+1}^2-2x_{i+1}x_i+x_i^2)^2+1.0}+0.5\right)$$
$$-100 \leqslant x_i \leqslant 100 \quad \text{(C.24)}$$

C.4.2.9 Rana 関数

$$f(\mathbf{x}) = \sum_{i=1}^{n-1} \Big((x_{i+1} + 1) \cos\left(\sqrt{|x_{i+1} - x_i + 1|}\right) \sin\left(\sqrt{|x_{i+1} + x_i + 1|}\right)$$
$$+ x_i \cos\left(\sqrt{|x_{i+1} + x_i + 1|}\right) \sin\left(\sqrt{|x_{i+1} - x_i + 1|}\right) \Big)$$
$$-500 \leqslant x_i \leqslant 500 \tag{C.25}$$

C.4.2.10 Schwefel 関数

$$f(\mathbf{x}) = \sum_{i=1}^{n} -x_i \sin(\sqrt{|x_i|}), \quad -512 \leqslant x_i \leqslant 512 \tag{C.26}$$

制約下における最小解は，$\mathbf{x} \approx (420.9687, \ldots, 420.9687)$ において，値 $f(\mathbf{x}) \approx -418.9829\,n$ をとる．

C.4.2.11 包絡線正弦波関数

$$f(\mathbf{x}) = -\sum_{i=1}^{n-1} \left(\frac{\sin^2\left(\sqrt{x_{i+1}^2 + x_i^2} - 0.5\right)}{(0.001(x_{i+1}^2 + x_i^2) + 1)^2} + 0.5 \right)$$
$$-100 \leqslant x_i \leqslant 100 \tag{C.27}$$

さらに学習するために

最適化における基本的な考え方とアルゴリズムについては，入門的な [17] がある．一般的な概観をつかむには，[1] と [12]，および，古典的ではあるが Fletcher [8] を参照せよ．信頼領域法に関しては [7] を参考にした．凸計画とその応用に関しては，包括的な著作である Boyd and Vandenberghe [5] を参考にした．半正定値計画の入門として [20]，幾何計画を学ぶには [4] がある．この章で扱うことができなかった数多くの手法が存在する．中でも一般的なものとしては，単体法（例えば [1, Chapter 11]，解法の解析については [2]），内点法（例えば [1, Chapter 12]），Nelder–Mead の単体法（正確な定義と記述については [16]），分枝限定法 [15] などがある．

文　　献

1) A. Antoniou and W.-S. Lu. *Practical Optimization: Algorithms and Engineering Applications.* Springer-Verlag, New York, 2007.
2) K. H. Borgwardt. *The Simplex Method: A Probabilistic Analysis.* Springer-Verlag, Berlin, 1987.

3) S. Boyd, P. Diaconis, and L. Xiao. Fastest mixing Markov chain on a graph. *SIAM Review*, 46(4):667–689, 2004.
4) S. Boyd, S.-J. Kim, L. Vandenberghe, and A. Hassibi. A tutorial on geometric programming. *Optimization and Engineering*, 8(1):67–127, 2007.
5) S. Boyd and L. Vandenberghe. *Convex Optimization*. Cambridge University Press, Cambridge, 2004.
6) F. Cao, D.-Z. Du, B. Gao, P.-J. Wan, and P. M. Pardalos. Minimax problems in combinatorial optimization. In D.-Z. Du and P. M. Pardalos, editors, *Minimax and Applications*, pages 269–292. Kluwer Academic Publishers, Dordrecht, 1995.
7) A. R. Conn, N. I. M. Gould, and Ph. L. Toint. *Trust-Region Methods*. SIAM, Philadelphia, 2000.
8) R. Fletcher. *Practical Methods of Optimization*. John Wiley & Sons, New York, 1987.
9) G. H. Golub and C. F. Van Loan. *Matrix Computations*. Johns Hopkins University Press, Baltimore, third edition, 1996.
10) J.-B. Hiriart-Urruty and C. Lemaréchal. *Fundamentals of Convex Analysis*. Springer-Verlag, New York, 2001.
11) J. E. Kelley, Jr. The cutting-plane method for solving convex programs. *Journal of the Society for Industrial and Applied Mathematics*, 8(4):703–712, 1960.
12) H. Th. Jongen, K. Meer, and E. Triesch. *Optimization Theory*. Kluwer Academic Publishers, Boston, 2004.
13) L. G. Khachiyan. A polynomial algorithm in linear programming. *Soviet Mathematics Doklady*, 20:191–194, 1979.
14) L. G. Khachiyan. Polynomial algorithms in linear programming. *USSR Computational Mathematics and Mathematical Physics*, 20:53–72, 1980.
15) E. L. Lawler and D. E. Wood. Branch-and-bound methods: A survey. *Operations Research*, 14(4):699–719, 1966.
16) K. I. M. McKinnon. Convergence of the Nelder-Mead simplex method to a nonstationary point. *SIAM Journal on Optimization*, 9(1):148–158, 1998.
17) A. Neumaier. *Introduction to Numerical Analysis*. Cambridge University Press, Cambridge, 2001.
18) N. Z. Shor. Cut-off method with space extension in convex programming problems. *Cybernetics*, 13:94–96, 1977.
19) N. Z. Shor. *Minimization Methods for Non-differentiable Functions*. Springer-Verlag, Berlin, 1985.
20) L. Vandenberghe and S. Boyd. Semidefinite programming. *SIAM Review*, 38(1):49–95, 1996.
21) Y. M. Wan. *Introduction to the Calculus of Variations and Its Applications*. Chapman & Hall, New York, 1995.
22) D. B. Yudin and A. S. Nemirovsky. Informational complexity and efficient methods for solving complex extremal problems. *Matekon*, 13:25–45, 1977.

D

その他の事項

D.1　指数型分布族

$\mathbf{X} = (X_1, \ldots, X_n)^\top$ を n 次元確率変数ベクトルとし，その確率密度関数を $f(\cdot\,; \boldsymbol{\theta})$ とする．ただし $\boldsymbol{\theta} = (\theta_1, \ldots, \theta_d)^\top$ は d 次元母数ベクトルである．$\mathbf{X}$ が m 次元**指数型分布族** (exponential family) に属すとは，ある $\mathbb{R}^m$ 値関数

$$\mathbf{t}(\mathbf{x}) = (t_1(\mathbf{x}), \ldots, t_m(\mathbf{x}))^\top, \quad \boldsymbol{\eta}(\boldsymbol{\theta}) = (\eta_1(\boldsymbol{\theta}), \ldots, \eta_m(\boldsymbol{\theta}))^\top$$

と $h(\mathbf{x}) > 0$，および基準化関数 $c(\boldsymbol{\theta}) > 0$ によって，確率密度関数が

$$f(\mathbf{x}; \boldsymbol{\theta}) = c(\boldsymbol{\theta}) \, \mathrm{e}^{\boldsymbol{\eta}(\boldsymbol{\theta})^\top \mathbf{t}(\mathbf{x})} h(\mathbf{x}) \tag{D.1}$$

と書けることをいう．ただし $m \leqslant d$ である．一般に，指数型分布族の表現は一意的ではない．しばしば，指数型分布族の母数を $\{\theta_i\}$ の代わりに $\{\eta_i\}$ とすると便利である．このときの確率密度関数は

$$\widetilde{f}(\mathbf{x}; \boldsymbol{\eta}) = \widetilde{c}(\boldsymbol{\eta}) \, \mathrm{e}^{\boldsymbol{\eta}^\top \mathbf{t}(\mathbf{x})} h(\mathbf{x}) \tag{D.2}$$

となり，$\widetilde{c}(\boldsymbol{\eta})$ が基準化定数となる．この形の指数型分布族は**正準形** (canonical form) [2, p.52] あるいは**自然な指数型分布族** (natural exponential family) と呼ばれる．**自然母数ベクトル** (natural parameter vector) $\boldsymbol{\eta}$ の母数空間は，できるだけ大きくとるのが普通であり

$$\int \mathrm{e}^{\boldsymbol{\eta}^\top \mathbf{t}(\mathbf{x})} h(\mathbf{x}) \, \mathrm{d}\mathbf{x} < \infty$$

を満たすすべての $\boldsymbol{\eta}$ の集合を**自然母数空間** (natural parameter space) という．ただし，離散の場合は，上の積分は和に置き換えられる．この母数空間は "凸" であることが示される．つまり，$\boldsymbol{\eta}_1$ と $\boldsymbol{\eta}_2$ が母数空間を E に含まれるなら，任意の $0 \leqslant \alpha \leqslant 1$ に対して $\alpha \boldsymbol{\eta}_1 + (1 - \alpha) \boldsymbol{\eta}_2$ も E に含まれる．

表 D.1 に，よく使われる 1 変量分布に対する $c(\boldsymbol{\theta})$, $\eta_i(\boldsymbol{\theta})$, $t_i(x)$, $h(x)$ を示す．"–" は対応するものがないことを表す．ここでの変数 x はベクトルではなくスカラーなの

D.1 指数型分布族

表 D.1 さまざまな 1 変量指数型分布族.

分布	θ	$t_1(x),\ t_2(x)$	$c(\boldsymbol{\theta})$	$\eta_1(\boldsymbol{\theta}),\ \eta_2(\boldsymbol{\theta})$	$h(x)$
$\mathrm{Beta}(\alpha,\beta)$	(α,β)	$\ln x,\ \ln(1-x)$	$1/B(\alpha,\beta)$	$\alpha,\ \beta-1$	1
$\mathrm{Bin}(n,p)$	p	$x,\ -$	$(1-p)^n$	$\ln\left(\dfrac{p}{1-p}\right),\ -$	$\dbinom{n}{x}$
$\mathrm{Gamma}(\alpha,\lambda)$	(α,λ)	$x,\ \ln x$	$\dfrac{\lambda^\alpha}{\Gamma(\alpha)}$	$-\lambda,\ \alpha-1$	1
$\mathrm{Geom}(p)$	p	$x-1,\ -$	p	$\ln(1-p),\ -$	1
$\mathrm{N}(\mu,\sigma^2)$	(μ,σ^2)	$x,\ x^2$	$\dfrac{e^{-\mu^2/(2\sigma^2)}}{\sigma\sqrt{2\pi}}$	$\dfrac{\mu}{\sigma^2},\ -\dfrac{1}{2\sigma^2}$	1
$\mathrm{NegBin}(r,p)$	p	$x,\ -$	p^r	$\ln(1-p),\ -$	$\dfrac{\Gamma(r+x)}{\Gamma(r)x!}$
$\mathrm{Poi}(\lambda)$	λ	$x,\ -$	$e^{-\lambda}$	$\ln\lambda,\ -$	$\dfrac{1}{x!}$
$\mathrm{Wald}(\mu,\lambda)$	(λ,μ)	$x,\ 1/x$	$e^{\lambda/\mu}\sqrt{\lambda}$	$-\lambda/(2\mu^2),\ -\lambda/2$	$1/\sqrt{2\pi x^3}$
$\mathrm{Weib}(\alpha,\lambda)$	(α,λ)	$\ln x,\ -x^\alpha$	$\alpha\lambda^\alpha$	$\alpha-1,\ \lambda^\alpha$	1

で, $\mathbf{x}$ の代わりに x としている. B はベータ関数を表す. D.9.1 項も参照せよ.

多変量指数型分布族の例を以下に挙げる.

1) **ディリクレ分布** (Dirichlet distribution): 母数 $\boldsymbol{\alpha}=(\alpha_1,\ldots,\alpha_{n+1})^\top$ を持つ n 次元ディリクレ分布 $\mathrm{Dirichlet}(\boldsymbol{\alpha})$ は, $\boldsymbol{\theta}=\boldsymbol{\alpha}$, $\boldsymbol{\eta}(\boldsymbol{\theta})=\boldsymbol{\theta}-\mathbf{1}$, $i=1,\ldots,n$ として, $t_i(\mathbf{x})=\ln x_i$, $t_{n+1}(\mathbf{x})=\ln(1-\sum_{i=1}^n x_i)$, $h(\mathbf{x})=1$,
$$c(\boldsymbol{\theta})=\frac{\Gamma\left(\sum_{i=1}^{n+1}\alpha_i\right)}{\prod_{i=1}^{n+1}\Gamma(\alpha_i)}$$
とおけば, $(n+1)$ 次元指数型分布族となる.

2) **多項分布** (multinomial distribution): 母数ベクトル $\mathbf{p}=(p_1,\ldots,p_k)^\top$ を持つ多項分布 $\mathrm{Mnom}(n,\mathbf{p})$ は, $\boldsymbol{\theta}=(p_1,\ldots,p_{k-1})^\top$, $i=1,\ldots,k-1$ として, $t_i(\mathbf{x})=x_i$, $\eta_i(\boldsymbol{\theta})=\ln(p_i/p_k)$ (ただし $p_k=1-\sum_{i=1}^{k-1}p_i$) とおき, さらに $\mathbf{x}=(x_1,\ldots,x_{k-1})^\top$ として, $c(\boldsymbol{\theta})=p_k^n$, $h(\mathbf{x})=n!/(\prod_{i=1}^k x_i!)$ とおけば, $(k-1)$ 次元指数型分布族となる.

3) **多変量正規分布** (multivariate normal distribution): n 次元正規分布について $\boldsymbol{\theta}=(\boldsymbol{\mu},\Sigma)$ とおく. $m=n(n+3)/2$ 個の関数を $t_{ij}(\mathbf{x})=x_ix_j$, $i\leqslant j$, $t_k(\mathbf{x})=x_k$, $i,j,k=1,\ldots,n$ と定義する. これに対応し, 母数を $\eta_{ij}(\boldsymbol{\theta})=-\Sigma_{ij}^{-1}$, $i<j$, $\eta_{ii}(\boldsymbol{\theta})=-\frac{1}{2}\Sigma_{ii}^{-1}$,
$$\eta_k(\boldsymbol{\theta})=\Sigma_{kk}^{-1}\mu_k+2\sum_{j<k}\Sigma_{jk}^{-1}\mu_j$$
とおく. すると, $h(\mathbf{x})=1$ かつ
$$c(\boldsymbol{\theta})=\frac{\exp\left(-\frac{1}{2}\mathrm{tr}(\Sigma^{-1}\boldsymbol{\mu}\boldsymbol{\mu}^\top)\right)}{\sqrt{(2\pi)^n\det(\Sigma)}}$$

である．ただし，tr(M) は行列 M のトレースであり，det(M) は M の行列式である．

正準型の指数型分布族 (D.2) において，ベクトル $\mathbf{t}(\mathbf{X})$ は $\boldsymbol{\eta}$ に対する"十分統計量" (☞ p.689) であり，標本 $\mathbf{X}$ に含まれる $\boldsymbol{\eta}$ に関するすべての情報を含んでいる．さらに

$$A(\boldsymbol{\eta}) = -\ln \tilde{c}(\boldsymbol{\eta}) = \ln \int e^{\boldsymbol{\eta}^\top \mathbf{t}(\mathbf{x})} h(\mathbf{x})\,\mathrm{d}\mathbf{x} \tag{D.3}$$

と定義すれば，関数 A は $\mathbf{t}(\mathbf{X})$ のモーメントに関して表 D.2 に示すような便利な性質を与える．[2, p.59] なども参照せよ．

表 D.2 指数型分布族のモーメントの性質．E は自然母数空間．

性 質		条 件
期待値ベクトル $\mathbb{E}\mathbf{t}(\mathbf{X})$	$\nabla A(\boldsymbol{\eta})$	$\boldsymbol{\eta} \in E$ の内点
共分散行列 $\mathrm{Cov}(\mathbf{t}(\mathbf{X}))$	$\nabla^2 A(\boldsymbol{\eta})$	$\boldsymbol{\eta} \in E$ の内点
モーメント母関数 $\mathbb{E}\,\mathrm{e}^{\mathbf{s}^\top \mathbf{t}(\mathbf{X})}$	$\mathrm{e}^{A(\boldsymbol{\eta}+\mathbf{s})-A(\boldsymbol{\eta})}$	$\boldsymbol{\eta},\,\boldsymbol{\eta}+\mathbf{s} \in E$ の内点

D.2 分布の特性

本節では，確率変数に関する一般的で有用な特性の定義を与える．主要な参考文献は [9] である．

D.2.1 裾特性

累積分布関数 F を持つ確率変数 X は，そのモーメント母関数がある $t > 0$ において有限，つまり

$$\mathbb{E}\,\mathrm{e}^{tX} \leqslant c < \infty \tag{D.4}$$

のとき，(右の) **裾が軽い** (light-tailed) 分布を持つという．そうでないとき，つまり任意の $t > 0$ について $\mathbb{E}\,\mathrm{e}^{tX} = \infty$ のとき，X は **裾が重い** (heavy-tailed) 分布を持つという．

分布の左裾についても同様に扱えることに注意する．ここでは分布の右裾だけを考える．

任意の x について $\mathbb{E}\,\mathrm{e}^{tX} \geqslant \mathbb{E}\,\mathrm{e}^{tX}\,\mathrm{I}_{\{X>x\}} \geqslant \mathrm{e}^{tx}\,\mathbb{P}(X > x)$ が成り立つので，任意の $t > 0$ と式 (D.4) を満たす任意の c について

$$\mathbb{P}(X > x) \leqslant c\,\mathrm{e}^{-tx}$$

が成り立つ．言い換えれば，X の裾が軽いなら，$\bar{F}(x) = 1 - F(x)$ は指数オーダーかそれよりも速く減衰する．同様に，裾が重い分布を持つことと，任意の $t > 0$ について $\lim_{x \to \infty} \mathrm{e}^{tx}\bar{F}(x) = \infty$ であることは同値である．

D.2 分布の特性

有界の台を持つ任意の分布は裾が軽い分布である．非有界の台を持つ裾が軽い分布の例として以下がある．

$\text{Exp}(\lambda)$	$\text{Geom}(p)$	$\text{Gamma}(\alpha, \lambda)$	$\text{Gumbel}(\mu, \sigma)$
$\text{Laplace}(\mu, \sigma)$	$\text{Logistic}(\mu, \sigma)$	$\text{N}(\mu, \sigma^2)$	$\text{PH}(\boldsymbol{\alpha}, A)$
$\text{Poi}(\lambda)$	$\text{Wald}(\mu, \sigma)$	$\text{Weib}(\alpha, \lambda), \alpha \geqslant 1$	

以下のそれぞれの性質は，分布の裾が重いことの十分条件であり，一般性に関して以下の順序がある．

$$\text{正則変動} \Rightarrow \text{劣指数} \Rightarrow \text{裾が長い} \Rightarrow \text{裾が重い}$$

1) 分布の**裾が長い** (long-tailed) とは，任意の t について

$$\lim_{x \to \infty} \frac{\bar{F}(x+t)}{\bar{F}(x)} = 1$$

が成り立つことをいう．

2) 区間 $(0, \infty)$ の分布が**劣指数** (subexponential) であるとは，$X_1, \ldots, X_n \overset{\text{iid}}{\sim} F$ について

$$\lim_{x \to \infty} \frac{\mathbb{P}(X_1 + \cdots + X_n > x)}{\mathbb{P}(X_1 > x)} = n, \quad \forall n \tag{D.5}$$

が成り立つ，あるいは同値な表現として

$$\lim_{x \to \infty} \frac{\mathbb{P}(X_1 + \cdots + X_n > x)}{\mathbb{P}(\max\{X_1, \ldots, X_n\} > x)} = 1$$

が成り立つことをいう．

3) 分布が**正則変動** (regularly varying) であるとは，ある $\alpha > 0$ と任意の $t > 0$ に対して，$x \to \infty$ のときに $L(tx)/L(x) \to 1$ を満たすある関数 L に対して

$$\bar{F}(x) = \frac{L(x)}{x^\alpha}$$

が成り立つことをいう．
正則変動分布の例には以下がある．

$\text{Cauchy}(\mu, \sigma)$	$\text{F}(m, n)$	$\text{Fréchet}(\alpha, \mu, \sigma)$	$\text{Pareto}(\alpha, \lambda)$
$\text{t}_\nu(\mu, \sigma^2)$			

このクラスの分布の他の性質については [8] を参照せよ．劣指数であるが正則変動でない分布族には，$\text{LogN}(\mu, \sigma^2)$ と $\text{Weib}(\alpha, \lambda), \alpha < 1$ がある．

D.2.2 安定特性

分布 S は，$X_1, X_2 \overset{\text{iid}}{\sim} \text{S}$ の和の分布が，位置母数と尺度母数を調整すれば再び S と

なるとき，つまり，ある $a > 0$ と $b \in \mathbb{R}$ に対して
$$\frac{X_1 + X_2 - b}{a} \sim \mathsf{S}$$
となるとき，**和について安定** (sum-stable) あるいは **(弱) 安定** ((weakly) stable) という．もし $b = 0$ であれば，S は**狭義に安定** (strictly stable) という．すべての連続な安定分布の族を $\mathsf{Stable}(\alpha, \beta, \mu, \sigma)$ と書く．離散な安定分布の例にはポアソン分布 $\mathsf{Poi}(\lambda)$ がある．安定性から以下の性質が次の順序で導かれる．

和について安定 $\Rightarrow$ 無限分解可能

$\Rightarrow n$ 分解可能 (n-divisible) $\Rightarrow n$ 分解可能 (n-decomposable)

1) 確率変数 X が **n 分解可能** (n-decomposable) であるとは，$X \sim \sum_{k=1}^{n} Y_k$ となる n 個の独立な確率変数 $Y_1, \ldots, Y_n$ が存在することをいう．
2) 確率変数 X が **n 分解可能** (n-divisible) であるとは，$X \sim \sum_{k=1}^{n} Y_k$ となる n 個の iid 確率変数 $Y_1, \ldots, Y_n$ が存在することをいう．
3) すべての n について X が n 分解可能 (n-divisible) であれば，X は**無限分解可能** (infinitely divisible) という．

以下は，無限分解可能な分布の例である．

$\mathsf{Cauchy}(\mu, \sigma)$	$\mathsf{Exp}(\lambda)$	$\mathsf{F}(m, n)$	$\mathsf{Gamma}(\alpha, \lambda)$
$\mathsf{Geom}(p)$	$\mathsf{Gumbel}(\mu, \sigma)$	$\mathsf{Laplace}(\mu, \sigma)$	$\mathsf{Logistic}(\mu, \sigma)$
$\mathsf{LogN}(\mu, \sigma^2)$	$\mathsf{NegBin}(r, p)$	$\mathsf{N}(\mu, \sigma^2)$	$\mathsf{Pareto}(\alpha, \lambda)$
$\mathsf{Poi}(\lambda)$	$\mathsf{Stable}(\alpha, \beta, \mu, \sigma)$	$\mathsf{t}_\nu(\mu, \sigma^2)$	$\mathsf{Wald}(\mu, \lambda)$
$\mathsf{Weib}(\alpha, \lambda)$, $\alpha \leqslant 1$			

定理 D.1 (Lévy–Khinchin) 確率変数 X が $\mathbb{R}$ 上で無限分解可能な分布を持つための必要十分条件は，X の特性関数 $\mathbb{E} e^{isX}$, $s \in \mathbb{R}$ が，ある $\sigma \geqslant 0$, $\gamma \in \mathbb{R}$ と $\int \min\{1, x^2\} \nu(\mathrm{d}x) < \infty$ を満たす $\mathbb{R}$ 上の測度 $\nu(\mathrm{d}x)$ を用いて，$e^{\psi(s)}$ と表されることである．ここで

$$\psi(s) = -\frac{\sigma^2 s^2}{2} + i\gamma s + \int \left(e^{isx} - 1 - isx\, \mathrm{I}_{\{|x| \leqslant 1\}}\right) \nu(\mathrm{d}x), \quad s \in \mathbb{R}$$

である．

分布 S は，$X_1, X_2 \overset{\text{iid}}{\sim} \mathsf{S}$ の最大値の分布が，位置母数と尺度母数を調整すれば再び S となるとき，つまり，ある $a > 0$ と $b \in \mathbb{R}$ に対して

$$\frac{\max\{X_1, X_2\} - b}{a} \sim \mathsf{S}$$

となるとき，**最大値安定** (max-stable) という．もし $b = 0$ であれば，S は**狭義に最大値安定** (strictly max-stable) という．最大値安定な確率変数の累積分布関数 G は，

安定性条件 (stability postulate) を満たす．つまり，任意の $t > 0$ に対して，ある $a_t > 0$ と $b_t \in \mathbb{R}$ が存在して

$$G(x) = [G(a_t x + b_t)]^t$$

と書ける [11, p.276]．

累積分布関数 F を持つ確率変数 X が，累積分布関数 G を持つ最大値安定分布の**吸収域** (domain of attraction) に属する（あるいは吸収される）とは，ある $a_n > 0$ と $b_n \in \mathbb{R}$ が存在して

$$\lim_{n \to \infty} [F(a_n x + b_n)]^n = G(x)$$

と書けることをいう．ここで，極限の累積分布関数は，$n \in \mathbb{N}$ について $M_n = \max\{X_1, \ldots, X_n\}$ とおけば，変数 $(M_n - b_n)/a_n$ の累積分布関数となっている．

連続な最大値安定な分布族は，以下の3つしかない．

1) Gumbel(μ, σ)：ガンベル分布族に吸収される分布の例には以下がある．

   > Exp(λ)　Gamma(α, λ)　Gumbel(μ, σ)　Logistic(μ, σ)　N(μ, σ^2)

2) Fréchet(α, μ, σ)：指数 α の任意の正則変動分布は，同じ指数 α のフレッシェ分布族に吸収される．

3) $-$Weib(α, μ, σ) (**逆ワイブル** (reversed Weibull) 分布)：逆ワイブル分布族に吸収される分布には，例えば U$[a, b]$ と Beta(α, β) がある．

すべての分布がこれら3つのいずれかの分布族に吸収されるわけではない．例えば，Poi(λ) はこれらのいずれにも吸収されない．

分布 S は，ある $a > 0$ と $b \in \mathbb{R}$ に対して

$$\frac{\min\{X_1, X_2\} - b}{a} \sim \mathsf{S}, \quad X_1, X_2 \overset{\text{iid}}{\sim} \mathsf{S}$$

と書けるとき，**最小値安定** (min-stable) という．もし $b = 0$ であれば，S は**狭義に最小値安定** (strictly min-stable) という．

やはり，連続な最小値安定な分布族は3つしかなく，これは，最大値安定な X に対して $(-X)$ の分布である [7]．

D.3　コレスキー分解

任意の $n \times n$ 共分散行列 $\Sigma = (\sigma_{ij})$ は，$\Sigma = CC^\top$ と分解される．ここで，$C = (c_{ij})$ は $n \times n$ の下三角行列で

$$c_{ij} = \frac{\sigma_{ij} - \sum_{k=1}^{j-1} c_{ik} c_{jk}}{\left(\sigma_{jj} - \sum_{k=1}^{j-1} c_{jk}^2\right)^{1/2}}, \quad \sum_{k=1}^{0} c_{ik} c_{jk} \overset{\text{def}}{=} 0, \quad 1 \leqslant j \leqslant i \leqslant n \tag{D.6}$$

により再帰的に定義される．

D.4 離散フーリエ変換, 高速フーリエ変換, 巡回行列

複素数ベクトル $\mathbf{x} = (x_0, \ldots, x_{N-1})^\top$ の**離散フーリエ変換** (discrete Fourier transform) とは

$$\widetilde{x}_t = \sum_{s=0}^{N-1} e^{-\frac{2\pi i}{N} st} x_s = \sum_{s=0}^{N-1} \omega^{st} x_s, \quad t = 0, \ldots, N-1 \tag{D.7}$$

で定義されるベクトル $\widetilde{\mathbf{x}} = (\widetilde{x}_0, \ldots, \widetilde{x}_{N-1})^\top$ をいう. ただし, $\omega = \exp(-2\pi i/N)$ である. 言い換えれば, $\widetilde{\mathbf{x}}$ は $\mathbf{x}$ から線形変換

$$\widetilde{\mathbf{x}} = F\mathbf{x}$$

$$F = \begin{pmatrix} 1 & 1 & 1 & \cdots & 1 \\ 1 & \omega & \omega^2 & \cdots & \omega^{N-1} \\ 1 & \omega^2 & \omega^4 & \cdots & \omega^{2(N-1)} \\ \vdots & \vdots & \vdots & \ddots & \vdots \\ 1 & \omega^{N-1} & \omega^{2(N-1)} & \cdots & \omega^{(N-1)^2} \end{pmatrix}$$

により得られる. ここで, $F/\sqrt{N}$ はユニタリー行列であるので, $F/\sqrt{N}$ の逆行列は, その複素共役 $\overline{F}/\sqrt{N}$ にほかならない. したがって, $F^{-1} = \overline{F}/N$ であり,

$$x_t = \frac{1}{N} \sum_{s=0}^{N-1} \omega^{-st} \widetilde{x}_s, \quad t = 0, \ldots, N-1 \tag{D.8}$$

が成り立つ. **高速フーリエ変換** (fast Fourier transform; FFT) とは, 式 (D.7) および式 (D.8) を高速に評価するための数値計算アルゴリズムである. 分割統治法を使えば, アルゴリズムの計算複雑度を, (線形変換のナイーブな評価である) $O(N^2)$ から $O(N \ln N)$ に減らすことができる [10].

高速フーリエ変換が有用である例の 1 つに, 巡回行列に関する計算がある. $\mathbf{c} = (c_0, c_1, \ldots, c_{N-1})^\top$ を複素数値ベクトルとする. $\mathbf{c}$ に対応する**巡回行列** (circulant matrix) とは, 成分が $c_{ij} = c_{(i-j) \bmod N}$ である行列 $C = (c_{ij}, i, j \in \{0, \ldots, N-1\})$ である. つまり

$$C = \begin{pmatrix} c_0 & c_{N-1} & \cdots & c_2 & c_1 \\ c_1 & c_0 & c_{N-1} & & c_2 \\ \vdots & c_1 & c_0 & \ddots & \vdots \\ c_{N-2} & & \ddots & \ddots & c_{N-1} \\ c_{N-1} & c_{N-2} & \cdots & c_1 & c_0 \end{pmatrix} \tag{D.9}$$

であり，C の各列はベクトル $\mathbf{c} = (c_0, c_1, \ldots, c_{N-1})^\top$ の添数を巡回して得られる．

$t = 0, 1, \ldots, N-1$ について，$\mathbf{f}_t$ を離散フーリエ行列 F の第 t 列とする．離散フーリエ変換と巡回行列 C の基本的な関係は，C の固有値が対応する固有ベクトル $\mathbf{f}_t$ を用いて

$$\lambda_t = \mathbf{c}^\top \overline{\mathbf{f}}_t, \quad t = 0, 1, \ldots, N-1$$

と書けることである．つまり，$C\mathbf{f}_t$ の第 s 成分は

$$\sum_{k=0}^{N-1} c_{(s-k) \bmod N}\, \omega^{tk} = \sum_{y=0}^{N-1} c_y\, \omega^{t(s-y)} = \underbrace{\omega^{ts}}_{\mathbf{f}_t\text{ の第 }s\text{ 成分}} \underbrace{\sum_{y=0}^{N-1} c_y\, \omega^{-ty}}_{\lambda_t}$$

となる．したがって，$\boldsymbol{\lambda} = (\lambda_0, \ldots, \lambda_{N-1})^\top = \overline{F}\mathbf{c}$ を固有値を並べたベクトルとし，$D = F\sqrt{\operatorname{diag}(\boldsymbol{\lambda}/N)}$ とおけば，$D\overline{D}^\top = F\operatorname{diag}(\boldsymbol{\lambda})\overline{F}/N = C$ が成り立つ．つまり，D が C の複素平方根行列である．

さらに，平均がゼロ，共分散行列が C の多変量正規分布に従うベクトルの実現値を，以下の方法で得ることができる．実数値行列 D_1, D_2 を用いて $D = D_1 + \mathrm{i}D_2$ と書けば，定義より $C = D\overline{D}^\top = (D_1 + \mathrm{i}D_2)(D_1^\top - \mathrm{i}D_2^\top) = (D_1 D_1^\top + D_2 D_2^\top) + \mathrm{i}(D_2 D_1^\top - D_1 D_2^\top)$ が成り立つ．特に，$D_1 D_1^\top + D_2 D_2^\top = C$ である．$\mathbf{Z}_1$ と $\mathbf{Z}_2$ を n 次元標準正規分布に従う独立なベクトルとし，$\mathbf{Z} = \mathbf{Z}_1 + \mathrm{i}\mathbf{Z}_2$ とおく．さらに

$$\mathbf{X}_1 = \Re(D\mathbf{Z}) = D_1 \mathbf{Z}_1 - D_2 \mathbf{Z}_2$$
$$\mathbf{X}_2 = \Im(D\mathbf{Z}) = D_2 \mathbf{Z}_1 + D_1 \mathbf{Z}_2$$

とおき，$\mathbf{X} = D\mathbf{Z} = \mathbf{X}_1 + \mathrm{i}\mathbf{X}_2$ とおく．このとき，$\mathbf{X}_1$ と $\mathbf{X}_2$ は平均がゼロ，共分散行列が C の多変量正規分布に従う独立なベクトルである．高速フーリエ変換により，$\boldsymbol{\lambda} = \overline{F}\mathbf{c}$ と $\mathbf{X} = F\sqrt{\operatorname{diag}(\boldsymbol{\lambda}/N)}\,\mathbf{Z}$ が $\mathcal{O}(N \ln N)$ の計算量で得られる．

D.5 離散余弦変換

離散余弦変換により，相関の高いデータを効率良く圧縮することができる．この性質のため，離散余弦変換は信号処理において重要である [10, pp.151–153]．

$x_0, \ldots, x_{N-1}$ を実数値の列とする．1 次元**離散余弦変換** (discrete cosine transform) は，数列

$$y_k = \alpha_k \sum_{n=0}^{N-1} x_n \cos\left(\frac{\pi(2n+1)k}{2N}\right), \quad 0 \leqslant k \leqslant N-1$$

として定義される．ただし，$\alpha_0 = 1$ かつ $\alpha_k = 2, k \geqslant 1$ である．**逆離散余弦変換** (inverse discrete cosine transform) は

$$x_n = \frac{1}{N} \sum_{k=0}^{N-1} y_k \cos\left(\frac{\pi(2n+1)k}{2N}\right), \quad 0 \leqslant n \leqslant N-1$$

と表すことができ，これにより，もとの数列が復元される．離散余弦変換は，離散フーリエ変換の実数部分ではない．にもかかわらず，高速フーリエ変換により，離散余弦変換が $O(N \ln N)$ の演算で以下のように得られる．簡単のため，N は偶数であると仮定する．ある整数 m について $N = 2^m$ とすることで，効率は最も良くなる．

アルゴリズム D.1（高速余弦変換）

数列 $x_0, \ldots, x_{N-1}$ の離散余弦変換の計算は，以下のステップで実行される．

1. 順番を並べ替えた数列

$$(x_0, x_2, x_4, \ldots, x_{N-6}, x_{N-4}, x_{N-2}, x_{N-1}, x_{N-3}, x_{N-5}, \ldots, x_5, x_3, x_1)$$

を $\widetilde{x}_0, \ldots, \widetilde{x}_{N-1}$ と定義する．つまり，$0 \leqslant n \leqslant \frac{N}{2} - 1$ について

$$\widetilde{x}_n = x_{2n}$$

$$\widetilde{x}_{N-n-1} = x_{2n+1}$$

と表す．

2. 高速フーリエ変換により，数列 $\widetilde{x}_0, \ldots, \widetilde{x}_{N-1}$ の離散フーリエ変換

$$z_k = \sum_{n=0}^{N-1} \widetilde{x}_n \omega^{kn}, \quad 0 \leqslant k \leqslant N-1$$

を計算する．$\omega = \exp(-2\pi i/N)$ に注意する．

3. 数列 $\{\alpha_k z_k e^{-i\pi k/(2N)}\}$ の実数部分

$$y_k = \Re\left[\alpha_k z_k e^{-i\pi k/(2N)}\right], \quad 0 \leqslant k \leqslant N-1$$

が，$x_0, \ldots, x_{N-1}$ の離散余弦変換の出力となる．

上の離散余弦変換のアルゴリズムは，p.338 に示した関数 dct1d.m に実装されている．逆離散余弦変換は以下のアルゴリズムで計算される．

アルゴリズム D.2（高速逆余弦変換）

数列 $y_0, \ldots, y_{N-1}$ の逆離散余弦変換の計算は，以下のステップで実行される．

1. 逆高速フーリエ変換により，数列 $\{y_k e^{i\pi k/(2N)}\}$ の逆離散フーリエ変換

$$z_n = \frac{1}{N} \sum_{k=0}^{N-1} \left[y_k e^{i\pi k/(2N)}\right] \omega^{-kn}, \quad 0 \leqslant n \leqslant N-1$$

を計算する．

2. $z_0, \ldots, z_{N-1}$ の実数部分の順番を並べ替えた数列 $x_1, \ldots, x_{N-1}$ が，$y_1, \ldots, y_{N-1}$ の逆離散余弦変換の出力となる．ただし，$0 \leqslant n \leqslant \frac{N}{2} - 1$ について

$$x_{2n} = \Re[z_n]$$

$$x_{2n+1} = \Re[z_{2(N-n-1)}]$$

と定める．

上の逆離散余弦変換のアルゴリズムは，p.338 に示した関数 idct1d.m に実装されている．

D.6 微　　　分

$\mathscr{A}$ と $\mathscr{B}$ を実数の集合とする．関数 $f: \mathscr{A} \to \mathscr{B}$ の a における**微分係数** (derivative) は，極限
$$f'(a) = \frac{\mathrm{d}}{\mathrm{d}x} f(a) = \lim_{x \to a} \frac{f(x) - f(a)}{x - a}$$
として定義される．ただし，x が a に近づく方向によらず，極限は存在するとする．$\mathscr{A}$ の任意の x において f の微分係数が存在するとき，f は $\mathscr{A}$ 上で**微分可能** (differentiable) であるといい，f' を**導関数** (derivative function) という．導関数 f' の導関数を **2 次の導関数** (second-order derivative) といい，f'' または $f^{(2)}$ と書く．高次の導関数 $f^{(3)}, f^{(4)}, \ldots$ も同様に定義される．導関数が連続関数である関数は，**連続微分可能** (continuously differentiable) と呼ばれる．連続微分可能な関数の集合を $\mathcal{C}^1$ と表す．同様に，k 次の導関数が連続であるような関数の集合を $\mathcal{C}^k$ と表す．以下は基本的な微分の法則である．

1) **和法則** (sum rule)：$(f + g)' = f' + g'$
2) **積法則** (product rule)：$(fg)' = f'g + fg'$
3) **商法則** (quotient rule)：$\left(\frac{f}{g}\right)' = \frac{f'g - fg'}{g^2}$, $g \neq 0$
4) **連鎖法則** (chain rule)：$(g(f(x)))' = g'(f(x))\, f'(x)$
5) **単項法則** (monomial rule)：$\frac{\mathrm{d}}{\mathrm{d}x} x^n = n\, x^{n-1}$

微積分学における最も有用な概念の 1 つは，関数のテイラー展開である．これは，大まかに言えば，微分可能な関数は局所的には多項式関数で表されることを示している．

定理 D.2（テイラー展開） f は開区間 $\mathscr{I} = (a - r, a + r)$ で連続な $(n + 1)$ 次導関数を持つとし，$a \in \mathscr{I}$ とする．このとき，任意の $x \in \mathscr{I}$ について

$$f(x) = \sum_{k=0}^{n} \frac{f^{(k)}(a)\,(x - a)^k}{k!} + \mathcal{O}((x - a)^{n+1}) \tag{D.10}$$

が成り立つ．式 (D.10) の右辺の剰余項を無視したものが，関数 f の a の周りの n 次の**テイラー近似** (Taylor approximation) である．

多変数関数の微分も 1 変数の場合と同様に定義される．多変数関数 $f(x_1, \ldots, x_n)$ について，x_i に関する**偏導関数** (partial derivative) とは，他のすべての変数を定数と固定したときの x_i に関する導関数であり，$\frac{\partial f}{\partial x_i}$ あるいは単に $\partial_i f$ と書く．偏導関数の偏導関数も同様に表記される．例えば，$\partial_i f$ の x_j に関する偏導関数は $\frac{\partial^2 f}{\partial x_j\, \partial x_i}$，あるいは単に $\partial_{ij} f$ と書く．

同様にして，多変数ベクトル値関数の導関数が定義される．$\mathbf{f}$ を

$$\begin{pmatrix} x_1 \\ x_2 \\ \vdots \\ x_n \end{pmatrix} \mapsto \begin{pmatrix} f_1(\mathbf{x}) \\ f_2(\mathbf{x}) \\ \vdots \\ f_m(\mathbf{x}) \end{pmatrix}$$

で定義される $\mathbb{R}^n \to \mathbb{R}^m$ の関数とする．$\mathbf{f}$ の $\mathbf{x}$ における**微分係数** (derivative) は，偏微分係数の行列として

$$J_{\mathbf{f}}(\mathbf{x}) = \begin{pmatrix} \partial_1 f_1(\mathbf{x}) & \cdots & \partial_n f_1(\mathbf{x}) \\ \vdots & \cdots & \vdots \\ \partial_1 f_m(\mathbf{x}) & \cdots & \partial_n f_m(\mathbf{x}) \end{pmatrix} \tag{D.11}$$

と定義される．これを，$\mathbf{f}$ の $\mathbf{x}$ における**ヤコビ行列** (Jacobi matrix) と呼び，$J_{\mathbf{f}}(\mathbf{x})$ あるいは $\frac{\partial \mathbf{f}}{\partial \mathbf{x}}(\mathbf{x})$ と書く．

実数値多変数関数 $f : \mathbb{R}^n \to \mathbb{R}$ に対して，ヤコビ行列の転置，つまり "列" ベクトル

$$\nabla f(\mathbf{x}) = \begin{pmatrix} \partial_1 f(\mathbf{x}) \\ \vdots \\ \partial_n f(\mathbf{x}) \end{pmatrix} \tag{D.12}$$

を，f の**勾配** (gradient) と呼ぶ．

関数 $\mathbf{x} \mapsto \nabla f(\mathbf{x})$ の微分係数を，f の**ヘッセ行列** (Hessian matrix) と呼び，$H_f(\mathbf{x})$ あるいは $\nabla^2 f(\mathbf{x})$ と書く．言い換えれば，ヘッセ行列とは 2 次の微分係数の行列

$$\nabla^2 f(\mathbf{x}) = \begin{pmatrix} \partial_{11} f(\mathbf{x}) & \cdots & \partial_{1n} f(\mathbf{x}) \\ \vdots & \cdots & \vdots \\ \partial_{n1} f(\mathbf{x}) & \cdots & \partial_{nn} f(\mathbf{x}) \end{pmatrix} \tag{D.13}$$

である．偏微分係数が $\mathbf{x}$ の周りの領域で "連続" であれば，$\partial_{ij} f(\mathbf{x}) = \partial_{ji} f(\mathbf{x})$ が成り立つから，ヘッセ行列 $H_f(\mathbf{x})$ は "対称" である．

多次元の場合の連鎖法則は次のとおりである．$\mathbf{f} : \mathbb{R}^n \to \mathbb{R}^m$, $\mathbf{g} : \mathbb{R}^m \to \mathbb{R}^k$ とするとき，**合成** (composition) $\mathbf{g} \circ \mathbf{f}$, つまり $\mathbf{x}$ から $\mathbf{g}(\mathbf{f}(\mathbf{x}))$ への写像のヤコビ行列は，$\mathbf{g}$ と $\mathbf{f}$ のヤコビ行列の行列積として

$$J_{\mathbf{g} \circ \mathbf{f}}(\mathbf{x}) = J_{\mathbf{g}}(\mathbf{f}(\mathbf{x})) \, J_{\mathbf{f}}(\mathbf{x})$$

と与えられる．

勾配とヘッセ行列から多次元のテイラー展開が与えられる．

定理 D.3（多次元テイラー展開） $\mathscr{X}$ を $\mathbb{R}^n$ の開部分集合とし，$\mathbf{a} \in \mathscr{X}$ とおく．$f : \mathscr{X} \to \mathbb{R}$ を $\mathcal{C}^2$ の関数とし，その勾配を $\nabla f(\mathbf{x})$, ヘッセ行列を $H_f(\mathbf{x})$ とすれば，

任意の $\mathbf{x} \in \mathscr{X}$ に対して

$$f(\mathbf{x}) = f(\mathbf{a}) + [\nabla f(\mathbf{a})]^\top (\mathbf{x} - \mathbf{a}) + \mathcal{O}(\|\mathbf{x} - \mathbf{a}\|^2)$$

および

$$f(\mathbf{x}) = f(\mathbf{a}) + [\nabla f(\mathbf{a})]^\top (\mathbf{x} - \mathbf{a}) + \frac{1}{2}(\mathbf{x} - \mathbf{a})^\top H_f(\mathbf{a})(\mathbf{x} - \mathbf{a}) + \mathcal{O}(\|\mathbf{x} - \mathbf{a}\|^3)$$

が成り立つ.

剰余項 $\mathcal{O}$ を無視すれば,対応するテイラー近似が得られる.

D.7 期待値最大化アルゴリズム

期待値最大化 (expectation-maximization; EM) アルゴリズムは,多峰型の尤度関数の最大化のための,あるいは複雑な事後密度のモードを求めるための,一般的なアルゴリズムである.EM アルゴリズムの理論的側面と実践的側面に関しては,McLachlan and Krishnan [13] を参照せよ.そこでは,Dempster et al. [6] 前後のアルゴリズムの歴史的な起源についても説明されている.

与えられたデータ $\mathbf{x} = (x_1, \ldots, x_N)$ に対して,ベイズ統計における事後分布 (☞ p.707) は

$$f(\boldsymbol{\theta} \mid \mathbf{x}) = \frac{f(\mathbf{x} \mid \boldsymbol{\theta}) f(\boldsymbol{\theta})}{\int f(\mathbf{x} \mid \boldsymbol{\theta}) f(\boldsymbol{\theta}) \, d\boldsymbol{\theta}}$$

で与えられる.ここで,$f(\boldsymbol{\theta})$ はモデルの母数に関する与えられた事前分布であり,$f(\mathbf{x} \mid \boldsymbol{\theta})$ は尤度である.

事後密度のモード $\boldsymbol{\theta}^* = \mathrm{argmax}_{\boldsymbol{\theta}} f(\boldsymbol{\theta} \mid \mathbf{x})$ を計算したいとしよう.簡単のため,$f(\boldsymbol{\theta}) \propto 1$ を仮定し,一般的な場合はあとで考える.この仮定のもとでは,事後密度のモードの計算は,尤度関数の最大化

$$\boldsymbol{\theta}^* = \underset{\boldsymbol{\theta}}{\mathrm{argmax}}\, f(\mathbf{x} \mid \boldsymbol{\theta}) \tag{D.14}$$

と同値になる.

EM アルゴリズムでは,データ $\mathbf{x}$ に適当な "潜在変数" のベクトル $\mathbf{z}$ を追加して

$$f(\mathbf{x} \mid \boldsymbol{\theta}) = \int f(\mathbf{x}, \mathbf{z} \mid \boldsymbol{\theta}) \, d\mathbf{z}$$

と表すのが鍵である.関数 $f(\mathbf{x}, \mathbf{z} \mid \boldsymbol{\theta})$ は通常,**完全データ尤度** (complete-data likelihood) 関数と呼ばれる.潜在変数は,完全データ尤度の最大化 $\mathrm{argmax}_{\boldsymbol{\theta}} f(\mathbf{x}, \mathbf{z} \mid \boldsymbol{\theta})$ が式 (D.14) よりも簡単になるように選ばれる.

潜在変数の密度を $g(\mathbf{z})$ とすれば,

$$\ln f(\mathbf{x} \mid \boldsymbol{\theta}) = \int g(\mathbf{z}) \ln f(\mathbf{x} \mid \boldsymbol{\theta}) \, d\mathbf{z}$$

$$= \int g(\mathbf{z}) \ln\left(\frac{f(\mathbf{x},\mathbf{z}\,|\,\boldsymbol{\theta})/g(\mathbf{z})}{f(\mathbf{z}\,|\,\mathbf{x},\boldsymbol{\theta})/g(\mathbf{z})}\right) d\mathbf{z}$$

$$= \int g(\mathbf{z}) \ln\left(\frac{f(\mathbf{x},\mathbf{z}\,|\,\boldsymbol{\theta})}{g(\mathbf{z})}\right) d\mathbf{z} - \int g(\mathbf{z}) \ln\left(\frac{f(\mathbf{z}\,|\,\mathbf{x},\boldsymbol{\theta})}{g(\mathbf{z})}\right) d\mathbf{z}$$

$$= \int g(\mathbf{z}) \ln\left(\frac{f(\mathbf{x},\mathbf{z}\,|\,\boldsymbol{\theta})}{g(\mathbf{z})}\right) d\mathbf{z} + \mathcal{D}(g, f(\cdot\,|\,\mathbf{x},\boldsymbol{\theta})) \qquad (\mathrm{D.15})$$

を得る．ここで，$\mathcal{D}(g, f(\cdot\,|\,\mathbf{x},\boldsymbol{\theta}))$ は，密度 g から $f(\cdot\,|\,\mathbf{x},\boldsymbol{\theta})$ への Kullback–Leibler 距離（☞ p.380）である．ここで，$\mathcal{D} \geqslant 0$ であり，等号は $g(\mathbf{z}) = f(\mathbf{z}\,|\,\mathbf{x},\boldsymbol{\theta})$ のときにのみ成り立つので，任意の $\boldsymbol{\theta}$ と任意の密度 g について

$$\ln f(\mathbf{x}\,|\,\boldsymbol{\theta}) \geqslant \mathcal{L}(g, \boldsymbol{\theta}) \stackrel{\mathrm{def}}{=} \int g(\mathbf{z}) \ln\left(\frac{f(\mathbf{x},\mathbf{z}\,|\,\boldsymbol{\theta})}{g(\mathbf{z})}\right) d\mathbf{z}$$

である．言い換えれば，$\mathcal{L}(g, \boldsymbol{\theta})$ は，完全データ尤度を取り込んだ尤度の下界である．EM アルゴリズムは，この下界の最大化を目指すものであり，以下のように表される．

アルゴリズム D.3（EM アルゴリズム）

最大値を与える値の初期推定値を $\boldsymbol{\theta}_0$ とする．EM アルゴリズムは，$t = 1, 2, \ldots$ について，以下のステップを繰り返す．

1. **期待値ステップ**（E ステップ）：現在の推定値 $\boldsymbol{\theta}_{t-1}$ のもとで，$\mathcal{L}(g, \boldsymbol{\theta}_{t-1})$ を g の関数として最大化する．つまり，g を，関数最適化のプログラムにより $\max_g \mathcal{L}(g, \boldsymbol{\theta}_{t-1})$ から決定する．関係式 (D.15) から，この最適化の厳密解は

$$g_t(\mathbf{z}) \stackrel{\mathrm{def}}{=} f(\mathbf{z}\,|\,\mathbf{x}, \boldsymbol{\theta}_{t-1})$$

となる．この g_t に関する期待値

$$Q_t(\boldsymbol{\theta}) \stackrel{\mathrm{def}}{=} \mathbb{E}_{g_t} \ln f(\mathbf{x}, \mathbf{Z}\,|\,\boldsymbol{\theta}) \qquad (\mathrm{D.16})$$

を計算する．

2. **最大化ステップ**（M ステップ）：現在の g_t に対し，$\mathcal{L}(g_t, \boldsymbol{\theta})$ を $\boldsymbol{\theta}$ の関数として最大化する．ここで，$\mathcal{L}(g_t, \boldsymbol{\theta}) = Q_t(\boldsymbol{\theta}) - \mathbb{E}_{g_t} \ln g_t(\mathbf{Z})$ であるので，$\mathcal{L}(g_t, \boldsymbol{\theta})$ の $\boldsymbol{\theta}$ に関する最大化は，

$$\boldsymbol{\theta}_t = \underset{\boldsymbol{\theta}}{\mathrm{argmax}}\, Q_t(\boldsymbol{\theta})$$

と同値であることに注意する．

3. **停止条件**：例えば，ある小さな許容誤差 ε に対して

$$\left|\frac{\ln f(\mathbf{x}\,|\,\boldsymbol{\theta}_t) - \ln f(\mathbf{x}\,|\,\boldsymbol{\theta}_{t-1})}{\ln f(\mathbf{x}\,|\,\boldsymbol{\theta}_t)}\right| \leqslant \varepsilon$$

が成り立ったら，アルゴリズムを停止する．

Mステップは，完全データ尤度の対数 $Q_t(\boldsymbol{\theta})$ の期待値の最大化である点に注意する．$f(\mathbf{x}, \mathbf{z} \mid \boldsymbol{\theta})$ が指数型分布族に属すなら，この最大化は通常，単純な最適化問題であり，一意的な解を持つ．

関係式 (D.15) により，アルゴリズムの各繰り返しにおいて，尤度が非減少であることがわかる．この性質は，EM アルゴリズムの強みの1つである．例えば，EM アルゴリズムをコンピュータに実装する際のデバッグでは，いずれかの繰り返しで尤度の値が減少していたら，プログラムにバグがあることがわかる．

ある連続性の条件 [4], [18] のもとで，$\{\boldsymbol{\theta}_t\}$ は局所的な最大値に収束することが保証される．アルゴリズムの大域的な最大値への収束は，初期値に強く依存し，多くの場合，適切な初期値の選択は自明ではない．通常は，プログラムを実行する際，初期値をランダムにいくつか選んで実行し，大域的な最適値が得られているかどうかを実験的に確認する．

EM アルゴリズムは，ギブスサンプラー（☞ p.241) [5], [15], [16] と密接な関係がある．いずれのアルゴリズムも，条件付けと，人工的に作成した隠れ変数あるいは潜在変数の考え方 [17] を利用している．また，ギブスサンプラーは，与えられた複雑な事後密度からのサンプリングによく使われるのに対し，EM アルゴリズムは，事後密度のモードの探索に使われる．この意味で，EM アルゴリズムとギブスサンプラーは，互いに補い合っている．

事前分布が 1 に比例しない場合の EM アルゴリズムの修正は容易である．これは，$\mathcal{L}(g, \boldsymbol{\theta}) = \int g(\mathbf{z}) \ln(f(\mathbf{x}, \mathbf{z} \mid \boldsymbol{\theta})/g(\mathbf{z})) \, \mathrm{d}\mathbf{z} + \ln f(\boldsymbol{\theta})$ および $Q_t(\boldsymbol{\theta}) = \mathbb{E}_{g_t} \ln f(\mathbf{x}, \mathbf{Z} \mid \boldsymbol{\theta}) + \ln f(\boldsymbol{\theta})$ となる．Eステップは $\boldsymbol{\theta}$ を含まないため修正は必要なく，Mステップは $\ln f(\boldsymbol{\theta})$ の項が加わる点のみが異なる．

次の例に示すように，EM アルゴリズムは混合モデルの当てはめに特に適している．

■ 例 D.1（正規混合モデルの当てはめ）

データ $x_1, \ldots, x_N$ が与えられており，x_i はそれぞれ正規混合モデル

$$f(x \mid \boldsymbol{\theta}) = \sum_{r=1}^{c} \frac{w_r}{\sigma_r} \varphi\left(\frac{x - \mu_r}{\sigma_r}\right)$$

からの独立な実現値とする．ここで，φ は $\mathsf{N}(0,1)$ の確率密度関数であり，$\boldsymbol{\theta} = (\boldsymbol{\mu}, \boldsymbol{\sigma}, \mathbf{w})$ は $\boldsymbol{\mu} = (\mu_1, \ldots, \mu_c)$, $\boldsymbol{\sigma} = (\sigma_1, \ldots, \sigma_c)$, $\mathbf{w} = (w_1, \ldots, w_c)$ である．したがって，尤度は

$$f(\mathbf{x} \mid \boldsymbol{\theta}) = \prod_{i=1}^{N} \sum_{r=1}^{c} \frac{w_r}{\sigma_r} \varphi\left(\frac{x_i - \mu_r}{\sigma_r}\right)$$

である．例えば [3] で述べられているように，尤度の直接的な最大化は極めてコストが高い．尤度を簡略化するために，完全データ尤度が

$$f(\mathbf{x}, \mathbf{z} \mid \boldsymbol{\theta}) = \prod_{i=1}^{N} \frac{w_{z_i}}{\sigma_{z_i}} \varphi\left(\frac{x_i - \mu_{z_i}}{\sigma_{z_i}}\right)$$

と表されるように離散の潜在変数 $\mathbf{z} = (z_1, \ldots, z_N) \in \{1, 2, \ldots, c\}^N$ を導入する．変数 z_i は，x_i が混合モデルのいずれの成分から得られたかを表す指示変数と解釈できる．データを与えたときの $\mathbf{z}$ の密度は $g(\mathbf{z}) = f(\mathbf{z} \mid \mathbf{x}, \boldsymbol{\theta}) = \prod_{i=1}^{N} g_i(z_i)$ となる．ただし，$i = 1, \ldots, N$，$r = 1, \ldots, c$ に対して

$$g_i(r) \stackrel{\text{def}}{=} \frac{w_r}{\sigma_r} \varphi\left(\frac{x_i - \mu_r}{\sigma_r}\right) \bigg/ \sum_{k=1}^{c} \frac{w_k}{\sigma_k} \varphi\left(\frac{x_i - \mu_k}{\sigma_k}\right) \tag{D.17}$$

である．これより，E ステップにおける完全データ尤度の期待値は

$$\mathbb{E}_g \ln f(\mathbf{x}, \mathbf{Z} \mid \boldsymbol{\theta}) = \sum_{i=1}^{N} \sum_{r=1}^{c} g_i(r) \left(\ln w_r - \ln \sigma_r - \frac{(x_i - \mu_r)^2}{2\sigma_r^2}\right) + 定数$$

となる．したがって，M ステップは，$\sum_r w_r = 1$ かつ任意の i について $w_i \geqslant 0$ なる制約のもとでの $\mathbf{w}$，平均 $\boldsymbol{\mu}$，分散 $\boldsymbol{\sigma}$ に関する $\mathbb{E}_g \ln f(\mathbf{x}, \mathbf{Z} \mid \boldsymbol{\theta})$ の最大化から，$r = 1, \ldots, c$ について

$$\begin{aligned} w_r &= \frac{1}{N} \sum_{i=1}^{N} g_i(r) \\ \mu_r &= \frac{\sum_{i=1}^{N} g_i(r) x_i}{\sum_{i=1}^{N} g_i(r)} \\ \sigma_r^2 &= \frac{\sum_{i=1}^{N} g_i(r)(x_i - \mu_r)^2}{\sum_{i=1}^{N} g_i(r)} \end{aligned} \tag{D.18}$$

となる．以上から，EM アルゴリズムは，与えられた初期推定値 $\boldsymbol{\theta} = (\boldsymbol{\mu}, \boldsymbol{\sigma}, \mathbf{w})$ に対して以下のステップを収束するまで反復させればよい．

- **E ステップ**：与えられた母数 $(\boldsymbol{\mu}, \boldsymbol{\sigma}, \mathbf{w})$ について，式 (D.17) を計算する．
- **M ステップ**：E ステップで得られた $g(\mathbf{z}) = \prod_i g_i(z_i)$ について，式 (D.18) により $(\boldsymbol{\mu}, \boldsymbol{\sigma}, \mathbf{w})$ の値を更新する．

MATLAB の statistics toolbox に含まれる関数 gmdistribution.fit は，EM アルゴリズムによる正規混合モデルの当てはめを実装したものである．混合モデルの包括的な扱いについては，モノグラフ [12], [14] を参照せよ．

D.8 ポアソン総和公式

$f(x)$ を $\int_{-\infty}^{\infty} |f(x)| \mathrm{d}x < \infty$ を満たす $\mathbb{R}$ 上の連続関数とし，f の "フーリエ変換" を $\widetilde{f}(\omega) \stackrel{\text{def}}{=} \int_{-\infty}^{\infty} f(x) \mathrm{e}^{-\mathrm{i} 2\pi \omega x} \mathrm{d}x$ とおく．このとき，$\sum_{k=-\infty}^{\infty} f(k+x)$ が任意の有限区間で一様収束し，$\sum_{k=-\infty}^{\infty} |\widetilde{f}(k)| < \infty$ であるなら，関係式

$$\sum_{k=-\infty}^{\infty} f(k+x) \mathrm{e}^{-\mathrm{i}\pi s(2k+x)} = \sum_{k=-\infty}^{\infty} \widetilde{f}(k+s) \mathrm{e}^{\mathrm{i}\pi x(2k+s)}$$

が成り立つ，というのが，**ポアソン総和公式** (Poisson summation formula) [19] である．ポアソン総和公式は，等式 $\sum_{k=-\infty}^{\infty} f(k) = \sum_{k=-\infty}^{\infty} \widetilde{f}(k)$ および

$$\sum_{k=-\infty}^{\infty} f(k)\cos(\pi kx)\cos(\pi ky) = \frac{1}{2}\sum_{k=-\infty}^{\infty}\left\{\widetilde{f}\!\left(k+\frac{x-y}{2}\right)+\widetilde{f}\!\left(k+\frac{x+y}{2}\right)\right\}, \; x,y\in\mathbb{R}$$

を特別な場合として含む．最後の等式から，**テータ関数の関係式** (☞ p.336) (theta function identity)

$$\theta(x,y;t) \stackrel{\text{def}}{=} \frac{1}{\sqrt{2\pi t}}\sum_{k=-\infty}^{\infty}\left\{e^{-\frac{(x+y-2k)^2}{2t}} + e^{-\frac{(x-y-2k)^2}{2t}}\right\}$$

$$= \sum_{k=-\infty}^{\infty} e^{-k^2\pi^2 t/2}\cos(k\pi x)\cos(k\pi y), \quad t>0$$

が導かれる．

D.9 特殊関数

本書に出てきた特殊関数を挙げる（詳しくは [1] を参照）．

D.9.1 ベータ関数 $B(\alpha, \beta)$

$$B(\alpha,\beta) = \int_0^1 t^{\alpha-1}(1-t)^{\beta-1}dt = \frac{\Gamma(\alpha)\,\Gamma(\beta)}{\Gamma(\alpha+\beta)}, \quad \alpha,\beta>0$$

ここで $B(\alpha,\beta) = B(\beta,\alpha)$ である．MATLAB では関数 `beta.m` に実装されている．

D.9.2 不完全ベータ関数 $I_x(\alpha, \beta)$

$$I_x(\alpha,\beta) = \frac{1}{B(\alpha,\beta)}\int_0^x t^{\alpha-1}(1-t)^{\beta-1}dt, \quad \alpha,\beta>0,\; x\in[0,1]$$

有用な性質には以下がある．
1) **反転性質** (reflection property)：$I_x(\alpha,\beta) = 1 - I_{1-x}(\beta,\alpha)$
2) **超幾何関数** (hypergeometric function)：$I_x(\alpha,\beta) = \frac{x^\alpha}{\alpha B(\alpha,\beta)}\,{}_2F_1(\alpha,1-\beta;\alpha+1;x)$

MATLAB では，関数 `betainc.m` に実装されている．

D.9.3 誤差関数 $\mathrm{erf}(x)$

$$\mathrm{erf}(x) = \frac{2}{\sqrt{\pi}}\int_0^x e^{-t^2}dt, \quad x\in\mathbb{R}$$

他の特殊関数との有用な関係には以下がある．

1) **合流型超幾何関数** (confluent hypergeometric function)：
$\mathrm{erf}(x) = \frac{2x}{\sqrt{\pi}} {}_1F_1(\frac{1}{2}; \frac{3}{2}; -x^2)$
2) **不完全ガンマ関数** (incomplete gamma function)：$\mathrm{erf}(x) = \mathrm{sgn}(x)\, P(\frac{1}{2}, x^2)$

MATLAB では，関数 erf.m に実装されている．

D.9.4　ディガンマ関数 $\psi(x)$

$$\psi(x) = \frac{\mathrm{d}}{\mathrm{d}x}\ln\Gamma(x) = \frac{\Gamma'(x)}{\Gamma(x)}, \quad x>0$$

ディガンマ関数は，次の積分表現を持つ．

$$\psi(x) = \int_0^\infty \left(\frac{\mathrm{e}^{-t}}{t} - \frac{\mathrm{e}^{-tx}}{1-\mathrm{e}^{-t}}\right)\mathrm{d}t, \quad x>0$$

MATLAB では，関数 psi.m に実装されている．

D.9.5　ガンマ関数 $\Gamma(\alpha)$

$$\Gamma(\alpha) = \int_0^\infty \mathrm{e}^{-x} x^{\alpha-1}\, \mathrm{d}x, \quad \alpha>0$$

Γ 関数の有用な性質には以下がある．
1) **関数方程式** (functional equation)：$\Gamma(\alpha+1) = \alpha\,\Gamma(\alpha)$
2) **階乗関数** (factorial function)：$\Gamma(n) = (n-1)!,\ n=1,2,\ldots$
3) **ガウスの乗法公式** (Gauss multiplication formula)：
$\Gamma(nx) = (2\pi)^{(1-n)/2} n^{nx-\frac{1}{2}} \prod_{k=0}^{n-1} \Gamma\left(x + \frac{k}{n}\right)$
4) **Euler の反転公式** (Euler reflection formula)：$\Gamma(1-x)\Gamma(1+x) = \frac{\pi x}{\sin(\pi x)}$, $x \in (0,1)$
5) **特別な値**：$\Gamma(1/2) = \sqrt{\pi}$

MATLAB では，関数 gamma.m の実装されている．

D.9.6　不完全ガンマ関数 $P(\alpha, x)$

$$P(\alpha, x) = \frac{1}{\Gamma(\alpha)} \int_0^x \mathrm{e}^{-t} t^{\alpha-1}\mathrm{d}t, \quad \alpha>0,\ x>0$$

正の整数 $\alpha = n$ に対しては，

$$P(n, x) = 1 - \mathrm{e}^{-x} \sum_{k=0}^{n-1} \frac{x^k}{k!}$$

が成り立つ．MATLAB では，関数 gammainc.m に実装されている．

D.9.7　超幾何関数 $_2F_1(a, b; c; z)$

$$_2F_1(a,b;c;z) = \frac{\Gamma(c)}{\Gamma(a)\Gamma(b)} \sum_{n=0}^{\infty} \frac{\Gamma(a+n)\Gamma(b+n)}{\Gamma(c+n)} \frac{z^n}{n!}$$

これは，c が非負整数でなければ，任意の $|z| < 1$ について収束する．また，この級数は，c が非負整数でなく，かつ $\Re[c-a-b] > 0$ であれば，任意の $|z| \leqslant 1$ について収束する．特別な値には以下がある．

- $_2F_1(1,1;2;z) = -z^{-1}\ln(1-z)$
- $_2F_1(a,b;c;1) = \frac{\Gamma(c)\Gamma(c-a-b)}{\Gamma(c-a)\Gamma(c-b)}$
- $_2F_1(a,b;b;z) = (1-z)^{-a}$

MATLAB では，関数 `hypergeom.m` に実装されている．

D.9.8　合流型超幾何関数 $_1F_1(\alpha; \gamma; x)$

$$_1F_1(\alpha;\gamma;x) = \frac{\Gamma(\gamma)}{\Gamma(\alpha)\Gamma(\gamma-\alpha)} \int_0^1 t^{\alpha-1}(1-t)^{\gamma-\alpha-1} e^{tx}\,dt, \quad \gamma > \alpha > 0$$

$_1F_1(\alpha;\gamma;x)$ の別の表記は $M(\alpha,\gamma,x)$ である．関数 $_1F_1$ は級数として

$$_1F_1(\alpha;\gamma;x) = 1 + \frac{\alpha}{\gamma}\frac{x}{1!} + \frac{\alpha(\alpha+1)}{\gamma(\gamma+1)}\frac{x^2}{2!} + \cdots, \quad x \in \mathbb{R}$$

と与えられる．MATLAB では関数 `hypergeom.m` に実装されている．

D.9.9　第 2 種変形 Bessel 関数 $K_\nu(x)$

$$K_\nu(x) = \int_0^\infty e^{-x\cosh(t)} \cosh(\nu t)\,dt, \quad x > 0$$

MATLAB では関数 `besselk.m` に実装されている．

文　　献

1) M. Abramowitz and I. A. Stegun, editors. *Handbook of Mathematical Functions with Formulas, Graphs, and Mathematical Tables*. Number 55 in National Bureau of Standards Applied Mathematics Series. United States Government Printing Office, Washington, DC, tenth edition, 1964.
2) P. J. Bickel and K. A. Doksum. *Mathematical Statistics*, volume I. Pearson Prentice Hall, Upper Saddle River, NJ, second edition, 2007.
3) Z. I. Botev and D. P. Kroese. Global likelihood optimization via the cross-entropy method, with an application to mixture models. *Proceedings of the Winter Simulation Conference, Washington, DC*, pages 529–535, 2004.

4) R. A. Boyles. On the convergence of the EM algorithm. *Journal of the Royal Statistical Society, Series B*, 45(1):47–50, 1983.
5) G. Casella and R. L. Berger. Estimation with selected binomial information or do you really believe that Dave Winfield is batting .471? *Journal of the American Statistical Association*, 89(427):1080–1090, 1994.
6) A. P. Dempster, N. M. Laird, and D. B. Rubin. Maximum likelihood from incomplete data via the EM algorithm. *Journal of the Royal Statistical Society, Series B*, 39(1):1–38, 1977.
7) P. Embrechts, C. Klüppelberg, and T. Mikosch. *Modelling Extremal Events for Insurance and Finance*. Springer-Verlag, New York, 1997.
8) P. Embrechts and N. Veraverbeke. Estimates for the probability of ruin with special emphasis on the possibility of large claims. *Insurance Mathematics and Economics*, 1(1):55–72, 1982.
9) S. Foss, D. Korshunov, and S. Zachary. *An Introduction to Heavy-tailed and Subexponential Distributions*, volume 13. Oberwolfach Preprints, ISSN 1864-7596, 2009. http://www.mfo.de/publications/owp/2009/OWP2009_13.pdf.
10) A. K. Jain. *Fundamentals of Digital Image Processing*. Prentice Hall, Englewood Cliffs, NJ, 1989.
11) N. L. Johnson and S. Kotz. *Distributions in Statistics: Continuous Univariate Distributions, Volume 1*. Houghton Mifflin Company, New York, 1970.
12) G. J. McLachlan and K. E. Basford. *Mixture Models: Inference and Applications to Clustering*. Marcel Dekker, New York, 1988.
13) G. J. McLachlan and T. Krishnan. *The EM Algorithm and Extensions*. John Wiley & Sons, Hoboken, NJ, second edition, 2008.
14) G. J. McLachlan and D. Peel. *Finite Mixture Models*. John Wiley & Sons, New York, 2000.
15) X.-L. Meng and D. van Dyk. The EM algorithm – an old folk-song sung to a fast new tune (with discussion). *Journal of the Royal Statistical Society, Series B*, 59(3):511–567, 1997.
16) C. P. Robert and G. Casella. *Monte Carlo Statistical Methods*. Springer-Verlag, New York, 2004.
17) R. H. Swendson and J.-S. Wang. Nonuniversal critical dynamics in Monte Carlo simulations. *Physical Review Letters*, 58(2):86–88, 1987.
18) C. F. J. Wu. On the convergence properties of the EM algorithm. *The Annals of Statistics*, 11(1):95–103, 1983.
19) A. Zygmund. *Trigonometric Series*. Cambridge University Press, Cambridge, third edition, 2003.

略語表

a.s.	Almost surely
ADAM	ADAptive Multilevel
cdf	Cumulative distribution function
CE	Cross-entropy
CMC	Crude Monte Carlo
Corr	Correlation
Cov	Covariance
CRV	Common random variables
EM	Expectation–maximization
FFT	Fast Fourier transform
GS	Generalized splitting
iid	Independent identically distributed
IPA	Infinitesimal perturbation analysis
ISE	Integrated squared error
LCG	Linear congruential generator
LSCV	Least squares cross validation
LSFR	Linear feedback shift register
KKT	Karush–Kuhn–Tucker
max-cut	Maximal cut
MCMC	Markov chain Monte Carlo
MLE	Maximum likelihood estimate (or estimator)
MISE	Mean integrated square error
MSE	Mean square error
MRG	Multiple-recursive generator
ODE	Ordinary differential equation
PDE	Partial differential equation
pdf	Probability density function
SAT	Satisfiability (problem)
SDE	Stochastic differential equation

SIS	Sequential importance sampling
TSP	Traveling salesman problem
Var	Variance
VM	Variance minimization

記 号 表

$\gg$	はるかに大きい
$\approx$	ほぼ等しい
$\propto$	比例する
$\oplus$	XOR（排他的論理和; 2進整数の桁上がりなし足し算）
$\stackrel{\text{def}}{=}$	（左辺を右辺で）定義する
$\Leftrightarrow$	互いに同値
$\sim$	（左辺は右辺の）分布に従う
$\stackrel{\text{iid}}{\sim}$	独立同分布に従う
$\stackrel{\text{approx.}}{\sim}$	近似的に右辺の分布に従う
$\stackrel{\text{a.s.}}{\to}$	ほとんど確実に（確率1で）収束する
$\stackrel{\text{d}}{\to}$	分布収束（法則収束）する
$\stackrel{\text{a.s.}}{\nearrow}$	確率1で下から収束する
$\stackrel{L^p}{\to}$	L^p ノルムの意味で（右辺の確率変数に）収束する
$\stackrel{\mathbb{P}}{\to}$	確率収束する
$\stackrel{\text{cpl.}}{\to}$	完全収束する
$\|\cdot\|$	ユークリッドノルム
∇f	f の勾配（ベクトル）
$\nabla^2 f$	f のヘッセ行列
$\lceil x \rceil$	x 以上で最小の整数
$\lfloor x \rfloor$	x 以下で最大の整数
x^+	$x^+ = \max\{x, 0\}$
$\mathbf{x}_{-i}$	ベクトル $\mathbf{x}$ の i 番目の要素を除いたベクトル
$A^\top, \mathbf{x}^\top$	行列 A，ベクトル $\mathbf{x}$ の転置
$A \succ 0$	行列 A は正定値
$A \succeq 0$	行列 A は半正定値（非負定値）
$\text{diag}(\mathbf{a})$	対角成分が $\mathbf{a}$ の対角行列
$\text{tr}(A)$	行列 A のトレース
$\dim(\mathbf{x})$	ベクトル $\mathbf{x}$ の次元
$\det(A)$	行列 A の行列式

記号表

$\mathcal{B}$	$\mathbb{R}$ 上のボレル σ 集合族
$\mathcal{B}^n$	$\mathbb{R}^n$ 上のボレル σ 集合族
$\mathbb{C}$	複素数の集合
d	微分記号,微分作用素
$\mathbb{E}$	期待値
e	自然対数の底(ネピア数)2.71828...
i	-1 の平方根(虚数単位)
$\Im$	(複素数の)虚数部
$\mathrm{I}_A, \mathrm{I}\{A\}$	事象 A の指示関数
ℓ	性能尺度,評価尺度
ln	自然対数
$\mathbb{N}$	非負整数の集合 $\{0, 1, \ldots\}$
φ	標準正規分布の確率密度関数
Φ	標準正規分布の累積分布関数
$\mathbb{P}$	確率測度
$\mathcal{O}$	オーダー記号ビッグオー ($f(x) = O(g(x))$ であるとは,$x \to a$ のとき,$\lvert f(x) \rvert \leqslant \alpha g(x)$ となるような定数 α があること)
o	オーダー記号リトルオー ($f(x) = o(g(x))$ であるとは,$x \to a$ としたとき $f(x)/g(x) \to 0$ となること)
$\mathbb{R}$	実数直線 = 1 次元ユークリッド空間
$\mathbb{R}_+$	非負実数直線:$[0, \infty)$
$\mathbb{R}^n$	n 次元ユークリッド空間
$\Re$	(複素数の)実数部
$S_{(i)}$	(小さいほうから数えて)i 番目の順序統計量
$\widehat{\boldsymbol{\theta}}$	推定値あるいは推定量
$\boldsymbol{\theta}^*$	最適パラメータ値
$\mathbf{x}, \mathbf{y}$	ベクトル
$\mathbf{X}, \mathbf{Y}$	確率変数ベクトル
$\mathcal{X}, \mathcal{Y}$	集合
$\mathbb{Z}$	整数の集合:$\{\ldots, -1, 0, 1, \ldots\}$
$\mathcal{C}^k$	k 階導関数が連続な関数の集合
$\mathcal{S}$	スコア関数
$\mathcal{J}$	フィッシャー情報行列
$\mathcal{D}$	Kullback–Leibler ダイバージェンス(クロスエントロピー距離)
$\mathcal{D}_2$	χ^2 ダイバージェンス

分 布 表

Arcsine	逆正弦（アークサイン）分布（arcsine distribution）	107
Ber	ベルヌーイ分布（Bernoulli distribution）	90
Beta	ベータ分布（beta distribution）	106
Bin	2項分布（binomial distribution）	91
Cauchy	コーシー分布（Cauchy distribution）	110
PH	連続相型分布（continuous phase-type distribution）	130
DSM	両側マクスウェル分布（double-sided Maxwell distribution）	452
Dirichlet	ディリクレ分布（Dirichlet distribution）	142
DPH	離散相型分布（discrete phase-type distribution）	101
DU	離散一様分布（discrete uniform distribution）	105
Erl	アーラン分布（Erlang distribution）	116
Exp	指数分布（exponential distribution）	111
F	F分布（F distribution）	113
Fréchet	フレッシェ分布（Fréchet distribution）	114
Gamma	ガンマ分布（gamma distribution）	115
Geom	幾何分布（geometric distribution）	95
Gumbel	ガンベル分布（Gumbel distribution）	120
Hyp	超幾何分布（hypergeometric distribution）	97
InvGamma	逆ガンマ分布（inverse gamma distribution）	52
Laplace	ラプラス（両側指数）分布（Laplace or double-exponential distribution）	121
Lévy	レヴィ分布（Lévy distribution）	133
Logistic	ロジスティック分布（logistic distribution）	123
LogN	対数正規分布（log-normal distribution）	124
Mnom	多項分布（multinomial distribution）	145
NegBin	負の2項分布（negative binomial distribution）	99
N	正規（ガウス）分布（normal or Gaussian distribution）	125
Pareto	パレート分布（Pareto distribution）	128
Poi	ポアソン分布（Poisson distribution）	102

Rayleigh	レイリー分布 (Rayleigh distribution)	141
RBM	反射壁ブラウン運動 (reflected Brownian motion)	206
Stable	安定分布 (stable distribution)	132
t	Student の t 分布 (Student's t distribution)	134
U	一様分布 (uniform distribution)	137
Wald	ワルド (逆ガウス) 分布 (Wald or inverse Gaussian distribution)	138
Weib	ワイブル分布 (Weibull distribution)	140
Wishart	ウィシャート分布 (Wishart distribution)	151

索引

A
Ackley 関数　734
ADAM　596
ADAM アルゴリズム　517
ADAM 法　529
Anderson–Darling 検定　353
Armijo の条件　728

B
Bartlett の分割　152
Bayes 公式　646, 707
Bayes 周辺尤度　522
Bayes 信頼区間　244, → 信用区間
Bayes 推論　57
Bayes モデル　707
Bernoulli 過程　90, **99**, 657
Bernoulli 試行　90
Bernoulli 分布　90
Berry–Esséen 定理　398
β 次弱収束　197
Bird 衝突過程　622, 624
Black–Scholes の公式　550
Black–Scholes モデル　549
Blum–Blum–Shub の方法　12
Boltzmann 確率密度関数　273
Boltzmann 分布　213, 468, 528
Boltzmann 方程式　**621**, 624
Boole の不等式　636
Borel σ 集合族　637
Borel 集合　637
Borel–Cantelli の補題　636
Box–Muller 法　127

Brown 運動　186, 222
Brown 橋　198
　——過程　331
Brown 膜過程　213
Broyden の方法　726
Broyden–Fletcher–Goldfarb–Shanno 公式　726
Burr 分布　118

C
Cantor 関数　638
Cauchy 過程　221
Cauchy 分布　48, **110**, 135, 216, 466
Cauchy 密度　400
Cauchy 問題　611
　——の Feynman–Kac 表現　612
CE　→ クロスエントロピー
　——距離　380
　——最適化問題　381
　——最適な密度関数　380
　——プログラム　421
　——法　420, 424, 484, 490, 494
Chapman–Kolmogorov の等式　**660**, 664
Chebyshev の不等式　645
χ^2 検定　355
χ^2 適合度　355
　——ダイバージェンス　536
χ^2 分布　→ カイ 2 乗 (χ^2) 分布
Chib 法　245, 246
Cholesky 分解　158, 270, **743**
　帯——　227
$\mathfrak{C}^k$ 級　713

Cox 分布　131
Cramér–Lundberg 近似　402
Cramér–Rao　701

D
d 次元超立方体　372
Davidon–Fletcher–Powell 公式　726
de Jong の第 1 関数　734
de Jong の第 2 関数　734
de Jong の第 3 関数　734
Dijkstra の最短経路探索アルゴリズム　579
Dirichlet 分布　**117**, **142**, 495, **739**
Dirichlet 問題　606
　——の確率表現　606
discrepancy　28
Donsker の不変原理　182
drand48　16

E
egg holder 関数　735
EM アルゴリズム　→ 期待値最大化 (EM) アルゴリズム
Erlang 分布　116
Euler の反転公式　754
Euler 法　**190**, 238, 560
　——の強収束の次数　197
　Euler–Maruyama 法　190
　　陰的——　193
　　多次元——　191, 609
Euler-Maruyama 法　190

F
F 分布　**113**, **117**

Fatou の補題　644
Faure 列　33
Feynman–Kac 型の公式　604
Feynman–Kac 公式　683
Feynman–Kac 表現
　コーシー問題の―　612
Feynman–Kac 粒子モデル　504
FFT　163
Fisher 情報行列　699
Fisher–Snedecor 分布　113
Fletcher–Reeves の共役勾配法　725
Fokker–Planck 方程式　681

G

γ 次強収束　197
Gauss 型カーネル密度推定　333
Gauss 型マルコフランダム場　158
Gauss 過程　**156**, 658
Gauss 性　658
Gauss 的　212
Gauss の乗法公式　754
Gauss 白色雑音　226
Gauss 分布　125, **182**
Gelman–Rubin 収束判定法　284, 537
$GI/G/1$ 待ち行列　300, 403, 411
　―の平均待ち時間　454
Gibbs 確率場　214
Gibbs サンプラー　232, **241**, 422, 523, 709
Gibbs サンプリング　243, **422**, 509, 510, 514, 528, 530
Gibbs 的　213
Gibbs 分布　213
Girsanov の定理　548, 676
Glivenko–Cantelli の定理　331
Griewangk 関数　735
GS アルゴリズム　515
Gumbel 分布　120, **141**
　―族　743

H

Haar 関数系　183
Halton 点集合　**31**
Halton 列　31
Hammersley–Clifford の条件　242
Hammersley–Clifford の定理　214
Hammersley 点集合　32
Hesse 行列　748
hit-and-run　424
　―サンプラー　**249**, 424, 523, 540
Hölder の不等式　649
Holmes–Diaconis–Ross アルゴリズム　**256**, 508
Holmes–Diaconis–Ross 法　256
Hurst 指数　210

I

iid　1, 647
IPA　444
Ising モデル　274

J

Jacobi 行列　724, 748
Jensen の不等式　644

K

k 次消失相対中心モーメント　398
k 次有界相対モーメント　398
Karhunen–Loève 展開　183
　―によるウィーナー過程の生成　186
Karush–Kuhn–Tucker 条件　718
Keane 関数　735
Kiefer–Wolfowitz アルゴリズム　462, 463
KISS99 法　10
Koksma–Hlawka 不等式　28
Kolmogorov 統計量　**331**, 351
　―の分布　**351**
Kolmogorov の基準　667
Kolmogorov の公準　634
Kolmogorov の後退方程式　189, 604, 670, 681
Kolmogorov の前進偏微分方程式　623
Kolmogorov の前進方程式　189, 604, 670, 680
Kolmogorov の不等式　645
Kolmogorov の方程式　**189, 670**
Kolmogorov 分布　199, **331**
Kolmogorov–Smirnov 検定　19, 22, 198, **350, 351**
Kolmogorov–Smirnov 統計量　28, 352, 354
Korobov 格子　40
Kullback–Leibler ダイバージェンス　380

L

Lagrange 関数　718
　一般化―　718
Lagrange 乗数　718
Lagrange 双対　719
　―関数　719
Lagrange 法　718
Lamperti 変換　195
Langevin 拡散　238
Langevin 方程式　206
Langevin Metropolis–Hastings アルゴリズム　238
Laplace の熱方程式　607
Laplace 分布　121
Laplace 変換　652
leap-evolve アルゴリズム　585
Lebesgue 測度　637
Lévy 過程　179, **215**
　―の従属操作定理　220
Lévy 従属化過程　218
Lévy 測度　179, 215
Lévy 分布　133
Lévy–Itô の分解定理　216
Lévy–Khinchin の定理（無限分解可能性）　742
Lévy–Khinchin の表現定理　216
LFSR 法　8
Lindley の漸化式　403

Lomax 分布 128
L^p 空間 649
L^p ノルム収束 653
L^p（劣）マルチンゲール 660

M

$M/G/1$ 待ち行列 411
$M/M/1$ 待ち行列 301, 403, 661
m 次元伊藤過程 673
Markov ガウス過程 162
Markov 過程 **189**, **206**, 659
Markov 性 165, 169, 183, 658
　強—— 659
Markov 跳躍過程 **169**, 580, 668
Markov 的 212
Markov の不等式 645
Markov 連鎖 **165**, 232, 241, 286, 660, 664
　——の生成 166
Markov 連鎖モンテカルロ（MCMC） 46, 150, **232**, 287, 467, 510, 534, 592, 709
Master の余弦波関数 735
MATLAB 1
MCMC → マルコフ連鎖モンテカルロ（MCMC）
Mersenne ツイスター 8
Metropolis–Gibbs 混成 **265**
Metropolis–Hastings アルゴリズム **232**, 233, 243, 248
Michalewicz 関数 735
Milstein 法 192
Minkowski の（三角）不等式 649
MRG32k3a 9
MT19937 8

N

n 次元ウィーナー過程 187
Newton 型解法 724
Newton 法 724
Newton–Raphson 法 239, 724

Neyman–Pearson 検定 405
Novikov の条件 676

O

Ornstein–Uhlenbeck 確率微分方程式 431
Ornstein–Uhlenbeck 過程 **204**, 630

P

p 値 695
Pareto 確率 410
Pareto 境界面 717
Pareto 最適解 717
Pareto 分布 **128**
　Pareto（I 型）分布 128
　Pareto（II 型）分布 128
Pascal 行列 33
Pascal 分布 99
Paviani 関数 733
Poisson 過程 103, **174**, 175, 616
Poisson 計数過程 176
Poisson 総和公式 55, **752**
Poisson 分布 **92**, **102**, **103**, **112**
Poisson ランダム測度 174
Polak–Ribiére の共役勾配法 725
Pollaczek–Khinchin 公式 411
Polyak のステップサイズ 727
Polyak 平均化 462
Potts モデル 273
p-p プロット 348

Q

q-q プロット 348

R

r 次スコア関数 447
Rana 関数 736
Rao–Blackwell 化 368
Rastrigin 関数 734
Rayleigh 分布 141
$\mathbb{R}^m$ における伊藤の補題 675
Robbins–Monro アルゴリズム 462, 463

Rosenbrock 関数 474, 527, 734

S

Schwarz の不等式 649
Schwefel 関数 736
shake-and-bake サンプラー 261
Sheather–Jones によるプラグイン 339
Siegmund のアルゴリズム 401
　——の効率 402
Siegmund の推定量 402
σ 集合族 634
Skorohod 表現 655
Slater 条件 720
Slutsky の定理 655
Sobol' 列 36
(s, S) 方策 302
Stratonovich 積分 676
stretch V 正弦波関数 735
Student の t コピュラ 73
　——モデル 423
Student の t 分布 → t 分布
Swendsen–Wang アルゴリズム 245, 275

T

t 分布 **108**, **134**
Tausworthe 法 7
Taylor 近似 747
Taylor 展開 747
Taylor の定理 652
TestU01 10, 12, 17
(t, m, d) ネット 34
Toeplitz 行列 163, 351

V

van der Corput 列 **29**
Vlasov 方程式 617
VM 最適参照パラメータベクトル 379

W

Wald 分布 **138**, 407
Weibull 的 410
Weibull 分布 48, **140**, 349
WELL 8
Wichman–Hill の生成法 9

Wiener 過程　**181**, 546, 658
Wiener 膜過程　213
Wishart 分布　**151**
Wolfe 条件　728
Wolfe 双対　719
Wolfe–Powell の条件　728

X
XOR シフト　11

Y
Yule–Walker 方程式　226

あ
アーラン分布　116
アジア型コールオプション　253, 553
アニーリングスケジュール　467
アフィン関数　714
アフィン結合　**125**, **147**
アフィン変換　50
あふれ確率　416, 418
　　――推定量の効率　404
　　――の推定　404
安定　668
安定過程　221
安定特性　741
安定分布　**126**, **132**, 216
鞍点　713
鞍点問題　720

い
閾値　427, 509
イジングモデル　274
一時的　665
位置–尺度分布族　50, 701
位置分布族　51
1 変量周辺分布アルゴリズム　476
一様 Hölder 連続　605
一様可積分　643
一様性検定　19, 356
一様線形スクランブル法　42
一様楕円性　605
一様分布　48, **107**, **108**, **123**, **137**, **143**
一様有界　668
一様乱数生成法　1

一様乱数の比を用いる方法　70
一様リプシッツ連続　606
1 点交叉　472
一般化アーラン分布　**130**, 581
一般化分岐法　508, 593
一般化ラグランジュ関数　718
一般輸送過程に関する Feynman–Kac の定理　616
一般輸送過程に関する Fokker–Planck の定理　617
遺伝アルゴリズム　471
伊藤拡散過程　188, 679
伊藤過程　672, 673
　　m 次元――　673
伊藤積分　188, 673
伊藤の公式　607, 612
伊藤の補題　190, 675
移動平均過程　228
入口状態　427, 511
陰的 Euler 法　193

う
ウィーナー過程　**181**, 546, 658
ウィーナー膜過程　213
ウィシャート分布　**151**
打ち切り　53
打ち切りガンマ分布　272
打ち切り指数分布　68
打ち切り指数乱数生成　54
打ち切り正規分布　54
打ち切り正規乱数生成　54
打ち切り多変量正規分布　251

え
えぐり出し　64, **600**
選り抜き標本　477
エルゴード推定量　234, 266

お
凹関数（狭義）　714
黄金分割探索法　728
応答曲面　388
　　――推定　387
　　――法　480
遅れありの Fibonacci 生成法

11
押し出し法　441
帯コレスキー分解　227
オブジェクト　293
オプション　551
　　ダウン・アンド・インコール――　560
オプション価格　253
　　――計算　552
重い裾に対する条件付け法　409
重み付き重点抽出　382
重み付き標本　383
折り返し　403
温度　467

か
カーネル関数推定　74
カーネル密度推定　332
回帰直線　689
回帰分析　349
回帰モデル選択　281
外球条件　606
階層モデル　243
カイ 2 乗適合度検定統計量　17
カイ 2 乗 (χ^2) 分布　19, **114**, 116, **139**, 152, 706
改良プラグイン法　341
ガウス型カーネル密度推定　333
ガウス型マルコフランダム場　158
ガウス過程　**156**, **182**, 658
ガウス性　**658**
ガウス的　212
ガウスの乗法公式　754
ガウス白色雑音　226
ガウス分布　→ 正規分布（ガウス分布）
化学反応　626
可逆　238, 243, 534, 663, 664
可逆過程　238
可逆ギブスサンプラー　242
可逆性　667
可逆なマルコフ跳躍過程　672
可逆なマルコフ連鎖　243, **667**

索引

拡散型確率微分方程式 677
拡散過程 **188**, 547, 679
拡散行列 189, 679
拡散 (diffusion) 行列 604
拡散 (dispersion) 行列 604
拡散係数 186, 188, 677
確率過程 636, 656
　Bird 衝突過程 622, 624
　m 次元伊藤過程 673
　n 次元ウィーナー過程 187
　Ornstein–Uhlenbeck 過程 **204**, 630
　伊藤拡散過程 188, 679
　伊藤過程 672, 673
　移動平均過程 228
　ウィーナー過程 181, **546**, 658
　ウィーナー膜過程 213
　ガウス過程 **156**, **182**, 658
　　逆—— 226
　　正規逆—— 225
　　ゼロ平均—— 157
　　定常—— 163
　　マルコフ—— 162
　可逆なマルコフ跳躍過程 672
　可逆なマルコフ連鎖 667
　拡散過程 **188**, 547, 679
　　——の標本路の生成 156
　確率指数過程 **202**
　合併過程 587
　ガンマ過程 219
　　バリアンス—— 221
　均質なネットワーク 592
　構築過程 580
　コーシー過程 221
　誤差過程 224
　再帰過程 453, 661
　最小 Q 過程 670
　再生過程 662
　自己回帰移動平均過程 229
　自己回帰過程 226, 227
　自己回帰和移動平均過程 229
　自己相似過程 210
　出生死滅過程 669
　整数上のランダムウォーク 385
　絶対値過程 207

剪定合併過程 587
多次元マルコフガウス過程 162
跳躍拡散過程 223
反射壁ウィーナー過程 208
非斉時ポアソン過程 177
標準ブラウン橋過程 198
ブラウン運動 186, 222
　幾何—— 193, 202, 549
　層別—— 201
　反射壁—— 206
　非整数—— **209**, 210
　標準—— 186
ブラウン橋 198
　——過程 331
ブラウン膜過程 213
平均回帰過程 559
ベルヌーイ過程 90, **99**, 657
ポアソン過程 103, **174**, 175, 616
　複合—— 178, 222
ポアソン計数過程 176
マルコフ過程 **189**, **206**, 659
　斉時—— 616
マルコフ跳躍過程 **169**, 580, 668
マルコフ連鎖 **165**, 232, 241, 286, 660, 664
　可逆な—— 243
　隠れ—— 669
　既約—— 242, 285
　間引きした—— 236
密度過程 626
輸送過程 615
ランダムウォーク 168, 221, 402, 418, 658
ランダム過程 656
レヴィ過程 179, **215**
　増加—— 218
　無限頻度—— 217
　有限頻度—— 217
レヴィ従属化過程 218
確率関数 640
確率（質量）関数 640
確率行列 664
確率近似 459
　——の収束 **460**
　——法 459

確率空間 634
確率指数過程 **202**
確率質量関数 640
確率収束 653
確率積分 673
確率測度 634
確率的最適化 440
確率的信頼区間 692, → 信用区間
確率的同等法 **465**, 485, **718**
確率場 212
確率微分方程式 **188**, 546, 605, 677
確率プロット 348
確率分布
　Burr 分布 118
　χ^2 分布 → カイ 2 乗 (χ^2) 分布
　Cox 分布 **131**
　F 分布 **113**, 117
　Fisher–Snedecor 分布 113
　Kolmogorov 統計量の分布 351
　Kolmogorov 分布 199, **331**
　Lomax 分布 128
　t 分布 **108**, **134**
　アーラン分布 116
　安定分布 **126**, **132**, 216
　一様分布 48, **107**, **108**, **123**, **137**, **143**
　一般化アーラン分布 **130**, 581
　ウィシャート分布 **151**
　打ち切りガンマ分布 272
　打ち切り指数分布 68
　打ち切り多変量正規分布 251
　カイ 2 乗 (χ^2) 分布 19, **114**, 116, **139**, 152, 706
　ガウス分布 125
　ガンベル分布 **120**, **141**
　ガンマ分布 104, **108**, **115**, **136**, **142**, 216, **316**, **318**, **349**, **702**, **704**, 710
　幾何分布 **92**, **95**, 100,

101, 112
ギブス分布 213
逆ウィシャート分布 53
逆ガウス分布 138, 407
逆ガンマ分布 52, **139**
逆数分布 52
逆正弦分布 **107**
極値分布 114, **115**, **120**, 141
コーシー分布 48, 110, **135**, 216, 466
混合分布 56
指数分布 48, 64, **76**, 92, 96, 104, 111, 114, 116, 123, 129, 130, 141, 297, 407, 411, 450, 669
条件付き2項分布 104
条件付きベルヌーイ分布 85
条件付きポアソン分布 331
正規分布 52, 92, 110, 124, 125, 134, 136, 141, 151, 156, 201, 204, 221, 323, 398, 656, 658, 688, **690**, 697
正則変動分布 413
相型分布 **101**, 130, 407
対数正規分布 **124**, 413, 414
多項分布 103, 145, 739
多次元正規分布 658
多変量 t 分布 150
多変量正規分布 **146**, 156, **739**, 745
超幾何分布 97
超指数分布 **131**
ディリクレ分布 **117**, 142, 495, **739**
2項分布 91, 145, **331**, 694
パスカル分布 99
パレート分布 **128**
パレート（I型）分布 128
パレート（II型）分布 128
標準正規分布 125, 333, 365, 703
標準多変量正規分布 146
負の2項分布 **99–101**

フレッシェ分布 114
ベータ分布 95, **106**, 114, 117, 136, 143
ベルヌーイ分布 90
ポアソン分布 92, **102**, 103, 112
ボルツマン分布 213, 468, 528
巻き付けられたコーシー分布 **55**
巻き付けられた正規分布 **56**
尤度比統計量の漸近分布 706
ラプラス分布 121
離散一様分布 106
離散相型分布 101
両側指数分布 121
両側マクスウェル分布 452
レイリー分布 141
レヴィ分布 133
ロジスティック分布 48, **123**
ワイブル分布 48, **140**, 349
ワルド分布 **138**, 407
確率分布族
　位置–尺度分布族 50, 701
　位置分布族 51
　ガンベル分布族 743
　逆ワイブル分布族 743
　指数型分布族 381, 401, 440, 701, 702, **738**
　自然な—— **738**
　尺度分布族 51
　多変量指数型分布族 739
　フレッシェ分布族 743
確率ベクトル 636
確率変数 636
確率母関数 651
確率密度関数 639
隠れマルコフ連鎖 669
過去からのカップリング 287
仮数 47
加数 4
可積分 643
仮説検定 694
可測空間 637
偏り 691
合併過程 587

株価変動のシミュレーション 253
株価モデル 546
可分 657
可変剛体球 622
加法性 634, 636
軽い裾に対する重点抽出法 400
関数に関する中心極限定理 630
完全収束 654
完全データ尤度 749
感度分析 439, **563**
完備市場 549
完璧サンプリング **285**
ガンベル分布 **120**, 141
　——族 743
ガンマ 570
ガンマ過程 219
ガンマ関数 754
ガンマ分布 104, **108**, 115, 136, **142**, 216, 316, 318, 349, 702, 704, 710
　——混合 129
ガンマ・ポアソン混合 100

き

機械修理工問題 309
幾何ブラウン運動 193, **202**, 549
幾何分布 92, 95, **100**, **101**, 112
幾何冷却 468
棄却域 695
稀少事象 376, 396, 397, 409, 417, 484, 530, 575
　——のシミュレーション 591
稀少事象確率 396, 403, 421
　——推定 421, 426, **487**
稀少事象シミュレーション 382, **396**, 553
　——のためのクロスエントロピー法 420
稀少事象集合 431
稀少事象問題 415
稀少性パラメータ 397
擬似乱数 2
期待値 642

索引

期待値関数 156
期待値最大化（EM）アルゴリズム 269, 516, **749**, 750
期待値ベクトル 647
基底逆数 29
ギブス確率場 214
ギブスサンプラー 232, **241**, 422, 523, 709
ギブスサンプリング 243, **422**, 509, 510, 514, 528, 530
ギブス的 213
ギブス分布 213
基本 pdf 51
基本区間 34
帰無仮説 694
既約 665
逆ウィシャート分布 53
逆ガウス過程 226
逆ガウス分布 138, 407
逆関数法 **47**, 261
逆ガンマ分布 52, **139**
逆数（変換） 52
逆数型障壁関数 721
逆数合同法 12
逆数分布 52
逆正弦則 185
逆正弦分布 **107**
逆転（変換） 52
逆変換法 441
既約マルコフ連鎖 242, 285
逆離散余弦変換 745
逆ワイブル分布族 743
ギャップ検定 20
キャリー付き乗算 11
吸収時刻 130
吸収状態 665
吸収的 668
球面モデル 734
キュムラント母関数 401
強一致性 327
鏡映 134
強解 677
境界関数の連続性 606
境界値問題 606
強解の存在と一意性 678
狭義実行可能 720
狭義凸関数 714
鏡像原理 184

強双対性 720
共通乱数 286, **442**, 463
強定常 663
強度関数 174
共分散 647
　　──法 323
共分散関数 157, 658
共分散行列 147, 648
共変動 674
強マルコフ性 659
共役勾配法 725
共役事前分布 145, 152, **710**
共役性 709
共役分布 142
行列高次漸化式法 6
行列合同法 6
行列乗算型の合同法 6
極限定理 653
極分布 232, 666, 671
極座標法 58
極小カット 576
極小経路 576
局所最小解 712
局所的最小値 712
局所リプシッツ連続性 678, 680
曲線上での一様サンプリング 80
極値分布 114, **115**, 120, 141
曲面上での一様サンプリング 81
曲率条件 728
許容領域 713
均質なネットワーク 592
金融工学 546

く

クーポン集め検定 21
区間推定 692
組合せ最適化 **490**, 713, 731
クラスタの中心 733
クラスタリング問題 733
グラフ化手法 315
グリークス 565
クリティカルな辺 598
クロスエントロピー 380, → CE
　CE 法 420
　　──距離 380

　　──法 420, 421, 465, **477**, 484
多レベル CE 法 486

け

経験検定 13, **16**
経験分布関数 316, **330**
傾斜ベクトル 379
形状パラメータ 106, 114, 115, 140, 142
計数測度 639
系図モデル 504
系統的ギブスサンプラー 242
系統的抽出 372
系列検定 19
結合高次漸化式法 9
結合生成法 8
結合累積分布関数 641
検出力曲線 696
減速 724
検定
　Anderson–Darling ── 353
　χ^2 ── 355
　χ^2 適合度 355
　Kolmogorov–Smirnov ── 19, 22, 198, **350**, **351**
　Neyman–Pearson ── 405
　一様性── 19, 356
　仮説── 694
　ギャップ── 20
　クーポン集め── 21
　経験── 13, **16**
　系列── 19
　──統計量 695
　最大値の── 22
　順列── 21
　衝突── 22
　スペクトル── 13
　誕生日の間隔── 23
　適合度── 16, **355**
　度数── 19
　隣組── 19
　2 進行列のランク── 22
　2 進ランク── 17
　分割── 20
　ポーカー── 20
　乱数生成法の── 12

理論── 13
連の── 20, 21
厳密シミュレーション法 195
厳密な罰金関数 721

こ

高階微分係数 447
剛球 622
交叉 472
── 係数 474
格子 13, 28
── 構造 14
── 分布 662
双対── 13
行使価格 549
公式
　Black–Scholes の── 550
　Broyden–Fletcher–Goldfarb–Shanno ── 726
　Davidon–Fletcher–Powell ── 726
　Euler の反転── 754
　Feynman–Kac 型の── 604
　Feynman–Kac ── 683
　Pollaczek–Khinchin ── 411
　伊藤の── 607, 612
　ガウスの乗法── 754
　座標変換── 58
　乗法── 245, 646
　線形変換── 650
　部分積分── 675
　ベイズ── 646, 707
　ポアソン総和── 55, **752**
　ランク 1 ── 726
　リスク中立の── 553
高次効率尺度 398
高次漸化式法 5
格子点法 39
合成 748
合成法 56, 269
構造関数 575
構造パラメータ 439
高速逆余弦変換 746
高速フーリエ変換 744
高速余弦変換 746
構築過程 580

勾配 748
── 推定 439
勾配降下法 460, **725**
効率 63
効率スコア 699
効率的 691
合流型超幾何関数 754, **755**
コーシー過程 221
コーシー分布 48, **110**, **135**, 216, 466
コーシー密度 400
コーシー問題 611
── の Feynman–Kac 表現 612
コールオプション 552
　アジア型── 253, 553
　コンパウンド── 551
　ダウン・アンド・イン── 253
　ヨーロッパ型── 549
誤差過程 224
── の収束定理 224
誤差関数 753
誤差と精度 196
故障の起こりうるネットワーク 574
個体 471
コピュラ 73
　Student の t ── 73, 423
　正規── 73, 423
コレスキー分解 158, 270, **743**
帯 227
根元事象 635
混合型高次漸化式法 3
混合最適化問題 713
混合成分 56
混合速度 284, 517
混合分布 56
根の計算 723
コンパウンドコールオプション 551

さ

差異 27
再帰過程 453, 661
── に対する感度分析 453
── 法 327
再帰時刻 661

再帰定理 662
再帰的 661, 665
最急降下法 725
在庫システム 302
在庫ポジション 302
最終値–境界値問題 613
── の確率表現 613
最終値問題 611
最小 Q 過程 670
最小推移関数 670
最小値安定 743
最小 2 乗相互検証 335
最小 2 乗法 689
最小分散重点抽出密度 253
最小分散密度 378
再生過程 662
再生的 402
最大カット問題 732
最大事後推定 707
最大値安定 742
最大値の検定 22
採択確率 233
採択–棄却法 **63**, 78, 81, 82, 105, 117, 118, **128**, **137**, 177, 196, 233, 234, 249, 383, 470, 494, 599
　変換── 66
再抽出 → リサンプリング (再抽出)
最適化 712
　CE ── 問題 381
　鞍点問題 720
　組合せ── **490**, 713
　クラスタリング問題 733
　混合── 問題 713
　最大カット問題 732
　── に対する CE 法 489
　── のためのクロスエントロピー法 **477**, **489**
　── 問題のクラス 715
　雑音のある── 問題 459, **497**, 718
充足可能性数え上げ問題 513
充足可能性問題 472, 491, **731**
巡回セールスマン問題 **531**, **732**
制約付き問題 734

索引

線形計画　715
直線探索問題　727
凸計画　715, 719
　——問題　714
ナップサック問題　**530**, **731**
2次計画　715
2次計画問題　261
2次割り当て問題　**532**, **732**
半正定値計画　715
ミニマックス問題　720
無制約——問題　713
ランダム——　459
離散——　490
離散——問題　713
粒子群——　480
連続——問題　**492**, 713, **733**
差異の小さい点列　29
債務不履行限界　423
債務不履行のリスク　408
最尤推定値　701
最尤推定量　477, 486, 701
雑音のある最適化問題　459, **497**, 718
座標変換公式　58
差分法　238
三角関数　469, 734
参照パラメータ　485
　——ベクトル　379
散布図　315
サンプラー
　hit-and-run——　**249**, 424, 523, 540
　Metropolis–Gibbs 混成　265
　shake-and-bake——　261
　可逆ギブス——　242
　ギブス——　232, **241**, 422, 523, 709
　系統的ギブス——　242
　集団ギブス——　**245**, 270
　スライス——　271
　独立——　234
　ランダムウォーク——　**238**, 324, 468
　ランダム走査ギブス——　242

リバーシブルジャンプ——　279
サンプリング　→ リサンプリング（再抽出）
完璧——　285
ギブス——　422, 528
曲線上での一様——　**80**
曲面上での一様——　**81**
適応的棄却——　68, 69
ブートストラップ——　508
残余確率　414

し

時間可逆的　204
時間変化モデル　575
資金自己調達的　547
時系列　226
自己回帰移動平均過程　229
自己回帰過程　226, 227
自己回帰和分移動平均過程　229
事後確率密度関数　707
自己共分散関数　284, 323, 663
自己相似過程　210
自己相似性　210, **213**
仕事量で正規化した2乗相対誤差　398
指示関数　642
事象　295, 634
事象グラフ　297
事象指向のアプローチ　296
事象時刻　295
事象タイプ　295
事象リスト　295
次数　5
指数型分布族　**381**, 401, **440**, 701, **702**, **738**
指数的ひねり　**401**, 407, 426
指数分布　48, 64, **76**, **92**, **96**, **104**, **111**, **114**, **116**, **123**, **129**, **130**, **141**, 297, 407, 411, 450, 669
システム　293
　——の状態　295
事前確率密度関数　707
自然な指数型分布族　738
自然母数ベクトル　738
支配する　717

四分位点間距離　334
シミュレーションクロック　295
シミュレーション計算量　428
　——一定分岐法　430
シミュレーションデータ　315
シミュレーションモデル　293
シミュレーテッドアニーリング　232, **467**, 468
射影作用素　727
弱解　677
弱収束　654
弱双対性　719
弱定常　663
尺度行列　150
尺度混合　59
尺度パラメータ　115, 140
尺度分布族　51
弱微分　**451**
　——法　460
周期　2
周期的　665
重相関係数　368
収束
　β 次弱——　197
　γ 次強——　197
　L^p ノルム——　653
　確率近似の——　**460**
　確率——　653
　完全——　654
　弱——　654
　単調——　655
　2乗平均——　653
　法則——　654
　ほとんど確実に——　653
従属　220
充足可能性数え上げ問題　513
充足可能性問題　472, 491, **731**
収束診断　284
集団　471
集団ギブスサンプラー　**245**, 270
集団モンテカルロ　504
重点関数　427, **509**
重点抽出　376, 384, **387**, 414, 489, 504, **515**, **562**, 568, **593**
重み付き——　**382**
　——推定量　376, 408, 421

索引

――密度 402, 422, 424, 485
状態依存―― **414**, 417-419
逐次―― 384
動的―― 384
自由度 113, 116, 135, 150, 151
12面体ネットワーク **590**, **600**
十分減少条件 728
十分統計量 689
周辺確率密度関数 641
周辺尤度 248, 707
修理完了時刻 576
縮約された経験分布関数 330
出生死滅過程 669
出力空間 2
主問題 719
準Newton法 725
巡回行列 744
巡回セールスマン問題 **531**, **732**
瞬間的 668
順序統計量 58, **92**, **108**, **331**
――の生成 75
準モンテカルロ **27**, 391, 480, 555
準乱数 27
順列検定 21
条件付き確率 645
――密度関数 648
条件付き期待値 648
条件付き推定量 559
条件付き2項分布 104
条件付き分散 368
条件付き分布 241, 648
条件付きベルヌーイ分布 85
条件付きポアソン分布 331
条件付きモンテカルロ **368**, **580**
――法による重点抽出法 591
条件付け法 409
詳細釣り合い方程式 234, 242, 250, 667, 672
乗算型合同法 4
消失相対誤差 410
乗数 4, 5

状態 1
状態依存重点抽出 **414**, 417-419
状態推移図 664
衝突検定 22
常微分方程式 625
障壁関数 **716**, 721
情報行列 239, 701
乗法公式 245, 646
正味在庫 302
初期状態除去–繰り返し法 327
初期値問題 612
自律的 189, 677
進化的アルゴリズム 471
信用区間 244, → ベイズ信頼区間
信用領域 707
信頼区間 319, 692
信頼集合 703
信頼性 574
信頼領域 321, 388, 693, **729**

す

推移核密度 659
推移関数 668
推移行列 664
推移率 169
――グラフ 669
推定
あふれ確率の―― 404
応答曲面―― 387
カーネル関数―― 74
カーネル密度―― **332**
ガウス型カーネル密度―― 333
稀少事象確率―― 421, 426, **487**
区間―― 692
勾配―― 439
――のためのクロスエントロピー法 485
制御変量―― 365
停止時刻確率の―― 401
定常状態における性能尺度の―― 322
独立標本による性能尺度の―― 319
微分係数の―― 439

標本路ごとの微分係数―― 565
複合ポアソン和に対する―― 406
複合和に対する―― 410
推定標準誤差 319
推定量
Siegmundの―― 402
エルゴード―― 234, 266
最尤―― 477, 486, 701
重点抽出―― 376, 408, 421
条件付き―― 559
前進差分―― 441
相互検証―― 335
層別抽出―― 371
対照変量―― 363
単純モンテカルロ―― 396
中心差分―― 441
比―― 322
スクランブル法
一様線形―― 42
ネスト―― 42
スケーリング係数 474
スケーリング則 206
スケール不変性 184
スケール変換 625
スコア 699
スコア関数 446, 699
――法 **460**, **567**, **568**
裾
重い―― 409
軽い―― 400
――が重い 740
――が軽い 740
――が長い 741
――特性 740
スペクトルギャップ 13
スペクトル検定 13
スライスサンプラー 271
スラック変数 723

せ

正規逆ガウス過程 225
正規更新 477, 493
正規コピュラ 73, 423, 594
――モデル 423
正規混合モデル 751
正規増分性 181
正規対照変量 365

索引

正規分布（ガウス分布） **52**, **92**, **110**, **124**, **125**, **134**, **136**, **141**, **151**, 156, 201, 204, 221, 323, 398, 656, 658, 688, **690**, 697
——の混合 57
——の裾 54
——法 346
制御変数 **365**, 557
——推定 365
生起率 103, 111
正弦級数展開 183
成功確率一定分岐法 430
成功数一定分岐法 430
正再帰的 665
斉時 659
斉時的 189, 677
斉次的 175
斉時マルコフ過程 616
斉時マルコフ跳躍過程の生成 170
正準型（指数型分布族） 738
整数上のランダムウォーク 385
生成行列 31
正則 668
正則な Q 行列 671
正則変動 410, 411, 741
——分布 413
正値条件 242
静的な稀少事象確率 509
正当 668
精度行列 147, 158
正の正規分布からの乱数生成 64
制約付き最適化 494
制約付き問題 734
セカント条件 725
絶対過程 207
絶対連続 638, 640
——分布 639
切断値 61
ゼロ過剰ポアソンモデル 243
零再帰的 665
ゼロ分散重点抽出密度 399, 417, 421
ゼロ分散推移確率密度 418
ゼロ分散測度 417
ゼロ平均ガウス過程 157

全域木 577
全確率の法則 646
漸近的消失相対誤差 397
漸近的密度依存 626
漸近分散 322
線形回帰 688
線形確率微分方程式 **189**
線形計画 715
線形合同法 4
線形ファクタモデル 423
線形変換公式 650
線サンプラー 249
前進差分推定量 441
全ターミナルネットワークの信頼性 575
選択 471
剪定合併過程 587
選抜 85

そ

相型分布 **101**, **130**, 407
増加レヴィ過程 218
相関係数 647
相互依存性の特性量 317
相互検証推定量 335
相互到達可能 665
——なクラス 665
相互粒子フィルタ 504
相対誤差 319, 397, 399, 400
相対時間分散積 398, 691
増大情報系 657
双対ギャップ 719
双対格子 13
双対性 719
双対問題 719
層別 371
層別抽出 **370**
——推定量 371
層別ブラウン運動 201
総変動距離 237
双方向連結リスト 299
測度
　確率—— 634
　計数—— 639
　ゼロ分散—— 417
　跳躍—— 216
　ポアソンランダム—— 174
　ランダム計数—— 174
　リスク中立—— 548

ルベーグ—— 637
レヴィ—— 179, 215

た

大域釣り合い方程式 242, 666, 671
大域的最小解 712
大域的最小値 712
大域的最適解 712
帯域幅 333
対照対 363
対称べき 622
対照変量 363
——推定量 363
——法 267
対数凹密度 67, 273
対数障壁関数 721
対数正規分布 **124**, 413, 414
対数的効率 408
対数的に k 次効率的 398
対数的に効率的 397
大数の強法則 655
大数の法則 319, 328, 623, **655**, **700**
　関数に関する—— 626
対数尤度関数 698
第 2 種のスターリング数 21
第 2 種変形 Bessel 関数 755
ダイバージェンス 536
対立仮説 694
ダウン・アンド・インコールオプション 253, 560
楕円体法 730
多項式格子法 40
多項式数 36
多項分布 **103**, **145**, **739**
多次元 Euler 法 191, 609
多次元確率微分方程式 679
——の強解 679
多次元正規分布 658
多次元積分 509, **519**
多次元テイラー展開 748
多次元マルコフガウス過程 162
多重試行 Metropolis-Hastings アルゴリズム 266
多数の制御変量 368
脱出時刻 683
種 1

索引

タブー探索法　480
多変量 t 分布　150
多変量指数型分布族　739
多変量正規分布　**146**, 156, **739**, 745
多変量中心極限定理　656
多変量分布　142
多レベル CE 法　486, → クロスエントロピー
単位単体　77
単位超球　78
単位超立方体の頂点の上のランダムウォーク　168
単純モンテカルロ　**320**, 362, 396, **399**, 444, 446, 515, 554, 567
　　——推定量　396
誕生日の間隔検定　23
単精度　47
単体　76
単調関数　364
単調収束　655
　　——定理　644
端点　574

ち

置換モンテカルロ　580, 585
逐次ウエイト　384
逐次重点抽出　384
逐次割金関数　721
逐次モンテカルロ　283, **504**
中心極限定理　92, **125**, 319, **331**, 398, 655, 693, **700**, 706
中心差分推定量　441, 462
中心性の特性量　317
超過　402
長期依存性　210
超幾何関数　753, **755**
超幾何分布　97
超指数分布　**131**
超楕円体　79
　　——内の一様分布　235
頂点　574
重複対数の法則　185
跳躍拡散過程　223
跳躍測度　216
調和関数　684
直線探索　725
　　——法　727

　　——問題　727
直列待ち行列　306

つ

2-opt　532
強い Wolfe 条件　728

て

提案分布　469
提案密度関数　63, 233
ディガンマ関数　754
停止時刻　401, 415, 657
　　——確率の推定　401
　　——を持つ重点抽出　385
ディジタルシフト　42
ディジタル列　**29**, 31
定常ガウス過程　163
定常ガウス増分性　213
定常状態　322
　　——における性能尺度の推定　322
定常増分性　210
定常分布　666, 671
定常密度　682
テイラー近似　747
テイラー展開　747
テイラーの定理　652
定理
　Berry–Esséen ——　398
　Girsanov の——　548, 676
　Glivenko–Cantelli の——　331
　Hammersley–Clifford の——　214
　Lévy–Itô の分解——　216
　Lévy–Khinchin の表現——　216
　Slutsky の——　655
　Taylor の——　652
一般的な輸送過程に対する Feynman–Kac の——　616
関数に関する中心極限——　630
極限——　653
誤差過程の収束——　224
再帰——　662
多変量中心極限——　656
単調収束——　644

中心極限——　92, **125**, 319, **331**, 398, 655, 693, **700**, 706
　　——分解——　690
平衡点における中心極限——　630
優収束——　644
レヴィ過程の従属操作——　220
連続性——　655
ディリクレ分布　**117**, **142**, 495, **739**
ディリクレ問題　606
　　——の確率表現　606
停留点　713
データ関数　753
データの視覚化　315
データの要約　317
適応的棄却サンプリング　68, 69
適応的重点抽出法　484
適応度　471
適応分岐アルゴリズム　517
適合 (情報増大系に)　657
適合度　**347**
　　——検定　16, **355**
テスト期間　283, 323
テプリッツ行列　163, 351
手持ち在庫　302
デルタ法　321

と

同一分布でない確率変数の和　412
導関数　747
統計量　687
淘汰　471
到達確率　415, 431
　　——問題　415
到達可能　665
動的重点抽出　384
動的ステップサイズ　727
動的に更新　318
トーナメント選択　472
特異的　638
特性関数　652
特性指数　132, 216
特性 3 つ組　217
独立　646
　　——であるが同一でない

412
独立サンプラー 234
独立増分性 181
独立同分布 647
　——標本 688
独立標本による性能尺度の推定 319
度数検定 19
凸関数 714
凸計画 715, 719
　——問題 714
凸集合 714
突然変異 472
凸包 175
隣組検定 19
ドラフト 85
取引戦略 547
ドリフト 186, 188, 550
　——係数 677
　——ベクトル 604

な

ナップサック問題 **530**, **731**

に

2項交叉 474
2項分布 **91, 145, 331**, 694
　——の極限 **103**
2次計画 715
　——問題 261
2次効率尺度 397
2次変動 674
二重確率行列 664
二重爪型密度 342
2乗可積分 643
2乗積分誤差 335
2乗相対誤差
　仕事量で正規化した—— 398
2乗平均収束 653
2次割り当て問題 **532**, **732**
2進行列のランク検定 22
2進ランク検定 17
2端点のネットワークの信頼性 575
二分法 730
二峰関数 520
任意抽出 661
任意停止 661

ね

ネストスクランブル法 42
ネットワークの故障率 575
ネットワークの時間変化モデル 575
ネットワークの信頼性推定における重点抽出法 588
熱方程式 186

の

ノード 574

は

バージョン 657
パーセント点 317
バイアス付き指数 47
倍精度 47
バイナリトーナメント選択 473
白色化 147
爆発 429
箱型の制約 461
パスカル行列 33
パスカル分布 99
罰金関数 720
罰金法 494
バックオーダー方策 302
バッチ（塊）平均 325
バニラコールオプション 551
ばらつきの特性量 317
バリアンスガンマ過程 221
バリューアットリスク 414
パレート確率 410
パレート境界面 717
パレート最適解 717
パレート分布 **128**
　パレート（I型）分布 128
　パレート（II型）分布 128
範囲 58, 317
汎関数最小化 713
反射壁ウィーナー過程 208
反射壁ブラウン運動 206
半正定値 715
　——計画 715
反応速度 627
反復平均化 462
半マルチンゲール 673

ひ

微視的断面積 622
比推定量 322
ヒストグラム 315
歪パラメータ 132
非斉時ポアソン過程 177
非斉時マルコフ跳躍過程の生成 172
非整数ガウス雑音 210
非整数ブラウン運動 **209**, 210
被覆確率 693
微分可能 747
微分係数 747
　——の推定 439
微分進化 473
微分と積分の順序交換 440
微分方程式 604
評価 471
標準 pdf 51
標準正規分布 125, 333, 365, 703
標準多変量正規分布 146
標準的（推移関数）668
標準ブラウン運動 186
標準ブラウン橋過程 198
標準偏差 645
病的なテスト関数 735
表引き法 59
標本共分散 317
標本空間 287, 634
標本重点リサンプリング 505
標本生成
　Karhunen–Loève 展開によるウィーナー過程の生成 186
　打ち切り指数乱数生成 54
　打ち切り正規乱数生成 54
　確率過程の標本路の生成 156
　順序統計量の生成 75
　斉時マルコフ跳躍過程の生成 170
　正の正規分布からの乱数生成 64
　非斉時マルコフ跳躍過程の生成 172
　マルコフ連鎖の生成 166
標本相関係数 318

標本中央値　317
標本中心モーメント　317
標本の大きさの最適割り当て
　　371
標本範囲　58
標本標準偏差　317, 692
標本分位点　317
標本分散　317, 692
　　プールされた—　694
標本平均　317, 692
　　—近似　465
標本モーメント　317, 691
標本路ごとの微分係数推定
　　565
標本路の非有界変動性　182
比例層別抽出　372

■ふ

フィードバックシフトレジス
　タ法　8
　　一般化—　8
　　線形—　7
　　ひねった一般化—　4
フィッシャー情報行列　699
ブートストラップ　**345**
　　—サンプリング　508
　　—フィルタ　505
　　—リサンプリング　**430**,
　　504, 505
プールされた標本分散　694
不完全ガンマ関数　**754**
不完全ベータ関数　753
複合ポアソン過程　**178**, 222
複合ポアソン和　406
　　—に対する推定　406
複合和　410
　　—に対する推定　410
符号　47
プットオプション
　　ヨーロッパ型—　549
プットコールパリティ　550
不等式
　　Boole の—　636
　　Chapman–Kolmogorov
　　　の等式　**660**, 664
　　Chebyshev の—　645
　　Hölder の—　649
　　Jensen の—　644
　　Koksma–Hlawka —
　　　28

Kolmogorov の—　645
Markov の—　645
Minkowski の（三角）—
　　649
Schwarz の—　649
負の 2 項分布　**99–101**
部分積分公式　675
不偏　691
不変密度　682
ブラウン運動　186, 222
ブラウン橋　198
　　—過程　331
ブラウン膜過程　213
プラグイン
　l 段階直接—帯域幅選択法
　　340
　Sheather–Jones によ
　　る—　339
　改良—法　341
　　—帯域幅選択　339
ブリッジ回路　247, 361, 421
ふるい分け　425
フレッシェ分布　114
　　—族　743
プロセス　296
　　—指向のアプローチ　296
プロビット回帰モデル　269
分解定理　690
　　—（十分統計量）　690
分割検定　20
分割表　357
分岐因子　427
分岐数一定法　430
分岐法　426
　　シミュレーション計算量一
　　　定—　430
　　成功確率一定—　430
　　成功数一定—　430
　　—による組合せ最適化
　　　529
分岐を組み込んだマルコフ連鎖
　モンテカルロ　**534**,
　　→ マルコフ連鎖モンテカ
　　　ルロ（MCMC）
分散　645
　　—の改善度　393
分散減少法　484
　　—を選ぶための指針　393
分散最小化法　378
分散分析　688

分枝フィルタ　504
分配関数　213, 273
分布推定アルゴリズム　476
分布パラメータ　439

■へ

ペイオフ　549
平滑化パラメータ　490
平均 L^1 誤差　333
平均回帰過程　559
平均値関数　658
平均値ベクトル　147, 150
平均 2 乗誤差　691
平均 2 乗積分誤差　333
平均場　504
平衡状態　322
平衡点における中心極限定理
　　630
閉集合　665
ベイズ公式　646, 707
ベイズ周辺尤度　522
ベイズ信頼区間　244, → 信用
　区間
ベイズ推論　57
ベイズモデル　707
ベータ関数　753
ベータ分布　95, **106**, **114**,
　　117, **136**, **143**
ヘッセ行列　748
別名　61
　　—法　60
ベルヌーイ過程　90, **99**, 657
ベルヌーイ試行　90
ベルヌーイ分布　90
辺が素　588
変換採択–棄却法　66
変形　471, 657
偏導関数　747

■ほ

ポアソン過程　103, **174**,
　　175, 616
ポアソン計数過程　176
ポアソン総和公式　55, **752**
ポアソン分布　92, 102,
　　103, **112**
ポアソンランダム測度　174
法　4
方向数　36
報酬　327

索　引

包除　636
法則収束　654
方程式
　　Fokker–Planck ——　681
　　Kolmogorov の後退 ——
　　　　189, 604, 670, 681
　　Kolmogorov の前進偏微
　　　　分 ——　623
　　Kolmogorov の前進 ——
　　　　189, 604, 670, 680
　　Kolmogorov の ——
　　　　189, **670**
　　Langevin ——　206
　　Ornstein–Uhlenbeck 確率
　　　　微分 ——　431
　　Vlasov ——　617
　　Yule–Walker ——　226
　　一般輸送過程に関する
　　　　Fokker–Planck ——
　　　　617
　　確率微分 ——　605
　　線形確率微分 ——　189
　　ボルツマン ——　**621**, 624
　　輸送 ——　617
　　ラプラスの熱 ——　607
包絡線正弦波関数　736
ポーカー検定　20
ボールウォーク　250
補助変数　520
　　—— 法　269
保持率　170
保存的　668
ほとんど確実　634
　　—— に収束　653
ボラティリティ　550
ボルツマン確率密度関数　273
ボルツマン分布　213, 468,
　　528
ボルツマン方程式　**621**, 624
ボレル σ 集合族　637
ボレル集合　637

ま

巻き付け　55
　　—— られたコーシー分布
　　　　55
　　—— られた正規分布　**56**
待ち行列モデル　294
待ち時間　403, 411
間引きしたマルコフ連鎖　236

マルコフガウス過程　162
マルコフ過程　**189**, **206**,
　　659
マルコフ性　165, 169, 183,
　　658
　　強 ——　659
マルコフ跳躍過程　**169**, 580,
　　668
マルコフ的　212
マルコフの不等式　645
マルコフ連鎖　**165**, 232,
　　241, 286, 660, 664
　　—— の生成　166
マルコフ連鎖モンテカルロ
　　（MCMC）　46, 150,
　　232, 287, 467, 489,
　　510, 534, 592, 709
マルチンゲール　660
　　—— 性　182
　　—— 表現　661
満期日　549

み

路の連続性　181
密度依存　626
密度過程　626
密度関数プロット　316
ミニマックス等式　720
ミニマックス問題　720

む

無記憶性　96, **112**
無限級数の有限期待値　655
無限小生成作用素　605, 616,
　　680
無限小摂動解析　**444**, 460
無限頻度レヴィ過程　217
無限分解可能性　217, 742
無裁定　548
無作為抽出標本　688
無制約最適化問題　713

め

名目 pdf　376
名目パラメータベクトル　**379**
名目分布　509
メリット数　14
メルセンヌツイスター　8

も

モーメント法　691
モーメント母関数　401, 651
目的関数　712, 719
モデル
　　Black–Scholes ——　549
　　Feynman–Kac 粒子 ——
　　　　504
　　Ising ——　274
　　Potts ——　273
　　階層 ——　243
　　株価 ——　546
　　球面 ——　734
　　系図 ——　504
　　時間変化 ——　575
　　シミュレーション ——　293
　　正規混合 ——　751
　　ゼロ過剰ポアソン ——　243
　　線形ファクタ ——　423
　　ネットワークの時間変
　　　　化 ——　575
　　プロビット回帰 ——　269
　　ベイズ ——　707
　　待ち行列 ——　294
　　ロジット ——　238
モンテカルロ
　　集団 ——　504
　　準 ——　**27**, 391, 480, 555
　　条件付き ——　**368**, 580
　　単純 ——　**320**, 362, 396,
　　　　399, 444, 446, 515,
　　　　554, 567
　　置換 ——　580, 585
　　逐次 ——　283, **504**
　　分岐を組み込んだマルコフ
　　　　連鎖 ——　534, → マルコ
　　　　フ連鎖モンテカルロ
　　　　（MCMC）
　　マルコフ連鎖 ——
　　　　（MCMC）　46, 150,
　　　　232, 287, 467, 510,
　　　　534, 592, 709
モンテカルロ積分　320

や

ヤコビ行列　724, 748

ゆ

有意水準　696

索　引

有界正規近似　398
有界相対誤差　397, 399, 400, 402, 410, **413**
有限差分法　**441**, 460
有限次元分布　156, 641
有限頻度レヴィ過程　217
優収束定理　644
尤度関数　698
尤度最大化問題　421
尤度比　377, 401
　——統計量　705
　——統計量の漸近分布　706
　——法　446
優良格子点法　39
輸送過程　615
輸送方程式　617

よ

ヨーロッパ型コールオプション　549
ヨーロッパ型プットオプション　549
予測可能　673
4倍精度　47

ら

ラグランジュ関数　718
　——般化——　718
ラグランジュ乗数　718
ラグランジュ双対　719
　——関数　719
ラグランジュ法　**718**
ラテン方格抽出　374
ラプラスの熱方程式　607
ラプラス分布　121
ラプラス変換　652
ランク1公式　726
乱数　2
乱数生成法　1
　——の検定　12
ランダムウォーク　168, 221,

402, 418, 658
　——サンプラー　**238**, 324, 468
ランダム過程　656
ランダム計数測度　174
ランダム最適化　**459**
ランダム試行　634
ランダムシフト法　41
ランダム走査ギブスサンプラー　242
ランダムな順列　84

り

リードタイム　302
離散一様分布　106
離散確率空間　635
離散逆関数法　49
離散最適化　490
　——問題　713
離散事象システム　295
離散事象シミュレーション　293
離散相型分布　101
離散フーリエ変換　744
リサンプリング（再抽出）　267, 344
　標本重点——　505
　ブートストラップ——　504, 505
離散分布　90, 639
離散余弦変換　745
リスク中立測度　548
リスク中立の公式　553
リスクの市場価格　548
リバーシブルジャンプサンプラー　279
粒子　505
　——群最適化　480
　——分岐　504
　——法　504
両側指数分布　121

両側マクスウェル分布　452
理論検定　13
臨界値　429, 578, 695
リンク　574

る

累積分布関数　637
ルベーグ測度　637

れ

冷却係数　468
レイリー分布　141
レヴィ過程　179, **215**
　——の従属操作定理　220
レヴィ従属化過程　218
レヴィ測度　179, 215
レヴィ分布　133
劣勾配　727
　——射影法　727
劣指数　741
　——型　409
劣マルチンゲール　660
レベル　427, 509
連続最適化問題　**492**, 713, **733**
連続性定理　655
連続微分可能　747
連続分布　106
連続補正　92
連の検定　20, 21

ろ

ロジスティック分布　48, **123**
ロジットモデル　238

わ

ワイブル的　410
ワイブル分布　48, **140**, 349
ワルド分布　**138**, 407

監訳者略歴

伏見正則
(ふしみまさのり)

1939年 山梨県に生まれる
1968年 東京大学大学院工学系研究科
　　　 博士課程修了
現 在 東京大学名誉教授
　　　 南山大学名誉教授
　　　 工学博士

逆瀬川浩孝
(さかせがわひろたか)

1944年 東京都に生まれる
1969年 東京大学理学部卒業
現 在 早稲田大学名誉教授
　　　 理学博士

モンテカルロ法ハンドブック　　　　定価はカバーに表示

2014年10月25日 初版第1刷

　　　　　　　監訳者　伏　見　正　則
　　　　　　　　　　　逆　瀬　川　浩　孝
　　　　　　　発行者　朝　倉　邦　造
　　　　　　　発行所　株式会社 朝　倉　書　店
　　　　　　　　　東京都新宿区新小川町 6-29
　　　　　　　　　郵便番号　 162-8707
　　　　　　　　　電　話　03(3260)0141
　　　　　　　　　F A X　03(3260)0180
〈検印省略〉　　　　http://www.asakura.co.jp

© 2014〈無断複写・転載を禁ず〉　　中央印刷・牧製本

ISBN 978-4-254-28005-0　C 3050　　Printed in Japan

JCOPY　〈(社)出版者著作権管理機構 委託出版物〉

本書の無断複写は著作権法上での例外を除き禁じられています。複写される場合は、
そのつど事前に、(社)出版者著作権管理機構(電話 03-3513-6969、FAX 03-3513-
6979、e-mail: info@jcopy.or.jp)の許諾を得てください。

前政策研究大学院大 刀根　薫著
基礎数理講座 1
数　理　計　画
11776-9 C3341　　　　A 5 判 248頁 本体4300円

理論と算法の緊密な関係につき，問題の特徴，問題の構造，構造に基づく算法，算法を用いた解の実行，といった流れで平易に解説。〔内容〕線形計画法／凸多面体と線形計画法／ネットワーク計画法／非線形計画法／組合せ計画法／包絡分析法

前東工大 髙橋幸雄著
基礎数理講座 2
確　　率　　論
11777-6 C3341　　　　A 5 判 288頁 本体3600円

難解な確率の基本を，定義・定理を明解にし，例題および演習問題を多用し実践的に学べる教科書〔内容〕組合せ確率／離散確率空間／確率の公理と確率空間／独立確率変数と大数の法則／中心極限定理／確率過程／離散時間マルコフ連鎖／他

前東大 伊理正夫著
基礎数理講座 3
線　形　代　数　汎　論
11778-3 C3341　　　　A 5 判 344頁 本体6400円

初心者から研究者まで，著者の長年にわたる研究成果の集大成を満喫。〔内容〕線形代数の周辺／行列と行列式／ベクトル空間／線形方程式系／固有値／行列の標準形と応用／一般逆行列／非負行列／行列式とPfaffianに対する組合せ的接近法

前慶大 柳井　浩著
基礎数理講座 4
数　理　モ　デ　ル
11779-0 C3341　　　　A 5 判 224頁 本体3900円

物事をはっきりと合理的に考えてゆくにはモデル化が必要である。本書は，多様な分野を扱い，例題および図を豊富に用い，個々のモデル作りに多くのヒントを与えるものである。〔内容〕相平面／三角座標／累積図／漸化過程／直線座標／付録

前東大 茨木俊秀・京大 永持　仁・小樽商大 石井利昌著
基礎数理講座 5
グ　ラ　フ　理　論
―連結構造とその応用―
11780-6 C3341　　　　A 5 判 324頁 本体5800円

グラフの連結度を中心にした概念を述べ，具体的な問題を解くアルゴリズムを実践的に詳説〔内容〕グラフとネットワーク／ネットワークフロー／最小カットと連結度／グラフのカット構造／最大隣接順序と森分解／無向グラフの最小カット／他

前東大 伏見正則・前早大 逆瀬川浩孝著
基礎数理講座6
R で 学 ぶ 統 計 解 析
11781-3 C3341　　　　A 5 判 248頁 本体3900円

Rのプログラムを必要に応じ示し，例・問題を多用しながら，詳説した教科書。〔内容〕記述統計解析／実験的推測統計／確率論の基礎知識／推測統計の確率モデル，標本分布／統計的推定問題／統計的検定問題／推定・検定／回帰分布／分散分析

東邦大 並木　誠著
応用最適化シリーズ 1
線　形　計　画　法
11786-8 C3341　　　　A 5 判 200頁 本体3400円

工学，経済，金融，経営学など幅広い分野で用いられている線形計画法の入門的教科書。例，アルゴリズムなどを豊富に用いながら実践的に学べるよう工夫された構成〔内容〕線形計画問題／双対理論／シンプレックス法／内点法／線形相補性問題

流経大 片山直登著
応用最適化シリーズ 2
ネットワーク設計問題
11787-5 C3341　　　　A 5 判 216頁 本体3600円

通信・輸送・交通システムなどの効率化を図るための数学的モデル分析の手法を詳説〔内容〕ネットワーク問題／予算制約をもつ設計問題／固定費用をもつ設計問題／容量制約をもつ最小木問題／容量制約をもつ設計問題／利用者均衡設計問題／他

中大 藤澤克樹・阪大 梅谷俊治著
応用最適化シリーズ 3
応用に役立つ50の最適化問題
11788-2 C3341　　　　A 5 判 184頁 本体3200円

数理計画・組合せ最適化理論が応用分野でどのように使われているかについて，問題を集めて解説した書〔内容〕線形計画問題／整数計画問題／非線形計画問題／半正定値計画問題／集合被覆問題／勤務スケジューリング問題／切出し・詰込み問題

筑波大 繁野麻衣子著
応用最適化シリーズ 4
ネットワーク最適化とアルゴリズム
11789-9 C3341　　　　A 5 判 200頁 本体3400円

ネットワークを効果的・効率的に活用するための基本的な考え方を，最適化を目指すためのアルゴリズム，定理と証明，多くの例，わかりやすい図を明示しながら解説。〔内容〕基礎理論／最小木問題／最短路問題／最大流問題／最小費用流問題

明大 刈屋武昭・前広大 前川功一・東大 矢島美寛・
学習院大 福地純一郎・統数研 川崎能典編

経済時系列分析ハンドブック

29015-8 C3050　　　Ａ５判 788頁 本体18000円

経済分析の最前線に立つ実務家・研究者へ向けて主要な時系列分析手法を俯瞰。実データへの適用を重視した実践志向のハンドブック。〔内容〕時系列分析基礎（確率過程・ARIMA・VAR他）／回帰分析基礎／シミュレーション／金融経済財務データ（季節調整他）／ベイズ統計とMCMC／資産収益率モデル（酔歩・高頻度データ他）／資産価格モデル／リスクマネジメント／ミクロ時系列分析（マーケティング・環境・パネルデータ他）／マクロ時系列分析（景気・為替他）／他

東北大 照井伸彦監訳

ベイズ計量経済学ハンドブック

29019-6 C3050　　　Ａ５判 564頁 本体12000円

いまやベイズ計量経済学は，計量経済理論だけでなく実証分析にまで広範に拡大しており，本書は教科書で身に付けた知識を研究領域に適用しようとするとき役立つよう企図されたもの。〔内容〕処理選択のベイズ的諸側面／交換可能性，表現定理，主観性／時系列状態空間モデル／柔軟なノンパラメトリックモデル／シミュレーションとMCMC／ミクロ経済におけるベイズ分析法／ベイズマクロ計量経済学／マーケティングにおけるベイズ分析法／ファイナンスにおける分析法

名城大 木下栄蔵・国士舘大 大屋隆生著
シリーズ〈オペレーションズ・リサーチ〉1
戦略的意思決定手法AHP

27551-3 C3350　　　Ａ５判 144頁 本体2700円

様々な場面で下される階層下意思決定について，例題を中心にやさしくまとめた教科書。〔内容〕パラダイムとしてのAHP／AHP／外部従属法／新しいAHPの動向／支配型AHPと一斉法／集団AHP／AHPにおける一対比較行列の解釈

京大 加藤直樹・関学大 羽室行信・関西大 矢田勝俊著
シリーズ〈オペレーションズ・リサーチ〉2
データマイニングとその応用

27552-0 C3350　　　Ａ５判 208頁 本体3500円

データベースからの知識発見手法を文科系の学生も理解できるよう数式を最小限にとどめた形で適用事例まで含め平易にまとめた教科書〔内容〕相関ルール／数値相関ルール／分類モデル／決定木／数値予測モデル／クラスタリング／応用事例／他

慶大 田村明久著
シリーズ〈オペレーションズ・リサーチ〉3
離散凸解析とゲーム理論

27553-7 C3350　　　Ａ５判 192頁 本体3400円

離散凸解析を用いて，安定結婚モデルや割当モデルを一般化した解法につき紹介した教科書。〔内容〕離散凸解析概論／組合せオークション／割当モデルとその拡張／安定結婚モデルとその拡張／割当モデルと安定結婚モデルの統一モデル／他

愛知工大 大野勝久著
シリーズ〈オペレーションズ・リサーチ〉4
Excelによる生産管理
―需要予測，在庫管理からＪＩＴまで―

27554-4 C3350　　　Ａ５判 208頁 本体3200円

実務家・文科系学生向けに生産・在庫管理問題をExcelの強力な機能を活用して解決する手順を明示〔内容〕在庫管理と生産管理／Excel概論とABC分布／確実環境下の在庫管理／生産計画／輸送問題とスケジューリング／需要予測MRP／他

前東工大 今野　浩・中大 後藤順哉著
シリーズ〈オペレーションズ・リサーチ〉5
意思決定のための数理モデル入門

27555-1 C3350　　　Ａ５判 168頁 本体3000円

大学生の学生生活を例に取り上げながら，ORの理論が実際問題にどのように適用され問題を解決するかを実践的に解説。〔内容〕線形計画法／多属性効用分析／階層分析法／ポートフォリオ理論／データ包絡分析法／ゲーム理論／投票の理論／他

前広大 坂和正敏著
シリーズ〈オペレーションズ・リサーチ〉6
線形計画法の基礎と応用

27556-8 C3350　　　Ａ５判 184頁 本体2900円

身近な例題を数多く取り入れながら，わかりやすい解説を心掛けた初心者用教科書。〔内容〕2変数の線形計画モデル／Excelソルバーによる定式化と解法／整数計画法／多目的線形計画法／ファジイ線形計画法／食品スーパーの購買問題への応用

D.P.ヘイマン・M.J.ソーベル編
前東大 伊理正夫・前東工大 今野 浩・
前政策研究大学院大 刀根 薫監訳

確率モデルハンドブック（普及版）

12189-6 C3041　　A5判 704頁 本体16000円

未来に関する不確実性の影響をどのように定量化するか等，偶然事象が主要な役割を果すモデルについて解説。特に有用な応用確率論につき，基礎理論から実際の応用まで13のテーマを指導的エキスパートが執筆したもの。〔内容〕点過程／マルコフ過程／マルチンゲールとランダムウォーク／拡散近似／確率論における数値計算法／統計的方法／シミュレーション／マルコフ連鎖／制御連続時間マルコフ過程／待ち行列理論／待ち行列ネットワーク／確率的在庫理論／信頼性と保全性

東京海洋大 久保幹雄・慶大 田村明久・中大 松井知己編

応用数理計画ハンドブック（普及版）

27021-1 C3050　　A5判 1376頁 本体26000円

数理計画の気鋭の研究者が総力をもってまとめ上げた，世界にも類例がない大著。〔内容〕基礎理論／計算量の理論／多面体論／線形計画法／整数計画法／動的計画法／マトロイド理論／ネットワーク計画／近似解法／非線形計画法／大域的最適化問題／確率計画法／トピックス（パラメトリックサーチ，安定結婚問題，第K最適解，半正定値計画緩和，列挙問題）／多段階確率計画問題とその応用／運搬経路問題／枝巡回路問題／施設配置問題／ネットワークデザイン問題／スケジューリング

日本応用数理学会監修
青学大 薩摩順吉・早大 大石進一・青学大 杉原正顯編

応用数理ハンドブック

11141-5 C3041　　B5判 704頁 本体24000円

数値解析，行列・固有値問題の解法，計算の品質，微分方程式の数値解法，数式処理，最適化，ウェーブレット，カオス，複雑ネットワーク，神経回路と数理脳科学，可積分系，折紙工学，数理医学，数理政治学，数理設計，情報セキュリティ，数理ファイナンス，離散システム，弾性体力学の数理，破壊力学の数理，機械学習，流体力学，自動車産業と応用数理，計算幾何学，数論アルゴリズム，数理生物学，逆問題，などの30分野から260の重要な用語について2〜4頁で解説したもの。

法大 湯前祥二・北大 鈴木輝好著
シリーズ〈現代金融工学〉6
モンテカルロ法の金融工学への応用
27506-3 C3350　　A5判 208頁 本体3600円

金融資産の評価やヘッジ比率の解析，乱数精度の応用手法を詳説〔内容〕序論／極限定理／一様分布と一様乱数／一般の分布に従う乱数／分散減少法／リスクパラメータの算出／アメリカン・オプションの評価／準モンテカルロ法／Javaでの実装

早大 豊田秀樹編著
統計ライブラリー
マルコフ連鎖モンテカルロ法
12697-6 C3341　　A5判 280頁 本体4200円

ベイズ統計の発展で重要性が高まるMCMC法を応用例を多数示しつつ徹底解説。Rソース付〔内容〕MCMC法入門／母数推定／収束判定・モデルの妥当性／SEMによるベイズ推定／MCMC法の応用／BRugs／ベイズ推定の古典的枠組み

前東大 伏見正則著
シリーズ〈金融工学の基礎〉3
確　率　と　確　率　過　程
29553-5 C3350　　A5判 152頁 本体3000円

身近な例題を多用しながら，確率論を用いて統計現象を解明することを目的とし，厳密性より直感的理解を求める理工系学生向け教科書〔内容〕確率空間／確率変数／確率変数の特性値／母関数と特性関数／ポアソン過程／再生過程／マルコフ連鎖

電通大 久保木久孝著
確率・統計解析の基礎
12167-4 C3041　　A5判 216頁 本体3400円

理系にとどまらず文系にも重要な道具について初学者向けにやさしく解説〔内容〕確率の基礎／確率変数と分布関数／確率ベクトルと分布関数／大数の法則，中心極限定理／確率分布／従属性のある確率変数列／統計的推測の基礎／正規母集団／他

上記価格（税別）は2014年9月現在